中国南方电网
CHINA SOUTHERN POWER GRID

U0177837

南方电网公司
技术标准体系表（2021版）

中国南方电网有限责任公司　组编

中国电力出版社
CHINA ELECTRIC POWER PRESS

图书在版编目（CIP）数据

南方电网公司技术标准体系表：2021版 / 中国南方电网有限责任公司组编． —北京：中国电力出版社，2021.12
ISBN 978-7-5198-6312-8

Ⅰ．①南…　Ⅱ．①中…　Ⅲ．①电力工程－技术标准－中国　Ⅳ．①TM7-65

中国版本图书馆 CIP 数据核字（2021）第 259047 号

出版发行：中国电力出版社
地　　址：北京市东城区北京站西街 19 号
邮政编码：100005
网　　址：http://www.cepp.sgcc.com.cn
责任编辑：岳　璐（010-63412339）　王　南（010-63412876）
责任校对：黄　蓓　常燕昆　于　维　李　楠
装帧设计：张俊霞　赵姗姗
责任印制：石　雷

印　　刷：三河市百盛印装有限公司
版　　次：2021 年 12 月第一版
印　　次：2021 年 12 月北京第一次印刷
开　　本：880 毫米×1230 毫米　横 16 开本
印　　张：41.5
字　　数：1437 千字
印　　数：001—500 册
定　　价：150.00 元

版 权 专 有　侵 权 必 究

本书如有印装质量问题，我社营销中心负责退换

编　委　会

主　　　编：汪际峰

常务副主编：钟连宏

副　主　编：李　锐　张文瀚

编写组成员：宋禹飞　王　宏　梁锦照　姚森敬　陈浩敏　敖　榜　陈康平　周　婷　于秋玲　陈煜敏

时孟评　席　禹　王诗然　王咸斌　辛文成　黄焯恒　黄彦璐

目　　录

南方电网公司技术标准体系表（2021 版）编制说明

　　为提高公司规划建设、生产运行的质量，促进电网高质量发展，提升技术管理水平，南方电网公司按照全专业、全过程、全方位、全层级的原则，结合技术标准化管理工作实际需求，组织研究建立了南方电网公司技术标准体系并每年滚动修编《南方电网公司技术标准体系表》，技术标准体系表为公司生产经营各项工作提供了技术依据，同时对促进国内外技术标准与公司实际的深度融合具有重要的作用。

　　此次修订，主要根据 DL/T 485《电力企业标准体系表编制导则》相关要求，结合各专业实际需要，对 2020 年所发布的公司现行的企业标准、团体标准、行业标准、国家标准和国外先进标准进行筛选、梳理和分类，对技术标准体系表内作废标准信息进行更新代替，对利用率不高但日常工作有一定参考价值的标准移至公司技术标准参考库，最终形成《南方电网公司技术标准体系表（2021 版）》。

　　《南方电网公司技术标准体系表（2021 版）》由编制说明、技术标准体系结构图、技术标准统计表、技术标准体系明细表组成，共收录标准 7572 项，其中，企业标准 615 项、团体标准 384 项、行业标准 3006 项、国家标准 3278 项、国际标准 289 项。

　　本体系表所收录的标准在南方电网技术标准信息平台（内网网址：http://10.91.3.91:8001/jsbz/）上已实现在线查询和获取。

一、编制依据

1. GB/T 13016　标准体系构建原则和要求
2. GB/T 13017　企业标准体系表编制指南
3. GB/T 15496　企业标准体系　要求
4. GB/T 15497　企业标准体系　产品实现
5. GB/T 19273　企业标准化工作　评价与改进
6. DL/T 485　电力企业标准体系表编制导则

二、术语和定义

1. 技术标准：对标准化领域中需要协调统一的技术事项所制定的标准。
2. 技术标准体系：企业范围内的技术标准按其内在联系形成的科学有机整体，是企业标准体系的组成部分。
3. 技术标准体系表：企业范围内的技术标准体系内的技术标准按其内在联系排列起来的图表。
4. 技术标准体系结构图：简称"结构图"，是技术标准体系表的简化示意图，揭示技术标准体系的层次、概况和内在联系。
5. 类别与类目：结构图的层次结构中，每一层级的技术标准按专业分类法划分若干集合（方框），称为"类别"；每一类别中的技术标准按专业种类或涉及对象划分若干分支，称为"类目"。类别和类目用数字编号和中文名称表示。

三、编制目的和作用

通过建立健全公司技术标准体系表，促进技术标准在公司系统的贯彻执行，为工程技术人员提供技术工作依据，为公司生产经营活动提供清晰、全面的技术支撑。理顺公司技术标准交叉重复矛盾，为公司技术标准年度制修订计划和长远规划提供编制依据。

四、编制思路与原则

1. 技术标准体系结构图采用 GB/T 13017 所推荐的两层层次结构，第一层是技术基础标准，第二层是技术专业标准。

2. 技术基础标准部分采用 GB/T 13017 所推荐的 7 个类别，是技术专业标准的编制、实施的基础。

3. 技术专业标准部分参照 DL/T 485，并结合技术专业分类法和生产流程分类法相结合的原则设置 12 个类别，划分 104 个类目。

4. 技术标准体系明细表参照 GB/T 13016 和 DL/T 485 规定格式，并结合南网实际，增加了阶段、分阶段、专业、分专业字段。

5. 本体系表依照 DL/T 485 未收录法律法规类的规章制度。

6. 本体系表所收录的标准为已发布实施且现行有效的，含企业、团体、行业、国家、国际的技术标准。

7. 参照《电力行业标准化管理办法》，体系表中同一类目的标准使用优先次序为：企业标准、团体标准、行业标准、国家标准、国际标准。故同一类目标准排列顺序为：企业标准、团体标准、行业标准、国家标准、国际标准；同类型标准按标准编号由小到大的顺序排列。

五、结构图

本体系结构图采用 GB/T 13017 所推荐的两层层次结构，第一层是技术基础标准，第二层是技术专业标准。公司技术标准体系结构图详见图 1。

六、技术标准体系明细表格式及要求

1. 技术标准体系明细表是技术标准体系表的核心部分，系统展现技术标准体系中各层级、各类别、各类目所收录的标准。

2. 参照 GB/T 13016 和 DL/T 485，结合南网实际，技术标准体系明细表采用格式见表 1。

3. 收录范围

本体系表所收录带有标准编号的标准包含：

（1）国家标准及相关专业标准：GB、GBJ（建设标准）、JJG（F）（计量标准）等。

（2）电力行业标准：DL、NB，以及仍有效的原电力部、水利电力部、能源部和电力规划设计的标准（如 SD、DLGJ）等。

（3）其他相关行业标准：JB、CECS、YD、GA 等。

（4）南方电网公司企业技术标准：Q/CSG。

（5）团体标准：T/CEC、T/CSEE。

（6）国际标准：IEC、ISO、ITU 等。

本体系表所收录标准的标准编号代码含义详见表 2。

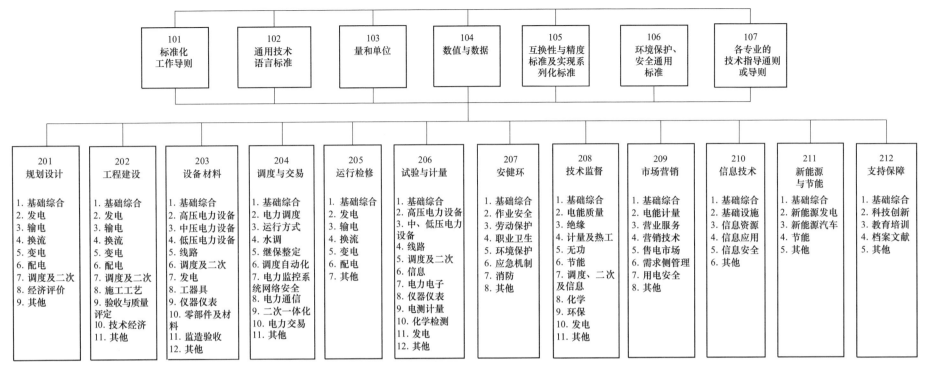

图 1 南方电网公司技术标准体系结构图

表 1　　　　　　　　　　　　　　　技术标准体系明细表（格式）

体系结构号	标准编号	标准名称	标准级别	实施日期	与国际标准对应关系	被代替标准编号	阶段	分阶段	专业	分专业

表 1 中：

（1）"序号"指该标准在技术标准体系明细表中的整体顺序编号，起始编号为 1，步长为 1。

（2）"体系结构号"指该标准在技术标准体系明细表中的分类编号，标示为"类别编号"＋"."＋"类目编号"＋"-"＋"本类目的顺序编号"。

（3）"标准编号"指该标准的编码。

（4）"标准名称"是指该标准的名称。

（5）"标准级别"是指该标准的级别，包括企标、团标、行标、国标、国际标准等。

（6）"与国际标准对应关系"指按照 GB/T 20000.2 所明确的在标准编制过程中采用国际标准的方法，其中代号"IDT"表示等同，"MOD"表示修改，"NEQ"表示非等效。

（7）"阶段"是指该标准适用的公司资产全生命周期管理的阶段，包括规划、设计、采购、建设、运维、修试、退役等。

（8）"分阶段"是指该标准适用的公司资产全生命周期管理的分阶段，是针对"阶段"的细分，包括规划、初设、施工图、招标、品控、施工工艺、验收与质量评定、试运行、运行、维护、检修、试验、退役、报废等。

（9）"专业"是指该标准适用的专业，包括基础综合、发电、输电、换流、变电、配电、用电、调度及二次、附属设施及工器具、信息、技术经济、其他等。

（10）"分专业"指该标准适用的分专业，是针对"专业"的细分，分类可详见《公司技术标准体系资产全生命周期映射表》。

表 2 　　　　　　　　　　　　　　　　　　　本体系表所收录标准的标准编号代码含义

序号	代码	含义说明	序号	代码	含义说明
1	GB	国家标准	8	SD、SL、NB、SH	原水电部、水利、能源、石化标准
2	GBJ、CECS、JGJ、CJJ、CJ	国家、建协和建设部工程标准	9	JB、YD、SJ	机械、通信、电子行业标准
3	DL、NB、SDJ、DLGJ	电力行业、电力规划设计标准	10	Q/CSG	南方电网企业标准
4	LD、HJ	劳动和劳动安全、环保标准	11	T/CEC、T/CSEE	中电联、电机工程学会团体标准
5	SY、HG、YB	石油、化工、冶金标准	12	IEC、ISO、ITU	国际标准
6	JJG、JJF	国家计量检定规程、技术规范	13	IEEE、ASTM、ANSI、ASME、BS、DIN、NF、EN、CISPR	其他国家及协会标准
7	AQ、TSG、GA	国家安监、质监、公安标准			

4. 编排方式

技术标准体系明细表的技术标准依次按类别、类目进行初步分类，同一类目中技术标准按企业标准、团体标准、行业标准、国家标准、国际标准的顺序进行排列；同一类目中的同类型的技术标准按标准编号由小到大的顺序进行排列。

七、技术标准体系标准统计表

——按体系结构图的类别统计（单位：项）

类别名称	GB	JJG、JJF	DL	SD	Q/CSG	JB	YD	SL	HJ	GA	TSG	CECS	JGJ	SJ	NB	AQ	JT	BMB	SH	YB	SY	CJ	HG	T/CEC	CSEE	国际标准	其他	小计	采用关系数量
101 标准化工作导则	42	0	4	0	1	0	0	1	0	2	0	0	0	0	0	0	0	0	0	0	0	0	0	1	0	0	0	51	12
102 通用技术语言标准	316	7	55	0	1	8	7	2	0	3	0	0	1	3	8	0	0	0	0	0	0	0	0	2	3	31	6	453	136
103 量和单位	16	0	0	0	0	0	0	1	0	0	0	0	0	0	0	0	0	0	0	0	0	0	0	1	0	2	0	20	15
104 数值与数据	8	0	0	0	0	0	0	0	0	0	0	0	0	0	0	0	0	0	0	0	0	0	0	0	0	0	0	8	1
105 互换性与精度标准及实现系列化标准	14	2	1	0	0	0	0	0	0	0	0	0	0	0	0	0	0	0	0	0	0	0	0	0	0	0	0	17	5
106 环境保护、安全通用标准	35	0	0	5	0	0	0	0	3	0	0	0	1	0	0	0	0	0	0	0	0	0	0	0	0	1	1	46	4

类别名称	GB	JJG、JJF	DL	SD	Q/CSG	JB	YD	SL	HJ	GA	TSG	CECS	JGJ	SJ	NB	AQ	JT	BMB	SH	YB	SY	CJ	HG	T/CEC	CSEE	国际标准	其他	小计	采用关系数量
107 各专业的技术指导通则或导则	20	0	11	0	8	0	0	0	0	0	0	0	0	0	1	1	0	0	0	0	0	0	0	1	0	5	0	47	8
201 规划设计	140	0	267	0	56	9	9	13	1	0	0	1	1	5	43	0	0	0	0	0	1	0	0	20	8	11	2	587	25
202 工程建设	101	0	220	0	29	1	12	4	1	0	0	0	6	0	11	0	0	0	0	0	0	2	0	17	6	6	3	419	19
203 设备材料	550	10	444	0	103	98	8	0	0	0	0	0	0	2	58	0	0	0	1	1	2	0	0	87	13	43	4	1424	276
204 调度与交易	131	0	139	0	165	2	76	0	0	4	0	0	0	0	1	0	0	0	0	0	0	0	0	7	6	8	2	541	80
205 运行检修	37	0	140	1	51	2	3	0	0	0	2	0	0	0	3	0	0	0	0	0	0	0	0	24	13	1	4	281	8
206 试验与计量	440	61	260	0	9	21	39	1	3	1	0	0	2	1	35	0	0	0	0	2	0	1	0	30	12	63	2	983	270
207 安健环	188	0	55	0	9	0	2	4	4	2	2	0	5	3	4	5	0	0	0	1	0	0	0	5	2	8	21	320	53
208 技术监督	133	22	77	0	9	2	11	3	6	0	1	0	0	1	20	0	0	0	0	0	0	0	0	10	5	6	10	317	55
209 市场营销	84	10	52	1	62	0	0	0	0	0	0	0	0	0	3	0	0	0	0	0	0	1	0	20	1	2	2	238	10
210 信息技术	622	1	25	0	79	1	222	0	0	28	0	0	0	40	1	3	0	0	0	0	0	1	0	9	8	92	47	1179	150
211 新能源与节能	173	0	25	0	31	1	0	0	0	0	0	0	0	0	156	0	0	0	0	0	0	1	0	43	13	10	3	456	24
212 支持保障	115	0	17	0	2	0	0	0	0	0	0	0	0	4	2	2	0	0	0	0	0	0	0	17	0	0	26	185	12
共计	3165	113	1792	7	615	145	389	29	18	40	5	1	16	59	346	11	0	0	4	2	4	3	2	294	90	289	133	7572	1163

——按标准级别统计

标准级别	标准代码	标准数量（项）	比率（%）	备注
国家标准	GB、GB/T、GBJ、GBZ、JJG、JJF	3278	43.29	
电力行业技术标准	DL、NB、SD、SDJ、DLGJ、NDGJ	2145	28.33	
相关行业技术标准	JB、CESE、YD、SH、SL、AQ、TSG、BMB、GA 等	861	11.37	其中，直接使用和间接采用的国际、国外技术标准数量总计1452项，采用率19.18%
团体标准	T/CEC、T/CSEE	384	5.07	
企业技术标准	Q/CSG	615	8.12	
国际标准	IEC、ISO、ITU 等	289	3.82	
总计		7572	100	

八、公司技术标准体系表（2021版）修编说明

（一）公司技术标准体系表（2021版）收录标准数量构成表

	2020 版	保持	更新	删除	新增	参考库	2021 版
国家标准	5053	2959	93	633	226	1368	3278
行业标准	5325	2549	113	826	344	1837	3006
企业标准	536	528	3	5	84	0	615
团体标准	368	162	8	36	214	162	384
国际标准	1077	258	5	530	26	284	289
合计	12359	6456	222	2030	894	3651	7572
统计	12359（2020 版）＋894－2030－3651（参考库）＝7572（2021 版）						

注：

1."保持"是指上一版体系表中已收录的，且无需变动的。

2."更新"是指上一版体系表中已收录的，且需修正的（主要是修订的标准）。

3."删除"是指上一版体系表中已收录的，且需剔除的（主要是废止和不适用的标准）。

4."新增"是指上一版体系表中未收录的，且需补录的（含制定、修订的标准）。

（二）标准数量的变更

1. 标准的删除

2021 版体系表共删除 2030 项技术标准，其中，通过有效性查证相关标准直接废止的 27 项（行业标准 16 项、国家标准 8 项、国际标准 3 项），与公司业务无关或重复直接删除 2003 项（企业标准 5 项、团体标准 36 项、行业标准 810 项、国家标准 625 项、国际标准 527 项）。

2. 标准的更新（修订）

2021 版体系表共更新（修订）222 项技术标准，其中，企业标准 3 项、团体标准 8 项、行业标准 113 项、国家标准 93 项、国际标准 5 项。更新（修订）原因主要分为以下几个方面：

（1）收集 2020 年新颁布的修订标准，对上述标准进行筛选，并与 2020 版体系表逐一比对，建议更新 80 项技术标准（其中，企业标准 3 项、团体标准 8 项、行业标准 36 项、国家标准 33 项）；

（2）2020 年的有效性查证更新 142 项技术标准（其中，行业标准 77 项、国家标准 60 项、国际标准 5 项）。

3. 标准的新增

2021 版体系表共新增 894 项技术标准，其中，企业标准 84 项、团体标准 214 项、行业标准 344 项、国家标准 226 项、国际标准 26 项。新增原因主要分为以下几个方面：

（1）收集 2020 年新颁布的标准，对上述标准进行筛选，并与 2020 版体系表逐一比对，建议新增 881 项技术标准（其中，企业标准 84 项、团体标准 214 项、

行业标准 336 项、国家标准 224 项、国际标准 23 项）；

（2）2020 年用户在公司技术标准信息平台提交原文传递申请 1763 项，经过筛选，建议新增 13 项技术标准（其中，行业标准 8 项，国家标准 2 项、国际标准 3 项）。

4．标准参考库

针对利用率不高但日常工作有一定参考价值的标准，首次构建公司技术标准参考库（2021 版），共收录 3651 项技术标准，其中，团体标准 162 项、行业标准 1837 项、国家标准 1368 项、国际标准 284 项。

（三）标准信息的更新

（1）对体系表中的标准信息进行逐一核对，完善了实施日期、代替标准等关键信息；

（2）对 2020 版体系表新增的 894 项技术标准逐一添加了阶段、分阶段、专业、分专业等字段，以便生成按照环节和专业分类的技术标准体系资产全生命周期映射表；

（3）标准体系专家评审提出标准信息更新建议经筛选采纳 550 条，主要涉及体系分类位置调整、阶段、分阶段、专业、分专业等字段的更新等。

（四）体系映射表的生成

为加强公司技术标准体系对资产全生命周期管理的支撑作用，根据体系表形成了按照环节和专业分类的《南方电网公司技术标准体系资产全生命周期映射表（2021 版）》，含标准共计 47056 项，供技术和管理人员快速查阅和使用。

为了有效支撑公司数字化转型工作的开展，根据体系表形成了涵盖技术基础、电力设备、信息传输、数据平台、业务应用、网络安全等领域的《南方电网公司技术标准体系适应数字化发展的映射表（2021 版）》，含标准共计 7572 项，支撑公司数字电网建设。

（五）编制历程

（1）2020 年 12 月，通过自查（原文翻阅、网站查询）和外检（第三方有效性确认报告）梳理出公司技术标准体系表（2020 版）废止共计 27 项，修订项 142 项；

（2）2020 年全年，共查阅了 15 个网站、检索了 204 个公告，收集 2020 年发布的国家、行业、团体标准共 5395 项，经对上述标准进行筛选后建议收录 1116 项（新增 797 项，修订 219 项）；

（3）2021 年 1 月搜集 2020 年全年发布的企业技术标准 87 项（新增 84 项，修订 3 项），全部收录至体系中；

（4）2021 年 1 月在公司技术标准信息平台中导出用户 2020 年提交技术标准原文传递申请 1763 项，经过筛选，建议收录 13 项；

（5）2021 年 2 月开始，根据上述成果，对公司技术标准体系表（2020 版）进行修编；

（6）2021 年 3 月，对体系表中的标准信息进行逐一核对，完善了实施日期、代替标准等关键信息；同时，对新纳入体系的 894 项技术标准逐一添加了阶段、分阶段、专业、分专业等字段，形成公司技术标准体系表（2021 版）；

（7）2021 年 3 月，根据公司标准化管理和体系使用情况，将利用率不高但日常工作有一定参考价值的标准共计 3651 项统一移至标准参考库中，形成了《南方电网公司技术标准参考库（2021 版）》；

（8）2021 年 3 月，根据体系表形成了按照环节和专业分类的《南方电网公司技术标准体系资产全生命周期映射表（2021 版）》，方便技术和管理人员快速查询和使用；

（9）2021 年 3 月，根据体系表形成了涵盖技术基础、电力设备、信息传输、数据平台、业务应用、网络安全等领域的《南方电网公司技术标准体系适应数字化发展的映射表（2021 版）》；

（10）2021 年 4 月，体系表、参考库和映射表面向全网公开征求意见，共搜集各单位反馈意见 5 条，经筛选采纳 2 条，部分采纳 1 条，不采纳的 2 条已逐项答复；

（11）2021 年 5 月，生技部组织召开标准体系专家评审会，分规划建设、运行控制、安全监管、运维检修、电力营销、数字化与辅助支持六个专业组，邀请七十余名网内外专家对体系送审稿进行评审，评审意见经筛选采纳 550 条，并按意见修改完善形成报批稿。

九、其他

1. 公司技术标准体系表（2021 版）内的标准分为强制性标准和推荐性标准，强制性标准必须严格遵照执行，推荐性标准可参考执行。强制性标准包括国家发布的强制性标准和南方电网公司的企业标准。

2. 在标准执行过程中，当某些技术标准条款发生冲突时，需上报技术标准化委员会，经技术标准化委员会办公室邀请专家讨论并出具执行意见后方可执行。

十、南方电网公司技术标准体系明细表（2021版）

体系结构号	标准编号	标准名称	标准级别	实施日期	与国际标准对应关系	代替标准	阶段	分阶段	专业	分专业
101 标准化工作导则										
101-1	Q/CSG 1101001—2015	南方电网公司技术标准评价要素及评价方法	企标	2015.12.15			标准化工作导则			
101-2	T/CEC 181—2018	电力企业标准化工作 评价与改进	团标	2018.9.1			标准化工作导则			
101-3	DL/T 485—2018	电力企业标准体系表编制导则	行标	2018.7.1		DL/T 485—2012	标准化工作导则			
101-4	DL/T 800—2018	电力企业标准编写导则	行标	2018.7.1		DL/T 800—2012	标准化工作导则			
101-5	DL/T 847—2004	供电企业质量管理体系文件编写导则	行标	2004.6.1			标准化工作导则			
101-6	DLGJ 142—1998	电力勘测设计标准化管理办法	行标	1998.6.5			标准化工作导则			
101-7	SL 1—2014	水利技术标准编写规定	行标	2014.10.3		SL 1—2002	标准化工作导则			
101-8	GA/T 1183—2014	数据交换格式标准编写要求	行标	2014.9.28			标准化工作导则			
101-9	GA/T 1293—2016	应用软件接口标准编写技术要素	行标	2016.5.11			标准化工作导则			
101-10	GB/T 1.1—2020	标准化工作导则 第1部分：标准化文件的结构和起草规则	国标	2020.10.1	ISO/IEC Directives Part 2, 2018	GB/T 1.1—2009	标准化工作导则			
101-11	GB/T 3533.1—2017	标准化效益评价 第1部分：经济效益评价通则	国标	2017.12.1		GB/T 3533.1—2009	标准化工作导则			
101-12	GB/T 3533.2—2017	标准化效益评价 第2部分：社会效益评价通则	国标	2017.12.1			标准化工作导则			
101-13	GB/T 3533.3—1984	评价和计算标准化经济效果数据资料的收集和处理方法	国标	1985.10.1			标准化工作导则			
101-14	GB/T 10112—2019	术语工作 原则与方法	国标	2020.3.1	ISO/DIS 704：1997，NEQ	GB/T 10112—1999	标准化工作导则			

体系结构号	标准编号	标准名称	标准级别	实施日期	与国际标准对应关系	代替标准	阶段	分阶段	专业	分专业
101-15	GB/T 12366—2009	综合标准化工作指南	国标	2009.11.1		GB 12366.1—1990；GB 12366.2—1990；GB 12366.3—1990；GB 12366.4—1991	标准化工作导则			
101-16	GB/T 13016—2018	标准体系构建原则和要求	国标	2018.9.1		GB/T 13016—2009	标准化工作导则			
101-17	GB/T 13017—2018	企业标准体系表编制指南	国标	2018.9.1		GB/T 13017—2008	标准化工作导则			
101-18	GB/T 15496—2017	企业标准体系　要求	国标	2018.7.1		GB/T 15496—2003	标准化工作导则			
101-19	GB/T 15497—2017	企业标准体系　产品实现	国标	2018.7.1		GB/T 15497—2003	标准化工作导则			
101-20	GB/T 15498—2017	企业标准体系　基础保障	国标	2018.7.1		GB/T 15498—2003	标准化工作导则			
101-21	GB/T 15624—2011	服务标准化工作指南	国标	2012.4.1		GB/T 15624.1—2003	标准化工作导则			
101-22	GB/Z 18509—2016	电磁兼容　电磁兼容标准起草导则	国标	2016.9.1	IEC GUIDE 107：2009	GB/Z 18509—2001	标准化工作导则			
101-23	GB/T 19273—2017	企业标准化工作　评价与改进	国标	2018.7.1		GB/T 19273—2003	标准化工作导则			
101-24	GB/T 19678.1—2018	使用说明的编制　构成、内容和表示方法　第1部分：通则和详细要求	国标	2019.7.1		GB/T 19678—2005	标准化工作导则			
101-25	GB/T 20000.1—2014	标准化工作指南　第1部分：标准化和相关活动的通用术语	国标	2015.6.1	ISO/IEC Guide 2：2004，MOD	GB/T 20000.1—2002	标准化工作导则			
101-26	GB/T 20000.2—2009	标准化工作指南　第2部分：采用国际标准	国标	2010.1.1	ISO/IEC Guide 21-1：2005，MOD	GB/T 20000.2—2001	标准化工作导则			
101-27	GB/T 20000.3—2014	标准化工作指南　第3部分：引用文件	国标	2015.6.1		GB/T 20000.3—2003	标准化工作导则			
101-28	GB/T 20000.6—2006	标准化工作指南　第6部分：标准化良好行为规范	国标	2006.12.1	ISO/IEC Guide 59：1994，MOD		标准化工作导则			

体系结构号	标准编号	标准名称	标准级别	实施日期	与国际标准对应关系	代替标准	阶段	分阶段	专业	分专业
101-29	GB/T 20000.8—2014	标准化工作指南 第8部分：阶段代码系统的使用原则和指南	国标	2015.6.1	ISO Guide 69：1999		标准化工作导则			
101-30	GB/T 20000.9—2014	标准化工作指南 第9部分：采用其他国际标准化文件	国标	2015.6.1	ISO/IEC Guide 21-2：2005		标准化工作导则			
101-31	GB/T 20000.10—2016	标准化工作指南 第10部分：国家标准的英文译本翻译通则	国标	2017.3.1			标准化工作导则			
101-32	GB/T 20000.11—2016	标准化工作指南 第11部分：国家标准的英文译本通用表述	国标	2017.3.1			标准化工作导则			
101-33	GB/T 20001.1—2001	标准编写规则 第1部分：术语	国标	2002.3.1	ISO 10241：1992，NEQ	GB/T 1.6—1997	标准化工作导则			
101-34	GB/T 20001.2—2015	标准编写规则 第2部分：符号标准	国标	2016.1.1		GB/T 20001.2—2001	标准化工作导则			
101-35	GB/T 20001.3—2015	标准编写规则 第3部分：分类标准	国标	2016.1.1		GB/T 20001.3—2001	标准化工作导则			
101-36	GB/T 20001.4—2015	标准编写规则 第4部分：试验方法标准	国标	2016.1.1		GB/T 20001.4—2001	标准化工作导则			
101-37	GB/T 20001.5—2017	标准编写规则 第5部分：规范标准	国标	2018.4.1			标准化工作导则			
101-38	GB/T 20001.6—2017	标准编写规则 第6部分：规程标准	国标	2018.4.1			标准化工作导则			
101-39	GB/T 20001.7—2017	标准编写规则 第7部分：指南标准	国标	2018.4.1			标准化工作导则			
101-40	GB/T 20001.10—2014	标准编写规则 第10部分：产品标准	国标	2015.6.1			标准化工作导则			
101-41	GB/T 20002.3—2014	标准中特定内容的起草 第3部分：产品标准中涉及环境的内容	国标	2015.6.1	ISO Guide 64：2008，MOD	GB/T 20000.5—2004	标准化工作导则			
101-42	GB/T 20002.4—2015	标准中特定内容的起草 第4部分：标准中涉及安全的内容	国标	2016.1.1	ISO/IEC Guide 51：2004，MOD	GB/T 20000.4—2003	标准化工作导则			

体系结构号	标准编号	标准名称	标准级别	实施日期	与国际标准对应关系	代替标准	阶段	分阶段	专业	分专业
101-43	GB/T 20003.1—2014	标准制定的特殊程序 第1部分：涉及专利的标准	国标	2014.5.1			标准化工作导则			
101-44	GB/T 20004.1—2016	团体标准化 第1部分：良好行为指南	国标	2016.4.25			标准化工作导则			
101-45	GB/T 20004.2—2018	团体标准化 第2部分：良好行为评价指南	国标	2019.2.1			标准化工作导则			
101-46	GB/T 22373—2008	标准文献元数据	国标	2009.1.1			标准化工作导则			
101-47	GB/T 33719—2017	标准中融入可持续性的指南	国标	2017.12.1	ISO GUIDE 82：2014		标准化工作导则			
101-48	GB/Z 33750—2017	物联网 标准化工作指南	国标	2017.12.1			标准化工作导则			
101-49	GB/T 34654—2017	电工术语标准编写规则	国标	2018.4.1			标准化工作导则			
101-50	GB/T 35778—2017	企业标准化工作 指南	国标	2018.7.1			标准化工作导则			
101-51	GB/T 37967—2019	基于XML的国家标准结构化置标框架	国标	2020.3.1			标准化工作导则			
102 通用技术语言标准										
——术语										
102-1	T/CEC 303—2020	架空输电线路基础基本术语	团标	2020.10.1			通用技术语言标准			
102-2	T/CEC 304—2020	架空输电线路杆塔基本术语	团标	2020.10.1			通用技术语言标准			
102-3	DL/T 419—2015	电力用油名词术语	行标	2015.9.1		DL/T 419—1991	通用技术语言标准			
102-4	DL/T 575.1—1999	控制中心人机工程设计导则 第1部分：术语及定义	行标	2000.7.1			通用技术语言标准			
102-5	DL/T 701—2012	火力发电厂热工自动化术语	行标	2012.7.1		DL/T 701—1999	通用技术语言标准			
102-6	DL/Z 860.2—2006	变电站通信网络和系统 第2部分：术语	行标	2006.10.1	IEC/TS 61850-2：2003，IDT		通用技术语言标准			

体系 结构号	标准编号	标准名称	标准 级别	实施日期	与国际标准 对应关系	代替标准	阶段	分阶段	专业	分专业
102-7	DL/Z 890.2—2010	能量管理系统应用程序接口 （EMS-API）第2部分：术语	行标	2010.5.24	IEC 61970-2 IS： 2004，IDT		通用技术语 言标准			
102-8	DL/T 958—2014	名词术语 电力燃料	行标	2014.8.1		DL/T 958—2005	通用技术语 言标准			
102-9	DL/T 1033.1—2016	电力行业词汇 第1部分： 动力工程	行标	2016.12.1		DL/T 1033.1—2006	通用技术语 言标准			
102-10	DL/T 1033.2—2006	电力行业词汇 第2部分： 电力系统	行标	2007.5.1			通用技术语 言标准			
102-11	DL/T 1033.3—2014	电力行业词汇 第3部分： 发电厂、水力发电	行标	2015.3.1		DL/T 1033.3—2006	通用技术语 言标准			
102-12	DL/T 1033.4—2016	电力行业词汇 第4部分： 火力发电	行标	2016.12.1		DL/T 1033.4—2006	通用技术语 言标准			
102-13	DL/T 1033.5—2014	电力行业词汇 第5部分： 核能发电	行标	2015.3.1		DL/T 1033.5—2006	通用技术语 言标准			
102-14	DL/T 1033.6—2014	电力行业词汇 第6部分： 新能源发电	行标	2015.3.1		DL/T 1033.6—2006	通用技术语 言标准			
102-15	DL/T 1033.7—2006	电力行业词汇 第7部分： 输电系统	行标	2007.5.1			通用技术语 言标准			
102-16	DL/T 1033.8—2006	电力行业词汇 第8部分： 供电和用电	行标	2007.5.1			通用技术语 言标准			
102-17	DL/T 1033.9—2006	电力行业词汇 第9部分： 电网调度	行标	2007.5.1			通用技术语 言标准			
102-18	DL/T 1033.10—2016	电力行业词汇 第10部分： 电力设备	行标	2016.12.1		DL/T 1033.10—2006	通用技术语 言标准			
102-19	DL/T 1033.11—2014	电力行业词汇 第11部分： 事故、保护、安全和可靠性	行标	2015.3.1		DL/T 1033.11—2006	通用技术语 言标准			
102-20	DL/T 1033.12—2006	电力行业词汇 第12部分： 电力市场	行标	2007.5.1			通用技术语 言标准			
102-21	DL/Z 1080.2—2018	电力企业应用集成 配电管 理系统接口 第2部分：术语	行标	2019.5.1		DL/Z 1080.2—2007	通用技术语 言标准			
102-22	DL/T 1171—2012	电网设备通用数据模型命名 规范	行标	2012.12.1			通用技术语 言标准			

体系结构号	标准编号	标准名称	标准级别	实施日期	与国际标准对应关系	代替标准	阶段	分阶段	专业	分专业
102-23	DL/T 1193—2012	柔性输电术语	行标	2012.12.1			通用技术语言标准			
102-24	DL/T 1194—2012	电能质量术语	行标	2012.12.1			通用技术语言标准			
102-25	DL/T 1252—2013	输电杆塔命名规则	行标	2014.4.1			通用技术语言标准			
102-26	DL/T 1365—2014	名词术语 电力节能	行标	2015.3.1			通用技术语言标准			
102-27	DL/T 1499—2016	电力应急术语	行标	2016.6.1			通用技术语言标准			
102-28	DL/T 1624—2016	电力系统厂站和主设备命名规范	行标	2017.5.1		SD 240—1987	通用技术语言标准			
102-29	NB/T 10097—2018	地热能术语	行标	2019.3.1			通用技术语言标准			
102-30	NB/T 10193—2019	固体氧化物燃料电池 术语	行标	2019.10.1			通用技术语言标准			
102-31	NB/T 33028—2018	电动汽车充放电设施术语	行标	2018.7.1			通用技术语言标准			
102-32	NB/T 42010—2013	往复式内燃燃气发电机组术语	行标	2014.4.1			通用技术语言标准			
102-33	SL 26—2012	水利水电工程技术术语	行标	2012.4.20		SL 26—1992	通用技术语言标准			
102-34	JB/T 8156—2013	换向器和集电环术语	行标	2014.7.1		JB/T 8156—1999	通用技术语言标准			
102-35	YD/T 1034—2013	接入网名词术语	行标	2014.1.1		YD/T 1034—2000	通用技术语言标准			
102-36	YD/T 1080—2018	数字蜂窝移动通信名词术语	行标	2019.4.1		YD/T 1080—2000	通用技术语言标准			
102-37	YD/T 1765—2008	通信安全防护名词术语	行标	2008.7.1			通用技术语言标准			
102-38	YD/T 2592—2013	身份管理（IdM）术语	行标	2013.7.22			通用技术语言标准			

体系结构号	标准编号	标准名称	标准级别	实施日期	与国际标准对应关系	代替标准	阶段	分阶段	专业	分专业
102-39	YD/T 2960—2015	移动互联网术语	行标	2016.1.1			通用技术语言标准			
102-40	YD/T 3203—2016	网络电子身份标识 eID 术语和定义	行标	2017.1.1			通用技术语言标准			
102-41	SJ/T 11468—2014	电子电气产品有害物质限制使用 术语	行标	2015.4.1			通用技术语言标准			
102-42	SJ 1618—1980	温差发电器名词术语	行标	1981.1.1			通用技术语言标准			
102-43	JGJ/T 84—2015	岩土工程勘察术语标准	行标	2015.9.1		JGJ 84—95	通用技术语言标准			
102-44	DA/T 58—2014	电子档案管理基本术语	行标	2015.8.1			通用技术语言标准			
102-45	JJF 1022—2014	计量标准命名与分类编码	国标	2014.7.23		JJF 1022—1991	通用技术语言标准			
102-46	GB/T 2422—2012	环境试验 试验方法编写导则 术语和定义	国标	2013.2.1	IEC 60068-5-2：1990，IDT	GB/T 2422—1995	通用技术语言标准			
102-47	GB/T 2900.1—2008	电工术语 基本术语	国标	2009.5.1	IEC 60050-101：1998，REF	GB/T 2900.1—1992	通用技术语言标准			
102-48	GB/T 2900.4—2008	电工术语 电工合金	国标	2009.5.1		GB/T 2900.4—1994	通用技术语言标准			
102-49	GB/T 2900.5—2013	电工术语 绝缘固体、液体和气体	国标	2014.4.9	IEC 60050-212：2010，IDT	GB/T 2900.5—2002	通用技术语言标准			
102-50	GB/T 2900.7—1996	电工术语 电炭	国标	1997.7.1		GB 2900.7—1984	通用技术语言标准			
102-51	GB/T 2900.8—2009	电工术语 绝缘子	国标	2009.11.1	IEC 60050-471：2007，IDT	GB/T 2900.8—1995	通用技术语言标准			
102-52	GB/T 2900.10—2013	电工术语 电缆	国标	2014.4.9		GB/T 2900.10—2001	通用技术语言标准			
102-53	GB/T 2900.12—2008	电工术语 避雷器、低压电涌保护器及元件	国标	2008.9.1	IEC PAS 60099-7：2004，REF	GB/T 2900.12—1989	通用技术语言标准			

体系结构号	标准编号	标准名称	标准级别	实施日期	与国际标准对应关系	代替标准	阶段	分阶段	专业	分专业
102-54	GB/T 2900.16—1996	电工术语 电力电容器	国标	1997.7.1	IEC 60050（421）：1990，NEQ	GB 2900.16—1983	通用技术语言标准			
102-55	GB/T 2900.17—2009	电工术语 量度继电器	国标	2009.11.1	IEC/TC 1/2033/CDV，REF	GB/T 2900.17—1994	通用技术语言标准			
102-56	GB/T 2900.18—2008	电工术语 低压电器	国标	2009.1.1	IEC 60050-441：1984，REF	GB/T 2900.18—1992	通用技术语言标准			
102-57	GB/T 2900.19—1994	电工术语 高电压试验技术和绝缘配合	国标	1995.1.1	IEC 60，REF；IEC 50，REF；IEC 71，REF	GB 2900.19—1982	通用技术语言标准			
102-58	GB/T 2900.20—2016	电工术语 高压开关设备和控制设备	国标	2016.9.1	IEC 60050（441）：1984	GB/T 2900.20—1994	通用技术语言标准			
102-59	GB/T 2900.22—2005	电工名词术语 电焊机	国标	2006.4.1		GB/T 2900.22—1985	通用技术语言标准			
102-60	GB/T 2900.25—2008	电工术语 旋转电机	国标	2009.1.1	IEC 60050-411-amd 1：2007，IDT；IEC 60050-411：1996，IDT	GB/T 2900.25—1994	通用技术语言标准			
102-61	GB/T 2900.26—2008	电工术语 控制电机	国标	2009.4.1		GB/T 2900.26—1994	通用技术语言标准			
102-62	GB/T 2900.28—2007	电工术语 电动工具	国标	2007.9.1		GB/T 2900.28—1994	通用技术语言标准			
102-63	GB/T 2900.32—1994	电工术语 电力半导体器件	国标	1995.1.1	IEC 50（521），REF；IEC 747，REF	GB 2900.32—1982	通用技术语言标准			
102-64	GB/T 2900.33—2004	电工术语 电力电子技术	国标	2004.12.1	IEC 60050-551：1998，IDT；IEC 60050-551-20：2001，IDT	GB/T 2900.33—1993	通用技术语言标准			
102-65	GB/T 2900.35—2008	电工术语 爆炸性环境用设备	国标	2009.5.1	IEC 60050-426：2008，IDT	GB/T 2900.35—1998	通用技术语言标准			
102-66	GB/T 2900.36—2003	电工术语 电力牵引	国标	2003.10.1	IEC 60050（811）：1991，MOD	GB 3367.10—1984；GB 3367.9—1984；GB 2900.36—1996	通用技术语言标准			

体系结构号	标准编号	标准名称	标准级别	实施日期	与国际标准对应关系	代替标准	阶段	分阶段	专业	分专业
102-67	GB/T 2900.39—2009	电工术语 电机、变压器专用设备	国标	2009.11.1		GB/T 2900.39—1994	通用技术语言标准			
102-68	GB/T 2900.40—1985	电工名词术语 电线电缆专用设备	国标	1986.2.1			通用技术语言标准			
102-69	GB/T 2900.41—2008	电工术语 原电池和蓄电池	国标	2009.5.1	IEC 60050(482):2003，IDT	GB 2900.11—1988；GB 2900.62—2003	通用技术语言标准			
102-70	GB/T 2900.49—2004	电工术语 电力系统保护	国标	2004.12.1	IEC 60050-448:1995，IDT	GB/T 2900.49—1994	通用技术语言标准			
102-71	GB/T 2900.50—2008	电工术语 发电、输电及配电 通用术语	国标	2009.5.1	IEC 60050-601:1985，MOD	GB/T 2900.50—1998	通用技术语言标准			
102-72	GB/T 2900.51—1998	电工术语 架空线路	国标	1999.6.1	IEC 60050(466):1990，IDT		通用技术语言标准			
102-73	GB/T 2900.52—2008	电工术语 发电、输电及配电 发电	国标	2009.5.1	IEC 60050-602:1983，MOD	GB/T 2900.52—2000	通用技术语言标准			
102-74	GB/T 2900.53—2001	电工术语 风力发电机组	国标	2002.4.1	IEC 60050-415:1999，IDT		通用技术语言标准			
102-75	GB/T 2900.54—2002	电工术语 无线电通信：发射机、接收机、网络和运行	国标	2002.8.1	IEC 60050-713:1998，IDT		通用技术语言标准			
102-76	GB/T 2900.55—2016	电工术语 带电作业	国标	2016.11.1	IEC 60050-651:2014，IDT	GB/T 2900.55—2002	通用技术语言标准			
102-77	GB/T 2900.56—2008	电工术语 控制技术	国标	2009.5.1	IEC 60050-351:2006，IDT	GB/T 2900.56—2002	通用技术语言标准			
102-78	GB/T 2900.57—2008	电工术语 发电、输电及配电 运行	国标	2009.5.1	IEC 60050-604:1987，MOD	GB/T 2900.57—2002	通用技术语言标准			
102-79	GB/T 2900.58—2008	电工术语 发电、输电及配电 电力系统规划和管理	国标	2009.5.1	IEC 60050-603:1986，MOD	GB/T 2900.58—2002	通用技术语言标准			
102-80	GB/T 2900.59—2008	电工术语 发电、输电及配电 变电站	国标	2009.5.1	IEC 60050-605:1983，MOD	GB/T 2900.59—2002	通用技术语言标准			
102-81	GB/T 2900.63—2003	电工术语 基础继电器	国标	2003.6.1	IEC 60050-444:2002，IDT		通用技术语言标准			
102-82	GB/T 2900.64—2013	电工术语 时间继电器	国标	2014.4.9	IEC 60050-445:2010，IDT	GB/T 2900.64—2003	通用技术语言标准			

体系结构号	标准编号	标准名称	标准级别	实施日期	与国际标准对应关系	代替标准	阶段	分阶段	专业	分专业
102-83	GB/T 2900.65—2004	电工术语　照明	国标	2004.12.1	IEC 60050（845）：1987，MOD	GB/T 7451—1987	通用技术语言标准			
102-84	GB/T 2900.66—2004	电工术语　半导体器件和集成电路	国标	2004.12.1	IEC 60050-521：2002，IDT		通用技术语言标准			
102-85	GB/T 2900.68—2005	电工术语　电信网、电信业务和运行	国标	2006.6.1	IEC 60050-715：1996，IDT		通用技术语言标准			
102-86	GB/T 2900.69—2005	电工术语　综合业务数字网（ISDN）第1部分：总则	国标	2006.6.1	IEC 60050-716-1：1995，IDT		通用技术语言标准			
102-87	GB/T 2900.72—2008	电工术语　多相系统与多相电路	国标	2009.1.1	IEC 60050-141：2004，IDT		通用技术语言标准			
102-88	GB/T 2900.73—2008	电工术语　接地与电击防护	国标	2009.1.1	IEC 60050-195：1998，MOD		通用技术语言标准			
102-89	GB/T 2900.74—2008	电工术语　电路理论	国标	2009.1.1	IEC 60050-131：2002，MOD		通用技术语言标准			
102-90	GB/T 2900.77—2008	电工术语　电工电子测量和仪器仪表　第1部分：测量的通用术语	国标	2009.5.1	IEC 60050（300-311）：2001，IDT		通用技术语言标准			
102-91	GB/T 2900.79—2008	电工术语　电工电子测量和仪器仪表　第3部分：电测量仪器仪表的类型	国标	2009.5.1	IEC 60050（300-313）：2001，IDT		通用技术语言标准			
102-92	GB/T 2900.83—2008	电工术语　电的和磁的器件	国标	2009.5.1	IEC 60050-151：2001，IDT		通用技术语言标准			
102-93	GB/T 2900.84—2009	电工术语　电价	国标	2009.11.1	IEC 60050-691：1973，MOD		通用技术语言标准			
102-94	GB/T 2900.86—2009	电工术语　声学和电声学	国标	2009.11.1	IEC 60050-801：1994，IDT		通用技术语言标准			
102-95	GB/T 2900.87—2011	电工术语　电力市场	国标	2011.12.1	IEC 60050-617：2009，IDT		通用技术语言标准			
102-96	GB/T 2900.88—2011	电工术语　超声学	国标	2011.12.1	IEC 60050-802：2011，IDT		通用技术语言标准			
102-97	GB/T 2900.89—2012	电工术语　电工电子测量和仪器仪表　第2部分：电测量的通用术语	国标	2012.9.1	IEC 60050（300-312）：2001，IDT		通用技术语言标准			

续表

体系结构号	标准编号	标准名称	标准级别	实施日期	与国际标准对应关系	代替标准	阶段	分阶段	专业	分专业
102-98	GB/T 2900.90—2012	电工术语 电工电子测量和仪器仪表 第4部分：各类仪表的特殊术语	国标	2012.9.1	IEC 60050（300-314）：2001，IDT		通用技术语言标准			
102-99	GB/T 2900.91—2015	电工术语 量和单位	国标	2016.4.1	IEC 60050-112：2010，IDT		通用技术语言标准			
102-100	GB/T 2900.93—2015	电工术语 电物理学	国标	2016.4.1	IEC 60050-113：2010，IDT		通用技术语言标准			
102-101	GB/T 2900.94—2015	电工术语 互感器	国标	2016.4.1	IEC 60050-321：1986，NEQ	部分代替：GB/T 2900.15—1997	通用技术语言标准			
102-102	GB/T 2900.95—2015	电工术语 变压器、调压器和电抗器	国标	2016.4.1	IEC 60050-421：1990，NEQ	部分代替：GB/T 2900.15—1997	通用技术语言标准			
102-103	GB/T 2900.96—2015	电工术语 计算机网络技术	国标	2016.4.1	IEC 60050-732：2010，IDT		通用技术语言标准			
102-104	GB/T 2900.98—2016	电工术语 电化学	国标	2016.11.1	IEC 60050-114：2014，IDT		通用技术语言标准			
102-105	GB/T 2900.99—2016	电工术语 可信性	国标	2017.7.1	IEC 60050-192：2015	部分代替：GB/T 2900.13—2008	通用技术语言标准			
102-106	GB/T 2900.100—2017	电工术语 超导电性	国标	2018.5.1	IEC 60050-815：2015	GB/T 13811—2003	通用技术语言标准			
102-107	GB/T 2900.101—2017	电工术语 风险评估	国标	2018.5.1	IEC 60050-903：2013		通用技术语言标准			
102-108	GB/T 3375—1994	焊接术语	国标	1995.5.1		GB 3375—1982	通用技术语言标准			
102-109	GB/T 4210—2015	电工术语 电子设备用机电元件	国标	2016.4.1	IEC 60050-581：2008，IDT	GB/T 4210—2001	通用技术语言标准			
102-110	GB/T 4365—2003	电工术语 电磁兼容	国标	2003.5.1	IEC 60050-161：1990，IDT	GB/T 4365—1995	通用技术语言标准			
102-111	GB/T 4776—2017	电气安全术语	国标	2018.2.1		GB/T 4776—2008	通用技术语言标准			
102-112	GB/T 4894—2009	信息与文献 术语	国标	2010.2.1	ISO 5127：2001，MOD	GB/T 4894—1985；GB/T 13143—1991	通用技术语言标准			
102-113	GB/T 5075—2016	电力金具名词术语	国标	2016.11.1		GB/T 5075—2001	通用技术语言标准			

体系结构号	标准编号	标准名称	标准级别	实施日期	与国际标准对应关系	代替标准	阶段	分阶段	专业	分专业
102-114	GB/T 5169.1—2015	电工电子产品着火危险试验 第 1 部分：着火试验术语	国标	2016.2.1	IEC 60695-4：2012，IDT	GB/T 5169.1—2007	通用技术语言标准			
102-115	GB/T 5271.1—2000	信息技术 词汇 第 1 部分：基本术语	国标	2001.3.1	ISO/IEC 2382-1：1993，EQV	GB/T 5271.1—1985	通用技术语言标准			
102-116	GB/T 5698—2001	颜色术语	国标	2001.12.1	ISO 7967-5：2010 IDT	GB 5698—1985	通用技术语言标准			
102-117	GB/T 5907.2—2015	消防词汇 第 2 部分：火灾预防	国标	2015.8.1			通用技术语言标准			
102-118	GB/T 5907.4—2015	消防词汇 第 4 部分：火灾调查	国标	2015.8.1			通用技术语言标准			
102-119	GB/T 5907.5—2015	消防词汇 第 5 部分：消防产品	国标	2015.8.1		GB/T 4718—2006；GB/T 16283—1996	通用技术语言标准			
102-120	GB/T 8582—2008	电工电子设备机械结构术语	国标	2009.4.1		GB/T 8582—2000	通用技术语言标准			
102-121	GB/T 9637—2001	电工术语 磁性材料与元件	国标	2002.8.1	IEC 60050（221）：1990，EQV	GB/T 9637—1988	通用技术语言标准			
102-122	GB/T 10113—2003	分类与编码通用术语	国标	2003.12.1		GB/T 10113—1988	通用技术语言标准			
102-123	GB/T 11457—2006	信息技术 软件工程术语	国标	2006.7.1		GB/T 11457—1995	通用技术语言标准			
102-124	GB/T 11464—2013	电子测量仪器术语	国标	2014.7.15		GB/T 11464—1989	通用技术语言标准			
102-125	GB/T 11804—2005	电工电子产品环境条件 术语	国标	2005.8.1		GB/T 11804—1989	通用技术语言标准			
102-126	GB/T 12604.9—2008	无损检测 术语 红外检测	国标	2009.5.1		GB/T 12604.9—1996	通用技术语言标准			
102-127	GB/T 12604.11—2015	无损检测 术语 X 射线数字成像检测	国标	2015.10.1			通用技术语言标准			
102-128	GB/T 12643—2013	机器人与机器人装备 词汇	国标	2014.3.15	ISO 8373—2012，IDT		通用技术语言标准			

体系结构号	标准编号	标准名称	标准级别	实施日期	与国际标准对应关系	代替标准	阶段	分阶段	专业	分专业
102-129	GB/T 12903—2008	个体防护装备术语	国标	2009.10.1		GB/T 12903—1991	通用技术语言标准			
102-130	GB/T 12905—2019	条码术语	国标	2019.10.1	BS EN 1556：1998，REF	GB/T 12905—2000	通用技术语言标准			
102-131	GB/T 13400.1—2012	网络计划技术　第 1 部分：常用术语	国标	2013.6.1		GB/T 13400.1—1992	通用技术语言标准			
102-132	GB/T 13361—2012	技术制图通用术语	国标	2012.12.1		GB/T 13361—1992	通用技术语言标准			
102-133	GB/T 13498—2017	高压直流输电术语	国标	2018.7.1	IEC 60633：2015	GB/T 13498—2007	通用技术语言标准			
102-134	GB/T 13622—2012	无线电管理术语	国标	2012.10.1		GB/T 13622—1992	通用技术语言标准			
102-135	GB/T 13725—2019	建立术语数据库的一般原则与方法	国标	2020.3.1		GB/T 13725—2001	通用技术语言标准			
102-136	GB/T 13966—2013	分析仪器术语	国标	2014.6.1		GB/T 13966—1992	通用技术语言标准			
102-137	GB/T 13983—1992	仪器仪表基本术语	国标	1993.7.1			通用技术语言标准			
102-138	GB/T 14002—2008	劳动定员定额术语	国标	2008.7.1		GB/T 14002—1992	通用技术语言标准			
102-139	GB/T 14286—2008	带电作业工具设备术语	国标	2009.8.1	IEC 60743：2001，MOD	GB/T 14286—2002	通用技术语言标准			
102-140	GB/Z 14429—2005	远动设备及系统　第 1-3 部分：总则　术语	国标	2005.12.1	IEC TR3 60870-1-3：1997，IDT	GB/T 14429—1993	通用技术语言标准			
102-141	GB/T 14498—1993	工程地质术语	国标	1994.3.1			通用技术语言标准			
102-142	GB/T 14733.1—1993	电信术语　电信、信道和网	国标	1994.8.1	IEV 701，IDT		通用技术语言标准			
102-143	GB/T 14733.4—2012	电信术语　电信中的交换和信令	国标	2013.2.1	IEC 60050（714）：1992，IDT	GB/T 14733.4—1993	通用技术语言标准			

体系结构号	标准编号	标准名称	标准级别	实施日期	与国际标准对应关系	代替标准	阶段	分阶段	专业	分专业
102-144	GB/T 14733.6—2005	电信术语 空间无线电通信	国标	2006.6.1	IEC 60050-725：1994，IDT	GB/T 14733.6—1993	通用技术语言标准			
102-145	GB/T 14733.11—2008	电信术语 传输	国标	2009.3.1	IEC 60050（704）：1993，IDT	GB/T 14733.11—1993	通用技术语言标准			
102-146	GB/T 14733.12—2008	电信术语 光纤通信	国标	2009.3.1	IEC 60050（731）：1991，IDT	GB/T 14733.12—1993	通用技术语言标准			
102-147	GB/T 15166.1—2019	交流高压熔断器 第1部分：术语	国标	2020.1.1	IEC 50：1984，REF；IEC 291A：1975，REF；IEC 291：1969，REF；IEC 282-2：1970，REF；IEC 282-1：1985，REF；	GB/T 15166.1—1994	通用技术语言标准			
102-148	GB/T 15463—2018	静电安全术语	国标	2019.1.1		GB/T 15463—2008	通用技术语言标准			
102-149	GB/T 15565—2020	图形符号术语	国标	2020.10.1		GB/T 15565.1—2008；GB/T 15565.2—2008	通用技术语言标准			
102-150	GB/T 16832—2012	国际贸易单证用格式设计基本样式	国标	2012.11.1	ISO 8439：1990，MOD	GB/T 16832—1997	通用技术语言标准			
102-151	GB/T 17532—2005	术语工作 计算机应用 词汇	国标	2005.12.1	ISO 1087-2：2000，MOD	GB/T 17532—1998	通用技术语言标准			
102-152	GB/T 17624.1—1998	电磁兼容综述电磁兼容基本术语和定义的应用与解释	国标	1999.1.2	IEC 61000-1-1：1991，IDT		通用技术语言标准			
102-153	GB/T 17694—2009	地理信息 术语	国标	2009.10.1	ISO/TS 19104：2008，IDT	GB/T 17694—1999	通用技术语言标准			
102-154	GB/T 18811—2012	电子商务基本术语	国标	2012.11.1	UN/CEFACT 3.0，IDT	GB/T 18811—2002	通用技术语言标准			
102-155	GB/T 19000—2016	质量管理体系 基础和术语	国标	2017.7.1	ISO 9000：2005，IDT	GB/T 19000—2008	通用技术语言标准			
102-156	GB/T 19099—2003	术语标准化项目管理指南	国标	2003.12.1	ISO 15188：2001，MOD		通用技术语言标准			

体系结构号	标准编号	标准名称	标准级别	实施日期	与国际标准对应关系	代替标准	阶段	分阶段	专业	分专业
102-157	GB/T 19100—2003	术语工作 概念体系的建立	国标	2003.12.1			通用技术语言标准			
102-158	GB/T 19101—2003	建立术语语料库的一般原则与方法	国标	2003.12.1			通用技术语言标准			
102-159	GB/T 19596—2017	电动汽车术语	国标	2018.5.1		GB/T 19596—2004	通用技术语言标准			
102-160	GB/T 19663—2005	信息系统雷电防护术语	国标	2005.6.1			通用技术语言标准			
102-161	GB/T 20839—2007	智能运输系统 通用术语	国标	2007.5.1			通用技术语言标准			
102-162	GB/T 23000—2017	信息化和工业化融合管理体系 基础和术语	国标	2017.5.22			通用技术语言标准			
102-163	GB/T 24548—2009	燃料电池电动汽车 术语	国标	2010.7.1			通用技术语言标准			
102-164	GB/T 25069—2010	信息安全技术 术语	国标	2011.2.1			通用技术语言标准			
102-165	GB/T 25109.1—2010	企业资源计划 第1部分：ERP术语	国标	2010.12.1			通用技术语言标准			
102-166	GB/T 26863—2011	火电站监控系统术语	国标	2011.12.1			通用技术语言标准			
102-167	GB/T 30269.2—2013	信息技术 传感器网络 第2部分：术语	国标	2014.7.15			通用技术语言标准			
102-168	GB/T 31066—2014	电工术语 水轮机控制系统	国标	2015.6.1			通用技术语言标准			
102-169	GB/T 31724—2015	风能资源术语	国标	2016.1.1			通用技术语言标准			
102-170	GB/T 32507—2016	电能质量 术语	国标	2016.9.1			通用技术语言标准			
102-171	GB/T 33172—2016	资产管理 综述、原则和术语	国标	2017.5.1	ISO 55000：2014		通用技术语言标准			

体系结构号	标准编号	标准名称	标准级别	实施日期	与国际标准对应关系	代替标准	阶段	分阶段	专业	分专业
102-172	GB/T 33590.2—2017	智能电网调度控制系统技术规范 第2部分：术语	国标	2017.12.1			通用技术语言标准			
102-173	GB/T 33745—2017	物联网 术语	国标	2017.12.1			通用技术语言标准			
102-174	GB/T 33847—2017	信息技术 中间件术语	国标	2017.12.1			通用技术语言标准			
102-175	GB/T 33984—2017	电动机软起动装置 术语	国标	2018.2.1			通用技术语言标准			
102-176	GB/T 34110—2017	信息与文献 文件管理体系基础与术语	国标	2017.11.1	ISO 30300：2011		通用技术语言标准			
102-177	GB/T 34118—2017	高压直流系统用电压源换流器术语	国标	2018.2.1	IEC 62747：2014		通用技术语言标准			
102-178	GB/T 34357—2017	无损检测 术语 漏磁检测	国标	2018.4.1			通用技术语言标准			
102-179	GB/T 34365—2017	无损检测 术语 工业计算机层析成像（CT）检测	国标	2018.4.1			通用技术语言标准			
102-180	GB/T 35295—2017	信息技术 大数据 术语	国标	2018.7.1			通用技术语言标准			
102-181	GB/T 35408—2017	电子商务质量管理 术语	国标	2018.4.1			通用技术语言标准			
102-182	GB/T 36416.1—2018	试验机词汇 第1部分：材料试验机	国标	2019.1.1			通用技术语言标准			
102-183	GB/T 36416.2—2018	试验机词汇 第2部分：无损检测仪器	国标	2019.1.1			通用技术语言标准			
102-184	GB/T 36416.3—2018	试验机词汇 第3部分：振动试验系统与冲击试验机	国标	2019.1.1			通用技术语言标准			
102-185	GB/T 36417.2—2018	全分布式工业控制网络 第2部分：术语	国标	2019.1.1			通用技术语言标准			
102-186	GB/T 36550—2018	抽水蓄能电站基本名词术语	国标	2019.2.1			通用技术语言标准			

体系结构号	标准编号	标准名称	标准级别	实施日期	与国际标准对应关系	代替标准	阶段	分阶段	专业	分专业
102-187	GB/T 36688—2018	设施管理 术语	国标	2019.4.1			通用技术语言标准			
102-188	GB/T 37031—2018	半导体照明 术语	国标	2018.12.28			通用技术语言标准			
102-189	GB/T 37043—2018	智慧城市 术语	国标	2018.12.28			通用技术语言标准			
102-190	GB/T 37551—2019	海洋能 波浪能、潮流能和其他水流能转换装置术语	国标	2020.1.1			通用技术语言标准			
102-191	GB/T 50095—2014	水文基本术语和符号标准	国标	2015.8.1		GB/T 50095—1998	通用技术语言标准			
102-192	GB/T 50228—2011	工程测量基本术语标准	国标	2012.6.1		GB/T 50228—1996	通用技术语言标准			
102-193	GB/T 50279—2014	岩土工程基本术语标准	国标	2015.8.1		GB/T 50279—1998	通用技术语言标准			
102-194	GB/T 50297—2018	电力工程基本术语标准	国标	2019.6.1		GB/T 50297—2006	通用技术语言标准			
102-195	GB/T 50875—2013	工程造价术语标准	国标	2013.9.1			通用技术语言标准			
102-196	GBZ/T 224—2010	职业卫生名词术语	国标	2010.8.1			通用技术语言标准			
102-197	GB/T 39586—2020	电力机器人术语	国标	2020.7.1			通用技术语言标准			
102-198	JJF 1001—2011	通用计量术语及定义	国标	2012.3.1		JJF 1001—1998	通用技术语言标准			
102-199	JJF 1007—2007	温度计量名词术语及定义	国标	2008.5.21		JJF 1007—1987	通用技术语言标准			
102-200	JJF 1008—2008	压力计量名词术语及定义	国标	2008.9.25		JJF 1008—1987	通用技术语言标准			
102-201	JJF 1009—2006	容量计量术语及定义	国标	2007.3.8		JJF 1009—1987	通用技术语言标准			

体系 结构号	标准编号	标准名称	标准 级别	实施日期	与国际标准 对应关系	代替标准	阶段	分阶段	专业	分专业
102-202	JJF 1011—2006	力值与硬度计量术语及定义	国标	2007.3.8		JJF 1011—1987	通用技术语 言标准			
102-203	JJF 1023—1991	常用电学计量名词术语（试行）	国标	1991.12.1		调整（转号）JJG 1023—1991	通用技术语 言标准			
102-204	IEC 60050-112—2010	国际电工词汇　第112部分：量和单位	国际 标准	2010.1.27	IEV 112—2010， IDT	IEC 60050-111— 1996；IEC 60050- 111—1996/Amd 1— 2005	通用技术语 言标准			
102-205	IEC 60050-113 AMD 1—2014	国际电工词汇　第113部分：电工学用物理现象修改件1	国际 标准	2014.8.13			通用技术语 言标准			
102-206	IEC 60050-114—2014	国际电工词汇　第114部分：电化学	国际 标准	2014.3.25		IEC 60050-111— 1996；IEC 60050- 111—1996/Amd 1— 2005	通用技术语 言标准			
102-207	IEC 60050-151 AMD 2—2014	国际电工词汇　第151部分：电气和磁性器件修改件2	国际 标准	2014.8.13			通用技术语 言标准			
102-208	IEC 60050-161 AMD 5—2015	国际电工词汇　第161部分：电磁兼容性；修改件5	国际 标准	2015.2.25			通用技术语 言标准			
102-209	IEC 60050-192—2015	国际电工词汇　第192部分：可靠性	国际 标准	2015.2.26		IEC 60050-191— 1990/Amd 1—1999	通用技术语 言标准			
102-210	IEC 60050-212—2010/ Amd 2—2015	国际电工词汇表（IEV）第272部分：电绝缘固体、液体和气体；修改件7	国际 标准	2015.8.14			通用技术语 言标准			
102-211	IEC 60050-300 AMD 1—2015	国际电工词汇　电气和电子测量及测量仪器　第312部分：关于电气测量的一般术语；修改件1	国际 标准	2015.2.25			通用技术语 言标准			
102-212	IEC 60050-351—2013	国际电工词汇　第351部分：控制技术	国际 标准	2013.11.25		IEC 60050-351— 2006	通用技术语 言标准			
102-213	IEC 60050-442 AMD 1—2015	国际电工词汇　第442部分：电气附件；修改件1	国际 标准	2015.2.25			通用技术语 言标准			

体系结构号	标准编号	标准名称	标准级别	实施日期	与国际标准对应关系	代替标准	阶段	分阶段	专业	分专业
102-214	IEC 60050-445—2010	国际电工词汇 第 445 部分：时间继电器	国际标准	2010.10.13	IEV 445—2011，IDT	IEC 60050-445—2002	通用技术语言标准			
102-215	IEC 60050-447—2010	国际电工词汇 第 447 部分：测量继电器	国际标准	2010.6.29	C01-447PR，IDT	IEC 60050-446—1983	通用技术语言标准			
102-216	IEC 60050-461—2008	国际电工词汇 第 461 部分：电缆	国际标准	2008.6.11	NF C01-461—2008，IDT；IEV 461—2008 IDT	IEC 60050-461—1984；IEC 60050-461—1984/Amd 1—1993；IEC 60050-461—1984/Amd 2—1999	通用技术语言标准			
102-217	IEC 60050-561—2014	国际电工词汇 第 561 部分：频率控制、选择和检测用压电、电介质和静电设备以及相关材料	国际标准	2014.11.7		IEC 60050-561—1991；IEC 60050-561—1991/Amd 1—1995；IEC 60050-561—1991/Amd 2—1997	通用技术语言标准			
102-218	IEC 60050-617—2009	国际电工词汇 第 617 部分：电力机构/电力市场	国际标准	2009.3.24	IEV 617—2009，IDT；UNE-IEC 60050-617—2010，IDT		通用技术语言标准			
102-219	IEC 60050-651—2014	国际电工词汇 第 651 部分：带电作业	国际标准	2014.4.4		IEC 60050-651—1999	通用技术语言标准			
102-220	IEC 60050-705 AMD 1—2015	国际电工词汇 第 705 章：无线电波传播	国际标准	2015.2.25			通用技术语言标准			
102-221	IEC 60050-732—2010/Amd 2—2016	国际电工词汇 第 732 部分：计算机网络技术	国际标准	2016.12.26			通用技术语言标准			
102-222	IEC 60050-802—2011	国际电工词汇 第 802 部分：超声波学	国际标准	2011.1.12	IEV 802—2011，IDT		通用技术语言标准			
102-223	IEC 60050-851 AMD 1—2014	国际电工词汇 第 851 部分：电焊；修改件 1	国际标准	2014.2.14			通用技术语言标准			
102-224	IEC 60050-901—2013	国际电工词汇 第 901 部分：标准化	国际标准	2013.11.28		IEC 60050-901—1973	通用技术语言标准			

体系结构号	标准编号	标准名称	标准级别	实施日期	与国际标准对应关系	代替标准	阶段	分阶段	专业	分专业
102-225	IEC 60050-902—2013	国际电工词汇 第902部分：合格评定	国际标准	2013.11.28		IEC 60050-902—1973	通用技术语言标准			
102-226	IEC 60050-903 AMD 1—2014	国际电工词汇 第903部分：风险评估.修改件1	国际标准	2014.8.13			通用技术语言标准			
102-227	IEC 60050-161—1990/Amd 8—2018	国际电工词汇 第161部分：计算机网络技术部分：电磁兼容性第732第851部分：电焊	国际标准	2018.10.17			通用技术语言标准			
102-228	IEC 60050-471—2007/Amd 1—2015	国际电工词汇 第471部分：绝缘子	国际标准	2015.2.25			通用技术语言标准			
102-229	IEC 60633—1998+Amd 1—2009+Amd 2—2015	高电压直流输电（HVDC）术语	国际标准	2015.7.29			通用技术语言标准			
102-230	IEC/TS 62282-1—2013	燃料电池技术 第1部分：术语	国际标准	2013.11.4		IEC/TS 62282-1—2010	通用技术语言标准			
——代码、代号、标志、符号										
102-231	DL/T 291—2012	营销业务信息分类与代码编制导则	行标	2012.3.1			通用技术语言标准			
102-232	DL/T 318—2017	输变电工程施工机具产品型号编制方法	行标	2017.12.1		DL/T 318—2010	通用技术语言标准			
102-233	DL/T 396—2010	电压等级代码	行标	2010.10.1			通用技术语言标准			
102-234	DL/T 495—2012	电力行业单位类别代码	行标	2012.3.1		DL/T 495—1992	通用技术语言标准			
102-235	DL/T 503—2009	电力工程项目分类代码	行标	2009.12.1		DL/T 503—1992	通用技术语言标准			
102-236	DL/T 510—2010	全国电网名称代码	行标	2010.10.1		DL 510—1993	通用技术语言标准			
102-237	DL/T 517—2012	电力科技成果分类与代码	行标	2012.3.1		DL/T 517—1993	通用技术语言标准			
102-238	DL/T 518—2012	电力生产人身事故伤害分类与代码	行标	2012.3.1		DL/T 518.1—1993	通用技术语言标准			

体系结构号	标准编号	标准名称	标准级别	实施日期	与国际标准对应关系	代替标准	阶段	分阶段	专业	分专业
102-239	DL/T 518.1—2016	电力生产事故分类与代码 第1部分：人身事故	行标	2016.12.1		DL/T 518.1—1993；DL/T 518.3—1993；DL/T 518.2—1993	通用技术语言标准			
102-240	DL/T 518.2—2016	电力生产事故分类与代码 第2部分：设备事故	行标	2016.12.1		DL/T 518.4—1993；DL/T 518.5—1993	通用技术语言标准			
102-241	DL/T 1449—2015	电力行业统计编码规范	行标	2015.9.1			通用技术语言标准			
102-242	DL/T 1714—2017	电力可靠性管理代码规范	行标	2017.12.1			通用技术语言标准			
102-243	DL/T 1816—2018	电化学储能电站标识系统编码导则	行标	2018.7.1			通用技术语言标准			
102-244	NB/T 31145—2018	风电场标识系统编码规范	行标	2018.10.1			通用技术语言标准			
102-245	NB/T 33030—2018	国民经济行业用电分类	行标	2018.10.1			通用技术语言标准			
102-246	NB/T 42072—2016	继电保护及安全自动装置产品型号编制办法	行标	2016.12.1		JB/T 10103—1999	通用技术语言标准			
102-247	SL 330—2011	水情信息编码	行标	2011.7.12		SL 330—2005	通用技术语言标准			
102-248	SJ/T 11625—2016	超级电容器分类及型号命名方法	行标	2016.9.1			通用技术语言标准			
102-249	JB/T 2626—2004	电力系统继电器、保护及自动化装置 常用电气技术的文字符号	行标	2005.4.1		JB/T 2626—1992	通用技术语言标准			
102-250	JB/T 3837—2016	变压器类产品型号编制方法	行标	2017.4.1		JB/T 3837—2010	通用技术语言标准			
102-251	JB/T 7114.1—2013	电力电容器产品型号编制方法 第1部分：电容器单元、集合式电容器及箱式电容器	行标	2014.7.1		部分代替：JB/T 7114—2005	通用技术语言标准			
102-252	JB/T 8430—2014	机器人 分类及型号编制方法	行标	2014.11.1		JB/T 8430—1996	通用技术语言标准			

体系结构号	标准编号	标准名称	标准级别	实施日期	与国际标准对应关系	代替标准	阶段	分阶段	专业	分专业
102-253	JB/T 8754—2018	高压开关设备和控制设备型号编制办法	行标	2018.12.1		JB/T 8754—2007	通用技术语言标准			
102-254	CJJ/T 186—2012	城市地理编码技术规范	行标	2013.3.1			通用技术语言标准			
102-255	XF 480.1—2004	消防安全标志通用技术条件第 1 部分：通用要求和试验方法	行标	2004.10.1			通用技术语言标准			
102-256	XF 480.2—2004	消防安全标志通用技术条件第 2 部分：常规消防安全标志	行标	2004.10.1			通用技术语言标准			
102-257	GA/T 1214—2015	消防装备器材编码方法	行标	2015.3.12			通用技术语言标准			
102-258	GA/T 1250—2015	消防产品分类及型号编制导则	行标	2015.3.3			通用技术语言标准			
102-259	CB/T 3824—1998	电线、电缆物资分类与代码	行标	2001.1.1			通用技术语言标准			
102-260	QX/T 431—2018	雷电防护技术文档分类与编码	行标	2018.10.1			通用技术语言标准			
102-261	GB 190—2009	危险货物包装标志	国标	2010.5.1	联合国《关于危险货物运输的建议书 规章范本》（第 15 修订版），MOD	GB 190—1990	通用技术语言标准			
102-262	GB/T 324—2008	焊缝符号表示法	国标	2009.1.1	ISO 2553：1992，MOD	GB/T 324—1988	通用技术语言标准			
102-263	GB/T 1971—2006	旋转电机 线端标志与旋转方向	国标	2017.3.23	IEC 60034-8：2002	GB 1971—2006	通用技术语言标准			
102-264	GB/T 2260—2007	中华人民共和国行政区划代码	国标	2008.2.1		GB/T 2260—2002	通用技术语言标准			
102-265	GB/T 2260—2007/XG1—2016	《中华人民共和国行政区划代码》国家标准第 1 号修改单	国标	2017.1.1			通用技术语言标准			
102-266	GB/T 2261.1—2003	个人基本信息分类与代码第 1 部分：人的性别代码	国标	2003.12.1		GB/T 2261—1980	通用技术语言标准			

体系结构号	标准编号	标准名称	标准级别	实施日期	与国际标准对应关系	代替标准	阶段	分阶段	专业	分专业
102-267	GB/T 2261.2—2003	个人基本信息分类与代码 第2部分：婚姻状况代码	国标	2003.12.1		GB/T 4766—1984	通用技术语言标准			
102-268	GB/T 2261.3—2003	个人基本信息分类与代码 第3部分：健康状况代码	国标	2003.12.1		GB/T 4767—1984	通用技术语言标准			
102-269	GB/T 2261.4—2003	个人基本信息分类与代码 第4部分：从业状况（个人身份）代码	国标	2003.12.1			通用技术语言标准			
102-270	GB/T 2261.5—2003	个人基本信息分类与代码 第5部分：港澳台侨属代码	国标	2003.12.1			通用技术语言标准			
102-271	GB/T 2261.6—2003	个人基本信息分类与代码 第6部分：人大代表、政协委员代码	国标	2003.12.1			通用技术语言标准			
102-272	GB/T 2261.7—2003	个人基本信息分类与代码 第7部分：院士代码	国标	2003.12.1			通用技术语言标准			
102-273	GB/T 2659—2000	世界各国和地区名称代码	国标	2001.3.1	ISO 3166-1：1997，EQV	GB/T 2659—1994	通用技术语言标准			
102-274	GB 2894—2008	安全标志及其使用导则	国标	2009.10.1		GB 16179—1996；GB 18217—2000；GB 2894—1996	通用技术语言标准			
102-275	GB 3304—1991	中国各民族名称的罗马字母拼写法和代码	国标	1992.4.1		GB 3304—1982	通用技术语言标准			
102-276	GB/T 3977—2008	颜色的表示方法	国标	2008.11.1	CIE 15：2004，NEQ	GB/T 3977—1997	通用技术语言标准			
102-277	GB/T 4658—2006	学历代码	国标	2007.3.1		GB 4658—1984	通用技术语言标准			
102-278	GB/T 4754—2017	国民经济行业分类《第1号修改单》	国标	2019.3.29		GB/T 4754—2011	通用技术语言标准			
102-279	GB/T 4761—2008	家庭关系代码	国标	2009.1.1		GB/T 4761—1984	通用技术语言标准			
102-280	GB/T 4762—1984	政治面貌代码	国标	1985.10.1			通用技术语言标准			

体系结构号	标准编号	标准名称	标准级别	实施日期	与国际标准对应关系	代替标准	阶段	分阶段	专业	分专业
102-281	GB/T 4880.1—2005	语种名称代码 第1部分：2字母代码	国标	2005.12.1	ISO 639-1：2002，MOD	GB/T 4880—1991	通用技术语言标准			
102-282	GB/T 4880.2—2000	语种名称代码 第2部分：3字母代码	国标	2001.5.1	ISO 639-2：1998，EQV		通用技术语言标准			
102-283	GB/T 4881—1985	中国语种代码	国标	1985.10.1			通用技术语言标准			
102-284	GB/T 4884—1985	绝缘导线的标记	国标	2017.3.23	IEC 391-72	GB 4884—1985	通用技术语言标准			
102-285	GB/T 5276—2015	紧固件 螺栓、螺钉、螺柱及螺母 尺寸代号和标注	国标	2017.1.1	ISO 225：2010，MOD	GB/T 5276—1985	通用技术语言标准			
102-286	GB/T 6388—1986	运输包装收发货标志	国标	1987.4.1			通用技术语言标准			
102-287	GB/T 6512—2012	运输方式代码	国标	2013.6.1	UN/CEFACT Rec.19，MOD	GB/T 6512—1998	通用技术语言标准			
102-288	GB/T 6864—2003	中华人民共和国学位代码	国标	2003.12.1		GB/T 6864—1986	通用技术语言标准			
102-289	GB/T 6865—2009	语种熟练程度和外语考试等级代码	国标	2009.12.1		GB/T 6865—1986	通用技术语言标准			
102-290	GB/T 6988.1—2008	电气技术用文件的编制 第1部分：规则	国标	2008.11.1	IEC 61082-1：2006，IDT	GB/T 6988.1—1997；GB/T 6988.2—1997；GB/T 6988.3—1997；GB/T 6988.4—2002	通用技术语言标准			
102-291	GB/T 6995.1—2008	电线电缆识别标志方法 第1部分：一般规定	国标	2009.3.1		GB 6995.1—1986	通用技术语言标准			
102-292	GB/T 6995.2—2008	电线电缆识别标志方法 第2部分：标准颜色	国标	2009.3.1		GB 6995.2—1986	通用技术语言标准			
102-293	GB/T 6995.3—2008	电线电缆识别标志方法 第3部分：电线电缆识别标志	国标	2009.3.1		GB 6995.3—1986	通用技术语言标准			
102-294	GB/T 6995.4—2008	电线电缆识别标志方法 第4部分：电气装备电线电缆绝缘线芯识别标志	国标	2009.3.1		GB 6995.4—1986	通用技术语言标准			

体系结构号	标准编号	标准名称	标准级别	实施日期	与国际标准对应关系	代替标准	阶段	分阶段	专业	分专业
102-295	GB/T 6995.5—2008	电线电缆识别标志方法 第5部分：电力电缆绝缘线芯识别标志	国标	2009.3.1		GB 6995.5—1986	通用技术语言标准			
102-296	GB/T 7144—2016	气瓶颜色标志	国标	2016.9.1		GB 7144—1999	通用技术语言标准			
102-297	GB/T 7156—2003	文献保密等级代码与标识	国标	2003.12.1		GB/T 7156—1987	通用技术语言标准			
102-298	GB 7231—2003	工业管道的基本识别色、识别符号和安全标识	国标	2003.10.1		GB 7231—1987	通用技术语言标准			
102-299	GB/T 8561—2001	专业技术职务代码	国标	2001.10.1		GB/T 8561—1988	通用技术语言标准			
102-300	GB/T 8563.1—2005	奖励、纪律处分信息分类与代码 第1部分：奖励代码	国标	2005.10.1		GB/T 8563—1988	通用技术语言标准			
102-301	GB/T 8563.2—2005	奖励、纪律处分信息分类与代码 第2部分：荣誉称号和荣誉奖章代码	国标	2005.10.1		GB/T 8560—1988	通用技术语言标准			
102-302	GB/T 8563.3—2005	奖励、纪律处分信息分类与代码 第3部分：纪律处分代码	国标	2005.10.1		GB/T 8562—1988	通用技术语言标准			
102-303	GB/T 10114—2003	县级以下行政区划代码编制规则	国标	2003.1.2		GB/T 10114—1988	通用技术语言标准			
102-304	GB 11643—1999	公民身份号码	国标	1999.7.1		GB 11643—1989	通用技术语言标准			
102-305	GB 11714—1997	全国组织机构代码编制规则	国标	1998.1.1		GB/T 11714—1995	通用技术语言标准			
102-306	GB 12268—2012	危险货物品名表	国标	2012.12.1	UN 联合国《关于危险货物运输的建议书 规章范本》（第16修订版）	GB/T 12268—2005	通用技术语言标准			
102-307	GB/T 12402—2000	经济类型分类与代码	国标	2001.3.1		GB/T 12402—1990	通用技术语言标准			

体系结构号	标准编号	标准名称	标准级别	实施日期	与国际标准对应关系	代替标准	阶段	分阶段	专业	分专业
102-308	GB/T 12403—1990	干部职务名称代码	国标	1991.5.1			通用技术语言标准			
102-309	GB/T 12404—1997	单位隶属关系代码	国标	1998.3.1		GB 12404—1990	通用技术语言标准			
102-310	GB/T 12407—2008	职务级别代码	国标	2009.1.1		GB/T 12407—1990	通用技术语言标准			
102-311	GB/T 12408—1990	社会兼职代码	国标	1991.5.1			通用技术语言标准			
102-312	GB 13495.1—2015	消防安全标志 第1部分：标志	国标	2015.8.1		GB 13495—1992	通用技术语言标准			
102-313	GB/T 13534—2009	颜色标志的代码	国标	2009.11.1	IEC 60757: 1983, IDT	GB/T 13534—1992	通用技术语言标准			
102-314	GB/T 13745—2009	学科分类与代码	国标	2009.11.1		GB/T 13745—1992	通用技术语言标准			
102-315	GB/T 13745—2009/XG1—2012	《学科分类与代码》国家标准第1号修改单	国标	2012.3.1			通用技术语言标准			
102-316	GB/T 13745—2009/XG2—2016	《学科分类与代码》国家标准第2号修改单	国标	2016.7.30			通用技术语言标准			
102-317	GB/T 13861—2009	生产过程危险和有害因素分类与代码	国标	2009.12.1		GB/T 13861—1992	通用技术语言标准			
102-318	GB/T 13923—2006	基础地理信息要素分类与代码	国标	2006.10.1		GB 14804—1993；GB/T 13923—1992；GB/T 15660—1995	通用技术语言标准			
102-319	GB/T 14163—2009	工时消耗分类、代号和标准工时构成	国标	2009.9.1		GB/T 14163—1993	通用技术语言标准			
102-320	GB/T 14693—2008	无损检测 符号表示法	国标	2008.7.1		GB/T 14693—1993	通用技术语言标准			
102-321	GB/T 14885—2010	固定资产分类与代码	国标	2013.12.25			通用技术语言标准			
102-322	GB 15630—1995	消防安全标志设置要求	国标	1996.2.1			通用技术语言标准			

体系结构号	标准编号	标准名称	标准级别	实施日期	与国际标准对应关系	代替标准	阶段	分阶段	专业	分专业
102-323	GB/T 16502—2009	用人单位用人形式分类与代码	国标	2009.11.1		GB/T 16502—1996	通用技术语言标准			
102-324	GB/T 16705—1996	环境污染类别代码	国标	1997.7.1			通用技术语言标准			
102-325	GB/T 16706—1996	环境污染源类别代码	国标	1997.7.1			通用技术语言标准			
102-326	GB/T 17215.352—2009	交流电测量设备 特殊要求 第52部分：符号	国标	2010.2.1	IEC 62053-52：2005，IDT	GB/T 17441—1998	通用技术语言标准			
102-327	GB/T 17295—2008	国际贸易计量单位代码	国标	2008.11.1		GB/T 17295—1998	通用技术语言标准			
102-328	GB/T 17296—2009	中国土壤分类与代码	国标	2009.11.1		GB/T 17296—2000	通用技术语言标准			
102-329	GB/T 17297—1998	中国气候区划名称与代码 气候带和气候大区	国标	1998.10.1			通用技术语言标准			
102-330	GB/T 18209.1—2010	机械电气安全 指示、标志和操作 第1部分：关于视觉、听觉和触觉信号的要求	国标	2017.3.23	IEC 61310-1：2007	GB 18209.1—2010	通用技术语言标准			
102-331	GB/T 18209.2—2010	机械电气安全 指示、标志和操作 第2部分：标志要求	国标	2017.3.23	IEC 61310-2：2007	GB 18209.2—2010	通用技术语言标准			
102-332	GB/T 18349—2001	集成电路/计算机硬件描述语言 Verilog	国标	2001.10.1	IEEE Std 1364—1995，IDT		通用技术语言标准			
102-333	GB/T 20501.1—2013	公共信息导向系统 导向要素的设计原则与要求 第1部分：总则	国标	2013.11.30			通用技术语言标准			
102-334	GB/T 20501.2—2013	公共信息导向系统 导向要素的设计原则与要求 第2部分：位置标志	国标	2013.11.30		部分代替：GB/T 20501.1—2006；GB/T 20501.2—2006	通用技术语言标准			
102-335	GB/T 20501.6—2013	公共信息导向系统 导向要素的设计原则与要求 第6部分：导向标志	国标	2013.11.30		部分代替：GB/T 20501.1—2006；GB/T 20501.2—2006	通用技术语言标准			
102-336	GB/T 23732—2009	中国标准文本编码	国标	2009.11.1			通用技术语言标准			

体系结构号	标准编号	标准名称	标准级别	实施日期	与国际标准对应关系	代替标准	阶段	分阶段	专业	分专业
102-337	GB/T 28528—2012	水轮机、蓄能泵和水泵水轮机型号编制方法	国标	2012.11.1			通用技术语言标准			
102-338	GB/T 29264—2012	信息技术服务 分类与代码	国标	2013.6.1			通用技术语言标准			
102-339	GB/T 29870—2013	能源分类与代码	国标	2014.4.15			通用技术语言标准			
102-340	GB/T 30096—2013	实验室仪器和设备常用文字符号	国标	2014.5.1			通用技术语言标准			
102-341	GB/T 30149—2019	电网通用模型描述规范	国标	2020.1.1		GB/T 30149—2013	通用技术语言标准			
102-342	GB/T 31287—2014	全国组织机构代码应用 标识规范	国标	2014.10.10			通用技术语言标准			
102-343	GB/T 31521—2015	公共信息标志 材料、构造和电气装置的一般要求	国标	2015.12.1			通用技术语言标准			
102-344	GB/T 31525—2015	图形标志 电动汽车充换电设施标志	国标	2015.12.1			通用技术语言标准			
102-345	GB/T 31866—2015	物联网标识体系 物品编码Ecode	国标	2016.10.1			通用技术语言标准			
102-346	GB 32100—2015/XG1—2016	《法人和其他组织统一社会信用代码编码规则》国家标准第1号修改单	国标	2016.4.18			通用技术语言标准			
102-347	GB/T 32510—2016	抽水蓄能电厂标识系统（KKS）编码导则	国标	2016.9.1			通用技术语言标准			
102-348	GB/T 32843—2016	科技资源标识	国标	2017.9.1			通用技术语言标准			
102-349	GB/T 32847—2016	科技平台 大型科学仪器设备分类与代码	国标	2017.3.1			通用技术语言标准			
102-350	GB/T 32875—2016	电子商务参与方分类与编码	国标	2017.3.1			通用技术语言标准			
102-351	GB/T 33601—2017	电网设备通用模型数据命名规范	国标	2017.9.1			通用技术语言标准			

体系结构号	标准编号	标准名称	标准级别	实施日期	与国际标准对应关系	代替标准	阶段	分阶段	专业	分专业
102-352	GB/Z 34429—2017	地理信息　影像和格网数据	国标	2018.4.1	ISO/TR 19121：2000		通用技术语言标准			
102-353	GB/T 35415—2017	产品标准技术指标索引分类与代码	国标	2018.4.1			通用技术语言标准			
102-354	GB/T 35416—2017	无形资产分类与代码	国标	2018.4.1			通用技术语言标准			
102-355	GB/T 35419—2017	物联网标识体系　Ecode 在一维条码中的存储	国标	2018.4.1			通用技术语言标准			
102-356	GB/T 35420—2017	物联网标识体系　Ecode 在二维码中的存储	国标	2018.4.1			通用技术语言标准			
102-357	GB/T 35421—2017	物联网标识体系　Ecode 在射频标签中的存储	国标	2018.4.1			通用技术语言标准			
102-358	GB/T 35422—2017	物联网标识体系　Ecode 的注册与管理	国标	2018.4.1			通用技术语言标准			
102-359	GB/T 35423—2017	物联网标识体系　Ecode 在NFC 标签中的存储	国标	2018.4.1			通用技术语言标准			
102-360	GB/T 35429—2017	质量技术服务分类与代码	国标	2018.4.1			通用技术语言标准			
102-361	GB/T 35432—2017	检测技术服务分类与代码	国标	2018.4.1			通用技术语言标准			
102-362	GB/T 35561—2017	突发事件分类与编码	国标	2018.7.1			通用技术语言标准			
102-363	GB/T 35691—2017	光伏发电站标识系统编码导则	国标	2018.7.1			通用技术语言标准			
102-364	GB/T 35707—2017	水电厂标识系统编码导则	国标	2018.7.1			通用技术语言标准			
102-365	GB/T 36377—2018	计量器具识别编码	国标	2019.1.1			通用技术语言标准			
102-366	GB/T 36378.1—2018	传感器分类与代码　第 1 部分：物理量传感器	国标	2019.1.1			通用技术语言标准			

体系结构号	标准编号	标准名称	标准级别	实施日期	与国际标准对应关系	代替标准	阶段	分阶段	专业	分专业
102-367	GB/T 36475—2018	软件产品分类	国标	2019.1.1			通用技术语言标准			
102-368	GB/T 36604—2018	物联网标识体系 Ecode 平台接入规范	国标	2019.4.1			通用技术语言标准			
102-369	GB/T 36605—2018	物联网标识体系 Ecode 解析规范	国标	2019.4.1			通用技术语言标准			
102-370	GB/T 36962—2018	传感数据分类与代码	国标	2019.7.1			通用技术语言标准			
102-371	GB/T 37032—2018	物联网标识体系 总则	国标	2019.7.1			通用技术语言标准			
102-372	GB/T 50549—2010	电厂标识系统编码标准	国标	2010.12.1			通用技术语言标准			
102-373	GB/T 51061—2014	电网工程标识系统编码规范	国标	2015.8.1			通用技术语言标准			
102-374	IEC 60027-7—2010	电气技术用文字符号第 7 部分：发电、传输和分配	国际标准	2010.5.11	C03-007PR，IDT		通用技术语言标准			
102-375	IEC/TR 61916—2017	电工器件 一般规则的协调	国际标准	2017.3.28		IEC/TR 61916—2014	通用技术语言标准			
——制图										
102-376	T/CSEE/Z 0020—2016	架空输电线路山火分布图绘制技术导则	团标	2017.5.1			通用技术语言标准			
102-377	T/CSEE 0023—2016	输电线路舞动区域分布图绘制技术导则	团标	2017.5.1			通用技术语言标准			
102-378	T/CSEE 0131—2019	输变电工程地质灾害区域分布图绘制技术规程	团标	2019.3.1			通用技术语言标准			
102-379	GA/T 74—2017	安全防范系统通用图形符号	行标	2017.6.23		GA/T 74—2000	通用技术语言标准			
102-380	DL/T 374.1—2019	电力系统污区分布图绘制方法 第 1 部分：交流系统	行标	2020.5.1		DL/T 374—2010	通用技术语言标准			

体系结构号	标准编号	标准名称	标准级别	实施日期	与国际标准对应关系	代替标准	阶段	分阶段	专业	分专业
102-381	DL/T 374.2—2019	电力系统污区分布图绘制方法 第2部分：直流系统	行标	2020.5.1			通用技术语言标准			
102-382	DL/T 1230—2016	电力系统图形描述规范	行标	2017.5.1		DL/T 1230—2013	通用技术语言标准			
102-383	DL/T 1533—2016	电力系统雷区分布图绘制方法	行标	2016.6.1			通用技术语言标准			
102-384	DL/T 1570—2016	架空输电线路涉鸟故障风险分级及分布图绘制	行标	2016.7.1			通用技术语言标准			
102-385	DL/T 5028.1—2015	电力工程制图标准 第1部分 一般规则部分	行标	2015.12.1		DL 5028—1993	通用技术语言标准			
102-386	DL/T 5028.2—2015	电力工程制图标准 第2部分：机械部分	行标	2015.12.1		DL 5028—1993	通用技术语言标准			
102-387	DL/T 5028.3—2015	电力工程制图标准 第3部分：电气、仪表与控制部分	行标	2015.12.1		DL 5028—1993	通用技术语言标准			
102-388	DL/T 5028.4—2015	电力工程制图标准 第4部分：土建部分	行标	2015.12.1		DL 5028—1993	通用技术语言标准			
102-389	DL/T 5127—2001	水力发电工程CAD制图技术规定	行标	2001.7.1			通用技术语言标准			
102-390	DL/T 5347—2006	水电水利工程基础制图标准	行标	2007.3.1			通用技术语言标准			
102-391	DL/T 5156.1—2015	电力工程勘测制图标准 第1部分：测量	行标	2015.9.1		DL/T 5156.1—2002	通用技术语言标准			
102-392	DL/T 5156.2—2015	电力工程勘测制图标准 第2部分：岩土工程	行标	2015.9.1		DL/T 5156.2—2002	通用技术语言标准			
102-393	DL/T 5156.3—2015	电力工程勘测制图标准 第3部分：水文气象	行标	2015.9.1		DL/T 5156.3—2002	通用技术语言标准			
102-394	DL/T 5156.4—2015	电力工程勘测制图标准 第4部分：水文地质	行标	2015.9.1		DL/T 5156.4—2002	通用技术语言标准			
102-395	DL/T 5156.5—2015	电力工程勘测制图标准 第5部分：物探	行标	2015.9.1		DL/T 5156.5—2002	通用技术语言标准			

体系结构号	标准编号	标准名称	标准级别	实施日期	与国际标准对应关系	代替标准	阶段	分阶段	专业	分专业
102-396	NB/T 10226—2019	水电工程生态制图标准	行标	2020.5.1			通用技术语言标准			
102-397	YD/T 5015—2015	通信工程制图与图形符号规定	行标	2016.1.1		YD/T 5015—2007	通用技术语言标准			
102-398	JB/T 5872—1991	高压开关设备电气图形符号及文字符号	行标	1992.10.1			通用技术语言标准			
102-399	JB/T 7073—2006	电机和水轮机图样简化规定	行标	2007.3.1		JB/T 7073—1993	通用技术语言标准			
102-400	GB/T 191—2008	包装储运图示标志	国标	2008.10.1	ISO 780：1997，MOD	GB/T 191—2000	通用技术语言标准			
102-401	GB/T 1526—1989	信息处理 数据流程图、程序流程图、系统流程图、程序网络图和系统资源图的文件编制符号及约定	国标	1990.1.1	ISO 5807：1985，IDT	GB 1526—1979	通用技术语言标准			
102-402	GB/T 2625—1981	过程检测和控制流程图用图形符号和文字代号	国标	1982.3.1			通用技术语言标准			
102-403	GB 2893—2008	安全色	国标	2009.10.1	ISO 3864-1：2002，MOD	GB 2893—2001	通用技术语言标准			
102-404	GB/T 2893.1—2013	图形符号 安全色和安全标志 第1部分：安全标志和安全标记的设计原则	国标	2013.11.30		GB/T 2893.1—2004	通用技术语言标准			
102-405	GB/T 2893.4—2013	图形符号 安全色和安全标志 第4部分：安全标志材料的色度属性和光度属性	国标	2013.11.30	ISO 3864-4：2011，MOD		通用技术语言标准			
102-406	GB/T 3769—2010	电声学 绘制频率特性图和极坐标图的标度和尺寸	国标	2011.5.1	IEC 60263：1982，IDT	GB/T 3769—1983	通用技术语言标准			
102-407	GB/T 17989.2—2020	控制图 第2部分：常规控制图	国标	2020.10.1	ISO 7870-2：2013	GB/T 4091—2001	通用技术语言标准			
102-408	GB/T 4327—2008	消防技术文件用消防设备图形符号	国标	2009.5.1	ISO 6790：1986，MOD	GB/T 4327—1993	通用技术语言标准			
102-409	GB/T 4728.1—2018	电气简图用图形符号 第1部分：一般要求	国标	2019.2.1		GB/T 4728.1—2005	通用技术语言标准			

体系 结构号	标准编号	标准名称	标准 级别	实施日期	与国际标准 对应关系	代替标准	阶段	分阶段	专业	分专业
102-410	GB/T 4728.2—2018	电气简图用图形符号 第2部分：符号要素、限定符号和其他常用符号	国标	2019.2.1		GB/T 4728.2—2005	通用技术语言标准			
102-411	GB/T 4728.3—2018	电气简图用图形符号 第3部分：导体和连接件	国标	2019.2.1		GB/T 4728.3—2005	通用技术语言标准			
102-412	GB/T 4728.4—2018	电气简图用图形符号 第4部分：基本无源元件	国标	2019.2.1		GB/T 4728.4—2005	通用技术语言标准			
102-413	GB/T 4728.5—2018	电气简图用图形符号 第5部分：半导体管和电子管	国标	2019.2.1		GB/T 4728.5—2005	通用技术语言标准			
102-414	GB/T 4728.6—2008	电气简图用图形符号 第6部分：电能的发生与转换	国标	2009.1.1	IEC 60617 DB，IDT	GB/T 4728.6—2000	通用技术语言标准			
102-415	GB/T 4728.7—2008	电气简图用图形符号 第7部分：开关、控制和保护器件	国标	2009.1.1	IEC 60617 DB，IDT	GB/T 4728.7—2000	通用技术语言标准			
102-416	GB/T 4728.8—2008	电气简图用图形符号 第8部分：测量仪表、灯和信号器件	国标	2009.1.1	IEC 60617 DB，IDT	GB/T 4728.8—2000	通用技术语言标准			
102-417	GB/T 4728.9—2008	电气简图用图形符号 第9部分：电信 交换和外围设备	国标	2009.1.1	IEC 60617 DB，IDT	GB/T 4728.9—1999	通用技术语言标准			
102-418	GB/T 4728.10—2008	电气简图用图形符号 第10部分：电信 传输	国标	2009.1.1	IEC 60617 DB，IDT	GB/T 4728.10—1999	通用技术语言标准			
102-419	GB/T 4728.11—2008	电气简图用图形符号 第11部分：建筑安装平面布置图	国标	2009.1.1	IEC 60617 DB，IDT	GB/T 4728.11—2000	通用技术语言标准			
102-420	GB/T 4728.12—2008	电气简图用图形符号 第12部分：二进制逻辑元件	国标	2009.1.1	IEC 60617 DB，IDT	GB/T 4728.12—1996	通用技术语言标准			
102-421	GB/T 4728.13—2008	电气简图用图形符号 第13部分：模拟元件	国标	2009.1.1	IEC 60617 DB，IDT	GB/T 4728.13—1996	通用技术语言标准			
102-422	GB/T 5465.1—2009	电气设备用图形符号 第1部分：概述与分类	国标	2009.11.1	IEC 60417：2007，MOD		通用技术语言标准			
102-423	GB/T 5465.2—2008	电气设备用图形符号 第2部分：图形符号	国标	2009.1.1	IEC 60417 DB：2007，IDT	GB/T 5465.2—1996	通用技术语言标准			

体系结构号	标准编号	标准名称	标准级别	实施日期	与国际标准对应关系	代替标准	阶段	分阶段	专业	分专业
102-424	GB/T 14689—2008	技术制图图纸幅面和格式	国标	2009.1.1	ISO 5457：1999，MOD	GB/T 14689—1993	通用技术语言标准			
102-425	GB/T 14690—1993	技术制图比例	国标	1994.7.1	ISO 5455：1979，EQV	GB 4457.2—1984	通用技术语言标准			
102-426	GB/T 14691—1993	技术制图字体	国标	1994.7.1	ISO 3098/1：1974，EQV	GB 4457.3—1984	通用技术语言标准			
102-427	GB/T 16273.1—2008	设备用图形符号 第1部分：通用符号	国标	2009.1.1	ISO 7000：2004，NEQ	GB/T 16273.1—1996	通用技术语言标准			
102-428	GB/T 16900—2008	图形符号表示规则 总则	国标	2009.1.1		GB/T 16900—1997	通用技术语言标准			
102-429	GB/T 16901.2—2013	技术文件用图形符号表示规则 第2部分：图形符号（包括基准符号库中的图形符号）的计算机电子文件格式规范及其交换要求	国标	2014.4.9	IEC 81714-2：2006，MOD	GB/T 16901.2—2000	通用技术语言标准			
102-430	GB/T 16902.1—2017	设备用图形符号表示规则 第1部分：符号原图的设计原则	国标	2018.2.1		GB/T 16902.1—2004	通用技术语言标准			
102-431	GB/T 16902.2—2008	设备用图形符号表示规则 第2部分：箭头的形式和使用	国标	2009.1.1	ISO 80416-2：2001，MOD	GB/T 1252—1989	通用技术语言标准			
102-432	GB/T 16902.4—2017	设备用图形符号表示规则 第4部分：图形符号用作图标的重绘指南	国标	2018.2.1		GB/T 16902.4—2010	通用技术语言标准			
102-433	GB/T 16902.3—2013	设备用图形符号表示规则 第3部分：应用导则	国标	2013.11.30			通用技术语言标准			
102-434	GB/T 18135—2008	电气工程CAD制图规则	国标	2009.5.1		GB/T 18135—2000	通用技术语言标准			
102-435	GB/T 21654—2008	顺序功能表图用GRAFCET规范语言	国标	2008.11.1	IEC 60848：2002，IDT	GB/T 6988.6—1993	通用技术语言标准			
102-436	GB/T 23371.1—2013	电气设备用图形符号基本规则 第1部分：注册用图形符号的生成	国标	2014.4.9	IEC 80416-1：2008，IDT	GB/T 5465.11—2007	通用技术语言标准			

体系结构号	标准编号	标准名称	标准级别	实施日期	与国际标准对应关系	代替标准	阶段	分阶段	专业	分专业
102-437	GB/T 23371.2—2009	电气设备用图形符号基本规则 第2部分：箭头的形式与使用	国标	2009.11.1			通用技术语言标准			
102-438	GB/T 23371.3—2009	电气设备用图形符号基本规则 第3部分：应用导则	国标	2009.11.1	IEC 80416-3：2002，IDT		通用技术语言标准			
102-439	GB/T 24340—2009	工业机械电气图用图形符号	国标	2010.2.1			通用技术语言标准			
102-440	GB/T 24341—2009	工业机械电气设备 电气图、图解和表的绘制	国标	2010.2.1			通用技术语言标准			
102-441	GB/T 34043—2017	物联网智能家居图形符号	国标	2018.2.1			通用技术语言标准			
102-442	GB/T 35417—2017	设备用图形符号 计算机用图标	国标	2018.4.1			通用技术语言标准			
102-443	GB/T 35706—2017	电网冰区分布图绘制技术导则	国标	2018.7.1			通用技术语言标准			
102-444	GB/T 50103—2010	总图制图标准	国标	2011.3.1		GB/T 50103—2001	通用技术语言标准			
102-445	GB/T 50104—2010	建筑制图标准	国标	2011.3.1		GB/T 50104—2001	通用技术语言标准			
102-446	GB/T 50105—2010	建筑结构制图标准	国标	2011.3.1		GB/T 50105—2001	通用技术语言标准			
102-447	GB/T 50106—2010	建筑给水排水制图标准	国标	2011.3.1		GB/T 50106—2001	通用技术语言标准			
102-448	GB/T 50114—2010	暖通空调制图标准	国标	2011.3.1		GB/T 50114—2001	通用技术语言标准			
102-449	GB/T 36290.1—2020	电站流程图 第1部分：制图规范	国标	2020.12.1			通用技术语言标准			
102-450	GB/T 36290.2—2018	电站流程图 第2部分：图形符号	国标	2019.1.1			通用技术语言标准			
102-451	IEC 60848—2013	顺序功能表图用 GRAFCET 规范语言	国际标准	2013.2.27	EN 60848—2013，TDT	IEC 60848—2002	通用技术语言标准			

体系结构号	标准编号	标准名称	标准级别	实施日期	与国际标准对应关系	代替标准	阶段	分阶段	专业	分专业
102-452	IEC 80416-3 Edition 1.1—2011	设备所用图形符号的基本原则 第3部分：图形符号应用指南	国际标准	2011.10.18		IEC 80416-3—2002	通用技术语言标准			
102-453	Q/CSG 1201022—2019	雷区分级标准和雷区分布图绘制规则	企标	2019.9.30			通用技术语言标准			
103　量和单位										
103-1	T/CEC 107—2016	直流配电电压	团标	2017.1.1			量和单位			
103-2	SL 2—2014	水利水电量和单位	行标	2015.1.30		SL 2.1—1998；SL 2.2—1998；SL 2.3—1998	量和单位			
103-3	GB/T 156—2017	标准电压	国标	2018.5.1	IEC 60038：2009	GB/T 156—2007	量和单位			
103-4	GB/T 762—2002	标准电流等级	国标	2002.12.1	IEC 60059：1999，EQV	GB/T 762—1996	量和单位			
103-5	GB/T 1980—2005	标准频率	国标	2006.4.1	IEC 60196：1965，MOD	GB/T 1980—1996	量和单位			
103-6	GB 3100—1993	国际单位制及其应用	国标	1994.7.1	ISO 1000：1992，EQV	GB 3100—1986	量和单位			
103-7	GB/T 3101—1993	有关量、单位和符号的一般原则	国标	2017.3.23	ISO 31-0：1992	GB 3101—1993	量和单位			
103-8	GB/T 3102.1—1993	空间和时间的量和单位	国标	2017.3.23	ISO 31-1：1992	GB 3102.1—1993	量和单位			
103-9	GB/T 3102.3—1993	力学的量和单位	国标	2017.3.23	ISO 31/3-92	GB 3102.3—1993	量和单位			
103-10	GB/T 3102.4—1993	热学的量和单位	国标	2017.3.23	ISO 31/4-92	GB 3102.4—1993	量和单位			
103-11	GB/T 3102.5—1993	电学和磁学的量和单位	国标	2017.3.23	ISO 31/5-92	GB 3102.5—1993	量和单位			
103-12	GB/T 3102.6—1993	光及有关电磁辐射的量和单位	国标	2017.3.23	ISO 31/6-92	GB 3102.6—1993	量和单位			
103-13	GB/T 3102.7—1993	声学的量和单位	国标	2017.3.23		GB 3102.7—1993	量和单位			
103-14	GB/T 3102.8—1993	物理化学和分子物理学的量和单位	国标	2017.3.23	ISO 31-8：1992	GB 3102.8—1993	量和单位			
103-15	GB/T 3102.9—1993	原子物理学和核物理学的量和单位	国标	2017.3.23	ISO 31/9-92	GB 3102.9—1993	量和单位			

体系结构号	标准编号	标准名称	标准级别	实施日期	与国际标准对应关系	代替标准	阶段	分阶段	专业	分专业
103-16	GB/T 3102.10—1993	核反应和电离辐射的量和单位	国标	2017.3.23	ISO 31/10-92	GB 3102.10—1993	量和单位			
103-17	GB/T 3926—2007	中频设备额定电压	国标	2008.3.1		GB/T 3926—1983	量和单位			
103-18	GB/T 14559—1993	变化量的符号和单位	国标	1994.2.1	IEC 27-191A，REF；IEC 27-1，REF		量和单位			
103-19	IEC 60038—2009	IEC 标准电压	国际标准	2009.6.17	GB/T 156—2007，MOD	IEC 60038—1983；IEC 60038—1983/Amd 1—1994；IEC 60038—1983/Amd 2—1997；IEC 60038—1983+Amd 1—1994+Amd 2—1997	量和单位			
103-20	IEC 60059—1999+Amd 1—2009	IEC 标准电流额定值	国际标准	2009.8.11			量和单位			
104 数值与数据										
104-1	GB/T 2822—2005	标准尺寸	国标	2005.12.1		GB/T 2822—1981	数值与数据			
104-2	GB/T 6380—2019	数据的统计处理和解释 I型极值分布样本离群值的判断和处理	国标	2020.7.1		GB/T 6380—2008	数值与数据			
104-3	GB/T 8170—2008	数值修约规则与极限数值的表示和判定	国标	2009.1.1		GB/T 8170—1987；GB/T 1250—1989	数值与数据			
104-4	GB/T 17564.1—2011	电气项目的标准数据元素类型和相关分类模式 第1部分：定义 原则和方法	国标	2011.12.1	IEC 61360-1：2009，IDT	GB/T 17564.1—2005	数值与数据			
104-5	GB/T 18784.2—2005	CAD/CAM 数据质量保证方法	国标	2006.4.1			数值与数据			
104-6	GB/T 17564.2—2013	电气元器件的标准数据元素类型和相关分类模式 第2部分：EXPRESS 字典模式	国标	2014.4.9		GB/T 17564.2—2005	数值与数据			
104-7	GB/T 34052.1—2017	统计数据与元数据交换（SDMX）第1部分：框架	国标	2018.2.1			数值与数据			

体系结构号	标准编号	标准名称	标准级别	实施日期	与国际标准对应关系	代替标准	阶段	分阶段	专业	分专业
104-8	GB/Z 34052.2—2017	统计数据与元数据交换（SDMX）第2部分：信息模型统一建模语言（UML）概念设计	国标	2018.2.1			数值与数据			
105 互换性与精度标准及实现系列化标准										
105-1	DL/T 5578—2020	电力工程施工测量标准	行标	2021.2.1			互换性与精度标准及实现系列化标准			
105-2	GB/T 321—2005	优先数和优先数系	国标	2005.12.1		GB/T 321—1980	互换性与精度标准及实现系列化标准			
105-3	GB/T 1031—2009	产品几何技术规范（GPS）表面结构 轮廓法表面粗糙度参数及其数值	国标	2009.11.1		GB/T 1031—1995	互换性与精度标准及实现系列化标准			
105-4	GB/T 1182—2018	产品几何技术规范（GPS）几何公差 形状、方向、位置和跳动公差标注	国标	2019.4.1		GB/T 1182—2008	互换性与精度标准及实现系列化标准			
105-5	GB/T 1800.1—2020	产品几何技术规范（GPS）线性尺寸公差 ISO 代号体系 第1部分：公差、偏差和配合的基础	国标	2020.11.1	ISO 286-1：2010	GB/T 1801—2009	互换性与精度标准及实现系列化标准			
105-6	GB/T 1800.2—2020	产品几何技术规范（GPS）线性尺寸公差 ISO 代号体系 第2部分：标准公差带代号和孔、轴的极限偏差表	国标	2020.11.1	ISO 286-2：2010	GB/T 1800.2—2009	互换性与精度标准及实现系列化标准			
105-7	GB/T 2828.1—2012	计数抽样检验程序 第1部分：按接收质量限（AQL）检索的逐批检验抽样计划	国标	2013.2.15		GB/T 2828.1—2003	互换性与精度标准及实现系列化标准			

体系结构号	标准编号	标准名称	标准级别	实施日期	与国际标准对应关系	代替标准	阶段	分阶段	专业	分专业
105-8	GB/T 2828.2—2008	计数抽样检验程序　第 2 部分：按极限质量 LQ 检索的孤立批检验抽样方案	国标	2009.1.1	ISO 2859-2：1985，NEQ	GB/T 15239—1994	互换性与精度标准及实现系列化标准			
105-9	GB/T 2828.5—2011	计数抽样检验程序　第 5 部分：按接收质量限（AQL）检索的逐批序贯抽样检验系统	国标	2011.12.1	ISO 2859-5：2005，IDT		互换性与精度标准及实现系列化标准			
105-10	GB/T 2828.11—2008	计数抽样检验程序　第 11 部分：小总体声称质量水平的评定程序	国标	2009.1.1		GB/T 15482—1995	互换性与精度标准及实现系列化标准			
105-11	GB/T 4249—2018	产品几何技术规范（GPS）基础　概念、原则和规则	国标	2019.4.1		GB/T 4249—2009	互换性与精度标准及实现系列化标准			
105-12	GB/T 16671—2018	产品几何技术规范（GPS）几何公差　最大实体要求（MMR）、最小实体要求（LMR）和可逆要求（RPR）	国标	2019.4.1		GB/T 16671—2009	互换性与精度标准及实现系列化标准			
105-13	GB/T 17852—2018	产品几何技术规范（GPS）几何公差　轮廓度公差标注	国标	2019.4.1		GB/T 17852—1999	互换性与精度标准及实现系列化标准			
105-14	GB/T 27418—2017	测量不确定度评定和表示	国标	2018.7.1	ISO/IEC Guide 98-3：2008		互换性与精度标准及实现系列化标准			
105-15	GB/T 27419—2018	测量不确定度评定和表示补充文件 1：基于蒙特卡洛方法的分布传播	国标	2018.12.1			互换性与精度标准及实现系列化标准			
105-16	JJF 1059.1—2012	测量不确定度评定与表示	国标	2013.6.3		JJF 1059—1999	互换性与精度标准及实现系列化标准			

体系结构号	标准编号	标准名称	标准级别	实施日期	与国际标准对应关系	代替标准	阶段	分阶段	专业	分专业
105-17	JJF 1059.2—2012	用蒙特卡洛法评定测量不确定度技术规范	国标	2013.6.21			互换性与精度标准及实现系列化标准			
106 环境保护、安全通用标准										
——环保										
106-1	QX/T 97—2008	用电需求气象条件等级	行标	2018.8.1			环境保护、安全通用标准			
106-2	HJ 2.1—2016	建设项目环境影响评价技术导则 总纲	行标	2017.1.1		HJ 2.1—2011	环境保护、安全通用标准			
106-3	HJ 2.3—2018	环境影响评价技术导则 地表水环境	行标	2019.3.1		HJ/T 2.3—1993	环境保护、安全通用标准			
106-4	HJ 2.4—2009	环境影响评价技术导则 声环境	行标	2010.4.1		HJ/T 2.4—1995	环境保护、安全通用标准			
106-5	GBJ 122—1988	工业企业噪声测量规范	国标	1988.12.1			环境保护、安全通用标准			
106-6	GB/T 2423.3—2016	环境试验 第2部分：试验方法 试验 Cab：恒定湿热试验	国标	2017.7.1	IEC 60068-2-78：2012	GB/T 2423.3—2006	环境保护、安全通用标准			
106-7	GB/T 2424.1—2015	环境试验 第3部分：支持文件及导则 低温和高温试验	国标	2016.5.1		GB/T 2424.1—2005	环境保护、安全通用标准			
106-8	GB 3096—2008	声环境质量标准	国标	2008.10.1		GB 3096—1993；GB/T 14623—1993	环境保护、安全通用标准			
106-9	GB/T 3222.1—2006	声学 环境噪声的描述、测量与评价 第1部分：基本参量与评价方法	国标	2006.12.1	ISO 1996-1：2003，IDT	GB/T 3222—1994	环境保护、安全通用标准			

体系结构号	标准编号	标准名称	标准级别	实施日期	与国际标准对应关系	代替标准	阶段	分阶段	专业	分专业
106-10	GB/T 6999—2010	环境试验用相对湿度查算表	国标	2011.5.1		GB/T 6999—1986	环境保护、安全通用标准			
106-11	GB 12348—2008	工业企业厂界环境噪声排放标准	国标	2008.10.1		GB 12348—1990；GB 12349—1990	环境保护、安全通用标准			
106-12	GB/T 13616—2009	数字微波接力站电磁环境保护要求	国标	2017.3.23		GB 13616—2009	环境保护、安全通用标准			
106-13	GB/T 15265—1994	环境空气 降尘的测定 重量法	国标	1995.6.1			环境保护、安全通用标准			
106-14	GB/T 18883—2002	室内空气质量标准	国标	2003.3.1			环境保护、安全通用标准			
106-15	GB/T 24001—2016	环境管理体系 要求及使用指南	国标	2017.5.1	ISO 14001：2015	GB/T 24001—2004	环境保护、安全通用标准			
106-16	GB/T 24004—2017	环境管理体系 通用实施指南	国标	2018.7.1	ISO 14004：2016	GB/T 24004—2004	环境保护、安全通用标准			
106-17	GB/T 35227—2017	地面气象观测规范 风向和风速	国标	2018.7.1			环境保护、安全通用标准			
106-18	GB/T 35228—2017	地面气象观测规范 降水量	国标	2018.7.1			环境保护、安全通用标准			
106-19	GB/T 35229—2017	地面气象观测规范 雪深与雪压	国标	2018.7.1			环境保护、安全通用标准			
106-20	GB/T 35237—2017	地面气象观测规范 自动观测	国标	2018.7.1			环境保护、安全通用标准			

体系结构号	标准编号	标准名称	标准级别	实施日期	与国际标准对应关系	代替标准	阶段	分阶段	专业	分专业
106-21	GB/T 36381—2018	废弃液体化学品分类规范	国标	2019.1.1			环境保护、安全通用标准			
——安全										
106-22	DL/T 477—2010	农村电网低压电气安全工作规程	行标	2011.5.1		DL 477—2001	环境保护、安全通用标准			
106-23	DL 493—2015	农村低压安全用电规程	行标	2015.9.1		DL 493—2001	环境保护、安全通用标准			
106-24	DL/T 692—2018	电力行业紧急救护技术规范	行标	2018.7.1		DL/T 692—2008	环境保护、安全通用标准			
106-25	DL/T 1345—2014	直升机电力作业安全工作规程	行标	2015.3.1			环境保护、安全通用标准			
106-26	DL/T 1500—2016	电网气象灾害预警系统技术规范	行标	2016.6.1			环境保护、安全通用标准			
106-27	JGJ/T 77—2010	施工企业安全生产评价标准	行标	2010.11.1		JGJ/T 77—2003	环境保护、安全通用标准			
106-28	GB/T 4208—2017	外壳防护等级（IP 代码）	国标	2018.2.1	IEC 60529：2013	GB/T 4208—2008	环境保护、安全通用标准			
106-29	GB/T 6721—1986	企业职工伤亡事故经济损失统计标准	国标	1987.5.1			环境保护、安全通用标准			
106-30	GB 6722—2014	爆破安全规程	国标	2015.7.1		GB 6722—2003	环境保护、安全通用标准			
106-31	GB/T 15499—1995	事故伤害损失工作日标准	国标	1995.10.1			环境保护、安全通用标准			

体系结构号	标准编号	标准名称	标准级别	实施日期	与国际标准对应关系	代替标准	阶段	分阶段	专业	分专业
106-32	GB 18218—2018	危险化学品重大危险源辨识	国标	2019.3.1		GB 18218—2009	环境保护、安全通用标准			
106-33	GB 19517—2009	国家电气设备安全技术规范	国标	2010.10.1		GB 19517—2004	环境保护、安全通用标准			
106-34	GB/T 22696.1—2008	电气设备的安全 风险评估和风险降低 第1部分：总则	国标	2009.11.1			环境保护、安全通用标准			
106-35	GB/T 22696.3—2008	电气设备的安全 风险评估和风险降低 第3部分：危险、危险处境和危险事件的示例	国标	2009.11.1			环境保护、安全通用标准			
106-36	GB/T 22696.4—2011	电气设备的安全 风险评估和风险降低 第4部分：风险降低	国标	2011.12.1			环境保护、安全通用标准			
106-37	GB/T 22696.5—2011	电气设备的安全 风险评估和风险降低 第5部分：风险评估和降低风险的方法示例	国标	2011.12.1			环境保护、安全通用标准			
106-38	GB/T 25295—2010	电气设备安全设计导则	国标	2011.5.1			环境保护、安全通用标准			
106-39	GB/T 29480—2013	接近电气设备的安全导则	国标	2013.7.1			环境保护、安全通用标准			
106-40	GB/T 29481—2013	电气安全标志	国标	2013.12.1			环境保护、安全通用标准			
106-41	GB/T 30146—2013	公共安全 业务连续性管理体系 要求	国标	2014.5.1			环境保护、安全通用标准			
106-42	GB/T 33000—2016	企业安全生产标准化基本规范	国标	2017.4.1			环境保护、安全通用标准			

体系结构号	标准编号	标准名称	标准级别	实施日期	与国际标准对应关系	代替标准	阶段	分阶段	专业	分专业
106-43	GB/T 37521.1—2019	重点场所防爆炸安全检查 第1部分：基础条件	国标	2019.12.1			环境保护、安全通用标准			
106-44	GB/T 37521.2—2019	重点场所防爆炸安全检查 第2部分：能力评估	国标	2019.12.1			环境保护、安全通用标准			
106-45	GB/T 37521.3—2019	重点场所防爆炸安全检查 第3部分：规程	国标	2019.12.1			环境保护、安全通用标准			
106-46	IEC 60529—1989/Amd 2—2013/Cor 1—2019	外壳防护等级（IP代码）	国际标准	2019.1.16			环境保护、安全通用标准			
107	**各专业的技术指导通则或导则**									
107-1	Q/CSG 10012—2005	城市配电网技术导则	企标	2006.1.1			各专业的技术指导通则或导则			
107-2	Q/CSG 11006—2009	数字化变电站技术规范	企标	2009.11.26			各专业的技术指导通则或导则			
107-3	Q/CSG 1107001—2018	南方电网 35kV～500kV 变电站装备技术导则（变电一次分册）	企标	2018.8.7		Q/CSG 1203004.1—2014	各专业的技术指导通则或导则			
107-4	Q/CSG 1107003—2019	35kV～500kV 交流输电线路装备技术导则	企标	2019.2.27		Q/CSG 1203004.2—2015	各专业的技术指导通则或导则			
107-5	Q/CSG 1203004.3—2017	南方电网公司 20kV 及以下电网装备技术导则	企标	2017.1.3		Q/CSG 1203004.3—2014	各专业的技术指导通则或导则			
107-6	Q/CSG 1203005—2015	南方电网电力二次装备技术导则	企标	2015.8.12			各专业的技术指导通则或导则			

体系结构号	标准编号	标准名称	标准级别	实施日期	与国际标准对应关系	代替标准	阶段	分阶段	专业	分专业
107-7	Q/CSG 1204068—2020	南方电网运行控制断面标准化定义技术规范	企标	2020.3.31			各专业的技术指导通则或导则			
107-8	Q/CSG 1205032—2020	0.4kV 不停电作业技术导则	企标	2020.3.31			各专业的技术指导通则或导则			
107-9	T/CEC 101.1—2016	能源互联网　第 1 部分：总则	团标	2017.1.1			各专业的技术指导通则或导则			
107-10	DL/T 861—2020	电力可靠性基本名词术语	行标	2021.2.4		DL/T 861—2014	各专业的技术指导通则或导则			
107-11	DL/T 876—2004	带电作业绝缘配合导则	行标	2004.6.1			各专业的技术指导通则或导则			
107-12	DL/T 1004—2018	电力企业管理体系整合导则	行标	2018.10.1		DL/T 1004—2006	各专业的技术指导通则或导则			
107-13	DL/T 1022—2015	火电机组仿真机技术规范	行标	2015.12.1		DL/T 1022—2006	各专业的技术指导通则或导则			
107-14	DL/T 1406—2015	配电自动化技术导则	行标	2015.9.1			各专业的技术指导通则或导则			
107-15	DL/T 1412—2015	优质电力园区供电技术规范	行标	2015.9.1			各专业的技术指导通则或导则			
107-16	DL/T 1439—2015	镇村户配电技术导则	行标	2015.9.1			各专业的技术指导通则或导则			
107-17	DL/T 1773—2017	电力系统电压和无功电力技术导则	行标	2018.6.1		SD 325—1989	各专业的技术指导通则或导则			

体系 结构号	标准编号	标准名称	标准 级别	实施日期	与国际标准 对应关系	代替标准	阶段	分阶段	专业	分专业
107-18	DL/T 2072—2019	电网企业安全风险预控体系建设导则	行标	2020.5.1			各专业的技术指导通则或导则			
107-19	DL/T 2197—2020	电力工程信息模型应用统一标准	行标	2021.2.1			各专业的技术指导通则或导则			
107-20	DL/T 5494—2014	电力工程场地地震安全性评价规程	行标	2015.3.1			各专业的技术指导通则或导则			
107-21	GB 5083—1999	生产设备安全卫生设计总则	国标	1999.12.1	DIN 31000/VDE 1000：1993，REF；γ OCT 12.2.003：1992，REF	GB 5083—1985	各专业的技术指导通则或导则			
107-22	AQ/T 9006—2010	企业安全生产标准化基本规范	行标	2010.6.1			各专业的技术指导通则或导则			
107-23	NB/T 41009—2017	定制电力技术导则	行标	2018.3.1			各专业的技术指导通则或导则			
107-24	GB/T 9969—2008	工业产品使用说明书 总则	国标	2009.5.1			各专业的技术指导通则或导则			
107-25	GB 13690—2009	化学品分类和危险性公示通则	国标	2010.5.1	GHS ST/SG/AC.10/30/Rev.2，NEQ	GB 13690—1992	各专业的技术指导通则或导则			
107-26	GB/T 15587—2008	工业企业能源管理导则	国标	2009.5.1		GB/T 15587—1995	各专业的技术指导通则或导则			
107-27	GB/T 19001—2016	质量管理体系 要求	国标	2017.7.1	ISO 9001：2008，IDT	GB/T 19001—2008	各专业的技术指导通则或导则			
107-28	GB/T 19002—2018	质量管理体系 GB/T 19001—2016应用指南	国标	2019.7.1			各专业的技术指导通则或导则			

体系 结构号	标准编号	标准名称	标准级别	实施日期	与国际标准 对应关系	代替标准	阶段	分阶段	专业	分专业
107-29	GB/T 19014—2019	质量管理 顾客满意 监视和测量指南	国标	2020.7.1				各专业的技术指导通则或导则		
107-30	GB/T 19028—2018	质量管理 人员参与和能力指南	国标	2019.7.1				各专业的技术指导通则或导则		
107-31	GB/T 24353—2009	风险管理 原则与实施指南	国标	2009.12.1				各专业的技术指导通则或导则		
107-32	GB/T 25296—2010	电气设备安全通用试验导则	国标	2011.5.1				各专业的技术指导通则或导则		
107-33	GB/Z 26854—2011	电特性的标准化	国标	2011.12.1	IEC/TR 62510：2008，IDT			各专业的技术指导通则或导则		
107-34	GB/Z 28805—2012	能源系统需求开发的智能电网方法	国标	2013.5.1				各专业的技术指导通则或导则		
107-35	GB/T 30155—2013	智能变电站技术导则	国标	2014.8.1				各专业的技术指导通则或导则		
107-36	GB/T 33587—2017	充电电气系统与设备安全导则	国标	2017.12.1				各专业的技术指导通则或导则		
107-37	GB/T 33602—2017	电力系统通用服务协议	国标	2017.12.1				各专业的技术指导通则或导则		
107-38	GB/T 35247—2017	产品质量安全风险信息监测技术通则	国标	2018.7.1				各专业的技术指导通则或导则		
107-39	GB/T 35253—2017	产品质量安全风险预警分级导则	国标	2018.7.1				各专业的技术指导通则或导则		

体系结构号	标准编号	标准名称	标准级别	实施日期	与国际标准对应关系	代替标准	阶段	分阶段	专业	分专业
107-40	GB/T 35641—2017	工程测绘基本技术要求	国标	2018.7.1			各专业的技术指导通则或导则			
107-41	GB/T 38244—2019	机器人安全总则	国标	2020.5.1			各专业的技术指导通则或导则			
107-42	GB/T 38969—2020	电力系统技术导则	国标	2020.7.1			各专业的技术指导通则或导则			
107-43	IEC 60071-1—2011	绝缘配合 第1部分：定义、原理和规则	国际标准	2011.3.30			各专业的技术指导通则或导则			
107-44	IEC 62305-1—2010	雷电防护 第1部分：一般原则	国际标准	2010.12.9	EN 62305-1—2011，MOD；COST R IEC 62305-1—2010，IDT	IEC 62305-1—2006	各专业的技术指导通则或导则			
107-45	IEC 62305-2—2010	雷电防护 第2部分：风险管理	国际标准	2010.12.9	COST R IEC 62305-2—2010，IDT	IEC 62305-2—2006	各专业的技术指导通则或导则			
107-46	IEC 62305-3—2010	雷电防护 第3部分：建筑物的物理损害和生命危险	国际标准	2010.12.9	EN 62305-3—2011，MOD	IEC 62305-3—2006	各专业的技术指导通则或导则			
107-47	IEC 62305-4—2010	雷电防护 第4部分：建筑物中电气和电子系统	国际标准	2010.12.9	EN 62345-4—2011，MOD	IEC 62305-4—2006	各专业的技术指导通则或导则			
201 规划设计										
201.1 规划设计-基础综合										
201.1-1	Q/CSG 11516—2009	500kV及以上交直流输变电工程可行性研究内容深度规定	企标	2009.10.13			规划	规划	基础综合	
201.1-2	Q/CSG 1201003—2015	220kV及以上电网规划技术原则（系统一次部分）	企标	2015.4.10			规划	规划	基础综合	

体系结构号	标准编号	标准名称	标准级别	实施日期	与国际标准对应关系	代替标准	阶段	分阶段	专业	分专业
201.1-3	Q/CSG 1201014—2016	变电站和换流站噪声控制设计规程	企标	2017.1.1			设计、采购、建设、运维、修试	初设、施工图、招标、品控、施工工艺、验收与质量评定、试运行、运行、维护、检修、试验	基础综合	
201.1-4	Q/CSG 1210048—2020	中国南方电网公司统一数字电网模型设计规范（试行）	企标	2020.12.30			设计、采购、建设、运维、修试	初设、施工图、招标、品控、施工工艺、验收与质量评定、试运行、运行、维护、检修、试验	基础综合	
201.1-5	Q/CSG 1201018—2017	南方电网提高综合防灾保障能力规划设计原则	企标	2017.8.1			规划、设计、采购、建设、运维、修试	规划、初设、施工图、招标、品控、施工工艺、验收与质量评定、试运行、运行、维护、检修、试验	基础综合	
201.1-6	Q/CSG 1201023—2019	110kV 及以下配电网规划技术指导原则	企标	2019.12.30			规划	规划	基础综合	
201.1-7	Q/CSG 1204053—2019	电力系统计算分析数据规范	企标	2019.9.30			规划、设计、运行	规划、初设、施工图	基础综合	
201.1-8	Q/CSG 1204077—2020	抽水蓄能电站计算机监控系统技术规范（试行）	企标	2020.8.31			规划、设计	规划、初设、施工图	基础综合	
201.1-9	Q/CSG 1204078—2020	南方电网抽水蓄能电站励磁系统技术规范（试行）	企标	2020.8.31			规划、设计	规划、初设、施工图	基础综合	
201.1-10	T/CEC 5031—2020	户用光伏系统勘察技术规范	团标	2021.2.1			设计	规划、初设、施工图	基础综合	
201.1-11	T/CEC 106—2016	微电网规划设计评价导则	团标	2017.1.1			规划、设计	规划、初设、施工图	基础综合	
201.1-12	DL/T 256—2012	城市电网供电安全标准	行标	2012.7.1			规划、设计、采购、建设、运维、修试	初设、施工图、招标、品控、施工工艺、验收与质量评定、试运行、运行、维护、检修、试验	基础综合	
201.1-13	QX/T 405—2017	雷电灾害风险区划技术指南	行标	2018.4.1			规划、设计	规划、初设、施工图	基础综合	

体系结构号	标准编号	标准名称	标准级别	实施日期	与国际标准对应关系	代替标准	阶段	分阶段	专业	分专业
201.1-14	DL/T 562—1995	高海拔污秽地区悬式绝缘子串片数选用导则	行标	1995.10.1			设计、采购、建设、运维、修试、退役	初设、施工图、招标、品控、施工工艺、验收与质量评定、试运行、运行、维护、检修、试验、退役、报废	基础综合	
201.1-15	DL/T 575.2—1999	控制中心人机工程设计导则第2部分：视野与视区划分	行标	2000.7.1		DL/T 575.1—1995	设计、采购、建设、运维、修试	初设、施工图、招标、品控、施工工艺、验收与质量评定、试运行、运行、维护、检修、试验	基础综合	
201.1-16	DL/T 575.3—1999	控制中心人机工程设计导则第3部分：手可及范围与操作区划分	行标	2000.7.1			设计、采购、建设、运维、修试	初设、施工图、招标、品控、施工工艺、验收与质量评定、试运行、运行、维护、检修、试验	基础综合	
201.1-17	DL/T 575.4—1999	控制中心人机工程设计导则第4部分：受限空间尺寸	行标	2000.7.1			设计、采购、建设、运维、修试	初设、施工图、招标、品控、施工工艺、验收与质量评定、试运行、运行、维护、检修、试验	基础综合	
201.1-18	DL/T 575.5—1999	控制中心人机工程设计导则第5部分：控制中心设计原则	行标	2000.7.1			设计、采购、建设、运维、修试	初设、施工图、招标、品控、施工工艺、验收与质量评定、试运行、运行、维护、检修、试验	基础综合	
201.1-19	DL/T 575.6—1999	控制中心人机工程设计导则第6部分：控制中心总体布局原则	行标	2000.7.1			设计、采购、建设、运维、修试	初设、施工图、招标、品控、施工工艺、验收与质量评定、试运行、运行、维护、检修、试验	基础综合	
201.1-20	DL/T 575.7—1999	控制中心人机工程设计导则第7部分：控制室的布局	行标	2000.7.1			设计、采购、建设、运维、修试	初设、施工图、招标、品控、施工工艺、验收与质量评定、试运行、运行、维护、检修、试验	基础综合	

体系结构号	标准编号	标准名称	标准级别	实施日期	与国际标准对应关系	代替标准	阶段	分阶段	专业	分专业
201.1-21	DL/T 575.8—1999	控制中心人机工程设计导则 第8部分：工作站的布局和尺寸	行标	2000.7.1			设计、采购、建设、运维、修试	初设、施工图、招标、品控、施工工艺、验收与质量评定、试运行、运行、维护、检修、试验	基础综合	
201.1-22	DL/T 575.9—1999	控制中心人机工程设计导则 第9部分：显示器、控制器及相互作用	行标	2000.7.1			设计、采购、建设、运维、修试	初设、施工图、招标、品控、施工工艺、验收与质量评定、试运行、运行、维护、检修、试验	基础综合	
201.1-23	DL/T 575.10—1999	控制中心人机工程设计导则 第10部分：环境要求原则	行标	2000.7.1			设计、采购、建设、运维、修试	初设、施工图、招标、品控、施工工艺、验收与质量评定、试运行、运行、维护、检修、试验	基础综合	
201.1-24	DL/T 575.11—1999	控制中心人机工程设计导则 第11部分：控制室的评价原则	行标	2000.7.1			设计、采购、建设、运维、修试	初设、施工图、招标、品控、施工工艺、验收与质量评定、试运行、运行、维护、检修、试验	基础综合	
201.1-25	DL/T 575.12—1999	控制中心人机工程设计导则 第12部分：视觉显示终端（VDT）工作站	行标	2000.7.1			设计、采购、建设、运维、修试	初设、施工图、招标、品控、施工工艺、验收与质量评定、试运行、运行、维护、检修、试验	基础综合	
201.1-26	DL/T 1344—2014	干扰性用户接入电力系统技术规范	行标	2015.3.1			设计、采购、建设、运维、修试、退役	初设、施工图、招标、品控、施工工艺、验收与质量评定、试运行、运行、维护、检修、试验、退役、报废	基础综合	
201.1-27	DL/T 1572.1—2016	变电站和发电厂直流辅助电源系统短路电流 第1部分：短路电流计算	行标	2016.7.1	IEC 61660-1：1997，IDT		设计	初设、施工图	基础综合	
201.1-28	DL/T 1572.2—2016	变电站及发电厂直流辅助电源系统短路电流 第2部分：效应计算	行标	2016.7.1	IEC 61660-2：1997，IDT		设计	初设、施工图	基础综合	

体系结构号	标准编号	标准名称	标准级别	实施日期	与国际标准对应关系	代替标准	阶段	分阶段	专业	分专业
201.1-29	DL/T 1572.3—2016	变电站和发电厂直流辅助电源系统短路电流 第3部分：算例	行标	2016.7.1	IEC 61660-3：2000，IDT		设计	初设、施工图	基础综合	
201.1-30	DL/T 1678—2016	电力工程接地降阻技术规范	行标	2017.5.1			设计、建设	初设、施工图、施工工艺、验收与质量评定、试运行	基础综合	
201.1-31	DL/T 2084—2020	直流换流站阀厅电磁兼容导则	行标	2021.2.1			规划、设计	规划、初设、施工图	基础综合	
201.1-32	DL/T 2088—2020	直流接地极线路绝缘配合技术导则	行标	2021.2.1			规划、设计	规划、初设、施工图	基础综合	
201.1-33	DL/T 2108—2020	高压直流输电系统主回路参数计算导则	行标	2021.2.1			规划、设计	规划、初设、施工图	基础综合	
201.1-34	DL/T 2110—2020	交流架空线路防雷用自灭弧并联间隙选用导则	行标	2021.2.1			规划、设计	规划、初设、施工图	基础综合	
201.1-35	DL/T 2114—2020	电力网无功补偿配置技术导则	行标	2021.2.1			规划、设计	规划、初设、施工图	基础综合	
201.1-36	DL/T 5575—2020	广域测量系统设计规程	行标	2021.2.1			规划、设计	规划、初设、施工图	基础综合	
201.1-37	DL/T 5034—2006	电力工程水文地质勘测技术规程	行标	2006.10.1		DL/T 5034—1994	设计	初设、施工图	基础综合	
201.1-38	DL/T 5093—2016	电力岩土工程勘测资料整编技术规程	行标	2016.6.1		DL/T 5093—1999	设计	初设、施工图	基础综合	
201.1-39	DL/T 5104—2016	电力工程工程地质测绘技术规程	行标	2016.6.1		DL/T 5104—1999	规划、设计、建设、退役	规划、初设、施工图、施工工艺、验收与质量评定、试运行、报废	基础综合	
201.1-40	DL/T 5136—2012	火力发电厂、变电站二次接线设计技术规程	行标	2013.3.1		DL/T 5136—2001	规划、设计、采购、建设、运维、修试、退役	规划、初设、施工图、招标、品控、施工工艺、验收与质量评定、试运行、运行、维护、检修、试验、退役、报废	基础综合	

体系结构号	标准编号	标准名称	标准级别	实施日期	与国际标准对应关系	代替标准	阶段	分阶段	专业	分专业
201.1-41	DL/T 5159—2012	电力工程物探技术规程	行标	2012.12.1		DL/T 5159—2002	设计	初设、施工图	基础综合	
201.1-42	DL/T 5222—2005	导体和电器选择设计技术规定	行标	2005.6.1		SDGJ 14—1986	设计、采购、建设、运维、修试、退役	初设、施工图、招标、品控、施工工艺、验收与质量评定、试运行、运行、维护、检修、试验、退役、报废	基础综合	
201.1-43	DL/T 5229—2016	电力工程竣工图文件编制规定	行标	2016.6.1		DL/T 5229—2005	设计	施工图	基础综合	
201.1-44	DL/T 5352—2018	高压配电装置设计规范	行标	2018.7.1		DL/T 5352—2006	设计、采购、建设、运维、修试、退役	初设、施工图、招标、品控、施工工艺、验收与质量评定、试运行、运行、维护、检修、试验、退役、报废	基础综合	
201.1-45	DL/T 5408—2009	发电厂、变电站电子信息系统 220/380V 电源电涌保护配置、安装及验收规程	行标	2009.12.1			设计、采购、建设、运维、修试、退役	初设、施工图、招标、品控、施工工艺、验收与质量评定、试运行、运行、维护、检修、试验、退役、报废	基础综合	
201.1-46	DL/T 5429—2009	电力系统设计技术规程	行标	2009.12.1		SDJ 161—1985	设计、采购、建设、运维、修试、退役	初设、施工图、招标、品控、施工工艺、验收与质量评定、试运行、运行、维护、检修、试验、退役、报废	基础综合	
201.1-47	DL/T 5444—2010	电力系统设计内容深度规定	行标	2010.12.15			设计	初设、施工图	基础综合	
201.1-48	DL/T 5448—2012	输变电工程可行性研究内容深度规定	行标	2012.3.1			规划	规划	基础综合	
201.1-49	DL/T 5491—2014	电力工程交流不间断电源系统设计技术规程	行标	2015.3.1			设计、采购、建设、运维、修试、退役	初设、施工图、招标、品控、施工工艺、验收与质量评定、试运行、运行、维护、检修、试验、退役、报废	基础综合	
201.1-50	DL/T 5506—2015	电力系统继电保护设计技术规范	行标	2015.12.1			设计、采购、建设、运维、修试、退役	初设、施工图、招标、品控、施工工艺、验收与质量评定、试运行、运行、维护、检修、试验、退役、报废	基础综合	

体系结构号	标准编号	标准名称	标准级别	实施日期	与国际标准对应关系	代替标准	阶段	分阶段	专业	分专业
201.1-51	DL/T 5511—2016	直流融冰系统设计技术规程	行标	2016.6.1			设计、采购、建设、运维、修试、退役	初设、施工图、招标、品控、施工工艺、验收与质量评定、试运行、运行、维护、检修、试验、退役、报废	基础综合	
201.1-52	DL/T 2158—2020	接地极线路带电作业技术导则	行标	2021.2.1			设计、采购、建设、运维、修试、退役	初设、施工图、招标、品控、施工工艺、验收与质量评定、试运行、运行、维护、检修、试验、退役、报废	基础综合	
201.1-53	DL/T 5522—2017	特高压输变电工程压覆矿产资源调查内容深度规定	行标	2017.8.1			规划	规划	基础综合	
201.1-54	DL/T 5543—2018	特高压输变电工程环境影响评价内容深度规定	行标	2018.10.1			规划	规划	基础综合	
201.1-55	DL/T 5553—2019	电力系统电气计算设计规程	行标	2019.10.1			规划、设计	规划、初设、施工图	基础综合	
201.1-56	DL/T 5554—2019	电力系统无功补偿及调压设计技术导则	行标	2019.10.1			规划、设计	规划、初设、施工图	基础综合	
201.1-57	DL/T 5557—2019	电力系统会议电视系统设计规程	行标	2019.10.1			设计、采购、建设	初设、施工图、招标、品控、施工工艺、验收与质量评定、试运行	基础综合	
201.1-58	DL/T 5564—2019	输变电工程接入系统设计规程	行标	2019.10.1			规划、设计	规划、初设、施工图	基础综合	
201.1-59	DL/T 5567—2019	电力规划研究报告内容深度规定	行标	2020.5.1			规划	规划	基础综合	
201.1-60	DLGJ 137—1997	电力工程标准设计分类编号及项目名称	行标	1997.9.19			设计	初设、施工图	基础综合	
201.1-61	DLGJ 141—1998	电力勘测设计科研管理办法	行标	1998.6.5		1990年颁发《电力勘测设计科研管理办法》	设计	初设、施工图	基础综合	
201.1-62	DLGJ 159.1—2001	电力工程勘测设计阶段的划分规定	行标	2001.9.1		《火力发电厂勘测设计阶段的划分规定》（1993年版）	设计	初设、施工图	基础综合	

体系结构号	标准编号	标准名称	标准级别	实施日期	与国际标准对应关系	代替标准	阶段	分阶段	专业	分专业
201.1-63	DLGJ 159.2—2001	电力勘测设计生产岗位责任制度	行标	2001.8.1			设计	初设、施工图	基础综合	
201.1-64	DLGJ 159.4—2001	电力设计图纸会签制度	行标	2001.9.1		《电力设计图纸会签制度》（1993年版）	设计	初设、施工图	基础综合	
201.1-65	DLGJ 159.6—2001	电力设计成品质量评定方法	行标	2001.9.1		《电力设计成品质量评定方法》（1993年版）	设计	初设、施工图	基础综合	
201.1-66	DLGJ 159.7—2001	电力勘测设计成品校审制度	行标	2001.9.1		《电力勘测设计成品校审制度》（1993年版）	设计	初设、施工图	基础综合	
201.1-67	DLGJ 161—2003	电力勘测设计工程成品电子文件与电子档案管理办法	行标	2004.3.1			设计	初设、施工图	基础综合	
201.1-68	DLGJ 162—2003	电力勘测设计文书档案管理规定	行标	2004.3.1		DLGJ 143—1998	设计	初设、施工图	基础综合	
201.1-69	SJ/T 207.1—2018	设计文件管理制度 第1部分：设计文件的分类和组成	行标	2018.10.1			设计	初设、施工图	基础综合	
201.1-70	SJ/T 207.2—2018	设计文件管理制度 第2部分：设计文件的格式	行标	2018.7.1			设计	初设、施工图	基础综合	
201.1-71	SJ/T 207.3—2018	设计文件管理制度 第3部分：文字内容和表格形式设计文件的编制方法	行标	2018.7.1			设计	初设、施工图	基础综合	
201.1-72	SJ/T 207.4—2018	设计文件管理制度 第4部分：设计文件的编号	行标	2018.7.1			设计	初设、施工图	基础综合	
201.1-73	SJ/T 207.5—2018	设计文件管理制度 第5部分：设计文件的更改	行标	2018.7.1			设计	初设、施工图	基础综合	
201.1-74	JGJ 55—2011	普通混凝土配合比设计规程	行标	2011.12.1		JGJ 55—2000	设计、采购、建设	初设、施工图、招标、施工工艺、验收与质量评定、试运行	基础综合	
201.1-75	CECS 160—2004	建筑工程抗震性态设计通则（试用）	行标	2004.8.1			设计、采购、建设、运维、修试、退役	初设、施工图、招标、品控、施工工艺、验收与质量评定、试运行、运行、维护、检修、试验、退役、报废	基础综合	

续表

体系结构号	标准编号	标准名称	标准级别	实施日期	与国际标准对应关系	代替标准	阶段	分阶段	专业	分专业
201.1-76	NB/T 10432—2020	风电功率预测系统设计规范	行标	2021.2.1			设计、采购、建设、运维、修试、退役	初设、施工图、招标、品控、施工工艺、验收与质量评定、试运行、运行、维护、检修、试验、退役、报废	基础综合	
201.1-77	GB/T 311.4—2010	绝缘配合 第4部分：电网绝缘配合及其模拟的计算导则	国标	2011.5.1	IEC 60071-4：2004，MOD		设计	初设、施工图	基础综合	
201.1-78	GB/T 3836.15—2017	爆炸性环境 第15部分：电气装置的设计、选型和安装	国标	2018.7.1	IEC 60079-14：2007	GB 3836.15—2000	设计	初设、施工图	基础综合	
201.1-79	GB/T 17941—2008	数字测绘成果质量要求	国标	2008.12.1		GB/T 17941.1—2000	规划、设计	规划、初设、施工图	基础综合	
201.1-80	GB/T 23686—2018	电子电气产品环境意识设计	国标	2019.4.1		GB/T 23686—2009	设计、采购、建设、运维、修试	初设、施工图、招标、品控、施工工艺、验收与质量评定、试运行、运行、维护、检修、试验	基础综合	
201.1-81	GB/T 26218.1—2010	污秽条件下使用的高压绝缘子的选择和尺寸确定 第1部分：定义、信息和一般原则	国标	2011.7.1	IEC/TS 60815-1：2008，MOD	GB/T 16434—1996；GB/T 5582—1993	设计、运维	初设、运行	基础综合	
201.1-82	GB/T 26218.2—2010	污秽条件下使用的高压绝缘子的选择和尺寸确定 第2部分：交流系统用瓷和玻璃绝缘子	国标	2011.7.1	IEC/TS 60815-2：2008，MOD	GB/T 16434—1996；GB/T 5582—1993	设计、采购	初设、品控	基础综合	
201.1-83	GB/T 26218.4—2019	污秽条件下使用的高压绝缘子的选择和尺寸确定 第4部分：直流系统用绝缘子	国标	2020.7.1			设计、采购	初设、品控	基础综合	
201.1-84	GB/T 31487.1—2015	直流融冰装置 第1部分：系统设计和应用导则	国标	2015.12.1			设计、采购、建设、运维、修试、退役	初设、施工图、招标、品控、施工工艺、验收与质量评定、试运行、运行、维护、检修、试验、退役、报废	基础综合	
201.1-85	GB/Z 35728—2017	互联电力系统设计导则	国标	2018.7.1			设计、采购、建设、运维	初设、施工图、招标、品控、施工工艺、验收与质量评定、试运行、运行、维护	基础综合	

体系结构号	标准编号	标准名称	标准级别	实施日期	与国际标准对应关系	代替标准	阶段	分阶段	专业	分专业
201.1-86	GB/T 36937—2018	实验室仪器及设备环境意识设计	国标	2019.7.1			设计、采购、建设、运维	初设、施工图、招标、品控、施工工艺、验收与质量评定、试运行、运行、维护	基础综合	
201.1-87	GB 50003—2011	砌体结构设计规范	国标	2012.8.1		GB 50003—2001	设计、采购、建设、运维、修试、退役	初设、施工图、招标、品控、施工工艺、验收与质量评定、试运行、运行、维护、检修、退役、报废	基础综合	
201.1-88	GB 50007—2011	建筑地基基础设计规范	国标	2012.8.1		GB 50007—2002	设计、采购、建设、运维	初设、施工图、招标、品控、施工工艺、验收与质量评定、试运行、运行、维护	基础综合	
201.1-89	GB 50009—2012	建筑结构荷载规范	国标	2012.10.1		GB 50009—2001；GB 50009—2006	设计、采购、建设、运维	初设、施工图、招标、品控、施工工艺、验收与质量评定、试运行、运行、维护	基础综合	
201.1-90	GB 50010—2010	混凝土结构设计规范（2015年版）	国标	2011.7.1		GB 50010—2010	设计、采购、建设、运维	初设、施工图、招标、品控、施工工艺、验收与质量评定、试运行、运行、维护	基础综合	
201.1-91	GB 50011—2010	建筑抗震设计规范（2016年版）	国标	2010.12.1		GB50011—2001	设计、采购、建设、运维、修试、退役	初设、施工图、招标、品控、施工工艺、验收与质量评定、试运行、运行、维护、检修、试验、退役、报废	基础综合	
201.1-92	GB 50013—2018	室外给水设计标准	国标	2019.8.1		GB 50013—2006	设计、运维	初设、施工图、运行、维护	基础综合	
201.1-93	GB 50014—2006	室外排水设计规范（2011年版）	国标	2006.6.1		GBJ 14—1987	设计、运维	初设、施工图、运行、维护	基础综合	
201.1-94	GB 50016—2014	建筑设计防火规范（2018年版）	国标	2015.5.1		GBJ 16—1987	设计、采购、建设、运维、修试、退役	初设、施工图、招标、品控、施工工艺、验收与质量评定、试运行、运行、维护、检修、试验、退役、报废	基础综合	

体系结构号	标准编号	标准名称	标准级别	实施日期	与国际标准对应关系	代替标准	阶段	分阶段	专业	分专业
201.1-95	GB 50017—2017	钢结构设计标准	国标	2018.7.1		GB 50017—2003	设计、采购、建设、运维	初设、施工图、招标、品控、施工工艺、验收与质量评定、试运行、运行、维护	基础综合	
201.1-96	GB 50021—2001	岩土工程勘察规范（2009年版）	国标	2009.7.1		GB 50021—1994	设计	初设、施工图	基础综合	
201.1-97	GB/T 50046—2018	工业建筑防腐蚀设计标准	国标	2019.3.1		GB 50046—2008	设计、采购、建设、运维、修试、退役	初设、施工图、招标、品控、施工工艺、验收与质量评定、试运行、运行、维护、检修、试验、退役、报废	基础综合	
201.1-98	GB/T 50062—2008	电力装置的继电保护和自动装置设计规范	国标	2009.6.1		GB 50062—1992	设计、采购、建设、运维、修试、退役	初设、施工图、招标、品控、施工工艺、验收与质量评定、试运行、运行、维护、检修、试验、退役、报废	基础综合	
201.1-99	GB/T 50064—2014	交流电气装置的过电压保护和绝缘配合设计规范	国标	2014.12.1		GBJ 64—1983	设计、采购、建设、运维、修试、退役	初设、施工图、招标、品控、施工工艺、验收与质量评定、试运行、运行、维护、检修、试验、退役、报废	基础综合	
201.1-100	GB/T 50065—2011	交流电气装置的接地设计规范	国标	2012.6.1		GBJ 65-83	设计、采购、建设、运维、修试、退役	初设、施工图、招标、品控、施工工艺、验收与质量评定、试运行、运行、维护、检修、试验、退役、报废	基础综合	
201.1-101	GB 50116—2013	火灾自动报警系统设计规范	国标	2014.5.1		GB 50116—1998	设计、采购、建设、运维、修试、退役	初设、施工图、招标、品控、施工工艺、验收与质量评定、试运行、运行、维护、检修、试验、退役、报废	基础综合	
201.1-102	GB 50140—2005	建筑灭火器配置设计规范	国标	2005.10.1		GBJ 140—1990	设计、采购、建设、运维、修试、退役	初设、施工图、招标、品控、施工工艺、验收与质量评定、试运行、运行、维护、检修、试验、退役、报废	基础综合	

体系结构号	标准编号	标准名称	标准级别	实施日期	与国际标准对应关系	代替标准	阶段	分阶段	专业	分专业
201.1-103	GB 50151—2010	泡沫灭火系统设计规范	国标	2011.6.1		GB 50151—1992（2000）；GB 50196—1993（2002）	设计、采购、建设、运维、修试、退役	初设、施工图、招标、品控、施工工艺、验收与质量评定、试运行、运行、维护、检修、试验、退役、报废	基础综合	
201.1-104	GB 50191—2012	构筑物抗震设计规范	国标	2012.10.1		GB 50191—1993	设计、采购、建设、运维、修试、退役	初设、施工图、招标、品控、施工工艺、验收与质量评定、试运行、运行、维护、检修、试验、退役、报废	基础综合	
201.1-105	GB 50222—2017	建筑内部装修设计防火规范	国标	2018.4.1			设计、采购、建设、运维、修试、退役	初设、施工图、招标、品控、施工工艺、验收与质量评定、试运行、运行、维护、检修、试验、退役、报废	基础综合	
201.1-106	GB 50229—2019	火力发电厂与变电站设计防火标准	国标	2019.8.1		GB 50229—2006	设计、采购、建设	初设、施工图、招标、品控、施工工艺、验收与质量评定、试运行	基础综合	
201.1-107	GB 50260—2013	电力设施抗震设计规范	国标	2013.9.1		GB 50260—1996	设计、采购、建设、运维、修试、退役	初设、施工图、招标、品控、施工工艺、验收与质量评定、试运行、运行、维护、检修、试验、退役、报废	基础综合	
201.1-108	GB/T 50293—2014	城市电力规划规范	国标	2015.5.1		GB 50293—1999	规划	规划	基础综合	
201.1-109	GB 50314—2015	智能建筑设计标准	国标	2015.11.1		GB/T 50314—2006	设计、采购、建设、运维、修试、退役	初设、施工图、招标、品控、施工工艺、验收与质量评定、试运行、运行、维护、检修、试验、退役、报废	基础综合	
201.1-110	GB 50413—2007	城市抗震防灾规划标准（附条文说明）	国标	2007.11.1			规划	规划	基础综合	
201.1-111	GB/T 50476—2019	混凝土结构耐久性设计标准	国标	2019.12.1		GB/T 50476—2008	设计、运维	初设、施工图、运行、维护	基础综合	

体系结构号	标准编号	标准名称	标准级别	实施日期	与国际标准对应关系	代替标准	阶段	分阶段	专业	分专业
201.1-112	GB 50515—2010	导（防）静电地面设计规范	国标	2010.12.1			设计、采购、建设、运维、修试、退役	初设、施工图、招标、品控、施工工艺、验收与质量评定、试运行、运行、维护、检修、试验、退役、报废	基础综合	
201.1-113	GB/T 50703—2011	电力系统安全自动装置设计规范	国标	2012.6.1			设计、采购、建设、运维、修试、退役	初设、施工图、招标、品控、施工工艺、验收与质量评定、试运行、运行、维护、检修、试验、退役、报废	基础综合	
201.1-114	GB 50838—2015	城市综合管廊工程技术规范	国标	2009.11.1			设计、采购、建设、运维、修试、退役	初设、施工图、招标、品控、施工工艺、验收与质量评定、试运行、运行、维护、检修、试验、退役、报废	基础综合	
201.1-115	GB 50936—2014	钢管混凝土结构技术规范	国标	2014.12.1			设计	初设、施工图	基础综合	
201.1-116	GB 50974—2014	消防给水及消火栓系统技术规范	国标	2014.10.1			设计、采购、建设、运维、修试、退役	初设、施工图、招标、品控、施工工艺、验收与质量评定、试运行、运行、维护、检修、试验、退役、报废	基础综合	
201.1-117	GB 51245—2017	工业建筑节能设计统一标准	国标	2018.1.1			设计、采购、建设	初设、施工图、招标、品控、施工工艺、验收与质量评定、试运行	基础综合	
201.1-118	GB/T 7260.40—2020	不间断电源系统（UPS）第4部分：环境 要求及报告	国标	2021.7.1			规划、设计、采购、建设、运维、修试、退役	规划、初设、施工图、招标、品控、施工工艺、验收与质量评定、试运行、运行、维护、检修、试验、退役、报废	基础综合	
201.1-119	GB/T 7260.503—2020	不间断电源系统（UPS）第5-3部分：直流输出UPS性能和试验要求	国标	2021.7.1			规划、设计、采购、建设、运维、修试、退役	规划、初设、施工图、招标、品控、施工工艺、验收与质量评定、试运行、运行、维护、检修、试验、退役、报废	基础综合	

体系结构号	标准编号	标准名称	标准级别	实施日期	与国际标准对应关系	代替标准	阶段	分阶段	专业	分专业
201.1-120	GB/T 39230—2020	重型海底电缆收放装置安装与调试规程	国标	2021.6.1			设计、采购、建设、运维、修试、退役	规划、初设、施工图、招标、品控、施工工艺、验收与质量评定、试运行、运行、维护、检修、试验、退役、报废	基础综合	
201.1-121	GB/T 39324—2020	智能水电厂主设备状态检修决策支持系统技术导则	国标	2021.6.1			规划、设计、采购、建设、运维、修试、退役	规划、初设、施工图、招标、品控、施工工艺、验收与质量评定、试运行、运行、维护、检修、试验、退役、报废	基础综合	
201.1-122	IEC 60909-3 Corri 1—2013	三相交流系统中短路电流 第3部分：两个独立的同时单线路对地短路和部分短路电流流入大地情况下的电流，勘误表1	国际标准	2013.9.11			设计	初设、施工图	基础综合	
201.1-123	IEC TR 60865-2—2015	短路电流 效应计算 第2部分：计算实例	国际标准	2015.4.22		IEC/TR 60865-2—1994	设计	初设、施工图	基础综合	
201.1-124	IEC TR 62511—2014	互联电力系统的设计指南	国际标准	2014.9.25			设计	初设、施工图	基础综合	
201.2 规划设计-发电										
201.2-1	Q/CSG 11517—2009	电厂接入系统设计内容深度规定	企标	2009.10.13			设计	初设、施工图	发电、变电	火电、水电、光伏、风电、储能、其他
201.2-2	T/CEC 306—2020	绿色设计产品评价技术规范 架空输电线路杆塔	团标	2020.10.1			规划、设计、采购、建设、运维、修试、退役	规划、初设、施工图、招标、品控、施工工艺、验收与质量评定、试运行、运行、维护、检修、试验、退役、报废	发电、变电	火电、水电、光伏、风电、储能、其他
201.2-3	T/CEC 327—2020	特高压交、直流线路同走廊对雷达影响设计规范	团标	2020.10.1			规划、设计、采购、建设、运维、修试、退役	规划、初设、施工图、招标、品控、施工工艺、验收与质量评定、试运行、运行、维护、检修、试验、退役、报废	发电、变电	火电、水电、光伏、风电、储能、其他

体系结构号	标准编号	标准名称	标准级别	实施日期	与国际标准对应关系	代替标准	阶段	分阶段	专业	分专业
201.2-4	T/CEC 5010—2019	抽水蓄能电站水力过渡过程计算分析导则	团标	2019.7.1			规划、设计、采购、建设、运维、修试、退役	规划、初设、施工图、招标、品控、施工工艺、验收与质量评定、试运行、运行、维护、检修、试验、退役、报废	发电	水电
201.2-5	DL/T 331—2010	发电机与电网规划设计关键参数配合导则	行标	2011.5.1			规划、设计、采购、建设	规划、初设、施工图、招标、品控、施工工艺、验收与质量评定、试运行	发电	火电、水电、光伏、风电、储能、其他
201.2-6	DL/T 435—2018	电站锅炉炉膛防爆规程	行标	2019.5.1		DL/T 435—2004	规划、设计、采购、建设、运维、修试、退役	规划、初设、施工图、招标、品控、施工工艺、验收与质量评定、试运行、运行、维护、检修、试验、退役、报废	发电	火电
201.2-7	DL/T 556—2016	水轮发电机组振动监测装置设置导则	行标	2016.6.1		DL/T 556—1994	设计、采购	初设、招标	发电	水电
201.2-8	DL/T 1163—2012	隐极发电机在线监测装置配置导则	行标	2012.12.1			设计、采购	初设、招标	发电	火电
201.2-9	DL/T 1547—2016	智能水电厂技术导则	行标	2016.6.1			规划、设计、采购、建设、运维、修试、退役	规划、初设、施工图、招标、品控、施工工艺、验收与质量评定、试运行、运行、维护、检修、试验、退役、报废	发电	水电
201.2-10	DL/T 1548—2016	水轮机调节系统设计与应用导则	行标	2016.6.1			设计、采购、建设、运维、修试、退役	初设、施工图、招标、品控、施工工艺、验收与质量评定、试运行、运行、维护、检修、试验、退役、报废	发电	水电
201.2-11	DL/T 1770—2017	抽水蓄能电站输水系统充排水技术规程	行标	2018.3.1			设计、采购	初设、招标	发电	水电
201.2-12	DL/T 1904—2018	可逆式抽水蓄能机组振动保护技术导则	行标	2019.5.1			规划、设计、采购、建设、运维、修试、退役	规划、初设、施工图、招标、品控、施工工艺、验收与质量评定、试运行、运行、维护、检修、试验、退役、报废	发电	水电

体系结构号	标准编号	标准名称	标准级别	实施日期	与国际标准对应关系	代替标准	阶段	分阶段	专业	分专业
201.2-13	DL/T 1969—2019	水电厂水力机械保护配置导则	行标	2019.10.1			规划、设计、采购、建设、运维、修试、退役	规划、初设、施工图、招标、品控、施工工艺、验收与质量评定、试运行、运行、维护、检修、试验、退役、报废	发电	水电
201.2-14	DL/T 1970—2019	水轮发电机励磁系统配置导则	行标	2019.10.1			规划、设计、采购、建设、运维、修试、退役	规划、初设、施工图、招标、品控、施工工艺、验收与质量评定、试运行、运行、维护、检修、试验、退役、报废	发电	水电
201.2-15	DL/T 2096—2020	水电站大坝运行安全在线监控系统技术规范	行标	2021.2.1			规划、设计、采购、建设、运维、修试、退役	规划、初设、施工图、招标、品控、施工工艺、验收与质量评定、试运行、运行、维护、检修、试验、退役、报废	发电	水电
201.2-16	DL/T 2117—2020	电力需求响应系统检验规范	行标	2021.2.6			规划、设计、采购、建设、运维、修试、退役	规划、初设、施工图、招标、品控、施工工艺、验收与质量评定、试运行、运行、维护、检修、试验、退役、报废	发电	火电、水电
201.2-17	DL/T 5020—2007	水电工程可行性研究报告编制规程	行标	2007.12.1		DL 5020—1993；DL 5021—1993	规划	规划	发电	水电
201.2-18	DL/T 5035—2016	发电厂供暖通风与空气调节设计规范	行标	2016.12.1		DL/T 5035—2004	设计、采购、建设、运维、修试、退役	初设、施工图、招标、品控、施工工艺、验收与质量评定、试运行、运行、维护、检修、试验、退役、报废	发电	火电
201.2-19	DL/T 5064—2007	水电工程建设征地移民安置规划设计规范	行标	2007.12.1		DL/T 5064—1996	规划、设计	规划、初设	发电	水电
201.2-20	DL/T 5065—2009	水力发电厂计算机监控系统设计规范	行标	2009.12.1		DL 5065—1996	设计、采购、建设、运维、修试、退役	初设、施工图、招标、品控、施工工艺、验收与质量评定、试运行、运行、维护、检修、试验、退役、报废	发电	水电

体系结构号	标准编号	标准名称	标准级别	实施日期	与国际标准对应关系	代替标准	阶段	分阶段	专业	分专业
201.2-21	DL/T 5067—1996	风力发电场项目可行性研究报告编制规程	行标	1997.6.1			规划、设计	规划、初设	发电	风电
201.2-22	DL/T 5153—2014	火力发电厂厂用电设计技术规程	行标	2015.3.1		DL/T 5153—2002	设计、采购、建设、运维、修试、退役	初设、施工图、招标、品控、施工工艺、验收与质量评定、试运行、运行、维护、检修、试验、退役、报废	发电	火电
201.2-23	DL/T 5180—2003	水电枢纽工程等级划分及设计安全标准	行标	2003.6.1		SDJ 12—1978；SDJ 217—1987	设计	初设、施工图	发电	水电
201.2-24	DL/T 5186—2004	水力发电厂机电设计规范	行标	2004.6.1		SDJ 173—1985	设计、采购、建设、运维、修试、退役	初设、施工图、招标、品控、施工工艺、验收与质量评定、试运行、运行、维护、检修、试验、退役、报废	发电	水电
201.2-25	DL/T 5203—2005	火力发电厂煤和制粉系统防爆设计技术规程	行标	2005.6.1			设计、采购、建设、运维、修试、退役	初设、施工图、招标、品控、施工工艺、验收与质量评定、试运行、运行、维护、检修、试验、退役、报废	发电	火电
201.2-26	DL/T 5212—2005	水电工程招标设计报告编制规程	行标	2005.6.1			设计、采购	初设、施工图、招标、品控	发电	水电
201.2-27	DL/T 5226—2013	发电厂电力网络计算机监控系统设计技术规程	行标	2014.4.1		DL/T 5226—2005	设计、采购、建设、运维、修试、退役	初设、施工图、招标、品控、施工工艺、验收与质量评定、试运行、运行、维护、检修、试验、退役、报废	发电	火电、水电、其他
201.2-28	DL/T 5228—2005	水力发电厂 110kV～500kV 电力电缆施工设计规范	行标	2006.6.1			设计、采购、建设、运维、修试、退役	初设、施工图、招标、品控、施工工艺、验收与质量评定、试运行、运行、维护、检修、试验、退役、报废	发电	水电
201.2-29	DL/T 5339—2018	火力发电厂水工设计规范	行标	2019.5.1		DL/T 5339—2006	设计、采购、建设、运维、修试、退役	初设、施工图、招标、品控、施工工艺、验收与质量评定、试运行、运行、维护、检修、试验、退役、报废	发电	火电

体系结构号	标准编号	标准名称	标准级别	实施日期	与国际标准对应关系	代替标准	阶段	分阶段	专业	分专业
201.2-30	DL/T 5375—2018	火力发电厂可行性研究报告内容深度规定	行标	2018.10.1		DL/T 5375—2008	规划	规划	发电	火电
201.2-31	DL/T 2160—2020	电力设施安全防范系统技术规范	行标	2021.2.1			设计、采购、建设、运维、修试、退役	初设、施工图、招标、品控、施工工艺、验收与质量评定、试运行、运行、维护、检修、试验、退役、报废	发电	水电
201.2-32	DL/T 2161—2020	电力需求侧资源分类与特性分析技术导则	行标	2021.2.2			设计、采购、建设、运维、修试、退役	初设、施工图、招标、品控、施工工艺、验收与质量评定、试运行、运行、维护、检修、试验、退役、报废	发电	水电
201.2-33	DL/T 5412—2009	水力发电厂火灾自动报警系统设计规范	行标	2009.12.1			设计、采购、建设、运维、修试、退役	初设、施工图、招标、品控、施工工艺、验收与质量评定、试运行、运行、维护、检修、试验、退役、报废	发电	水电
201.2-34	DL/T 5413—2009	水力发电厂测量装置配置设计规范	行标	2009.12.1			设计、采购、建设、运维、修试、退役	初设、施工图、招标、品控、施工工艺、验收与质量评定、试运行、运行、维护、检修、试验、退役、报废	发电	水电
201.2-35	DL/T 5427—2009	火力发电厂初步设计文件内容深度规定	行标	2009.12.1			设计	初设	发电	火电
201.2-36	DL/T 5439—2009	大型水、火电厂接入系统设计内容深度规定	行标	2009.12.1		SDGJ 84—1988	设计、采购、建设、运维、修试、退役	初设、施工图、招标、品控、施工工艺、验收与质量评定、试运行、运行、维护、检修、试验、退役、报废	发电	水电、火电
201.2-37	DL/T 5807—2020	水电工程岩体稳定性微震监测技术规范	行标	2021.2.1			设计、采购、建设、运维、修试、退役	初设、施工图、招标、品控、施工工艺、验收与质量评定、试运行、运行、维护、检修、试验、退役、报废	发电	水电

体系结构号	标准编号	标准名称	标准级别	实施日期	与国际标准对应关系	代替标准	阶段	分阶段	专业	分专业
201.2-38	DL/T 5808—2020	水电工程水库地震监测技术规范	行标	2021.2.1			设计、采购、建设、运维、修试、退役	初设、施工图、招标、品控、施工工艺、验收与质量评定、试运行、运行、维护、检修、试验、退役、报废	发电	水电
201.2-39	DLGJ 164—2003	电厂信息管理系统设计内容深度规定	行标	2004.3.1			设计	初设、施工图	发电、信息	其他、基础设施
201.2-40	DLGJ 167—2004	火力发电厂调节阀选型导则	行标	2004.12.31			设计、采购、建设、运维、修试、退役	初设、施工图、招标、品控、施工工艺、验收与质量评定、试运行、运行、维护、检修、试验、退役、报废	发电	火电
201.2-41	NB/T 10072—2018	抽水蓄能电站设计规范	行标	2019.3.1		DL/T 5208—2005	设计、采购、建设、运维、修试、退役	初设、施工图、招标、品控、施工工艺、验收与质量评定、试运行、运行、维护、检修、试验、退役、报废	发电	水电
201.2-42	NB/T 10073—2018	抽水蓄能电站工程地质勘察规程	行标	2019.3.1			规划、设计	规划、初设、施工图	发电	水电
201.2-43	NB/T 10074—2018	水电工程地质测绘规程	行标	2019.3.1		DL/T 5185—2004	规划、设计	规划、初设、施工图	发电	水电
201.2-44	NB/T 10075—2018	水电工程岩溶工程地质勘察规程	行标	2019.3.1		DL/T 5338—2006	规划、设计	规划、初设、施工图	发电	水电
201.2-45	NB/T 10079—2018	水电工程水生生态调查与评价技术规范	行标	2019.3.1			规划、设计	规划、初设	发电	水电
201.2-46	NB/T 10080—2018	水电工程陆生生态调查与评价技术规范	行标	2019.3.1			规划、设计	规划、初设	发电	水电
201.2-47	NB/T 10083—2018	水电工程水利计算规范	行标	2019.3.1		DL/T 5105—1999	规划、设计	规划、初设、施工图	发电	水电
201.2-48	NB/T 10084—2018	水电工程运行调度规程编制导则	行标	2019.3.1			规划、设计	规划、初设	发电	水电
201.2-49	NB/T 10085—2018	水电工程水文预报规范	行标	2019.3.1			设计	初设	发电	水电
201.2-50	NB/T 10102—2018	水电工程建设征地实物指标调查规范	行标	2019.5.1		DL/T 5377—2007	规划、设计	规划、初设、施工图	发电	水电

体系结构号	标准编号	标准名称	标准级别	实施日期	与国际标准对应关系	代替标准	阶段	分阶段	专业	分专业
201.2-51	NB/T 10108—2018	水电工程阶段性蓄水移民安置实施方案专题报告编制规程	行标	2019.5.1			规划、设计	规划、初设	发电	水电
201.2-52	NB/T 10131—2019	水电工程水库区工程地质勘察规程	行标	2019.10.1		DL/T 5336—2006	规划、设计	规划、初设、施工图	发电	水电
201.2-53	NB/T 10135—2019	大中型水轮机基本技术规范	行标	2019.10.1		DL/T 445—2002	规划、设计、采购、建设、运维、修试、退役	规划、初设、施工图、招标、品控、施工工艺、验收与质量评定、试运行、运行、维护、检修、试验、退役、报废	发电	水电
201.2-54	NB/T 10140—2019	水电工程环境影响后评价技术规范	行标	2019.10.1			规划、设计、建设、运维、修试	规划、初设、施工图、施工工艺、验收与质量评定、试运行、运行、维护、检修、试验	发电	水电
201.2-55	NB/T 10141—2019	水电工程水库专项工程勘察规程	行标	2019.10.1			规划、设计	规划、初设、施工图	发电	水电
201.2-56	NB/T 10147—2019	生物质发电工程地质勘察规范	行标	2019.10.1			规划、设计	规划、初设、施工图	发电	其他
201.2-57	NB/T 10233—2019	水电工程水文设计规范	行标	2020.5.1		DL/T 5431—2009	规划、设计	规划、初设、施工图	发电	水电
201.2-58	NB/T 10236—2019	水电工程水文地质勘察规程	行标	2020.5.1			规划、设计	规划、初设、施工图	发电	水电
201.2-59	NB/T 10237—2019	水电工程施工机械选择设计规范	行标	2020.5.1		DL/T 5133—2001	设计、采购、建设	初设、施工图、招标、品控、施工工艺、验收与质量评定、试运行	发电	水电
201.2-60	NB/T 10238—2019	水电工程料源选择与料场开采设计规范	行标	2020.5.1			规划、设计	规划、初设、施工图	发电	水电
201.2-61	NB/T 35001—2011	梯级水电站水调自动化系统设计规范	行标	2011.11.1			设计、采购、建设、运维、修试、退役	初设、施工图、招标、品控、施工工艺、验收与质量评定、试运行、运行、维护、检修、试验、退役、报废	发电、调度及二次	水电、水调
201.2-62	NB/T 10389—2020	水电工程下闸蓄水规划报告编制规程	行标	2021.2.1			设计、采购、建设、运维、修试、退役	初设、施工图、招标、品控、施工工艺、验收与质量评定、试运行、运行、维护、检修、试验、退役、报废	发电	火电、水电

体系 结构号	标准编号	标准名称	标准 级别	实施日期	与国际标准 对应关系	代替标准	阶段	分阶段	专业	分专业
201.2-63	NB/T 10433—2020	光伏发电建设项目声像文件收集与归档规范	行标	2021.2.2			设计、采购、建设、运维、修试、退役	初设、施工图、招标、品控、施工工艺、验收与质量评定、试运行、运行、维护、检修、试验、退役、报废	发电	光伏
201.2-64	NB/T 10437—2020	风力发电机组变流系统用机侧滤波器技术规范	行标	2021.2.3			设计、采购、建设、运维、修试、退役	初设、施工图、招标、品控、施工工艺、验收与质量评定、试运行、运行、维护、检修、试验、退役、报废	发电	风电
201.2-65	NB/T 35009—2013	抽水蓄能电站选点规划编制规范	行标	2013.10.1		DL/T 5172—2003	规划	规划	发电	水电
201.2-66	NB/T 35010—2013	水力发电厂继电保护设计规范	行标	2013.10.1		DL/T 5177—2003	设计、采购、建设、运维、修试、退役	初设、施工图、招标、品控、施工工艺、验收与质量评定、试运行、运行、维护、检修、试验、退役、报废	发电、调度及二次	水电、水调
201.2-67	NB/T 35040—2014	水力发电厂供暖通风与空气调节设计规范	行标	2015.3.1		DL/T 5165—2002	设计、采购、建设、运维、修试、退役	初设、施工图、招标、品控、施工工艺、验收与质量评定、试运行、运行、维护、检修、试验、退役、报废	发电	水电
201.2-68	NB/T 35041—2014	水电工程施工导流设计规范	行标	2015.3.1		DL/T 5114—2000	设计、采购、建设、运维、修试、退役	初设、施工图、招标、品控、施工工艺、验收与质量评定、试运行、运行、维护、检修、试验、退役、报废	发电	水电
201.2-69	NB/T 35067—2015	水力发电厂过电压保护和绝缘配合设计技术导则	行标	2016.3.1		DL/T 5090—1999	设计	初设、施工图	发电	水电
201.2-70	NB/T 35071—2015	抽水蓄能电站水能规划设计规范	行标	2016.3.1			规划、设计	规划、初设、施工图	发电	水电
201.2-71	NB 35074—2015	水电工程劳动安全与工业卫生设计规范	行标	2016.3.1		DL 5061—1996	设计	初设、施工图	发电	水电

体系结构号	标准编号	标准名称	标准级别	实施日期	与国际标准对应关系	代替标准	阶段	分阶段	专业	分专业
201.2-72	NB/T 35076—2016	水力发电厂二次接线设计规范	行标	2016.6.1		DL/T 5132—2001	设计、采购、建设、运维、修试、退役	初设、施工图、招标、品控、施工工艺、验收与质量评定、试运行、运行、维护、检修、试验、退役、报废	发电、调度及二次	水电、水调
201.2-73	NB/T 35108—2018	气体绝缘金属封闭开关设备配电装置设计规范	行标	2018.7.1		DL/T 5139—2001	设计、采购、建设、运维、修试、退役	初设、施工图、招标、品控、施工工艺、验收与质量评定、试运行、运行、维护、检修、试验、退役、报废	发电	水电
201.2-74	NB/T 35115—2018	水电工程钻探规程	行标	2018.7.1		DL/T 5013—2005	规划、设计	规划、初设、施工图	发电	水电
201.2-75	NB/T 42121—2017	火电机组辅机变频器低电压穿越技术规范	行标	2017.12.1			设计、采购、建设	初设、招标、施工工艺	发电	火电
201.2-76	SL 73.1—2013	水利水电工程制图标准 基础制图	行标	2013.4.14		SL 73.1—95	规划、设计	规划、初设、施工图	发电	水电
201.2-77	SL 73.2—2013	水利水电工程制图标准 水工建筑图	行标	2013.4.14		SL 73.2—95	规划、设计	规划、初设、施工图	发电	水电
201.2-78	SL 73.3—2013	水利水电工程制图标准 勘测图	行标	2013.4.14		SL 73.3—95	规划、设计	规划、初设、施工图	发电	水电
201.2-79	SL 73.4—2013	水利水电工程制图标准 水力机械图	行标	2013.4.14		SL 73.4—95	规划、设计	规划、初设、施工图	发电	水电
201.2-80	SL 73.5—2013	水利水电工程制图标准 电气图	行标	2013.4.14		SL 73.4—95	规划、设计	规划、初设、施工图	发电	水电
201.2-81	SL/T 781—2020	水利水电工程过电压保护及绝缘配合设计规范	行标	2020.7.15			设计、采购、建设、运维、修试、退役	初设、施工图、招标、品控、施工工艺、验收与质量评定、试运行、运行、维护、检修、试验、退役、报废	发电	水电
201.2-82	SL/T 179—2019	小型水电站初步设计报告编制规程	行标	2019.8.31		SL 179—2011	设计	初设	发电	水电
201.2-83	SL 266—2014	水电站厂房设计规范	行标	2014.7.21		SL 266—2001	设计、采购、建设、运维、修试、退役	初设、施工图、招标、品控、施工工艺、验收与质量评定、试运行、运行、维护、检修、试验、退役、报废	发电	水电

体系结构号	标准编号	标准名称	标准级别	实施日期	与国际标准对应关系	代替标准	阶段	分阶段	专业	分专业
201.2-84	SL 311—2004	水利水电工程高压配电装置设计规范	行标	2005.2.1		SDJ 5—1985	设计、采购、建设、运维、修试、退役	初设、施工图、招标、品控、施工工艺、验收与质量评定、试运行、运行、维护、检修、试验、退役、报废	发电	水电
201.2-85	SL 314—2018	碾压混凝土坝设计规范	行标	2018.10.17		SL 314—2004	设计、采购、建设、运维、修试、退役	初设、施工图、招标、品控、施工工艺、验收与质量评定、试运行、运行、维护、检修、试验、退役、报废	发电	水电
201.2-86	SL 455—2010	水利水电工程继电保护设计规范	行标	2010.6.1			设计、采购、建设、运维、修试、退役	初设、施工图、招标、品控、施工工艺、验收与质量评定、试运行、运行、维护、检修、试验、退役、报废	发电、调度及二次	水电、继电保护及安全自动装置
201.2-87	SL 585—2012	水利水电工程三相交流系统短路电流计算导则	行标	2012.12.19			规划、设计、运维	规划、初设、运行	发电	水电
201.2-88	SL 587—2012	水利水电工程接地设计规范	行标	2012.12.19			设计、采购、建设、运维、修试、退役	初设、施工图、招标、品控、施工工艺、验收与质量评定、试运行、运行、维护、检修、试验、退役、报废	发电	水电
201.2-89	HJ 562—2010	火电厂烟气脱硝工程技术规范 选择性催化还原法	行标	2010.4.1			规划、设计、采购、建设、运维、修试、退役	规划、初设、施工图、招标、品控、施工工艺、验收与质量评定、试运行、运行、维护、检修、试验、退役、报废	发电	火电
201.2-90	DL/T 5182—2004	火力发电厂热工自动化就地设备安置、管路及电缆设计技术规定	行标	2004.6.1		NDGJ 16—1989 部分	设计	初设、施工图	发电	火电
201.2-91	GB/T 150.3—2011	压力容器 第3部分：设计	国标	2017.3.23		GB 150.3—2011	设计、采购	初设、招标	发电	水电、火电
201.2-92	GB/T 9652.1—2019	水轮机调速系统技术条件	国标	2020.1.1		GB/T 9652.1—2007	规划、设计、采购、建设、运维、修试、退役	规划、初设、施工图、招标、品控、施工工艺、验收与质量评定、试运行、运行、维护、检修、试验、退役、报废	发电、调度及二次	水电、水调

体系结构号	标准编号	标准名称	标准级别	实施日期	与国际标准对应关系	代替标准	阶段	分阶段	专业	分专业
201.2-93	GB/T 17285—2009	电气设备电源特性的标记 安全要求	国标	2017.3.23	IEC 61293：1994	GB 17285—2009	设计	初设、施工图	发电	其他
201.2-94	GB/T 19962—2016	地热电站接入电力系统技术规定	国标	2017.3.1		GB/T 19962—2005	规划、设计、采购、建设、运维、修试、退役	规划、初设、施工图、招标、品控、施工工艺、验收与质量评定、试运行、运行、维护、检修、试验、退役、报废	发电	其他
201.2-95	GB/T 28570—2012	水轮发电机组状态在线监测系统技术导则	国标	2012.11.1			设计、采购、建设	初设、招标、施工工艺	发电	水电
201.2-96	GB/T 31153—2014	小型水力发电站汇水区降水资源气候评价方法	国标	2015.1.1			规划、设计	规划、初设、施工图	发电	水电
201.2-97	GB/T 32576—2016	抽水蓄能电站厂用电继电保护整定计算导则	国标	2016.11.1			规划、设计	规划、初设、施工图	发电、调度及二次	水电、继电保护及安全自动装置
201.2-98	GB/T 34130.1—2017	电源母线系统　第1部分：通用要求	国标	2018.2.1	IEC 61534-1：2014		设计、运维	初设、采购、运行	发电	其他
201.2-99	GB/T 50102—2014	工业循环水冷却设计规范	国标	2015.8.1		GB/T 50102—2003	设计、采购、建设、运维、修试、退役	初设、施工图、招标、品控、施工工艺、验收与质量评定、试运行、运行、维护、检修、试验、退役、报废	发电	火电
201.2-100	GB 50287—2016	水力发电工程地质勘察规范（附条文说明）	国标	2017.4.1		GB 50287—2006	规划、设计、采购、建设、运维、修试、退役	规划、初设、施工图、招标、品控、施工工艺、验收与质量评定、试运行、运行、维护、检修、试验、退役、报废	发电	水电
201.2-101	GB 50487—2008	水利水电工程地质勘察规范	国标	2009.8.1			规划、设计	规划、初设、施工图	发电	水电
201.2-102	GB/T 51372—2019	小型水电站水能设计标准	国标	2019.10.1			设计、建设	初设、施工图、施工工艺、验收与质量评定、试运行	发电	水电

体系结构号	标准编号	标准名称	标准级别	实施日期	与国际标准对应关系	代替标准	阶段	分阶段	专业	分专业
201.2-103	IEC 62270—2013	水电厂自动化用计算机控制指南	国标	2013.9.16		IEC 62270—2004	规划、设计、采购、建设、运维、修试、退役	规划、初设、施工图、招标、品控、施工工艺、验收与质量评定、试运行、运行、维护、检修、退役、报废	发电、调度及二次	水电、水调
201.3 规划设计-输电										
201.3-1	Q/CSG 1203060.2—2019	绞合型复合材料芯架空导线 第 2 部分：导线设计、施工工艺及验收技术规范（试行）	企标	2019.2.27			设计、采购、建设、运维、修试、退役	初设、施工图、招标、品控、施工工艺、验收与质量评定、试运行、运行、维护、检修、试验、退役、报废	输电	线路
201.3-2	Q/CSG 10702—2008（英文）	南方电网融冰技术规程编写导则	企标	2008.7.5			设计、采购、建设、运维、修试、退役	初设、施工图、招标、品控、施工工艺、验收与质量评定、试运行、运行、维护、检修、试验、退役、报废	换流	换流阀、其他
201.3-3	Q/CSG 11512—2010	±800kV 直流架空输电线路设计技术规程	企标	2010.6.1			设计、采购、建设、运维、修试、退役	初设、施工图、招标、品控、施工工艺、验收与质量评定、试运行、运行、维护、检修、试验、退役、报废	输电、换流	线路、其他
201.3-4	Q/CSG 1201011—2016（英文）	南方电网公司输电线路防风设计技术规范	企标	2016.8.1			设计、采购、建设、运维、修试、退役	初设、施工图、招标、品控、施工工艺、验收与质量评定、试运行、运行、维护、检修、试验、退役、报废	输电	线路、其他
201.3-5	Q/CSG 1202010—2020	35kV 及以上输变电工程数字化移交标准	企标	2020.3.31			设计、采购、建设、运维、修试、退役	初设、施工图、招标、品控、施工工艺、验收与质量评定、试运行、运行、维护、检修、试验、退役、报废	输电	线路、其他
201.3-6	Q/CSG 1201011—2016	输电线路防风设计技术规范	企标	2016.8.1			设计、采购、建设、运维、修试、退役	初设、施工图、招标、品控、施工工艺、验收与质量评定、试运行、运行、维护、检修、试验、退役、报废	输电	线路、其他

体系结构号	标准编号	标准名称	标准级别	实施日期	与国际标准对应关系	代替标准	阶段	分阶段	专业	分专业
201.3-7	Q/CSG 1201020—2019	电缆隧道防火设计规范	企标	2019.9.30			设计、采购、建设、运维、修试、退役	初设、施工图、招标、品控、施工工艺、验收与质量评定、试运行、运行、维护、检修、试验、退役、报废	输电	电缆
201.3-8	Q/CSG 1203056.1—2018	110kV～500kV 架空输电线路杆塔复合横担技术规定 第1部分：设计规定（试行）	企标	2018.12.28			设计、采购、建设、运维、修试、退役	初设、施工图、招标、品控、施工工艺、验收与质量评定、试运行、运行、维护、检修、试验、退役、报废	输电	线路
201.3-9	T/CEC 364—2020	±10kV 及以下直流配电系统供电方案技术导则	团标	2020.10.1			设计、采购、建设、运维、修试、退役	初设、施工图、招标、品控、施工工艺、验收与质量评定、试运行、运行、维护、检修、试验、退役、报废	输电	线路
201.3-10	T/CEC 5016—2020	变电站场地勘测技术规程	团标	2020.10.1			设计、采购、建设、运维、修试、退役	初设、施工图、招标、品控、施工工艺、验收与质量评定、试运行、运行、维护、检修、试验、退役、报废	输电	线路
201.3-11	T/CEC 5013—2019	直流输电线路设计规范	团标	2020.1.1			设计、采购、建设、运维、修试、退役	初设、施工图、招标、品控、施工工艺、验收与质量评定、试运行、运行、维护、检修、试验、退役、报废	输电	线路
201.3-12	T/CSEE 0077—2018	重腐蚀地区输电线路钢制杆塔腐蚀防护材料选用技术导则	团标	2018.5.1			设计、采购、建设、运维、修试、退役	初设、施工图、招标、品控、施工工艺、验收与质量评定、试运行、运行、维护、检修、试验、退役、报废	输电	线路
201.3-13	T/CSEE/Z 0130—2019	高压直流输电系统研究用实时仿真建模导则	团标	2019.3.1			规划、设计	规划、初设、施工图	输电	线路
201.3-14	T/CEC 5017—2020	输电线路工程多年冻土地区勘察与防治导则	团标	2020.10.1			设计、采购、建设、运维、修试、退役	初设、施工图、招标、品控、施工工艺、验收与质量评定、试运行、运行、维护、检修、试验、退役、报废	输电	线路

体系结构号	标准编号	标准名称	标准级别	实施日期	与国际标准对应关系	代替标准	阶段	分阶段	专业	分专业
201.3-15	DL/T 361—2010	气体绝缘金属封闭输电线路使用导则	行标	2010.10.1			设计、运维	初设、运行	输电	线路
201.3-16	DL/T 368—2010	输电线路用绝缘子污秽外绝缘的高海拔修正	行标	2010.10.1			设计	初设、施工图	输电	线路
201.3-17	DL/T 401—2017	高压电缆选用导则	行标	2017.12.1	IEC 183：1984，NEQ	DL/T 401—2002	设计、采购、建设、运维、修试、退役	初设、施工图、招标、品控、施工工艺、验收与质量评定、试运行、运行、维护、检修、试验、退役、报废	输电	电缆
201.3-18	DL/T 436—2005	高压直流架空送电线路技术导则	行标	2006.6.1		DL 436—1991	设计、采购、建设、运维、修试、退役	初设、施工图、招标、品控、施工工艺、验收与质量评定、试运行、运行、维护、检修、试验、退役、报废	输电、换流	线路、其他
201.3-19	DL/T 691—2019	高压架空输电线路无线电干扰计算方法	行标	2019.10.1		DL/T 691—1999	设计	初设、施工图	输电	线路
201.3-20	DL/T 1000.1—2018	标称电压高于1000V架空线路绝缘子 使用导则 第1部分：交流系统用瓷或玻璃绝缘子	行标	2019.5.1		DL/T 1000.1—2006	设计、运维	初设、运行	输电	线路
201.3-21	DL/T 1000.2—2015	标称电压高于1000V架空线路用绝缘子使用导则 第2部分：直流系统用瓷或玻璃绝缘子	行标	2015.12.1		DL/T 1000.2—2006	设计、运维	初设、运行	输电	线路
201.3-22	DL/T 1000.3—2015	标称电压高于1000V架空线路用绝缘子使用导则 第3部分：交流系统用棒形悬式复合绝缘子	行标	2015.12.1		DL/T 864—2004	设计、运维	初设、运行	输电	线路
201.3-23	DL/T 1000.4—2018	标称电压高于1000V架空线路绝缘子 使用导则 第4部分：直流系统用棒形悬式复合绝缘子	行标	2019.5.1			设计、运维	初设、运行	输电	线路

体系结构号	标准编号	标准名称	标准级别	实施日期	与国际标准对应关系	代替标准	阶段	分阶段	专业	分专业
201.3-24	DL/T 2130—2020	海底电力电缆退扭装置通用技术条件	行标	2021.2.1			设计、采购、建设、运维、修试、退役	初设、施工图、招标、品控、施工工艺、验收与质量评定、试运行、运行、维护、检修、试验、退役、报废	输电、换流	线路、其他
201.3-25	DL/T 1122—2009	架空输电线路外绝缘配置技术导则	行标	2009.12.1			设计、采购、建设、运维、修试、退役	初设、施工图、招标、品控、施工工艺、验收与质量评定、试运行、运行、维护、检修、试验、退役、报废	输电	线路
201.3-26	DL/T 1293—2013	交流架空输电线路绝缘子并联间隙使用导则	行标	2014.4.1			设计、运维	初设、运行	输电	线路
201.3-27	DL/T 2122—2020	大型同步调相机调试技术规范	行标	2021.2.2			设计、运维	初设、运行	输电	线路
201.3-28	DL/T 5816—2020	分布式电化学储能系统接入配电网设计规范	行标	2021.2.2			规划、设计、采购、建设、运维、修试、退役	初设、施工图、招标、品控、施工工艺、验收与质量评定、试运行、运行、维护、检修、试验、退役、报废	输电	线路
201.3-29	DL/T 5440—2020	重覆冰架空输电线路设计技术规程	行标	2021.2.3		DL/T 5440—2009	设计、采购、建设、运维、修试、退役	初设、施工图、招标、品控、施工工艺、验收与质量评定、试运行、运行、维护、检修、试验、退役、报废	输电	线路
201.3-30	DL/T 1378—2014	光纤复合架空地线（OPGW）防雷接地技术导则	行标	2015.3.1			设计、采购、建设、运维、修试、退役	初设、施工图、招标、品控、施工工艺、验收与质量评定、试运行、运行、维护、检修、试验、退役、报废	输电	其他
201.3-31	DL/T 1519—2016	交流输电线路架空地线接地技术导则	行标	2016.6.1			设计、采购、建设、运维、修试、退役	初设、施工图、招标、品控、施工工艺、验收与质量评定、试运行、运行、维护、检修、试验、退役、报废	输电	其他

体系结构号	标准编号	标准名称	标准级别	实施日期	与国际标准对应关系	代替标准	阶段	分阶段	专业	分专业
201.3-32	DL/T 1573—2016	电力电缆分布式光纤测温系统技术规范	行标	2016.7.1			设计、采购	初设、招标	输电	电缆
201.3-33	DL/T 1676—2016	交流输电线路用避雷器选用导则	行标	2017.5.1			设计、采购、建设、运维、修试、退役	初设、施工图、招标、品控、施工工艺、验收与质量评定、试运行、运行、维护、检修、试验、退役、报废	输电	线路
201.3-34	DL/T 1784—2017	多雷区110kV～500kV交流同塔多回输电线路防雷技术导则	行标	2018.6.1			设计、采购、建设、运维、修试、退役	初设、施工图、招标、品控、施工工艺、验收与质量评定、试运行、运行、维护、检修、试验、退役、报废	输电	线路
201.3-35	DL/T 1840—2018	交流高压架空输电线路对短波无线电测向台（站）保护间距要求	行标	2018.7.1			设计	初设、施工图	输电	线路
201.3-36	DL/T 1841—2018	交流高压架空输电线路与对空情报雷达站防护距离要求	行标	2018.7.1			设计	初设、施工图	输电	线路
201.3-37	DL/T 1888—2018	160kV～500kV挤包绝缘直流电缆使用技术规范	行标	2019.5.1			设计、运维	初设、运行	输电	电缆
201.3-38	DL/T 1897—2018	交、直流架空线路用长棒形瓷绝缘子串元件 使用导则	行标	2019.5.1			设计、运维	初设、运行	输电	线路
201.3-39	DL/T 2036—2019	高压交流架空输电线路可听噪声计算方法	行标	2019.10.1			规划、设计	规划、初设、施工图	输电	线路
201.3-40	DL/T 2044—2019	输电系统谐波引发谐振过电压计算导则	行标	2019.10.1			规划、设计	规划、初设、施工图	输电	线路
201.3-41	DL/T 5033—2006	输电线路对电信线路危险和干扰影响防护设计规程	行标	2006.10.1		DL 5033—1994；DL 5063—1996	设计	初设、施工图	输电	线路
201.3-42	DL/T 5040—2017	交流架空输电线路对无线电台影响防护设计规范	行标	2017.12.1		DL/T 5040—2006	设计	初设、施工图	输电	线路
201.3-43	DL/T 5049—2016	架空输电线路大跨越工程勘测技术规程	行标	2017.5.1		DL/T 5049—2006	设计	初设、施工图	输电	线路
201.3-44	DL/T 5076—2008	220kV及以下架空送电线路勘测技术规程	行标	2008.11.1		DL 5076—1997；DL 5146—2001	设计	初设、施工图	输电	线路

体系结构号	标准编号	标准名称	标准级别	实施日期	与国际标准对应关系	代替标准	阶段	分阶段	专业	分专业
201.3-45	DL/T 5092—1999	110～500kV 架空送电线路设计技术规程	行标	1999.10.1		SDJ 3—1979	设计、采购、建设、运维、修试、退役	初设、施工图、招标、品控、施工工艺、验收与质量评定、试运行、运行、维护、检修、试验、退役、报废	输电	线路
201.3-46	DL/T 5122—2000	500kV 架空送电线路勘测技术规程	行标	2001.1.1		SDGJ 68—1987	设计	初设、施工图	输电	线路
201.3-47	DL/T 5217—2013	220kV～500kV 紧凑型架空输电线路设计技术规程	行标	2014.4.1		DL/T 5217—2005	设计、采购、建设、运维、修试、退役	初设、施工图、招标、品控、施工工艺、验收与质量评定、试运行、运行、维护、检修、试验、退役、报废	输电	线路
201.3-48	DL/T 5219—2014	架空输电线路基础设计技术规程	行标	2015.3.1		DL/T 5219—2005	设计、采购、建设、运维、修试、退役	初设、施工图、招标、品控、施工工艺、验收与质量评定、试运行、运行、维护、检修、试验、退役、报废	输电	线路
201.3-49	DL/T 5221—2016	城市电力电缆线路设计技术规定	行标	2016.12.1		DL/T 5221—2005	设计、采购、建设、运维、修试、退役	初设、施工图、招标、品控、施工工艺、验收与质量评定、试运行、运行、维护、检修、试验、退役、报废	输电	电缆
201.3-50	DL/T 5224—2014	高压直流输电大地返回系统设计技术规范	行标	2014.11.1		DL/T 5224—2005	设计、采购、建设、运维、修试、退役	初设、施工图、招标、品控、施工工艺、验收与质量评定、试运行、运行、维护、检修、试验、退役、报废	输电、换流	线路、其他
201.3-51	DL/T 5486—2020	架空输电线路杆塔结构设计技术规程	行标	2021.2.1		DL/T 5486—2013；DL/T 5254—2010；DL/T 5130—2001	设计、采购、建设、运维、修试、退役	初设、施工图、招标、品控、施工工艺、验收与质量评定、试运行、运行、维护、检修、试验、退役、报废	输电	线路
201.3-52	DL/T 5340—2015	直流架空输电线路对电信线路危险和干扰影响防护设计技术规程	行标	2015.12.1		DL/T 5340—2006	设计	初设、施工图	输电	线路

体系 结构号	标准编号	标准名称	标准 级别	实施日期	与国际标准 对应关系	代替标准	阶段	分阶段	专业	分专业
201.3-53	DL/T 5405—2008	城市电力电缆线路初步设计内容深度规程	行标	2008.11.1			设计	初设	输电	电缆
201.3-54	DL/T 5451—2012	架空输电线路工程初步设计内容深度规定	行标	2012.3.1			设计	初设	输电	线路
201.3-55	DL/T 5463—2012	110kV～750kV 架空输电线路施工图设计内容深度规定	行标	2013.3.1			设计	施工图	输电	线路
201.3-56	DL/T 5484—2013	电力电缆隧道设计规程	行标	2014.4.1			设计、采购、建设、运维、修试、退役	初设、施工图、招标、品控、施工工艺、验收与质量评定、试运行、运行、维护、检修、试验、退役、报废	输电	电缆
201.3-57	DL/T 5485—2013	110kV～750kV 架空输电线路大跨越设计技术规程	行标	2014.4.1			设计、采购、建设、运维、修试、退役	初设、施工图、招标、品控、施工工艺、验收与质量评定、试运行、运行、维护、检修、试验、退役、报废	输电	线路
201.3-58	DL/T 5490—2014	500kV 交流海底电缆线路设计技术规程	行标	2014.11.1			设计、采购、建设、运维、修试、退役	初设、施工图、招标、品控、施工工艺、验收与质量评定、试运行、运行、维护、检修、试验、退役、报废	输电	电缆
201.3-59	DL 5497—2015	高压直流架空输电线路设计技术规程	行标	2015.9.1			设计、采购、建设、运维、修试、退役	初设、施工图、招标、品控、施工工艺、验收与质量评定、试运行、运行、维护、检修、试验、退役、报废	输电、换流	线路、其他
201.3-60	DL/T 5501—2015	冻土地区架空输电线路基础设计技术规程	行标	2015.9.1			设计、采购、建设、运维、修试、退役	初设、施工图、招标、品控、施工工艺、验收与质量评定、试运行、运行、维护、检修、试验、退役、报废	输电	线路
201.3-61	DL/T 5504—2015	特高压架空输电线路大跨越设计技术规定	行标	2015.12.1			设计、采购、建设、运维、修试、退役	初设、施工图、招标、品控、施工工艺、验收与质量评定、试运行、运行、维护、检修、试验、退役、报废	输电、换流	线路、其他

体系结构号	标准编号	标准名称	标准级别	实施日期	与国际标准对应关系	代替标准	阶段	分阶段	专业	分专业
201.3-62	DL/T 5509—2015	架空输电线路覆冰勘测规程	行标	2015.12.1			设计	初设、施工图	输电	线路
201.3-63	DL/T 5514—2016	城市电力电缆线路施工图设计文件内容深度规定	行标	2016.12.1			设计	初设	输电	电缆
201.3-64	DL/T 5530—2017	特高压输变电工程水土保持方案内容深度规定	行标	2017.12.1			设计	初设、施工图	输电、变电、基础综合	线路、其他
201.3-65	DL/T 5536—2017	直流架空输电线路对无线电台影响防护设计规范	行标	2018.3.1			设计	初设、施工图	输电、换流、基础综合	线路、其他
201.3-66	DL/T 5539—2018	采动影响区架空输电线路设计规范	行标	2018.7.1			设计、采购、建设、运维、修试、退役	初设、施工图、招标、品控、施工工艺、验收与质量评定、试运行、运行、维护、检修、试验、退役、报废	输电	线路
201.3-67	DL/T 5544—2018	架空输电线路锚杆基础设计规程	行标	2018.10.1			设计、采购、建设、运维、修试、退役	初设、施工图、招标、品控、施工工艺、验收与质量评定、试运行、运行、维护、检修、试验、退役、报废	输电	线路
201.3-68	DL/T 5551—2018	架空输电线路荷载规范	行标	2019.5.1			设计、采购、建设、运维、修试	初设、施工图、招标、品控、施工工艺、验收与质量评定、试运行、运行、维护、检修、试验	输电	线路
201.3-69	DL/T 5555—2019	海上架空输电线路设计技术规程	行标	2019.10.1			规划、设计	规划、初设、施工图	输电	线路
201.3-70	DL/T 5566—2019	架空输电线路工程勘测数据交换标准	行标	2020.5.1			规划、设计	规划、初设、施工图	输电	线路
201.3-71	DL/T 5579—2020	架空输电线路复合横担杆塔设计规程	行标	2021.2.1			设计	初设、施工图	输电	线路
201.3-72	DL/T 5582—2020	架空输电线路电气设计规程	行标	2021.2.3			设计	初设、施工图、招标、品控、施工工艺、验收与质量评定、试运行、运行、维护、检修、试验、退役、报废	换流	其他

体系结构号	标准编号	标准名称	标准级别	实施日期	与国际标准对应关系	代替标准	阶段	分阶段	专业	分专业
201.3-73	DL/T 5708—2014	架空输电线路戈壁碎石土地基掏挖基础设计与施工技术导则	行标	2015.3.1			设计、采购、建设	初设、施工图、招标、品控、施工工艺、验收与质量评定、试运行	输电、基础综合	其他
201.3-74	NB/T 42165—2018	多端线路保护技术要求	行标	2018.10.1			设计、采购、建设、运维、修试、退役	初设、施工图、招标、品控、施工工艺、验收与质量评定、试运行、运行、维护、检修、试验、退役、报废	输电	线路
201.3-75	DLGJ 129—1996	电缆扎带设计技术标准	行标	1996.10.1			设计、采购、建设、运维、修试、退役	初设、施工图、招标、品控、施工工艺、验收与质量评定、试运行、运行、维护、检修、试验、退役、报废	输电	电缆
201.3-76	JB/T 8996—2014	高压电缆选择导则	行标	2014.10.1		JB/T 8996—1999	设计、采购、运维、修试	初设、招标、运行、维护、试验	输电	电缆
201.3-77	JB/T 10181.11—2014	电缆载流量计算 第11部分：载流量公式（100%负荷因数）和损耗计算 一般规定	行标	2014.10.1	IEC 60287-1-1：2006，IDT	JB/T 10181.1—2000	设计	初设、施工图	输电	电缆
201.3-78	JB/T 10181.12—2014	电缆载流量计算 第12部分：载流量公式（100%负荷因数）和损耗计算 双回路平面排列电缆金属套涡流损耗因数	行标	2014.10.1	IEC 60287-1-2：1993，IDT	JB/T 10181.2—2000	设计	初设、施工图	输电	电缆
201.3-79	JB/T 10181.21—2014	电缆载流量计算 第21部分：热阻 热阻的计算	行标	2014.10.1	IEC 60287-2-1：2006，IDT	JB/T 10181.3—2000	设计	初设、施工图	输电	电缆
201.3-80	JB/T 10181.22—2014	电缆载流量计算 第22部分：热阻 自由空气中不受到日光直接照射的电缆群载流量降低因数的计算	行标	2014.10.1	IEC 60287-2-2：1995，IDT	JB/T 10181.4—2000	设计	初设、施工图	输电	电缆
201.3-81	JB/T 10181.31—2014	电缆载流量计算 第31部分：运行条件相关 基准运行条件和电缆选型	行标	2014.10.1	IEC 60287-3-1：1999，IDT	JB/T 10181.5—2000	设计	初设、施工图	输电	电缆
201.3-82	JB/T 10181.32—2014	电缆载流量计算 第32部分：运行条件相关 电力电缆截面的经济优化选择	行标	2014.10.1	IEC 60287-3-2：1995，IDT	JB/T 10181.6—2000	设计	初设、施工图	输电	电缆

体系结构号	标准编号	标准名称	标准级别	实施日期	与国际标准对应关系	代替标准	阶段	分阶段	专业	分专业
201.3-83	JB/T 12065—2014	高海拔覆冰地区盘型悬式绝缘子片数选择导则	行标	2014.11.1			设计、采购、建设、运维、修试、退役	初设、施工图、招标、品控、施工工艺、验收与质量评定、试运行、运行、维护、检修、试验、退役、报废	输电	线路
201.3-84	JB/T 12066—2014	高海拔污秽地区盘型悬式绝缘子片数选择导则	行标	2014.11.1			设计、采购、建设、运维、修试、退役	初设、施工图、招标、品控、施工工艺、验收与质量评定、试运行、运行、维护、检修、试验、退役、报废	输电	线路
201.3-85	SY/T 10017—2017	海底电缆地震资料采集技术规程	行标	2017.8.1			设计	初设、施工图	输电	电缆
201.3-86	GB/T 4056—2019	绝缘子串元件的球窝联接尺寸	国标	2020.7.1	IEC 60120: 1984, IDT	GB/T 4056—2008	设计、运维	初设、运行	输电	线路
201.3-87	GB 50790—2013（局部修订）	±800kV 直流架空输电线路设计规范	国标	2020.3.1		GB 50790—2013	设计、采购、建设、运维、修试、退役	初设、施工图、招标、品控、施工工艺、验收与质量评定、试运行、运行、维护、检修、试验、退役、报废	输电、换流	线路、其他
201.3-88	GB/T 15707—2017	高压交流架空输电线路无线电干扰限值	国标	2018.7.1		GB 15707—1995	设计	初设、施工图	输电	线路
201.3-89	GB/T 17502—2009	海底电缆管道路由勘察规范	国标	2010.4.1		GB 17502—1998	规划、设计	规划、初设、施工图	输电	电缆
201.3-90	GB/T 29782—2013	电线电缆环境意识设计导则	国标	2012.2.1			设计	初设、施工图	输电	线路、电缆
201.3-91	GB/T 35692—2017	高压直流输电工程系统规划导则	国标	2018.7.1			规划	规划	输电、换流	线路、其他
201.3-92	GB/T 36551—2018	同心绞架空导线性能计算方法	国标	2019.2.1			设计	初设、施工图	输电	线路
201.3-93	GB/Z 37627.1—2019	架空电力线路和高压设备的无线电干扰特性 第 1 部分：现象描述	国标	2020.1.1			规划、设计	规划、初设、施工图	输电	线路
201.3-94	GB/Z 37627.3—2019	架空电力线路和高压设备的无线电干扰特性 第 3 部分：减少无线电噪声至最小程度的实施规程	国标	2020.1.1			规划、设计	规划、初设、施工图	输电	线路

体系结构号	标准编号	标准名称	标准级别	实施日期	与国际标准对应关系	代替标准	阶段	分阶段	专业	分专业
201.3-95	GB 50061—2010	66kV 及以下架空电力线路设计规范	国标	2010.7.1		GB 50061—1997	设计、采购、建设、运维、修试、退役	初设、施工图、招标、品控、施工工艺、验收与质量评定、试运行、运行、维护、检修、试验、退役、报废	输电	线路
201.3-96	GB 50217—2018	电力工程电缆设计标准	国标	2018.9.1		GB 50217—2007	设计、采购、建设、运维、修试、退役	初设、施工图、招标、品控、施工工艺、验收与质量评定、试运行、运行、维护、检修、试验、退役、报废	输电	电缆
201.3-97	GB 50289—2016	城市工程管线综合规划规范	国标	2016.12.1			设计	初设	输电	电缆
201.3-98	GB 50545—2010	110kV～750kV 架空输电线路设计规范	国标	2010.7.1			设计、采购、建设、运维、修试、退役	初设、施工图、招标、品控、施工工艺、验收与质量评定、试运行、运行、维护、检修、试验、退役、报废	输电	线路
201.3-99	GB/T 50548—2018	330kV～750kV 架空输电线路勘测标准	国标	2019.3.1		GB 50548—2010	设计	初设、施工图	输电	线路
201.3-100	GB 50665—2011	1000kV 架空输电线路设计规范	国标	2012.5.1			设计、采购、建设、运维、修试、退役	初设、施工图、招标、品控、施工工艺、验收与质量评定、试运行、运行、维护、检修、试验、退役、报废	输电	线路
201.3-101	IEC 60287-1-1—2014	电缆额定电流的计算　第1-1部分：额定电流方程（100%负载因数）和损耗计算　总则	国际标准	2014.11.13			设计	初设、施工图	输电	电缆
201.3-102	IEC 60287-2-1—2015	电缆额定电流的计算　第2-1部分：热阻　热阻计算	国际标准	2015.4.9		IEC 60287-2-1—1994+Amd 1—2001+Amd 2—2006；IEC 60287-2-1—1994；IEC 60287-2-1—1994+Amd 1—2001；IEC 60287-2-1—1994/Amd 1—2001；IEC 60287-2-1—1994/Amd 2—2006	设计	初设、施工图	输电	电缆

体系结构号	标准编号	标准名称	标准级别	实施日期	与国际标准对应关系	代替标准	阶段	分阶段	专业	分专业
201.3-103	IEC/TS 60815-1—2008	在污染条件下使用的高压绝缘子的选择和尺寸 第2部分：交流系统用的陶瓷和玻璃绝缘子	国际标准	2008.10.29	BS DD IEC/TS 60815-1—2009，IDT	IEC TR 60815—1986；IEC 36/264/DTS—2007	设计、采购、运维	初设、施工图、招标、品控、运行、维护	输电	线路
201.3-104	IEC 60853-3—2002	电缆周期性和事故电流定额的计算 第3部分：带有局部干燥土壤的一切电压电缆的周期性定额因数	国际标准	2002.2.18			规划、设计、运维	规划、初设、施工图、运行	输电	电缆
201.4 规划设计-换流										
201.4-1	Q/CSG 11518—2010（英文）	直流融冰装置技术导则	企标	2010.5.1			设计、采购、建设、运维、修试、退役	初设、施工图、招标、品控、施工工艺、验收与质量评定、试运行、运行、维护、检修、试验、退役、报废	配电	变压器、线缆、开关、其他
201.4-2	Q/CSG 11511—2010	±800kV 直流换流站设计技术规程	企标	2010.6.1			设计、采购、建设、运维、修试、退役	初设、施工图、招标、品控、施工工艺、验收与质量评定、试运行、运行、维护、检修、试验、退役、报废	换流	换流阀、换流变、其他
201.4-3	Q/CSG 11513—2010	±800kV 直流接地极设计技术规程	企标	2010.6.1			设计、采购、建设、运维、修试、退役	初设、施工图、招标、品控、施工工艺、验收与质量评定、试运行、运行、维护、检修、试验、退役、报废	换流	其他
201.4-4	Q/CSG 11514—2010	±800kV 直流阀厅设计技术规程	企标	2010.6.1			设计、采购、建设、运维、修试、退役	初设、施工图、招标、品控、施工工艺、验收与质量评定、试运行、运行、维护、检修、试验、退役、报废	换流	换流阀、其他
201.4-5	Q/CSG 1201026—2020	±800kV 特高压柔性直流换流站阀厅电气设计原则	企标	2020.6.30			设计、采购、建设、运维、修试、退役	初设、施工图、招标、品控、施工工艺、验收与质量评定、试运行、运行、维护、检修、试验、退役、报废	换流	换流阀、其他

体系结构号	标准编号	标准名称	标准级别	实施日期	与国际标准对应关系	代替标准	阶段	分阶段	专业	分专业
201.4-6	Q/CSG 11515—2010	±800kV 换流站交直流场设计技术规程	企标	2010.1.1			设计、采购、建设、运维、修试、退役	初设、施工图、招标、品控、施工工艺、验收与质量评定、试运行、运行、维护、检修、试验、退役、报废	换流、变电	换流阀、换流变、其他、变压器、互感器、电抗器、开关、避雷器、其他
201.4-7	T/CSEE 0030—2017	±800kV 特高压直流工程换流站消防设计导则	团标	2018.5.1			设计、采购、建设、运维、修试、退役	初设、施工图、招标、品控、施工工艺、验收与质量评定、试运行、运行、维护、检修、试验、退役、报废	换流	换流阀、换流变、其他
201.4-8	DL/T 275—2012	±800kV 特高压直流换流站电磁环境限值	行标	2012.3.1			设计	初设、施工图	换流	其他
201.4-9	DL/T 5174—2020	燃气—蒸汽联合循环电厂设计规范	行标	2021.2.1		DL/T 5174—2003	设计	初设、施工图、招标、品控、施工工艺、验收与质量评定、试运行、运行、维护、检修、试验、退役、报废	换流	其他
201.4-10	DL/T 5583—2020	换流站直流场配电装置设计规程	行标	2021.2.4			设计	初设、施工图、招标、品控、施工工艺、验收与质量评定、试运行、运行、维护、检修、试验、退役、报废	换流	其他
201.4-11	DL/T 5584—2020	换流站导体和电器选择设计规程	行标	2021.2.5			设计	初设、施工图、招标、品控、施工工艺、验收与质量评定、试运行、运行、维护、检修、试验、退役、报废	换流	其他
201.4-12	DL/T 5585—2020	太阳能热发电厂预可行性研究报告编制规程	行标	2021.2.6			设计	初设、施工图、招标、品控、施工工艺、验收与质量评定、试运行、运行、维护、检修、试验、退役、报废	换流	其他
201.4-13	DL/T 5586—2020	换流站辅助控制系统设计规程	行标	2021.2.7			设计	初设、施工图、招标、品控、施工工艺、验收与质量评定、试运行、运行、维护、检修、试验、退役、报废	换流	其他

体系结构号	标准编号	标准名称	标准级别	实施日期	与国际标准对应关系	代替标准	阶段	分阶段	专业	分专业
201.4-14	DL/T 437—2012	高压直流接地极技术导则	行标	2012.3.1		DL/T 437—1991	设计、采购、建设、运维、修试、退役	初设、施工图、招标、品控、施工工艺、验收与质量评定、试运行、运行、维护、检修、试验、退役、报废	换流	其他
201.4-15	DL/T 1087—2008	±800kV 特高压直流换流站二次设备抗扰度要求	行标	2008.11.1			设计、采购、建设	初设、施工图、招标、品控、施工工艺、验收与质量评定、试运行	换流	其他
201.4-16	DL/T 5043—2010	高压直流换流站初步设计内容深度规定	行标	2010.12.15			设计	初设	换流	换流阀、换流变、其他
201.4-17	DL/T 5393—2007	高压直流换流站接入系统设计内容深度规定	行标	2007.12.1			设计	初设、施工图	换流、变电、输电	换流阀、换流变、其他、变压器、互感器、电抗器、开关、避雷器、其他、线路、电缆、其他
201.4-18	DL/T 5459—2012	换流站建筑结构设计技术规程	行标	2013.3.1			设计、采购、建设、运维、修试、退役	初设、施工图、招标、品控、施工工艺、验收与质量评定、试运行、运行、维护、检修、试验、退役、报废	换流	其他
201.4-19	DL/T 5460—2012	换流站站用电设计技术规定	行标	2013.3.1			设计、采购、建设、运维、修试、退役	初设、施工图、招标、品控、施工工艺、验收与质量评定、试运行、运行、维护、检修、试验、退役、报废	换流	其他
201.4-20	DL/T 5499—2015	换流站二次系统设计技术规程	行标	2015.9.1			设计、采购、建设、运维、修试、退役	初设、施工图、招标、品控、施工工艺、验收与质量评定、试运行、运行、维护、检修、试验、退役、报废	换流	其他
201.4-21	DL/T 5503—2015	直流换流站施工图设计内容深度规定	行标	2015.12.1			设计	施工图	换流	换流阀、换流变、其他

体系结构号	标准编号	标准名称	标准级别	实施日期	与国际标准对应关系	代替标准	阶段	分阶段	专业	分专业
201.4-22	DL/T 5526—2017	换流站噪声控制设计规程	行标	2017.8.1			设计、采购、建设、运维、修试、退役	初设、施工图、招标、品控、施工工艺、验收与质量评定、试运行、运行、维护、检修、试验、退役、报废	换流	其他
201.4-23	DL/T 5561—2019	换流站接地极设计文件内容深度规定	行标	2019.10.1			设计、采购、建设、运维、修试、退役	初设、施工图、招标、品控、施工工艺、验收与质量评定、试运行、运行、维护、检修、试验、退役、报废	换流	其他
201.4-24	DL/T 5562—2019	换流站阀冷系统设计技术规程	行标	2019.10.1			设计、采购、建设、运维、修试、退役	初设、施工图、招标、品控、施工工艺、验收与质量评定、试运行、运行、维护、检修、试验、退役、报废	换流	换流阀
201.4-25	DL/T 5563—2019	换流站监控系统设计规程	行标	2019.10.1			设计、采购、建设、运维、修试、退役	初设、施工图、招标、品控、施工工艺、验收与质量评定、试运行、运行、维护、检修、试验、退役、报废	换流	其他
201.4-26	GB/T 311.3—2017	绝缘配合 第3部分：高压直流换流站绝缘配合程序	国标	2018.4.1	IEC 60071-5：2014	GB/T 311.3—2007	设计、采购、建设、运维、修试、退役	初设、施工图、招标、品控、施工工艺、验收与质量评定、试运行、运行、维护、检修、试验、退役、报废	换流	其他
201.4-27	GB/T 28541—2012	±800kV 高压直流换流站设备的绝缘配合	国标	2012.11.1			设计、采购、建设、运维、修试、退役	初设、施工图、招标、品控、施工工艺、验收与质量评定、试运行、运行、维护、检修、试验、退役、报废	换流	其他
201.4-28	GB/T 20996.1—2020	采用电网换相换流器的高压直流系统的性能 第1部分：稳态	国标	2021.7.1		GB/Z 20996.1—2007	设计、采购、建设、运维、修试、退役	初设、施工图、招标、品控、施工工艺、验收与质量评定、试运行、运行、维护、检修、试验、退役、报废	基础综合	

体系结构号	标准编号	标准名称	标准级别	实施日期	与国际标准对应关系	代替标准	阶段	分阶段	专业	分专业
201.4-29	GB/T 20996.2—2020	采用电网换相换流器的高压直流系统的性能 第2部分：故障和操作	国标	2021.7.1		GB/Z 20996.2—2007	设计、采购、建设、运维、修试、退役	初设、施工图、招标、品控、施工工艺、验收与质量评定、试运行、运行、维护、检修、试验、退役、报废	基础综合	
201.4-30	GB/T 20996.3—2020	采用电网换相换流器的高压直流系统的性能 第3部分：动态	国标	2021.7.1		GB/Z 20996.3—2007	设计、采购、建设、运维、修试、退役	初设、施工图、招标、品控、施工工艺、验收与质量评定、试运行、运行、维护、检修、试验、退役、报废	基础综合	
201.4-31	GB/Z 30424—2013（英文）	高压直流输电晶闸管阀设计导则	国标	2014.7.13			设计、采购、建设、运维、修试、退役	初设、施工图、招标、品控、施工工艺、验收与质量评定、试运行、运行、维护、检修、试验、退役、报废	输电	线路、其他
201.4-32	GB/T 30553—2014	基于电压源换流器的高压直流输电	国标	2014.10.28			设计、采购、建设、运维、修试、退役	初设、施工图、招标、品控、施工工艺、验收与质量评定、试运行、运行、维护、检修、试验、退役、报废	换流	其他
201.4-33	GB/T 31460—2015	高压直流换流站无功补偿与配置技术导则	国标	2015.12.1			设计、采购、建设、运维、修试、退役	初设、施工图、招标、品控、施工工艺、验收与质量评定、试运行、运行、维护、检修、试验、退役、报废	换流	其他
201.4-34	GB/T 35703—2017	柔性直流输电系统成套设计规范	国标	2018.7.1			设计、采购、建设、运维、修试、退役	初设、施工图、招标、品控、施工工艺、验收与质量评定、试运行、运行、维护、检修、试验、退役、报废	换流	换流阀、换流变、其他
201.4-35	GB/T 35711—2017	高压直流输电系统直流侧谐波分析、抑制与测量导则	国标	2018.7.1			设计、采购、建设、运维、修试、退役	初设、施工图、招标、品控、施工工艺、验收与质量评定、试运行、运行、维护、检修、试验、退役、报废	换流	换流阀、换流变、其他

体系结构号	标准编号	标准名称	标准级别	实施日期	与国际标准对应关系	代替标准	阶段	分阶段	专业	分专业
201.4-36	GB/T 36498—2018	柔性直流换流站绝缘配合导则	国标	2019.4.1			设计、采购、建设、运维、修试、退役	初设、施工图、招标、品控、施工工艺、验收与质量评定、试运行、运行、维护、检修、试验、退役、报废	换流	换流阀、换流变、其他
201.4-37	GB/T 37015.1—2018	柔性直流输电系统性能 第1部分：稳态	国标	2019.7.1			采购、设计、建设、运维	招标、品控、初设、施工图、验收与质量评定、试运行、运行、维护	换流	换流阀、换流变、其他
201.4-38	GB/T 37015.2—2018	柔性直流输电系统性能 第2部分：暂态	国标	2019.7.1			采购、设计、建设、运维	招标、品控、初设、施工图、验收与质量评定、试运行、运行、维护	换流	换流阀、换流变、其他
201.4-39	GB/T 50789—2012	±800kV 直流换流站设计规范	国标	2012.12.1			设计、采购、建设、运维、修试、退役	初设、施工图、招标、品控、施工工艺、验收与质量评定、试运行、运行、维护、检修、试验、退役、报废	换流	换流阀、换流变、其他
201.4-40	GB/T 51200—2016	高压直流换流站设计规范	国标	2017.7.1			设计、采购、建设、运维、修试、退役	初设、施工图、招标、品控、施工工艺、验收与质量评定、试运行、运行、维护、检修、试验、退役、报废	换流	换流阀、换流变、其他
201.4-41	GB/T 51381—2019	柔性直流输电换流站设计标准	国标	2019.12.1			设计、采购、建设、运维、修试、退役	初设、施工图、招标、品控、施工工艺、验收与质量评定、试运行、运行、维护、检修、试验、退役、报废	换流	换流阀、换流变、其他
201.4-42	GB/T 51397—2019	柔性直流输电成套设计标准	国标	2020.1.1			设计、采购、建设、运维、修试、退役	初设、施工图、招标、品控、施工工艺、验收与质量评定、试运行、运行、维护、检修、试验、退役、报废	换流	换流阀、换流变、其他
201.5 规划设计-变电										
201.5-1	Q/CSG 1201025—2020	南方电网智能变电站设计技术导则	企标	2020.3.31			规划、设计、运维、修试、退役	规划、初设、施工图、运行、检修、试验、退役、报废	变电	其他

体系结构号	标准编号	标准名称	标准级别	实施日期	与国际标准对应关系	代替标准	阶段	分阶段	专业	分专业
201.5-2	Q/CSG 1201027—2020	电网风区分布图绘制导则	企标	2020.6.30			规划、设计、运维、修试、退役	规划、初设、施工图、运行、检修、试验、退役、报废	变电	其他
201.5-3	Q/CSG 1107001—2018（英文）	35kV～500kV变电站装备技术导则（变电一次分册）	企标	2018.8.7			规划、设计、运维、修试、退役	规划、初设、施工图、运行、检修、试验、退役、报废	变电	其他
201.5-4	T/CEC 245—2019	变电站继电保护接地技术规范	团标	2020.1.1			规划、设计、运维、修试、退役	规划、初设、施工图、运行、检修、试验、退役、报废	变电	变压器、互感器、电抗器、开关、避雷器、其他
201.5-5	T/CEC 5025—2020	电化学储能电站可行性研究报告内容深度规定	团标	2020.10.1			规划、设计、采购、建设、运维、修试、退役	初设、施工图、招标、品控、施工工艺、验收与质量评定、试运行、运行、维护、检修、试验、退役、报废	变电	变压器、互感器、电抗器、开关、避雷器、其他
201.5-6	T/CSEE 0153—2020	变电站建（构）筑物装配式设计技术规程	团标	2020.1.15			设计、采购、建设、运维、修试、退役	初设、施工图、招标、品控、施工工艺、验收与质量评定、试运行、运行、维护、检修、试验、退役、报废	变电	变压器、互感器、电抗器、开关、避雷器、其他
201.5-7	T/CSEE 0106—2019	变电站电气设备抗震设计规范	团标	2019.3.1			设计、采购、建设、运维、修试、退役	初设、施工图、招标、品控、施工工艺、验收与质量评定、试运行、运行、维护、检修、试验、退役、报废	变电	变压器、互感器、电抗器、开关、避雷器、其他
201.5-8	DL/T 615—2013	高压交流断路器参数选用导则	行标	2014.4.1		DL/T 615—1997	设计、采购、建设、运维、修试、退役	初设、施工图、招标、品控、施工工艺、验收与质量评定、试运行、运行、维护、检修、试验、退役、报废	变电	开关
201.5-9	DL/T 728—2013	气体绝缘金属封闭开关设备选用导则	行标	2014.4.1		DL/T 728—2000	设计、采购、建设、运维、修试、退役	初设、施工图、招标、品控、施工工艺、验收与质量评定、试运行、运行、维护、检修、试验、退役、报废	变电	变压器、互感器、电抗器、开关、避雷器、其他

体系 结构号	标准编号	标准名称	标准 级别	实施日期	与国际标准 对应关系	代替标准	阶段	分阶段	专业	分专业
201.5-10	DL/T 866—2015	电流互感器和电压互感器选择及计算规程	行标	2015.9.1		DL/T 866—2004	设计、采购、建设、运维、修试、退役	初设、施工图、招标、品控、施工工艺、验收与质量评定、试运行、运行、维护、检修、试验、退役、报废	变电	互感器
201.5-11	DL/T 1219—2013	串联电容器补偿装置 设计导则	行标	2013.8.1			设计、采购、建设、运维、修试、退役	初设、施工图、招标、品控、施工工艺、验收与质量评定、试运行、运行、维护、检修、试验、退役、报废	变电	其他
201.5-12	DL/T 1535—2016	10kV～35kV 干式空心限流电抗器使用导则	行标	2016.6.1			设计	初设	变电	电抗器
201.5-13	DL/T 1873—2018	智能变电站系统配置描述（SCD）文件技术规范	行标	2018.10.1			设计、采购、建设、运维、修试、退役	初设、施工图、招标、品控、施工工艺、验收与质量评定、试运行、运行、维护、检修、试验、退役、报废	变电	变压器、互感器、电抗器、开关、避雷器、其他
201.5-14	DL/T 1875—2018	智能变电站即插即用接口规范	行标	2018.10.1			设计、采购、建设、运维、修试、退役	初设、施工图、招标、品控、施工工艺、验收与质量评定、试运行、运行、维护、检修、试验、退役、报废	变电	变压器、互感器、电抗器、开关、避雷器、其他
201.5-15	DL/T 5014—2010	330kV～750kV 变电站无功补偿装置设计技术规定	行标	2010.12.15		DL/T 5014—1992	设计、采购、建设、运维、修试、退役	初设、施工图、招标、品控、施工工艺、验收与质量评定、试运行、运行、维护、检修、试验、退役、报废	变电	电抗器、其他
201.5-16	DL/T 5056—2007	变电站总布置设计技术规程	行标	2008.6.1		DL/T 5056—1996	设计、采购、建设、运维、修试、退役	初设、施工图、招标、品控、施工工艺、验收与质量评定、试运行、运行、维护、检修、试验、退役、报废	变电	变压器、互感器、电抗器、开关、避雷器、其他
201.5-17	DL/T 5103—2012	35kV～220kV 无人值班变电站设计技术规程	行标	2012.3.1		DL/T 5103—1999	设计、采购、建设、运维、修试、退役	初设、施工图、招标、品控、施工工艺、验收与质量评定、试运行、运行、维护、检修、试验、退役、报废	变电	变压器、互感器、电抗器、开关、避雷器、其他

体系结构号	标准编号	标准名称	标准级别	实施日期	与国际标准对应关系	代替标准	阶段	分阶段	专业	分专业
201.5-18	DL/T 5143—2018	变电站和换流站给水排水设计规程	行标	2019.5.1		DL/T 5143—2002	设计、采购、建设、运维、退役	初设、施工图、招标、品控、施工工艺、验收与质量评定、试运行、运行、维护、退役、报废	变电	其他
201.5-19	DL/T 5149—2001	220kV～550kV 变电所计算机监控系统设计技术规程	行标	2002.5.1		DLGJ 107—1992	设计、采购、建设、运维、修试、退役	初设、施工图、招标、品控、施工工艺、验收与质量评定、试运行、运行、维护、检修、试验、退役、报废	变电	其他
201.5-20	DL/T 5149—2020	变电站监控系统设计规程	行标	2021.2.1		DL/T 5149—2001	规划、设计	规划、初设、施工图	基础综合	
201.5-21	DL/T 5155—2016	220kV～1000kV 变电站站用电设计技术规程	行标	2016.12.1		DL/T 5155—2002	设计、采购、建设、运维、修试、退役	初设、施工图、招标、品控、施工工艺、验收与质量评定、试运行、运行、维护、检修、试验、退役、报废	变电	其他
201.5-22	DL/T 5170—2015	变电站岩土工程勘测技术规程	行标	2015.9.1		DL/T 5170—2002	设计	初设、施工图	变电	其他
201.5-23	DL/T 5216—2017	35kV～220kV 城市地下变电站设计规程	行标	2018.3.1		DL/T 5216—2005	设计、采购、建设、运维、修试、退役	初设、施工图、招标、品控、施工工艺、验收与质量评定、试运行、运行、维护、检修、试验、退役、报废	变电	变压器、互感器、电抗器、开关、避雷器、其他
201.5-24	DL/T 5218—2012	220kV～750kV 变电站设计技术规程	行标	2012.12.1		DL/T 5218—2005	设计、采购、建设、运维、修试、退役	初设、施工图、招标、品控、施工工艺、验收与质量评定、试运行、运行、维护、检修、试验、退役、报废	变电	变压器、互感器、电抗器、开关、避雷器、其他
201.5-25	DL/T 5242—2010	35kV～220kV 变电站无功补偿装置设计技术规定	行标	2010.10.1			设计、采购、建设、运维、修试、退役	初设、施工图、招标、品控、施工工艺、验收与质量评定、试运行、运行、维护、检修、试验、退役、报废	变电	变压器、互感器、电抗器、开关、避雷器、其他

体系结构号	标准编号	标准名称	标准级别	实施日期	与国际标准对应关系	代替标准	阶段	分阶段	专业	分专业
201.5-26	DL/T 5426—2020	±800kV 高压直流输电系统成套设计规程	行标	2021.2.1		DL/T 5426—2009	规划、设计	规划、初设、施工图	基础综合	
201.5-27	DL/T 5430—2009	无人值班变电站远方监控中心设计技术规程	行标	2009.12.1		SDJ 161—1985	设计、采购、建设、运维、修试、退役	初设、施工图、招标、品控、施工工艺、验收与质量评定、试运行、运行、维护、检修、试验、退役、报废	变电	其他
201.5-28	DL/T 5442—2020	输电线路杆塔制图和构造规定	行标	2021.2.1		DL/T 5442—2010	规划、设计	规划、初设、施工图	基础综合	
201.5-29	DL/T 5452—2012	变电工程初步设计内容深度规定	行标	2012.3.1			设计	初设	变电	变压器、互感器、电抗器、开关、避雷器、其他
201.5-30	DL/T 5453—2020	串补站设计技术规程	行标	2021.2.1		DL/T 5453—2012	规划、设计	规划、初设、施工图	基础综合	
201.5-31	DL/T 5457—2012	变电站建筑结构设计技术规程	行标	2012.12.1			设计、采购、建设、运维、修试、退役	初设、施工图、招标、品控、施工工艺、验收与质量评定、试运行、运行、维护、检修、试验、退役、报废	变电	其他
201.5-32	DL/T 5458—2012	变电工程施工图设计内容深度规定	行标	2013.3.1			设计	施工图	变电	变压器、互感器、电抗器、开关、避雷器、其他
201.5-33	DL/T 5495—2015	35kV～110kV 户内变电站设计规程	行标	2015.9.1			设计、采购、建设、运维、修试、退役	初设、施工图、招标、品控、施工工艺、验收与质量评定、试运行、运行、维护、检修、试验、退役、报废	变电	变压器、互感器、电抗器、开关、避雷器、其他
201.5-34	DL/T 5496—2015	220kV～500kV 户内变电站设计规程	行标	2015.9.1			设计、采购、建设、运维、修试、退役	初设、施工图、招标、品控、施工工艺、验收与质量评定、试运行、运行、维护、检修、试验、退役、报废	变电	变压器、互感器、电抗器、开关、避雷器、其他

体系结构号	标准编号	标准名称	标准级别	实施日期	与国际标准对应关系	代替标准	阶段	分阶段	专业	分专业
201.5-35	DL/T 5498—2015	330kV～500kV 无人值班变电站设计技术规程	行标	2015.9.1			设计、采购、建设、运维、修试、退役	初设、施工图、招标、品控、施工工艺、验收与质量评定、试运行、运行、维护、检修、试验、退役、报废	变电	变压器、互感器、电抗器、开关、避雷器、其他
201.5-36	DL/T 5477—2013	串联补偿站及静止无功补偿工程建设预算项目划分导则	行标	2013.10.1			设计、建设	施工图、施工工艺、验收与质量评定	变电	其他
201.5-37	DL/T 5502—2015	串补站初步设计内容深度规定	行标	2015.12.1			设计	初设	变电	其他
201.5-38	DL/T 5510—2016	智能变电站设计技术规定	行标	2016.6.1			设计、采购、建设、运维、修试、退役	初设、施工图、招标、品控、施工工艺、验收与质量评定、试运行、运行、维护、检修、试验、退役、报废	变电	变压器、互感器、电抗器、开关、避雷器、其他
201.5-39	DL/T 5517—2016	串补站施工图设计文件内容深度规定	行标	2016.12.1			设计	施工图	变电	其他
201.5-40	DL/T 5529—2017	电力系统串联电容补偿系统设计规程	行标	2017.12.1			设计、采购、建设、运维、修试、退役	初设、施工图、招标、品控、施工工艺、验收与质量评定、试运行、运行、维护、检修、试验、退役、报废	变电	其他
201.5-41	DL/T 5576—2020	变电站信息采集及交互设计规范	行标	2021.2.1			设计、采购、建设、运维、修试、退役	初设、施工图、招标、品控、施工工艺、验收与质量评定、试运行、运行、维护、检修、试验、退役、报废	变电	其他
201.5-42	DL/T 5735—2016	1000kV 可控并联电抗器设计技术导则	行标	2016.12.1			设计、采购、建设、运维、修试、退役	初设、施工图、招标、品控、施工工艺、验收与质量评定、试运行、运行、维护、检修、试验、退役、报废	变电	电抗器
201.5-43	NB/T 42155—2018	高原用交流 40.5kV 金属封闭开关设备最小安全距离	行标	2018.10.1			设计、采购、建设、运维	初设、施工图、招标、品控、施工工艺、验收与质量评定、试运行、运行、维护	变电	开关

体系结构号	标准编号	标准名称	标准级别	实施日期	与国际标准对应关系	代替标准	阶段	分阶段	专业	分专业
201.5-44	GB/T 13540—2009	高压开关设备和控制设备的抗震要求	国标	2010.4.1	IEC 62271-2：2003，MOD	GB/T 13540—1992	设计、采购、建设、运维	初设、施工图、招标、品控、施工工艺、验收与质量评定、试运行、运行、维护	变电	开关、其他
201.5-45	GB/T 17468—2019	电力变压器选用导则	国标	2020.7.1		GB/T 17468—2008	设计、采购、建设、运维、修试、退役	初设、施工图、招标、品控、施工工艺、验收与质量评定、试运行、运行、维护、检修、试验、退役、报废	变电	变压器
201.5-46	GB/T 26868—2011	高压滤波装置设计与应用导则	国标	2011.12.1			设计、采购、运维	初设、施工图、招标、品控、运行、维护	变电	其他
201.5-47	GB/T 37755—2019	智能变电站光纤回路建模及编码技术规范	国标	2020.1.1			设计、建设、运维	初设、施工图、施工工艺、运行、维护	变电	其他
201.5-48	GB 50059—2011	35kV～110kV 变电站设计规范	国标	2012.8.1		GB 50059—1992	设计、采购、建设、运维、修试、退役	初设、施工图、招标、品控、施工工艺、验收与质量评定、试运行、运行、维护、检修、试验、退役、报废	变电	变压器、互感器、电抗器、开关、避雷器、其他
201.5-49	GB 50227—2017	并联电容器装置设计规范	国标	2017.11.1		GB 50227—2008	设计、采购、建设、运维、修试、退役	初设、施工图、招标、品控、施工工艺、验收与质量评定、试运行、运行、维护、检修、试验、退役、报废	变电	其他
201.5-50	GB/T 51071—2014	330kV～750kV 智能变电站设计规范	国标	2015.8.1			设计、采购、建设、运维、修试、退役	初设、施工图、招标、品控、施工工艺、验收与质量评定、试运行、运行、维护、检修、试验、退役、报废	变电	变压器、互感器、电抗器、开关、避雷器、其他
201.5-51	GB/T 51072—2014	110（66）kV～220kV 智能变电站设计规范	国标	2015.8.1			设计、采购、建设、运维、修试、退役	初设、施工图、招标、品控、施工工艺、验收与质量评定、试运行、运行、维护、检修、试验、退役、报废	变电	变压器、互感器、电抗器、开关、避雷器、其他

体系结构号	标准编号	标准名称	标准级别	实施日期	与国际标准对应关系	代替标准	阶段	分阶段	专业	分专业
201.5-52	IEEE 1127—2013	社区可接受和环境兼容的变电站设计、建设和运营的指南	国际标准	2013.12.11	IEEE 1127—1998，IDT		设计、采购、建设、运维、修试、退役	初设、施工图、招标、品控、施工工艺、验收与质量评定、试运行、运行、维护、检修、试验、退役、报废	变电	其他
201.6 规划设计-配电										
201.6-1	Q/CSG 1204052—2019	住宅区四网融合设计技术原则	企标	2019.6.26			设计、采购、建设、运维、修试、退役	初设、施工图、招标、品控、施工工艺、验收与质量评定、试运行、运行、维护、检修、试验、退役、报废	配电	变压器、线缆、开关、其他
201.6-2	Q/CSG 1201012—2016（英文）	配电线路防风设计技术规范	企标	2016.8.25			设计、采购、建设、运维、修试、退役	初设、施工图、招标、品控、施工工艺、验收与质量评定、试运行、运行、维护、检修、试验、退役、报废	配电	变压器、线缆、开关、其他
201.6-3	Q/CSG 1203004.3—2017（英文）	南方电网公司 20kV 及以下电网装备技术导则	企标	2017.1.3			修试	检修、试验	变电	其他
201.6-4	Q/CSG 10701—2008	20kV 输配电设计标准（试行）	企标	2008.11.10			设计、采购、建设、运维、修试、退役	初设、施工图、招标、品控、施工工艺、验收与质量评定、试运行、运行、维护、检修、试验、退役、报废	输电、配电	线路、线缆
201.6-5	Q/CSG 115003—2011	35～110kV 配电网项目可行性研究内容深度规定	企标	2011.4.20			规划	规划	配电	变压器、线缆、开关、其他
201.6-6	Q/CSG 115004—2011	10（20）kV 及以下配电网项目可行性研究内容深度规定	企标	2011.4.20			规划	规划	配电	变压器、线缆、开关、其他
201.6-7	Q/CSG 1201012—2016	配电线路防风设计技术规范	企标	2016.8.25			设计、采购、建设、运维、修试、退役	初设、施工图、招标、品控、施工工艺、验收与质量评定、试运行、运行、维护、检修、试验、退役、报废	配电	线缆、其他
201.6-8	Q/CSG 1201019—2018	主动配电网规划技术导则	企标	2018.12.28			规划	规划	配电	变压器、线缆、开关、其他

体系结构号	标准编号	标准名称	标准级别	实施日期	与国际标准对应关系	代替标准	阶段	分阶段	专业	分专业
201.6-9	Q/CSG 1201024—2019	配电自动化规划设计技术导则	企标	2019.12.30		Q/CSG 1201001—2014	规划、设计、建设	规划、初设、施工图、施工工艺	配电	开关
201.6-10	Q/CSG 1202009—2020	20kV 及以下配电网工程数字化移交标准	企标	2020.3.31			设计、采购、建设、运维、修试、退役	初设、施工图、招标、品控、施工工艺、验收与质量评定、试运行、运行、维护、检修、试验、退役、报废	配电	变压器、线缆、开关、其他
201.6-11	Q/CSG 1203069—2020	中压柔性直流配电网机械式直流断路器技术规范	企标	2020.6.30			设计、采购、建设、运维、修试、退役	初设、施工图、招标、品控、施工工艺、验收与质量评定、试运行、运行、维护、检修、试验、退役、报废	配电	变压器、线缆、开关、其他
201.6-12	Q/CSG 1203070—2020	中压柔性直流配电网成套设计规范	企标	2020.6.30			设计、采购、建设、运维、修试、退役	初设、施工图、招标、品控、施工工艺、验收与质量评定、试运行、运行、维护、检修、试验、退役、报废	配电	变压器、线缆、开关、其他
201.6-13	Q/CSG 1201028—2020	配电网防雷技术导则（试行）	企标	2020.11.30			设计、采购、建设、运维、修试、退役	初设、施工图、招标、品控、施工工艺、验收与质量评定、试运行、运行、维护、检修、试验、退役、报废	配电	变压器、线缆、开关、其他
201.6-14（英文）	Q/CSG 1201023—2019	110kV 及以下配电网规划技术导则原则	企标	2019.12.30			规划、设计、采购、建设、运维、修试、退役	初设、施工图、招标、品控、施工工艺、验收与质量评定、试运行、运行、维护、检修、试验、退役、报废	配电	变压器、线缆、开关、其他
201.6-15	T/CEC 103—2016	新型城镇化配电网发展评估规范	团标	2017.1.1			设计	初设、施工图	配电	变压器、线缆、开关、其他
201.6-16	T/CEC 166—2018	中压直接配电网典型网架结构及供电方案技术导则	团标	2018.4.1			设计、采购、建设、运维、修试、退役	初设、施工图、招标、品控、施工工艺、验收与质量评定、试运行、运行、维护、检修、试验、退役、报废	配电	变压器、线缆、开关、其他

体系结构号	标准编号	标准名称	标准级别	实施日期	与国际标准对应关系	代替标准	阶段	分阶段	专业	分专业
201.6-17	T/CEC 167—2018	直流配电网与交流配电网互联技术要求	团标	2018.4.1			设计、采购、建设、运维、修试、退役	初设、施工图、招标、品控、施工工艺、验收与质量评定、试运行、运行、维护、检修、试验、退役、报废	配电	变压器、线缆、开关、其他
201.6-18	T/CEC 274—2019	配电网供电能力计算导则	团标	2020.1.1			规划、设计、运维	规划、初设、施工图、运行	配电	变压器、线缆、开关、其他
201.6-19	T/CEC 5014—2019	园区电力专项规划内容深度规定	团标	2020.1.1			规划	规划	配电	其他
201.6-20	T/CEC 5015—2019	配电网网格化规划设计技术导则	团标	2020.1.1			规划、设计	规划、初设、施工图	配电	变压器、线缆、开关、其他
201.6-21	T/CEC 5026—2020	电化学储能电站初步设计内容深度规定	团标	2020.1.2			设计、采购、建设、运维、修试、退役	初设、施工图、招标、品控、施工工艺、验收与质量评定、试运行、运行、维护、检修、试验、退役、报废	配电	其他
201.6-22	T/CEC 5027—2020	智能园区配电网规划设计技术导则	团标	2020.1.3			规划、设计、采购、建设、运维、修试、退役	初设、施工图、招标、品控、施工工艺、验收与质量评定、试运行、运行、维护、检修、试验、退役、报废	配电	其他
201.6-23	T/CEC 5028—2020	配电网规划图纸绘制规范	团标	2020.1.4			设计、采购、建设、运维、修试、退役	初设、施工图、招标、品控、施工工艺、验收与质量评定、试运行、运行、维护、检修、试验、退役、报废	配电	其他
201.6-24	T/CSEE 0034—2017	配电网网格法规划技术规范	团标	2018.5.1			规划	规划	配电	变压器、线缆、开关、其他
201.6-25	DL/T 390—2016	县域配电自动化技术导则	行标	2016.6.1		DL/T 390—2010	设计、采购、建设、运维、修试、退役	初设、施工图、招标、品控、施工工艺、验收与质量评定、试运行、运行、维护、检修、试验、退役、报废	配电	开关

体系结构号	标准编号	标准名称	标准级别	实施日期	与国际标准对应关系	代替标准	阶段	分阶段	专业	分专业
201.6-26	DL/T 499—2001	农村低压电力技术规程	行标	2002.2.1		DL/T 499—1992	设计、建设、运维	初设、施工图、施工工艺、验收与质量评定、试运行、运行、维护	配电	变压器、线缆、开关、其他
201.6-27	DL/T 599—2016	中低压配电网改造技术导则	行标	2016.6.1		DL/T 599—2005	设计、采购、建设、运维、修试、退役	初设、施工图、招标、品控、施工工艺、验收与质量评定、试运行、运行、维护、检修、试验、退役、报废	配电	变压器、线缆、开关、其他
201.6-28	DL/T 601—1996	架空绝缘配电线路设计技术规程	行标	1996.10.1			设计、采购、建设、运维、修试、退役	初设、施工图、招标、品控、施工工艺、验收与质量评定、试运行、运行、维护、检修、试验、退役、报废	配电	线缆
201.6-29	DL/T 1438—2015	单相配电变压器选用导则	行标	2015.9.1			设计	初设	配电	变压器
201.6-30	DL/T 1531—2016	20kV 配电网过电压保护与绝缘配合	行标	2016.6.1			设计、采购、建设、运维、修试、退役	初设、施工图、招标、品控、施工工艺、验收与质量评定、试运行、运行、维护、检修、试验、退役、报废	配电	其他
201.6-31	DL/T 1674—2016	35kV 及以下配网防雷技术导则	行标	2017.5.1			设计、采购、建设、运维、修试、退役	初设、施工图、招标、品控、施工工艺、验收与质量评定、试运行、运行、维护、检修、试验、退役、报废	配电	变压器、线缆、开关、其他
201.6-32	DL/T 1813—2018	油浸式非晶合金铁心配电变压器选用导则	行标	2018.7.1			设计	初设	配电	变压器
201.6-33	DL/T 5078—1997	农村小型化变电所设计规程	行标	1998.6.1			设计、采购、建设、运维、修试、退役	初设、施工图、招标、品控、施工工艺、验收与质量评定、试运行、运行、维护、检修、试验、退役、报废	配电	变压器、线缆、开关、其他
201.6-34	DL/T 5119—2000	农村小型化无人值班变电所设计规程	行标	2001.1.1			设计、采购、建设、运维、修试、退役	初设、施工图、招标、品控、施工工艺、验收与质量评定、试运行、运行、维护、检修、试验、退役、报废	配电	变压器、线缆、开关、其他

体系结构号	标准编号	标准名称	标准级别	实施日期	与国际标准对应关系	代替标准	阶段	分阶段	专业	分专业
201.6-35	DL/T 5131—2015	农村电网建设与改造技术导则	行标	2015.9.1		DL/T 5131—2001	设计、采购、建设、运维、修试、退役	初设、施工图、招标、品控、施工工艺、验收与质量评定、试运行、运行、维护、检修、试验、退役、报废	配电	变压器、线缆、开关、其他
201.6-36	DL/T 5220—2005	10kV 及以下架空配电线路设计技术规程	行标	2005.6.1		SDJ 206—1987	设计、采购、建设、运维、修试、退役	初设、施工图、招标、品控、施工工艺、验收与质量评定、试运行、运行、维护、检修、试验、退役、报废	配电	线缆
201.6-37	DL/T 5253—2010	架空平行集束绝缘线低压配电线路设计与施工规程	行标	2011.5.1			设计、采购、建设、运维、修试、退役	初设、施工图、招标、品控、施工工艺、验收与质量评定、试运行、运行、维护、检修、试验、退役、报废	配电	线缆
201.6-38	DL 5449—2012	20kV 配电设计技术规定	行标	2012.3.1			设计、采购、建设、运维、修试、退役	初设、施工图、招标、品控、施工工艺、验收与质量评定、试运行、运行、维护、检修、试验、退役、报废	配电	线缆
201.6-39	DL/T 5450—2012	20kV 配电设备选型技术规定	行标	2012.3.1			设计、采购、建设、运维、修试、退役	初设、施工图、招标、品控、施工工艺、验收与质量评定、试运行、运行、维护、检修、试验、退役、报废	配电	变压器、开关、其他
201.6-40	DL/T 5534—2017	配电网可行性研究报告内容深度规定	行标	2018.3.1			规划	规划	配电	变压器、线缆、开关、其他
201.6-41	DL/T 5542—2018	配电网规划设计规程	行标	2018.7.1			规划、设计、采购、建设、运维、修试、退役	规划、初设、施工图、招标、品控、施工工艺、验收与质量评定、试运行、运行、维护、检修、试验、退役、报废	配电	变压器、线缆、开关、其他
201.6-42	DL/T 5552—2018	配电网规划研究报告内容深度规定	行标	2019.5.1			规划	规划	配电	变压器、线缆、开关、其他

体系结构号	标准编号	标准名称	标准级别	实施日期	与国际标准对应关系	代替标准	阶段	分阶段	专业	分专业
201.6-43	DL/T 5568—2020	配电网初步设计文件内容深度规定	行标	2021.2.1			运维、修试	维护、检修、试验	附属设施及工器具	工器具
201.6-44	DL/T 5569—2020	配电网施工图设计文件内容深度规定	行标	2021.2.1			运维、修试	维护、检修、试验	附属设施及工器具	工器具
201.6-45	DL/T 5771—2018	农村电网 35kV 配电化技术导则	行标	2018.10.1			设计、采购、建设、运维、修试、退役	初设、施工图、招标、品控、施工工艺、验收与质量评定、试运行、运行、维护、检修、试验、退役、报废	配电	变压器、线缆、开关、其他
201.6-46	DL/T 5709—2014	配电自动化规划设计导则	行标	2015.3.1			设计、采购、建设、运维、修试、退役	初设、施工图、招标、品控、施工工艺、验收与质量评定、试运行、运行、维护、检修、试验、退役、报废	配电	开关
201.6-47	DL/T 5729—2016	配电网规划设计技术导则	行标	2016.6.1			设计、采购、建设、运维、修试、退役	初设、施工图、招标、品控、施工工艺、验收与质量评定、试运行、运行、维护、检修、试验、退役、报废	配电	变压器、开关、线缆、其他
201.6-48	NB/T 42166—2018	配电网电压时间型馈线保护控制技术规范	行标	2018.10.1			设计、采购、建设、运维、修试、退役	初设、施工图、招标、品控、施工工艺、验收与质量评定、试运行、运行、维护、检修、试验、退役、报废	配电	变压器、开关、其他
201.6-49	GB 51348—2019	民用建筑电气设计标准	行标	2020.8.1		JGJ/T 16—1992	设计、采购、建设、运维、修试、退役	初设、施工图、招标、品控、施工工艺、验收与质量评定、试运行、运行、维护、检修、试验、退役、报废	配电	变压器、线缆、开关、其他
201.6-50	GB/Z 16935.2—2013	低压系统内设备的绝缘配合 第2-1部分：应用指南 GB/T 16935 系列应用解释，定尺寸示例及介电试验	国标	2014.4.9			设计、采购	初设、施工图、招标、品控	配电、用电	其他

体系 结构号	标准编号	标准名称	标准级别	实施日期	与国际标准 对应关系	代替标准	阶段	分阶段	专业	分专业
201.6-51	GB/T 35689—2017	配电信息交换总线技术要求	国标	2018.7.1			设计、采购、建设	初设、施工图、招标、品控、施工工艺、验收与质量评定、试运行	配电	其他
201.6-52	GB/T 35727—2017	中低压直流配电电压导则	国标	2018.7.1			设计、采购、建设、运维、修试、退役	初设、施工图、招标、品控、施工工艺、验收与质量评定、试运行、运行、维护、检修、试验、退役、报废	配电	其他
201.6-53	GB/T 36040—2018	居民住宅小区电力配置规范	国标	2018.10.1			设计、采购、建设、运维、修试、退役	初设、施工图、招标、品控、施工工艺、验收与质量评定、试运行、运行、维护、检修、试验、退役、报废	配电	变压器、线缆、开关、其他
201.6-54	GB 50052—2009	供配电系统设计规范	国标	2010.7.1		GB 50052—1995	设计、采购、建设、运维、修试、退役	初设、施工图、招标、品控、施工工艺、验收与质量评定、试运行、运行、维护、检修、试验、退役、报废	配电	变压器、线缆、开关、其他
201.6-55	GB 50053—2013	20kV 及以下变电所设计规范	国标	2014.7.1		GB 50053—1994	设计、采购、建设、运维、修试、退役	初设、施工图、招标、品控、施工工艺、验收与质量评定、试运行、运行、维护、检修、试验、退役、报废	配电	变压器、线缆、开关、其他
201.6-56	GB 50054—2011	低压配电设计规范	国标	2012.6.1		GB 50054—1995	设计、采购、建设、运维、修试、退役	初设、施工图、招标、品控、施工工艺、验收与质量评定、试运行、运行、维护、检修、试验、退役、报废	配电	线缆
201.6-57	GB 50055—2011	通用用电设备配电设计规范	国标	2012.6.1		GB 50055—1993	设计、采购、建设、运维、修试、退役	初设、施工图、招标、品控、施工工艺、验收与质量评定、试运行、运行、维护、检修、试验、退役、报废	配电	线缆
201.6-58	GB 50060—2008	3～110kV 高压配电装置设计规范	国标	2009.6.1		GB 50060—1992	设计	初设、施工图	配电	其他

体系结构号	标准编号	标准名称	标准级别	实施日期	与国际标准对应关系	代替标准	阶段	分阶段	专业	分专业
201.6-59	GB 50613—2010	城市配电网规划设计规范	国标	2011.2.1			设计、采购、建设、运维、修试、退役	初设、施工图、招标、品控、施工工艺、验收与质量评定、试运行、运行、维护、检修、试验、退役、报废	配电	变压器、线缆、开关、其他
201.7	规划设计-调度及二次									
201.7-1	Q/CSG 110010—2011	南方电网继电保护通用技术规范	企标	2011.12.1			设计、采购、建设、运维、修试、退役	初设、施工图、招标、品控、施工工艺、验收与质量评定、试运行、运行、维护、检修、试验、退役、报废	调度及二次	继电保护及安全自动装置
201.7-2	Q/CSG 1201002—2015	中国南方电网有限责任公司35kV 及以上电网二次系统规划技术原则	企标	2015.1.20			规划、设计、采购、建设、运维、修试、退役	规划、初设、施工图、招标、品控、施工工艺、验收与质量评定、试运行、运行、维护、检修、试验、退役、报废	调度及二次	电力调度、运行方式、继电保护及安全自动装置、调度自动化、电力通信、其他
201.7-3	Q/CSG 1201010—2016	110kV 变电站二次接线标准	企标	2016.4.1			设计、建设、运维、修试、退役	初设、施工图、施工工艺、验收与质量评定、试运行、运行、维护、检修、试验、退役、报废	调度及二次	电力调度、运行方式、继电保护及安全自动装置、调度自动化、其他
201.7-4	Q/CSG 1201016—2017	南方电网 500kV 变电站二次接线标准	企标	2017.4.1		Q/CSG 11102002—2012	设计、建设、运维、修试、退役	初设、施工图、施工工艺、验收与质量评定、试运行、运行、维护、检修、试验、退役、报废	调度及二次	电力调度、运行方式、继电保护及安全自动装置、调度自动化、其他
201.7-5	Q/CSG 1201017—2017	南方电网 220kV 变电站二次接线标准	企标	2017.4.1		Q/CSG 11102001—2012	设计、建设、运维、修试、退役	初设、施工图、施工工艺、验收与质量评定、试运行、运行、维护、检修、试验、退役、报废	调度及二次	电力调度、运行方式、继电保护及安全自动装置、调度自动化、其他
201.7-6	Q/CSG 1203046—2017	抽水蓄能发电电动机变压器组继电保护配置导则	企标	2017.4.1			规划、设计	规划、初设、施工图	调度及二次	继电保护及安全自动装置

体系结构号	标准编号	标准名称	标准级别	实施日期	与国际标准对应关系	代替标准	阶段	分阶段	专业	分专业
201.7-7	Q/CSG 1204065—2020	地方电网并网运行二次设备技术导则	企标	2020.3.31			设计、采购、建设、运维、修试、退役	初设、施工图、招标、品控、施工工艺、验收与质量评定、试运行、运行、维护、检修、试验、退役、报废	调度及二次	继电保护及安全自动装置
201.7-8	Q/CSG 1204059—2020	变电站间隔层和过程层IEC61850配置工具技术规范	企标	2020.7.31		Q/CSG1204059—2020	设计、建设、运维、修试、退役	初设、施工图、施工工艺、验收与质量评定、试运行、运行、维护、检修、试验、退役、报废	调度及二次	继电保护及安全自动装置
201.7-9	T/CSEE 0011—2016	电力通信机房设计规范	团标	2017.5.1			设计、采购、建设、运维、修试、退役	初设、施工图、招标、品控、施工工艺、验收与质量评定、试运行、运行、维护、检修、试验、退役、报废	调度及二次	电力通信
201.7-10	T/CSEE 0119—2019	电力架空光缆线路设计规范	团标	2019.3.1			设计、采购、建设、运维、修试、退役	初设、施工图、招标、品控、施工工艺、验收与质量评定、试运行、运行、维护、检修、试验、退役、报废	调度及二次	电力通信
201.7-11	DL/T 1146—2009	DL/T 860 实施技术规范	行标	2009.12.1			设计、建设、运维、退役、修试	初设、施工图、施工工艺、验收与质量评定、试运行、运行、维护、退役、报废、检修、试验	调度及二次	继电保护及安全自动装置、调度自动化、电力通信
201.7-12	DL/T 2053—2019	电力系统IP多媒体子系统行政交换网组网技术规范	行标	2020.5.1			设计、采购、建设、运维、修试、退役	初设、施工图、招标、品控、施工工艺、验收与质量评定、试运行、运行、维护、检修、试验、退役、报废	调度及二次	电力通信
201.7-13	DL/T 5002—2005	地区电网调度自动化设计技术规程	行标	2006.6.1		DL 5002—1991	设计、采购、建设、运维、修试、退役	初设、施工图、招标、品控、施工工艺、验收与质量评定、试运行、运行、维护、检修、试验、退役、报废	调度及二次	调度自动化

体系结构号	标准编号	标准名称	标准级别	实施日期	与国际标准对应关系	代替标准	阶段	分阶段	专业	分专业
201.7-14	DL/T 5003—2017	电力系统调度自动化设计规程	行标	2017.12.1		DL/T 5003—2005	设计、采购、建设、运维、修试、退役	初设、施工图、招标、品控、施工工艺、验收与质量评定、试运行、运行、维护、检修、试验、退役、报废	调度及二次	调度自动化
201.7-15	DL/T 5041—2012	火力发电厂厂内通信设计技术规定	行标	2012.3.1		DL/T 5041—1995	设计、采购、建设、运维、修试、退役	初设、施工图、招标、品控、施工工艺、验收与质量评定、试运行、运行、维护、检修、试验、退役、报废	调度及二次	电力通信
201.7-16	DL/T 5044—2014	电力工程直流电源系统设计技术规程	行标	2015.3.1		DL/T 5044—2004	设计、采购、建设、运维、修试、退役	初设、施工图、招标、品控、施工工艺、验收与质量评定、试运行、运行、维护、检修、试验、退役、报废	调度及二次	调度自动化
201.7-17	DL/T 5157—2012	电力系统调度通信交换网设计技术规程	行标	2013.3.1		DL/T 5157—2002	设计、采购、建设、运维、修试、退役	初设、施工图、招标、品控、施工工艺、验收与质量评定、试运行、运行、维护、检修、试验、退役、报废	调度及二次	电力通信
201.7-18	DL/T 5225—2016	220kV～1000kV变电站通信设计规程	行标	2017.5.1		DL/T 5225—2005	设计、采购、建设、运维、修试、退役	初设、施工图、招标、品控、施工工艺、验收与质量评定、试运行、运行、维护、检修、试验、退役、报废	调度及二次	电力通信
201.7-19	DL/T 5364—2015	电力调度数据网络工程初步设计内容深度规定	行标	2015.12.1		DL/T 5364—2006	设计	初设、施工图	调度及二次	电力通信
201.7-20	DL/T 5365—2018	电力数据通信网络工程初步设计文件内容深度规定	行标	2019.5.1		DL/T 5365—2006	设计	初设、施工图	调度及二次	电力通信
201.7-21	DL/T 5392—2007	电力系统数字同步网工程设计规范	行标	2007.12.1			设计、采购、建设、运维、修试、退役	初设、施工图、招标、品控、施工工艺、验收与质量评定、试运行、运行、维护、检修、试验、退役、报废	调度及二次	电力通信

体系结构号	标准编号	标准名称	标准级别	实施日期	与国际标准对应关系	代替标准	阶段	分阶段	专业	分专业
201.7-22	DL/T 5404—2007	电力系统同步数字系列（SDH）光缆通信工程设计技术规定	行标	2008.6.1			设计、采购、建设、运维、修试、退役	初设、施工图、招标、品控、施工工艺、验收与质量评定、试运行、运行、维护、检修、试验、退役、报废	调度及二次	电力通信
201.7-23	DL/T 5446—2012	电力系统调度自动化工程可行性研究报告内容深度规定	行标	2012.3.1			规划	规划	调度及二次	调度自动化
201.7-24	DL/T 5447—2012	电力系统通信系统设计内容深度规定	行标	2012.3.1		DLGJ 165—2003	设计	初设、施工图	调度及二次	电力通信
201.7-25	DL/T 5505—2015	电力应急通信设计技术规程	行标	2015.12.1			设计、采购、建设、运维、修试、退役	初设、施工图、招标、品控、施工工艺、验收与质量评定、试运行、运行、维护、检修、试验、退役、报废	调度及二次	电力通信
201.7-26	DL/T 5518—2016	电力工程厂站内通信光缆设计规程	行标	2017.5.1			设计、采购、建设、运维、修试、退役	初设、施工图、招标、品控、施工工艺、验收与质量评定、试运行、运行、维护、检修、试验、退役、报废	调度及二次	电力通信
201.7-27	DL/T 5524—2017	电力系统光传送网（OTN）设计规程	行标	2017.8.1			设计、采购、建设、运维、修试、退役	初设、施工图、招标、品控、施工工艺、验收与质量评定、试运行、运行、维护、检修、试验、退役、报废	调度及二次	电力通信
201.7-28	DL/T 5558—2019	电力系统调度自动化工程初步设计文件内容深度规定	行标	2019.10.1			设计	初设	调度及二次	调度自动化
201.7-29	DL/T 5560—2019	电力调度数据网络工程设计规程	行标	2019.10.1			设计、采购、建设、运维、修试、退役	初设、施工图、招标、品控、施工工艺、验收与质量评定、试运行、运行、维护、检修、试验、退役、报废	调度及二次	电力通信
201.7-30	DL/T 5734—2016	电力通信超长站距光传输工程设计技术规程	行标	2016.7.1			设计、采购、建设、运维、修试、退役	初设、施工图、招标、品控、施工工艺、验收与质量评定、试运行、运行、维护、检修、试验、退役、报废	调度及二次	电力通信

体系结构号	标准编号	标准名称	标准级别	实施日期	与国际标准对应关系	代替标准	阶段	分阶段	专业	分专业
201.7-31	DLGJ 151—2000	电力系统光缆通信工程可行性研究内容深度规定	行标	2001.1.1			规划	规划	调度及二次	电力通信
201.7-32	DLGJ 152—2000	电力系统光缆通信工程初步设计内容深度规定	行标	2001.1.1			设计	初设	调度及二次	电力通信
201.7-33	DLGJ 163—2003	微波通信工程初步设计内容深度规定	行标	2004.3.1			设计	初设	调度及二次	电力通信
201.7-34	NB/T 10132—2019	水电工程通信设计内容和深度规定	行标	2019.10.1		DL/T 5184—2004	设计	初设、施工图	调度及二次	电力通信
201.7-35	NB/T 10192—2019	电流闭锁式母线保护技术导则	行标	2019.10.1			规划、设计、运维、修试、退役	规划、初设、施工图、运行、维护、检修、试验、退役、报废	调度及二次	继电保护及安全自动装置
201.7-36	NB/T 35004—2013	水力发电厂自动化设计技术规范	行标	2013.10.1		DL/T 5081—1997	设计、采购、建设、运维、修试、退役	初设、施工图、招标、品控、施工工艺、验收与质量评定、试运行、运行、维护、检修、试验、退役、报废	调度及二次	电力调度、运行方式、继电保护及安全自动装置、调度自动化、水调、其他
201.7-37	NB/T 35042—2014	水力发电厂通信设计规范	行标	2015.3.1		DL/T 5080—1997	设计、采购、建设、运维、修试、退役	初设、施工图、招标、品控、施工工艺、验收与质量评定、试运行、运行、维护、检修、试验、退役、报废	调度及二次	电力通信
201.7-38	YD 5003—2014	通信建筑工程设计规范	行标	2014.7.1		YD/T 5003—2005	设计、采购、建设、运维、修试、退役	初设、施工图、招标、品控、施工工艺、验收与质量评定、试运行、运行、维护、检修、试验、退役、报废	调度及二次	电力通信
201.7-39	YD 5076—2014	固定电话交换网工程设计规范	行标	2014.7.1		YD/T 5076—2005；YD 5153—2007；YD/T 5155—2007	设计、采购、建设、运维、修试、退役	初设、施工图、招标、品控、施工工艺、验收与质量评定、试运行、运行、维护、检修、试验、退役、报废	调度及二次	电力通信

体系结构号	标准编号	标准名称	标准级别	实施日期	与国际标准对应关系	代替标准	阶段	分阶段	专业	分专业
201.7-40	YD/T 5080—2005	SDH光缆通信工程网管系统设计规范	行标	2006.6.1		YD 5080—1999	设计、采购、建设、运维、修试、退役	初设、施工图、招标、品控、施工工艺、验收与质量评定、试运行、运行、维护、检修、试验、退役、报废	调度及二次	电力通信
201.7-41	YD 5092—2014	波分复用（WDM）光纤传输系统工程设计规范	行标	2014.7.1		YD/T 5092—2005；YD/T 5166—2009	设计、采购、建设、运维、修试、退役	初设、施工图、招标、品控、施工工艺、验收与质量评定、试运行、运行、维护、检修、试验、退役、报废	调度及二次	电力通信
201.7-42	YD/T 5094—2019	信令网工程技术规范	行标	2020.1.1		YD/T 5094—2005	设计、采购、建设、运维、修试、退役	初设、施工图、招标、品控、施工工艺、验收与质量评定、试运行、运行、维护、检修、试验、退役、报废	调度及二次	电力通信
201.7-43	YD 5095—2014	同步数字体系（SDH）光纤传输系统工程设计规范	行标	2014.7.1		YD/T 5095—2005；YD/T 5024—2005；YD/T 5119—2005	设计、采购、建设、运维、修试、退役	初设、施工图、招标、品控、施工工艺、验收与质量评定、试运行、运行、维护、检修、试验、退役、报废	调度及二次	电力通信
201.7-44	YD 5193—2014	互联网数据中心（IDC）工程设计规范	行标	2014.7.1			设计、采购、建设、运维、修试、退役	初设、施工图、招标、品控、施工工艺、验收与质量评定、试运行、运行、维护、检修、试验、退役、报废	调度及二次	电力通信
201.7-45	YD/T 5227—2015	云计算资源池系统设备安装工程设计规范	行标	2016.1.1			设计、采购、建设、运维、修试、退役	初设、施工图、招标、品控、施工工艺、验收与质量评定、试运行、运行、维护、检修、试验、退役、报废	调度及二次	电力通信
201.7-46	YD/T 5240—2018	时间同步网工程设计规范	行标	2019.4.1			设计、建设、运维、退役、修试	初设、施工工艺、验收与质量评定、试运行、运行、维护、退役、报废、检修、试验	调度及二次	电力通信

体系 结构号	标准编号	标准名称	标准 级别	实施日期	与国际标准 对应关系	代替标准	阶段	分阶段	专业	分专业
201.7-47	GB/T 14285—2006	继电保护和安全自动装置技术规程	国标	2006.11.1		GB 14285—1993	规划、采购、建设、运维、修试	规划、招标、品控、施工工艺、验收与质量评定、运行、维护、检修、试验	调度及二次	继电保护及安全自动装置
201.7-48	GB/T 32901—2016	智能变电站继电保护通用技术条件	国标	2017.3.1			规划、设计、采购、建设、运维、修试	规划、初设、招标、品控、施工工艺、验收与质量评定、运行、维护、检修、试验	调度及二次	继电保护及安全自动装置
201.7-49	GB/T 33266—2016	模块化机器人高速通用通信总线性能	国标	2017.7.1			设计、采购	初设、招标、品控	调度及二次	电力通信
201.7-50	GB/T 34121—2017	智能变电站继电保护配置工具技术规范	国标	2018.2.1			规划、设计、采购、运维、修试	规划、初设、采购、运维、修试	调度及二次	继电保护及安全自动装置
201.7-51	GB/T 34122—2017	220kV～750kV 电网继电保护和安全自动装置配置技术规范	国标	2018.2.1			规划、设计、采购、运维、修试	规划、初设、采购、运维、修试	调度及二次	继电保护及安全自动装置
201.7-52	GB/T 37880—2019	就地化环网母线保护技术导则	国标	2020.3.1			规划、设计、运维、修试、退役	规划、初设、施工图、运行、维护、检修、试验、退役、报废	调度及二次	电力通信、继电保护及安全自动装置
201.7-53	GB/T 50587—2010	水库调度设计规范	国标	2010.12.1			设计、采购、建设、运维、修试、退役	初设、施工图、招标、品控、施工工艺、验收与质量评定、试运行、运行、维护、检修、试验、退役、报废	调度及二次	电力调度、水调
201.7-54	GB 50689—2011	通信局（站）防雷与接地工程设计规范	国标	2012.5.1			设计、采购、建设、运维、修试、退役	初设、施工图、招标、品控、施工工艺、验收与质量评定、试运行、运行、维护、检修、试验、退役、报废	调度及二次	电力通信
201.7-55	GB/T 50853—2013	城市通信工程规划规范	国标	2013.9.1			规划、设计、采购、建设、运维、修试、退役	规划、初设、施工图、招标、品控、施工工艺、验收与质量评定、试运行、运行、维护、检修、试验、退役、报废	调度及二次	电力通信

体系结构号	标准编号	标准名称	标准级别	实施日期	与国际标准对应关系	代替标准	阶段	分阶段	专业	分专业
201.7-56	GB/T 50980—2014	电力调度通信中心工程设计规范	国标	2014.12.1			设计、采购、建设、运维、修试、退役	初设、施工图、招标、品控、施工工艺、验收与质量评定、试运行、运行、维护、检修、试验、退役、报废	调度及二次	电力通信
201.7-57	GB 51158—2015	通信线路工程设计规范	国标	2016.6.1			设计、采购、建设、运维、修试、退役	初设、施工图、招标、品控、施工工艺、验收与质量评定、试运行、运行、维护、检修、试验、退役、报废	调度及二次	电力通信
201.7-58	GB/T 51242—2017	同步数字体系（SDH）光纤传输系统工程设计规范	国标	2018.1.1			设计、采购、建设、运维、修试、退役	初设、施工图、招标、品控、施工工艺、验收与质量评定、试运行、运行、维护、检修、试验、退役、报废	调度及二次	电力通信
201.7-59	IEC 60728-7-1—2015	电视信号、声音信号和交互信号设备用电缆网络 第7-1部分：混合光纤同轴电缆外部线缆状况监测物理层规范	国际标准	2015.4.29			设计	初设、施工图	调度及二次	电力通信
201.7-60	ITU-T G.7712/Y.1703—2010/Amd 2—2016	数据通信网的架构和规范	国际标准	2016.2.26			设计	初设、施工图	调度及二次	电力通信
201.8 规划设计-经济评价										
201.8-1	Q/CSG 1201005—2015	办公用房装修投资控制标准	企标	2015.8.12		Q/CSG 115006—2011	设计、采购、建设	初设、施工图、招标、品控、施工工艺、验收与质量评定	技术经济	
201.8-2	Q/CSG 1202005—2019	小型基建项目概预算编制标准	企标	2019.9.30			设计、采购	初设、招标	技术经济	
201.8-3	Q/CSG 1201013—2016	技术业务用房可行性研究投资控制指标	企标	2016.12.31			规划	规划	技术经济	
201.8-4	DL/T 5465—2013	火力发电工程施工图预算编制导则	行标	2013.10.1			设计、采购	施工图、招标	技术经济	
201.8-5	DL/T 5466—2013	火力发电工程可行性研究投资估算编制导则	行标	2013.10.1			规划	规划	技术经济	

体系结构号	标准编号	标准名称	标准级别	实施日期	与国际标准对应关系	代替标准	阶段	分阶段	专业	分专业
201.8-6	DL/T 5467—2013	输变电工程初步设计概算编制导则	行标	2013.10.1			设计、采购	初设、招标	技术经济	
201.8-7	DL/T 5469—2013	输变电工程可行性研究投资估算编制导则	行标	2013.10.1			规划	规划	技术经济	
201.8-8	DL/T 5471—2013	变电站、开关站、换流站工程建设预算项目划分导则	行标	2013.10.1			设计	施工图	技术经济	
201.8-9	DL/T 5478—2013	20kV 及以下配电网工程建设预算项目划分导则	行标	2013.10.1			设计、采购	初设、招标	技术经济	
201.8-10	DL/T 5549—2018	输电工程（架空线路）技术经济指标编制导则	行标	2018.10.1			规划、设计	规划、初设、施工图	技术经济	
201.8-11	DL/T 5745—2016	电力建设工程工程量清单计价规范	行标	2017.5.1			规划、设计、采购	规划、初设、施工图、招标	技术经济	
201.8-12	DL/T 5765—2018	20kV 及以下配电网工程工程量清单计价规范	行标	2018.7.1			规划、设计、采购	规划、初设、施工图、招标	技术经济	
201.8-13	DL/T 5766—2018	20kV 及以下配电网工程工程量清单计算规范	行标	2018.7.1			规划、设计、采购	规划、初设、施工图、招标	技术经济	
201.8-14	DL/T 5767—2018	电网技术改造工程工程量清单计价规范	行标	2018.7.1			规划、设计、采购	规划、初设、施工图、招标	技术经济	
201.8-15	DL/T 5768—2018	电网技术改造工程工程量清单计算规范	行标	2018.7.1			规划、设计、采购	规划、初设、施工图、招标	技术经济	
201.8-16	DL/T 5769—2018	电网检修工程工程量清单计价规范	行标	2018.7.1			规划、设计、采购	规划、初设、施工图、招标	技术经济	
201.8-17	DL/T 5770—2018	电网检修工程工程量清单计算规范	行标	2018.7.1			规划、设计、采购	规划、初设、施工图、招标	技术经济	
201.9 规划设计-其他										
201.9-1	Q/CSG 1201004—2015	办公用房建设标准	企标	2015.8.6		Q/CSG 115007—2011	设计、采购、建设	初设、施工图、招标、品控、施工工艺、验收与质量评定	其他	
201.9-2	Q/CSG 1201006—2015	小型基建规划内容深度规定	企标	2015.8.6			规划	规划	其他	

体系结构号	标准编号	标准名称	标准级别	实施日期	与国际标准对应关系	代替标准	阶段	分阶段	专业	分专业
201.9-3	Q/CSG 1201007—2015	小型基建项目可行性研究内容深度规定	企标	2015.8.7			规划	规划	其他	
201.9-4	Q/CSG 1201015—2016	技术业务用房可行性研究技术导则	企标	2016.12.30			规划	规划	其他	
201.9-5	DL/T 5202—2004	电能量计量系统设计技术规程	行标	2005.6.1			设计、采购、建设、运维、修试、退役	初设、施工图、招标、品控、施工工艺、验收与质量评定、试运行、运行、维护、检修、试验、退役、报废	其他	
201.9-6	TB 10009—2016	铁路电力牵引供电设计规范	行标	2016.9.1		TB 10009—2005	设计、采购、建设、运维、修试、退役	初设、施工图、招标、品控、施工工艺、验收与质量评定、试运行、运行、维护、检修、试验、退役、报废	其他	
201.9-7	GB/T 12668.4—2006	调速电气传动系统　第4部分：一般要求　交流电压1000V以上但不超过35kV的交流调速电气传动系统额定值的规定	国标	2006.9.1	IEC 61800-4：2002，IDT		设计、采购、建设、运维、修试、退役	初设、施工图、招标、品控、施工工艺、验收与质量评定、试运行、运行、维护、检修、试验、退役、报废	其他	
201.9-8	GB/T 12668.7201—2019	调速电气传动系统　第7-201部分：电气传动系统的通用接口和使用规范　1型规范说明	国标	2019.10.1			设计、采购、建设、运维、修试、退役	初设、施工图、招标、品控、施工工艺、验收与质量评定、试运行、运行、维护、检修、试验、退役、报废	其他	
201.9-9	GB/T 12668.7301—2019	调速电气传动系统　第7-301部分：电气传动系统的通用接口和使用规范　1型规范对应至网络技术	国标	2019.10.1			设计、采购、建设、运维、修试、退役	初设、施工图、招标、品控、施工工艺、验收与质量评定、试运行、运行、维护、检修、试验、退役、报废	其他	
201.9-10	GB/T 17214.2—2005	工业过程测量和控制装置的工作条件　第2部分：动力	国标	2006.4.1	IEC 60654-2：1979，IDT	JB/T 9237.2—1999	设计、采购、建设、运维、修试、退役	初设、施工图、招标、品控、施工工艺、验收与质量评定、试运行、运行、维护、检修、试验、退役、报废	其他	

体系结构号	标准编号	标准名称	标准级别	实施日期	与国际标准对应关系	代替标准	阶段	分阶段	专业	分专业
201.9-11	GB/T 17214.4—2005	工业过程测量和控制装置的工作条件 第4部分：腐蚀和侵蚀影响	国标	2006.4.1	IEC 60654-4：1987，IDT	JB/T 9237.1—1999	设计、采购、建设、运维、修试、退役	初设、施工图、招标、品控、施工工艺、验收与质量评定、试运行、运行、维护、检修、试验、退役、报废	其他	
201.9-12	GB/T 28564—2012	电工电子设备机柜 模数化设计要求	国标	2012.11.1			设计、采购、建设、运维、修试、退役	初设、施工图、招标、品控、施工工艺、验收与质量评定、试运行、运行、维护、检修、试验、退役、报废	其他	
201.9-13	GB/T 28568—2012	电工电子设备机柜 安全设计要求	国标	2012.11.1			设计、采购、建设	初设、品控、验收与质量评定	其他	
201.9-14	GB/T 30032.2—2013	移动式升降工作平台 带有特殊部件的设计、计算、安全要求和试验方法 第2部分：装有非导电（绝缘）部件的移动式升降工作平台	国标	2014.3.1	ISO 16653-2—2009，MOD		设计、采购、建设、运维、修试、退役	初设、施工图、招标、品控、施工工艺、验收与质量评定、试运行、运行、维护、检修、试验、退役、报废	其他	
201.9-15	GB/T 31841—2015	电工电子设备机械结构 电磁屏蔽和静电放电防护设计指南	国标	2016.2.1			设计、采购、建设、运维、修试、退役	初设、施工图、招标、品控、施工工艺、验收与质量评定、试运行、运行、维护、检修、试验、退役、报废	其他	
201.9-16	GB/T 31842—2015	电工电子设备机械结构 环境防护设计指南	国标	2016.2.1			设计、采购、建设、运维、修试、退役	初设、施工图、招标、品控、施工工艺、验收与质量评定、试运行、运行、维护、检修、试验、退役、报废	其他	
201.9-17	GB/T 31845—2015	电工电子设备机械结构 热设计规范	国标	2016.2.1			设计、采购、建设、运维、修试、退役	初设、施工图、招标、品控、施工工艺、验收与质量评定、试运行、运行、维护、检修、试验、退役、报废	其他	
201.9-18	GB/T 33262—2016	工业机器人模块化设计规范	国标	2017.7.1			设计、采购、建设、运维、修试、退役	初设、施工图、招标、品控、施工工艺、验收与质量评定、试运行、运行、维护、检修、试验、退役、报废	其他	

体系结构号	标准编号	标准名称	标准级别	实施日期	与国际标准对应关系	代替标准	阶段	分阶段	专业	分专业
201.9-19	GB/T 33263—2016	机器人软件功能组件设计规范	国标	2017.7.1			设计、采购、建设、运维、修试、退役	初设、施工图、招标、品控、施工工艺、验收与质量评定、试运行、运行、维护、检修、试验、退役、报废	其他	
201.9-20	GB/T 31487.1—2015（英文）	直流融冰装置 第1部分：系统设计与应用	国标	2015.12.1			设计、采购、建设、运维、修试、退役	初设、施工图、招标、品控、施工工艺、验收与质量评定、试运行、运行、维护、检修、试验、退役、报废	其他	
201.9-21	GB 50057—2010	建筑物防雷设计规范	国标	2011.10.1		GB 50057—1994	设计、采购、建设、运维、修试、退役	初设、施工图、招标、品控、施工工艺、验收与质量评定、试运行、运行、维护、检修、试验、退役、报废	其他	
201.9-22	GB 50058—2014	爆炸危险环境电力装置设计规范	国标	2014.10.1		GB 50058—1992	设计、采购、建设、运维、修试、退役	初设、施工图、招标、品控、施工工艺、验收与质量评定、试运行、运行、维护、检修、试验、退役、报废	其他	
201.9-23	GB 50395—2007	视频安防监控系统工程设计规范	国标	2007.8.1			设计、采购、建设、运维、修试、退役	初设、施工图、招标、品控、施工工艺、验收与质量评定、试运行、运行、维护、检修、试验、退役、报废	其他	
201.9-24	GB 50582—2010	室外作业场地照明设计标准	国标	2010.12.1			设计、采购、建设、运维、修试、退役	初设、施工图、招标、品控、施工工艺、验收与质量评定、试运行、运行、维护、检修、试验、退役、报废	其他	
201.9-25	GB/T 51077—2015	电动汽车电池更换站设计规范	国标	2015.9.1			设计、采购、建设、运维、修试、退役	初设、施工图、招标、品控、施工工艺、验收与质量评定、试运行、运行、维护、检修、试验、退役、报废	其他	

体系结构号	标准编号	标准名称	标准级别	实施日期	与国际标准对应关系	代替标准	阶段	分阶段	专业	分专业
201.9-26	GB/T 51375-201	网络工程设计标准	国标	2019.10.1			设计、采购、建设、运维、修试、退役	初设、施工图、招标、品控、施工工艺、验收与质量评定、试运行、运行、维护、检修、试验、退役、报废	其他	
202 工程建设										
202.1 工程建设-基础综合										
202.1-1	Q/CSG 1202004—2019	清水混凝土工程设计及施工导则	企标	2019.6.26			设计、建设	初设、施工图、施工工艺、验收与质量评定	基础综合	
202.1-2	Q/CSG 1202008—2019	电力工程接地防腐技术规范	企标	2019.12.30			设计、采购、建设、运维	初设、施工图、招标、品控、施工工艺、验收与质量评定、试运行、运行、维护	基础综合	
202.1-3	Q/CSG 11102001—2013	标准设计和典型造价总体技术原则	企标	2013.4.10			设计、采购、建设、运维、修试、退役	初设、施工图、招标、品控、施工工艺、验收与质量评定、试运行、运行、维护、检修、试验、退役、报废	基础综合	
202.1-4	T/CSEE 0145—2019	电气工程类工程能力评价规范	团标	2019.3.1			建设	施工工艺、验收与质量评定、试运行	基础综合	
202.1-5	DL/T 1902—2018	高压交、直流空心复合绝缘子施工、运行和维护管理规范	行标	2019.5.1			建设、运维	施工工艺、验收与质量评定、试运行、运行、维护	基础综合	
202.1-6	DL/T 1918—2018	电力工程接地用铝铜合金技术条件	行标	2019.5.1			设计、采购、建设、运维、修试、退役	初设、施工图、招标、品控、施工工艺、验收与质量评定、试运行、运行、维护、检修、试验、退役、报废	基础综合	
202.1-7	DL/T 1982—2019	电力工程热转印标识技术规范	行标	2019.10.1			设计、采购、建设	初设、施工图、招标、品控施工工艺、验收与质量评定	基础综合	
202.1-8	DL/T 2049—2019	电力工程接地装置选材导则	行标	2020.5.1	IEC 61964-04:1999		设计、采购、建设	初设、施工图、招标、品控施工工艺、验收与质量评定	基础综合	

体系结构号	标准编号	标准名称	标准级别	实施日期	与国际标准对应关系	代替标准	阶段	分阶段	专业	分专业
202.1-9	DL/T 5024—2020	电力工程地基处理技术规程	行标	2021.2.1		DL/T 5024—2005	设计、采购、建设	初设、施工图、招标、品控施工工艺、验收与质量评定	基础综合	
202.1-10	DL/T 5138—2014	电力工程数字摄影测量规程	行标	2015.3.1		DL/T 5138—2001	设计、建设	初设、施工图、招标、品控、施工工艺、验收与质量评定	基础综合	
202.1-11	DL/T 5158—2012	电力工程气象勘测技术规程	行标	2012.3.1		DL/T 5158—2002	设计、建设	初设、施工图、施工工艺、验收与质量评定	基础综合	
202.1-12	DL/T 1981.2—2020	统一潮流控制器 第2部分：系统设计导则	行标	2021.2.2			设计、建设	初设、施工图、施工工艺、验收与质量评定	基础综合	
202.1-13	DL/T 2118—2020	电网检修安全防护综合管控系统技术导则	行标	2021.2.3			设计、建设	初设、施工图、施工工艺、验收与质量评定	基础综合	
202.1-14	DL/T 2132—2020	低温下电容型验电器的使用导则	行标	2021.2.4			设计、建设	初设、施工图、施工工艺、验收与质量评定	基础综合	
202.1-15	DL/T 5234—2010	±800kV及以下直流输电工程启动及竣工验收规程	行标	2010.10.1			建设、运维、修试	施工工艺、验收与质量评定、试运行、运行、维护、检修、试验	基础综合	
202.1-16	DL/T 5297—2013	混凝土面板堆石坝挤压边墙技术规范	行标	2014.4.1			设计、采购、建设、运维、修试、退役	初设、施工图、招标、品控、施工工艺、验收与质量评定、试运行、运行、维护、检修、试验、退役、报废	基础综合	
202.1-17	DL/T 5434—2009	电力建设工程监理规范	行标	2009.12.1			建设	施工工艺、验收与质量评定、试运行	基础综合	
202.1-18	DL/T 5445—2010	电力工程施工测量技术规范	行标	2010.12.15			建设	施工工艺、验收与质量评定	基础综合	
202.1-19	DL/T 5481—2013	电力岩土工程监理规程	行标	2014.4.1			建设	施工工艺、验收与质量评定、试运行	基础综合	
202.1-20	DL/T 5492—2014	电力工程遥感调查技术规程	行标	2015.3.1			设计、建设	初设、施工图、施工工艺、验收与质量评定	基础综合	
202.1-21	DLGJ 125—1996	电力岩土工程监理技术规定	行标	1996.10.1			建设	施工工艺、验收与质量评定、试运行	基础综合	

体系结构号	标准编号	标准名称	标准级别	实施日期	与国际标准对应关系	代替标准	阶段	分阶段	专业	分专业
202.1-22	NB/T 10479—2020	交联电缆本体及附件 湿热环境条件与技术要求	行标	2021.2.1			设计、建设	初设、施工图、施工工艺、验收与质量评定	基础综合	
202.1-23	HJ 169—2018	建设项目环境风险评价技术导则	行标	2019.3.1			设计、采购、建设	初设、施工图、招标、品控、施工工艺、验收与质量评定、试运行	基础综合	
202.1-24	JGJ/T 408—2017	建筑施工测量标准	行标	2017.11.1			设计、建设	初设、施工图、施工工艺、验收与质量评定	基础综合	
202.1-25	GB 5144—2006	塔式起重机安全规程	国标	2007.10.1		GB 5144—1994	设计、采购、建设	施工图、招标、品控、施工工艺、验收与质量评定、试运行	基础综合	
202.1-26	GB/T 21839—2019	预应力混凝土用钢材试验方法	国标	2020.5.1		GB/T 21839—2008	建设	施工工艺、验收与质量评定、试运行	基础综合	
202.1-27	GB/T 24818.3—2009	起重机 通道及安全防护设施 第3部分：塔式起重机	国标	2010.7.1	ISO 11660-3—2008，IDT		建设	施工工艺、验收与质量评定、试运行	基础综合	
202.1-28	GB/T 32146.1—2015	检验检测实验室设计与建设技术要求 第1部分：通用要求	国标	2016.7.1			设计、采购、建设、运维、修试、退役	初设、施工图、招标、品控、施工工艺、验收与质量评定、试运行、运行、维护、检修、试验、退役、报废	基础综合	
202.1-29	GB/T 32146.2—2015	检验检测实验室设计与建设技术要求 第2部分：电气实验室	国标	2016.7.1			设计、采购、建设、运维、修试、退役	初设、施工图、招标、品控、施工工艺、验收与质量评定、试运行、运行、维护、检修、试验、退役、报废	基础综合	
202.1-30	GB/T 35975—2018	起重吊具 分类	国标	2018.9.1			建设	施工工艺、验收与质量评定、试运行	基础综合	
202.1-31	GB/T 38436—2019	输变电工程数据移交规范	国标	2020.7.1			建设	施工工艺、验收与质量评定、试运行	基础综合	
202.1-32	GB/T 50319—2013	建设工程监理规范	国标	2014.3.1		GB 50319—2000	设计、采购、建设	初设、施工图、招标、品控、施工工艺、验收与质量评定、试运行	基础综合	
202.1-33	GB/T 50326—2017	建设工程项目管理规范	国标	2018.1.1		GB/T 50326—2006	设计、采购、建设	初设、施工图、招标、品控、施工工艺、验收与质量评定、试运行	基础综合	

体系结构号	标准编号	标准名称	标准级别	实施日期	与国际标准对应关系	代替标准	阶段	分阶段	专业	分专业
202.1-34	GB/T 50328—2014	建设工程文件归档规范（2019年版）	国标	2015.5.1		GB/T 50328—2001	设计、采购、建设	初设、施工图、招标、品控、施工工艺、验收与质量评定、试运行	基础综合	
202.1-35	GB 50330—2013	建筑边坡工程技术规范	国标	2014.6.1		GB 50330—2002	设计、采购、建设、运维、退役	初设、施工图、招标、品控、施工工艺、验收与质量评定、试运行、运行、维护、退役、报废	基础综合	
202.1-36	GB/T 50353—2013	建筑工程建筑面积计算规范	国标	2014.7.1			设计、建设	初设、施工图、施工工艺、验收与质量评定	基础综合	
202.1-37	GB/T 50358—2017	建设项目工程总承包管理规范	国标	2018.1.1		GB/T 50358—2005	设计、采购、建设	初设、施工图、招标、品控、施工工艺、验收与质量评定、试运行	基础综合	
202.1-38	GB 50877—2014	防火卷帘、防火门、防火窗施工及验收规范	国标	2014.8.1			建设	施工工艺、验收与质量评定	基础综合	
202.2 工程建设-发电										
202.2-1	Q/CSG 1202013—2020	抽水蓄能电站机组启动调试技术导则	企标	2020.6.30			建设	施工工艺、验收与质量评定、试运行	发电	水电
202.2-2	Q/CSG 1205013—2017	抽水蓄能电站充电导则	企标	2017.7.1			建设	施工工艺、验收与质量评定、试运行	发电	水电
202.2-3	Q/CSG 1209027—2020	直流电能表技术规范（试行）	企标	2020.6.30			建设	施工工艺、验收与质量评定、试运行	基础综合	
202.2-4	T/CEC 302—2020	输电线路施工机具现场监督检验规范	团标	2020.10.1			建设	施工工艺、验收与质量、试运行、运行维护	基础综合	
202.2-5	T/CEC 305.1—2020	架空输电线路耐候钢杆塔第1部分：耐候结构钢	团标	2020.10.2			建设	施工工艺、验收与质量、试运行、运行维护	基础综合	
202.2-6	DL/T 490—2011	发电机励磁系统及装置安装、验收规程	行标	2011.11.1		DL/T 490—1992	建设、运维、修试、退役	施工工艺、验收与质量评定、试运行、运行、维护、检修、试验、退役、报废	发电	火电、水电
202.2-7	DL/T 543—2009	电厂用水处理设备验收导则	行标	2009.12.1		DL/T 543—1994	建设	验收与质量评定	发电	火电

体系 结构号	标准编号	标准名称	标准 级别	实施日期	与国际标准 对应关系	代替标准	阶段	分阶段	专业	分专业
202.2-8	DL/T 641—2015	电站阀门电动执行机构	行标	2015.12.1		DL/T 641—2005	设计、建设	施工图、施工工艺、验收与质量评定	发电	水电、火电、其他
202.2-9	DL/T 717—2013	汽轮发电机组转子中心孔检验技术导则	行标	2013.8.1		DL/T 717—2000	建设	施工工艺	发电	火电
202.2-10	DL/T 752—2010	火力发电厂异种钢焊接技术规程	行标	2010.10.1		DL/T 752—2001	建设	施工工艺	发电	火电
202.2-11	DL/T 862—2016	水电厂自动化元件（装置）安装和验收规程	行标	2016.6.1		DL/T 862—2004	建设	施工工艺、验收与质量	发电	水电
202.2-12	DL/T 869—2012	火力发电厂焊接技术规程	行标	2012.3.1		DL/T 869—2004	建设	施工工艺	发电	火电
202.2-13	DL/T 1097—2008	火电厂凝汽器管板焊接技术规程	行标	2008.11.1		SD 339—1989	建设	施工工艺	发电	火电
202.2-14	DL/T 1269—2013	火力发电建设工程机组蒸汽吹管导则	行标	2014.4.1			建设	施工工艺、验收与质量评定	发电	火电
202.2-15	DL/T 2183—2020	直流输电用直流电流互感器暂态试验导则	行标	2021.2.5			建设、运维、修试	施工工艺、验收与质量评定、试运行、运行、维护、检修、试验	发电	火电、水电
202.2-16	DL/T 2184—2020	直流输电用直流电压互感器暂态试验导则	行标	2021.2.6			建设、运维、修试	施工工艺、验收与质量评定、试运行、运行、维护、检修、试验	发电	火电、水电
202.2-17	DL/T 2187—2020	直流互感器校验仪通用技术条件	行标	2021.2.7			建设、运维、修试	施工工艺、验收与质量评定、试运行、运行、维护、检修、试验	发电	火电、水电
202.2-18	DL/T 5814—2020	变电站、换流站土建工程施工质量验收规程	行标	2021.2.9			建设、运维、修试	施工工艺、验收与质量评定、试运行、运行、维护、检修、试验	发电	火电、水电
202.2-19	DL/T 5038—2012	灯泡贯流式水轮发电机组安装工艺规程	行标	2012.3.1		DL/T 5038—1994	建设、运维、修试	施工工艺、验收与质量评定、试运行、运行、维护、检修、试验	发电	水电
202.2-20	DL/T 5070—2012	水轮机金属蜗壳现场制造安装及焊接工艺导则	行标	2012.3.1		DL/T 5070—1997	建设、运维、修试	施工工艺、验收与质量评定、试运行、运行、维护、检修、试验	发电	水电

体系结构号	标准编号	标准名称	标准级别	实施日期	与国际标准对应关系	代替标准	阶段	分阶段	专业	分专业
202.2-21	DL/T 5071—2012	混流式水轮机转轮现场制造工艺导则	行标	2012.3.1		DL/T 5071—1997	建设、运维、修试	施工工艺、验收与质量评定、试运行、运行、维护、检修、试验	发电	水电
202.2-22	DL/T 5099—2011	水工建筑物地下工程开挖施工技术规范	行标	2011.11.1		DL/T 5099—1999	建设、运维、修试	施工工艺、验收与质量评定、试运行、运行、维护、检修、试验	发电	水电
202.2-23	DL 5190.4—2019	电力建设施工技术规范 第4部分：热工仪表及控制装置	行标	2019.10.1		DL 5190.4—2012	建设、运维、修试	施工工艺、验收与质量评定、试运行、运行、维护、检修、试验	发电	火电
202.2-24	DL 5190.5—2019	电力建设施工技术规范 第5部分：管道及系统	行标	2019.10.1		DL 5190.5—2012	建设、运维、修试	施工工艺、验收与质量评定、试运行、运行、维护、检修、试验	发电	火电
202.2-25	DL 5190.6—2019	电力建设施工技术规范 第6部分：水处理和制（供）氢设备及系统	行标	2019.10.1		DL 5190.6—2012	建设、运维、修试	施工工艺、验收与质量评定、试运行、运行、维护、检修、试验	发电	火电
202.2-26	DL/T 5269—2012	水电水利工程砾石土心墙堆石坝施工规范	行标	2012.3.1			设计、建设、运维、修试	初设、施工图、施工工艺、验收与质量评定、试运行、运行、维护、检修、试验	发电	水电
202.2-27	DL/T 5271—2012	水电水利工程砂石加工系统施工技术规程	行标	2012.7.1			建设	施工工艺	发电	水电
202.2-28	DL/T 5274—2012	水电水利工程施工重大危险源辩识及评价导则	行标	2012.7.1			设计、建设、运维、修试	初设、施工图、施工工艺、验收与质量评定、试运行、运行、维护、检修、试验	发电	水电
202.2-29	DL/T 5294—2013	火力发电建设工程机组调试技术规范	行标	2014.4.1			设计、建设、运维、修试	初设、施工图、施工工艺、验收与质量评定、试运行、运行、维护、检修、试验	发电	火电
202.2-30	DL/T 5363—2016	水工碾压式沥青混凝土施工规范	行标	2017.5.1		DL/T 5363—2006	建设	施工工艺	发电	水电
202.2-31	DL/T 5397—2007	水电工程施工组织设计规范	行标	2008.6.1		SDJ 338—1989	采购、建设	招标、品控、施工工艺、验收与质量评定、试运行	发电	水电

体系结构号	标准编号	标准名称	标准级别	实施日期	与国际标准对应关系	代替标准	阶段	分阶段	专业	分专业
202.2-32	DL 5713—2014	火力发电厂热力设备及管道保温施工工艺导则	行标	2015.3.1			建设	施工工艺	发电	火电
202.2-33	DL 5714—2014	火力发电厂热力设备及管道保温防腐施工技术规范	行标	2015.3.1			建设	施工工艺	发电	火电
202.2-34	DL/T 5762—2018	梯级水电厂集中监控系统安装及验收规程	行标	2018.7.1			建设	施工工艺、验收与质量评定、试运行	发电	水电
202.2-35	DL/T 5772—2018	水电水利工程水力学安全监测规程	行标	2019.5.1			建设	施工工艺	发电	水电
202.2-36	DL/T 5773—2018	水电水利工程施工机械安全操作规程 混凝土运输车	行标	2019.5.1			建设	施工工艺	发电	水电
202.2-37	DL/T 5778—2018	水工混凝土用速凝剂技术规范	行标	2019.5.1			设计、建设、运维、修试	初设、施工图、施工工艺、验收与质量评定、试运行、运行、维护、检修、试验	发电	水电
202.2-38	DL/T 5811—2020	水轮发电机内冷安装技术导则	行标	2021.2.1			设计、建设、运维、修试	初设、施工图、施工工艺、验收与质量评定、试运行、运行、维护、检修、试验	发电	水电
202.2-39	NB/T 10145—2019	水电工程竣工决算报告编制规定	行标	2019.10.1			建设	验收与质量评定	发电	水电
202.2-40	NB/T 35117—2018	水电工程钻孔振荡式渗透试验规程	行标	2018.7.1			建设、运维、修试	施工工艺、验收与质量评定、试运行、运行、维护、检修、试验	发电	水电
202.2-41	NB/T 35120—2018	水电工程施工总布置设计规范	行标	2018.10.1		DL/T 5192—2004	建设	施工工艺、验收与质量评定、试运行	发电	水电
202.2-42	NB/T 42041—2014	小水电机组安装技术规范	行标	2015.3.1			建设	施工工艺	发电	水电
202.2-43	NB/T 47016—2011	承压设备产品焊接试件的力学性能检验	行标	2011.10.1		JB/T 4744—2000；JB/T 1614—1994	建设、修试	施工工艺、试验	发电	火电
202.2-44	GB/T 8564—2003	水轮发电机组安装技术规范	国标	2004.3.1		GB 8564—1988	建设	施工工艺	发电	水电
202.2-45	GB/T 14902—2012	预拌混凝土	国标	2013.9.1		GB/T 14902—2003	建设	施工工艺	发电	水电

体系结构号	标准编号	标准名称	标准级别	实施日期	与国际标准对应关系	代替标准	阶段	分阶段	专业	分专业
202.2-46	GB/T 18482—2010	可逆式抽水蓄能机组启动试运行规程	国标	2011.5.1		GB/T 18482—2001	建设	试运行	发电	水电
202.2-47	GB/T 32575—2016	发电工程数据移交	国标	2016.11.1			建设、运维	验收与质量评定、运行、维护	发电	其他
202.3 工程建设-输电										
202.3-1	Q/CSG 11501—2008	35kV 及以下架空电力线路抗冰加固技术导则	企标	2008.6.2			设计、采购、建设、运维、退役	初设、施工图、招标、品控、施工工艺、验收与质量评定、试运行、运行、维护、退役、报废	输电	线路
202.3-2	Q/CSG 1202012—2020	输电线路杆塔接地网施工导则	企标	2020.6.30			建设	施工工艺、验收与质量评定	输电	线路
202.3-3	Q/CSG 1203056.4—2018	110kV～500kV 架空输电线路杆塔复合横担技术规定 第4部分：施工与验收（试行）	企标	2018.12.28			建设	施工工艺、验收与质量评定	输电	线路
202.3-4	T/CEC 305.2—2020	架空输电线路耐候钢杆塔 第2部分：设计	团标	2020.10.1			建设	施工工艺、验收与质量评定	输电	线路
202.3-5	T/CEC 305.3—2020	架空输电线路耐候钢杆塔 第3部分：加工	团标	2020.10.1			建设	施工工艺、验收与质量评定	输电	线路
202.3-6	T/CEC 305.4—2020	架空输电线路耐候钢杆塔 第4部分：耐候钢紧固件	团标	2020.10.1			建设	施工工艺、验收与质量评定	输电	线路
202.3-7	T/CEC 314—2020	电能替代工程技术方案选择指南	团标	2020.10.1			建设	施工工艺、验收与质量评定	输电	线路
202.3-8	T/CEC 324—2020	电力建设工程监理文件管理导则	团标	2020.10.1			建设	施工工艺、验收与质量评定	输电	线路
202.3-9	T/CEC 235—2019	直流输电工程大型调相机交接及启动试验导则	团标	2020.1.1			建设	验收与质量评定	输电	其他
202.3-10	T/CSEE 0021.2—2016	输变电工程数字化设计技术导则第2部分：输电线路工程	团标	2017.5.1			设计、采购、建设、运维、退役	初设、施工图、招标、品控、施工工艺、验收与质量评定、试运行、运行、维护、退役、报废	输电	线路

体系结构号	标准编号	标准名称	标准级别	实施日期	与国际标准对应关系	代替标准	阶段	分阶段	专业	分专业
202.3-11	T/CSEE 0059—2017	输变电工程地基基础检测规范	团标	2018.5.1			设计、采购、建设、运维、退役	初设、施工图、招标、品控、施工工艺、验收与质量评定、试运行、运行、维护、退役、报废	输电	线路
202.3-12	T/CSEE 0118—2019	大长度海底电缆施工技术导则	团标	2019.3.1			建设	施工工艺	输电	电缆
202.3-13	T/CSEE 0129—2019	架空输电线路防鸟装置安装及验收规范	团标	2019.3.1			建设	施工工艺、验收与质量评定	输电	线路
202.3-14	DL/T 319—2018	架空输电线路施工抱杆通用技术条件及试验方法	行标	2018.7.1		DL/T 319—2010	设计、采购、建设、运维、修试	初设、施工图、招标、品控、施工工艺、验收与质量评定、试运行、运行、维护、检修、试验	输电	线路
202.3-15	DL/T 342—2010	额定电压 66kV～220kV 交联聚乙烯绝缘电力电缆接头安装规程	行标	2011.5.1			设计、采购、建设、运维、修试	初设、施工图、招标、品控、施工工艺、验收与质量评定、试运行、运行、维护、检修、试验	输电	电缆
202.3-16	DL/T 343—2010	额定电压 66kV～220kV 交联聚乙烯绝缘电力电缆 GIS 终端安装规程	行标	2011.5.1			设计、采购、建设、运维、修试	初设、施工图、招标、品控、施工工艺、验收与质量评定、试运行、运行、维护、检修、试验	输电	电缆
202.3-17	DL/T 344—2010	额定电压 66kV～220kV 交联聚乙烯绝缘电力电缆户外终端安装规程	行标	2011.5.1			设计、采购、建设、运维、修试	初设、施工图、招标、品控、施工工艺、验收与质量评定、试运行、运行、维护、检修、试验	输电	电缆
202.3-18	DL/T 875—2016	架空输电线路施工机具基本技术要求	行标	2016.6.1		DL/T 875—2004	设计、采购、建设、运维、修试	初设、施工图、招标、品控、施工工艺、验收与质量评定、试运行、运行、维护、检修、试验	输电	线路
202.3-19	DL/T 1453—2015	输电线路铁塔防腐蚀保护涂装	行标	2015.9.1			建设	施工工艺	输电	线路

体系结构号	标准编号	标准名称	标准级别	实施日期	与国际标准对应关系	代替标准	阶段	分阶段	专业	分专业
202.3-20	DL/T 1601—2016	光纤复合架空相线施工、验收及运行规范	行标	2016.12.1			设计、采购、建设、运维、修试	初设、施工图、招标、品控、施工工艺、验收与质量评定、试运行、运行、维护、检修、试验	输电	线路
202.3-21	DL/T 2059—2019	±160kV～500kV 直流挤包绝缘电缆附件安装规程	行标	2020.5.1			建设	施工工艺	输电	电缆
202.3-22	DL/T 5106—2017	跨越电力线路架线施工规程	行标	2018.3.1		DL/T 5106—1999	建设	施工工艺	输电	线路
202.3-23	DL/T 5235—2010	±800kV 及以下直流架空输电线路工程施工及验收规程	行标	2010.10.1			建设	施工工艺、验收与质量评定	换流、输电	其他、线路
202.3-24	DL 5319—2014	架空输电线路大跨越工程施工及验收规范	行标	2014.8.1			建设	施工工艺、验收与质量评定	输电	线路
202.3-25	DL/T 5527—2017	架空输电线路工程施工组织大纲设计导则	行标	2017.8.1			建设	施工工艺	输电	线路
202.3-26	DL/T 5744.1—2016	额定电压 66kV～220kV 交联聚乙烯绝缘电力电缆敷设规程 第1部分：直埋敷设	行标	2017.5.1			建设、运维	施工工艺、验收与质量评定、试运行、运行、维护	输电	电缆
202.3-27	DL/T 5744.2—2016	额定电压 66kV～220kV 交联聚乙烯绝缘电力电缆敷设规程 第2部分：排管敷设	行标	2017.5.1			建设、运维、修试	施工工艺、验收与质量评定、试运行、运行、维护、检修、试验	输电	电缆
202.3-28	DL/T 5744.3—2016	额定电压 66kV～220kV 交联聚乙烯绝缘电力电缆敷设规程 第3部分：隧道敷设	行标	2017.5.1			建设、运维、修试	施工工艺、验收与质量评定、试运行、运行、维护、检修、试验	输电	电缆
202.3-29	DL/T 5792—2019	架空输电线路货运索道运输施工工艺导则	行标	2020.5.1			建设	施工工艺	输电	线路
202.3-30	DL/T 5793—2019	光纤复合低压电缆和附件施工及验收规范	行标	2020.5.1			建设	施工工艺、验收与质量评定	输电	电缆
202.4 工程建设-换流										
202.4-1	DL/T 399—2020	直流输电工程主要设备监理导则	行标	2021.2.1		DL/T 399—2010	采购、建设、运维	品控、施工工艺、验收与质量评定、试运行、运行、维护	基础综合	

体系结构号	标准编号	标准名称	标准级别	实施日期	与国际标准对应关系	代替标准	阶段	分阶段	专业	分专业
202.4-2	DL/T 5232—2019	直流换流站电气装置安装工程施工及验收规范	行标	2020.5.1		DL/T 5232—2010；DL/T 5231—2010	建设、运维、修试	施工工艺、验收与质量评定、试运行、运行、维护、检修、试验	换流	换流阀、换流变、其他
202.4-3	DL/T 5233—2019	直流换流站电气装置施工质量检验及评定规程	行标	2020.5.1		DL/T 5233—2010；DL/T 5275—2012	建设、运维、修试	施工工艺、验收与质量评定、试运行、运行、维护、检修、试验	换流	换流阀、换流变、其他
202.5 工程建设-变电										
202.5-1	Q/CSG 1202014—2020	中国南方电网有限责任公司智慧工程管控技术导则	企标	2020.6.30			建设	施工工艺	变电	其他
202.5-2	Q/CSG 1203065—2020	变电站 IEC61850 工程通用应用模型	企标	2020.7.31		Q/CSG 12040005.34—2014	建设	施工工艺、验收与质量评定	变电	其他
202.5-3	T/CEC 240—2019	变电站内引下光缆及导引光缆安装技术规范	团标	2020.1.1			建设	施工工艺	变电	其他
202.5-4	T/CEC 392—2020	变电站机器人巡检系统施工技术规范	团标	2021.2.1			设计、采购、建设、运维、修试、退役	初设、施工图、招标、品控、施工工艺、验收与质量评定、试运行、运行、维护、检修、试验、退役、报废	基础综合	
202.5-5	T/CEC 5023—2020	电力建设工程起重施工技术规范	团标	2020.1.2			建设	施工工艺	变电	其他
202.5-6	DL/T 5520—2016	变电工程施工组织大纲设计导则	行标	2017.5.1			建设	施工工艺、验收与质量评定	变电	变压器、互感器、电抗器、开关、避雷器、其他
202.5-7	GB 50147—2010	电气装置安装工程 高压电器施工及验收规范	国标	2010.12.1		GBJ 147—1990	建设、运维、修试	施工工艺、验收与质量评定、试运行、运行、维护、检修、试验	变电	变压器、互感器、电抗器
202.5-8	GB 50148—2010	电气装置安装工程 电力变压器、油浸电抗器、互感器施工及验收规范	国标	2010.12.1		GBJ 148—90	建设、运维、修试	施工工艺、验收与质量评定、试运行、运行、维护、检修、试验	变电	其他
202.5-9	GB 50149—2010	电气装置安装工程 母线装置施工及验收规范	国标	2011.10.1		GBJ 149—1990	建设、运维、修试	施工工艺、验收与质量评定、试运行、运行、维护、检修、试验	变电	其他

体系结构号	标准编号	标准名称	标准级别	实施日期	与国际标准对应关系	代替标准	阶段	分阶段	专业	分专业
202.5-10	GB 50169—2016	电气装置安装工程 接地装置施工及验收规范	国标	2017.4.1		GB 50169—2006	建设、运维、修试	施工工艺、验收与质量评定、试运行、运行、维护、检修、试验	变电	其他
202.5-11	GB 50171—2012	电气装置安装工程盘、柜及二次回路接线施工及验收规范	国标	2012.12.1		GB 50171—1992	建设、运维、修试	施工工艺、验收与质量评定、试运行、运行、维护、检修、试验	变电	其他
202.5-12	GB 50172—2012	电气装置安装工程蓄电池施工及验收规范	国标	2012.12.1		GB 50172—1992	建设、运维、修试	施工工艺、验收与质量评定、试运行、运行、维护、检修、试验	变电	变压器、互感器、电抗器、开关、避雷器、其他
202.5-13	IEEE 1268—2016	Guide for Safety in The Installation of Mobile Substation Equipment	国际标准	2016.1.29		IEEE 1268—2005	建设、运维、修试	施工工艺、验收与质量评定、试运行、运行、维护、检修、试验	变电	其他
202.6 工程建设-配电										
202.6-1	Q/CSG 1206013—2020	中压柔性直流配网系统调试规程	企标	2020.6.30			建设、运维、退役、修试	施工工艺、验收与质量评定、试运行、运行、维护、退役、报废、检修、试验	配电	变压器、线缆、开关、其他
202.6-2	T/CEC 132—2017	新型城镇化配电网建设改造成效评价技术规范	团标	2017.8.1			建设、运维、退役、修试	施工工艺、验收与质量评定、试运行、运行、维护、退役、报废、检修、试验	配电	变压器、线缆、开关、其他
202.6-3	T/CEC 349—2020	柔性互联交直流配电系统绝缘配合导则	团标	2020.10.1			建设、运维、退役、修试	施工工艺、验收与质量评定、试运行、运行、维护、退役、报废、检修、试验	配电	变压器、线缆、开关、其他
202.6-4	DL/T 358—2010	7.2kV～12kV 预装式户外开关站安装与验收规程	行标	2011.5.1			建设、运维、修试	施工工艺、验收与质量评定、试运行、运行、维护、检修、试验	配电	变压器、线缆、开关、其他
202.6-5	DL/T 602—1996	架空绝缘配电线路施工及验收规程	行标	1996.10.1			建设、运维、修试	施工工艺、验收与质量评定、试运行、运行、维护、检修、试验	配电	线缆、开关、其他

体系结构号	标准编号	标准名称	标准级别	实施日期	与国际标准对应关系	代替标准	阶段	分阶段	专业	分专业
202.6-6	DL/T 5700—2014	城市居住区供配电设施建设规范	行标	2015.3.1			建设、运维、退役、修试	施工工艺、验收与质量评定、试运行、运行、维护、退役、报废、检修、试验	配电	变压器、线缆、开关、其他
202.6-7	DL/T 5717—2015	农村住宅电气工程技术规范	行标	2015.9.1			建设、运维、修试	施工工艺、验收与质量评定、试运行、运行、维护、检修、试验	配电	变压器、线缆、开关、其他
202.6-8	DL/T 5756—2017	额定电压35kV(U_m=40.5kV)及以下冷缩式电缆附件安装规程	行标	2018.3.1			建设、运维、修试	施工工艺、验收与质量评定、试运行、运行、维护、检修、试验	配电	其他
202.6-9	DL/T 5757—2017	额定电压35kV(U_m=40.5kV)及以下热缩式电缆附件安装规程	行标	2018.3.1			建设、运维、修试	施工工艺、验收与质量评定、试运行、运行、维护、检修、试验	配电	其他
202.6-10	DL/T 5758—2017	额定电压35kV(U_m=40.5kV)及以下预制式电缆附件安装规程	行标	2018.3.1			建设、运维、修试	施工工艺、验收与质量评定、试运行、运行、维护、检修、试验	配电	其他
202.6-11	DL/T 5782—2018	20kV及以下配电网工程后评价导则	行标	2019.5.1			规划、设计、建设、运维、修试	规划、初设、施工图、施工工艺、验收与质量评定、试运行、运行、维护、检修、试验	配电	变压器、线缆、开关、其他
202.6-12	GB/T 36932—2018	家用和类似用途电器安装及布线通用要求	国标	2019.7.1			建设、运维、修试	施工工艺、验收与质量评定、试运行、运行、维护、检修、试验	配电	其他
202.6-13	IEC 60364-7-713—2013	建筑物的电气设施 第7-713部分:特殊设施或场所的要求 家具	国际标准	2013.2.6		IEC 60364-7-713—1996	建设、运维、修试	施工工艺、验收与质量评定、试运行、运行、维护、检修、试验	配电	其他
202.7 工程建设-调度及二次										
202.7-1	Q/CSG 110038—2012	南方电网继电保护检验规程	企标	2011.3.1			建设、运维、修试	验收与质量评定、运行、维护、检修、试验	调度及二次	继电保护及安全自动装置
202.7-2	Q/CSG 114001—2012	南方电网安全自动装置检验规范	企标	2012.2.1			建设、运维、修试	验收与质量评定、运行、维护、检修、试验	调度及二次	继电保护及安全自动装置
202.7-3	Q/CSG 1202015—2020	南方电网备用调度建设技术标准（试行）	企标	2020.11.30			建设、运维、修试	验收与质量评定、运行、维护、检修、试验	调度及二次	继电保护及安全自动装置

体系结构号	标准编号	标准名称	标准级别	实施日期	与国际标准对应关系	代替标准	阶段	分阶段	专业	分专业
202.7-4	Q/CSG 1203058—2018	±100kV 及以下直流控制保护及保护设备试验导则	企标	2018.12.28			建设、运维、修试	验收与质量评定、运行、维护、检修、试验	调度及二次	继电保护及安全自动装置
202.7-5	Q/CSG 1203064—2019	柔性直流换流器控制保护系统与阀基控制系统接口规范	企标	2019.9.30			采购、建设、运维、修试	招标、品控、验收与质量评定、运行、维护、检修、试验	调度及二次	继电保护及安全自动装置
202.7-6	Q/CSG 1204066—2020	电力调度自动化系统主站-子站 DL/T 860.905 工程实施规范	企标	2020.3.31			建设、运维、修试	验收与质量评定、运行、维护、检修、试验	调度及二次	继电保护及安全自动装置
202.7-7	Q/CSG 1204067—2020	电力调度自动化系统主站-子站 DL/T 860.801 工程实施规范	企标	2020.3.31			建设、运维、修试	验收与质量评定、运行、维护、检修、试验	调度及二次	继电保护及安全自动装置
202.7-8	Q/CSG 1202007—2020	智能变电站继电保护调试及验收规范	企标	2020.7.31			建设、运维、修试	验收与质量评定、运行、维护、检修、试验	调度及二次	继电保护及安全自动装置
202.7-9	Q/CSG 1206004—2017	串联电容器补偿装置控制保护系统检验规程	企标	2017.5.1			建设、运维、修试	验收与质量评定、运行、维护、检修、试验	调度及二次	继电保护及安全自动装置
202.7-10	Q/CSG 1206005—2017	高压直流保护检验技术规程	企标	2017.5.1			建设、运维、修试	验收与质量评定、运行、维护、检修、试验	调度及二次	继电保护及安全自动装置
202.7-11	Q/CSG 1206006—2017	行波测距装置检验规范	企标	2017.5.1			建设、运维、修试	验收与质量评定、运行、维护、检修、试验	调度及二次	继电保护及安全自动装置
202.7-12	Q/CSG 1206008—2019	（特）高压直流输电控制保护功能试验和动态性能试验规范	企标	2019.2.27			建设、运维、修试	验收与质量评定、运行、维护、检修、试验	调度及二次	继电保护及安全自动装置
202.7-13	T/CSEE 0055—2017	小电流接地系统单相接地故障选线装置检验规程	团标	2018.5.1			建设、运维、修试	验收与质量评定、运行、维护、检修、试验	调度及二次	继电保护及安全自动装置
202.7-14	DL/T 281—2012	合并单元测试规范	行标	2012.3.1			建设、运维、修试	验收与质量评定、运行、维护、检修、试验	调度及二次	继电保护及安全自动装置
202.7-15	DL/T 308—2012	中性点不接地系统电容电流测试规程	行标	2012.3.1			建设、运维、修试	验收与质量评定、运行、维护、检修、试验	调度及二次	继电保护及安全自动装置
202.7-16	DL/T 365—2010	串联电容器补偿装置控制保护系统现场检验规程	行标	2010.10.1			建设、运维、修试	验收与质量评定、运行、维护、检修、试验	调度及二次	继电保护及安全自动装置
202.7-17	DL/T 540—2013	气体继电器检验规程	行标	2014.4.1		DL/T 540—1994	建设、运维、修试	验收与质量评定、运行、维护、检修、试验	调度及二次	继电保护及安全自动装置

体系结构号	标准编号	标准名称	标准级别	实施日期	与国际标准对应关系	代替标准	阶段	分阶段	专业	分专业
202.7-18	DL/T 995—2016	继电保护和电网安全自动装置检验规程	行标	2017.5.1		DL/T 995—2006	建设、运维、修试	验收与质量评定、运行、维护、检修、试验	调度及二次	继电保护及安全自动装置
202.7-19	DL/T 1101—2009	35kV～110kV 变电站自动化系统验收规范	行标	2009.12.1			建设、运维、修试	施工工艺、验收与质量评定、试运行、运行、维护、检修、试验	调度及二次	调度自动化
202.7-20	DL/T 1503—2016	变压器用速动油压继电器检验规程	行标	2016.6.1			建设、运维、修试	验收与质量评定、运行、维护、检修、试验	调度及二次	继电保护及安全自动装置
202.7-21	DL/T 1517—2016	二次压降及二次负荷现场测试技术规范	行标	2016.6.1			建设、运维、修试	验收与质量评定、运行、维护、检修、试验	调度及二次	继电保护及安全自动装置
202.7-22	DL/T 1651—2016	继电保护光纤通道检验规程	行标	2017.5.1			建设、运维、修试	验收与质量评定、运行、维护、检修、试验	调度及二次	继电保护及安全自动装置
202.7-23	DL/T 1733—2017	电力通信光缆安装技术要求	行标	2017.12.1			建设、运维、修试	施工工艺、验收与质量评定、试运行、运行、维护、检修、试验	调度及二次	电力通信
202.7-24	DL/T 1780—2017	超（特）高压直流输电控制保护系统检验规范	行标	2018.6.1			建设、运维、修试	验收与质量评定、运行、维护、检修、试验	调度及二次	继电保护及安全自动装置
202.7-25	DL/T 1794—2017	柔性直流输电控制保护系统联调试验技术规程	行标	2018.6.1			建设、运维、修试	验收与质量评定、运行、维护、检修、试验	调度及二次	继电保护及安全自动装置
202.7-26	DL/T 1874—2018	智能变电站系统规格描述（SSD）建模工程实施技术规范	行标	2018.10.1			建设	施工工艺、验收与质量评定	调度及二次	调度自动化
202.7-27	DL/T 1943—2018	合并单元现场检验规范	行标	2019.5.1			建设、运维、修试	验收与质量评定、运行、维护、检修、试验	调度及二次	继电保护及安全自动装置
202.7-28	DL/T 5344—2018	电力光纤通信工程验收规范	行标	2019.5.1		DL/T 5344—2006	建设	验收与质量评定	调度及二次	电力通信
202.7-29	DL/T 5780—2018	智能变电站监控系统建设规范	行标	2019.5.1			建设、运维、修试	施工工艺、验收与质量评定、试运行、运行、维护、检修、试验	调度及二次	调度自动化
202.7-30	NB/T 10191—2019	继电保护光纤回路标识编制方法	行标	2019.10.1			建设、运维、修试	施工工艺、验收与质量评定、试运行、运行、维护、检修、试验	调度及二次	继电保护及安全自动装置
202.7-31	JB/T 5777.3—2002	电力系统二次电路用控制及继电保护屏（柜、台）基本试验方法	行标	2002.12.1		JB/T 5777.3—1991	建设、运维、修试	验收与质量评定、运行、维护、检修、试验	调度及二次	继电保护及安全自动装置

体系结构号	标准编号	标准名称	标准级别	实施日期	与国际标准对应关系	代替标准	阶段	分阶段	专业	分专业
202.7-32	YD 5044—2014	同步数字体系（SDH）光纤传输系统工程验收规范	行标	2014.7.1		YD/T 5044—2005；YD/T 5149—2007；YD/T 5150—2007	建设	验收与质量评定	调度及二次	电力通信
202.7-33	YD 5077—2014	固定电话交换网工程验收规范	行标	2014.7.1		YD/T 5077—2005；YD 5154—2007；YD/T 5156—2007	建设	验收与质量评定	调度及二次	电力通信
202.7-34	YD 5122—2014	波分复用（WDM）光纤传输系统工程验收规范	行标	2014.7.1		YD/T 5122—2005；YD/T 5176—2009	建设	验收与质量评定	调度及二次	电力通信
202.7-35	YD/T 5126—2015	通信电源设备安装工程施工监理规范	行标	2016.1.1		YD 5126—2005	建设	施工工艺、验收与质量评定、试运行	调度及二次	电力通信
202.7-36	YD 5201—2014	通信建设工程安全生产操作规范	行标	2014.7.1			建设、运维、修试	施工工艺、验收与质量评定、试运行、运行、维护、检修、试验	调度及二次	电力通信
202.7-37	YD 5204—2014	通信建设工程施工安全监理暂行规定	行标	2014.7.1			建设	施工工艺、验收与质量评定、试运行	调度及二次	电力通信
202.7-38	YD 5125—2014	通信设备安装工程施工监理规范	行标	2014.7.1		YD 5125—2005	建设	施工工艺、验收与质量评定、试运行	调度及二次	电力通信
202.7-39	YD 5209—2014	光传送网（OTN）工程验收暂行规定	行标	2014.7.1			建设、运维、修试	施工工艺、验收与质量评定、试运行、运行、维护、检修、试验	调度及二次	电力通信
202.7-40	YD/T 5241—2018	通信光缆和电缆线路工程安装标准图集	行标	2019.4.1			建设、运维、退役、修试	施工工艺、验收与质量评定、试运行、运行、维护、退役、报废、检修、试验	调度及二次	电力通信
202.7-41	GB/T 7260.3—2003	不间断电源设备（UPS）第3部分：确定性能的方法和试验要求	国标	2003.8.1	IEC 62040-3：1999，MOD	GB/T 7260—1987	建设、运维、修试	验收与质量评定、运行、维护、检修、试验	调度及二次	继电保护及安全自动装置
202.7-42	GB/T 7261—2016	继电保护和安全自动装置基本试验方法	国标	2016.5.2		GB/T 7261—2008	建设、运维、修试	验收与质量评定、运行、维护、检修、试验	调度及二次	继电保护及安全自动装置
202.7-43	GB/T 16608.1—2003	有质量评定的有或无基础机电继电器 第1部分：总规范	国标	2004.8.1	IEC 61811-1：1999，IDT	GB/T 16608—1996	建设、修试	验收与质量评定、检修、试验	调度及二次	继电保护及安全自动装置

体系结构号	标准编号	标准名称	标准级别	实施日期	与国际标准对应关系	代替标准	阶段	分阶段	专业	分专业
202.7-44	GB/T 32890—2016	继电保护 IEC 61850 工程应用模型	国标	2017.3.1			建设、运维、修试	验收与质量评定、运行、维护、检修、试验	调度及二次	继电保护及安全自动装置
202.7-45	GB/T 51380—2019	宽带光纤接入工程技术标准	国标	2019.12.1			建设、运维、退役、修试	施工工艺、验收与质量评定、试运行、运行、维护、退役、报废、检修、试验	调度及二次	电力通信
202.7-46	IEC 60874-1—2011	纤维光学互连器件和无源器件 光纤光缆连接器 第1部分：总规范	国际标准	2011.11.24		IEC 60874-1—2006；IEC b0874-1-1—2011；IEC 86 B/3272/FDIS 2011	建设、运维、修试	施工工艺、验收与质量评定、试运行、运行、维护、检修、试验	调度及二次	电力通信
202.8 工程建设-施工工艺										
202.8-1	T/CEC 5024—2020	电化学储能电站施工图设计内容深度规定	团标	2020.10.1			设计、采购、建设、运维	初设、施工图、招标、品控、验收与质量评定、试运行、运行	基础综合	
202.8-2	DL/T 371—2019	架空输电线路放线滑车	行标	2020.5.1		DL/T 371—2010	采购、建设	品控、验收与质量评定	输电	其他
202.8-3	DL/T 372—2019	输电线路张力架线用牵引机通用技术条件	行标	2020.5.1		DL/T 372—2010	设计、采购、建设	初设、招标、施工工艺	输电	其他
202.8-4	DL/T 678—2013	电力钢结构焊接通用技术条件	行标	2013.8.1		DL/T 678—1999	建设、运维、修试	施工工艺、验收与质量评定、试运行、运行、维护、检修、试验	基础综合	
202.8-5	DL/T 754—2013	母线焊接技术规程	行标	2013.8.1		DL/T 754—2001	建设、运维、修试	施工工艺、验收与质量评定、试运行、运行、维护、检修、试验	变电	其他
202.8-6	DL/T 868—2014	焊接工艺评定规程	行标	2014.8.1		DL/T 868—2004	建设、运维、修试	施工工艺、验收与质量评定、试运行、运行、维护、检修、试验	其他	
202.8-7	DL/T 1079—2016	输电线路张力放线用防扭钢丝绳	行标	2016.7.1		DL/T 1079—2007	采购、建设	招标、施工工艺	附属设施及工器具	工器具
202.8-8	DL/T 1109—2019	输电线路张力架线用张力机通用技术条件	行标	2009.12.1		DL/T 1109—2009	采购、建设	招标、施工工艺	附属设施及工器具	工器具
202.8-9	DL/T 1762—2017	钢管塔焊接技术导则	行标	2018.3.1			建设、运维、修试	施工工艺、验收与质量评定、试运行、运行、维护、检修、试验	输电	线路

体系结构号	标准编号	标准名称	标准级别	实施日期	与国际标准对应关系	代替标准	阶段	分阶段	专业	分专业
202.8-10	DL/T 5100—2014	水工混凝土外加剂技术规程	行标	2014.8.1		DL/T 5100—1999	建设、运维、修试	施工工艺、验收与质量评定、试运行、运行、维护、检修、试验	基础综合	
202.8-11	DL/T 5110—2013	水电水利工程模板施工规范	行标	2013.8.1		DL/T 5110—2000	建设、运维、修试	施工工艺、验收与质量评定、试运行、运行、维护、检修、试验	发电	水电
202.8-12	DL 5190.1—2012	电力建设施工技术规范 第1部分：土建结构工程	行标	2012.7.1		SDJ 69—1987	建设、运维、修试	施工工艺、验收与质量评定、试运行、运行、维护、检修、试验	基础综合	
202.8-13	DL 5190.9—2012	电力建设施工技术规范 第9部分：水工结构工程	行标	2012.7.1		SDJ 280—1990	建设、运维、修试	施工工艺、验收与质量评定、试运行、运行、维护、检修、试验	基础综合	
202.8-14	DL/T 5198—2013	水电水利工程岩壁梁施工规程	行标	2013.8.1		DL/T 5198—2004	建设、运维、修试	施工工艺、验收与质量评定、试运行、运行、维护、检修、试验	发电	水电
202.8-15	DL/T 5230—2009	水轮发电机转子现场装配工艺导则	行标	2009.12.1			建设、运维、修试	施工工艺、验收与质量评定、试运行、运行、维护、检修、试验	发电	水电
202.8-16	DL/T 5276—2012	±800kV 及以下换流站母线、跳线施工工艺导则	行标	2012.7.1			建设、运维、修试	施工工艺、验收与质量评定、试运行、运行、维护、检修、试验	换流	其他
202.8-17	DL/T 5285—2018	输变电工程架空导线（800mm² 以下）及地线液压压接工艺规程	行标	2018.7.1		DL/T 5285—2013	建设、运维、修试	施工工艺、验收与质量评定、试运行、运行、维护、检修、试验	基础综合、输电、变电	其他
202.8-18	DL/T 5286—2013	±800kV 架空输电线路张力架线施工工艺导则	行标	2013.8.1			建设、运维、修试	施工工艺、验收与质量评定、试运行、运行、维护、检修、试验	换流、输电	其他、线路
202.8-19	DL/T 5287—2013	±800kV 架空输电线路铁塔组立施工工艺导则	行标	2013.8.1			建设、运维、修试	施工工艺、验收与质量评定、试运行、运行、维护、检修、试验	换流、输电	其他、线路
202.8-20	DL/T 5288—2013	架空输电线路大跨越工程跨越塔组立施工工艺导则	行标	2013.8.1			建设、运维、修试	施工工艺、验收与质量评定、试运行、运行、维护、检修、试验	输电	线路

体系结构号	标准编号	标准名称	标准级别	实施日期	与国际标准对应关系	代替标准	阶段	分阶段	专业	分专业
202.8-21	DL/T 5289—2013	1000kV 架空输电线路铁塔组立施工工艺导则	行标	2013.8.1			建设、运维、修试	施工工艺、验收与质量评定、试运行、运行、维护、检修、试验	输电	线路
202.8-22	DL/T 5290—2013	1000kV 架空输电线路张力架线施工工艺导则	行标	2013.8.1			建设、运维、修试	施工工艺、验收与质量评定、试运行、运行、维护、检修、试验	输电	线路
202.8-23	DL/T 5291—2013	1000kV 输变电工程导地线液压施工工艺规程	行标	2013.8.1			建设、运维、修试	施工工艺、验收与质量评定、试运行、运行、维护、检修、试验	输电	线路
202.8-24	DL/T 5301—2013	架空输电线路无跨越架不停电跨越架线施工工艺导则	行标	2014.4.1			建设、运维、修试	施工工艺、验收与质量评定、试运行、运行、维护、检修、试验	输电	线路
202.8-25	DL/T 5318—2014	架空输电线路扩径导线架线施工工艺导则	行标	2014.8.1			建设、运维、修试	施工工艺、验收与质量评定、试运行、运行、维护、检修、试验	输电	线路
202.8-26	DL/T 5320—2014	架空输电线路大跨越工程架线施工工艺导则	行标	2014.8.1			建设、运维、修试	施工工艺、验收与质量评定、试运行、运行、维护、检修、试验	输电	线路
202.8-27	DL/T 5342—2018	110kV～750kV 架空输电线路铁塔组立施工工艺导则	行标	2018.7.1		DL/T 5342—2006	建设、运维、修试	施工工艺、验收与质量评定、试运行、运行、维护、检修、试验	输电	线路
202.8-28	DL/T 5343—2018	110kV～750kV 架空输电线路张力架线施工工艺导则	行标	2018.7.1		SDJJS2—1987；DL/T 5343—2006	建设、运维、修试	施工工艺、验收与质量评定、试运行、运行、维护、检修、试验	输电	线路
202.8-29	DL/T 5438—2019	输变电经济评价导则	行标	2019.10.1		DL/T 5438—2009	规划	规划	技术经济	
202.8-30	DL/T 5707—2014	电力工程电缆防火封堵施工工艺导则	行标	2015.3.1			建设、运维、修试	施工工艺、验收与质量评定、试运行、运行、维护、检修、试验	输电	电缆
202.8-31	DL/T 5710—2014	电力建设土建工程施工技术检验规范	行标	2015.3.1			建设、运维、修试	施工工艺、验收与质量评定、试运行、运行、维护、检修、试验	基础综合	

体系 结构号	标准编号	标准名称	标准 级别	实施日期	与国际标准 对应关系	代替标准	阶段	分阶段	专业	分专业
202.8-32	DL/T 5726—2015	1000kV 串联电容器补偿装置施工工艺导则	行标	2015.12.1			建设、运维、修试	施工工艺、验收与质量评定、试运行、运行、维护、检修、试验	变电	其他
202.8-33	DL/T 5733—2016	架空输电线路接地模块施工工艺导则	行标	2016.7.1			建设、运维、修试	施工工艺、验收与质量评定、试运行、运行、维护、检修、试验	输电	线路
202.8-34	DL/T 5737—2016	火力发电厂圆形贮煤仓施工技术规范	行标	2016.12.1			建设、运维、修试	施工工艺、验收与质量评定、试运行、运行、维护、检修、试验	发电	火电
202.8-35	DL/T 5740—2016	智能变电站施工技术规范	行标	2016.12.1			建设、运维、修试	施工工艺、验收与质量评定、试运行、运行、维护、检修、试验	基础综合	
202.8-36	DL/T 5753—2017	±200kV 及以下柔性直流换流站换流阀施工工艺导则	行标	2018.3.1			建设、运维、修试	施工工艺、验收与质量评定、试运行、运行、维护、检修、试验	换流	换流阀
202.8-37	DL/T 5789—2019	绝缘管型母线施工工艺导则	行标	2019.10.1			建设、运维、修试	施工工艺、验收与质量评定、试运行、运行、维护、检修、试验	输电	线路
202.8-38	DL/T 5806—2020	水电水利工程堆石混凝土施工规范	行标	2021.2.1			建设、运维、修试	施工工艺、验收与质量评定、试运行、运行、维护、检修、试验	发电	水电
202.8-39	SDJ 277—1990	架空电力线内爆压接施工工艺规程（试行）	行标	1990.3.1			建设、运维、修试	施工工艺、验收与质量评定、试运行、运行、维护、检修、试验	输电	线路
202.8-40	HG/T 4077—2009	防腐蚀涂层涂装技术规范	行标	2009.7.1			建设、运维、修试	施工工艺、验收与质量评定、试运行、运行、维护、检修、试验	基础综合	
202.8-41	HG/T 20691—2017	高压喷射注浆施工技术规范	行标	2018.1.1		HG/T 20691—2006	建设、运维、修试	施工工艺、验收与质量评定、试运行、运行、维护、检修、试验	基础综合	
202.8-42	YD 5219—2015	通信局（站）防雷与接地工程施工监理暂行规定	行标	2015.7.1			建设	施工工艺、验收与质量评定	调度及二次	电力通信

体系结构号	标准编号	标准名称	标准级别	实施日期	与国际标准对应关系	代替标准	阶段	分阶段	专业	分专业
202.8-43	GB/T 985.2—2008	埋弧焊的推荐坡口	国标	2008.9.1	ISO 9692-2：1998，MOD	GB 986—1988	建设、运维、修试	施工工艺、验收与质量评定、试运行、运行、维护、检修、试验	基础综合	
202.8-44	GB/T 3323.1—2019	焊缝无损检测 射线检测 第1部分：X和伽玛射线的胶片技术	国标	2020.3.1	EN 1435，MOD	GB/T 3323—2005	建设、运维、修试	施工工艺、验收与质量评定、试运行、运行、维护、检修、试验	基础综合	
202.8-45	GB/T 3323.2—2019	焊缝无损检测 射线检测 第2部分：使用数字化探测器的X和伽玛射线技术	国标	2020.3.1			建设、运维、修试	施工工艺、验收与质量评定、试运行、运行、维护、检修、试验	基础综合	
202.8-46	GB 9448—1999	焊接与切割安全	国标	2000.5.1	ANSI/AWS Z49.1，EQV	GB 9448—1988	建设、运维、修试	施工工艺、验收与质量评定、试运行、运行、维护、检修、试验	基础综合	
202.8-47	GB/T 9793—2012	热喷涂 金属和其他无机覆盖层 锌、铝及其合金	国标	2013.3.1	ISO 2063：2005	GB/T 9793—1997	建设、运维、修试	施工工艺、验收与质量评定、试运行、运行、维护、检修、试验	基础综合	
202.8-48	GB/T 12467.1—2009	金属材料熔焊质量要求 第1部分：质量要求相应等级的选择准则	国标	2010.4.1	ISO 15609-6：2013	GB/T 12467.1—1998	建设、运维、修试	施工工艺、验收与质量评定、试运行、运行、维护、检修、试验	基础综合	
202.8-49	GB/T 12467.2—2009	金属材料熔焊质量要求 第2部分：完整质量要求	国标	2010.4.1	ISO 3834-2：2005，IDT	GB/T 12467.2—1998	建设、运维、修试	施工工艺、验收与质量评定、试运行、运行、维护、检修、试验	基础综合	
202.8-50	GB/T 12467.4—2009	金属材料熔焊质量要求 第4部分：基本质量要求	国标	2010.4.1	ISO 3834-4：2005，IDT	GB/T 12467.4—1998	建设、运维、修试	施工工艺、验收与质量评定、试运行、运行、维护、检修、试验	基础综合	
202.8-51	GB/T 16672—1996	焊缝—工作位置—倾角和转角的定义	国标	1997.7.1	ISO 6947：1990，IDT		建设	施工工艺、验收与质量评定	基础综合	
202.8-52	GB/T 19804—2005	焊接结构的一般尺寸公差和形位公差	国标	2005.12.1	ISO 13920：1996，IDT		建设、修试	施工工艺、验收与质量评定、检修、试验	基础综合	
202.8-53	GB/T 19866—2005	焊接工艺规程及评定的一般原则	国标	2006.4.1	ISO 15607：2003，IDT		建设、修试	施工工艺、验收与质量评定、检修、试验	基础综合	
202.8-54	GB/T 19867.1—2005	电弧焊焊接工艺规程	国标	2006.4.1	ISO 15609-1：2004，IDT		建设、修试	施工工艺、验收与质量评定、检修、试验	基础综合	
202.8-55	GB/T 20262—2006	焊接、切割及类似工艺用气瓶减压器安全规范	国标	2017.3.23		GB 20262—2006	建设、修试	施工工艺、验收与质量评定、检修、试验	基础综合	

体系结构号	标准编号	标准名称	标准级别	实施日期	与国际标准对应关系	代替标准	阶段	分阶段	专业	分专业
202.8-56	GB/T 25776—2010	焊接材料焊接工艺性能评定方法	国标	2011.6.1			建设、修试	施工工艺、验收与质量评定、检修、试验	基础综合	
202.8-57	GB 50235—2010	工业金属管道工程施工规范	国标	2011.6.1		GB 50235—1997	建设、运维、修试	施工工艺、验收与质量评定、试运行、运行、维护、检修、试验	基础综合	
202.8-58	GB 50236—2011	现场设备、工业管道焊接工程施工规范	国标	2011.10.1		GB 50236—1998	建设、运维、修试	施工工艺、验收与质量评定、试运行、运行、维护、检修、试验	基础综合	
202.8-59	GB 50606—2010	智能建筑工程施工规范	国标	2011.2.1			建设、运维、修试	施工工艺、验收与质量评定、试运行、运行、维护、检修、试验	基础综合	
202.8-60	GB 50661—2011	钢结构焊接规范	国标	2012.8.1			建设、运维、修试	施工工艺、验收与质量评定、试运行、运行、维护、检修、试验	基础综合	
202.8-61	GB 50666—2011	混凝土结构工程施工规范	国标	2012.8.1			建设、运维、修试	施工工艺、验收与质量评定、试运行、运行、维护、检修、试验	基础综合	
202.8-62	GB 51004—2015	建筑地基基础工程施工规范	国标	2015.11.1			建设、运维、修试	施工工艺、验收与质量评定、试运行、运行、维护、检修、试验	基础综合	
202.8-63	ISO 6520-2—2013	焊接和相关工艺金属材料中几何缺陷的分类 第2部分：压力焊接	国际标准	2013.8.1	EN ISO 6520-2-20I3.IDT	ISO 6520-2—2001	建设、运维、修试	施工工艺、验收与质量评定、试运行、运行、维护、检修、试验	基础综合	
202.8-64	ISO 17636-2—2013	焊缝的无损检测放射线检验 第2部分：带数字探测器的X射线和Y射线技术	国际标准	2013.1.8	EN ISO 17636-2—2013，IDT		建设、运维、修试	施工工艺、验收与质量评定、试运行、运行、维护、检修、试验	基础综合	
202.8-65	NF C13-200—2018	高压电气安装 生产场地和工业、商业和农业安装的附加规范	国际标准	2018.6.23		NF C13-200—200909（C13-200）	建设、运维、修试	施工工艺、验收与质量评定、试运行、运行、维护、检修、试验	基础综合	
202.9 工程建设-验收与质量评定										
202.9-1	Q/CSG 1202002—2018	抽水蓄能电站主机设备安装质量标准	企标	2018.4.16			建设、运维、修试	施工工艺、验收与质量评定、试运行、运行、维护、检修、试验	发电	水电

体系结构号	标准编号	标准名称	标准级别	实施日期	与国际标准对应关系	代替标准	阶段	分阶段	专业	分专业
202.9-2	Q/CSG 1202001—2017	公司基建工程质量控制（WHS）标准	企标	2017.10.25			建设、运维、修试	施工工艺、验收与质量评定、试运行、运行、维护、检修、试验	基础综合	
202.9-3	Q/CSG 1202011—2020	微电网接入电网验收规范	企标	2020.6.30			建设、运维、修试	施工工艺、验收与质量评定、试运行、运行、维护、检修、试验	基础综合	
202.9-4	T/CEC 141—2017	变压器油中溶解气体在线监测装置现场安装及验收规范	团标	2017.8.1			建设、运维、修试	施工工艺、验收与质量评定、试运行、运行、维护、检修、试验	变电	变压器
202.9-5	T/CEC 5029—2020	抽水蓄能电站施工监理规范	团标	2020.10.1			建设、运维、修试	施工工艺、验收与质量评定、试运行、运行、维护、检修、试验	基础综合	
202.9-6	QX/T 105—2018	雷电防护装置施工质量验收规范	行标	2019.4.1		QX/T 105—2009	建设、运维、修试	施工工艺、验收与质量评定、试运行、运行、维护、检修、试验	基础综合	
202.9-7	DL/T 274—2012	±800kV 高压直流设备交接试验	行标	2012.3.1			建设、运维、修试	施工工艺、验收与质量评定、试运行、运行、维护、检修、试验	换流	换流阀、换流变、其他
202.9-8	DL/T 377—2010	高压直流设备验收试验	行标	2010.10.1			建设、运维、修试	施工工艺、验收与质量评定、试运行、运行、维护、检修、试验	换流	换流阀、换流变、其他
202.9-9	DL/T 618—2011	气体绝缘金属封闭开关设备现场交接试验规程	行标	2011.11.1		DL/T 618—1997	建设、运维、修试	施工工艺、验收与质量评定、试运行、运行、维护、检修、试验	变电	开关
202.9-10	DL/T 658—2017	火力发电厂开关量控制系统验收测试规程	行标	2017.8.1		DL/T 658—2006	建设、运维、修试	施工工艺、验收与质量评定、试运行、运行、维护、检修、试验	发电	火电
202.9-11	DL/T 659—2016	火力发电厂分散控制系统验收测试规程	行标	2016.7.1		DL/T 659—2006	建设、运维、修试	施工工艺、验收与质量评定、试运行、运行、维护、检修、试验	发电	火电
202.9-12	DL/T 782—2001	110kV 及以上送变电工程启动及竣工验收规程	行标	2002.2.1		（83）水电基字第4号	建设、修试	验收与质量评定、检修、试验	变电、输电	变压器、互感器、电抗器、开关、避雷器、其他、线路、电缆、其他

体系结构号	标准编号	标准名称	标准级别	实施日期	与国际标准对应关系	代替标准	阶段	分阶段	专业	分专业
202.9-13	DL/T 822—2012	水电厂计算机监控系统试验验收规程	行标	2012.12.1		DL/T 822—2002	建设、修试	验收与质量评定、检修、试验	发电	水电
202.9-14	DL/T 952—2013	火力发电厂超滤水处理装置验收导则	行标	2014.4.1		DL/Z 952—2005	建设、修试	验收与质量评定、检修、试验	发电	水电
202.9-15	DL/T 1068—2007	水轮机进水液动碟阀选用、试验及验收导则	行标	2007.12.1			设计、采购、建设、修试	验收与质量评定、检修、试验	发电	水电
202.9-16	DL/T 1129—2009	直流换流站二次电气设备交接试验规程	行标	2009.12.1			建设、修试	验收与质量评定、检修、试验	换流	其他
202.9-17	DL/T 1130—2009	高压直流输电工程系统试验规程	行标	2009.12.1			建设、修试	验收与质量评定、检修、试验	换流	其他
202.9-18	DL/T 1131—2019	±800kV 高压直流输电工程系统试验规程	行标	2019.10.1		DL/T 1131—2009	修试	检修、试验	变电	其他
202.9-19	DL/T 1210—2013	火力发电厂自动发电控制性能测试验收规程	行标	2013.8.1			建设、修试	验收与质量评定、检修、试验	发电	火电
202.9-20	DL/T 1220—2013	串联电容器补偿装置 交接试验及验收规范	行标	2013.8.1			建设、修试	验收与质量评定、检修、试验	变电	其他
202.9-21	DL/T 1279—2013	110kV 及以下海底电力电缆线路验收规范	行标	2014.4.1			建设、修试	验收与质量评定、检修、试验	输电	电缆
202.9-22	DL/T 1311—2013	电力系统实时动态监测主站应用要求及验收细则	行标	2014.4.1			建设、修试	验收与质量评定、检修、试验	变电	其他
202.9-23	DL/T 1362—2014	输变电工程项目质量管理规程	行标	2015.3.1			建设、修试	验收与质量评定、检修、试验	变电、输电	变压器、互感器、电抗器、开关、避雷器、其他、线路、电缆、其他
202.9-24	DL/T 1526—2016	柔性直流输电工程系统试验规程	行标	2016.6.1			建设、修试	验收与质量评定、试验	换流	其他
202.9-25	DL/T 1798—2018	换流变压器交接及预防性试验规程	行标	2018.7.1			建设、运维、修试	施工工艺、验收与质量评定、试运行、运行、维护、检修、试验	换流	换流阀、换流变、其他

体系结构号	标准编号	标准名称	标准级别	实施日期	与国际标准对应关系	代替标准	阶段	分阶段	专业	分专业
202.9-26	DL/T 1846—2018	变电站机器人巡检系统验收规范	行标	2018.7.1			建设、修试	验收与质量评定、检修、试验	变电	其他
202.9-27	DL/T 1849—2018	电站减温减压装置订货、验收导则	行标	2018.7.1			采购、建设、修试	招标、品控、验收与质量评定、检修、试验	基础综合	
202.9-28	DL/T 1850—2018	电站用水泵出口液控止回蝶阀订货、验收导则	行标	2018.7.1			采购、建设、修试	招标、品控、验收与质量评定、检修、试验	基础综合	
202.9-29	DL/T 1879—2018	智能变电站监控系统验收规范	行标	2019.5.1			建设、修试	验收与质量评定、检修、试验	调度及二次	调度自动化
202.9-30	DL/T 1947—2018	交流特高压电气设备现场交接特殊试验监督规程	行标	2019.5.1			建设、修试	验收与质量评定、检修、试验	基础综合	
202.9-31	DL/T 2054—2019	电力建设焊接接头金相检验与评定技术导则	行标	2020.5.1			建设、修试	验收与质量评定、检修、试验	其他	
202.9-32	DL/T 5113.1—2019	水电水利基本建设工程 单元工程质量等级评定标准 第1部分：土建工程	行标	2019.10.1		DL/T 5113.1—2005	建设、运维、修试	施工工艺、验收与质量评定、试运行、运行、维护、检修、试验	发电	水电
202.9-33	DL/T 5113.4—2012	水电水利基本建设工程 单元工程质量等级评定标准 第4部分：水力机械辅助设备安装工程	行标	2012.3.1		SDJ 249.4—1988	建设、运维、修试	施工工艺、验收与质量评定、试运行、运行、维护、检修、试验	发电	水电
202.9-34	DL/T 5113.5—2012	水电水利基本建设工程 单元工程质量等级评定标准 第5部分：发电电气设备安装工程	行标	2012.3.1		SDJ 249.5—1988	建设、运维、修试	施工工艺、验收与质量评定、试运行、运行、维护、检修、试验	发电	水电
202.9-35	DL/T 5113.6—2012	水电水利基本建设工程 单元工程质量等级评定标准 第6部分：升压变电电气设备安装工程	行标	2012.3.1		SDJ 249.6—1988	建设、运维、修试	施工工艺、验收与质量评定、试运行、运行、维护、检修、试验	发电	水电
202.9-36	DL/T 5113.8—2012	水电水利基本建设工程 单元工程质量等级评定标准 第8部分：水工碾压混凝土工程	行标	2012.7.1		DL/T 5113.8—2000	建设、运维、修试	施工工艺、验收与质量评定、试运行、运行、维护、检修、试验	发电	水电
202.9-37	DL/T 5161.1—2018	电气装置安装工程质量检验及评定规程 第1部分：通则	行标	2019.5.1		DL/T 5161.10—2002	建设、运维、修试	施工工艺、验收与质量评定、试运行、运行、维护、检修、试验	变电	变压器、互感器、电抗器、开关、避雷器、其他

体系 结构号	标准编号	标准名称	标准 级别	实施日期	与国际标准 对应关系	代替标准	阶段	分阶段	专业	分专业
202.9-38	DL/T 5161.2—2018	电气装置安装工程质量检验及评定规程 第2部分：高压电器施工质量检验	行标	2019.5.1		DL/T 5161.2—2002	建设、运维、修试	施工工艺、验收与质量评定、试运行、运行、维护、检修、试验	变电	变压器、互感器、电抗器、开关、避雷器、其他
202.9-39	DL/T 5161.3—2018	电气装置安装工程质量检验及评定规程 第3部分：电力变压器、油浸电抗器、互感器施工质量检验	行标	2019.5.1		DL/T 5161.3—2002	建设、运维、修试	施工工艺、验收与质量评定、试运行、运行、维护、检修、试验	变电	变压器、互感器、电抗器、开关、避雷器、其他
202.9-40	DL/T 5161.4—2018	电气装置安装工程质量检验及评定规程 第4部分：母线装置施工质量检验	行标	2019.5.1		DL/T 5161.4—2002	建设、运维、修试	施工工艺、验收与质量评定、试运行、运行、维护、检修、试验	变电	变压器、互感器、电抗器、开关、避雷器、其他
202.9-41	DL/T 5161.5—2018	电气装置安装工程质量检验及评定规程 第5部分：电缆线路施工质量检验	行标	2019.5.1		DL/T 5161.5—2002	建设、运维、修试	施工工艺、验收与质量评定、试运行、运行、维护、检修、试验	变电	变压器、互感器、电抗器、开关、避雷器、其他
202.9-42	DL/T 5161.6—2018	电气装置安装工程质量检验及评定规程 第6部分：接地装置施工质量检验	行标	2019.5.1		DL/T 5161.6—2002	建设、运维、修试	施工工艺、验收与质量评定、试运行、运行、维护、检修、试验	变电	变压器、互感器、电抗器、开关、避雷器、其他
202.9-43	DL/T 5161.7—2018	电气装置安装工程质量检验及评定规程 第7部分：旋转电机施工质量检验	行标	2019.5.1		DL/T 5161.7—2002	建设、运维、修试	施工工艺、验收与质量评定、试运行、运行、维护、检修、试验	变电	变压器、互感器、电抗器、开关、避雷器、其他
202.9-44	DL/T 5161.8—2018	电气装置安装工程质量检验及评定规程 第8部分：盘、柜及二次回路接线施工质量检验	行标	2019.5.1		DL/T 5161.8—2002	建设、运维、修试	施工工艺、验收与质量评定、试运行、运行、维护、检修、试验	变电	变压器、互感器、电抗器、开关、避雷器、其他
202.9-45	DL/T 5161.9—2018	电气装置安装工程质量检验及评定规程 第9部分：蓄电池施工质量检验	行标	2019.5.1		DL/T 5161.9—2002	建设、运维、修试	施工工艺、验收与质量评定、试运行、运行、维护、检修、试验	变电	变压器、互感器、电抗器、开关、避雷器、其他
202.9-46	DL/T 5161.10—2018	电气装置安装工程质量检验及评定规程 第10部分：66kV及以下架空电力线路施工质量检验	行标	2019.5.1		DL/T 5161.10—2002	建设、运维、修试	施工工艺、验收与质量评定、试运行、运行、维护、检修、试验	变电	变压器、互感器、电抗器、开关、避雷器、其他

体系结构号	标准编号	标准名称	标准级别	实施日期	与国际标准对应关系	代替标准	阶段	分阶段	专业	分专业
202.9-47	DL/T 5161.11—2018	电气装置安装工程质量检验及评定规程 第11部分：通信工程施工质量检验	行标	2019.5.1		DL/T 5161.11—2002	建设、运维、修试	施工工艺、验收与质量评定、试运行、运行、维护、检修、试验	变电	变压器、互感器、电抗器、开关、避雷器、其他
202.9-48	DL/T 5161.12—2018	电气装置安装工程质量检验及评定规程 第12部分：低压电器施工质量检验	行标	2019.5.1		DL/T 5161.12—2002	建设、运维、修试	施工工艺、验收与质量评定、试运行、运行、维护、检修、试验	变电	变压器、互感器、电抗器、开关、避雷器、其他
202.9-49	DL/T 5161.13—2018	电气装置安装工程质量检验及评定规程 第13部分：电力变流设备施工质量检验	行标	2019.5.1		DL/T 5161.13—2002	建设、运维、修试	施工工艺、验收与质量评定、试运行、运行、维护、检修、试验	变电	变压器、互感器、电抗器、开关、避雷器、其他
202.9-50	DL/T 5161.14—2018	电气装置安装工程质量检验及评定规程 第14部分：起重机电气装置施工质量检验	行标	2019.5.1		DL/T 5161.14—2002	建设、运维、修试	施工工艺、验收与质量评定、试运行、运行、维护、检修、试验	变电	变压器、互感器、电抗器、开关、避雷器、其他
202.9-51	DL/T 5161.15—2018	电气装置安装工程质量检验及评定规程 第15部分：爆炸及火灾危险环境电气装置施工质量检验	行标	2019.5.1		DL/T 5161.15—2002	建设、运维、修试	施工工艺、验收与质量评定、试运行、运行、维护、检修、试验	变电	变压器、互感器、电抗器、开关、避雷器、其他
202.9-52	DL/T 5161.16—2018	电气装置安装工程质量检验及评定规程 第16部分：1kV及以下配线工程施工质量检验	行标	2019.5.1		DL/T 5161.16—2002	建设、运维、修试	施工工艺、验收与质量评定、试运行、运行、维护、检修、试验	变电	变压器、互感器、电抗器、开关、避雷器、其他
202.9-53	DL/T 5161.17—2018	电气装置安装工程质量检验及评定规程 第17部分：电气照明装置施工质量检验	行标	2019.5.1		DL/T 5161.17—2002	建设、运维、修试	施工工艺、验收与质量评定、试运行、运行、维护、检修、试验	变电	变压器、互感器、电抗器、开关、避雷器、其他
202.9-54	DL/T 5168—2016	110kV～750kV 架空输电线路施工质量检验及评定规程	行标	2016.7.1		DL/T 5168—2002	建设、运维、修试	施工工艺、验收与质量评定、试运行、运行、维护、检修、试验	输电	线路
202.9-55	DL/T 5210.1—2012	电力建设施工质量验收及评价规程 第1部分：土建工程	行标	2012.7.10		DL/T 5210.1—2005	建设、运维、修试	施工工艺、验收与质量评定、试运行、运行、维护、检修、试验	基础综合	

体系结构号	标准编号	标准名称	标准级别	实施日期	与国际标准对应关系	代替标准	阶段	分阶段	专业	分专业
202.9-56	DL/T 5210.2—2018	电力建设施工质量验收规程 第2部分：锅炉机组	行标	2018.7.1		DL/T 5210.2—2009；DL/T 5210.8—2009	建设、运维、修试	施工工艺、验收与质量评定、试运行、运行、维护、检修、试验	基础综合	
202.9-57	DL/T 5210.3—2018	电力建设施工质量验收规程 第3部分：汽轮发电机组	行标	2018.7.1		DL/T 5210.3—2009；DL/T 5210.5—2009；DL/T 5210.6—2009	建设、运维、修试	施工工艺、验收与质量评定、试运行、运行、维护、检修、试验	基础综合	
202.9-58	DL/T 5210.4—2018	电力建设施工质量验收规程 第4部分：热工仪表及控制装置	行标	2018.7.1		DL/T 5210.4—2009	建设、运维、修试	施工工艺、验收与质量评定、试运行、运行、维护、检修、试验	基础综合	
202.9-59	DL/T 5210.5—2018	电力建设施工质量验收规程 第5部分：焊接	行标	2019.5.1		DL/T 5210.7—2010	建设、运维、修试	施工工艺、验收与质量评定、试运行、运行、维护、检修、试验	基础综合	
202.9-60	DL/T 5210.6—2019	电力建设施工质量验收规程 第6部分：调整试验	行标	2019.10.1		DL/T 5295—2013	建设、运维、修试	施工工艺、验收与质量评定、试运行、运行、维护、检修、试验	基础综合	
202.9-61	DL/T 5236—2010	±800kV及以下直流架空输电线路工程施工质量检验及评定规程	行标	2010.10.1			建设、运维、修试	施工工艺、验收与质量评定、试运行、运行、维护、检修、试验	换流	其他
202.9-62	DL/T 5257—2010	火电厂烟气脱硝工程施工验收技术规程	行标	2011.5.1			建设	验收与质量评定	发电	火电
202.9-63	DL/T 5272—2012	大坝安全监测自动化系统实用化要求及验收规程	行标	2012.7.1			建设、运维	施工工艺、验收与质量评定、运行、维护	发电	水电
202.9-64	DL 5277—2012	火电工程达标投产验收规程	行标	2012.7.1			建设	验收与质量评定	发电	火电
202.9-65	DL 5279—2012	输变电工程达标投产验收规程	行标	2012.7.1			建设	验收与质量评定	变电、输电	变压器、互感器、电抗器、开关、避雷器、其他、线路、电缆、其他
202.9-66	DL/T 5293—2013	电气装置安装工程电气设备交接试验报告统一格式	行标	2014.4.1			建设	验收与质量评定	变电	变压器、互感器、电抗器、开关、避雷器、其他

体系结构号	标准编号	标准名称	标准级别	实施日期	与国际标准对应关系	代替标准	阶段	分阶段	专业	分专业
202.9-67	DL/T 5300—2013	1000kV 架空输电线路工程施工质量检验及评定规程	行标	2014.4.1			建设	验收与质量评定	输电	线路
202.9-68	DL/T 5312—2013	1000kV 变电站电气装置安装工程施工质量检验及评定规程	行标	2014.4.1			建设	验收与质量评定	变电	变压器、互感器、电抗器、开关、避雷器、其他
202.9-69	DL/T 5437—2009	火力发电建设工程启动试运及验收规程	行标	2009.12.1			建设	验收与质量评定、试运行	发电	火电
202.9-70	DL/T 5523—2017	输变电工程项目后评价导则	行标	2017.8.1			建设	验收与质量评定	基础综合	
202.9-71	DL/T 5732—2016	架空输电线路大跨越工程施工质量检验及评定规程	行标	2016.7.1			建设	验收与质量评定	输电	线路
202.9-72	DL/T 5746—2017	火力发电厂烟囱（烟道）防腐蚀工程施工质量验收规范	行标	2017.8.1			建设	验收与质量评定	发电	火电
202.9-73	DL/T 5754—2017	智能变电站工程调试质量检验评定规程	行标	2018.3.1			建设	验收与质量评定	基础综合	
202.9-74	DL/T 5759—2017	配电系统电气装置安装工程施工及验收规范	行标	2018.6.1			建设	施工工艺、验收与质量评定	配电	变压器、线缆、开关、其他
202.9-75	DL/T 5779—2018	气体绝缘金属封闭输电线路施工及验收规范	行标	2019.5.1			建设	施工工艺、验收与质量评定	输电	线路
202.9-76	DL/T 5781—2018	配电自动化系统验收技术规范	行标	2019.5.1			建设	验收与质量评定	配电	其他
202.9-77	NB/T 10076—2018	水电工程项目档案验收工作导则	行标	2019.3.1			建设	验收与质量评定	发电	水电
202.9-78	NB/T 35048—2015	水电工程验收规程	行标	2015.9.1		DL/T 5123—2000	建设	施工工艺、验收与质量评定	发电	火电
202.9-79	NB/T 35097.2—2017	水电工程单元工程质量等级评定标准 第2部分：金属结构及启闭机安装工程	行标	2018.3.1		SDJ 249.2—1988	建设	验收与质量评定	基础综合	
202.9-80	NB/T 35119—2018	水电工程水土保持设施验收规程	行标	2018.10.1			建设	验收与质量评定	基础综合	

体系 结构号	标准编号	标准名称	标准 级别	实施日期	与国际标准 对应关系	代替标准	阶段	分阶段	专业	分专业
202.9-81	SL 223—2008	水利水电建设工程验收规程	行标	2008.6.3		SL 223—1999	建设	施工工艺、验收与质量评定	基础综合	
202.9-82	SL 632—2012	水利水电工程单元工程施工质量验收评定标准 混凝土工程	行标	2012.12.19		SDJ 249.1—88 SL 38—92	建设	验收与质量评定	基础综合	
202.9-83	SL 635—2012	水利水电工程单元工程施工质量验收评定标准 水工金属结构安装工程	行标	2012.12.19		SDJ 249.2—1988	建设	验收与质量评定	基础综合	
202.9-84	SL 765—2018	水利水电建设工程安全设施验收导则	行标	2018.6.2			建设	验收与质量评定	基础综合	
202.9-85	JGJ 59—2011	建筑施工安全检查标准	行标	2012.7.1		JGJ 59—1999	建设	验收与质量评定	基础综合	
202.9-86	JGJ 126—2015	外墙饰面砖工程施工及验收规程	行标	2015.9.1		JGJ 126—2000	建设	施工工艺、验收与质量评定	基础综合	
202.9-87	JGJ/T 454—2019	智能建筑工程质量检测标准	行标	2019.6.1			建设	验收与质量评定	基础综合	
202.9-88	YD 5198—2014	IP 多媒体子系统（IMS）核心网工程验收暂行规定	行标	2014.7.1			建设	验收与质量评定	基础综合	
202.9-89	YD/T 5236—2018	云计算资源池系统设备安装工程验收规范	行标	2019.4.1			建设	验收与质量评定	基础综合	
202.9-90	GB/T 20043—2005	水轮机、蓄能泵和水泵水轮机水力性能现场验收试验规程	国标	2006.6.1	IEC 60041:1991，MOD		建设	验收与质量评定	基础综合	
202.9-91	GB/T 25928—2010	过程工业自动化系统出厂验收测试（FAT）、现场验收测试（SAT）、现场综合测试（SIT）规范	国标	2011.5.1	IEC 62381：2006 Ed.1.0		建设	验收与质量评定	基础综合	
202.9-92	GB/T 30370—2013	火力发电机组一次调频试验及性能验收导则	国标	2015.3.1			建设	验收与质量评定	基础综合	
202.9-93	GB/T 30372—2013	火力发电厂分散控制系统验收导则	国标	2015.3.1			建设	验收与质量评定	基础综合	
202.9-94	GB/T 30423—2013	高压直流设施的系统试验	国标	2014.7.13	IEC 61975：2010，IDT		修试	检修、试验	变电	其他

体系结构号	标准编号	标准名称	标准级别	实施日期	与国际标准对应关系	代替标准	阶段	分阶段	专业	分专业
202.9-95	GB/T 37140—2018	检验检测实验室技术要求验收规范	国标	2019.7.1			建设	验收与质量评定	基础综合	
202.9-96	GB 50093—2013	自动化仪表工程施工及质量验收规范	国标	2013.9.1		GB 50131—2007；GB 50093—2002	建设、运维、修试	施工工艺、验收与质量评定、试运行、运行、维护、检修、试验	基础综合	
202.9-97	GB/T 50107—2010	混凝土强度检验评定标准	国标	2010.12.1		GBJ 107—87	建设	验收与质量评定	基础综合	
202.9-98	GB 50150—2016	电气装置安装工程电气设备交接试验标准	国标	2016.12.1			建设	验收与质量评定	基础综合	
202.9-99	GB 50166—2019	火灾自动报警系统施工及验收标准	国标	2020.3.1		GB 50166—2007	建设	施工工艺、验收与质量评定	基础综合	
202.9-100	GB 50168—2018	电气装置安装工程 电缆线路施工及验收标准	国标	2019.5.1		GB 50168—2006	建设	施工工艺、验收与质量评定	基础综合	
202.9-101	GB 50170—2018	电气装置安装工程 旋转电机施工及验收标准	国标	2019.5.1		GB 50170—2006	建设	施工工艺、验收与质量评定	基础综合	
202.9-102	GB 50173—2014	电气装置安装工程 66kV及以下架空电力线路施工及验收规范	国标	2015.1.1		GB 50173—1992	建设	施工工艺、验收与质量评定	基础综合	
202.9-103	GB 50185—2019	工业设备及管道绝热工程施工质量验收标准	国标	2020.3.1		GB 50185—2010	建设	验收与质量评定	基础综合	
202.9-104	GB 50202—2018	建筑地基基础工程施工质量验收标准	国标	2018.10.1		GB 50202—2002	建设	验收与质量评定	基础综合	
202.9-105	GB 50205—2020	钢结构工程施工质量验收标准	国标	2020.8.1		GB 50205—1995	建设	验收与质量评定	基础综合	
202.9-106	GB 50231—2009	机械设备安装工程施工及验收通用规范	国标	2009.10.1			建设	施工工艺、验收与质量评定	基础综合	
202.9-107	GB 50233—2014	110kV～750kV架空输电线路施工及验收规范	国标	2015.8.1		GB 50233—2005；GB 50389—2006	建设	施工工艺、验收与质量评定	输电	线路
202.9-108	GB 50243—2016	通风与空调工程施工质量验收规范	国标	2017.7.1		GB 50243—2002	建设	施工工艺、验收与质量评定	基础综合	

体系结构号	标准编号	标准名称	标准级别	实施日期	与国际标准对应关系	代替标准	阶段	分阶段	专业	分专业
202.9-109	GB 50254—2014	电气装置安装工程 低压电器施工及验收规范	国标	2014.10.1		GB 50254—1996	建设	施工工艺、验收与质量评定	基础综合	
202.9-110	GB 50255—2014	电气装置安装工程 电力变流设备施工及验收规范	国标	2014.10.1		GB 50255—1996	建设	施工工艺、验收与质量评定	基础综合	
202.9-111	GB 50256—2014	电气装置安装工程 起重机电气装置施工及验收规范	国标	2015.8.1		GB 50256—1996	建设	施工工艺、验收与质量评定	基础综合	
202.9-112	GB 50257—2014	电气装置安装工程 爆炸和火灾危险环境电气装置施工及验收规范	国标	2015.8.1		GB 50257—1996	建设	施工工艺、验收与质量评定	基础综合	
202.9-113	GB 50261—2017	自动喷水灭火系统施工及验收规范	国标	2018.1.1		GB 50261—2005	建设	施工工艺、验收与质量评定	基础综合	
202.9-114	GB/T 50266—2013	工程岩体试验方法标准	国标	2013.9.1		GB/T 50266—1999	建设	验收与质量评定	基础综合	
202.9-115	GB 50275—2010	风机、压缩机、泵安装工程施工及验收规范	国标	2011.2.1		GB 50275—1998	建设	施工工艺、验收与质量评定	基础综合	
202.9-116	GB 50281—2006	泡沫灭火系统施工及验收规范	国标	2006.11.1		GB 50281—1998	建设	施工工艺、验收与质量评定	基础综合	
202.9-117	GB 50303—2015	建筑电气工程施工质量验收规范	国标	2016.8.1		GB 50303—2002	建设	验收与质量评定	基础综合	
202.9-118	GB/T 50312—2016	综合布线系统工程验收规范	国标	2017.4.1		GB 50312—2007	建设	验收与质量评定	基础综合	
202.9-119	GB 50339—2013	智能建筑工程质量验收规范	国标	2014.2.1		GB 50339—2003	建设	验收与质量评定	基础综合	
202.9-120	GB/T 50375—2016	建筑工程施工质量评价标准	国标	2017.4.1		GB/T 50375—2006	建设	验收与质量评定	基础综合	
202.9-121	GB 50444—2008	建筑灭火器配置验收及检查规范	国标	2008.11.1			建设	验收与质量评定	基础综合	
202.9-122	GB 50575—2010	1kV 及以下配线工程施工与验收规范	国标	2010.12.1			建设	验收与质量评定	基础综合	
202.9-123	GB 50729—2012	±800kV 及以下直流换流站土建工程施工质量验收规范	国标	2012.10.1			建设、运维、修试	施工工艺、验收与质量评定、试运行、运行、维护、检修、试验	基础综合	

体系结构号	标准编号	标准名称	标准级别	实施日期	与国际标准对应关系	代替标准	阶段	分阶段	专业	分专业
202.9-124	GB 50774—2012	±800kV 及以下换流站干式平波电抗器施工及验收规范	国标	2012.12.1			建设、运维、修试	施工工艺、验收与质量评定、试运行、运行、维护、检修、试验	基础综合	
202.9-125	GB/T 50775—2012	±800kV 及以下换流站换流阀施工及验收规范	国标	2012.12.1			建设、运维、修试	施工工艺、验收与质量评定、试运行、运行、维护、检修、试验	基础综合	
202.9-126	GB 50776—2012	±800kV 及以下换流站换流变压器施工及验收规范	国标	2012.12.1			建设、运维、修试	施工工艺、验收与质量评定、试运行、运行、维护、检修、试验	基础综合	
202.9-127	GB 50777—2012	±800kV 及以下换流站构支架施工及验收规范	国标	2012.12.1			建设、运维、修试	施工工艺、验收与质量评定、试运行、运行、维护、检修、试验	基础综合	
202.9-128	GB/T 50876—2013	小型水电站安全检测与评价规范	国标	2014.3.1			建设	验收与质量评定	基础综合	
202.9-129	GB/T 50976—2014	继电保护及二次回路安装及验收规范	国标	2014.12.1			建设	施工工艺、验收与质量评定	基础综合	
202.9-130	GB 51049—2014	电气装置安装工程串联电容器补偿装置施工及验收规范	国标	2015.8.1			建设	施工工艺、验收与质量评定	基础综合	
202.9-131	GB/T 51103—2015	电磁屏蔽室工程施工及质量验收规范	国标	2016.2.1			建设	施工工艺、验收与质量评定	基础综合	
202.9-132	GB 51171—2016	通信线路工程验收规范	国标	2016.12.1			建设	验收与质量评定	基础综合	
202.9-133	GB/T 51351—2019	建筑边坡工程施工质量验收标准	国标	2019.9.1			建设	验收与质量评定	基础综合	
202.9-134	GB/T 51365—2019	网络工程验收标准	国标	2019.10.1			建设	验收与质量评定	基础综合	
202.9-135	GB 51378—2019	通信高压直流电源系统工程验收标准	国标	2019.11.1			建设	验收与质量评定	调度及二次	电力通信
202.10 **工程建设-技术经济**										
202.10-1	Q/CSG 1201021—2019	电网基建工程造价水平分析内容深度规定	企标	2019.9.30			设计、建设	初设、施工图、施工工艺、验收与质量评定、试运行	技术经济	

体系结构号	标准编号	标准名称	标准级别	实施日期	与国际标准对应关系	代替标准	阶段	分阶段	专业	分专业
202.10-2	DL/T 5205—2016	电力建设工程工程量清单计算规范　输电线路工程	行标	2017.5.1		DL/T 5205—2011	设计、建设	初设、施工图、施工工艺、验收与质量评定、试运行	技术经济	
202.10-3	DL/T 5341—2016	电力建设工程工程量清单计算规范　变电工程	行标	2017.5.1		DL/T 5341—2011	设计、建设	初设、施工图、施工工艺、验收与质量评定、试运行	技术经济	
202.10-4	DL/T 5369—2016	电力建设工程工程量清单计算规范　火力发电工程	行标	2017.5.1		DL/T 5369—2011	设计、建设	初设、施工图、施工工艺、验收与质量评定、试运行	技术经济	
202.10-5	DL/T 5468—2013	输变电工程施工图预算编制导则	行标	2013.10.1			设计、采购、建设	施工图、品控、施工工艺、验收与质量评定	技术经济	
202.10-6	DL/T 5472—2013	架空输电线路工程建设预算项目划分导则	行标	2013.10.1			设计、采购、建设	施工图、品控、施工工艺、验收与质量评定	技术经济	
202.10-7	DL/T 5476—2013	电缆输电线路工程建设预算项目划分导则	行标	2013.10.1			设计、采购、建设	施工图、品控、施工工艺、验收与质量评定	技术经济	
202.10-8	DL/T 5479—2013	通信工程建设预算项目划分导则	行标	2013.10.1			设计、采购、建设	施工图、品控、施工工艺、验收与质量评定	技术经济	
202.10-9	DL/T 5528—2017	输变电工程结算审核报告编制导则	行标	2017.8.1			建设	施工工艺、验收与质量评定、试运行	技术经济	
202.10-10	DL/T 5538—2017	电力系统安全稳定控制工程建设预算项目划分导则	行标	2018.3.1			设计、建设	初设、施工图、施工工艺、验收与质量评定、试运行	技术经济	
202.10-11	DL/T 5541—2018	换流站接地极工程建设预算项目划分导则	行标	2018.7.1			规划、设计	规划、初设、施工图	换流	换流阀、换流变、其他
202.10-12	DL/T 5548—2018	变电工程技术经济指标编制导则	行标	2018.10.1			规划、设计、建设	规划、初设、施工图、施工工艺、验收与质量评定、试运行	技术经济	
202.10-13	GB 50500—2013	建设工程工程量清单计价规范	国标	2013.4.1		GB 50500—2008	设计、建设	初设、施工图、施工工艺、验收与质量评定、试运行	技术经济	

体系结构号	标准编号	标准名称	标准级别	实施日期	与国际标准对应关系	代替标准	阶段	分阶段	专业	分专业
202.11 工程建设-其他										
202.11-1	Q/CSG 1210045—2020	人工智能应用建设规范（试行）	企标	2020.10.30			建设	施工工艺、验收与质量评定	其他	
202.11-2	T/CEC 425—2020	电力用气相色谱仪验收及使用维护导则	团标	2021.2.1			建设	施工工艺、验收与质量评定	其他	
202.11-3	DL/T 825—2002	电能计量装置安装接线规则	行标	2002.12.1			建设	施工工艺、验收与质量评定	其他	
202.11-4	DL/T 2159—2020	变电站绝缘管型母线带电检测技术导则	行标	2021.2.1			建设	施工工艺、验收与质量评定	其他	
202.11-5	DL/T 5084—2012	电力工程水文技术规程	行标	2012.12.1		DL/T 5084—1998	建设	施工工艺、验收与质量评定	其他	
202.11-6	DL/T 5096—2008	电力工程钻探技术规程	行标	2008.11.1		DL 5096—1999；DL 5171—2002	建设	施工工艺	其他	
202.11-7	DL/T 5334—2016	电力工程勘测安全规程	行标	2016.12.1		DL 5334—2006	建设	施工工艺	其他	
202.11-8	DL/T 5394—2007	电力工程地下金属构筑物防腐技术导则	行标	2007.12.1			建设	施工工艺、验收与质量评定	其他	
202.11-9	DL/T 5493—2014	电力工程基桩检测技术规程	行标	2015.3.1			建设	验收与质量评定	其他	
202.11-10	JGJ 52—2006	普通混凝土用砂、石质量及检验方法标准	行标	2007.6.1		JGJ 52—1992；JGJ 53—1992	建设	验收与质量评定	其他	
202.11-11	JGJ 63—2006	混凝土用水标准	行标	2006.12.1		JGJ 63—1989	建设	施工工艺	其他	
202.11-12	JGJ 94—2008	建筑桩基技术规范	行标	2008.10.1		JGJ 94—1994	建设	施工工艺、验收与质量评定	其他	
202.11-13	GB 175—2007	通用硅酸盐水泥	国标	2008.6.1	ENV 197-1：2000，NEQ	GB 12958—1999；GB 1344—1999；GB 175—1999	建设	施工工艺、验收与质量评定	其他	
202.11-14	GB/T 1499.2—2018	钢筋混凝土用钢 第 2 部分：热轧带肋钢筋	国标	2018.11.1		GB/T 1499.2—2007	建设	施工工艺、验收与质量评定	其他	

体系结构号	标准编号	标准名称	标准级别	实施日期	与国际标准对应关系	代替标准	阶段	分阶段	专业	分专业
202.11-15	GB/T 50719—2011	电磁屏蔽室工程技术规范	国标	2012.6.1			建设	施工工艺、验收与质量评定	其他	
202.11-16	GB/T 51238—2018	岩溶地区建筑地基基础技术标准	国标	2019.4.1			建设	施工工艺、验收与质量评定	其他	
203 设备材料										
203.1 设备材料-基础综合										
203.1-1	Q/CSG 1203047—2017	设备身份证编码二维码标识技术规范	企标	2017.10.1			采购、运维	招标、运行、维护	基础综合	
203.1-2	Q/CSG 1203071—2020	电网资产实物编码技术规范	企标	2020.6.30			采购、运维	招标、运行、维护	基础综合	
203.1-3	Q/CSG 1205010—2017	高压直流换流站设备技术文档体系规范	企标	2017.1.20			采购、建设、运维、退役	招标、品控、验收与质量评定、试运行、运行、退役、报废	换流	其他
203.1-4	T/CEC 257—2019	配电网退役实物资产报废规范	团标	2020.1.1			退役	退役、报废	配电	变压器、开关、线缆、其他
203.1-5	T/CEC 388—2020	变电站设备二维码标识技术规范	团标	2021.2.1			采购、运维	招标、运行、维护	基础综合	
203.1-6	DL/T 687—2010	微机型防止电气误操作系统通用技术条件	行标	2011.5.1		DL/T 687—1999	设计、采购、运维	初设、招标、维护	变电	其他
203.1-7	DL/T 700—2017	电力物资分类与编码导则	行标	2018.3.1		DL/T 700.1—1999；DL/T 700.2—1999；DL/T 700.3—1999	采购、建设、运维、修试、退役	招标、品控、施工工艺、验收与质量评定、试运行、运行、维护、检修、试验、退役、报废	基础综合	
203.1-8	DL/T 1868—2018	电力资产全寿命周期管理体系规范	行标	2018.10.1			规划、设计、采购、建设、运维、修试、退役	规划、初设、施工图、招标、品控、施工工艺、验收与质量评定、试运行、运行、维护、检修、试验、退役、报废	基础综合	
203.1-9	JB/T 4160—2013	电工产品热带自然环境条件	行标	2014.7.1		JB/T 4160—1999	采购、运维、修试	招标、品控、运行、维护、检修、试验	基础综合	

体系结构号	标准编号	标准名称	标准级别	实施日期	与国际标准对应关系	代替标准	阶段	分阶段	专业	分专业
203.1-10	SY 4063—1993	电气设施抗震鉴定技术标准	行标	1993.9.1			规划、设计、采购、建设、运维、修试、退役	规划、初设、施工图、招标、品控、施工工艺、验收与质量评定、试运行、运行、维护、检修、试验、退役、报废	基础综合	
203.1-11	NB/T 10279—2019	输变电设备 湿热环境条件	行标	2020.5.1			规划、设计、采购、建设、运维、修试、退役	规划、初设、施工图、招标、品控、施工工艺、验收与质量评定、试运行、运行、维护、检修、试验、退役、报废	基础综合	
203.1-12	JB/T 9683—2012	绝缘子 产品型号编制方法	行标	2012.11.1		JB/T 9683—1999	采购	招标	基础综合	
203.1-13	JB/T 11155—2011	断路器专用交直流两用电动机技术条件	行标	2012.4.1			采购	招标	基础综合	
203.1-14	GB/T 4797.1—2018	环境条件分类 自然环境条件 温度和湿度	国标	2018.12.1		GB/T 4797.1—2005	采购、运维、修试	招标、品控、运行、维护、检修、试验	基础综合	
203.1-15	GB/T 4798.10—2006	电工电子产品应用环境条件 导言	国标	2007.9.1	IEC 60721-3-0:2002，IDT	GB/T 4798.10—1991	采购、运维、修试	招标、品控、运行、维护、检修、试验	基础综合	
203.1-16	GB 5226.6—2014	机械电气安全 机械电气设备 第6部分：建设机械技术条件	国标	2015.6.29			采购、运维、修试	招标、品控、运行、维护、检修、试验	基础综合	
203.1-17	GB/T 20626.1—2017	特殊环境条件 高原电工电子产品 第1部分：通用技术要求	国标	2018.4.1		GB/T 20626.1—2006	采购、运维、修试	招标、品控、运行、维护、检修、试验	基础综合	
203.1-18	GB/T 34934—2017	机械电气安全 安全相关设备中的通信系统使用指南	国标	2018.5.1	IEC/TS 62513:2008		采购、运维、修试	招标、品控、运行、维护、检修、试验	基础综合	
203.1-19	GB/T 36271.1—2018	交流 1kV 以上电力设施 第1部分：通则	国标	2019.1.1			设计、采购、运维	初设、招标、运行、维护	基础综合	
203.1-20	GB/T 37157—2018	机械安全 串联的无电势触点联锁装置故障掩蔽的评价	国标	2019.7.1			采购、运维、修试	招标、品控、运行、维护、检修、试验	基础综合	

体系结构号	标准编号	标准名称	标准级别	实施日期	与国际标准对应关系	代替标准	阶段	分阶段	专业	分专业
203.1-21	GB/T 37282—2019	产品标签内容核心元数据	国标	2019.10.1			采购、建设、运维	招标、品控、施工工艺、验收与质量评定、试运行、运行、维护	基础综合	
203.2 设备材料-高压电力设备										
203.2-1	Q/CSG 11518—2010	直流融冰装置技术导则	企标	2010.5.1			设计、采购、建设、运维	初设、施工图、招标、品控、验收与质量评定、试运行、运行	换流	其他
203.2-2	Q/CSG 1203001—2013	220kV 瓷柱式高压交流六氟化硫断路器技术规范	企标	2013.12.1		Q/CSG 123004.2—2011	采购、运维、修试	招标、品控、运行、维护、检修、试验	变电	开关
203.2-3	Q/CSG 123004.1—2011	500kV 瓷柱式高压交流六氟化硫断路器技术规范	企标	2011.10.14			采购、运维、修试	招标、品控、运行、维护、检修、试验	变电	开关
203.2-4	Q/CSG 123005.1—2011	500kV 交流高压隔离开关和接地开关技术规范	企标	2011.10.14			采购、运维、修试	招标、品控、运行、维护、检修、试验	变电	开关
203.2-5	Q/CSG 123005.2—2011	220kV 隔离开关和接地开关技术规范	企标	2011.10.14			采购、运维、修试	招标、品控、运行、维护、检修、试验	变电	开关
203.2-6	Q/CSG 123006.1—2011	500kV 电容式电压互感器技术规范	企标	2011.10.14			采购、运维、修试	招标、品控、运行、维护、检修、试验	变电	互感器
203.2-7	Q/CSG 123007.1—2011	500kV 电流互感器技术规范	企标	2011.10.14			采购、运维、修试	招标、品控、运行、维护、检修、试验	变电	互感器
203.2-8	Q/CSG 1101004—2013	500kV 并联电抗器（含中性点电抗）技术规范	企标	2013.3.28			采购、运维、修试	招标、品控、运行、维护、检修、试验	变电	电抗器
203.2-9	Q/CSG 1101011—2013	静止同步补偿器（STATCOM）技术规范	企标	2013.5.1			采购、运维、修试	招标、品控、运行、维护、检修、试验	变电	其他
203.2-10	Q/CSG 1203021—2016	变电设备在线监测装置通用技术规范	企标	2017.1.10			采购、运维、修试	招标、品控、运行、维护、检修、试验	变电	其他
203.2-11	Q/CSG 1203022—2016	直流偏磁抑制装置技术规范	企标	2017.1.9			采购、运维、修试	招标、品控、运行、维护、检修、试验	变电	其他
203.2-12	Q/CSG 1203043—2017	柔性直流输电系统换流器技术规范	企标	2017.5.3			采购、运维、修试	招标、品控、运行、维护、检修、试验	变电	其他
203.2-13	T/CEC 130—2016	10kV～110kV 干式空心并联电抗器技术要求	团标	2017.1.1			采购、运维	招标、品控、运行、维护	变电	电抗器

体系结构号	标准编号	标准名称	标准级别	实施日期	与国际标准对应关系	代替标准	阶段	分阶段	专业	分专业
203.2-14	T/CEC 155—2018	柔性输电用压接型绝缘栅双极晶体管（IGBT）器件的一般要求	团标	2018.4.1			采购、运维	招标、品控、运行、维护	变电	其他
203.2-15	T/CEC 183—2018	高压交直流空心复合绝缘子技术规范	团标	2019.2.1			采购、运维	招标、品控、运行、维护	变电	其他
203.2-16	T/CEC 188—2018	550kV 及以下气体绝缘金属封闭开关设备（GIS）用绝缘拉杆	团标	2019.2.1			采购、运维	招标、品控、运行、维护	变电	其他
203.2-17	T/CEC 202—2019	油浸式电力变压器用皱纹绝缘纸选用导则	团标	2019.7.1			采购、运维	招标、品控、运行、维护	变电	变压器
203.2-18	T/CEC 206—2019	油浸式抽能电抗器技术规范	团标	2019.7.1			采购、运维	招标、品控、运行、维护	变电	电抗器
203.2-19	T/CEC 256—2019	混合式高压直流断路器技术规范	团标	2020.1.1			采购、运维	招标、品控、运行、维护	变电	开关
203.2-20	T/CEC 291.2—2020	天然酯绝缘油电力变压器 第2部分：技术参数	团标	2020.10.1			采购、运维	招标、品控、运行、维护	变电	变压器
203.2-21	T/CEC 291.1—2020	天然酯绝缘油电力变压器 第1部分：通用要求	团标	2020.10.1			采购、运维	招标、品控、运行、维护	变电	变压器
203.2-22	T/CEC 297.5—2020	高压直流输电换流阀冷却技术规范 第5部分：空气冷却器清洗	团标	2020.10.1			采购、运维	招标、品控、运行、维护	换流	换流阀
203.2-23	T/CEC 297.1—2020	高压直流输电换流阀冷却技术规范 第1部分：总则	团标	2020.10.1			采购、运维	招标、品控、运行、维护	换流	换流阀
203.2-24	T/CEC 326—2020	交直流配电网用电力电子变压器技术规范	团标	2020.10.1			采购、运维	招标、品控、运行、维护	变电	变压器
203.2-25	T/CEC 342—2020	变压器中性点接地控制装置技术规范	团标	2020.10.1			采购、运维	招标、品控、运行、维护	变电	变压器
203.2-26	T/CEC 406—2020	10kV～220kV 干式空心高耦合分裂电抗器技术规范	团标	2021.2.1			采购、运维	招标、品控、运行、维护	变电	电抗器
203.2-27	T/CEC 408—2020	油浸式配电变压器用真空有载调压分接开关技术规范	团标	2021.2.1			采购、运维	招标、品控、运行、维护	变电	变压器

体系结构号	标准编号	标准名称	标准级别	实施日期	与国际标准对应关系	代替标准	阶段	分阶段	专业	分专业
203.2-28	T/CEC 412—2020	同期线损用高压电能测量装置通用技术条件	团标	2021.2.1			采购、运维	招标、品控、运行、维护	变电	其他
203.2-29	T/CEEIA 456—2020	高压开关设备机械特性在线监测装置技术规范	团标	2020.12.1			采购、运维	招标、品控、运行、维护	变电	开关
203.2-30	T/CSEE 0066—2017	柔性直流输电用联接变压器	团标	2018.5.1			设计、采购建设、运维	初设、施工图、招标、品控、验收与质量评定、试运行、运行	换流	其他
203.2-31	T/CSEE 0121—2019	电容式变压器中性点直流隔流装置通用技术条件	团标	2019.3.1			采购、运维	招标、品控、运行、维护	变电	变压器
203.2-32	DL/T 271—2012	330kV～750kV 油浸式并联电抗器使用技术条件	行标	2012.7.1		SD 327—1989	采购、运维	招标、品控、运行、维护	变电	电抗器
203.2-33	DL/T 272—2012	220kV～750kV 油浸式电力变压器使用技术条件	行标	2012.7.1		SD 326—1989	采购、运维	招标、品控、运行、维护	变电	变压器
203.2-34	DL/T 378—2010	变压器出线端子用绝缘防护罩通用技术条件	行标	2010.10.1			采购、运维	招标、品控、运行、维护	变电	变压器
203.2-35	DL/T 402—2016	高压交流断路器	行标	2016.7.1	IEC 62271-100：2008，MOD	DL/T 402—2007	采购、运维	招标、品控、运行、维护	变电	开关
203.2-36	DL/T 403—2017	12kV～40.5kV 高压真空断路器订货技术条件	行标	2018.3.1		DL/T 403—2000	采购、运维	招标、品控、运行、维护	变电	开关
203.2-37	DL/T 442—2017	高压并联电容器单台保护用熔断器使用技术条件	行标	2018.6.1		DL/T 442—1991	采购、运维	招标、品控、运行、维护	变电	其他
203.2-38	DL 462—1992	高压并联电容器用串联电抗器订货技术条件	行标	1992.11.1			采购、运维	招标、品控、运行、维护	变电	其他
203.2-39	DL/T 486—2010	高压交流隔离开关和接地开关	行标	2011.5.1	IEC 62271-102：2002	DL/T 486—2000	采购、运维	招标、品控、运行、维护	变电	开关
203.2-40	DL/T 536—1993	耦合电容器及电容分压器订货技术条件	行标	1994.5.1			采购、运维	招标、品控、运行、维护	变电	其他
203.2-41	DL/T 537—2018	高压/低压预装式变电站	行标	2019.5.1		DL/T 537—2002	采购、运维	招标、品控、运行、维护	变电	其他
203.2-42	DL/T 579—1995	开关设备用接线座订货技术条件	行标	1995.12.1	IEC 947-7-1：1989，NEQ		采购、运维	招标、品控、运行、维护	变电	开关

体系结构号	标准编号	标准名称	标准级别	实施日期	与国际标准对应关系	代替标准	阶段	分阶段	专业	分专业
203.2-43	DL/T 593—2016	高压开关设备和控制设备标准的共用技术要求	行标	2016.7.1		DL/T 593—2006	采购、运维	招标、品控、运行、维护	变电	开关
203.2-44	DL/T 604—2020	高压并联电容器装置使用技术条件	行标	2021.2.1		DL/T 604—2009	采购、运维	招标、品控、运行、维护	变电	其他
203.2-45	DL/T 617—2019	气体绝缘金属封闭开关设备技术条件	行标	2020.5.1	IEC 62271-203：2011	DL/T 617—2010	采购、运维	招标、品控、运行、维护	变电	开关
203.2-46	DL/T 628—1997	集合式高压并联电容器订货技术条件	行标	1998.3.1			采购、运维	招标、品控、运行、维护	变电	其他
203.2-47	DL/T 646—2012	输变电钢管结构制造技术条件	行标	2012.12.1		DL/T 646—2006	采购、运维	招标、品控、运行、维护	变电、输电	变压器、开关、线路
203.2-48	DL/T 653—2009	高压并联电容器用放电线圈使用技术条件	行标	2009.12.1		DL/T 653—1998	采购、运维	招标、品控、运行、维护	变电	其他
203.2-49	DL/T 662—2009	六氟化硫气体回收装置技术条件	行标	2009.12.1		DL/T 662—1999	采购、建设、运维、修试	招标、品控、验收与质量评定、运行、维护、检修、试验	变电	其他
203.2-50	DL/T 690—2013	高压交流断路器的合成试验	行标	2014.4.1	IEC 62271-101：2006，MOD	DL/T 690—1999	采购、运维	招标、品控、运行、维护	变电	开关
203.2-51	DL/T 725—2013	电力用电流互感器使用技术规范	行标	2014.4.1		DL/T 725—2000	采购、运维	招标、品控、运行、维护	变电	互感器
203.2-52	DL/T 726—2013	电力用电磁式电压互感器使用技术规范	行标	2014.4.1		DL/T 726—2000	采购、运维	招标、品控、运行、维护	变电	互感器
203.2-53	DL/T 760.3—2012	均压环、屏蔽环和均压屏蔽环	行标	2012.12.1		DL/T 760.3—2001	采购、运维	招标、品控、运行、维护	变电、输电	变压器、开关、线路
203.2-54	DL/T 804—2014	交流电力系统金属氧化物避雷器使用导则	行标	2015.3.1		DL/T 804—2002	采购、运维	招标、品控、运行、维护	变电	避雷器
203.2-55	DL/T 810—2012	±500kV 及以上电压等级直流棒形悬式复合绝缘子技术条件	行标	2012.7.1	IEC 61109：1992，NEQ	DL/T 810—2002	采购、运维	招标、品控、运行、维护	输电	线路
203.2-56	DL/T 811—2002	进口110kV～500kV棒式支柱绝缘子技术规范	行标	2002.9.1		SD 331—1989	采购、运维	招标、品控、运行、维护	变电	变压器、开关
203.2-57	DL/T 840—2016	高压并联电容器使用技术条件	行标	2017.5.1		DL/T 840—2003	采购、运维	招标、品控、运行、维护	变电	其他

体系结构号	标准编号	标准名称	标准级别	实施日期	与国际标准对应关系	代替标准	阶段	分阶段	专业	分专业
203.2-58	DL/T 841—2003	高压并联电容器用阻尼式限流器使用技术条件	行标	2003.6.1			采购、运维	招标、品控、运行、维护	变电	变压器、开关
203.2-59	DL/T 865—2004	126kV～550kV 电容式瓷套管技术规范	行标	2004.6.1		SD 330—1989	采购、运维	招标、品控、运行、维护	变电	变压器、开关
203.2-60	DL/T 1001—2006	复合绝缘高压穿墙套管技术条件	行标	2006.10.1			采购、运维	招标、品控、运行、维护	变电	其他
203.2-61	DL/T 1010.1—2006	高压静止无功补偿装置第 1 部分：系统设计	行标	2007.3.1			采购、运维	招标、品控、运行、维护	变电	其他
203.2-62	DL/T 1048—2007	标称电压高于 1000V 的交流用棒形支柱复合绝缘子—定义、试验方法及验收规则	行标	2007.12.1			采购、运维	招标、品控、运行、维护	变电	变压器、开关
203.2-63	DL/T 1094—2018	电力变压器用绝缘油选用导则	行标	2018.7.1		DL/T 1094—2008	采购、运维	招标、品控、运行、维护	变电	变压器
203.2-64	DL/T 1215.1—2013	链式静止同步补偿器 第 1 部分：功能规范导则	行标	2013.8.1			采购、运维	招标、品控、运行、维护	变电	其他
203.2-65	DL/T 1215.3—2013	链式静止同步补偿器 第 3 部分：控制保护监测系统	行标	2013.8.1			采购、运维	招标、品控、运行、维护	变电	其他
203.2-66	DL/T 1217—2013	磁控型可控并联电抗器技术规范	行标	2013.8.1			采购、运维	招标、品控、运行、维护	变电	电抗器
203.2-67	DL/T 1218—2013	固定式直流融冰装置通用技术条件	行标	2013.8.1			采购、运维	招标、品控、运行、维护	变电	其他
203.2-68	DL/T 1251—2013	电力用电容式电压互感器使用技术规范	行标	2014.4.1		SD 333—1989	采购、运维	招标、品控、运行、维护	变电	互感器
203.2-69	DL/T 1267—2013	组合式变压器使用技术条件	行标	2014.4.1			采购、运维	招标、品控、运行、维护	变电、配电	变压器
203.2-70	DL/T 1268—2013	三相组合互感器使用技术规范	行标	2014.4.1			采购、运维	招标、品控、运行、维护	变电	互感器
203.2-71	DL/T 1284—2013	500kV 干式空心限流电抗器使用导则	行标	2014.4.1			采购、运维	招标、品控、运行、维护	变电	电抗器

体系结构号	标准编号	标准名称	标准级别	实施日期	与国际标准对应关系	代替标准	阶段	分阶段	专业	分专业
203.2-72	DL/T 1309—2013	大型发电机组涉网保护技术规范	行标	2014.4.1			规划、设计、采购、建设、运维、修试、退役	规划、初设、施工图、招标、品控、施工工艺、验收与质量评定、试运行、运行、维护、检修、试验、退役、报废	发电	火电
203.2-73	DL/T 1386—2014	电力变压器用吸湿器选用导则	行标	2015.3.1			采购、运维	招标、品控、运行、维护	变电	变压器
203.2-74	DL/T 1387—2014	电力变压器用绕组线选用导则	行标	2015.3.1			采购、运维	招标、品控、运行、维护	变电	变压器
203.2-75	DL/T 1389—2014	500kV 变压器中性点接地电抗器选用导则	行标	2015.3.1			采购、运维	招标、品控、运行、维护	变电	变压器
203.2-76	DL/T 1472.1—2015	换流站直流场用支柱绝缘子 第1部分：技术条件	行标	2015.12.1			采购、运维	招标、品控、运行、维护	变电	变压器、开关
203.2-77	DL/T 1472.2—2015	换流站直流场用支柱绝缘子 第2部分：尺寸与特性	行标	2015.12.1			采购、运维	招标、品控、运行、维护	变电	其他
203.2-78	DL/T 1498.1—2016	变电设备在线监测装置技术规范 第1部分：通则	行标	2016.6.1			采购、运维	招标、品控、运行、维护	变电	其他
203.2-79	DL/T 1498.2—2016	变电设备在线监测装置技术规范 第2部分：变压器油中溶解气体在线监测装置	行标	2016.6.1			采购、运维	招标、品控、运行、维护	变电	其他
203.2-80	DL/T 1498.3—2016	变电设备在线监测装置技术规范 第3部分：电容型设备及金属氧化物避雷器绝缘在线监测装置	行标	2016.6.1			采购、运维	招标、品控、运行、维护	变电	互感器
203.2-81	DL/T 1498.4—2017	变电设备在线监测装置技术规范 第4部分：气体绝缘金属封闭开关设备局部放电特高频在线监测装置	行标	2017.12.1			采购、运维	招标、品控、运行、维护	变电	变压器、开关
203.2-82	DL/T 1498.5—2019	变电设备在线监测装置技术规范 第5部分：变压器铁心接地电流在线监测装置	行标	2020.5.1			采购、运维	招标、品控、运行、维护	变电	变压器、开关
203.2-83	DL/T 1515—2016	电子式互感器接口技术规范	行标	2016.6.1			采购、运维	招标、品控、运行、维护	变电	互感器

体系结构号	标准编号	标准名称	标准级别	实施日期	与国际标准对应关系	代替标准	阶段	分阶段	专业	分专业
203.2-84	DL/T 1538—2016	电力变压器用真空有载分接开关使用导则	行标	2016.6.1			采购、运维	招标、品控、运行、维护	变电	变压器
203.2-85	DL/T 1539—2016	电力变压器（电抗器）用高压套管选用导则	行标	2016.6.1			采购、运维	招标、品控、运行、维护	变电	变压器
203.2-86	DL/T 1541—2016	电力变压器中性点直流限（隔）流装置技术规范	行标	2016.6.1			采购、运维	招标、品控、运行、维护	变电	变压器
203.2-87	DL/T 1542—2016	电子式电流互感器选用导则	行标	2016.6.1			采购、运维	招标、品控、运行、维护	变电	互感器
203.2-88	DL/T 1543—2016	电子式电压互感器选用导则	行标	2016.6.1			采购、运维	招标、品控、运行、维护	变电	互感器
203.2-89	DL/T 1556—2016	火力发电厂 PROFIBUS 现场总线技术规程	行标	2016.6.1			规划、设计、采购、建设、运维、修试、退役	规划、初设、施工图、招标、品控、施工工艺、验收与质量评定、试运行、运行、维护、检修、试验、退役、报废	发电	火电
203.2-90	DL/T 1626—2016	700MW 及以上机组水电厂计算机监控系统基本技术条件	行标	2017.5.1			设计、采购	初设、招标	发电	水电
203.2-91	DL/T 1633—2016	紧凑型高压并联电容器装置技术规范	行标	2017.5.1			采购、运维	招标、品控、运行、维护	变电	其他
203.2-92	DL/T 1647—2016	防火电力电容器使用技术条件	行标	2017.5.1			采购、运维	招标、品控、运行、维护	变电、配电	其他
203.2-93	DL/T 1667—2016	变电站不锈钢复合材料耐腐蚀接地装置	行标	2017.5.1			采购、运维	招标、品控、运行、维护	变电、输电	变压器、开关、线路
203.2-94	DL/T 1673—2016	换流变压器阀侧套管技术规范	行标	2017.5.1			采购、运维	招标、品控、运行、维护	变电、输电	变压器、开关、线路
203.2-95	DL/T 1675—2016	高压直流接地极馈电元件技术条件	行标	2017.5.1			采购、运维	招标、品控、运行、维护	变电	其他
203.2-96	DL/T 1679—2016	高压直流接地极用煅烧石油焦炭技术条件	行标	2017.5.1			采购、运维	招标、品控、运行、维护	变电	其他
203.2-97	DL/T 1767—2017	数字式励磁调节器辅助控制技术要求	行标	2018.3.1			设计、采购	初设、招标	发电	火电

体系结构号	标准编号	标准名称	标准级别	实施日期	与国际标准对应关系	代替标准	阶段	分阶段	专业	分专业
203.2-98	DL/T 1776—2017	电力系统用交流滤波电容器技术导则	行标	2018.6.1			采购、运维	招标、品控、运行、维护	变电	其他
203.2-99	DL/T 1805—2018	电力变压器用有载分接开关选用导则	行标	2018.7.1			采购、运维	招标、品控、运行、维护	变电	变压器
203.2-100	DL/T 1810—2018	110（66）kV 六氟化硫气体绝缘电力变压器使用技术条件	行标	2018.7.1			采购、运维	招标、品控、运行、维护	变电	变压器
203.2-101	DL/T 1848—2018	220kV 和 110kV 变压器中性点过电压保护技术规范	行标	2018.7.1			采购、运维	招标、品控、运行、维护	变电	变压器
203.2-102	DL/T 1945—2018	高压直流输电系统换流变压器标准化接口规范	行标	2019.5.1			采购、运维	招标、品控、运行、维护	换流	换流变
203.2-103	DL/T 1981.1—2019	统一潮流控制器 第 1 部分：功能规范	行标	2019.10.1			采购、运维	招标、品控、运行、维护	变电	其他
203.2-104	DL/T 1998—2019	感应滤波变压器成套设备使用技术条件	行标	2019.10.1			设计、采购、运维	初设、施工图、招标、品控、运行、维护	变电	变压器
203.2-105	DL/T 2004—2019	直流电流互感器使用技术条件	行标	2019.10.1			设计、采购、运维	初设、施工图、招标、品控、运行、维护	变电	互感器
203.2-106	DL/T 2005—2019	直流电压互感器使用技术条件	行标	2019.10.1			设计、采购、运维	初设、施工图、招标、品控、运行、维护	变电	互感器
203.2-107	DL/T 2042—2019	高压直流输电换流阀晶闸管级试验装置技术规范	行标	2019.10.1			采购、运维	招标、品控、运行、维护	换流	换流阀
203.2-108	DL/T 2080—2020	电力储能用超级电容器	行标	2021.2.1			采购、运维	招标、品控、运行、维护	变电、配电	其他
203.2-109	DL/T 2109—2020	直流输电线路用复合外套带外串联间隙金属氧化物避雷器选用导则	行标	2021.2.1			设计、采购、运维	初设、施工图、招标、品控、运行、维护	变电	避雷器
203.2-110	NB/T 10091—2018	高压开关设备温度在线监测装置技术规范	行标	2019.3.1			采购、运维	招标、品控、运行、维护	变电	开关
203.2-111	NB/T 10289—2019	高压无功补偿装置用铁心滤波电抗器技术规范	行标	2020.5.1			采购、运维	招标、品控、运行、维护	变电	电抗器
203.2-112	NB/T 10481—2020	有载调压型高压并联电容器装置	行标	2021.2.1			采购、运维	招标、品控、运行、维护	变电、配电	其他

体系结构号	标准编号	标准名称	标准级别	实施日期	与国际标准对应关系	代替标准	阶段	分阶段	专业	分专业
203.2-113	NB/T 42025—2013	额定电压 72.5kV 及以上智能气体绝缘金属封闭开关设备	行标	2014.4.1			采购、运维	招标、品控、运行、维护	变电	开关
203.2-114	NB/T 42043—2014	高压静止同步补偿装置	行标	2015.3.1			采购、运维	招标、品控、运行、维护	变电	其他
203.2-115	NB/T 42100—2016	高压并联电容器组投切用固态复合开关	行标	2017.5.1			采购、运维	招标、品控、运行、维护	变电	开关
203.2-116	NB/T 42105—2016	高压交流气体绝缘金属封闭开关设备用盆式绝缘子	行标	2017.5.1			采购、运维	招标、品控、运行、维护	变电	开关
203.2-117	NB/T 42107—2017	高压直流断路器	行标	2017.12.1			采购、运维	招标、品控、运行、维护	变电	开关
203.2-118	NB/T 42153—2018	交流插拔式无间隙金属氧化物避雷器	行标	2018.7.1			采购、运维	招标、品控、运行、维护	变电	避雷器
203.2-119	NB/T 42159—2018	三电平交流/直流双向变换器技术规范	行标	2018.10.1			采购、运维	招标、品控、运行、维护	变电	其他
203.2-120	NB/T 42160—2018	三电平直流/直流双向变换器技术规范	行标	2018.10.1			采购、运维	招标、品控、运行、维护	变电	其他
203.2-121	JB/T 831—2016	热带电力变压器、互感器、调压器、电抗器	行标	2017.4.1		JB/T 831—2005	采购、运维	招标、品控、运行、维护	变电	变压器
203.2-122	JB/T 2426—2016	发电厂和变电所自用三相变压器技术参数和要求	行标	2017.4.1		JB/T 2426—2004	采购、运维	招标、品控、运行、维护	变电	变压器
203.2-123	JB/T 3855—2008	高压交流真空断路器	行标	2008.7.1		JB/T 3855—1996	采购、运维	招标、品控、运行、维护	变电	开关
203.2-124	JB/T 6758.1—2007	换位导线 第1部分：一般规定	行标	2007.9.1			采购、运维	招标、品控、运行、维护	变电	其他
203.2-125	JB 7112—2000	集合式高电压并联电容器	行标	2000.1.10		JB 7112—1993	采购、运维	招标、品控、运行、维护	变电	其他
203.2-126	JB/T 8315—2007	变压器用强迫油循环风冷却器	行标	2007.7.1		JB/T 8315—1996	采购、运维	招标、品控、运行、维护	变电	变压器
203.2-127	JB/T 8316—2007	变压器用强迫油循环水冷却器	行标	2007.7.1		JB/T 8316—1996	采购、运维	招标、品控、运行、维护	变电	变压器

体系结构号	标准编号	标准名称	标准级别	实施日期	与国际标准对应关系	代替标准	阶段	分阶段	专业	分专业
203.2-128	JB/T 8318—2007	变压器用成型绝缘件技术条件	行标	2007.7.1		JB/T 8318—1996	采购、运维	招标、品控、运行、维护	变电	变压器
203.2-129	JB/T 8448.1—2018	变压器类产品用密封制品技术条件 第1部分:橡胶密封制品	行标	2018.12.1		JB/T 8448.1—2004	采购、运维	招标、品控、运行、维护	变电	变压器
203.2-130	JB/T 8448.2—2018	变压器类产品用密封制品技术条件 第2部分:软木橡胶密封制品	行标	2018.12.1			采购、运维	招标、品控、运行、维护	变电	变压器
203.2-131	JB/T 8970—2014	高压并联电容器用放电线圈	行标	2014.10.1		JB/T 8970—1999	采购、运维	招标、品控、运行、维护	变电	其他
203.2-132	JB/T 9672.1—2013	串联间隙金属氧化物避雷器 第1部分:3kV及以下直流系统用有串联间隙金属氧化物避雷器	行标	2014.7.1		JB/T 9672.1—1999	采购、运维	招标、品控、运行、维护	变电	避雷器
203.2-133	JB/T 9694—2008	高压交流六氟化硫断路器	行标	2008.7.1		JB/T 9694—1999	采购、运维	招标、品控、运行、维护	变电	开关
203.2-134	JB/T 10217—2013	组合式变压器	行标	2013.9.1		JB/T 10217—2000	采购、运维	招标、品控、运行、维护	变电、配电	变压器
203.2-135	JB/T 10557—2006	高压无功就地补偿装置	行标	2006.10.1			采购、运维	招标、品控、运行、维护	变电	其他
203.2-136	JB/T 10941—2010	合成薄膜绝缘电流互感器	行标	2010.7.1			采购、运维	招标、品控、运行、维护	变电	互感器
203.2-137	JB/T 11056—2010	变压器专用设备 气相干燥设备	行标	2010.7.1			采购、运维	招标、品控、运行、维护	变电	变压器
203.2-138	SH 0040—1991	超高压变压器油	行标	1992.7.1	ASTM D3487-82		采购、运维	招标、品控、运行、维护	变电	变压器
203.2-139	GB/T 772—2005	高压绝缘子瓷件 技术条件	国标	2006.4.1		GB 772—1987	采购、运维	招标、品控、运行、维护	变电、输电	变压器、开关、线路
203.2-140	GB/T 1094.1—2013	电力变压器 第1部分:总则	国标	2014.12.14	IEC 60076-1:2011	GB 1094.1—2013	采购、运维	招标、品控、运行、维护	变电	变压器
203.2-141	GB/T 1094.2—2013	电力变压器 第2部分:液浸式变压器的温升	国标	2014.12.14	IEC 60076-2:2011	GB 1094.2—2013	采购、运维	招标、品控、运行、维护	变电	变压器

体系结构号	标准编号	标准名称	标准级别	实施日期	与国际标准对应关系	代替标准	阶段	分阶段	专业	分专业
203.2-142	GB/T 1094.3—2017	电力变压器 第3部分：绝缘水平、绝缘试验和外绝缘空气间隙	国标	2018.7.1	IEC 60076-3：2013	GB/T 1094.3—2003	采购、运维	招标、品控、运行、维护	变电	变压器
203.2-143	GB/T 1094.5—2008	电力变压器 第5部分：承受短路的能力	国标	2009.6.1	IEC 60076-5：2006	GB 1094.5—2008	采购、运维	招标、品控、运行、维护	变电	变压器
203.2-144	GB/T 1094.6—2011	电力变压器 第6部分：电抗器	国标	2011.12.1	IEC 289-87，IDT	GB/T 10229—1988	采购、运维	招标、品控、运行、维护	变电	变压器
203.2-145	GB/T 1094.7—2008	电力变压器 第7部分：油浸式电力变压器负载导则	国标	2009.8.1	IEC 60076-7：2005，MOD	GB/T 15164—1994	采购、运维	招标、品控、运行、维护	变电	变压器
203.2-146	GB/T 1094.10—2003	电力变压器 第10部分：声级测定	国标	2003.1.2	IEC 60076-10：2001，MOD	GB/T 7328—1987	采购、运维	招标、品控、运行、维护	变电	变压器
203.2-147	GB/T 1094.12—2013	电力变压器 第12部分：干式电力变压器负载导则	国标	2014.4.9	IEC 905：1987，EQV	GB/T 17211—1998	采购、运维	招标、品控、运行、维护	变电	变压器
203.2-148	GB/Z 1094.14—2011	电力变压器 第14部分：采用高温绝缘材料的液浸式变压器的设计和应用	国标	2012.5.1			采购、运维	招标、品控、运行、维护	变电	变压器
203.2-149	GB/T 1094.23—2019	电力变压器 第23部分：直流偏磁抑制装置	国标	2020.7.1			采购、运维	招标、品控、运行、维护	变电	变压器
203.2-150	GB/T 1984—2014	高压交流断路器	国标	2015.1.22	IEC 62271-100：2008	GB 1984—2014	采购、运维	招标、品控、运行、维护	变电	开关
203.2-151	GB/T 1985—2014	高压交流隔离开关和接地开关	国标	2015.1.22	IEC 62271-102：2001+A1：2011	GB 1985—2014	采购、运维	招标、品控、运行、维护	变电	开关
203.2-152	GB/T 4109—2008	交流电压高于1000V的绝缘套管	国标	2009.4.1	IEC 60137 Ed.6.0，MOD	GB 12944.1—1991；GB 4109—1999	采购、运维	招标、品控、运行、维护	变电	变压器、开关
203.2-153	GB/T 4787—2010	高压交流断路器用均压电容器	国标	2011.2.1		GB/T 4787—1996	采购、运维	招标、品控、运行、维护	变电	开关
203.2-154	GB/T 6115.1—2008	电力系统用串联电容器 第1部分：总则	国标	2009.4.1	IEC 62271-106：2011	GB/T 6115.1—1998	采购、运维	招标、品控、运行、维护	变电	其他
203.2-155	GB/T 6115.3—2002	电力系统用串联电容器 第3部分：内部熔丝	国标	2003.4.1	IEC 60358-1：2012		采购、运维	招标、品控、运行、维护	变电	其他

体系结构号	标准编号	标准名称	标准级别	实施日期	与国际标准对应关系	代替标准	阶段	分阶段	专业	分专业
203.2-156	GB/T 6115.4—2014	电力系统用串联电容器 第4部分：晶闸管控制的串联电容器	国标	2015.1.22			采购、运维	招标、品控、运行、维护	变电	其他
203.2-157	GB/T 6451—2015	油浸式电力变压器技术参数和要求	国标	2016.4.1		GB/T 6451—2008	采购、运维	招标、品控、运行、维护	变电	变压器
203.2-158	GB/T 7674—2020	额定电压 72.5kV 及以上气体绝缘金属封闭开关设备	国标	2021.6.1		GB/T 7674—2008	采购、运维	招标、品控、运行、维护	变电	开关
203.2-159	GB/T 8287.1—2008	标称电压高于 1000V 系统用户内和户外支柱绝缘子 第1部分：瓷或玻璃绝缘子的试验	国标	2009.4.1	IEC 60168：2001，MOD	GB 12744—1991；GB 8287.1—1998	采购、运维	招标、品控、运行、维护	变电	变压器、开关
203.2-160	GB/T 8287.2—2008	标称电压高于 1000V 系统用户内和户外支柱绝缘子 第2部分：尺寸与特性	国标	2009.4.1	IEC 60273：1990，MOD	GB 12744—1991；GB 8287.2—1999	采购、运维	招标、品控、运行、维护	变电	变压器、开关
203.2-161	GB/T 8349—2000	金属封闭母线	国标	2000.12.1	IEC 60216-2：2005	GB 8349—1987	采购、运维	招标、品控、运行、维护	变电	其他
203.2-162	GB/T 9090—1988	标准电容器	国标	1989.1.1	ISO 5466-80，REF		采购、运维	招标、品控、运行、维护	变电	其他
203.2-163	GB/T 10230.1—2019	分接开关 第1部分：性能要求和试验方法	国标	2020.7.1	IEC 60214-1：2014	GB/T 10230.1—2007	采购、运维	招标、品控、运行、维护	变电	开关
203.2-164	GB/T 10241—2020	旋转变压器通用技术条件	国标	2021.7.1		GB/T 10241—2007	采购、运维	招标、品控、运行、维护	变电	变压器
203.2-165	GB/T 11022—2011	高压开关设备和控制设备标准的共用技术要求	国标	2012.5.1	IEC 62271-1：2007，MOD	GB/T 11022—1999	采购、运维	招标、品控、运行、维护	变电	开关
203.2-166	GB/T 11024.1—2019	标称电压 1000V 以上交流电力系统用并联电容器 第1部分：总则	国标	2019.10.1	IEC 60871-1：2005，MOD	GB/T 11024.1—2010	采购、运维	招标、品控、运行、维护	变电	其他
203.2-167	GB/T 11024.2—2019	标称电压 1kV 以上交流电力系统用并联电容器 第2部分：耐久性试验	国标	2019.10.1	IEC/TS 60871-2：1999，IDT	GB/T 11024.2—2001	采购、运维	招标、品控、运行、维护	变电	其他
203.2-168	GB/T 11024.4—2019	标称电压 1kV 以上交流电力系统用并联电容器 第4部分：内部熔丝	国标	2019.10.1	IEC 60871-4：1996，IDT	GB/T 11024.4—2001	采购、运维	招标、品控、运行、维护	变电	其他

体系结构号	标准编号	标准名称	标准级别	实施日期	与国际标准对应关系	代替标准	阶段	分阶段	专业	分专业
203.2-169	GB/T 11032—2010	交流无间隙金属氧化物避雷器	国标	2011.8.1	IEC 60099-4:2006	GB 11032—2010	采购、运维	招标、品控、运行、维护	变电	避雷器
203.2-170	GB/T 12944—2011	高压穿墙瓷套管	国标	2011.12.1		GB/T 12944.2—1991	采购、运维	招标、品控、运行、维护	变电	变压器、开关
203.2-171	GB/T 13026—2017	交流电容式套管型式与尺寸	国标	2018.7.1		GB/T 13026—2008	采购、运维	招标、品控、运行、维护	变电	变压器、开关
203.2-172	GB/T 13499—2002	电力变压器应用导则	国标	2003.3.1	IEC 60076-8:1997，IDT	GB/T 13499—1992	采购、运维	招标、品控、运行、维护	变电	变压器
203.2-173	GB/T 14808—2016	高压交流接触器、基于接触器的控制器及电动机起动器	国标	2017.3.1	IEC 62271-106:2011	GB/T 14808—2001	采购、运维	招标、品控、运行、维护	变电	其他
203.2-174	GB/T 14810—2014	额定电压 72.5kV 及以上交流负荷开关	国标	2014.10.28		GB/T 14810—1993	采购、运维	招标、品控、运行、维护	变电	开关
203.2-175	GB/T 15166.2—2008	高压交流熔断器　第 2 部分：限流熔断器	国标	2009.8.1	IEC 60282-1:2005，MOD	部分代替：GB 15166.2—1994；GB 15166.4—1994	采购、运维	招标、品控、运行、维护	变电	其他
203.2-176	GB/T 15166.3—2008	高压交流熔断器　第 3 部分：喷射熔断器	国标	2009.8.1	IEC 60282-2:1995，MOD	GB 15166.3—1994；GB 15166.4—1994	采购、运维	招标、品控、运行、维护	变电	其他
203.2-177	GB/T 15166.4—2008	高压交流熔断器　第 4 部分：并联电容器外保护用熔断器	国标	2009.8.1	IEC 60549:1976，MOD	GB 15166.4—1994；GB 15166.5—1994	采购、运维	招标、品控、运行、维护	变电	其他
203.2-178	GB/T 15166.5—2008	高压交流熔断器　第 5 部分：用于电动机回路的高压熔断器的熔断件选用导则	国标	2009.8.1	IEC 60644:1979，MOD	GB 15166.2—1994	采购、运维	招标、品控、运行、维护	变电	其他
203.2-179	GB/T 15166.6—2008	高压交流熔断器　第 6 部分：用于变压器回路的高压熔断器的熔断件选用导则	国标	2009.8.1	IEC 60787:1983，MOD	GB 15166.2—1994	采购、运维	招标、品控、运行、维护	变电	其他
203.2-180	GB/T 16926—2009	高压交流负荷开关　熔断器组合电器	国标	2010.2.1	IEC 62271-105:2002	GB 16926—2009	采购、运维	招标、品控、运行、维护	变电	开关
203.2-181	GB/T 17701—2008	设备用断路器	国标	2009.6.1	IEC 60934:2007	GB 17701—2008	采购、运维	招标、品控、运行、维护	变电	其他
203.2-182	GB/T 18494.1—2014	变流变压器　第 1 部分：工业用变流变压器	国标	2015.2.1		GB/T 18494.1—2001	采购、运维	招标、品控、运行、维护	变电	变压器

体系 结构号	标准编号	标准名称	标准 级别	实施日期	与国际标准 对应关系	代替标准	阶段	分阶段	专业	分专业
203.2-183	GB/T 18494.2—2007	变流变压器 第2部分:高压直流输电用换流变压器	国标	2007.8.1	IEC 61378-2:2001,MOD		采购、运维	招标、品控、运行、维护	变电	变压器
203.2-184	GB/T 18494.3—2012	变流变压器 第3部分:应用导则	国标	2012.11.1	IEC 61378-3:2006 MOD		采购、运维	招标、品控、运行、维护	变电	变压器
203.2-185	GB/T 19249—2017	反渗透水处理设备	国标	2018.11.1			设计、采购、运维	初设、招标、品控、运行、维护	换流	换流阀
203.2-186	GB/T 19749.1—2016	耦合电容器和电容分压器 第1部分:总则	国标	2016.9.1	IEC 60358-1:2012	GB/T 19749—2005	采购、运维	招标、品控、运行、维护	变电	其他
203.2-187	GB/T 20836—2007	高压直流输电用油浸式平波电抗器	国标	2007.8.1			采购、运维	招标、品控、运行、维护	换流	其他
203.2-188	GB/T 20837—2007	高压直流输电用油浸式平波电抗器技术参数和要求	国标	2007.8.1			采购、运维	招标、品控、运行、维护	换流	其他
203.2-189	GB/T 20838—2007	高压直流输电用油浸式换流变压器技术参数和要求	国标	2007.8.1			采购、运维	招标、品控、运行、维护	换流	其他
203.2-190	GB/T 20840.2—2014	互感器 第2部分:电流互感器的补充技术要求	国标	2015.8.3	IEC 61869-2:2012	GB 20840.2—2014	采购、运维	招标、品控、运行、维护	变电	互感器
203.2-191	GB/T 20840.3—2013	互感器 第3部分:电磁式电压互感器的补充技术要求	国标	2014.11.14	IEC 61869-3:2011	GB 20840.3—2013	采购、运维	招标、品控、运行、维护	变电	互感器
203.2-192	GB/T 20840.4—2015	互感器 第4部分:组合互感器的补充技术要求	国标	2016.6.1	IEC 61869-4:2013	GB 20840.4—2015	采购、运维	招标、品控、运行、维护	变电	互感器
203.2-193	GB/T 20840.5—2013	互感器 第5部分:电容式电压互感器的补充技术要求	国标	2013.7.1		GB/T 4703—2007	采购、运维	招标、品控、运行、维护	变电	互感器
203.2-194	GB/T 20840.6—2017	互感器 第6部分:低功率互感器的补充通用技术要求	国标	2018.5.1	IEC 61869-6:2016		采购、运维	招标、品控、运行、维护	变电	互感器
203.2-195	GB/T 20840.7—2007	互感器 第7部分:电子式电压互感器	国标	2007.8.1	IEC 60044-7:1999,MOD		采购、运维	招标、品控、运行、维护	变电	互感器
203.2-196	GB/T 20840.9—2017	互感器 第9部分:互感器的数字接口	国标	2018.5.1	IEC 61869-9:2016		采购、运维	招标、品控、运行、维护	变电	互感器
203.2-197	GB/T 20993—2012	高压直流输电系统用直流滤波电容器及中性母线冲击电容器	国标	2012.11.1		GB/T 20993—2007	采购、运维	招标、品控、运行、维护	换流	其他

体系结构号	标准编号	标准名称	标准级别	实施日期	与国际标准对应关系	代替标准	阶段	分阶段	专业	分专业
203.2-198	GB/T 20994—2007	高压直流输电系统用并联电容器及交流滤波电容器	国标	2008.2.1			采购、运维	招标、品控、运行、维护	换流	其他
203.2-199	GB/T 21420—2008	高压直流输电用光控晶闸管的一般要求	国标	2008.9.1			采购、运维	招标、品控、运行、维护	换流	其他
203.2-200	GB/T 22382—2017	额定电压 72.5kV 及以上气体绝缘金属封闭开关设备与电力变压器之间的直接连接	国标	2018.2.1	IEC 62271-211：2014	GB/T 22382—2008	采购、运维	招标、品控、运行、维护	变电	避雷器
203.2-201	GB/T 22389—2008	高压直流换流站无间隙金属氧化物避雷器导则	国标	2009.8.1	Cigre 33/14.05，NEQ		采购、运维	招标、品控、运行、维护	变电	避雷器
203.2-202	GB/T 22674—2008	直流系统用套管	国标	2009.10.1	IEC 62199：2004，MOD		采购、运维	招标、品控、运行、维护	换流	其他
203.2-203	GB/T 23753—2020	110kV 及以上油浸式并联电抗器技术参数和要求	国标	2021.6.1		GB/T 23753—2009	采购、运维	招标、品控、运行、维护	变电	电抗器
203.2-204	GB/T 23755—2020	三相组合式电力变压器	国标	2021.6.1		GB/T 23755—2009	采购、运维	招标、品控、运行、维护	变电	变压器
203.2-205	GB/T 25091—2010	高压直流隔离开关和接地开关	国标	2011.2.1			采购、运维	招标、品控、运行、维护	换流	其他
203.2-206	GB/T 25092—2010	高压直流输电用干式空心平波电抗器	国标	2011.2.1			采购、运维	招标、品控、运行、维护	换流	其他
203.2-207	GB/T 25093—2010	高压直流系统交流滤波器	国标	2011.2.1	IEC/PAS 62001：2004，NEQ		采购、运维	招标、品控、运行、维护	换流	其他
203.2-208	GB/T 25307—2010	高压直流旁路开关	国标	2011.5.1			采购、运维	招标、品控、运行、维护	换流	其他
203.2-209	GB/T 25308—2010	高压直流输电系统直流滤波器	国标	2011.5.1			采购、运维	招标、品控、运行、维护	换流	其他
203.2-210	GB/T 25309—2010	高压直流转换开关	国标	2011.5.1			采购、运维	招标、品控、运行、维护	换流	其他
203.2-211	GB/T 26215—2010	高压直流输电系统换流阀阻尼吸收回路用电容器	国标	2011.7.1			采购、运维	招标、品控、运行、维护	换流	换流阀
203.2-212	GB/T 26216.1—2019	高压直流输电系统直流电流测量装置 第1部分：电子式直流电流测量装置	国标	2020.7.1		GB/T 26216.1—2010	采购	招标	用电	电能计量

体系结构号	标准编号	标准名称	标准级别	实施日期	与国际标准对应关系	代替标准	阶段	分阶段	专业	分专业
203.2-213	GB/T 26216.2—2019	高压直流输电系统直流电流测量装置 第2部分：电磁式直流电流测量装置	国标	2020.7.1		GB/T 26216.2—2010	采购	招标	用电	电能计量
203.2-214	GB/T 26217—2019	高压直流输电系统直流电压测量装置	国标	2020.7.1		GB/T 26217—2010	采购	招标	用电	电能计量
203.2-215	GB/T 26218.3—2011	污秽条件下使用的高压绝缘子的选择和尺寸确定 第3部分：交流系统用复合绝缘子	国标	2012.5.1	IEC/TS 60815-3：2008，MOD	JB/T 8737—1998	采购、运维	招标、品控、运行、维护	变电、输电	变压器、开关、线路
203.2-216	GB/T 27747—2011	额定电压72.5kV及以上交流隔离断路器	国标	2012.5.1	IEC 62271-108：2005，MOD		采购、运维	招标、品控、运行、维护	变电	开关
203.2-217	GB/T 28525—2012	额定电压72.5kV及以上紧凑型成套开关设备	国标	2013.5.1	IEC 62271-205：2008	GB 28525—2012	采购、运维	招标、品控、运行、维护	变电	开关
203.2-218	GB/T 28547—2012	交流金属氧化物避雷器选择和使用导则	国标	2012.11.1	IEC 60099-5：2000，NEQ		采购、运维	招标、品控、运行、维护	变电	避雷器
203.2-219	GB/T 28565—2012	高压交流串联电容器用旁路开关	国标	2012.11.1			采购、运维	招标、品控、运行、维护	变电	开关
203.2-220	GB/T 28810—2012	高压开关设备和控制设备电子及其相关技术在开关设备和控制设备的辅助设备中的应用	国标	2013.2.1	IEC 62063：1999，MOD		采购、运维	招标、品控、运行、维护	变电	开关
203.2-221	GB/T 28811—2012	高压开关设备和控制设备基于IEC 61850的数字接口	国标	2013.5.1	IEC 62271-3：2006，MOD		采购、运维	招标、品控、运行、维护	变电	开关
203.2-222	GB/T 28819—2012	充气高压开关设备用铝合金外壳	国标	2013.2.1			采购、运维	招标、品控、运行、维护	变电	开关
203.2-223	GB/Z 30424—2013	高压直流输电晶闸管阀设计导则	国标	2014.7.13			设计、采购、建设、运维、修试、退役	初设、施工图、招标、品控、施工工艺、验收与质量评定、试运行、运行、维护、检修、试验、退役、报废	换流	其他
203.2-224	GB/T 30547—2014	高压直流输电系统滤波器用电阻器	国标	2014.10.28			采购、运维	招标、品控、运行、维护	变电	其他
203.2-225	GB/T 30841—2014	高压并联电容器装置的通用技术要求	国标	2015.1.22			采购、运维	招标、品控、运行、维护	变电	其他

体系结构号	标准编号	标准名称	标准级别	实施日期	与国际标准对应关系	代替标准	阶段	分阶段	专业	分专业
203.2-226	GB/T 30846—2014	具有预定极间不同期操作高压交流断路器	国标	2015.1.22			采购、运维	招标、品控、运行、维护	变电	开关
203.2-227	GB/T 31462—2015	500kV 和 750kV 级分级式可控并联电抗器本体技术规范	国标	2015.12.1			采购、运维	招标、品控、运行、维护	变电	电抗器
203.2-228	GB/T 31487.2—2015	直流融冰装置 第2部分：晶闸管阀	国标	2015.12.1			采购、运维	招标、品控、运行、维护	变电	其他
203.2-229	GB/T 31954—2015	高压直流输电系统用交流PLC滤波电容器	国标	2016.4.1			采购、运维	招标、品控、运行、维护	变电	其他
203.2-230	GB/T 32130—2015	高压直流输电系统用直流PLC滤波电容器	国标	2016.5.1			采购、运维	招标、品控、运行、维护	换流	其他
203.2-231	GB/T 34139—2017	柔性直流输电换流器技术规范	国标	2018.2.1			采购、运维	招标、品控、运行、维护	变电	其他
203.2-232	GB/T 34865—2017	高压直流转换开关用电容器	国标	2018.5.1			采购、运维	招标、品控、运行、维护	变电	开关
203.2-233	GB/T 34869—2017	串联补偿装置电容器组保护用金属氧化物限压器	国标	2018.5.1			采购、运维	招标、品控、运行、维护	变电	避雷器
203.2-234	GB/Z 34935—2017	油浸式智能化电力变压器技术规范	国标	2018.5.1			采购、运维	招标、品控、运行、维护	变电	变压器
203.2-235	GB/T 35702.1—2017	高压直流系统用电压源换流器阀损耗 第1部分：一般要求	国标	2018.7.1			采购、运维	招标、品控、运行、维护	变电	其他
203.2-236	GB/T 35702.2—2017	高压直流系统用电压源换流器阀损耗 第2部分：模块化多电平换流器	国标	2018.7.1			采购、运维	招标、品控、运行、维护	变电	其他
203.2-237	GB/T 36559—2018	高压直流输电用晶闸管阀	国标	2019.2.1			采购、运维	招标、品控、运行、维护	换流	换流阀
203.2-238	GB/T 36955—2018	柔性直流输电用启动电阻技术规范	国标	2019.7.1			采购、运维	招标、品控、运行、维护	换流	其他
203.2-239	GB/T 37008—2018	柔性直流输电用电抗器技术规范	国标	2019.7.1			采购、运维	招标、品控、运行、维护	换流	其他

体系 结构号	标准编号	标准名称	标准 级别	实施日期	与国际标准 对应关系	代替标准	阶段	分阶段	专业	分专业
203.2-240	GB/T 37010—2018	柔性直流输电换流阀技术规范	国标	2019.7.1			采购、运维	招标、品控、运行、维护	换流	换流阀
203.2-241	GB/T 37011—2018	柔性直流输电用变压器技术规范	国标	2019.7.1			采购、运维	招标、品控、运行、维护	换流	换流变
203.2-242	GB/T 37012—2018	柔性直流输电接地设备技术规范	国标	2019.7.1			采购、运维	招标、品控、运行、维护	换流	其他
203.2-243	GB/T 37405—2019	高压晶闸管相控调压软起动装置	国标	2019.12.1			采购、运维	招标、品控、运行、维护	换流	换流阀、换流变、其他
203.2-244	GB/T 37660—2019	柔性直流输电用电力电子器件技术规范	国标	2020.1.1			采购、运维	招标、品控、运行、维护	换流	换流阀、换流变、其他
203.2-245	GB/T 37761—2019	电力变压器冷却系统 PLC 控制装置技术要求	国标	2020.1.1			采购、运维	招标、品控、运行、维护	变电	变压器
203.2-246	GB/T 38328—2019	柔性直流系统用高压直流断路器的共用技术要求	国标	2020.7.1			采购、运维	招标、品控、运行、维护	变电	开关
203.2-247	IEC 60076-1—2011	电力变压器 第1部分：总则	国际标准	2011.4.20	BS EN 60076-1—2011, IDT；EN 60076-1—2011, IDT	IEC 60076-1—1993；IEC 60076-1—1993/Amd 1—1999；IEC 60076-1—1993+Amd 1—1999	采购、运维	招标、品控、运行、维护	变电	变压器
203.2-248	IEC 60076-2—2011	电力变压器 第2部分：温升	国际标准	2011.2.23	DIN EN 60076-2—1994, EQV；EN60076-2—1997, EQV	IEC 60076-2—1993	采购、运维	招标、品控、运行、维护	变电	变压器
203.2-249	IEC 60076-4—2002	电力变压器 第4部分：雷电冲击和开关试验导则电力变压器和电抗器	国际标准	2002.6.6	BS EN 60076-4—2002, IDT；EN 60076-4—2002, IDT；DIN EN 60076-4—2003, IDT；OEVE/OENORM EN 60076-4—2003, IDT	IEC 60076-4—1976；IEC 60722—1982	采购、运维	招标、品控、运行、维护	变电	变压器

体系 结构号	标准编号	标准名称	标准 级别	实施日期	与国际标准 对应关系	代替标准	阶段	分阶段	专业	分专业
203.2-250	IEC 60076-5—2006	电源变压器　第5部分：抗短路能力	国际标准	2006.2.7	BS EN 60076-5—2006，IDT；EN60076-5—2006，IDT	IEC 60076-5—2000	采购、运维	招标、品控、运行、维护	变电	变压器
203.2-251	IEC 60076-8—1997	电力变压器　第8部分：应用指南	国际标准	1997.10.1	BS IEC 60076-8—1998，IDT；UNE 207005—2002，IDT	IEC 60606—1978	采购、运维	招标、品控、运行、维护	变电	变压器
203.2-252	IEC 60076-13—2006	电力变压器　第13部分：自我保护式充液变压器	国际标准	2006.5.24	BS EN 60076-13—2006，IDT；EN 60076-13—2006，IDT		采购、运维	招标、品控、运行、维护	变电	变压器
203.2-253	IEC 60076-14—2013	电力变压器　第14部分：使用高温绝缘材料的液浸电力变压器	国际标准	2013.9.16		IEC/TS 60076-14—2009	采购、运维	招标、品控、运行、维护	变电	变压器
203.2-254	IEC 60099-4—2014	避雷器　第4部分：交流系统用无间隙金属氧化物避雷器	国际标准	2014.6.30		IEC 60099-4—2004；IEC 60099-4—2004/Amd 1—2006；IEC 60099-4—2004/Amd 2—2009；IEC 60099-4—2004+Amd 1—2006；IEC 60099-4—2004+Amd 1—2006+Amd 2—2009	采购、运维	招标、品控、运行、维护	变电	避雷器
203.2-255	IEC 62271-204—2011	高压开关设备和控制设备 第204部分额定电压高于52kV的刚性气体绝缘输电线路	国际标准	2011.7.26	IEC TR 61644—1998；IEC 17C/510/FD1S—2011	IEC TR 61644—1998；IEC 17C/510/FDIS—2011	采购、运维	招标、品控、运行、维护	变电	开关
203.2-256	IEC 62271-206—2011	高压开关装置和控制设备 第206部分：高于1kV和高于并包括52kV的额定电压用现场指示系统	国际标准	2011.1.27	EN 62271-206—2011，IDT	IEC 61958—2000；IEC 17 C/491/FDIS—2010	采购、运维	招标、品控、运行、维护	变电	开关
——特、超高压										
203.2-257	Q/CSG 11602—2007	±800kV 直流输电用换流变压器（试行）	企标	2007.1.1			设计、采购、建设、运维	初设、施工图、招标、品控、验收与质量评定、试运行、运行	换流	其他

体系结构号	标准编号	标准名称	标准级别	实施日期	与国际标准对应关系	代替标准	阶段	分阶段	专业	分专业
203.2-258	Q/CSG 11603—2007	±800kV 直流输电用干式平波电抗器（试行）	企标	2007.10.1			设计、采购、建设、运维	初设、施工图、招标、品控、验收与质量评定、试运行、运行	换流	其他
203.2-259	Q/CSG 11604—2007	±800kV 直流输电用晶闸管换流阀（试行）	企标	2007.10.1			设计、采购、建设、运维	初设、施工图、招标、品控、验收与质量评定、试运行、运行	换流	其他
203.2-260	Q/CSG 11605—2007	±800kV 直流输电用直流侧穿墙套管（试行）	企标	2007.10.1			设计、采购、建设、运维	初设、施工图、招标、品控、验收与质量评定、试运行、运行	换流	其他
203.2-261	Q/CSG 11606—2007	±800kV 直流输电用无间隙金属氧化物避雷器（试行）	企标	2007.10.1			设计、采购、建设、运维	初设、施工图、招标、品控、验收与质量评定、试运行、运行	换流	其他
203.2-262	Q/CSG 11607—2007	±800kV 直流输电用旁路开关（试行）	企标	2007.10.1			设计、采购、建设、运维	初设、施工图、招标、品控、验收与质量评定、试运行、运行	换流	其他
203.2-263	Q/CSG 11608—2007	±800kV 直流输电用直流转换开关设备（试行）	企标	2007.1.1			设计、采购、建设、运维	初设、施工图、招标、品控、验收与质量评定、试运行、运行	换流	其他
203.2-264	Q/CSG 11609—2007	±800kV 直流输电用线路棒形悬式复合绝缘子	企标	2007.10.1			设计、采购、建设、运维	初设、施工图、招标、品控、验收与质量评定、试运行、运行	换流	其他
203.2-265	Q/CSG 11610—2007	±800kV 直流输电用支柱绝缘子（试行）	企标	2007.10.1			设计、采购、建设、运维	初设、施工图、招标、品控、验收与质量评定、试运行、运行	换流	其他
203.2-266	Q/CSG 11611—2007	±800kV 直流输电用隔离开关和接地开关（试行）	企标	2007.10.1			设计、采购、建设、运维	初设、施工图、招标、品控、验收与质量评定、试运行、运行	换流	其他
203.2-267	Q/CSG 11612—2007	±800kV 直流输电用直流滤波电容器及中性母线电容器（试行）	企标	2007.10.1			设计、采购、建设、运维	初设、施工图、招标、品控、验收与质量评定、试运行、运行	换流	其他
203.2-268	Q/CSG 11613—2007	±800kV 直流输电用交流PLC 阻波器（试行）	企标	2007.10.1			设计、采购、建设、运维	初设、施工图、招标、品控、验收与质量评定、试运行、运行	换流	其他

体系结构号	标准编号	标准名称	标准级别	实施日期	与国际标准对应关系	代替标准	阶段	分阶段	专业	分专业
203.2-269	Q/CSG 11614—2007	±800kV 直流输电用交流 PLC 耦合电容器（试行）	企标	2007.1.1			设计、采购、建设、运维	初设、施工图、招标、品控、验收与质量评定、试运行、运行	换流	其他
203.2-270	Q/CSG 11615—2007	±800kV 直流输电用直流 PLC 阻波器	企标	2007.1.1			设计、采购、建设、运维	初设、施工图、招标、品控、验收与质量评定、试运行、运行	换流	其他
203.2-271	Q/CSG 11616—2007	±800kV 直流输电用直流 PLC 耦合电容器（试行）	企标	2007.1.1			设计、采购、建设、运维	初设、施工图、招标、品控、验收与质量评定、试运行、运行	换流	其他
203.2-272	Q/CSG 11619—2007	±800kV 直流输电用换流阀冷却系统（试行）	企标	2007.1.31			设计、采购、建设、运维	初设、施工图、招标、品控、验收与质量评定、试运行、运行	换流	其他
203.2-273	Q/CSG 11621—2009	高压直流系统直流滤波器	企标	2009.6.15			设计、采购、建设、运维	初设、施工图、招标、品控、验收与质量评定、试运行、运行	换流	其他
203.2-274	Q/CSG 11622—2009	高压直流系统交流滤波器	企标	2009.6.15			设计、采购、建设、运维	初设、施工图、招标、品控、验收与质量评定、试运行、运行	换流	其他
203.2-275	DL/T 1725—2017	超高压磁控型可控并联电抗器技术规范	行标	2017.12.1			设计、采购、建设、运维	初设、施工图、招标、品控、验收与质量评定、试运行、运行	换流	其他
203.2-276	DL/T 1726—2017	特高压直流穿墙套管技术规范	行标	2017.12.1			设计、采购、建设、运维	初设、施工图、招标、品控、验收与质量评定、试运行、运行	换流	其他
203.2-277	GB/T 25082—2010	800kV 直流输电用油浸式换流变压器技术参数和要求	国标	2011.2.1			设计、采购、建设、运维	初设、施工图、招标、品控、验收与质量评定、试运行、运行	换流	其他
203.2-278	GB/T 25083—2010	±800kV 直流系统用金属氧化物避雷器	国标	2011.2.1			设计、采购、建设、运维	初设、施工图、招标、品控、验收与质量评定、试运行、运行	换流	其他
203.2-279	GB/T 26166—2010	±800kV 直流系统用穿墙套管	国标	2011.7.1			设计、采购、建设、运维	初设、施工图、招标、品控、验收与质量评定、试运行、运行	换流	其他

体系结构号	标准编号	标准名称	标准级别	实施日期	与国际标准对应关系	代替标准	阶段	分阶段	专业	分专业
203.2-280	GB/T 32516—2016	超高压分级式可控并联电抗器晶闸管阀	国标	2016.9.1			设计、采购、建设、运维	初设、施工图、招标、品控、验收与质量评定、试运行、运行	换流	其他
203.3 设备材料-中压电力设备										
203.3-1	Q/CSG 1101002—2013	10kV 油浸式配电变压器技术规范	企标	2013.3.1			设计、采购、运维	初设、施工图、招标、品控、运行、维护	配电	变压器
203.3-2	Q/CSG 1101006—2013	10kV 户外跌落式熔断器技术规范	企标	2013.5.10			设计、采购、运维	初设、施工图、招标、品控、运行、维护	配电	开关
203.3-3	Q/CSG 1101009—2013	10kV 干式配电变压器技术规范	企标	2013.5.10			设计、采购、运维	初设、施工图、招标、品控、运行、维护	配电	变压器
203.3-4	Q/CSG 1203014—2016	10kV 柱上真空断路器成套设备技术规范	企标	2016.3.12			设计、采购、运维	初设、施工图、招标、品控、运行、维护	配电	开关
203.3-5	Q/CSG 1203016—2016	12kV 固体绝缘环网柜技术规范	企标	2016.1.1			设计、采购、运维	初设、施工图、招标、品控、运行、维护	配电	开关
203.3-6	Q/CSG 1203055—2018	10kV 天然酯绝缘油配电变压器技术规范	企标	2018.12.28			设计、采购、运维	初设、施工图、招标、品控、运行、维护	配电	变压器
203.3-7	Q/CSG 11061—2007	20kV 配电设备技术标准（试行）	企标	2008.12.8			设计、采购	初设、施工图、招标、品控	配电	其他
203.3-8	Q/CSG 110029—2012	10kV 油浸式非晶合金铁心配电变压器技术规范	企标	2012.4.27			设计、采购、运维	初设、施工图、招标、品控、运行、维护	配电	变压器
203.3-9	Q/CSG 1101003—2013	10kV 户外柱上开关技术规范	企标	2013.3.1			设计、采购、运维	初设、施工图、招标、品控、运行、维护	配电	开关
203.3-10	T/CEC 108—2016	配网复合材料电杆	团标	2017.1.1			采购、建设	品控、验收与质量评定	配电	其他
203.3-11	T/CEC 109—2016	10kV～66kV 油浸式并联电抗器技术要求	团标	2017.1.1			设计、采购、修试	初设、施工图、招标、品控、试验	变电	电抗器
203.3-12	T/CEC 110—2016	配电线路串联调压装置技术规范	团标	2017.1.1			设计、采购、运维	初设、施工图、招标、品控、运行、维护	配电	线缆
203.3-13	T/CEC 111—2016	柱上变压器一体化成套设备技术条件	团标	2017.1.1			设计、采购、修试	初设、施工图、招标、品控、试验	配电	变压器
203.3-14	T/CEC 163—2018	16kV 少维护有载调压配电变压器技术规范	团标	2018.4.1			设计、采购、运维	初设、施工图、招标、品控、运行、维护	配电	变压器

体系结构号	标准编号	标准名称	标准级别	实施日期	与国际标准对应关系	代替标准	阶段	分阶段	专业	分专业
203.3-15	T/CEC 225—2019	直流配电网 DCDC 变换器技术条件	团标	2019.7.1			设计、采购、修试	初设、施工图、招标、品控、试验	配电	其他
203.3-16	T/CEC 289—2019	10kV 直流断路器通用技术要求	团标	2020.1.1			设计、采购、修试	初设、施工图、招标、品控、试验	配电	开关
203.3-17	T/CEC 350—2020	10kV 带电作业用消弧开关技术条件	团标	2020.10.1			设计、采购、修试	初设、施工图、招标、品控、试验	配电	开关
203.3-18	T/CEC 351—2020	10kV 柔性电缆快速接头技术条件	团标	2020.10.1			设计、采购、修试	初设、施工图、招标、品控、试验	配电	开关
203.3-19	T/CSEE 0082—2018	中压配电线路用多腔室间隙防雷装置通用技术条件	团标	2018.12.25			设计、采购、修试	初设、施工图、招标、品控、试验	配电	线缆
203.3-20	DL/T 267—2012	油浸式全密封卷铁心配电变压器使用技术条件	行标	2012.7.1			设计、采购、修试	初设、施工图、招标、品控、试验	配电	变压器
203.3-21	DL/T 404—2018	3.6kV~40.5kV 交流金属封闭开关设备和控制设备	行标	2019.5.1		DL/T 404—2007	设计、采购、修试	初设、施工图、招标、品控、试验	配电	开关
203.3-22	DL/T 406—2010	交流自动分段器订货技术条件	行标	2011.5.1		DL/T 406—1991	设计、采购、修试	初设、施工图、招标、品控、试验	配电	开关
203.3-23	DL/T 640—2019	高压交流跌落式熔断器	行标	2019.10.1	IEC 282-2:1995，EQV	DL/T 640—1997	设计、采购、修试	初设、施工图、招标、品控、试验	配电	其他
203.3-24	DL/T 780—2001	配电系统中性点接地电阻器	行标	2002.2.1	ANSI/IEEE 32:1990，NEQ		设计、采购、修试	初设、施工图、招标、品控、试验	配电	其他
203.3-25	DL/T 813—2002	12kV 高压交流自动重合器技术条件	行标	2002.9.1		SD 317—1989	设计、采购、修试	初设、施工图、招标、品控、试验	配电	其他
203.3-26	DL/T 844—2003	12kV 少维护户外配电开关设备通用技术条件	行标	2003.6.1			设计、采购、修试	初设、施工图、招标、品控、试验	配电	开关
203.3-27	DL/T 1057—2007	自动跟踪补偿消弧线圈成套装置技术条件	行标	2007.12.1			设计、采购、修试	初设、施工图、招标、品控、试验	配电	其他
203.3-28	DL/T 1216—2019	低压静止无功发生装置技术规范	行标	2020.5.1		DL/T 1216—2013	设计、采购、运维	初设、施工图、招标、品控、运行、维护	配电	其他
203.3-29	DL/T 1226—2013	固态切换开关技术规范	行标	2013.8.1			设计、采购、运维	初设、施工图、招标、品控、运行、维护	配电	开关

体系结构号	标准编号	标准名称	标准级别	实施日期	与国际标准对应关系	代替标准	阶段	分阶段	专业	分专业
203.3-30	DL/T 1263—2013	12kV～40.5kV 电缆分接箱技术条件	行标	2014.4.1			设计、采购、运维	初设、施工图、招标、品控、运行、维护	配电	线缆
203.3-31	DL/T 1390—2014	12kV 高压交流自动用户分界开关设备	行标	2015.3.1			设计、采购、修试	初设、施工图、招标、品控、试验	配电	开关
203.3-32	DL/T 1586—2016	12kV 固体绝缘金属封闭开关设备和控制设备	行标	2016.7.1			设计、采购、修试	初设、施工图、招标、品控、试验	配电	开关
203.3-33	DL/T 1658—2016	35kV 及以下固体绝缘管型母线	行标	2017.5.1			设计、采购、修试	初设、施工图、招标、品控、试验	配电	其他
203.3-34	DL/Z 1697—2017	柔性直流配电系统用电压源换流器技术导则	行标	2017.8.1			设计、采购	初设、施工图、招标、品控	换流	换流变
203.3-35	DL/T 1832—2018	配电网串联电容器补偿装置技术规范	行标	2018.7.1			设计、采购、运维	初设、施工图、招标、品控、运行、维护	配电	线缆
203.3-36	DL/T 1853—2018	10kV 有载调容调压变压器技术导则	行标	2018.10.1			设计、采购、修试	初设、施工图、招标、品控、试验	配电	变压器
203.3-37	DL/T 1861—2018	高过载能力配电变压器技术导则	行标	2018.10.1			设计、采购	初设、施工图、招标、品控	配电	变压器
203.3-38	NB/T 10473—2020	架空导线用钢绞线	行标	2021.2.1			设计、采购	初设、施工图、招标、品控	配电	线缆
203.3-39	NB/T 42044—2014	3.6kV～40.5kV 智能交流金属封闭开关设备和控制设备	行标	2015.3.1			设计、采购、修试	初设、施工图、招标、品控、试验	配电	开关
203.3-40	NB/T 42066—2016	6kV～35kV 级干式铝绕组电力变压器技术参数和要求	行标	2016.6.1			设计、采购、修试	初设、施工图、招标、品控、试验	配电	变压器
203.3-41	NB/T 42067—2016	6kV～36kV 级油浸式铝绕组配电变压器技术参数和要求	行标	2016.6.1			设计、采购、修试	初设、施工图、招标、品控、试验	配电	变压器
203.3-42	JB/T 10840—2008	3.6kV～40.5kV 高压交流金属封闭电缆分接开关设备	行标	2008.7.1			设计、采购、修试	初设、施工图、招标、品控、试验	配电	开关
203.3-43	GB/T 1094.11—2007	电力变压器 第 11 部分：干式变压器	国标	2008.4.1	IEC 60076-11:2004	GB 1094.11—2007	设计、采购、修试	初设、施工图、招标、品控、试验	配电	变压器
203.3-44	GB/T 2819—1995	移动电站通用技术条件	国标	1996.8.1		GB 2819—1981	设计、采购、修试	初设、施工图、招标、品控、试验	配电	线缆

体系结构号	标准编号	标准名称	标准级别	实施日期	与国际标准对应关系	代替标准	阶段	分阶段	专业	分专业
203.3-45	GB/T 3804—2017	3.6kV～40.5kV 高压交流负荷开关	国标	2018.4.1	IEC 62271-103：2011	GB 3804—2004	设计、采购、修试	初设、施工图、招标、品控、试验	配电	开关
203.3-46	GB/T 3906—2020	3.6kV～40.5kV 交流金属封闭开关设备和控制设备	国标	2020.10.1	IEC 62271-200：2011	GB/T 3906—2006	设计、采购、修试	初设、施工图、招标、品控、试验	配电	开关
203.3-47	GB/T 10228—2015	干式电力变压器技术参数和要求	国标	2016.4.1		GB/T 10228—2008	设计、采购、修试	初设、施工图、招标、品控、试验	配电	变压器
203.3-48	GB/T 17467—2020	高压/低压预装式变电站	国标	2020.10.1	IEC 62271-202：2014	GB/T 17467—2010	设计、采购	初设、施工图、招标、品控	变电	其他
203.3-49	GB/T 22072—2018	干式非晶合金铁心配电变压器技术参数和要求	国标	2019.7.1		GB/T 22072—2008	设计、采购	初设、施工图、招标、品控	配电	变压器
203.3-50	GB/T 25284—2010	12kV～40.5kV 高压交流自动重合器	国标	2011.9.1	IEC 62271-111：2005	GB 25284—2010	设计、采购、修试	初设、施工图、招标、品控、试验	配电	其他
203.3-51	GB/T 25289—2010	20kV 油浸式配电变压器技术参数和要求	国标	2011.5.1			采购、运维	招标、品控、运行、维护	配电	变压器
203.3-52	GB/T 25438—2010	三相油浸式立体卷铁心配电变压器技术参数和要求	国标	2011.5.1			设计、采购、修试	初设、施工图、招标、品控、试验	配电	变压器
203.3-53	GB/T 25446—2010	油浸式非晶合金铁心配电变压器技术参数和要求	国标	2011.5.1			设计、采购、修试	初设、施工图、招标、品控、试验	配电	变压器
203.3-54	GB/T 28182—2011	额定电压 52kV 及以下带串联间隙避雷器	国标	2012.6.1	IEC 60099-6：2002，MOD		设计、采购、修试	初设、施工图、招标、品控、试验	配电	其他
203.3-55	GB/T 32825—2016	三相干式立体卷铁心配电变压器技术参数和要求	国标	2017.3.1			设计、采购、修试	初设、施工图、招标、品控、试验	配电	变压器
203.4 设备材料-低压电力设备										
203.4-1	Q/CSG 1203002—2013	变电站站用交流电源系统技术规范	企标	2012.9.28			设计、采购	初设、施工图、招标、品控	变电	其他
203.4-2	Q/CSG 1203003—2013	变电站直流电源系统技术规范	企标	2012.9.28			设计、采购	初设、施工图、招标、品控	变电	其他
203.4-3	T/CSEE 0165—2020	额定电压 1kV（U_m=1.2kV）及以下气吹型光纤复合低压电缆	团标	2020.1.15			规划、设计、采购、建设、运维、修试、退役	规划、初设、施工图、招标、品控、施工工艺、验收与质量评定、试运行、运行、维护、检修、试验、退役、报废	信息	基础设施

体系结构号	标准编号	标准名称	标准级别	实施日期	与国际标准对应关系	代替标准	阶段	分阶段	专业	分专业
203.4-4	T/CEC 207—2019	低压换相开关型负荷自动平衡装置技术规范	团标	2019.7.1			设计、采购、运维	初设、施工图、招标、品控、运行、维护	配电	其他
203.4-5	T/CSEE 0062—2017	400V～1000V 架空配电线路绝缘导线用耐张线夹	团标	2018.5.1			设计、采购	初设、施工图、招标、品控、试验	配电	线缆
203.4-6	T/CSEE 0063—2017	配电网用户侧电压源变流器技术导则	团标	2018.5.1			设计、采购	初设、施工图、招标、品控、试验	配电	其他
203.4-7	JB/T 10695—2007	低压无功功率动态补偿装置	行标	2007.7.1			设计、采购	初设、施工图、招标、品控	配电	其他
203.4-8	DL/T 329—2010	基于 DL/T860 的变电站低压电源设备通信接口	行标	2011.5.1			设计、采购	初设、施工图、招标、品控	变电	其他
203.4-9	DL/T 339—2010	低压变频调速装置技术条件	行标	2011.5.1			设计、采购	初设、施工图、招标、品控	配电、用电	其他
203.4-10	DL/T 375—2010	户外配电箱通用技术条件	行标	2011.5.1			设计、采购	初设、施工图、招标、品控	配电、用电	其他
203.4-11	DL/T 379—2010	低压晶闸管投切滤波装置技术规范	行标	2010.10.1			设计、采购、运维	初设、施工图、招标、品控、运行、维护	配电、用电	其他
203.4-12	DL/T 459—2017	电力用直流电源设备	行标	2018.3.1		DL/T 459—2000	设计、采购	初设、施工图、招标、品控	变电、配电、用电	其他
203.4-13	DL/T 597—2017	低压无功补偿控制器使用技术条件	行标	2018.6.1		DL/T 597—1996	设计、采购	初设、施工图、招标、品控	配电、用电	其他
203.4-14	DL/T 637—2019	电力用固定型阀控式铅酸蓄电池	行标	2019.10.1	IEC 896-2：1995，NEQ；JISC 8707：1992，NEQ	DL/T 637—1997	设计、采购	初设、施工图、招标、品控	变电、配电、用电	其他
203.4-15	DL/T 842—2015	低压并联电容器装置使用技术条件	行标	2015.9.1		DL/T 842—2003	设计、采购	初设、施工图、招标、品控	配电、用电	其他
203.4-16	DL/T 1074—2019	电力用直流和交流一体化不间断电源	行标	2019.10.1		DL/T 1074—2007	设计、采购	初设、施工图、招标、品控	变电、配电、用电	其他
203.4-17	DL/T 1215.1—2020	链式静止同步补偿器 第1部分：功能规范	行标	2021.2.5		DL/T 1215.1—2013	规划、设计、采购、建设、运维、修试、退役	规划、初设、施工图、招标、品控、施工工艺、验收与质量评定、试运行、运行、维护、检修、试验、退役、报废	发电	火电、水电

体系结构号	标准编号	标准名称	标准级别	实施日期	与国际标准对应关系	代替标准	阶段	分阶段	专业	分专业
203.4-18	DL/T 1441—2015	智能低压配电箱技术条件	行标	2015.9.1			设计、采购	初设、施工图、招标、品控	配电	其他
203.4-19	DL/T 1796—2017	低压有源电力滤波器技术规范	行标	2018.6.1			设计、采购、运维	初设、施工图、招标、品控、运行、维护	配电、用电	其他
203.4-20	NB/T 10188—2019	交流并网侧用低压断路器技术规范	行标	2019.10.1			设计、采购、运维	初设、施工图、招标、品控、运行、维护	配电	开关
203.4-21	NB/T 10327—2019	低压有源三相不平衡调节装置	行标	2020.7.1			设计、采购	初设、施工图、招标、品控	配电、用电	其他
203.4-22	NB/T 10444—2020	继电保护自动测试通用接口技术规范	行标	2021.2.1			设计、采购	初设、施工图、招标、品控	配电、用电	其他
203.4-23	NB/T 10446—2020	1000V 以下馈线保护装置通用技术要求	行标	2021.2.1			设计、采购	初设、施工图、招标、品控	配电、用电	其他
203.4-24	NB/T 42150—2018	低压电涌保护器专用保护设备	行标	2018.7.1			设计、采购	初设、施工图、招标、品控	配电、用电	其他
203.4-25	NB/T 42156—2018	配电网串联电容器补偿装置	行标	2018.10.1			设计、采购	初设、施工图、招标、品控	配电	其他
203.4-26	JB/T 8456—2017	低压直流成套开关设备和控制设备	行标	2018.4.1		JB/T 8456—2005	设计、采购	初设、施工图、招标、品控	配电	开关
203.4-27	JB/T 8734.1—2016	额定电压 450/750V 及以下聚氯乙烯绝缘电缆电线和软线　第1部分：一般规定	行标	2016.9.1		JB/T 8734.1—2012	设计、采购	初设、施工图、招标、品控	配电	线缆
203.4-28	JB/T 8734.3—2016	额定电压 450/750V 及以下聚氯乙烯绝缘电缆电线和软线　第3部分：连接用软电线和软电缆	行标	2016.9.1		JB/T 8734.3—2012	设计、采购	初设、施工图、招标、品控	配电	线缆
203.4-29	JB/T 13689—2019	集成低压无功补偿装置	行标	2020.4.1			设计、采购	初设、施工图、招标、品控	配电	其他
203.4-30	GB/T 5013.1—2008	额定电压 450/750V 及以下橡皮绝缘电缆　第1部分：一般要求	国标	2008.9.1	IEC 60245-1:2003，IDT	GB 5013.1—1997	设计、采购	初设、施工图、招标、品控	配电	线缆
203.4-31	GB/T 5013.3—2008	额定电压 450/750V 及以下橡皮绝缘电缆　第3部分：耐热硅橡胶绝缘电缆	国标	2008.9.1	IEC 60245-3:2003，IDT	GB 5013.3—1997	设计、采购	初设、施工图、招标、品控	配电	线缆

体系 结构号	标准编号	标准名称	标准 级别	实施日期	与国际标准 对应关系	代替标准	阶段	分阶段	专业	分专业
203.4-32	GB/T 5013.4—2008	额定电压 450/750V 及以下橡皮绝缘电缆 第4部分：软线和软电缆	国标	2008.9.1	IEC 60245-4：2003，IDT	GB 5013.4—1997	设计、采购	初设、施工图、招标、品控	配电	线缆
203.4-33	GB/T 5013.5—2008	额定电压 450/750V 及以下橡皮绝缘电缆 第5部分：电梯电缆	国标	2008.9.1	IEC 60245-5：2003，IDT	GB 5013.5—1997	设计、采购	初设、施工图、招标、品控	配电	线缆
203.4-34	GB/T 5013.6—2008	额定电压 450/750V 及以下橡皮绝缘电缆 第6部分：电焊机电缆	国标	2008.9.1	IEC 60245-6：2003，IDT	GB 5013.6—1997	设计、采购	初设、施工图、招标、品控	配电	线缆
203.4-35	GB/T 5013.7—2008	额定电压 450/750V 及以下橡皮绝缘电缆 第7部分：耐热乙烯-乙酸乙烯酯橡皮绝缘电缆	国标	2008.9.1	IEC 60245-7：2003，IDT	GB 5013.7—1997	设计、采购	初设、施工图、招标、品控	配电	线缆
203.4-36	GB/T 5013.8—2013	额定电压 450/750V 及以下橡皮绝缘电缆 第8部分：特软电线	国标	2013.12.2		GB/T 5013.8—2006	设计、采购	初设、施工图、招标、品控	配电	线缆
203.4-37	GB/T 5023.1—2008	额定电压 450/750V 及以下聚氯乙烯绝缘电缆 第1部分：一般要求	国标	2009.5.1	IEC 60227-1：2007，IDT	GB 5023.1—1997	设计、采购	初设、施工图、招标、品控	配电	线缆
203.4-38	GB/T 5023.4—2008	额定电压 450/750V 及以下聚氯乙烯绝缘电缆 第4部分：固套电缆	国标	2009.5.1	IEC 60227-4：2007，IDT	GB 5023.4—1997	设计、采购	初设、施工图、招标、品控	配电	线缆
203.4-39	GB/T 5023.5—2008	额定电压 450/750V 及以下聚氯乙烯绝缘电缆 第5部分：软电缆（软线）	国标	2009.5.1	IEC 60227-5：2007，IDT	GB 5023.5—1997	设计、采购	初设、施工图、招标、品控	配电	线缆
203.4-40	GB/T 5023.6—2006	额定电压 450/750V 及以下聚氯乙烯绝缘电缆 第6部分：电梯电缆和挠性连接用电缆	国标	2006.12.1	IEC 60227-6：2007，IDT	GB 5023.6—1997	设计、采购	初设、施工图、招标、品控	配电	线缆
203.4-41	GB/T 5023.7—2008	额定电压 450/750V 及以下聚氯乙烯绝缘电缆 第7部分：二芯或多芯屏蔽和非屏蔽软电缆	国标	2009.5.1	IEC 60227-7：2007，IDT	GB 5023.7—1997	设计、采购	初设、施工图、招标、品控	配电	线缆

体系结构号	标准编号	标准名称	标准级别	实施日期	与国际标准对应关系	代替标准	阶段	分阶段	专业	分专业
203.4-42	GB/T 7251.1—2013	低压成套开关设备和控制设备 第1部分：总则	国标	2015.1.13	IEC 61439-1：2011	GB 7251.1—2013	设计、采购	初设、施工图、招标、品控	配电	开关
203.4-43	GB/T 7251.3—2017	低压成套开关设备和控制设备 第3部分：由一般人员操作的配电板（DBO）	国标	2018.5.1	IEC 61439-3：2012	GB 7251.3—2006	设计、采购	初设、施工图、招标、品控	配电	开关
203.4-44	GB/T 7251.5—2017	低压成套开关设备和控制设备 第5部分：公用电网电力配电成套设备	国标	2018.2.1	IEC 61439-5：2014	GB/T 7251.5—2008	设计、采购	初设、施工图、招标、品控	配电	开关
203.4-45	GB/T 7251.6—2015	低压成套开关设备和控制设备 第6部分：母线干线系统（母线槽）	国标	2016.6.1	IEC 61439-6：2012	GB 7251.6—2015	设计、采购	初设、施工图、招标、品控	配电	开关
203.4-46	GB/T 7251.7—2015	低压成套开关设备和控制设备 第7部分：特定应用的成套设备—如码头、露营地、市集广场、电动车辆充电站	国标	2015.12.1			设计、采购	初设、施工图、招标、品控	配电	开关
203.4-47	GB/T 7251.10—2014	低压成套开关设备和控制设备 第10部分：规定成套设备的指南	国标	2015.6.1			设计、采购	初设、施工图、招标、品控	配电	开关
203.4-48	GB/T 7251.12—2013	低压成套开关设备和控制设备 第2部分：成套电力开关和控制设备	国标	2015.1.13	IEC 61439-2：2011	GB 7251.12—2013	设计、采购	初设、施工图、招标、品控	配电	开关
203.4-49	GB/T 9330—2020	塑料绝缘控制电缆	国标	2020.10.1		GB/T 9330.2—2008；GB/T 9330.1—2008；GB/T 9330.3—2008	设计、采购	初设、施工图、招标、品控	配电	线缆
203.4-50	GB/T 9364.3—2018	小型熔断器 第3部分：超小型熔断体	国标	2018.12.1		GB/T 9364.3—1997	设计、采购	初设、施工图、招标、品控	用电	其他
203.4-51	GB/T 10963.3—2016	家用及类似场所用过电流保护断路器 第3部分：用于直流的断路器	国标	2016.11.1			设计、采购	初设、施工图、招标、品控	用电	其他
203.4-52	GB/T 12747.2—2017	标称电压1000V及以下交流电力系统用自愈式并联电容器 第2部分：老化试验、自愈性试验和破坏试验	国标	2018.2.1	IEC 60831-2：2014	GB/T 12747.2—2004	设计、采购	初设、施工图、招标、品控	配电、用电	其他

体系结构号	标准编号	标准名称	标准级别	实施日期	与国际标准对应关系	代替标准	阶段	分阶段	专业	分专业
203.4-53	GB/T 13337.2—2011	固定性排气式铅酸蓄电池 第2部分：规格及尺寸	国标	2011.12.1		GB/T 13337.2—1991	设计、采购	初设、施工图、招标、品控	配电、用电	其他
203.4-54	GB/T 13539.1—2015	低压熔断器 第1部分：基本要求	国标	2016.10.1	IEC 60269-1：2009	GB 13539.1—2015	设计、采购	初设、施工图、招标、品控	配电	开关
203.4-55	GB/T 13539.5—2020	低压熔断器 第5部分：低压熔断器应用指南	国标	2021.6.1		GB/T 13539.5—2013	设计、采购	初设、施工图、招标、品控	配电	开关
203.4-56	GB/T 14048.1—2012	低压开关设备和控制设备 第1部分：总则	国标	2013.12.1	IEC 60947-1：2011	GB 14048.1—2012	设计、采购	初设、施工图、招标、品控	配电	开关
203.4-57	GB/T 14048.2—2020	低压开关设备和控制设备 第2部分：断路器	国标	2021.4.1		GB/T 14048.2—2008	设计、采购	初设、施工图、招标、品控	配电	开关
203.4-58	GB/T 14048.3—2017	低压开关设备和控制设备 第3部分：开关、隔离器、隔离开关及熔断器组合电器	国标	2018.7.1	IEC 60947-3：2015	GB 14048.3—2008	设计、采购	初设、施工图、招标、品控	配电	开关
203.4-59	GB/T 14048.4—2020	低压开关设备和控制设备 第4-1部分：接触器和电动机起动器 机电式接触器和电动机起动器（含电动机保护器）	国标	2021.4.1		GB/T 14048.4—2010	设计、采购	初设、施工图、招标、品控	配电	开关
203.4-60	GB/T 14048.5—2017	低压开关设备和控制设备 第5-1部分：控制电路电器和开关元件 机电式控制电路电器	国标	2009.6.1	IEC 60947-5-1：2016	GB 14048.5—2008	设计、采购	初设、施工图、招标、品控	配电	开关
203.4-61	GB/T 14048.6—2016	低压开关设备和控制设备 第4-2部分：接触器和电动机起动器 交流电动机用半导体控制器和起动器（含软起动器）	国标	2011.9.1	IEC 60947-4-2：2011	GB 14048.6—2008	设计、采购	初设、施工图、招标、品控	配电	开关
203.4-62	GB/T 14048.8—2016	低压开关设备和控制设备 第7-2部分：辅助器件 铜导体的保护导体接线端子排	国标	2011.9.1	IEC 60947-7-2：2009(第3.0版)，MOD	GB/T 14048.8—2006	设计、采购	初设、施工图、招标、品控	配电	开关
203.4-63	GB/T 14048.9—2008	低压开关设备和控制设备 第6-2部分：多功能电器（设备）控制与保护开关电器（设备）（CPS）	国标	2009.6.1	IEC 60947-6-2：2007	GB 14048.9—2008	设计、采购	初设、施工图、招标、品控	配电	开关

体系结构号	标准编号	标准名称	标准级别	实施日期	与国际标准对应关系	代替标准	阶段	分阶段	专业	分专业
203.4-64	GB/T 14048.10—2016	低压开关设备和控制设备 第5-2部分：控制电路电器和开关元件 接近开关	国标	2017.3.1	IEC 60947-5-2：2012	GB/T 14048.10—2008	设计、采购	初设、施工图、招标、品控	配电	开关
203.4-65	GB/T 14048.11—2016	低压开关设备和控制设备 第6-1部分：多功能电器 转换开关电器	国标	2016.11.1	IEC 60947-6-1：2013（2.1版），MOD	GB/T 14048.11—2008	设计、采购	初设、施工图、招标、品控	配电	开关
203.4-66	GB/T 14048.12—2016	低压开关设备和控制设备 第4-3部分：接触器和电动机起动器 非电动机负载用交流半导体控制器和接触器	国标	2017.7.1	IEC 60947-4-3：2014	GB/T 14048.12—2006	设计、采购	初设、施工图、招标、品控	配电	开关
203.4-67	GB/T 14048.13—2017	低压开关设备和控制设备 第5-3部分：控制电路电器和开关元件 在故障条件下具有确定功能的接近开关（PDDB）的要求	国标	2018.4.1	IEC 60947-5-3：2013 Ed 2.0	GB/T 14048.13—2006	设计、采购	初设、施工图、招标、品控	配电	开关
203.4-68	GB/T 14048.14—2019	低压开关设备和控制设备 第5-5部分：控制电路电器和开关元件-具有机械锁闩功能的电气紧急制动装置	国标	2020.1.1	IEC 60947-7-3：2009（2.0版)IDT	GB/T 14048.14—2006	设计、采购	初设、施工图、招标、品控	配电	开关
203.4-69	GB/T 14048.15—2006	低压开关设备和控制设备 第5-6部分：控制电路电器和开关元件-接近传感器和开关放大器的DC接口（NAMUR）	国标	2007.4.1	IEC 60947-5-6：1999，IDT		设计、采购	初设、施工图、招标、品控	配电	开关
203.4-70	GB/T 14048.16—2016	低压开关设备和控制设备 第8部分：旋转电机用装入式热保护（PTC）控制单元	国标	2017.3.1	IEC 60947-8：2011	GB/T 14048.16—2006	设计、采购	初设、施工图、招标、品控	配电	开关
203.4-71	GB/T 14048.18—2016	低压开关设备和控制设备 第7-3部分：辅助器件 熔断器接线端子排的安全要求	国标	2016.9.1	IEC 60947-7-3：2009（2.0版)IDT	GB/T 14048.18—2008	设计、采购	初设、施工图、招标、品控	配电	开关
203.4-72	GB/T 14048.19—2013	低压开关设备和控制设备 第5-7部分：控制电路电器和开关元件 用于带模拟输出的接近设备的要求	国标	2014.4.9			设计、采购	初设、施工图、招标、品控	配电	开关

体系结构号	标准编号	标准名称	标准级别	实施日期	与国际标准对应关系	代替标准	阶段	分阶段	专业	分专业
203.4-73	GB/T 14048.20—2013	低压开关设备和控制设备 第5-8部分：控制电路电器和开关元件 三位使能开关	国标	2014.4.9			设计、采购	初设、施工图、招标、品控	配电	开关
203.4-74	GB/T 14048.21—2013	低压开关设备和控制设备 第5-9部分：控制电路电器和开关元件 流量开关	国标	2014.4.9			设计、采购	初设、施工图、招标、品控	配电	开关
203.4-75	GB/T 14048.22—2017	低压开关设备和控制设备 第7-4部分：辅助器件 铜导体的PCB接线端子排	国标	2018.7.1	IEC 60947-7-4：2013		设计、采购	初设、施工图、招标、品控	配电	开关
203.4-76	GB/T 15576—2020	低压成套无功功率补偿装置	国标	2021.6.1		GB/T 15576—2008	设计、采购	初设、施工图、招标、品控	配电、用电	其他
203.4-77	GB/T 16895.3—2017	低压电气装置 第5-54部分：电气设备的选择和安装 接地配置和保护导体	国标	2018.2.1	IEC 60364-5-54：2011	GB/T 16895.3—2004	设计、采购	初设、施工图、招标、品控	配电、用电	其他
203.4-78	GB/T 16895.5—2012	低压电气装置 第4-43部分：安全防护 过电流保护	国标	2013.5.1	IEC 60364-4-43：2008	GB 16895.5—2012	设计、采购	初设、施工图、招标、品控	配电、用电	其他
203.4-79	GB/T 16895.6—2014	低压电气装置 第5-52部分：电气设备的选择和安装 布线系统	国标	2010.3.1		GB 16895.6—2000；GB/T 16895.15—2002	设计、采购	初设、施工图、招标、品控	配电、用电	其他
203.4-80	GB/T 16895.7—2009	低压电气装置 第7-704部分：特殊装置或场所的要求 施工和拆除场所的电气装置	国标	2010.3.1	IEC 60364-7-704：2005	GB 16895.7—2009	设计、采购	初设、施工图、招标、品控	配电、用电	其他
203.4-81	GB/T 16895.19—2017	低压电气装置 第7-702部分：特殊装置或场所的要求 游泳池和喷泉	国标	2015.8.3	IEC 60364-7-702：2010	GB/T 16895.19—2002	设计、采购	初设、施工图、招标、品控	配电、用电	其他
203.4-82	GB/T 16895.20—2017	低压电气装置 第5-55部分：电气设备的选择和安装 其他设备	国标	2018.7.1	IEC 60364-5-55：2012	GB 16895.20—2003	设计、采购	初设、施工图、招标、品控	配电、用电	其他
203.4-83	GB/T 16895.22—2004	建筑物电气装置 第5-53部分：电气设备的选择和安装-隔离、开关和控制设备 第534节：过电压保护电器	国标	2005.6.1		GB 16895.22—2004	设计、采购	初设、施工图、招标、品控	配电、用电	其他

体系结构号	标准编号	标准名称	标准级别	实施日期	与国际标准对应关系	代替标准	阶段	分阶段	专业	分专业
203.4-84	GB/T 16895.28—2017	低压电气装置 第7-714部分：特殊装置或场所的要求 户外照明装置	国标	2018.2.1	IEC 60364-7-714:2011	GB/T 16895.28—2008	设计、采购	初设、施工图、招标、品控	配电、用电	其他
203.4-85	GB/T 16895.33—2017	低压电气装置 第5-56部分：电气设备的安装和选择 安全设施	国标	2018.2.1	IEC 60364-5-56:2009		设计、采购	初设、施工图、招标、品控	配电、用电	其他
203.4-86	GB/T 16895.34—2018	低压电气装置 第7-753部分：特殊装置或场所的要求 加热电缆及埋入式加热系统	国标	2018.10.1			设计、采购	初设、施工图、招标、品控	配电、用电	其他
203.4-87	GB/T 16935.1—2008	低压系统内设备的绝缘配合 第1部分：原理、要求和试验	国标	2008.12.1	IEC 60664-1:2007，IDT	GB/T 16935.1—1997	设计、采购	初设、施工图、招标、品控	配电、用电	其他
203.4-88	GB/T 16935.4—2011	低压系统内设备的绝缘配合 第4部分：高频电压应力考虑事项	国标	2012.5.1	IEC 60664-4:2005，IDT		设计、采购	初设、施工图、招标、品控	配电、用电	其他
203.4-89	GB/T 17478—2004	低压直流电源设备的性能特性	国标	2005.2.1	IEC 61204:2001，MOD	GB 17478—1998	设计、采购	初设、施工图、招标、品控	配电、用电	其他
203.4-90	GB/T 17886.1—1999	标称电压 1kV 及以下交流电力系统用非自愈式并联电容器 第1部分：总则—性能、试验和定额—安全要求 安装和运行导则	国标	2000.5.1	IEC 60931-1:1996，IDT	GB/T 3983.1—1989	设计、采购	初设、施工图、招标、品控	配电、用电	其他
203.4-91	GB/T 17886.2—1999	标称电压 1kV 及以下交流电力系统用非自愈式并联电容器 第2部分：老化试验和破坏试验	国标	2000.5.1	IEC 60931-2:1995，IDT		设计、采购	初设、施工图、招标、品控	配电、用电	其他
203.4-92	GB/T 17886.3—1999	标称电压 1kV 及以下交流电力系统用非自愈式并联电容器 第3部分：内部熔丝	国标	2000.5.1	IEC 60931-3:1996，IDT		设计、采购	初设、施工图、招标、品控	配电、用电	其他
203.4-93	GB/T 18216.12—2010	交流 1000V 和直流 1500V 以下低压配电系统电气安全 防护措施的试验、测量或监控设备 第12部分：性能测量和监控装置（PMD）	国标	2011.5.1			设计、采购	初设、招标	变电	其他

体系结构号	标准编号	标准名称	标准级别	实施日期	与国际标准对应关系	代替标准	阶段	分阶段	专业	分专业
203.4-94	GB/T 18802.1—2011	低压电涌保护器（SPD）第1部分：低压配电系统的电涌保护器 性能要求和试验方法	国标	2012.12.1	IEC 61643-1：2005	GB 18802.1—2011	设计、采购	初设、施工图、招标、品控	配电、用电	其他
203.4-95	GB/T 18802.311—2017	低压电涌保护器元件 第311部分：气体放电管（GDT）的性能要求和测试回路	国标	2018.5.1	IEC 61643—311：2013	GB/T 18802.311—2007	设计、采购	初设、施工图、招标、品控	配电、用电	其他
203.4-96	GB/T 18858.1—2012	低压开关设备和控制设备 控制器 设备接口（CDI）第1部分：总则	国标	2013.2.1		GB/T 18858.1—2002	设计、采购	初设、施工图、招标、品控	配电	开关
203.4-97	GB/T 18858.2—2012	低压开关设备和控制设备 控制器 设备接口（CDI）第2部分：执行器传感器接口（AS-i）	国标	2013.2.1		GB/T 18858.2—2002	设计、采购	初设、施工图、招标、品控	配电	开关
203.4-98	GB/T 18858.3—2012	低压开关设备和控制设备 控制器 设备接口（CDI）第3部分：DeviceNet	国标	2013.2.1	IEC 62026-3：2008 IDT	GB/T 18858.3—2002	设计、采购	初设、施工图、招标、品控	配电	开关
203.4-99	GB/T 19215.3—2012	电气安装用电缆槽管系统 第2部分:特殊要求 第2节:安装在地板下和与地板齐平的电缆槽管系统	国标	2013.5.1	IEC 61084-2-2：2003 Ed.1	GB 19215.3—2012	设计、采购	初设、施工图、招标、品控	配电、用电	其他
203.4-100	GB/T 19638.1—2014	固定型阀控式铅酸蓄电池 第1部分：技术条件	国标	2015.1.22		GB/T 19638.2—2005	设计、采购	初设、施工图、招标、品控	变电、配电、用电	其他
203.4-101	GB/T 19638.2—2014	固定型阀控式铅酸蓄电池 第2部分：产品品种和规格	国标	2015.1.22			设计、采购	初设、施工图、招标、品控	变电、配电、用电	其他
203.4-102	GB/T 19639.1—2014	通用阀控式铅酸蓄电池 第1部分：技术条件	国标	2015.7.1		GB/T 19639.1—2005	设计、采购	初设、施工图、招标、品控	变电、配电、用电	其他
203.4-103	GB/T 19639.2—2014	通用阀控式铅酸蓄电池 第2部分：规格型号	国标	2015.7.1		GB/T 19639.2—2007	设计、采购	初设、施工图、招标、品控	变电、配电、用电	其他
203.4-104	GB/T 19826—2014	电力工程直流电源设备通用技术条件及安全要求	国标	2014.10.28	ISO 3452-4：1998，IDT	GB/T 19826—2005	设计、采购	初设、施工图、招标、品控	变电、配电、用电	其他
203.4-105	GB/T 20641—2014	低压成套开关设备和控制设备 空壳体的一般要求	国标	2015.6.1		GB/T 20641—2006	设计、采购	初设、施工图、招标、品控	配电	开关

体系 结构号	标准编号	标准名称	标准 级别	实施日期	与国际标准 对应关系	代替标准	阶段	分阶段	专业	分专业
203.4-106	GB/T 21207.1—2014	低压开关设备和控制设备 入网工业设备描述 第1部分：设备描述编制总则	国标	2015.4.1		GB/T 21207—2007	设计、采购	初设、施工图、招标、品控	配电	开关
203.4-107	GB/T 21207.2—2014	低压开关设备和控制设备 入网工业设备描述 第2部分：起动器和类似设备的根设备描述	国标	2015.4.1			设计、采购	初设、施工图、招标、品控	配电	开关
203.4-108	GB/T 21560.3—2008	低压直流电源 第3部分：电磁兼容性（EMC）	国标	2008.11.1	IEC 61204-3：2000，MOD		设计、采购	初设、施工图、招标、品控	配电、用电	其他
203.4-109	GB/T 21560.6—2008	低压直流电源 第6部分：评定低压直流电源性能的要求	国标	2008.11.1	IEC 61204-6：2000，MOD		设计、采购	初设、施工图、招标、品控	配电、用电	其他
203.4-110	GB/T 22582—2008	电力电容器 低压功率因数补偿装置	国标	2009.10.1	IEC 61921：2003，MOD		设计、采购	初设、施工图、招标、品控	配电、用电	其他
203.4-111	GB/T 22710—2008	低压断路器用电子式控制器	国标	2009.10.1			设计、采购	初设、施工图、招标、品控	配电、用电	其他
203.4-112	GB/T 24274—2019	低压抽出式成套开关设备和控制设备	国标	2020.5.1		GB/T 24274—2009	设计、采购	初设、施工图、招标、品控	配电	开关
203.4-113	GB/T 24275—2019	低压固定封闭式成套开关设备和控制设备	国标	2020.5.1		GB/T 24275—2009	设计、采购	初设、施工图、招标、品控	配电	开关
203.4-114	GB/T 25099—2010	配电降压节电装置	国标	2011.2.1			设计、采购	初设、施工图、招标、品控	配电	其他
203.4-115	GB/T 25316—2010	静止式岸电装置	国标	2011.5.1			设计、采购、修试	初设、施工图、招标、品控、试验	配电	其他
203.4-116	GB/T 25840—2010	规定电气设备部件（特别是接线端子）允许温升的导则	国标	2011.5.1	IEC/TR 60943—2009，IDT		设计、采购、建设、运维	初设、施工图、招标、品控、施工工艺、验收与质量评定、试运行、运行、维护	基础综合	
203.4-117	GB/Z 25842.2—2012	低压开关设备和控制设备 过电流保护电器 第2部分：过电流条件下的选择性	国标	2013.2.1			设计、采购	初设、施工图、招标、品控	配电	开关
203.4-118	GB/T 27746—2011	低压电器用金属氧化物压敏电阻器（MOV）技术规范	国标	2012.5.1			设计、采购、运维	初设、施工图、招标、品控、运行、维护	配电、用电	其他

体系结构号	标准编号	标准名称	标准级别	实施日期	与国际标准对应关系	代替标准	阶段	分阶段	专业	分专业
203.4-119	GB/T 28567—2012	电线电缆专用设备技术要求	国标	2012.11.1			设计、采购	初设、施工图、招标、品控	配电	线缆
203.4-120	GB/T 29312—2012	低压无功功率补偿投切装置	国标	2013.6.1			设计、采购	初设、施工图、招标、品控	配电	其他
203.4-121	GB/T 32891.1—2016	旋转电机 效率分级（IE代码）第1部分：电网供电的交流电动机	国标	2017.3.1	IEC 60034-30-1：2014		设计、采购	初设、施工图、招标、品控	配电、用电	其他
203.4-122	GB/T 35685.1—2017	低压封闭式开关设备和控制设备 第1部分：在维修和维护工作中提供隔离功能的封闭式隔离开关	国标	2018.7.1			设计、采购	初设、施工图、招标、品控	配电	开关
203.4-123	GB/Z 35733—2017	对构成及接入智能电网设备的电磁兼容要求导则	国标	2018.7.1			设计、采购、建设、运维	初设、施工图、招标、品控、施工工艺、验收与质量评定、试运行、运行、维护	基础综合	
203.4-124	GB/T 35743—2017	低压开关设备和控制设备用于信息交换的产品数据与特性	国标	2018.7.1			设计、采购	初设、施工图、招标、品控	配电	开关
203.4-125	GB/T 39462—2020	低压直流系统与设备安全导则	国标	2021.6.1			规划、设计	规划、初设、施工图	基础综合	
203.4-126	ANSI/UL 5085-1—2012	低压变器安全标准 第1部分：一般要求	国际标准	2006.4.17	UL 5085-1—2006，IDT		设计、采购	初设、施工图、招标、品控	配电	变压器
203.4-127	ANSI/UL 5085-2—2012	低压变器安全标准 第2部分：一般用途变压器	国际标准	2006.4.17	UL 5085-2—2006，IDT		设计、采购	初设、施工图、招标、品控	配电	变压器
203.4-128	IEC 61558-1—2009	电力变压器、电源、电抗器及类似设备的安全性 第1部分：一般要求和试验	国际标准	2009.4.1			设计、采购	初设、施工图、招标、品控	基础综合	
203.4-129	IEC 61558-2-26—2013	电力变压器 第2-26部分：反应器、供电机组及其组合的安全性全部用于节约能源和其他用途的变压器和供电机组的详细要求和试验	国际标准	2013.7.10	EN 61558-2-26—2013，IDT		设计、采购	初设、施工图、招标、品控	配电	变压器
203.5	**设备材料-线路**									
203.5-1	Q/CSG 1101005—2013	架空线路钢管塔、角钢塔技术规范	企标	2013.5.15			设计、采购	初设、招标	输电	线路

体系结构号	标准编号	标准名称	标准级别	实施日期	与国际标准对应关系	代替标准	阶段	分阶段	专业	分专业
203.5-2	Q/CSG 1203051—2018	交流输电线路用复合外套金属氧化物避雷器技术规范	企标	2018.5.17			设计、采购	初设、招标	输电	线路
203.5-3	Q/CSG 1203056.2—2018	110kV～500kV 架空输电线路杆塔复合横担技术规定 第2部分：元件技术（试行）	企标	2018.12.28			设计、采购	初设、招标	输电	线路
203.5-4	Q/CSG 1203060—2019（英文）	Stranded Composite Core Overhead Conductor（绞合型复合材料芯架空导线）	企标	2019.2.27			设计、采购	初设、招标	输电	线路
203.5-5	Q/CSG 1203060.1—2019	绞合型复合材料芯架空导线 第1部分：导线技术规范（试行）	企标	2019.2.27			设计、采购	初设、招标	输电	线路
203.5-6	T/CEC 136—2017	输电线路钢管塔用直缝焊管	团标	2017.8.1			采购、运维	招标、品控、运行、维护	输电	线路
203.5-7	T/CEC 143—2017	超高性能混凝土电杆	团标	2017.8.1			采购、建设	品控、验收与质量评定	配电	线缆
203.5-8	T/CEC 186—2018	可融冰光纤复合架空地线及其接续盒	团标	2019.2.1			设计、采购	初设、招标	输电	线路
203.5-9	T/CEC 241—2019	盘形悬式绝缘子用铁帽技术规范	团标	2020.1.1			采购、运维	招标、品控、运行、维护	输电	线路
203.5-10	T/CEC 242—2019	直流系统用盘形悬式绝缘子锌套和锌环技术条件	团标	2020.1.1			采购、运维	招标、品控、运行、维护	输电	线路
203.5-11	T/CEC 399.1—2020	金属基增容导线技术条件 第1部分：间隙型导线	团标	2021.2.1			采购、建设	品控、验收与质量评定	输电	线路
203.5-12	T/CEC 399.3—2020	金属基增容导线技术条件 第3部分：钢芯高导电率耐热铝合金导线	团标	2021.2.1			采购、建设	品控、验收与质量评定	输电	线路
203.5-13	T/CEC 407—2020	电力变压器中低压侧出线绝缘化改造技术规范	团标	2021.2.1			采购、运维	招标、品控、运行、维护	变电	变压器
203.5-14	T/CSEE 0128—2019	架空输电线路安全备用线夹技术要求	团标	2019.3.1			设计、采购	初设、招标	输电	线路
203.5-15	DL/T 248—2012	输电线路杆塔不锈钢复合材料耐腐蚀接地装置	行标	2012.7.1			采购、建设、运维	品控、验收与质量评定、运行	输电	线路

体系结构号	标准编号	标准名称	标准级别	实施日期	与国际标准对应关系	代替标准	阶段	分阶段	专业	分专业
203.5-16	DL/T 284—2012	输电线路杆塔及电力金具用热浸镀锌螺栓与螺母	行标	2012.3.1		DL/T 764.4—2002	采购、建设	品控、验收与质量评定	输电	线路
203.5-17	DL/T 376—2019	聚合物绝缘子伞裙和护套用绝缘材料通用技术条件	行标	2020.5.1		DL/T 376—2010	设计、采购	初设、招标	输电	线路
203.5-18	DL/T 815—2012	交流输电线路用复合外套金属氧化物避雷器	行标	2012.3.1		DL/T815—2002	采购、建设、运维、修试	品控、验收与质量评定、运行、检修	输电	线路
203.5-19	DL/T 832—2016	光纤复合架空地线	行标	2016.6.1		DL/T 832—2003	设计、采购、运维	初设、招标、运行	输电	线路
203.5-20	DL/T 978—2018	气体绝缘金属封闭输电线路技术条件	行标	2019.5.1		DL/T 978—2005	设计、采购	初设、招标	输电	线路
203.5-21	DL/T 1058—2016	交流架空线路用复合相间间隔棒技术条件	行标	2016.7.1		DL/T 1058—2007	设计、采购	初设、招标	输电	线路
203.5-22	DL/T 1236—2013	输电杆塔用地脚螺栓与螺母	行标	2013.8.1			采购、建设	品控、验收与质量评定	输电	线路
203.5-23	DL/T 1294—2013	交流电力系统金属氧化物避雷器用脱离器使用导则	行标	2014.4.1			采购、运维、修试	招标、品控、运行、维护、检修	输电	线路
203.5-24	DL/T 1307—2013	铝基陶瓷纤维复合芯超耐热铝合金绞线	行标	2014.4.1			采购、建设	品控、验收与质量评定	输电	线路
203.5-25	DL/T 1372—2014	架空输电线路跳线技术条件	行标	2015.3.1			设计、采购	初设、招标	输电	线路
203.5-26	DL/T 1470—2015	交流系统用盘形悬式复合瓷或玻璃绝缘子串元件	行标	2015.12.1			采购、建设	品控、验收与质量评定	输电	线路
203.5-27	DL/T 1471—2015	高压直流线路用盘形悬式复合瓷或玻璃绝缘子串元件	行标	2015.12.1			采购、建设	品控、验收与质量评定	输电	线路
203.5-28	DL/T 1508—2016	架空输电线路导地线覆冰监测装置	行标	2016.6.1			采购、建设、运维、修试	品控、验收与质量评定、运行、维护、检修	输电	线路
203.5-29	DL/T 1565—2015	引张线装置	行标	2016.7.1			采购、建设	品控、验收与质量评定	输电	线路
203.5-30	DL/T 1571—2016	机器人检测劣化盘形悬式瓷绝缘子技术规范	行标	2016.7.1			运维、修试	运行	输电	线路
203.5-31	DL/T 1613—2016	光纤复合架空相线及相关附件	行标	2016.12.1			采购、建设	品控、验收与质量评定	输电	线路

体系结构号	标准编号	标准名称	标准级别	实施日期	与国际标准对应关系	代替标准	阶段	分阶段	专业	分专业
203.5-32	DL/T 1740—2017	直流气体绝缘金属封闭输电线路技术条件	行标	2018.3.1			采购、建设	品控、验收与质量评定	输电	线路
203.5-33	DL/T 1899.1—2018	电力架空光缆接头盒 第1部分：光纤复合架空地线接头盒	行标	2019.5.1			采购、建设	品控、验收与质量评定	输电	线路
203.5-34	DL/T 1899.2—2018	电力架空光缆接头盒 第2部分：全介质自承式光缆接头盒	行标	2019.5.1			采购、建设	品控、验收与质量评定	输电	线路
203.5-35	DL/T 1899.3—2018	电力架空光缆接头盒 第3部分：光纤复合架空相线接头盒	行标	2019.5.1			采购、建设	品控、验收与质量评定	输电	线路
203.5-36	DL/T 1923—2018	架空输电线路机器人巡检系统通用技术条件	行标	2019.5.1			采购	招标、品控	输电	线路
203.5-37	DL/T 2085—2020	变电站降噪材料和降噪装置技术要求	行标	2021.2.1			采购	招标、品控	变电	变压器
203.5-38	JB/T 9677—1999	盘形悬式绝缘子钢脚	行标	2000.1.1	IEC 60120：1984，EQV	ZB K50001—1987	采购、运维	招标、品控、运行、维护	输电	线路
203.5-39	NB/T 10305—2019	架空线路预绞式金具用铝合金线	行标	2020.5.1			采购、建设	品控、验收与质量评定	输电	线路
203.5-40	NB/T 42042—2014	架空绞线用中强度铝合金线	行标	2015.3.1			采购、建设	品控、验收与质量评定	输电	线路
203.5-41	NB/T 42060—2015	钢芯耐热铝合金架空导线	行标	2016.3.1			采购、建设	品控、验收与质量评定	输电	线路
203.5-42	NB/T 42061—2015	钢芯软铝绞线	行标	2016.3.1			采购、建设	品控、验收与质量评定	输电	线路
203.5-43	NB/T 42062—2015	扩径型钢芯铝绞线	行标	2016.3.1			采购、建设、运维	品控、验收与质量评定、运行	输电	线路
203.5-44	JB/T 8177—1999	绝缘子金属附件热镀锌层通用技术条件	行标	2000.1.1	IEC 60168：1994，NEQ；IEC 60383-1：1994，NEQ	JB/T 8177—1995	采购、建设、运维	品控、验收与质量评定、运行	输电	线路
203.5-45	JB/T 8178—1999	悬式绝缘子铁帽 技术条件	行标	2000.1.1		JB/T 8178—1995	采购、运维	招标、品控、运行、维护	输电	线路
203.5-46	JB/T 8999—2014	光纤复合架空地线	行标	2014.10.1		JB/T 8999—1999	设计、采购	初设、品控	输电	线路

体系结构号	标准编号	标准名称	标准级别	实施日期	与国际标准对应关系	代替标准	阶段	分阶段	专业	分专业
203.5-47	JB/T 9680—2012	高压架空输电线路地线用绝缘子	行标	2012.11.1		JB/T 9680—1999	采购、建设、运维	品控、验收与质量评定、运行	输电	线路
203.5-48	JB/T 10260—2014	架空绝缘电缆用绝缘料	行标	2014.10.1		JB/T 10260—2001	采购、运维	招标、品控、运行、维护	输电	电缆
203.5-49	JB/T 10497—2005	交流输电线路用复合外套有串联间隙金属氧化物避雷器	行标	2005.9.1	IEC 60099-4：2001，NEQ		设计、采购、修试	初设、施工图、招标、品控、试验	输电	线路
203.5-50	YB/T 124—2017	铝包钢绞线	行标	2018.4.1		YB/T 124—1997	采购、运维	招标、品控、运行、维护	输电	线路
203.5-51	GB/T 1000—2016	高压线路针式瓷绝缘子尺寸与特性	国标	2016.11.1		GB/T 1000.2—1988	设计、采购、建设	初设、招标、施工工艺	输电	线路
203.5-52	GB/T 1001.1—2003	标称电压高于 1000V 的架空线路绝缘子 第1部分：交流系统用瓷或玻璃绝缘子元件 定义、试验方法和判定准则	国标	2004.2.1	IEC 60383-1：1993，MOD	GB 1001—1986；GB 1001.1—1988	设计、采购、修试	初设、施工图、招标、品控、试验	输电	线路
203.5-53	GB/T 1179—2017	圆线同心绞架空导线	国标	2018.5.1	IEC 61089：1991	GB/T 1179—2008	设计、采购	初设、品控	输电	线路
203.5-54	GB/T 2694—2018	输电线路铁塔制造技术条件	国标	2019.2.1		GB/T 2694—2010	采购、建设	品控、验收与质量评定	输电	线路
203.5-55	GB/T 3195—2016	铝及铝合金拉制圆线材	国标	2017.9.1		GB/T 3195—2008	设计、采购	初设、品控	输电	线路
203.5-56	GB/T 3428—2012	架空绞线用镀锌钢线	国标	2013.6.1		GB/T 3428—2002	设计、采购	初设、品控	输电	线路
203.5-57	GB/T 3953—2009	电工圆铜线	国标	2009.12.1		GB/T 3953—1983	设计、采购	初设、品控	输电	线路
203.5-58	GB/T 3955—2009	电工圆铝线	国标	2009.12.1		GB/T 3955—1983	采购、建设	品控、验收与质量评定	输电	线路
203.5-59	GB/T 4623—2014	环形混凝土电杆	国标	2015.12.1		GB 4623—2014	设计、建设、采购	施工图、施工工艺、招标	配电	线缆
203.5-60	GB/T 7253—2019	标称电压高于 1000V 的架空线路绝缘子 交流系统用瓷或玻璃绝缘子件 盘形悬式绝缘子件的特性	国标	2020.7.1	IEC 60305：1995，MOD	GB/T 7253—2005	设计、采购	初设、品控	输电	线路
203.5-61	GB/T 17048—2017	架空绞线用硬铝线	国标	2018.5.1	IEC 60889：1987	GB/T 17048—2009	设计、采购	初设、品控	输电	线路
203.5-62	GB/T 20141—2018	型线同心绞架空导线	国标	2019.7.1		GB/T 20141—2006	采购、运维	招标、品控、运行、维护	输电	线路

体系结构号	标准编号	标准名称	标准级别	实施日期	与国际标准对应关系	代替标准	阶段	分阶段	专业	分专业
203.5-63	GB/T 21421.1—2008	标称电压高于 1000V 的架空线路用复合绝缘子串件 第1部分：标准强度等级和端部附件	国标	2008.9.1	IEC 61466-1：1997，IDT		设计、采购、运维	初设、招标、运行	输电	线路
203.5-64	GB/T 21421.2—2014	标称电压高于 1000V 的架空线路用复合绝缘子串元件 第2部分：尺寸与特性	国标	2015.1.22		GB/T 20876.2—2007	采购、建设、运维	品控、验收与质量评定、运行	输电	线路
203.5-65	GB/T 21206—2007	线路柱式绝缘子特性	国标	2008.5.1	IEC 60720：1981，MOD	JB/T 8179—1999	设计、采购、运维	初设、招标、运行	输电	线路
203.5-66	GB/T 22383—2017	额定电压 72.5kV 及以上刚性气体绝缘输电线路	国标	2018.7.1	IEC 62271-204：2011	GB/T 22383—2008	采购、运维	招标、维护	输电	线路
203.5-67	GB/T 22709—2008	架空线路玻璃或瓷绝缘子串元件绝缘体机械破损后的残余强度	国标	2009.10.1	IEC/TR 60797：1984，MOD		设计、采购	初设、品控	输电	线路
203.5-68	GB/T 25094—2010	架空输电线路抢修杆塔通用技术条件	国标	2011.2.1			设计、采购	初设、品控	输电	线路
203.5-69	GB/T 26874—2011	高压架空线路用长棒形瓷绝缘子元件特性	国标	2011.12.1	IEC 60433：1998，MOD		设计、采购	初设、品控	输电	线路
203.5-70	GB/T 29324—2012	架空导线用纤维增强树脂基复合材料芯棒	国标	2013.6.1			设计、采购	初设、品控	输电	线路
203.5-71	GB/T 29325—2012	架空导线用软铝型线	国标	2013.6.1			设计、采购	初设、品控	输电	线路
203.5-72	GB/T 30550—2014	含有一个或多个间隙的同心绞架空导线	国标	2014.10.28			设计、采购、运维	初设、品控、运行	输电	线路
203.5-73	GB/T 30551—2014	架空绞线用耐热铝合金线	国标	2014.10.28			设计、采购、运维、修试	初设、品控、运行、维护、检修	输电	其他
203.5-74	GB/T 32502—2016	复合材料芯架空导线	国标	2016.9.1			设计、采购	初设、品控	输电	线路
203.5-75	GB/T 32520—2016	交流 1kV 以上架空输电和配电线路用带外串联间隙金属氧化物避雷器（EGLA）	国标	2016.9.1	IEC 60099-8：2011		设计、采购	初设、品控	输电、配电	线路、线缆
203.5-76	GB/T 33363—2016	预应力热镀锌钢绞线	国标	2017.9.1			采购、建设	品控、验收与质量评定	输电	线路

体系 结构号	标准编号	标准名称	标准 级别	实施日期	与国际标准 对应关系	代替标准	阶段	分阶段	专业	分专业
203.5-77	GB/T 34937—2017	架空线路绝缘子 标称电压高于 1500V 直流系统用悬垂和耐张复合绝缘子 定义、试验方法及接收准则	国标	2018.5.1			设计、采购	初设、招标	输电	线路
203.5-78	GB/T 34939.1—2017	±800kV 直流支柱复合绝缘子 第1部分：环氧玻璃纤维实心芯体复合绝缘子	国标	2018.5.1			运维、修试	运行	输电	线路
203.5-79	GB/T 35721—2017	输电线路分布式故障诊断系统	国标	2018.7.1			采购	招标、品控	输电	线路
203.5-80	ANSI/UL 514B—2012	导线管、管道和电缆配件用安全标准	国际标准				设计、采购	初设、品控	输电、配电	线路、线缆
203.5-81	NF C 67-220—2005	架空线路支架 D 级和 E 级水泥电杆	国际标准	2005.12.1		NF C67-220—1987（C67-220）	设计、采购、运维、修试	初设、招标、运行、维护、试验	配电	线缆
——电缆										
203.5-82	T/CEC 118—2016	额定电压 35kV（U_m=40.5kV）及以下冷缩电缆附件技术规范	团标	2017.1.1			采购	招标、品控	输电、配电	电缆、线缆
203.5-83	T/CEC 119—2016	额定电压 35kV（U_m=40.5kV）及以下热缩电缆附件技术规范	团标	2017.1.1			采购	招标、品控	输电、配电	电缆、线缆
203.5-84	T/CEC 120—2016	额定电压 35kV（U_m=40.5kV）及以下预制电缆附件技术规范	团标	2017.1.1			采购	招标、品控	输电、配电	电缆、线缆
203.5-85	T/CSEE 0083—2018	交流 500kV 交联聚乙烯海底电缆及附件技术规范	团标	2018.12.25			采购	招标、品控	输电、配电	电缆、线缆
203.5-86	T/CSEE 0117—2019	安全型电能表接线端子盒技术规范	团标	2019.3.1			采购	招标	配电	线缆
203.5-87	DL/T 413—2006	额定电压 35kV（U_m=40.5kV）及以下电力电缆热缩式附件技术条件	行标	2006.10.1	IEC 60502-4：1997，NEQ	DL 413—1991	采购	招标、品控	输电、配电	电缆、线缆
203.5-88	DL 508—1993	交流 110～330kV 自容式充油电缆及其附件订货技术规范	行标	1993.9.1	IEC 141-1：1976，EQV		采购	招标、品控	输电	电缆

体系结构号	标准编号	标准名称	标准级别	实施日期	与国际标准对应关系	代替标准	阶段	分阶段	专业	分专业
203.5-89	DL 509—1993	交流 110kV 交联聚乙烯绝缘电缆及其附件订货技术规范	行标	1993.9.1	IEC 840：1988，EQV		采购	招标、品控	输电	电缆
203.5-90	DL/T 802.2—2017	电力电缆用导管 第 2 部分：玻璃纤维增强塑料电缆导管	行标	2017.12.1		DL/T 802.2—2007	采购、运维	招标、品控、运行、维护	输电	电缆
203.5-91	DL/T 802.3—2007	电力电缆用导管技术条件 第 3 部分：氯化聚氯乙烯及硬聚氯乙烯塑料电缆导管	行标	2007.12.1			采购	招标、品控	输电	电缆
203.5-92	DL/T 802.4—2007	电力电缆用导管技术条件 第 4 部分：氯化聚氯乙烯及硬聚氯乙烯塑料双壁波纹电缆导管	行标	2007.12.1			采购	招标、品控	输电	电缆
203.5-93	DL/T 802.5—2007	电力电缆用导管技术条件 第 5 部分：纤维水泥电缆导管	行标	2007.12.1			采购	招标、品控	输电	电缆
203.5-94	DL/T 802.7—2010	电力电缆用导管技术条件 第 7 部分：非开挖用改性聚丙烯塑料电缆导管	行标	2011.5.1			采购	招标、品控	输电	电缆
203.5-95	DL/T 802.9—2018	电力电缆用导管技术条件 第 9 部分：高强度聚氯乙烯塑料电缆导管	行标	2019.5.1			采购	招标、品控	输电	电缆
203.5-96	DL/T 802.10—2019	电力电缆用导管技术条件 第 10 部分：涂塑钢质电缆导管	行标	2020.5.1			采购	招标、品控	输电	电缆
203.5-97	DL/T 1506—2016	高压交流电缆在线监测系统通用技术规范	行标	2016.6.1			设计、采购	初设、招标	输电	电缆
203.5-98	DL/T 2058—2019	110kV 交联聚乙烯轻型绝缘电力电缆及附件	行标	2020.5.1			采购	招标、品控	输电	电缆
203.5-99	DL/T 2060—2019	额定电压 500kV（U_m=550kV）交联聚乙烯绝缘大长度交流海底电缆及附件	行标	2020.5.1			采购	招标、品控	输电	电缆
203.5-100	NB/T 10287—2019	玻璃钢电缆桥架	行标	2020.5.1			设计、采购、运维	初设、招标、运行	输电	电缆

体系结构号	标准编号	标准名称	标准级别	实施日期	与国际标准对应关系	代替标准	阶段	分阶段	专业	分专业
203.5-101	NB/T 10292—2019	铝合金电缆桥架	行标	2020.5.1			设计、采购、运维	初设、招标、运行	输电	电缆
203.5-102	NB/T 10306—2019	电缆屏蔽用铜带	行标	2020.5.1			采购	品控	输电	电缆
203.5-103	JB/T 4015.1—2013	电缆设备通用部件 收放线装置 第1部分:基本技术要求	行标	2014.7.1		JB/T 4015.1—1999	设计、采购、运维、修试	初设、招标、运行、维护、试验	输电	电缆
203.5-104	JB/T 4015.3—2013	电缆设备通用部件 收放线装置 第3部分:行车式收放线装置	行标	2014.7.1		JB/T 4015.3—1999	设计、采购	初设、招标	输电	电缆
203.5-105	JB/T 4015.5—2013	电缆设备通用部件 收放线装置 第5部分:柜式收线装置	行标	2014.7.1		JB/T 4015.5—1999	设计、采购、运维、修试	初设、招标、运行、维护、试验	输电	电缆
203.5-106	JB/T 4015.6—2013	电缆设备通用部件 收放线装置 第6部分:静盘放线装置	行标	2014.7.1		JB/T 4015.6—1999	设计、采购、运维、修试	初设、招标、运行、维护、试验	输电	电缆
203.5-107	JB/T 4032.1—2013	电缆设备通用部件 牵引装置 第1部分:基本技术要求	行标	2014.7.1		JB/T 4032.1—1999	设计、采购、运维、修试	初设、招标、运行、维护、试验	输电	电缆
203.5-108	JB/T 4032.2—2013	电缆设备通用部件 牵引装置 第2部分:轮式牵引装置	行标	2014.7.1		JB/T 4032.2—1999	设计、采购、运维、修试	初设、招标、运行、维护、试验	输电	电缆
203.5-109	JB/T 4032.3—2013	电缆设备通用部件 牵引装置 第3部分:履带式牵引装置	行标	2014.7.1		JB/T 4032.3—1999	设计、采购、运维、修试	初设、招标、运行、维护、试验	输电	电缆
203.5-110	JB/T 4032.4—2013	电缆设备通用部件 牵引装置 第4部分:轮带式牵引装置	行标	2014.7.1		JB/T 4032.4—1999	设计、采购、运维、修试	初设、招标、运行、维护、试验	输电	电缆
203.5-111	JB/T 4033.1—2013	电缆设备通用部件 绕包装置 第1部分:基本技术要求	行标	2014.7.1		JB/T 4033.1—1999	设计、采购、运维、修试	初设、招标、运行、维护、试验	输电	电缆
203.5-112	JB/T 4033.2—2013	电缆设备通用部件 绕包装置 第2部分:普通式绕包装置	行标	2014.7.1		JB/T 4033.4—1999	设计、采购、运维、修试	初设、招标、运行、维护、试验	输电	电缆

体系结构号	标准编号	标准名称	标准级别	实施日期	与国际标准对应关系	代替标准	阶段	分阶段	专业	分专业
203.5-113	JB/T 4033.3—2013	电缆设备通用部件 绕包装置 第3部分：平面式绕包装置	行标	2014.7.1		JB/T 4033.2—1999	设计、采购、运维、修试	初设、招标、运行、维护、试验	输电	电缆
203.5-114	JB/T 4033.4—2013	电缆设备通用部件 绕包装置 第4部分：半切线式绕包装置	行标	2014.7.1		JB/T 4033.2—1999；JB/T 4033.3—1999	设计、采购	初设、招标	输电	电缆
203.5-115	JB/T 5268.1—2011	电缆金属套 第1部分 总则	行标	2011.8.1		JB/T 5268.1—1991	采购、运维	招标、品控、运行、维护	配电	线缆
203.5-116	JB/T 6743—2013	户内户外钢制电缆桥架防腐环境技术要求	行标	2014.7.1		JB/T 6743—1993	设计、采购、运维、修试	初设、招标、运行、维护、试验	输电	电缆
203.5-117	JB/T 8640—2014	额定电压 26/35kV 及以下电力电缆附件型号编制方法	行标	2014.10.1		JB/T 8640—1997	设计、采购、运维、修试	初设、招标、运行、维护、试验	输电、配电	电缆、线缆
203.5-118	JB/T 10740.2—2007	额定电压 6kV（U_m=7.2kV）到 35kV（U_m=40.5kV）挤包绝缘电力电缆 冷收缩式附件 第2部分：直通接头	行标	2007.11.1			设计、采购、运维、修试	初设、招标、运行、维护、试验	输电、配电	电缆、线缆
203.5-119	JB/T 11167.3—2011	额定电压 10kV（U_m=12kV）至 110kV（U_m=126kV）交联聚乙烯绝缘大长度交流海底电缆及附件 第3部分：额定电压 10kV（U_m=12kV）至 110kV（U_m=126kV）交联聚乙烯绝缘大长度交流海底电缆附件	行标	2011.8.1			设计、采购、运维、修试	初设、招标、运行、维护、试验	输电、配电	电缆、线缆
203.5-120	JB/T 13484—2018	额定电压 0.6/1kV 氟塑料绝缘电力电缆	行标	2018.12.1			设计、采购、运维、修试	初设、招标、运行、维护、试验	配电	线缆
203.5-121	JB/T 13485—2018	额定电压 450/750V 及以下氟塑料绝缘控制电缆	行标	2018.12.1			设计、采购、运维、修试	初设、招标、运行、维护、试验	配电	线缆
203.5-122	SJ/T 2932—2016	阻燃聚氯乙烯绝缘安装电线电缆	行标	2016.9.1		SJ/T 2932—1982	设计、采购	初设、品控	配电	线缆
203.5-123	GB/T 2952.1—2008	电缆外护层 第1部分：总则	国标	2009.11.1		GB/T 2952.1—1989	设计、采购	初设、品控	输电	电缆

体系结构号	标准编号	标准名称	标准级别	实施日期	与国际标准对应关系	代替标准	阶段	分阶段	专业	分专业
203.5-124	GB/T 2952.2—2008	电缆外护层 第2部分:金属套电缆外护层	国标	2009.11.1		GB 2952.2—1989;GB 2952.4—1989	设计、采购、运维、修试	初设、招标、运行、维护、试验	输电	电缆
203.5-125	GB/T 2952.3—2008	电缆外护层 第3部分:非金属套电缆通用外护层	国标	2009.11.1		GB/T 2952.3—1989	设计、采购、运维、修试	初设、招标、运行、维护、试验	输电	电缆
203.5-126	GB/T 3956—2008	电缆的导体	国标	2009.10.1	IEC 60228:2004,IDT	GB/T 3956—1997	设计、采购、运维、修试	初设、招标、运行、维护、试验	输电	电缆
203.5-127	GB/T 9326.2—2008	交流 500kV 及以下纸或聚丙烯复合纸绝缘金属套充油电缆及附件 第2部分:交流 500kV 及以下纸绝缘铅套充油电缆	国标	2009.5.1		GB 9326.2—1988	设计、采购	初设、招标	输电	电缆
203.5-128	GB/T 9326.3—2008	交流 500kV 及以下纸或聚丙烯复合纸绝缘金属套充油电缆及附件 第3部分:终端	国标	2009.5.1		GB 9326.3—1988	设计、采购、运维、修试	初设、招标、运行、维护、试验	输电	电缆
203.5-129	GB/T 9326.4—2008	交流 500kV 及以下纸或聚丙烯复合纸绝缘金属套充油电缆及附件 第4部分:接头	国标	2009.5.1		GB 9326.4—1988	设计、采购、运维、修试	初设、招标、运行、维护、试验	输电	电缆
203.5-130	GB/T 9326.5—2008	交流 500kV 及以下纸或聚丙烯复合纸绝缘金属套充油电缆及附件 第5部分:压力供油箱	国标	2009.5.1		GB 9326.5—1988	设计、采购、运维、修试	初设、招标、运行、维护、试验	输电	电缆
203.5-131	GB/T 11017.2—2014	额定电压 110kV (U_m=126kV)交联聚乙烯绝缘电力电缆及其附件 第2部分:电缆	国标	2015.1.22		GB/T 11017.2—2002	设计、采购、运维、修试	初设、招标、运行、维护、试验	输电	电缆
203.5-132	GB/T 11017.3—2014	额定电压 110kV (U_m=126kV)交联聚乙烯绝缘电力电缆及其附件 第3部分:电缆附件	国标	2015.1.22		GB/T 11017.3—2002	设计、采购、运维、修试	初设、招标、运行、维护、试验	输电	电缆
203.5-133	GB/T 12527—2008	额定电压 1kV 及以下架空绝缘电缆	国标	2009.4.1		GB 12527—1990	设计、采购、运维、修试	初设、招标、运行、维护、试验	配电	线缆

体系结构号	标准编号	标准名称	标准级别	实施日期	与国际标准对应关系	代替标准	阶段	分阶段	专业	分专业
203.5-134	GB/T 12706.1—2020	额定电压 1kV（U_m=1.2kV）到 35kV（U_m=40.5kV）挤包绝缘电力电缆及附件 第 1 部分：额定电压 1kV（U_m=1.2kV）和 3kV（U_m=3.6kV）电缆	国标	2020.10.1	IEC 60502-1：2004	GB/T 12706.1—2008	设计、采购、运维、修试	初设、招标、运行、维护、试验	配电	线缆
203.5-135	GB/T 12706.2—2020	额定电压 1kV（U_m=1.2kV）到 35kV（U_m=40.5kV）挤包绝缘电力电缆及附件 第 2 部分：额定电压 6kV（U_m=7.2kV）到 30kV（U_m=36kV）电缆	国标	2020.10.1	IEC 60502-2：2014	GB/T 12706.2—2008	设计、采购、运维、修试	初设、招标、运行、维护、试验	配电	线缆
203.5-136	GB/T 12706.3—2020	额定电压 1kV（U_m=1.2kV）到 35kV（U_m=40.5kV）挤包绝缘电力电缆及附件 第 3 部分：额定电压 35kV（U_m=40.5kV）电缆	国标	2020.10.1		GB/T 12706.3—2008	设计、采购、运维、修试	初设、招标、运行、维护、试验	配电	线缆
203.5-137	GB/T 12976.1—2008	额定电压 35kV（U_m=40.5kV）及以下纸绝缘电力电缆及其附件 第 1 部分：额定电压 30kV 及以下电缆一般规定和结构要求	国标	2009.4.1		GB 12976.1—1991；GB 12976.2—1991；GB 12976.3—1991	设计、采购、运维、修试	初设、招标、运行、维护、试验	配电	线缆
203.5-138	GB/T 12976.2—2008	额定电压 35kV（U_m=40.5kV）及以下纸绝缘电力电缆及其附件 第 2 部分：额定电压 35kV 电缆一般规定和结构要求	国标	2009.4.1	IEC 60055-2：1981，NEQ	GB 12976.1—1991；GB 12976.2—1991；GB 12976.3—1991	设计、采购、运维、修试	初设、招标、运行、维护、试验	配电	线缆
203.5-139	GB/T 13033.1—2007	额定电压 750V 及以下矿物绝缘电缆及终端 第 1 部分：电缆	国标	2007.8.1	IEC 60702-1：2002，IDT	GB 13033.1—1991	设计、采购、运维、修试	初设、招标、运行、维护、试验	配电	线缆
203.5-140	GB/T 13033.2—2007	额定电压 750V 及以下矿物绝缘电缆及终端 第 2 部分：终端	国标	2007.8.1	IEC 60702-2：2002，IDT	GB/T 13033.2—1991	设计、采购	初设、招标	配电	线缆

体系 结构号	标准编号	标准名称	标准 级别	实施日期	与国际标准 对应关系	代替标准	阶段	分阶段	专业	分专业
203.5-141	GB/T 14049—2008	额定电压 10kV 架空绝缘电缆	国标	2009.4.1		GB 14049—1993	设计、采购、运维、修试	初设、招标、运行、维护、试验	配电	线缆
203.5-142	GB/T 18890.2—2015	额定电压 220kV（U_m=252kV）交联聚乙烯绝缘电力电缆及其附件　第2部分：电缆	国标	2016.5.1		GB/Z 18890.2—2002	设计、采购、运维、修试	初设、招标、运行、维护、试验	输电	电缆
203.5-143	GB/T 18890.3—2015	额定电压 220kV（U_m=252kV）交联聚乙烯绝缘电力电缆及其附件　第3部分：电缆附件	国标	2016.5.1		GB/Z 18890.3—2002	设计、采购、运维、修试	初设、招标、运行、维护、试验	输电	电缆
203.5-144	GB/T 19666—2019	阻燃和耐火电线电缆或光缆通则	国标	2020.7.1	IEC 60331：1999；IEC 60332：2000；IEC 60754：1997；IEC 61034：1997	GB/T 19666—2019	设计、采购、运维、修试	初设、招标、运行、维护、试验	输电	电缆
203.5-145	GB/T 22078.2—2008	额定电压 500kV（U_m=550kV）交联聚乙烯绝缘电力电缆及其附件　第2部分：额定电压 500kV（U_m=550kV）交联聚乙烯绝缘电力电缆	国标	2009.4.1			设计、采购	初设、品控	输电	电缆
203.5-146	GB/T 22078.3—2008	额定电压 500kV（U_m=550kV）交联聚乙烯绝缘电力电缆及其附件　第3部分：额定电压 500kV（U_m=550kV）交联聚乙烯绝缘电力电缆附件	国标	2009.4.1			设计、采购、运维、修试	初设、招标、运行、维护、试验	输电	电缆
203.5-147	GB/T 22381—2017	额定电压 72.5kV 及以上气体绝缘金属封闭开关设备与充流体及挤包绝缘电力电缆的连接　充流体及干式电缆终端	国标	2018.2.1	IEC 62271-209：2007	GB/T 22381—2008	设计、采购	初设、品控	输电	电缆
203.5-148	GB/T 27794—2011	电力电缆用承插式混凝土导管	国标	2012.8.1			设计、采购、运维、修试	初设、招标、运行、维护、试验	输电	电缆
203.5-149	GB 28374—2012	电缆防火涂料	国标	2012.9.1			设计、采购、运维、修试	初设、招标、运行、维护、试验	输电	电缆

体系结构号	标准编号	标准名称	标准级别	实施日期	与国际标准对应关系	代替标准	阶段	分阶段	专业	分专业
203.5-150	GB/T 29839—2013	额定电压 1kV（U_m=1.2kV）及以下光纤复合低压电缆	国标	2014.3.7			设计、采购、运维、修试	初设、招标、运行、维护、试验	配电	线缆
203.5-151	GB/T 30552—2014	电缆导体用铝合金线	国标	2014.10.28			设计、采购、运维、修试	初设、招标、运行、维护、试验	输电	电缆
203.5-152	GB/T 31840.1—2015	额定电压 1kV（U_m=1.2kV）到 35kV（U_m=40.5kV）铝合金芯挤包绝缘电力电缆 第1部分：额定电压 1kV（U_m=1.2kV）和 3kV（U_m=3.6kV）电缆	国标	2016.2.1			设计、采购、运维、修试	初设、招标、运行、维护、试验	配电	线缆
203.5-153	GB/T 31840.2—2015	额定电压 1kV（U_m=1.2kV）到 35kV（U_m=40.5kV）铝合金芯挤包绝缘电力电缆 第2部分：额定电压 6kV（U_m=7.2kV）到 30kV（U_m=36kV）电缆	国标	2016.2.1			设计、采购	初设、品控	配电	线缆
203.5-154	GB/T 31840.3—2015	额定电压 1kV（U_m=1.2kV）到 35kV（U_m=40.5kV）铝合金芯挤包绝缘电力电缆 第3部分：额定电压 35kV（U_m=40.5kV）电缆	国标	2016.2.1			设计、采购	初设、品控	输电	电缆
203.5-155	GB/T 32346.2—2015	额定电压 220kV（U_m=252kV）交联聚乙烯绝缘大长度交流海底电缆及附件 第2部分：大长度交流海底电缆	国标	2016.7.1			设计、采购、运维、修试	初设、招标、运行、维护、试验	输电	电缆
203.5-156	GB/T 32346.3—2015	额定电压 220kV（U_m=252kV）交联聚乙烯绝缘大长度交流海底电缆及附件 第3部分：海底电缆附件	国标	2016.7.1			设计、采购	初设、招标	输电	电缆
203.6 设备材料-调度及二次										
——继电保护及安全自动装置										
203.6-1	Q/CSG 110001—2012	南方电网安全稳定控制系统技术规范	企标	2012.2.10			采购、运维、修试	招标、品控、运行、维护、检修、试验	调度及二次	继电保护及安全自动装置

体系结构号	标准编号	标准名称	标准级别	实施日期	与国际标准对应关系	代替标准	阶段	分阶段	专业	分专业
203.6-2	Q/CSG 110006—2011	电力系统稳定器（PSS）技术条件	企标	2011.12.1			采购、运维、修试	招标、品控、运行、维护、检修、试验	调度及二次	继电保护及安全自动装置
203.6-3	Q/CSG 110007—2011	南方电网 500kV 母线保护技术规范	企标	2011.12.1			采购、运维、修试	招标、品控、运行、维护、检修、试验	调度及二次	继电保护及安全自动装置
203.6-4	Q/CSG 110009—2011	南方电网 500kV 变压器保护及并联电抗器保护技术规范	企标	2011.12.1			采购、运维、修试	招标、品控、运行、维护、检修、试验	调度及二次	继电保护及安全自动装置
203.6-5	Q/CSG 110015—2012	南方电网 220kV 变压器保护技术规范	企标	2012.2.15			采购、运维、修试	招标、品控、运行、维护、检修、试验	调度及二次	继电保护及安全自动装置
203.6-6	Q/CSG 110022—2012	南方电网 220kV 母线保护技术规范	企标	2012.3.16			采购、运维、修试	招标、品控、运行、维护、检修、试验	调度及二次	继电保护及安全自动装置
203.6-7	Q/CSG 1204080—2020	10kV～110kV 元件保护技术规范（试行）	企标	2020.8.31		Q/CSG 110032—2012	采购、运维、修试	招标、品控、运行、维护、检修、试验	调度及二次	继电保护及安全自动装置
203.6-8	Q/CSG 110033—2012	南方电网大型发电机及发变组保护技术规范	企标	2012.4.26			采购、运维、修试	招标、品控、运行、维护、检修、试验	调度及二次	继电保护及安全自动装置
203.6-9	Q/CSG 1204079—2020	10kV～110kV 线路保护技术规范（试行）	企标	2020.8.31		Q/CSG 110035—2012	采购、运维、修试	招标、品控、运行、维护、检修、试验	调度及二次	继电保护及安全自动装置
203.6-10	Q/CSG 1203006—2015	220kV 线路保护技术规范	企标	2015.12.31		Q/CSG 110011—2012	采购、运维、修试	招标、品控、运行、维护、检修、试验	调度及二次	继电保护及安全自动装置
203.6-11	Q/CSG 1203007—2015	串联电容补偿装置保护技术规范	企标	2016.1.4			采购、运维、修试	招标、品控、运行、维护、检修、试验	调度及二次	继电保护及安全自动装置
203.6-12	Q/CSG 1203008—2015	直流输电系统直流保护及故障录波装置技术规范	企标	2015.12.31			采购、运维、修试	招标、品控、运行、维护、检修、试验	调度及二次	继电保护及安全自动装置
203.6-13	Q/CSG 1203009—2015	直流输电系统交流滤波器保护及直流滤波器保护技术规范	企标	2015.12.31			采购、运维、修试	招标、品控、运行、维护、检修、试验	调度及二次	继电保护及安全自动装置
203.6-14	Q/CSG 1203013—2016	继电保护信息系统技术规范	企标	2016.3.1		Q/CSG 110030—2012	采购、运维、修试	招标、品控、运行、维护、检修、试验	调度及二次	继电保护及安全自动装置
203.6-15	Q/CSG 1203017—2016	配电自动化站所终端技术规范	企标	2016.1.1			设计、采购、运维	初设、招标、维护	配电	其他
203.6-16	Q/CSG 1203018—2016	配电自动化馈线终端技术规范	企标	2016.4.1			设计、采购、运维	初设、招标、维护	配电	其他

体系结构号	标准编号	标准名称	标准级别	实施日期	与国际标准对应关系	代替标准	阶段	分阶段	专业	分专业
203.6-17	Q/CSG 1203019—2016	配电线路故障指示器技术规范	企标	2016.1.1			设计、采购	初设、招标	配电	其他
203.6-18	Q/CSG 1203020—2016	输电线路在线监测装置通用技术规范	企标	2017.1.9			设计、采购	初设、招标	调度及二次	调度自动化
203.6-19	Q/CSG 1203034—2017	直流融冰装置控制保护技术规范	企标	2017.4.1			采购、运维、修试	招标、品控、运行、维护、检修、试验	调度及二次	继电保护及安全自动装置
203.6-20	Q/CSG 1203035—2017	500kV 线路和辅助保护技术规范	企标	2017.3.1		Q/CSG 110013—2011	采购、运维、修试	招标、品控、运行、维护、检修、试验	调度及二次	继电保护及安全自动装置
203.6-21	Q/CSG 1203036—2017	220kV 两相式供电线路保护技术规范	企标	2017.5.2			采购、运维、修试	招标、品控、运行、维护、检修、试验	调度及二次	继电保护及安全自动装置
203.6-22	Q/CSG 1203037—2017	10kV～110kV T接线路差动保护技术规范	企标	2017.3.24			采购、运维、修试	招标、品控、运行、维护、检修、试验	调度及二次	继电保护及安全自动装置
203.6-23	Q/CSG 1203040—2017	故障录波器及行波测距装置技术规范	企标	2017.5.1		Q/CSG 110031—2012	采购、运维、修试	招标、品控、运行、维护、检修、试验	调度及二次	继电保护及安全自动装置
203.6-24	Q/CSG 1203041—2017	柔性直流输电系统控制保护系统（含多端控制保护）技术规范	企标	2017.5.1			采购、运维、修试	招标、品控、运行、维护、检修、试验	调度及二次	继电保护及安全自动装置
203.6-25	Q/CSG 1203042—2017	STATCOM 装置控制保护技术规范	企标	2017.5.1			采购、运维、修试	招标、品控、运行、维护、检修、试验	调度及二次	继电保护及安全自动装置
203.6-26	Q/CSG 1203044—2017	500kV 站用变压器保护技术规范	企标	2017.4.1			采购、运维、修试	招标、品控、运行、维护、检修、试验	调度及二次	继电保护及安全自动装置
203.6-27	Q/CSG 1203045—2017	智能变电站继电保护及相关二次设备信息描述规范	企标	2017.8.15			采购、运维、修试	招标、品控、运行、维护、检修、试验	调度及二次	继电保护及安全自动装置
203.6-28	Q/CSG 1203050—2018	高压直流极（阀组）控制系统技术规范	企标	2018.5.17			采购、运维、修试	招标、品控、运行、维护、检修、试验	调度及二次	继电保护及安全自动装置
203.6-29	Q/CSG 1203057—2018	±100kV 及以下直流控制保护及保护设备技术导则	企标	2018.12.28			采购、运维、修试	招标、品控、运行、维护、检修、试验	调度及二次	继电保护及安全自动装置
203.6-30	Q/CSG 1203059—2019	保护屏柜及端子箱接线端子排技术规范	企标	2019.2.27			采购、运维、修试	招标、品控、运行、维护、检修、试验	调度及二次	继电保护及安全自动装置
203.6-31	Q/CSG 1203061—2019	二次控制电缆技术标准	企标	2019.2.27			采购、运维、修试	招标、品控、运行、维护、检修、试验	调度及二次	继电保护及安全自动装置、电力通信

体系结构号	标准编号	标准名称	标准级别	实施日期	与国际标准对应关系	代替标准	阶段	分阶段	专业	分专业
203.6-32	Q/CSG 1203066—2019	变电站过程层以太网交换机技术规范	企标	2019.12.30			采购、运维、修试	招标、品控、运行、维护、检修、试验	调度及二次	继电保护及安全自动装置、电力通信
203.6-33	Q/CSG 1203068—2019	小电流接地选线装置技术规范	企标	2019.12.30		Q/CSG 110040—2012	采购、运维、修试	招标、品控、运行、维护、检修、试验	调度及二次	继电保护及安全自动装置
203.6-34	Q/CSG 1204008—2015	智能变电站继电保护及相关设备二次回路接口规范	企标	2015.12.21			采购、运维、修试	招标、品控、运行、维护、检修、试验	调度及二次	继电保护及安全自动装置
203.6-35	Q/CSG 1204013—2016	继电保护信息系统主站-子站以太网103通信规范	企标	2016.3.30			采购、运维、修试	招标、品控、运行、维护、检修、试验	调度及二次	继电保护及安全自动装置
203.6-36	Q/CSG 1204014—2016	继电保护信息系统主站-子站DL/T860工程实施规范	企标	2016.3.30			采购、运维、修试	招标、品控、运行、维护、检修、试验	调度及二次	继电保护及安全自动装置
203.6-37	Q/CSG 1204015—2016	继电保护信息系统主站-分站通信规范	企标	2016.3.30			采购、运维、修试	招标、品控、运行、维护、检修、试验	调度及二次	继电保护及安全自动装置
203.6-38	Q/CSG 1204033—2018	南方电网备自投装置配置与技术功能规范	企标	2018.12.28		Q/CSG 110012—2011	采购、运维、修试	招标、品控、运行、维护、检修、试验	调度及二次	继电保护及安全自动装置
203.6-39	Q/CSG 1204040—2018	南方电网执行站稳控执行站装置标准化技术规范	企标	2018.12.28			设计、建设	初设、验收与质量评定	调度及二次	继电保护及安全自动装置
203.6-40	T/CEC 273—2019	交直流混合配电网交流侧二次装置技术规范	团标	2020.1.1			采购、运维、修试	招标、品控、运行、维护、检修、试验	调度及二次	继电保护及安全自动装置
203.6-41	T/CEC 343—2020	电压切换与并列功能技术规范	团标	2020.10.1			采购、运维、修试	招标、品控、运行、维护、检修、试验	调度及二次	继电保护及安全自动装置
203.6-42	T/CEC 345—2020	谐波过电压保护装置技术规范	团标	2020.10.1			采购、运维、修试	招标、品控、运行、维护、检修、试验	调度及二次	继电保护及安全自动装置
203.6-43	T/CEC 382—2020	网源协调在线监测就地装置技术规范	团标	2021.2.1			采购、运维、修试	招标、品控、运行、维护、检修、试验	调度及二次	继电保护及安全自动装置
203.6-44	T/CEC 409—2020	压力式 SF_6/N_2 混合气体密度继电器技术要求	团标	2021.2.1			采购、运维、修试	招标、品控、运行、维护、检修、试验	调度及二次	其他
203.6-45	T/CEC 410—2020	SF_6/N_2 混合气体密度继电器校验装置技术规范	团标	2021.2.1			采购、运维、修试	招标、品控、运行、维护、检修、试验	调度及二次	其他
203.6-46	T/CSEE 0048—2017	暂态录波型故障指示器技术规范	团标	2018.5.1			设计、采购	初设、招标	配电	其他

体系结构号	标准编号	标准名称	标准级别	实施日期	与国际标准对应关系	代替标准	阶段	分阶段	专业	分专业
203.6-47	T/CSEE/Z 0064—2017	直流配电网用直流控制与保护设备技术要求	团标	2018.5.1			设计、采购	初设、施工图、招标、品控、试验	调度及二次	继电保护及安全自动装置
203.6-48	DL/T 242—2012	高压并联电抗器保护装置通用技术条件	行标	2012.7.1			采购、运维、修试	招标、品控、运行、维护、检修、试验	调度及二次	继电保护及安全自动装置
203.6-49	DL/T 243—2012	继电保护及控制设备数据采集及信息交换技术导则	行标	2012.7.1			采购、运维	招标、品控、运行、维护	调度及二次	继电保护及安全自动装置
203.6-50	DL/T 250—2012	并联补偿电容器保护装置通用技术条件	行标	2012.7.1			采购、运维、修试	招标、品控、运行、维护、检修、试验	调度及二次	继电保护及安全自动装置
203.6-51	DL/T 252—2012	高压直流输电系统用换流变压器保护装置通用技术条件	行标	2012.7.1			采购、运维、修试	招标、品控、运行、维护、检修、试验	调度及二次	继电保护及安全自动装置
203.6-52	DL/T 280—2012	电力系统同步相量测量装置通用技术条件	行标	2012.3.1			设计、建设	初设、验收与质量评定	调度及二次	调度自动化
203.6-53	DL/T 294.1—2011	发电机灭磁及转子过电压保护装置技术条件 第1部分：磁场断路器	行标	2011.11.1			设计、采购、运维、修试	初设、招标、品控、运行、维护、检修、试验	调度及二次、发电	继电保护及安全自动装置、水电
203.6-54	DL/T 294.2—2011	发电机灭磁及转子过电压保护装置技术条件 第2部分：非线性电阻	行标	2011.11.1			设计、采购、运维、修试	初设、招标、品控、运行、维护、检修、试验	调度及二次、发电	继电保护及安全自动装置、水电
203.6-55	DL/T 294.3—2019	发电机灭磁及转子过电压保护装置技术条件 第3部分：转子过电压保护	行标	2019.10.1			设计、采购、运维、修试	初设、招标、品控、运行、维护、检修、试验	调度及二次、发电	继电保护及安全自动装置、水电
203.6-56	DL/T 294.4—2019	发电机灭磁及转子过电压保护装置技术条件 第4部分：灭磁容量计算	行标	2019.10.1			设计、采购、运维、修试	初设、招标、品控、运行、维护、检修、试验	调度及二次、发电	继电保护及安全自动装置、水电
203.6-57	DL/T 314—2010	电力系统低压减负荷和低压解列装置通用技术条件	行标	2011.5.1			采购、运维、修试	招标、品控、运行、维护、检修、试验	调度及二次	继电保护及安全自动装置
203.6-58	DL/T 315—2010	电力系统低频减负荷和低频解列装置通用技术条件	行标	2011.5.1			采购、运维、修试	招标、品控、运行、维护、检修、试验	调度及二次	继电保护及安全自动装置
203.6-59	DL/T 317—2010	继电保护设备标准化设计规范	行标	2011.5.1			采购、运维、修试	招标、品控、运行、维护、检修、试验	调度及二次	继电保护及安全自动装置

体系结构号	标准编号	标准名称	标准级别	实施日期	与国际标准对应关系	代替标准	阶段	分阶段	专业	分专业
203.6-60	DL/T 357—2019	输电线路行波故障测距装置技术条件	行标	2019.10.1		DL/T 357—2010	采购、运维、修试	招标、品控、运行、维护、检修、试验	调度及二次	继电保护及安全自动装置
203.6-61	DL/T 478—2013	继电保护和安全自动装置通用技术条件	行标	2013.8.1		DL/T 478—2010	采购、运维、修试	招标、品控、运行、维护、检修、试验	调度及二次	继电保护及安全自动装置
203.6-62	DL/T 479—2017	阻抗保护功能技术规范	行标	2018.3.1		DL/T 479—1992	采购、运维、修试	招标、品控、运行、维护、检修、试验	调度及二次	继电保护及安全自动装置
203.6-63	DL/T 526—2013	备用电源自动投入装置技术条件	行标	2014.4.1		DL/T 526—2002	采购、运维、修试	招标、品控、运行、维护、检修、试验	调度及二次	继电保护及安全自动装置
203.6-64	DL/T 527—2013	继电保护及控制装置电源模块（模件）技术条件	行标	2014.4.1		DL/T 527—2002	采购、运维、修试	招标、品控、运行、维护、检修、试验	调度及二次	继电保护及安全自动装置
203.6-65	DL/T 553—2013	电力系统动态记录装置通用技术条件	行标	2014.4.1		DL/T 553—1994；DL/T 663—1999	采购、运维、修试	招标、品控、运行、维护、检修、试验	调度及二次	继电保护及安全自动装置
203.6-66	DL/T 624—2010	继电保护微机型试验装置技术条件	行标	2011.5.1		DL/T 624—1997	采购、修试	招标、试验	调度及二次	继电保护及安全自动装置
203.6-67	DL/T 670—2010	母线保护装置通用技术条件	行标	2011.5.1		DL/T 670—1999	采购、运维、修试	招标、品控、运行、维护、检修、试验	调度及二次	继电保护及安全自动装置
203.6-68	DL/T 671—2010	发电机变压器组保护装置通用技术条件	行标	2011.5.1		DL/T 671—1999	采购、运维、修试	招标、品控、运行、维护、检修、试验	调度及二次	继电保护及安全自动装置
203.6-69	DL/T 672—2017	变电站及配电线路用电压无功调节控制系统使用技术条件	行标	2018.6.1		DL/T 672—1999	采购、运维、修试	招标、品控、运行、维护、检修、试验	调度及二次	调度自动化
203.6-70	DL/T 688—1999	电力系统远方跳闸信号传输装置	行标	2000.7.1			采购、运维、修试	招标、品控、运行、维护、检修、试验	调度及二次	继电保护及安全自动装置
203.6-71	DL/Z 713—2000	500kV 变电所保护和控制设备抗扰度要求	行标	2001.1.1			采购、运维、修试	招标、品控、运行、维护、检修、试验	调度及二次	继电保护及安全自动装置
203.6-72	DL/T 720—2013	电力系统继电保护及安全自动装置柜（屏）通用技术条件	行标	2014.4.1		DL/T 720—2000	采购、运维、修试	招标、品控、运行、维护、检修、试验	调度及二次	继电保护及安全自动装置
203.6-73	DL/T 744—2012	电动机保护装置通用技术条件	行标	2012.7.1		DL/T 744—2001	采购、运维、修试	招标、品控、运行、维护、检修、试验	调度及二次	继电保护及安全自动装置
203.6-74	DL/T 770—2012	变压器保护装置通用技术条件	行标	2012.7.1	IEC 60255，NEQ	DL/T 770—2001	采购、运维、修试	招标、品控、运行、维护、检修、试验	调度及二次	继电保护及安全自动装置

体系结构号	标准编号	标准名称	标准级别	实施日期	与国际标准对应关系	代替标准	阶段	分阶段	专业	分专业
203.6-75	DL/T 823—2017	反时限电流保护功能技术规范	行标	2018.6.1		DL/T 823—2002	采购、运维、修试	招标、品控、运行、维护、检修、试验	调度及二次	继电保护及安全自动装置
203.6-76	DL/T 856—2018	电力用直流电源和一体化电源监控装置	行标	2019.5.1		DL/T 856—2004	采购、运维、修试	招标、品控、运行、维护、检修、试验	调度及二次	继电保护及安全自动装置
203.6-77	DL/T 872—2016	小电流接地系统单相接地故障选线装置技术条件	行标	2017.5.1		DL/T 872—2004	采购、运维、修试	招标、品控、运行、维护、检修、试验	调度及二次	继电保护及安全自动装置
203.6-78	DL/T 993—2019	电力系统失步解列装置通用技术条件	行标	2019.10.1		DL/T 993—2006	采购、运维、修试	招标、品控、运行、维护、检修、试验	调度及二次	继电保护及安全自动装置
203.6-79	DL/T 1010.3—2006	高压静止无功补偿装置 第3部分：控制系统	行标	2007.3.1			采购、运维、修试	招标、品控、运行、维护、检修、试验	调度及二次	继电保护及安全自动装置
203.6-80	DL/T 1075—2016	保护测控装置技术条件	行标	2017.5.1		DL/T 1075—2007	采购、运维、修试	招标、品控、运行、维护、检修、试验	调度及二次	继电保护及安全自动装置
203.6-81	DL/T 1092—2008	电力系统安全稳定控制系统通用技术条件	行标	2008.11.1			采购、运维、修试	招标、品控、运行、维护、检修、试验	调度及二次	继电保护及安全自动装置
203.6-82	DL/T 1348—2014	自动准同期装置通用技术条件	行标	2015.3.1			采购、运维、修试	招标、品控、运行、维护、检修、试验	调度及二次	继电保护及安全自动装置
203.6-83	DL/T 1349—2014	断路器保护装置通用技术条件	行标	2015.3.1			采购、运维、修试	招标、品控、运行、维护、检修、试验	调度及二次	继电保护及安全自动装置
203.6-84	DL/T 1405.1—2015	智能变电站的同步相量测量装置 第1部分：通信接口规范	行标	2015.9.1			采购、运维、修试	招标、品控、运行、维护、检修、试验	调度及二次	调度自动化
203.6-85	DL/T 1405.2—2018	智能变电站的同步相量测量装置 第2部分：技术规范	行标	2019.5.1			采购、运维、修试	招标、品控、运行、维护、检修、试验	调度及二次	调度自动化
203.6-86	DL/T 1405.3—2018	智能变电站的同步相量测量装置 第3部分：检测规范	行标	2019.5.1			修试	检修、试验	调度及二次	调度自动化
203.6-87	DL/T 1415—2015	高压并联电容器装置保护导则	行标	2015.9.1			采购、运维、修试	招标、品控、运行、维护、检修、试验	调度及二次	继电保护及安全自动装置
203.6-88	DL/T 1442—2015	智能配变终端技术条件	行标	2015.9.1			设计、采购	初设、施工图、招标、品控	调度及二次	继电保护及安全自动装置
203.6-89	DL/T 1504—2016	弧光保护装置通用技术条件	行标	2016.6.1			采购、运维、修试	招标、品控、运行、维护、检修、试验	调度及二次	继电保护及安全自动装置

体系结构号	标准编号	标准名称	标准级别	实施日期	与国际标准对应关系	代替标准	阶段	分阶段	专业	分专业
203.6-90	DL/T 1639—2016	变电站继电保护信息以太网 103 传输规范	行标	2017.5.1			采购、运维、修试	招标、品控、运行、维护、检修、试验	调度及二次	继电保护及安全自动装置
203.6-91	DL/T 1734—2017	过激磁保护功能技术规范	行标	2018.3.1		SD 278—1988	采购、运维、修试	招标、品控、运行、维护、检修、试验	调度及二次	继电保护及安全自动装置
203.6-92	DL/T 1771—2017	比率差动保护功能技术规范	行标	2018.6.1		SD 276—1988	采购、运维、修试	招标、品控、运行、维护、检修、试验	调度及二次	继电保护及安全自动装置
203.6-93	DL/T 1772—2017	功率方向元件技术规范	行标	2018.6.1		SD 277—1988	采购、运维、修试	招标、品控、运行、维护、检修、试验	调度及二次	继电保护及安全自动装置
203.6-94	DL/T 1777—2017	智能变电站二次设备屏柜光纤回路技术规范	行标	2018.6.1			采购、运维、修试	招标、品控、运行、维护、检修、试验	调度及二次	继电保护及安全自动装置
203.6-95	DL/T 1778—2017	柔性直流保护和控制设备技术条件	行标	2018.6.1			采购、运维、修试	招标、品控、运行、维护、检修、试验	调度及二次	继电保护及安全自动装置
203.6-96	DL/T 1789—2017	光纤电流互感器技术规范	行标	2018.6.1			采购、建设、运维、修试	招标、品控、验收与质量评定、运行、维护、检修、试验	调度及二次	继电保护及安全自动装置
203.6-97	DL/T 1881—2018	智能变电站智能控制柜技术规范	行标	2019.5.1			采购、运维、修试	招标、品控、运行、维护、检修、试验	调度及二次	继电保护及安全自动装置
203.6-98	DL/T 1890—2018	智能变电站状态监测系统站内接口规范	行标	2019.5.1			采购、运维、修试	招标、品控、运行、维护、检修、试验	调度及二次	继电保护及安全自动装置
203.6-99	DL/T 2016—2019	电力系统过频切机和过频解列装置通用技术条件	行标	2019.10.1			采购、运维、修试	招标、品控、运行、维护、检修、试验	调度及二次	继电保护及安全自动装置
203.6-100	DL/T 2026—2019	高压直流接地极监测系统通用技术规范	行标	2019.10.1			设计、采购	初设、招标、品控	调度及二次	继电保护及安全自动装置
203.6-101	DL/T 2040—2019	220kV 变电站负荷转供装置技术规范	行标	2019.10.1			采购、运维、修试	招标、品控、运行、维护、检修、试验	调度及二次	继电保护及安全自动装置
203.6-102	DL/T 2047—2019	基于一次侧电流监测反窃电设备技术规范	行标	2019.10.1			采购、运维、修试	招标、品控、运行、维护、检修、试验	调度及二次	继电保护及安全自动装置
203.6-103	NB/T 10280—2019	电网用状态监测装置湿热环境条件与技术要求	行标	2020.5.1			采购、运维、修试	招标、品控、运行、维护、检修、试验	调度及二次	继电保护及安全自动装置
203.6-104	NB/T 42167—2018	预制舱式二次组合设备技术要求	行标	2018.10.1			采购、运维、修试	招标、品控、运行、维护、检修、试验	调度及二次	继电保护及安全自动装置

体系结构号	标准编号	标准名称	标准级别	实施日期	与国际标准对应关系	代替标准	阶段	分阶段	专业	分专业
203.6-105	NB/T 42015—2013	智能变电站网络报文记录及分析装置技术条件	行标	2014.4.1			采购、运维、修试	招标、品控、运行、维护、检修、试验	调度及二次	继电保护及安全自动装置
203.6-106	NB/T 42071—2016	保护和控制用智能单元设备通用技术条件	行标	2016.12.1			采购、运维、修试	招标、品控、运行、维护、检修、试验	调度及二次	继电保护及安全自动装置
203.6-107	NB/T 42076—2016	弧光保护装置选用导则	行标	2016.12.1			采购、运维、修试	招标、品控、运行、维护、检修、试验	调度及二次	继电保护及安全自动装置
203.6-108	NB/T 42088—2016	继电保护信息系统子站技术规范	行标	2016.12.1			采购、运维、修试	招标、品控、运行、维护、检修、试验	调度及二次	继电保护及安全自动装置
203.6-109	JB/T 3962—2002	综合重合闸装置技术条件	行标	2002.12.1		JB/T 3962—1991	运维、修试	运行、维护、检修、试验	调度及二次	继电保护及安全自动装置
203.6-110	JB/T 5777.2—2002	电力系统二次电路用控制及继电保护屏（柜、台）通用技术条件	行标	2002.12.1		JB/T 5777.2—1991	采购、建设、运维、修试	招标、品控、验收与质量评定、运行、维护、检修、试验	调度及二次	继电保护及安全自动装置
203.6-111	JB/T 8664—1997	高压输电线路保护屏（柜）	行标	1998.2.1		JB/DQ 2399—1988	运维、修试	运行、维护、检修、试验	调度及二次	继电保护及安全自动装置
203.6-112	JB/T 9647—2014	变压器用气体继电器	行标	2014.10.1		JB/T 9647—1999	采购、建设、运维、修试	招标、品控、验收与质量评定、运行、维护、检修、试验	调度及二次	继电保护及安全自动装置
203.6-113	JB/T 9663—2013	低压无功功率自动补偿控制器	行标	2014.7.1		JB/T 9663—1999	运维、修试	运行、维护、检修、试验	调度及二次	继电保护及安全自动装置
203.6-114	JB/T 10428—2015	变压器用多功能保护装置	行标	2016.3.1		JB/T 10428—2004	运维、修试	运行、维护、检修、试验	调度及二次	继电保护及安全自动装置
203.6-115	GB/T 6115.2—2017	电力系统用串联电容器 第2部分：串联电容器组用保护设备	国标	2018.4.1	IEC 60143-2：2012	GB/T 6115.2—2002	采购、建设、运维、修试	招标、品控、施工工艺、验收与质量评定、运行、维护、检修、试验	调度及二次	继电保护及安全自动装置
203.6-116	GB/T 6829—2017	剩余电流动作保护电器（RCD）的一般要求	国标	2018.5.1	IEC/TR 60755：2008	GB/Z 6829—2008	采购、建设、运维、修试	招标、品控、施工工艺、验收与质量评定、运行、维护、检修、试验	调度及二次	继电保护及安全自动装置
203.6-117	GB/T 7267—2015	电力系统二次回路保护及自动化机柜（屏）基本尺寸系列	国标	2015.12.1		GB/T 7267—2003	采购、建设	招标、品控、验收与质量评定	调度及二次	继电保护及安全自动装置

体系 结构号	标准编号	标准名称	标准级别	实施日期	与国际标准对应关系	代替标准	阶段	分阶段	专业	分专业
203.6-118	GB/T 7268—2015	电力系统保护及其自动化装置用插箱及插件面板基本尺寸系列	国标	2015.12.1		GB/T 7268—2005	采购、建设	招标、品控、验收与质量评定	调度及二次	继电保护及安全自动装置
203.6-119	GB/T 11920—2008	电站电气部分集中控制设备及系统通用技术条件	国标	2009.8.1		GB 11920—1989	采购、建设、运维、修试	招标、品控、施工工艺、验收与质量评定、运行、维护、检修、试验	调度及二次	继电保护及安全自动装置
203.6-120	GB/T 14598.2—2011	量度继电器和保护装置 第1部分：通用要求	国标	2012.6.1	IEC 60255-0-20：1974，IDT；IEC 60255-1-0：1975，IDT；IEC 60255-1-00：1975，IDT；IEC 60255-1：1967，IDT；IEC 60255-1：2009，IDT	GB/T 14047—1993	采购、建设、运维、修试	招标、品控、施工工艺、验收与质量评定、运行、维护、检修、试验	调度及二次	继电保护及安全自动装置
203.6-121	GB/T 14598.8—2008	电气继电器 第20部分：保护系统	国标	2009.3.1	IEC 60255-20：1984，MOD	GB/T 14598.8—1995	采购、建设、运维、修试	招标、品控、施工工艺、验收与质量评定、运行、维护、检修、试验	调度及二次	继电保护及安全自动装置
203.6-122	GB/T 14598.24—2017	量度继电器和保护装置 第24部分：电力系统暂态数据交换（COMTRADE）通用格式	国标	2018.2.1	IEC 60255-24：2013	GB/T 22386—2008	采购、修试	招标、品控、检修、试验	调度及二次	继电保护及安全自动装置
203.6-123	GB/T 14598.27—2017	量度继电器和保护装置 第27部分：产品安全要求	国标	2018.5.1	IEC 60255-27：2013	GB 14598.27—2008	采购、修试	招标、品控、检修、试验	调度及二次	继电保护及安全自动装置
203.6-124	GB/T 14598.121—2017	量度继电器和保护装置 第121部分：距离保护功能要求	国标	2018.2.1	IEC 60255-121：2014		采购、运维、修试	招标、品控、运行、维护、检修、试验	调度及二次	继电保护及安全自动装置
203.6-125	GB/T 14598.127—2013	量度继电器和保护装置 第127部分：过/欠电压保护功能要求	国标	2013.12.2			采购、运维、修试	招标、品控、运行、维护、检修、试验	调度及二次	继电保护及安全自动装置
203.6-126	GB/T 14598.300—2017	变压器保护装置通用技术要求	国标	2018.7.1		GB/T 14598.300—2008	采购、建设、运维、修试	招标、品控、施工工艺、验收与质量评定、运行、维护、检修、试验	调度及二次	继电保护及安全自动装置
203.6-127	GB/T 15145—2017	输电线路保护装置通用技术条件	国标	2018.2.1		GB/T 15145—2008	采购、建设、运维、修试	招标、品控、施工工艺、验收与质量评定、运行、维护、检修、试验	调度及二次	继电保护及安全自动装置

体系结构号	标准编号	标准名称	标准级别	实施日期	与国际标准对应关系	代替标准	阶段	分阶段	专业	分专业
203.6-128	GB/T 22387—2016	剩余电流动作继电器	国标	2017.3.1		GB/T 22387—2008	采购、建设、修试	招标、品控、施工工艺、检修、试验	调度及二次	继电保护及安全自动装置
203.6-129	GB/T 22390.1—2008	高压直流输电系统控制与保护设备 第1部分：运行人员控制系统	国标	2009.8.1			采购、建设、运维、修试	招标、品控、施工工艺、验收与质量评定、运行、维护、检修、试验	调度及二次	继电保护及安全自动装置
203.6-130	GB/T 22390.2—2008	高压直流输电系统控制与保护设备 第2部分：交直流系统站控设备	国标	2009.8.1			采购、建设、运维、修试	招标、品控、施工工艺、验收与质量评定、运行、维护、检修、试验	调度及二次	继电保护及安全自动装置
203.6-131	GB/T 22390.3—2008	高压直流输电系统控制与保护设备 第3部分：直流系统极控设备	国标	2009.8.1			采购、建设、运维、修试	招标、品控、施工工艺、验收与质量评定、运行、维护、检修、试验	调度及二次	继电保护及安全自动装置
203.6-132	GB/T 22390.4—2008	高压直流输电系统控制与保护设备 第4部分：直流系统保护设备	国标	2009.8.1			采购、建设、运维、修试	招标、品控、施工工艺、验收与质量评定、运行、维护、检修、试验	调度及二次	继电保护及安全自动装置
203.6-133	GB/T 22390.5—2008	高压直流输电系统控制与保护设备 第5部分：直流线路故障定位装置	国标	2009.8.1			采购、建设、运维、修试	招标、品控、施工工艺、验收与质量评定、运行、维护、检修、试验	调度及二次	继电保护及安全自动装置
203.6-134	GB/T 22390.6—2008	高压直流输电系统控制与保护设备 第6部分：换流站暂态故障录波装置	国标	2009.8.1			采购、建设、运维、修试	招标、品控、施工工艺、验收与质量评定、运行、维护、检修、试验	调度及二次	继电保护及安全自动装置
203.6-135	GB/T 25843—2017	±800kV 特高压直流输电控制与保护设备技术要求	国标	2018.7.1		GB/Z 25843—2010	采购、建设、运维、修试	招标、品控、施工工艺、验收与质量评定、运行、维护、检修、试验	调度及二次	继电保护及安全自动装置
203.6-136	GB/T 31143—2014	电弧故障保护电器（AFDD）的一般要求	国标	2015.4.1			采购、建设、修试	招标、品控、施工工艺、检修、试验	调度及二次	继电保护及安全自动装置
203.6-137	GB/T 31955.1—2015	超高压可控并联电抗器控制保护系统技术规范 第1部分：分级调节式	国标	2016.4.1			采购、建设、运维、修试	招标、品控、施工工艺、验收与质量评定、运行、维护、检修、试验	调度及二次	继电保护及安全自动装置
203.6-138	GB/T 32897—2016	智能变电站多功能保护测控一体化装置通用技术条件	国标	2017.3.1			采购、建设、运维、修试	招标、品控、施工工艺、验收与质量评定、运行、维护、检修、试验	调度及二次	继电保护及安全自动装置

体系结构号	标准编号	标准名称	标准级别	实施日期	与国际标准对应关系	代替标准	阶段	分阶段	专业	分专业
203.6-139	GB/T 34123—2017	电力系统变频器保护技术规范	国标	2018.2.1			采购、修试	招标、品控、检修、试验	调度及二次	继电保护及安全自动装置
203.6-140	GB/Z 34124—2017	智能保护测控设备技术规范	国标	2018.2.1			采购、修试	招标、品控、检修、试验	调度及二次	其他
203.6-141	GB/T 34125—2017	电力系统继电保护及安全自动装置户外柜通用技术条件	国标	2018.2.1			采购、建设	招标、品控、施工工艺、验收与质量评定	调度及二次	继电保护及安全自动装置
203.6-142	GB/T 34126—2017	站域保护控制装置技术导则	国标	2018.2.1			采购、修试	招标、品控、检修、试验	调度及二次	继电保护及安全自动装置
203.6-143	GB/T 34132—2017	智能变电站智能终端装置通用技术条件	国标	2018.2.1			采购、修试	招标、品控、检修、试验	调度及二次	继电保护及安全自动装置
203.6-144	GB/Z 34161—2017	智能微电网保护设备技术导则	国标	2018.4.1			采购、修试	招标、品控、检修、试验	调度及二次	继电保护及安全自动装置
203.6-145	GB/T 35732—2017	配电自动化智能终端技术规范	国标	2018.7.1			采购、修试	招标、品控、检修、试验	调度及二次	继电保护及安全自动装置
203.6-146	GB/T 35745—2017	柔性直流输电控制与保护设备技术要求	国标	2018.7.1			采购、运维、修试	招标、品控、运行、维护、检修、试验	调度及二次	继电保护及安全自动装置
203.6-147	GB/T 36273—2018	智能变电站继电保护和安全自动装置数字化接口技术规范	国标	2019.1.1			采购、运维、修试	招标、品控、运行、维护、检修、试验	调度及二次	继电保护及安全自动装置
203.6-148	GB/T 36283—2018	智能变电站二次舱通用技术条件	国标	2019.1.1			采购、运维、修试	招标、品控、运行、维护、检修、试验	调度及二次	继电保护及安全自动装置
203.6-149	GB/T 37155.1—2018	区域保护控制系统技术导则 第1部分：功能规范	国标	2019.7.1			采购、运维、修试	招标、品控、运行、维护、检修、试验	调度及二次	继电保护及安全自动装置
203.6-150	GB/T 37762—2019	同步调相机组保护装置通用技术条件	国标	2020.1.1			采购、运维、修试	招标、品控、运行、维护、检修、试验	调度及二次	继电保护及安全自动装置
203.6-151	GB/T 37763—2019	CT自供电保护装置技术规范	国标	2020.1.1			采购、运维、修试	招标、品控、运行、维护、检修、试验	调度及二次	继电保护及安全自动装置
203.6-152	GB/T 38922—2020	35kV及以下标准化继电保护装置通用技术要求	国标	2020.12.1			采购、运维、修试	招标、品控、运行、维护、检修、试验	调度及二次	继电保护及安全自动装置

体系结构号	标准编号	标准名称	标准级别	实施日期	与国际标准对应关系	代替标准	阶段	分阶段	专业	分专业
203.6-153	IEC 60255-1—2009	测量继电器和保护设备第1部分：共同要求	国际标准	2009.8.18	BS EN 60255-1—2010，IDT；EN 60255-1—2010，IDT	IEC 60255-6—1988；IEC 60255-1—1967	采购、修试	招标、品控、检修、试验	调度及二次	继电保护及安全自动装置
——电力通信										
203.6-154	IEC 60255-127—2010	测量继电器和保护设备第127部分：过/欠电流保护的功能要求	国际标准	2010.4.27	C45-200-127PR，IDT		采购、修试	招标、品控、检修、试验	调度及二次	继电保护及安全自动装置
203.6-155	IEC 60255-151—2009	测量继电器和保护设备第151部分：过/欠电流保护的功能要求	国际标准	2009.8.28	DIN EN 60255-I51—2010，IDT；EN 60255-151—2009，IDT；NF C45-200-151—2010，IDT；OEVEIOENORM EN 60255-151—2010，IDT	IEC 60255-3—1989	采购、修试	招标、品控、检修、试验	调度及二次	继电保护及安全自动装置
203.6-156	Q/CSG 1107004—2020	南方电网电力光缆技术规范（试行）	企标	2020.10.30		Q/CSG 110003—2011	规划、设计、采购	规划、初设、招标、品控	调度及二次	电力通信
203.6-157	Q/CSG 1204018—2016	南方电网光通信网络技术规范	企标	2015.3.25		Q/CSG 110002—2011	设计、采购	初设、招标、品控	调度及二次	电力通信
203.6-158	Q/CSG 1204022—2017	电力无线专网技术规范	企标	2017.2.1			设计、采购	初设、招标、品控	调度及二次	电力通信
203.6-159	Q/CSG 1204027—2018	南方电网通信电源监控系统技术规范	企标	2018.5.17			设计、采购	初设、招标、品控	调度及二次	电力通信
203.6-160	Q/CSG 1204043—2019	南方电网视频会议系统技术规范	企标	2019.2.27		Q/CSG 110002—2012	规划、设计、采购	规划、初设、招标、品控	调度及二次	电力通信
203.6-161	T/CEC 192—2018	电力通信机房动力环境监控系统及接口技术规范	团标	2019.2.1			设计、采购	初设、招标、品控	调度及二次	电力通信
203.6-162	T/CSEE 0087.2—2018	电力量子保密通信系统第2部分：VPN网关设备	团标	2018.12.25			设计、采购	初设、招标、品控	调度及二次	电力通信
203.6-163	DL/T 629—1997	电力线载波结合设备分频滤波器	行标	1998.5.1			设计、采购	初设、招标、品控	调度及二次	电力通信

体系 结构号	标准编号	标准名称	标准 级别	实施日期	与国际标准 对应关系	代替标准	阶段	分阶段	专业	分专业
203.6-164	DL/T 767—2013	全介质自承式光缆（ADSS）用预绞式金具技术条件和试验方法	行标	2013.8.1		DL/T 767—2003	采购、建设	品控、验收与质量评定	调度及二次	电力通信
203.6-165	DL/T 788—2016	全介质自承式光缆	行标	2016.6.1		DL/T 788—2001	设计、采购	初设、招标、品控	调度及二次	电力通信
203.6-166	DL/T 795—2016	电力系统数字调度交换机	行标	2017.5.1		DL/T 795—2001	设计、采购	初设、招标、品控	调度及二次	电力通信
203.6-167	DL/T 1241—2013	电力工业以太网交换机技术规范	行标	2013.8.1			设计、采购	初设、招标、品控	调度及二次	电力通信
203.6-168	YD/T 1255—2013	具有路由功能的以太网交换机技术要求	行标	2014.1.1		YD/T 1255—2003	设计、采购	初设、招标、品控	调度及二次	电力通信
203.6-169	DL/T 1407—2015	低压电力线载波通信设备通用技术条件	行标	2015.9.1			设计、采购	初设、招标、品控	调度及二次	电力通信
203.6-170	DL/T 1509—2016	电力系统光传送网（OTN）技术要求	行标	2016.6.1			设计、采购	初设、招标、品控	调度及二次	电力通信
203.6-171	DL/T 1623—2016	智能变电站预制光缆技术规范	行标	2016.12.1			设计、采购	初设、招标、品控	调度及二次	电力通信
203.6-172	DL/T 1894—2018	电力光纤传感器通用规范	行标	2019.5.1			设计、采购	初设、招标、品控	调度及二次	电力通信
203.6-173	DL/T 1912—2018	智能变电站以太网交换机技术规范	行标	2019.5.1			设计、采购	初设、招标、品控	调度及二次	电力通信
203.6-174	DL/T 2065—2019	无线传感器网络设备电磁电气基本特性规范	行标	2020.5.1			设计、采购	初设、招标、品控	调度及二次	电力通信
203.6-175	YD/T 841.8—2014	地下通信管道用塑料管 第8部分：塑料合金复合型管	行标	2014.10.14			设计、采购	初设、招标、品控	调度及二次	电力通信
203.6-176	YD/T 1095—2018	通信用交流不间断电源（UPS）	行标	2018.7.1		YD/T 1095—2008	设计、采购	初设、招标、品控	调度及二次	电力通信
203.6-177	YD/T 1258.1—2015	室内光缆 第1部分：总则	行标	2015.7.1		YD/T 1258.1—2003	设计、采购	初设、招标、品控	调度及二次	电力通信
203.6-178	YD/T 1436—2014	室外型通信电源系统	行标	2014.10.14			设计、采购	初设、招标、品控	调度及二次	电力通信
203.6-179	YD/T 3408—2018	通信用48V磷酸铁锂电池管理系统技术要求和试验方法	行标	2019.4.1			采购、建设	品控、验收与质量评定	调度及二次	电力通信
203.6-180	YD/T 3424—2018	通信用240V直流供电系统使用技术要求	行标	2019.4.1			设计、采购	初设、招标、品控	调度及二次	电力通信

体系 结构号	标准编号	标准名称	标准 级别	实施日期	与国际标准 对应关系	代替标准	阶段	分阶段	专业	分专业
203.6-181	GB/T 7329—2008	电力线载波结合设备	国标	2008.10.1	IEC 60481： 1974，NEQ	GB/T 7329—1998	设计、采购	初设、招标、品控	调度及二次	电力通信
203.6-182	GB/T 7330—2008	交流电力系统阻波器	国标	2008.10.1	IEC 60353： 1989，NEQ	GB/T 7330—1998	设计、采购	初设、招标、品控	调度及二次	电力通信
203.6-183	GB/T 7424.4—2003	光缆　第 4 部分：分规范 光纤复合架空地线	国标	2004.8.1	IEC 60794-1： 1999，NEQ		设计、采购	初设、招标、品控	调度及二次	电力通信
203.6-184	GB/T 11444.4—1996	国内卫星通信地球站发射、 接收和地面通信设备技术要 求　第四部分：中速数据传输 设备	国标	1997.1.2	IESS 308，REF	GB 12406—1990	设计、采购	初设、招标、品控	调度及二次	电力通信
203.6-185	GB/T 13849.3—1993	聚烯烃绝缘聚烯烃护套市 内通信电缆　第 3 部分：铜 芯、实心或泡沫（带皮泡沫） 聚烯烃绝缘、填充式、挡潮层 聚乙烯护套市内通信电缆	国标	1994.8.1		GB 13849—92	设计、采购	初设、招标、品控	调度及二次	电力通信
203.6-186	GB/T 13849.4—1993	聚烯烃绝缘聚烯烃护套市 内通信电缆　第 4 部分：铜 芯、实心聚烯烃绝缘（非填 充）、自承式、挡潮层聚乙烯 护套市内通信电缆	国标	1994.8.1		GB 13849—92	设计、采购	初设、招标、品控	调度及二次	电力通信
203.6-187	GB/T 13849.5—1993	聚烯烃绝缘聚烯烃护套市 内通信电缆　第 5 部分：铜 芯、实心或泡沫（带皮泡沫） 聚烯烃绝缘、隔离式（内屏 蔽）、挡潮层聚乙烯护套市内 通信电缆	国标	1994.8.1		GB 13849—92	设计、采购	初设、招标、品控	调度及二次	电力通信
203.6-188	GB/T 13993.1—2016	通信光缆　第 1 部分：总则	国标	2016.11.1		GB/T 13993.1—2004	设计、采购	初设、招标、品控	调度及二次	电力通信
203.6-189	GB/T 13993.2—2014	通信光缆　第 2 部分：核心 网用室外光缆	国标	2015.4.1		GB/T 13993.2—2002	设计、采购	初设、招标、品控	调度及二次	电力通信
203.6-190	GB/T 13993.3—2014	通信光缆　第 3 部分：综合 布线用室内光缆	国标	2015.4.1		GB/T 13993.3—2001	设计、采购	初设、招标、品控	调度及二次	电力通信
203.6-191	GB/T 13993.4—2014	通信光缆　第 4 部分：接入 网用室外光缆	国标	2015.4.1		GB/T 13993.4—2002	设计、采购	初设、招标、品控	调度及二次	电力通信

体系结构号	标准编号	标准名称	标准级别	实施日期	与国际标准对应关系	代替标准	阶段	分阶段	专业	分专业
203.6-192	GB/T 16712—2008	同步数字体系（SDH）设备功能块特性	国标	2009.4.1	ITU-T G.783：2006，NEQ	GB/T 16712—1996	设计、采购	初设、招标、品控	调度及二次	电力通信
203.6-193	GB/T 19856.1—2005	雷电防护　通信线路　第1部分：光缆	国标	2006.4.1	IEC 61663-1：1999，IDT		设计、采购	初设、招标、品控	调度及二次	电力通信
203.6-194	GB/T 37548—2019	变电站设备物联网通信架构及接口要求	国标	2020.1.1			设计、采购	初设、招标、品控	调度及二次	电力通信
203.6-195	IEC 60870-5-101—2003	远程控制设备和系统　第5部分：传输协议第101节：基本遥控工作的副标准	国际标准	2003.2.7	NF C46-951-01—2004，IDT；BS EN60870-5-101—2003，IDT；DIN EN60870-5-101—2003，IDT；EN 60870-5-101—2003，IDT	IEC 60870-5-101—1995；IEC 60870-5-101—1995/Amd 1—2000；IEC 60870-5-101—1995/Amd 2—2001	设计、采购	初设、招标、品控	调度及二次	电力通信
203.6-196	IEC 62148-11—2009	光纤有源元件和器件光纤连接器包装和接口标准　第11部分：14引线有源器件模块	国际标准	2009.6.25	EN 62148-11—2009IDT	IEC 62148-11—2003	设计、采购	初设、招标、品控	调度及二次	电力通信
203.6-197	IEC 62148-16—2009	光纤有源元件及器件包装和接口标准　第16部分：与LC连接器接口一同使用的发射器和接收器部件	国际标准	2009.8.6	DIN EN 62148-16-20I0，IDT；BS EN62148-16—2010IDT；EN 62148-16—2009 IDT；NFC 93-883-16—2010IDT		设计、采购	初设、招标、品控	调度及二次	电力通信
203.6-198	IEC 62149-5—2009	光纤有源元件和设备性能标准　第5部分：包括LD驱动器和CDR集成电路的ATM-PON收发机	国际标准	2009.8.11	EN 62149-5-—2011，IDT	IEC 62149-5—2003	设计、采购	初设、招标、品控	调度及二次	电力通信
203.6-199	IEC/TR 62627-02—2010	光纤互连设备和无源元件第02部分：SC塞型固定衰减器的系列测试结果报告	国际标准	2010.6.28			设计、采购	初设、招标、品控	调度及二次	电力通信

体系结构号	标准编号	标准名称	标准级别	实施日期	与国际标准对应关系	代替标准	阶段	分阶段	专业	分专业
203.6-200	IEC/TR 62627-03-01—2011	光纤互连设备和无源元件 第03-01部分:可靠性.温度和湿度循环器件连接器的纤维活塞故障用验收试验的设计:界限分析	国际标准	2011.4.7			设计、采购	初设、招标、品控	调度及二次	电力通信
203.7 设备材料-发电										
203.7-1	T/CEC 131.1—2016	铅酸蓄电池二次利用 第1部分:总则	团标	2017.1.1			退役	变电、配电、用电、退役、报废	发电	其他
203.7-2	T/CEC 131.2—2016	铅酸蓄电池二次利用 第2部分:电池评价分级及成组技术规范	团标	2017.1.1			退役	变电、配电、用电、退役、报废	发电	其他
203.7-3	T/CEC 131.3—2016	铅酸蓄电池二次利用 第3部分:电池修复技术规范	团标	2017.1.1			退役	变电、配电、用电、退役、报废	发电	其他
203.7-4	T/CEC 131.4—2016	铅酸蓄电池二次利用 第4部分:电池维护技术规范	团标	2017.1.1			退役	变电、配电、用电、退役、报废	发电	其他
203.7-5	T/CEC 131.5—2016	铅酸蓄电池二次利用 第5部分:电池贮存与运输技术规范	团标	2017.1.1			退役	变电、配电、用电、退役、报废	发电	其他
203.7-6	T/CEC 329—2020	发电机绝缘过热在线监测装置技术要求	团标	2020.10.1			设计、采购	初设、招标	发电	其他
203.7-7	T/CEC 331—2020	电力储能用飞轮储能系统	团标	2020.10.1			设计、采购	初设、招标	发电	其他
203.7-8	DL/T 2024—2019	大型调相机型式试验导则	行标	2019.10.1			采购	品控、检修、试验	变电、输电	其他
203.7-9	JB/T 2729—2020	交流移动电站用三相四极插头插座	行标	2021.1.1		JB/T 2729—1999	采购、运维、修试	招标、品控、运行、维护、检修、试验	配电	其他
203.7-10	JB/T 7605—2020	移动电站额定功率、电压及转速	行标	2021.1.1		JB/T 7605—1994	采购、运维、修试	招标、品控、运行、维护、检修、试验	配电	其他
203.7-11	JB/T 8182—2020	交流移动电站用控制屏通用技术条件	行标	2021.1.1		JB/T 8182—1999	采购、运维、修试	招标、品控、运行、维护、检修、试验	配电	其他
203.7-12	JB/T 13761—2019	汽轮机储运技术条件	行标	2020.10.1			采购、运维、修试	招标、品控、运行、维护、检修、试验	发电	火电

体系结构号	标准编号	标准名称	标准级别	实施日期	与国际标准对应关系	代替标准	阶段	分阶段	专业	分专业
203.7-13	GB/T 755—2019	旋转电机 定额和性能	国标	2020.7.1		GB/T 755—2008	采购	招标	发电	水电、火电、其他
203.7-14	GB/T 14824—2008	高压交流发电机断路器	国标	2009.8.1	IEEE Std C37.013：1997，MOD		设计、采购	初设、招标	发电	其他
203.7-15	IEC 60079-26—2014	电气设备 第26部分：设备保护水平（EPL）为 Ga 稳的设备	国际标准	2014.10.28	EN 60079-26—2007，IDT	IEC 60079-26—2006	设计、采购	初设、招标	发电、变电、输电、配电	其他
203.7-16	IEC 62485-2—2010	蓄电池组和蓄电池装置安全性要求 第2部分：稳流蓄电池	国际标准	2010.6.16			设计、运维	初设、采购、运行	发电、变电、输电、配电	其他
——水电										
203.7-17	Q/CSG 1205015—2018	水电站发电设备在线监测系统技术规范	企标	2018.4.16			采购、运维、修试	招标、品控、运行、维护、检修、试验	发电	水电
203.7-18	DL/T 295—2011	抽水蓄能机组自动控制系统技术条件	行标	2011.11.1			采购、运维、修试	招标、品控、运行、维护、检修、试验	发电	水电
203.7-19	DL/T 443—2016	水轮发电机组及其附属设备出厂检验导则	行标	2016.6.1		DL/T 443—1991	采购	品控、招标	发电	水电
203.7-20	DL/T 563—2016	水轮机电液调节系统及装置技术规程	行标	2016.6.1		DL/T 563—2004	运维	运行、维护	发电	水电
203.7-21	DL/T 578—2008	水电厂计算机监控系统基本技术条件	行标	2008.11.1		DL/T 578—1995	设计、采购	初设、招标	发电	水电
203.7-22	DL/T 583—2018	大中型水轮发电机静止整流励磁系统技术条件	行标	2018.7.1		DL/T 583—2006	设计、采购、运维	初设、招标、运行、维护	发电	水电
203.7-23	DL/T 622—2012	立式水轮发电机弹性金属塑料推力轴瓦技术条件	行标	2012.3.1		DL/T 622—1997	设计、采购、运维	初设、招标、运行、维护	发电	水电
203.7-24	DL/T 948—2019	混凝土坝监测仪器系列型谱	行标	2020.5.1		DL/T 948—2005	设计、采购、运维	初设、招标、运行、维护	发电	水电
203.7-25	DL/T 1016—2019	电容式引张线仪	行标	2020.5.1		DL/T 1016—2006	设计、采购、运维	初设、招标、运行、维护	发电	水电
203.7-26	DL/T 1017—2019	电容式位移计	行标	2020.5.1		DL/T 1017—2006	设计、采购、运维	初设、招标、运行、维护	发电	水电

体系结构号	标准编号	标准名称	标准级别	实施日期	与国际标准对应关系	代替标准	阶段	分阶段	专业	分专业
203.7-27	DL/T 1018—2019	电容式测缝计	行标	2020.5.1		DL/T 1018—2006	设计、采购、运维	初设、招标、运行、维护	发电	水电
203.7-28	DL/T 1019—2019	电容式垂线坐标仪	行标	2020.5.1		DL/T 1019—2006	设计、采购、运维	初设、招标、运行、维护	发电	水电
203.7-29	DL/T 1020—2019	电容式静力水准仪	行标	2020.5.1		DL/T 1020—2006	设计、采购、运维	初设、招标、运行、维护	发电	水电
203.7-30	DL/T 1021—2019	电容式量水堰水位计	行标	2020.5.1		DL/T 1021—2006	设计、采购、运维	初设、招标、运行、维护	发电	水电
203.7-31	DL/T 1024—2015	水电仿真机技术规范	行标	2015.12.1		DL/T 1024—2006	设计、采购	初设、招标	发电	水电
203.7-32	DL/T 1043—2007	钢弦式测缝计	行标	2007.12.1			设计、采购、运维	初设、招标、运行、维护	发电	水电
203.7-33	DL/T 1044—2007	钢弦式应变计	行标	2007.12.1			设计、采购、运维	初设、招标、运行、维护	发电	水电
203.7-34	DL/T 1045—2007	钢弦式孔隙水压力计	行标	2007.12.1			设计、采购、运维	初设、招标、运行、维护	发电	水电
203.7-35	DL/T 1046—2007	引张线式水平位移计	行标	2007.12.1			设计、采购、运维	初设、招标、运行、维护	发电	水电
203.7-36	DL/T 1047—2007	水管式沉降仪	行标	2007.12.1			设计、采购、运维	初设、招标、运行、维护	发电	水电
203.7-37	DL/T 1061—2020	光电式（CCD）垂线坐标仪	行标	2021.2.1		DL/T 1061—2007	设计、采购、运维	初设、招标、运行、维护	发电	水电
203.7-38	DL/T 1062—2020	光电式（CCD）引张线仪	行标	2021.2.1		DL/T 1062—2007	设计、采购、运维	初设、招标、运行、维护	发电	水电
203.7-39	DL/T 1063—2007	差动电阻式位移计	行标	2007.12.1			设计、采购、运维	初设、招标、运行、维护	发电	水电
203.7-40	DL/T 1064—2007	差动电阻式锚索测力计	行标	2007.12.1			设计、采购、运维	初设、招标、运行、维护	发电	水电
203.7-41	DL/T 1065—2007	差动电阻式锚杆应力计	行标	2007.12.1			设计、采购、运维	初设、招标、运行、维护	发电	水电
203.7-42	DL/T 1067—2020	蒸发冷却水轮发电机基本技术条件	行标	2021.2.1		DL/T 1067—2007	设计、采购、运维	初设、招标、运行、维护	发电	水电

体系 结构号	标准编号	标准名称	标准 级别	实施日期	与国际标准 对应关系	代替标准	阶段	分阶段	专业	分专业
203.7-43	DL/T 1120—2018	水轮机调节系统测试与实时仿真装置技术规程	行标	2018.10.1		DL/T 1120—2009	运维	运行、维护	发电	水电
203.7-44	DL/T 1134—2009	大坝安全监测数据自动采集装置	行标	2009.12.1			设计、采购、运维	初设、招标、运行、维护	发电	水电
203.7-45	DL/T 1197—2012	水轮发电机组状态在线监测系统技术条件	行标	2012.12.1			设计、采购、运维	初设、招标、运行、维护	发电	水电
203.7-46	DL/T 1627—2016	水轮发电机励磁系统晶闸管整流桥技术条件	行标	2017.5.1			设计、采购、运维	初设、招标、运行、维护	发电	水电
203.7-47	DL/T 1628—2016	水轮发电机励磁变压器技术条件	行标	2017.5.1			设计、采购、运维	初设、招标、运行、维护	发电	水电、变压器
203.7-48	DL/T 1754—2017	水电站大坝运行安全管理信息系统技术规范	行标	2018.3.1			设计、采购、建设	初设、招标、施工工艺	发电	水电
203.7-49	DL/T 1802—2018	水电厂自动发电控制及自动电压控制系统技术规范	行标	2018.7.1			设计、采购、运维	初设、招标、运行、维护	发电	水电
203.7-50	DL/T 1803—2018	水电厂辅助设备控制装置技术条件	行标	2018.7.1			设计、采购、运维	初设、招标、运行、维护	发电	水电
203.7-51	DL/T 1804—2018	水轮发电机组振动摆度装置技术条件	行标	2018.7.1			设计、采购、运维	初设、招标、运行、维护	发电	水电
203.7-52	DL/T 1819—2018	抽水蓄能电站静止变频装置技术条件	行标	2018.7.1			设计、采购、运维	初设、招标、运行、维护	发电	水电
203.7-53	NB/T 10231—2019	水电站多声道超声波流量计基本技术条件	行标	2020.5.1			设计、采购、运维	初设、招标、运行、维护	发电	水电
203.7-54	NB/T 35088—2016	水电机组机械液压过速保护装置基本技术条件	行标	2017.5.1			设计、采购、运维	初设、招标、运行、维护	发电	水电
203.7-55	NB/T 35089—2016	水轮机筒形阀技术规范	行标	2017.5.1			设计、采购、运维	初设、招标、运行、维护	发电	水电
203.7-56	NB/T 42022—2013	高压变频调速用油浸式变流变压器	行标	2014.4.1			设计、采购、运维	初设、招标、运行、维护	发电	水电、变压器
203.7-57	NB/T 42054—2015	小型水轮机操作器技术条件	行标	2015.12.1			设计、采购、运维	初设、招标、运行、维护	发电	水电

体系结构号	标准编号	标准名称	标准级别	实施日期	与国际标准对应关系	代替标准	阶段	分阶段	专业	分专业
203.7-58	NB/T 42056—2015	小型水轮机进水阀门基本技术条件	行标	2015.12.1			设计、采购、运维	初设、招标、运行、维护	发电	水电
203.7-59	NB/T 42148.2—2020	电池驱动器具及设备的开关 第2-1部分：电动工具开关的特殊要求	行标	2021.2.1			设计、采购、运维	初设、招标、运行、维护	配电	其他
203.7-60	NB/T 42161—2018	微小型水轮发电机组电子负荷控制器技术条件	行标	2018.10.1			设计、采购、运维	初设、招标、运行、维护	发电	水电
203.7-61	NB/T 47063—2017	电站安全阀	行标	2018.6.1		JB/T 9624—1999	采购、运维	招标、品控、运行、维护	发电	水电
203.7-62	SL 615—2013	水轮机电液调节系统及装置基本技术条件	行标	2013.12.6			设计、采购、运维	初设、招标、运行、维护	发电	水电
203.7-63	SL 755—2017	中小型水轮机调节系统技术规程	行标	2018.3.1			设计、采购、运维	初设、招标、运行、维护	发电	水电
203.7-64	SL 774—2019	小型水轮发电机励磁系统技术条件	行标	2019.5.11			设计、采购、运维	初设、招标、运行、维护	发电	水电
203.7-65	GB/T 7894—2009	水轮发电机基本技术条件	国标	2010.4.1			设计、采购、运维	初设、招标、运行、维护	发电	水电
203.7-66	GB/T 10969—2008	水轮机、蓄能泵和水泵水轮机通流部件技术条件	国标	2009.4.1	IEC 60193：1999，REF	GB/T 10969—1996	设计、采购、运维	初设、招标、运行、维护	发电	水电
203.7-67	GB/T 11805—2019	水轮发电机组自动化元件（装置）及其系统基本技术条件	国标	2020.1.1			设计、采购、运维	初设、招标、运行、维护	发电	水电
203.7-68	GB/T 15468—2020	水轮机基本技术条件	国标	2020.12.1		GB/T 15468—2006	设计、采购、运维	初设、招标、运行、维护	发电	水电
203.7-69	GB/T 19624—2019	在用含缺陷压力容器安全评定	国标	2020.1.1		GB/T 19624—2004	设计、采购、建设、运维	初设、招标、运行、维护	发电	水电
203.7-70	GB/T 28546—2012	大中型水电机组包装、运输和保管规范	国标	2012.11.1			设计、采购	初设、招标	发电	水电
——燃气轮机										
203.7-71	GB/T 30141—2013	水轮机筒形阀基本技术条件	国标	2014.5.14			设计、采购	初设、招标	发电	水电

体系结构号	标准编号	标准名称	标准级别	实施日期	与国际标准对应关系	代替标准	阶段	分阶段	专业	分专业
203.7-72	GB/T 32594—2016	抽水蓄能电站保安电源技术导则	国标	2016.11.1			设计、采购、运维	初设、招标、运维	发电	水电
203.7-73	GB/T 32898—2016	抽水蓄能发电电动机变压器组继电保护配置导则	国标	2017.3.1			设计、采购	初设、招标	发电	水电、变压器
——火电										
203.7-74	DL/T 1505—2016	大型燃气轮发电机组继电保护装置通用技术条件	行标	2016.6.1			设计、采购、运维	初设、招标、运行、维护	发电	火电
203.7-75	GB/T 37089—2018	往复式内燃机驱动的交流发电机组 控制器	国标	2019.7.1			设计、采购、运维	初设、招标、运行、维护	发电	火电
203.7-76	GB/T 38179—2019	燃气轮机应用 用于发电设备的要求	国标	2020.5.1			设计、采购、运维	初设、招标、运行、维护	发电	火电
203.7-77	DL/T 439—2018	火力发电厂高温紧固件技术导则	行标	2018.7.1		DL/T 439—2006	设计、采购	初设、招标	发电	火电
203.7-78	DL/T 777—2012	火力发电厂锅炉耐火材料	行标	2012.12.1		DL/T 777—2001	设计、采购、建设、运维	招标、品控、运行	发电	火电
203.7-79	DL/T 892—2004	电站汽轮机技术条件	行标	2005.4.1	IEC 60045-1：1991，MOD	SD 269—1988	设计、采购	初设、招标	发电	火电
203.7-80	DL/T 922—2016	火力发电用钢制通用阀门订货、验收导则	行标	2017.5.1		DL/T 922—2005	设计、采购	初设、招标	发电	火电
203.7-81	DL/T 994—2006	火电厂风机水泵用高压变频器	行标	2006.10.1			设计、采购、运维	初设、招标、运行、维护	发电	火电
203.7-82	DL/T 1073—2019	发电厂厂用电源快速切换装置通用技术条件	行标	2019.10.1		DL/T 1073—2007	设计、采购	初设、招标	发电	火电、水电、光伏、风电、储能、其他
203.7-83	DL/T 1493—2016	燃煤电厂超净电袋复合除尘器	行标	2016.6.1			设计、采购、运维	初设、招标、运行、维护	发电	火电
203.7-84	DL/T 1521—2016	火力发电厂微米级干雾除尘装置	行标	2016.6.1			设计、采购、运维	初设、招标、运行、维护	发电	火电
203.7-85	GB/T 754—2007	发电用汽轮机参数系列	国标	2008.5.1		GB/T 754—1965；GB/T 4773—1984	设计、采购	初设、招标	发电	火电
203.7-86	GB/T 7064—2017	隐极同步发电机技术要求	国标	2018.7.1		GB 7064—2008	设计、采购	初设、招标	发电	火电

体系结构号	标准编号	标准名称	标准级别	实施日期	与国际标准对应关系	代替标准	阶段	分阶段	专业	分专业
203.7-87	GB/T 7409.3—2007	同步电机励磁系统大、中型同步发电机励磁系统技术要求	国标	2007.8.1		GB/T 7409.3—1997	设计、采购	初设、招标	发电	火电
203.7-88	GB/T 28559—2012	超临界及超超临界汽轮机叶片	国标	2012.11.1			设计、采购、运维	初设、招标、运行、维护	发电	火电
203.8 设备材料-工器具										
203.8-1	T/CEC 230—2019	变电站智能钥匙及锁具管理系统技术规范	团标	2020.1.1			采购、运维、修试	招标、品控、运行、维护、检修、试验	附属设施及工器具	工器具
203.8-2	T/CEC 340—2020	电力系统预制舱二次设备机架通用技术条件	团标	2020.10.1			采购、运维、修试	招标、品控、运行、维护、检修、试验	调度及二次	电力调度
203.8-3	T/CEC 341—2020	电力系统回转框架型机柜通用技术条件	团标	2020.10.1			采购、运维、修试	招标、品控、运行、维护、检修、试验	调度及二次	电力调度
203.8-4	T/CEC 262—2019	电能表安装接插件技术条件	团标	2020.1.1			采购、运维、修试	招标、品控、运行、维护、检修、试验	附属设施及工器具	工器具
203.8-5	T/CEC 263—2019	抢修计量周转箱技术条件	团标	2020.1.1			采购、运维、修试	招标、品控、运行、维护、检修、试验	附属设施及工器具	工器具
203.8-6	T/CEC 307—2020	气体绝缘输电线路用铝合金螺旋焊管	团标	2020.10.1			采购、运维、修试	招标、品控、运行、维护、检修、试验	附属设施及工器具	工器具
203.8-7	DL/T 463—2020	带电作业用绝缘子卡具	行标	2021.2.1		DL/T 463—2006	采购、运维、修试	招标、品控、运行、维护、检修、试验	附属设施及工器具	工器具
203.8-8	DL/T 636—2017	带电作业用导线飞车	行标	2018.3.1		DL/T 636—2006	采购、运维、修试	招标、品控、运行、维护、检修、试验	附属设施及工器具	工器具
203.8-9	DL/T 676—2012	带电作业用绝缘鞋（靴）通用技术条件	行标	2012.3.1		DL/T 676—1999	采购、建设、运维、修试	招标、品控、验收与质量评定、运行、维护、检修、试验	附属设施及工器具	工器具
203.8-10	DL/T 689—2012	输变电工程液压压接机	行标	2012.12.1		DL/T 689—1999	采购、运维	招标、品控、运行、维护	附属设施及工器具	工器具
203.8-11	DL/T 699—2007	带电作业用绝缘托瓶架通用技术条件	行标	2007.12.1		DL/T 699—1999	采购、建设、运维、修试	招标、品控、验收与质量评定、运行、维护、检修、试验	附属设施及工器具	工器具
203.8-12	DL/T 733—2014	输变电工程用绞磨	行标	2014.8.1		DL/T 733—2000	采购、运维、修试	招标、品控、运行、维护、检修、试验	附属设施及工器具	工器具

体系结构号	标准编号	标准名称	标准级别	实施日期	与国际标准对应关系	代替标准	阶段	分阶段	专业	分专业
203.8-13	DL/T 778—2014	带电作业用绝缘袖套	行标	2014.8.1	IEC 60984：2002，MOD	DL 778—2001	采购、运维、修试	招标、品控、运行、维护、检修、试验	附属设施及工器具	工器具
203.8-14	DL/T 779—2001	带电作业用绝缘绳索类工具	行标	2002.2.1		DL 779—2001	采购、运维、修试	招标、品控、运行、维护、检修、试验	附属设施及工器具	工器具
203.8-15	DL/T 858—2004	架空配电线路带电安装及作业工具设备	行标	2004.6.1	IEC61911：1998，MOD		采购、运维、修试	招标、品控、运行、维护、检修、试验	附属设施及工器具	工器具
203.8-16	DL/T 877—2004	带电作业用工具、装置和设备使用的一般要求	行标	2004.6.1	IEC61477：2001，IDT		采购、运维、修试	招标、品控、运行、维护、检修、试验	附属设施及工器具	工器具
203.8-17	DL/T 879—2004	带电作业用便携式接地和接地短路装置	行标	2004.6.1	IEC 61230：1993，IDT	SD 332—1989	采购、运维、修试	招标、品控、运行、维护、检修、试验	附属设施及工器具	工器具
203.8-18	DL/T 880—2004	带电作业用导线软质遮蔽罩	行标	2004.6.1	IEC61497：2002，MOD		采购、运维、修试	招标、品控、运行、维护、检修、试验	附属设施及工器具	工器具
203.8-19	DL/T 972—2005	带电作业工具、装置和设备的质量保证导则	行标	2006.6.1	IEC 61318：2003，IDT		采购、运维、修试	招标、品控、运行、维护、检修、试验	附属设施及工器具	工器具
203.8-20	DL/T 974—2018	带电作业用工具库房	行标	2019.5.1		DL/T 974—2005	采购、建设、运维、修试	招标、品控、验收与质量评定、运行、维护、检修、试验	附属设施及工器具	工器具
203.8-21	DL/T 975—2005	带电作业用防机械刺穿手套	行标	2006.6.1	IEC 61942：1997，MOD		采购、运维、修试	招标、品控、运行、维护、检修、试验	附属设施及工器具	工器具
203.8-22	DL/T 1125—2009	10kV 带电作业用绝缘服装	行标	2009.12.1			采购、运维、修试	招标、品控、运行、维护、检修、试验	附属设施及工器具	工器具
203.8-23	DL/T 1209.2—2014	变电站登高作业及防护器材技术要求 第 2 部分：拆卸型检修平台	行标	2014.8.1			采购、建设、运维、修试	招标、品控、验收与质量评定、运行、维护、检修、试验	附属设施及工器具	工器具
203.8-24	DL/T 1209.3—2014	变电站登高作业及防护器材技术要求 第 3 部分：升降型检修平台	行标	2014.8.1			采购、建设、运维、修试	招标、品控、验收与质量评定、运行、维护、检修、试验	附属设施及工器具	工器具
203.8-25	DL/T 1209.4—2014	变电站登高作业及防护器材技术要求 第 4 部分：复合材料快装脚手架	行标	2014.8.1			采购、建设、运维、修试	招标、品控、验收与质量评定、运行、维护、检修、试验	附属设施及工器具	工器具
203.8-26	DL/T 1399.1—2014	电力试验/检测车 第 1 部分：通用技术条件	行标	2015.3.1			采购、建设、运维、修试	招标、品控、验收与质量评定、运行、维护、检修、试验	附属设施及工器具	工器具

体系结构号	标准编号	标准名称	标准级别	实施日期	与国际标准对应关系	代替标准	阶段	分阶段	专业	分专业
203.8-27	DL/T 1399.2—2016	电力试验/检测车 第2部分：电力互感器检测车	行标	2017.5.1			采购、运维、修试	招标、品控、运行、维护、检修、试验	附属设施及工器具	工器具
203.8-28	DL/T 1399.3—2019	电力试验/检测车 第3部分：电力设备综合试验车	行标	2020.5.1			采购、运维、修试	招标、品控、运行、维护、检修、试验	附属设施及工器具	工器具
203.8-29	DL/T 1413—2015	变电站用接地线绕线装置	行标	2015.9.1			采购、运维、修试	招标、品控、运行、维护、检修、试验	附属设施及工器具	工器具
203.8-30	DL/T 1465—2015	10kV 带电作业用绝缘平台	行标	2015.12.1			采购、运维、修试	招标、品控、运行、维护、检修、试验	附属设施及工器具	工器具
203.8-31	DL/T 1468—2015	电力用车载式带电水冲洗装置	行标	2015.12.1			采购、运维、修试	招标、品控、运行、维护、检修、试验	附属设施及工器具	工器具
203.8-32	DL/T 1643—2016	电杆用登高板	行标	2017.5.1			采购、运维、修试	招标、品控、运行、维护、检修、试验	附属设施及工器具	工器具
203.8-33	DL/T 1659—2016	电力作业用软梯技术要求	行标	2017.5.1			采购、运维、修试	招标、品控、运行、维护、检修、试验	附属设施及工器具	工器具
203.8-34	DL/T 1692—2017	安全工器具柜技术条件	行标	2017.8.1			采购、建设、运维、修试	招标、品控、验收与质量评定、运行、维护、检修、试验	附属设施及工器具	工器具
203.8-35	DL/T 1728—2017	人货两用型输电杆塔登塔装备	行标	2017.12.1			采购、运维、修试	招标、品控、运行、维护、检修、试验	附属设施及工器具	工器具
203.8-36	DL/T 1743—2017	带电作业用绝缘导线剥皮器	行标	2018.3.1			采购、运维、修试	招标、品控、运行、维护、检修、试验	附属设施及工器具	工器具
203.8-37	DL/T 1882—2018	验电器用工频高压发生器	行标	2019.5.1			采购、运维、修试	招标、品控、运行、维护、检修、试验	附属设施及工器具	工器具
203.8-38	DL/T 1995—2019	变电站换流站带电作业用绝缘平台	行标	2019.10.1			采购、运维、修试	招标、品控、运行、维护、检修、试验	附属设施及工器具	工器具
203.8-39	DL/T 2077—2019	电力用鱼竿式绝缘伸缩梯	行标	2020.5.1			采购、运维、修试	招标、品控、运行、维护、检修、试验	附属设施及工器具	工器具
203.8-40	DL/T 2136—2020	电缆牵引报警装置技术条件	行标	2021.2.1			采购、运维、修试	招标、品控、运行、维护、检修、试验	附属设施及工器具	工器具
203.8-41	NB/T 10197—2019	高海拔现场移动冲击电压发生器通用技术条件	行标	2019.10.1			采购、运维、修试	招标、品控、运行、维护、检修、试验	附属设施及工器具	工器具

体系结构号	标准编号	标准名称	标准级别	实施日期	与国际标准对应关系	代替标准	阶段	分阶段	专业	分专业
203.8-42	GJB 2347—1995	无人机通用规范	行标	1995.12.1			采购、运维、修试	招标、品控、运行、维护、检修、试验	附属设施及工器具	工器具
203.8-43	GJB 5433—2005	无人机系统通用要求	行标	2005.10.1			采购、运维、修试	招标、品控、运行、维护、检修、试验	附属设施及工器具	工器具
203.8-44	GB/T 6568—2008	带电作业用屏蔽服装	国标	2009.8.1	IEC 60895：2002，MOD	GB 6568.1—2000；GB 6568.2—2000	采购、运维、修试	招标、品控、运行、维护、检修、试验	附属设施及工器具	工器具
203.8-45	GB/T 12167—2006	带电作业用铝合金紧线卡线器	国标	2006.11.1		GB/T 12167—1990	采购、运维、修试	招标、品控、运行、维护、检修、试验	附属设施及工器具	工器具
203.8-46	GB/T 12168—2006	带电作业用遮蔽罩	国标	2006.11.1	IEC 61229：2002，MOD	GB/T 12168—1990	采购、运维、修试	招标、品控、运行、维护、检修、试验	附属设施及工器具	工器具
203.8-47	GB/T 13034—2008	带电作业用绝缘滑车	国标	2009.8.1		GB/T 13034—2003	采购、运维、修试	招标、品控、运行、维护、检修、试验	附属设施及工器具	工器具
203.8-48	GB/T 13035—2008	带电作业用绝缘绳索	国标	2009.8.1		GB/T 13035—2003	采购、运维、修试	招标、品控、运行、维护、检修、试验	附属设施及工器具	工器具
203.8-49	GB 13398—2008	带电作业用空心绝缘管、泡沫填充绝缘管和实心绝缘棒	国标	2010.2.1	IEC 61235：1993，MOD；IEC 60855：1985，MOD	GB 13398—2003	采购、运维、修试	招标、品控、运行、维护、检修、试验	附属设施及工器具	工器具
203.8-50	GB/T 14545—2008	带电作业用小水量冲洗工具（长水柱短水枪型）	国标	2009.8.1		GB/T 14545—2003	采购、运维、修试	招标、品控、运行、维护、检修、试验	附属设施及工器具	工器具
203.8-51	GB/T 15632—2008	带电作业用提线工具通用技术条件	国标	2010.2.1		GB 15632—1995	采购、运维、修试	招标、品控、运行、维护、检修、试验	附属设施及工器具	工器具
203.8-52	GB/T 17620—2008	带电作业用绝缘硬梯	国标	2010.2.1		GB 17620—1998	采购、运维、修试	招标、品控、运行、维护、检修、试验	附属设施及工器具	工器具
203.8-53	GB/T 17622—2008	带电作业用绝缘手套	国标	2009.8.1	IEC 60903：2002，MOD	GB 17622—1998	采购、运维、修试	招标、品控、运行、维护、检修、试验	附属设施及工器具	工器具
203.8-54	GB/T 18037—2008	带电作业工具基本技术要求与设计导则	国标	2009.8.1		GB/T 18037—2000	采购、运维、修试	招标、品控、运行、维护、检修、试验	附属设施及工器具	工器具
203.8-55	GB/T 18269—2008	交流 1kV、直流 1.5kV 及以下电压等级带电作业用绝缘手工工具	国标	2009.8.1	IEC 60900：2004，MOD		采购、运维、修试	招标、品控、运行、维护、检修、试验	附属设施及工器具	工器具

体系结构号	标准编号	标准名称	标准级别	实施日期	与国际标准对应关系	代替标准	阶段	分阶段	专业	分专业
203.8-56	GB/T 25725—2010	带电作业工具专用车	国标	2011.5.1			采购、运维、修试	招标、品控、运行、维护、检修、试验	附属设施及工器具	工器具
203.8-57	GB/T 34570.1—2017	电动工具用可充电电池包和充电器的安全 第1部分：电池包的安全	国标	2018.4.1			采购、运维、修试	招标、品控、运行、维护、检修、试验	附属设施及工器具	工器具
203.8-58	GB/T 34570.2—2017	电动工具用可充电电池包和充电器的安全 第2部分：充电器的安全	国标	2018.4.1			采购、运维、修试	招标、品控、运行、维护、检修、试验	附属设施及工器具	工器具
203.8-59	GB/T 35018—2018	民用无人驾驶航空器系统分类及分级	国标	2018.12.1			采购、运维、修试	招标、品控、运行、维护、检修、试验	附属设施及工器具	工器具
203.8-60	GB/T 37556—2019	10kV 带电作业用绝缘斗臂车	国标	2020.1.1			采购、运维、修试	招标、品控、运行、维护、检修、试验	附属设施及工器具	工器具
203.8-61	IEC 60832-1—2010	带电作业绝缘杆及附件设备 第1部分：绝缘杆	国际标准	2010.2.11	EN 60832-1—2010，IDT	IEC 60832—1988	采购、运维、修试	招标、品控、运行、维护、检修、试验	附属设施及工器具	工器具
203.8-62	IEC 60832-2—2010	带电作业绝缘杆及附件设备 第2部分：附件设备	国际标准	2010.2.11	EN 60832-2—2010，IDT	IEC 60832—1988	采购、运维、修试	招标、品控、运行、维护、检修、试验	附属设施及工器具	工器具
203.9 设备材料-仪器仪表										
203.9-1	Q/CSG 11617—2007	±800kV 直流输电用直流电流测量装置（试行）	企标	2007.10.1			采购	招标	附属设施及工器具	工器具
203.9-2	Q/CSG 11618—2007	±800kV 直流输电用直流电压测量装置（试行）	企标	2007.10.1			采购	招标	附属设施及工器具	工器具
203.9-3	Q/CSG 1203025—2017	变压器油中溶解气体在线监测装置技术规范	企标	2017.2.15			采购	招标	附属设施及工器具	工器具
203.9-4	T/CEC 121—2016	高压电缆接头内置式导体测温装置技术规范	团标	2017.1.1			采购	招标	附属设施及工器具	工器具
203.9-5	T/CEC 293—2020	六氟化硫气体分解产物带电检测仪器技术规范	团标	2020.10.1			设计、采购、运维	初设、招标、运行、维护	附属设施及工器具	工器具
203.9-6	T/CEC 344—2020	无线相位测量装置技术条件	团标	2020.10.1			设计、采购、运维	初设、招标、运行、维护	附属设施及工器具	工器具
203.9-7	T/CEC 354—2020	变压器低电压短路阻抗测试仪通用技术条件	团标	2020.10.1			设计、采购、运维	初设、招标、运行、维护	附属设施及工器具	工器具

体系结构号	标准编号	标准名称	标准级别	实施日期	与国际标准对应关系	代替标准	阶段	分阶段	专业	分专业
203.9-8	T/CEC 356—2020	电气设备六氟化硫红外检漏仪通用技术条件	团标	2020.10.1			设计、采购、运维	初设、招标、运行、维护	附属设施及工器具	工器具
203.9-9	T/CEC 357—2020	基于超声波法的闪络定位仪通用技术条件	团标	2020.10.1			设计、采购、运维	初设、招标、运行、维护	附属设施及工器具	工器具
203.9-10	DL/Z 249—2012	变压器油中溶解气体在线监测装置选用导则	行标	2012.7.1			采购	招标	附属设施及工器具	工器具
203.9-11	DL/T 326—2010	步进式引张线仪	行标	2011.5.1			设计、采购、运维	初设、招标、运行、维护	附属设施及工器具、发电	工器具、水电
203.9-12	DL/T 327—2010	步进式垂线坐标仪	行标	2011.5.1			设计、采购、运维	初设、招标、运行、维护	附属设施及工器具、发电	工器具、水电
203.9-13	DL/T 328—2010	真空激光准直位移测量装置	行标	2011.5.1			设计、采购、运维	初设、招标、运行、维护	附属设施及工器具、发电	工器具、水电
203.9-14	DL/T 415—2009	带电作业用火花间隙检测装置	行标	2009.12.1		DL 415—1991	采购、运维、修试	招标、品控、运行、维护、检修、试验	附属设施及工器具	工器具
203.9-15	DL/T 500—2017	电压监测仪使用技术条件	行标	2018.6.1		DL/T 500—2009	采购	招标	附属设施及工器具	工器具
203.9-16	DL/T 668—2017	测量用互感器检验装置	行标	2018.3.1		DL/T 668—1999	采购、修试、退役	招标、品控、检修、试验、退役、报废	用电	电能计量
203.9-17	DL/T 740—2014	电容型验电器	行标	2014.8.1	IEC 61243-1：2003，MOD	DL 740—2000	采购	招标	附属设施及工器具	工器具
203.9-18	DL/T 845.1—2019	电阻测量装置通用技术条件 第1部分：电子式绝缘电阻表	行标	2020.5.1	DL/T 845.1—2004		采购	招标	附属设施及工器具	工器具
203.9-19	DL/T 845.2—2020	电阻测量装置通用技术条件 第2部分：工频接地电阻测试仪	行标	2020.5.1		DL/T 845.2—2004	采购	招标	附属设施及工器具	工器具
203.9-20	DL/T 845.3—2019	电阻测量装置通用技术条件 第3部分：直流电阻测试仪	行标	2020.5.1	DL/T 845.3—2004		采购	招标	附属设施及工器具	工器具
203.9-21	DL/T 845.4—2019	电阻测量装置通用技术条件 第4部分：回路电阻测试仪	行标	2020.5.1	DL/T 845.4—2004		采购	招标	附属设施及工器具	工器具

体系结构号	标准编号	标准名称	标准级别	实施日期	与国际标准对应关系	代替标准	阶段	分阶段	专业	分专业
203.9-22	DL/T 846.1—2016	高电压测试设备通用技术条件 第1部分：高电压分压器测量系统	行标	2017.5.1		DL/T 846.1—2004	采购	招标	附属设施及工器具	工器具
203.9-23	DL/T 846.2—2004	高电压测试设备通用技术条件 第2部分：冲击电压测量系统	行标	2004.6.1			采购	招标	附属设施及工器具	工器具
203.9-24	DL/T 846.3—2017	高电压测试设备通用技术条件 第3部分：高压开关综合特性测试仪	行标	2018.6.1		DL/T 846.3—2004	采购	招标	附属设施及工器具	工器具
203.9-25	DL/T 846.4—2016	高电压测试设备通用技术条件 第4部分：脉冲电流法局部放电测量仪	行标	2017.5.1		DL/T 846.4—2004	采购	招标	附属设施及工器具	工器具
203.9-26	DL/T 846.6—2018	高电压测试设备通用技术条件 第6部分：六氟化硫气体检漏仪	行标	2019.5.1		DL/T 846.6—2004	采购	招标	附属设施及工器具	工器具
203.9-27	DL/T 846.7—2016	高电压测试设备通用技术条件 第7部分：绝缘油介电强度测试仪	行标	2017.5.1		DL/T 846.7—2004	采购	招标	附属设施及工器具	工器具
203.9-28	DL/T 846.8—2017	高电压测试设备通用技术条件 第8部分：有载分接开关测试仪	行标	2018.6.1		DL/T 846.8—2004	采购	招标	附属设施及工器具	工器具
203.9-29	DL/T 846.9—2004	高电压测试设备通用技术条件 第9部分：真空开关真空度测试仪	行标	2004.6.1			采购	招标	附属设施及工器具	工器具
203.9-30	DL/T 846.10—2016	高电压测试设备通用技术条件 第10部分：暂态地电压局部放电检测仪	行标	2017.5.1			采购	招标	附属设施及工器具	工器具
203.9-31	DL/T 846.11—2016	高电压测试设备通用技术条件 第11部分：特高频局部放电检测仪	行标	2017.5.1			采购	招标	附属设施及工器具	工器具
203.9-32	DL/T 846.12—2016	高电压测试设备通用技术条件 第12部分：电力电容测试仪	行标	2017.5.1			采购	招标	附属设施及工器具	工器具

体系结构号	标准编号	标准名称	标准级别	实施日期	与国际标准对应关系	代替标准	阶段	分阶段	专业	分专业
203.9-33	DL/T 848.1—2019	高压试验装置通用技术条件 第1部分:直流高压发生器	行标	2020.5.1		DL/T 848.1—2004	采购	招标	附属设施及工器具	工器具
203.9-34	DL/T 848.2—2018	高压试验装置通用技术条件 第2部分:工频高压试验装置	行标	2019.5.1		DL/T 848.2—2004	采购	招标	附属设施及工器具	工器具
203.9-35	DL/T 848.3—2019	高压试验装置通用技术条件 第3部分:无局放试验变压器	行标	2020.5.1		DL/T 848.3—2004 DL/T 848.4—2004 DL/T 848.5—2004 DL/T 849.1—2004 DL/T 849.2—2004 DL/T 849.3—2004	采购	招标	附属设施及工器具	工器具
203.9-36	DL/T 848.4—2019	高压试验装置通用技术条件 第4部分:三倍频试验变压器装置	行标	2020.5.1		DL/T 848.4—2004	采购	招标	附属设施及工器具	工器具
203.9-37	DL/T 848.5—2019	高压试验装置通用技术条件 第5部分:冲击电压发生器	行标	2020.5.1		DL/T 848.5—2004	采购	招标	附属设施及工器具	工器具
203.9-38	DL/T 849.1—2019	电力设备专用测试仪器通用技术条件 第1部分:电缆故障闪测仪	行标	2020.5.1		DL/T 849.1—2004	采购	招标	附属设施及工器具	工器具
203.9-39	DL/T 849.2—2019	电力设备专用测试仪器通用技术条件 第2部分:电缆故障定点仪	行标	2020.5.1		DL/T 849.2—2004	采购	招标	附属设施及工器具	工器具
203.9-40	DL/T 849.3—2019	电力设备专用测试仪器通用技术条件 第3部分:电缆路径仪	行标	2020.5.1		DL/T 849.3—2004	采购	招标	附属设施及工器具	工器具
203.9-41	DL/T 849.4—2004	电力设备专用测试仪器通用技术条件 第4部分:超低频高压发生器	行标	2004.6.1			采购	招标	附属设施及工器具	工器具
203.9-42	DL/T 849.5—2019	电力设备专用测试仪器通用技术条件 第5部分:振荡波高压发生器	行标	2020.5.1		DL/T 849.5—2004	采购	招标	附属设施及工器具	工器具

体系 结构号	标准编号	标准名称	标准 级别	实施日期	与国际标准 对应关系	代替标准	阶段	分阶段	专业	分专业
203.9-43	DL/T 849.6—2016	电力设备专用测试仪器通用技术条件 第6部分：高压谐振试验装置	行标	2017.5.1		DL/T 849.6—2004	采购	招标	附属设施及工器具	工器具
203.9-44	DL/T 947—2005	土石坝监测仪器系列型谱	行标	2005.6.1		SD 314—1989	设计、采购、运维	初设、招标、运行、维护	附属设施及工器具、发电	工器具、水电
203.9-45	DL/T 962—2005	高压介质损耗测试仪通用技术条件	行标	2005.6.1			采购	招标	附属设施及工器具	工器具
203.9-46	DL/T 963—2005	变压比测试仪通用技术条件	行标	2005.6.1			采购	招标	附属设施及工器具	工器具
203.9-47	DL/T 971—2017	带电作业用便携式核相仪	行标	2018.3.1		DL/T 971—2005	采购	招标	附属设施及工器具	工器具
203.9-48	DL/T 980—2005	数字多用表检定规程	行标	2006.6.1			采购、修试退役	招标、品控、检修、试验、退役、报废	附属设施及工器具	工器具
203.9-49	DL/T 987—2017	氧化锌避雷器阻性电流测试仪通用技术条件	行标	2018.6.1		DL/T 987—2005	采购	招标	附属设施及工器具	工器具
203.9-50	DL/T 1013—2018	大中型水轮发电机微机励磁调节器试验导则	行标	2018.7.1		DL/T 1013—2006	采购	招标	附属设施及工器具	工器具
203.9-51	DL/T 1104—2009	电位器式仪器测量仪	行标	2009.12.1			设计、采购、运维	初设、招标、运行、维护	附属设施及工器具、发电	工器具、水电
203.9-52	DL/T 1119—2010	输电线路工频参数测试仪通用技术条件	行标	2011.5.1			采购	招标	附属设施及工器具	工器具
203.9-53	DL/T 1140—2012	电气设备六氟化硫激光检漏仪通用技术条件	行标	2012.3.1			采购	招标	附属设施及工器具	工器具
203.9-54	DL/T 1157—2019	配电线路故障指示器通用技术条件	行标	2020.5.1		DL/T 1157—2012	采购	招标	附属设施及工器具	工器具
203.9-55	DL/T 1221—2013	互感器综合特性测试仪通用技术条件	行标	2013.8.1			采购、修试退役	招标、品控、检修、试验、退役、报废	用电	电能计量
203.9-56	DL/T 1256—2013	变压器空、负载损耗测试仪通用技术条件	行标	2014.4.1			采购	招标	附属设施及工器具	工器具
203.9-57	DL/T 1258—2013	互感器校验仪通用技术条件	行标	2014.4.1			采购、修试退役	招标、品控、检修、试验、退役、报废	用电	电能计量

体系结构号	标准编号	标准名称	标准级别	实施日期	与国际标准对应关系	代替标准	阶段	分阶段	专业	分专业
203.9-58	DL/T 1305—2013	变压器油介损测试仪通用技术条件	行标	2014.4.1			采购	招标	附属设施及工器具	工器具
203.9-59	DL/T 1392—2014	直流电源系统绝缘监测装置技术条件	行标	2015.3.1			采购	招标	附属设施及工器具	工器具
203.9-60	DL/T 1397.1—2014	电力直流电源系统用测试设备通用技术条件 第1部分：蓄电池电压巡检仪	行标	2015.3.1			采购	招标	附属设施及工器具	工器具
203.9-61	DL/T 1397.2—2014	电力直流电源系统用测试设备通用技术条件 第2部分：蓄电池容量放电测试仪	行标	2015.3.1			采购	招标	附属设施及工器具	工器具
203.9-62	DL/T 1397.3—2014	电力直流电源系统用测试设备通用技术条件 第3部分：充电装置特性测试系统	行标	2015.3.1			采购	招标	附属设施及工器具	工器具
203.9-63	DL/T 1397.4—2014	电力直流电源系统用测试设备通用技术条件 第4部分：直流断路器动作特性测试系统	行标	2015.3.1			采购	招标	附属设施及工器具	工器具
203.9-64	DL/T 1397.5—2014	电力直流电源系统用测试设备通用技术条件 第5部分：蓄电池内阻测试仪	行标	2015.3.1			采购	招标	附属设施及工器具	工器具
203.9-65	DL/T 1397.6—2014	电力直流电源系统用测试设备通用技术条件 第6部分：便携式接地巡测仪	行标	2015.3.1			采购	招标	附属设施及工器具	工器具
203.9-66	DL/T 1397.7—2014	电力直流电源系统用测试设备通用技术条件 第7部分：蓄电池单体活化仪	行标	2015.3.1			采购	招标	附属设施及工器具	工器具
203.9-67	DL/T 1516—2016	相对介损及电容测试仪通用技术条件	行标	2016.6.1			采购	招标	附属设施及工器具	工器具
203.9-68	DL/T 1528—2016	电能计量现场手持设备技术规范	行标	2016.6.1			采购、修试、退役	招标、品控、检修、试验、退役、报废	用电	电能计量
203.9-69	DL/T 1567—2016	开合无功补偿设备测试装置通用技术条件	行标	2016.7.1			采购、修试、退役	招标、品控、检修、试验、退役、报废	附属设施及工器具	工器具

体系 结构号	标准编号	标准名称	标准 级别	实施日期	与国际标准 对应关系	代替标准	阶段	分阶段	专业	分专业
203.9-70	DL/T 1745—2017	低压电能计量箱技术条件	行标	2018.3.1			采购、修试、退役	招标、品控、检修、试验、退役、报废	用电	电能计量
203.9-71	DL/T 1746—2017	变电站端子箱	行标	2018.3.1			采购	招标	附属设施及工器具	工器具
203.9-72	DL/T 1779—2017	高压电气设备电晕放电检测用紫外成像仪技术条件	行标	2018.6.1			采购	招标	附属设施及工器具	工器具
203.9-73	DL/T 1790—2017	变压器现场局部放电测量用电源装置通用技术条件	行标	2018.6.1			采购	招标	附属设施及工器具	工器具
203.9-74	DL/T 1791—2017	电力巡检用头戴式红外成像测温仪技术规范	行标	2018.6.1			采购	招标	附属设施及工器具	工器具
203.9-75	DL/Z 1812—2018	低功耗电容式电压互感器选用导则	行标	2018.7.1			采购	招标	附属设施及工器具	工器具
203.9-76	DL/T 1911—2018	智能变电站监控系统试验装置技术规范	行标	2019.5.1			采购	招标	附属设施及工器具	工器具
203.9-77	DL/T 1944—2018	智能变电站手持式光数字信号试验装置技术规范	行标	2019.5.1			采购	招标	附属设施及工器具	工器具
203.9-78	DL/T 1951—2018	变压器绕组变形测试仪通用技术条件	行标	2019.5.1			采购	招标	附属设施及工器具	工器具
203.9-79	DL/T 1953—2018	电容电流测试仪通用技术条件	行标	2019.5.1			采购	招标	附属设施及工器具	工器具
203.9-80	DL/T 1987—2019	六氟化硫气体泄漏在线监测报警装置技术条件	行标	2019.10.1			采购	招标	附属设施及工器具	工器具
203.9-81	DL/T 2006—2019	干式空心电抗器匝间绝过电压试验设备技术规范	行标	2019.10.1			采购	招标	附属设施及工器具	工器具
203.9-82	DL/T 2095—2020	输电线路杆塔石墨基柔性接地体技术条件	行标	2021.2.1			设计、采购、建设、运维	初设、施工图、招标、品控、施工工艺、验收与质量评定、试运行、运行、维护	附属设施及工器具	工器具
203.9-83	DL/T 5137—2001	电测量及电能计量装置设计技术规程	行标	2002.5.1			设计、采购、建设、运维	初设、施工图、招标、品控、施工工艺、验收与质量评定、试运行、运行、维护	用电	电能计量

体系结构号	标准编号	标准名称	标准级别	实施日期	与国际标准对应关系	代替标准	阶段	分阶段	专业	分专业
203.9-84	NB/T 10294—2019	机房走线架	行标	2020.5.1			采购	招标	附属设施及工器具	工器具
203.9-85	NB/T 42086—2016	无线测温装置技术要求	行标	2016.12.1			采购	招标	附属设施及工器具	工器具
203.9-86	NB/T 42087—2016	合并单元测试设备技术规范	行标	2016.12.1			采购、修试、退役	招标、品控、检修、试验、退役、报废	用电	电能计量
203.9-87	NB/T 42125—2017	电压监测仪技术要求	行标	2017.12.1			采购	招标	附属设施及工器具	工器具
203.9-88	JB/T 8317—2007	变压器冷却器用油流继电器	行标	2007.7.1		JB/T 8317—1996	采购	招标	附属设施及工器具	工器具
203.9-89	JB/T 8749.2—2013	调压器 第2部分：感应调压器	行标	2013.9.1		JB/T 10093—2000	采购	招标	附属设施及工器具	工器具
203.9-90	JB/T 10430—2015	变压器用速动油压继电器	行标	2016.3.1		JB/T 10430—2004	采购	招标	附属设施及工器具	工器具
203.9-91	JB/T 10549—2006	SF_6 气体密度继电器和密度表通用技术条件	行标	2006.10.1			采购	招标	附属设施及工器具	工器具
203.9-92	JB/T 10665—2016	电能表用微型电流互感器	行标	2016.9.1		JB/T 10665—2006	采购、修试、退役	招标、品控、检修、试验、退役、报废	用电	电能计量
203.9-93	JB/T 10667—2016	电能表用微型电压互感器	行标	2016.9.1		JB/T 10667—2006	采购、修试、退役	招标、品控、检修、试验、退役、报废	用电	电能计量
203.9-94	JB/T 10692—2018	变压器用油位计	行标	2018.12.1		JB/T 10692—2007	采购	招标	附属设施及工器具	工器具
203.9-95	GB/T 1226—2017	一般压力表	国标	2018.7.1		GB/T 1226—2010	采购	招标	附属设施及工器具	工器具
203.9-96	GB/T 1227—2017	精密压力表	国标	2018.7.1		GB/T 1227—2010	采购	招标	附属设施及工器具	工器具
203.9-97	JJF 1701.3—2019	测量用互感器型式评价大纲 第3部分：电磁式电压互感器	国标	2030.3.31			采购、修试、退役	招标、品控、检修、试验、退役、报废	用电	电能计量
203.9-98	JJF 1701.4—2019	测量用互感器型式评价大纲 第4部分：电流互感器	国标	2030.3.31			采购、修试、退役	招标、品控、检修、试验、退役、报废	用电	电能计量

体系结构号	标准编号	标准名称	标准级别	实施日期	与国际标准对应关系	代替标准	阶段	分阶段	专业	分专业
203.9-99	JJF 1701.5—2019	测量用互感器型式评价大纲 第5部分：电容式电压互感器	国标	2030.3.31			采购、修试、退役	招标、品控、检修、试验、退役、报废	用电	电能计量
203.9-100	JJF 1701.6—2019	测量用互感器型式评价大纲 第6部分：三相组合互感器	国标	2030.3.31			采购、修试、退役	招标、品控、检修、试验、退役、报废	用电	电能计量
203.9-101	GB/T 3408.1—2008	大坝监测仪器 应变计 第1部分：差动电阻式应变计	国标	2008.5.1		GB/T 3408—1994	采购	招标	附属设施及工器具	工器具
203.9-102	GB/T 3409.1—2008	大坝监测仪器 钢筋计 第1部分：差动电阻式钢筋计	国标	2008.7.1		GB/T 3409—1994	采购	招标	附属设施及工器具	工器具
203.9-103	GB/T 3410.1—2008	大坝监测仪器 测缝计 第1部分：差动电阻式测缝计	国标	2008.5.1		GB/T 3410—1994	采购	招标	附属设施及工器具	工器具
203.9-104	GB/T 3412—1994	电阻比电桥	国标	1995.10.1		GB 3412—1982	采购	招标	附属设施及工器具	工器具
203.9-105	GB/T 3927—2008	直流电位差计	国标	2009.3.1	IEC 60523：1997，IDT	GB/T 3927—1983	采购	招标	附属设施及工器具	工器具
203.9-106	GB/T 3928—2008	直流电阻分压箱	国标	2009.3.1	IEC 60524：1997，IDT	GB/T 3928—1983	采购	招标	附属设施及工器具	工器具
203.9-107	GB/T 3930—2008	测量电阻用直流电桥	国标	2009.3.1	IEC 60564：1997，IDT	GB/T 3930—1983	采购	招标	附属设施及工器具	工器具
203.9-108	GB/T 6592—2010	电工和电子测量设备性能表示	国标	2011.5.1	IEC 60359：2001，IDT	GB/T 6592—1996	采购	招标	附属设施及工器具	工器具
203.9-109	GB/T 7260.1—2008	不间断电源设备 第1-1部分：操作人员触及区使用的UPS的一般规定和安全要求	国标	2009.4.1	IEC 62040-1-1：2002	GB 7260.1—2008	采购	招标	附属设施及工器具	工器具
203.9-110	GB/T 7260.2—2009	不间断电源设备（UPS）第2部分：电磁兼容性（EMC）要求	国标	2010.2.1	IEC 62040-2：2005	GB 7260.2—2009	采购	招标	附属设施及工器具	工器具
203.9-111	GB/T 7260.4—2008	不间断电源设备 第1-2部分：限制触及区使用的UPS的一般规定和安全要求	国标	2009.4.1	IEC 62040-1-2：2002	GB 7260.4—2008	采购	招标	附属设施及工器具	工器具

体系 结构号	标准编号	标准名称	标准 级别	实施日期	与国际标准 对应关系	代替标准	阶段	分阶段	专业	分专业
203.9-112	GB/T 7676.1—2017	直接作用模拟指示电测量仪表及其附件 第1部分:定义和通用要求	国标	2018.4.1		GB/T 7676.1—1998	采购、修试、退役	招标、品控、检修、试验、退役、报废	用电	电能计量
203.9-113	GB/T 7676.2—2017	直接作用模拟指示电测量仪表及其附件 第2部分:电流表和电压表的特殊要求	国标	2018.4.1		GB/T 7676.2—1998	采购、修试、退役	招标、品控、检修、试验、退役、报废	用电	电能计量
203.9-114	GB/T 7676.3—2017	直接作用模拟指示电测量仪表及其附件 第3部分:功率表和无功功率表的特殊要求	国标	2018.4.1		GB/T 7676.3—1998	采购、修试、退役	招标、品控、检修、试验、退役、报废	用电	电能计量
203.9-115	GB/T 7676.4—2017	直接作用模拟指示电测量仪表及其附件 第4部分:频率表的特殊要求	国标	2018.4.1		GB/T 7676.4—1998	采购、修试、退役	招标、品控、检修、试验、退役、报废	用电	电能计量
203.9-116	GB/T 7676.5—2017	直接作用模拟指示电测量仪表及其附件 第5部分:相位表、功率因数表和同步指示器的特殊要求	国标	2018.4.1		GB/T 7676.5—1998	采购、修试、退役	招标、品控、检修、试验、退役、报废	用电	电能计量
203.9-117	GB/T 7676.6—2017	直接作用模拟指示电测量仪表及其附件 第6部分:电阻表(阻抗表)和电导表的特殊要求	国标	2018.4.1		GB/T 7676.6—1998	采购、修试、退役	招标、品控、检修、试验、退役、报废	用电	电能计量
203.9-118	GB/T 7676.7—2017	直接作用模拟指示电测量仪表及其附件 第7部分:多功能仪表的特殊要求	国标	2018.4.1		GB/T 7676.7—1998	采购、修试、退役	招标、品控、检修、试验、退役、报废	用电	电能计量
203.9-119	GB/T 7676.8—2017	直接作用模拟指示电测量仪表及其附件 第8部分:附件的特殊要求	国标	2018.4.1		GB/T 7676.8—1998	采购、修试、退役	招标、品控、检修、试验、退役、报废	用电	电能计量
203.9-120	GB/T 7676.9—2017	直接作用模拟指示电测量仪表及其附件 第9部分:推荐的试验方法	国标	2018.4.1		GB/T 7676.9—1998	采购、修试、退役	招标、品控、检修、试验、退役、报废	用电	电能计量
203.9-121	GB/T 7782—2020	计量泵	国标	2020.11.1		GB/T 7782—2008	采购	招标	附属设施及工器具	工器具

体系结构号	标准编号	标准名称	标准级别	实施日期	与国际标准对应关系	代替标准	阶段	分阶段	专业	分专业
203.9-122	GB/T 11150—2001	电能表检验装置	国标	2002.3.1	IEC 60736:1982，NEQ	GB/T 11150—1989	采购、运维、修试、退役	招标、品控、运行、维护、检修、试验、退役、报废	用电	电能计量
203.9-123	GB/T 11605—2005	湿度测量方法	国标	2005.12.1		GB/T 11605—1989	采购	招标	附属设施及工器具	工器具
203.9-124	GB/T 11828.1—2019	水位测量仪器　第1部分：浮子式水位计	国标	2020.1.1		GB/T 11828.1—2002	设计、采购、运维	初设、招标、运行、维护	附属设施及工器具、发电	工器具、水电
203.9-125	GB 12358—2006	作业场所环境气体检测报警仪　通用技术要求	国标	2006.12.1		GB 12358—1990	采购	招标	附属设施及工器具	工器具
203.9-126	GB/T 13743—1992	直流磁电系检流计	国标	1993.8.1			采购	招标	附属设施及工器具	工器具
203.9-127	GB/T 13850—1998	交流电量转换为模拟量或数字信号的电测量变送器	国标	1999.5.1	IEC 688:1992，IDT	GB 13850.1—1992；GB 13850.2—1992	采购、修试、退役	招标、品控、检修、试验、退役、报废	用电	电能计量
203.9-128	GB/T 14913—2008	直流数字电压表及直流模数转换器	国标	2009.3.1		GB/T 14913—1994	采购、修试、退役	招标、品控、检修、试验、退役、报废	用电	电能计量
203.9-129	GB/T 16896.1—2005	高电压冲击测量仪器和软件　第1部分：对仪器的要求	国标	2005.12.1	IEC 61083:2001，MOD	GB 813—1989；GB 16896.1—1997	采购	招标	附属设施及工器具	工器具
203.9-130	GB/T 16896.2—2016	高电压和大电流试验测量用仪器和软件　第2部分：对冲击电压和冲击电流试验用软件的要求	国标	2016.9.1		GB/T 16896.2—2010	采购	招标	附属设施及工器具	工器具
203.9-131	GB/T 20840.1—2010	互感器　第1部分：通用技术要求	国标	2011.8.1	IEC 61869-1:2007，MOD		采购、修试、退役	招标、品控、检修、试验、退役、报废	用电	电能计量
203.9-132	GB/T 20840.8—2007	互感器　第8部分：电子式电流互感器	国标	2007.8.1	IEC 60044-8:2002，MOD		采购、修试、退役	招标、品控、检修、试验、退役、报废	用电	电能计量
203.9-133	GB/T 32192—2015	耐电压测试仪	国标	2016.7.1			采购	招标	附属设施及工器具	工器具
203.9-134	GB/T 32856—2016	高压电能表通用技术要求	国标	2017.3.1			采购、修试、退役	招标、品控、检修、试验、退役、报废	用电	电能计量

体系结构号	标准编号	标准名称	标准级别	实施日期	与国际标准对应关系	代替标准	阶段	分阶段	专业	分专业
203.9-135	GB/T 33350.6—2016	雷电防护系统部件（LPSC）第6部分：雷击计数器（LSC）的要求	国标	2017.7.1	IEC 62561-6：2011		采购	招标	附属设施及工器具	工器具
203.9-136	GB/T 33708—2017	静止式直流电能表	国标	2017.12.1			采购、修试、退役	招标、品控、检修、试验、退役、报废	用电	电能计量
203.9-137	GB/T 34036—2017	智能记录仪表通用技术条件	国标	2018.2.1			采购	招标	附属设施及工器具	工器具
203.9-138	GB/T 35086—2018	MEMS电场传感器通用技术条件	国标	2018.12.1			采购	招标	附属设施及工器具	工器具
203.9-139	GB/T 36015—2018	无损检测仪器 工业X射线数字成像装置性能和检测规则	国标	2018.10.1			采购	招标	附属设施及工器具	工器具
203.9-140	GB/T 36071—2018	无损检测仪器 X射线实时成像系统检测仪技术要求	国标	2018.10.1			采购	招标	附属设施及工器具	工器具
203.9-141	GB/T 38238—2019	无损检测仪器 红外线热成像 系统与设备 性能描述	国标	2020.5.1			采购	招标	附属设施及工器具	工器具
203.9-142	GB/T 50063—2017	电力装置电测量仪表装置设计规范	国标	2017.7.1		GB/T 50063—2008	设计、采购、修试、退役	初设、施工图、招标、品控、检修、试验、退役、报废	用电	电能计量
203.9-143	JJF 1701.1—2018	测量用互感器型式评价大纲 第1部分：标准电流互感器	国标	2018.5.27			采购、修试、退役	招标、品控、检修、试验、退役、报废	用电	电能计量
203.9-144	JJG 124—2005	电流表、电压表、功率表及电阻表	国标	2006.4.9		JJG 124—1993	采购、修试、退役	招标、品控、检修、试验、退役、报废	附属设施及工器具	工器具
203.9-145	JJG 780—1992	交流数字功率表	国标	1993.1.1			采购、修试、退役	招标、品控、检修、试验、退役、报废	附属设施及工器具	工器具
203.9-146	JJG 873—1994	直流高阻电桥	国标	1995.3.1			采购、修试、退役	招标、品控、检修、试验、退役、报废	附属设施及工器具	工器具
203.9-147	JJG 1005—2019	电子式绝缘电阻表检定规程	国标	2020.3.31		JJG 1005—2005	采购、修试、退役	招标、品控、检修、试验、退役、报废	附属设施及工器具	工器具

体系结构号	标准编号	标准名称	标准级别	实施日期	与国际标准对应关系	代替标准	阶段	分阶段	专业	分专业
203.9-148	IEC 61869-3—2011	仪表变压器　第3部分：感应式电压互感器用附加要求	国际标准	2011.7.13		IEC 60044-2—1997；IEC 60044-2—1997/Amd 1—2000；IEC 60044-2—1997/Amd 2—2002；IEC 60044-2—1997+Amd 1—2000+Amd 2—2002；IEC 60044-2—1997+Amd 1—2000	采购	招标	附属设施及工器具	工器具
203.9-149	IEC 62053-21：2020	Electricity metering equipment-Particular requirements-Part 21：Static meters for AC active energy（classes 0，5，1 and 2）	国际标准	2020.6.1			采购、修试、退役	招标、品控、检修、试验、退役、报废	用电	电能计量
203.9-150	IEC 62053-22：2020	Electricity metering equipment-Particular requirements-Part 22：Static meters for AC active energy（classes 0，1S，0，2S and 0，5S）	国际标准	2020.6.1			采购、修试、退役	招标、品控、检修、试验、退役、报废	用电	电能计量
203.9-151	IEC 62053-23：2020	Electricity metering equipment-Particular requirements-Part 23：Static meters for reactive energy（classes 2 and 3）	国际标准	2020.6.1			采购、修试、退役	招标、品控、检修、试验、退役、报废	用电	电能计量
203.9-152	IEC 62053-24：2020	Electricity metering equipment-Particular requirements-Part 24：Static meters for fundamental component reactive energy（classes 0，5S，1S，1，2 and 3）	国际标准	2020.6.1			采购、修试、退役	招标、品控、检修、试验、退役、报废	用电	电能计量
203.9-153	IEC 62052-11：2020	Electricity metering equipment-General requirements，tests and test conditions-Part 11：Metering equipment	国际标准	2020.6.1			采购、修试、退役	招标、品控、检修、试验、退役、报废	用电	电能计量
203.10　设备材料-零部件及材料										
——线材类										
203.10-1	T/CEC 157—2018	架空线路钢线用盘条技术条件	团标	2018.4.1			采购、运维	招标、品控、运行、维护	输电	线路

体系结构号	标准编号	标准名称	标准级别	实施日期	与国际标准对应关系	代替标准	阶段	分阶段	专业	分专业
203.10-2	T/CEC 158—2018	架空导线用防腐脂技术条件	团标	2018.4.1			采购、运维	招标、品控、运行、维护	输电	线路
203.10-3	DL/T 247—2012	输变电设备用铜包铝母线	行标	2012.7.1			采购、运维	招标、品控、运行、维护	输电、变电	其他
203.10-4	DL/T 1289—2013	可拆卸式全钢瓦楞结构架空导线交货盘	行标	2014.4.1			采购、运维	招标、品控、运行、维护	输电	线路
203.10-5	DL/T 1310—2013	架空输电线路旋转连接器	行标	2014.4.1			采购、运维	招标、品控、运行、维护	输电	线路
203.10-6	NB/T 42018—2013	屏蔽用铜包铝合金线	行标	2014.4.1			采购、运维	招标、品控、运行、维护	输电	其他
203.10-7	NB/T 42106—2016	铝管支撑性耐热铝合金扩径导线	行标	2017.5.1			采购、建设	品控、验收与质量评定	变电	其他
203.10-8	JB/T 8137.2—2013	电线电缆交货盘 第 2 部分：全木结构交货盘	行标	2014.7.1		JB/T 8137.2—1999	采购、运维	招标、品控、运行、维护	输电	电缆
203.10-9	JB/T 8137.3—2013	电线电缆交货盘 第 3 部分：全钢瓦楞结构交货盘	行标	2014.7.1		JB/T 8137.3—1999	采购、运维	招标、品控、运行、维护	输电	电缆
203.10-10	JB/T 8137.4—2013	电线电缆交货盘 第 4 部分：型钢复合结构交货盘	行标	2014.7.1		JB/T 8137.4—1999	采购、运维	招标、品控、运行、维护	输电	电缆
203.10-11	JB/T 11900—2014	电缆管理用导管系统 耐腐蚀套接紧定式钢导管配件	行标	2014.10.1			采购、运维	招标、品控、运行、维护	输电	电缆
203.10-12	GB/T 5584.1—2020	电工用铜、铝及其合金扁线 第 1 部分：一般规定	国标	2021.7.1		GB/T 5584.1—2009	采购、运维、修试	招标、品控、运行、维护、检修、试验	输电、变电	其他
203.10-13	GB/T 5584.2—2020	电工用铜、铝及其合金扁线 第 2 部分：铜及其合金扁线	国标	2021.7.1		GB/T 5584.2—2009	采购、运维、修试	招标、品控、运行、维护、检修、试验	输电、变电	其他
203.10-14	GB/T 5584.4—2020	电工用铜、铝及其合金扁线 第 4 部分：铜带	国标	2021.7.1		GB/T 5584.4—2009	采购、运维、修试	招标、品控、运行、维护、检修、试验	输电、变电	其他
203.10-15	GB/T 5585.1—2018	电工用铜、铝及其合金母线 第 1 部分：铜和铜合金母线	国标	2019.7.1		GB/T 5585.1—2005	采购、运维、修试	招标、品控、运行、维护、检修、试验	输电、变电	其他
203.10-16	GB/T 5585.2—2018	电工用铜、铝及其合金母线 第 2 部分：铝和铝合金母线	国标	2019.7.1		GB/T 5585.2—2005	采购、运维、修试	招标、品控、运行、维护、检修、试验	输电、变电	其他

体系结构号	标准编号	标准名称	标准级别	实施日期	与国际标准对应关系	代替标准	阶段	分阶段	专业	分专业
203.10-17	GB/T 11091—2014	电缆用铜带	国标	2015.5.1		GB/T 11091—2005	采购、运维	招标、品控、运行、维护	输电	电缆
203.10-18	GB/T 12970.2—2009	电工软铜绞线 第2部分：软铜绞线	国标	2009.12.1		GB/T 12970.2—1991	采购	招标	输电	线路
203.10-19	GB/T 12970.4—2009	电工软铜绞线 第4部分：铜电刷线	国标	2009.12.1		GB/T 12970.4—1991	采购	招标	输电	线路
203.10-20	GB/T 14315—2008	电力电缆导体用压接型铜、铝接线端子和连接管	国标	2009.10.1		GB/T 14315—1993	采购、运维	招标、品控、运行、维护	输电	电缆
203.10-21	GB/T 14316—2008	间距1.27mm绝缘刺破型端接式聚氯乙烯绝缘带状电缆	国标	2009.4.1		GB 14316—1993	采购、运维	招标、品控、运行、维护	输电	电缆
203.10-22	GB/T 17937—2009	电工用铝包钢线	国标	2009.12.1		GB/T 17937—1999	采购、运维	招标、品控、运行、维护	输电	线路
203.10-23	GB/T 20041.1—2015	电缆管理用导管系统 第1部分：通用要求	国标	2015.12.1	IEC 61386-1：2008，MOD	GB/T 20041.1—2005	采购、运维	招标、品控、运行、维护	输电	电缆
203.10-24	GB/T 20041.22—2009	电缆管理用导管系统 第22部分：可弯曲导管系统的特殊要求	国标	2010.2.1	IEC 61386-22：2002	GB 20041.22—2009	采购、运维	招标、品控、运行、维护	输电	电缆
203.10-25	GB/T 20041.23—2009	电缆管理用导管系统 第23部分：柔性导管系统的特殊要求	国标	2010.2.1	IEC 61386-23：2002	GB 20041.23—2009	采购、运维	招标、品控、运行、维护	输电	电缆
——金具、器配件										
203.10-26	GB/T 20041.24—2009	电缆管理用导管系统 第24部分：埋入地下的导管系统的特殊要求	国标	2010.2.1	IEC 61386-24：2004	GB 20041.24—2009	采购、运维	招标、品控、运行、维护	输电	电缆
203.10-27	GB/T 20041.25—2016	电缆管理用导管系统 第25部分：导管固定装置的特殊要求	国标	2016.9.1	IEC 61386-25：2011 MOD		采购、运维	招标、品控、运行、维护	输电	电缆
203.10-28	GB/T 32129—2015	电线电缆用无卤低烟阻燃电缆料	国标	2016.5.1			采购、运维	招标、品控、运行、维护	输电	电缆
203.10-29	T/CEC 124—2016	断路器操作箱通用技术条件	团标	2017.1.1			采购、运维	招标、品控、运行、维护	变电	开关

体系结构号	标准编号	标准名称	标准级别	实施日期	与国际标准对应关系	代替标准	阶段	分阶段	专业	分专业
203.10-30	T/CEC 139—2017	电力设备隔声罩技术条件	团标	2017.8.1			采购、运维	招标、品控、运行、维护	变电、配电	其他
203.10-31	T/CEC 189—2018	电气设备灭弧室喷口用耐烧蚀聚四氟乙烯复合材料技术条件	团标	2019.2.1			采购、运维	招标、品控、运行、维护	其他	
203.10-32	T/CEC 221—2019	高梯度及低残压金属氧化物电阻片通用技术标准	团标	2019.7.1			采购、运维	招标、品控、运行、维护	其他	
203.10-33	T/CEC 229—2019	聚烯烃基导电材料包覆金属导体技术条件	团标	2020.1.1			采购、运维	招标、品控、运行、维护	其他	
203.10-34	T/CEC 352—2020	输电线路铁塔用热轧等边角钢	团标	2020.10.1			采购、运维	招标、品控、运行、维护	输电	其他
203.10-35	T/CEC 363—2020	750V 及以下不接地直流系统用机械式多功能断路器技术规范	团标	2020.10.1			采购、运维	招标、品控、运行、维护	变电、配电	开关
203.10-36	T/CEC 394—2020	高压直流输电换流阀饱和电抗器用超薄取向电工钢带材（片）技术条件	团标	2021.2.1			采购、运维	招标、品控、运行、维护	变电、配电	其他
203.10-37	T/CEC 395—2020	配电变压器用非晶合金带材技术条件	团标	2021.2.1			采购、运维	招标、品控、运行、维护	变电、配电	变压器
203.10-38	DL/T 346—2010	设备线夹	行标	2011.5.1			采购、运维	招标、品控、运行、维护	输电、变电	其他
203.10-39	DL/T 347—2010	T 型线夹	行标	2011.5.1			采购、运维	招标、品控、运行、维护	输电、变电	其他
203.10-40	DL/T 515—2018	电站弯管	行标	2018.7.1		DL/T 515—2004	采购、运维	招标、品控、运行、维护	发电、输电、变电	其他
203.10-41	DL/T 538—2006	高压带电显示装置	行标	2006.10.1	IEC 61958:2000，MOD	DL/T 538—1993	采购、运维	招标、品控、运行、维护	变电	其他
203.10-42	DL/T 627—2018	绝缘子用常温固化硅橡胶防污闪涂料	行标	2019.5.1		DL/T 627—2012	采购、运维	招标、品控、运行、维护	变电、输电	变压器、开关、线路
203.10-43	DL/T 682—1999	母线金具用沉头螺钉	行标	2000.7.1			采购、运维	招标、品控、运行、维护	变电、配电	其他

体系结构号	标准编号	标准名称	标准级别	实施日期	与国际标准对应关系	代替标准	阶段	分阶段	专业	分专业
203.10-44	DL/T 683—2010	电力金具产品型号命名方法	行标	2011.5.1		DL/T 683—1999	采购、运维	招标、品控、运行、维护	输电、变电、配电	其他
203.10-45	DL/T 695—2014	电站钢制对焊管件	行标	2014.8.1		DL/T 695—1999	采购、运维	招标、品控、运行、维护	发电	其他
203.10-46	DL/T 696—2013	软母线金具	行标	2014.4.1		DL/T 696—1999	采购、运维	招标、品控、运行、维护	变电、配电	其他
203.10-47	DL/T 697—2013	硬母线金具	行标	2014.4.1		DL/T 697—1999	采购、运维	招标、品控、运行、维护	变电、配电	其他
203.10-48	DL/T 756—2009	悬垂线夹	行标	2009.12.1		DL/T 756—2001	采购、运维	招标、品控、运行、维护	输电	线路
203.10-49	DL/T 757—2009	耐张线夹	行标	2009.12.1		DL/T 757—2001	采购、运维	招标、品控、运行、维护	输电	线路
203.10-50	DL/T 758—2009	接续金具	行标	2009.12.1		DL/T 758—2001	采购、运维	招标、品控、运行、维护	输电	线路
203.10-51	DL/T 759—2009	连接金具	行标	2009.12.1		DL/T 759—2001	采购、运维	招标、品控、运行、维护	输电	线路
203.10-52	DL/T 763—2013	架空线路用预绞式金具技术条件	行标	2013.8.1		DL/T 763—2001	采购、运维	招标、品控、运行、维护	输电	线路
203.10-53	DL/T 764—2014	电力金具用杆部带销孔六角头螺栓	行标	2015.3.1		DL/T 764.1—2001	采购、运维	招标、品控、运行、维护	输电	其他
203.10-54	DL/T 765.1—2001	架空配电线路金具技术条件	行标	2002.2.1			采购、运维	招标、品控、运行、维护	配电	其他
203.10-55	DL/T 765.2—2004	额定电压10kV及以下架空裸导线金具	行标	2004.6.1			采购、运维	招标、品控、运行、维护	配电	其他
203.10-56	DL/T 765.3—2004	额定电压10kV及以下架空绝缘导线金具	行标	2004.6.1		DL/T 464.1—1992	采购、运维	招标、品控、运行、维护	配电	其他
203.10-57	DL/T 766—2013	光纤复合架空地线（OPGW）用预绞式金具技术条件和试验方法	行标	2013.8.1		DL/T 766—2003	采购、运维	招标、品控、运行、维护	输电	其他
203.10-58	DL/T 768.1—2017	电力金具制造质量 第1部分：可锻铸铁件	行标	2017.8.1		DL/T 768.1—2002	采购、运维	招标、品控、运行、维护	输电	其他

体系结构号	标准编号	标准名称	标准级别	实施日期	与国际标准对应关系	代替标准	阶段	分阶段	专业	分专业
203.10-59	DL/T 768.2—2017	电力金具制造质量 第2部分：黑色金属锻制件	行标	2017.12.1		DL/T 768.2—2002	采购、运维	招标、品控、运行、维护	输电	其他
203.10-60	DL/T 768.3—2017	电力金具制造质量 第3部分：冲压件	行标	2017.12.1		DL/T 768.3—2002	采购、运维	招标、品控、运行、维护	输电	其他
203.10-61	DL/T 768.4—2017	电力金具制造质量 第4部分：球墨铸铁件	行标	2017.12.1		DL/T 768.4—2002	采购、运维	招标、品控、运行、维护	输电	其他
203.10-62	DL/T 768.5—2017	电力金具制造质量 第5部分：铝制件	行标	2017.12.1		DL/T 768.5—2002	采购、运维	招标、品控、运行、维护	输电	其他
203.10-63	DL/T 768.6—2002	电力金具制造质量焊接件	行标	2002.9.1		SD 218.2—1987	采购、运维	招标、品控、运行、维护	输电	其他
203.10-64	DL/T 768.7—2012	电力金具制造质量钢铁件热镀锌层	行标	2012.12.1		DL/T 768.7—2002	采购、运维	招标、品控、运行、维护	输电	其他
203.10-65	DL/T 1098—2016	间隔棒技术条件和试验方法	行标	2016.6.1	IEC 61854：1998，MOD	DL/T 1098—2009	采购、运维	招标、品控、运行、维护	输电	线路
203.10-66	DL/T 1099—2009	防振锤技术条件和试验方法	行标	2009.12.1	IEC 61897：1998，MOD	GB 2336—2000	采购、运维	招标、品控、运行、维护	输电	线路
203.10-67	DL/T 1192—2020	架空输电线路接续管保护装置	行标	2021.2.1		DL/T 1192—2012	采购、运维	招标、品控、运行、维护	输电	其他
203.10-68	DL/T 1266—2013	变压器用片式散热器选用导则	行标	2014.4.1			采购、运维	招标、品控、运行、维护	变电	变压器
203.10-69	DL/T 1288—2013	电力金具能耗测试与节能技术评价要求	行标	2014.4.1			采购、运维	招标、品控、运行、维护	输电	其他
203.10-70	DL/T 1312—2013	电力工程接地用铜覆钢技术条件	行标	2014.4.1			采购、运维	招标、品控、运行、维护	输电、变电	其他
203.10-71	DL/T 1342—2014	电气接地工程用材料及连接件	行标	2014.8.1			采购、运维	招标、品控、运行、维护	输电	其他
203.10-72	DL/T 1343—2014	电力金具用闭口销	行标	2015.3.1		DL/T 764.2—2001	采购、运维	招标、品控、运行、维护	输电	其他
203.10-73	DL/T 1366—2014	电力设备用六氟化硫气体	行标	2015.3.1			采购、运维	招标、品控、运行、维护	变电	其他

体系结构号	标准编号	标准名称	标准级别	实施日期	与国际标准对应关系	代替标准	阶段	分阶段	专业	分专业
203.10-74	DL/T 1401—2015	输变电钢结构用钢管制造技术条件	行标	2015.9.1			采购、运维	招标、品控、运行、维护	输电、变电	其他
203.10-75	DL/T 1457—2015	电力工程接地用锌包钢技术条件	行标	2015.12.1			采购、运维	招标、品控、运行、维护	输电、变电	其他
203.10-76	DL/T 1469—2015	输变电设备外绝缘用硅橡胶辅助伞裙使用导则	行标	2015.12.1			采购、运维	招标、品控、运行、维护	输电、变电	其他
203.10-77	DL/T 1530—2016	高压绝缘光纤柱	行标	2016.6.1			采购、运维	招标、品控、运行、维护	变电	其他
203.10-78	DL/T 1580—2016	交、直流棒形悬式复合绝缘子用芯棒技术规范	行标	2016.7.1			采购、运维	招标、品控、运行、维护	输电	其他
203.10-79	DL/T 1632—2016	输电线路钢管塔用法兰技术要求	行标	2017.5.1			采购、运维	招标、品控、运行、维护	输电	其他
203.10-80	DL/T 1642—2016	环形混凝土电杆用脚扣	行标	2017.5.1			采购、运维	招标、品控、运行、维护	输电	其他
203.10-81	DL/T 1806—2018	油浸式电力变压器用绝缘纸板及绝缘件选用导则	行标	2018.7.1			采购、运维	招标、品控、运行、维护	变电	变压器
203.10-82	DL/T 1811—2018	电力变压器用天然酯绝缘油选用导则	行标	2018.7.1			采购、运维	招标、品控、运行、维护	变电	变压器
203.10-83	DL/T 1817—2018	变压器低压侧用绝缘铜管母使用技术条件	行标	2018.7.1			采购、运维	招标、品控、运行、维护	变电	变压器
203.10-84	DL/T 1837—2018	电力用矿物绝缘油换油指标	行标	2018.7.1			采购、运维	招标、品控、运行、维护	变电、配电	其他
203.10-85	DL/T 1838—2018	电力用圆形及异形绝缘管	行标	2018.7.1			采购、运维	招标、品控、运行、维护	变电、配电	其他
203.10-86	DL/T 1981.3—2020	统一潮流控制器 第3部分：控制保护系统技术规范	行标	2021.2.1			采购、运维	招标、品控、运行、维护	变电、配电	其他
203.10-87	NB/T 10441—2020	混合式高压直流断路器	行标	2021.2.1			采购、运维	招标、品控、运行、维护	变电	开关
203.10-88	NB/T 42037—2014	防腐电缆桥架	行标	2014.11.1			采购、运维	招标、品控、运行、维护	输电	电缆

体系结构号	标准编号	标准名称	标准级别	实施日期	与国际标准对应关系	代替标准	阶段	分阶段	专业	分专业
203.10-89	NB/T 42136—2017	电网设施金属构件 湿热环境防腐涂层技术要求	行标	2018.3.1			采购、运维	招标、品控、运行、维护	输电、变电、配电	其他
203.10-90	NB/T 42152—2018	非线性金属氧化物电阻片通用技术要求	行标	2018.7.1			采购、运维	招标、品控、运行、维护	输电、变电	其他
203.10-91	NB/T 47020—2012	压力容器法兰分类与技术条件	行标	2013.3.1		JB/T 4700—2000	采购、运维	招标、品控、运行、维护	变电	其他
203.10-92	JB/T 5345—2016	变压器用蝶阀	行标	2017.4.1		JB/T 5345—2005	采购、运维	招标、品控、运行、维护	变电、配电	变压器
203.10-93	JB/T 5347—2013	变压器用片式散热器	行标	2013.9.1		JB/T 5347—1999	采购、运维	招标、品控、运行、维护	变电、配电	变压器
203.10-94	JB/T 5889—1991	绝缘子用有色金属铸件技术条件	行标	1992.10.1			采购、运维	招标、品控、运行、维护	输电、变电、配电	其他
203.10-95	JB/T 6302—2016	变压器用油面温控器	行标	2017.4.1		JB/T 6302—2005	采购、运维	招标、品控、运行、维护	变电、配电	变压器
203.10-96	JB/T 6484—2016	变压器用储油柜	行标	2017.4.1		JB/T 6484—2005	采购、运维	招标、品控、运行、维护	变电、配电	变压器
203.10-97	JB/T 7065—2015	变压器用压力释放阀	行标	2016.3.1		JB/T 7065—2004；JB/T 7069—2004	采购、运维	招标、品控、运行、维护	变电、配电	变压器
203.10-98	JB/T 7757—2020	机械密封用O形橡胶圈	行标	2021.4.1		JB/T 7757.2—2006	采购、运维	招标、品控、运行、维护	其他	
203.10-99	JB/T 9642—2013	变压器用风扇	行标	2013.9.1		JB/T 9642—1999	采购、运维	招标、品控、运行、维护	变电、配电	变压器
203.10-100	JB/T 9669—2013	避雷器用橡胶密封件及材料规范	行标	2014.7.1		JB/T 9669—1999	采购、运维	招标、品控、运行、维护	变电	避雷器
203.10-101	JB/T 9673—1999	绝缘子 产品包装	行标	2000.1.1		JB/Z 94—1989	采购、运维	招标、品控、运行、维护	输电、配电	其他
203.10-102	JB/T 10112—2013	变压器用油泵	行标	2013.9.1		JB/T 10112—1999	采购、运维	招标、品控、运行、维护	变电、配电	变压器
203.10-103	JB/T 10319—2014	变压器用波纹油箱	行标	2014.10.1		JB/T 10319—2002	采购、运维	招标、品控、运行、维护	变电、配电	变压器

体系结构号	标准编号	标准名称	标准级别	实施日期	与国际标准对应关系	代替标准	阶段	分阶段	专业	分专业
203.10-104	JB/T 11203—2011	高压交流真空开关设备用固封极柱	行标	2012.4.1			采购、运维	招标、品控、运行、维护	变电	开关
203.10-105	JB/T 11493—2013	变压器用闸阀	行标	2013.9.1			采购、运维	招标、品控、运行、维护	变电、配电	变压器
203.10-106	JB/T 11868.1—2014	电工用铜包钢线 第1部分：硬态铜包钢线	行标	2014.10.1			采购、运维	招标、品控、运行、维护	输电、变电	其他
203.10-107	JB/T 11868.2—2014	电工用铜包钢线 第2部分：软态铜包钢线	行标	2014.10.1			采购、运维	招标、品控、运行、维护	输电、变电	其他
203.10-108	JB/T 12168—2015	电气用压敏胶黏带 涂压敏胶黏剂的PVC薄膜胶黏带	行标	2015.10.1			采购、运维	招标、品控、运行、维护	输电、变电	其他
203.10-109	JB/T 12169—2015	电气用压纸板和薄纸板 薄纸板	行标	2015.10.1			采购、运维	招标、品控、运行、维护	输电、变电	其他
203.10-110	JB/T 12171—2015	电气用压敏胶黏带 涂压敏胶黏剂的聚四氟乙烯薄膜胶黏带	行标	2015.10.1	IEC 60454-3-14：2001		采购、运维	招标、品控、运行、维护	输电、变电	其他
203.10-111	JB/T 12424—2015	电气用热固性模塑制品可视缺陷定义及分类（SMC/BMC）	行标	2016.3.1			采购、运维	招标、品控、运行、维护	输电、变电	其他
203.10-112	SJ/T 99—2016	变压器和扼流圈用铁心片及铁心叠厚系列	行标	2016.6.1		SJ 97—1965；SJ 99—1987	采购、运维	招标、品控、运行、维护	变电、配电	变压器
203.10-113	SY/T 0516—2016	绝缘接头与绝缘法兰技术规范	行标	2017.5.1		SY/T 0516—2008	采购、运维	招标、品控、运行、维护	发电、输电、变电	其他
203.10-114	GB/T 2—2016	紧固件 外螺纹零件末端	国标	2016.6.1		GB/T 2—2001	采购、运维	招标、品控、运行、维护	输电、变电	其他
203.10-115	GB/T 95—2002	平垫圈 C级	国标	2003.6.1	EQV ISO 7091：2000	GB/T 95—1985	采购、运维	招标、品控、运行、维护	输电、变电	其他
203.10-116	GB/T 197—2018	普通螺纹 公差	国标	2018.10.1		GB/T 197—2003	采购、运维	招标、品控、运行、维护	输电、变电	其他
203.10-117	GB/T 699—2015	优质碳素结构钢	国标	2016.11.1		GB/T 699—1999	采购、运维	招标、品控、运行、维护	输电、变电	其他
203.10-118	GB/T 984—2001	堆焊焊条	国标	2002.6.1	ANSI/AWS A5.13，EQV	GB/T 984—1985	采购、运维	招标、品控、运行、维护	输电、变电	其他

体系结构号	标准编号	标准名称	标准级别	实施日期	与国际标准对应关系	代替标准	阶段	分阶段	专业	分专业
203.10-119	GB/T 1591—2018	低合金高强度结构钢	国标	2019.2.1		GB/T 1591—2008	采购、运维	招标、品控、运行、维护	输电、变电	其他
203.10-120	GB/T 2061—2013	散热器散热片专用铜及铜合金箔材	国标	2014.5.1		GB/T 2061—2004	采购、运维	招标、品控、运行、维护	输电、变电	其他
203.10-121	GB/T 2314—2008	电力金具通用技术条件	国标	2009.8.1	IEC 61284：1997，MOD	GB 2314—1997	采购、运维	招标、品控、运行、维护	输电、变电、配电	其他
203.10-122	GB/T 2315—2017	电力金具标称破坏载荷系列及连接型式尺寸	国标	2018.7.1		GB/T 2315—2008	采购、运维	招标、品控、运行、维护	输电、变电、配电	其他
203.10-123	GB/T 3098.1—2010	紧固件机械性能 螺栓、螺钉和螺柱	国标	2011.10.1	ISO 898-1—2009，MOD	GB/T 3098.1—2000	采购、运维	招标、品控、运行、维护	其他	
203.10-124	GB/T 5019.4—2009	以云母为基的绝缘材料 第4部分：云母纸	国标	2009.12.1	IEC 60371-3-2—2005，MOD	GB/T 10216—1998	采购、运维	招标、品控、运行、维护	其他	
203.10-125	GB/T 5117—2012	非合金钢及细晶粒钢焊条	国标	2013.3.1	ISO 2560—2009，MOD	GB/T 5117—1995	采购、运维	招标、品控、运行、维护	其他	
203.10-126	GB/T 5273—2016	高压电器端子尺寸标准化	国标	2016.11.1	IEC/TR 62271-301：2009，MOD	GB/T 5273—1985	采购	招标	基础综合	
203.10-127	GB/T 5293—2018	埋弧焊用非合金钢及细晶粒钢实心焊丝、药芯焊丝和焊丝-焊剂组合分类要求	国标	2018.10.1		GB/T 5293—1999	采购、运维	招标、品控、运行、维护	发电、变电	其他
203.10-128	GB/T 12233—2006	通用阀门 铁制截止阀与升降式止回阀	国标	2007.5.1		GB/T 12233—1989	采购、运维	招标、品控、运行、维护	发电、变电	其他
203.10-129	GB/T 12241—2005	安全阀一般要求	国标	2005.8.1	ISO 4126-1—1991，MOD	GB/T 12241—1989	采购、运维	招标、品控、运行、维护	基础综合	
203.10-130	GB/T 15022.1—2009	电气绝缘用树脂基活性复合物 第1部分：定义及一般要求	国标	2009.12.1	IEC 60455-1—1998，IDT	GB/T 15022—1994	采购、运维	招标、品控、运行、维护	变电	其他
203.10-131	GB/T 15022.3—2011	电气绝缘用树脂基活性复合物 第3部分：无填料环氧树脂复合物	国标	2012.5.1	IEC 60455-3-1：2003，IDT		采购、运维	招标、品控、运行、维护	变电	其他
203.10-132	GB/T 15601—2013	管法兰用金属包覆垫片	国标	2014.10.1		GB/T 15601—1995	采购、运维	招标、品控、运行、维护	发电、变电	其他

体系结构号	标准编号	标准名称	标准级别	实施日期	与国际标准对应关系	代替标准	阶段	分阶段	专业	分专业
203.10-133	GB/T 16316—1996	电气安装用导管配件的技术要求 第1部分：通用要求	国标	1997.1.1	IEC 1035-1：1990，EQV		采购、运维	招标、品控、运行、维护	发电、变电、输电、配电	其他
203.10-134	GB/T 17116.1—2018	管道支吊架 第1部分：技术规范	国标	2018.10.1		GB/T 17116.1—1997	设计、采购、建设、运维	施工图、招标、品控、施工工艺、运行、维护	发电	火电、水电、其他、电缆
203.10-135	GB/T 17116.2—2018	管道支吊架 第2部分：管道连接部件	国标	2018.9.1		GB/T 17116.2—1997	设计、采购、建设、运维	施工图、招标、品控、施工工艺、运行、维护	发电	火电、水电、其他、电缆
203.10-136	GB/T 17116.3—2018	管道支吊架 第3部分：中间连接件和建筑结构连接件	国标	2018.10.1		GB/T 17116.3—1997	设计、采购、建设、运维	施工图、招标、品控、施工工艺、运行、维护	发电	火电、水电、其他、电缆
203.10-137	GB/T 21698—2008	复合接地体技术条件	国标	2008.12.1			采购	招标、品控	输电、变电	其他
203.10-138	GB 29415—2013	耐火电缆槽盒	国标	2014.8.1			采购、运维	招标、品控、运行、维护	发电、变电、配电	其他
203.10-139	GB/T 29920—2013	电工用稀土高铁铝合金杆	国标	2014.8.1			采购、运维	招标、品控、运行、维护	输电、变电	其他
203.10-140	GB/T 30147—2013	安防监控视频实时智能分析设备技术要求	国标	2014.8.1			采购、运维	招标、品控、运行、维护	输电、变电、配电	其他
203.10-141	GB/T 31235—2014	±800kV 直流输电线路金具技术规范	国标	2015.4.1			采购、运维	招标、品控、运行、维护	输电	线路
203.10-142	GB/T 31239—2014	1000kV 变电站金具技术规范	国标	2015.4.1			采购、运维	招标、品控、运行、维护	变电	其他
203.10-143	GB/T 31838.1—2015	固体绝缘材料 介电和电阻特性 第1部分：总则	国标	2016.2.1	IEC 62631-1：2011		采购、运维	招标、品控、运行、维护	基础综合	
203.10-144	GB/T 32288—2020	电力变压器用电工钢铁心	国标	2020.12.1		GB/T 32288—2015	采购、运维	招标、品控、运行、维护	变电、配电	变压器
203.10-145	GB/T 32511—2016	电磁屏蔽塑料通用技术要求	国标	2016.9.1			采购、运维	招标、品控、运行、维护	输电、变电、配电	其他
203.10-146	GB/T 32517—2016	固定装置中永久性连接用安装式耦合器	国标	2016.9.1	IEC 61535：2012		采购、运维	招标、品控、运行、维护	输电、变电、配电	其他
203.10-147	GB/T 32968—2016	钢筋混凝土用锌铝合金镀层钢筋	国标	2017.7.1			采购、运维	招标、品控、运行、维护	输电、变电、配电	其他
203.10-148	GB/T 33143—2016	锂离子电池用铝及铝合金箔	国标	2017.9.1			采购、运维	招标、品控、运行、维护	输电、变电、配电	其他

体系结构号	标准编号	标准名称	标准级别	实施日期	与国际标准对应关系	代替标准	阶段	分阶段	专业	分专业
203.10-149	GB/T 33214—2016	钢、镍及镍合金的激光-电弧复合焊接接头 缺欠质量分级指南	国标	2017.7.1	ISO 12932：2013		采购、运维	招标、品控、运行、维护	输电、变电、配电	其他
203.10-150	GB/T 34182—2017	复合材料电缆支架	国标	2018.8.1			采购、运维	招标、品控、运行、维护	输电	电缆
203.10-151	GB/T 34320—2017	六氟化硫电气设备用分子筛吸附剂使用规范	国标	2018.4.1			采购、运维	招标、品控、运行、维护	变电	其他
203.10-152	GB/T 35693—2017	±800kV 特高压直流输电工程阀厅金具技术规范	国标	2018.7.1			采购、运维	招标、品控、运行、维护	换流	其他
203.10-153	GB/T 36010—2018	铂铑 40-铂铑 20 热电偶丝及分度表	国标	2018.10.1			采购、运维	招标、品控、运行、维护	输电、变电、配电	其他
203.10-154	GB/T 36034—2018	埋弧焊用高强钢实心焊丝、药芯焊丝和焊丝-焊剂组合分类要求	国标	2018.10.1			采购、运维	招标、品控、运行、维护	输电、变电、配电	其他
203.10-155	GB/T 36037—2018	埋弧焊和电渣焊用焊剂	国标	2018.10.1			采购、运维	招标、品控、运行、维护	输电、变电、配电	其他
203.10-156	GB/T 36130—2018	铁塔结构用热轧钢板和钢带	国标	2019.2.1			采购、运维	招标、品控、运行、维护	输电、变电、配电	其他
203.10-157	GB/T 36146—2018	锂离子电池用压延铜箔	国标	2019.2.1			采购、运维	招标、品控、运行、维护	输电、变电、配电	其他
203.10-158	GB/T 36763—2018	电磁屏蔽用硫化橡胶通用技术要求	国标	2019.4.1			采购、运维	招标、品控、运行、维护	输电、变电、配电	其他
203.10-159	GB/T 37204—2018	全钒液流电池用电解液	国标	2019.11.1			采购、运维	招标、品控、运行、维护	发电	储能
203.10-160	GB/T 37571—2019	继电器用铜及铜合金带	国标	2020.5.1			采购、运维、修试	招标、品控、运行、维护、检修、试验	其他	
203.10-161	GB 50018—2002	冷弯薄壁型钢结构技术规范	国标	2003.1.1			设计、采购、运维	初设、施工图、招标、品控、运行、维护	输电、变电、配电	其他
203.10-162	JJG 75—1995	标准铂铑 10-铂热电偶	国标	1995.12.1		JJG 75—1982	采购、运维	招标、品控、运行、维护	其他	
203.10-163	ANSI C 12.9—2005	变压器额定仪表用测试开关	国际标准			ANSI C 12.9—1993	采购、运维	招标、品控、运行、维护	变电、配电	变压器

体系结构号	标准编号	标准名称	标准级别	实施日期	与国际标准对应关系	代替标准	阶段	分阶段	专业	分专业
203.10-164	IEC 60455-3-8—2013	电气绝缘用树脂基活性化合物 第3部分：单项材料规格.活页8：电缆附件树脂	国际标准	2013.4.29	EN 60455-3-8—2013，IDT		采购、运维	招标、品控、运行、维护	输电、配电	其他
203.10-165	IEC 60626-1—2009	电气绝缘用组合柔性材料 第1部分：定义和一般要求	国际标准	2009.8.31		IEC 60626-1—1995；IEC 60626-1—1995/Amd 1—1996	采购、运维	招标、品控、运行、维护	输电、配电	其他
203.10-166	IEC 60684-3-271—2011	绝缘软管 第3部分：各种型号软管规范.活页271；阻燃、耐流体、收缩比2:1的热收缩，弹性体软管	国际标准	2011.6.21		IEC 60684-3-271—2004	采购、运维	招标、品控、运行、维护	变电、配电	其他
——电力电子类										
203.10-167	Q/CSG 1204070—2020	柔性直流阀级控制器与功率模块控制器接口技术规范	企标	2020.6.30			规划、设计、采购、建设、运维、修试、退役	规划、初设、施工图、招标、品控、施工工艺、验收与质量评定、试运行、运行、维护、检修、试验、退役、报废	信息	基础设施
203.10-168	IEC 60893-3-4 Edition2.1—2012	绝缘材料 基于电气目的热固树脂的工业刚性层压板 第3-4部分：独立材料的规格，基于酚醛树脂的刚性层压板要求	国际标准	2012.10.14		IEC 60893-3-4—2003	采购、运维	招标、品控、运行、维护	变电	其他
203.10-169	IEC 60893-3-5—2009	绝缘材料 基于电气目的热固树脂的工业刚性层压板 第3-5部分：独立材料的规格基于聚酯树脂的刚性层压板要求	国际标准	2009.10.13			采购、运维	招标、品控、运行、维护	变电	其他
203.10-170	IEC 61212-3-1—2013	绝缘材料 电工用热固性树脂基工业刚性圆形层压管和棒 第3部分：单项材料规格活页1：圆形层压轧制管	国际标准	2013.4.29	EN 61212-3-1—2013 IDT	IEC 61212-3-1—2006	采购、运维	招标、品控、运行、维护	变电	其他
203.10-171	IEC 61212-3-2—2013	绝缘材料 电工用基于热固树脂的工业刚性圆形层压管材和杆材 第3部分：单项材料规范活页2：圆形层压模制管材	国际标准	2013.4.29	EN 61212-3-2—2013 IDT	IEC 61212-3-2—2006	采购、运维	招标、品控、运行、维护	变电	其他

体系结构号	标准编号	标准名称	标准级别	实施日期	与国际标准对应关系	代替标准	阶段	分阶段	专业	分专业
203.10-172	T/CEC 123—2016	断路器选相控制器通用技术条件	团标	2017.1.1			运维、修试	运行、维护、检修、试验	变电	开关
203.10-173	DL/T 282—2018	合并单元技术条件	行标	2019.5.1		DL/T 282—2012	采购、运维、修试	招标、品控、运行、维护、检修、试验	调度及二次	继电保护及安全自动装置
203.10-174	DL/T 781—2001	电力用高频开关整流模块	行标	2002.2.1			运维、修试	运行、维护、检修、试验	换流	其他
203.10-175	DL/T 857—2004	发电厂、变电所蓄电池用整流逆变设备技术条件	行标	2004.6.1			采购、建设、运维、修试	招标、品控、验收与质量评定、运行、维护、检修、试验	发电、变电	其他
203.10-176	NB/T 31040—2012	具有短路保护功能的电涌保护器	行标	2013.3.1			采购、运维、修试	招标、品控、运行、维护、检修、试验	配电	其他
203.10-177	GB/T 3859.1—2013	半导体变流器　通用要求和电网换相变流器　第1-1部分：基本要求规范	国标	2013.12.2	IEC 60146-1-1：2009.MOD	GB/T 3859.1—1993	采购、运维、修试	招标、品控、运行、维护、检修、试验	换流	其他
203.10-178	GB/T 3859.2—2013	半导体变流器　通用要求和电网换相变流器　第1-2部分：应用导则	国标	2013.12.2	IEC/TR 60146-1-2：2011，MOD	GB/T 3859.2—1993	采购、运维、修试	招标、品控、运行、维护、检修、试验	换流	其他
203.10-179	GB/T 3859.3—2013	半导体变流器　通用要求和电网换相变流器　第1-3部分：变压器和电抗器	国标	2013.12.2	IEC 60146-1-3：1991，MOD	GB/T 3859.3—1993	采购、运维、修试	招标、品控、运行、维护、检修、试验	换流	其他
203.10-180	GB/T 6346.25—2018	电子设备用固定电容器　第25部分：分规范表面安装导电高分子固体电解质铝固定电容器	国标	2018.7.1			采购、运维、修试	招标、品控、运行、维护、检修、试验	用电	其他
203.10-181	GB/T 6346.2501—2018	电子设备用固定电容器　第25-1部分：空白详细规范表面安装导电高分子固体电解质铝固定电容器　评定水平EZ	国标	2018.7.1			采购、运维、修试	招标、品控、运行、维护、检修、试验	用电	其他
203.10-182	GB/T 6346.2601—2018	电子设备用固定电容器　第26-1部分：空白详细规范导电高分子固体电解质铝固定电容器　评定水平EZ	国标	2019.1.1			采购、运维、修试	招标、品控、运行、维护、检修、试验	用电	其他

体系 结构号	标准编号	标准名称	标准级别	实施日期	与国际标准对应关系	代替标准	阶段	分阶段	专业	分专业
203.10-183	GB/T 10186—2012	电子设备用固定电容器 第7-1部分：空白详细规范 金属箔式聚苯乙烯膜介质直流固定电容器 评定水平E	国标	2013.2.15		GB/T 10186—1988	采购、运维、修试	招标、品控、运行、维护、检修、试验	用电	其他
203.10-184	GB/T 11026.2—2012	电气绝缘材料 耐热性 第2部分：试验判断标准的选择	国标	2013.6.1	IEC 60216-2:2005	GB/T 11026.2—2000	采购、运维、修试	招标、品控、运行、维护、检修、试验	输电、变电	其他
203.10-185	GB/T 15291—2015	半导体器件 第6部分：晶闸管	国标	2017.1.1	IEC 60747-6:2000	GB/T 15291—1994	采购、运维、修试	招标、品控、运行、维护、检修、试验	换流	其他
203.10-186	GB/T 17702—2013	电力电子电容器	国标	2013.7.1	IEC 61071:2007	GB/T 17702.1—1999；GB/T 17702.2—1999	采购、运维、修试	招标、品控、运行、维护、检修、试验	换流	其他
203.10-187	GB/T 20626.3—2006	特殊环境条件高原电工电子产品 第3部分：雷电、污秽、凝露的防护要求	国标	2007.4.1			采购、运维、修试	招标、品控、运行、维护、检修、试验	基础综合	
203.10-188	GB/T 25081—2010	高压带电显示装置（VPIS）	国标	2011.8.1	IEC 61958:2000	GB 25081—2010	运维、修试	运行、维护、检修、试验	输电、变电	其他
203.10-189	GB/T 29332—2012	半导体器件 分立器件 第9部分：绝缘栅双极晶体管（IGBT）	国标	2013.6.1	IEC 60747-9:2007，IDT		采购、运维、修试	招标、品控、运行、维护、检修、试验	用电	其他
203.10-190	GB/T 33588.1—2020	雷电防护系统部件（LPSC）第1部分：连接件的要求	国标	2021.6.1		GB/T 33588.1—2017	运维、修试	运行、维护、检修、试验	输电、变电	其他
203.10-191	GB/T 33588.2—2020	雷电防护系统部件（LPSC）第2部分：接闪器、引下线和接地极的要求	国标	2021.6.1		GB/T 33588.2—2017	运维、修试	运行、维护、检修、试验	输电、变电	其他
203.10-192	GB/T 33588.3—2020	雷电防护系统部件（LPSC）第3部分：隔离放电间隙（ISG）的要求	国标	2021.6.1		GB/T 33588.3—2017	运维、修试	运行、维护、检修、试验	输电、变电	其他
203.10-193	GB/T 33588.4—2020	雷电防护系统部件（LPSC）第4部分：导体的紧固件要求	国标	2021.6.1		GB/T 33588.4—2017	运维、修试	运行、维护、检修、试验	输电、变电	其他
203.10-194	GB/T 33588.5—2020	雷电防护系统部件（LPSC）第5部分：接地极检测箱和接地极密封件的要求	国标	2021.6.1		GB/T 33588.5—2017	运维、修试	运行、维护、检修、试验	输电、变电	其他

体系结构号	标准编号	标准名称	标准级别	实施日期	与国际标准对应关系	代替标准	阶段	分阶段	专业	分专业
203.10-195	GB/T 33588.6—2020	雷电防护系统部件（LPSC）第 6 部分：雷击计数器（LSC）的要求	国标	2021.6.1		GB/T 33588.6—2016	运维、修试	运行、维护、检修、试验	输电、变电	其他
203.10-196	GB/T 33588.7—2020	雷电防护系统部件（LPSC）第 7 部分：接地降阻材料的要求	国标	2021.6.1		GB/T 33588.7—2017	运维、修试	运行、维护、检修、试验	输电、变电	其他
203.10-197	GB/T 34114—2017	电动机用电磁制动器通用技术条件	国标	2018.2.1			运维、修试	运行、维护、检修、试验	输电、变电	其他
203.10-198	GB/T 35010.3—2018	半导体芯片产品　第 3 部分：操作、包装和贮存指南	国标	2018.8.1			采购、运维、修试	招标、品控、运行、维护、检修、试验	用电	其他
203.10-199	GB/T 35010.4—2018	半导体芯片产品　第 4 部分：芯片使用者和供应商要求	国标	2018.8.1			采购、运维、修试	招标、品控、运行、维护、检修、试验	用电	其他
203.10-200	GB/T 35010.5—2018	半导体芯片产品　第 5 部分：电学仿真要求	国标	2018.8.1			采购、运维、修试	招标、品控、运行、维护、检修、试验	用电	其他
203.10-201	GB/T 35010.6—2018	半导体芯片产品　第 6 部分：热仿真要求	国标	2018.8.1			采购、运维、修试	招标、品控、运行、维护、检修、试验	用电	其他
203.10-202	GB/T 35010.7—2018	半导体芯片产品　第 7 部分：数据交换的 XML 格式	国标	2018.8.1			采购、运维、修试	招标、品控、运行、维护、检修、试验	用电	其他
203.10-203	GB/T 35010.8—2018	半导体芯片产品　第 8 部分：数据交换的 EXPRESS 格式	国标	2018.8.1			采购、运维、修试	招标、品控、运行、维护、检修、试验	用电	其他
203.10-204	Q/CSG 1203049—2018	六氟化硫气体变压器监造技术导则	企标	2018.4.16			采购	品控	变电、配电	变压器
203.11	设备材料-监造验收									
203.11-1	Q/CSG 1205019—2018	电力设备交接验收规程	企标	2018.5.17			采购	品控	基础综合	
203.11-2	T/CEC 234—2019	直流输电工程大型调相机组设备监造技术导则	团标	2020.1.1			采购	品控	发电	其他
203.11-3	T/CSEE 0040—2017	大型调相机产品监造及出厂试验导则	团标	2018.5.1			采购	品控	基础综合	
203.11-4	DL/T 363—2018	超、特高压电力变压器（电抗器）设备监造导则	行标	2018.7.1		DL/T 363—2010	采购	品控	换流、变电	其他

体系结构号	标准编号	标准名称	标准级别	实施日期	与国际标准对应关系	代替标准	阶段	分阶段	专业	分专业
203.11-5	DL/T 521—2018	真空净油机验收及使用维护导则	行标	2018.7.1		DL/T 521—2004	采购	品控	变电	其他
203.11-6	DL/T 586—2008	电力设备监造技术导则	行标	2008.11.1		DL/T 586—1995	采购	品控	换流、变电	其他
203.11-7	DL/T 1544—2016	电子式互感器现场交接验收规范	行标	2016.6.1			采购	品控	变电	互感器
203.11-8	DL/T 1793—2017	柔性直流输电设备监造技术导则	行标	2018.6.1			采购	品控	变电	互感器
203.11-9	DL/T 2021—2019	抽水蓄能机组设备监造导则	行标	2019.10.1			采购	品控	发电	水电
203.11-10	JB/T 9678—2012	盘形悬式绝缘子用钢化玻璃绝缘件外观质量	行标	2012.11.1		JB/T 9678—1999	采购	招标、品控	输电	线路
203.11-11	GB/T 2317.4—2008	电力金具试验方法 第4部分：验收规则	国标	2009.10.1		GB/T 2317.4—2000	采购	招标、品控	输电	线路
203.11-12	GB/T 17215.811—2017	交流电测量设备 验收检验 第11部分：通用验收检验方法	国标	2018.7.1	IEC 62058-11：2008	部分代替：GB/T 17442—1998；GB/T 3925—1983	采购	招标、品控	用电	电能计量
203.11-13	GB/T 17215.821—2017	交流电测量设备 验收检验 第21部分：机电式有功电能表的特殊要求（0.5级、1级和2级）	国标	2017.12.29	IEC 62058-21：2008	部分代替：GB/T 3925—1983	采购	招标、品控	用电	电能计量
203.11-14	GB/T 21429—2008	户外和户内电气设备用空心复合绝缘子 定义、试验方法、接收准则和设计推荐	国标	2008.9.1	IEC 61462：1998，MOD		采购	招标、品控	变电	其他
203.11-15	GB/T 26429—2010	设备工程监理规范	国标	2011.7.1			采购	品控	换流、变电	其他
203.11-16	Q/CSG 110014—2011	南方电网电能质量监测系统技术规范	企标	2011.12.15			设计、采购、运维	初设、施工图、招标、品控、运行、维护	配电	其他
203.12 设备材料-其他										
203.12-1	Q/CSG 1208001—2019	电能质量监测系统主站技术规范（试行）	企标	2019.2.27			设计、采购、运维	初设、施工图、招标、品控、运行、维护	配电	其他
203.12-2	Q/CSG 1208002—2019	电能质量监测终端技术规范（试行）	企标	2019.2.27			设计、采购、运维	初设、施工图、招标、品控、运行、维护	配电	其他

体系结构号	标准编号	标准名称	标准级别	实施日期	与国际标准对应关系	代替标准	阶段	分阶段	专业	分专业
203.12-3	T/CEC 138—2017	油浸式变压器用阻尼橡胶材料技术条件	团标	2017.8.1			采购、运维	招标、品控、运行、维护	变电	变压器
203.12-4	T/CEC 187—2018	电磁式电压互感器用碳化硅消谐器技术规范	团标	2019.2.1			采购、运维	招标、品控、运行、维护	变电	互感器
203.12-5	T/CEC 203—2019	故障相经电抗器接地消弧装置	团标	2019.7.1			采购、运维	招标、品控、运行、维护	变电	电抗器
203.12-6	T/CEC 223—2019	负载馈能装置技术规范	团标	2019.7.1			采购、运维	招标、品控、运行、维护	其他	
203.12-7	T/CEC 285—2019	配电网运行状态综合监测终端功能规范	团标	2020.1.1			采购、运维	招标、品控、运行、维护	配电	其他
203.12-8	T/CEC 378—2020	柔性直流输电工程换流阀IGBT驱动板卡通用技术规范	团标	2021.2.1			采购、运维	招标、品控、运行、维护	换流	换流阀
203.12-9	T/CEC 377—2020	柔性直流输电工程换流阀阀基控制设备与子模块通信接口技术规范	团标	2021.2.1			采购、运维	招标、品控、运行、维护	换流	换流阀
203.12-10	T/CEC 380—2020	柔性直流输电工程换流阀子模块故障录波技术规范	团标	2021.2.1			采购、运维	招标、品控、运行、维护	换流	换流阀
203.12-11	T/CEC 379—2020	柔性直流输电工程换流阀子模块中控板通用技术规范	团标	2021.2.1			采购、运维	招标、品控、运行、维护	换流	换流阀
203.12-12	GB/T 36292—2018	架空导线用防腐脂	国标	2019.1.1			采购、运维	招标、品控、运行、维护	输电	线路
203.12-13	DL/T 283.1—2018	电力视频监控系统及接口 第1部分：技术要求	行标	2019.5.1		DL/T 283.1—2012	采购、运维	招标、运行、维护	变电	其他
203.12-14	DL/T 380—2010	接地降阻材料技术条件	行标	2010.10.1			采购、运维	招标、品控、运行、维护	发电、输电、变电、配电	其他
203.12-15	DL/T 721—2013	配电自动化远方终端	行标	2013.8.1	IEC 60870-05-101，NEQ	DL/T 721—2000	设计、采购、运维	初设、招标、维护	配电	其他
203.12-16	DL/T 1227—2013	电能质量监测装置技术规范	行标	2013.8.1			设计、采购、运维	初设、施工图、招标、品控、运行、维护	配电	其他
203.12-17	DL/T 1229—2013	动态电压恢复器技术规范	行标	2013.8.1			采购、运维、修试	招标、品控、运行、维护、检修	变电	其他

体系结构号	标准编号	标准名称	标准级别	实施日期	与国际标准对应关系	代替标准	阶段	分阶段	专业	分专业
203.12-18	DL/T 1283—2013	电力系统雷电定位监测系统技术规程	行标	2014.4.1			采购、运维、修试	招标、品控、运行、维护、检修	变电	其他
203.12-19	DL/T 1295—2013	串联补偿装置用火花间隙	行标	2014.4.1			采购、运维、修试	招标、品控、运行、维护、检修	变电	其他
203.12-20	DL/T 1296—2013	串联谐振型故障电流限制器技术规范	行标	2014.4.1			采购、运维、修试	招标、品控、运行、维护、检修	变电	其他
203.12-21	DL/T 1297—2013	电能质量监测系统技术规范	行标	2014.4.1			设计、采购、运维	初设、施工图、招标、品控、运行、维护	配电	其他
203.12-22	DL/T 1314—2013	电力工程用缓释型离子接地装置技术条件	行标	2014.4.1			采购、运维、修试	招标、品控、运行、维护、检修	输电	其他
203.12-23	DL/T 1579—2016	棒形悬式复合绝缘子用端部装配件技术规范	行标	2016.7.1			设计、采购、运维	初设、施工图、招标、品控、运行、维护	输电、配电	其他
203.12-24	DL/T 1617—2016	变压器油腐蚀性硫处理设备技术条件	行标	2016.12.1			采购、运维、修试	招标、品控、运行、维护、检修	变电	其他
203.12-25	DL/T 1677—2016	电力工程用降阻接地模块技术条件	行标	2017.5.1			采购、运维、修试	招标、品控、运行、维护、检修	输电	其他
203.12-26	DL/T 1893—2018	变电站辅助监控系统技术及接口规范	行标	2019.5.1			设计、采购、运维	初设、招标、维护	变电	其他
203.12-27	DL/T 1900—2018	智能变电站网络记录分析装置技术规范	行标	2019.5.1			设计、采购、运维	初设、招标、维护	变电	其他
203.12-28	JB/T 12010—2014	非晶合金铁心变压器真空注油设备	行标	2014.11.1			采购、运维、修试	招标、品控、运行、维护、检修	变电	变压器
203.12-29	JB/T 12482—2015	线杆综合作业车	行标	2016.3.1			采购、运维	招标、维护	输电	其他
203.12-30	YD/T 2061—2020	通信机房用恒温恒湿空调系统	行标	2021.1.1		YD/T 2061—2009	设计、采购、运维	初设、招标、维护	附属设施及工器具	生产楼宇
203.12-31	GB/T 192—2003	普通螺纹 基本牙型	国标	2004.1.1	ISO 68-1—1998，MOD	GB/T 192—1981	采购、运维、修试	招标、品控、运行、维护、检修	其他	
203.12-32	GB 2536—2011	电工流体 变压器和开关用的未使用过的矿物绝缘油	国标	2012.6.1	IEC 60296：2003，MOD	GB 2536—1990	采购、运维、修试	招标、品控、运行、维护、检修	变电	变压器、开关
203.12-33	GB/T 3836.16—2017	爆炸性环境 第16部分：电气装置的检查与维护	国标	2018.7.1	IEC 60079-17：2007	GB 3836.16—2006	采购、运维、修试	招标、品控、运行、维护、检修	变电	其他

体系结构号	标准编号	标准名称	标准级别	实施日期	与国际标准对应关系	代替标准	阶段	分阶段	专业	分专业
203.12-34	GB/T 3929—1983	标准电池	国标	1984.6.1	IEC 428：1973，REF	JB 1824—1976	采购、运维、修试	招标、品控、运行、维护、检修	变电	其他
203.12-35	GB/T 4272—2008	设备及管道绝热技术通则	国标	2009.1.1		GB/T 11790—1996；GB/T 4272—1992	采购、运维、修试	招标、品控、运行、维护、检修	变电	其他
203.12-36	GB 11120—2011	涡轮机油	国标	2012.6.1	ISO 80068：2006，MOD	GB 11120—1989	采购、运维、修试	招标、品控、运行、维护、检修	发电	其他
203.12-37	GB/T 11313.11—2018	射频连接器 第11部分：外导体内径为9.5mm（0.374in）、特性阻抗为50Ω、螺纹连接的射频同轴连接器（4.1/9.5型）分规范	国标	2019.1.1			采购、运维、修试	招标、品控、运行、维护、检修	其他	
203.12-38	GB/T 11313.15—2018	射频连接器 第15部分：外导体内径为4.13mm（0.163in）、特性阻抗为50Ω、螺纹连接的射频同轴连接器（SMA型）	国标	2018.10.1			采购、运维、修试	招标、品控、运行、维护、检修	其他	
203.12-39	GB/T 12022—2014	工业六氟化硫	国标	2014.12.1		GB/T 12022—2006	采购、运维、修试	招标、品控、运行、维护、检修	输电、变电	其他
203.12-40	GB/T 14194—2017	压缩气体气瓶充装规定	国标	2018.5.1		GB/T 14194—2006	采购、运维、修试	招标、品控、运行、维护、检修	输电、变电	其他
203.12-41	GB 28184—2011	消防设备电源监控系统	国标	2012.8.1			采购、运维、修试	招标、品控、运行、维护、检修	变电	其他
203.12-42	GB/T 28264—2017	起重机械 安全监控管理系统	国标	2018.5.1			采购、运维、修试	招标、品控、运行、维护、检修	基础综合	
203.12-43	GB/T 29629—2013	静止无功补偿装置水冷却设备	国标	2013.12.2			采购、运维、修试	招标、品控、运行、维护、检修	变电	其他
203.12-44	GB/Z 29630—2013	静止无功补偿装置 系统设计和应用导则	国标	2013.12.2			采购、运维、修试	招标、品控、运行、维护、检修	变电	其他
203.12-45	GB/T 29733—2013	混凝土结构用成型钢筋制品	国标	2014.6.1			采购、运维、修试	招标、品控、运行、维护、检修	附属设施及工器具	变电站构筑物
203.12-46	GB/T 30425—2013	高压直流输电换流阀水冷却设备	国标	2014.7.13			采购、运维、修试	招标、品控、运行、维护、检修	换流	换流阀

体系结构号	标准编号	标准名称	标准级别	实施日期	与国际标准对应关系	代替标准	阶段	分阶段	专业	分专业
203.12-47	GB/T 30549—2014	永磁交流伺服电动机 通用技术条件	国标	2014.10.28			采购、运维、修试	招标、品控、运行、维护、检修	其他	
203.12-48	GB/T 31133—2014	电力设备用液压式提升设备技术规范	国标	2015.2.1			采购、运维、修试	招标、品控、运行、维护、检修	变电	其他
203.12-49	GB/T 31538—2015	混凝土接缝防水用预埋注浆管	国标	2016.2.1			采购、运维、修试	招标、品控、运行、维护、检修	输电、变电	其他
203.12-50	GB/T 36417.1—2018	全分布式工业控制网络 第1部分：总则	国标	2019.1.1			采购、运维、修试	招标、品控、运行、维护、检修	变电	其他
203.12-51	GB/T 36417.3—2018	全分布式工业控制网络 第3部分：接口通用要求	国标	2019.1.1			采购、运维、修试	招标、品控、运行、维护、检修	变电	其他
203.12-52	GB/T 36417.4—2018	全分布式工业控制网络 第4部分：异构网络技术规范	国标	2019.1.1			采购、运维、修试	招标、品控、运行、维护、检修	变电	其他
203.12-53	GB/T 36531—2018	生产现场可视化管理系统技术规范	国标	2019.2.1			采购、运维、修试	招标、品控、运行、维护、检修	变电	其他
203.12-54	GB/T 38565—2020	应急物资分类及编码	国标	2020.10.1			采购、运维、修试	招标、品控、运行、维护、检修	基础综合	
203.12-55	GB/T 38548.1—2020	内容资源数字化加工 第1部分：术语	国标	2020.10.1			采购、运维	招标、品控、运行、维护	其他	
203.12-56	GB/T 38548.2—2020	内容资源数字化加工 第2部分：采集方法	国标	2020.10.1			采购、运维	招标、品控、运行、维护	其他	
203.12-57	GB/T 38548.3—2020	内容资源数字化加工 第3部分：加工规格	国标	2020.10.1			采购、运维	招标、品控、运行、维护	其他	
203.12-58	GB/T 38548.4—2020	内容资源数字化加工 第4部分：元数据	国标	2020.10.1			采购、运维	招标、品控、运行、维护	其他	
203.12-59	GB/T 38548.5—2020	内容资源数字化加工 第5部分：质量控制	国标	2020.10.1			采购、运维	招标、品控、运行、维护	其他	
203.12-60	GB/T 38548.6—2020	内容资源数字化加工 第6部分：应用模式	国标	2020.10.1			采购、运维	招标、品控、运行、维护	其他	
204	**调度与交易**									
204.1	**调度与交易-基础综合**									
204.1-1	Q/CSG 110012—2012	中国南方电网调度信息披露系统功能规范	企标	2012.3.1			设计、采购、运维	初设、招标、运行	调度及二次	基础综合

体系结构号	标准编号	标准名称	标准级别	实施日期	与国际标准对应关系	代替标准	阶段	分阶段	专业	分专业
204.1-2	Q/CSG 110036—2011	南方电网节能发电调度评价规范	企标	2012.6.1			运维	运行	调度及二次	基础综合
204.1-3	Q/CSG 1204006—2015	南方电网机网协调二次系统技术规范	企标	2015.4.30			设计、采购	初设、招标、品控	调度及二次	基础综合
204.1-4	DL/T 262—2012	火力发电机组煤耗在线计算导则	行标	2012.7.1			运维	运行	调度及二次	基础综合
204.1-5	DL/T 606.1—2014	火力发电厂能量平衡导则 第1部分：总则	行标	2015.3.1		DL/T 606.1—1996	设计、建设、运维	初设、施工工艺、验收与质量评定、试运行、运行	调度及二次	基础综合
204.1-6	DL/T 606.4—2018	火力发电厂能量平衡导则 第4部分：电平衡	行标	2019.5.1		DL/T 606.4—1996	设计、建设、运维	初设、施工工艺、验收与质量评定、试运行、运行	调度及二次	基础综合
204.1-7	DL/T 1870—2018	电力系统网源协调技术规范	行标	2018.10.1			设计、建设、运维	初设、施工工艺、验收与质量评定、试运行、运行	调度及二次	基础综合
204.1-8	GB/T 14909—2005	能量系统（火用）分析技术导则	国标	2006.1.1		GB/T 14909—1994	运维	运行	调度及二次	基础综合
204.1-9	GB/T 31464—2015	电网运行准则	国标	2015.12.1			运维	运行	调度及二次	基础综合
204.1-10	GB/T 31992—2015	电力系统通用告警格式	国标	2016.4.1			运维	运行	调度及二次	基础综合
204.1-11	GB/T 35682—2017	电网运行与控制数据规范	国标	2018.7.1			运维	运行	调度及二次	基础综合
204.2 调度与交易-电力调度										
204.2-1	DL/T 279—2012	发电机励磁系统调度管理规程	行标	2012.3.1			建设、运维	试运行、运行	调度及二次	电力调度
204.2-2	DL/T 961—2020	电网调度规范用语	行标	2021.2.1		DL/T 961—2005	运维	运行	调度及二次	电力调度
204.2-3	DL/T 1170—2012	电力调度工作流程描述规范	行标	2012.12.1			运维	运行	调度及二次	电力调度
204.2-4	DL/T 1883—2018	配电网运行控制技术导则	行标	2019.5.1			运维	运行	调度及二次	电力调度
204.2-5	GB/T 38334—2019	水电站黑启动技术规范	国标	2020.7.1			运维	运行	调度及二次	电力调度
204.3 调度与交易-运行方式										
204.3-1	Q/CSG 11004—2009	南方电网安全稳定计算分析导则	企标	2009.8.20			规划、运维	规划、运行	调度及二次	运行方式

体系结构号	标准编号	标准名称	标准级别	实施日期	与国际标准对应关系	代替标准	阶段	分阶段	专业	分专业
204.3-2	Q/CSG 110021—2012	南方电网运行方式编制规范	企标	2012.3.10			运维	运行	调度及二次	运行方式
204.3-3	Q/CSG 114002—2012	南方电网电力系统稳定器整定试验导则	企标	2012.2.1			建设、运维、修试	验收与质量评定、试运行、运行、维护、试验	调度及二次	运行方式
204.3-4	Q/CSG 1204017—2016	南方电网有功功率运行备用技术规范	企标	2016.6.1			运维	运行	调度及二次	运行方式
204.3-5	Q/CSG 1204062—2019	小电源解列装置配置原则与技术功能规范	企标	2019.12.30			规划、运维	规划、运行	调度及二次	运行方式
204.3-6	Q/CSG 1204063—2019	静态电压稳定计算分析导则	企标	2019.12.30			规划、运维	规划、运行	调度及二次	运行方式
204.3-7	Q/CSG 1206001—2015	同步发电机励磁系统参数实测与建模导则	企标	2015.1.29		Q/CSG 114003—2011	修试	试验	调度及二次	运行方式
204.3-8	Q/CSG 1206002—2015	同步发电机原动机及调节系统参数测试与建模导则	企标	2015.2.3		Q/CSG 114003—2012	修试	试验	调度及二次	运行方式
204.3-9	Q/CSG 11104002—2012	南方电网运行安全风险量化评估技术规范	企标	2012.12.11			运维	运行	调度及二次	运行方式
204.3-10	DL/T 723—2000	电力系统安全稳定控制技术导则	行标	2001.1.1			规划、设计、建设、运维	规划、初设、验收与质量评定、试运行、运行、维护	调度及二次	运行方式、继电保护及安全自动装置
204.3-11	DL/T 1167—2019	同步发电机励磁系统建模导则	行标	2019.10.1		DL/T 1167—2012	设计、建设、运维	初设、验收与质量评定、运行	调度及二次	运行方式
204.3-12	DL/T 1172—2013	电力系统电压稳定评价导则	行标	2014.4.1			规划、设计、运维	规划、初设、运行	调度及二次	运行方式
204.3-13	DL/T 1231—2018	电力系统稳定器整定试验导则	行标	2018.10.1		DL/T 1231—2013	建设、修试	验收与质量评定、检修、试验	调度及二次	运行方式
204.3-14	DL/T 1234—2013	电力系统安全稳定计算技术规范	行标	2013.8.1			规划、设计、建设、运维	规划、初设、验收与质量评定、试运行、运行、维护	调度及二次	运行方式
204.3-15	DL/T 1235—2019	同步发电机原动机及其调节系统参数实测与建模导则	行标	2019.10.1		DL/T 1235—2013	采购、建设	品控、验收与质量评定	调度及二次	运行方式
204.3-16	DL/T 1711—2017	电网短期和超短期负荷预测技术规范	行标	2017.12.1			规划、设计、运维	规划、初设、运行	调度及二次	运行方式

体系结构号	标准编号	标准名称	标准级别	实施日期	与国际标准对应关系	代替标准	阶段	分阶段	专业	分专业
204.3-17	NB/T 35043—2014	水电工程三相交流系统短路电流计算导则	行标	2015.3.1		DL/T 5163—2002	运维	运行	发电、调度及二次	水电、运行方式
204.3-18	GB/T 7409.1—2008	同步电机励磁系统 定义	国标	2009.3.1	IEC 60034-16-1：1991，MOD	GB/T 7409.1—1997	规划、设计、运维	规划、初设、运行	调度及二次	运行方式
204.3-19	GB/T 7409.2—2020	同步电机励磁系统 第2部分：电力系统研究用模型	国标	2020.12.1		GB/T 7409.2—2008	规划、设计、运维	规划、初设、运行	调度及二次	运行方式
204.3-20	GB/T 15544.1—2013	三相交流系统短路电流计算 第1部分：电流计算	国标	2014.8.1	IEC 60909-0：2001，IDT	GB/T 15544—1995	规划、设计、运维	规划、初设、运行	调度及二次	运行方式
204.3-21	GB/T 15544.2—2017	三相交流系统短路电流计算 第2部分：短路电流计算应用的系数	国标	2018.7.1	IEC TR 60909-1：2002		规划、设计、运维	规划、初设、运行	调度及二次	运行方式
204.3-22	GB/T 15544.3—2017	三相交流系统短路电流计算 第3部分：电气设备数据	国标	2018.7.1	IEC TR 60909-2：2008		规划、设计、运维	规划、初设、运行	调度及二次	运行方式
204.3-23	GB/T 15544.4—2017	三相交流系统短路电流计算 第4部分：同时发生两个独立单相接地故障时的电流以及流过大地的电流	国标	2018.7.1	IEC 60909-3：2009		规划、设计、运维	规划、初设、运行	调度及二次	运行方式
204.3-24	GB/T 15544.5—2017	三相交流系统短路电流计算 第5部分：算例	国标	2018.7.1	IEC/TR 60909-4：2000		规划、设计、运维	规划、初设、运行	调度及二次	运行方式
204.3-25	GB/Z 20996.1—2007	高压直流输电系统性能 第一部分：稳态	国标	2008.2.1	IEC/TR 60919-1：1988，IDT		规划、设计、建设、运维	规划、初设、施工图、验收与质量评定、试运行、运行、维护	调度及二次	运行方式
204.3-26	GB/T 26399—2011	电力系统安全稳定控制技术导则	国标	2011.12.1			规划、设计、采购、建设、运维	规划、初设、招标、施工工艺、验收与质量评定、试运行、运行、维护	调度及二次	运行方式
204.3-27	GB/T 35698.1—2017	短路电流效应计算 第1部分：定义和计算方法	国标	2018.7.1			规划、设计、建设、运维	规划、初设、验收与质量评定、运行、维护	基础综合	
204.3-28	GB/T 35698.2—2019	短路电流效应计算 第2部分：算例	国标	2020.1.1			规划、设计、建设、运维	规划、初设、验收与质量评定、运行、维护	基础综合	
204.3-29	GB 38755—2019	电力系统安全稳定导则	国标	2020.7.1		DL 755—2001	规划、设计、建设、运维	规划、初设、验收与质量评定、试运行、运行、维护	调度及二次	运行方式、电力调度

体系结构号	标准编号	标准名称	标准级别	实施日期	与国际标准对应关系	代替标准	阶段	分阶段	专业	分专业
204.4	**调度与交易-水调**									
204.4-1	Q/CSG 110016—2012	南方电网水电厂水库调度资料整编规范	企标	2012.3.1			设计、建设、运维	初设、验收与质量评定、试运行、运行、维护	调度及二次	水调
204.4-2	Q/CSG 110017—2012	南方电网水电优化调度规范	企标	2012.3.1			设计、运维	初设、运行、维护	调度及二次	水调
204.4-3	Q/CSG 110018—2012	南方电网水文气象情报预报规范	企标	2012.3.1			运维	运行、维护	调度及二次	水调
204.4-4	Q/CSG 110020—2012	南方电网水调自动化系统信息交换编码规范	企标	2012.3.1			设计、建设、运维	初设、验收与质量评定、试运行、运行、维护	调度及二次	水调
204.4-5	Q/CSG 1204007—2015	南方电网气象信息应用技术规范	企标	2015.8.1			运维	运行、维护	调度及二次	水调
204.4-6	Q/CSG 1204020—2016	南方电网水电调度运行指标统计规范	企标	2016.9.1			运维	运行、维护	调度及二次	水调
204.4-7	Q/CSG 1204058—2019	中国南方电网水调自动化系统技术规范	企标	2019.9.30			设计、建设、运维	初设、验收与质量评定、试运行、运行、维护	调度及二次	水调
204.4-8	DL/T 1313—2013	流域梯级水电站集中控制规程	行标	2014.4.1			运维	运行、维护	调度及二次	水调
204.4-9	DL/T 1650—2016	小水电站并网运行规范	行标	2017.5.1			规划、设计、建设、运维	规划、初设、验收与质量评定、试运行、运行、维护	调度及二次	水调
204.4-10	DL/T 1666—2016	水电站水调自动化系统技术条件	行标	2017.5.1			规划、设计、建设、运维	规划、初设、验收与质量评定、试运行、运行、维护	调度及二次	水调
204.4-11	GB 17621—1998	大中型水电站水库调度规范	国标	1999.4.1			运维	运行、维护	调度及二次	水调
204.5	**调度与交易-继保整定**									
204.5-1	Q/CSG 110026—2012	地区电网继电保护整定方案及整定计算书编制规范	企标	2012.4.30			运维	运行、维护	调度及二次	继电保护及安全自动装置
204.5-2	Q/CSG 110027—2012	南方电网高压直流输电系统保护整定计算规程	企标	2012.4.30			运维	运行、维护	调度及二次	继电保护及安全自动装置
204.5-3	Q/CSG 110028—2012	南方电网 220kV～500kV系统继电保护整定计算规程	企标	2012.4.30			运维	运行、维护	调度及二次	继电保护及安全自动装置

体系 结构号	标准编号	标准名称	标准 级别	实施日期	与国际标准 对应关系	代替标准	阶段	分阶段	专业	分专业
204.5-4	Q_CSG1204076—2020	南方电网 10kV～110kV 系统继电保护整定计算规程	企标	2020.8.31		Q/CSG 110037—2012	运维	运行、维护	调度及二次	继电保护及安全自动装置
204.5-5	Q/CSG 1203038—2017	继电保护定值在线校核及预警系统技术规范	企标	2017.8.1			采购、建设、运维、修试	招标、品控、验收与质量评定、运行、维护、检修、试验	调度及二次	继电保护及安全自动装置
204.5-6	Q/CSG 1203039—2017	继电保护整定计算系统技术规范	企标	2017.8.1			采购、建设、运维、修试	招标、品控、验收与质量评定、运行、维护、检修、试验	调度及二次	继电保护及安全自动装置
204.5-7	Q/CSG 1204025—2017	大型发电机变压器继电保护整定计算规程	企标	2017.3.1		Q/CSG 110034—2012	运维	运行、维护	调度及二次	继电保护及安全自动装置
204.5-8	Q/CSG 1204031—2018	串联电容补偿装置保护整定计算规程	企标	2018.12.28			运维	运行、维护	调度及二次	继电保护及安全自动装置
204.5-9	Q/CSG 1204032—2018	南方电网安全自动装置定值整定规范	企标	2018.12.28			运维	运行、维护	调度及二次	继电保护及安全自动装置
204.5-10	T/CSEE 0056—2017	小电流接地系统单相接地故障选线装置运行规程	团标	2018.5.1			运维、修试	运行、维护、检修、试验	调度及二次	继电保护及安全自动装置
204.5-11	DL/T 277—2012	高压直流输电系统控制保护整定技术规程	行标	2012.3.1			运维	运行、维护	调度及二次	继电保护及安全自动装置
204.5-12	DL/T 428—2010	电力系统自动低频减负荷技术规定	行标	2011.5.1		DL 428—1991	设计、运维	初设、运行	调度及二次	继电保护及安全自动装置
204.5-13	DL/T 559—2018	220kV～750kV 电网继电保护装置运行整定规程	行标	2019.5.1		DL/T 559—2007	运维	运行、维护	调度及二次	继电保护及安全自动装置
204.5-14	DL/T 584—2017	3kV～110kV 电网继电保护装置运行整定规程	行标	2018.6.1		DL/T 584—2007	运维	运行、维护	调度及二次	继电保护及安全自动装置
204.5-15	DL/T 587—2016	继电保护和安全自动装置运行管理规程	行标	2017.5.1		DL/T 587—2007	采购、运维	招标、品控、运行、维护	调度及二次	继电保护及安全自动装置
204.5-16	DL/T 623—2010	电力系统继电保护及安全自动装置运行评价规程	行标	2011.5.1		DL/T 623—1997	采购、运维	招标、品控、运行、维护	调度及二次	继电保护及安全自动装置
204.5-17	DL/T 684—2012	大型发电机变压器继电保护整定计算导则	行标	2012.7.1		DL/T 684—1999	运维	运行、维护	调度及二次	继电保护及安全自动装置
204.5-18	DL/T 1011—2016	电力系统继电保护整定计算数据交换格式规范	行标	2017.5.1		DL/T 1011—2006	运维	运行、维护	调度及二次	继电保护及安全自动装置

体系结构号	标准编号	标准名称	标准级别	实施日期	与国际标准对应关系	代替标准	阶段	分阶段	专业	分专业
204.5-19	DL/T 1454—2015	电力系统自动低压减负荷技术规定	行标	2015.12.1			规划、设计、建设、运维	规划、初设、施工工艺、验收与质量评定、试运行、运行、维护	调度及二次	继电保护及安全自动装置
204.5-20	DL/T 1502—2016	厂用电继电保护整定计算导则	行标	2016.6.1			运维	运行、维护	调度及二次	继电保护及安全自动装置
204.5-21	DL/T 1640—2016	继电保护定值在线校核及预警技术规范	行标	2017.5.1			采购、建设、运维、修试	招标、品控、验收与质量评定、运行、维护、检修、试验	调度及二次	继电保护及安全自动装置
204.5-22	DL/T 1663—2016	智能变电站继电保护在线监视和智能诊断技术导则	行标	2017.5.1			采购、建设、运维、修试	招标、品控、验收与质量评定、运行、维护、检修、试验	调度及二次	继电保护及安全自动装置
204.5-23	DL/T 2009—2019	超高压可控并联电抗器继电保护配置及整定技术规范	行标	2019.10.1			运维	运行、维护	调度及二次	继电保护及安全自动装置
204.5-24	DL/T 2010—2019	高压无功补偿装置继电保护配置及整定技术规范	行标	2019.10.1			运维	运行、维护	调度及二次	继电保护及安全自动装置
204.6 调度与交易-调度自动化										
204.6-1	Q/CSG 110003—2012	南方电网 EMS 电网模型交换技术规范	企标	2011.7.1			设计、建设	初设、验收与质量评定	调度及二次	调度自动化
204.6-2	Q/CSG 110006—2012	DL634.5.104—2002 远动协议实施细则	企标	2012.2.1			设计、建设	初设、验收与质量评定	调度及二次	调度自动化
204.6-3	Q/CSG 110007—2012	DL634.5.101—2002 远动协议实施细则	企标	2012.2.1			设计、建设	初设、验收与质量评定	调度及二次	调度自动化
204.6-4	Q/CSG 110016—2011	南方电网并网燃煤机组脱硫在线监测系统技术规范	企标	2012.1.12		南网调自〔2008〕8号	建设	验收与质量评定、试运行	调度及二次	调度自动化
204.6-5	Q/CSG 1202003—2018	南方电网调度大屏幕显示系统技术规范	企标	2018.2.8			设计、采购、运维	初设、招标、运行	调度及二次	调度自动化
204.6-6	Q/CSG 1202006—2019	智能变电站自动化系统及设备配置工具技术规范	企标	2019.9.30			设计、建设	初设、验收与质量评定	调度及二次	调度自动化
204.6-7	Q/CSG 1203023—2017	数字及时间同步系统技术规范	企标	2017.1.18		Q/CSG 110018—2011	建设、运维	验收与质量评定、运行、维护	调度及二次	调度自动化
204.6-8	Q/CSG 1203029—2017	220kV～500kV 变电站计算机监控系统技术规范	企标	2017.3.1		Q/CSG 110024—2012	建设、运维	验收与质量评定、运行、维护	调度及二次	调度自动化

体系 结构号	标准编号	标准名称	标准 级别	实施日期	与国际标准 对应关系	代替标准	阶段	分阶段	专业	分专业
204.6-9	Q/CSG 1203030—2017	110kV 及以下变电站计算机监控系统技术规范	企标	2017.3.1		Q/CSG 110025—2012	设计、建设	初设、验收与质量评定	调度及二次	调度自动化
204.6-10	Q/CSG 1203031—2017	换流站计算机监控系统技术规范	企标	2017.4.1			建设	验收与质量评定、试运行	调度及二次	调度自动化
204.6-11	Q/CSG 1203032—2017	南方电网自动电压控制（AVC）技术规范	企标	2017.5.2		Q/CSG 110008—2012	设计、建设	初设、验收与质量评定	调度及二次	调度自动化
204.6-12	Q/CSG 1203033—2017	南方电网自动发电控制（AGC）技术规范	企标	2017.1.1		Q/CSG 110004—2012	设计、建设	初设、验收与质量评定	调度及二次	调度自动化
204.6-13	Q/CSG 1203052—2018	南方电网相量测量装置（PMU）技术规范	企标	2018.5.17		Q/CSG 110011—2011	设计、建设	初设、验收与质量评定	调度及二次	调度自动化
204.6-14	Q/CSG 1203053—2018	北斗系统应用技术规范	企标	2018.10.23			设计、建设	初设、验收与质量评定	调度及二次	调度自动化
204.6-15	Q/CSG 1203054—2018	调度自动化系统主站交流不间断电源技术规范	企标	2018.10.23		Q/CSG 115001—2012	设计、建设	初设、验收与质量评定	调度及二次	调度自动化
204.6-16	Q/CSG 1204001—2014	并网火电厂脱硝监测技术规范	企标	2014.2.20			设计、建设	初设、验收与质量评定	调度及二次	调度自动化
204.6-17	Q/CSG 1204002—2014	中国南方电网有限责任公司并网火电厂煤耗在线监测技术规范	企标	2014.2.20			设计、建设	初设、验收与质量评定	调度及二次	调度自动化
204.6-18	Q/CSG 1204003—2014	南方电网 EMS 电网拓扑和运行数据交换规范	企标	2016.6.10			设计、建设	初设、验收与质量评定	调度及二次	调度自动化
204.6-19	Q/CSG 1204030—2018	南方电网变电站交流不间断电源技术规范	企标	2018.8.3			采购、运维	招标、品控、运行、维护	调度及二次	调度自动化
204.6-20	Q/CSG 1204035—2018	南方电网配网自动化 DLT634.5101—2002 规约实施细则	企标	2018.12.28			设计、建设	初设、验收与质量评定	调度及二次	调度自动化
204.6-21	Q/CSG 1204036—2018	南方电网配网自动化 DLT634.5104—2009 规约实施细则	企标	2018.12.28			设计、建设	初设、验收与质量评定	调度及二次	调度自动化
204.6-22	Q/CSG 1204041—2018	南方电网自动化功能用房技术规范	企标	2018.12.28			设计、建设	初设、验收与质量评定	调度及二次	调度自动化
204.6-23	Q/CSG 1204042—2019	分布式光伏发电系统调度监控技术要求（试行）	企标	2019.2.27			建设、运维	验收与质量评定、运行、维护	调度及二次	调度自动化

体系结构号	标准编号	标准名称	标准级别	实施日期	与国际标准对应关系	代替标准	阶段	分阶段	专业	分专业
204.6-24	Q/CSG 1204044—2019	南方电网调控一体化设备监视信息及告警设置规范	企标	2019.6.26			运维	运行、维护	调度及二次	调度自动化
204.6-25	Q/CSG 1204049—2019	南方电网无人值班变电站调度监控技术原则	企标	2019.6.26			运维	运行、维护	调度及二次	调度自动化
204.6-26	Q/CSG 1204055—2019	南方电网变电站 CIM 模型文件生成技术规范	企标	2019.9.30			运维	运行、维护	调度及二次	调度自动化
204.6-27	Q/CSG 11005—2009	地/县级调度自动化主站系统技术规范	企标	2009.10.14			建设	验收与质量评定、试运行	调度及二次	调度自动化
204.6-28	Q/CSG 1204004—2014	调度自动化系统及网络综合监管系统技术规范	企标	2014.7.1			设计、建设	初设、验收与质量评定	调度及二次	调度自动化
204.6-29	T/CSEE 0047—2017	配电自动化建设及应用效果评价导则	团标	2018.5.1			建设、运维、退役、修试	施工工艺、验收与质量评定、试运行、运行、维护、退役、报废、检修、试验	调度及二次	调度自动化
204.6-30	T/CSEE 0091—2018	地区电网自动电压控制（AVC）系统运行维护规范	团标	2018.12.25			运维	运行、维护	调度及二次	调度自动化
204.6-31	T/CEC 253—2019	源网荷友好互动精准切负荷系统技术规范	团标	2020.1.1			运维	运行、维护	调度及二次	电力调度
204.6-32	T/CEC 254—2019	源网荷友好互动精准切负荷系统调试规范	团标	2020.1.1			运维	运行、维护	调度及二次	电力调度
204.6-33	DL/T 321—2012	水力发电厂计算机监控系统与厂内设备及系统通信技术规定	行标	2012.3.1			设计、采购、建设	初设、品控、验收与质量评定	调度及二次	调度自动化
204.6-34	DL/T 324—2010	大坝安全监测自动化系统通信规约	行标	2011.5.1			设计、修试	初设、试验	调度及二次	调度自动化
204.6-35	DL/T 411—2018	电力大屏幕显示系统通用技术条件	行标	2019.5.1		DL/T 411—1991 DL/T 631—1997 DL/T 632—1997	采购、修试、退役	招标、品控、检修、试验、退役、报废	调度及二次	调度自动化
204.6-36	DL/T 476—2012	电力系统实时数据通信应用层协议	行标	2012.12.1		DL 476—1992	设计、采购、运维	初设、招标、维护	调度及二次	调度自动化
204.6-37	DL/T 516—2017	电力调度自动化运行管理规程	行标	2017.12.1		DL/T 516—2006	运维	运行	调度及二次	调度自动化

体系结构号	标准编号	标准名称	标准级别	实施日期	与国际标准对应关系	代替标准	阶段	分阶段	专业	分专业
204.6-38	DL/T 550—2014	地区电网调度控制系统技术规范	行标	2015.3.1		DL/T 550—1994	设计、采购、建设、运维、修试、退役	初设、施工图、招标、品控、施工工艺、验收与质量评定、试运行、运行、维护、检修、试验、退役、报废	调度及二次	调度自动化
204.6-39	DL/T 630—2020	交流采样远动终端技术条件	行标	2021.2.1		DL/T 630—1997	设计、采购、运维	初设、招标、维护	调度及二次	调度自动化
204.6-40	DL/Z 634.14—2005	远动设备及系统 第1-4部分: 远动数据传输的基本方面及 IEC 60870-5 与 IEC 60870-6 标准的结构	行标	2006.6.1	IEC/TR 60870-1-4: 1994, IDT		设计	初设	调度及二次	调度自动化
204.6-41	DL/Z 634.15—2005	远动设备及系统 第1-5部分: 总则 带扰码的调制解调器传输过程对使用 IEC 60875-5 规约的传输系统的数据完整	行标	2006.1.1	IEC/TR 60870-1-5: 2000, IDT		修试	试验	调度及二次	调度自动化
204.6-42	DL/T 634.56—2010	远动设备及系统 第5-6部分: IEC60870-5 配套标准一致性测试导则	行标	2010.10.1	IEC 60870-5-6: 2006, IDT	DL/Z 634.56—2004	设计	初设	调度及二次	调度自动化
204.6-43	DL/T 634.5101—2002	远动设备及系统 第5-101部分: 传输规约 基本远动任务配套标准	行标	2002.12.1	IEC 608-70-5-101: 2002	DL/T 634—1997	运维、修试	维护、试验	调度及二次	调度自动化
204.6-44	DL/T 634.5104—2009	远动设备及系统 第5-104部分: 传输规约 采用标准传输协议集的 IEC60870-5-101 网络访问	行标	2009.12.1	IEC 60870-5-104: 2006, IDT	DL/T 634.5104—2002	运维、修试	维护、试验	调度及二次	调度自动化
204.6-45	DL/T 634.5124—2009	远动设备及系统 第5-124部分: 传输规约 采用标准传输协议集的 IEC60870-5-121 网络访问	行标	2009.12.1	IEC 60870-5-124: 2006	DL/T 634.5124—2002	运维、修试	维护、试验	调度及二次	调度自动化
204.6-46	DL/T 634.5601—2016	远动设备及系统 第5-601部分 DL/T 634.510 配套标准一致性测试用例	行标	2016.6.1	IEC/TS 60870-5-601: 2006, IDT		建设、修试	验收与质量评定、试验	调度及二次	调度自动化

体系结构号	标准编号	标准名称	标准级别	实施日期	与国际标准对应关系	代替标准	阶段	分阶段	专业	分专业
204.6-47	DL/T 667—1999	远动设备及系统 第5部分：传输规约 第103篇：继电保护设备信息接口配套标准	行标	1999.10.1	IEC 60870-5-103：1997，IDT		建设、修试	验收与质量评定、试验	调度及二次	调度自动化
204.6-48	DL/T 719—2000	远动设备及系统 第5部分 传输规约 第102篇 电力系统电能累计量传输配套标准	行标	2001.1.1	IEC 60870-5-102：1996，IDT		建设、修试	验收与质量评定、试验	调度及二次	调度自动化
204.6-49	DL/T 814—2013	配电自动化系统技术规范	行标	2014.4.1		DL/T 814—2002	设计、建设、运维	初设、验收与质量评定、运行	调度及二次	调度自动化
204.6-50	DL/T 860.901—2014	电力自动化通信网络和系统 第901部分：DL/T860在变电站间通信中的应用	行标	2015.3.1	IEC/TR 61850-90-1：2010，IDT		建设、修试	验收与质量评定、试验	调度及二次	调度自动化
204.6-51	DL/Z 860.1—2018	电力自动化通信网络和系统 第1部分：概论	行标	2019.5.1		DL/Z 860.1—2004	设计、建设、运维	初设、验收与质量评定、运行	调度及二次	调度自动化
204.6-52	DL/T 860.3—2004	变电站通信网络和系统 第3部分：总体要求	行标	2004.6.1	IEC 61850-3：2002，IDT		规划、设计	规划、初设	调度及二次	调度自动化
204.6-53	DL/T 860.4—2018	电力自动化通信网络和系统 第4部分：系统和项目管理	行标	2019.5.1		DL/T 860.4—2004	建设、修试、退役	验收与质量评定、试验、退役	调度及二次	调度自动化
204.6-54	DL/T 860.5—2006	变电站通信网络和系统 第5部分：功能的通信要求和装置模型	行标	2007.3.1	IEC 61850-5：2003，IDT		修试	试验	调度及二次	调度自动化
204.6-55	DL/T 860.6—2012	电力企业自动化通信网络和系统 第6部分：与智能电子设备有关的变电站内通信配置描述语言	行标	2012.12.1	IEC 61850-6，IDT	DL/T 860.6—2008	修试	试验	调度及二次	调度自动化
204.6-56	DL/T 860.10—2018	电力自动化通信网络和系统 第10部分：一致性测试	行标	2019.5.1		DL/T 860.10—2006	修试	试验	调度及二次	调度自动化
204.6-57	DL/T 860.71—2014	电力自动化通信网络和系统 第7-1部分：基本通信结构原理和模型	行标	2015.3.1	IEC 61850-7-1，IDT	DL/T 860.71—2006	修试	试验	调度及二次	调度自动化

体系结构号	标准编号	标准名称	标准级别	实施日期	与国际标准对应关系	代替标准	阶段	分阶段	专业	分专业
204.6-58	DL/T 860.72—2013	电力自动化通信网络和系统 第7-2部分：基本信息和通信结构-抽象通信服务接口（ACSI）	行标	2014.4.1	IDT IEC 61850-7-2：2010，IDT	DL/T 860.72—2004	修试	试验	调度及二次	调度自动化
204.6-59	DL/T 860.73—2013	电力自动化通信网络和系统 第7-3部分：基本通信结构公用数据类	行标	2014.4.1	IEC 61850-7-3：2010，IDT	DL/T 860.73—2004	修试	试验	调度及二次	调度自动化
204.6-60	DL/T 860.74—2014	电力自动化通信网络和系统 第7-4部分：基本通信结构 兼容逻辑节点类和数据类	行标	2015.3.1	IEC 61850-7-4：2010，IDT	DL/T 860.74—2006	修试	试验	调度及二次	调度自动化
204.6-61	DL/T 860.81—2016	电力自动化通信网络和系统 第8-1部分：特定通信服务映射（SCSM）—映射到MMS（ISO 9506-1 和 ISO 9506-2）及 ISO/IEC 8802-3	行标	2016.6.1	IEC 61850-8-1：2011，IDT	DL/T 860.81—2006	修试	试验	调度及二次	调度自动化
204.6-62	DL/T 860.92—2016	电力自动化通信网络和系统 第9-2部分：特定通信服务映射（SCSM)-基于 ISO/IEC 8802-3 的采样值	行标	2016.6.1	IEC 61850-9-2：2011，IDT	DL/T 860.92—2006	修试	试验	调度及二次	调度自动化
204.6-63	DL/T 860.93—2019	电力自动化通信网络和系统 第9-3部分：电力自动化系统精确时间协议子集	行标	2020.5.1	IEC/IEEE 61850-9-3：2016		修试	试验	调度及二次	调度自动化
204.6-64	DL/T 860.801—2016	电力自动化通信网络和系统 第80-1部分：应用 DL/T 634.5101 或 DL/T 634.5104 交换基于 CDC 的数据模型信息导则	行标	2016.6.1	IEC/TS 61850-80-1：2008，IDT		修试	试验	调度及二次	调度自动化
204.6-65	DL/T 860.904—2018	电力自动化通信网络和系统 第90-4部分：网络工程指南	行标	2019.5.1			设计、建设	初设、验收与质量评定	调度及二次	调度自动化
204.6-66	DL/T 860.905—2019	电力自动化通信网络和系统 第90-5部分：使用 IEC 61850 传输符合 IEEE C37.118 的同步相量信息	行标	2020.5.1	IEC/TR 61850-90-5：		修试	试验	调度及二次	调度自动化

体系结构号	标准编号	标准名称	标准级别	实施日期	与国际标准对应关系	代替标准	阶段	分阶段	专业	分专业
204.6-67	DL/T 860.7420—2012	电力企业自动化通信网络和系统 第7-420部分：基本通信结构 分布式能源逻辑节点	行标	2012.12.1	IEC 61850-7-420，IDT		设计、建设	初设、验收与质量评定	调度及二次	调度自动化
204.6-68	DL/Z 860.7510—2016	电力自动化通信网络和系统 第7-510部分：基本通信结构 水力发电厂建模原理与应用指南	行标	2016.6.1	IEC 61850-7-510：2012，IDT		设计、建设	初设、验收与质量评定	调度及二次	调度自动化
204.6-69	DL/T 890.1—2007	能量管理系统应用程序接口（EMS-API）第1部分：导则和一般要求	行标	2008.6.1	IEC 61970-1：2005，IDT		建设、运维	验收与质量评定、运行	调度及二次	调度自动化
204.6-70	DL/T 890.301—2016	能量管理系统应用程序接口（EMS-API）第301部分：公共信息模型（CIM）基础	行标	2016.6.1	IEC 61970-301：2013，IDT	DL/T 890.301—2004	建设、运维	验收与质量评定、运行	调度及二次	调度自动化
204.6-71	DL/Z 890.401—2006	能量管理系统应用程序接口（EMS-API）第401部分：组件接口规范（CIS）框架	行标	2007.5.1	IEC 61970-401 TS：2005，IDT		建设、运维	验收与质量评定、运行	调度及二次	调度自动化
204.6-72	DL/T 890.402—2012	能量管理系统应用程序接口（EMS-API）第402部分：公共服务	行标	2012.3.1	IEC 61970-402：2008，IDT		建设、运维	验收与质量评定、运行	调度及二次	调度自动化
204.6-73	DL/T 890.403—2012	能量管理系统应用程序接口（EMS-API）第403部分：通用数据访问	行标	2012.12.1	IEC 61970-403：2008，IDT		建设、运维	验收与质量评定、运行	调度及二次	调度自动化
204.6-74	DL/T 890.404—2009	能量管理系统应用程序接口（EMS-API）第404部分：高速数据访问（HSDA）	行标	2009.12.1	IEC 61970-404：2007，IDT		建设、运维	验收与质量评定、运行	调度及二次	调度自动化
204.6-75	DL/T 890.405—2009	能量管理系统应用程序接口（EMS-API）第405部分：通用事件和订阅（GES）	行标	2009.12.1	IEC 61970-405：2007，IDT		建设、运维	验收与质量评定、运行	调度及二次	调度自动化
204.6-76	DL/T 890.407—2010	能量管理系统应用程序接口（EMS-API）第407部分：时间序列数据访问（TSDA）	行标	2010.10.1	IEC 61970-407：2007，IDT		建设、运维	验收与质量评定、运行	调度及二次	调度自动化

体系结构号	标准编号	标准名称	标准级别	实施日期	与国际标准对应关系	代替标准	阶段	分阶段	专业	分专业
204.6-77	DL/T 890.452—2018	能量管理系统应用程序接口（EMS-API）第452部分：CIM稳态输电网络模型子集	行标	2019.5.1			建设、运维	验收与质量评定、运行	调度及二次	调度自动化
204.6-78	DL/T 890.453—2018	能量管理系统应用程序接口（EMS-API）第453部分：图形布局子集	行标	2019.5.1		DL/T 890.453—2012	建设、运维	验收与质量评定、运行	调度及二次	调度自动化
204.6-79	DL/T 890.456—2016	能量管理系统应用程序接口（EMS-API）第456部分：电力系统状态解子集	行标	2016.6.1	IEC 61970-456：2013，IDT		建设、运维	验收与质量评定、运行	调度及二次	调度自动化
204.6-80	DL/T 890.501—2007	能量管理系统应用程序接口（EMS-API）第501部分：公共信息模型的资源描述框架（CIM RDF）模式	行标	2008.6.1	IEC 61970-501：2006，IDT		建设、运维	验收与质量评定、运行	调度及二次	调度自动化
204.6-81	DL/T 890.552—2014	能量管理系统应用程序接口 第552部分：CIMXML模型交换格式	行标	2015.3.1	IEC 61970-552：2013，IDT		建设、运维	验收与质量评定、运行	调度及二次	调度自动化
204.6-82	DL/Z 890.6001—2019	能量管理系统应用程序接口（EMS-API）第600-1部分：公共电网模型交换规范（CGMES）——结构与规则	行标	2020.5.1	IEC 61970-600-1：2017		建设、运维	验收与质量评定、运行	调度及二次	调度自动化
204.6-83	DL/T 1100.1—2018	电力系统的时间同步系统 第1部分：技术规范	行标	2019.5.1		DL/T 1100.1—2009	设计、建设	初设、验收与质量评定	调度及二次	调度自动化
204.6-84	DL/T 1100.2—2013	电力系统的时间同步系统 第2部分：基于局域网的精确时间同步	行标	2014.4.1			设计、建设	初设、验收与质量评定	调度及二次	调度自动化
204.6-85	DL/T 1100.3—2018	电力系统的时间同步系统 第3部分：基于数字同步网的时间同步技术规范	行标	2019.5.1			设计、建设	初设、验收与质量评定	调度及二次	调度自动化
204.6-86	DL/T 1100.4—2018	电力系统的时间同步系统 第4部分：测试仪技术规范	行标	2019.5.1			设计、建设	初设、验收与质量评定	调度及二次	调度自动化
204.6-87	DL/T 1100.5—2019	电力系统的时间同步系统 第5部分：防欺骗和抗干扰技术要求	行标	2020.5.1			设计、建设	初设、验收与质量评定	调度及二次	调度自动化

体系结构号	标准编号	标准名称	标准级别	实施日期	与国际标准对应关系	代替标准	阶段	分阶段	专业	分专业
204.6-88	DL/T 1100.6—2018	电力系统的时间同步系统 第6部分：监测规范	行标	2019.5.1			设计、建设	初设、验收与质量评定	调度及二次	调度自动化
204.6-89	DL/T 1232—2013	电力系统动态消息编码规范	行标	2013.8.1			设计、建设、运维	初设、验收与质量评定、运行	调度及二次	调度自动化
204.6-90	DL/T 1233—2013	电力系统简单服务接口规范	行标	2013.8.1			设计、建设、运维	初设、验收与质量评定、运行	调度及二次	调度自动化
204.6-91	DL/T 1414.351—2018	电力市场通信 第351部分：分区电价式市场模型交互子集	行标	2019.5.1			设计、建设、运维	初设、验收与质量评定、运行	调度及二次	调度自动化
204.6-92	DL/T 1512—2016	变电站测控装置技术规范	行标	2016.6.1			建设、修试	验收与质量评定、试验	调度及二次	调度自动化
204.6-93	DL/T 1649—2016	配电网调度控制系统技术规范	行标	2017.5.1			设计、建设、运维	初设、验收与质量评定、运行	调度及二次	调度自动化
204.6-94	DL/T 1660—2016	电力系统消息总线接口规范	行标	2017.5.1			设计、建设、运维	初设、验收与质量评定、运行	调度及二次	调度自动化
204.6-95	DL/T 1707—2017	电网自动电压控制运行技术导则	行标	2017.12.1			设计、建设、运维	初设、验收与质量评定、运行	调度及二次	调度自动化
204.6-96	DL/T 1708—2017	电力系统顺序控制技术规范	行标	2017.12.1			设计、建设、运维	初设、验收与质量评定、运行	调度及二次	调度自动化
204.6-97	DL/T 1709.3—2017	智能电网调度控制系统技术规范 第3部分：基础平台	行标	2017.12.1			设计、建设、运维	初设、验收与质量评定、运行	调度及二次	调度自动化
204.6-98	DL/T 1709.4—2017	智能电网调度控制系统技术规范 第4部分：实时监控与预警	行标	2017.12.1			设计、建设、运维	初设、验收与质量评定、运行	调度及二次	调度自动化
204.6-99	DL/T 1709.5—2017	智能电网调度控制系统技术规范 第5部分：调度计划	行标	2017.12.1			设计、建设、运维	初设、验收与质量评定、运行	调度及二次	调度自动化
204.6-100	DL/T 1709.6—2017	智能电网调度控制系统技术规范 第6部分：调度管理	行标	2017.12.1			设计、建设、运维	初设、验收与质量评定、运行	调度及二次	调度自动化
204.6-101	DL/T 1709.7—2017	智能电网调度控制系统技术规范 第7部分：电网运行驾驶舱	行标	2017.12.1			设计、建设、运维	初设、验收与质量评定、运行	调度及二次	调度自动化
204.6-102	DL/T 1709.8—2017	智能电网调度控制系统技术规范 第8部分：运行评估	行标	2017.12.1			设计、建设、运维	初设、验收与质量评定、运行	调度及二次	调度自动化

体系结构号	标准编号	标准名称	标准级别	实施日期	与国际标准对应关系	代替标准	阶段	分阶段	专业	分专业
204.6-103	DL/T 1709.9—2017	智能电网调度控制系统技术规范 第9部分：软件测试	行标	2017.12.1			设计、建设、运维	初设、验收与质量评定、运行	调度及二次	调度自动化
204.6-104	DL/T 1709.10—2017	智能电网调度控制系统技术规范 第10部分：硬件设备测试	行标	2017.12.1			设计、建设、运维	初设、验收与质量评定、运行	调度及二次	调度自动化
204.6-105	DL/T 1871—2018	智能电网调度控制系统与变电站即插即用框架规范	行标	2018.10.1			设计、建设、运维	初设、验收与质量评定、运行	调度及二次	调度自动化
204.6-106	DL/T 1908.907—2018	电力自动化通信网络和系统 第90-7部分：分布式能源（DER）系统功率变换器对象模型	行标	2019.5.1			设计、建设、运维	初设、验收与质量评定、运行	调度及二次	调度自动化
204.6-107	DL/T 1913—2018	DL/T 860 变电站配置工具技术规范	行标	2019.5.1			设计、建设、运维	初设、验收与质量评定、运行	调度及二次	调度自动化
204.6-108	DL/T 1914—2018	DL/T 698.45 至 DL/T 860 的数据模型映射规范	行标	2019.5.1			设计、建设、运维	初设、验收与质量评定、运行	调度及二次	调度自动化
204.6-109	DL/T 5500—2015	配电自动化系统信息采集及分类技术规范	行标	2015.9.1			设计、建设、运维	施工图、验收与质量评定、维护	调度及二次	调度自动化
204.6-110	GB/T 13729—2019	远动终端设备	国标	2020.1.1		GB/T 13729—2002	规划、设计、采购	规划、初设、招标	调度及二次	调度自动化
204.6-111	GB/T 15153.1—1998	远动设备及系统 第2部分：工作条件 第1篇：电源和电磁兼容性	国标	1999.6.1	IEC 870-2-1：1995，IDT		修试	试验	调度及二次	调度自动化
204.6-112	GB/T 15153.2—2000	远动设备及系统 第2部分：工作条件 第2篇：环境条件（气候、机械和其他非电影响因素）	国标	2001.10.1	IEC 60870-2-2：1996，IDT		运维	运行	调度及二次	调度自动化
204.6-113	GB/T 16435.1—1996	远动设备及系统接口（电气特性）	国标	1997.1.1	IEC 870-3：1989		修试	试验	调度及二次	调度自动化
204.6-114	GB/T 16436.1—1996	远动设备及系统 第1部分：总则 第2篇：制定规范的导则	国标	1997.1.1	IEC 807-1-2：1989，IDT		修试	试验	调度及二次	调度自动化
204.6-115	GB/T 17463—1998	远动设备及系统 第4部分：性能要求	国标	1999.6.1	IEC 870-4：1990，IDT		修试	试验	调度及二次	调度自动化

体系 结构号	标准编号	标准名称	标准 级别	实施日期	与国际标准 对应关系	代替标准	阶段	分阶段	专业	分专业
204.6-116	GB/T 18657.1—2002	远动设备及系统 第5部分：传输规约 第1篇：传输帧格式	国标	2002.8.1	IEC 60870-5-1：1990，IDT		修试	试验	调度及二次	调度自动化
204.6-117	GB/T 18657.2—2002	远动设备及系统 第5部分：传输规约 第2篇：链路传输规则	国标	2002.8.1	IEC 60870-5-2：1992，IDT		修试	试验	调度及二次	调度自动化
204.6-118	GB/T 18657.3—2002	远动设备及系统 第5部分：传输规约 第3篇：应用数据的一般结构	国标	2002.8.1	IEC 60870-5-3：1992，IDT		修试	试验	调度及二次	调度自动化
204.6-119	GB/T 18657.4—2002	远动设备及系统 第5部分：传输规约 第4篇：应用信息元素的定义和编码	国标	2002.8.1	IEC 60870-5-4：1993，IDT		修试	试验	调度及二次	调度自动化
204.6-120	GB/T 18657.5—2002	远动设备及系统 第5部分：传输规约 第5篇：基本应用功能	国标	2002.8.1	IEC 60870-5-5：1995，IDT		修试	试验	调度及二次	调度自动化
204.6-121	GB/T 18700.1—2002	远动设备和系统 第6部分：与ISO标准和ITU-T建议兼容的远动协议 第503篇：TASE.2服务和协议	国标	2002.12.1	IEC 60870-6-503：1997，IDT		修试	试验	调度及二次	调度自动化
204.6-122	GB/T 18700.2—2002	远动设备和系统 第6部分：与ISO标准和ITU-T建议兼容的远动协议 第802篇：TASE.2对象模型	国标	2002.12.1	IEC 60870-6-802：1997，IDT		修试	试验	调度及二次	调度自动化
204.6-123	GB/T 18700.3—2002	远动设备和系统 第6-702部分：与ISO标准和ITU-T建议兼容的远动协议在端系统中提供TASE.2应用服务的功能协议子集	国标	2003.6.1	IEC 60870-6-702：1998，IDT		修试	试验	调度及二次	调度自动化
204.6-124	GB/Z 18700.4—2002	运动设备和系统 第6-602部分：与ISO标准和ITU-T建议兼容的远动协议TASE传输协议子集	国标	2003.6.1	IEC TS 60870-6-602：2001，IDT		修试	试验	调度及二次	调度自动化
204.6-125	GB/Z 18700.5—2003	远动设备及系统 第6-1部分：与ISO标准和ITU-T建议兼容的远协议标准的应用环境和结构	国标	2004.3.1	IEC 60870-6-1：1995，IDT		修试	试验	调度及二次	调度自动化

体系结构号	标准编号	标准名称	标准级别	实施日期	与国际标准对应关系	代替标准	阶段	分阶段	专业	分专业
204.6-126	GB/T 18700.6—2005	远动设备和系统 第6-2部分：与ISO标准和ITU-T建议兼容的远动协议 OSI 1至4层基本标准的使用	国标	2005.12.1	IEC 60870-6-2：1995，IDT		修试	试验	调度及二次	调度自动化
204.6-127	GB/Z 18700.7—2005	远动设备和系统 第6-505部分：与ISO标准和ITU-T建议兼容的远动协议 TASE.2用户指南	国标	2005.12.1	IEC TR 60870-6-505：2002，IDT		修试	试验	调度及二次	调度自动化
204.6-128	GB/T 18700.8—2005	远动设备和系统 第6-601部分：与ISO标准和ITU-T建议兼容的远动协议 在通过永久接入分组交换数据网连接的端系统中提供基于连接传输服务的功能协议集	国标	2005.12.1	IEC 60870-6-601：1994，IDT		修试	试验	调度及二次	调度自动化
204.6-129	GB/Z 25320.1—2010	电力系统管理及其信息交换 数据和通信安全 第1部分：通信网络和系统安全安全问题介绍	国标	2011.5.1	IEC TS 62351-1：2007，IDT		修试	试验	调度及二次	调度自动化
204.6-130	GB/Z 25320.2—2013	电力系统管理及其信息交换 数据和通信安全 第2部分：术语	国标	2013.7.1	IEC/TS 62351-2 Ed1.0：2008，IDT		修试	试验	调度及二次	调度自动化
204.6-131	GB/Z 25320.3—2010	电力系统管理及其信息交换 数据和通信安全 第3部分：通信网络和系统安全 包含TCP/IP的协议集	国标	2011.5.1	IEC TS 62351-3：2007，IDT		修试	试验	调度及二次	调度自动化
204.6-132	GB/Z 25320.4—2010	电力系统管理及其信息交换 数据和通信安全 第4部分：包含MMS的协议集	国标	2011.5.1	IEC TS 62351-4：2007，IDT		修试	试验	调度及二次	调度自动化
204.6-133	GB/Z 25320.5—2013	电力系统管理及其信息交换 数据和通信安全 第5部分：GB/T 18657等及其衍生标准的安全	国标	2013.7.1	IEC/TS 62351-5：2009，IDT		修试	试验	调度及二次	调度自动化
204.6-134	GB/Z 25320.6—2011	电力系统管理及其信息交换 数据和通信安全 第6部分：10IEC 61850的安全	国标	2012.5.1	IEC TS 62351-6：2007，IDT		修试	试验	调度及二次	调度自动化

体系结构号	标准编号	标准名称	标准级别	实施日期	与国际标准对应关系	代替标准	阶段	分阶段	专业	分专业
204.6-135	GB/Z 25320.7—2015	电力系统管理及其信息交换 数据和通信安全 第7部分：网络和系统管理（NSM）的数据对象模型	国标	2015.12.1	IEC/TS 62351-7：2010，IDT		修试	试验	调度及二次	调度自动化
204.6-136	GB/T 26865.2—2011	电力系统实时动态监测系统 第2部分：数据传输协议	国标	2011.12.1			建设、运维	验收与质量评定、运行	调度及二次	调度自动化
204.6-137	GB/T 26866—2011	电力系统的时间同步系统检测规范	国标	2011.12.1			建设、修试	验收与质量评定、试验	调度及二次	调度自动化
204.6-138	GB/T 28815—2012	电力系统实时动态监测主站技术规范	国标	2013.2.1			设计、建设、运维	初设、验收与质量评定、运行	调度及二次	调度自动化
204.6-139	GB/T 31994—2015	智能远动网关技术规范	国标	2016.4.1			设计、运维、修试	初设、维护、试验	调度及二次	调度自动化
204.6-140	GB/T 32353—2015	电力系统实时动态监测系统数据接口规范	国标	2016.7.1			建设、运维	验收与质量评定、运行	调度及二次	调度自动化
204.6-141	GB/T 33591—2017	智能变电站时间同步系统及设备技术规范	国标	2017.12.1			设计、运维、修试	初设、运行、试验	调度及二次	调度自动化
204.6-142	GB/T 33603—2017	电力系统模型数据动态消息编码规范	国标	2017.12.1			设计、运维、修试	初设、运行、试验	调度及二次	调度自动化
204.6-143	GB/T 33604—2017	电力系统简单服务接口规范	国标	2017.12.1			建设、运维	验收与质量评定、运行	调度及二次	调度自动化
204.6-144	GB/T 33607—2017	智能电网调度控制系统总体框架	国标	2017.12.1			设计、建设、运维	初设、验收与质量评定、运行	调度及二次	调度自动化
204.6-145	GB/T 34039—2017	远程终端单元（RTU）技术规范	国标	2018.2.1			建设、修试	验收与质量评定、试验	调度及二次	调度自动化
204.6-146	GB/T 35718.2—2017	电力系统管理及其信息交换 长期互操作性 第2部分：监控和数据采集（SCADA）端到端品质码	国标	2018.7.1			建设、运维	验收与质量评定、运行	调度及二次	调度自动化
204.6-147	GB/T 36050—2018	电力系统时间同步基本规定	国标	2018.10.1			采购、建设	品控、验收与质量评定	调度及二次	调度自动化
204.7 调度与交易-电力监控系统网络安全										
204.7-1	Q/CSG 1204009—2015	中国南方电网电力监控系统安全防护技术规范	企标	2016.1.1			规划、设计、运维	规划、初设、维护	调度及二次	电力监控系统网络安全

体系结构号	标准编号	标准名称	标准级别	实施日期	与国际标准对应关系	代替标准	阶段	分阶段	专业	分专业
204.7-2	Q/CSG 1204051—2019	配电自动化系统安全防护技术规范	企标	2019.6.26			设计、建设、运维	初设、施工图、施工工艺、验收与质量评定、试运行、运行、维护	调度及二次	电力监控系统网络安全
204.7-3	Q/CSG 1204060—2019	中国南方电网电力监控系统并网安全评估规范	企标	2019.12.30			规划、设计、运维	规划、初设、维护	调度及二次	电力监控系统网络安全
204.7-4	Q/CSG 1204069—2020	电力监控系统网络安全态势感知采集装置技术规范	企标	2020.6.30			规划、设计、采购、建设、运维、修试、退役	规划、初设、施工图、招标、品控、施工工艺、验收与质量评定、试运行、运行、维护、检修、试验、退役、报废	信息	基础设施、信息资源、信息安全、其他
204.7-5	T/CSEE 0015—2016	电力工业控制系统上线信息安全检测技术规范	团标	2017.5.1			建设、修试	验收与质量评定、试验	调度及二次	电力监控系统网络安全
204.7-6	T/CEC 180—2018	发电厂监控系统信息安全评估导则	团标	2018.9.1			设计、建设、运维	初设、施工图、施工工艺、验收与质量评定、试运行、运行、维护	调度及二次	电力监控系统网络安全
204.7-7	DL/Z 981—2005	电力系统控制及其通信数据和通信安全	行标	2006.1.1	IEC TR 62210：2003，IDT		设计、采购、运维	初设、招标、维护	调度及二次	电力监控系统网络安全
204.7-8	T/CESA 1100—2020	工业控制系统信息安全防护建设实施规范	行标	2020.6.20			规划、设计、运维	规划、初设、维护	调度及二次	电力监控系统网络安全
204.7-9	DL/T 1455—2015	电力系统控制类软件安全性及其测评技术要求	行标	2015.12.1			建设、修试	验收与质量评定、试验	调度及二次	电力监控系统网络安全
204.7-10	GA/T 1485—2018	信息安全技术　工业控制系统　入侵检测产品安全技术要求	行标	2018.5.7			规划、设计、运维	初设、施工图、施工工艺、验收与质量评定、试运行、运行、维护	调度及二次	电力监控系统网络安全
204.7-11	DL/T 1511—2016	电力系统移动作业 PDA 终端安全防护技术规范	行标	2016.6.1			设计、建设、运维	初设、施工图、施工工艺、验收与质量评定、试运行、运行、维护	调度及二次	电力监控系统网络安全
204.7-12	DL/T 1527—2016	用电信息安全防护技术规范	行标	2016.6.1			设计、建设、运维	初设、施工图、施工工艺、验收与质量评定、试运行、运行、维护	调度及二次	电力监控系统网络安全
204.7-13	GA/T 1559—2019	信息安全技术　工业控制系统软件脆弱性扫描产品安全技术要求	行标	2019.4.16			规划、设计、运维	初设、施工图、施工工艺、验收与质量评定、试运行、运行、维护	调度及二次	电力监控系统网络安全

体系结构号	标准编号	标准名称	标准级别	实施日期	与国际标准对应关系	代替标准	阶段	分阶段	专业	分专业
204.7-14	GA/T 1560—2019	信息安全技术　工业控制系统主机安全防护与审计监控产品安全技术要求	行标	2019.4.16			规划、设计、运维	初设、施工图、施工工艺、验收与质量评定、试运行、运行、维护	调度及二次	电力监控系统网络安全
204.7-15	GA/T 1562—2019	信息安全技术　工业控制系统边界安全专用网关产品安全技术要求	行标	2019.5.5			规划、设计、运维	初设、施工图、施工工艺、验收与质量评定、试运行、运行、维护	调度及二次	电力监控系统网络安全
204.7-16	DL/T 1931—2018	电力 LTE 无线通信网络安全防护要求	行标	2019.5.1			设计、建设、运维	初设、施工图、施工工艺、验收与质量评定、试运行、运行、维护	调度及二次	电力监控系统网络安全
204.7-17	DL/T 1936—2018	配电自动化系统安全防护技术导则	行标	2019.5.1			设计、建设、运维	初设、施工图、施工工艺、验收与质量评定、试运行、运行、维护	调度及二次	电力监控系统网络安全
204.7-18	DL/T 1941—2018	可再生能源发电站电力监控系统网络安全防护技术规范	行标	2019.5.1			设计、建设、运维	初设、施工图、施工工艺、验收与质量评定、试运行、运行、维护	调度及二次	电力监控系统网络安全
204.7-19	DL/T 2202—2020	发电厂监控系统信息安全防护技术规范	行标	2021.2.1			规划、设计、运维	规划、初设、维护	调度及二次	电力监控系统网络安全
204.7-20	JB/T 11960—2014	工业过程测量和控制安全网络和系统安全	行标	2014.10.1	IEC/PAS 62443-3：2008，IDT		设计、采购、建设、运维、修试	初设、施工图、招标、品控、施工工艺、验收与质量评定、试运行、运行、维护、检修、试验	调度及二次	电力监控系统网络安全
204.7-21	JB/T 11962—2014	工业通信网络　网络和系统安全　工业自动化和控制系统信息安全技术	行标	2014.10.1	IEC/PAS 62443-3-1：2009，IDT		规划、设计、采购、建设、运维	规划、初设、施工图、招标、品控、施工工艺、验收与质量评定、试运行、运行、维护	调度及二次	电力监控系统网络安全
204.7-22	GM/T 0008—2012	安全芯片密码检测准则	行标	2012.11.22			设计、建设、运维	初设、施工图、施工工艺、验收与质量评定、试运行、运行、维护	调度及二次	电力监控系统网络安全
204.7-23	GB/T 26333—2010	工业控制网络安全风险评估规范	国标	2011.6.1			建设、运维、修试	验收与质量评定、试运行、运行、维护、检修、试验	调度及二次	电力监控系统网络安全
204.7-24	GB/T 30976.1—2014	工业控制系统信息安全第 1 部分：评估规范	国标	2015.2.1			建设、修试	验收与质量评定、试验	调度及二次	电力监控系统网络安全

体系结构号	标准编号	标准名称	标准级别	实施日期	与国际标准对应关系	代替标准	阶段	分阶段	专业	分专业
204.7-25	GB/T 30976.2—2014	工业控制系统信息安全 第2部分：验收规范	国标	2015.2.1			建设、修试	验收与质量评定、试验	调度及二次	电力监控系统网络安全
204.7-26	GB/T 32919—2016	信息安全技术 工业控制系统安全控制应用指南	国标	2017.3.1			规划、设计、采购、建设、运维、修试、退役	规划、初设、施工图、招标、品控、施工工艺、验收与质量评定、试运行、运行、维护、检修、试验、退役、报废	调度及二次	电力监控系统网络安全
204.7-27	GB/T 33007—2016	工业通信网络 网络和系统安全 建立工业自动化和控制系统安全程序	国标	2017.5.1	IEC 62443-2-1：2010		建设、运维	验收与质量评定、运行、维护	调度及二次	电力监控系统网络安全
204.7-28	GB/T 33009.1—2016	工业自动化和控制系统网络安全 集散控制系统（DCS）第1部分：防护要求	国标	2017.5.1			建设、运维	验收与质量评定、运行、维护	调度及二次	电力监控系统网络安全
204.7-29	GB/T 33009.2—2016	工业自动化和控制系统网络安全 集散控制系统（DCS）第2部分：管理要求	国标	2017.5.1			建设、运维	验收与质量评定、运行、维护	调度及二次	电力监控系统网络安全
204.7-30	GB/T 33009.3—2016	工业自动化和控制系统网络安全 集散控制系统（DCS）第3部分：评估指南	国标	2017.5.1			建设、运维	验收与质量评定、运行、维护	调度及二次	电力监控系统网络安全
204.7-31	GB/T 33009.4—2016	工业自动化和控制系统网络安全 集散控制系统（DCS）第4部分：风险与脆弱性检测要求	国标	2017.5.1			建设、运维	验收与质量评定、运行、维护	调度及二次	电力监控系统网络安全
204.7-32	GB/T 34040—2017	工业通信网络 功能安全现场总线行规 通用规则和行规定义	国标	2018.2.1	IEC 61784-3：2016		规划、设计、采购、建设、运维	规划、初设、施工图、招标、品控、施工工艺、验收与质量评定、试运行、运行、维护	调度及二次	电力监控系统网络安全
204.7-33	GB/T 36006—2018	控制与通信网络 Safety-over-EtherCAT 规范	国标	2018.10.1			设计、建设、运维	初设、施工图、施工工艺、验收与质量评定、试运行、运行、维护	调度及二次	电力监控系统网络安全
204.7-34	GB/T 36323—2018	信息安全技术 工业控制系统安全管理基本要求	国标	2019.1.1			设计、建设、运维	初设、施工图、施工工艺、验收与质量评定、试运行、运行、维护	调度及二次	电力监控系统网络安全

体系结构号	标准编号	标准名称	标准级别	实施日期	与国际标准对应关系	代替标准	阶段	分阶段	专业	分专业
204.7-35	GB/T 36324—2018	信息安全技术 工业控制系统信息安全分级规范	国标	2019.1.1			设计、建设、运维	初设、施工图、施工工艺、验收与质量评定、试运行、运行、维护	调度及二次	电力监控系统网络安全
204.7-36	GB/T 36466—2018	信息安全技术 工业控制系统风险评估实施指南	国标	2019.1.1			设计、建设、运维	初设、施工图、施工工艺、验收与质量评定、试运行、运行、维护	调度及二次	电力监控系统网络安全
204.7-37	GB/T 36470—2018	信息安全技术 工业控制系统现场测控设备通用安全功能要求	国标	2019.1.1			设计、建设、运维	初设、施工图、施工工艺、验收与质量评定、试运行、运行、维护	调度及二次	电力监控系统网络安全
204.7-38	GB/T 36572—2018	电力监控系统网络安全防护导则	国标	2019.4.1			规划、设计、运维	规划、初设、维护	调度及二次	电力监控系统网络安全
204.7-39	GB/T 36951—2018	信息安全技术 物联网感知终端应用安全技术要求	国标	2019.7.1			设计、建设、运维	初设、施工图、施工工艺、验收与质量评定、试运行、运行、维护	调度及二次	电力监控系统网络安全
204.7-40	GB/T 37024—2018	信息安全技术 物联网感知层网关安全技术要求	国标	2019.7.1			设计、建设、运维	初设、施工图、施工工艺、验收与质量评定、试运行、运行、维护	调度及二次	电力监控系统网络安全
204.7-41	GB/T 37025—2018	信息安全技术 物联网数据传输安全技术要求	国标	2019.7.1			设计、建设、运维	初设、施工图、施工工艺、验收与质量评定、试运行、运行、维护	调度及二次	电力监控系统网络安全
204.7-42	GB/T 37044—2018	信息安全技术 物联网安全参考模型及通用要求	国标	2019.7.1			规划、设计、采购、建设、运维、修试、退役	规划、初设、施工图、招标、品控、施工工艺、验收与质量评定、试运行、运行、维护、检修、试验、退役、报废	调度及二次	电力监控系统网络安全
204.7-43	GB/T 37093—2018	信息安全技术 物联网感知层接入通信网的安全要求	国标	2019.7.1			设计、建设、运维	初设、施工图、施工工艺、验收与质量评定、试运行、运行、维护	调度及二次	电力监控系统网络安全
204.7-44	GB/T 37933—2019	信息安全技术 工业控制系统专用防火墙技术要求	国标	2020.3.1			设计、建设、运维	初设、施工图、施工工艺、验收与质量评定、试运行、运行、维护	调度及二次	电力监控系统网络安全
204.7-45	GB/T 37934—2019	信息安全技术 工业控制网络安全隔离与信息交换系统安全技术要求	国标	2020.3.1			设计、建设、运维	初设、施工图、施工工艺、验收与质量评定、试运行、运行、维护	调度及二次	电力监控系统网络安全

体系结构号	标准编号	标准名称	标准级别	实施日期	与国际标准对应关系	代替标准	阶段	分阶段	专业	分专业
204.7-46	GB/T 37941—2019	信息安全技术 工业控制系统网络审计产品安全技术要求	国标	2020.3.1			设计、建设、运维	初设、施工图、施工工艺、验收与质量评定、试运行、运行、维护	调度及二次	电力监控系统网络安全
204.7-47	GB/T 37953—2019	信息安全技术 工业控制网络监测安全技术要求及测试评价方法	国标	2020.3.1			设计、建设、运维	初设、施工图、施工工艺、验收与质量评定、试运行、运行、维护	调度及二次	电力监控系统网络安全
204.7-48	GB/T 37954—2019	信息安全技术 工业控制系统漏洞检测产品技术要求及测试评价方法	国标	2020.3.1			设计、建设、运维	初设、施工图、施工工艺、验收与质量评定、试运行、运行、维护	调度及二次	电力监控系统网络安全
204.7-49	GB/T 37962—2019	信息安全技术 工业控制系统产品信息安全通用评估准则	国标	2020.3.1			建设、修试	验收与质量评定、试验	调度及二次	电力监控系统网络安全
204.7-50	GB/T 37980—2019	信息安全技术 工业控制系统安全检查指南	国标	2020.3.1			建设、修试	验收与质量评定、试验	调度及二次	电力监控系统网络安全
204.7-51	GB/T 38318—2019	电力监控系统网络安全评估指南	国标	2020.7.1			规划、设计、运维	规划、初设、维护	调度及二次	电力监控系统网络安全
204.8　调度与交易-电力通信										
204.8-1	Q/CSG 110005—2011	南方电网公网通信技术应用规范	企标	2011.11.11			设计、采购	初设、招标、品控	调度及二次	电力通信
204.8-2	Q/CSG 110010—2012	南方电网载波通信技术规范	企标	2012.2.1			设计、采购	初设、招标、品控	调度及二次	电力通信
204.8-3	Q/CSG 110019—2011	南方电网通信网资源编码命名规范	企标	2011.8.1			规划、设计、采购、建设、运维、修试、退役	规划、初设、施工图、招标、品控、施工工艺、验收与质量评定、试运行、运行、维护、检修、试验、退役、报废	调度及二次	电力通信
204.8-4	Q/CSG 1203028—2017	南方电网应急通信网络及装备技术规范	企标	2017.3.1			设计、采购	初设、招标、品控	调度及二次	电力通信
204.8-5	Q/CSG 1203062—2019	模块化多电平换流器阀控装置与实时仿真器通信协议（试行）	企标	2019.2.27			设计、采购	初设、招标、品控	调度及二次	电力通信
204.8-6	Q/CSG 1204010—2015	南方电网配电网中压电力载波技术规范	企标	2015.12.31			设计、采购	初设、招标、品控	调度及二次	电力通信

体系结构号	标准编号	标准名称	标准级别	实施日期	与国际标准对应关系	代替标准	阶段	分阶段	专业	分专业
204.8-7	Q/CSG 1204011—2015	南方电网无源光网络（EPON）技术规范	企标	2016.3.1			设计、采购	初设、招标、品控	调度及二次	电力通信
204.8-8	Q/CSG 1204012—2016	南方电网通信网络生产应用接口技术规范	企标	2016.3.1			设计、采购	初设、招标、品控	调度及二次	电力通信
204.8-9	Q/CSG 1204016.1—2016	南方电网数据网络技术规范 第1部分：调度数据网络技术要求	企标	2016.3.28		Q/CSG 110015—2011	规划、设计、采购	规划、初设、招标、品控	调度及二次	电力通信
204.8-10	Q/CSG 1204016.2—2016	南方电网数据网络技术规范 第2部分：综合数据网络技术要求	企标	2016.3.28		Q/CSG 110015—2011	规划、设计、采购	初设、招标、品控	调度及二次	电力通信
204.8-11	Q/CSG 1204016.3—2016	南方电网数据网络技术规范 第3部分：数据网络设备技术要求	企标	2016.3.28		Q/CSG 110015—2011	规划、设计、采购	初设、招标、品控	调度及二次	电力通信
204.8-12	Q/CSG 1204019—2016	南方电网通信运行管控系统技术规范	企标	2016.9.1		Q/CSG 118002—2012	设计、采购	初设、招标、品控	调度及二次	电力通信
204.8-13	Q/CSG 1204034—2018	南方电网配电数据网设备网管系统技术规范	企标	2018.12.28			设计、采购	初设、招标、品控	调度及二次	电力通信
204.8-14	Q/CSG 1204037—2018	南方电网通信网管及业务应用系统安全防护技术规范	企标	2018.12.28			设计、采购、运维	初设、招标、品控、运行	调度及二次	电力通信
204.8-15	Q/CSG 1204038—2018	南方电网无线蜂窝通信接入设备技术规范	企标	2018.12.28			设计、采购	初设、招标、品控	调度及二次	电力通信
204.8-16	Q/CSG 1204039—2018	南方电网无线通信综合管理系统技术规范	企标	2018.12.28			设计、采购	初设、招标、品控	调度及二次	电力通信
204.8-17	Q/CSG 1204046—2019	南方电网配电数据网技术规范	企标	2019.6.26			设计、采购	初设、招标、品控	调度及二次	电力通信
204.8-18	Q/CSG 1204047—2019	南方电网配电数据网设备网管接口测试规范	企标	2019.6.26			修试	试验	调度及二次	电力通信
204.8-19	Q/CSG 1204048—2019	南方电网配网通信运行管控系统技术规范	企标	2019.6.26			设计、采购	初设、招标、品控	调度及二次	电力通信
204.8-20	Q/CSG 1204054—2019	南方电网2M光接口测试技术规范	企标	2019.9.30			修试	试验	调度及二次	电力通信

体系结构号	标准编号	标准名称	标准级别	实施日期	与国际标准对应关系	代替标准	阶段	分阶段	专业	分专业
204.8-21	Q/CSG 1204056—2019	南方电网分组传送网（PTN）技术规范	企标	2019.9.30			设计、采购	初设、招标、品控	调度及二次	电力通信
204.8-22	Q/CSG 1204057—2019	南方电网统一通信系统技术规范	企标	2019.9.30			设计、采购	初设、招标、品控	调度及二次	电力通信
204.8-23	Q/CSG 1204081—2020	南方电网通信电源技术规范（试行）	企标	2020.8.31		Q/CSG 1203011—2016	规划、设计、采购、建设、运维、修试、退役	规划、初设、施工图、招标、品控、施工工艺、验收与质量评定、试运行、运行、维护、检修、试验、退役、报废	信息	基础设施
204.8-24	T/CEC 178—2018	电力系统通信统计分析规范	团标	2018.9.1			运维、修试	运行、维护、检修、试验	调度及二次	电力通信
204.8-25	T/CEC 231.1—2019	电力系统卫星定位设备 第1部分：技术条件	团标	2020.1.1			设计、采购	初设、招标、品控	调度及二次	电力通信
204.8-26	T/CEC 231.2—2019	电力系统卫星定位设备 第2部分：检测规范	团标	2020.1.1			设计、采购	初设、招标、品控	调度及二次	电力通信
204.8-27	T/CSEE 0085—2018	电力通信光缆运行维护规程	团标	2018.12.25			运维	运行、维护	调度及二次	电力通信
204.8-28	T/CSEE 0142—2019	智能变电站二次系统光纤通信回路物理配置语言规范	团标	2019.3.1			设计、采购	初设、招标、品控	调度及二次	电力通信
204.8-29	T/CEC 337.1—2020	2MHz～12MHz 低压电力线高速载波通信系统 第1部分：总则	团标	2020.10.1			规划、设计、采购、建设、运维、修试、退役	规划、初设、施工图、招标、品控、施工工艺、验收与质量评定、试运行、运行、维护、检修、试验、退役、报废	信息	基础设施、信息资源、信息安全、其他
204.8-30	DL/T 364—2019	光纤通道传输保护信息通用技术条件	行标	2019.10.1		DL/T 364—2010	设计、采购	初设、招标、品控	调度及二次	电力通信
204.8-31	DL/T 395—2010	低压电力线通信宽带接入系统技术要求	行标	2010.10.1			设计、采购	初设、招标、品控	调度及二次	电力通信
204.8-32	DL/T 544—2012	电力通信运行管理规程	行标	2012.3.1		DL/T 544—1994	运维、修试	运行、维护、检修、试验	调度及二次	电力通信
204.8-33	DL/T 545—2012	电力系统微波通信运行管理规程	行标	2012.3.1		DL/T 545—1994	设计、采购	初设、招标、品控	调度及二次	电力通信

体系结构号	标准编号	标准名称	标准级别	实施日期	与国际标准对应关系	代替标准	阶段	分阶段	专业	分专业
204.8-34	DL/T 546—2012	电力线载波通信运行管理规程	行标	2012.3.1		DL/T 546—1994	运维、修试	运行、维护、检修、试验	调度及二次	电力通信
204.8-35	DL/T 547—2020	电力系统光纤通信运行管理规程	行标	2021.2.1		DL/T 547—2010	运维、修试	运行、维护、检修、试验	调度及二次	电力通信
204.8-36	DL/T 548—2012	电力系统通信站过电压防护规程	行标	2012.3.1		DL 548—1994	运维、修试	运行、维护、检修、试验	调度及二次	电力通信
204.8-37	DL/T 598—2010	电力系统自动交换电话网技术规范	行标	2011.5.1		DL/T 598—1996	设计、采购	初设、招标、品控	调度及二次	电力通信
204.8-38	DL/T 798—2002	电力系统卫星通信运行管理规程	行标	2002.9.1			运维、修试	运行、维护、检修、试验	调度及二次	电力通信
204.8-39	DL/T 888—2004	电力调度交换机电力DTMF信令规范	行标	2005.4.1			设计、采购	初设、招标、品控	调度及二次	电力通信
204.8-40	DL/T 1169—2012	电力调度消息邮件传输规范	行标	2012.12.1			设计、采购	初设、招标、品控	调度及二次	电力通信
204.8-41	DL/T 1306—2013	电力调度数据网技术规范	行标	2014.4.1			设计、采购	初设、招标、品控	调度及二次	电力通信
204.8-42	YD/T 1341—2005	IPv6基本协议-IPv6协议	行标	2005.11.1	RFC 2460（1998），MOD		规划、设计、采购、建设、运维、修试、退役	规划、初设、施工图、招标、品控、施工工艺、验收与质量评定、试运行、运行、维护、检修、试验、退役、报废	信息	基础设施
204.8-43	DL/T 1414.301—2015	电力市场通信 第301部分：公共信息模型	行标	2015.9.1			设计、建设、运维	初设、验收与质量评定、运行	调度及二次	调度自动化
204.8-44	YD/T 1442—2006	IPv6网络技术要求-地址、过渡及服务质量	行标	2006.10.1	RFC 2460，NEQ；RFC 2463，NEQ；RFC 2473，NEQ		规划、设计、建设	规划、初设、施工图、施工工艺、验收与质量评定、试运行	信息	基础设施
204.8-45	YD/T 1452—2014	IPv6网络设备技术要求 边缘路由器	行标	2015.4.1		YD/T 1452—2006	规划、设计、建设	规划、初设、施工图、施工工艺、验收与质量评定、试运行	信息	基础设施
204.8-46	YD/T 1453—2014	IPv6网络设备测试方法 边缘路由器	行标	2015.4.1		YD/T 1453—2006	建设、修试	验收与质量评定、试验	信息	基础设施
204.8-47	YD/T 1454—2014	IPv6网络设备技术要求 核心路由器	行标	2015.4.1		YD/T 1454—2006	规划、设计、建设	规划、初设、施工图、施工工艺、验收与质量评定、试运行	信息	基础设施

体系结构号	标准编号	标准名称	标准级别	实施日期	与国际标准对应关系	代替标准	阶段	分阶段	专业	分专业
204.8-48	YD/T 1455—2014	IPv6 网络设备测试方法 核心路由器	行标	2015.4.1		YD/T 1455—2006	建设、修试	验收与质量评定、试验	信息	基础设施
204.8-49	YD/T 1477—2006	基于边界网关协议/多协议标记交换的虚拟专用网（BGP/MPLS VPN）组网要求	行标	2006.10.1			规划、设计、采购、建设、运维、修试、退役	规划、初设、施工图、招标、品控、施工工艺、验收与质量评定、试运行、运行、维护、检修、试验、退役、报废	信息	基础设施
204.8-50	DL/T 1574—2016	基于以太网方式的无源光网络（EPON）系统技术条件	行标	2016.7.1			设计、采购	初设、招标、品控	调度及二次	电力通信
204.8-51	YD/T 1638—2007	跨运营商的 IPv4 网络与 IPv6 网络互通技术要求	行标	2007.12.1			规划、设计、建设	规划、初设、施工图、施工工艺、验收与质量评定、试运行	信息	基础设施
204.8-52	DL/T 1661—2016	智能变电站监控数据与接口技术规范	行标	2017.5.1			设计、采购	初设、招标、品控	调度及二次	电力通信
204.8-53	DL/T 1710—2017	电力通信站运行维护技术规范	行标	2017.12.1			设计、采购	初设、招标、品控	调度及二次	电力通信
204.8-54	DL/T 1872—2018	电力系统即时消息传输规范	行标	2018.10.1			设计、采购	初设、招标、品控	调度及二次	电力通信
204.8-55	DL/T 1933.4—2018	塑料光纤信息传输技术实施规范 第4部分：塑料光缆	行标	2019.5.1			设计、采购	初设、招标、品控	调度及二次	电力通信
204.8-56	DL/T 1933.5—2018	塑料光纤信息传输技术实施规范 第5部分：光缆布线要求	行标	2019.5.1			设计、采购	初设、招标、品控	调度及二次	电力通信
204.8-57	YD/T 1096—2009	路由器设备技术要求 边缘路由器	行标	2009.9.1		YD/T 1096—2001	规划、设计、采购、建设、运维、修试、退役	规划、初设、施工图、招标、品控、施工工艺、验收与质量评定、试运行、运行、维护、检修、试验、退役、报废	调度及二次	电力通信
204.8-58	YD/T 1289.5—2007	同步数字体系（SDH）传送网网络管理技术要求 第5部分 网元管理系统（EMS）-网络管理系统（NMS）接口通用信息模型	行标	2007.10.1			设计、采购	初设、招标、品控	调度及二次	电力通信

体系结构号	标准编号	标准名称	标准级别	实施日期	与国际标准对应关系	代替标准	阶段	分阶段	专业	分专业
204.8-59	YD/T 1363.1—2014	通信局（站）电源、空调及环境集中监控管理系统 第1部分：系统技术要求	行标	2014.10.14		YD/T 1363.1—2005	设计、采购	初设、招标、品控	调度及二次	电力通信
204.8-60	YD/T 1363.2—2014	通信局（站）电源、空调及环境集中监控管理系统 第2部分：互联协议	行标	2014.10.14		YD/T 1363.2—2005	设计、采购	初设、招标、品控	调度及二次	电力通信
204.8-61	YD/T 1363.3—2014	通信局（站）电源、空调及环境集中监控管理系统 第3部分：前端智能设备协议	行标	2014.10.14		YD/T 1363.3—2005	设计、采购	初设、招标、品控	调度及二次	电力通信
204.8-62	YD/T 1821—2018	通信局（站）机房环境条件要求与检测方法	行标	2019.4.1		YD/T 1821—2008、YD/T 1712—2007（2017）	设计、采购、修试	初设、招标、品控、检修、试验	调度及二次	电力通信
204.8-63	YD/T 1879—2009	软交换互通系列互通设备技术要求	行标	2009.9.1			设计、采购	初设、招标、品控	调度及二次	电力通信
204.8-64	DL/T 1880—2018	智能用电电力线宽带通信技术要求	行标	2019.5.1			规划、设计、采购、建设、运维、修试、退役	规划、初设、施工图、招标、品控、施工工艺、验收与质量评定、试运行、运行、维护、检修、试验、退役、报废	信息	基础设施
204.8-65	YD/T 1927—2009	软交换业务接入控制设备技术要求	行标	2009.9.1			设计、采购	初设、招标、品控	调度及二次	电力通信
204.8-66	YD/T 1970.2—2010	通信局（站）电源系统维护技术要求 第2部分：高低压变配电系统	行标	2011.1.1			设计、采购	初设、招标、品控	调度及二次	电力通信
204.8-67	YD/T 1970.3—2010	通信局（站）电源系统维护技术要求 第3部分：直流系统	行标	2011.1.1			设计、采购	初设、招标、品控	调度及二次	电力通信
204.8-68	YD/T 1970.4—2009	通信局（站）电源系统维护技术要求 第4部分：不间断电源（UPS）系统	行标	2009.9.1			设计、采购	初设、招标、品控	调度及二次	电力通信
204.8-69	YD/T 1970.6—2009	通信局（站）电源系统维护技术要求 第6部分：发电机组系统	行标	2009.9.1			设计、采购	初设、招标、品控	调度及二次	电力通信

体系 结构号	标准编号	标准名称	标准 级别	实施日期	与国际标准 对应关系	代替标准	阶段	分阶段	专业	分专业
204.8-70	YD/T 1970.10—2009	通信局（站）电源系统维护技术要求 第10部分：阀控式密封铅酸蓄电池	行标	2009.9.1			设计、采购	初设、招标、品控	调度及二次	电力通信
204.8-71	YD/T 1991—2016	N×40Gbit/s 光波分复用（WDM）系统技术要求	行标	2016.7.1		YD/T 1991—2009	设计、采购	初设、招标、品控	调度及二次	电力通信
204.8-72	YD/T 2024—2018	互联网骨干网网间互联扩容技术要求	行标	2019.4.1	YD/T 2024—2009		规划、设计、建设、运维	规划、初设、施工图、施工工艺、验收与质量评定、运行、维护	信息	基础设施、信息资源、信息安全、其他
204.8-73	YD/T 2289.3—2013	无线射频拉远单元（RRU）用线缆 第3部分：光电混合缆	行标	2014.1.1			规划、设计、采购、建设、运维、修试、退役	规划、初设、施工图、招标、品控、施工工艺、验收与质量评定、试运行、运行、维护、检修、试验、退役、报废	调度及二次	电力通信
204.8-74	YD/T 2583.1—2018	蜂窝式移动通信设备电磁兼容性能要求和测量方法 第1部分：基站及其辅助设备	行标	2018.7.1			采购、建设	品控、验收与质量评定	调度及二次	电力通信
204.8-75	YD/T 2583.3—2016	蜂窝式移动通信设备电磁兼容性能要求和测量方法 第3部分：多模基站及其辅助设备	行标	2016.7.1			采购、建设	品控、验收与质量评定	调度及二次	电力通信
204.8-76	YD/T 2583.4—2016	蜂窝式移动通信设备电磁兼容性能要求和测量方法 第4部分：多模终端及其辅助设备	行标	2016.10.1			采购、建设	品控、验收与质量评定	调度及二次	电力通信
204.8-77	YD/T 2583.6—2018	蜂窝式移动通信设备电磁兼容性能要求和测量方法 第6部分：900/1800MHz TDMA 用户设备及其辅助设备	行标	2019.4.1		YD/T 1032—2000	采购、建设	品控、验收与质量评定	调度及二次	电力通信
204.8-78	YD/T 2601—2013	支持IPv6访问的Web服务器的技术要求和测试方法	行标	2014.1.1			采购、建设	品控、验收与质量评定	调度及二次	电力通信
204.8-79	YD/T 2615.1—2013	公众无线局域网网络管理 第1部分：总体技术要求	行标	2014.1.1			设计、采购	初设、招标、品控	调度及二次	电力通信

体系结构号	标准编号	标准名称	标准级别	实施日期	与国际标准对应关系	代替标准	阶段	分阶段	专业	分专业
204.8-80	YD/T 2615.2—2013	公众无线局域网网络管理 第2部分：网络管理系统功能要求	行标	2014.1.1			设计、采购	初设、招标、品控	调度及二次	电力通信
204.8-81	YD/T 2615.3—2013	公众无线局域网网络管理 第3部分：接口技术要求	行标	2014.1.1			设计、采购	初设、招标、品控	调度及二次	电力通信
204.8-82	YD/T 2616.5—2014	无源光网络（PON）网络管理技术要求 第5部分：EMS-NMS 接口通用信息模型	行标	2015.4.1			规划、设计、建设	规划、初设、施工图、施工工艺、验收与质量评定、试运行	信息	基础设施
204.8-83	YD/T 2616.6—2014	无源光网络（PON）网络管理技术要求 第6部分：基于TL1技术的EMS-NMS接口信息模型	行标	2015.4.1			规划、设计、建设	规划、初设、施工图、施工工艺、验收与质量评定、试运行	信息	基础设施
204.8-84	YD/T 2616.7—2017	无源光网络（PON）网络管理技术要求 第7部分：基于XML技术的EMS-NMS接口信息模型	行标	2018.1.1			规划、设计、建设	规划、初设、施工图、施工工艺、验收与质量评定、试运行	信息	基础设施
204.8-85	YD/T 2616.8—2016	无源光网络（PON）网络管理技术要求 第8部分：基于IDL/IIOP技术的 EMS-NMS 接口信息模型	行标	2016.7.1			规划、设计、建设	规划、初设、施工图、施工工艺、验收与质量评定、试运行	信息	基础设施
204.8-86	YD/T 2682—2014	IPv6 接入地址编址编码技术要求	行标	2014.5.6			规划、设计、建设	规划、初设、施工图、施工工艺、验收与质量评定、试运行	信息	基础设施
204.8-87	YD/T 2709—2014	基于承载网信息的网络服务优化技术	行标	2015.4.1			设计、建设、运维	初设、施工图、施工工艺、验收与质量评定、试运行、运行、维护	信息	基础设施
204.8-88	YD/T 2710—2014	IPv6 路由协议 适用于低功耗有损网络的 IPv6 路由协议（RPL）技术要求	行标	2015.4.1	IETF RFC6550，MOD		规划、设计、建设	规划、初设、施工图、施工工艺、验收与质量评定、试运行	信息	基础设施
204.8-89	YD/T 2730—2014	IPv6 技术要求 基于网络的流切换移动管理技术	行标	2015.4.1			规划、设计、建设	规划、初设、施工图、施工工艺、验收与质量评定、试运行	信息	基础设施

体系结构号	标准编号	标准名称	标准级别	实施日期	与国际标准对应关系	代替标准	阶段	分阶段	专业	分专业
204.8-90	YD/T 2873.2—2017	基于载波的高速超宽带无线通信技术要求 第2部分：单载波空中接口物理层	行标	2018.1.1			设计、采购	初设、招标、品控	调度及二次	电力通信
204.8-91	YD/T 2873.4—2017	基于载波的高速超宽带无线通信技术要求 第4部分：双载波空中接口物理层	行标	2018.1.1			设计、采购	初设、招标、品控	调度及二次	电力通信
204.8-92	YD/T 3004—2016	模块化通信机房技术要求	行标	2016.4.1			设计、采购	初设、招标、品控	调度及二次	电力通信
204.8-93	YD/T 3005—2016	基站供电变压器系统的防雷与接地技术要求	行标	2016.4.1			设计、采购	初设、招标、品控	调度及二次	电力通信
204.8-94	YD/T 3006—2016	通信铁塔临近区域的防雷技术要求	行标	2016.4.1			设计、采购	初设、招标、品控	调度及二次	电力通信
204.8-95	YD/T 3012—2016	接入网技术要求 DSL系统支持时钟同步和时间同步	行标	2016.4.1			设计、采购	初设、招标、品控	调度及二次	电力通信
204.8-96	YD/T 3016—2016	面向移动互联网的业务托管和运行平台技术要求	行标	2016.4.1			规划、设计、建设	规划、初设、施工图、施工工艺、验收与质量评定、试运行	信息	基础设施
204.8-97	YD/T 3049—2016	IPv6技术要求 基于代理移动IPv6的组播	行标	2016.7.1			规划、设计、建设	规划、初设、施工图、施工工艺、验收与质量评定、试运行	信息	基础设施
204.8-98	YD/T 3064—2016	轻量级IPv6业务网关设备技术要求	行标	2016.10.1			规划、设计、建设	规划、初设、施工图、施工工艺、验收与质量评定、试运行	信息	基础设施
204.8-99	YD/T 3065—2016	IPv6地址编码与管理技术要求 基于DHCPv6的地址租约查询	行标	2016.7.1			规划、设计、建设	规划、初设、施工图、施工工艺、验收与质量评定、试运行	调度及二次	电力通信
204.8-100	YD/T 3070—2016	Nx100Gbit/s超长距离光波分复用（WDM）系统技术要求	行标	2016.7.1			设计、采购	初设、招标、品控	调度及二次	电力通信
204.8-101	YD/T 3081—2016	基于表述性状态转移（REST）技术的业务能力开放应用程序接口（API）图片共享	行标	2016.7.1			设计、采购	初设、招标、品控	调度及二次	电力通信

体系结构号	标准编号	标准名称	标准级别	实施日期	与国际标准对应关系	代替标准	阶段	分阶段	专业	分专业
204.8-102	YD/T 3118—2016	网站 IPv6 支持度评测指标与测试方法	行标	2016.10.1			建设、修试	验收与质量评定、试验	信息	基础设施
204.8-103	YD/T 3188—2016	基于表述性状态转移（REST）技术的业务能力开放应用程序接口（API）文件传输业务	行标	2017.1.1			设计、采购	初设、招标、品控	调度及二次	电力通信
204.8-104	YD/T 3189—2016	基于表述性状态转移（REST）技术的业务能力开放应用程序接口（API）状态呈现业务	行标	2017.1.1			设计、采购	初设、招标、品控	调度及二次	电力通信
204.8-105	YD/T 3196—2016	基于统一 IMS（第二阶段）的业务技术要求 短消息业务	行标	2017.1.1			设计、采购	初设、招标、品控	调度及二次	电力通信
204.8-106	YD/T 3232—2017	基于 IPv6 传输的 DHCPv4 技术要求	行标	2017.7.1			规划、设计、建设	规划、初设、施工图、施工工艺、验收与质量评定、试运行	信息	基础设施
204.8-107	YD/T 3235—2017	具有双栈内容交换功能的以太网交换机测试方法	行标	2017.7.1			建设、修试	验收与质量评定、试验	信息	基础设施
204.8-108	YD/T 3331—2018	面向物联网的蜂窝窄带接入（NB-IoT）无线网总体技术要求	行标	2019.4.1			运维	运行、维护	信息	基础设施、信息资源、信息安全、其他
204.8-109	YD/T 3332—2018	面向物联网的蜂窝窄带接入（NB-IoT）核心网总体技术要求	行标	2019.4.1			运维	运行、维护	信息	基础设施、信息资源、信息安全、其他
204.8-110	YD/T 3333—2018	面向物联网的蜂窝窄带接入（NB-IoT）核心网设备技术要求	行标	2019.4.1			运维	运行、维护	信息	基础设施、信息资源、信息安全、其他
204.8-111	YD/T 3335—2018	面向物联网的蜂窝窄带接入（NB-IoT）基站设备技术要求	行标	2019.4.1			运维	运行、维护	信息	基础设施、信息资源、信息安全、其他
204.8-112	YD/T 3336—2018	面向物联网的蜂窝窄带接入（NB-IoT）基站设备测试方法	行标	2019.4.1			运维	运行、维护	信息	基础设施、信息资源、信息安全、其他

体系 结构号	标准编号	标准名称	标准 级别	实施日期	与国际标准 对应关系	代替标准	阶段	分阶段	专业	分专业
204.8-113	YD/T 3337—2018	面向物联网的蜂窝窄带接入（NB-IoT）终端设备技术要求	行标	2019.4.1			运维	运行、维护	信息	基础设施、信息资源、信息安全、其他
204.8-114	YD/T 3338—2018	面向物联网的蜂窝窄带接入（NB-IoT）终端设备测试方法	行标	2019.4.1			运维	运行、维护	信息	基础设施、信息资源、信息安全、其他
204.8-115	YD/T 3381—2018	射频馈入数字分布系统网管测试方法	行标	2019.4.1			修试	检修、试验	调度及二次	电力通信
204.8-116	YD/T 3402—2018	城域 N×100Gbit/s 光波分复用（WDM）系统技术要求	行标	2019.4.1			设计、采购	初设、招标、品控	调度及二次	电力通信
204.8-117	YD/T 3409—2018	基于 LTE 技术的宽带集群通信（B-TrunC）系统 终端设备技术要求（第一阶段）	行标	2019.4.1			设计、采购	初设、招标、品控	调度及二次	电力通信
204.8-118	YD/T 3615—2019	5G 移动通信网 核心网总体技术要求	行标	2019.12.24			设计、采购	初设、招标、品控	调度及二次	电力通信
204.8-119	YD/T 3616—2019	5G 移动通信网 核心网网络功能技术要求	行标	2019.12.24			设计、采购	初设、招标、品控	调度及二次	电力通信
204.8-120	YD/T 3617—2019	5G 移动通信网 核心网网络功能测试方法	行标	2019.12.24			修试	检修、试验	调度及二次	电力通信
204.8-121	YD/T 3618—2019	5G 数字蜂窝移动通信网无线接入网总体技术要求（第一阶段）	行标	2019.12.24			设计、采购	初设、招标、品控	调度及二次	电力通信
204.8-122	YD/T 3619—2019	5G 数字蜂窝移动通信网NG 接口技术要求和测试方法（第一阶段）	行标	2019.12.24			设计、采购、修试	初设、招标、品控、试验	调度及二次	电力通信
204.8-123	YD/T 3620—2019	5G 数字蜂窝移动通信网Xn/X2 接口技术要求和测试方法（第一阶段）	行标	2019.12.24			设计、采购、修试	初设、招标、品控、试验	调度及二次	电力通信
204.8-124	YD/T 3627—2019	5G 数字蜂窝移动通信网增强移动宽带终端设备技术要求（第一阶段）	行标	2019.12.24			设计、采购	初设、招标、品控	调度及二次	电力通信
204.8-125	YD/T 3628—2019	5G 移动通信网 安全技术要求	行标	2019.12.24			设计、采购	初设、招标、品控	调度及二次	电力通信

体系结构号	标准编号	标准名称	标准级别	实施日期	与国际标准对应关系	代替标准	阶段	分阶段	专业	分专业
204.8-126	GB/T 7611—2016	数字网系列比特率电接口特性	国标	2016.12.1		GB/T 7611—2001	设计、采购	初设、招标、品控	调度及二次	电力通信
204.8-127	GB/T 19856.2—2005	雷电防护 通信线路 第2部分：金属导线	国标	2006.4.1	IEC 61663-2：2001，IDT		设计、采购	初设、招标、品控	调度及二次	电力通信
204.8-128	GB/T 25105.2—2014	工业通信网络 现场总线规范 类型 10：PROFINET IO 规范 第 2 部分：应用层协议规范	国标	2015.4.1		GB/Z 25105.2—2010	设计、采购	初设、招标、品控	调度及二次	电力通信
204.8-129	GB/T 25105.3—2014	工业通信网络 现场总线规范 类型 10：PROFINET IO 规范 第 3 部分：PROFINET IO 通信行规	国标	2015.4.1		GB/Z 25105.3—2010	设计、采购	初设、招标、品控	调度及二次	电力通信
204.8-130	GB/T 25931—2010	网络测量和控制系统的精确时钟同步协议	国标	2011.5.1	IEC 61588：2009，IDT		设计、采购	初设、招标、品控	调度及二次	电力通信
204.8-131	GB/T 30269.1—2015	信息技术 传感器网络 第 1 部分：参考体系结构和通用技术要求	国标	2016.8.1			规划、设计、建设	规划、初设、施工图、施工工艺、验收与质量评定、试运行	信息	基础设施
204.8-132	GB/T 30269.301—2014	信息技术 传感器网络 第 301 部分：通信与信息交换：低速无线传感器网络网络层和应用支持子层规范	国标	2015.4.1			规划、设计、采购、建设、运维、修试、退役	规划、初设、施工图、招标、品控、施工工艺、验收与质量评定、试运行、运行、维护、检修、试验、退役、报废	信息	基础设施
204.8-133	GB/T 30269.303—2018	信息技术 传感器网络 第 303 部分：通信与信息交换：基于 IP 的无线传感器网络网络层规范	国标	2019.1.1			规划、设计、采购、建设、运维、修试、退役	规划、初设、施工图、招标、品控、施工工艺、验收与质量评定、试运行、运行、维护、检修、试验、退役、报废	信息	基础设施
204.8-134	GB/T 30269.304—2019	信息技术 传感器网络 第 304 部分：通信与信息交换：声波通信系统技术要求	国标	2020.3.1			规划、设计、采购、建设、运维、修试、退役	规划、初设、施工图、招标、品控、施工工艺、验收与质量评定、试运行、运行、维护、检修、试验、退役、报废	信息	基础设施

体系结构号	标准编号	标准名称	标准级别	实施日期	与国际标准对应关系	代替标准	阶段	分阶段	专业	分专业
204.8-135	GB/T 30269.401—2015	信息技术 传感器网络 第401部分：协同信息处理：支撑协同信息处理的服务及接口	国标	2016.8.1	ISO/IEC 20005：2013，IDT		规划、设计、采购、建设、运维、修试、退役	规划、初设、施工图、招标、品控、施工工艺、验收与质量评定、试运行、运行、维护、检修、试验、退役、报废	信息	基础设施
204.8-136	GB/T 30269.501—2014	信息技术 传感器网络 第501部分：标识：传感节点标识符编制规则	国标	2015.4.1			规划、设计、采购、建设、运维、修试、退役	规划、初设、施工图、招标、品控、施工工艺、验收与质量评定、试运行、运行、维护、检修、试验、退役、报废	信息	基础设施
204.8-137	GB/T 30269.502—2017	信息技术 传感器网络 第502部分：标识：传感节点标识符解析	国标	2018.7.1			规划、设计、采购、建设、运维、修试、退役	规划、初设、施工图、招标、品控、施工工艺、验收与质量评定、试运行、运行、维护、检修、试验、退役、报废	信息	基础设施
204.8-138	GB/T 30269.503—2017	信息技术 传感器网络 第503部分：标识：传感节点标识符注册规程	国标	2018.5.1			规划、设计、采购、建设、运维、修试、退役	规划、初设、施工图、招标、品控、施工工艺、验收与质量评定、试运行、运行、维护、检修、试验、退役、报废	信息	基础设施
204.8-139	GB/T 30269.504—2019	信息技术 传感器网络 第504部分：标识：传感节点标识符管理	国标	2020.3.1			规划、设计、采购、建设、运维、修试、退役	规划、初设、施工图、招标、品控、施工工艺、验收与质量评定、试运行、运行、维护、检修、试验、退役、报废	信息	基础设施
204.8-140	GB/T 30269.601—2016	信息技术 传感器网络 第601部分：信息安全：通用技术规范	国标	2016.8.1			规划、设计、采购、建设、运维、修试、退役	规划、初设、施工图、招标、品控、施工工艺、验收与质量评定、试运行、运行、维护、检修、试验、退役、报废	信息	基础设施
204.8-141	GB/T 30269.602—2017	信息技术 传感器网络 第602部分：信息安全：低速率无线传感器网络网络层和应用支持子层安全规范	国标	2017.12.29			规划、设计、采购、建设、运维、修试、退役	规划、初设、施工图、招标、品控、施工工艺、验收与质量评定、试运行、运行、维护、检修、试验、退役、报废	信息	基础设施

体系结构号	标准编号	标准名称	标准级别	实施日期	与国际标准对应关系	代替标准	阶段	分阶段	专业	分专业
204.8-142	GB/T 30269.701—2014	信息技术 传感器网络 第701部分：传感器接口：信号接口	国标	2015.4.1			规划、设计、采购、建设、运维、修试、退役	规划、初设、施工图、招标、品控、施工工艺、验收与质量评定、试运行、运行、维护、检修、试验、退役、报废	信息	基础设施
204.8-143	GB/T 30269.702—2016	信息技术 传感器网络 第702部分：传感器接口：数据接口	国标	2016.11.1			规划、设计、采购、建设、运维、修试、退役	规划、初设、施工图、招标、品控、施工工艺、验收与质量评定、试运行、运行、维护、检修、试验、退役、报废	信息	基础设施
204.8-144	GB/T 30269.801—2017	信息技术 传感器网络 第801部分：测试：通用要求	国标	2017.12.29			规划、设计、采购、建设、运维、修试、退役	规划、初设、施工图、招标、品控、施工工艺、验收与质量评定、试运行、运行、维护、检修、试验、退役、报废	信息	基础设施
204.8-145	GB/T 30269.802—2017	信息技术 传感器网络 第802部分：测试：低速无线传感器网络媒体访问控制和物理层	国标	2017.12.1			规划、设计、采购、建设、运维、修试、退役	规划、初设、施工图、招标、品控、施工工艺、验收与质量评定、试运行、运行、维护、检修、试验、退役、报废	信息	基础设施
204.8-146	GB/T 30269.803—2017	信息技术 传感器网络 第803部分：测试：低速无线传感器网络网络层和应用支持子层	国标	2018.7.1			规划、设计、采购、建设、运维、修试、退役	规划、初设、施工图、招标、品控、施工工艺、验收与质量评定、试运行、运行、维护、检修、试验、退役、报废	信息	基础设施
204.8-147	GB/T 30269.804—2018	信息技术 传感器网络 第804部分：测试：传感器接口	国标	2019.1.1			规划、设计、采购、建设、运维、修试、退役	规划、初设、施工图、招标、品控、施工工艺、验收与质量评定、试运行、运行、维护、检修、试验、退役、报废	信息	基础设施
204.8-148	GB/T 30269.805—2019	信息技术 传感器网络 第805部分：测试：传感器网关测试规范	国标	2020.3.1			规划、设计、采购、建设、运维、修试、退役	规划、初设、施工图、招标、品控、施工工艺、验收与质量评定、试运行、运行、维护、检修、试验、退役、报废	信息	基础设施

体系结构号	标准编号	标准名称	标准级别	实施日期	与国际标准对应关系	代替标准	阶段	分阶段	专业	分专业
204.8-149	GB/T 30269.806—2018	信息技术 传感器网络 第806部分：测试：传感节点标识符编码和解析	国标	2019.1.1			规划、设计、采购、建设、运维、修试、退役	规划、初设、施工图、招标、品控、施工工艺、验收与质量评定、试运行、运行、维护、检修、试验、退役、报废	信息	基础设施
204.8-150	GB/T 30269.808—2018	信息技术 传感器网络 第808部分：测试：低速率无线传感器网络网络层和应用支持子层安全	国标	2021.1.1			规划、设计、采购、建设、运维、修试、退役	规划、初设、施工图、招标、品控、施工工艺、验收与质量评定、试运行、运行、维护、检修、试验、退役、报废	信息	基础设施
204.8-151	GB/T 30269.901—2016	信息技术 传感器网络 第901部分：网关：通用技术要求	国标	2017.5.1			规划、设计、采购、建设、运维、修试、退役	规划、初设、施工图、招标、品控、施工工艺、验收与质量评定、试运行、运行、维护、检修、试验、退役、报废	信息	基础设施
204.8-152	GB/T 30269.902—2018	信息技术 传感器网络 第902部分：网关：远程管理技术要求	国标	2019.1.1			规划、设计、采购、建设、运维、修试、退役	规划、初设、施工图、招标、品控、施工工艺、验收与质量评定、试运行、运行、维护、检修、试验、退役、报废	信息	基础设施
204.8-153	GB/T 30269.903—2018	信息技术 传感器网络 第903部分：网关：逻辑接口	国标	2019.1.1			规划、设计、采购、建设、运维、修试、退役	规划、初设、施工图、招标、品控、施工工艺、验收与质量评定、试运行、运行、维护、检修、试验、退役、报废	信息	基础设施
204.8-154	GB/T 30269.1001—2017	信息技术 传感器网络 第1001部分：中间件：传感器网络节点接口	国标	2017.12.1			规划、设计、采购、建设、运维、修试、退役	规划、初设、施工图、招标、品控、施工工艺、验收与质量评定、试运行、运行、维护、检修、试验、退役、报废	信息	基础设施
204.8-155	GB/T 31230.1—2014	工业以太网现场总线 EtherCAT 第1部分：概述	国标	2015.4.1			设计、采购	初设、招标、品控	调度及二次	电力通信
204.8-156	GB/T 31230.2—2014	工业以太网现场总线 EtherCAT 第2部分：物理层服务和协议规范	国标	2015.4.1			设计、采购	初设、招标、品控	调度及二次	电力通信

体系结构号	标准编号	标准名称	标准级别	实施日期	与国际标准对应关系	代替标准	阶段	分阶段	专业	分专业
204.8-157	GB/T 31230.3—2014	工业以太网现场总线EtherCAT 第3部分:数据链路层服务定义	国标	2015.4.1			设计、采购	初设、招标、品控	调度及二次	电力通信
204.8-158	GB/T 31230.4—2014	工业以太网现场总线EtherCAT 第4部分:数据链路层协议规范	国标	2015.4.1			设计、采购	初设、招标、品控	调度及二次	电力通信
204.8-159	GB/T 31230.5—2014	工业以太网现场总线EtherCAT 第5部分:应用层服务定义	国标	2015.4.1			设计、采购	初设、招标、品控	调度及二次	电力通信
204.8-160	GB/T 31230.6—2014	工业以太网现场总线EtherCAT 第6部分:应用层协议规范	国标	2015.4.1			设计、采购	初设、招标、品控	调度及二次	电力通信
204.8-161	GB/T 31990.1—2015	塑料光纤电力信息传输系统技术规范 第1部分:技术要求	国标	2016.4.1			设计、采购	初设、招标、品控	调度及二次	电力通信
204.8-162	GB/T 31990.2—2015	塑料光纤电力信息传输系统技术规范 第2部分:收发通信单元	国标	2016.4.1			设计、采购	初设、招标、品控	调度及二次	电力通信
204.8-163	GB/T 31990.3—2015	塑料光纤电力信息传输系统技术规范 第3部分:光电收发模块	国标	2016.4.1			设计、采购	初设、招标、品控	调度及二次	电力通信
204.8-164	GB/T 31998—2015	电力软交换系统技术规范	国标	2016.4.1			设计、采购	初设、招标、品控	调度及二次	电力通信
204.8-165	GB/T 33605—2017	电力系统消息邮件传输规范	国标	2017.12.1			采购、建设	品控、验收与质量评定	调度及二次	电力通信
204.8-166	GB/T 36469—2018	信息技术 系统间远程通信和信息交换局域网和城域网 特定要求 Q波段超高速无线局域网媒体访问控制和物理层规范	国标	2019.1.1			规划、设计、采购、建设、运维、修试、退役	规划、初设、施工图、招标、品控、施工工艺、验收与质量评定、试运行、运行、维护、检修、试验、退役、报废	调度及二次	电力通信
204.8-167	GB/T 37081—2018	接入网技术要求 10Gbit/s以太网无源光网络(10G-EPON)	国标	2019.4.1			设计、采购	初设、招标、品控	调度及二次	电力通信

体系结构号	标准编号	标准名称	标准级别	实施日期	与国际标准对应关系	代替标准	阶段	分阶段	专业	分专业
204.8-168	GB/T 37083—2018	接入网技术要求 EPON系统互通性	国标	2019.4.1			设计、采购	初设、招标、品控	调度及二次	电力通信
204.8-169	GB/T 37173—2018	接入网技术要求 GPON系统互通性	国标	2019.4.1			设计、采购	初设、招标、品控	调度及二次	电力通信
204.8-170	GB/T 37287—2019	基于 LTE 技术的宽带集群通信（B-TrunC）系统 接口技术要求（第一阶段）集群核心网到调度台接口	国标	2019.10.1			设计、采购	初设、招标、品控	调度及二次	电力通信
204.8-171	ITU-T G.780/Y.1351—2010	同步数字体系（SDH）网络的术语和定义	国际标准	2010.7.29		ITU-T G.780/Y.1351—2008	规划、设计、采购、建设、运维、修试、退役	规划、初设、施工图、招标、品控、施工工艺、验收与质量评定、试运行、运行、维护、检修、试验、退役、报废	信息	基础设施、信息资源、信息安全、其他
204.8-172	ITU-T G.870/Y.1352—2016	光传输网络的术语和定义	国际标准	2016.11.13		ITU-T G.870/Y.1352—2012	规划、设计、采购、建设、运维、修试、退役	规划、初设、施工图、招标、品控、施工工艺、验收与质量评定、试运行、运行、维护、检修、试验、退役、报废	信息	基础设施、信息资源、信息安全、其他
204.8-173	ISO/IEC 14165-122—2005/Amd 1—2008	信息技术光纤信道 第122部分：仲裁环路-2（PC-AL—2）	国际标准	2008.10.21		ISO IEC 14165-122—2005	规划、设计、采购、建设、运维、修试、退役	规划、初设、施工图、招标、品控、施工工艺、验收与质量评定、试运行、运行、维护、检修、试验、退役、报废	信息	基础设施
204.8-174	ISO/IEC 14165-251—2008	信息技术光纤信道 第251部分：光纤信道定位和信号传输（FC FS）	国际标准	2008.1.1			规划、设计、采购、建设、运维、修试、退役	规划、初设、施工图、招标、品控、施工工艺、验收与质量评定、试运行、运行、维护、检修、试验、退役、报废	信息	基础设施
204.8-175	ISO/IEC 14165-521—2009	信息技术光纤信道 第521部分：光纤应用接口标准（FAIS）	国际标准	2009.1.28			规划、设计、采购、建设、运维、修试、退役	规划、初设、施工图、招标、品控、施工工艺、验收与质量评定、试运行、运行、维护、检修、试验、退役、报废	信息	基础设施

体系结构号	标准编号	标准名称	标准级别	实施日期	与国际标准对应关系	代替标准	阶段	分阶段	专业	分专业
204.8-176	IEC 61158-2—2014	工业通信网络 现场总线规范 第2部分：物理层规范和服务定义	国际标准	2014.7.17		IEC 61158-2—2010	设计、采购	初设、招标、品控	调度及二次	电力通信
204.8-177	IEC 62325-450—2013	能源市场通信信用框架 第450部分：配置文件和语境建模规则	国际标准	2013.4.29		IEC 57/1324/FDIS—2013	设计、采购	初设、招标、品控	调度及二次	电力通信
204.8-178	IEEE C37.118.2—2011	电力系统同步相量数据传输	国际标准	2011.12.7			建设、运维	验收与质量评定、试运行、运行、维护	调度及二次	电力通信
204.9 调度与交易-二次一体化										
204.9-1	Q/CSG 1204005.11—2014	南方电网一体化电网运行智能系统技术规范 第1-1部分：体系及定义基本描述	企标	2014.7.1			建设、运维	验收与质量评定、试运行、运行、维护	调度及二次	二次一体化
204.9-2	Q/CSG 1204005.12—2014	南方电网一体化电网运行智能系统技术规范 第1部分：体系及定义 第2篇：术语和定义	企标	2014.7.1			建设、运维	验收与质量评定、试运行、运行、维护	调度及二次	二次一体化
204.9-3	Q/CSG 1204005.21—2014	南方电网一体化电网运行智能系统技术规范 第2部分：架构 第1篇：总体架构技术规范	企标	2014.7.1			建设、运维	验收与质量评定、试运行、运行、维护	调度及二次	二次一体化
204.9-4	Q/CSG 1204005.22—2014	南方电网一体化电网运行智能系统技术规范 第2部分：架构 第2篇：主站系统架构技术规范	企标	2014.7.1			建设、运维	验收与质量评定、试运行、运行、维护	调度及二次	二次一体化
204.9-5	Q/CSG 1204005.23—2014	南方电网一体化电网运行智能系统技术规范 第2部分：架构 第3篇：厂站系统架构技术规范	企标	2014.7.1			建设、运维	验收与质量评定、试运行、运行、维护	调度及二次	二次一体化
204.9-6	Q/CSG 1204005.31—2014	南方电网一体化电网运行智能系统技术规范 第3部分：数据 第1篇：数据源规范	企标	2014.7.1			建设、运维	验收与质量评定、试运行、运行、维护	调度及二次	二次一体化

体系 结构号	标准编号	标准名称	标准 级别	实施日期	与国际标准 对应关系	代替标准	阶段	分阶段	专业	分专业
204.9-7	Q/CSG 1204005.32—2014	南方电网一体化电网运行智能系统技术规范 第3部分：数据 第2篇：厂站数据架构	企标	2014.7.1			建设、运维	验收与质量评定、试运行、运行、维护	调度及二次	二次一体化
204.9-8	Q/CSG 1204005.33—2014	南方电网一体化电网运行智能系统技术规范 第3部分：数据 第3篇：主站数据架构	企标	2014.7.1			建设、运维	验收与质量评定、试运行、运行、维护	调度及二次	二次一体化
204.9-9	Q/CSG 1204005.34—2014	南方电网一体化电网运行智能系统技术规范 第3部分：数据 第4篇：IEC61850实施规范	企标	2014.7.1			建设、运维	验收与质量评定、试运行、运行、维护	调度及二次	二次一体化
204.9-10	Q/CSG 1204005.35—2019	南方电网一体化电网运行智能系统技术规范 第3部分：数据 第5篇：电网公共信息模型规范	企标	2019.9.30		Q/CSG 1204005.35—2014	建设、运维	验收与质量评定、试运行、运行、维护	调度及二次	二次一体化
204.9-11	Q/CSG 1204029.36—2019	南方电网一体化电网运行智能系统技术规范 第3部分：数据 第6篇：全景建模规范	企标	2019.6.26		Q/CSG 1204005.36—2014	建设、运维	验收与质量评定、试运行、运行、维护	调度及二次	二次一体化
204.9-12	Q/CSG 1204005.37—2014	南方电网一体化电网运行智能系统技术规范 第3部分：数据 第7篇：对象命名及编码	企标	2014.7.1			建设、运维	验收与质量评定、试运行、运行、维护	调度及二次	二次一体化
204.9-13	Q/CSG 1204005.38—2019	南方电网一体化电网运行智能系统技术规范 第3部分：数据 第8篇：基于SVG的公共图形交换	企标	2019.9.30		Q/CSG 1204005.3.08—2014	建设、运维	验收与质量评定、试运行、运行、维护	调度及二次	二次一体化
204.9-14	Q/CSG 1204005.39.1—2014	南方电网一体化电网运行智能系统技术规范 第3部分：数据 第9篇：数据接口与协议 第1分册：厂站主站间数据交换	企标	2014.7.1			建设、运维	验收与质量评定、试运行、运行、维护	调度及二次	二次一体化

体系结构号	标准编号	标准名称	标准级别	实施日期	与国际标准对应关系	代替标准	阶段	分阶段	专业	分专业
204.9-15	Q/CSG 1204005.39.2—2014	南方电网一体化电网运行智能系统技术规范 第3部分：数据 第9篇：数据接口与协议 第2分册：横向主站间数据交换	企标	2014.7.1			建设、运维	验收与质量评定、试运行、运行、维护	调度及二次	二次一体化
204.9-16	Q/CSG 1204005.39.3—2014	南方电网一体化电网运行智能系统技术规范 第3部分：数据 第9篇：数据接口与协议 第3分册：纵向主站间数据交换	企标	2014.7.1			建设、运维	验收与质量评定、试运行、运行、维护	调度及二次	二次一体化
204.9-17	Q/CSG 1204005.310—2014	南方电网一体化电网运行智能系统技术规范 第3部分：数据 第10篇：通用画面调用技术规范	企标	2014.7.1			建设、运维	验收与质量评定、试运行、运行、维护	调度及二次	二次一体化
204.9-18	Q/CSG 1204005.311—2019	南方电网一体化电网运行智能系统技术规范 第3部分：数据 第11篇：公共图形绘制规范	企标	2019.9.30		Q/CSG 1204005.311—2014	建设、运维	验收与质量评定、试运行、运行、维护	调度及二次	二次一体化
204.9-19	Q/CSG 1204005.41—2014	南方电网一体化电网运行智能系统技术规范 第4部分：平台 第1篇：主站系统平台技术规范	企标	2014.7.1			建设、运维	验收与质量评定、试运行、运行、维护	调度及二次	二次一体化
204.9-20	Q/CSG 1204005.42—2014	南方电网一体化电网运行智能系统技术规范 第4部分：平台 第2篇：厂站系统平台技术规范	企标	2014.7.1			建设、运维	验收与质量评定、试运行、运行、维护	调度及二次	二次一体化
204.9-21	Q/CSG 1204005.43.1—2014	南方电网一体化电网运行智能系统技术规范 第4部分：平台 第3篇：运行服务总线（OSB）技术规范 第1分册：服务注册及管理	企标	2014.7.1			建设、运维	验收与质量评定、试运行、运行、维护	调度及二次	二次一体化
204.9-22	Q/CSG 1204005.43.2—2014	南方电网一体化电网运行智能系统技术规范 第4部分：平台 第3篇：运行服务总线（OSB）技术规范 第2分册：OSB功能	企标	2014.7.1			建设、运维	验收与质量评定、试运行、运行、维护	调度及二次	二次一体化

体系结构号	标准编号	标准名称	标准级别	实施日期	与国际标准对应关系	代替标准	阶段	分阶段	专业	分专业
204.9-23	Q/CSG 1204005.44—2014	南方电网一体化电网运行智能系统技术规范 第4部分：平台 第4篇：安全防护技术规范	企标	2014.7.1			建设、运维	验收与质量评定、试运行、运行、维护	调度及二次	二次一体化
204.9-24	Q/CSG 1204005.45—2014	南方电网一体化电网运行智能系统技术规范 第4部分：平台 第5篇：容灾备用技术规范	企标	2014.7.1			建设、运维	验收与质量评定、试运行、运行、维护	调度及二次	二次一体化
204.9-25	Q/CSG 1204029.46—2018	南方电网一体化电网运行智能系统技术规范 第4部分：平台 第6篇：调控一体化主站技术条件	企标	2018.5.31			建设、运维	验收与质量评定、试运行、运行、维护	调度及二次	二次一体化
204.9-26	Q/CSG 1204005.51.1—2014	南方电网一体化电网运行智能系统技术规范 第5部分：主站应用 第1篇：智能数据中心 第1分册：数据采集与交互类功能规范	企标	2014.7.1			建设、运维	验收与质量评定、试运行、运行、维护	调度及二次	二次一体化
204.9-27	Q/CSG 1204005.51.2—2014	南方电网一体化电网运行智能系统技术规范 第5部分：主站应用 第1篇：智能数据中心 第2分册：全景数据建模类功能规范	企标	2014.7.1			建设、运维	验收与质量评定、试运行、运行、维护	调度及二次	二次一体化
204.9-28	Q/CSG 1204005.51.3—2014	南方电网一体化电网运行智能系统技术规范 第5部分：主站应用 第1篇：智能数据中心 第3分册：数据集成与服务类功能规范	企标	2014.7.1			建设、运维	验收与质量评定、试运行、运行、维护	调度及二次	二次一体化
204.9-29	Q/CSG 1204005.52.1—2014	南方电网一体化电网运行智能系统技术规范 第5部分：主站应用 第2篇：智能监视中心 第1分册：稳态监视类功能规范	企标	2014.7.1			建设、运维	验收与质量评定、试运行、运行、维护	调度及二次	二次一体化
204.9-30	Q/CSG 1204005.52.2—2014	南方电网一体化电网运行智能系统技术规范 第5部分：主站应用 第2篇：智能监视中心 第2分册：动态监视类功能规范	企标	2014.7.1			建设、运维	验收与质量评定、试运行、运行、维护	调度及二次	二次一体化

体系 结构号	标准编号	标准名称	标准 级别	实施日期	与国际标准 对应关系	代替标准	阶段	分阶段	专业	分专业
204.9-31	Q/CSG 1204005.52.3—2014	南方电网一体化电网运行智能系统技术规范 第5部分：主站应用 第2篇：智能监视中心 第3分册：暂态监视类功能规范	企标	2014.7.1			建设、运维	验收与质量评定、试运行、运行、维护	调度及二次	二次一体化
204.9-32	Q/CSG 1204005.52.4—2014	南方电网一体化电网运行智能系统技术规范 第5部分：主站应用 第2篇：智能监视中心 第4分册：环境监视类功能规范	企标	2014.7.1			建设、运维	验收与质量评定、试运行、运行、维护	调度及二次	二次一体化
204.9-33	Q/CSG 1204005.52.5—2014	南方电网一体化电网运行智能系统技术规范 第5部分：主站应用 第2篇：智能监视中心 第5分册：节能环保监视类功能规范	企标	2014.7.1			建设、运维	验收与质量评定、试运行、运行、维护	调度及二次	二次一体化
204.9-34	Q/CSG 1204005.52.6—2014	南方电网一体化电网运行智能系统技术规范 第5部分：主站应用 第2篇：智能监视中心 第6分册：在线计算类功能规范	企标	2014.7.1			建设、运维	验收与质量评定、试运行、运行、维护	调度及二次	二次一体化
204.9-35	Q/CSG 1204005.52.7—2014	南方电网一体化电网运行智能系统技术规范 第5部分：主站应用 第2篇：智能监视中心 第7分册：事件记录类功能规范	企标	2014.7.1			建设、运维	验收与质量评定、试运行、运行、维护	调度及二次	二次一体化
204.9-36	Q/CSG 1204005.52.8—2014	南方电网一体化电网运行智能系统技术规范 第5部分：主站应用 第2篇：智能监视中心 第8分册：在线预警类功能规范	企标	2014.7.1			建设、运维	验收与质量评定、试运行、运行、维护	调度及二次	二次一体化
204.9-37	Q/CSG 1204005.53.1—2014	南方电网一体化电网运行智能系统技术规范 第5部分：主站应用 第3篇：智能控制中心 第1分册：手动操作类功能规范	企标	2014.7.1			建设、运维	验收与质量评定、试运行、运行、维护	调度及二次	二次一体化

体系结构号	标准编号	标准名称	标准级别	实施日期	与国际标准对应关系	代替标准	阶段	分阶段	专业	分专业
204.9-38	Q/CSG 1204005.53.2—2014	南方电网一体化电网运行智能系统技术规范 第5部分：主站应用 第3篇：智能控制中心 第2分册：自动控制类功能规范	企标	2014.7.1			建设、运维	验收与质量评定、试运行、运行、维护	调度及二次	二次一体化
204.9-39	Q/CSG 1204005.54.1—2014	南方电网一体化电网运行智能系统技术规范 第5部分：主站应用 第4篇：智能管理中心 第1分册：并网审核类功能规范	企标	2014.7.1			建设、运维	验收与质量评定、试运行、运行、维护	调度及二次	二次一体化
204.9-40	Q/CSG 1204005.54.2—2014	南方电网一体化电网运行智能系统技术规范 第5部分：主站应用 第4篇：智能管理中心 第2分册：定值整定类功能规范	企标	2014.7.1			建设、运维	验收与质量评定、试运行、运行、维护	调度及二次	二次一体化
204.9-41	Q/CSG 1204005.54.3—2014	南方电网一体化电网运行智能系统技术规范 第5部分：主站应用 第4篇：智能管理中心 第3分册：运行方式类功能规范	企标	2014.7.1			建设、运维	验收与质量评定、试运行、运行、维护	调度及二次	二次一体化
204.9-42	Q/CSG 1204005.54.4—2014	南方电网一体化电网运行智能系统技术规范 第5部分：主站应用 第4篇：智能管理中心 第4分册：离线计算类功能规范	企标	2014.7.1			建设、运维	验收与质量评定、试运行、运行、维护	调度及二次	二次一体化
204.9-43	Q/CSG 1204005.54.5—2014	南方电网一体化电网运行智能系统技术规范 第5部分：主站应用 第4篇：智能管理中心 第5分册：安全风险分析与预控类功能规范	企标	2014.7.1			建设、运维	验收与质量评定、试运行、运行、维护	调度及二次	二次一体化
204.9-44	Q/CSG 1204005.54.6—2014	南方电网一体化电网运行智能系统技术规范 第5部分：主站应用 第4篇：智能管理中心 第6分册：经济运行分析与优化类功能规范	企标	2014.7.1			建设、运维	验收与质量评定、试运行、运行、维护	调度及二次	二次一体化

体系 结构号	标准编号	标准名称	标准 级别	实施日期	与国际标准 对应关系	代替标准	阶段	分阶段	专业	分专业
204.9-45	Q/CSG 1204005.54.7— 2014	南方电网一体化电网运行智能系统技术规范 第5部分：主站应用 第4篇：智能管理中心 第7分册：节能环保分析与优化类功能规范	企标	2014.7.1			建设、运维	验收与质量评定、试运行、运行、维护	调度及二次	二次一体化
204.9-46	Q/CSG 1204005.54.8— 2014	南方电网一体化电网运行智能系统技术规范 第5部分：主站应用 第4篇：智能管理中心 第8分册：电能质量分析与优化功能规范	企标	2014.7.1			建设、运维	验收与质量评定、试运行、运行、维护	调度及二次	二次一体化
204.9-47	Q/CSG 1204005.54.9— 2014	南方电网一体化电网运行智能系统技术规范 第5部分：主站应用 第4篇：智能管理中心 第9分册：统计评价类功能规范	企标	2014.7.1			建设、运维	验收与质量评定、试运行、运行、维护	调度及二次	二次一体化
204.9-48	Q/CSG 1204005.54.10— 2014	南方电网一体化电网运行智能系统技术规范 第5部分：主站应用 第4篇：智能管理中心 第10分册：用电管理类功能规范	企标	2014.7.1			建设、运维	验收与质量评定、试运行、运行、维护	调度及二次	二次一体化
204.9-49	Q/CSG 1204005.54.11— 2014	南方电网一体化电网运行智能系统技术规范 第5部分：主站应用 第4篇：智能管理中心 第11分册：信息发布类功能规范	企标	2014.7.1			建设、运维	验收与质量评定、试运行、运行、维护	调度及二次	二次一体化
204.9-50	Q/CSG 1204005.55.1— 2014	南方电网一体化电网运行智能系统技术规范 第5部分：主站应用 第5篇：电力系统运行驾驶舱 第1分册：技术规范	企标	2014.7.1			建设、运维	验收与质量评定、试运行、运行、维护	调度及二次	二次一体化
204.9-51	Q/CSG 1204005.55.2— 2014	南方电网一体化电网运行智能系统技术规范 第5部分：主站应用 第5篇：电力系统运行驾驶舱 第2分册：功能规范	企标	2014.7.1			建设、运维	验收与质量评定、试运行、运行、维护	调度及二次	二次一体化

体系 结构号	标准编号	标准名称	标准 级别	实施日期	与国际标准 对应关系	代替标准	阶段	分阶段	专业	分专业
204.9-52	Q/CSG 1204005.56—2017	南方电网一体化电网运行智能系统技术规范 第5部分：主站应用 第六篇：镜像系统功能规范	企标	2017.3.1			建设、运维	验收与质量评定、试运行、运行、维护	调度及二次	二次一体化
204.9-53	Q/CSG 1204005.61—2014	南方电网一体化电网运行智能系统技术规范 第6部分：厂站应用 第1篇：智能数据中心功能规范	企标	2014.7.1			建设、运维	验收与质量评定、试运行、运行、维护	调度及二次	二次一体化
204.9-54	Q/CSG 1204005.62—2014	南方电网一体化电网运行智能系统技术规范 第6部分：厂站应用 第2篇：智能监视中心功能规范	企标	2014.7.1			建设、运维	验收与质量评定、试运行、运行、维护	调度及二次	二次一体化
204.9-55	Q/CSG 1204005.63—2014	南方电网一体化电网运行智能系统技术规范 第6部分：厂站应用 第3篇：智能控制中心功能规范	企标	2014.7.1			建设、运维	验收与质量评定、试运行、运行、维护	调度及二次	二次一体化
204.9-56	Q/CSG 1204005.64—2014	南方电网一体化电网运行智能系统技术规范 第6部分：厂站应用 第4篇：智能管理中心功能规范	企标	2014.7.1			建设、运维	验收与质量评定、试运行、运行、维护	调度及二次	二次一体化
204.9-57	Q/CSG 1204005.65—2014	南方电网一体化电网运行智能系统技术规范 第6部分：厂站应用 第5篇：厂站运行驾驶舱功能规范	企标	2014.7.1			建设、运维	验收与质量评定、试运行、运行、维护	调度及二次	二次一体化
204.9-58	Q/CSG 1204005.66—2014	南方电网一体化电网运行智能系统技术规范 第6部分：厂站应用 第6篇：智能远动机功能规范	企标	2014.7.1			建设、运维	验收与质量评定、试运行、运行、维护	调度及二次	二次一体化
204.9-59	Q/CSG 1204005.67.1—2014	南方电网一体化电网运行智能系统技术规范 第6部分：厂站应用 第7篇：厂站装置功能及接口规范 第1分册：通用技术条件	企标	2014.7.1			建设、运维	验收与质量评定、试运行、运行、维护	调度及二次	二次一体化

体系结构号	标准编号	标准名称	标准级别	实施日期	与国际标准对应关系	代替标准	阶段	分阶段	专业	分专业
204.9-60	Q/CSG 1204005.67.2—2014	南方电网一体化电网运行智能系统技术规范 第6部分：厂站应用 第7篇：厂站装置功能及接口规范 第2分册：一体化测控装置	企标	2014.7.1			建设、运维	验收与质量评定、试运行、运行、维护	调度及二次	二次一体化
204.9-61	Q/CSG 1204005.67.3—2014	南方电网一体化电网运行智能系统技术规范 第6部分：厂站应用 第7篇：厂站装置功能及接口规范 第3分册：一体化运行记录分析装置	企标	2014.7.1			建设、运维	验收与质量评定、试运行、运行、维护	调度及二次	二次一体化
204.9-62	Q/CSG 1204005.67.4—2014	南方电网一体化电网运行智能系统技术规范 第6部分：厂站应用 第7篇：厂站装置功能及接口规范 第4分册：一体化在线监测装置	企标	2014.7.1			建设、运维	验收与质量评定、试运行、运行、维护	调度及二次	二次一体化
204.9-63	Q/CSG 1204005.67.5—2014	南方电网一体化电网运行智能系统技术规范 第6部分：厂站应用 第7篇：厂站装置功能及接口规范 第5分册：合并单元	企标	2014.7.1			建设、运维	验收与质量评定、试运行、运行、维护	调度及二次	二次一体化
204.9-64	Q/CSG 1204005.67.6—2014	南方电网一体化电网运行智能系统技术规范 第6部分：厂站应用 第7篇：厂站装置功能及接口规范 第6分册：智能终端	企标	2014.7.1			建设、运维	验收与质量评定、试运行、运行、维护	调度及二次	二次一体化
204.9-65	Q/CSG 1204005.67.7—2014	南方电网一体化电网运行智能系统技术规范 第6部分：厂站应用 第7篇：厂站装置功能及接口规范 第7分册：工业以太网交换机	企标	2014.7.1			建设、运维	验收与质量评定、试运行、运行、维护	调度及二次	二次一体化
204.9-66	Q/CSG 1204005.67.8—2014	南方电网一体化电网运行智能系统技术规范 第6部分：厂站应用 第7篇：厂站装置功能及接口规范 第8分册：调速器	企标	2014.7.1			建设、运维	验收与质量评定、试运行、运行、维护	调度及二次	二次一体化

体系结构号	标准编号	标准名称	标准级别	实施日期	与国际标准对应关系	代替标准	阶段	分阶段	专业	分专业
204.9-67	Q/CSG 1204005.67.9—2014	南方电网一体化电网运行智能系统技术规范 第6部分：厂站应用 第7篇：厂站装置功能及接口规范 第9分册：励磁控制器	企标	2014.7.1			建设、运维	验收与质量评定、试运行、运行、维护	调度及二次	二次一体化
204.9-68	Q/CSG 1204005.68—2014	南方电网一体化电网运行智能系统技术规范 第6部分：厂站应用 第8篇：智能配电终端功能规范	企标	2014.7.1			建设、运维	验收与质量评定、试运行、运行、维护	调度及二次	二次一体化
204.9-69	Q/CSG 1204005.71—2014	南方电网一体化电网运行智能系统技术规范 第7部分：配置 第1篇：主站系统配置规范	企标	2014.7.1			建设、运维	验收与质量评定、试运行、运行、维护	调度及二次	二次一体化
204.9-70	Q/CSG 1204005.72—2014	南方电网一体化电网运行智能系统技术规范 第7部分：配置 第2篇：主站辅助设施配置规范	企标	2014.7.1			建设、运维	验收与质量评定、试运行、运行、维护	调度及二次	二次一体化
204.9-71	Q/CSG 1204005.73—2014	南方电网一体化电网运行智能系统技术规范 第7部分：配置 第3篇：主站二次接线标准	企标	2014.7.1			建设、运维	验收与质量评定、试运行、运行、维护	调度及二次	二次一体化
204.9-72	Q/CSG 1204005.74—2014	南方电网一体化电网运行智能系统技术规范 第7部分：配置 第4篇：厂站系统配置规范	企标	2014.7.1			建设、运维	验收与质量评定、试运行、运行、维护	调度及二次	二次一体化
204.9-73	Q/CSG 1204005.75—2014	南方电网一体化电网运行智能系统技术规范 第7部分：配置 第5篇：厂站辅助设施配置规范	企标	2014.7.1			建设、运维	验收与质量评定、试运行、运行、维护	调度及二次	二次一体化
204.9-74	Q/CSG 1204028—2018	南方电网OS2主站运行管控功能模块技术规范	企标	2018.5.21			建设、运维	验收与质量评定、试运行、运行、维护	调度及二次	二次一体化
204.10	调度与交易-电力交易									
204.10-1	Q/CSG 110013—2012	南方电网电厂并网运行及辅助服务管理源数据交换规范	企标	2011.7.1			设计、采购、运维	初设、招标、运行	调度及二次	电力交易、电力调度

体系结构号	标准编号	标准名称	标准级别	实施日期	与国际标准对应关系	代替标准	阶段	分阶段	专业	分专业
204.10-2	Q/CSG 110014—2012	南方电网电厂并网运行及辅助服务管理算法规范	企标	2012.2.13			设计、建设、运维	初设、施工工艺、验收与质量评定、试运行、运行	调度及二次	电力交易、调度自动化、电力调度、运行方式、其他
204.10-3	Q/CSG 1204026—2018	电力交易安全校核技术规范	企标	2018.5.17			规划、设计	规划、初设	调度及二次	电力交易
204.10-4	Q/CSG 1204050—2019	南方区域电力现货市场技术支持系统技术规范	企标	2019.6.26			规划、设计	规划、初设、施工图	调度及二次	电力交易
204.10-5	Q/CSG 1204083—2020	南方电网电力现货市场安全校核技术规范（试行）	企标	2020.11.30			规划、设计	规划、初设、施工图	调度及二次	电力交易
204.10-6	GB/T 37134—2018	并网发电厂辅助服务导则	国标	2019.7.1			规划、设计	规划、初设	调度及二次	电力交易
204.10-7	DL/T 2126—2020	发电企业碳排放权交易技术指南	行标	2021.2.1			设计、采购、运维	初设、招标、运行	调度及二次	电力交易
204.11 调度与交易-其他										
204.11-1	Q/CSG 1204023—2017	调度生产场所建筑物防灾技术规范	企标	2017.3.1			设计、运维	初设、维护	附属设施及工器具	生产楼宇
204.11-2	Q/CSG 1204024—2017	调度生产空调配置技术规范	企标	2017.2.3			设计、运维	初设、维护	附属设施及工器具	生产楼宇
204.11-3	Q/CSG 11104001—2012	南方电网调度生产供电电源配置技术规范	企标	2012.11.7			设计、运维	初设、维护	附属设施及工器具	生产楼宇
204.11-4	DL/T 2119—2020	架空电力线路多旋翼无人机飞行控制系统通用技术规范	行标	2021.2.7			规划、设计、采购、建设、运维、修试、退役	规划、初设、施工图、招标、品控、施工工艺、验收与质量评定、试运行、运行、维护、检修、试验、退役、报废	发电	火电、水电
205 运行检修										
205.1 运行检修-基础综合										
205.1-1	Q/CSG 1205014—2018	电网一次设备退役报废技术导则	企标	2018.4.16			退役	退役、报废	基础综合	
205.1-2	Q/CSG 10703—2007	接地装置运行维护规程	企标	2007.12.20			运维	运行、维护	输电、变电	其他
205.1-3	Q/CSG 1203024—2017	输变电设备状态监测评价系统数据接口与协议	企标	2017.2.15			运维	运行、维护	输电、变电	其他

体系结构号	标准编号	标准名称	标准级别	实施日期	与国际标准对应关系	代替标准	阶段	分阶段	专业	分专业
205.1-4	Q/CSG 1203026—2017	输变电设备状态监测评价系统总体架构技术规范	企标	2017.2.15			运维	运行、维护	输电、变电	其他
205.1-5	Q/CSG 1203027—2017	输变电设备状态监测评价系统主站应用功能技术规范	企标	2017.2.15			运维	运行、维护	输电、变电	其他
205.1-6	Q/CSG 1205004—2016	电气工作票技术规范（调度检修申请单部分）	企标	2017.1.1			运维、修试	运行、维护、检修、试验	基础综合	
205.1-7	Q/CSG 1205005—2016	电气工作票实施规范（发电、变电部分）	企标	2017.1.1			运维、修试	运行、维护、检修、试验	基础综合	
205.1-8	Q/CSG 1205006—2016	电气工作票实施规范（输电线路部分）	企标	2017.1.1		Q/CSQ 10005—2004	运维、修试	运行、维护、检修、试验	基础综合	
205.1-9	Q/CSG 1205007—2016	电气工作票实施规范（配电部分）	企标	2017.1.1			运维、修试	运行、维护、检修、试验	基础综合	
205.1-10	Q/CSG 1205008—2016	电气操作导则（主网、配网部分）	企标	2017.1.9		Q/CSG 10006—2004	运维、修试	运行、维护、检修、试验	基础综合	
205.1-11	Q/CSG 1205021—2018	输变电设备状态评价大数据交换与发布技术规范	企标	2018.12.28			采购、运维	招标、品控、运行、维护	输电、变电	其他
205.1-12	Q/CSG 1205035—2020	退役电网二次设备报废技术导则（试行）	企标	2020.11.30			退役	试运行、退役、报废	调度及二次	其他
205.1-13	Q/CSG 1206007—2017	电力设备检修试验规程	企标	2017.7.1			修试	检修、试验	输电、换流、变电	其他
205.1-14	T/CSEE 0109.1—2019	基于大数据分析的输变电设备状态评估技术规范 总则	团标	2019.3.1			运维、修试	运行、维护、检修、试验	输电、变电	其他
205.1-15	T/CEC 291.4—2020	天然酯绝缘油电力交压器 第4部分：运行和维护导则	团标	2020.10.1			设计、采购、运维	初设、施工图、招标、品控、运行、维护	变电	变压器
205.1-16	T/CEC 309—2020	石墨基柔性接地装置使用导则	团标	2020.10.1			设计、采购、运维	初设、施工图、招标、品控、运行、维护	输电	线路
205.1-17	T/CEC 411—2020	输变电设备地电位检修作业用等电位地毯	团标	2021.2.1			设计、采购、运维	初设、施工图、招标、品控、运行、维护	输电、变电、配电	其他
205.1-18	DL/T 345—2019	带电设备紫外诊断技术应用导则	行标	2020.5.1		DL/T 345—2010	修试	检修、试验	输电、变电、配电	其他

体系结构号	标准编号	标准名称	标准级别	实施日期	与国际标准对应关系	代替标准	阶段	分阶段	专业	分专业
205.1-19	DL/T 393—2010	输变电设备状态检修试验规程	行标	2010.10.1			修试	检修、试验	输电、变电、配电	其他
205.1-20	DL/T 417—2019	电力设备局部放电现场测量导则	行标	2020.5.1		DL/T 417—2006	修试	检修、试验	输电、变电、配电	其他
205.1-21	DL/T 664—2016	带电设备红外诊断应用规范	行标	2017.5.1		DL/T 664—2008	修试	检修、试验	输电、变电、配电	其他
205.1-22	DL/T 729—2000	户内绝缘子运行条件 电气部分	行标	2001.1.1	IEC 60660-1：1984，NEQ		采购、运维	招标、品控、运行、维护	输电、变电、配电	其他
205.1-23	DL/T 907—2004	热力设备红外检测导则	行标	2005.6.1			修试	检修、试验	发电	其他
205.1-24	DL/T 1467—2015	500kV 交流输变电设备带电水冲洗作业技术规范	行标	2015.12.1			设计、采购、运维	初设、施工图、招标、品控、运行、维护	输电、变电、配电	其他
205.1-25	DL/T 2045—2019	中性点不接地系统铁磁谐振防治技术导则	行标	2019.10.1			规划、设计、采购、建设、运维、修试	规划、初设、施工图、招标、品控、施工工艺、验收与质量评定、试运行、运行、维护、检修、试验、	基础综合	
205.1-26	GJB 6722—2009	通用型无人机操作使用要求	行标	2009.8.1			运维	维护	基础综合	
205.1-27	GB/T 35221—2017	地面气象观测规范 总则	国标	2018.7.1			运维	维护	基础综合	
205.1-28	GB/T 37047—2018	基于雷电定位系统（LLS）的地闪密度 总则	国标	2019.7.1			采购、运维、修试	招标、品控、运行、维护、检修	输电、变电	其他
205.1-29	GB 50365—2019	空调通风系统运行管理规范	国标	2006.3.1		GB 50365—2005	运维、修试	运行、维护、检修、试验	变电、配电、发电	其他
205.1-30	IEC 61472—2013	带电作业 电压范围为72.5kV 至 800kV 的交流系统的最小安全距离.计算方法	国标	2013.4.11	EN 61472—2013.IDT	IEC 61472—2004；IEC 61472 Corn i—2005；IEC 61472 Corri 2—2006；IEC 78/1004/FDIS—2013	运维、修试	运行、维护、检修、试验	输电、变电	其他
205.1-31	IEEE 738—2012	计算空载导线的电流 温度关系	国际标准	2012.10.19			运维	运行、维护	输电	线路
205.2 运行检修-发电										
205.2-1	T/CSEE 0152—2020	汽轮发电机励磁系统运行及检修技术导则	团标	2020.1.15			运维	运行、维护	发电	火电

体系结构号	标准编号	标准名称	标准级别	实施日期	与国际标准对应关系	代替标准	阶段	分阶段	专业	分专业
205.2-2	DL/T 293—2011	抽水蓄能可逆式水泵水轮机运行规程	行标	2011.11.1			运维	运行、维护	发电	水电
205.2-3	DL/T 305—2012	抽水蓄能可逆式发电电动机运行规程	行标	2012.3.1			运维	运行、维护	发电	水电
205.2-4	DL/T 491—2008	大中型水轮发电机自并励励磁系统及装置运行和检修规程	行标	2008.11.1		DL/T 491—1999	运维、修试	运行、维护、检修、试验	发电	水电
205.2-5	DL/T 619—2012	水电厂自动化元件（装置）及其系统运行维护与检修试验规程	行标	2012.3.1		DL/T 619—1997	运维	运行、维护	发电	水电
205.2-6	DL/T 710—2018	水轮机运行规程	行标	2018.7.1		DL/T 710—1999	运维	运行、维护	发电	水电
205.2-7	DL/T 751—2014	水轮发电机运行规程	行标	2014.8.1		DL/T 751—2001	运维	运行、维护	发电	水电
205.2-8	DL/T 792—2013（英文）	Specification for operation and maintenance of hydraulic turbine governing system and devices	行标	2020.10.23		DL/T 792—2001	运维、修试	运行、维护、检修	发电	水电
205.2-9	DL/T 817—2014	立式水轮发电机检修技术规程	行标	2014.8.1		DL/T 817—2002	运维、修试	运行、维护、检修	发电	水电
205.2-10	DL/T 905—2016	汽轮机叶片、水轮机转轮焊接修复技术规程	行标	2016.12.1		DL/T 905—2004	运维	运行、维护	发电	水电
205.2-11	DL/T 1009—2016	水电厂计算机监控系统运行及维护规程	行标	2016.6.1		DL/T 1009—2006	运维	运行、维护	发电	水电
205.2-12	DL/T 1014—2016	水情自动测报系统运行维护规程	行标	2016.6.1		DL/T 1014—2006	运维	运行、维护	发电	水电
205.2-13	DL/T 1066—2007	水电站设备检修管理导则	行标	2007.12.1			运维、修试	运行、维护、检修	发电	水电
205.2-14	DL/T 1225—2013	抽水蓄能电站生产准备导则	行标	2013.8.1			运维	运行、维护	发电	水电
205.2-15	DL/T 1245—2013	水轮机调节系统并网运行技术导则	行标	2013.8.1			建设、运维	试运行、运行	发电	水电
205.2-16	DL/T 1246—2013	水电站设备状态检修管理导则	行标	2013.8.1			运维、修试	运行、维护、检修、试验	发电	水电

体系结构号	标准编号	标准名称	标准级别	实施日期	与国际标准对应关系	代替标准	阶段	分阶段	专业	分专业
205.2-17	DL/T 1259—2013	水电厂水库运行管理规范	行标	2014.4.1			运维	运行、维护	发电	水电
205.2-18	DL/T 1302—2013	抽水蓄能机组静止变频装置运行规程	行标	2014.4.1			运维	运行、维护	发电	水电
205.2-19	DL/T 1303—2013	抽水蓄能发电电动机出口断路器运行规程	行标	2014.4.1			运维	运行、维护	发电	水电
205.2-20	DL/T 1558—2016	大坝安全监测系统运行维护规程	行标	2016.6.1			运维	运行、维护	发电	水电
205.2-21	DL/T 1748—2017	水力发电厂设备防结露技术规范	行标	2018.3.1			运维	运行、维护	发电	水电
205.2-22	DL/T 1809—2018	水电厂设备状态检修决策支持系统技术导则	行标	2018.7.1			运维、修试	运行、维护、检修	发电	水电
205.2-23	DL/T 1869—2018	梯级水电厂集中监控系统运行维护规程	行标	2018.10.1			运维	运行、维护	发电	水电
205.2-24	DL/T 2012—2019	基于风险预控的火力发电安全生产管理体系要求	行标	2019.10.1			运维	运行、维护	发电	火电
205.2-25	DL/T 2025.3—2020	电站阀门检修导则 第3部分：止回阀	行标	2021.2.1			修试	检修	发电	水电
205.2-26	DL/T 2204—2020	水电站大坝安全现场检查技术规程	行标	2021.2.1			运维	运行、维护	发电	水电
205.2-27	DL/T 5211—2019	大坝安全监测自动化技术规范	行标	2020.5.1		DL/T 5211—2005	设计、采购、运维	初设、招标、运行、维护	发电	水电
205.2-28	NB/T 10243—2019	水电站发电及检修计划编制导则	行标	2020.5.1			运维、修试	运行、维护、检修	发电	水电
205.2-29	NB/T 42074—2016	无人值班小型水电站安全运行规范	行标	2016.12.1			运维	运行、维护	发电	水电
205.2-30	GB/T 28566—2012	发电机组并网安全条件及评价	国标	2012.11.1			运维	运行、维护	发电	水电
205.2-31	GB/T 32506—2016	抽水蓄能机组励磁系统运行检修规程	国标	2016.9.1			运维、修试	运行、维护、检修	发电	水电
205.2-32	GB/T 32574—2016	抽水蓄能电站检修导则	国标	2016.11.1			运维、修试	运行、维护、检修	发电	水电
205.2-33	GB/T 32894—2016	抽水蓄能机组工况转换技术导则	国标	2017.3.1			运维	运行、维护	发电	水电

体系结构号	标准编号	标准名称	标准级别	实施日期	与国际标准对应关系	代替标准	阶段	分阶段	专业	分专业
205.2-34	GB/T 35709—2017	灯泡贯流式水轮发电机组检修规程	国标	2018.7.1			运维、修试	运行、维护、检修	发电	水电
205.2-35	GB/T 36570—2018	水力发电厂消防设施运行维护规程	国标	2019.4.1			运维、修试	运行、维护、检修	发电	水电
205.2-36	GB/T 50960—2014	小水电电网安全运行技术规范	国标	2014.10.1			运维	运行、维护	发电	水电
205.2-37	T/CSEE 0057—2017	发电机组一次调频运行参数设置技术导则	团标	2018.5.1			运维	运行、维护	发电	水电、火电
205.2-38	T/CBC 415—2020	风力发电检修工程工程量清单计价规范	团标	2021.2.1			运维	运行、维护	发电	风电
205.2-39	T/CEC 416—2020	风力发电检修工程工程量清单计算规范	团标	2021.2.1			运维	运行、维护	发电	风电
205.2-40	T/CEC 417—2020	光伏发电站运行维护管理规范	团标	2021.2.1			运维	运行、维护	发电	光伏
205.2-41	T/CEC 297.3—2020	高压直流输电换流阀冷却技术规范 第3部分：阀厅空气调节及净化处理	团标	2020.10.1			运维	运行、维护	换流	换流阀
205.2-42	T/CEC 335—2020	抽水蓄能发电机断路器检修规程	团标	2020.10.1			运维	运行、维护	发电	其他
205.2-43	DL/T 801—2010（英文）	Requirements for internal cooling water quality and its systems in large generators	行标	2011.5.1		DL/T 801—2002	运维、修试	运行、维护、检修	发电	火电
205.2-44	DL/T 970—2005	大型汽轮发电机非正常和特殊运行及维护导则	行标	2006.6.1			运维	运行、维护	发电	火电
205.2-45	DL/T 1076—2017	火力发电厂化学调试导则	行标	2017.12.1		DL/T 1076—2007	运维、修试	运行、维护、检修	发电	火电
205.2-46	DL/T 1766.1—2017（英文）	Guide for maintenance of water-hydrogen-hydrogen cooled turbo generator part1: general guideline	行标	2020.10.23			运维、修试	运行、维护、检修	发电	水电
205.3 运行检修-输电										
205.3-1	Q/CSG 1205020.6—2018	架空输电线路机巡标准 第6部分：直升机巡检技术导则（试行）	企标	2018.12.28			运维	运行、维护	输电	线路

体系结构号	标准编号	标准名称	标准级别	实施日期	与国际标准对应关系	代替标准	阶段	分阶段	专业	分专业
205.3-2	Q/CSG 1205020.9—2018	架空输电线路机巡标准 第9部分：直升机巡检数据采集及分析业务指南（试行）	企标	2018.12.28			运维	运行、维护	输电	线路
205.3-3	Q/CSG 1205020.12—2018	架空输电线路机巡标准 第12部分：直升机/无人机电力作业技术支持系统数据存储规范（试行）	企标	2018.12.28			运维	运行、维护	输电	线路
205.3-4	Q/CSG 1205020.13—2018	架空输电线路机巡标准 第13部分：直升机/无人机电力作业技术支持系统数据接口规范（试行）	企标	2018.12.28			运维	运行、维护	输电	线路
205.3-5	Q/CSG 1205020.14—2018	架空输电线路机巡标准 第14部分：直升机/无人机电力作业技术支持系统数据处理规范（试行）	企标	2018.12.28			运维	运行、维护	输电	线路
205.3-6	Q/CSG 1205023—2019	电缆隧道轨道式巡检机器人系统技术规范	企标	2019.6.26			采购、运维	招标、运行、维护	输电	电缆
205.3-7	Q/CSG 1205024—2019	输电电缆故障测寻作业规范	企标	2019.9.30			运维	运行、维护	输电	电缆
205.3-8	Q/CSG 1205025—2019	电力与通信共享杆塔运维技术规范	企标	2019.12.30			建设、运维	运行、维护、退役、报废	输电	线路
205.3-9	Q/CSG 1205026—2019	电力与通信共享杆塔技术导则	企标	2019.12.30			建设、运维	运行、维护、退役、报废	输电	线路
205.3-10	Q/CSG 10702—2008	南方电网融冰技术规程编写导则	企标	2008.7.5			运维	维护	输电	线路
205.3-11	Q/CSG 11104—2008	架空送电线路机载激光雷达测量技术规程	企标	2008.7.30			设计、采购、运维	初设、招标、运行、维护	输电	线路
205.3-12	Q/CSG 1107002—2018	架空输电线路防雷技术导则	企标	2018.10.23			设计、运维	初设、施工图、运行、维护	输电	线路
205.3-13	Q/CSG 1203056.5—2018	110kV～500kV 架空输电线路杆塔复合横担技术规定 第5部分：运行导则（试行）	企标	2018.12.28			运维	运行、维护	输电	线路

体系结构号	标准编号	标准名称	标准级别	实施日期	与国际标准对应关系	代替标准	阶段	分阶段	专业	分专业
205.3-14	Q/CSG 1203060.3—2019	绞合型复合材料芯架空导线 第3部分：导线运行维护技术规范（试行）	企标	2019.2.27			运维	运行、维护	输电	线路
205.3-15	Q/CSG 1205020.1—2018	架空输电线路机巡标准 第1部分：总则（试行）	企标	2018.12.28			运维	运行、维护	输电	线路
205.3-16	Q/CSG 1205020.2—2018	架空输电线路机巡标准 第2部分：机巡安全工作导则(试行)	企标	2018.12.28			运维	运行、维护	输电	线路
205.3-17	Q/CSG 1205020.3—2018	架空输电线路机巡标准 第3部分：多旋翼无人机巡检技术导则（试行）	企标	2018.12.28			运维	运行、维护	输电	线路
205.3-18	Q/CSG 1205020.4—2018	架空输电线路机巡标准 第4部分：固定翼无人机巡检技术导则（试行）	企标	2018.12.28			运维	运行、维护	输电	线路
205.3-19	Q/CSG 1205020.5—2018	架空输电线路机巡标准 第5部分：无人直升机巡检技术导则（试行）	企标	2018.12.28			运维	运行、维护	输电	线路
205.3-20	Q/CSG 1205020.7—2018	架空输电线路机巡标准 第7部分：无人机巡检低空空域申请业务指南（试行）	企标	2018.12.28			运维	运行、维护	输电	线路
205.3-21	Q/CSG 1205020.8—2018	架空输电线路机巡标准 第8部分：三维激光扫描点云数据分类及着色标准（试行）	企标	2018.12.28			运维	运行、维护	输电	线路
205.3-22	Q/CSG 1205020.10—2018	架空输电线路机巡标准 第10部分：直升机/无人机巡检设备性能检测规范（试行）	企标	2018.12.28			运维	运行、维护	输电	线路
205.3-23	Q/CSG 1205020.11—2018	架空输电线路机巡标准 第11部分：直升机/无人机巡检设备维保（试行）	企标	2018.12.28			运维	运行、维护	输电	线路
205.3-24	Q/CSG 1206014—2020	高压直流输电工程控制保护系统调试技术规范（试行）	企标	2020.8.31			运维	运行、维护	调度及二次	其他
205.3-25	T/CEC 117—2016	160kV～500kV 挤包绝缘直流电缆系统运行维护与试验导则	团标	2017.1.1			运维	运行、维护	输电	电缆

体系结构号	标准编号	标准名称	标准级别	实施日期	与国际标准对应关系	代替标准	阶段	分阶段	专业	分专业
205.3-26	T/CEC 233—2019	绝缘管型母线运行规程	团标	2020.1.1			运维	运行、维护	变电	其他
205.3-27	T/CSEE 0060—2017	架空输电线路通道山火卫星监测系统技术规范	团标	2018.5.1			运维	运行、维护	输电	线路
205.3-28	T/CSEE 0061—2017	架空线路电流融冰技术导则	团标	2018.5.1			运维	运行、维护	输电	线路
205.3-29	T/CSEE 0076—2018	输电线路钢制杆塔腐蚀状态评估导则	团标	2018.12.25			运维	运行、维护	输电	线路
205.3-30	T/CSEE 0125.1—2019	基于北斗导航系统的架空输电线路监测规范 第1部分：地面监测装置技术要求	团标	2019.3.1			采购、运维	招标、运行、维护	输电	线路
205.3-31	T/CSEE 0125.2—2019	基于北斗导航系统的架空输电线路监测规范 第2部分：地面监测装置安装调试及验收	团标	2019.3.1			运维	运行、维护	输电	线路
205.3-32	T/CSEE 0125.3—2019	基于北斗导航系统的架空输电线路监测规范 第3部分：地面监测装置运行维护	团标	2019.3.1			运维	运行、维护	输电	线路
205.3-33	T/CSEE 0156—2020	架空输电线路导线修补机器人作业导则	团标	2020.1.15			运维	运行、维护	输电	其他
205.3-34	T/CEC 402—2020	输电线路飘浮异物激光带电清除装备技术规范	团标	2021.2.1			运维	运行、维护	输电	其他
205.3-35	T/CEC 403—2020	输电线路飘浮异物激光带电清除装备使用导则	团标	2021.2.1			运维	运行、维护	输电	其他
205.3-36	T/CEC 292—2020	输变电设备数据质量评价导则	团标	2020.10.1			运维	运行、维护	输电	其他
205.3-37	T/CEC 295—2020	柔性直流输电工程控制系统技术则	团标	2020.10.1			运维	运行、维护	调度及二次	其他
205.3-38	T/CEC 308—2020	架空电力线路多旋翼无人机巡检系统分类和配置导则	团标	2020.10.1			运维	运行、维护	输电	其他
205.3-39	QX/T 59—2007	地面气象观测规范 第15部分：电线积冰观测	行标	2007.10.1			运维	维护	输电	线路

体系结构号	标准编号	标准名称	标准级别	实施日期	与国际标准对应关系	代替标准	阶段	分阶段	专业	分专业
205.3-40	DL/T 251—2012	±800kV 直流架空输电线路检修规程	行标	2012.7.1			修试	检修	输电	线路
205.3-41	DL/T 257—2012	高压交直流架空线路用复合绝缘子施工、运行和维护管理规范	行标	2012.7.1			运维	运行、维护	输电	线路
205.3-42	DL/T 288—2012	架空输电线路直升机巡视技术导则	行标	2012.3.1			运维	维护	输电	线路
205.3-43	DL/T 289—2012	架空输电线路直升机巡视作业标志	行标	2012.3.1			运维	维护	输电	线路
205.3-44	DL/T 400—2019	500kV 交流紧凑型输电线路带电作业技术导则	行标	2019.10.1		DL/T 400—2010	运维	维护	输电	线路
205.3-45	DL/T 741—2019	架空输电线路运行规程	行标	2019.10.1		DL/T 741—2010	运维	运行、维护	输电	线路
205.3-46	DL/T 881—2019	±500kV 直流输电线路带电作业技术导则	行标	2019.10.1		DL/T 881—2004	运维	维护	输电	线路
205.3-47	DL/T 966—2005	送电线路带电作业技术导则	行标	2006.6.1			运维	维护	输电	线路
205.3-48	DL/T 1006—2006	架空输电线路巡检系统	行标	2007.3.1			运维	维护	输电	线路
205.3-49	DL/T 1007—2006	架空输电线路带电安装导则及作业工具设备	行标	2007.3.1	IEC 61328: 2003，IDT		运维	维护	输电	线路
205.3-50	DL/T 1069—2016	架空输电线路导地线补修导则	行标	2016.7.1		DL/T 1069—2007	修试	检修	输电	线路
205.3-51	DL/T 1126—2017	同塔多回线路带电作业技术导则	行标	2018.3.1		DL/T 1126—2009	运维	维护	输电	线路
205.3-52	DL/T 392—2015	1000kV 交流输电线路带电作业技术导则	行标	2015.12.1		DL/T 392—2010	运维	维护	输电	线路
205.3-53	DL/T 1148—2009	电力电缆线路巡检系统	行标	2009.12.1			运维	运行、维护	输电、发电	电缆、水电、火电、其他
205.3-54	DL/T 1242—2013	±800kV 直流线路带电作业技术规范	行标	2013.8.1			运维	维护	输电	线路
205.3-55	DL/T 1248—2013	架空输电线路状态检修导则	行标	2013.8.1			修试	检修	输电	线路

体系结构号	标准编号	标准名称	标准级别	实施日期	与国际标准对应关系	代替标准	阶段	分阶段	专业	分专业
205.3-56	DL/T 1249—2013	架空输电线路运行状态评估技术导则	行标	2013.8.1			运维	运行	输电	线路
205.3-57	DL/T 1253—2013	电力电缆线路运行规程	行标	2014.4.1			运维	运行、维护	输电	电缆
205.3-58	DL/T 1278—2013	海底电力电缆运行规程	行标	2014.4.1			运维	运行、维护	输电	电缆
205.3-59	DL/T 1346—2014	直升机激光扫描输电线路作业技术规程	行标	2015.3.1			运维	维护	输电	线路
205.3-60	DL/T 1481—2015	架空输电线路故障风险计算导则	行标	2015.12.1			运维	维护	输电	线路
205.3-61	DL/T 1482—2015	架空输电线路无人机巡检作业技术导则	行标	2015.12.1			运维	维护	输电	线路
205.3-62	DL/T 1575—2016	6kV～35kV 电缆振荡波局部放电测量系统	行标	2016.7.1			采购、建设、运维	招标、品控、试运行、运行	输电、配电	电缆、线缆
205.3-63	DL/T 1578—2016	架空输电线路无人直升机巡检系统	行标	2016.7.1			运维	维护	输电	线路
205.3-64	DL/T 1609—2016	架空输电线路除冰机器人作业导则	行标	2016.12.1			运维	维护	输电	线路
205.3-65	DL/T 1615—2016	碳纤维复合材料芯架空导线运行维护技术导则	行标	2016.12.1			运维	运行、维护	输电	线路
205.3-66	DL/T 1620—2016	架空输电线路山火风险预报技术导则	行标	2016.12.1			运维	运行	输电	线路
205.3-67	DL/T 1634—2016	高海拔地区输电线路带电作业技术导则	行标	2017.5.1			运维	维护	输电	线路
205.3-68	DL/T 1635—2016	耐热导线输电线路带电作业技术导则	行标	2017.5.1			运维	维护	输电	线路
205.3-69	DL/T 1636—2016	电缆隧道机器人巡检技术导则	行标	2017.5.1			运维	运行	输电	电缆
205.3-70	DL/T 1720—2017	架空输电线路直升机带电作业技术导则	行标	2017.12.1			运维	维护	输电	线路
205.3-71	DL/T 1722—2017	架空输电线路机器人巡检技术导则	行标	2017.12.1			运维	维护	输电	线路

体系结构号	标准编号	标准名称	标准级别	实施日期	与国际标准对应关系	代替标准	阶段	分阶段	专业	分专业
205.3-72	DL/T 1922—2018	架空输电线路导地线机械震动除冰装置使用技术导则	行标	2019.5.1			运维	维护	输电	线路
205.3-73	DL/T 1956—2018	绝缘管型母线运行监测系统通用技术条件	行标	2019.5.1			运维	维护	变电	其他
205.3-74	DL/T 2101—2020	架空输电线路固定翼无人机巡检系统	行标	2021.2.1			运维	维护	输电	线路
205.3-75	DL/T 2111—2020	架空输电线路感应电防护技术导则	行标	2021.2.1			设计、采购、建设	招标、品控、试运行、运行	输电	线路
205.3-76	DL/T 2055—2019	输电线路钢结构腐蚀安全评估导则	行标	2020.5.1			运维、退役	运行、维护、退役、报废	输电	线路
205.3-77	DL/T 2066—2019	高压交、直流盘形悬式瓷或玻璃绝缘子施工、运行和维护规范	行标	2020.5.1			建设、运维	施工工艺、运行、维护	输电	线路
205.3-78	DL/T 5462—2012	架空输电线路覆冰观测技术规定	行标	2013.3.1			运维	维护	输电	线路
205.3-79	YD/T 2979—2015	高压输电系统对通信设施危险影响防护技术要求	行标	2016.1.1			运维	维护	输电	线路
205.3-80	GB/T 19185—2008	交流线路带电作业安全距离计算方法	国标	2009.8.1		GB/T 19185—2003	运维	维护	输电	线路
205.3-81	GB/T 25095—2020	架空输电线路运行状态监测系统	国标	2021.7.1		GB/T 25095—2010	运维	运行	输电	线路
205.3-82	GB/T 28813—2012	±800kV 直流架空输电线路运行规程	国标	2013.2.1			运维	运行	输电	线路
205.3-83	GB/T 32673—2016	架空输电线路故障巡视技术导则	国标	2016.11.1			运维	运行、维护	输电	线路
205.3-84	GB/T 35235—2017	地面气象观测规范 电线积冰	国标	2018.7.1			运维	维护	输电	线路
205.3-85	GB/T 35695—2017	架空输电线路涉鸟故障防治技术导则	国标	2018.7.1			运维	维护	输电	线路
205.3-86	GB/T 35697—2017	架空输电线路在线监测装置通用技术规范	国标	2018.7.1			采购、运维	招标、品控、维护	输电	线路

体系结构号	标准编号	标准名称	标准级别	实施日期	与国际标准对应关系	代替标准	阶段	分阶段	专业	分专业
205.3-87	GB/T 37013—2018	柔性直流输电线路检修规范	国标	2019.7.1			修试	检修	输电	线路
205.3-88	GB 51354—2019	城市地下综合管廊运行维护及安全技术标准	国标	2019.8.1			运维	运行、维护	输电	电缆
205.4 运行检修-换流										
205.4-1	Q/CSG 1205009—2016	高压直流换流站运行规程编制导则	企标	2017.1.10			建设、运维、修试、退役	施工工艺、验收与质量评定、试运行、运行、维护、检修、试验、退役	换流	其他
205.4-2	Q/CSG 1205012—2017	±800kV 特高压直流运行接线方式技术规范	企标	2017.7.1			运维	运行、维护	换流	其他
205.4-3	Q/CSG 1205016—2018	高压直流换流阀冷却系统运行规范	企标	2018.4.16			建设、运维、修试	试运行、运行、维护、检修、试验、	换流	换流阀
205.4-4	Q/CSG 1205017—2018	高压直流输电换流阀运行规范	企标	2018.4.16			建设、运维、修试	试运行、运行、维护、检修、试验、	换流	换流阀
205.4-5	T/CSEE 0081.19—2020	统一潮流控制器（UPFC）第 19 部分：换流阀运行检修技术规范	团标	2020.1.15			建设、运维、修试	试运行、运行、维护、检修、试验、	换流	换流阀
205.4-6	DL/T 1168—2012	高压直流输电系统保护运行评价规程	行标	2012.12.1			建设、运维、修试	试运行、运行、维护、检修、试验	换流	其他
205.4-7	DL/T 348—2019	换流站设备巡检导则	行标	2019.10.1		DL/T 351—2010	建设、运维、修试	试运行、运行、维护、检修、试验、	换流	其他
205.4-8	DL/T 349—2019	换流站运行操作导则	行标	2020.5.1		DL/T 352—2010	建设、运维、修试	试运行、运行、维护、检修、试验	换流	其他
205.4-9	DL/T 350—2010	换流站运行规程编制导则	行标	2011.5.1			建设、运维、修试、退役	施工工艺、验收与质量评定、试运行、运行、维护、检修、试验、退役	换流	其他
205.4-10	DL/T 351—2019	晶闸管换流阀检修导则	行标	2020.5.1		DL/T 351—2010	建设、运维、修试	试运行、运行、维护、检修、试验	换流	换流阀
205.4-11	DL/T 352—2019	直流断路器检修导则	行标	2020.5.1		DL/T 352—2010	建设、运维、修试	试运行、运行、维护、检修、试验	换流	其他

体系结构号	标准编号	标准名称	标准级别	实施日期	与国际标准对应关系	代替标准	阶段	分阶段	专业	分专业
205.4-12	DL/T 353—2019	高压直流测量装置检修导则	行标	2020.5.1		DL/T 353—2010	建设、运维、修试	试运行、运行、维护、检修、试验	换流	其他
205.4-13	DL/T 354—2019	换流变压器、平波电抗器检修导则	行标	2020.5.1		DL/T 354—2010	建设、运维、修试	试运行、运行、维护、检修、试验	换流	换流变
205.4-14	DL/T 355—2019	滤波器及并联电容器装置检修导则	行标	2020.5.1		DL/T 355—2010	建设、运维、修试	试运行、运行、维护、检修、试验	换流	其他
205.4-15	DL/T 1716—2017	高压直流输电换流阀冷却水运行管理导则	行标	2017.12.1			建设、运维、修试	试运行、运行、维护、检修、试验	换流	换流阀
205.4-16	DL/T 1795—2017	柔性直流输电换流站运行规程	行标	2018.6.1			建设、运维、修试	试运行、运行、维护、检修、试验	换流	其他
205.4-17	DL/T 1831—2018	柔性直流输电换流站检修规程	行标	2018.7.1			建设、运维、修试	试运行、运行、维护、检修、试验	换流	其他
205.4-18	DL/T 1833—2018	柔性直流输电换流阀检修规程	行标	2018.7.1			建设、运维、修试	试运行、运行、维护、检修、试验	换流	换流阀
205.4-19	DL/T 2002—2019	换流变压器运行规程	行标	2019.10.1			建设、运维、修试	试运行、运行、维护、检修、试验	换流	换流变
205.4-20	DL/T 2003—2019	换流变压器有载分接开关使用导则	行标	2019.10.1			建设、运维、修试	试运行、运行、维护、检修、试验	换流	换流变
205.4-21	GB/T 20989—2017	高压直流换流站损耗的确定	国标	2018.2.1	IEC 61803：2011	GB/T 20989—2007	设计、建设、运维、修试	初设、试运行、运行、维护、检修、试验	换流	其他
205.4-22	GB/T 28814—2012	±800kV 换流站运行规程编制导则	国标	2013.2.1			建设、运维、修试、退役	施工工艺、验收与质量评定、试运行、运行、维护、检修、试验、退役	换流	其他
205.4-23	GB/T 37014—2018	海上柔性直流换流站检修规范	国标	2019.7.1			设计、运维、修试	初设、维护、检修、试验	换流	其他
205.5 运行检修-变电										
205.5-1	Q/CSG 110023—2012	变电站防止电气误操作闭锁装置技术规范	企标	2012.4.6			采购、运维	招标、品控、运行、维护	变电	其他
205.5-2	Q/CSG 1203063—2019	变电站视频及环境监控系统技术规范	企标	2019.9.30			设计、建设、运维	初设、验收与质量评定、运行	变电	其他

体系结构号	标准编号	标准名称	标准级别	实施日期	与国际标准对应关系	代替标准	阶段	分阶段	专业	分专业
205.5-3	Q/CSG 1205022—2018	串联电容器补偿装置运行规程	企标	2018.12.28			运维	运行、维护	变电	其他
205.5-4	Q/CSG 1206012—2019	油浸式变压器非电量保护技术规范	企标	2019.12.30			运维	运行、维护	变电、配电	变压器
205.5-5	Q/CSG 1205029—2020	变电站自动化系统监控后台一体化运维配置技术规范	企标	2020.3.31			运维	运行、维护	变电	其他
205.5-6	Q/CSG 1205030—2020	变电站自动化系统远动机一体化运维配置技术规范	企标	2020.3.31			运维	运行、维护	变电	其他
205.5-7	Q/CSG 1206011—2020	智能变电站继电保护试验装置技术规范	企标	2020.7.31			运维	运行、维护	变电	其他
205.5-8	Q/CSG 1206016—2020	变电站视频及环境监控系统检验规范（试行）	企标	2020.8.31			运维	运行、维护	变电	其他
205.5-9	DL/T 2140—2020	无人值班变电站消防远程集中监控系统技术规范	行标	2021.2.1			运维	运行、维护	变电	其他
205.5-10	T/CEC 142—2017	变压器油中溶解气体在线监测装置运行导则	团标	2017.8.1			采购、运维	招标、品控、运行、维护	变电	变压器
205.5-11	T/CEC 159—2018	变电站机器人巡检系统扩展接口技术规范	团标	2018.4.1			运维	运行、维护	变电	其他
205.5-12	T/CEC 160—2018	变电站机器人巡检系统集中监控技术导则	团标	2018.4.1			运维	运行、维护	变电	其他
205.5-13	T/CEC 161—2018	变电站机器人巡检系统运维检修技术导则	团标	2018.4.1			采购、运维	招标、品控、运行、维护	变电	其他
205.5-14	T/CEC 384—2020	变电站可见光巡检图像标注规范	团标	2021.2.1			采购、运维	招标、品控、运行、维护	变电	其他
205.5-15	T/CEC 391—2020	变电站巡检机器人信息采集导则	团标	2021.2.1			采购、运维	招标、品控、运行、维护	变电	其他
205.5-16	DL/T 572—2010	电力变压器运行规程	团标	2010.10.1		DL/T 572—1995	采购、运维	招标、品控、运行、维护	变电	变压器
205.5-17	DL/T 573—2010	电力变压器检修导则	行标	2010.10.1		DL/T 573—1995	采购、运维	招标、品控、运行、维护	变电	变压器

体系结构号	标准编号	标准名称	标准级别	实施日期	与国际标准对应关系	代替标准	阶段	分阶段	专业	分专业
205.5-18	DL/T 574—2010	变压器分接开关运行维修导则	行标	2010.10.1		DL/T 574—1995	采购、运维	招标、品控、运行、维护	变电	变压器
205.5-19	DL/T 603—2017	气体绝缘金属封闭开关设备运行维护规程	行标	2018.6.1		DL/T 603—2006	采购、运维	招标、品控、运行、维护	变电	变压器
205.5-20	DL/T 727—2013	互感器运行检修导则	行标	2014.4.1		DL/T 727—2000	采购、运维	招标、品控、运行、维护	变电	互感器
205.5-21	DL/T 737—2010	农村无人值班变电站运行规定	行标	2011.5.1		DL/T 737—2000	采购、运维	招标、品控、运行、维护	变电	其他
205.5-22	DL/T 739—2000	LW-10 型六氟化硫断路器检修工艺规程	行标	2001.1.1			采购、运维	招标、品控、运行、维护	变电	开关
205.5-23	DL/T 969—2005	变电站运行导则	行标	2006.6.1			采购、运维	招标、品控、运行、维护	变电	其他
205.5-24	DL/T 1036—2006	变电设备巡检系统	行标	2007.5.1			采购、运维	招标、品控、运行、维护	变电	其他
205.5-25	DL/T 1081—2008	12kV～40.5kV 户外高压开关运行规程	行标	2008.11.1			采购、运维	招标、品控、运行、维护	变电	开关
205.5-26	DL/T 1215.5—2013	链式静止同步补偿器 第5部分：运行检修导则	行标	2013.8.1			采购、运维	招标、品控、运行、维护	变电	其他
205.5-27	DL/T 1298—2013	静止无功补偿装置运行规程	行标	2014.4.1			采购、运维	招标、品控、运行、维护	变电	其他
205.5-28	DL/T 1403—2015	智能变电站监控系统技术规范	行标	2015.9.1			采购、运维	招标、品控、运行、维护	变电	其他
205.5-29	DL/T 1404—2015	变电站监控系统防止电气误操作技术规范	行标	2015.9.1			采购、运维	招标、品控、运行、维护	变电	其他
205.5-30	DL/T 1430—2015	变电设备在线监测系统技术导则	行标	2015.9.1			采购、运维	招标、品控、运行、维护	变电	其他
205.5-31	DL/T 1552—2016	变压器油储存管理导则	行标	2016.6.1			采购、运维	招标、品控、运行、维护	变电	变压器
205.5-32	DL/T 1553—2016	六氟化硫气体净化处理工作规程	行标	2016.6.1			采购、运维	招标、品控、运行、维护	变电	开关

体系结构号	标准编号	标准名称	标准级别	实施日期	与国际标准对应关系	代替标准	阶段	分阶段	专业	分专业
205.5-33	DL/T 1555—2016	六氟化硫气体泄漏在线监测报警装置运行维护导则	行标	2016.6.1			采购、运维	招标、品控、运行、维护	变电	其他
205.5-34	DL/T 1610—2016	变电站机器人巡检系统通用技术条件	行标	2016.12.1			采购、运维	招标、品控、运行、维护	变电	其他
205.5-35	DL/T 1637—2016	变电站机器人巡检技术导则	行标	2017.5.1			采购、运维	招标、品控、运行、维护	变电	其他
205.5-36	DL/T 1682—2016	交流变电站接地安全导则	行标	2017.5.1			采购、运维	招标、品控、运行、维护	变电	其他
205.5-37	DL/T 1684—2017	油浸式变压器（电抗器）状态检修导则	行标	2017.8.1			采购、运维	招标、品控、运行、维护	变电	变压器
205.5-38	DL/T 1685—2017	油浸式变压器（电抗器）状态评价导则	行标	2017.8.1			采购、运维	招标、品控、运行、维护	变电	变压器
205.5-39	DL/T 1686—2017	六氟化硫高压断路器状态检修导则	行标	2017.8.1			采购、运维	招标、品控、运行、维护	变电	开关
205.5-40	DL/T 1687—2017	六氟化硫高压断路器状态评价导则	行标	2017.8.1			采购、运维	招标、品控、运行、维护	变电	开关
205.5-41	DL/T 1688—2017	气体绝缘金属封闭开关设备状态评价导则	行标	2017.8.1			采购、运维	招标、品控、运行、维护	变电	开关
205.5-42	DL/T 1689—2017	气体绝缘金属封闭开关设备状态检修导则	行标	2017.8.1			采购、运维	招标、品控、运行、维护	变电	开关
205.5-43	DL/T 1690—2017	电流互感器状态评价导则	行标	2017.8.1			采购、运维	招标、品控、运行、维护	变电	互感器
205.5-44	DL/T 1691—2017	电流互感器状态检修导则	行标	2017.8.1			采购、运维	招标、品控、运行、维护	变电	互感器
205.5-45	DL/T 1700—2017	隔离开关及接地开关状态检修导则	行标	2017.8.1			采购、运维	招标、品控、运行、维护	变电	开关
205.5-46	DL/T 1701—2017	隔离开关及接地开关状态评价导则	行标	2017.8.1			采购、运维	招标、品控、运行、维护	变电	开关
205.5-47	DL/T 1702—2017	金属氧化物避雷器状态检修导则	行标	2017.8.1			采购、运维	招标、品控、运行、维护	变电	避雷器

体系结构号	标准编号	标准名称	标准级别	实施日期	与国际标准对应关系	代替标准	阶段	分阶段	专业	分专业
205.5-48	DL/T 1703—2017	金属氧化物避雷器状态评价导则	行标	2017.8.1			采购、运维	招标、品控、运行、维护	变电	避雷器
205.5-49	DL/T 1775—2017	串联电容器使用技术条件	行标	2018.6.1			采购、运维	招标、品控、运行、维护	变电	开关
205.5-50	DL/T 1958—2018	电子式电压互感器状态检修导则	行标	2019.5.1			采购、运维	招标、品控、运行、维护	变电	互感器
205.5-51	DL/T 1959—2018	电子式电压互感器状态评价导则	行标	2019.5.1			采购、运维	招标、品控、运行、维护	变电	互感器
205.5-52	JB/T 14111—2020	电力场站巡检机器人通用技术条件	行标	2021.7.1			采购、运维	招标、品控、运行、维护	变电	其他
205.5-53	GB/T 13462—2008	电力变压器经济运行	国标	2008.11.1		GB/T 13462—1992	采购、运维	招标、品控、运行、维护	变电	其他
205.5-54	GB/T 14542—2017	变压器油维护管理导则	国标	2017.12.1	IEC 60422：2013	GB/T 14542—2005	运维、修试	运行、维护、检修、试验	变电	变压器
205.5-55	GB/T 32893—2016	10kV 及以上电力用户变电站运行管理规范	国标	2017.3.1			采购、运维	招标、品控、运行、维护	变电	变压器
205.6	**运行检修-配电**									
205.6-1	Q/CSG 1205003—2016	中低压配电运行标准	企标	2016.5.1			运维	运行	配电	其他
205.6-2	Q/CSG 1205034—2020	配电电缆及通道运维规程（试行）	企标	2020.11.30			运维	运行、维护	配电	线缆
205.6-3	T/CSEE 0115—2019	架空配电线路巡检用超声波检测仪技术规范	团标	2019.3.1			设计、采购、运维	初设、施工图、招标、品控、运行、维护	配电	线缆
205.6-4	T/CEC 248—2019	直流配电系统保护技术导则	团标	2020.1.1			规划、设计、运维、修试、退役	规划、初设、施工图、运行、检修、试验、退役、报废	配电	变压器、线缆、开关、其他
205.6-5	T/CEC 393—2020	配网带电作业机器人通用技术条件	团标	2021.2.1			设计、采购、运维	初设、施工图、招标、品控、运行、维护	配电	线缆
205.6-6	DL/T 360—2010	7.2kV～12kV 预装式户外开关站运行及维护规程	行标	2010.10.1			运维	运行、维护	配电	开关
205.6-7	DL/T 391—2010	12kV 户外高压真空断路器检修工艺规程	行标	2011.5.1			修试	检修	配电	开关

体系结构号	标准编号	标准名称	标准级别	实施日期	与国际标准对应关系	代替标准	阶段	分阶段	专业	分专业
205.6-8	DL/T 736—2010	农村电网剩余电流动作保护器安装运行规程	行标	2011.5.1		DL/T 736—2000	运维	运行	配电	开关
205.6-9	DL/T 1102—2009	配电变压器运行规程	行标	2009.12.1			运维	运行	配电	变压器
205.6-10	DL/T 1292—2013	配电网架空绝缘线路雷击断线防护导则	行标	2014.4.1			运维	运行、维护	配电	线缆
205.6-11	DL/T 1417—2015	低压无功补偿装置运行规程	行标	2015.9.1			运维	运行	配电	其他
205.6-12	DL/T 1753—2017	配网设备状态检修试验规程	行标	2018.3.1			修试	检修、试验	配电	其他
205.6-13	DL/T 1910—2018	配电网分布式馈线自动化技术规范	行标	2019.5.1			运维	运行	配电	其他
205.6-14	DL/T 2106—2020	配网设备状态评价导则	行标	2021.2.1			运维	运行	配电	其他
205.6-15	SD 292—1988	架空配电线路及设备运行规程	行标	1988.9.1			运维	运行	配电	线缆
205.6-16	GB/T 10236—2006	半导体变流器与供电系统的兼容及干扰防护导则	国标	2007.4.1			运维	运行、维护	配电	其他
205.6-17	GB/T 13955—2017	剩余电流动作保护装置安装和运行	国标	2018.7.1		GB/T 13955—2005	修试	检修、试验	配电	其他
205.6-18	GB/T 18857—2019	配电线路带电作业技术导则	国标	2019.12.1		GB/T 18857—2008	运维	运行、维护	配电	线缆
205.6-19	GB 20052—2013	三相配电变压器能效限定值及能效等级	国标	2013.10.1		GB 20052—2006	设计、采购、修试	初设、施工图、招标、品控、试验	配电	变压器
205.6-20	GB/T 34577—2017	配电线路旁路作业技术导则	国标	2018.4.1			运维	运行、维护	配电	线缆
205.6-21	GB/T 37136—2018	电力用户供配电设施运行维护规范	国标	2019.7.1			运维	运行、维护	配电	其他
205.7 运行检修-其他										
205.7-1	T/CEC 386—2020	智能远动网关运维配置技术规范	团标	2021.2.1			运维	运行、维护	其他	

体系结构号	标准编号	标准名称	标准级别	实施日期	与国际标准对应关系	代替标准	阶段	分阶段	专业	分专业
205.7-2	T/CEC 424—2020	六氟化硫充气设备湿度超标现场处理工作规程	团标	2021.2.1			运维	运行、维护	其他	
205.7-3	T/CSEE 0155—2020	智能隔离断路器检修决策导则	团标	2020.1.15			运维	运行、维护	其他	
205.7-4	QX/T 400—2017	防雷安全检查规程	行标	2018.4.1			运维	运行、维护	其他	
205.7-5	DL/T 724—2000	电力系统用蓄电池直流电源装置运行与维护技术规程	行标	2001.1.1			运维	运行、维护	变电	其他
205.7-6	DL/T 1228—2013	电能质量监测装置运行规程	行标	2013.8.1			运维	运行、维护	其他	
205.7-7	NB/T 42083—2016	电力系统用固定型铅酸蓄电池安全运行使用技术规范	行标	2016.12.1	IEC 62485-2—2010，MOD		运维	运行、维护	变电	其他
205.7-8	YD/T 1666—2007	远程视频监控系统的安全技术要求	行标	2007.12.1			采购、运维、修试	招标、运行、维护、检修、试验	其他	
205.7-9	YD/T 3425—2018	通信用氢燃料电池供电系统维护技术要求	行标	2019.4.1			运维	运行、维护	调度及二次	电力通信
205.7-10	TSG Q7015—2016	起重机械定期检验规则	行标	2016.7.1			运维、修试	运行、维护、检修、试验	附属设施及工器具	工器具
205.7-11	TSG Q7016—2016	起重机械安装改造重大修理监督检验规则	行标	2016.7.1			运维、修试	运行、维护、检修、试验	附属设施及工器具	工器具
205.7-12	GB/T 9089.5—2008	户外严酷条件下的电气设施 第5部分：操作要求	国标	2017.3.23	IEC 60621-5：1987	GB 9089.5—2008	修试	检修、试验	其他	
205.7-13	GB/T 13395—2008	电力设备带电水冲洗导则	国标	2009.8.1		GB 13395—1992	运维、修试	运行、维护、检修、试验	其他	
205.7-14	GB/T 25097—2010	绝缘体带电清洗剂	国标	2011.2.1			运维、修试	运行、维护、检修、试验	其他	
205.7-15	GB/T 25098—2010	绝缘体带电清洗剂使用导则	国标	2011.2.1			运维、修试	运行、维护、检修、试验	其他	
205.7-16	GB/T 28537—2012	高压开关设备和控制设备中六氟化硫（SF_6）的使用和处理	国标	2012.11.1	IEC 62271-303：2008，MOD		运维、修试	运行、维护、检修、试验	附属设施及工器具	工器具

体系结构号	标准编号	标准名称	标准级别	实施日期	与国际标准对应关系	代替标准	阶段	分阶段	专业	分专业
205.7-17	GB/T 37546—2019	无人值守变电站监控系统技术规范	国标	2020.1.1			采购、运维	招标、品控、运行、维护	调度及二次	调度自动化
206　试验与计量										
206.1　试验与计量-基础综合										
206.1-1	T/CSEE 0154—2020	电力设备局部放电射频检测法现场应用导则	团标	2020.1.15			修试	检修、试验	其他	
206.1-2	T/CSEE 0158—2020	GIS 现场冲击耐压试验下局部放电特高频测量方法	团标	2020.1.15			修试	检修、试验	其他	
206.1-3	T/CEC 291.3—2020	天然酯地绿油电力变压器 第 3 部分：油中溶解气体分析导则	团标	2020.10.1			修试	检修、试验	其他	
206.1-4	T/CEC 346—2020	谐波过电压保护装置检测规范	团标	2020.10.1			修试	检修、试验	其他	
206.1-5	T/CEC 413—2020	同期线损用高压电能测量装置校准规范	团标	2021.2.1			修试	检修、试验	其他	
206.1-6	DL/T 273—2012	±800kV 特高压直流设备预防性试验规程	行标	2012.3.1			修试	检修、试验	基础综合	
206.1-7	DL/T 383—2010	污秽条件高压瓷套管的人工淋雨试验方法	行标	2011.5.1			修试	检修、试验	基础综合	
206.1-8	DL/T 474.1—2018	现场绝缘试验实施导则　绝缘电阻、吸收比和极化指数试验	行标	2018.7.1		DL/T 474.1—2006	修试	检修、试验	基础综合	
206.1-9	DL/T 474.2—2018	现场绝缘试验实施导则　直流高电压试验	行标	2018.7.1		DL/T 474.2—2006	修试	检修、试验	基础综合	
206.1-10	DL/T 474.3—2018	现场绝缘试验实施导则　介质损耗因数 $\tan\delta$ 试验	行标	2018.7.1		DL/T 474.3—2006	修试	检修、试验	基础综合	
206.1-11	DL/T 474.4—2018	现场绝缘试验实施导则　交流耐压试验	行标	2018.7.1		DL/T 474.4—2006	修试	检修、试验	基础综合	
206.1-12	DL/T 474.5—2018	现场绝缘试验导则　避雷器试验	行标	2018.7.1		DL/T 474.5—2006	修试	检修、试验	基础综合	

体系结构号	标准编号	标准名称	标准级别	实施日期	与国际标准对应关系	代替标准	阶段	分阶段	专业	分专业
206.1-13	DL/T 596—1996	电力设备预防性试验规程	行标	1997.1.1		SD 301—1988	修试	检修、试验	基础综合	
206.1-14	DL/T 859—2015	高压交流系统用复合绝缘子人工污秽试验	行标	2015.12.1		DL/T 859—2004	修试	检修、试验	基础综合	
206.1-15	DL/T 878—2004	带电作业用绝缘工具试验导则	行标	2004.6.1			修试	试验	基础综合	
206.1-16	DL/T 976—2017	带电作业工具、装置和设备预防性试验规程	行标	2018.3.1		DL/T 976—2005	修试	试验	基础综合	
206.1-17	DL/T 988—2005	高压交流架空送电线路、变电站工频电场和磁场测量方法	行标	2006.6.1			修试	检修、试验	基础综合	
206.1-18	DL/T 991—2006	电力设备金属光谱分析技术导则	行标	2006.10.1			修试	检修、试验	基础综合	
206.1-19	DL/T 992—2006	冲击电压测量实施细则	行标	2006.10.1		ZBF 24001—90	修试	检修、试验	基础综合	
206.1-20	DL/T 1041—2007	电力系统电磁暂态现场试验导则	行标	2007.12.1			修试	检修、试验	基础综合	
206.1-21	DL/T 1082—2008	高压实验室技术条件	行标	2008.11.1			设计、采购、运维、修试	初设、招标、运行、检修、试验	基础综合	
206.1-22	DL/T 1399.4—2020	电力试验/检测车 第4部分：开关电器交流耐压试验车	行标	2021.2.1			设计、采购、运维、修试	初设、招标、运行、检修、试验	基础综合	
206.1-23	DL/T 1694.7—2020	高压测试仪器及设备校准规范 第7部分：综合保护测控装置 电测量	行标	2021.2.1			设计、采购、运维、修试	初设、招标、运行、检修、试验	基础综合	
206.1-24	DL/T 1845—2018	电力设备高合金钢里氏硬度试验方法	行标	2018.7.1			修试	检修、试验	基础综合	
206.1-25	DL/T 2081—2020	电力储能用超级电容器试验规程	行标	2021.2.1			运维、修试	运行、维护、检修、试验	基础综合	
206.1-26	DL/T 2083—2020	水电站库容超声波法测量规程	行标	2021.2.1			运维、修试	运行、维护、检修、试验	基础综合	
206.1-27	DL/T 2086—2020	高压输电线路和变电站噪声的传声器阵列测量方法	行标	2021.2.1			运维、修试	运行、维护、检修、试验	基础综合	

体系结构号	标准编号	标准名称	标准级别	实施日期	与国际标准对应关系	代替标准	阶段	分阶段	专业	分专业
206.1-28	DL/T 2133—2020	低温下电容型验电器预防性试验规程	行标	2021.2.1			运维、修试	运行、维护、检修、试验	基础综合	
206.1-29	DL/T 2145.2—2020	变电设备在线监测装置现场测试导则 第2部分：电容型设备与金属氧化物避雷器绝缘在线监测装置	行标	2021.2.1			运维、修试	运行、维护、检修、试验	基础综合	
206.1-30	NB/T 10189—2019	输变电设备 大气环境条件监测方法	行标	2019.10.1			运维、修试	运行、维护、检修、试验	基础综合	
206.1-31	NB/T 10450—2020	绝缘液体直流电场击穿电压测定法	行标	2021.2.1			运维、修试	运行、维护、检修、试验	基础综合	
206.1-32	NB/T 10454—2020	高压交流喷射式熔断器试验导则	行标	2021.2.1			运维、修试	运行、维护、检修、试验	基础综合	
206.1-33	NB/T 10455—2020	高压交流限流式熔断器试验导则	行标	2021.2.1			运维、修试	运行、维护、检修、试验	基础综合	
206.1-34	NB/T 10456—2020	交流—直流开关电源 跌落可靠性试验技术规范	行标	2021.2.1			运维、修试	运行、维护、检修、试验	基础综合	
206.1-35	NB/T 10457—2020	交流—直流开关电源 散热风扇风量风压 测试方法	行标	2021.2.1			运维、修试	运行、维护、检修、试验	基础综合	
206.1-36	NB/T 10461—2020	交流—直流开关电源 电子组件异常模拟试验 技术规范	行标	2021.2.1			运维、修试	运行、维护、检修、试验	基础综合	
206.1-37	NB/T 10462—2020	交流—直流开关电源 近场射频电磁场抗扰度试验技术规范	行标	2021.2.1			运维、修试	运行、维护、检修、试验	基础综合	
206.1-38	NB/T 42154—2018	高压/低压预装式变电站试验导则	行标	2018.10.1	STL Guide to the interpretation of IEC 62271-202		修试	检修、试验	基础综合	
206.1-39	HB/Z 261—2014	电磁兼容性测试报告编写指南	行标	2014.10.1		HB/Z 261—1994	修试	检修、试验	基础综合	
206.1-40	HJ 681—2013	交流输变电工程电磁环境监测方法（试行）	行标	2014.1.1			修试	检修、试验	基础综合	
206.1-41	JGJ/T 101—2015	建筑抗震试验规程	行标	2015.10.1			建设、修试	施工工艺、验收与质量评定、检修、试验	基础综合	

体系 结构号	标准编号	标准名称	标准 级别	实施日期	与国际标准 对应关系	代替标准	阶段	分阶段	专业	分专业
206.1-42	JGJ 340—2015	建筑地基检测技术规范	行标	2015.12.1			建设、修试	验收与质量评定、检修、试验	基础综合	
206.1-43	GB/T 228.1—2010	金属材料　拉伸试验　第 1 部分：室温试验方法	国标	2011.12.1	ISO 6892-1：2009，MOD	GB/T 228—2002	建设、修试	品控、施工工艺、验收与质量评定、检修、试验	基础综合	
206.1-44	GB/T 231.1—2018	金属材料　布氏硬度试验　第 1 部分：试验方法	国标	2019.2.1	ISO 6506-1：2014，MOD	GB/T 231.1—2009	建设、修试	品控、施工工艺、验收与质量评定、检修、试验	基础综合	
206.1-45	GB/T 232—2010	金属材料　弯曲试验方法	国标	2011.6.1	ISO 7438：2005，MOD	GB/T 232—1999	建设、修试	品控、施工工艺、验收与质量评定、检修、试验	基础综合	
206.1-46	GB/T 311.6—2005	高电压测量标准空气间隙	国标	2005.12.1	IEC 60052：2002，IDT	GB/T 311.6—1983	修试	检修、试验	基础综合	
206.1-47	GB/T 1408.1—2016	绝缘材料　电气强度试验方法　第 1 部分：工频下试验	国标	2017.7.1	IEC 60243-1：2013	GB/T 1408.1—2006	修试	检修、试验	基础综合	
206.1-48	GB/T 1408.2—2016	绝缘材料　电气强度试验方法　第 2 部分：对应用直流电压试验的附加要求	国标	2017.7.1	IEC 60243-2：2013	GB/T 1408.2—2006	修试	检修、试验	基础综合	
206.1-49	GB/T 1408.3—2016	绝缘材料　电气强度试验方法　第 3 部分：1.2/50μs 冲击试验补充要求	国标	2017.7.1	IEC 60243-3：2013	GB/T 1408.3—2007	修试	检修、试验	基础综合	
206.1-50	GB/T 18802.11—2020	低压电涌保护器（SPD）　第 11 部分：低压电源系统的电涌保护器　性能要求和试验方法	国标	2021.7.1		GB/T 18802.1—2011	修试	检修、试验	基础综合	
206.1-51	GB/T 2317.1—2008	电力金具试验方法　第 1 部分：机械试验	国标	2009.8.1		GB/T 2317.1—2000	修试	检修、试验	基础综合	
206.1-52	GB/T 2317.2—2008	电力金具试验方法　第 2 部分：电晕和无线电干扰试验	国标	2009.10.1		GB/T 2317.2—2000	修试	检修、试验	基础综合	
206.1-53	GB/T 2317.3—2008	电力金具试验方法　第 3 部分：热循环试验	国标	2009.10.1	IEC 61284：1997，MOD	GB/T 2317.3—2000	修试	检修、试验	基础综合	

体系结构号	标准编号	标准名称	标准级别	实施日期	与国际标准对应关系	代替标准	阶段	分阶段	专业	分专业
206.1-54	GB/T 2689.4—1981	寿命试验和加速寿命试验的最好线性无偏估计法（用于威布尔分布）	国标	1981.10.1			修试	检修、试验	基础综合	
206.1-55	GB/T 29479.2—2020	移动实验室　第2部分：能力要求	国标	2020.11.1			修试	检修、试验	基础综合	
206.1-56	GB/T 3785.3—2018	电声学　声级计　第3部分：周期试验	国标	2019.1.1			修试	检修、试验	基础综合	
206.1-57	GB/T 39674—2020	电力软交换系统测试规范	国标	2021.7.1			修试	检修、试验	基础综合	
206.1-58	GB 4793.1—2007	测量、控制和实验室用电气设备的安全要求　第1部分：通用要求	国标	2007.9.1	IEC 61010-1—2001，IDT	GB 4793.1—1995	修试	检修、试验	基础综合	
206.1-59	GB 4793.2—2008	测量、控制和实验室用电气设备的安全要求　第2部分：电工测量和试验用手持和手操电流传感器的特殊要求	国标	2009.9.1	IEC 61010-2-032：2002，IDT	GB 4793.2—2001	修试	检修、试验	基础综合	
206.1-60	GB 4793.5—2008	测量、控制和实验室用电气设备的安全要求　第5部分：电工测量和试验用手持探头组件的安全要求	国标	2009.9.1	IEC 61010-031：2002，IDT	GB 4793.5—2001	修试	检修、试验	基础综合	
206.1-61	GB 4793.8—2008	测量、控制和试验室用电气设备的安全要求　第2-042部分：使用有毒气体处理医用材料及供试验室用的压力灭菌器和灭菌器的专用要求	国标	2009.1.1	IEC 61010-2-042：1997，IDT		修试	检修、试验	基础综合	
206.1-62	GB/T 5080.4—1985	设备可靠性试验　可靠性测定试验的点估计和区间估计方法（指数分布）	国标	1986.1.1	IEC 60605-4，MOD	SJ 2064—1982	修试	检修、试验	基础综合	
206.1-63	GB/T 6096—2020	坠落防护　安全带系统性能测试方法	国标	2021.6.1		GB/T 6096—2009	修试	检修、试验	其他	
206.1-64	GB/T 6379.2—2004	测量方法与结果的准确度（正确度与精密度）第2部分：确定标准测量方法重复性与再现性的基本方法	国标	2005.1.1	ISO 5725-2—1994，IDT；ISO 5725-2 AMD.1—2002，IDT	GB/T 11792—1989 部分；GB/T 6379—1986	修试	检修、试验	基础综合	

体系结构号	标准编号	标准名称	标准级别	实施日期	与国际标准对应关系	代替标准	阶段	分阶段	专业	分专业
206.1-65	GB/T 6587—2012	电子测量仪器通用规范	国标	2013.6.1		GB/T 6587.1—1986；GB/T 6587.2—1986；GB/T 6587.3—1986；GB/T 6587.4—1986；GB/T 6587.5—1986；GB/T 6587.6—1986；GB/T 6587.8—1986；GB/T 6593—1996	运维、修试	维护、检修、试验	基础综合	
206.1-66	GB/T 7349—2002	高压架空送电线、变电站无线电干扰测量方法	国标	2002.8.1		GB/T 7349—1987	修试	检修、试验	基础综合	
206.1-67	GB/T 7354—2018	高电压试验技术 局部放电测量	国标	2019.4.1		GB/T 7354—2003	修试	检修、试验	基础综合	
206.1-68	GB/T 7424.24—2020	光缆总规范 第24部分：光缆基本试验方法 电气试验方法	国标	2021.7.1		GB/T 7424.2—2008（部分代替）	修试	检修、试验	其他	
206.1-69	GB 8702—2014	电磁环境控制限值	国标	2015.1.1		GB 8702—1988；GB 9175—1988	修试	检修、试验	基础综合	
206.1-70	GB/T 11021—2014	电气绝缘 耐热性和表示方法	国标	2014.10.28	IEC 60085：2004，IDT	GB/T 11021—2007	修试	检修、试验	基础综合	
206.1-71	GB/T 11022—2020	高压交流开关设备和控制设备标准的共用技术要求	国标	2021.7.1		GB/T 11022—2011	修试	检修、试验	其他	
206.1-72	GB/T 12190—2006	电磁屏蔽室屏蔽效能的测量方法	国标	2006.11.1		GB/T 12190—1990	修试	检修、试验	基础综合	
206.1-73	GB/T 12720—1991	工频电场测量	国标	1991.10.1	IEC 833：1987，REF		修试	检修、试验	基础综合	
206.1-74	GB/T 14165—2008	金属和合金 大气腐蚀试验 现场试验的一般要求	国标	2008.12.1	ISO 8565：1992，IDT	GB 11112—1989；GB 14165—1993；GB 6464—1997	修试	检修、试验	基础综合	
206.1-75	GB/T 16895.21—2020	低压电气装置 第4-41部分：安全防护 电击防护	国标	2021.7.1		GB/T 16895.21—2011	修试	检修、试验	其他	
206.1-76	GB/T 16895.23—2020	低压电气装置 第6部分：检验	国标	2021.7.1		GB/T 16895.23—2012	修试	检修、试验	其他	

体系结构号	标准编号	标准名称	标准级别	实施日期	与国际标准对应关系	代替标准	阶段	分阶段	专业	分专业
206.1-77	GB/T 16927.1—2011	高电压试验技术 第一部分：一般定义及试验要求	国标	2012.5.1	IEC 60060-1：2010，MOD	GB/T 16927.1—1997	修试	检修、试验	基础综合	
206.1-78	GB/T 16927.2—2013	高电压试验技术 第2部分：测量系统	国标	2013.7.1		GB/T 16927.2—1997	修试	检修、试验	基础综合	
206.1-79	GB/T 16927.3—2010	高电压试验技术 第3部分：现场试验的定义及要求	国标	2011.5.1	IEC 60060-3：2006，MOD		修试	检修、试验	基础综合	
206.1-80	GB/T 16927.4—2014	高电压和大电流试验技术 第4部分：试验电流和测量系统的定义和要求	国标	2014.10.28	IEC 62475：2010，MOD		修试	检修、试验	基础综合	
206.1-81	GB/T 17215.911—2011	电测量设备 可信性 第11部分：一般概念	国标	2011.12.1	IEC/TR 62059-11：2002，IDT		修试	检修、试验	基础综合	
206.1-82	GB/T 17215.921—2012	电测量设备 可信性 第21部分：现场仪表可信性数据收集	国标	2013.6.1			修试	检修、试验	基础综合	
206.1-83	GB/T 17215.9321—2016	电测量设备 可信性 第321部分：耐久性-高温下的计量特性稳定性试验	国标	2017.3.1	IEC/TR 62059-32-1：2011		修试	检修、试验	基础综合	
206.1-84	GB/Z 17624.2—2013	电磁兼容 综述 与电磁现象相关设备的电气和电子系统实现功能安全的方法	国标	2014.4.9	IEC/TS 6000-1-2：2008，IDT		修试	检修、试验	基础综合	
206.1-85	GB/Z 17624.4—2019	电磁兼容 综述 2kHz 内限制设备工频谐波电流传导发射的历史依据	国标	2019.6.4			修试	检修、试验	基础综合	
206.1-86	GB 17625.1—2012	电磁兼容 限值 谐波电流发射限值（设备每相输入电流≤16A）	国标	2013.7.1	IEC 61000-3-2：2009，IDT	GB 17625.1—2003	修试	检修、试验	基础综合	
206.1-87	GB/Z 17625.4—2000	电磁兼容限值中、高压电力系统中畸变负荷发射限值的评估	国标	2000.12.1			修试	检修、试验	基础综合	

体系结构号	标准编号	标准名称	标准级别	实施日期	与国际标准对应关系	代替标准	阶段	分阶段	专业	分专业
206.1-88	GB/T 17625.7—2013	电磁兼容 限值 对额定电流≤75A 且有条件接入的设备在公用低压供电系统中产生的电压变化、电压波动和闪烁的限制	国标	2013.12.2	IEC 61000-3-11：2000，MOD		修试	检修、试验	基础综合	
206.1-89	GB/Z 17625.13—2020	电磁兼容 限值 接入中压、高压、超高压电力系统的不平衡设施发射限值的评估	国标	2021.6.1			修试	检修、试验	其他	
206.1-90	GB/T 17626.15—2011	电磁兼容 试验和测量技术闪烁仪 功能和设计规范	国标	2012.8.1	IEC 61000-4-15：2003，MOD		修试	检修、试验	基础综合	
206.1-91	GB/T 17626.1—2006	电磁兼容 试验和测量技术抗扰度试验总论	国标	2007.7.1	IEC 61000-4-1：2000，IDT	GB/T 17626.1—1998	修试	检修、试验	基础综合	
206.1-92	GB/T 17626.2—2018	电磁兼容 试验和测量技术静电放电抗扰度试验	国标	2019.1.1		GB/T 17626.2—2006	修试	检修、试验	基础综合	
206.1-93	GB/T 17626.3—2016	电磁兼容 试验和测量技术射频电磁场辐射抗扰度试验	国标	2017.7.1	IEC 61000-4-3：2010	GB/T 17626.3—2006	修试	检修、试验	基础综合	
206.1-94	GB/T 17626.4—2018	电磁兼容 试验和测量技术电快速瞬变脉冲群抗扰度试验	国标	2019.1.1		GB/T 17626.4—2008	修试	检修、试验	基础综合	
206.1-95	GB/T 17626.5—2019	电磁兼容 试验和测量技术浪涌（冲击）抗扰度试验	国标	2020.1.1	IEC 61000-4-5：2005，IDT	GB/T 17626.5—2008	修试	检修、试验	基础综合	
206.1-96	GB/T 17626.6—2017	电磁兼容 试验和测量技术射频场感应的传导骚扰抗扰度	国标	2018.7.1	IEC 61000-4-6：2013	GB/T 17626.6—2008	修试	检修、试验	基础综合	
206.1-97	GB/T 17626.7—2017	电磁兼容 试验和测量技术供电系统及所连设备谐波、间谐波的测量和测量仪器导则	国标	2018.2.1	IEC 61000-4-7：2009	GB/T 17626.7—2008	修试	检修、试验	基础综合	
206.1-98	GB/T 17626.8—2006	电磁兼容 试验和测量技术工频磁场抗扰度试验	国标	2007.7.1	IEC 61000-4-8：2001，IDT	GB/T 17626.8—1998	修试	检修、试验	基础综合	
206.1-99	GB/T 17626.9—2011	电磁兼容 试验和测量技术脉冲磁场抗扰度试验	国标	2012.8.1	IEC 61000-4-9：1993，IDT	GB/T 17626.9—1998	修试	检修、试验	基础综合	
206.1-100	GB/T 17626.10—2017	电磁兼容 试验和测量技术阻尼振荡磁场抗扰度试验	国标	2018.7.1	IEC 61000-4-10：2001	GB/T 17626.10—1998	修试	检修、试验	基础综合	

体系结构号	标准编号	标准名称	标准级别	实施日期	与国际标准对应关系	代替标准	阶段	分阶段	专业	分专业
206.1-101	GB/T 17626.11—2008	电磁兼容 试验和测量技术 电压暂降、短时中断和电压变化的抗扰度试验	国标	2009.1.1	IEC 61000-4-11：2004，IDT	GB/T 17626.11—1999	修试	检修、试验	基础综合	
206.1-102	GB/T 17626.12—2013	电磁兼容 试验和测量技术 振铃波抗扰度试验	国标	2014.4.9		GB/T 17626.12—1998	修试	检修、试验	基础综合	
206.1-103	GB/T 17626.13—2006	电磁兼容 试验和测量技术 交流电源端口谐波、谐间波及电网信号的低频抗扰度试验	国标	2007.7.1	IEC 61000-4-13：2002，IDT		修试	检修、试验	基础综合	
206.1-104	GB/T 17626.14—2005	电磁兼容 试验和测量技术 电压波动抗扰度试验	国标	2005.12.1	IEC 61000-4-14：2002，IDT		修试	检修、试验	基础综合	
206.1-105	GB/T 17626.16—2007	电磁兼容 试验和测量技术 0Hz～150kHz 共模传导骚扰抗扰度试验	国标	2007.9.1	IEC 61000-4-16：2002，IDT		修试	检修、试验	基础综合	
206.1-106	GB/T 17626.17—2005	电磁兼容 试验和测量技术 直流电源输入端口纹波抗扰度试验	国标	2005.12.1	IEC 61000-4-17：2002，IDT		修试	检修、试验	基础综合	
206.1-107	GB/T 17626.18—2016	电磁兼容 试验和测量技术 阻尼振荡波抗扰度试验	国标	2017.7.1	IEC 61000-4-18：2011		修试	检修、试验	基础综合	
206.1-108	GB/T 17626.20—2014	电磁兼容 试验和测量技术 横电磁波（TEM）波导中的发射和抗扰度试验	国标	2015.6.1	IEC 61000-4-20 2010		修试	检修、试验	基础综合	
206.1-109	GB/T 17626.21—2014	电磁兼容 试验和测量技术 混波室试验方法	国标	2015.6.1	IEC 61000-4-21 2011，IDT		修试	检修、试验	基础综合	
206.1-110	GB/T 17626.22—2017	电磁兼容 试验和测量技术 全电波暗室中的辐射发射和抗扰度测量	国标	2018.7.1	IEC 61000-4-22：2010		修试	检修、试验	基础综合	
206.1-111	GB/T 17626.24—2012	电磁兼容 试验和测量技术 HEMP 传导骚扰保护装置的试验方法	国标	2013.2.1	IEC 61000-4-24：1997，IDT		修试	检修、试验	基础综合	
206.1-112	GB/T 17626.27—2006	电磁兼容 试验和测量技术 三相电压不平衡抗扰度试验	国标	2007.7.1	IEC 61000-4-27：2000，IDT		修试	检修、试验	基础综合	

体系结构号	标准编号	标准名称	标准级别	实施日期	与国际标准对应关系	代替标准	阶段	分阶段	专业	分专业
206.1-113	GB/T 17626.28—2006	电磁兼容　试验和测量技术　工频频率变化抗扰度试验	国标	2007.7.1	IEC 61000-4-28：2001，IDT		修试	检修、试验	基础综合	
206.1-114	GB/T 17626.29—2006	电磁兼容　试验和测量技术　直流电源输入端口电压暂降、短时中断和电压变化的抗扰度试验	国标	2007.9.1	IEC 61000-4-29：2000，IDT		修试	检修、试验	基础综合	
206.1-115	GB/T 17626.30—2012	电磁兼容　试验和测量技术　电能质量测量方法	国标	2013.2.1	IEC 61000-4-30：2008，IDT		修试	检修、试验	基础综合	
206.1-116	GB/T 17799.1—2017	电磁兼容　通用标准　居住、商业和轻工业环境中的抗扰度	国标	2018.4.1	IEC 61000-6-1：2005	GB/T 17799.1—1999	修试	检修、试验	基础综合	
206.1-117	GB/T 17799.2—2003	电磁兼容　通用标准　工业环境中的抗扰度试验	国标	2003.8.1	IEC 61000-6-2：1999，IDT		修试	检修、试验	基础综合	
206.1-118	GB 17799.3—2012	电磁兼容　通用标准　居住、商业和轻工业环境中的发射	国标	2013.7.1	CISPR/OEC 61000-6-3：2011，IDT	GB 17799.3—2001	修试	检修、试验	基础综合	
206.1-119	GB 17799.4—2012	电磁兼容　通用标准　工业环境中的发射	国标	2013.7.1	IEC 61000-6-4：2011，IDT	GB 17799.4—2001	修试	检修、试验	基础综合	
206.1-120	GB/Z 17799.6—2017	电磁兼容　通用标准　发电厂和变电站环境中的抗扰度	国标	2018.2.1	IEC/TS 61000-6-5：2001		修试	检修、试验	基础综合	
206.1-121	GB/T 17949.1—2000	接地系统的土壤电阻率、接地阻抗和地面电位测量导则　第1部分：常规测量	国标	2000.8.1	ANSI/IEEE 81—1993，IDT		修试	检修、试验	基础综合	
206.1-122	GB/Z 18039.1—2019	电磁兼容　环境　电磁环境的分类	国标	2020.1.1	IEC 61000-2-5：1996，IDT	GB/Z 18039.1—2000	修试	检修、试验	基础综合	
206.1-123	GB/Z 18039.2—2000	电磁兼容　环境　工业设备电源低频传导骚扰发射水平的评估	国标	2000.12.1	IEC 61000-2-6：1996，IDT		修试	检修、试验	基础综合	
206.1-124	GB/T 18039.3—2017	电磁兼容　环境　公用低压供电系统低频传导骚扰及信号传输的兼容水平	国标	2018.7.1	IEC 61000-2-2：2002	GB/T 18039.3—2003	修试	检修、试验	基础综合	

体系结构号	标准编号	标准名称	标准级别	实施日期	与国际标准对应关系	代替标准	阶段	分阶段	专业	分专业
206.1-125	GB/T 18039.4—2017	电磁兼容 环境 工厂低频传导骚扰的兼容水平	国标	2018.7.1	IEC 61000-2-4：2002	GB/T 18039.4—2003	修试	检修、试验	基础综合	
206.1-126	GB/Z 18039.5—2003	电磁兼容 环境 公用供电系统低频传导骚扰及信号传输的电磁环境	国标	2003.8.1	IEC 61000-2-1：1990，IDT		修试	检修、试验	基础综合	
206.1-127	GB/Z 18039.6—2005	电磁兼容 环境 各种环境中的低频磁场	国标	2005.12.1	IEC 61000-2-7：1998，IDT		修试	检修、试验	基础综合	
206.1-128	GB/Z 18039.7—2011	电磁兼容 环境 公用供电系统中的电压暂降、短时中断及其测量统计结果	国标	2012.6.1			修试	检修、试验	基础综合	
206.1-129	GB/T 18039.8—2012	电磁兼容 环境 高空核电磁脉冲（HEMP）环境描述 传导骚扰	国标	2013.2.1	IEC 61000-2-10：1998，IDT		修试	检修、试验	基础综合	
206.1-130	GB/T 18039.9—2013	电磁兼容 环境 公用中压供电系统低频传导骚扰及信号传输的兼容水平	国标	2014.3.7	IEC 61000-2-12：2003		修试	检修、试验	基础综合	
206.1-131	GB/T 18039.10—2018	电磁兼容 环境 HEMP环境描述 辐射骚扰	国标	2018.12.1			修试	检修、试验	基础综合	
206.1-132	GB/T 18134.1—2000	极快速冲击高电压试验技术 第1部分：气体绝缘变电站中陡波前过电压用测量系统	国标	2000.12.1	IEC 61321-1：1994，IDT		修试	检修、试验	基础综合	
206.1-133	GB/T 18268.1—2010	测量、控制和实验室用的电设备 电磁兼容性要求 第1部分：通用要求	国标	2011.5.1	IEC 61326-1：2005，IDT	GB/T 18268—2000	修试	检修、试验	基础综合	
206.1-134	GB/T 19022—2003	测量管理体系 测量过程和测量设备的要求	国标	2004.3.1	ISO 10012：2003，IDT	GB 19022.1—1994；GB 19022.2—2000	修试	检修、试验	基础综合	
206.1-135	GB/T 19212.1—2016	变压器、电抗器、电源装置及其组合的安全 第1部分：通用要求和试验	国标	2017.3.1	IEC 61558-1：2009		修试	检修、试验	基础综合	

体系结构号	标准编号	标准名称	标准级别	实施日期	与国际标准对应关系	代替标准	阶段	分阶段	专业	分专业
206.1-136	GB/T 19212.11—2020	变压器、电抗器、电源装置及其组合的安全　第 11 部分：高绝缘水平分离变压器和输出电压超过 1000V 的分离变压器的特殊要求和试验	国标	2021.7.1			修试	检修、试验	其他	
206.1-137	GB/T 19212.27—2017	变压器、电抗器、电源装置及其组合的安全　第 27 部分：节能和其他目的用变压器和电源装置的特殊要求和试验	国标	2018.7.1	IEC 61558-2-26：2013		修试	检修、试验	基础综合	
206.1-138	GB/T 19212.24—2020	变压器、电抗器、电源装置及其组合的安全　第 24 部分：建筑工地用变压器和电源装置的特殊要求和试验	国标	2021.7.1		GB/T 19212.24—2005	修试	检修、试验	其他	
206.1-139	GB/T 20990.1—2020	高压直流输电晶闸管阀　第 1 部分：电气试验	国标	2021.7.1		GB/T 20990.1—2007 GB/T 28563—2012	修试	检修、试验	其他	
206.1-140	GB/T 20995—2020	静止无功补偿装置　晶闸管阀的试验	国标	2021.7.1		GB/T 20995—2007	修试	检修、试验	其他	
206.1-141	GB/T 27025—2019	检测和校准实验室能力的通用要求	国标	2020.7.1	ISO/IEC 17025—2005，IDT	GB/T 15481—2008	修试	检修、试验	基础综合	
206.1-142	GB/T 31489.2—2020	额定电压 500kV 及以下直流输电用挤包绝缘电力电缆系统　第 2 部分：直流陆地电缆	国标	2021.7.1			修试	检修、试验	其他	
206.1-143	GB/T 31489.3—2020	额定电压 500kV 及以下直流输电用挤包绝缘电力电缆系统　第 3 部分：直流海底电缆	国标	2021.7.1			修试	检修、试验	其他	
206.1-144	GB/T 31489.4—2020	额定电压 500kV 及以下直流输电用挤包绝缘电力电缆系统　第 4 部分：直流电缆附件	国标	2021.7.1			修试	检修、试验	其他	
206.1-145	GB/T 33260.3—2018	检出能力　第 3 部分：无校准数据情形响应变量临界值的确定方法	国标	2019.1.1			修试	检修、试验	基础综合	

体系结构号	标准编号	标准名称	标准级别	实施日期	与国际标准对应关系	代替标准	阶段	分阶段	专业	分专业
206.1-146	GB/T 33260.4—2018	检出能力 第 4 部分：最小可检出值与给定值的比较方法	国标	2019.1.1			修试	检修、试验	基础综合	
206.1-147	GB/T 33260.5—2018	检出能力 第 5 部分：非线性校准情形检出限的确定方法	国标	2019.1.1			修试	检修、试验	基础综合	
206.1-148	GB/T 34861—2017	确定大电机各项损耗的专用试验方法	国标	2018.5.1	IEC 60034-2-2：2010		修试	检修、试验	基础综合	
206.1-149	GB/T 36260.2—2018	检出能力 第 2 部分：线性校准情形检出限的确定方法	国标	2019.1.1			修试	检修、试验	基础综合	
206.1-150	GB/T 37139—2018	直流供电设备的EMC测量方法要求	国标	2019.7.1			修试	检修、试验	基础综合	
206.1-151	GB/T 38845—2020	智能仪器仪表的数据描述定位器	国标	2021.2.1			修试	检修、试验	其他	
206.1-152	GB/T 38878—2020	柔性直流输电工程系统试验	国标	2020.12.1			修试	检修、试验	基础综合	
206.1-153	GB 39220—2020	直流输电工程合成电场限值及其监测方法	国标	2020.12.1			修试	检修、试验	其他	
206.1-154	GB/T 39227—2020	1000V 以下敏感过程电压暂降免疫时间测试方法	国标	2021.6.1			修试	检修、试验	其他	
206.1-155	GB/T 39269—2020	电压暂降/短时中断 低压设备耐受特性测试方法	国标	2021.6.1			修试	检修、试验	其他	
206.1-156	GB/T 39270—2020	电压暂降指标与严重程度评估方法	国标	2021.6.1			修试	检修、试验	其他	
206.1-157	NF C 27-240—2007	填充矿物油的电气设备 在电气设备上将溶解气体分析（DGA）应用于工厂试验	国际标准	2007.8.4	EN 61181—2007，IDT；IEC 61181—2007，IDT	NF C 27-240—1993	修试	检修、试验	基础综合	
206.1-158	IEC 60212—2010	固体电气绝缘材料试验前和试验时采用的标准条件	国际标准	2010.12.15		IEC 60212—1971	修试	检修、试验	基础综合	
206.1-159	IEC 60216-8—2013	电绝缘材料耐热性能 第 8 部分：使用简化规程计算耐热性能用指令	国际标准	2013.3.15	EN 60216-8—2013，IDT	IEC 112/236/FDIS—2012	修试	检修、试验	基础综合	

体系结构号	标准编号	标准名称	标准级别	实施日期	与国际标准对应关系	代替标准	阶段	分阶段	专业	分专业
206.1-160	IEC 60243-3—2013	绝缘材料的耐电强度 试验方法 第 3 部分：2/50s 冲击试验的补充要求	国际标准	2013.11.26		IEC 60243-3—2001	修试	检修、试验	基础综合	
206.1-161	IEC 60475—2011	液体电介质取样方法	国际标准	2011.10.20		IEC 60475—1974；IEC 10/848/FDIS—2011	修试	检修、试验	基础综合	
206.1-162	IEC 60544-1—2013	电气绝缘材料 电离辐射影响的测定 第 1 部分：辐射的交互作用和放射量测定	国际标准	2013.6.27	BS EN 60544-1—2013，IDT；EN 60544-1—2013，IDT	IEC 60544-1—1994；IEC 112/254/FDIS—2013	修试	检修、试验	基础综合	
206.1-163	IEC 61000-3-2—2018	电磁兼容性（EMC） 第 3-2 部分：限值 谐波电流发射限值（设备输入电流≤16A/相）	国际标准	2018.1.26		IEC 61000-3-2—2009	修试	检修、试验	基础综合	
206.1-164	IEC/TR 61000-3-6—2008	电磁兼容性（EMC） 第 3-6 部分：限值变形装置对 MV，HV 和 EHV 动力系统的连接用排放限值的评估	国际标准	2008.2.22	CAN/CSA-C61000-3-6-09—2009，NEQ	IEC/TR 61000-3-6—1996	修试	检修、试验	基础综合	
206.1-165	IEC/TR 61000-3-7—2008	电磁兼容性（EMC） 第 3-7 部分：限值变动载荷装置对 MV，HV 和 EHV 动力系统的连接用排放限值的评估	国际标准	2008.2.22	CAN/CSA-C61000-3-7-09—2009，IDT	IEC TR 61000-3-7—1996；IEC 77 A/576/DTR—2007	修试	检修、试验	基础综合	
206.1-166	IEC 61000-3-12—2011	电磁兼容性（EMC） 第 3-12 部分：限值．与每相输入电流 16A 和 75A 的公用低压系统连接的设备产生的谐波电流限值	国际标准	2011.5.12		IEC 61006-3-12—2004；IEC 77 A/740/FDIS—2011	修试	检修、试验	基础综合	
206.1-167	IEC/TR 61000-3-14—2011	电磁兼容性（EMC） 第 3-14 部分，对安装在低压系	国际标准	2011.10.20			修试	检修、试验	基础综合	
206.1-168	IEC 61000-4-3—2010	电磁兼容性（EMC） 第 4-3 部分：试验和测量技术辐射、射频和电磁场抗扰试验	国际标准	2016.4.27		IEC 61000-4-1—2006	修试	检修、试验	基础综合	

体系结构号	标准编号	标准名称	标准级别	实施日期	与国际标准对应关系	代替标准	阶段	分阶段	专业	分专业
206.1-169	IEC 61000-4-4—2012	电磁兼容性（EMC） 第4-4部分：试验和测量技术快速瞬变脉冲/脉冲串抗扰性试验	国际标准	2012.4.30	EN 61000-4-4—2012，IDT	IEC 61000-4-4—2004；IEC 61000-4-4—2004/Amd 1—2010；IEC 61000-4-4—2004/Amd 1—2010	修试	检修、试验	基础综合	
206.1-170	IEC 61000-4-6—2013	电磁兼容性（EMC） 第4-6部分：测试和测量技术.射频场感应的传导干扰抗扰性	国际标准	2013.10.23		IEC 61000-4-6—2008	修试	检修、试验	基础综合	
206.1-171	IEC 61000-4-7—2009	电磁兼容性（EMC） 第4-7部分：试验和测量挂本供电系统及其相连设备谐波和间谐波的测量和使用仪器的通用指南	国际标准	2009.10.28			修试	检修、试验	基础综合	
206.1-172	IEC 61000-4-8—2009	电磁兼容性（EMC） 第4-8部分：试验和测量技术工频磁场抗扰度试验	国际标准	2009.9.3	DIN EN 61000-4-8—2010 1DT；BS EN 61000-4-8—2010 IDT；EN 61000-4-8—2010，IDT；NF C91-004-8—2010，IDT；PN-EN 61000-4-8—2010，IDT	IEC 61000-4-8—1993；IEC 61000-4-8—1993/Amd 1—2000；IEC 61000-4-8—1993/Amd 1—2000	修试	检修、试验	基础综合	
206.1-173	IEC 61000-4-14—2009	电磁兼容性 第4-14部分：试验和测量技输入电流不超过16A 的设备的电压波动抗扰性试验	国际标准	2009.8.12		IEC 61000-4-14—2002	修试	检修、试验	基础综合	
206.1-174	IEC 61000-4-15—2010	电磁兼容性（EMC） 第4-15部分：测试与测量技术功能与设计规范	国际标准	2010.8.24	EN 61000-4-15—2011，IDT	IEC 61000-4-15—1997；IEC 61000-4-15—1997/Amd 1—2003；IEC 61000-4-15—1997/Amd 1—2003	修试	检修、试验	基础综合	

体系结构号	标准编号	标准名称	标准级别	实施日期	与国际标准对应关系	代替标准	阶段	分阶段	专业	分专业
206.1-175	IEC 61000-4-17—2009	电磁兼容性（EMC）第4-17部分：试验和测量技术直流电输入功率端口纹波抗扰度试验	国际标准	2009.1.28		IEC 61000-4-17—2002	修试	检修、试验	基础综合	
206.1-176	IEC 61000-4-19—2014	电磁兼容性（EMC）第4-19部分：试验和测量技术.交流电源端口处频率范围为2kHz至150kHz的差模扰动和信号传输所致抗干扰性的试验	国际标准	2014.5.7			修试	检修、试验	基础综合	
206.1-177	IEC 61000-4-20—2010	电磁兼容性（EMC）第4-20部分：试验和测量技术横向电磁波导（（TEM）辐射和干扰试验	国际标准	2010.8.31	EN 61000-4-20—2010，IDT；C91-004-20PR，IDT；PN-EN 61000-4-20—2011，IDT	IEC 61000-4-20—2003；IEC 61000-4-20—2003/Amd 1—2006；IEC 61000-4-20—2003+Amd 1—2006	修试	检修、试验	基础综合	
206.1-178	IEC 61000-4-21—2011	电磁兼容性 第4-21部分：试验和测量技术.混响室试验方法	国际标准	2011.1.27		IEC 61000-4-21—2003；IEC 77 B/619/CDV—2009	修试	检修、试验	基础综合	
206.1-179	IEC 61000-4-22—2010	电磁兼容性（EMC）第4-22部分：试验和测量技术完全消声室（FARs）内辐射排放和免疫测量	国际标准	2010.10.27	EN 61000-4-22—2011，IDT	CISPR A 912 FDIS—2010	修试	检修、试验	基础综合	
206.1-180	IEC 61000-4-27—2009	电磁兼容性（EMC）第4-27部分：试验与测量技术在各相输入电流不超过16A情况下设备不平衡与抗扰能力测试	国际标准	2009.4.7			修试	检修、试验	基础综合	
206.1-181	IEC 61000-4-28—2009	电磁兼容性（EMC）第4-28部分：试验与测量技术在各相输入电流不超过16A情况下设备电力频率变化与抗扰能力测试	国际标准	2009.4.7		IEC 61000-4-28—2002	修试	检修、试验	基础综合	
206.1-182	IEC 61000-4-34—2009	电磁兼容性（EMC）第4-34部分：试验及测量技术每相主电流超过16A的设备用电压骤降、短时中断及电压变化免疫测试	国际标准	2009.11.26			修试	检修、试验	基础综合	

体系结构号	标准编号	标准名称	标准级别	实施日期	与国际标准对应关系	代替标准	阶段	分阶段	专业	分专业
206.1-183	IEC/TR 61000-4-35—2009	电磁兼容性（EMC） 第4-35部分：测试和测量技术 HPEM模拟器汇编	国际标准	2009.7.23			修试	检修、试验	基础综合	
206.1-184	IEC/TS 61000-5-8—2009	电磁兼容性（EMC） 第5-8部分：安装和缓解指南布式基础设施的 HEMP 保护方法	国际标准	2009.8.31	BS DD IEC/TS 61000-5-8—2010，IDT		修试	检修、试验	基础综合	
206.1-185	IEC/TS 61000-5-9—2009	电磁兼容性（EMC） 第5-9部分：安装和缓解指南高空电磁脉冲（HEMP）和大功率电磁（HPEM）的系统水平敏感性评定	国际标准	2009.7.8	BS DD IEC/TS 61000-5-9—2010，IDT		修试	检修、试验	基础综合	
206.1-186	IEC 61000-6-3—2011	电磁兼容性（EMC） 第6-3部分：通用标准.住宅、商业和轻型工业环境排放标准	国际标准	2011.2.1			修试	检修、试验	基础综合	
206.1-187	IEC 61000-6-7—2014	电磁兼容性（EMC） 第6-7部分：通用标准.旨在工业场所中的安全相关系统（功能安全）中行使功能的设备的抗干扰要求	国际标准	2014.10.9			修试	检修、试验	基础综合	
206.1-188	IEC 61558-2-3—2010	变压器、反应器、供电机组及其组合的安全性 第2-3部分：气体燃烧器和燃油器用点火变压器的试验和详细要求	国际标准	2010.6.29	BS EN 61558-2-3—2010 IDT；EN 61558-2-3—2010，IDT	IEC 61558-2-3—1999；IEC 96/357/FDIS—2010	采购、运维、修试	招标、运行、维护、试验	变电	变压器
206.1-189	IEC 61558-2-5—2010	变压器、反应器、供电机组及其组合的安全性 第2-5部分：剃须刀变压器和其电源装置的试验和详细要求	国际标准	2010.6.29	BS EN 61558-2-5—2010，IDT；EN 61558-2-5—2010，IDT	IEC 61558-2-5—1997	采购、运维、修试	招标、运行、维护、试验	变电	变压器
206.1-190	IEC 61558-2-8—2010	变压器、反应器、供电机组及其组合的安全性 第2-8部分：变压器和供电机组的详细要求和试验	国际标准	2010.6.29	BS EN 61558-2-8—2010，IDT；EN 61558-2-8—2010，IDT	IEC 61558-2-8—1998	采购、运维、修试	招标、运行、维护、试验	变电	变压器

体系 结构号	标准编号	标准名称	标准 级别	实施日期	与国际标准 对应关系	代替标准	阶段	分阶段	专业	分专业
206.1-191	IEC 61558-2-9—2010	变压器、反应器、供电机组及其组合的安全性　第2-9部分：Ⅲ类手用钨丝灯变压器和供电机组的详细要求和试验	国际标准	2010.6.29	BS EN 61558-2-9—2011，IDT；EN 61558-2-9—2011，IDT	IEC 61558-2-9—2002；IEC 96/355/FDIS—2010	采购、运维、修试	招标、运行、维护、试验	变电	变压器
206.1-192	IEC 61558-2-12—2011	电力变压器、电源装置及类似设备的安全性　第2-12部分：恒压用恒变压器和供电机组的试验和详细要求	国际标准	2011.1.27	EN 61558-2-12—2011，TDT	IEC 61558-2-12—2001；IEC 96/370/FDIS—2010	采购、运维、修试	招标、运行、维护、试验	变电	变压器
206.1-193	IEC 61558-2-15—2011	电力变压器、电源装置及类似设备的安全性　第2-15部分：医学区域供电用隔离变压器的特殊要求	国际标准	2011.11.22		IEC 61558-2-15—1999	采购、运维、修试	招标、运行、维护、试验	变电	变压器
206.1-194	IEC 61558-2-20—2010	电力变压器、电源装置及类似设备的安全性　第2-20部分：小型电抗器试验详细要求	国际标准	2010.6.29	BS EN 61558-2-26—2011 IDT；EN 61558-2-20—2011，IDT	IEC 61558-2-20—2000；IEC 96/356/FDIS—2010	采购、运维、修试	招标、运行、维护、试验	变电	变压器
206.1-195	IEC 61558-2-23—2010	变压器、反应器、供电机组及其组合的安全性　第2-23部分：建筑工地用变压器和供电机组的试验和详细要求	国际标准	2010.8.31	EN 61558-2-23—2010，IDT	IEC 61558-2-23—2000；IEC 96/359/FDIS—2010	采购、运维、修试	招标、运行、维护、试验	变电	变压器
206.1-196	IEC 61786-1—2013	关于人体暴露于1Hz至100kHz直流电磁场、交流电磁场及交流电场的测量　第1部分：测量仪器的要求（提案的横向标准）	国际标准	2013.12.12			修试	检修、试验	基础综合	
206.1-197	IEC/TS 61934—2011	电绝缘材料和系统　在短上升时间和反复电压脉冲下局部放电（PD）的电测量	国际标准	2011.4.28		IEC TS 61934—2006；IEC 112/163/DTS—2010	修试	检修、试验	基础综合	

体系结构号	标准编号	标准名称	标准级别	实施日期	与国际标准对应关系	代替标准	阶段	分阶段	专业	分专业
206.1-198	IEC 62475—2010	大电流试验技术试验电流和测量系统用定义和需求	国际标准	2010.9.29	EN 62475—2010，IDT；PN-EN 62475—2010，IDT		修试	检修、试验	基础综合	
206.2 试验与计量-高压电力设备										
206.2-1	Q/CSG 11401—2010	气体绝缘金属封闭开关设备（GIS）局部放电特高频检测技术规范	企标	2010.12.20			修试	检修、试验	变电	开关
206.2-2	Q/CSG 1205018—2018	高压直流输电晶闸管换流阀现场试验导则	企标	2018.4.16			修试	检修、试验	换流	换流阀
206.2-3	Q/CSG 1206010—2019	油纸电容型套管频域介电谱测试导则	企标	2019.9.30			修试	检修、试验	变电	变压器
206.2-4	T/CEC 297.4—2020	高压直流输电换流阀冷却技术规范 第4部分：化学仪表	团标	2020.10.1			修试	检修、试验	其他	
206.2-5	T/CEC 201—2019	电力变压器绕组变形的扫频阻抗法检测判断导则	团标	2019.7.1			修试	检修、试验	变电	变压器
206.2-6	T/CEC 205—2019	500kV 高压并联电抗器现场局部放电试验方法	团标	2019.7.1			修试	检修、试验	变电	电抗器
206.2-7	T/CEC 325—2020	交直流配电网用电力电子变压器试验导则	团标	2020.10.1			修试	检修、试验	变电	其他
206.2-8	T/CEC 374—2020	柔性直流负压耦合式高压直流断路器试验规程	团标	2021.2.1			修试	检修、试验	变电	其他
206.2-9	T/CEC 375—2020	柔性直流机械式高压直流断路器试验规程	团标	2021.2.1			修试	检修、试验	变电	其他
206.2-10	T/CEC 376—2020	柔性直流换流站交流耗能装置试验规程	团标	2021.2.1			修试	检修、试验	变电	其他
206.2-11	T/CEC 404.1—2020	±800kV 特高压换流站金具试验方法 第1部分 电晕和无线电干扰试验	团标	2021.2.1			修试	检修、试验	变电	其他

体系结构号	标准编号	标准名称	标准级别	实施日期	与国际标准对应关系	代替标准	阶段	分阶段	专业	分专业
206.2-12	T/CEC 404.2—2020	±800kV 特高压换流站金具试验方法 第2部分 温升及热循环试验	团标	2021.2.1			修试	检修、试验	变电	其他
206.2-13	T/CEC 404.3—2020	±800kV 特高压换流站金具试验方法 第3部分 抗震试验	团标	2021.2.1			修试	检修、试验	变电	其他
206.2-14	T/CSEE 0029—2017	绝缘管型母线现场交接及运行检测技术导则	团标	2018.5.1			采购、建设、修试	品控、验收与质量评定、试验	变电	其他
206.2-15	DL/T 264—2012	油浸式电力变压器（电抗器）现场密封性试验导则	行标	2012.7.1			修试	检修、试验	变电	变压器
206.2-16	DL/T 265—2012	变压器有载分接开关现场试验导则	行标	2012.7.1			修试	检修、试验	变电	变压器
206.2-17	DL/T 276—2012	高压直流设备无线电干扰测量方法	行标	2012.3.1			修试	检修、试验	变电	其他
206.2-18	DL/T 304—2011	气体绝缘金属封闭输电线路现场交接试验导则	行标	2011.11.1			修试	检修、试验	变电	其他
206.2-19	DL/T 366—2010	串联电容器补偿装置一次设备预防性试验规程	行标	2010.10.1			修试	检修、试验	变电	其他
206.2-20	DL/T 555—2004	气体绝缘金属封闭开关设备现场耐压及绝缘试验导则	行标	2004.6.1		DL/T 555—1994	修试	检修、试验	变电	开关
206.2-21	DL/T 911—2016	电力变压器绕组变形的频率响应分析法	行标	2016.7.1		DL/T 911—2004	修试	检修、试验	变电	变压器
206.2-22	DL/T 984—2018	油浸式变压器绝缘老化判断导则	行标	2018.7.1		DL/T 984—2005	修试	检修、试验	变电	变压器
206.2-23	DL/T 1015—2019	现场直流和交流耐压试验电压测量系统的使用导则	行标	2019.10.1		DL/T 1015—2006	修试	检修、试验	变电	变压器
206.2-24	DL/T 1093—2018	电力变压器绕组变形的电抗法检测判断导则	行标	2018.7.1		DL/T 1093—2008	修试	检修、试验	变电	变压器
206.2-25	DL/T 1154—2012	高压电气设备额定电压下介质损耗因数试验导则	行标	2012.12.1			修试	检修、试验	变电	其他

体系结构号	标准编号	标准名称	标准级别	实施日期	与国际标准对应关系	代替标准	阶段	分阶段	专业	分专业
206.2-26	DL/T 1215.2—2013	链式静止同步补偿器 第2部分：换流链的试验	行标	2013.8.1			修试	检修、试验	变电	其他
206.2-27	DL/T 1215.4—2013	链式静止同步补偿器 第4部分：现场试验	行标	2013.8.1			修试	检修、试验	变电	其他
206.2-28	DL/T 1243—2013	换流变压器现场局部放电测试技术	行标	2013.8.1			修试	检修、试验	变电	变压器
206.2-29	DL/T 1250—2013	气体绝缘金属封闭开关设备带电超声局部放电检测应用导则	行标	2013.8.1			修试	检修、试验	变电	开关
206.2-30	DL/T 1299—2013	直流融冰装置试验导则	行标	2014.4.1			修试	检修、试验	变电	其他
206.2-31	DL/T 1300—2013	气体绝缘金属封闭开关设备现场冲击试验导则	行标	2014.4.1			修试	检修、试验	变电	开关
206.2-32	DL/T 1304—2013	500kV 串联电容器补偿装置系统调试规程	行标	2014.4.1			修试	检修、试验	变电	其他
206.2-33	DL/T 1323—2014	现场宽频率交流耐压试验电压测量导则	行标	2014.8.1			修试	检修、试验	变电	其他
206.2-34	DL/T 1327—2014	高压交流变电站可听噪声测量方法	行标	2014.8.1			修试	检修、试验	变电	其他
206.2-35	DL/T 1331—2014	交流变电设备不拆高压引线试验导则	行标	2014.8.1			修试	检修、试验	变电	其他
206.2-36	DL/T 1332—2014	电流互感器励磁特性现场低频试验方法测量导则	行标	2014.8.1			修试	检修、试验	变电	互感器
206.2-37	DL/T 1432.1—2015	变电设备在线监测装置检验规范 第1部分：通用检验规范	行标	2015.9.1			修试	检修、试验	变电	其他
206.2-38	DL/T 1432.2—2016	变电设备在线监测装置检验规范 第2部分：变压器油中溶解气体在线监测装置	行标	2016.6.1			修试	检修、试验	变电	其他
206.2-39	DL/T 1432.3—2016	变电设备在线监测装置检验规范 第3部分：电容型设备及金属氧化物避雷器绝缘在线监测装置	行标	2016.6.1			修试	检修、试验	变电	其他

体系 结构号	标准编号	标准名称	标准 级别	实施日期	与国际标准 对应关系	代替标准	阶段	分阶段	专业	分专业
206.2-40	DL/T 1432.4—2017	变电设备在线监测装置检验规范 第 4 部分：气体绝缘金属封闭开关设备局部放电特高频在线监测装置	行标	2017.12.1			修试	检修、试验	变电	其他
206.2-41	DL/T 1432.5—2019	变电设备在线监测装置检验规范 第 5 部分：变压器铁心接地电流在线监测装置	行标	2020.5.1			修试	检修、试验	变电	其他
206.2-42	DL/T 1474—2015	标称电压高于 1000V 交、直流系统用复合绝缘子憎水性测量方法	行标	2015.12.1			修试	检修、试验	变电	其他
206.2-43	DL/T 1534—2016	油浸式电力变压器局部放电的特高频检测方法	行标	2016.6.1			修试	检修、试验	变电	变压器
206.2-44	DL/T 1540—2016	油浸式交流电抗器（变压器）运行振动测量方法	行标	2016.6.1			修试	检修、试验	变电	变压器
206.2-45	DL/T 1560—2016	解体运输电力变压器现场组装与试验导则	行标	2016.6.1			修试	检修、试验	变电	变压器
206.2-46	DL/T 1568—2016	换流阀现场试验导则	行标	2016.7.1			修试	检修、试验	变电	变压器
206.2-47	DL/T 1577—2016	直流设备不拆高压引线试验导则	行标	2016.7.1			修试	检修、试验	变电	变压器
206.2-48	DL/T 1630—2016	气体绝缘金属封闭开关设备局部放电特高频检测技术规范	行标	2017.5.1			修试	检修、试验	变电	变压器
206.2-49	DL/T 1669—2016	±800kV 直流设备现场直流耐压试验实施导则	行标	2017.5.1			修试	检修、试验	变电	变压器
206.2-50	DL/T 1774—2017	电力电容器外壳耐受爆破能量试验导则	行标	2018.6.1			修试	检修、试验	变电	变压器
206.2-51	DL/T 1788—2017	高压直流互感器现场校验规范	行标	2018.6.1			修试	检修、试验	变电	变压器
206.2-52	DL/T 1799—2018	电力变压器直流偏磁耐受能力试验方法	行标	2018.7.1			修试	检修、试验	变电	变压器

体系结构号	标准编号	标准名称	标准级别	实施日期	与国际标准对应关系	代替标准	阶段	分阶段	专业	分专业
206.2-53	DL/T 1807—2018	油浸式电力变压器、电抗器局部放电超声波检测与定位导则	行标	2018.7.1			修试	检修、试验	变电	变压器、电抗器
206.2-54	DL/T 1808—2018	干式空心电抗器匝间过电压现场试验导则	行标	2018.7.1			修试	检修、试验	变电	电抗器
206.2-55	DL/T 1946—2018	气体绝缘金属封闭开关设备 X 射线透视成像现场检测技术导则	行标	2019.5.1			修试	检修、试验	变电	开关
206.2-56	DL/T 1960—2018	变电站电气设备抗震试验技术规程	行标	2019.5.1			修试	检修、试验	变电	变压器、互感器、电抗器、开关类、避雷器、其他
206.2-57	DL/T 1999—2019	换流变压器直流局部放电测量现场试验方法	行标	2019.10.1			修试	检修、试验	换流	换流变
206.2-58	DL/T 2001—2019	换流变压器空载、负载和温升现场试验导则	行标	2019.10.1			修试	检修、试验	换流	换流变
206.2-59	DL/T 2008—2019	电力变压器、封闭式组合电器、电力电缆复合式连接现场试验方法	行标	2019.10.1			修试	检修、试验	变电、输电	变压器、开关、电缆
206.2-60	DL/T 2120—2020	GIS 变电站开关操作瞬态电磁骚扰抗扰度试验	行标	2021.2.8			规划、设计、采购、建设、运维、修试、退役	规划、初设、施工图、招标、品控、施工工艺、验收与质量评定、试运行、运行、维护、检修、试验、退役、报废	发电	火电、水电
206.2-61	DL/T 2156—2020	火力发电机组整体性能试验规程	行标	2021.2.1			规划、设计、采购、建设、运维、修试、退役	规划、初设、施工图、招标、品控、施工工艺、验收与质量评定、试运行、运行、维护、检修、试验、退役、报废	发电	火电
206.2-62	DL/T 2050—2019	高压开关柜暂态地电压局部放电现场检测方法	行标	2020.5.1			修试	检修、试验	变电	开关

体系结构号	标准编号	标准名称	标准级别	实施日期	与国际标准对应关系	代替标准	阶段	分阶段	专业	分专业
206.2-63	DL/T 2070—2019	超高压磁控型可控并联电抗器现场试验规程	行标	2020.5.1			修试	检修、试验	变电	电抗器
206.2-64	DL/T 2113—2020	混合式高压直流断路器试验规范	行标	2021.2.1			修试	检修、试验	变电	其他
206.2-65	DL/T 5571—2020	电力系统光通信工程初步设计文件内容深度规定	行标	2021.2.1			修试	检修、试验	变电	其他
206.2-66	DL/T 5572—2020	太阳能热发电厂可行性研究报告内容深度规定	行标	2021.2.1			修试	检修、试验	变电	其他
206.2-67	DL/T 5573—2020	太阳能热发电厂初步设计文件内容深度规定	行标	2021.2.1			修试	检修、试验	变电	其他
206.2-68	DL/T 5574—2020	输变电工程调试项目计价办法	行标	2021.2.1			修试	检修、试验	变电	其他
206.2-69	NB/T 10281—2019	滤波器用高压交流断路器试验导则	行标	2020.5.1			修试	检修、试验	变电	开关
206.2-70	NB/T 10282—2019	交流无间隙金属氧化物避雷器试验导则	行标	2020.5.1			修试	检修、试验	变电	避雷器
206.2-71	NB/T 10283—2019	高压交流负荷开关—熔断器组合电器试验导则	行标	2020.5.1			修试	检修、试验	变电	开关
206.2-72	NB/T 42004—2013	高压交流电机定子线圈对地绝缘电老化试验方法	行标	2013.8.1			修试	检修、试验	变电	变压器
206.2-73	NB/T 42005—2013	高压交流电机定子线圈对地绝缘电热老化试验方法	行标	2013.8.1			修试	检修、试验	变电	变压器
206.2-74	NB/T 42099—2016	高压交流断路器合成试验导则	行标	2017.5.1			修试	检修、试验	变电	开关
206.2-75	NB/T 42101—2016	高压开关设备型式试验及型式试验报告通用导则	行标	2017.5.1			修试	检修、试验	变电	开关
206.2-76	NB/T 42102—2016	高压电器高电压试验技术操作细则	行标	2017.5.1			修试	检修、试验	变电	开关

体系结构号	标准编号	标准名称	标准级别	实施日期	与国际标准对应关系	代替标准	阶段	分阶段	专业	分专业
206.2-77	NB/T 42137—2017	高压交流隔离开关和接地开关试验导则	行标	2018.3.1			修试	检修、试验	变电	变压器
206.2-78	NB/T 42138—2017	高压交流断路器试验导则	行标	2018.3.1			修试	检修、试验	变电	变压器
206.2-79	JB/T 501—2006	电力变压器试验导则	行标	2006.10.1		JB/T 501—1991	修试	检修、试验	变电	变压器
206.2-80	JB/T 1544—2015	电气绝缘浸渍漆和漆布快速热老化试验方法—热重点斜法	行标	2015.10.1		JB/T 1544—1999	修试	检修、试验	变电	变压器
206.2-81	JB/T 3730—2015	电气绝缘用柔软复合材料耐热性能评定试验方法 卷管检查电压法	行标	2015.10.1		JB/T 3730—1999	修试	检修、试验	变电	变压器
206.2-82	JB/T 7618—2011	避雷器密封试验	行标	2012.4.1		JB/T 7618—1994	修试	检修、试验	变电	避雷器
206.2-83	JB/T 8314—2008	分接开关 试验导则	行标	2008.7.1		JB/T 8314—1996	修试	检修、试验	变电	开关
206.2-84	SJ/T 31401—1994	高压开关柜完好要求和检查评定方法	行标	1994.6.1			修试	检修、试验	变电	开关
206.2-85	GB/T 1094.4—2005	电力变压器 第4部分：电力变压器和电抗器的雷电冲击和操作冲击试验导则	国标	2006.4.1	IEC 60076-4: 2002，MOD	GB/T 7449—1987	修试	检修、试验	变电	变压器
206.2-86	GB/T 1094.101—2008	电力变压器 第10.1部分：声级测定 应用导则	国标	2009.4.1	IEC 60076-10-1: 2005，IDT		修试	检修、试验	变电	变压器
206.2-87	GB/T 1094.18—2016	电力变压器 第18部分：频率响应测量	国标	2017.3.1	IEC 60076-18: 2012		修试	检修、试验	变电	变压器
206.2-88	GB/T 4074.1—2008	绕组线试验方法 第1部分：一般规定	国标	2008.12.1	IEC 60851-1: 1996，IDT	GB/T 4074.1—1999	修试	检修、试验	变电	变压器
206.2-89	GB/T 4473—2018	高压交流断路器的合成试验	国标	2019.7.1		GB/T 4473—2008	修试	检修、试验	变电	开关
206.2-90	GB/T 11023—2018	高压开关设备六氟化硫气体密封试验方法	国标	2019.7.1		GB/T 11023—1989	修试	检修、试验	变电	开关
206.2-91	GB/T 11604—2015	高压电气设备无线电干扰测试方法	国标	2016.4.1		GB/T 11604—1989	修试	检修、试验	变电	开关

体系结构号	标准编号	标准名称	标准级别	实施日期	与国际标准对应关系	代替标准	阶段	分阶段	专业	分专业
206.2-92	GB/T 19212.2—2012	电力变压器、电源、电抗器和类似产品的安全 第2部分：一般用途分离变压器和内装分离变压器的电源的特殊要求和试验	国标	2017.3.23	IEC 61558-2-1：2007	GB 19212.2—2012	修试	检修、试验	变电	变压器
206.2-93	GB/T 19212.3—2012	电力变压器、电源、电抗器和类似产品的安全 第3部分：控制变压器和内装控制变压器的电源的特殊要求和试验	国标	2017.3.23	IEC 61558-2-2：2007	GB 19212.3—2012	修试	检修、试验	变电	变压器
206.2-94	GB/T 19212.10—2014	变压器、电抗器、电源装置及其组合的安全 第10部分：Ⅲ类手提钨丝灯用变压器和电源装置的特殊要求和试验	国标	2017.3.23	IEC 61558-2-9：2010	GB 19212.10—2014	修试	检修、试验	变电	变压器
206.2-95	GB/T 20138—2006	电器设备外壳对外界机械碰撞的防护等级（IK代码）	国标	2006.8.1	IEC 62262：2002，IDT		修试	检修、试验	变电	其他
206.2-96	GB/T 20160—2006	旋转电机绝缘电阻测试	国标	2006.9.1	IEEE Std 43：2000，IDT		修试	检修、试验	变电	其他
206.2-97	GB/T 20639—2006	有间隙阀式避雷器人工污秽试验	国标	2007.4.1	IEC/TR 60099-3—1990，IDT		修试	检修、试验	变电	避雷器
206.2-98	GB/T 20992—2007	高压直流输电用普通晶闸管的一般要求	国标	2008.2.1	IEC 60747-6-3：1993，NEQ		修试	检修、试验	变电	其他
206.2-99	GB/T 22071.1—2018	互感器试验导则 第1部分：电流互感器	国标	2019.7.1		GB/T 22071.1—2008	修试	检修、试验	变电	互感器
206.2-100	GB/T 22071.2—2017	互感器试验导则 第2部分：电磁式电压互感器	国标	2018.7.1		GB/T 22071.2—2008	修试	检修、试验	变电	互感器
206.2-101	GB/T 22075—2008	高压直流换流站的可听噪声	国标	2009.4.1			修试	检修、试验	变电	其他
206.2-102	GB/T 22720.1—2017	旋转电机 电压型变频器供电的旋转电机无局部放电（Ⅰ型）电气绝缘结构的鉴别和质量控制试验	国标	2018.5.1	IEC 60034-18-41：2014	GB/T 22720.1—2008	修试	检修、试验	变电	其他

体系结构号	标准编号	标准名称	标准级别	实施日期	与国际标准对应关系	代替标准	阶段	分阶段	专业	分专业
206.2-103	GB/T 24623—2009	高压绝缘子无线电干扰试验	国标	2010.4.1	IEC 60437：1997，MOD		修试	检修、试验	变电	其他
206.2-104	GB/T 26869—2011	标称电压高于 1000V 低于 300kV 系统用户内有机材料支柱绝缘子的试验	国标	2011.12.1	IEC 60660：1999，MOD		修试	检修、试验	变电	其他
206.2-105	GB/T 28543—2012	电力电容器噪声测量方法	国标	2012.11.1			修试	检修、试验	变电	其他
206.2-106	GB/T 28563—2012	±800kV 特高压直流输电用晶闸管阀电气试验	国标	2012.11.1			修试	检修、试验	变电	其他
206.2-107	GB/T 29489—2013	高压交流开关设备和控制设备的感性负载开合	国标	2013.7.1			修试	检修、试验	变电	开关
206.2-108	GB/T 30109—2013	交流损耗测量 液氦温度下横向交变磁场中圆形截面超导线总交流损耗的探测线圈测量法	国标	2014.5.15	IEC 61788-8 Ed.2：2010		修试	检修、试验	变电	其他
206.2-109	GB/T 31487.3—2015	直流融冰装置 第 3 部分：试验	国标	2015.12.1			修试	检修、试验	变电	其他
206.2-110	GB/T 32518.1—2016	超高压可控并联电抗器现场试验技术规范 第 1 部分：分级调节式	国标	2016.9.1			修试	检修、试验	变电	其他
206.2-111	GB/T 33348—2016	高压直流输电用电压源换流器阀 电气试验	国标	2017.7.1	IEC 62501：2014		修试	检修、试验	变电	其他
206.2-112	GB/T 33981—2017	高压交流断路器声压级测量的标准规程	国标	2018.2.1	IEC/IEEE 62271-37-082：2012		修试	检修、试验	变电	开关
206.2-113	GB/T 34925—2017	高原 110kV 变电站交流回路系统现场检验方法	国标	2018.5.1			修试	检修、试验	变电	其他
206.2-114	GB/T 36956—2018	柔性直流输电用电压源换流器阀基控制设备试验	国标	2019.7.1			修试	检修、试验	换流	换流阀
206.2-115	GB/T 37137—2018	高原 220kV 变电站交流回路系统现场检验方法	国标	2019.7.1			修试	检修、试验	变电	其他

体系结构号	标准编号	标准名称	标准级别	实施日期	与国际标准对应关系	代替标准	阶段	分阶段	专业	分专业
206.2-116	IEC 60060-1—2010	高压试验技术 第1部分：一般定义和试验要求	国际标准	2010.9.1	GOST 1516.2—1997，EQV；GOST IEC 384-14—1995，EQV；GOST RIEC384- 14—1994，EQV；HD 588.1 S1—1991，IDT	IEC 60060-1—1989；IEC 60060-1 CORRI 1—1992；IEC 60060-1 CORRI 1—1992；IEC 42/277/FDIS—2010	修试	检修、试验	变电	其他
206.2-117	IEC 60060-2—2010	高压试验技术 第2部分：测量系统	国际标准	2010.11.29	EN 6006D-2—1994，IDT；BS EN 60060-2，IDT；DIN EN 60060-2—1996，IDT	IEC 60060-2—1994；IEC 60060-2—1994/Amd 1—1996	修试	检修、试验	变电	其他
206.2-118	IEC 60060-3—2006	高电压测试技术 第3部分：现场测试的定义和要求	国际标准	2006.2.7	DIN EN 60060-3—2006，IDT；BS EN 60060-3—2006，IDT；EN 60060-3—2006，IDT；NF C41-103—2006，IDT；OEVE/OENORM EN 60060-3—2006，IDT	IEC 60060-3—1976	修试	检修、试验	变电	其他
206.2-119	IEC 60684-2—2011	IEC 60684-2，3.0版本：软绝缘套管 第2部分：测试方法	国际标准	2013.12.13		IEC 60507—1991	修试	检修、试验	变电	其他
206.2-120	IEC 61975—2010	高压直流装置的系统试验	国际标准	2010.7.29	BS EN 61975—2010，IDT；EN 61975—2010.IDT	IEC PAS 61975—2004；IEC 22 F/221/FDIS—2010	修试	检修、试验	变电	其他
206.3 试验与计量-中、低压电力设备										
206.3-1	Q/CSG 1205027—2020	6kV～35kV 电缆系统超低频介损测试方法	企标	2020.3.31			修试	检修、试验	其他	

体系结构号	标准编号	标准名称	标准级别	实施日期	与国际标准对应关系	代替标准	阶段	分阶段	专业	分专业
206.3-2	T/CEC 228—2019	配电变压器绕组材质的热电效应法检测导则	团标	2019.7.1			修试	检修、试验	配电	变压器
206.3-3	T/CSEE 0120—2019	配电变压器绕组铜铝材质热电法检测技术导则	团标	2019.3.1			修试	检修、试验	配电	变压器
206.3-4	DL/T 2107—2020	配网设备状态检修导则	行标	2021.2.1	IEC 62271-1：2007，MOD		修试	检修、试验	配电	其他
206.3-5	DL/T 2069—2019	低压有源电力滤波器检测规程	行标	2020.5.1			修试	检修、试验	配电	其他
206.3-6	NB/T 10288—2019	交流—直流开关电源高加速寿命试验方法	行标	2020.5.1			修试	检修、试验	配电	其他
206.3-7	NB/T 10447—2020	整流变压器组保护装置通用技术要求	行标	2021.2.1			修试	检修、试验	配电	其他
206.3-8	NB/T 42063—2015	3.6kV～40.5kV 高压交流负荷开关试验导则	行标	2016.3.1	Guide to the interpretation of IEC 60265-1，MOD		修试	检修、试验	配电	其他
206.3-9	NB/T 42064—2015	3.6kV～40.5kV 交流金属封闭开关设备和控制设备试验导则	行标	2016.3.1	Guide to the interpretation of IEC 62271-200，MOD		修试	检修、试验	配电	其他
206.3-10	JB/T 5351—2014	真空开关触头材料 基本性能试验方法	行标	2014.11.1		JB/T 5351—1991	修试	检修、试验	配电	其他
206.3-11	GB/T 507—2002	绝缘油 击穿电压测定法	国标	2003.4.1	IEC 156：1995，EQV	GB/T 507—1986	修试	检修、试验	配电	其他
206.3-12	GB/T 1032—2012	三相异步电动机试验方法	国标	2012.11.1	IEC 60034-2-1：2007	GB/T 1032—2005	修试	检修、试验	配电	其他
206.3-13	GB/T 5171.21—2016	小功率电动机 第21部分：通用试验方法	国标	2017.3.1			修试	检修、试验	配电	其他
206.3-14	GB/T 7113.2—2014	绝缘软管 第2部分：试验方法	国标	2015.2.1	IEC 60684-2：2003，MOD	GB/T 7113.2—2005	修试	检修、试验	配电	其他

体系 结构号	标准编号	标准名称	标准 级别	实施日期	与国际标准 对应关系	代替标准	阶段	分阶段	专业	分专业
206.3-15	GB/T 10233—2016	低压成套开关设备和电控设备基本试验方法	国标	2016.9.1		GB/T 10233—2005	修试	检修、试验	配电、用电	其他
206.3-16	GB/T 11026.1—2016	电气绝缘材料　耐热性　第1部分：老化程序和试验结果的评定	国标	2017.7.1	IEC 60216-1：2013	GB/T 11026.1—2003	修试	检修、试验	配电、用电	其他
206.3-17	GB/T 11026.3—2017	电气绝缘材料　耐热性　第3部分：计算耐热特征参数的规程	国标	2018.7.1	IEC 60216-3：2006	GB/T 11026.3—2006	修试	检修、试验	配电、用电	其他
206.3-18	GB/T 11026.9—2016	电气绝缘材料　耐热性　第9部分：利用简化程序计算耐热性导则	国标	2017.7.1	IEC 60216-8：2013		修试	检修、试验	配电、用电	其他
206.3-19	GB/T 11026.10—2019	电气绝缘材料　耐热性　第10部分：利用分析试验方法加速确定相对耐热指数（RTEA）基于活化能计算的导则	国标	2020.1.1			修试	检修、试验	配电、用电	其他
206.3-20	GB/T 11313.201—2018	射频连接器　第201部分：电气试验方法　反射系数和电压驻波比	国标	2019.1.1			修试	检修、试验	配电、用电	其他
206.3-21	GB/T 11313.202—2018	射频连接器　第202部分：电气试验方法　插入损耗	国标	2019.1.1			修试	检修、试验	配电、用电	其他
206.3-22	GB/T 16895.21—2011	低压电气装置　第4-41部分：安全防护　电击防护	国标	2017.3.23	IEC 60364-4-41：2005	GB 16895.21—2011	修试	检修、试验	配电、用电	其他
206.3-23	GB/T 16895.23—2012	低压电气装置　第6部分：检验	国标	2012.11.1	IEC 60364-6：2006，IDT	GB/T 16895.23—2005	修试	检修、试验	配电、用电	其他
206.3-24	GB/T 17627—2019	低压电气设备的高电压试验技术　定义、试验和程序要求、试验设备	国标	2020.7.1	IEC 1180-1：1992，EQV	GB/T 17627.1—1998； GB/T 17627.2—1998	修试	检修、试验	配电、用电	其他
206.3-25	GB/T 18216.1—2012	交流1000V和直流1500V以下低压配电系统电气安全　防护措施的试验、测量或监控设备　第1部分：通用要求	国标	2013.2.15		GB/T 18216.1—2000	修试、运维	试验、运行、维护	配电、用电	其他

体系结构号	标准编号	标准名称	标准级别	实施日期	与国际标准对应关系	代替标准	阶段	分阶段	专业	分专业
206.3-26	GB/T 18216.2—2012	交流 1000V 和直流 1500V 以下低压配电系统电气安全 防护措施的试验、测量或监控设备 第 2 部分：绝缘电阻	国标	2013.2.15	IEC 61557-2：2007，IDT	GB/T 18216.2—2002	修试、运维	试验、运行、维护	配电、用电	其他
206.3-27	GB/T 18216.3—2012	交流 1000V 和直流 1500V 以下低压配电系统电气安全 防护措施的试验、测量或监控设备 第 3 部分：环路阻抗	国标	2013.2.15	IEC 61557-3：2007，IDT	GB/T 18216.3—2007	修试、运维	试验、运行、维护	配电、用电	其他
206.3-28	GB/T 18216.4—2012	交流 1000V 和直流 1500V 以下低压配电系统电气安全 防护措施的试验、测量或监控设备 第 4 部分：接地电阻和等电位接地电阻	国标	2013.2.15	IEC 61557-4：2007，IDT	GB/T 18216.4—2007	修试、运维	试验、运行、维护	配电、用电	其他
206.3-29	GB/T 18216.5—2012	交流 1000V 和直流 1500V 以下低压配电系统电气安全 防护措施的试验、测量或监控设备 第 5 部分：对地阻抗	国标	2013.2.15	IEC 61557-5：2007，IDT	GB/T 18216.5—2007	修试、运维	试验、运行、维护	配电、用电	其他
206.3-30	GB/T 18216.8—2015	交流 1000V 和直流 1500V 以下低压配电系统电气安全 防护设施的试验、测量或监控设备 第 8 部分：IT 系统中绝缘监控装置	国标	2016.7.1	IEC 61557-8：2007，IDT		修试、运维	试验、运行、维护	配电、用电	其他
206.3-31	GB/T 18216.9—2015	交流 1000V 和直流 1500V 以下低压配电系统电气安全 防护措施的试验、测量或监控设备 第 9 部分：IT 系统中的绝缘故障定位设备	国标	2016.7.1	IEC 61557-9：2007，IDT		修试、运维	试验、运行、维护	配电、用电	其他
206.3-32	GB/T 18859—2016	封闭式低压成套开关设备和控制设备 在内部故障引起电弧情况下的试验导则	国标	2017.7.1	IEC/TR 61641：2014	GB/Z 18859—2002	修试、运维	试验、运行、维护	配电	开关
206.3-33	GB/T 19212.5—2011	电源电压为 1100V 及以下的变压器、电抗器、电源装置和类似产品的安全 第 5 部分：隔离变压器和内装隔离变压器的电源装置的特殊要求和试验	国标	2017.3.23	IEC 61558-2-4：2009	GB 19212.5—2011	修试、运维	试验、运行、维护	配电	变压器

体系 结构号	标准编号	标准名称	标准 级别	实施日期	与国际标准 对应关系	代替标准	阶段	分阶段	专业	分专业
206.3-34	GB/T 19212.7—2012	电源电压为 1100V 及以下的变压器、电抗器、电源装置和类似产品的安全 第 7 部分：安全隔离变压器和内装安全隔离变压器的电源装置的特殊要求和试验	国标	2017.3.23	IEC 61558-2-6：2009	GB 19212.7—2012	修试、运维	试验、运行、维护	配电	变压器
206.3-35	GB/T 19212.14—2012	电源电压为 1100V 及以下的变压器、电抗器、电源装置和类似产品的安全 第 14 部分：自耦变压器和内装自耦变压器的电源装置的特殊要求和试验	国标	2017.3.23	IEC 61558-2-13：2009	GB 19212.14—2012	修试、运维	试验、运行、维护	配电	变压器
206.3-36	GB/T 19212.17—2019	电源电压为 1100V 及以下的变压器、电抗器、电源装置和类似产品的安全 第 17 部分：开关型电源装置和开关型电源装置用变压器的特殊要求和试验	国标	2020.5.1	IEC 61558-2-16：2009	GB 19212.17—2013	修试、运维	试验、运行、维护	配电	变压器
206.3-37	GB/T 20114—2019	普通电源或整流电源供电直流电机的特殊试验方法	国标	2020.1.1	IEC 60034-19：1995，IDT	GB/T 20114—2006	修试、运维	试验、维护	配电、用电	其他
206.3-38	GB/T 22670—2018	变频器供电三相笼型感应电动机试验方法	国标	2019.4.1		GB/T 22670—2008	修试、运维	试验、维护	用电	其他
206.3-39	GB/T 24276—2017	通过计算进行低压成套开关设备和控制设备温升验证的一种方法	国标	2018.5.1	IEC/TR 60890：2014	GB/T 24276—2009	修试、运维	试验、维护	配电、用电	其他
206.3-40	GB/T 32877—2016	变频器供电交流感应电动机确定损耗和效率的特定试验方法	国标	2017.3.1	IEC/TS 60034-2-3：2013		修试、运维	试验、维护	配电、用电	其他
206.3-41	GB/T 34862—2017	确定三相低压笼型感应电动机等值电路参数的试验方法	国标	2018.5.1	IEC 60034-28：2012		修试、运维	试验、维护	配电、用电	其他
206.3-42	GB/T 35710—2017	35kV 及以下电压等级电力变压器容量评估导则	国标	2018.7.1			修试、运维	试验、维护	配电	变压器
206.3-43	JJG 163—1991	电容工作基准检定规程	国标	1993.7.1	IEC 61854：1998，MOD		修试、运维	试验、维护	配电、用电	其他

体系结构号	标准编号	标准名称	标准级别	实施日期	与国际标准对应关系	代替标准	阶段	分阶段	专业	分专业
206.3-44	JJF 1261.18—2017	交流接触器能源效率计量检测规则	国标	2018.3.26		JJF 1261.18—2015	修试、运维	试验、维护	配电、用电	其他
——电缆和光缆										
206.3-45	IEC 61557-13—2011	1000V 交流和 150 脚直流低压配电系统电气安全保护措施试验、测量或监测用设备 第13 部分：泄漏测量用手持和用手控制电流夹件和传感器	国际标准	2011.7.8			修试、运维	试验、维护	配电、用电	其他
206.3-46	GA/T 716—2007	电缆或光缆在受火条件下的火焰传播及热释放和产烟特性的试验方法	行标	2007.12.1	PREN 50399：2003，MOD		修试、运维	试验、维护	输电、配电	电缆、线缆
206.3-47	GB/T 2951.11—2008	电缆和光缆绝缘和护套材料通用试验方法 第11 部分：通用试验方法 厚度和外形尺寸测量 机械性能试验	国标	2009.4.1	IEC 60811-1-1：2001，IDT	GB/T 2951.1—1997	修试、运维	试验、维护	输电、配电	电缆、线缆
206.3-48	GB/T 2951.12—2008	电缆和光缆绝缘和护套材料通用试验方法 第12 部分：通用试验方法 热老化试验方法	国标	2009.4.1	IEC 60811-1-2：1985，IDT	GB/T 2951.2—1997	修试、运维	试验、维护	输电、配电	电缆、线缆
206.3-49	GB/T 2951.13—2008	电缆和光缆绝缘和护套材料通用试验方法 第13 部分：通用试验方法 密度测定方法 吸水试验 收缩试验	国标	2009.4.1	IEC 60811-1-3：2001，IDT	GB/T 2951.3—1997	修试、运维	试验、维护	输电、配电	电缆、线缆
206.3-50	GB/T 2951.14—2008	电缆和光缆绝缘和护套材料通用试验方法 第14 部分：通用试验方法 低温试验	国标	2009.4.1	IEC 60811-1-4：1985，IDT	GB/T 2951.4—1997	修试、运维	试验、维护	输电、配电	电缆、线缆
206.3-51	GB/T 2951.21—2008	电缆和光缆绝缘和护套材料通用试验方法 第21 部分：弹性体混合料专用试验方法 耐臭氧试验 热延伸试验 浸矿物油试验	国标	2009.4.1	IEC 60811-2-1：2001	GB/T 2951.5—1997	修试、运维	试验、维护	输电、配电	电缆、线缆
206.3-52	GB/T 2951.31—2008	电缆和光缆绝缘和护套材料通用试验方法 第31 部分：聚氯乙烯混合料专用试验方法 高温压力试验 抗开裂试验	国标	2009.4.1	IEC 60811-3-1：1985，IDT	GB/T 2951.6—1997	修试、运维	试验、维护	输电、配电	电缆、线缆

体系结构号	标准编号	标准名称	标准级别	实施日期	与国际标准对应关系	代替标准	阶段	分阶段	专业	分专业
206.3-53	GB/T 2951.32—2008	电缆和光缆绝缘和护套材料通用试验方法 第32部分：聚氯乙烯混合料专用试验方法 失重试验 热稳定性试验	国标	2009.4.1	IEC 60811-3-2：1985，IDT	GB/T 2951.7—1997	修试、运维	试验、维护	输电、配电	电缆、线缆
206.3-54	GB/T 2951.41—2008	电缆和光缆绝缘和护套材料通用试验方法 第41部分：聚乙烯和聚丙烯混合料专用试验方法 耐环境应力开裂试验 熔体指数测量方法 直接燃烧法测量聚乙烯中碳黑和（或）矿物质填料含量 热重分析法（TGA）测量碳黑含量 显微镜法评估聚乙烯中碳黑分散度	国标	2009.4.1	IEC 60811-4-1：2004		修试、运维	试验、维护	输电、配电	电缆、线缆
206.3-55	GB/T 2951.42—2008	电缆和光缆绝缘和护套材料通用试验方法 第42部分：聚乙烯和聚丙烯混合料专用试验方法 高温处理后抗张强度和断裂伸长率试验 高温处理后卷绕试验 空气热老化后的卷绕试验 测定质量的增加 长期热稳定性试验 铜催化氧化降解试验方法	国标	2009.4.1	IEC 60811-4-2：2004	GB/T 2951.9—1997	修试、运维	试验、维护	输电、配电	电缆、线缆
206.3-56	GB/T 2951.51—2008	电缆和光缆绝缘和护套材料通用试验方法 第51部分：填充膏专用试验方法 滴点 油分离 低温脆性 总酸值 腐蚀性 23℃时的介电常数 23℃和100℃时的直流电阻率	国标	2009.4.1	IEC 60811-5-1：1990	GB/T 2951.10—1997	修试、运维	试验、维护	输电、配电	电缆、线缆
206.3-57	GB/T 17651.1—1998	电缆或光缆在特定条件下燃烧的烟密度测定 第1部分：试验装置	国标	1999.10.1	IEC 61034-1：1997，IDT	GB/T 12666.7—1990	修试、运维	试验、维护	输电、配电	电缆、线缆
206.3-58	GB/T 17651.2—1998	电缆或光缆在特定条件下燃烧的烟密度测定 第2部分：试验步骤和要求	国标	1999.10.1	IEC 61034-2：1997，IDT	GB 12666.7—1990	修试、运维	试验、维护	输电、配电	电缆、线缆

体系结构号	标准编号	标准名称	标准级别	实施日期	与国际标准对应关系	代替标准	阶段	分阶段	专业	分专业
206.3-59	GB/T 18380.11—2008	电缆和光缆在火焰条件下的燃烧试验 第11部分：单根绝缘电线电缆火焰垂直蔓延试验 试验装置	国标	2009.4.1	IEC 60332-1-1：2004，IDT	GB/T 18380.1—2001	修试、运维	试验、维护	输电、配电	电缆、线缆
206.3-60	GB/T 18380.12—2008	电缆和光缆在火焰条件下的燃烧试验 第12部分：单根绝缘电线电缆火焰垂直蔓延试验 1kW预混合型火焰试验方法	国标	2009.4.1	IEC 60332-1-2：2004，IDT		修试、运维	试验、维护	输电、配电	电缆、线缆
206.3-61	GB/T 18380.13—2008	电缆和光缆在火焰条件下的燃烧试验 第13部分：单根绝缘电线电缆火焰垂直蔓延试验 测定燃烧的滴落（物）/微粒的试验方法	国标	2009.4.1	IEC 60332-1-3：2004，IDT		修试、运维	试验、维护	输电、配电	电缆、线缆
206.3-62	GB/T 18380.21—2008	电缆和光缆在火焰条件下的燃烧试验 第21部分：单根绝缘细电线电缆火焰垂直蔓延试验 试验装置	国标	2009.4.1	IEC 60332-2-1：2004，IDT	GB/T 18380.2—2001	修试、运维	试验、维护	输电、配电	电缆、线缆
206.3-63	GB/T 18380.22—2008	电缆和光缆在火焰条件下的燃烧试验 第22部分：单根绝缘细电线电缆火焰垂直蔓延试验 扩散型火焰试验方法	国标	2009.4.1	IEC 60332-2-2：2004，IDT		修试、运维	试验、维护	输电、配电	电缆、线缆
206.3-64	GB/T 18380.31—2008	电缆和光缆在火焰条件下的燃烧试验 第31部分：垂直安装的成束电线电缆火焰垂直蔓延试验 试验装置	国标	2009.4.1	IEC 60332-3-10：2000，IDT	GB/T 18380.3—2001	修试、运维	试验、维护	输电、配电	电缆、线缆
206.3-65	GB/T 18380.32—2008	电缆和光缆在火焰条件下的燃烧试验 第32部分：垂直安装的成束电线电缆火焰垂直蔓延试验 AF/R类	国标	2009.4.1	IEC 60332-3-21：2000，IDT		修试、运维	试验、维护	输电、配电	电缆、线缆
206.3-66	GB/T 18380.33—2008	电缆和光缆在火焰条件下的燃烧试验 第33部分：垂直安装的成束电线电缆火焰垂直蔓延试验 A类	国标	2009.4.1	IEC 60332-3-22：2000，IDT		修试、运维	试验、维护	输电、配电	电缆、线缆

体系 结构号	标准编号	标准名称	标准 级别	实施日期	与国际标准 对应关系	代替标准	阶段	分阶段	专业	分专业
206.3-67	GB/T 18380.34—2008	电缆和光缆在火焰条件下的燃烧试验 第34部分：垂直安装的成束电线电缆火焰垂直蔓延试验 B类	国标	2009.4.1	IEC 60332-3-23：2000，IDT		修试、运维	试验、维护	输电、配电	电缆、线缆
206.3-68	GB/T 18380.35—2008	电缆和光缆在火焰条件下的燃烧试验 第35部分：垂直安装的成束电线电缆火焰垂直蔓延试验 C类	国标	2009.4.1	IEC 60332-3-24：2000，IDT		修试、运维	试验、维护	输电、配电	电缆、线缆
206.3-69	GB/T 18380.36—2008	电缆和光缆在火焰条件下的燃烧试验 第36部分：垂直安装的成束电线电缆火焰垂直蔓延试验 D类	国标	2009.4.1	IEC 60332-3-25：2000，IDT		修试、运维	试验、维护	输电、配电	电缆、线缆
206.3-70	GB/T 19216.11—2003	在火焰条件下电缆或光缆的线路完整性试验 第11部分：试验装置 火焰温度不低于750°C的单独供火	国标	2004.2.1	IEC 60331-11：1999，IDT	GB/T 12666.6—1990	修试、运维	试验、维护	输电、配电	电缆、线缆
206.3-71	GB/T 19216.21—2003	在火焰条件下电缆或光缆的线路完整性试验 第21部分：试验步骤和要求 额定电压0.6/1.0kV及以下电缆	国标	2004.2.1	IEC 60331-21：1999，IDT	GB/T 12666.6—1990	修试、运维	试验、维护	输电、配电	电缆、线缆
206.3-72	GB/T 19216.23—2003	在火焰条件下电缆或光缆的线路完整性试验 第23部分：试验步骤和要求 数据电缆	国标	2004.2.1	IEC 60331-23：1999，IDT		修试、运维	试验、维护	输电、配电	电缆、线缆
——电线电缆										
206.3-73	GB/T 19216.25—2003	在火焰条件下电缆或光缆的线路完整性试验 第25部分：试验步骤和要求 光缆	国标	2004.2.1	IEC 60331-25：1999，IDT		修试、运维	试验、维护	输电、配电	电缆、线缆
206.3-74	JB/T 10696.1—2007	电线电缆机械和理化性能试验方法 第1部分：一般规定	行标	2007.7.1			修试、运维	试验、维护	输电、配电	电缆、线缆
206.3-75	JB/T 10696.3—2007	电线电缆机械和理化性能试验方法 第3部分：弯曲试验	行标	2007.7.1			修试、运维	试验、维护	输电、配电	电缆、线缆

体系结构号	标准编号	标准名称	标准级别	实施日期	与国际标准对应关系	代替标准	阶段	分阶段	专业	分专业
206.3-76	JB/T 10696.4—2007	电线电缆机械和理化性能试验方法 第4部分：外护层环烷酸铜含量试验	行标	2007.7.1			修试、运维	试验、维护	输电、配电	电缆、线缆
206.3-77	JB/T 10696.5—2007	电线电缆机械和理化性能试验方法 第5部分：腐蚀扩展试验	行标	2007.7.1			修试、运维	试验、维护	输电、配电	电缆、线缆
206.3-78	JB/T 10696.6—2007	电线电缆机械和理化性能试验方法 第6部分：挤出外套刮磨试验	行标	2007.7.1			修试、运维	试验、维护	输电、配电	电缆、线缆
206.3-79	JB/T 10696.7—2007	电线电缆机械和理化性能试验方法 第7部分：抗撕试验	行标	2007.7.1			修试、运维	试验、维护	输电、配电	电缆、线缆
206.3-80	JB/T 10696.8—2007	电线电缆机械和理化性能试验方法 第8部分：氧化诱导期试验	行标	2007.7.1			修试、运维	试验、维护	输电、配电	电缆、线缆
206.3-81	GB/T 3048.1—2007	电线电缆电性能试验方法 第1部分：总则	国标	2008.5.1		GB/T 3048.1—1994	修试、运维	试验、维护	输电、配电	电缆、线缆
206.3-82	GB/T 3048.2—2007	电线电缆电性能试验方法 第2部分：金属材料电阻率试验	国标	2008.5.1		GB/T 3048.2—1994	修试、运维	试验、维护	输电、配电	电缆、线缆
206.3-83	GB/T 3048.3—2007	电线电缆电性能试验方法 第3部分：半导电橡塑材料体积电阻率试验	国标	2008.5.1		GB/T 3048.3—1994	修试、运维	试验、维护	输电、配电	电缆、线缆
206.3-84	GB/T 3048.4—2007	电线电缆电性能试验方法 第4部分：导体直流电阻试验	国标	2008.5.1		GB/T 3048.4—1994	修试、运维	试验、维护	输电、配电	电缆、线缆
206.3-85	GB/T 3048.5—2007	电线电缆电性能试验方法 第5部分：绝缘电阻试验	国标	2008.5.1		GB 3048.5—1994；GB 3048.6—1994	修试、运维	试验、维护	输电、配电	电缆、线缆
206.3-86	GB/T 3048.7—2007	电线电缆电性能试验方法 第7部分：耐电痕试验	国标	2008.5.1		GB/T 3048.7—1994	修试、运维	试验、维护	输电、配电	电缆、线缆
206.3-87	GB/T 3048.8—2007	电线电缆电性能试验方法 第8部分：交流电压试验	国标	2008.5.1	IEC 60060-1：1989，NEQ	GB/T 3048.8—1994	修试、运维	试验、维护	输电、配电	电缆、线缆

体系结构号	标准编号	标准名称	标准级别	实施日期	与国际标准对应关系	代替标准	阶段	分阶段	专业	分专业
206.3-88	GB/T 3048.9—2007	电线电缆电性能试验方法 第9部分：绝缘线芯火花试验	国标	2008.5.1		GB 3048.15—1992；GB 3048.9—1994	修试、运维	试验、维护	输电、配电	电缆、线缆
206.3-89	GB/T 3048.10—2007	电线电缆电性能试验方法 第10部分：挤出护套火花试验	国标	2008.5.1		GB/T 3048.10—1994	修试、运维	试验、维护	输电、配电	电缆、线缆
206.3-90	GB/T 3048.11—2007	电线电缆电性能试验方法 第11部分：介质损耗角正切试验	国标	2008.5.1		GB/T 3048.11—1994	修试、运维	试验、维护	输电、配电	电缆、线缆
206.3-91	GB/T 3048.12—2007	电线电缆电性能试验方法 第12部分：局部放电试验	国标	2008.5.1	IEC 60885-3：1988，MOD	GB/T 3048.12—1994	修试、运维	试验、维护	输电、配电	电缆、线缆
206.3-92	GB/T 3048.14—2007	电线电缆电性能试验方法 第14部分：直流电压试验	国标	2008.5.1	IEC 60060-1：1989，NEQ	GB/T 3048.14—1992	修试、运维	试验、维护	输电、配电	电缆、线缆
206.3-93	GB/T 3048.16—2007	电线电缆电性能试验方法 第16部分：表面电阻试验	国标	2008.5.1		GB/T 3048.16—1994	修试、运维	试验、维护	输电、配电	电缆、线缆
206.3-94	GB/T 12666.1—2008	单根电线电缆燃烧试验方法 第1部分：垂直燃烧试验	国标	2009.4.1		GB/T 12666.1—1990	修试、运维	试验、维护	输电、配电	电缆、线缆
206.3-95	GB/T 12666.2—2008	单根电线电缆燃烧试验方法 第2部分：水平燃烧试验	国标	2009.4.1		GB 12666.1—1990；GB 12666.3—1990	修试、运维	试验、维护	输电、配电	电缆、线缆
206.4	**试验与计量-线路**									
206.4-1	Q/CSG 1203048—2018	架空输电线路压接金具无损检测技术导则	企标	2018.4.16			采购、建设、修试	品控、验收与质量评定、试验	输电	线路
206.4-2	Q/CSG 1203056.3—2018	110kV～500kV 架空输电线路杆塔复合横担技术规定 第3部分：试验技术（试行）	企标	2018.12.28			采购、建设、修试	品控、验收与质量评定、试验	输电	线路
206.4-3	T/CSEE 0007—2016	66kV～220kV 电缆振荡波局部放电现场测试方法	团标	2017.5.1			采购、建设、修试	品控、验收与质量评定、试验	输电	电缆
206.4-4	T/CSEE 0084—2018	高压交联电缆线路分布式局部放电检测技术导则	团标	2018.12.25			采购、建设、修试	品控、验收与质量评定、试验	输电	电缆
206.4-5	T/CEC 184—2018	绝缘子用防覆冰涂层的测试	团标	2019.2.1			修试	检修、试验	输电	线路
206.4-6	T/CSEE 0124—2019	架空输电线路杆塔基础静载试验方法	团标	2019.3.1			采购、建设、修试	品控、验收与质量评定、检修	输电	线路

体系 结构号	标准编号	标准名称	标准 级别	实施日期	与国际标准 对应关系	代替标准	阶段	分阶段	专业	分专业
206.4-7	T/CSEE 0126—2019	架空输电线路导地线微风振动现场测振技术规范	团标	2019.3.1			采购、建设、修试	品控、验收与质量评定、检修	输电	线路
206.4-8	T/CSEE 0127—2019	架空配电线路用预绞式绑线技术条件和试验方法	团标	2019.3.1			采购、建设、修试	品控、验收与质量评定、试验	配电	线缆
206.4-9	DL/T 253—2012	直流接地极接地电阻、地电位分布、跨步电压和分流的测量方法	行标	2012.7.1			运维、修试	维护、检修	输电	线路
206.4-10	DL/T 501—2017	高压架空输电线路可听噪声测量方法	行标	2017.12.1		DL 501—1992	建设、修试	验收与质量评定、试验	输电	线路
206.4-11	DL/T 557—2005	高压线路绝缘子空气中冲击击穿试验—定义、试验方法和判据	行标	2005.6.1		DL/T 557—1994	修试	检修、试验	输电	线路
206.4-12	DL/T 626—2015	劣化悬式绝缘子检测规程	行标	2015.12.1		DL/T 626—2005	修试	检修、试验	输电	线路
206.4-13	DL/T 685—1999	放线滑轮基本要求、检验规定及测试方法	行标	2000.7.1		SD 158—1985	建设、修试	验收与质量评定、试验	输电	线路
206.4-14	DL/T 812—2002	标称电压高于 1000V 架空线路绝缘子串工频电弧试验方法	行标	2002.9.1	IEC 61467: 1997，EQV		采购、建设、修试	品控、验收与质量评定、检修	输电	线路
206.4-15	DL/T 887—2004	杆塔工频接地电阻测量	行标	2005.4.1			采购、建设、修试	品控、验收与质量评定、试验	输电	线路
206.4-16	DL/T 899—2012	架空线路杆塔结构荷载试验	行标	2012.12.1		DL/T 899—2004	采购、建设、修试	品控、验收与质量评定、试验	输电	线路
206.4-17	DL/T 1089—2008	直流换流站与线路合成场强、离子流密度测试方法	行标	2008.11.1			采购、建设、修试	品控、验收与质量评定、试验	输电	线路
206.4-18	DL/T 1244—2013	交流系统用高压绝缘子人工覆冰闪络试验方法	行标	2013.8.1			修试	检修、试验	输电	线路
206.4-19	DL/T 1247—2013	高压直流绝缘子覆冰闪络试验方法	行标	2013.8.1			修试	检修、试验	输电	线路
206.4-20	DL/T 1367—2014	输电线路检测技术导则	行标	2015.3.1			采购、建设、修试	品控、验收与质量评定、试验	输电	线路

体系结构号	标准编号	标准名称	标准级别	实施日期	与国际标准对应关系	代替标准	阶段	分阶段	专业	分专业
206.4-21	DL/T 1566—2016	直流输电线路及接地极线路参数测试导则	行标	2016.7.1			采购、建设、修试	品控、验收与质量评定、试验	输电	线路
206.4-22	DL/T 1583—2016	交流输电线路工频电气参数测量导则	行标	2016.7.1			采购、建设、修试	品控、验收与质量评定、试验	输电	线路
206.4-23	DL/T 1611—2016	输电线路铁塔钢管对接焊缝超声波检测与质量评定	行标	2016.12.1			采购、建设、修试	品控、验收与质量评定、试验	输电	线路
206.4-24	DL/T 1622—2016	钎焊型铜铝过渡设备线夹超声波检测导则	行标	2016.12.1			采购、建设、修试	品控、验收与质量评定、试验	配电	线缆
206.4-25	DL/T 1693—2017	输电线路金具磨损试验方法	行标	2017.8.1			采购、建设、修试	品控、验收与质量评定、试验	输电	线路
206.4-26	DL/T 1889—2018	输电杆塔用紧固件横向振动试验方法	行标	2019.5.1			采购、建设、修试	品控、验收与质量评定、试验	输电	线路
206.4-27	DL/T 1935—2018	架空导线载流量试验方法	行标	2019.5.1			采购、建设、修试	品控、验收与质量评定、试验	输电	线路
206.4-28	DL/T 5580.1—2020	燃煤耦合生物质发电生物质能电量计算 第1部分：农林废弃物气化耦合	行标	2021.2.1			采购、建设、修试	品控、验收与质量评定、试验	发电	其他
206.4-29	GB/T 1001.2—2010	标准电压高于1000V的架空线路绝缘子 第2部分：交流系统用绝缘子串及绝缘子串组定义、试验方法和接收准则	国标	2011.7.1	IEC 60383-2：1993，MOD		采购、建设、修试	品控、验收与质量评定、试验	输电	线路
206.4-30	SN/T 4125—2015	进出口高压电器检验技术要求 高压绝缘子	行标	2015.9.1			修试	检修、试验	输电	线路
206.4-31	GB/T 4585—2004	交流系统用高压绝缘子的人工污秽试验	国标	2005.2.1	IEC 60507：1991，IDT	GB 4585.1—1984；GB 4585.2—1991	修试	检修、试验	输电	线路
206.4-32	GB/T 4909.1—2009	裸电线试验方法 第1部分：总则	国标	2009.12.1		GB/T 4909.1—1985	采购、建设、修试	品控、验收与质量评定、试验	输电	线路
206.4-33	GB/T 4909.2—2009	裸电线试验方法 第2部分：尺寸测量	国标	2009.12.1		GB/T 4909.2—1985	采购、建设、修试	品控、验收与质量评定、试验	输电	线路

体系结构号	标准编号	标准名称	标准级别	实施日期	与国际标准对应关系	代替标准	阶段	分阶段	专业	分专业
206.4-34	GB/T 4909.3—2009	裸电线试验方法 第3部分：拉力试验	国标	2009.12.1		GB/T 4909.3—1985	采购、建设、修试	品控、验收与质量评定、试验	输电	线路
206.4-35	GB/T 4909.4—2009	裸电线试验方法 第4部分：扭转试验	国标	2009.12.1		GB/T 4909.4—1985	采购、建设、修试	品控、验收与质量评定、试验	输电	线路
206.4-36	GB/T 4909.5—2009	裸电线试验方法 第5部分：弯曲试验 反复弯曲	国标	2009.12.1		GB/T 4909.5—1985	采购、建设、修试	品控、验收与质量评定、试验	输电	线路
206.4-37	GB/T 4909.6—2009	裸电线试验方法 第6部分：弯曲试验 单向弯曲	国标	2009.12.1		GB/T 4909.6—1985	采购、建设、修试	品控、验收与质量评定、试验	输电	线路
206.4-38	GB/T 4909.7—2009	裸电线试验方法 第7部分：卷绕试验	国标	2009.12.1		GB/T 4909.7—1985	采购、建设、修试	品控、验收与质量评定、试验	输电	线路
206.4-39	GB/T 4909.8—2009	裸电线试验方法 第8部分：硬度试验 布氏法	国标	2009.12.1		GB/T 4909.8—1985	采购、建设、修试	品控、验收与质量评定、试验	输电	线路
206.4-40	GB/T 4909.9—2009	裸电线试验方法 第9部分：镀层连续性试验 多硫化钠法	国标	2009.12.1		GB/T 4909.9—1985	采购、建设、修试	品控、验收与质量评定、试验	输电	线路
206.4-41	GB/T 4909.10—2009	裸电线试验方法 第10部分：镀层连续性试验 过硫酸铵法	国标	2009.12.1		GB/T 4909.10—1985	采购、建设、修试	品控、验收与质量评定、试验	输电	线路
206.4-42	GB/T 4909.11—2009	裸电线试验方法 第11部分：镀层附着性试验	国标	2009.12.1		GB/T 4909.11—1985	采购、建设、修试	品控、验收与质量评定、试验	输电	线路
206.4-43	GB/T 4909.12—2009	裸电线试验方法 第12部分：镀层可焊性试验 焊球法	国标	2009.12.1		GB/T 4909.12—1985	采购、建设、修试	品控、验收与质量评定、试验	输电	线路
206.4-44	GB/T 19443—2017	标称电压高于1500V的架空线路用绝缘子 直流系统用瓷或玻璃绝缘子串元件 定义、试验方法及接收准则	国标	2018.5.1	IEC 61325: 1995	GB/T 19443—2004	采购、建设、修试	品控、验收与质量评定、试验	输电	线路
206.4-45	GB/T 19519—2014	架空线路绝缘子 标称电压高于1000V交流系统用悬垂和耐张复合绝缘子 定义、试验方法及接收准则	国标	2015.1.22		GB/T 19519—2004	采购、建设、修试	品控、验收与质量评定、试验	输电	线路
206.4-46	GB/T 20142—2006	标称电压高于1000V的交流架空线路用线路柱式复合绝缘子-定义、试验方法及接收准则	国标	2006.8.1	IEC 61952: 2002, MOD		采购、建设、修试	品控、验收与质量评定、试验	输电	线路

体系结构号	标准编号	标准名称	标准级别	实施日期	与国际标准对应关系	代替标准	阶段	分阶段	专业	分专业
206.4-47	GB/T 20642—2006	高压线路绝缘子空气中冲击击穿试验	国标	2007.5.1	IEC 61211: 2004，MOD		采购、建设、修试	品控、验收与质量评定、试验	输电	线路
206.4-48	GB/T 22077—2008	架空导线蠕变试验方法	国标	2009.4.1	IEC 61395: 1998，IDT		采购、建设、修试	品控、验收与质量评定、试验	输电	线路
206.4-49	GB/T 22079—2019	标称电压高于 1000V 使用的户内和户外聚合物绝缘子 一般定义、试验方法和接收准则	国标	2020.7.1	IEC 62217: 2005，MOD	GB/T 22079—2008	采购、建设、修试	品控、验收与质量评定、试验	输电	线路
206.4-50	GB/T 22707—2008	直流系统用高压绝缘子的人工污秽试验	国标	2009.10.1	IEC/TR 61245: 1993，MOD		采购、建设、修试	品控、验收与质量评定、试验	输电	线路
206.4-51	GB/T 22708—2008	绝缘子串元件的热机和机械性能试验	国标	2009.10.1	IEC/TR 60575: 1977，MOD		采购、建设、修试	品控、验收与质量评定、试验	输电	线路
206.4-52	GB/T 25084—2010	标称电压高于 1000V 的架空线路用绝缘子串和绝缘子串组交流工频电弧试验	国标	2011.2.1	IEC 61467—2008，MOD		修试	检修、试验	输电	线路
206.4-53	GB/T 35708—2017	高原型配电网故障定位系统检验方法	国标	2018.7.1			采购、建设、修试	品控、验收与质量评定、试验	配电	线缆
206.4-54	GB/T 36279—2018	架空导线自阻尼特性测试方法	国标	2019.1.1			修试	检修、试验	输电	线路
206.4-55	GB/T 37141.2—2018	高海拔地区电气设备紫外线成像检测导则 第 2 部分：输电线路	国标	2019.7.1			采购、建设、修试	品控、验收与质量评定、试验	输电	线路
——电力电缆										
206.4-56	IEC 60507—2013	交流电流系统用高压陶瓷和玻璃绝缘子的人工污染度试验	国际标准	2013.12.13		IEC 60507—1991	修试	检修、试验	输电	线路
206.4-57	Q/CSG 1206009—2019	电力电缆线路局部放电带电检测作业规范	企标	2019.6.26			修试	检修、试验	输电	电缆
206.4-58	T/CEC 243—2019	10（6）kV～35kV 挤包绝缘电力电缆系统超低频（0.1Hz）现场试验方法	团标	2020.1.1			采购、建设、修试	品控、验收与质量评定、试验	输电	电缆

体系结构号	标准编号	标准名称	标准级别	实施日期	与国际标准对应关系	代替标准	阶段	分阶段	专业	分专业
206.4-59	DL/T 1070—2007	中压交联电缆抗水树性能鉴定试验方法和要求	行标	2007.12.1			采购、建设、修试	品控、验收与质量评定、试验	配电	线缆
206.4-60	DL/T 1301—2013	海底充油电缆直流耐压试验导则	行标	2014.4.1			采购、建设、修试	品控、验收与质量评定、试验	输电	电缆
206.4-61	DL/T 1576—2016	6kV～35kV 电缆振荡波局部放电测试方法	行标	2016.7.1			采购、修试	招标、试验	输电、配电	电缆、线缆
206.4-62	DL/T 1721—2017	电力电缆线路沿线土壤热阻系数测量方法	行标	2017.12.1			设计、建设、修试	施工图、施工工艺、试验	输电	电缆
206.4-63	DL/T 1932—2018	6kV～35kV 电缆振荡波局部放电测量系统检定方法	行标	2019.5.1			运维、修试	维护、检修、试验	配电	线缆
206.4-64	NB/T 10439—2020	风力发电机组 不间断电源应用要求	行标	2021.2.1			运维、修试	维护、检修、试验	发电	风电
206.4-65	NB/T 10458—2020	交流-直流开关电源 半消声室内空气噪声测试方法	行标	2021.2.1			运维、修试	维护、检修、试验	变电	其他
206.4-66	JB/T 11167.1—2011	额定电压 10kV（U_m=12kV）至 110kV（U_m=126kV）交联聚乙烯绝缘大长度交流海底电缆及附件 第 1 部分：试验方法和要求	行标	2011.8.1			采购、建设、修试	品控、验收与质量评定、试验	输电	电缆
206.4-67	JB/T 12748—2015	代木复合材料电线电缆交货盘材料材性测试方法	行标	2016.3.1			采购、建设、修试	品控、验收与质量评定、试验	输电	电缆
206.4-68	GB/T 3333—1999	电缆纸工频击穿电压试验方法	国标	2000.2.1	IEC 554-2: 1977，NEQ	GB/T 3333—1982	采购、建设、修试	品控、验收与质量评定、试验	输电	电缆
206.4-69	GB/T 5013.2—2008	额定电压 450/750V 及以下橡皮绝缘电缆 第 2 部分：试验方法	国标	2008.9.1	IEC 60245-2: 1998，IDT	GB 5013.2—1997	采购、建设、修试	品控、验收与质量评定、试验	配电	线缆
206.4-70	GB/T 5023.2—2008	额定电压 450/750V 及以下聚氯乙烯绝缘电缆 第 2 部分：试验方法	国标	2009.5.1	IEC 60224-2: 2003，IDT	GB 5023.2—1997	采购、建设、修试	品控、验收与质量评定、试验	配电	线缆

体系结构号	标准编号	标准名称	标准级别	实施日期	与国际标准对应关系	代替标准	阶段	分阶段	专业	分专业
206.4-71	GB/T 9326.1—2008	交流 500kV 及以下纸或聚丙烯复合纸绝缘金属套充油电缆及附件 第1部分：试验	国标	2009.5.1	IEC 60141-1：1993，MOD	GB 9326.1—1988	采购、建设、修试	品控、验收与质量评定、试验	输电	电缆
206.4-72	GB/T 9327—2008	额定电压 35kV（U_m=40.5kV）及以下电力电缆导体用压接式和机械式连接金具 试验方法和要求	国标	2009.11.1		GB 9327.1—1988；GB 9327.2—1988；GB 9327.3—1988；GB 9327.4—1988；GB 9327.5—1988	采购、建设、修试	品控、验收与质量评定、试验	配电	线缆
206.4-73	GB/T 11017.1—2014	额定电压 110kV（U_m=126kV）交联聚乙烯绝缘电力电缆及其附件 第 1 部分：试验方法和要求	国标	2015.1.22		GB/T 11017.1—2002	采购、建设、修试	品控、验收与质量评定、试验	输电	电缆
206.4-74	GB/T 12706.4—2008	额定电压 1kV（U_m=1.2kV）到 35kV（U_m=40.5kV）挤包绝缘电力电缆及附件 第4部分：额定电压 6kV（U_m=7.2kV）到 35kV（U_m=40.5kV）电力电缆附件试验要求	国标	2009.11.1		GB/T 12706.4—2002	采购、建设、修试	品控、验收与质量评定、试验	配电	线缆
206.4-75	GB/T 12976.3—2008	额定电压 35kV（U_m=40.5kV）及以下纸绝缘电力电缆及其附件 第 3 部分：电缆和附件试验	国标	2009.4.1		GB 12976.1—1991；GB 12976.2—1991；GB 12976.3—1991	采购、建设、修试	品控、验收与质量评定、试验	配电	线缆
206.4-76	GB/T 18889—2002	额定电压 6kV（U_m=7.2kV）到 35kV（U_m=40.5kV）电力电缆附件试验方法	国标	2003.6.1	IEC 61442，MOD	JB/T 8138.1—1995	采购、建设、修试	品控、验收与质量评定、试验	配电	线缆
206.4-77	GB/T 18890.1—2015	额定电压 220kV（U_m=252kV）交联聚乙烯绝缘电力电缆及其附件 第 1 部分：试验方法和要求	国标	2016.5.1	IEC 62067：2011，MOD	GB/Z 18890.1—2002	采购、建设、修试	品控、验收与质量评定、试验	输电	电缆
206.4-78	GB/T 31489.1—2015	额定电压 500kV 及以下直流输电用挤包绝缘电力电缆系统 第 1 部分：试验方法和要求	国标	2015.12.1			采购、建设、修试	品控、验收与质量评定、试验	输电	电缆

体系结构号	标准编号	标准名称	标准级别	实施日期	与国际标准对应关系	代替标准	阶段	分阶段	专业	分专业
206.4-79	GB/T 32346.1—2015	额定电压 220kV（U_m=252kV）交联聚乙烯绝缘大长度交流海底电缆及附件　第 1 部分：试验方法和要求	国标	2016.7.1			采购、建设、修试	品控、验收与质量评定、试验	输电	电缆
206.4-80	GB/T 22078.1—2008	额定电压 500kV（U_m=550kV）交联聚乙烯绝缘电力电缆及其附件　第 1 部分：额定电压 500kV（U_m=550kV）交联聚乙烯绝缘电力电缆及其附件——试验方法和要求	国标	2009.4.1	IEC 62067:2006，MOD		采购、建设、修试	品控、验收与质量评定、试验	输电	电缆
206.4-81	IEC 60840—2011	额定电压从 30kV（U_m=36kV）以下的挤压绝缘的动力电缆试验试验方法和要求	国际标准	2011.11.23		IEC 60840—2004	采购、建设、修试	品控、验收与质量评定、试验	配电	线缆
206.4-82	IEC 60885-3—2015	电缆的电气试验方法　第 3 部分：测量挤压电力电缆段局部放电的试验方法	国际标准	2015.4.9		IEC 60885-3—1988	采购、建设、修试	品控、验收与质量评定、试验	输电	电缆
206.4-83	IEC 62067—2011	额定电压 150kv 以上（U_m=170kV）至 500kV（U_m=550kV）的挤包绝缘电力电缆及其附件试验方法和要求	国际标准	2011.11.24		IEC 62067—2001；IEC 62067—2001/Amd 1—2006；IEC 62067—2001/Amd 1—2006	采购、建设、修试	品控、验收与质量评定、试验	输电	电缆
206.4-84	IEC/TR 62470—2011	测量电缆与导体间摩擦系数的技术指南	国际标准	2011.10.21			采购、建设、修试	品控、验收与质量评定、试验	输电	电缆
206.5 试验与计量-调度及二次										
——继电保护及安全自动装置										
206.5-1	Q/CSG 1204071—2020	电网调度自动化主站系统通用基础软件测试规范	企标	2020.7.31			建设、运维、修试	验收与质量评定、运行、维护、检修、试验	调度及二次	调度自动化
206.5-2	Q/CSG 1206003—2017	变电站自动化系统检验技术规范	企标	2017.4.1			建设、运维、修试	验收与质量评定、运行、维护、检修、试验	调度及二次	调度自动化
206.5-3	T/CEC 246—2019	智能变电站继电保护试验装置检测规范	团标	2020.1.1			建设、运维、修试	验收与质量评定、运行、维护、检修、试验	调度及二次	继电保护及安全自动装置

体系结构号	标准编号	标准名称	标准级别	实施日期	与国际标准对应关系	代替标准	阶段	分阶段	专业	分专业
206.5-4	T/CEC 247—2019	数模一体继电保护试验装置技术规范	团标	2020.1.1			建设、运维、修试	验收与质量评定、运行、维护、检修、试验	调度及二次	继电保护及安全自动装置
206.5-5	T/CEC 296—2020	电容式电压互感器谐波传递特性测试技术规范	团标	2020.10.1			建设、运维、修试	验收与质量评定、运行、维护、检修、试验	调度及二次	继电保护及安全自动装置
206.5-6	T/CSEE 0144—2019	智能变电站继电保护在线监视和智能诊断功能检测规范	团标	2019.3.1			建设、运维、修试	验收与质量评定、运行、维护、检修、试验	调度及二次	继电保护及安全自动装置
206.5-7	T/CSEE 0148—2020	输电线路部件工业 CT 检测方法	团标	2020.1.15			建设、运维、修试	验收与质量评定、运行、维护、检修、试验	调度及二次	继电保护及安全自动装置
206.5-8	DL/T 1501—2016	数字化继电保护试验装置技术条件	行标	2016.6.1			建设、运维、修试	验收与质量评定、运行、维护、检修、试验	调度及二次	继电保护及安全自动装置
206.5-9	DL/T 1529—2016	配电自动化终端设备检测规程	行标	2016.6.1			建设、运维、修试	验收与质量评定、运行、维护、检修、试验	配电	其他
206.5-10	DL/T 1860—2018	自动电压控制试验技术导则	行标	2018.10.1			建设、运维、修试	验收与质量评定、运行、维护、检修、试验	调度及二次	调度自动化
206.5-11	DL/T 1898—2018	智能变电站监控系统测试规范	行标	2019.5.1			建设、运维、修试	验收与质量评定、运行、维护、检修、试验	调度及二次	调度自动化
206.5-12	DL/T 2057—2019	配电网分布式馈线自动化试验技术规范	行标	2020.5.1			建设、运维、修试	验收与质量评定、运行、维护、检修、试验	配电	其他
206.5-13	DL/T 5810—2020	电化学储能电站接入电网设计规范	行标	2021.2.1			建设、运维、修试	验收与质量评定、运行、维护、检修、试验	调度及二次	继电保护及安全自动装置
206.5-14	NB/T 10190—2019	弧光保护测试设备技术要求	行标	2019.10.1			建设、运维、修试	验收与质量评定、运行、维护、检修、试验	调度及二次	继电保护及安全自动装置
206.5-15	GB/T 11287—2000	电气继电器 第21部分：量度继电器和保护装置的振动、冲击、碰撞和地震试验 第1篇：振动试验（正弦）	国标	2000.8.1	IEC 255-21-1：1988，IDT	GB/T 11287—1989	采购、修试	品控、试验	调度及二次	继电保护及安全自动装置
206.5-16	GB/T 14537—1993	量度继电器和保护装置的冲击与碰撞试验	国标	1994.2.1	IEC 255-21-2，IDT		采购、修试	品控、试验	调度及二次	继电保护及安全自动装置
206.5-17	GB/T 14598.3—2006	电气继电器 第5部分：量度继电器和保护装置的绝缘配合要求和试验	国标	2006.9.1	IEC 60255-5：2000，IDT	GB/T 14598.3—1993	采购、修试	品控、试验	调度及二次	继电保护及安全自动装置

体系结构号	标准编号	标准名称	标准级别	实施日期	与国际标准对应关系	代替标准	阶段	分阶段	专业	分专业
206.5-18	GB/T 14598.23—2017	电气继电器 第21部分：量度继电器和保护装置的振动、冲击、碰撞和地震试验 第3篇：地震试验	国标	2018.7.1	IEC 60255-21-3：1993		采购、修试	品控、试验	调度及二次	继电保护及安全自动装置
206.5-19	GB/T 14598.26—2015	量度继电器和保护装置 第26部分：电磁兼容要求	国标	2016.4.1	IEC 60255-26：2013，IDT	GB/T 14598.20—2007	采购、修试	品控、试验	调度及二次	继电保护及安全自动装置
206.5-20	GB/T 15149.1—2002	电力系统远方保护设备的性能及试验方法 第1部分：命令系统	国标	2002.12.1	IEC 60834-1：1999，IDT		采购、修试	品控、试验	调度及二次	继电保护及安全自动装置
206.5-21	GB/T 15510—2008	控制用电磁继电器可靠性试验通则	国标	2009.3.1		GB/T 15510—1995	采购、修试	品控、试验	调度及二次	继电保护及安全自动装置
206.5-22	GB/T 22384—2008	电力系统安全稳定控制系统检验规范	国标	2009.8.1			建设、运维、修试	验收与质量评定、运行维护、检修、试验	调度及二次	继电保护及安全自动装置、运行方式
206.5-23	GB/T 26862—2011	电力系统同步相量测量装置检测规范	国标	2011.12.1			建设、运维、修试	验收与质量评定、运行维护、检修、试验	调度及二次	继电保护及安全自动装置
206.5-24	GB/T 26864—2011	电力系统继电保护产品动模试验	国标	2011.12.1			采购、修试	品控、试验	调度及二次	继电保护及安全自动装置
206.5-25	GB/T 34871—2017	智能变电站继电保护检验测试规范	国标	2018.5.1			采购、修试	品控、试验	调度及二次	继电保护及安全自动装置
206.5-26	IEC 60255-24—2013	测量继电器和保护设备 第24部分：电力系统瞬态数据交换的通用格式（COMTRADE）	国际标准	2013.4.30	IEEE C 37.111—2013，IDT	IEC 60255-24—2001	采购、修试	品控、试验	调度及二次	继电保护及安全自动装置
206.5-27	IEC 60255-26—2013	测量继电器和保护设备 第26部分：电磁兼容性要求	国际标准	2013.5.24		IEC 60255-22-4—2008；IEC 60255-26—2008；IEC 60255-22-1—2007；IEC 60255-22-5—2008；IEC 60255-22-6—2001；IEC 60255-22-7—2003；IEC 60255-25—2000；IEC 60255-22-3—2007；IEC 60255-22-2—2008；IEC 60255-11—2008	采购、修试	品控、试验	调度及二次	继电保护及安全自动装置

体系结构号	标准编号	标准名称	标准级别	实施日期	与国际标准对应关系	代替标准	阶段	分阶段	专业	分专业
——电力通信										
206.5-28	DL/T 394—2010	电力数字调度交换机测试方法	行标	2010.10.1			采购、建设、修试	品控、验收与质量评定、试验	调度及二次	电力通信
206.5-29	DL/T 1510—2016	电力系统光传送网（OTN）测试规范	行标	2016.6.1			采购、建设、修试	品控、验收与质量评定、试验	调度及二次	电力通信
206.5-30	DL/T 1940—2018	智能变电站以太网交换机测试规范	行标	2019.5.1			采购、建设、修试	品控、验收与质量评定、试验	调度及二次	电力通信
206.5-31	DL/T 1950—2018	变电站数据通信网关机检测规范	行标	2019.5.1			采购、建设、修试	品控、验收与质量评定、试验	调度及二次	电力通信
206.5-32	YD/T 944—2007	通信电源设备的防雷技术要求和测试方法	行标	2007.12.1		YD/T 944—1998	采购、建设、修试	品控、验收与质量评定、试验	调度及二次	电力通信
206.5-33	YD/T 1065.1—2014	单模光纤偏振模色散的试验方法　第1部分：测量方法	行标	2014.10.14		YD/T 1065—2000	采购、建设、修试	品控、验收与质量评定、试验	调度及二次	电力通信
206.5-34	YD/T 1065.2—2015	单模光纤偏振模色散的试验方法　第2部分：链路偏振模色散系数（PMDQ）的统计计算方法	行标	2015.7.1			采购、建设、修试	品控、验收与质量评定、试验	调度及二次	电力通信
206.5-35	YD/T 1100—2013	同步数字体系（SDH）上传送IP的同步数字体系链路接入规程（LAPS）测试方法	行标	2014.1.1		YD/T 1100—2001	采购、建设、修试	品控、验收与质量评定、试验	调度及二次	电力通信
206.5-36	YD/T 1141—2007	以太网交换机测试方法	行标	2008.1.1		YD/T 1141—2001	采购、建设、修试	品控、验收与质量评定、试验	调度及二次	电力通信
206.5-37	YD/T 1251.1—2013	路由协议一致性测试方法中间系统到中间系统路由交换协议（IS-IS）	行标	2014.1.1		YD/T 1251.1—2003	设计、采购、修试	初设、招标、品控、试验	调度及二次	电力通信
206.5-38	YD/T 1251.2—2013	路由协议一致性测试方法开放最短路径优先协议（OSPF）	行标	2014.1.1		YD/T 1251.2—2003	设计、采购、修试	初设、招标、品控、试验	调度及二次	电力通信
206.5-39	YD/T 1251.3—2013	路由协议一致性测试方法边界网关协议（BGP4）	行标	2014.1.1		YD/T 1251.3—2003	设计、采购、修试	初设、招标、品控、试验	调度及二次	电力通信

体系结构号	标准编号	标准名称	标准级别	实施日期	与国际标准对应关系	代替标准	阶段	分阶段	专业	分专业
206.5-40	YD/T 1287—2013	具有路由功能的以太网交换机测试方法	行标	2014.1.1		YD/T 1287—2003	采购、建设、修试	品控、验收与质量评定、试验	调度及二次	电力通信
206.5-41	YD/T 1363.4—2014	通信局（站）电源、空调及环境集中监控管理系统 第4部分：测试方法	行标	2014.10.14		YD/T 1363.4—2005	采购、建设、修试	品控、验收与质量评定、试验	调度及二次	电力通信
206.5-42	YD/T 1464—2017	光纤收发器测试方法	行标	2018.1.1		YD/T 1464—2006	采购、建设、修试	品控、验收与质量评定、试验	调度及二次	电力通信
206.5-43	YD/T 1540—2014	电信设备的过电压和过电流抗力测试方法	行标	2014.10.14			采购、建设、修试	品控、验收与质量评定、试验	调度及二次	电力通信
206.5-44	YD/T 1588.1—2020	光缆线路性能测量方法 第1部分：链路衰减	行标	2020.10.1		YD/T 1588.1—2006	采购、建设、修试	品控、验收与质量评定、试验	调度及二次	电力通信
206.5-45	YD/T 1588.2—2020	光缆线路性能测量方法 第2部分：光纤接头损耗	行标	2020.10.1		YD/T 1588.2—2006	采购、建设、修试	品控、验收与质量评定、试验	调度及二次	电力通信
206.5-46	YD/T 1607—2016	移动终端图像及视频传输特性技术要求和测试方法	行标	2017.1.1		YD/T 1607—2007	采购、建设、修试	品控、验收与质量评定、试验	调度及二次	电力通信
206.5-47	YD/T 1633—2016	电信设备的电磁兼容性现场测试方法	行标	2016.4.1		YD/T 1633—2007	采购、建设、修试	品控、验收与质量评定、试验	调度及二次	电力通信
206.5-48	YD/T 1809—2013	接入网设备测试方法 以太网无源光网络（EPON）系统互通性	行标	2014.1.1		YD/T 1809—2008	采购、建设、修试	品控、验收与质量评定、试验	调度及二次	电力通信
206.5-49	YD/T 1816—2008	电信设备噪声限值要求和测量方法	行标	2008.11.1			采购、建设、修试	品控、验收与质量评定、试验	调度及二次	电力通信
206.5-50	YD/T 2148—2010	光传送网（OTN）测试方法	行标	2011.1.1			采购、建设、修试	品控、验收与质量评定、试验	调度及二次	电力通信
206.5-51	YD/T 2487—2013	分组传送网（PTN）设备测试方法	行标	2013.6.1			采购、建设、修试	品控、验收与质量评定、试验	调度及二次	电力通信
206.5-52	YD/T 3003—2016	分组传送网（PTN）互通测试方法	行标	2016.4.1			采购、建设、修试	品控、验收与质量评定、试验	调度及二次	电力通信
206.5-53	YD/T 3013—2016	无源光网络（PON）测试诊断技术要求 光时域反射仪（OTDR）数据格式	行标	2016.4.1			采购、建设、修试	品控、验收与质量评定、试验	调度及二次	电力通信

体系结构号	标准编号	标准名称	标准级别	实施日期	与国际标准对应关系	代替标准	阶段	分阶段	专业	分专业
206.5-54	YD/T 3021.1—2016	通信光缆电气性能试验方法 第 1 部分：金属元构件的电气连续性	行标	2016.4.1			采购、建设、修试	品控、验收与质量评定、试验	调度及二次	电力通信
206.5-55	YD/T 3022.1—2016	通信光缆机械性能试验方法 第 1 部分：护套拔出力	行标	2016.4.1			采购、建设、修试	品控、验收与质量评定、试验	调度及二次	电力通信
206.5-56	YD/T 3022.2—2016	通信光缆机械性能试验方法 第 2 部分：接插线光缆中被覆光纤的压缩位移	行标	2016.4.1			采购、建设、修试	品控、验收与质量评定、试验	调度及二次	电力通信
206.5-57	YD/T 3022.3—2016	通信光缆机械性能试验方法 第 3 部分：撕裂绳功能	行标	2016.4.1			采购、建设、修试	品控、验收与质量评定、试验	调度及二次	电力通信
206.5-58	YD/T 3022.4—2016	通信光缆机械性能试验方法 第 4 部分：舞动	行标	2016.4.1			采购、建设、修试	品控、验收与质量评定、试验	调度及二次	电力通信
206.5-59	YD/T 3022.5—2016	通信光缆机械性能试验方法 第 5 部分：机械可靠性	行标	2016.4.1			采购、建设、修试	品控、验收与质量评定、试验	调度及二次	电力通信
206.5-60	YD/T 3046—2016	移动核心网设备节能参数和测试方法	行标	2016.7.1			采购、建设、修试	品控、验收与质量评定、试验	调度及二次	电力通信
206.5-61	YD/T 3072—2016	接入网设备测试方法 PON 系统承载频率同步和时间同步	行标	2016.7.1			采购、建设、修试	品控、验收与质量评定、试验	调度及二次	电力通信
206.5-62	YD/T 3074—2016	基于分组网络的频率同步互通技术要求及测试方法	行标	2016.7.1			采购、建设、修试	品控、验收与质量评定、试验	调度及二次	电力通信
206.5-63	YD/T 3075—2016	高精度时间同步互通技术要求和测试方法	行标	2016.7.1			采购、建设、修试	品控、验收与质量评定、试验	调度及二次	电力通信
206.5-64	YD/T 3138—2016	基于统一 IMS 的业务测试方法 点击拨号业务（第一阶段）	行标	2016.10.1			采购、建设、修试	品控、验收与质量评定、试验	调度及二次	电力通信
206.5-65	YD/T 3179.1—2016	移动终端支持基于 LTE 的语音解决方案（VoLTE）的测试方法 第 1 部分：功能和性能测试	行标	2017.1.1			采购、建设、修试	品控、验收与质量评定、试验	调度及二次	电力通信
206.5-66	YD/T 3287.1—2017	智能光分配网络 接口测试方法 第 1 部分：智能光分配网络设施与智能管理终端的接口	行标	2018.1.1			设计、采购、修试	初设、招标、品控、试验	调度及二次	电力通信

体系结构号	标准编号	标准名称	标准级别	实施日期	与国际标准对应关系	代替标准	阶段	分阶段	专业	分专业
206.5-67	YD/T 3287.21—2017	智能光分配网络 接口测试方法 第 21 部分：基于 SNMP 的智能光分配网络设施与智能光分配网络管理系统的接口	行标	2018.1.1			设计、采购、修试	初设、招标、品控、试验	调度及二次	电力通信
206.5-68	YD/T 3404—2018	分组增强型光传送网设备测试方法	行标	2019.4.1			采购、建设、修试	品控、验收与质量评定、试验	调度及二次	电力通信
206.5-69	YD/T 3405—2018	基于分组网络的同步网操作管理维护（OAM）测试方法	行标	2019.4.1			采购、建设、修试	品控、验收与质量评定、试验	调度及二次	电力通信
206.5-70	YD/T 3406—2018	接入网设备测试方法 具有远端自串音消除功能的第二代甚高速数字用户线收发器	行标	2019.4.1			采购、建设、修试	品控、验收与质量评定、试验	调度及二次	电力通信
206.5-71	GB/T 3971.3—1983	电话自动交换网多频记发器信号技术指标测试方法	国标	1984.10.1			采购、建设、修试	品控、验收与质量评定、试验	调度及二次	电力通信
206.5-72	GB/T 5441—2016	通信电缆试验方法	国标	2016.11.1		GB/T 5441.1—1985；GB/T 5441.10—1985；GB/T 5441.9—1985；GB/T 5441.7—1985；GB/T 5441.6—1985；GB/T 5441.5—1985；GB/T 5441.4—1985；GB/T 5441.3—1985；GB/T 5441.2—1985	采购、建设、修试	品控、验收与质量评定、试验	调度及二次	电力通信
206.5-73	GB/T 5444—1985	电话自动交换网用户信号技术指标测试方法	国标	1986.6.1			采购、建设、修试	品控、验收与质量评定、试验	调度及二次	电力通信
206.5-74	GB/T 7609—1995	电信网中脉冲编码调制音频通路传输特性常用测试方法	国标	1996.6.1		GB 4572—1984；GB 7609—1987	采购、建设、修试	品控、验收与质量评定、试验	调度及二次	电力通信
206.5-75	GB/T 13543—1992	数字通信设备环境试验方法	国标	1993.3.1			采购、建设、修试	品控、验收与质量评定、试验	调度及二次	电力通信
206.5-76	GB/T 14760—1993	光缆通信系统传输性能测试方法	国标	1994.8.1			采购、建设、修试	品控、验收与质量评定、试验	调度及二次	电力通信
206.5-77	GB/T 16821—2007	通信用电源设备通用试验方法	国标	2007.9.1		GB/T 16821—1997	采购、建设、修试	品控、验收与质量评定、试验	调度及二次	电力通信

体系结构号	标准编号	标准名称	标准级别	实施日期	与国际标准对应关系	代替标准	阶段	分阶段	专业	分专业
206.5-78	GB/T 17626.34—2012	电磁兼容 试验和测量技术 主电源每相电流大于 16A 的设备的电压暂降、短时中断和电压变化抗扰度试验	国标	2012.9.1	IEC 61000-4-34：2009，IDT		采购、建设、修试	品控、验收与质量评定、试验	调度及二次	电力通信
206.5-79	GB/T 17737.108—2018	同轴通信电缆 第 1-108 部分：电气试验方法 特性阻抗、相位延迟、群延迟、电长度和传播速度试验	国标	2018.10.1			采购、建设、修试	品控、验收与质量评定、试验	调度及二次	电力通信
206.5-80	GB/T 17737.201—2015	同轴通信电缆 第 1-201 部分：环境试验方法 电缆的冷弯性能试验	国标	2016.2.1	IEC 61196-1-201：2009，IDT		采购、建设、修试	品控、验收与质量评定、试验	调度及二次	电力通信
206.5-81	GB/T 17737.313—2015	同轴通信电缆 第 1-313 部分：机械试验方法 介质和护套的附着力	国标	2016.2.1	IEC 61196-1-313：2009，IDT		设计、采购、修试	初设、招标、品控、试验	调度及二次	电力通信
206.5-82	GB/T 17799.5—2012	电磁兼容 通用标准 室内设备高空电磁脉冲（HEMP）抗扰度	国标	2012.9.1	IEC 61000-6-6：2003，IDT		设计、采购、修试	初设、招标、品控、试验	调度及二次	电力通信
206.5-83	GB/T 31723.411—2018	金属通信电缆试验方法 第 4-11 部分：电磁兼容 跳线、同轴电缆组件、接连接器电缆的耦合衰减或屏蔽衰减 吸收钳法	国标	2019.1.1			采购、建设、修试	品控、验收与质量评定、试验	调度及二次	电力通信
206.5-84	GB/T 37172—2018	接入网设备测试方法 EPON 系统互通性	国标	2019.4.1			设计、采购、修试	初设、招标、品控、试验	调度及二次	电力通信
206.5-85	GB/T 37174—2018	接入网设备测试方法 GPON 系统互通性	国标	2019.4.1			设计、采购、修试	初设、招标、品控、试验	调度及二次	电力通信
206.5-86	GB/T 37911.2—2019	电力系统北斗卫星授时应用接口 第 2 部分：检测规范	国标	2020.3.1			设计、采购、修试	初设、招标、品控、试验	调度及二次	电力通信

体系结构号	标准编号	标准名称	标准级别	实施日期	与国际标准对应关系	代替标准	阶段	分阶段	专业	分专业
206.5-87	ANSI IEEE 1682—2011	光纤电缆、连接、光纤捻接审查试验使用标准	国际标准	2011.9.10	IEEE 1682-2411，IDT		采购、建设、修试	品控、验收与质量评定、试验	调度及二次	电力通信
206.6 试验与计量-信息										
206.7 试验与计量-电力电子										
206.7-1	DL/T 1010.2—2006	高压静止无功补偿装置 第2部分：晶闸管阀试验	行标	2007.3.1	IEC 61954：2003，MOD		建设、修试	验收与质量评定、试验	换流	其他
206.7-2	DL/T 1010.4—2006	高压静止无功补偿装置 第4部分：现场试验	行标	2007.3.1			建设、修试	验收与质量评定、试验	换流	其他
206.7-3	DL/T 1513—2016	柔性直流输电用电压源型换流阀 电气试验	行标	2016.6.1			设计、采购、建设、运维、修试、退役	初设、施工图、招标、品控、验收与质量评定、试运行、运行、试验、退役	换流	其他
206.7-4	NB/T 32008—2013	光伏发电站逆变器电能质量检测技术规程	行标	2014.4.1			采购、建设、修试	品控、验收与质量评定、试验	发电	光伏
206.7-5	NB/T 32009—2013	光伏发电站逆变器电压与频率响应检测技术规程	行标	2014.4.1			采购、建设、修试	品控、验收与质量评定、试验	发电	光伏
206.7-6	NB/T 32010—2013	光伏发电站逆变器防孤岛效应检测技术规程	行标	2014.4.1			采购、建设、修试	品控、验收与质量评定、试验	发电	光伏
206.7-7	GB/T 2421.1—2008	电工电子产品环境试验 概述和指南	国标	2009.11.1	IEC 60068-1：1988，IDT	GB/T 2421—1999	采购、建设、修试	品控、验收与质量评定、试验	其他	
206.7-8	GB/T 2423.1—2008	电工电子产品环境试验 第2部分：试验方法 试验A：低温	国标	2009.10.1	IEC 60068-2-1：2007，IDT	GB/T 2423.1—2001	采购、建设、修试	品控、验收与质量评定、试验	其他	
206.7-9	GB/T 2423.38—2008	电工电子产品环境试验 第2部分：试验方法 试验R：水 试验方法和导则	国标	2009.3.1	IEC 60068-2-18—2000，IDT	GB/T 2423.38—2005	采购、建设、修试	品控、验收与质量评定、试验	其他	
206.7-10	GB/T 2423.60—2008	电工电子产品环境试验 第2部分：试验方法 试验U：引出端及整体安装件强度	国标	2009.11.1	IEC 60068-2-21—2006，IDT		采购、建设、修试	品控、验收与质量评定、试验	其他	

体系结构号	标准编号	标准名称	标准级别	实施日期	与国际标准对应关系	代替标准	阶段	分阶段	专业	分专业
206.7-11	GB/T 2424.5—2006	电工电子产品环境试验 温度试验箱性能确认	国标	2007.9.1	IEC 60068-3-5：2001，IDT		采购、建设、修试	品控、验收与质量评定、试验	其他	
206.7-12	GB/T 2424.6—2006	电工电子产品环境试验 温度/湿度试验箱性能确认	国标	2007.9.1	IEC 60068-3-6：2001，IDT		采购、建设、修试	品控、验收与质量评定、试验	其他	
206.7-13	GB/T 2424.7—2006	电工电子产品环境试验 试验A和B（带负载）用温度试验箱的测量	国标	2007.9.1	IEC 60068-3-7：2001，IDT		采购、建设、修试	品控、验收与质量评定、试验	其他	
206.7-14	GB/T 3482—2008	电子设备雷击试验方法	国标	2008.11.1		GB/T 3482—1983；GB/T 3483—1983；GB/T 7450—1987	采购、建设、修试	品控、验收与质量评定、试验	其他	
206.7-15	GB/T 5169.5—2008	电工电子产品着火危险试验 第5部分：试验火焰 针焰试验方法 装置、确认试验方法和导则	国标	2009.10.1	IEC 60695-11-5：2004	GB/T 5169.5—1997	采购、建设、修试	品控、验收与质量评定、试验	其他	
206.7-16	GB/T 5169.10—2017	电工电子产品着火危险试验 第10部分：灼热丝/热丝基本试验方法 灼热丝装置和通用试验方法	国标	2018.7.1	IEC 60695-2-10：2013	GB/T 5169.10—2006	采购、建设、修试	品控、验收与质量评定、试验	其他	
206.7-17	GB/T 5169.12—2013	电工电子产品着火危险试验 第12部分：灼热丝/热丝基本试验方法 材料的灼热丝可燃性指数（GWFI）试验方法	国标	2014.4.9	IEC 60695-2-12：2010，IDT	GB/T 5169.12—2006	采购、建设、修试	品控、验收与质量评定、试验	其他	
206.7-18	GB/T 5169.13—2013	电工电子产品着火危险试验 第13部分：灼热丝/热丝基本试验方法 材料的灼热丝起燃温度（GWIT）试验方法	国标	2014.4.9	IEC 60695-2-13：2010，IDT	GB/T 5169.13—2006	采购、建设、修试	品控、验收与质量评定、试验	其他	
206.7-19	GB/T 5169.24—2018	电工电子产品着火危险试验 第24部分：着火危险评定导则 绝缘液体	国标	2019.4.1		GB/T 5169.24—2008	采购、建设、修试	品控、验收与质量评定、试验	其他	
206.7-20	GB/T 5169.25—2018	电工电子产品着火危险试验 第25部分：烟模糊 总则	国标	2019.4.1		GB/T 5169.25—2008	采购、建设、修试	品控、验收与质量评定、试验	其他	

体系结构号	标准编号	标准名称	标准级别	实施日期	与国际标准对应关系	代替标准	阶段	分阶段	专业	分专业
206.7-21	GB/T 5169.26—2018	电工电子产品着火危险试验 第26部分：烟模糊 试验方法概要和相关性	国标	2019.4.1		GB/T 5169.26—2008	采购、建设、修试	品控、验收与质量评定、试验	其他	
206.7-22	GB/Z 5169.34—2014	电工电子产品着火危险试验 第34部分：着火危险评定导则 起燃性 试验方法概要和相关性	国标	2015.4.1	IEC/TR 60695-1-21：2008，IDT		采购、建设、修试	品控、验收与质量评定、试验	其他	
206.7-23	GB/T 5169.38—2014	电工电子产品着火危险试验 第38部分：燃烧流的毒性 试验方法概要和相关性	国标	2015.4.1	IEC 60695-7-2：2011，IDT		采购、建设、修试	品控、验收与质量评定、试验	其他	
206.7-24	GB/T 5169.41—2015	电工电子产品着火危险试验 第41部分：燃烧流的毒性 毒效评定 试验结果的计算和说明	国标	2016.5.1	IEC/TS 60695-7-51：2002，IDT		采购、建设、修试	品控、验收与质量评定、试验	其他	
206.7-25	GB/T 5169.45—2019	电工电子产品着火危险试验 第45部分：着火危险评定导则 防火安全工程	国标	2020.1.1			采购、建设、修试	品控、验收与质量评定、试验	其他	
206.7-26	GB/T 5170.1—2016	电工电子产品环境试验设备 检验方法 第1部分：总则	国标	2017.7.1		GB/T 5170.1—2008	采购、建设、修试	品控、验收与质量评定、试验	其他	
206.7-27	GB/T 5170.5—2016	电工电子产品环境试验设备 检验方法 第5部分：湿热试验设备	国标	2017.7.1		GB/T 5170.5—2008	采购、建设、修试	品控、验收与质量评定、试验	其他	
206.7-28	GB/T 13422—2013	半导体变流器 电气试验方法	国标	2013.12.2		GB/T 13422—1992	设计、采购、建设、修试	初设、品控、验收与质量评定、试验	换流	其他
206.7-29	GB/T 18293—2001	电力整流设备运行效率的在线测量	国标	2001.7.1			建设、运维、修试	试运行、运行、检修	换流	其他
206.7-30	GB/T 20995—2007	输配电系统的电力电子技术 静止无功补偿装置用晶闸管阀的试验	国标	2008.2.1	IEC 61954：2003，MOD		建设、修试	验收与质量评定、试验	换流	其他
206.7-31	GB/T 37143—2018	电工电子产品成熟度试验方法	国标	2019.7.1			采购、建设、修试	品控、验收与质量评定、试验	其他	

体系结构号	标准编号	标准名称	标准级别	实施日期	与国际标准对应关系	代替标准	阶段	分阶段	专业	分专业
206.7-32	IEC 61954—2011/Amd 1—2013/Amd 2—2017	静止无功补偿器（SVC）晶闸管阀的试验	国际标准	2017.4.12			建设、修试	验收与质量评定、试验	换流	其他
206.7-33	IEC 62310-3—2008	静态转换系统（STS）第3部分：性能和试验要求的详细说明方法	国际标准	2008.6.11	EN 62310-3—2008，IDT；NF C53-010-3—2008，IDT		设计、采购、建设、修试	初设、品控、验收与质量评定、试验	其他	
206.8 试验与计量-仪器仪表										
206.8-1	T/CEC 113—2016	电力检测型红外成像仪校准规范	团标	2017.1.1			运维、修试	维护、检修、试验	附属设施及工器具	工器具
206.8-2	T/CEC 359—2020	智能变电站监控累统试验装置检测规范	团标	2020.10.1			运维、修试	维护、检修、试验	附属设施及工器具	工器具
206.8-3	T/CEC 360—2020	变电站监控系统试验用标准功串源装置技术规范	团标	2020.10.1			运维、修试	维护、检修、试验	附属设施及工器具	工器具
206.8-4	T/CEC 426.1—2020	电力用油测试仪器通用技术条件 第1部分：微量水分测定仪	团标	2021.2.1			运维、修试	维护、检修、试验	附属设施及工器具	工器具
206.8-5	DL/T 356—2010	局部放电测量仪校准规范	行标	2010.10.1			运维、修试	维护、检修、试验	附属设施及工器具	工器具
206.8-6	DL/T 967—2005	回路电阻测试仪 与直流电阻快速测试仪检定规程	行标	2006.6.1			运维、修试	维护、检修、试验	附属设施及工器具	工器具
206.8-7	DL/T 979—2005	直流高压高阻箱检定规程	行标	2006.6.1			运维、修试	维护、检修、试验	附属设施及工器具	工器具
206.8-8	DL/T 1028—2006	电能质量测试分析仪检定规程	行标	2007.5.1			运维、修试	维护、检修、试验	附属设施及工器具	工器具
206.8-9	DL/T 1222—2013	冲击分压器校准规范	行标	2013.8.1			运维、修试	维护、检修、试验	附属设施及工器具	工器具
206.8-10	DL/T 1254—2013	差动电阻式监测仪器鉴定技术规程	行标	2014.4.1			运维、修试	维护、检修、试验	附属设施及工器具	工器具
206.8-11	DL/T 1400—2015	油浸式变压器测温装置现场校准规范	行标	2015.9.1			运维、修试	维护、检修、试验	附属设施及工器具	工器具

体系 结构号	标准编号	标准名称	标准 级别	实施日期	与国际标准 对应关系	代替标准	阶段	分阶段	专业	分专业
206.8-12	DL/T 1478—2015	电子式交流电能表现场检验规程	行标	2015.12.1			运维、修试、退役	运行、维护、检修、试验、退役、报废	用电	电能计量
206.8-13	DL/T 1507—2016	数字化电能表校准规范	行标	2016.6.1			采购、修试、退役	招标、品控、检修、试验、退役、报废	用电	电能计量
206.8-14	DL/T 1561—2016	避雷器监测装置校准规范	行标	2016.6.1			运维、修试	维护、检修、试验	附属设施及工器具	工器具
206.8-15	DL/T 1582—2016	直流输电阀冷系统仪表检测导则	行标	2016.7.1			运维、修试	维护、检修、试验	附属设施及工器具	工器具
206.8-16	DL/T 1681—2016	高压试验仪器设备选配导则	行标	2017.5.1			运维、修试	维护、检修、试验	附属设施及工器具	工器具
206.8-17	DL/T 1694.1—2017	高压测试仪器及设备校准规范 第1部分：特高频局部放电在线监测装置	行标	2017.8.1			运维、修试	维护、检修、试验	附属设施及工器具	工器具
206.8-18	DL/T 1694.2—2017	高压测试仪器及设备校准规范 第2部分：电力变压器分接开关测试仪	行标	2017.8.1			运维、修试	维护、检修、试验	附属设施及工器具	工器具
206.8-19	DL/T 1694.3—2017	高压测试仪器及设备校准规范 第3部分：高压开关动作特性测试仪	行标	2017.8.1			运维、修试	维护、检修、试验	附属设施及工器具	工器具
206.8-20	DL/T 1694.4—2017	高压测试仪器及设备校准规范 第4部分：绝缘油耐压测试仪	行标	2017.8.1			运维、修试	维护、检修、试验	附属设施及工器具	工器具
206.8-21	DL/T 1694.5—2017	高压测试仪器及设备校准规范 第5部分：氧化锌避雷器阻性电流测试仪	行标	2017.8.1			运维、修试	维护、检修、试验	附属设施及工器具	工器具
206.8-22	DL/T 1694.6—2020	高压测试仪器及设备校准规范 第6部分：电力电缆超低频介质损耗测试仪	行标	2021.2.1			运维、修试	维护、检修、试验	附属设施及工器具	工器具
206.8-23	DL/T 1763—2017	电能表检测抽样要求	行标	2018.3.1			采购、修试、退役	招标、品控、检修、试验、退役、报废	用电	电能计量

体系结构号	标准编号	标准名称	标准级别	实施日期	与国际标准对应关系	代替标准	阶段	分阶段	专业	分专业
206.8-24	DL/T 1787—2017	相对介损及电容检测仪校准规范	行标	2018.6.1			运维、修试	维护、检修、试验	附属设施及工器具	工器具
206.8-25	DL/T 1852—2018	工频接地电阻测量设备检测规程	行标	2018.10.1			运维、修试	维护、检修、试验	附属设施及工器具	工器具
206.8-26	DL/T 1952—2018	变压器绕组变形测试仪校准规范	行标	2019.5.1			采购、运维、修试	招标、品控、维护、检修、试验	附属设施及工器具	工器具
206.8-27	DL/T 1954—2018	基于暂态地电压法局部放电检测仪校准规范	行标	2019.5.1			运维、修试	维护、检修、试验	附属设施及工器具	工器具
206.8-28	DL/T 2115—2020	电压监测仪检验技术规范	行标	2021.2.1			运维、修试	维护、检修、试验	附属设施及工器具	工器具
206.8-29	DL/T 2163—2020	微机械电子式测斜仪	行标	2021.2.1			采购、运维、修试	招标、品控、维护、检修、试验	附属设施及工器具	工器具
206.8-30	DL/T 5570—2020	电力工程电缆勘测技术规程	行标	2021.2.1			运维、修试	维护、检修、试验	附属设施及工器具	工器具
206.8-31	NB/T 42124—2017	测控装置校准规范	行标	2017.12.1			运维、修试	维护、检修、试验	附属设施及工器具	工器具
206.8-32	JB/T 7080—2013	绕组匝间绝缘冲击电压试验仪	行标	2014.3.1		JB/T 7080—1993	运维、修试	维护、检修、试验	附属设施及工器具	工器具
206.8-33	GB/T 11007—2008	电导率仪试验方法	国标	2009.1.1		GB/T 11007—1989	运维、修试	维护、检修、试验	附属设施及工器具	工器具
206.8-34	GB/T 13166—2018	电子测量仪器设计余量与模拟误用试验	国标	2019.1.1			采购、运维、修试	招标、品控、维护、检修、试验	附属设施及工器具	工器具
206.8-35	GB 17167—2006	用能单位能源计量器具配备和管理通则	国标	2007.1.1		GB/T 17167—1997	运维、修试	维护、检修、试验	用电	电能计量
206.8-36	GB/T 37006—2018	数字化电能表检验装置	国标	2019.7.1			采购、建设、运维、修试	招标、品控、验收与质量评定、维护、检修、试验	用电	电能计量
206.8-37	JJG 125—2004	直流电桥检定规程	国标	2005.3.21		JJG 125—1986	运维、修试	维护、检修、试验	附属设施及工器具	工器具

体系结构号	标准编号	标准名称	标准级别	实施日期	与国际标准对应关系	代替标准	阶段	分阶段	专业	分专业
206.8-38	JJG 153—1996	标准电池检定规程	国标	1997.6.1		JJG 153—86	运维、修试	维护、检修、试验	附属设施及工器具	工器具
206.8-39	JJG 158—2013	补偿式微压计检定规程	国标	2014.1.4		JJG 158—1994	运维、修试	维护、检修、试验	附属设施及工器具	工器具
206.8-40	JJG 183—2017	标准电容器检定规程	国标	2018.3.26		JJG 183—1992	运维、修试	维护、检修、试验	附属设施及工器具	工器具
206.8-41	JJG 188—2017	声级计检定规程	国标	2018.5.20		JJG 188—2002（检定部分）	运维、修试	维护、检修、试验	附属设施及工器具	工器具
206.8-42	JJG 225—2001	热能表检定规程	国标	2002.3.1		JJG 225—1992	运维、修试	维护、检修、试验	附属设施及工器具	工器具
206.8-43	JJG 244—2003	感应分压器检定规程	国标	2004.3.23		JJG 244—1981	运维、修试	维护、检修、试验	附属设施及工器具	工器具
206.8-44	JJG 307—2006	机电式交流电能表检定规程	国标	2006.9.8		JJG 307—1988	采购、修试、退役	招标、品控、检修、试验、退役、报废	用电	电能计量
206.8-45	JJG 366—2004	接地电阻表检定规程	国标	2004.12.1		JJG 366—1986	运维、修试	维护、检修、试验	附属设施及工器具	工器具
206.8-46	JJG 440—2008	工频单相位表检定规程	国标	2009.6.22		JJG 440—1986	运维、修试	维护、检修、试验	附属设施及工器具	工器具
206.8-47	JJG 441—2008	交流电桥检定规程	国标	2008.10.23		JJG 441—1986	运维、修试	维护、检修、试验	附属设施及工器具	工器具
206.8-48	JJG 486—1987	微调电阻箱试行检定规程	国标	1988.1.9			运维、修试	维护、检修、试验	附属设施及工器具	工器具
206.8-49	JJG 494—2005	高压静电电压表检定规程	国标	2006.6.20		JJG 494—1987	运维、修试	维护、检修、试验	附属设施及工器具	工器具
206.8-50	JJG 495—2006	直流磁电系检流计检定规程	国标	2007.6.8		JJG 495—1987	运维、修试	维护、检修、试验	附属设施及工器具	工器具
206.8-51	JJG 499—2004	精密露点仪检定规程	国标	2004.12.1		JJG 499—1987	运维、修试	维护、检修、试验	附属设施及工器具	工器具
206.8-52	JJG 508—2004	四探针电阻率测试仪检定规程	国标	2005.3.21		JJG 508—1987	运维、修试	维护、检修、试验	附属设施及工器具	工器具

体系结构号	标准编号	标准名称	标准级别	实施日期	与国际标准对应关系	代替标准	阶段	分阶段	专业	分专业
206.8-53	JJG 520—2005	粉尘采样器检定规程	国标	2005.10.28		JJG 520—2002	运维、修试	维护、检修、试验	附属设施及工器具	工器具
206.8-54	JJG 531—2003	直流电阻分压箱检定规程	国标	2003.11.12		JJG 531—1988	运维、修试	维护、检修、试验	附属设施及工器具	工器具
206.8-55	JJG 546—2010	直流比较电桥检定规程	国标	2010.7.5		JJG 546—1988	运维、修试	维护、检修、试验	附属设施及工器具	工器具
206.8-56	JJG 563—2004	高压电容电桥检定规程	国标	2004.9.2		JJG 563—1988	运维、修试	维护、检修、试验	附属设施及工器具	工器具
206.8-57	JJG 588—2018	冲击峰值电压表检定规程	国标	2018.8.27		JJG 588—1996	采购、建设、运维、修试	招标、验收与质量评定、试运行、运行、维护、检修、试验	附属设施及工器具	工器具
206.8-58	JJG 602—2014	低频信号发生器检定规程	国标	2015.5.17		JJG 602—1996；JJG 64—1990；JJG 230—1980	运维、修试	维护、检修、试验	附属设施及工器具	工器具
206.8-59	JJG 603—2018	频率表检定规程	国标	2019.6.25		JJG 603—2006	运维、修试	维护、检修、试验	附属设施及工器具	工器具
206.8-60	JJG 617—1996	数字温度指示调节仪检定规程	国标	1997.4.1		JJG 617—89	运维、修试	维护、检修、试验	附属设施及工器具	工器具
206.8-61	JJG 622—1997	绝缘电阻表（兆欧表）检定规程	国标	1998.5.1		JJG 622—89	运维、修试	维护、检修、试验	附属设施及工器具	工器具
206.8-62	JJG 644—2003	振动位移传感器检定规程	国标	2004.3.23		JJG 644—1990	运维、修试	维护、检修、试验	附属设施及工器具	工器具
206.8-63	JJG 690—2003	高绝缘电阻测量仪（高阻计）检定规程	国标	2004.3.23		JJG 690—1990	运维、修试	维护、检修、试验	附属设施及工器具	工器具
206.8-64	JJG 722—2018	标准数字时钟检定规程	国标	2018.8.27		JJG 722—1991	采购、运维、修试	招标、品控、维护、检修、试验	附属设施及工器具	工器具
206.8-65	JJG 726—2017	标准电感器检定规程	国标	2018.3.26		JJG 726—1991	运维、修试	维护、检修、试验	附属设施及工器具	工器具
206.8-66	JJG 795—2016	耐电压测试仪检定规程	国标	2017.5.25		JJG 795—2004	运维、修试	维护、检修、试验	附属设施及工器具	工器具

体系结构号	标准编号	标准名称	标准级别	实施日期	与国际标准对应关系	代替标准	阶段	分阶段	专业	分专业
206.8-67	JJG 837—2003	直流低电阻表检定规程	国标	2004.3.23		JJG 837—1993	运维、修试	维护、检修、试验	附属设施及工器具	工器具
206.8-68	JJG 982—2003	直流电阻箱检定规程	国标	2004.3.23		JJG 166—1993	运维、修试	维护、检修、试验	附属设施及工器具	工器具
206.8-69	JJG 990—2004	声波检测仪检定规程	国标	2004.12.21			运维、修试	维护、检修、试验	附属设施及工器具	工器具
206.8-70	JJG 1033—2007	电磁流量计检定规程	国标	2008.2.21		JJG 198—1994	运维、修试	维护、检修、试验	附属设施及工器具	工器具
206.8-71	JJG 1052—2009	回路电阻测试仪、直阻仪检定规程	国标	2010.1.9			运维、修试	维护、检修、试验	附属设施及工器具	工器具
206.8-72	JJG 1054—2009	钳形接地电阻仪	国标	2010.1.9			运维、修试	维护、检修、试验	附属设施及工器具	工器具
206.8-73	JJG 1072—2011	直流高压高值电阻器	国标	2012.5.30		JJG 166—1993	运维、修试	维护、检修、试验	附属设施及工器具	工器具
206.8-74	JJG 1120—2015	高压开关动作特性测试仪检定规程	国标	2015.11.24			运维、修试	维护、检修、试验	附属设施及工器具	工器具
206.8-75	JJG 1126—2016	高压介质损耗因数测试仪检定规程	国标	2016.9.27			运维、修试	维护、检修、试验	附属设施及工器具	工器具
206.8-76	JJG 2051—1990	直流电阻计量器具检定系统	国标	1991.1.1			运维、修试	维护、检修、试验	附属设施及工器具	工器具
206.8-77	JJG 2073—1990	损耗因素计量器具检定系统	国标	1991.5.1			运维、修试	维护、检修、试验	附属设施及工器具	工器具
206.8-78	JJG 2075—1990	电容计量器具检定系统	国标	1991.5.1			运维、修试	维护、检修、试验	附属设施及工器具	工器具
206.8-79	JJG 2076—1990	电感计量器具检定系统	国标	1991.5.1			运维、修试	维护、检修、试验	附属设施及工器具	工器具
206.8-80	JJG 2084—1990	交流电流计量器具检定系统	国标	1991.5.1			运维、修试	维护、检修、试验	附属设施及工器具	工器具
206.8-81	JJG 2085—1990	交流电功率计量器具检定系统	国标	1991.5.1			运维、修试	维护、检修、试验	附属设施及工器具	工器具

体系 结构号	标准编号	标准名称	标准 级别	实施日期	与国际标准 对应关系	代替标准	阶段	分阶段	专业	分专业
206.8-82	JJG 2086—1990	交流电压计量器具检定系统	国标	1991.5.1			运维、修试	维护、检修、试验	附属设施及工器具	工器具
206.8-83	JJF 1095—2002	电容器介质损耗测量仪校准规范	国标	2003.5.4		JJG 136—1986	运维、修试	维护、检修、试验	附属设施及工器具	工器具
206.8-84	JJF 1284—2011	交直流电表校验仪校准规范	国标	2011.9.14			运维、修试	维护、检修、试验	附属设施及工器具	工器具
206.8-85	JJF 1587—2016	数字多用表校准规范	国标	2017.5.25		JJG 315—1983； JJG 598—1989； JJG 724—1991	运维、修试	维护、检修、试验	附属设施及工器具	工器具
206.8-86	JJF 1616—2017	脉冲电流法局部放电测试仪校准规范	国标	2017.5.28			运维、修试	维护、检修、试验	附属设施及工器具	工器具
206.8-87	JJF 1686—2018	脉冲计数器校准规范	国标	2018.5.27			采购、运维、修试	招标、品控、维护、检修、试验	附属设施及工器具	工器具
206.8-88	JJF 1691—2018	绕组匝间绝缘冲击电压试验仪校准规范	国标	2018.5.27			运维、修试	维护、检修、试验	附属设施及工器具	工器具
206.8-89	JJF 1692—2018	涡流电导率仪校准规范	国标	2018.5.27			运维、修试	维护、检修、试验	附属设施及工器具	工器具
206.8-90	JJF 1713—2018	高频电容损耗标准器校准规范	国标	2018.12.25		JJG 66—1990	运维、修试	维护、检修、试验	附属设施及工器具	工器具
206.8-91	JJF（电子）0048—2020	100kA 长脉冲电流源校准规范	国标	2020.12.31			运维、修试	维护、检修、试验	附属设施及工器具	工器具
206.8-92	JJF（电子）0049—2020	微秒级脉冲分流器校准规范	国标	2020.12.31			运维、修试	维护、检修、试验	附属设施及工器具	工器具
206.8-93	JJF（机械）1012—2018	氧化锌避雷器泄漏电流测试仪校准规范	国标	2018.7.1		JJF（机械）022—2008	运维、修试	维护、检修、试验	附属设施及工器具	工器具
206.8-94	JJF（机械）1023—2019	气体继电器（瓦斯继电器）校准规范	国标	2019.12.1			运维、修试	维护、检修、试验	附属设施及工器具	工器具
206.8-95	JJF（机械）1036—2019	直流高压发生器校准规范	国标	2019.12.1			运维、修试	维护、检修、试验	附属设施及工器具	工器具
206.9	**试验与计量-电测计量**									
206.9-1	DL/T 266—2012	接地装置冲击特性参数测试导则	行标	2012.7.1			建设、修试	验收与质量评定、试验	其他	

体系结构号	标准编号	标准名称	标准级别	实施日期	与国际标准对应关系	代替标准	阶段	分阶段	专业	分专业
206.9-2	DL/T 460—2016	智能电能表检验装置检定规程	行标	2017.5.1		DL/T 460—2005	运维、修试	运行、检修、试验	用电	电能计量
206.9-3	DL/T 475—2017	接地装置特性参数测量导则	行标	2017.12.1		DL/T 475—2006	建设、修试	验收与质量评定、试验	其他	
206.9-4	DL/T 826—2002	交流电能表现场测试仪	行标	2002.12.1			运维、修试	运行、检修、试验	用电	电能计量
206.9-5	DL/T 1112—2009	交、直流仪表检验装置检定规程	行标	2009.12.1		SD 111—1983;SD 112—1983	运维、修试	运行、检修、试验	用电	电能计量
206.9-6	DL/T 1473—2016	电测量指示仪表检定规程	行标	2016.6.1		SD 110—1983	运维、修试	运行、检修、试验	用电	电能计量
206.9-7	DL/T 5533—2017	电力工程测量精度标准	行标	2017.12.1			修试	检修、试验	基础综合	
206.9-8	DL/T 1715—2017	铝及铝合金制电力设备对接接头超声检测方法与质量分级	行标	2017.12.1			修试	检修、试验	基础综合	
206.9-9	DL/T 1719—2017	采用便携式布氏硬度计检验金属部件技术导则	行标	2017.12.1			修试	检修、试验	基础综合	
206.9-10	DL/T 1785—2017	电力设备 X 射线数字成像检测技术导则	行标	2018.6.1			修试	检修、试验	基础综合	
206.9-11	DL/T 1786—2017	直流偏磁电流分布同步监测技术导则	行标	2018.6.1			修试	检修、试验	基础综合	
206.9-12	DL/T 1994—2019	电容型油纸绝缘设备介电响应试验导则	行标	2019.10.1			修试	检修、试验	基础综合	
206.9-13	DL/T 2007—2019	电力变压器电气试验集成式接线试验方法	行标	2019.10.1			修试	检修、试验	变电、配电	变压器
206.9-14	DL/T 2038—2019	高压直流输电工程直流磁场测量方法	行标	2019.10.1			修试	检修、试验	基础综合	
206.9-15	DL/T 2063—2019	冲击电流测量实施导则	行标	2020.5.1			修试	检修、试验	基础综合	
206.9-16	DL/T 2102—2020	电子式电流互感器状态评价导则	行标	2021.2.1			修试	检修、试验	基础综合	
206.9-17	GB/T 1411—2002	干固体绝缘材料 耐高电压、小电流电弧放电的试验	国标	2003.1.1			修试	检修、试验	基础综合	

体系结构号	标准编号	标准名称	标准级别	实施日期	与国际标准对应关系	代替标准	阶段	分阶段	专业	分专业
206.9-18	GB/T 4074.21—2018	绕组线试验方法 第 21 部分：耐高频脉冲电压性能	国标	2018.10.1			采购、修试	品控、检修、试验	其他	
206.9-19	GB/T 6378.1—2008	计量抽样检验程序 第 1 部分：按接收质量限（AQL）检索的对单一质量特性和单个 AQL 的逐批检验的一次抽样方案	国标	2009.1.1	ISO 3951-1：2005，IDT	GB/T 6378—2002	采购、修试	品控、检修、试验	其他	
206.9-20	GB/T 6378.4—2018	计量抽样检验程序 第 4 部分：对均值的声称质量水平的评定程序	国标	2019.2.1		GB/T 6378.4—2008	采购、修试	品控、检修、试验	其他	
206.9-21	GB/T 8054—2008	计量标准型一次抽样检验程序及表	国标	2009.1.1		GB/T 8054—1995；GB/T 8053—2001	采购、修试	品控、检修、试验	其他	
206.9-22	GB/T 17215.831—2017	交流电测量设备 验收检验 第 31 部分：静止式有功电能表的特殊要求（0.2S 级、0.5S 级、1 级和 2 级）	国标	2017.12.29	IEC 62058-31—2008，IDT	GB/T 17442—1998	建设、修试	验收与质量评定、检修、试验	用电	电能计量
206.9-23	GB/T 17648—1998	绝缘液体 局部放电起始电压测定 试验程序	国标	1999.10.1			修试	检修、试验	基础综合	
206.9-24	GB/T 18502—2018	临界电流测量 银和/或银合金包套 Bi-2212 和 Bi-2223 氧化物超导体的直流临界电流	国标	2018.7.1		GB/T 18502—2001	修试	检修、试验	基础综合	
206.9-25	GB/T 21223.1—2015	老化试验数据统计分析导则 第 1 部分：建立在正态分布试验结果的平均值基础上的方法	国标	2016.2.1	IEC 60493-1：2011，IDT	GB/T 21223—2007	修试	检修、试验	基础综合	
206.9-26	GB/T 21223.2—2015	老化试验数据统计分析导则 第 2 部分：截尾正态分布数据统计分析的验证程序	国标	2016.2.1			修试	检修、试验	基础综合	
206.9-27	GB/T 22689—2008	测定固体绝缘材料相对耐表面放电击穿能力的推荐试验方法	国标	2009.11.1	IEC 60343：1991，IDT		修试	检修、试验	基础综合	
206.9-28	GB/T 26168.1—2018	电气绝缘材料 确定电离辐射的影响 第 1 部分：辐射相互作用和剂量测定	国标	2019.1.1		GB/T 26168.1—2010	修试	检修、试验	基础综合	

体系结构号	标准编号	标准名称	标准级别	实施日期	与国际标准对应关系	代替标准	阶段	分阶段	专业	分专业
206.9-29	GB/T 26168.2—2018	电气绝缘材料 确定电离辐射的影响 第2部分：辐照和试验程序	国标	2019.1.1		GB/T 26168.2—2010	修试	检修、试验	基础综合	
206.9-30	GB/T 26168.4—2018	电气绝缘材料 确定电离辐射的影响 第4部分：运行中老化的评定程序	国标	2019.1.1		GB/T 26168.4—2010	修试	检修、试验	基础综合	
206.9-31	GB/T 28706—2012	无损检测 机械及电气设备红外热成像检测方法	国标	2013.3.1			修试	检修、试验	基础综合	
206.9-32	GB/T 31838.3—2019	固体绝缘材料 介电和电阻特性 第3部分：电阻特性（DC方法）表面电阻和表面电阻率	国标	2020.1.1			修试	检修、试验	基础综合	
206.9-33	GB/T 31838.4—2019	固体绝缘材料 介电和电阻特性 第4部分：电阻特性（DC方法）绝缘电阻	国标	2020.1.1		GB/T 10064—2006	修试	检修、试验	基础综合	
206.9-34	GB/T 32524.1—2016	声学 声压法测定电力电容器单元的声功率级和指向特性 第1部分：半消声室精密法	国标	2016.9.1			修试	检修、试验	基础综合	
206.9-35	GB/T 33977—2017	高压成套开关设备和高压/低压预装式变电站产生的稳态、工频电磁场的量化方法	国标	2018.2.1	IEC/TR 62271-208：2009		修试	检修、试验	基础综合	
206.9-36	GB/T 35033—2018	30MHz～1GHz 电磁屏蔽材料导电性能和金属材料搭接阻抗测量方法	国标	2018.12.1			修试	检修、试验	基础综合	
206.9-37	GB/T 37132—2018	无线充电设备的电磁兼容性通用要求和测试方法	国标	2019.7.1			修试	检修、试验	基础综合	
206.9-38	GB/T 37543—2019	直流输电线路和换流站的合成场强与离子流密度的测量方法	国标	2020.1.1			修试	检修、试验	输电、换流	线路、换流阀、换流变
206.9-39	IEC 60851-5—2011	绕组线测试方法 第5部分：电气性能	国际标准	2013.1.1		IEC 60851-5—2008	修试	检修、试验	基础综合	

体系结构号	标准编号	标准名称	标准级别	实施日期	与国际标准对应关系	代替标准	阶段	分阶段	专业	分专业
206.9-40	IEC 62110—2009	交流电系统产生的电场和磁场有关公众照射量的测量程序	国际标准	2009.8.31	DIN EN 62110—2010，IDT；BS EN 62110—2010，IDT；EN 62110—2009，IDT；NF C99-128—2010，IDT		修试	检修、试验	基础综合	
206.10 试验与计量-化学检测										
206.10-1	T/CEC 298—2020	高压直流输电换流阀年度检修化学检查导则	团标	2020.10.1			建设、运维、修试	试运行、运行、试验	换流	换流阀
206.10-2	T/CEC 127—2016	变压器油、涡轮机油运动黏度测定法 胡隆黏度计法	团标	2017.1.1			建设、运维、修试	试运行、运行、试验	发电、变电	水电、变压器
206.10-3	T/CEC 140—2017	六氟化硫电气设备中六氟化硫气体纯度测量方法	团标	2017.8.1			建设、运维、修试	试运行、运行、试验	变电	其他
206.10-4	T/CEC 260—2019	电力储能用固定式金属氢化物储氢装置充放氢性能试验方法	团标	2020.1.1			建设、运维、修试	试运行、运行、试验	发电	储能
206.10-5	T/CEC 271—2019	复合绝缘子硅橡胶主要组份含量的测定 热重分析法	团标	2020.1.1			建设、运维、修试	试运行、运行、试验	其他	
206.10-6	T/CSEE 0031—2017	电气设备六氟化硫气体泄漏红外成像现场测试方法	团标	2018.5.1			建设、运维、修试	试运行、运行、试验	变电	其他
206.10-7	DL/T 263—2012	变压器油中金属元素的测定方法	行标	2012.7.1			采购、建设、运维、修试	品控、验收与质量评定、试运行、运行、试验	变电	变压器
206.10-8	DL/T 285—2012	矿物绝缘油腐蚀性硫检测法 裹绝缘纸铜扁线法	行标	2012.3.1	IEC 62535：2008，MOD		建设、运维、修试	试运行、运行、试验	其他	
206.10-9	DL/T 385—2010	变压器油带电倾向性检测方法	行标	2010.10.1			采购、建设、运维、修试	品控、验收与质量评定、试运行、运行、试验	变电	变压器
206.10-10	DL/T 421—2009	电力用油体积电阻率测定法	行标	2009.12.1		DL 421—1991	采购、建设、修试	品控、验收与质量评定、试验	其他	

体系结构号	标准编号	标准名称	标准级别	实施日期	与国际标准对应关系	代替标准	阶段	分阶段	专业	分专业
206.10-11	DL/T 423—2009	绝缘油中含气量测定方法真空压差法	行标	2009.12.1		DL/T 423—1991	采购、建设、运维、修试	品控、验收与质量评定、试运行、运行、试验	其他	
206.10-12	DL/T 429.1—2017	电力用油透明度测定法	行标	2017.12.1		DL/T 429.1—1991	采购、建设、修试	品控、验收与质量评定、试验	其他	
206.10-13	DL/T 429.2—2016	电力用油颜色测定法	行标	2016.6.1		DL 429.2—1991	采购、建设、修试	品控、验收与质量评定、试验	其他	
206.10-14	DL/T 429.6—2015	电力用油开口杯老化测定法	行标	2015.12.1		DL/T 429.6—1991	采购、建设、修试	品控、验收与质量评定、试验	其他	
206.10-15	DL/T 429.7—2017	电力用油油泥析出测定方法	行标	2017.12.1		DL/T 429.7—1991	采购、建设、修试	品控、验收与质量评定、试验	其他	
206.10-16	DL/T 432—2018	电力用油中颗粒度测定方法	行标	2018.7.1		DL/T 432—2007	采购、建设、修试	品控、验收与质量评定、试验	其他	
206.10-17	DL/T 449—2015	油浸纤维质绝缘材料含水量测定法	行标	2015.12.1		DL/T 449—1991	采购、建设、修试	品控、验收与质量评定、试验	其他	
206.10-18	DL/T 506—2018	六氟化硫电气设备中绝缘气体湿度测量方法	行标	2018.10.1		DL/T 506—2007	采购、建设、修试	品控、验收与质量评定、试验	其他	
206.10-19	DL/T 580—2013	用露点法测定变压器绝缘纸中平均含水量的方法	行标	2014.4.1		DL/T 580—1995	采购、建设、修试	品控、验收与质量评定、试验	其他	
206.10-20	DL/T 703—2015	绝缘油中含气量的气相色谱测定法	行标	2015.12.1		DL/T 703—1999	采购、建设、修试	品控、验收与质量评定、试验	其他	
206.10-21	DL/T 722—2014	变压器油中溶解气体分析和判断导则	行标	2015.3.1		DL/T 722—2000	采购、建设、修试	品控、验收与质量评定、试验	变电	变压器
206.10-22	DL/T 914—2005	六氟化硫气体湿度测定法（重量法）	行标	2005.6.1		SD 305—1989	采购、建设、修试	品控、验收与质量评定、试验	其他	
206.10-23	DL/T 915—2005	六氟化硫气体湿度测定法（电解法）	行标	2005.6.1		SD 306—1989	采购、建设、修试	品控、验收与质量评定、试验	其他	
206.10-24	DL/T 916—2005	六氟化硫气体酸度测定法	行标	2005.6.1		SD 307—1989	采购、建设、修试	品控、验收与质量评定、试验	其他	

体系结构号	标准编号	标准名称	标准级别	实施日期	与国际标准对应关系	代替标准	阶段	分阶段	专业	分专业
206.10-25	DL/T 917—2005	六氟化硫气体密度测定法	行标	2005.6.1		SD 308—1989	采购、建设、修试	品控、验收与质量评定、试验	其他	
206.10-26	DL/T 918—2005	六氟化硫气体中可水解氟化物含量测定法	行标	2005.6.1		SD 309—1989	采购、建设、修试	品控、验收与质量评定、试验	其他	
206.10-27	DL/T 919—2005	六氟化硫气体中矿物油含量测定法（红外光谱分析法）	行标	2005.6.1		SD 310—1989	采购、建设、修试	品控、验收与质量评定、试验	其他	
206.10-28	DL/T 920—2019	六氟化硫气体中空气、四氟化碳、六氟乙烷和八氟丙烷的测定气相色谱法	行标	2019.10.1		DL/T 920—2005	采购、建设、修试	品控、验收与质量评定、试验	其他	
206.10-29	DL/T 929—2018	矿物绝缘油、润滑油结构族组成的测定 红外光谱法	行标	2018.7.1		DL/T 929—2005	采购、建设、修试	品控、验收与质量评定、试验	其他	
206.10-30	DL/T 1002—2006	微量溶解氧仪标定方法 标准气体标定法	行标	2006.10.1			采购、建设、修试	品控、验收与质量评定、试验	其他	
206.10-31	DL/T 1032—2006	电气设备用六氟化硫（SF6）气体取样方法	行标	2007.5.1			采购、建设、修试	品控、验收与质量评定、试验	其他	
206.10-32	DL/T 1095—2018	变压器油带电度现场测试方法	行标	2018.7.1		DL/T 1095—2008	采购、建设、修试	品控、验收与质量评定、试验	变电	变压器
206.10-33	DL/T 1205—2013	六氟化硫电气设备分解产物试验方法	行标	2013.8.1			运维、修试	维护、试验	其他	
206.10-34	DL/T 1354—2014	电力用油闭口闪点测定 微量常闭法	行标	2015.3.1			采购、建设、修试	品控、验收与质量评定、试验	其他	
206.10-35	DL/T 1355—2014	变压器油中糠醛含量的测定 液相色谱法	行标	2015.3.1			采购、建设、修试	品控、验收与质量评定、试验	变电	变压器
206.10-36	DL/T 1359—2014	六氟化硫电气设备故障气体分析和判断方法	行标	2015.3.1			采购、建设、修试	品控、验收与质量评定、试验	其他	
206.10-37	DL/T 1458—2015	矿物绝缘油中铜、铁、铝、锌金属含量的测定 原子吸收光谱法	行标	2015.12.1			采购、建设、修试	品控、验收与质量评定、试验	其他	

体系结构号	标准编号	标准名称	标准级别	实施日期	与国际标准对应关系	代替标准	阶段	分阶段	专业	分专业
206.10-38	DL/T 1459—2015	矿物绝缘油中金属钝化剂含量的测定 高效液相色谱法	行标	2015.12.1			采购、建设、修试	品控、验收与质量评定、试验	其他	
206.10-39	DL/T 1460—2015	矿物绝缘油中腐蚀性硫的定量测试 铜粉腐蚀法	行标	2015.12.1			采购、建设、修试	品控、验收与质量评定、试验	其他	
206.10-40	DL/T 1463—2015	变压器油中溶解气体组分含量分析用工作标准油的配制	行标	2015.12.1			采购、建设、修试	品控、验收与质量评定、试验	变电	变压器
206.10-41	DL/T 1532—2016	接地网腐蚀诊断技术导则	行标	2016.6.1			运维、修试	维护、试验	基础综合	
206.10-42	DL/T 1551—2016	六氟化硫气体中二氧化硫、硫化氢、氟化硫酰、氟化亚硫酰的测定方法-气质联用法	行标	2016.6.1			采购、建设、修试	品控、验收与质量评定、试验	其他	
206.10-43	DL/T 1581—2016	直流系统用盘形悬式瓷或玻璃绝缘子金属附件加速电解腐蚀试验方法	行标	2016.7.1			采购、建设、修试	品控、验收与质量评定、试验	换流	其他
206.10-44	DL/T 1705—2017	磷酸酯抗燃油闭口杯老化测定法	行标	2017.12.1			采购、建设、修试	品控、验收与质量评定、试验	其他	
206.10-45	DL/T 1706—2017	超高压直流输电换流变运行油质量	行标	2017.12.1			采购、建设、运维、修试	品控、验收与质量评定、试运行、运行、试验	换流	换流变
206.10-46	DL/T 1814—2018	油浸式电力变压器工厂试验油中溶解气体分析判断导则	行标	2018.7.1			采购、建设、修试	品控、验收与质量评定、试验	变电	变压器
206.10-47	DL/T 1823—2018	六氟化硫气体中矿物油、可水解氟化物、酸度的现场检测方法	行标	2018.7.1			采购、建设、修试	品控、验收与质量评定、试验	其他	
206.10-48	DL/T 1824—2018	运行变压器油中丙酮含量的测量方法 顶空气相色谱法	行标	2018.7.1			采购、建设、修试	品控、验收与质量评定、试验	变电、配电	变压器
206.10-49	DL/T 1825—2018	六氟化硫在线湿度测量装置校验 静态法	行标	2018.7.1			运维、修试	维护、检修、试验	附属设施及工器具	工器具
206.10-50	DL/T 1836—2018	矿物绝缘油与变压器材料相容性测定方法	行标	2018.7.1	ASTM D 3455-11，MOD		采购、建设、修试	品控、验收与质量评定、试验	变电、配电	变压器

体系结构号	标准编号	标准名称	标准级别	实施日期	与国际标准对应关系	代替标准	阶段	分阶段	专业	分专业
206.10-51	DL/T 1876.1—2018	六氟化硫检测仪技术条件—分解产物检测仪	行标	2019.5.1			运维、修试	维护、检修、试验	附属设施及工器具	工器具
206.10-52	DL/T 1884.1—2018	现场污秽度测量及评定 第1部分：一般原则	行标	2019.5.1			采购、建设、修试	品控、验收与质量评定、试验	其他	
206.10-53	DL/T 1884.2—2019	现场污秽度测量及评定 第2部分：测量点的选择和布置	行标	2020.5.1			采购、建设、修试	品控、验收与质量评定、试验	其他	
206.10-54	DL/T 1884.3—2018	现场污秽度测量及评定 第3部分：污秽成分测定方法	行标	2019.5.1			采购、建设、修试	品控、验收与质量评定、试验	其他	
206.10-55	DL/T 1986—2019	六氟化硫混合气体绝缘设备气体检测技术规范	行标	2019.10.1			采购、建设、修试	品控、验收与质量评定、试验	其他	
206.10-56	DL/T 1977—2019	矿物绝缘油氧化安定性的测定 差示扫描量热法	行标	2019.10.1	IEC/TR 62036：2007		采购、建设、修试	品控、验收与质量评定、试验	其他	
206.10-57	DL/T 1980—2019	变压器绝缘纸（板）平均含水量测定法 频域介电谱法	行标	2019.10.1			采购、建设、修试	品控、验收与质量评定、试验	变电、配电	变压器
206.10-58	NB/T 42140—2017	绝缘液体 油浸纸和油浸纸板用卡尔费休自动电量滴定法测定水分	行标	2018.3.1			采购、建设、修试	品控、验收与质量评定、试验	其他	
206.10-59	SH/T 0206—1992	变压器油氧化安定性测定法	行标	1992.5.20	IEC 74—1963（1974），REF	ZB E38003—88	采购、建设、修试	品控、验收与质量评定、试验	变电	变压器
206.10-60	SH/T 0304—1999	电气绝缘油腐蚀性硫试验法	行标	2000.5.1	ISO 5662：1997，EQV	SH/T 0304—1992	采购、建设、修试	品控、验收与质量评定、试验	其他	
206.10-61	HJ 592—2010	水质 硝基苯类化合物的测定 气相色谱法	行标	2011.1.1		GB 4919—85	采购、建设、修试	品控、验收与质量评定、试验	其他	
206.10-62	HJ 618—2011	环境空气 PM10 和 PM2.5 的测定 重量法	行标	2011.11.1		GB 6921—86	建设、运维、修试	试运行、运行、试验	其他	
206.10-63	GB/T 261—2008	闪点的测定 宾斯基—马丁闭口杯法	国标	2009.2.1	ISO 2719：2002，MOD	GB/T 261—1983	修试	试验	其他	
206.10-64	GB/T 264—1983	石油产品酸值测定法	国标	1983.1.2	UDC 665.5：543.241.5	GB 264—1977	采购、建设、修试	品控、验收与质量评定、试验	其他	

体系结构号	标准编号	标准名称	标准级别	实施日期	与国际标准对应关系	代替标准	阶段	分阶段	专业	分专业
206.10-65	GB 265—1988	石油产品运动黏度测定法和动力黏度计算法	国标	1989.4.1		GB 265—83	采购、建设、修试	品控、验收与质量评定、试验	其他	
206.10-66	GB/T 510—2018	石油产品凝点测定法	国标	2019.7.1		GB/T 510—1983	修试	试验	其他	
206.10-67	GB/T 601—2016	化学试剂 标准滴定溶液的制备	国标	2017.5.1		GB/T 601—2002	修试	试验	其他	
206.10-68	GB/T 1884—2000	原油和液体石油产品密度实验室测定法（密度计法）	国标	2000.7.1	ISO 3675：1998，EQV	GB/T 1884—1992	采购、建设、修试	品控、验收与质量评定、试验	其他	
206.10-69	GB/T 3535—2006	石油产品倾点测定法	国标	2006.10.1	ISO 3016：1994，MOD	GB/T 3535—1983	修试	试验	其他	
206.10-70	GB/T 3536—2008	石油产品闪点和燃点的测定 克利夫兰开口杯法	国标	2009.2.1	ISO 2592：2000，MOD	GB/T 3536—1983	修试	试验	其他	
206.10-71	GB/T 5654—2007	液体绝缘材料 相对电容率、介质损耗因数和直流电阻率的测量	国标	2008.5.20	IEC 60247：2004，IDT	GB/T 5654—1985	采购、建设、修试	品控、验收与质量评定、试验	其他	
206.10-72	GB/T 5832.2—2016	气体分析 微量水分的测定 第2部分：露点法	国标	2017.7.1		GB/T 5832.2—2008	采购、建设、修试	品控、验收与质量评定、试验	其他	
206.10-73	GB/T 6541—1986	石油产品油对水界面张力测定法（圆环法）	国标	1987.6.1	ISO 6295：1983，EQV		采购、建设、修试	品控、验收与质量评定、试验	其他	
206.10-74	GB/T 7597—2007	电力用油（变压器油、汽轮机油）取样方法	国标	2008.1.1		GB 7597—1987	采购、建设、修试	品控、验收与质量评定、试验	发电、变电	火电、变压器
206.10-75	GB/T 7598—2008	运行中变压器油水溶性酸测定法	国标	2009.8.1		GB/T 7598—1987	采购、建设、修试	品控、验收与质量评定、试验	变电	变压器
206.10-76	GB/T 7600—2014	运行中变压器油和汽轮机油水分含量测定法（库仑法）	国标	2015.4.1		GB/T 7600—1987	采购、建设、修试	品控、验收与质量评定、试验	发电、变电	火电、变压器
206.10-77	GB/T 7601—2008	运行中变压器油、汽轮机油水分测定法（气相色谱法）	国标	2009.8.1		GB/T 7601—1987	采购、建设、修试	品控、验收与质量评定、试验	发电、变电	火电、变压器
206.10-78	GB/T 7602.1—2008	变压器油、汽轮机油中T501抗氧化剂含量测定法 第1部分：分光光度法	国标	2009.8.1		GB/T 7602—1987	采购、建设、修试	品控、验收与质量评定、试验	发电、变电	火电、变压器

体系 结构号	标准编号	标准名称	标准 级别	实施日期	与国际标准 对应关系	代替标准	阶段	分阶段	专业	分专业
206.10-79	GB/T 7602.2—2008	变压器油、汽轮机油中 T501 抗氧化剂含量测定法　第 2 部分：液相色谱法	国标	2009.10.1			采购、建设、修试	品控、验收与质量评定、试验	发电、变电	火电、变压器
206.10-80	GB/T 7602.3—2008	变压器油、汽轮机油中 T501 抗氧化剂含量测定法　第 3 部分：红外光谱法	国标	2009.10.1			采购、建设、修试	品控、验收与质量评定、试验	发电、变电	火电、变压器
206.10-81	GB/T 7602.4—2017	变压器油、涡轮机油中 T501 抗氧化剂含量测定法　第 4 部分：气质联用法	国标	2018.5.1	IEC 60666：2010		采购、建设、修试	品控、验收与质量评定、试验	发电、变电	水电、变压器
206.10-82	GB/T 7603—2012	矿物绝缘油中芳碳含量测定法	国标	2012.11.1		GB/T 7603—1987	采购、建设、修试	品控、验收与质量评定、试验	其他	
206.10-83	GB/T 12897—2006	国家一、二等水准测量规范	国标	2006.10.1		GB 12897—1991	采购、建设、修试	品控、验收与质量评定、试验	其他	
206.10-84	GB/T 13912—2002	金属覆盖层　钢铁制件热浸镀锌层　技术要求及试验方法	国标	2002.12.1	ISO 1461：1999，MOD	GB/T 13912—1992	采购、建设、修试	招标、品控、验收与质量评定、试验	其他	
206.10-85	GB/T 16581—1996	绝缘液体燃烧性能试验方法氧指数法	国标	1997.5.1	IEC 1144：1992，EQV		采购、建设、修试	品控、验收与质量评定、试验	其他	
206.10-86	GB/T 17623—2017	绝缘油中溶解气体组分含量的气相色谱测定法	国标	2017.12.1		GB/T 17623—1998	采购、建设、修试	品控、验收与质量评定、试验	其他	
206.10-87	GB/T 17650.1—1998	取自电缆或光缆的材料燃烧时释出气体的试验方法　第 1 部分：卤酸气体总量的测定	国标	1999.10.1	IEC 60754-1：1994，IDT		修试	试验	其他	
206.10-88	GB/T 17650.2—1998	取自电缆或光缆的材料燃烧时释出气体的试验方法　第 2 部分：用测量 pH 值和电导率来测定气体的酸度	国标	1999.10.1	IEC 60754-2：1991，IDT		修试	试验	其他	
206.10-89	GB/T 25961—2010	电气绝缘油中腐蚀性硫的试验法	国标	2011.5.1	ASTM D 1275-06		采购、建设、修试	品控、验收与质量评定、试验	其他	
206.10-90	GB/T 26872—2011	电触头材料金相图谱	国标	2011.12.1			采购、建设、修试	品控、验收与质量评定、试验	其他	

体系结构号	标准编号	标准名称	标准级别	实施日期	与国际标准对应关系	代替标准	阶段	分阶段	专业	分专业
206.10-91	GB/T 28552—2012	变压器油、汽轮机油酸值测定法（BTB法）	国标	2012.11.1			采购、建设、修试	品控、验收与质量评定、试验	发电、变电	火电、变压器
206.10-92	GB/T 29305—2012	新的和老化后的纤维素电气绝缘材料粘均聚合度的测量	国标	2013.6.1	IEC 60450：2006/AI：2007，IDT		修试	试验	其他	
206.10-93	GB/T 32508—2016	绝缘油中腐蚀性硫（二苄基二硫醚）定量检测方法	国标	2016.9.1	IEC 62697-1：2012，MOD		采购、建设、修试	品控、验收与质量评定、试验	其他	
206.10-94	GB/T 35839—2018	无损检测 工业计算机层析成像（CT）密度测量方法	国标	2018.9.1			采购、建设、修试	品控、验收与质量评定、试验	其他	
206.10-95	GB/Z 35959—2018	液相色谱—质谱联用分析方法通则	国标	2018.9.1			采购、建设、修试	品控、验收与质量评定、试验	其他	
206.10-96	IEC 60754-1 CORRI 1—2013	电缆材质燃烧产生气体检测 第1部分：氢卤酸气体含量测定勘误表1	国际标准	2013.11.5			采购、建设、修试	品控、验收与质量评定、试验	输电	电缆
206.10-97	IEC 62535—2008	绝缘液体在使用和不使用的绝缘油中硫磺潜在腐蚀性试验方法	国际标准	2008.10.8	DIN EN 62535—2009，IDT；BS EN 62535—2009，IDT；EN 62535—2009，IDT；NF C27-603—2009，IDT；C27-603PR，IDT；OEVE/OENORM EN 62535—2009，IDT；PN-EN 62535—2009，IDT；UNE-EN 62535—2009，IDT	IEC 10/746/FDIS—2008	采购、建设、修试	品控、验收与质量评定、试验	其他	
206.11 试验与计量-发电										
206.11-1	T/CEC 168—2018	移动式电化学储能系统测试规程	团标	2018.4.1			修试	试验	发电	储能

体系结构号	标准编号	标准名称	标准级别	实施日期	与国际标准对应关系	代替标准	阶段	分阶段	专业	分专业
206.11-2	T/CEC 5001—2016	水电水利工程砂砾石料压实质量密度桶法检测技术规程	团标	2017.1.1			修试	试验	发电	水电、火电
206.11-3	DL/T 298—2011	发电机定子绕组端部电晕检测与评定导则	行标	2011.11.1			修试	试验	发电	水电、火电
206.11-4	DL/T 454—2005	水利电力建设用起重机检验规程	行标	2005.6.1		DL 454—1991	修试	试验	发电	水电
206.11-5	DL 470—1992	电站锅炉过热器和再热器试验导则	行标	1992.11.1			修试	试验	发电	火电
206.11-6	DL/T 489—2018	大中型水轮发电机静止整流励磁系统试验规程	行标	2018.7.1		DL/T 489—2006	修试	试验	发电	火电、水电、其他
206.11-7	DL/T 492—2009	发电机环氧云母定子绕组绝缘老化鉴定导则	行标	2009.12.1		DL/T 492—1992	运维、修试	运行、维护、试验	发电	水电
206.11-8	DL/T 496—2016	水轮机电液调节系统及装置调整试验导则	行标	2016.6.1		DL/T 496—2001	运维、修试	运行、维护、试验	发电	水电
206.11-9	DL/T 507—2014	水轮发电机组启动试验规程	行标	2014.8.1		DL/T 507—2002	修试	试验	发电	水电
206.11-10	NB/T 10349—2019	压力钢管安全检测技术规程	行标	2000.7.1		DL/T 709—1999	修试	试验	发电	水电
206.11-11	DL/T 809—2016	发电厂水质浊度的测定方法	行标	2017.5.1		DL/T 809—2002	修试	试验	发电	水电
206.11-12	DL/T 835—2003	水工钢闸门和启闭机安全检测技术规程	行标	2003.6.1			运维、修试	运行、维护、检修	发电	水电
206.11-13	DL/T 837—2020	输变电设施可靠性评价规程	行标	2021.2.1		DL/T 837—2012	运维、修试	运行、维护、检修	发电	其他
206.11-14	DL/T 851—2004	联合循环发电机组验收试验	行标	2004.6.1	ISO 2314—1989/Amd 1—1997，MOD		建设、修试	试验	发电	火电
206.11-15	DL/T 986—2016	湿法烟气脱硫工艺性能检测技术规范	行标	2016.6.1		DL/T 986—2005	修试	试验	发电	火电
206.11-16	DL/T 1003—2006	水轮发电机组推力轴承润滑参数测量方法	行标	2007.3.1			运维、修试	运行、维护、试验	发电	水电
206.11-17	DL/T 1166—2012	大型发电机励磁系统现场试验导则	行标	2012.12.1			修试	试验	发电	火电、水电、其他

体系结构号	标准编号	标准名称	标准级别	实施日期	与国际标准对应关系	代替标准	阶段	分阶段	专业	分专业
206.11-18	DL/T 1522—2016	发电机定子绕组内冷水系统水流量超声波测量方法及评定导则	行标	2016.6.1			修试	试验	发电	火电、水电、其他
206.11-19	DL/T 1523—2016	同步发电机进相试验导则	行标	2016.6.1			修试	试验	发电	火电、水电、其他
206.11-20	DL/T 1524—2016	发电机红外检测方法及评定导则	行标	2016.6.1			修试	试验	发电	火电、水电、其他
206.11-21	DL/T 1525—2016	隐极同步发电机转子匝间短路故障诊断导则	行标	2016.6.1			修试	试验	发电	火电、水电、其他
206.11-22	DL/T 1612—2016	发电机定子绕组手包绝缘施加直流电压测量方法及评定导则	行标	2016.12.1			修试	试验	发电	火电、水电、其他
206.11-23	DL/T 1616—2016	火力发电机组性能试验导则	行标	2016.12.1			修试	试验	发电	火电
206.11-24	DL/T 1704—2017	脱硫湿磨机石灰石制浆系统性能测试方法	行标	2017.8.1			修试	试验	发电	火电
206.11-25	DL/T 1718—2017	火力发电厂焊接接头相控阵超声检测技术规程	行标	2017.12.1			修试	试验	发电	火电
206.11-26	DL/T 1768—2017	旋转电机预防性试验规程	行标	2018.3.1			修试	试验	发电	水电、火电
206.11-27	DL/T 1800—2018	水轮机调节系统建模及参数实测技术导则	行标	2018.7.1			修试	试验	发电	水电
206.11-28	DL/T 2092—2020	火力发电机组电气启动试验规程	行标	2021.2.1			修试	试验	发电	火电
206.11-29	DL/T 2093—2020	火电机组阻塞滤波器设备试验规程	行标	2021.2.1			修试	试验	发电	火电
206.11-30	DL/T 5178—2016	混凝土坝安全监测技术规范	行标	2016.7.1		DL/T 5178—2003	运维、修试	运行、维护、试验	发电	水电
206.11-31	DL/T 5259—2010	土石坝安全监测技术规范	行标	2011.5.1			设计、采购、运维、修试	初设、招标、运行、维护、试验	发电	水电
206.11-32	DL/T 5332—2005	水工混凝土断裂试验规程（附条文说明）	行标	2006.6.1			修试	试验	发电	水电

体系结构号	标准编号	标准名称	标准级别	实施日期	与国际标准对应关系	代替标准	阶段	分阶段	专业	分专业
206.11-33	DL/T 5355—2006	水电水利工程土工试验规程	行标	2007.5.1		SD 128—1984；SD 128—1986；SD 128—1987；SDS 01—1979	修试	试验	发电	水电
206.11-34	DL/T 5356—2006	水电水利工程粗粒土试验规程	行标	2007.5.1		SD 128—1984；SD 128—1986；SD 128—1987；SDS 01—1979	修试	试验	发电	水电
206.11-35	DL/T 5357—2006	水电水利工程岩土化学分析试验规程	行标	2007.5.1		SD 128—1984；SD 128—1986；SD 128—1987；SDS 01—1979	修试	试验	发电	水电
206.11-36	DL/T 5359—2006	水电水利工程水流空化模型试验规程	行标	2007.5.1			修试	试验	发电	水电
206.11-37	DL/T 5360—2006	水电水利工程溃坝洪水模拟技术规程	行标	2007.5.1			修试	试验	发电	水电
206.11-38	DL/T 5361—2006	水电水利工程施工导截流模型试验规程	行标	2007.5.1			修试	试验	发电	水电
206.11-39	DL/T 5362—2018	水工沥青混凝土试验规程	行标	2019.5.1		DL/T 5362—2006	修试	试验	发电	水电
206.11-40	DL/T 5367—2007	水电水利工程岩体应力测试规程	行标	2007.12.1		DLJ 204—1981；DL 5006—1992	修试	试验	发电	水电
206.11-41	DL/T 5368—2007	水电水利工程岩石试验规程	行标	2007.12.1		DLJ 204—1981；DL 5006—1992	修试	试验	发电	水电
206.11-42	DL/T 5401—2007	水力发电厂电气试验设备配置导则	行标	2008.6.1			采购、修试	招标、试验	发电	水电
206.11-43	DL/T 5422—2009	混凝土面板堆石坝挤压边墙混凝土试验规程	行标	2009.12.1			修试	试验	发电	水电
206.11-44	DL/T 5433—2009	水工碾压混凝土试验规程	行标	2009.12.1			修试	试验	发电	水电
206.11-45	DL/T 5577—2020	冻土地区架空输电线路岩土工程勘测技术规程	行标	2021.2.1			修试	试验	发电	水电

体系结构号	标准编号	标准名称	标准级别	实施日期	与国际标准对应关系	代替标准	阶段	分阶段	专业	分专业
206.11-46	NB/T 35058—2015	水电工程岩体质量检测技术规程	行标	2016.3.1			修试	试验	发电	水电
206.11-47	NB/T 35081—2016	水电工程金属结构涂层强度拉开法测试规程	行标	2016.6.1	ISO 16276-1—2007，MOD		修试	试验	发电	水电
206.11-48	NB/T 35113—2018	水电工程钻孔压水试验规程	行标	2018.7.1		DL/T 5331—2005	修试	试验	发电	水电
206.11-49	SL 06—2006	水文测验铅鱼	行标	2006.7.1		SL 06—1989	修试	试验	发电	水电
206.11-50	JB/T 12239—2015	直流电源的回馈式老化测试方法	行标	2015.10.1			修试	试验	发电	水电
206.11-51	GB/T 1029—2005	三相同步电机试验方法	国标	2006.4.1	IEC 60034-4：1985，MOD	GB/T 1029—1993	修试	试验	发电	火电、水电、其他
206.11-52	GB/T 6075.5—2002	在非旋转部件上测量和评价机器的机械振动 第5部分：水力发电厂和泵站机组	国标	2002.12.1	ISO 10816-5：2000，IDT		修试	试验	发电	水电
206.11-53	GB/T 7441—2008	汽轮机及被驱动机械发出的空间噪声的测量	国标	2009.4.1	IEC 61063：1991，IDT	GB/T 7441—1987	修试	试验	发电	火电
206.11-54	GB/T 8117.2—2008	汽轮机热力性能验收试验规程 第2部分：方法B 各种类型和容量的汽轮机宽准确度试验	国标	2009.4.1	IEC 60953-2—1990，IDT	GB/T 8117—1987	建设、修试	验收与质量评定、试验	发电	火电
206.11-55	GB/T 9652.2—2019	水轮机调速系统试验	国标	2020.1.1	IEC 60308，REF	GB/T 9652.2—2007	修试	试验	发电	水电
206.11-56	GB/T 11348.2—2012	机械振动.在旋转轴上测量评价机器的振动 第2部分：功率大于50MW，额定工作转速1500r/min、1800r/min、3000r/min、3600r/min陆地安装的汽轮机和发电机	国标	2013.3.1	ISO 7919-2：2009，MOD	GB/T 11348.2—2007	修试	试验	发电	火电
206.11-57	GB/T 11348.5—2008	旋转机械转轴径向振动的测量和评定 第5部分：水力发电厂和泵站机组	国标	2009.5.1	ISO 7919-5：2005，IDT	GB/T 11348.5—2002	修试	试验	发电	水电
206.11-58	GB/T 15613.2—2008	水轮机、蓄能泵和水泵水轮机模型验收试验 第2部分：常规水力性能试验	国标	2009.4.1	IEC 60193：1999，NEQ		修试	试验	发电	水电

体系结构号	标准编号	标准名称	标准级别	实施日期	与国际标准对应关系	代替标准	阶段	分阶段	专业	分专业
206.11-59	GB/T 15613.3—2008	水轮机、蓄能泵和水泵水轮机模型验收试验 第3部分：辅助性能试验	国标	2009.4.1	IEC 60193：1999，NEQ		修试	试验	发电	水电
206.11-60	GB/T 16752—2017	混凝土和钢筋混凝土排水管试验方法	国标	2018.9.1		GB/T 16752—2006	修试	试验	发电	水电
206.11-61	GB/T 17189—2017	水力机械（水轮机、蓄能泵和水泵水轮机）振动和脉动现场测试规程	国标	2018.7.1	IEC 60994：1991	GB/T 17189—2007	修试	试验	发电	水电
206.11-62	GB/T 17948.2—2006	旋转电机绝缘结构功能性评定散绕绕组试验规程 变更和绝缘组分替代的分级	国标	2006.6.1	IEC 60034-18-22：2000，IDT		修试	试验	发电	火电、水电
206.11-63	GB/T 17948.3—2017	旋转电机 绝缘结构功能性评定 成型绕组试验规程 旋转电机绝缘结构热评定和分级	国标	2018.5.1	IEC 60034-18-31：2012	GB/T 17948.3—2006	修试	试验	发电	火电、水电
206.11-64	GB/T 17948.6—2018	旋转电机 绝缘结构功能性评定 成型绕组试验规程 绝缘结构热机械耐久性评定	国标	2019.2.1		GB/T 17948.6—2007	修试	试验	发电	火电、水电
206.11-65	GB/T 18929—2002	联合循环发电装置 验收试验	国标	2003.6.1	ISO 2314—1989 AMD.1—1997（E），IDT		建设、修试	验收与质量评定、试验	发电	火电
206.11-66	GB/T 20140—2016	隐极同步发电机定子绕组端部动态特性和振动测量方法及评定	国标	2016.9.1		GB/T 20140—2006	修试	试验	发电	火电、水电
206.11-67	GB/T 20833.1—2016	旋转电机 旋转电机定子绕组绝缘 第1部分：离线局部放电测量	国标	2016.9.1	IEC/TS 60034-27：2006	GB/T 20833—2007	修试	试验	发电	火电、水电
206.11-68	GB/T 20833.2—2016	旋转电机 旋转电机定子绕组绝缘 第2部分：在线局部放电测量	国标	2016.9.1	IEC/TS 60034-27-2：2012 IDT		修试	试验	发电	火电、水电
206.11-69	GB/T 20833.3—2018	旋转电机 旋转电机定子绕组绝缘 第3部分：介质损耗因数测量	国标	2019.2.1			修试	试验	发电	火电、水电

体系结构号	标准编号	标准名称	标准级别	实施日期	与国际标准对应关系	代替标准	阶段	分阶段	专业	分专业
206.11-70	GB/T 20835—2016	发电机定子铁心磁化试验导则	国标	2016.9.1		GB/T 20835—2007	修试	试验	发电	水电
206.11-71	GB/T 26871—2011	电触头材料金相试验方法	国标	2011.12.1			修试	试验	发电	水电
206.11-72	GB/T 29851—2013	光伏电池用硅材料中 B、Al 受主杂质含量的二次离子质谱测量方法	国标	2014.4.15			修试	试验	发电	光伏
206.11-73	GB/T 32899—2016	抽水蓄能机组静止变频启动装置试验规程	国标	2017.3.1			修试	试验	发电	水电
206.11-74	GB/T 34133—2017	储能变流器检测技术规程	国标	2018.2.1			修试	试验	发电	储能
206.11-75	GB/Z 35717—2017	水轮机、蓄能泵和水泵水轮机流量的测量　超声传播时间法	国标	2018.7.1			修试	试验	发电	水电
206.11-76	IEC 61810-7—2006	机电基本继电器　第7部分：测试和测量程序	国际标准	2006.3.14	BS EN 61810-7—2006，IDT；EN 6I810-7—2006，IDT	IEC 61810-7—1997；IEC 94/226/FDIS—2005	修试	试验	发电	水电、火电
206.12	**试验与计量-其他**									
206.12-1	DL/T 694—2012	高温紧固螺栓超声检测技术导则	行标	2012.12.1		DL/T 694—1999	修试	试验	其他	
206.12-2	DL/T 786—2001	碳钢石墨化检验及评级标准	行标	2002.2.1			修试	试验	其他	
206.12-3	DL/T 1114—2009	钢结构腐蚀防护热喷涂（锌、铝及合金涂层）及其试验方法	行标	2009.12.1			修试	试验	其他	
206.12-4	DL/T 1741—2017	电力作业用小型施工机具预防性试验规程	行标	2018.3.1			修试	试验	其他	
206.12-5	DL/T 1907.1—2018	变电站视频监控图像质量评价　第1部分：技术要求	行标	2019.5.1			修试	试验	变电	其他
206.12-6	DL/T 1907.2—2018	变电站视频监控图像质量评价　第2部分：测试规范	行标	2019.5.1			修试	试验	变电	其他
206.12-7	DL/T 2112—2020	敏感负荷电压暂降控制技术导则	行标	2021.2.1			修试	试验	变电	其他

体系结构号	标准编号	标准名称	标准级别	实施日期	与国际标准对应关系	代替标准	阶段	分阶段	专业	分专业
206.12-8	JB/T 8632—2011	电触头材料电弧烧损试验方法指南	行标	2012.4.1	ASTM B576：1994，NEQ	JB/T 8632—1997	修试	试验	其他	
206.12-9	JB/T 9674—1999	超声波探测瓷件内部缺陷	行标	2000.1.1		JB/Z 262—1986	修试	试验	其他	
206.12-10	JB/T 13463—2018	无损检测 超声检测用斜入射试块的制作与检验方法	行标	2018.12.1			修试	试验	其他	
206.12-11	JB/T 13466—2018	无损检测 接头熔深相控阵超声测定方法	行标	2018.12.1			修试	试验	其他	
206.12-12	SY/T 5268—2018	油气田电网线损率测试和计算方法	行标	2019.3.1		SY/T 5268—2012	修试	试验	其他	
206.12-13	GB/T 228.2—2015	金属材料 拉伸试验 第2部分：高温试验方法	国标	2016.6.1		GB/T 4338—2006	修试	试验	其他	
206.12-14	GB/T 238—2013	金属材料 线材 反复弯曲试验方法	国标	2014.5.1		GB/T 238—2002	修试	试验	其他	
206.12-15	GB/T 3222.2—2009	声学 环境噪声的描述、测量与评价 第2部分：环境噪声级测定	国标	2009.12.1	ISO 1996-2：2007，IDT	GB/T 3222—1994	修试	试验	其他	
206.12-16	GB/T 5019.2—2009	以云母为基的绝缘材料 第2部分：试验方法	国标	2009.12.1	ISO 60371-2：2004，MOD	GB/T 5019—2002	修试	试验	其他	
206.12-17	GB/T 5132.1—2009	电气用热固性树脂工业硬质圆形层压管和棒 第1部分：一般要求	国标	2009.12.1	ISO 61212-1：2006，MOD	GB/T 1305—1985	修试	试验	其他	
206.12-18	GB/T 5132.2—2009	电气用热固性树脂工业硬质圆形层压管和棒 第2部分：试验方法	国标	2009.12.1	IEC 61212-2：2006，IDT	GB 5132—1985；GB 5134—1985	修试	试验	其他	
206.12-19	GB/T 5591.2—2017	电气绝缘用柔软复合材料 第2部分：试验方法	国标	2018.5.1	IEC60626-2：2009	GB/T 5591.2—2002	修试	试验	其他	
206.12-20	GB/T 6113.101—2016	无线电骚扰和抗扰度测量设备和测量方法规范 第1-1部分：无线电骚扰和抗扰度测量设备 测量设备	国标	2016.11.1	CISPR 16-1-1 2010	GB/T 6113.101—2008	修试	试验	其他	

体系 结构号	标准编号	标准名称	标准 级别	实施日期	与国际标准 对应关系	代替标准	阶段	分阶段	专业	分专业
206.12-21	GB/T 6113.102—2018	无线电骚扰和抗扰度测量设备和测量方法规范 第1-2部分：无线电骚扰和抗扰度测量设备 传导骚扰测量的耦合装置	国标	2019.2.1		GB/T 6113.102—2008	修试	试验	其他	
206.12-22	GB/T 6113.103—2008	无线电骚扰和抗扰度测量设备和测量方法规范 第1-3部分：无线电骚扰和抗扰度测量设备 辅助设备 骚扰功率	国标	2008.9.1	CISPP 16-1-3：2004，IDT	GB/T 6113.1—1995	修试	试验	其他	
206.12-23	GB/T 6113.104—2016	无线电骚扰和抗扰度测量设备和测量方法规范 第1-4部分：无线电骚扰和抗扰度测量设备 辐射骚扰测量用天线和试验场地	国标	2016.11.1	CISPR 16-1-4 2012	GB/T 6113.104—2008	修试	试验	其他	
206.12-24	GB/T 6113.105—2018	无线电骚扰和抗扰度测量设备和测量方法规范 第1-5部分：无线电骚扰和抗扰度测量设备 5MHz～18GHz 天线校准场地和参考试验场地	国标	2019.7.1			修试	试验	其他	
206.12-25	GB/T 6113.106—2018	无线电骚扰和抗扰度测量设备和测量方法规范 第1-6部分：无线电骚扰和抗扰度测量设备 EMC 天线校准	国标	2019.7.1			修试	试验	其他	
206.12-26	GB/T 6113.201—2018	无线电骚扰和抗扰度测量设备和测量方法规范 第2-1部分：无线电骚扰和抗扰度测量方法 传导骚扰测量	国标	2019.7.1		GB/T 6113.201—2017	修试	试验	其他	
206.12-27	GB/T 6113.202—2018	无线电骚扰和抗扰度测量设备和测量方法规范 第2-2部分：无线电骚扰和抗扰度测量方法 骚扰功率测量	国标	2019.2.1		GB/T 6113.202—2008	修试	试验	其他	
206.12-28	GB/T 6113.203—2016	无线电骚扰和抗扰度测量设备和测量方法规范 第2-3部分：无线电骚扰和抗扰度测量方法 辐射骚扰测量	国标	2016.11.1	CISPR 16-2-3 2010	GB/T 6113.203—2008	修试	试验	其他	

体系 结构号	标准编号	标准名称	标准 级别	实施日期	与国际标准 对应关系	代替标准	阶段	分阶段	专业	分专业
206.12-29	GB/T 6113.204—2008	无线电骚扰和抗扰度测量设备和测量方法规范 第 2-4 部分：无线电骚扰和抗扰度测量方法 抗扰度测量	国标	2008.9.1	CISPR 16-2-4：2003，IDT	GB/T 6113.2—1998	修试	试验	其他	
206.12-30	GB/T 6553—2014	严酷环境条件下使用的电气绝缘材料 评定耐电痕化和蚀损的试验方法	国标	2014.10.28	IEC 60587：2007，IDT	GB/T 6553—2003	修试	试验	其他	
206.12-31	GB/T 10069.1—2006	旋转电机噪声测定方法及限值 第 1 部分：旋转电机噪声测定方法	国标	2006.12.1	ISO 1680：1999，MOD	GB 10069.1—1988；GB 10069.2—1988	修试	试验	其他	
206.12-32	GB/T 10707—2008	橡胶燃烧性能的测定	国标	2008.12.1		GB 10707—1989；GB/T 13488—1992	修试	试验	其他	
206.12-33	GB/T 11345—2013	焊缝无损检测 超声检测 技术、检测等级和评定	国标	2014.6.1		GB/T 11345—1989	修试	试验	其他	
206.12-34	GB/T 12113—2003	接触电流和保护导体电流的测量方法	国标	2004.8.1	IEC 60990：1999，IDT	GB/T 12113—1996	修试	试验	其他	
206.12-35	GB/T 16839.1—2018	热电偶 第 1 部分：电动势规范和允差	国标	2019.2.1			修试	试验	其他	
206.12-36	GB/T 18314—2009	全球定位系统（GPS）测量规范	国标	2009.6.1		GB/T 18314—2001	修试	试验	其他	
206.12-37	GB/T 19212.4—2016	变压器、电抗器、电源装置及其组合的安全 第 4 部分：燃气和燃油燃烧器点火变压器的特殊要求和试验	国标	2017.3.1	IEC 61558-2-3—2010，MOD	GB 19212.4—2005	修试	试验	其他	
206.12-38	GB/T 19212.9—2016	变压器、电抗器、电源装置及其组合的安全 第 9 部分：电铃和电钟用变压器及电源装置的特殊要求和试验	国标	2017.3.1	IEC 61558-2-8—2010，MOD	GB 19212.9—2007	修试	试验	其他	
206.12-39	GB/T 19212.15—2016	变压器、电抗器、电源装置及其组合的安全 第 15 部分：调压器和内装调压器的电源装置的特殊要求和试验	国标	2017.3.1			修试	试验	其他	

体系结构号	标准编号	标准名称	标准级别	实施日期	与国际标准对应关系	代替标准	阶段	分阶段	专业	分专业
206.12-40	GB/T 19264.2—2013	电气用压纸板和薄纸板 第2部分：试验方法	国标	2013.12.2	IEC 60641-2：2004，MOD		修试	试验	其他	
206.12-41	GB/T 19264.3—2013	电气用压纸板和薄纸板 第3部分：压纸板	国标	2013.12.2	IEC 60641-3-1：2008，MOD	GB/T 19264.3—2003	修试	试验	其他	
206.12-42	GB/T 20112—2015	电气绝缘系统的评定与鉴别	国标	2016.2.1	IEC 60505 2011	GB/T 20112—2006	修试	试验	其他	
206.12-43	GB/T 20113—2006	电气绝缘结构（EIS）热分级	国标	2006.6.1	IEC 62114：2001，IDT		修试	试验	其他	
206.12-44	GB/T 20935.3—2018	金属材料 电磁超声检测方法 第3部分：利用电磁超声换能器技术进行超声表面检测的方法	国标	2018.12.1			修试	试验	其他	
206.12-45	GB/T 26953—2011	焊缝无损检测 焊缝渗透检测 验收等级	国标	2012.3.1	ISO 23277：2006 MOD		修试	试验	其他	
206.12-46	GB/T 33965—2017	金属材料 拉伸试验 矩形试样减薄率的测定	国标	2018.4.1			修试	试验	其他	
206.12-47	GB/T 34018—2017	无损检测 超声显微检测方法	国标	2018.2.1			修试	试验	其他	
206.12-48	GB/T 34035—2017	热电偶现场试验方法	国标	2018.2.1			修试	试验	其他	
206.12-49	GB/T 35090—2018	无损检测 管道弱磁检测方法	国标	2018.12.1			修试	试验	其他	
206.12-50	GB/T 35388—2017	无损检测 X射线数字成像检测 检测方法	国标	2018.4.1	ISO 10791-10：2007		修试	试验	其他	
206.12-51	GB/T 35389—2017	无损检测 X射线数字成像检测 导则	国标	2018.4.1			修试	试验	其他	
206.12-52	GB/T 35392—2017	无损检测 电导率电磁（涡流）测定方法	国标	2018.4.1			修试	试验	其他	
206.12-53	GB/T 35393—2017	无损检测 非铁磁性金属电磁（涡流）分选方法	国标	2018.4.1			修试	试验	其他	
206.12-54	GB/T 35394—2017	无损检测 X射线数字成像检测 系统特性	国标	2018.4.1			修试	试验	其他	

体系结构号	标准编号	标准名称	标准级别	实施日期	与国际标准对应关系	代替标准	阶段	分阶段	专业	分专业
206.12-55	GB/T 36024—2018	金属材料 薄板和薄带 十字形试样双向拉伸试验方法	国标	2018.12.1			修试	试验	其他	
206.12-56	GB/T 37540—2019	无损检测 涡流检测数字图像处理与通信	国标	2020.1.1			修试	试验	其他	
206.12-57	GB/T 37910.1—2019	焊缝无损检测 射线检测验收等级 第 1 部分：钢、镍、钛及其合金	国标	2020.3.1			修试	试验	其他	
206.12-58	GB/T 37910.2—2019	焊缝无损检测 射线检测验收等级 第 2 部分：铝及铝合金	国标	2020.3.1			修试	试验	其他	
207 安健环										
207.1 安健环-基础综合										
207.1-1	GB 4793.9—2013	测量、控制和实验室用电气设备的安全要求 第 9 部分：实验室用分析和其他目的自动和半自动设备的特殊要求	国标	2014.11.1	IEC6 1010-2-081：2009，IDT		安全监管		基础综合	
207.1-2	GB 5226.1—2019	机械电气安全 机械电气设备 第 1 部分：通用技术条件	国标	2010.2.1	IEC 60204-1：2005，IDT	GB 5226.1—2008	安全监管		基础综合	
207.1-3	GB/T 13870.1—2008	电流对人和家畜的效应 第 1 部分：通用部分	国标	2009.4.1	IEC/TR 60479-5—2007，IDT	GB/T 13870.1—1992	安全监管		基础综合	
207.1-4	GB/T 13870.2—2016	电流对人和家畜的效应 第 2 部分：特殊情况	国标	2016.11.1	IEC/TS 60479-2：2007（第 3 版），IDT	GB/T 13870.2—1997	安全监管		基础综合	
207.1-5	GB/T 13870.4—2017	电流对人和家畜的效应 第 4 部分：雷击效应	国标	2018.5.1	IEC/TR 60479-4—2011，IDT		安全监管		基础综合	
207.1-6	GB/T 13870.5—2016	电流对人和家畜的效应 第 5 部分：生理效应的接触电压阈值	国标	2016.11.1	IEC/TR 60479-5—2007，IDT		安全监管		基础综合	
207.1-7	GB/T 15408—2011	安全防范系统供电技术要求	国标	2011.12.1		GB/T 15408—1994	安全监管		基础综合	

体系 结构号	标准编号	标准名称	标准 级别	实施日期	与国际标准 对应关系	代替标准	阶段	分阶段	专业	分专业
207.1-8	GB 17741—2005	工程场地地震安全性评价	国标	2005.10.1		GB 17741—1999	安全监管		基础综合	
207.1-9	GB 19652—2005	放电灯（荧光灯除外）安全要求	国标	2005.8.1	IEC 62035：1999，IDT	GB 7248—1987	安全监管		基础综合	
207.1-10	GB/T 24612.1—2009	电气设备应用场所的安全要求 第1部分：总则	国标	2010.5.1			安全监管		基础综合	
207.1-11	GB/T 24612.2—2009	电气设备应用场所的安全要求 第2部分：在断电状态下操作的安全措施	国标	2010.5.1			安全监管		基础综合	
207.1-12	GB/Z 30249—2013	测量、控制和实验室用电气设备的安全要求 GB 4793 的符合性验证报告的编写规程	国标	2014.7.1			安全监管		基础综合	
207.1-13	GB/Z 30993—2014	测量、控制和实验室用电气设备的安全要求 GB 4793.1—2007 的符合性验证报告格式	国标	2014.11.1	ISO 10817-1：1998		安全监管		基础综合	
207.1-14	GB/T 33980—2017	电工产品使用说明书中包含电气安全信息的导则	国标	2018.2.1			安全监管		基础综合	
207.1-15	GB/T 33985—2017	电工产品标准中包括安全方面的导则 引入风险评估的因素	国标	2018.2.1			安全监管		基础综合	
207.1-16	GB/T 34924—2017	低压电气设备安全风险评估和风险降低指南	国标	2018.5.1	IEC Guide 116：2010		安全监管		基础综合	
207.1-17	GB/T 34835—2017	电气安全 与信息技术和通信技术网络连接设备的接口分类	国标	2018.4.1	IEC/TR 62102：2005		安全监管		基础综合	
207.1-18	GB/T 35649—2017	突发事件应急标绘符号规范	国标	2018.7.1			安全监管		基础综合	
207.1-19	GB/T 35651—2017	突发事件应急标绘图层规范	国标	2018.7.1			安全监管		基础综合	
207.1-20	GB/T 36291.1—2018	电力安全设施配置技术规范 第1部分：变电站	国标	2019.1.1			安全监管		基础综合	
207.1-21	GB/T 36291.2—2018	电力安全设施配置技术规范 第2部分：线路	国标	2019.1.1			安全监管		基础综合	

体系结构号	标准编号	标准名称	标准级别	实施日期	与国际标准对应关系	代替标准	阶段	分阶段	专业	分专业
207.1-22	GB/T 37228—2018	公共安全 应急管理 突发事件响应要求	国标	2019.6.1			安全监管		基础综合	
207.1-23	GB/T 37230—2018	公共安全 应急管理 预警颜色指南	国标	2019.6.1			安全监管		基础综合	
207.1-24	GB/T 26444—2010	危险货物运输 物质可运输性试验方法和判据	国标	2011.7.1			安全监管		基础综合	
207.1-25	GB/T 33170.1—2016	大型活动安全要求 第1部分：安全评估	国标	2017.4.1			安全监管		基础综合	
207.1-26	GB/T 33170.2—2016	大型活动安全要求 第2部分：人员管控	国标	2017.4.1			安全监管		基础综合	
207.1-27	GB/T 33170.3—2016	大型活动安全要求 第3部分：场地布局和安全导向标识	国标	2017.4.1			安全监管		基础综合	
207.1-28	GB/T 33170.4—2016	大型活动安全要求 第4部分：临建设施指南	国标	2017.4.1			安全监管		基础综合	
207.1-29	GB/T 33170.5—2016	大型活动安全要求 第5部分：安保资源配置	国标	2017.2.1			安全监管		基础综合	
207.1-30	GB 50348—2018	安全防范工程技术标准	国标	2018.12.1		GB 50348—2004	安全监管		基础综合	
207.1-31	GB 50656—2011	施工企业安全生产管理规范	国标	2012.4.1			安全监管		基础综合	
207.1-32	IEEE 1402—2000（R2008）	变电站的物理和电子安全指南	国际标准	2000.1.30			安全监管		基础综合	
207.2 安健环-作业安全										
207.2-1	Q/CSG 510001—2015	中国南方电网有限责任公司电力安全工作规程	企标	2015.9.1			安全监管		基础综合	
207.2-2	T/CEC 280—2019	电力用智能安全带技术条件	团标	2020.1.1			安全监管		基础综合	
207.2-3	T/CEC 5004—2017	电力工程测绘作业安全工作规程	团标	2017.8.1			安全监管		基础综合	
207.2-4	T/CSEE 0143—2019	变电站继电保护现场作业安全技术规范	团标	2019.3.1			安全监管		变电	其他

体系 结构号	标准编号	标准名称	标准 级别	实施日期	与国际标准 对应关系	代替标准	阶段	分阶段	专业	分专业
207.2-5	LD 80—1995	噪声作业分级	行标	1996.6.1	ISO TC43 ISO R1999，EQV		安全监管		基础综合	
207.2-6	DL 408—1991	电业安全工作规程（发电厂 和变电所电气部分）	行标	1991.9.1			安全监管		基础综合	
207.2-7	DL 409—1991	电业安全工作规程（电力线 路部分）	行标	1991.9.1			安全监管		输电	线路
207.2-8	DL 560—1995	电业安全工作规程（高压试 验室部分）	行标	1995.7.1			安全监管		基础综合	
207.2-9	DL/T 5809—2020	水电工程库区安全监测技术 规范	行标	2021.2.1			安全监管		基础综合	
207.2-10	DL/T 854—2017	带电作业用绝缘斗臂车使用 导则	行标	2018.3.1		DL/T 854—2004	安全监管		基础综合	
207.2-11	DL/T 1200—2013	电力行业缺氧危险作业监测 与防护技术规范	行标	2013.8.1			安全监管		基础综合	
207.2-12	DL/T 1475—2015	电力安全工器具配置与存放 技术要求	行标	2015.12.1			安全监管		附属设施及工 器具	工器具
207.2-13	DL/T 1476—2015	电力安全工器具预防性试验 规程	行标	2015.12.1			安全监管		附属设施及工 器具	工器具
207.2-14	DL 5009.1—2014	电力建设安全工作规程　第 1 部分：火力发电	行标	2015.3.1		DL 5009.1—2002	安全监管		发电	火电
207.2-15	DL 5009.2—2013	电力建设安全工作规程　第 2 部分：电力线路	行标	2014.4.1		DL 5009.2—2004	安全监管		输电	线路
207.2-16	DL 5009.3—2013	电力建设安全工作规程　第 3 部分：变电站	行标	2014.4.1		DL 5009.3—1997	安全监管		变电	其他
207.2-17	DL/T 5250—2010	汽车起重机安全操作规程	行标	2010.10.1			安全监管		基础综合	
207.2-18	DL/T 5266—2011	水电水利工程缆索起重机安 全操作规程	行标	2011.11.1			安全监管		发电	水电
207.2-19	DL/T 5370—2017	水电水利工程施工通用安全 技术规程	行标	2018.3.1		DL/T 5370—2007	安全监管		发电	水电

体系结构号	标准编号	标准名称	标准级别	实施日期	与国际标准对应关系	代替标准	阶段	分阶段	专业	分专业
207.2-20	DL/T 5371—2017	水电水利工程土建施工安全技术规程	行标	2018.3.1		DL/T 5371—2007	安全监管		发电	水电
207.2-21	DL/T 5372—2017	水电水利工程金属结构与机电设备安装安全技术规程	行标	2018.3.1		DL/T 5372—2007	安全监管		发电	水电
207.2-22	DL/T 5373—2017	水电水利工程施工作业人员安全操作规程	行标	2018.3.1		DL/T 5373—2007	安全监管		发电	水电
207.2-23	DL/T 5701—2014	水电水利工程施工机械安全操作规程　反井钻机	行标	2015.3.1			安全监管		发电	水电
207.2-24	DL/T 5711—2014	水电水利工程施工机械安全操作规程　带式输送机	行标	2015.3.1			安全监管		发电	水电
207.2-25	DL/T 5722—2015	水电水利工程施工机械安全操作规程　塔带机	行标	2015.9.1			安全监管		发电	水电
207.2-26	DL/T 5723—2015	水电水利工程施工机械安全操作规程　履带式布料机	行标	2015.9.1			安全监管		发电	水电
207.2-27	DL/T 5730—2016	水电水利工程施工机械安全操作规程　振捣机械	行标	2016.7.1			安全监管		发电	水电
207.2-28	DL/T 5752—2017	水电水利工程施工机械安全操作规程　混凝土预冷系统	行标	2018.3.1			安全监管		发电	水电
207.2-29	DL/T 5731—2016	水电水利工程施工机械安全操作规程　振动机	行标	2016.7.1			安全监管		发电	水电
207.2-30	NB/T 10096—2018	电力建设工程施工安全管理导则	行标	2019.1.1			安全监管		基础综合	
207.2-31	SL/T 780—2020	水利水电工程金属结构制作与安装安全技术规程	行标	2020.9.30			安全监管		基础综合	
207.2-32	SJ/T 11532.1—2015	危险化学品气瓶标识用电子标签通用技术要求　第1部分：气瓶电子标识代码	行标	2015.10.1			安全监管		基础综合	
207.2-33	SJ/T 11532.2—2015	危险化学品气瓶标识用电子标签通用技术要求　第2部分：应用技术规范	行标	2015.10.1			安全监管		基础综合	

体系结构号	标准编号	标准名称	标准级别	实施日期	与国际标准对应关系	代替标准	阶段	分阶段	专业	分专业
207.2-34	SJ/T 11532.3—2015	危险化学品气瓶标识用电子标签通用技术要求 第3部分：读写器特殊要求	行标	2015.10.1			安全监管		基础综合	
207.2-35	SL 400—2016	水利水电工程机电设备安装安全技术规程	行标	2017.3.20		SL 400—2007	安全监管		发电	水电
207.2-36	CH/Z 3001—2010	无人机航摄安全作业基本要求	行标	2010.10.1			安全监管		基础综合	
207.2-37	MH/T 1064.1—2017	直升机电力作业安全规程 第1部分：通用要求	行标	2017.4.1			安全监管		基础综合	
207.2-38	MH/T 1064.2—2017	直升机电力作业安全规程 第2部分：巡检作业	行标	2017.4.1			安全监管		基础综合	
207.2-39	MH/T 1064.3—2017	直升机电力作业安全规程 第3部分：激光扫描作业	行标	2017.4.1			安全监管		基础综合	
207.2-40	MH/T 1064.4—2017	直升机电力作业安全规程 第4部分：带电作业	行标	2017.4.1			安全监管		基础综合	
207.2-41	MH/T 1064.5—2017	直升机电力作业安全规程 第5部分：带电水冲洗作业	行标	2017.4.1			安全监管		基础综合	
207.2-42	MH/T 1064.6—2017	直升机电力作业安全规程 第6部分：带装组塔作业	行标	2017.4.1			安全监管		基础综合	
207.2-43	MH/T 1064.7—2017	直升机电力作业安全规程 第7部分：展放导引绳作业	行标	2017.4.1			安全监管		基础综合	
207.2-44	QX/T 246—2014	建筑施工现场雷电安全技术规范	行标	2015.3.1			安全监管		基础综合	
207.2-45	JGJ 80—2016	建筑施工高处作业安全技术规范	行标	2016.12.1		JGJ 80—91	安全监管		基础综合	
207.2-46	JGJ/T 128—2019	建筑施工门式钢管脚手架安全技术标准	行标	2020.1.1		JGJ 128—2010	安全监管		基础综合	
207.2-47	JGJ 130—2011	建筑施工扣件式钢管脚手架安全技术规范	行标	2011.12.1		JGJ 130—2001	安全监管		基础综合	

体系结构号	标准编号	标准名称	标准级别	实施日期	与国际标准对应关系	代替标准	阶段	分阶段	专业	分专业
207.2-48	JGJ/T 429—2018	建筑施工易发事故防治安全标准	行标	2018.10.1			安全监管		基础综合	
207.2-49	JGJ 160—2016	施工现场机械设备检查技术规范	行标	2017.3.1		JGJ 160—2008	安全监管		基础综合	
207.2-50	GB/T 3608—2008	高处作业分级	国标	2009.6.1		GB/T 3608—1993	安全监管		基础综合	
207.2-51	GB/T 3787—2017	手持式电动工具的管理、使用、检查和维修安全技术规程	国标	2018.2.1		GB/T 3787—2006	安全监管		附属设施及工器具	工器具
207.2-52	GB/T 5082—2019	起重机 手势信号	国标	2020.7.1		GB 5082—1985	安全监管		基础综合	
207.2-53	GB/T 5905—2011	起重机试验规范和程序	国标	2012.6.1	ISO 4310：2009，IDT	GB/T 5905—1986	安全监管		基础综合	
207.2-54	GB/T 6067.1—2010	起重机械安全规程 第1部分：总则	国标	2011.6.1		GB 6067.1—2010	安全监管		基础综合	
207.2-55	GB/T 6441—1986	企业职工伤亡事故分类	国标	1987.2.1			安全监管		基础综合	
207.2-56	GB 8958—2006	缺氧危险作业安全规程	国标	2006.12.1		GB 8958—1988	安全监管		基础综合	
207.2-57	GB/T 3883.1—2014	手持式、可移式电动工具和园林工具的安全 第1部分：通用要求	国标	2017.3.23		GB 3883.1—2014	安全监管		附属设施及工器具	工器具
207.2-58	GB/T 13441.1—2007	机械振动与冲击 人体暴露于全身振动的评价 第1部分：一般要求	国标	2007.11.1	ISO 2631-1：1997 IDT	GB/T 13441—1992；GB/T 13442—1992	安全监管		基础综合	
207.2-59	GB/T 16804—2011	气瓶警示标签	国标	2017.3.23	ISO 7225：2005	GB 16804—2011	安全监管		基础综合	
207.2-60	GB 12158—2006	防止静电事故通用导则	国标	2006.12.1		GB 12158—1990	安全监管		基础综合	
207.2-61	GB/T 20118—2017	钢丝绳通用技术条件	国标	2018.9.1	ISO 2408：2017	GB/T 20118—2006	安全监管		基础综合	
207.2-62	GB/T 23723.1—2009	起重机 安全使用 第1部分：总则	国标	2010.1.1	ISO 12480-1：1997，IDT		安全监管		基础综合	
207.2-63	GB/T 23724.1—2016	起重机 检查 第1部分：总则	国标	2016.9.1	ISO 9927-1：2013，IDT	GB/T 23724.1—2009	安全监管		基础综合	

体系 结构号	标准编号	标准名称	标准 级别	实施日期	与国际标准 对应关系	代替标准	阶段	分阶段	专业	分专业
207.2-64	GB 26164.1—2010	电业安全工作规程 第1部分：热力和机械	国标	2011.12.1			安全监管		基础综合	
207.2-65	GB 26545—2011	建筑施工机械与设备 钻孔设备安全规范	国标	2012.5.1			安全监管		基础综合	
207.2-66	GB 26859—2011	电力安全工作规程 电力线路部分	国标	2012.6.1			安全监管		输电	线路
207.2-67	GB 26860—2011	电力安全工作规程 发电厂和变电站电气部分	国标	2012.6.1			安全监管		基础综合	
207.2-68	GB 26861—2011	电力安全工作规程 高压试验室部分	国标	2012.6.1			安全监管		基础综合	
207.2-69	GB/T 34137—2017	电气设备的安全 人体工程的安全指南	国标	2018.2.1			安全监管		基础综合	
207.2-70	GB/T 34525—2017	气瓶搬运、装卸、储存和使用安全规定	国标	2018.5.1			安全监管		基础综合	
207.2-71	GB/T 36507—2018	工业车辆 使用、操作与维护安全规范	国标	2019.2.1			安全监管		基础综合	
207.2-72	GB 50870—2013	建筑施工安全技术统一规范	国标	2014.3.1			安全监管		基础综合	
207.2-73	GB 51210—2016	建筑施工脚手架安全技术统一标准	国标	2017.7.1			安全监管		基础综合	
207.2-74	IEC 60745-2-3 Edition 2.2—2012	手持式电动工具安全性 第2-3部分：研磨机、抛光机和盘式砂光机详细要求	国际标准	2012.7.30		IEC 60745-2-3—2011	安全监管		附属设施及工器具	工器具
207.2-75	IEC 60745-2-13 Edition 2.1—2011	手持式电动工具安全性 第2-13部分：链锯的详细要求	国际标准	2011.4.14		IEC 60745-2-13—2006	安全监管		附属设施及工器具	工器具
207.2-76	IEC 60745-2-19—2005/Amd 1—2010	手持式电动工具安全性 第2-19部分：连接器的详细要求	国际标准	2010.5.26		IEC 60745-2-19—2005	安全监管		附属设施及工器具	工器具
207.3 安健环-劳动保护										
207.3-1	Q/CSG 112001—2012	一般劳动防护用品制作标准（2012 型）	企标	2012.5.1			安全监管		基础综合	

体系结构号	标准编号	标准名称	标准级别	实施日期	与国际标准对应关系	代替标准	阶段	分阶段	专业	分专业
207.3-2	Q/CSG 1106001—2012	中国南方电网有限责任公司作业安全体感实训室功能和建设标准	企标	2012.11.1			安全监管		基础综合	
207.3-3	Q/CSG 1207004—2020	中国南方电网有限责任公司一般劳动防护用品制作标准	企标	2020.9.30		Q/CSG 112001—2012	安全监管		基础综合	
207.3-4	T/CEC 265—2019	智能安全帽技术条件	团标	2020.1.1			安全监管		基础综合	
207.3-5	LD 4—1991	焊接防护鞋	行标	1992.7.1			安全监管		附属设施及工器具	工器具
207.3-6	DL/T 320—2019	个人电弧防护用品通用技术要求	行标	2019.10.1		DL/T 320—2010	安全监管		附属设施及工器具	工器具
207.3-7	DL/T 639—2016	六氟化硫电气设备、试验及检修人员安全防护导则	行标	2016.6.1		DL/T 639—1997	安全监管		基础综合	
207.3-8	DL/T 1147—2018	电力高处作业防坠器	行标	2018.7.1		DL/T 1147—2009	安全监管		附属设施及工器具	工器具
207.3-9	DL/T 1209.1—2013	变电站登高作业及防护器材技术要求 第1部分：抱杆梯、梯具、梯台及过桥	行标	2013.8.1			安全监管		附属设施及工器具	工器具
207.3-10	DL/T 1238—2013	1000kV 交流系统用静电防护服装	行标	2013.8.1			安全监管		附属设施及工器具	工器具
207.3-11	DL/T 1981.10—2020	统一潮流控制器 第10部分：系统试验规程	行标	2021.2.1			安全监管		基础综合	
207.3-12	DL/T 2098—2020	调相机运行规程	行标	2021.2.1			安全监管		基础综合	
207.3-13	DL/T 2188—2020	港口岸电系统总则	行标	2021.2.1			安全监管		基础综合	
207.3-14	DL/T 2190—2020	中长期电力交易安全校核技术规范	行标	2021.2.1			安全监管		基础综合	
207.3-15	DL/T 2191—2020	水轮机调速器涉网性能仿真检测技术规范	行标	2021.2.1			安全监管		基础综合	
207.3-16	NB/T 10388—2020	潮汐发电工程地质勘察规范	行标	2021.2.1			安全监管		基础综合	

体系结构号	标准编号	标准名称	标准级别	实施日期	与国际标准对应关系	代替标准	阶段	分阶段	专业	分专业
207.3-17	AQ 6109—2012	坠落防护 登杆脚扣	行标	2013.3.1			安全监管		附属设施及工器具	工器具
207.3-18	YB/T 4575—2016	高处作业吊篮用钢丝绳	行标	2017.4.1			安全监管		附属设施及工器具	工器具
207.3-19	GBZ/T 205—2007	密闭空间作业职业危害防护规范	行标	2008.3.1			安全监管		基础综合	
207.3-20	GB 2626—2019	呼吸防护自吸过滤式防颗粒物呼吸器	行标	2020.7.1		GB 2626—2006	安全监管		附属设施及工器具	工器具
207.3-21	GB 2811—2019	头部防护 安全帽	行标	2020.7.1		GB 2811—2007	安全监管		附属设施及工器具	工器具
207.3-22	GB 2890—2009	呼吸防护 自吸过滤式防毒面具	行标	2009.12.1		GB 2890—1995；GB 2891—1995；GB 2892—1995	安全监管		附属设施及工器具	工器具
207.3-23	GB/T 1251.1—2008	人类工效学 公共场所和工作区域的险情信号 险情听觉信号	国标	2009.1.1	ISO 7731：2003，IDT	GB 1251.1—1989	安全监管		基础综合	
207.3-24	GB/T 3609.1—2008	职业眼面部防护 焊接防护第 1 部分：焊接防护具	国标	2009.10.1		GB 3609.2—1983；GB 3609.3—1983；GB 3609.1—1994	安全监管		附属设施及工器具	工器具
207.3-25	GB 4053.1—2009	固定式钢梯及平台安全要求第 1 部分：钢直梯	国标	2009.12.1		GB 4053.1—1993	安全监管		基础综合	
207.3-26	GB 4053.2—2009	固定式钢梯及平台安全要求第 2 部分：钢斜梯	国标	2009.12.1		GB 4053.2—1993	安全监管		基础综合	
207.3-27	GB 4053.3—2009	固定式钢梯及平台安全要求第 3 部分：工业防护栏杆及钢平台	国标	2009.12.1		GB 4053.3—1993；GB 4053.4—1983	安全监管		基础综合	
207.3-28	GB 5725—2009	安全网	国标	2009.12.1		GB 16909—1997；GB 5725—1997	安全监管		附属设施及工器具	工器具
207.3-29	GB 6095—2009	安全带	国标	2009.12.1		GB 6095—1985	安全监管		附属设施及工器具	工器具

体系结构号	标准编号	标准名称	标准级别	实施日期	与国际标准对应关系	代替标准	阶段	分阶段	专业	分专业
207.3-30	GB/T 6096—2009	安全带测试方法	国标	2009.12.1		GB/T 6096—1985	安全监管		附属设施及工器具	工器具
207.3-31	GB 7000.17—2003	限制表面温度灯具安全要求	国标	2004.2.1	IEC 60598-2-24：1997，IDT		安全监管		附属设施及工器具	工器具
207.3-32	GB 7059—2007	便携式木折梯安全要求	国标	2008.2.1		GB 7059.1—1986；GB 7059.2—1986	安全监管		附属设施及工器具	工器具
207.3-33	GB/T 8196—2018	机械安全 防护装置 固定式和活动式防护装置的设计与制造一般要求	国标	2019.7.1		GB/T 8196—2003	安全监管		附属设施及工器具	工器具
207.3-34	GB/T 9089.1—2008	户外严酷条件下的电气设施 第1部分：范围和定义	国标	2009.3.1			安全监管		附属设施及工器具	工器具
207.3-35	GB/T 9089.2—2008	户外严酷条件下的电气设施 第2部分：一般防护要求	国标	2009.3.1	IEC 60621-2—1987，MOD	GB/T 9089.2—1988	安全监管		附属设施及工器具	工器具
207.3-36	GB/T 9089.3—2008	户外严酷条件下的电气设施 第3部分：设备及附件的一般要求	国标	2009.3.1	IEC 60621-3—1986，IDT	GB/T 9089.3—1991	安全监管		附属设施及工器具	工器具
207.3-37	GB/T 9089.4—2008	户外严酷条件下的电气设施 第4部分：装置要求	国标	2009.3.1	IEC 60621-4—1981，IDT	GB/T 9089.4—1992	安全监管		附属设施及工器具	工器具
207.3-38	GB/T 11651—2008	个体防护装备选用规范	国标	2009.10.1		GB/T 11651—1989	安全监管		附属设施及工器具	工器具
207.3-39	GB 12011—2009	足部防护 电绝缘鞋	国标	2009.12.1		GB 12011—2000	安全监管		附属设施及工器具	工器具
207.3-40	GB 12014—2019	防护服装 防静电服	国标	2020.7.1		GB 12014—1989	安全监管		附属设施及工器具	工器具
207.3-41	GB 12142—2007	便携式金属梯安全要求	国标	2008.2.1		GB 12142—1989；GB 7059.3—1986	安全监管		附属设施及工器具	工器具
207.3-42	GB/T 12624—2009	手部防护 通用技术条件及测试方法	国标	2009.12.1		GB/T 12624—2006	安全监管		基础综合	
207.3-43	GB/T 13459—2008	劳动防护服 防寒保暖要求	国标	2009.1.1		GB/T 13459—1992	安全监管		附属设施及工器具	工器具

体系结构号	标准编号	标准名称	标准级别	实施日期	与国际标准对应关系	代替标准	阶段	分阶段	专业	分专业
207.3-44	GB/T 13547—1992	工作空间人体尺寸	国标	1993.4.1			安全监管		基础综合	
207.3-45	GB 14050—2008	系统接地的型式及安全技术要求	国标	2009.8.1		GB 14050—1993	安全监管		基础综合	
207.3-46	GB/T 16895.2—2017	低压电气装置 第4-42部分：安全防护 热效应保护	国标	2018.5.1	IEC 60364-4-42：2010	GB 16895.2—2005	安全监管		基础综合	
207.3-47	GB/T 18136—2008	交流高压静电防护服装及试验方法	国标	2009.8.1		GB 18136—2000	安全监管		附属设施及工器具	工器具
207.3-48	GB/T 20098—2006	低温环境作业保护靴通用技术要求	国标	2006.9.1	ISO 2252：1993，NEQ		安全监管		附属设施及工器具	工器具
207.3-49	GB 21146—2007	个体防护装备职业鞋	国标	2008.6.1	ISO 20347：2004，MOD	GB 4385—1995；GB 16756—1997	安全监管		附属设施及工器具	工器具
207.3-50	GB 21147—2007	个体防护装备 防护鞋	国标	2008.6.1	ISO 20436—2004，MOD		安全监管		附属设施及工器具	工器具
207.3-51	GB 21148—2007	个体防护装备 安全鞋	国标	2008.6.1			安全监管		附属设施及工器具	工器具
207.3-52	GB/T 23468—2009	坠落防护装备安全使用规范	国标	2009.12.1			安全监管		附属设施及工器具	工器具
207.3-53	GB/T 23469—2009	坠落防护 连接器	国标	2009.12.1	ISO 10333-5：2001，NEQ		安全监管		附属设施及工器具	工器具
207.3-54	GB/T 24538—2009	坠落防护 缓冲器	国标	2010.9.1	ISO 10333-2：2000，MOD		安全监管		附属设施及工器具	工器具
207.3-55	GB 24543—2009	坠落防护 安全绳	国标	2010.9.1	ISO 10333-2：2000，MOD		安全监管		附属设施及工器具	工器具
207.3-56	GB 24544—2009	坠落防护 速差自控器	国标	2010.9.1	ISO 10333-3：2000，MOD		安全监管		附属设施及工器具	工器具
207.3-57	GB/T 29483—2013	机械电气安全 检测人体存在的保护设备应用	国标	2013.7.1	IEC/TS 62046：2008，IDT		安全监管		基础综合	
207.3-58	GB/T 29512—2013	手部防护 防护手套的选择、使用和维护指南	国标	2014.2.1			安全监管		附属设施及工器具	工器具

体系 结构号	标准编号	标准名称	标准 级别	实施日期	与国际标准 对应关系	代替标准	阶段	分阶段	专业	分专业
207.3-59	GB/T 30041—2013	头部防护　安全帽选用规范	国标	2014.9.1			安全监管		附属设施及工 器具	工器具
207.3-60	GB 30862—2014	坠落防护　挂点装置	国标	2015.6.1			安全监管		附属设施及工 器具	工器具
207.3-61	GB 30863—2014	个体防护装备　眼面部防护 激光防护镜	国标	2015.6.1			安全监管		附属设施及工 器具	工器具
207.3-62	GB/T 13640—2008	劳动防护服号型	国标	2009.6.1		GB/T 13640—1992	安全监管		附属设施及工 器具	工器具
207.3-63	GB/T 14776—1993	人类工效学　工作岗位尺寸 设计原则及其数值	国标	1994.7.1	DIN 33406—88		安全监管		基础综合	
207.3-64	GB/T 20097—2006	防护服　一般要求	国标	2006.9.1	ISO 13688— 1998，MOD		安全监管		附属设施及工 器具	工器具
207.3-65	GB/T 20654—2006	防护服装　机械性能　材料 抗刺穿及动态撕裂性的试验方 法	国标	2007.7.1	ISO 13995— 2000，IDT		安全监管		附属设施及工 器具	工器具
207.3-66	GB/T 28409—2012	个体防护装备.足部防护鞋 （靴）的选择、使用和维护指南	国标	2013.3.1			安全监管		附属设施及工 器具	工器具
207.3-67	GB/T 17045—2020	电击防护　装置和设备的通 用部分	国标	2020.10.1		GB/T 17045—2008	安全监管		基础综合	
207.3-68	IEC 60903—2014	带电作业　电气绝缘手套	国际 标准	2014.7.28		IEC 60903—2002	安全监管		附属设施及工 器具	工器具
207.3-69	IEC 61140—2016	电击防护　安装和设备的共 同方面	国际 标准	2016.1.7		IEC 61140—2001	安全监管		基础综合	
207.4　安健环-职业卫生										
207.4-1	DL/T 325—2010	电力行业职业健康监护技术 规范	行标	2011.5.1			安全监管		基础综合	
207.4-2	DL/T 669—1999	室外高温作业分级	行标	1999.10.1			安全监管		基础综合	
207.4-3	DL/T 799.1—2019	电力行业劳动环境监测技术 规范　第1部分：总则	行标	2020.5.1		DL/T 799.1—2010	安全监管		基础综合	

体系结构号	标准编号	标准名称	标准级别	实施日期	与国际标准对应关系	代替标准	阶段	分阶段	专业	分专业
207.4-4	DL/T 799.2—2019	电力行业劳动环境监测技术规范 第2部分：生产性粉尘监测	行标	2020.5.1		DL/T 799.2—2010	安全监管		基础综合	
207.4-5	DL/T 799.3—2019	电力行业劳动环境监测技术规范 第3部分：生产性噪声监测	行标	2020.5.1		DL/T 799.3—2010	安全监管		基础综合	
207.4-6	DL/T 799.4—2019	电力行业劳动环境监测技术规范 第4部分：生产性毒物监测	行标	2020.5.1		DL/T 799.4—2010	安全监管		基础综合	
207.4-7	DL/T 799.5—2019	电力行业劳动环境监测技术规范 第5部分：高温作业监测	行标	2020.5.1		DL/T 799.5—2010	安全监管		基础综合	
207.4-8	DL/T 799.6—2019	电力行业劳动环境监测技术规范 第6部分：微波辐射监测	行标	2020.5.1		DL/T 799.6—2010	安全监管		基础综合	
207.4-9	DL/T 799.7—2019	电力行业劳动环境监测技术规范 第7部分：工频电场、磁场监测	行标	2020.5.1		DL/T 799.7—2010	安全监管		基础综合	
207.4-10	NB/T 35025—2014	水电工程劳动安全与工业卫生验收规程	行标	2014.11.1			安全监管		发电	水电
207.4-11	WS/T 723—2010	作业场所职业危害基础信息数据	行标	2011.5.1		AQ/T 4206—2010	安全监管		基础综合	
207.4-12	WS/T 724—2010	作业场所职业危害监管信息系统基础数据结构	行标	2011.5.1		AQ/T 4207—2010	安全监管		基础综合	
207.4-13	WS/T 770—2015	建筑施工企业职业病危害防治技术规范	行标	2015.9.1		AQ/T 4256—2015	安全监管		基础综合	
207.4-14	YD/T 3030—2016	人体暴露于无线通信设施周边的射频电磁场的评定、评估和监测方法	行标	2016.7.1		YD/T 3030—2015	安全监管		基础综合	
207.4-15	GBZ 2.1—2019	工作场所有害因素职业接触限值 第1部分：化学有害因素	国标	2020.4.1		GBZ 2.1—2007	安全监管		基础综合	
207.4-16	GBZ 2.2—2007	工作场所有害因素职业接触限值 第2部分：物理因素	国标	2007.11.1		GBZ 2—2002	安全监管		基础综合	

体系结构号	标准编号	标准名称	标准级别	实施日期	与国际标准对应关系	代替标准	阶段	分阶段	专业	分专业
207.4-17	GBZ 188—2014	职业健康监护技术规范	国标	2014.10.1		GBZ 188—2007	安全监管		基础综合	
207.4-18	GBZ/T 194—2007	工作场所防止职业中毒卫生工程防护措施规范	国标	2008.2.1			安全监管		基础综合	
207.4-19	GBZ/T 211—2008	建筑行业职业病危害预防控制规范	国标	2009.5.15			安全监管		基础综合	
207.4-20	GBZ/T 225—2010	用人单位职业病防治指南	国标	2010.8.1			安全监管		基础综合	
207.4-21	GBZ/T 229.1—2010	工作场所职业病危害作业分级 第1部分：生产性粉尘	国标	2010.10.1			安全监管		基础综合	
207.4-22	GBZ/T 229.2—2010	工作场所职业病危害作业分级 第2部分：化学物	国标	2010.11.1			安全监管		基础综合	
207.4-23	GBZ/T 229.3—2010	工作场所职业病危害作业分级 第3部分：高温	国标	2010.10.1			安全监管		基础综合	
207.4-24	GBZ/T 210.1—2008	职业卫生标准制定指南 第1部分：工作场所化学物质职业接触限值	国标	2008.12.30			安全监管		基础综合	
207.4-25	GBZ/T 210.2—2008	职业卫生标准制定指南 第2部分：工作场所粉尘职业接触限值	国标	2008.12.30			安全监管		基础综合	
207.4-26	GBZ/T 210.3—2008	职业卫生标准制定指南 第3部分：工作场所物理因素职业接触限值	国标	2008.12.30			安全监管		基础综合	
207.4-27	GBZ/T 210.4—2008	职业卫生标准制定指南 第4部分：工作场所空气中化学物质测定方法	国标	2008.12.30			安全监管		基础综合	
207.4-28	GBZ/T 210.5—2008	职业卫生标准制定指南 第5部分：生物材料中化学物质的测定方法	国标	2008.12.30			安全监管		基础综合	
207.4-29	GBZ/T 223—2009	工作场所有毒气体检测报警装置设置规范	国标	2010.6.1			安全监管		基础综合	

体系结构号	标准编号	标准名称	标准级别	实施日期	与国际标准对应关系	代替标准	阶段	分阶段	专业	分专业
207.4-30	GB/T 16127—1995	居室空气中甲醛的卫生标准	国标	1996.7.1			安全监管			基础综合
207.4-31	GB/T 5700—2008	照明测量方法	国标	2009.1.1			安全监管			基础综合
207.4-32	GB/T 12801—2008	生产过程安全卫生要求总则	国标	2009.10.1		GB 12801—1991	安全监管			基础综合
207.4-33	GB/T 16180—2014	劳动能力鉴定 职工工伤与职业病致残等级	国标	2015.1.1		GB/T 16180—2006	安全监管			基础综合
207.4-34	GB/T 16755—2015	机械安全 安全标准的起草与表述规则	国标	2016.7.1	ISO GUIDE 78：2012，MOD	GB/T 16755—2008	安全监管			基础综合
207.4-35	GB/T 16855.2—2015	机械安全 控制系统安全相关部件 第2部分：确认	国标	2016.7.1	ISO 13849-2：2012，IDT	GB/T 16855.2—2007	安全监管			基础综合
207.4-36	GB/T 16856—2015	机械安全 风险评估 实施指南和方法举例	国标	2016.7.1	ISO/TR 14121-2：2012，MOD	GB/T 16856.2—2008	安全监管			基础综合
207.4-37	GB 18871—2002	电离辐射防护与辐射源安全基本标准	国标	2003.4.1		GB 4792—1984；GB 8703—1988	安全监管			基础综合
207.4-38	GB/T 21230—2014	声学 职业噪声暴露的测定工程法	国标	2015.2.1	ISO 9612：2009，IDT	GB/T 21230—2007	安全监管			基础综合
207.4-39	GB/T 25915.1—2010	洁净室及相关受控环境 第1部分：空气洁净度等级	国标	2011.5.1	ISO 14644-1：1999 IDT		安全监管			基础综合
207.4-40	GB/T 35076—2018	机械安全 生产设备安全通则	国标	2018.12.1			安全监管			基础综合
207.4-41	GB/T 35077—2018	机械安全 局部排气通风系统 安全要求	国标	2018.12.1			安全监管			基础综合
207.4-42	GB/T 45001—2020	职业健康安全管理体系 要求及使用指南	国标	2020.3.6	ISO 45001：2018	GB/T 28001—2011；GB/T 28002—2011	安全监管			基础综合
207.4-43	GB 50034—2013	建筑照明设计标准	国标	2014.6.1		GB 50034—2004	安全监管			基础综合
207.5 安健环-环境保护										
207.5-1	Q/CSG 10001—2004	变电站安健环设施标准	企标	2004.6.1			安全监管		变电	变压器、互感器、电抗器、开关类、避雷器、其他

体系结构号	标准编号	标准名称	标准级别	实施日期	与国际标准对应关系	代替标准	阶段	分阶段	专业	分专业
207.5-2	Q/CSG 10003—2004	发电厂安健环设施标准	企标	2004.6.1			安全监管		发电	火电、水电、光伏、风电、储能、其他
207.5-3	Q/CSG 1207001—2015	配电网安健环设施标准	企标	2015.7.20			安全监管		配电	变压器、线缆、开关类、其他
207.5-4	Q/CSG 1207002—2016	南方电网公司架空线路及电缆安健环设施标准	企标	2017.1.10		Q/CSG 10002—2004	安全监管		输电	线路、电缆、其他
207.5-5	T/CEC 291.5—2020	天然酯绝缘油电力变压器 第5部分：防火应用导则	团标	2020.10.1			安全监管		变电	变压器
207.5-6	DL/T 582—2016	发电厂水处理用活性炭使用导则	行标	2016.6.1		DL/T 582—2004	安全监管		发电	火电
207.5-7	DL/T 1727—2017	110kV～750kV 交流架空输电线路可听噪声控制技术导则	行标	2017.12.1			安全监管		输电	线路
207.5-8	DL/T 5260—2010	水电水利工程施工环境保护技术规程	行标	2011.5.1			安全监管		发电	水电
207.5-9	SL/T 796—2020	小型水电站下游河道减脱水防治技术导则	行标	2020.9.5			安全监管		基础综合	
207.5-10	HJ/T 10.2—1996	辐射环境保护管理导则 电磁辐射监测仪器和方法	行标	1996.5.10			安全监管		基础综合	
207.5-11	HJ/T 10.3—1996	辐射环境保护管理导则 电磁辐射环境影响评价方法与标准	行标	1996.5.10			安全监管		基础综合	
207.5-12	HJ 19—2011	环境影响评价技术导则 生态影响	行标	2011.9.1		HJ/T 19—1997	安全监管		基础综合	
207.5-13	AQ/T 4208—2010	有毒作业场所危害程度分级	行标	2011.5.1			安全监管		基础综合	
207.5-14	GB 13223—2011	火电厂大气污染物排放标准	国标	2012.1.1		GB 13223—2003	安全监管		发电	火电
207.5-15	GB 13614—2012	短波无线电收信台（站）及测向台（站）电磁环境要求	国标	2013.4.1		GB 13614—1992；GB 13617—1992	安全监管		信息	基础设施

体系结构号	标准编号	标准名称	标准级别	实施日期	与国际标准对应关系	代替标准	阶段	分阶段	专业	分专业
207.5-16	GB 13618—1992	对空情报雷达站电磁环境防护要求	国标	1993.9.1			安全监管		信息	基础设施
207.5-17	GB/T 34696—2017	废弃化学品收集技术指南	国标	2018.5.1			安全监管		基础综合	
207.5-18	GB/T 20159.1—2006	环境条件分类 环境条件分类与环境试验之间的关系及转换指南 贮存	国标	2006.9.1	IEC TR 60721 4-1：2003，IDT		安全监管		基础综合	
207.5-19	GB 50325—2020	民用建筑工程室内环境污染控制规范	国标	2011.6.1		GB 50325—2001	安全监管		基础综合	
207.5-20	ISO 14031—2013	环境管理环境表现评价指南	国际标准	2013.7.25	EN ISO 14031—2013，IDT；NF X30-241—2013，IDT	ISO 14031—1999；ISO FDIS 14031—2013	安全监管		基础综合	
207.6 安健环-应急机制										
207.6-1	Q/CSG 11201—2009	南方电网公司应急指挥平台建设规范	企标	2009.8.1			安全监管		基础综合	
207.6-2	T/CEC 179—2018	大中型水电站地质灾害预警及应急管理技术规范	团标	2018.9.1			安全监管		发电	水电
207.6-3	T/CSEE 0036—2017	低压电力应急电源车通用技术要求	团标	2018.5.1			安全监管		基础综合	
207.6-4	DL/T 1352—2014	电力应急指挥中心技术导则	行标	2015.3.1			安全监管		基础综合	
207.6-5	DL/T 1614—2016	电力应急指挥通信车技术规范	行标	2016.12.1			安全监管		基础综合	
207.6-6	DL/T 1901—2018	水电站大坝运行安全应急预案编制导则	行标	2019.5.1			安全监管		发电	水电
207.6-7	DL/T 1919—2018	发电企业应急能力建设评估规范	行标	2019.5.1			安全监管		发电	火电、水电、光伏、风电、其他
207.6-8	DL/T 1920—2018	电网企业应急能力建设评估规范	行标	2019.5.1			安全监管		基础综合	

体系结构号	标准编号	标准名称	标准级别	实施日期	与国际标准对应关系	代替标准	阶段	分阶段	专业	分专业
207.6-9	DL/T 1921—2018	电力建设企业应急能力建设评估规范	行标	2019.5.1			安全监管		基础综合	
207.6-10	DL/T 5314—2014	水电水利工程施工安全生产应急能力评估导则	行标	2014.8.1			安全监管		发电	水电
207.6-11	NB/T 10348—2019	水电工程水库蓄水应急预案编制规程	行标	2020.7.1			安全监管		发电	水电
207.6-12	SL 611—2012	防台风应急预案编制导则	行标	2013.1.8			安全监管		基础综合	
207.6-13	AQ/T 9007—2019	生产安全事故应急演练基本规范	行标	2020.2.1		AQ/T 9007—2011	安全监管		基础综合	
207.6-14	AQ/T 9009—2015	生产安全事故应急演练评估规范	行标	2015.9.1			安全监管		基础综合	
207.6-15	AQ/T 9011—2019	生产经营单位生产安全事故应急预案评估指南	行标	2020.2.1			安全监管		基础综合	
207.6-16	HJ 589—2010	突发环境事件应急监测技术规范	行标	2011.1.1			安全监管		其他	
207.6-17	QC/T 911—2013	电源车	行标	2013.9.1			安全监管		用电	其他
207.6-18	WB/T 1072—2018	应急物资仓储设施设备配置规范	行标	2018.8.1			安全监管		基础综合	
207.6-19	GB/T 33942—2017	特种设备事故应急预案编制导则	国标	2018.2.1			安全监管		附属设施及工器具	工器具
207.6-20	GB/T 38315—2019	社会单位灭火和应急疏散预案编制及实施导则	国标	2020.4.1			安全监管		基础综合	
207.6-21	GB/T 29328—2018	重要电力用户供电电源及自备应急电源配置技术规范	国标	2019.7.1		GB/Z 29328—2012	安全监管		用电	其他
207.6-22	GB/T 29639—2020	生产经营单位生产安全事故应急预案编制导则	国标	2021.4.1		GB/T 29639—2013	安全监管		基础综合	
207.6-23	GB/T 34312—2017	雷电灾害应急处置规范	国标	2018.4.1			安全监管		输电、变电、配电	其他、其他、其他

体系结构号	标准编号	标准名称	标准级别	实施日期	与国际标准对应关系	代替标准	阶段	分阶段	专业	分专业
207.6-24	GB/T 35965.1—2018	应急信息交互协议 第1部分：预警信息	国标	2018.8.1			安全监管		基础综合	
207.6-25	GB/T 35965.2—2018	应急信息交互协议 第2部分：事件信息	国标	2018.8.1			安全监管		基础综合	
207.6-26	GB/T 36966—2018	公共预警短消息业务测试方法	国标	2019.4.1			安全监管		基础综合	
207.6-27	GB/T 38121—2019	雷电防护 雷暴预警系统	国标	2020.5.1			安全监管		基础综合	
207.7 安健环-消防										
207.7-1	DL 5027—2015	电力设备典型消防规程	行标	2015.9.1		DL 5027—1993	安全监管		基础综合	
207.7-2	DLGJ 154—2000	电缆防火措施设计和施工验收标准	行标	2001.1.1			安全监管		输电、配电	电缆、线缆
207.7-3	YD/T 2199—2010	通信机房防火封堵安全技术要求	行标	2011.1.1			安全监管		调度及二次	电力通信
207.7-4	XF 139—2009	灭火器箱	行标	2009.12.1		GA 139—1996	安全监管		附属设施及工器具	工器具
207.7-5	GA 834—2009	泡沫喷雾灭火装置	行标	2009.7.1			安全监管		基础综合	
207.7-6	XF 835—2009	油浸变压器排油注氮灭火装置	行标	2009.7.1			安全监管		基础综合	
207.7-7	XF 836—2016	建设工程消防验收评定规则	行标	2016.9.1		GA 836—2009	安全监管		基础综合	
207.7-8	XF 1025—2012	消防产品 消防安全要求	行标	2012.11.23			安全监管		基础综合	
207.7-9	XF 1131—2014	仓储场所消防安全管理通则	行标	2014.3.1			安全监管		基础综合	
207.7-10	GA 1290—2016	建设工程消防设计审查规则	行标	2016.7.8			安全监管		基础综合	
207.7-11	GB 12955—2008	防火门	国标	2009.1.1		GB 12955—1991；GB 14101—1993	安全监管		基础综合	
207.7-12	GB/T 26875.7—2015	城市消防远程监控系统 第7部分：消防设施维护管理软件功能要求	国标	2016.2.1			安全监管		基础综合	

体系结构号	标准编号	标准名称	标准级别	实施日期	与国际标准对应关系	代替标准	阶段	分阶段	专业	分专业
207.7-13	GB 27898.2—2011	固定消防给水设备 第2部分：消防自动恒压给水设备	国标	2012.6.1			安全监管		附属设施及工器具	工器具
207.7-14	GB 3446—2013	消防水泵接合器	国标	2014.8.1		GB 3446—1993	安全监管		基础综合	
207.7-15	GB 4351.1—2005	手提式灭火器 第1部分：性能和结构要求	国标	2005.12.1	ISO 7165：1999，NEQ	GB 4399—1984；GB 4400—1984；GB 4401—1984；GB 12515—1990；GB 15368—1994；GB 4351—1997；GB 4397—1998；GB 4402—1998；GB 4398—1999	安全监管		基础综合	
207.7-16	GB 4717—2005	火灾报警控制器	国标	2006.6.1		GB 4717—1993	安全监管		基础综合	
207.7-17	GB/T 4968—2008	火灾分类	国标	2009.4.1	ISO 3941：2007，MOD	GB/T 4968—1985	安全监管		基础综合	
207.7-18	GB/Z 5169.33—2014	电工电子产品着火危险试验 第33部分：着火危险评定导则 起燃性 总则	国标	2015.4.1	IEC/TS 60695-1-20：2008，IDT		安全监管		基础综合	
207.7-19	GB 8109—2005	推车式灭火器	国标	2005.12.1	ISO 11601：1999，NEQ	GB 8109—1987	安全监管		基础综合	
207.7-20	GB 8181—2005	消防水枪	国标	2006.4.1		GB 8181—1987	安全监管		基础综合	
207.7-21	GB 14287.1—2014	电气火灾监控系统 第1部分：电气火灾监控设备	国标	2015.6.1		GB 14287.1—2005	安全监管		基础综合	
207.7-22	GB 14287.2—2014	电气火灾监控系统 第2部分：剩余电流式电气火灾监控探测器	国标	2015.6.1		GB 14287.2—2005	安全监管		基础综合	
207.7-23	GB 14287.3—2014	电气火灾监控系统 第3部分：测温式电气火灾监控探测器	国标	2015.6.1		GB 14287.3—2005	安全监管		基础综合	
207.7-24	GB 14287.4—2014	电气火灾监控系统 第4部分：故障电弧探测器	国标	2015.6.1			安全监管		基础综合	

体系结构号	标准编号	标准名称	标准级别	实施日期	与国际标准对应关系	代替标准	阶段	分阶段	专业	分专业
207.7-25	GB 16806—2006	消防联动控制系统	国标	2007.4.1		GB 16806—1997	安全监管		基础综合	
207.7-26	GB/T 16840.1—2008	电气火灾痕迹物证技术鉴定方法 第1部分：宏观法	国标	2009.5.1		GB 16840.1—1997	安全监管		基础综合	
207.7-27	GB/T 16840.3—1997	电气火灾原因技术鉴定方法 第3部分：成分分析法	国标	2017.3.23		GB 16840.3—1997	安全监管		基础综合	
207.7-28	GB 17945—2010	消防应急照明和疏散指示系统	国标	2011.5.1		GB 17945—2000	安全监管		基础综合	
207.7-29	GB 25201—2010	建筑消防设施的维护管理	国标	2011.3.1			安全监管		基础综合	
207.7-30	GB 25972—2010	气体灭火系统及部件	国标	2011.6.1			安全监管		基础综合	
207.7-31	GB/T 27476.1—2014	检测实验室安全 第1部分：总则	国标	2014.12.15			安全监管		基础综合	
207.7-32	GB/T 27476.2—2014	检测实验室安全 第2部分：电气因素	国标	2014.12.15			安全监管		基础综合	
207.7-33	GB/T 27476.3—2014	检测实验室安全 第3部分：机械因素	国标	2014.12.15			安全监管		基础综合	
207.7-34	GB/T 27476.4—2014	检测实验室安全 第4部分：非电离辐射因素	国标	2014.12.15			安全监管		基础综合	
207.7-35	GB/T 27476.5—2014	检测实验室安全 第5部分：化学因素	国标	2014.12.15			安全监管		基础综合	
207.7-36	GB 29837—2013	火灾探测报警产品的维修保养与报废	国标	2014.8.7			安全监管		基础综合	
207.7-37	GB/T 31248—2014	电缆或光缆在受火条件下火焰蔓延、热释放和产烟特性的试验方法	国标	2015.4.1			安全监管		基础综合	
207.7-38	GB/T 31540.1—2015	消防安全工程指南 第1部分：性能化在设计中的应用	国标	2015.8.1	ISO/TR 13387-1:1999，MOD		安全监管		基础综合	
207.7-39	GB/T 31540.2—2015	消防安全工程指南 第2部分：火灾发生、发展及烟气的生成	国标	2015.8.1	ISO/TR 13387-4:1999，MOD		安全监管		基础综合	

体系结构号	标准编号	标准名称	标准级别	实施日期	与国际标准对应关系	代替标准	阶段	分阶段	专业	分专业
207.7-40	GB/T 31540.3—2015	消防安全工程指南 第3部分：结构响应和室内火灾的对外蔓延	国标	2015.8.1	ISO/TR 13387-6：1999，MOD		安全监管		基础综合	
207.7-41	GB/T 31540.4—2015	消防安全工程指南 第4部分：探测、启动和灭火	国标	2015.8.1	ISO/TR 13387-7：1999，MOD		安全监管		基础综合	
207.7-42	GB/T 31592—2015	消防安全工程 总则	国标	2015.8.1	ISO 23932：2009，MOD		安全监管		基础综合	
207.7-43	GB/T 31593.1—2015	消防安全工程 第1部分：计算方法的评估、验证和确认	国标	2015.8.1	ISO 16730：2008，MOD		安全监管		基础综合	
207.7-44	GB/T 31593.4—2015	消防安全工程 第4部分：设定火灾场景和设定火灾的选择	国标	2015.8.1	ISO/TS 16733：2006，MOD		安全监管		基础综合	
207.7-45	GB 35181—2017	重大火灾隐患判定方法	国标	2018.7.1			安全监管		基础综合	
207.7-46	GB 50354—2005	建筑内部装修防火施工及验收规范	国标	2005.8.1			安全监管		基础综合	
207.7-47	GB 50720—2011	建设工程施工现场消防安全技术规范	国标	2011.8.1			安全监管		基础综合	
207.7-48	GB 50872—2014	水电工程设计防火规范	国标	2014.8.1			安全监管		发电	水电
207.7-49	ISO 7240-14—2013	火灾探测和报警系统 第14部分：建筑物中和周围火灾探测和火灾报警系统的设计、安装、调试和服务	国际标准	2013.7.29		ISO TR 7240-14 2003；ISO FDIS 7240-14—2013	安全监管		基础综合	
207.8 安健环-其他										
207.8-1	TSG 03—2015	特种设备事故报告和调查处理导则	行标	2016.6.1			安全监管		基础综合	
207.8-2	TSG 08—2017	特种设备使用管理规则	行标	2017.8.1			安全监管		基础综合	
207.8-3	GB/T 9465—2018	高空作业车	国标	2018.12.1		GB/T 9465—2008	安全监管		基础综合	

続表

体系结构号	标准编号	标准名称	标准级别	实施日期	与国际标准对应关系	代替标准	阶段	分阶段	专业	分专业
207.8-4	GB 16796—2009	安全防范报警设备 安全要求和试验方法	国标	2010.6.1		GB 16796—1997	安全监管		基础综合	
208 技术监督										
208.1 技术监督-基础综合										
208.1-1	T/CSEE 0159—2020	电力电缆故障测寻车技术规范	团标	2020.1.15			技术监督		其他	
208.1-2	T/CEC 291.6—2020	天然酯绝缘治电力变压毒 第6部分：技术经济性评价导则	团标	2020.10.1			技术监督		其他	
208.1-3	T/CEC 301—2020	电力电缆用导管安全性能检验规程	团标	2020.10.1			技术监督		其他	
208.1-4	T/CEC 310.1—2020	电力工程用接地材料性能分级评价 第1部分：总则	团标	2020.10.1			技术监督		其他	
208.1-5	T/CEC 310.2—2020	电力工程用接地材料性能分级评价 第2部分：电气性能分级评价	团标	2020.10.1			技术监督		其他	
208.1-6	T/CEC 310.3—2020	电力工程用接地材料性能分级评价 第3部分：机械性能分级评价	团标	2020.10.1			技术监督		其他	
208.1-7	T/CEC 310.4—2020	电力工程用接地材料性能分级评价 第4部分：耐腐蚀性能分级评价	团标	2020.10.1			技术监督		其他	
208.1-8	DL/T 836.3—2016	供电系统供电可靠性评价规程 第3部分：低压用户	行标	2016.6.1			技术监督		配电	其他
208.1-9	DL/T 989—2013	直流输电系统可靠性评价规程	行标	2014.4.1		DL/T 989—2005	技术监督		输电	其他
208.1-10	DL/T 1051—2019	电力技术监督导则	行标	2019.10.1		DL/T 1051—2007	技术监督		基础综合	
208.1-11	DL/T 1090—2008	串联补偿系统可靠性统计评价规程	行标	2008.11.1			技术监督		输电	线路

体系结构号	标准编号	标准名称	标准级别	实施日期	与国际标准对应关系	代替标准	阶段	分阶段	专业	分专业
208.1-12	DL/T 1320—2014	电力企业能源管理体系 实施指南	行标	2014.8.1			技术监督		技术经济	
208.1-13	DL/T 1424—2015	电网金属技术监督规程	行标	2015.9.1			技术监督		基础综合	
208.1-14	DL/T 1563—2016	中压配电网可靠性评估导则	行标	2016.6.1			技术监督		配电	其他
208.1-15	DL/T 1680—2016	大型接地网状态评估技术导则	行标	2017.5.1			技术监督		变电	其他
208.1-16	DL/T 1781—2017	电力器材质量监督检验技术规程	行标	2018.6.1			技术监督		附属设施及工器具	工器具
208.1-17	DL/T 1839.1—2018	电力可靠性管理信息系统数据接口规范 第1部分：通用要求	行标	2018.7.1			技术监督		基础综合	
208.1-18	DL/T 1839.2—2018	电力可靠性管理信息系统数据接口规范 第2部分：输变电设施	行标	2018.7.1			技术监督		基础综合	
208.1-19	DL/T 1839.3—2019	电力可靠性管理信息系统数据接口规范 第3部分：发电设备	行标	2020.5.1			技术监督		基础综合	
208.1-20	DL/T 1839.4—2018	电力可靠性管理信息系统数据接口规范 第4部分：供电系统用户供电	行标	2018.7.1			技术监督		基础综合	
208.1-21	DL/T 1957—2018	电网直流偏磁风险评估与防御导则	行标	2019.5.1			技术监督		基础综合	
208.1-22	DL/T 2030—2019	输变电回路可靠性评价规程	行标	2019.10.1			技术监督		基础综合	
208.1-23	DL/T 2094—2020	交流电力工程接地防腐蚀技术规范	行标	2021.2.1			技术监督		基础综合	
208.1-24	DL/T 2121—2020	高压直流输电换流阀冷却系统化学监督导则	行标	2021.2.1			技术监督		输电	线路
208.1-25	DL/T 2123—2020	电站阀门分类导则	行标	2021.2.3			技术监督		输电	线路
208.1-26	DL/T 2129—2020	电力设施高空警示球	行标	2021.2.4			技术监督		输电	线路

体系结构号	标准编号	标准名称	标准级别	实施日期	与国际标准对应关系	代替标准	阶段	分阶段	专业	分专业
208.1-27	DL/T 2131—2020	架空输电线路施工卡线器	行标	2021.2.5			技术监督		输电	线路
208.1-28	DL/T 2139—2020	火力发电厂辅助设备可靠性评价规程	行标	2021.2.1			技术监督		基础综合	
208.1-29	DL/T 2155—2020	大坝安全监测系统评价规程	行标	2021.2.1			技术监督		基础综合	
208.1-30	NB/T 10482—2020	柜式高压并联电容器装置	行标	2021.2.1			技术监督		基础综合	
208.1-31	RB/T 171—2018	实验室测量审核结果评价指南	行标	2018.10.1			技术监督		基础综合	
208.1-32	YD/T 3554—2019	高压变电站与数据中心共址电磁影响与防护技术要求	行标	2020.1.1			技术监督		变电	其他
208.1-33	GB/T 7826—2012	系统可靠性分析技术 失效模式和影响分析（FMEA）程序	国标	2013.2.15	IEC 60812：2006	GB/T 7826—1987	技术监督		基础综合	
208.1-34	GB/T 13393—2008	验收抽样检验导则	国标	2009.1.1		GB/T 13393—1992	技术监督		基础综合	
208.1-35	GB/T 21419—2013	变压器、电抗器、电源装置及其组合的安全 电磁兼容（EMC）要求	国标	2013.12.2	IEC 62041：2010	GB/T 21419—2008	技术监督		基础综合	
208.1-36	GB/T 27400—2020	合格评定 服务认证技术通则	国标	2020.10.1			技术监督		基础综合	
208.1-37	GB/Z 30556.1—2017	电磁兼容 安装和减缓导则 一般要求	国标	2018.7.1	IEC/TR 61000-5-1：1996		技术监督		基础综合	
208.1-38	GB/Z 30556.2—2017	电磁兼容 安装和减缓导则 接地和布线	国标	2018.7.1	IEC/TR 61000-5-2：1997		技术监督		基础综合	
208.1-39	GB/Z 30556.3—2017	电磁兼容 安装和减缓导则 高空核电磁脉冲（HEMP）的防护概念	国标	2018.4.1	IEC TR 61000-5-3：1999		技术监督		基础综合	
208.1-40	GB/T 30556.7—2014	电磁兼容 安装和减缓导则 外壳的电磁骚扰防护等级（EM编码）	国标	2014.10.28	IEC 61000-5-7：2001		技术监督		基础综合	
208.1-41	GB/T 30716—2014	能量系统绩效评价通则	国标	2014.10.1			技术监督		技术经济	

体系结构号	标准编号	标准名称	标准级别	实施日期	与国际标准对应关系	代替标准	阶段	分阶段	专业	分专业
208.1-42	GB/T 30842—2014	高压试验室电磁屏蔽效能要求与测量方法	国标	2015.1.22			技术监督		基础综合	
208.1-43	GB/T 31274—2014	电子电气产品限用物质管理体系 要求	国标	2015.4.16			技术监督		基础综合	
208.1-44	GB/Z 36046—2018	电力监管指标评价规范	国标	2018.10.1			技术监督		基础综合	
208.1-45	GB/T 36272—2018	电子电气产品系统生态效率评估 原则、要求与指南	国标	2019.1.1			技术监督		基础综合	
208.1-46	GB/T 37079—2018	设备可靠性 可靠性评估方法	国标	2018.12.28			技术监督		基础综合	
208.1-47	GB/T 37080—2018	可信性分析技术 事件树分析（ETA）	国标	2018.12.28			技术监督		基础综合	
208.1-48	GB/Z 37150—2018	电磁兼容可靠性风险评估导则	国标	2019.7.1			技术监督		基础综合	
208.1-49	JJF 1021—1990	产品质量检验机构计量认证技术考核规范	国标	1990.11.1			技术监督		基础综合	
208.1-50	IEC/TR 60943—2009	关于电气设备部件（尤其是终端）的容许温升指导意见	国际标准	2009.3.1			技术监督		基础综合	
208.2 技术监督-电能质量										
208.2-1	T/CSEE 0169—2020	并网光伏发电站电能质量预评估导则	团标	2020.1.15			技术监督		其他	
208.2-2	DL/T 1053—2017	电能质量技术监督规程	行标	2017.8.1		DL/T 1053—2007	技术监督		配电、用电	其他
208.2-3	DL/T 1198—2013	电力系统电能质量技术管理规定	行标	2013.8.1		SD 126—1984	技术监督		配电、用电	其他
208.2-4	DL/T 1208—2013	电能质量评估技术导则 供电电压偏差	行标	2013.8.1			技术监督		配电、用电	其他
208.2-5	DL/T 1375—2014	电能质量评估技术导则 三相电压不平衡	行标	2015.3.1			技术监督		配电、用电	其他
208.2-6	DL/T 1585—2016	电能质量监测系统运行维护规范	行标	2016.7.1			技术监督		配电、用电	其他

体系 结构号	标准编号	标准名称	标准 级别	实施日期	与国际标准 对应关系	代替标准	阶段	分阶段	专业	分专业
208.2-7	DL/T 1608—2016	电能质量数据交换格式规范	行标	2016.12.1			技术监督		配电、用电	其他
208.2-8	DL/T 1724—2017	电能质量评估技术导则　电压波动和闪变	行标	2017.12.1			技术监督		配电、用电	其他
208.2-9	DL/T 1862—2018	电能质量监测终端检测技术规范	行标	2018.10.1			技术监督		配电、用电	其他
208.2-10	DL/T 2071—2019	配电网电压质量控制技术导则	行标	2020.5.1			技术监督		配电	其他
208.2-11	NB/T 41004—2014	电能质量现象分类	行标	2014.8.1			技术监督		配电、用电	其他
208.2-12	NB/T 41008—2017	交流电弧炉供电技术导则　电能质量评估	行标	2017.12.1			技术监督		配电、用电	其他
208.2-13	TB/T 3328—2015	便携式牵引变电所电能质量检测装置	行标	2015.11.1			技术监督		配电、用电	其他
208.2-14	GB/T 12325—2008	电能质量　供电电压偏差	国标	2009.5.1		GB/T 12325—2003	技术监督		配电、用电	其他
208.2-15	GB/T 12326—2008	电能质量　电压波动和闪变	国标	2009.5.1		GB 12326—2000	技术监督		配电、用电	其他
208.2-16	GB/T 14549—1993	电能质量　公用电网谐波	国标	1994.3.1			技术监督		配电、用电	其他
208.2-17	GB/T 15543—2008	电能质量　三相电压不平衡	国标	2009.5.1		GB/T 15543—1995	技术监督		配电、用电	其他
208.2-18	GB/T 15945—2008	电能质量　电力系统频率偏差	国标	2009.5.1		GB/T 15945—1995	技术监督		用电	其他
208.2-19	GB/T 17625.2—2007	电磁兼容　限值　对每相额定电流≤16A 且无条件接入的设备在公用低压供电系统中产生的电压变化、电压波动和闪烁的限制	国标	2017.3.23	IEC 61000-3-3：2005	GB 17625.2—2007	技术监督		用电	其他
208.2-20	GB/Z 17625.3—2000	电磁兼容　限值　对额定电流大于 16A 的设备在低压供电系统中产生的电压波动和闪烁的限制	国标	2000.12.1	IEC 61000-3-5：1994，IDT		技术监督		变电、配电	其他
208.2-21	GB/Z 17625.5—2000	电磁兼容　限值　中、高压电力系统中波动负荷发射限值的评估	国标	2000.12.1	IEC 61000-3-7：1996，IDT		技术监督		配电、用电	其他

体系结构号	标准编号	标准名称	标准级别	实施日期	与国际标准对应关系	代替标准	阶段	分阶段	专业	分专业
208.2-22	GB/Z 17625.6—2003	电磁兼容 限值 对额定电流大于 16A 的设备在低压供电系统中产生的谐波电流的限制	国标	2003.8.1	IEC TR 61000-3-4：1988，IDT		技术监督		配电、用电	其他
208.2-23	GB/T 17625.8—2015	电磁兼容 限值 每相输入电流大于 16A 小于等于 75A 连接到公用低压系统的设备产生的谐波电流限值	国标	2016.4.1	IEC 61000-3-12—2004，IDT		技术监督		配电、用电	其他
208.2-24	GB/T 17625.9—2016	电磁兼容 限值 低压电气设施上的信号传输 发射电平、频段和电磁骚扰电平	国标	2017.7.1	IEC 61000-3-8：1997		技术监督		配电、用电	其他
208.2-25	GB/Z 17625.14—2017	电磁兼容 限值 骚扰装置接入低压电力系统的谐波、间谐波、电压波动和不平衡的发射限值评估	国标	2018.5.1	IEC/TR 61000-3-14：2011		技术监督		配电、用电	其他
208.2-26	GB/Z 17625.15—2017	电磁兼容 限值 低压电网中分布式发电系统低频电磁抗扰度和发射要求的评估	国标	2018.5.1	IEC/TR 61000-3-15：2011		技术监督		配电、用电	其他
208.2-27	GB/T 18481—2001	电能质量 暂时过电压和瞬态过电压	国标	2002.4.1			技术监督		配电、用电	其他
208.2-28	GB/T 19862—2016	电能质量监测设备通用要求	国标	2017.3.1		GB/T 19862—2005	技术监督		配电、用电	其他
208.2-29	GB/T 20320—2013	风力发电机组 电能质量测量和评估方法	国标	2014.10.1	IEC 61400-21：2008	GB/T 20320—2006	技术监督		配电、用电	其他
208.2-30	GB/T 24337—2009	电能质量 公用电网间谐波	国标	2010.6.1			技术监督		用电	其他
208.2-31	GB/T 26870—2011	滤波器和并联电容器在受谐波影响的工业交流电网中的应用	国标	2011.12.1	IEC 61642：1997，MOD		技术监督		配电、用电	其他
208.2-32	GB/T 30137—2013	电能质量 电压暂降与短时中断	国标	2014.5.10			技术监督		配电、用电	其他
208.2-33	GB/Z 32880.1—2016	电能质量经济性评估 第 1 部分：电力用户的经济性评估方法	国标	2017.7.1			技术监督		配电、用电	其他

体系结构号	标准编号	标准名称	标准级别	实施日期	与国际标准对应关系	代替标准	阶段	分阶段	专业	分专业
208.2-34	GB/Z 32880.2—2016	电能质量经济性评估 第2部分：公用配电网的经济性评估方法	国标	2017.7.1			技术监督		配电、用电	其他
208.2-35	GB/T 32880.3—2016	电能质量经济性评估 第3部分：数据收集方法	国标	2017.3.1			技术监督		换流	其他
208.2-36	GB/T 35725—2017	电能质量监测设备自动检测系统通用技术要求	国标	2018.7.1			技术监督		配电、用电	其他
208.2-37	GB/T 35726—2017	并联型有源电能质量治理设备性能检测规程	国标	2018.7.1			技术监督		用电	其他
208.2-38	IEEE 1159—2009	电能质量数据传送用实施规程	国际标准	2009.3.18	ANSI/IEEE 1159—1995, IDT	IEEE 1159—1995（R2001）	技术监督		用电	其他
208.3　技术监督-绝缘										
208.3-1	T/CEC 347—2020	高压架空线—GIL 混合线路继电保护技术规范	团标	2020.10.1			技术监督		其他	
208.3-2	DL/T 278—2012	直流电子式电流互感器技术监督导则	行标	2012.3.1			技术监督		变电	互感器
208.3-3	DL/T 381—2010	电子设备防雷技术导则	行标	2010.10.1			技术监督		基础综合	
208.3-4	DL/T 1054—2007	高压电气设备绝缘技术监督规程	行标	2007.12.1			技术监督		基础综合	
208.3-5	DL/T 2078.1—2020	调相机检修导则 第1部分：本体	行标	2021.2.1			技术监督		其他	
208.3-6	DL/T 2079—2020	水电站大坝安全管理实绩评价规程	行标	2021.2.1			技术监督		其他	
208.3-7	NB/T 42093.2—2018	干式变压器绝缘系统 热评定试验规程 第2部分：600V 及以下绕组	行标	2018.7.1			技术监督		变电	变压器
208.3-8	SH/T 0205—1992	电气绝缘液体的折射率和比色散测定法	行标	1992.5.20	ASTM D1807—84（89）部分, NEQ	ZB E38001—88	技术监督		基础综合	
208.3-9	QX/T 106—2018	雷电防护装置设计技术评价规范	行标	2019.2.1		QX/T 106—2009	技术监督		基础综合	

体系结构号	标准编号	标准名称	标准级别	实施日期	与国际标准对应关系	代替标准	阶段	分阶段	专业	分专业
208.3-10	GB/T 311.1—2012	绝缘配合 第1部分：定义、原则和规则	国标	2017.3.23	IEC 60071-1：2006；IEC 60071-1 Aml：2010	GB 311.1—2012	技术监督			基础综合
208.3-11	GB/T 311.2—2013	绝缘配合 第2部分：使用导则	国标	2013.7.1		GB/T 311.2—2002	技术监督			基础综合
208.3-12	GB/T 17948.4—2016	旋转电机 绝缘结构功能性评定 成型绕组试验规程 电压耐久性评定	国标	2016.9.1	IEC 60034-18-32：2010	GB/T 17948.4—2006	技术监督		发电	其他
208.3-13	GB/T 17948.5—2016	旋转电机 绝缘结构功能性评定 成型绕组试验规程 热、电综合应力耐久性多因子评定	国标	2016.9.1	IEC/TS 60034-18-33：2010，IDT	GB/T 17948.5—2007	技术监督		发电	其他
208.3-14	GB/T 17948.7—2016	旋转电机 绝缘结构功能性评定 总则	国标	2016.9.1	IEC 60034-18-1：2010，IDT	GB/T 17948—2003	技术监督		发电	其他
208.3-15	GB/T 20111.1—2015	电气绝缘系统 热评定规程 第1部分：通用要求 低压	国标	2016.2.1	IEC 61857-1：2008，IDT	GB/T 20111.1—2006	技术监督			基础综合
208.3-16	GB/T 20111.2—2016	电气绝缘系统 热评定规程 第2部分：通用模型的特殊要求 散绕绕组应用	国标	2017.3.1	IEC 61857-21：2009	GB/T 20111.2—2008	技术监督			基础综合
208.3-17	GB/T 20111.3—2016	电气绝缘系统 热评定规程 第3部分：包封线圈模型的特殊要求 散绕绕组电气绝缘系统（EIS）	国标	2017.3.1	IEC 61857-22：2008	GB/T 20111.3—2008	技术监督			基础综合
208.3-18	GB/T 20111.4—2017	电气绝缘系统 热评定规程 第4部分：评定和分级电气绝缘系统试验方法的选用导则	国标	2018.7.1	IEC/TR 61857-2：2015		技术监督			基础综合
208.3-19	GB/T 20139.1—2016	电气绝缘系统 已确定等级的电气绝缘系统（EIS）组分调整的热评定 第1部分：散绕组 EIS	国标	2017.3.1	IEC 61858-1：2014	GB/T 20139—2006	技术监督			基础综合

体系结构号	标准编号	标准名称	标准级别	实施日期	与国际标准对应关系	代替标准	阶段	分阶段	专业	分专业
208.3-20	GB/T 20139.2—2017	电气绝缘系统 已确定等级的电气绝缘系统（EIS）组分调整的热评定 第2部分：成型绕组 EIS	国标	2017.12.1	IEC 61858-2：2014		技术监督		基础综合	
208.3-21	GB/T 21697—2008	低压电力线路和电子设备系统的雷电过电压绝缘配合	国标	2008.12.1			技术监督		输电	线路
208.3-22	GB/T 21714.1—2015	雷电防护 第1部分：总则	国标	2016.4.1	IEC 62305-1：2010，IDT	GB/T 21714.1—2008	技术监督		基础综合	
208.3-23	GB/T 21714.2—2015	雷电防护 第2部分：风险管理	国标	2016.4.1	IEC 62305-2：2010，IDT	GB/T 21714.2—2008	技术监督		基础综合	
208.3-24	GB/T 21714.3—2015	雷电防护 第3部分：建筑物的物理损坏和生命危险	国标	2016.4.1	IEC 62305-3：2010，IDT	GB/T 21714.3—2008	技术监督		基础综合	
208.3-25	GB/T 21714.4—2015	雷电防护 第4部分：建筑物内电气和电子系统	国标	2016.4.1	IEC 62305-4：2010，IDT	GB/T 21714.4—2008	技术监督		基础综合	
208.3-26	GB/T 22566—2017	电气绝缘材料和系统 重复电压冲击下电气耐久性评定的通用方法	国标	2018.7.1	IEC 62068：2013	GB/T 22566.1—2008	技术监督		基础综合	
208.3-27	GB/T 22578.1—2017	电气绝缘系统（EIS）液体和固体组件的热评定 第1部分：通用要求	国标	2018.7.1	IEC/TS 62332-1：2011	GB/T 22578.1—2008	技术监督		基础综合	
208.3-28	GB/T 22578.2—2017	电气绝缘系统（EIS）液体和固体组件的热评定 第2部分：简化试验	国标	2018.7.1	IEC/TS 62332-2：2014		技术监督		基础综合	
208.3-29	GB/T 23642—2017	电气绝缘材料和系统 瞬时上升和重复电压冲击条件下的局部放电（PD）电气测量	国标	2018.7.1	IEC/TS 61934：2011	GB/T 23642—2009	技术监督		基础综合	
208.3-30	GB/T 23756.2—2010	电气绝缘系统耐电寿命评定 第2部分：在极值分布基础上的评定程序	国标	2011.7.1	IEC/TR 60727-2—1993，IDT		技术监督		基础综合	
208.3-31	GB 24790—2020	电力变压器能效限定值及能效等级	国标	2010.7.1		GB 24790—2009	技术监督		基础综合	

体系结构号	标准编号	标准名称	标准级别	实施日期	与国际标准对应关系	代替标准	阶段	分阶段	专业	分专业
208.3-32	GB/T 29310—2012	电气绝缘击穿数据统计分析导则	国标	2013.6.1	IEC 62539：2007，IDT		技术监督		基础综合	
208.3-33	GB/T 32938—2016	防雷装置检测服务规范	国标	2017.3.1			技术监督		基础综合	
208.3-34	IEC 60505—2011	电气绝缘系统的评定和鉴定	国际标准	2011.7.1		IEC 60505—2004；IEC 112/174/FDIS—2011	技术监督		基础综合	
208.3-35	IEC 60544-5—2011	电绝缘材料 确定电离辐射的影响 第 5 部分：在使用过程中的老化评定方法	国际标准	2011.12.14		IEC 60544-5—2003；IEC 112/171/CDV—2011	技术监督		基础综合	
208.3-36	IEC 61858-2—2014	电气绝缘系统 对现有电气绝缘系统改造的热评估 第 2 部分：模绕电气绝缘系统	国际标准	2014.2.12			技术监督		基础综合	
208.4 技术监督-计量及热工										
208.4-1	DL/T 259—2012	六氟化硫气体密度继电器校验规程	行标	2012.7.1			技术监督		基础综合	
208.4-2	DL/T 589—2010	火力发电厂燃煤锅炉的检测与控制技术条件	行标	2010.10.1		DL/T 589—1996	技术监督		发电	火电
208.4-3	DL/T 711—2019	汽轮机调节保安系统试验导则	行标	2000.7.1		DL/T 711—1999	技术监督		发电	火电、其他
208.4-4	DL/T 1199—2013	电测技术监督规程	行标	2013.8.1		SD 261—1988	技术监督		用电	电能计量
208.4-5	GB/T 12993—1991	电子设备热性能评定	国标	1992.4.1			技术监督		基础综合	
208.4-6	GB/T 21369—2008	火力发电企业能源计量器具配备和管理要求	国标	2008.7.1			技术监督		发电	火电
208.4-7	JJG 49—2013	弹性元件式精密压力表和真空表检定规程	国标	2013.12.27		JJG 49—1999	技术监督		基础综合	
208.4-8	JJG 52—2013	弹性元件式一般压力表、压力真空表和真空表检定规程	国标	2013.12.27		JJG 52—1999；JJG 573—2003	技术监督		基础综合	
208.4-9	JJG 59—2007	活塞式压力计检定规程	国标	2007.12.14		JJG 59—1990	技术监督		基础综合	

体系 结构号	标准编号	标准名称	标准 级别	实施日期	与国际标准 对应关系	代替标准	阶段	分阶段	专业	分专业
208.4-10	JJG 105—2019	转速表检定规程	国标	2020.3.31		JJG 105—2000	技术监督		基础综合	
208.4-11	JJG 134—2003	磁电式速度传感器检定规程	国标	2004.3.23		JJG 134—1987	技术监督		基础综合	
208.4-12	JJG 160—2007	标准铂电阻温度计检定规程	国标	2007.12.14		JJG 716—1991； JJG 160—1992； JJG 859—1994	技术监督		基础综合	
208.4-13	JJG 161—2010	标准水银温度计检定规程	国标	2011.3.6		JJG 161—1994； JJG 128—2003	技术监督		基础综合	
208.4-14	JJG 172—2011	倾斜式微压计	国标	2012.6.28		JJG 172—1994	技术监督		基础综合	
208.4-15	JJG 226—2001	双金属温度计检定规程	国标	2001.10.1		JJG 226—1989	技术监督		基础综合	
208.4-16	JJG 229—2010	工业铂、铜热电阻检定规程	国标	2011.3.6		JJG 229—1998	技术监督		基础综合	
208.4-17	JJG 310—2002	压力式温度计检定规程	国标	2003.5.4		JJG 310—1983	技术监督		基础综合	
208.4-18	JJG 326—2006	转速标准装置检定规程	国标	2006.9.8		JJG 326—1983	技术监督		基础综合	
208.4-19	JJG 856—2015	工作用辐射温度计检定规程	国标	2016.6.7		JJG 415—2001； JJG 67—2003； JJG 856—1994	技术监督		基础综合	
208.4-20	JJG 544—2011	压力控制器检定规程	国标	2012.6.28		JJG 544—1997	技术监督		基础综合	
208.4-21	JJG 875—2019	数字压力计检定规程	国标	2020.3.31		JJG 875—2005	技术监督		基础综合	
208.4-22	JJG 882—2019	压力变送器检定规程	国标	2020.3.31		JJG 882—2004	技术监督		基础综合	
208.4-23	JJG 926—2015	记录式压力表、压力真空表和真空表检定规程	国标	2015.7.30		JJG 926—1997	技术监督		基础综合	
208.4-24	JJF 1030—2010	恒温槽技术性能测试规范	国标	2011.3.6		JJF 1030—1998	技术监督		基础综合	
208.4-25	JJF 1033—2016	计量标准考核规范	国标	2017.5.30		JJF 1033—2008	技术监督		基础综合	
208.4-26	JJF 1069—2012	法定计量检定机构考核规范	国标	2012.6.2		JJF 1069—2007	技术监督		基础综合	
208.4-27	JJF 1098—2003	热电偶、热电阻自动测量系统校准规范	国标	2003.6.1			技术监督		基础综合	
208.4-28	JJF 1183—2007	温度变送器校准规范	国标	2008.5.21		JJG 829—1993	技术监督		基础综合	

体系结构号	标准编号	标准名称	标准级别	实施日期	与国际标准对应关系	代替标准	阶段	分阶段	专业	分专业
208.4-29	JJF 1187—2008	热像仪校准规范	国标	2008.4.30			技术监督		基础综合	
208.4-30	JJF 1263—2010	六氟化硫检测报警仪校准规范	国标	2011.3.6		JJG 914—1996	技术监督		变电	其他
208.4-31	JJF 1637—2017	廉金属热电偶校准规范	国标	2018.3.26		JJG 351—1996	技术监督		基础综合	
208.5	**技术监督-无功**									
208.5-1	GB/T 20297—2006	静止无功补偿装置（SVC）现场试验	国标	2007.1.1	IEEE Std 1303—1994，NEQ		技术监督		变电	电抗器
208.5-2	GB/T 20298—2006	静止无功补偿装置（SVC）功能特性	国标	2007.1.1	IEEE Std 1031—2000，NEQ		技术监督		变电	电抗器
208.6	**技术监督-节能**									
208.6-1	Q/CSG 11301—2008	线损理论计算技术标准	企标	2008.9.20			技术监督		输电	线路
208.6-2	Q/CSG 11302—2008	线损理论计算软件技术标准（试行）	企标	2008.9.20			技术监督		输电	线路
208.6-3	T/CEC 134—2017	电能替代项目减排量核定方法	团标	2017.8.1			技术监督		用电	需求侧管理
208.6-4	DL/T 985—2012	配电变压器能效技术经济评价导则	行标	2012.7.1		DL/T 985—2005	技术监督		配电	变压器
208.6-5	DL/T 1052—2016	电力节能技术监督导则	行标	2017.5.1		DL/T 1052—2007	技术监督		技术经济	
208.6-6	DL/T 1929—2018	燃煤机组能效评价方法	行标	2019.5.1			技术监督		发电	火电
208.6-7	DL/T 1948—2018	架空导体能耗试验方法	行标	2019.5.1			技术监督		输电	线路
208.6-8	NB/T 10184—2019	瓷绝缘子单位产品能源消耗限额	行标	2019.10.1			技术监督		输电	线路
208.6-9	NB/T 10196—2019	架空导线单位产品能源消耗限额	行标	2019.10.1			技术监督		输电	线路
208.6-10	JB/T 11706.1—2013	三相交流电动机拖动典型负载机组能效等级 第 1 部分：清水离心泵机组能效等级	行标	2014.3.1			技术监督		用电	需求侧管理

体系结构号	标准编号	标准名称	标准级别	实施日期	与国际标准对应关系	代替标准	阶段	分阶段	专业	分专业
208.6-11	GB/T 2589—2020	综合能耗计算通则	国标	2008.6.1		GB/T 2589—2008	技术监督		用电	需求侧管理
208.6-12	GB/T 16664—1996	企业供配电系统节能监测方法	国标	1997.7.1			技术监督		用电	需求侧管理
208.6-13	GB/T 17166—2019	能源审计技术通则	国标	2020.5.1		GB/T 17166—1997	技术监督		用电	需求侧管理
208.6-14	GB/T 31367—2015	中低压配电网能效评估导则	国标	2015.9.1			技术监督		配电	其他
208.6-15	GB/T 31960.1—2015	电力能效监测系统技术规范 第1部分：总则	国标	2016.4.1			技术监督		用电	需求侧管理
208.6-16	GB/T 31960.2—2015	电力能效监测系统技术规范 第2部分：主站功能规范	国标	2016.4.1			技术监督		用电	需求侧管理
208.6-17	GB/T 31960.3—2015	电力能效监测系统技术规范 第3部分：通信协议	国标	2016.4.1			技术监督		用电	需求侧管理
208.6-18	GB/T 31960.4—2015	电力能效监测系统技术规范 第4部分：子站功能设计规范	国标	2016.4.1			技术监督		用电	需求侧管理
208.6-19	GB/T 31960.5—2015	电力能效监测系统技术规范 第5部分：主站设计导则	国标	2016.4.1			技术监督		用电	需求侧管理
208.6-20	GB/T 31960.6—2015	电力能效监测系统技术规范 第6部分：电力能效信息集中与交互终端技术条件	国标	2016.4.1			技术监督		用电	需求侧管理
208.6-21	GB/T 31960.7—2015	电力能效监测系统技术规范 第7部分：电力能效监测终端技术条件	国标	2016.4.1			技术监督		用电	需求侧管理
208.6-22	GB/T 31960.8—2015	电力能效监测系统技术规范 第8部分：安全防护规范	国标	2016.4.1			技术监督		用电	需求侧管理
208.6-23	GB/T 31960.9—2016	电力能效监测系统技术规范 第9部分：系统检验规范	国标	2016.11.1			技术监督		用电	需求侧管理
208.6-24	GB/T 31960.10—2016	电力能效监测系统技术规范 第10部分：电力能效监测终端检验规范	国标	2016.11.1			技术监督		用电	需求侧管理
208.6-25	GB/T 31960.11—2016	电力能效监测系统技术规范 第11部分：电力能效信息集中与交互终端检验规范	国标	2016.11.1			技术监督		用电	需求侧管理

体系结构号	标准编号	标准名称	标准级别	实施日期	与国际标准对应关系	代替标准	阶段	分阶段	专业	分专业
208.6-26	GB/T 32038—2015	照明工程节能监测方法	国标	2016.4.1			技术监督		用电	需求侧管理
208.6-27	GB/T 32823—2016	电网节能项目节约电力电量测量和验证技术导则	国标	2017.3.1			技术监督		技术经济	
208.6-28	GB/T 33857—2017	节能评估技术导则 热电联产项目	国标	2017.12.1			技术监督		用电	需求侧管理
208.6-29	GB/T 36675—2018	节能评估技术导则 公共建筑项目	国标	2019.4.1			技术监督		用电	需求侧管理
208.6-30	GB/T 36712—2018	节能评估技术导则 风力发电项目	国标	2019.4.1			技术监督		用电	需求侧管理
208.7 技术监督-调度、二次及信息										
208.7-1	Q/CSG 1204072—2020	电网调度自动化主站系统计算机硬件设备检测规范	企标	2020.7.31			技术监督		其他	
208.7-2	Q/CSG 1204075—2020	南方区域电力现货市场动态监测系统技术规范（试行）	企标	2020.8.31			技术监督		其他	
208.7-3	Q/CSG 1204076—2020	10kV～110kV 系统继电保护整定计算规程（试行）	企标	2020.8.31		Q/CSG 110037—2012	技术监督		其他	
208.7-4	T/CEC 338—2020	中性点调压变压器继电保护技术规范	团标	2020.10.1			技术监督		其他	
208.7-5	YD/T 3026—2016	通信基站电磁辐射管理技术要求	行标	2016.4.1			技术监督		调度及二次	电力通信
208.7-6	YD 5084.1—2014	交换设备抗地震性能检测规范第一部分：程控数字电话交换机	行标	2014.7.1		YD 5084—2005	技术监督		调度及二次	电力通信
208.7-7	YD 5084.2—2014	交换设备抗地震性能检测规范第二部分：IP 网络交换设备	行标	2014.7.1		YD 5084—2005	技术监督		调度及二次	电力通信
208.7-8	YD 5084.3—2015	交换设备抗震性能检测规范第三部分：移动通信核心网设备	行标	2015.7.1		YD 5084—2005	技术监督		调度及二次	电力通信
208.7-9	YD 5091.1—2015	传输设备抗地震性能检测规范 第一部分：光传输设备	行标	2015.7.1		YD 5091—2005	技术监督		调度及二次	电力通信

体系结构号	标准编号	标准名称	标准级别	实施日期	与国际标准对应关系	代替标准	阶段	分阶段	专业	分专业
208.7-10	YD 5195—2014	数字微波通信设备抗地震性能检测规范	行标	2014.7.1			技术监督		调度及二次	电力通信
208.7-11	YD 5196.1—2014	服务器和网关设备抗地震性能检测规范 第一部分：服务器设备	行标	2014.7.1			技术监督		信息	基础设施
208.7-12	YD 5196.2—2014	服务器和网关设备抗地震性能检测规范 第二部分：网关设备	行标	2014.7.1			技术监督		信息	基础设施
208.7-13	YD 5197.1—2014	接入设备抗地震性能检测规范 第一部分：有线接入网局端设备	行标	2014.7.1			技术监督		调度及二次	电力通信
208.7-14	GB/T 36468—2018	物联网 系统评价指标体系编制通则	国标	2019.1.1			技术监督		信息	基础设施
208.8 技术监督-化学										
208.8-1	DL/T 246—2015	化学监督导则	行标	2015.9.1		DL/T 246—2006	技术监督		基础综合	
208.8-2	DL/T 595—2016	六氟化硫电气设备气体监督导则	行标	2016.6.1		DL/T 595—1996	技术监督		基础综合	
208.8-3	DL/T 705—1999	运行中氢冷发电机用密封油质量标准	行标	2000.7.1			技术监督		发电	火电
208.8-4	DL/T 889—2015	电力基本建设热力设备化学监督导则	行标	2015.12.1		DL/T 889—2004	技术监督		基础综合	
208.8-5	DL/T 1096—2018	变压器油中颗粒度限值	行标	2018.7.1		DL/T 1096—2008	技术监督		基础综合	
208.8-6	DL/T 1419—2015	变压器油再生与使用导则	行标	2015.9.1			技术监督		基础综合	
208.8-7	DL/T 2082—2020	电化学储能系统溯源编码规范	行标	2021.2.1			技术监督		基础综合	
208.8-8	DL/T 2103—2020	电子式电流互感器状态检修导则	行标	2021.2.1			技术监督		其他	
208.8-9	GB/T 7595—2017	运行中变压器油质量	国标	2017.12.1		GB/T 7595—2008	技术监督		基础综合	

体系结构号	标准编号	标准名称	标准级别	实施日期	与国际标准对应关系	代替标准	阶段	分阶段	专业	分专业
208.8-10	GB/T 7596—2017	电厂运行中矿物涡轮机油质量	国标	2017.12.1		GB/T 7596—2008	技术监督		发电	火电
208.8-11	GB/T 8905—2012	六氟化硫电气设备中气体管理和检测导则	国标	2013.2.1		GB/T 8905—1996	技术监督		基础综合	
208.8-12	GB/T 12145—2016	火力发电机组及蒸汽动力设备水汽质量	国标	2016.9.1		GB/T 12145—2008	技术监督		发电	火电
208.8-13	GB 15603—1995	常用化学危险品贮存通则	国标	1996.2.1			技术监督		基础综合	
208.8-14	GB/T 27417—2017	合格评定 化学分析方法确认和验证指南	国标	2018.4.1			技术监督		基础综合	
208.8-15	GB 31040—2014	混凝土外加剂中残留甲醛的限量	国标	2015.12.1			技术监督		基础综合	
208.8-16	GB/T 35655—2017	化学分析方法验证确认和内部质量控制实施指南 色谱分析	国标	2018.7.1			技术监督		基础综合	
208.8-17	GB/T 35656—2017	化学分析方法验证确认和内部质量控制实施指南 报告定性结果的方法	国标	2018.7.1			技术监督		基础综合	
208.8-18	GB/T 35657—2017	化学分析方法验证确认和内部质量控制实施指南 基于样品消解的金属组分分析	国标	2018.7.1			技术监督		基础综合	
208.9 技术监督-环保										
208.9-1	T/CEC 328—2020	电抗器隔声罩降噪性能现场测量及评价方法	团标	2020.10.1			技术监督		变电	
208.9-2	T/CSEE 0150—2020	变电站金属材料大气环境防腐蚀技术规范	团标	2020.1.15			技术监督		变电	
208.9-3	DL/T 334—2010	输变电工程电磁环境监测技术规范	行标	2011.5.1			技术监督		基础综合	
208.9-4	DL/T 362—2016	火力发电厂环保设施运行状况评价技术	行标	2016.7.1		DL/T 362—2010	技术监督		发电	火电

体系结构号	标准编号	标准名称	标准级别	实施日期	与国际标准对应关系	代替标准	阶段	分阶段	专业	分专业
208.9-5	DL/T 414—2012	火电厂环境监测技术规范	行标	2012.7.1		DL/T 414—2004	技术监督		发电	火电
208.9-6	DL/T 1050—2016	电力环境保护技术监督导则	行标	2016.6.1		DL/T 1050—2007	技术监督		基础综合	
208.9-7	DL/T 1088—2020	±800kV 特高压直流线路电磁环境参数限值	行标	2008.11.1		DL/T 1088—2008	技术监督		输电	线路
208.9-8	DL/T 1518—2016	变电站噪声控制技术导则	行标	2016.6.1			技术监督		变电	其他
208.9-9	DL/T 1545—2016	燃气发电厂噪声防治技术导则	行标	2016.6.1			技术监督		发电	火电
208.9-10	DL/T 1554—2016	接地网土壤腐蚀性评价导则	行标	2016.7.1			技术监督		变电	其他
208.9-11	DL/T 1978—2019	电力用油颗粒污染度分级标准	行标	2019.10.1			技术监督		基础综合	
208.9-12	DL/T 2037—2019	变电站厂界环境噪声执行标准申请原则	行标	2019.10.1			技术监督		变电	
208.9-13	DL/T 2105—2020	并联电容器装置状态检修导则	行标	2021.2.1			技术监督		其他	
208.9-14	NB/T 33004—2020	电动汽车充换电设施工程施工和竣工验收规范	行标	2021.2.1		NB/T 33004—2013	技术监督		其他	
208.9-15	NB/T 35063—2015	水电工程环境监理规范	行标	2016.3.1			技术监督		发电	水电
208.9-16	JB/T 10088—2016	6kV～1000kV 级电力变压器声级	行标	2017.4.1		JB/T 10088—2004	技术监督		基础综合	
208.9-17	YD/T 3137—2016	低功率电子与电气设备的电磁场（10MHz 到 300GHz）人体照射基本限值符合性评估方法	行标	2016.10.1			技术监督		基础综合	
208.9-18	SJ/T 11364—2014	电子电气产品有害物质限制使用标识要求	行标	2015.1.1		SJ/T 11364—2006	技术监督		基础综合	
208.9-19	HJ 24—2014	环境影响评价技术导则 输变电工程	行标	2015.1.1			技术监督		基础综合	
208.9-20	HJ 130—2019	规划环境影响评价技术导则 总纲	行标	2020.3.1		HJ 130—2014	技术监督		基础综合	

体系结构号	标准编号	标准名称	标准级别	实施日期	与国际标准对应关系	代替标准	阶段	分阶段	专业	分专业
208.9-21	HJ/T 298—2019	危险废物鉴别技术规范	行标	2020.1.1			技术监督		基础综合	
208.9-22	HJ 479—2009	环境空气　氮氧化物（一氧化氮和二氧化氮）的测定　盐酸萘乙二胺分光光度法	行标	2009.11.1		GB 8969—1988；GB 15436—1995	技术监督		基础综合	
208.9-23	HJ 482—2009	环境空气　二氧化硫的测定　甲醛吸收—副玫瑰苯胺分光光度法	行标	2009.11.1		GB/T 15262-94	技术监督		基础综合	
208.9-24	HJ 705—2014	建设项目竣工环境保护验收技术规范　输变电工程	行标	2015.1.1			技术监督		基础综合	
208.9-25	RB/T 253—2018	电网企业温室气体排放核查技术规范	行标	2018.10.1			技术监督		基础综合	
208.9-26	RB/T 254—2018	发电企业温室气体排放核查技术规范	行标	2018.10.1			技术监督		基础综合	
208.9-27	GB 3095—2012	环境空气质量标准	国标	2016.1.1		GB 3095—1996；GB 9137—1988	技术监督		基础综合	
208.9-28	GB 3836.4—2010	爆炸性环境　第 4 部分：由本质安全型"i"保护的设备	国标	2011.8.1	IEC 60079-11：2006，MOD	GB 3836.4—2000	技术监督		基础综合	
208.9-29	GB 3836.8—2014	爆炸性环境　第 8 部分：由"n"型保护的设备	国标	2015.10.16		GB 3836.8—2003	技术监督		基础综合	
208.9-30	GB 3836.9—2014	爆炸性环境　第 9 部分：由浇封型"m"保护的设备	国标	2015.10.16		GB 3836.9—2006	技术监督		基础综合	
208.9-31	GB/T 3836.11—2017	爆炸性环境　第 11 部分：气体和蒸气物质特性分类　试验方法和数据	国标	2018.7.1	IEC 60079-20-1—2010，IDT	GB/T 3836.11—2008；GB/T 3836.12—2008	技术监督		基础综合	
208.9-32	GB/T 3836.25—2019	爆炸性环境　第 25 部分：可燃性工艺流体与电气系统之间的工艺密封要求	国标	2020.7.1			技术监督		基础综合	
208.9-33	GB/T 3836.26—2019	爆炸性环境　第 26 部分：静电危害　指南	国标	2020.7.1			技术监督		基础综合	

体系结构号	标准编号	标准名称	标准级别	实施日期	与国际标准对应关系	代替标准	阶段	分阶段	专业	分专业
208.9-34	GB/T 3836.27—2019	爆炸性环境 第27部分：静电危害 试验	国标	2020.7.1			技术监督		基础综合	
208.9-35	GB/T 4798.3—2007	电工电子产品应用环境条件 第3部分：有气候防护场所固定使用	国标	2008.3.1	IEC 60721-3-3：2002，MOD	GB 4798.3—1990	技术监督		基础综合	
208.9-36	GB/T 4798.4—2007	电工电子产品应用环境条件 第4部分：无气候防护场所固定使用	国标	2008.3.1	IEC 60721-3-4：1995，MOD	GB/T 4798.4—1990	技术监督		基础综合	
208.9-37	GB 8978—1996	污水综合排放标准	国标	1998.1.1		GB 8978—1988；GB/J 48—1983；GB 3545—1983；GB 3546—1983；GB 3547—1983；GB 3548—1983；GB 3549—1983；GB 3550—1983；GB 3551—1983；GB 3553—1983；GB 4280—1984；GB 4281—1984；GB 4282—1984；GB 4283—1984；GB 4912—1983；GB 4913—1983	技术监督		基础综合	
208.9-38	GB 13015—2017	含多氯联苯废物污染控制标准	国标	2017.10.1		GB 13015—1991	技术监督		基础综合	
208.9-39	GB/T 15264—1994	环境空气 铅的测定 火焰原子吸收分光光度法	国标	1995.6.1			技术监督		基础综合	
208.9-40	GB/T 15432—1995	环境空气 总悬浮颗粒物的测定 重量法	国标	1995.8.1			技术监督		基础综合	
208.9-41	GB/T 15658—2012	无线电噪声测量方法	国标	2013.6.1		GB/T 15658—1995	技术监督		基础综合	
208.9-42	GB/T 20877—2016	电子电气产品标准中引入环境因素的指南	国标	2017.3.1	IEC Guide 109：2012，MOD	GB/T 20877—2007	技术监督		基础综合	

体系结构号	标准编号	标准名称	标准级别	实施日期	与国际标准对应关系	代替标准	阶段	分阶段	专业	分专业
208.9-43	GB/T 28534—2012	高压开关设备和控制设备中六氟化硫（SF_6）气体的释放对环境和健康的影响	国标	2012.11.1	IEC 62271-303：2008，MOD		技术监督		基础综合	
208.9-44	GB/T 33059—2016	锂离子电池材料废弃物回收利用的处理方法	国标	2017.5.1			技术监督		基础综合	
208.9-45	GB/Z 38251—2019	声学　换流站声传播衰减计算　工程法	国标	2020.5.1			技术监督		基础综合	
208.9-46	GB/T 50878—2013	绿色工业建筑评价标准	国标	2014.3.1			技术监督		基础综合	
208.9-47	IEC 62479—2010	与人体曝露在电磁场（10MHz～300GHz）相关的带有基本限制的小功率电子和电气设备的合格评定	国际标准	2010.6.16	EN 62479—2010，MOD	IEC 106/198/FDIS—2010	技术监督		基础综合	
208.10 技术监督-发电										
208.10-1	T/CSEE 0160—2020	光伏电站现场能效测试和评估技术规范	团标	2020.1.15			技术监督		其他	
208.10-2	T/CSEE 0171—2020	电力系统自动高频切除发电机组技术规定	团标	2020.1.15			技术监督		其他	
208.10-3	DRZ/T 02—2004	火力发电厂厂级监控信息系统实时/历史数据库系统基准测试规范	行标	2004.12.20			技术监督		发电	火电
208.10-4	SL/T 752—2020	绿色小水电评价标准	行标	2021.2.28		SL/T 752—2017	技术监督		发电	水电
208.10-5	DL/T 793.1—2017	发电设备可靠性评价规程第1部分：通则	行标	2017.12.1		DL/T 793—2012	技术监督		发电	水电、火电
208.10-6	DL/T 793.2—2017	发电设备可靠性评价规程第2部分：燃煤机组	行标	2017.12.1			技术监督		发电	水电、火电
208.10-7	DL/T 793.4—2019	发电设备可靠性评价规程第4部分：抽水蓄能机组	行标	2019.10.1			技术监督		发电	水电
208.10-8	DL/T 846.13—2020	高电压测试设备通用技术条件　第13部分：避雷器监测器测试仪	行标	2021.2.1			技术监督		其他	

体系结构号	标准编号	标准名称	标准级别	实施日期	与国际标准对应关系	代替标准	阶段	分阶段	专业	分专业
208.10-9	DL/T 1049—2007	发电机励磁系统技术监督规程	行标	2007.12.1			技术监督		发电	水电、火电
208.10-10	DL/T 1055—2007	发电厂汽轮机、水轮机技术监督导则	行标	2007.12.1			技术监督		发电、水电	火电
208.10-11	DL/T 1213—2013	火力发电机组辅机故障减负荷技术规程	行标	2013.8.1			技术监督		发电	火电
208.10-12	DL/T 1318—2014	水电厂金属技术监督规程	行标	2014.8.1			技术监督		发电	水电
208.10-13	DL/T 1559—2016	水电站水工技术监督导则	行标	2016.6.1			技术监督		发电	水电
208.10-14	DL/T 1717—2017	燃气—蒸汽联合循环发电厂化学监督技术导则	行标	2017.12.1			技术监督		发电	火电
208.10-15	DL/T 2144.1—2020	变电站自动化系统及设备检测规范 第1部分：总则	行标	2021.2.1			技术监督		其他	
208.10-16	DL/T 2153—2020	输电线路用带电作业机器人	行标	2021.2.1			技术监督		其他	
208.10-17	DL/T 2154—2020	大中型水电工程运行风险管理规范	行标	2021.2.1			技术监督		其他	
208.10-18	DL/T 5313—2014	水电站大坝运行安全评价导则	行标	2014.8.1			技术监督		发电	水电
208.10-19	NB/T 10110—2018	风力发电场技术监督导则	行标	2019.5.1			技术监督		发电	风电
208.10-20	NB/T 10113—2018	光伏发电站技术监督导则	行标	2019.5.1			技术监督		发电	光伏
208.10-21	NB/T 10114—2018	光伏发电站绝缘技术监督规程	行标	2019.5.1			技术监督		发电	光伏
208.10-22	NB/T 31132—2018	风力发电场电能质量技术监督规程	行标	2018.7.1			技术监督		发电	风电
208.10-23	NB/T 35015—2013	水力发电厂安全预评价报告编制规程	行标	2013.10.1			技术监督		发电	水电
208.10-24	SL 75—2014	水闸技术管理规程	行标	2014.12.10		SL 75—1994	技术监督		发电	水电
208.10-25	SL 775—2018	水工混凝土结构耐久性评定规范	行标	2019.3.5			技术监督		发电	水电

体系结构号	标准编号	标准名称	标准级别	实施日期	与国际标准对应关系	代替标准	阶段	分阶段	专业	分专业
208.10-26	TSG 21—2016	固定式压力容器安全技术监察规程	行标	2016.10.1		TSG R0004—2009；TSG R0001—2004；TSG R0002—2005；TSG R0003—2007；TSG R5002—2013；TSG R7004—2013 部分；TSG R7001—2013 部分	技术监督		发电	水电
208.10-27	GB/T 15469.1—2008	水轮机、蓄能泵和水泵水轮机空蚀评定 第 1 部分：反击式水轮机的空蚀评定	国标	2009.4.1	IEC 60609-1：2004，MOD	GB/T 15469—1995	技术监督		发电	水电
208.10-28	GB/T 15469.2—2007	水轮机、蓄能泵和水泵水轮机空蚀评定 第 2 部分：蓄能泵和水泵水轮机的空蚀评定	国标	2008.5.1	MOD IEC 60609-1：2004		技术监督		发电	水电
208.10-29	GB/T 32151.1—2015	温室气体排放核算与报告要求 第 1 部分：发电企业	国标	2016.6.1			技术监督		发电、输电、变电、配电	火电
208.10-30	GB/T 32151.2—2015	温室气体排放核算与报告要求 第 2 部分：电网企业	国标	2016.6.1			技术监督		发电、输电、变电、配电	火电
208.10-31	GB/T 32584—2016	水力发电厂和蓄能泵站机组机械振动的评定	国标	2016.11.1			技术监督		发电	水电
208.11 技术监督-其他										
208.11-1	Q/CSG 1204073—2020	南方电网电力系统实时仿真技术规范（试行）	企标	2020.8.31			技术监督		其他	
208.11-2	Q/CSG 1204074—2020	南方区域电力现货市场技术支持系统数据交互技术规范（试行）	企标	2020.8.31			技术监督		其他	
208.11-3	Q/CSG 1206015—2020	模块化多电平换流器实时仿真建模规范（试行）	企标	2020.8.31			技术监督		其他	
208.11-4	NB/T 47013.1—2015	承压设备无损检测 第 1 部分：通用要求	行标	2015.9.1		JB/T 4730.1—2005	技术监督		其他	

体系 结构号	标准编号	标准名称	标准 级别	实施日期	与国际标准 对应关系	代替标准	阶段	分阶段	专业	分专业
208.11-5	NB/T 47013.2—2015	承压设备无损检测　第2部分：射线检测	行标	2015.9.1		JB/T 4730.2—2005	技术监督		其他	
208.11-6	NB/T 47013.3—2015	承压设备无损检测　第3部分：超声检测	行标	2015.9.1		JB/T 4730.3—2005	技术监督		其他	
208.11-7	NB/T 47013.4—2015	承压设备无损检测　第4部分：磁粉检测	行标	2015.9.1		JB/T 4730.4—2005	技术监督		其他	
208.11-8	NB/T 47013.5—2015	承压设备无损检测　第5部分：渗透检测	行标	2015.9.1		JB/T 4730.5—2005	技术监督		其他	
208.11-9	NB/T 47013.6—2015	承压设备无损检测　第6部分：涡流检测	行标	2015.9.1		JB/T 4730.6—2005	技术监督		其他	
208.11-10	NB/T 47013.11—2015/XG1—2018	《承压设备无损检测　第11部分：X射线数字成像检测》第1号修改单	行标	2018.7.1		NB/T 47013.11—2015	技术监督		其他	
208.11-11	GB/T 3098.2—2015	紧固件机械性能　螺母	国标	2017.1.1		GB/T 3098.2—2000；GB/T 3098.4—2000	技术监督		其他	
208.11-12	GB/T 6461—2002	金属基体上金属和其他无机覆盖层　经腐蚀试验后的试样和试件的评级	国标	2003.4.1	ISO 10289：1999，IDT	GB/T 6461—1986；GB/T 12335—1990	技术监督		其他	
208.11-13	GB/T 27020—2016	合格评定　各类检验机构的运作要求	国标	2016.8.1	ISO/IEC 17020：2012 IDT	GB/T 18346—1998	技术监督		其他	
208.11-14	GB/T 27021.2—2017	合格评定　管理体系审核认证机构要求　第2部分：环境管理体系审核认证能力要求	国标	2018.7.1	ISO/IEC TS 17021-2：2012		技术监督		其他	
208.11-15	GB/T 27021.4—2018	合格评定　管理体系审核认证机构要求　第4部分：大型活动可持续性管理体系审核和认证能力要求	国标	2019.7.1			技术监督		其他	
208.11-16	GB/T 27021.5—2018	合格评定　管理体系审核认证机构要求　第5部分：资产管理体系审核和认证能力要求	国标	2019.7.1			技术监督		其他	

体系结构号	标准编号	标准名称	标准级别	实施日期	与国际标准对应关系	代替标准	阶段	分阶段	专业	分专业
208.11-17	GB/T 27022—2017	合格评定 管理体系第三方审核报告内容要求和建议	国标	2018.4.1	ISO/IEC TS 17022：2012		技术监督		其他	
208.11-18	GB/T 27204—2017	合格评定 确定管理体系认证审核时间指南	国标	2018.5.1	ISO/IEC TS 17023：2013		技术监督		其他	
208.11-19	GB/T 31586.2—2015	防护涂料体系对钢结构的防腐蚀保护 涂层附着力/内聚力（破坏强度）的评定和验收准则 第2部分：划格试验和划叉试验	国标	2016.2.1	ISO 16276：2007，IDT		技术监督		其他	
208.11-20	Q/CSG 1209028—2020	计量自动化系统通信模块检验技术规范（试行）	企标	2020.6.30			技术监督		其他	
209	**市场营销**									
209.1	**市场营销-基础综合**									
209.2	**市场营销-电能计量**									
209.2-1	Q/CSG 1209008—2015	费控交互终端技术规范	企标	2016.1.1			采购、修试、退役	招标、品控、检修、试验、退役、报废	用电	电能计量
209.2-2	Q/CSG 11303—2008	电能计量检定实验室建设规范（试行）	企标	2008.2.25			设计、采购、建设、运维	初设、施工图、招标、品控、施工工艺、验收与质量评定、试运行、运行、维护	用电	电能计量
209.2-3	Q/CSG 113006—2011	普通三相电子式电能表技术规范	企标	2011.11.3			采购、修试、退役	招标、品控、检修、试验、退役、报废	用电	电能计量
209.2-4	Q/CSG 113007—2011	三相多功能电能表技术规范	企标	2011.11.3			采购、修试、退役	招标、品控、检修、试验、退役、报废	用电	电能计量
209.2-5	Q/CSG 1204082—2020	南方电网日前电能量现货市场出清计算技术规范（试行）	企标	2020.11.30			设计、采购、建设、运维	初设、施工图、招标、品控、施工工艺、验收与质量评定、试运行、运行、维护	用电	电能计量
209.2-6	Q/CSG 113009—2011	0.2S级三相多功能电能表技术规范	企标	2011.11.3			采购、修试、退役	招标、品控、检修、试验、退役、报废	用电	电能计量

体系结构号	标准编号	标准名称	标准级别	实施日期	与国际标准对应关系	代替标准	阶段	分阶段	专业	分专业
209.2-7	Q/CSG 1209001—2013	计量自动化系统主站技术规范	企标	2013.10.20			设计、采购、建设、运维	初设、施工图、招标、品控、施工工艺、验收与质量评定、试运行、运行、维护	用电	电能计量
209.2-8	Q/CSG 1209002—2013	计量自动化系统数据上传规范	企标	2013.10.20			采购、修试、退役	招标、品控、检修、试验、退役、报废	用电	电能计量
209.2-9	Q/CSG 1209003—2015	单相费控电能表技术规范	企标	2015.5.21			采购、修试、退役	招标、品控、检修、试验、退役、报废	用电	电能计量
209.2-10	Q/CSG 1209004—2015	三相费控电能表技术规范	企标	2015.5.21			采购、修试、退役	招标、品控、检修、试验、退役、报废	用电	电能计量
209.2-11	Q/CSG 1209005—2015	费控电能表信息交换安全认证技术要求	企标	2015.5.21			采购、修试、退役	招标、品控、检修、试验、退役、报废	用电	电能计量
209.2-12	Q/CSG 1209006—2015	关于 DL/T 645—2007 多功能电能表通信协议的扩展协议	企标	2015.5.21		Q/CSG 113013—2011	采购、修试、退役	招标、品控、检修、试验、退役、报废	用电	电能计量
209.2-13	Q/CSG 1209007—2015	负荷管理终端技术规范	企标	2016.1.1		Q/CSG 11109002—2013	采购、修试、退役	招标、品控、检修、试验、退役、报废	用电	电能计量
209.2-14	Q/CSG 1209009—2016	计量用组合互感器技术规范	企标	2016.9.1			采购、修试、退役	招标、品控、检修、试验、退役、报废	用电	电能计量
209.2-15	Q/CSG 1209010—2016	计量用低压电流互感器技术规范	企标	2016.9.1			采购、修试、退役	招标、品控、检修、试验、退役、报废	用电	电能计量
209.2-16	Q/CSG 1209011—2016	10kV/20kV 计量用电流互感器技术规范	企标	2016.9.1		Q/CSG 11622—2008	采购、修试、退役	招标、品控、检修、试验、退役、报废	用电	电能计量
209.2-17	Q/CSG 1209012—2016	10kV/20kV 计量用电压互感器技术规范	企标	2016.9.1		Q/CSG 11623—2008	采购、修试、退役	招标、品控、检修、试验、退役、报废	用电	电能计量
209.2-18	Q/CSG 1209013.1—2019	电能表用元器件技术规范 第 1 部分：电解电容器	企标	2019.6.26			采购、修试、退役	招标、品控、检修、试验、退役、报废	用电	电能计量
209.2-19	Q/CSG 1209013.2—2019	电能表用元器件技术规范 第 2 部分：压敏电阻器	企标	2019.6.26			采购、修试、退役	招标、品控、检修、试验、退役、报废	用电	电能计量
209.2-20	Q/CSG 1209013.3—2019	电能表用元器件技术规范 第 3 部分：电阻器	企标	2019.6.26			采购、修试、退役	招标、品控、检修、试验、退役、报废	用电	电能计量

体系结构号	标准编号	标准名称	标准级别	实施日期	与国际标准对应关系	代替标准	阶段	分阶段	专业	分专业
209.2-21	Q/CSG 1209013.4—2019	电能表用元器件技术规范第4部分：光电耦合器	企标	2019.6.26			采购、修试、退役	招标、品控、检修、试验、退役、报废	用电	电能计量
209.2-22	Q/CSG 1209013.5—2019	电能表用元器件技术规范第5部分：晶体谐振器	企标	2019.6.26			采购、修试、退役	招标、品控、检修、试验、退役、报废	用电	电能计量
209.2-23	Q/CSG 1209013.6—2019	电能表用元器件技术规范第6部分：瞬变二极管	企标	2019.6.26			采购、修试、退役	招标、品控、检修、试验、退役、报废	用电	电能计量
209.2-24	Q/CSG 1209013.7—2019	电能表用元器件技术规范第7部分：电池	企标	2019.6.26			采购、修试、退役	招标、品控、检修、试验、退役、报废	用电	电能计量
209.2-25	Q/CSG 1209013.8—2019	电能表用元器件技术规范第8部分：负荷开关	企标	2019.6.26			采购、修试、退役	招标、品控、检修、试验、退役、报废	用电	电能计量
209.2-26	Q/CSG 1209013.9—2019	电能表用元器件技术规范第9部分：片式电容器	企标	2019.6.26			采购、修试、退役	招标、品控、检修、试验、退役、报废	用电	电能计量
209.2-27	Q/CSG 1209013.10—2019	电能表用元器件技术规范第10部分：液晶显示器	企标	2019.6.26			采购、修试、退役	招标、品控、检修、试验、退役、报废	用电	电能计量
209.2-28	Q/CSG 1209013.11—2019	电能表用元器件技术规范第11部分：串口通信协议RS-485芯片	企标	2019.6.26			采购、修试、退役	招标、品控、检修、试验、退役、报废	用电	电能计量
209.2-29	Q/CSG 1209013.12—2019	电能表用元器件技术规范第12部分：时钟芯片	企标	2019.6.26			采购、修试、退役	招标、品控、检修、试验、退役、报废	用电	电能计量
209.2-30	Q/CSG 1209013.13—2019	电能表用元器件技术规范第13部分：微控制器	企标	2019.6.26			采购、修试、退役	招标、品控、检修、试验、退役、报废	用电	电能计量
209.2-31	Q/CSG 1209013.14—2019	电能表用元器件技术规范第14部分：计量芯片	企标	2019.6.26			采购、修试、退役	招标、品控、检修、试验、退役、报废	用电	电能计量
209.2-32	Q/CSG 1209013.15—2019	电能表用元器件技术规范第15部分：电流互感器	企标	2019.6.26			采购、修试、退役	招标、品控、检修、试验、退役、报废	用电	电能计量
209.2-33	Q/CSG 1209014.1—2019	计量设备退役技术鉴定标准第1部分：电能表	企标	2019.6.26			退役	退役	用电	电能计量
209.2-34	Q/CSG 1209014.2—2019	计量设备退役技术鉴定标准第2部分：计量自动化终端	企标	2019.6.26			退役	退役	用电	电能计量

体系 结构号	标准编号	标准名称	标准 级别	实施日期	与国际标准 对应关系	代替标准	阶段	分阶段	专业	分专业
209.2-35	Q/CSG 1209014.3—2019	计量设备退役技术鉴定标准 第3部分：计量用互感器	企标	2019.6.26			退役	退役	用电	电能计量
209.2-36	Q/CSG 1209014.4—2019	计量设备退役技术鉴定标准 第4部分：计量表箱	企标	2019.6.26			退役	退役	用电	电能计量
209.2-37	Q/CSG 1209015.1—2019	计量自动化系统技术规范 第1部分：低压电力用户集中抄表系统采集器检验	企标	2019.6.26			采购、修试、退役	招标、品控、检修、试验、退役、报废	用电	电能计量
209.2-38	Q/CSG 1209015.2—2019	计量自动化系统技术规范 第2部分：低压电力用户集中抄表系统集中器检验	企标	2019.6.26			采购、修试、退役	招标、品控、检修、试验、退役、报废	用电	电能计量
209.2-39	Q/CSG 1209015.3—2019	计量自动化系统技术规范 第3部分：厂站电能量采集终端检验	企标	2019.6.26			采购、修试、退役	招标、品控、检修、试验、退役、报废	用电	电能计量
209.2-40	Q/CSG 1209015.4—2019	计量自动化系统技术规范 第4部分：负荷管理终端检验	企标	2019.6.26			采购、修试、退役	招标、品控、检修、试验、退役、报废	用电	电能计量
209.2-41	Q/CSG 1209015.5—2019	计量自动化系统技术规范 第5部分：配变监测计量终端检验	企标	2019.6.26			采购、修试、退役	招标、品控、检修、试验、退役、报废	用电	电能计量
209.2-42	Q/CSG 1209016—2019	省级集中计量检定自动化系统技术规范	企标	2019.6.26			采购、修试、退役	招标、品控、检修、试验、退役、报废	用电	电能计量
209.2-43	Q/CSG 1209017—2019	手持抄表终端（费控）技术规范	企标	2019.6.26			采购、修试、退役	招标、品控、检修、试验、退役、报废	用电	电能计量
209.2-44	Q/CSG 1209018—2019	直流电能表检验装置技术规范	企标	2019.6.26			采购、修试、退役	招标、品控、检修、试验、退役、报废	用电	电能计量
209.2-45	Q/CSG 1211019—2019	电能表用外置断路器技术规范	企标	2019.6.26			采购、修试、退役	招标、品控、检修、试验、退役、报废	用电	电能计量
209.2-46	Q/CSG 1209020—2019	计量自动化系统微功率无线通信规约	企标	2019.12.30			采购、修试、退役	招标、品控、检修、试验、退役、报废	用电	电能计量
209.2-47	Q/CSG 1209021—2019	计量自动化终端本地通信模块接口协议	企标	2019.12.30			采购、修试、退役	招标、品控、检修、试验、退役、报废	用电	电能计量

体系结构号	标准编号	标准名称	标准级别	实施日期	与国际标准对应关系	代替标准	阶段	分阶段	专业	分专业
209.2-48	Q/CSG 1209022—2019	计量自动化终端上行通信规约	企标	2019.12.30		Q/CSG 11109004—2013	采购、修试、退役	招标、品控、检修、试验、退役、报废	用电	电能计量
209.2-49	Q/CSG 1209024—2020	智能电能表软件备案与比对技术规范	企标	2020.6.30			采购、修试、退役	招标、品控、检修、试验、退役、报废	用电	电能计量
209.2-50	Q/CSG 1209025—2020	计量自动化系统塑料光纤通信技术规范（试行）	企标	2020.6.30			采购、修试、退役	招标、品控、检修、试验、退役、报废	用电	电能计量
209.2-51	Q/CSG 1209026—2020	网级电能量数据平台与省级计量自动化系统数据集成接口规范（试行）	企标	2020.6.30			采购、修试、退役	招标、品控、检修、试验、退役、报废	用电	电能计量
209.2-52	Q/CSG 1209023—2019	计量自动化终端远程通信模块接口协议	企标	2019.12.30			采购、修试、退役	招标、品控、检修、试验、退役、报废	用电	电能计量
209.2-53	Q/CSG 11109001—2013	中国南方电网有限责任公司厂站电能量采集终端技术规范	企标	2013.2.7		Q/CSG 12101.7—2008	采购、修试、退役	招标、品控、检修、试验、退役、报废	用电	电能计量
209.2-54	Q/CSG 11109003—2013	中国南方电网有限责任公司低压电力用户集中抄表系统集中器技术规范	企标	2013.2.7		Q/CSG 12101.6—2008	采购、修试、退役	招标、品控、检修、试验、退役、报废	用电	电能计量
209.2-55	Q/CSG 11109005—2013	中国南网电网有限责任公司低压电力用户集中抄表系统采集器技术规范	企标	2013.2.7			采购、修试、退役	招标、品控、检修、试验、退役、报废	用电	电能计量
209.2-56	Q/CSG 11109006—2013	中国南方电网有限责任公司计量自动化终端外形结构规范	企标	2013.2.7			采购、修试、退役	招标、品控、检修、试验、退役、报废	用电	电能计量
209.2-57	Q/CSG 11109007—2013	中国南方电网有限责任公司配变监测计量终端技术规范	企标	2013.2.7		Q/CSG 12101.5—2008	采购、修试、退役	招标、品控、检修、试验、退役、报废	用电	电能计量
209.2-58	Q/CSG 11109008—2013	中国南方电网有限责任公司电能计量非金属表箱技术规范	企标	2013.4.15			采购、修试、退役	招标、品控、检修、试验、退役、报废	用电	电能计量
209.2-59	Q/CSG 11109009—2013	中国南方电网有限责任公司电能计量柜技术规范	企标	2013.4.15			采购、修试、退役	招标、品控、检修、试验、退役、报废	用电	电能计量
209.2-60	Q/CSG 11109010—2013	中国南方电网有限责任公司电能计量金属表箱技术规范	企标	2013.4.15			采购、修试、退役	招标、品控、检修、试验、退役、报废	用电	电能计量

体系结构号	标准编号	标准名称	标准级别	实施日期	与国际标准对应关系	代替标准	阶段	分阶段	专业	分专业
209.2-61	T/CEC 115—2016	电能表用外置断路器技术规范	团标	2017.1.1			采购、修试、退役	招标、品控、检修、试验、退役、报废	用电	电能计量
209.2-62	T/CEC 116—2016	数字化电能表技术规范	团标	2017.1.1			采购、修试、退役	招标、品控、检修、试验、退役、报废	用电	电能计量
209.2-63	T/CEC 122.1—2016	电、水、气、热能源计量管理系统 第1部分：总则	团标	2017.1.1			设计、采购、建设、运维	初设、施工图、招标、品控、施工工艺、验收与质量评定、试运行、运行、维护	用电	电能计量
209.2-64	T/CEC 122.2—2016	电、水、气、热能源计量管理系统 第2部分：系统功能规范	团标	2017.1.1			设计、采购、建设、运维	初设、施工图、招标、品控、施工工艺、验收与质量评定、试运行、运行、维护	用电	电能计量
209.2-65	T/CEC 122.31—2016	电、水、气、热能源计量管理系统 第3-1部分：集中器技术规范	团标	2017.1.1			设计、采购、建设、运维	初设、施工图、招标、品控、施工工艺、验收与质量评定、试运行、运行、维护	用电	电能计量
209.2-66	T/CEC 122.32—2016	电、水、气、热能源计量管理系统 第3-2部分：采集器技术规范	团标	2017.1.1			设计、采购、建设、运维	初设、施工图、招标、品控、施工工艺、验收与质量评定、试运行、运行、维护	用电	电能计量
209.2-67	T/CEC 122.41—2016	电、水、气、热能源计量管理系统 第4-1部分：主站远程通信协议	团标	2017.1.1			设计、采购、建设、运维	初设、施工图、招标、品控、施工工艺、验收与质量评定、试运行、运行、维护	用电	电能计量
209.2-68	T/CEC 122.42—2016	电、水、气、热能源计量管理系统 第4-2部分：低功耗微功率无线通信协议	团标	2017.1.1			设计、采购、建设、运维	初设、施工图、招标、品控、施工工艺、验收与质量评定、试运行、运行、维护	用电	电能计量
209.2-69	DL/T 448—2016	电能计量装置技术管理规程	行标	2017.5.1		DL/T 448—2000	采购、运维、修试、退役	招标、品控、运行、维护、检修、试验、退役、报废	用电	电能计量
209.2-70	DL/T 533—2007	电力负荷管理终端	行标	2007.12.1		DL/T 533—1993	采购、修试、退役	招标、品控、检修、试验、退役、报废	用电	电能计量

体系结构号	标准编号	标准名称	标准级别	实施日期	与国际标准对应关系	代替标准	阶段	分阶段	专业	分专业
209.2-71	DL/T 535—2009	电力负荷管理系统数据传输规约	行标	2009.12.1		DL/T 535—1993	采购、修试、退役	招标、品控、检修、试验、退役、报废	用电	电能计量
209.2-72	DL/T 585—1995	电子式标准电能表技术条件	行标	1996.5.1			采购、修试、退役	招标、品控、检修、试验、退役、报废	用电	电能计量
209.2-73	DL/T 614—2007	多功能电能表	行标	2008.6.1		DL/T 614—1997	采购、运维、修试、退役	招标、品控、运行、维护、检修、试验、退役、报废	用电	电能计量
209.2-74	DL/T 645—2007	多功能电能表通信协议	行标	2008.6.1		DL/T 645—1997	采购、修试、退役	招标、品控、检修、试验、退役、报废	用电	电能计量
209.2-75	DL/T 698.1—2009	电能信息采集与管理系统 第1部分：总则	行标	2009.12.1		DL/T 698—1999	设计、采购、建设、运维	初设、施工图、招标、品控、施工工艺、验收与质量评定、试运行、运行、维护	用电	电能计量
209.2-76	DL/T 698.2—2010	电能信息采集与管理系统 第2部分：主站技术规范	行标	2010.10.1		DL/T 698—1999	设计、采购、建设、运维	初设、施工图、招标、品控、施工工艺、验收与质量评定、试运行、运行、维护	用电	电能计量
209.2-77	DL/T 698.31—2010	电能信息采集与管理系统 第3-1部分：电能信息采集终端技术规范通用要求	行标	2010.10.1		DL/T 698—1999	设计、采购、建设、运维	初设、施工图、招标、品控、施工工艺、验收与质量评定、试运行、运行、维护	用电	电能计量
209.2-78	DL/T 698.32—2010	电能信息采集与管理系统 第3-2部分：电能信息采集终端技术规范厂站采集终端特殊要求	行标	2010.10.1		DL/T 698—1999	设计、采购、建设、运维	初设、施工图、招标、品控、施工工艺、验收与质量评定、试运行、运行、维护	用电	电能计量
209.2-79	DL/T 698.33—2010	电能信息采集与管理系统 第3-3部分：电能信息采集终端技术规范专变采集终端特殊要求	行标	2010.10.1		DL/T 698—1999	设计、采购、建设、运维	初设、施工图、招标、品控、施工工艺、验收与质量评定、试运行、运行、维护	用电	电能计量
209.2-80	DL/T 698.34—2010	电能信息采集与管理系统 第3-4部分：电能信息采集终端技术规范公变采集终端特殊要求	行标	2010.10.1		DL/T 698—1999	设计、采购、建设、运维	初设、施工图、招标、品控、施工工艺、验收与质量评定、试运行、运行、维护	用电	电能计量

体系结构号	标准编号	标准名称	标准级别	实施日期	与国际标准对应关系	代替标准	阶段	分阶段	专业	分专业
209.2-81	DL/T 698.35—2010	电能信息采集与管理系统第3-5部分：电能信息采集终端技术规范低压集中抄表终端特殊要求	行标	2010.10.1		DL/T 698—1999	设计、采购、建设、运维	初设、施工图、招标、品控、施工工艺、验收与质量评定、试运行、运行、维护	用电	电能计量
209.2-82	DL/T 698.36—2013	电能信息采集与管理系统第3-6部分：电能信息采集终端技术规范-通信单元要求	行标	2013.8.1		DL/T 698—1999	设计、采购、建设、运维	初设、施工图、招标、品控、施工工艺、验收与质量评定、试运行、运行、维护	用电	电能计量
209.2-83	DL/T 698.41—2010	电能信息采集与管理系统第4-1部分：通信协议-主站与电能信息采集终端通信	行标	2010.10.1		DL/T 698—1999	设计、采购、建设、运维	初设、施工图、招标、品控、施工工艺、验收与质量评定、试运行、运行、维护	用电	电能计量
209.2-84	DL/T 698.42—2013	电能信息采集与管理系统第4-2部分：通信协议-集中器下行通信	行标	2013.8.1		DL/T 698—1999	设计、采购、建设、运维	初设、施工图、招标、品控、施工工艺、验收与质量评定、试运行、运行、维护	用电	电能计量
209.2-85	DL/T 698.44—2016	电能信息采集与管理系统第4-4部分：通信协议—微功率无线通信协议	行标	2016.12.1		DL/T 698—1999	设计、采购、建设、运维	初设、施工图、招标、品控、施工工艺、验收与质量评定、试运行、运行、维护	用电	电能计量
209.2-86	DL/T 698.45—2017	电能信息采集与管理系统第4-5部分：通信协议—面向对象的数据交换协议	行标	2018.3.1				设计、采购、建设、运维	初设、施工图、招标、品控、施工工艺、验收与质量评定、试运行、运行、维护	用电	电能计量
209.2-87	DL/T 698.46—2016	电能信息采集与管理系统第4-6部分：通信协议—采集终端远程通信模块接口协议	行标	2016.12.1		DL/T 698—1999	设计、采购、建设、运维	初设、施工图、招标、品控、施工工艺、验收与质量评定、试运行、运行、维护	用电	电能计量
209.2-88	DL/T 698.51—2016	电能信息采集与管理系统第5-1部分：测试技术规范—功能测试	行标	2016.12.1		DL/T 698—1999	设计、采购、建设、运维	初设、施工图、招标、品控、施工工艺、验收与质量评定、试运行、运行、维护	用电	电能计量

体系结构号	标准编号	标准名称	标准级别	实施日期	与国际标准对应关系	代替标准	阶段	分阶段	专业	分专业
209.2-89	DL/T 698.52—2016	电能信息采集与管理系统 第5-2部分：远程通信协议一致性测试	行标	2016.6.1		DL/T 698—1999	设计、采购、建设、运维	初设、施工图、招标、品控、施工工艺、验收与质量评定、试运行、运行、维护	用电	电能计量
209.2-90	DL/T 731—2000	电能表测量用误差计算器	行标	2001.1.1			采购、修试、退役	招标、品控、检修、试验、退役、报废	用电	电能计量
209.2-91	DL/T 973—2005	数字高压表检定规程	行标	2006.6.1			运维、修试	维护、检修、试验	用电	电能计量
209.2-92	DL/T 1496—2016	电能计量封印技术规范	行标	2016.6.1			采购、修试、退役	招标、品控、检修、试验、退役、报废	用电	电能计量
209.2-93	DL/T 1497—2016	电能计量用电子标签技术规范	行标	2016.6.1			采购、修试、退役	招标、品控、检修、试验、退役、报废	用电	电能计量
209.2-94	DL/T 1652—2016	电能计量设备用超级电容器技术规范	行标	2017.5.1			采购、修试、退役	招标、品控、检修、试验、退役、报废	用电	电能计量
209.2-95	DL/T 1664—2016	电能计量装置现场检验规程	行标	2017.5.1		SD 109—1983	运维、修试、退役	运行、维护、检修、试验、退役、报废	用电	电能计量
209.2-96	DL/T 1665—2016	数字化电能计量装置现场检测规范	行标	2017.5.1			运维、修试、退役	运行、维护、检修、试验、退役、报废	用电	电能计量
209.2-97	DL/T 1783—2017	IEC 61850工程电能计量应用模型	行标	2018.6.1			设计、采购	初设、招标	用电	电能计量
209.2-98	DL/T 2032—2019	计量用低压电流互感器	行标	2019.10.1			采购、修试、退役	招标、品控、检修、试验、退役、报废	用电	电能计量
209.2-99	RB/T 197—2015	检测和校准结果及与规范符合性的报告指南	行标	2016.7.1			采购、修试、退役	招标、品控、检修、试验、退役、报废	用电	电能计量
209.2-100	CJ/T 188—2018	户用计量仪表数据传输技术条件	行标	2018.10.1		CJ/T 188—2004	设计、采购、建设、运维	初设、施工图、招标、品控、施工工艺、验收与质量评定、试运行、运行、维护	用电	电能计量
209.2-101	GB/T 15148—2008	电力负荷管理系统技术规范	国标	2009.8.1		GB/T 15148—1994	采购、修试、退役	招标、品控、检修、试验、退役、报废	用电	电能计量

体系结构号	标准编号	标准名称	标准级别	实施日期	与国际标准对应关系	代替标准	阶段	分阶段	专业	分专业
209.2-102	GB/T 15284—2002	多费率电能表特殊要求	国标	2003.1.1		GB/T 15284—1994	采购、修试、退役	招标、品控、检修、试验、退役、报废	用电	电能计量
209.2-103	GB/T 16934—2013	电能计量柜	国标	2014.2.1		GB/T 16934—1997	采购、修试、退役	招标、品控、检修、试验、退役、报废	用电	电能计量
209.2-104	GB/T 17215.211—2006	交流电测量设备 通用要求、试验和试验条件 第11部分：测量设备	国标	2006.10.1	IEC 62052-11：2003，IDT		采购、修试、退役	招标、品控、检修、试验、退役、报废	用电	电能计量
209.2-105	GB/T 17215.301—2007	多功能电能表特殊要求	国标	2007.12.1			采购、修试、退役	招标、品控、检修、试验、退役、报废	用电	电能计量
209.2-106	GB/T 17215.302—2013	交流电测量设备 特殊要求 第2部分：静止式谐波有功电能表	国标	2014.4.15			采购、修试、退役	招标、品控、检修、试验、退役、报废	用电	电能计量
209.2-107	GB/T 17215.303—2013	交流电测量设备 特殊要求 第3部分：数字化电能表	国标	2014.7.15			采购、修试、退役	招标、品控、检修、试验、退役、报废	用电	电能计量
209.2-108	GB/T 17215.304—2017	交流电测量设备 特殊要求 第4部分：经电子互感器接入的静止式电能表	国标	2018.2.1			采购、修试、退役	招标、品控、检修、试验、退役、报废	用电	电能计量
209.2-109	GB/T 17215.311—2008	交流电测量设备 特殊要求 第11部分：机电式有功电能表（0.5、1和2级）	国标	2009.1.1	IEC 62053-11：2003，MOD	GB/T 15283—1994	采购、修试、退役	招标、品控、检修、试验、退役、报废	用电	电能计量
209.2-110	GB/T 17215.321—2008	交流电测量设备 特殊要求 第21部分：静止式有功电能表（1级和2级）	国标	2009.1.1	IEC 62053-21：2003，IDT	GB/T 17215—2002	采购、修试、退役	招标、品控、检修、试验、退役、报废	用电	电能计量
209.2-111	GB/T 17215.322—2008	交流电测量设备 特殊要求 第22部分：静止式有功电能表（0.2S级和0.5S级）	国标	2009.1.1	IEC 62053-22：2003，IDT	GB/T 17883—1999	采购、修试、退役	招标、品控、检修、试验、退役、报废	用电	电能计量
209.2-112	GB/T 17215.323—2008	交流电测量设备 特殊要求 第23部分：静止式无功电能表（2级和3级）	国标	2009.1.1	IEC 62053-23：2003，IDT	GB/T 17882—1999	采购、修试、退役	招标、品控、检修、试验、退役、报废	用电	电能计量

体系结构号	标准编号	标准名称	标准级别	实施日期	与国际标准对应关系	代替标准	阶段	分阶段	专业	分专业
209.2-113	GB/T 17215.324—2017	交流电测量设备　特殊要求　第 24 部分：静止式基波频率无功电能表（0.5S 级，1S 级和 1 级）	国标	2017.12.1	IEC 62053-24：2014		采购、修试、退役	招标、品控、检修、试验、退役、报废	用电	电能计量
209.2-114	GB/T 17215.610—2018	电测量数据交换　DLMS/COSEM 组件　第 10 部分：智能测量标准化框架	国标	2019.7.1			设计、采购、建设、运维	初设、施工图、招标、品控、施工工艺、验收与质量评定、试运行、运行、维护	用电	电能计量
209.2-115	GB/T 17215.631—2018	电测量数据交换　DLMS/COSEM 组件　第 31 部分：基于双绞线载波信号的局域网使用	国标	2019.7.1		GB/T 19897.2—2005	设计、采购、建设、运维	初设、施工图、招标、品控、施工工艺、验收与质量评定、试运行、运行、维护	用电	电能计量
209.2-116	GB/T 17215.646—2018	电测量数据交换　DLMS/COSEM 组件　第 46 部分：使用 HDLC 协议的数据链路层	国标	2019.7.1		GB/T 19897.4—2005	设计、采购、建设、运维	初设、施工图、招标、品控、施工工艺、验收与质量评定、试运行、运行、维护	用电	电能计量
209.2-117	GB/T 17215.653—2018	电测量数据交换　DLMS/COSEM 组件　第 53 部分：DLMS/COSEM　应用层	国标	2019.7.1		GB/T 19882.33—2007	设计、采购、建设、运维	初设、施工图、招标、品控、施工工艺、验收与质量评定、试运行、运行、维护	用电	电能计量
209.2-118	GB/T 17215.661—2018	电测量数据交换　DLMS/COSEM 组件　第 61 部分：对象标识系统（OBIS）	国标	2019.7.1		GB/T 19882.31—2007	设计、采购、建设、运维	初设、施工图、招标、品控、施工工艺、验收与质量评定、试运行、运行、维护	用电	电能计量
209.2-119	GB/T 17215.662—2018	电测量数据交换　DLMS/COSEM 组件　第 62 部分：COSEM　接口类	国标	2019.7.1		GB/T 19882.32—2007	设计、采购、建设、运维	初设、施工图、招标、品控、施工工艺、验收与质量评定、试运行、运行、维护	用电	电能计量
209.2-120	GB/T 17215.676—2018	电测量数据交换　DLMS/COSEM 组件　第 76 部分：基于 HDLC 的面向连接的三层通信配置	国标	2019.7.1			设计、采购、建设、运维	初设、施工图、招标、品控、施工工艺、验收与质量评定、试运行、运行、维护	用电	电能计量
209.2-121	GB/T 17215.697—2018	电测量数据交换　DLMS/COSEM 组件　第 97 部分：基于 TCP-UDP/IP 网络的通信配置	国标	2019.7.1			设计、采购、建设、运维	初设、施工图、招标、品控、施工工艺、验收与质量评定、试运行、运行、维护	用电	电能计量

体系 结构号	标准编号	标准名称	标准 级别	实施日期	与国际标准 对应关系	代替标准	阶段	分阶段	专业	分专业
209.2-122	GB/T 17215.701—2011	标准电能表	国标	2011.12.1			采购、修试、退役	招标、品控、检修、试验、退役、报废	用电	电能计量
209.2-123	GB/T 19882.1—2005	自动抄表系统　总则	国标	2006.4.1			设计、采购、建设、运维	初设、施工图、招标、品控、施工工艺、验收与质量评定、试运行、运行、维护	用电	电能计量
209.2-124	GB/T 19882.211—2010	自动抄表系统　第 211 部分：低压电力线载波抄表系统　系统要求	国标	2011.6.1			设计、采购、建设、运维	初设、施工图、招标、品控、施工工艺、验收与质量评定、试运行、运行、维护	用电	电能计量
209.2-125	GB/T 19882.212—2012	自动抄表系统　第 212 部分：低压电力线载波抄表系统　载波集中器	国标	2013.6.1			设计、采购、建设、运维	初设、施工图、招标、品控、施工工艺、验收与质量评定、试运行、运行、维护	用电	电能计量
209.2-126	GB/T 19882.213—2012	自动抄表系统.第 213 部分：低压电力线载波抄表系统.载波采集器	国标	2013.6.1			设计、采购、建设、运维	初设、施工图、招标、品控、施工工艺、验收与质量评定、试运行、运行、维护	用电	电能计量
209.2-127	GB/T 19882.222—2017	自动抄表系统　第 222 部分：无线通信抄表系统　物理层规范	国标	2018.7.1			设计、采购、建设、运维	初设、施工图、招标、品控、施工工艺、验收与质量评定、试运行、运行、维护	用电	电能计量
209.2-128	GB/T 19882.223—2017	自动抄表系统　第 223 部分：无线通信抄表系统　数据链路层（MAC 子层）	国标	2018.7.1			设计、采购、建设、运维	初设、施工图、招标、品控、施工工艺、验收与质量评定、试运行、运行、维护	用电	电能计量
209.2-129	GB/T 19897.1—2005	自动抄表系统低层通信协议第 1 部分：直接本地数据交换	国标	2006.4.1	IEC 62056-21：2002，MOD	JB/T 8610—1997	设计、采购、建设、运维	初设、施工图、招标、品控、施工工艺、验收与质量评定、试运行、运行、维护	用电	电能计量
209.2-130	GB/T 19897.3—2005	自动抄表系统低层通信协议第 3 部分：面向连接的异步数据交换的物理层服务进程	国标	2006.4.1	IEC 62056-42：2002，IDT		设计、采购、建设、运维	初设、施工图、招标、品控、施工工艺、验收与质量评定、试运行、运行、维护	用电	电能计量

体系 结构号	标准编号	标准名称	标准 级别	实施日期	与国际标准 对应关系	代替标准	阶段	分阶段	专业	分专业
209.2-131	GB/T 26831.2—2012	社区能源计量抄收系统规范 第2部分：物理层与链路层	国标	2013.2.15	EN 13757，REF		设计、采购、 建设、运维	初设、施工图、招标、 品控、施工工艺、验收 与质量评定、试运行、 运行、维护	用电	电能计量
209.2-132	GB/T 26831.3—2012	社区能源计量抄收系统规范 第3部分：专用应用层	国标	2013.2.15	EN 13757，REF		设计、采购、 建设、运维	初设、施工图、招标、 品控、施工工艺、验收 与质量评定、试运行、 运行、维护	用电	电能计量
209.2-133	GB/T 26831.6—2015	社区能源计量抄收系统规范 第6部分：本地总线	国标	2016.4.1			设计、采购、 建设、运维	初设、施工图、招标、 品控、施工工艺、验收 与质量评定、试运行、 运行、维护	用电	电能计量
209.2-134	GB/T 37968—2019	高压电能计量设备检验装置	国标	2020.3.1			采购、修试、 退役	招标、品控、检修、试 验、退役、报废	用电	电能计量
209.2-135	GB/T 38317.11—2019	智能电能表外形结构和安装 尺寸　第11部分：通用要求	国标	2020.7.1			采购、修试、 退役	招标、品控、检修、试 验、退役、报废	用电	电能计量
209.2-136	GB/T 38317.21—2019	智能电能表外形结构和安装 尺寸　第21部分：结构A型	国标	2020.7.1			采购、修试、 退役	招标、品控、检修、试 验、退役、报废	用电	电能计量
209.2-137	GB/T 38317.22—2019	智能电能表外形结构和安装 尺寸　第22部分：结构B型	国标	2020.7.1			采购、修试、 退役	招标、品控、检修、试 验、退役、报废	用电	电能计量
209.2-138	GB/T 38317.31—2019	智能电能表外形结构和安装 尺寸　第31部分：电气接口	国标	2020.7.1			采购、修试、 退役	招标、品控、检修、试 验、退役、报废	用电	电能计量
209.2-139	JJG 169—2010	互感器校验仪检定规程	国标	2011.5.5		JJG 169—1993	采购、修试、 退役	招标、品控、检修、试 验、退役、报废	用电	电能计量
209.2-140	JJG 313—2010	测量用电流互感器检定规程	国标	2011.5.5		JJG 313—1994	采购、修试、 退役	招标、品控、检修、试 验、退役、报废	用电	电能计量
209.2-141	JJG 314—2010	测量用电压互感器检定规程	国标	2011.5.5		JJG 314—1994	采购、修试、 退役	招标、品控、检修、试 验、退役、报废	用电	电能计量
209.2-142	JJG 596—2012	电子式交流电能表检定规程	国标	2013.4.8		JJG 596—1999	采购、修试、 退役	招标、品控、检修、试 验、退役、报废	用电	电能计量

体系结构号	标准编号	标准名称	标准级别	实施日期	与国际标准对应关系	代替标准	阶段	分阶段	专业	分专业
209.2-143	JJG 597—2005	交流电能表检定装置检定规程	国标	2006.6.20		JJG 597—1989	采购、修试、退役	招标、品控、检修、试验、退役、报废	用电	电能计量
209.2-144	JJG 691—2014	多费率交流电能表检定规程	国标	2014.12.15		JJG 691—1990	采购、修试、退役	招标、品控、检修、试验、退役、报废	用电	电能计量
209.2-145	JJG 1021—2007	电力互感器检定规程	国标	2007.5.28			采购、修试、退役	招标、品控、检修、试验、退役、报废	用电	电能计量
209.2-146	JJG 1085—2013	标准电能表检定规程	国标	2013.8.27		JJG 596—1999	采购、修试、退役	招标、品控、检修、试验、退役、报废	用电	电能计量
209.2-147	JJG 2074—1990	交流电能计量器具检定系统	国标	1991.5.1			采购、修试、退役	招标、品控、检修、试验、退役、报废	用电	电能计量
209.2-148	JJF 1036—1993	交流电能表检定装置试验规范	国标	1993.10.1			采购、修试、退役	招标、品控、检修、试验、退役、报废	用电	电能计量
209.2-149	IEC 62056-8-3—2013	电量测量数据交换 DLMS/COSEM 套件 第8-3部分：社区网络 PLCS-FSK 通信配置文件	国际标准	2013.5.16		IEC 13/1526/FDIS—2013	设计、采购建设、运维	初设、施工图、招标、品控、施工工艺、验收与质量评定、试运行、运行、维护	用电	电能计量
209.3 市场营销-营业服务										
209.3-1	DL/T 1917—2018	电力用户业扩报装技术规范	行标	2019.5.1			设计、采购建设、运维	初设、施工图、招标、品控、施工工艺、验收与质量评定、试运行、运行、维护	用电	营销服务
209.3-2	DL/T 2046—2019	供电服务热线客户服务规范	行标	2019.10.1			运维	运行	用电	营销服务
209.3-3	SB/T 11221—2018	客户服务专业人员技术要求	行标	2019.4.1			设计、采购建设、运维	初设、施工图、招标、品控、施工工艺、验收与质量评定、试运行、运行、维护	用电	营销服务
209.3-4	GB/T 19012—2019	质量管理 顾客满意 组织投诉处理指南	国标	2020.1.1		GB/T 19012—2008	运维	运行	用电	营销服务
209.3-5	GB/T 28583—2012	供电服务规范	国标	2012.10.1			建设、运维	施工工艺、验收与质量评定、试运行、运行、维护	用电	营销服务

体系结构号	标准编号	标准名称	标准级别	实施日期	与国际标准对应关系	代替标准	阶段	分阶段	专业	分专业
209.3-6	GB/T 36339—2018	智能客服语义库技术要求	国标	2019.1.1			设计、采购、建设、运维	初设、施工图、招标、品控、施工工艺、验收与质量评定、试运行、运行、维护	用电	营销服务
209.4 市场营销-营销技术										
209.4-1	DL/T 1747—2017	电力营销现场移动作业终端技术规范	行标	2018.3.1			采购、修试、退役	招标、品控、检修、试验、退役、报废	用电	营销服务
209.5 市场营销-售电市场										
209.5-1	T/CEC 387—2020	售电技术支持系统技术规范	团标	2021.2.1			规划、设计、采购、建设、运维	初设、施工图、招标、品控、施工工艺、验收与质量评定、试运行、运行、维护	用电	售电市场
209.5-2	DL/T 1008—2019	电力中长期交易平台功能规范	行标	2020.5.1		DL/T 1008—2006	设计、采购、建设、运维	初设、施工图、招标、品控、施工工艺、验收与质量评定、试运行、运行、维护	用电	售电市场
209.5-3	DL/T 1834—2018	电力市场主体信用信息采集指南	行标	2018.7.1			规划、设计、采购、建设、运维	规划、初设、招标、品控、施工工艺、验收与质量评定、试运行、运行、维护	用电	售电市场
209.5-4	DL/T 2039—2019	地方电网售电控制中心基本配置技术条件	行标	2019.10.1			规划、设计	规划、初设、施工图	用电	售电市场
209.5-5	SD 125—1984	近期需电量和电力负荷预测导则（试行）	行标	1984.10.5			规划、设计	规划、初设、施工图	用电	售电市场
209.5-6	GB/T 3485—1998	评价企业合理用电技术导则	国标	1998.9.1		GB 3485—1983	建设	施工工艺、验收与质量评定、试运行	用电	售电市场
209.6 市场营销-需求侧管理										
209.6-1	Q/CSG 1203067—2019	网侧电力负荷综合特性监测终端设备技术要求	企标	2019.12.30			采购、修试、退役	招标、品控、检修、试验、退役、报废	用电	需求侧管理
209.6-2	T/CEC 104—2016	电力企业能源管理系统设计导则	团标	2017.1.1			设计、建设	初设、施工图、施工工艺、验收与质量评定、试运行	用电	需求侧管理

体系结构号	标准编号	标准名称	标准级别	实施日期	与国际标准对应关系	代替标准	阶段	分阶段	专业	分专业
209.6-3	T/CEC 105—2016	电力企业能源管理系统验收规范	团标	2017.1.1			建设	施工工艺、验收与质量评定、试运行	用电	需求侧管理
209.6-4	T/CEC 133—2017	工业园区电力需求响应系统技术规范	团标	2017.8.1			设计、采购、建设、运维、修试、退役	初设、施工图、招标、品控、施工工艺、验收与质量评定、试运行、运行、维护、检修、试验、退役、报废	用电	需求侧管理
209.6-5	T/CEC 239.1—2019	电力需求响应信息模型 第1部分：集中式空调系统	团标	2020.1.1			规划、设计	规划、初设、施工图	用电	需求侧管理
209.6-6	T/CEC 239.2—2019	电力需求响应信息模型 第2部分：分散式空调系统	团标	2020.1.1			规划、设计	规划、初设、施工图	用电	需求侧管理
209.6-7	T/CEC 239.3—2019	电力需求响应信息模型 第3部分：电热水器	团标	2020.1.1			规划、设计	规划、初设、施工图	用电	需求侧管理
209.6-8	T/CEC 239.4—2019	电力需求响应信息模型 第4部分：电热锅炉	团标	2020.1.1			规划、设计	规划、初设、施工图	用电	需求侧管理
209.6-9	T/CEC 239.5—2019	电力需求响应信息模型 第5部分：电冰箱	团标	2020.1.1			规划、设计	规划、初设、施工图	用电	需求侧管理
209.6-10	T/CEC 239.6—2019	电力需求响应信息模型 第6部分：用户侧分布式电源	团标	2020.1.1			规划、设计	规划、初设、施工图	用电	需求侧管理
209.6-11	T/CEC 239.7—2019	电力需求响应信息模型 第7部分：电动汽车	团标	2020.1.1			规划、设计	规划、初设、施工图	用电	需求侧管理
209.6-12	T/CEC 276—2019	电力需求侧管理项目节约电力测量技术规范	团标	2020.1.1			规划、设计	规划、初设、施工图	用电	需求侧管理
209.6-13	T/CSEE 0167—2020	电力需求响应系统数据模型技术规范	团标	2020.1.15			规划、设计	规划、初设、施工图	用电	需求侧管理
209.6-14	DL/T 268—2012	工商业电力用户应急电源配置技术导则	行标	2012.7.1			设计、采购、建设、运维、修试、退役	初设、施工图、招标、品控、施工工艺、验收与质量评定、试运行、运行、维护、检修、试验、退役、报废	用电	需求侧管理

体系结构号	标准编号	标准名称	标准级别	实施日期	与国际标准对应关系	代替标准	阶段	分阶段	专业	分专业
209.6-15	DL/T 1330—2014	电力需求侧管理项目效果评估导则	行标	2014.8.1			设计、建设	初设、施工图、施工工艺、验收与质量评定、试运行	用电	需求侧管理
209.6-16	DL/T 1398.1—2014	智能家居系统 第1部分：总则	行标	2015.3.1			规划、设计、采购、建设、运维、修试、退役	规划、初设、施工图、招标、品控、施工工艺、验收与质量评定、试运行、运行、维护、检修、试验、退役、报废	用电	需求侧管理
209.6-17	DL/T 1398.2—2014	智能家居系统 第2部分：功能规范	行标	2015.3.1			设计、采购、建设、运维、修试、退役	初设、施工图、招标、品控、施工工艺、验收与质量评定、试运行、运行、维护、检修、试验、退役、报废	用电	需求侧管理
209.6-18	DL/T 1398.31—2014	智能家居系统 第3-1部分：家庭能源网关技术规范	行标	2015.3.1			设计、采购、建设、运维、修试	初设、施工图、招标、品控、试运行、运行、维护、检修、试验	用电	需求侧管理
209.6-19	DL/T 1398.32—2014	智能家居系统 第3-2部分：智能用电交互终端技术规范	行标	2015.3.1			设计、采购、建设、运维、修试	初设、施工图、招标、品控、试运行、运行、维护、检修、试验	用电	需求侧管理
209.6-20	DL/T 1398.33—2014	智能家居系统 第3-3部分：智能插座技术规范	行标	2015.3.1			设计、采购、建设、运维、修试	初设、施工图、招标、品控、试运行、运行、维护、检修、试验	用电	需求侧管理
209.6-21	DL/T 1398.34—2014	智能家居系统 第3-4部分：家电监控模块技术规范	行标	2015.3.1			设计、采购、建设、运维、修试	初设、施工图、招标、品控、试运行、运行、维护、检修、试验	用电	需求侧管理
209.6-22	DL/T 1398.41—2014	智能家居系统 第4-1部分：通信协议-服务中心主站与家庭能源网关通信	行标	2015.3.1			规划、采购	规划、招标、品控	用电	需求侧管理
209.6-23	DL/T 1398.42—2014	智能家居系统 第4-2部分：通信协议-家庭能源网关下行通信	行标	2015.3.1			规划、采购	规划、招标、品控	用电	需求侧管理
209.6-24	DL/T 1759—2017	电力负荷聚合服务商需求响应系统技术规范	行标	2018.3.1			采购、运维、退役	招标、品控、运行、维护、退役、报废	用电	需求侧管理

体系结构号	标准编号	标准名称	标准级别	实施日期	与国际标准对应关系	代替标准	阶段	分阶段	专业	分专业
209.6-25	DL/T 1764—2017	电力用户有序用电价值评估技术导则	行标	2018.3.1			采购、建设	招标、品控、施工工艺、验收与质量评定、试运行	用电	需求侧管理
209.6-26	DL/T 1765—2017	非生产性空调负荷柔性调控技术导则	行标	2018.3.1			设计、采购、建设、运维	初设、施工图、招标、品控、试运行、运行、维护	用电	需求侧管理
209.6-27	DL/T 1867—2018	电力需求响应信息交换规范	行标	2018.10.1			设计、建设、运维	初设、施工图、施工工艺、验收与质量评定、试运行、运行、维护	用电	需求侧管理
209.6-28	DL/T 2116—2020	电力需求响应系统信息交换测试规范	行标	2021.2.1			设计、建设、运维	初设、施工图、施工工艺、验收与质量评定、试运行、运行、维护	用电	需求侧管理
209.6-29	DL/T 2196—2020	电力需求侧辅助服务导则	行标	2021.2.1			采购、建设	招标、品控、施工工艺、验收与质量评定、试运行	用电	需求侧管理
209.6-30	NB/T 42058—2015	智能电网用户端系统通用技术要求	行标	2015.12.1			设计、采购、建设、运维	初设、施工图、招标、品控、施工工艺、验收与质量评定、试运行、运行、维护	用电	需求侧管理
209.6-31	NB/T 42119.1—2017	智能电网用户端能源管理系统 第1部分：技术导则	行标	2017.12.1			采购、运维、退役	招标、品控、运行、维护、退役、报废	用电	需求侧管理
209.6-32	NB/T 42119.2—2017	智能电网用户端能源管理系统 第2部分：主站系统技术规范	行标	2017.12.1			采购、运维、退役	招标、品控、运行、维护、退役、报废	用电	需求侧管理
209.6-33	GB/T 8222—2008	用电设备电能平衡通则	国标	2009.5.1		GB/T 8222—1987	规划、设计、运维	规划、初设、施工图、运行、维护	用电	需求侧管理
209.6-34	GB/T 31991.1—2015	电能服务管理平台技术规范 第1部分：总则	国标	2016.4.1			设计、采购、建设、运维	初设、施工图、招标、品控、施工工艺、验收与质量评定、试运行、运行、维护	用电	需求侧管理

体系 结构号	标准编号	标准名称	标准 级别	实施日期	与国际标准 对应关系	代替标准	阶段	分阶段	专业	分专业
209.6-35	GB/T 31991.2—2015	电能服务管理平台技术规范 第2部分：功能规范	国标	2016.4.1			设计、采购、 建设、运维	初设、施工图、招标、 品控、施工工艺、验收 与质量评定、试运行、 运行、维护	用电	需求侧管理
209.6-36	GB/T 31991.3—2015	电能服务管理平台技术规范 第3部分：接口规范	国标	2016.4.1			设计、采购、 建设、运维	初设、施工图、招标、 品控、施工工艺、验收 与质量评定、试运行、 运行、维护	用电	需求侧管理
209.6-37	GB/T 31991.4—2015	电能服务管理平台技术规范 第4部分：设计规范	国标	2016.4.1			设计、采购、 建设、运维	初设、施工图、招标、 品控、施工工艺、验收 与质量评定、试运行、 运行、维护	用电	需求侧管理
209.6-38	GB/T 31991.5—2015	电能服务管理平台技术规范 第5部分：安全防护规范	国标	2016.4.1			设计、采购、 建设、运维	初设、施工图、招标、 品控、施工工艺、验收 与质量评定、试运行、 运行、维护	用电	需求侧管理
209.6-39	GB/T 31993—2015	电能服务管理平台管理规范	国标	2016.4.1			设计、采购、 建设、运维	初设、施工图、招标、 品控、施工工艺、验收 与质量评定、试运行、 运行、维护	用电	需求侧管理
209.6-40	GB/T 32127—2015	需求响应效果监测与综合效 益评价导则	国标	2016.5.1			设计、建设	初设、施工图、施工工 艺、验收与质量评定、 试运行	用电	需求侧管理
209.6-41	GB/T 32672—2016	电力需求响应系统通用技术 规范	国标	2016.11.1			设计	初设、施工图	用电	需求侧管理
209.6-42	GB/T 33905.1—2017	智能传感器　第1部分：总 则	国标	2018.2.1			规划、设计、 采购、建设、 运维、修试、 退役	规划、初设、施工图、 招标、品控、施工工艺、 验收与质量评定、试运 行、运行、维护、检修、 试验、退役、报废	用电	需求侧管理
209.6-43	GB/T 33905.2—2017	智能传感器　第2部分：物 联网应用行规	国标	2018.2.1			设计	初设、施工图	用电	需求侧管理
209.6-44	GB/T 33905.4—2017	智能传感器　第4部分：性 能评定方法	国标	2018.2.1			设计、采购	初设、施工图、招标、 品控	用电	需求侧管理

体系 结构号	标准编号	标准名称	标准 级别	实施日期	与国际标准 对应关系	代替标准	阶段	分阶段	专业	分专业
209.6-45	GB/T 33905.5—2017	智能传感器 第 5 部分：检查和例行试验方法	国标	2018.2.1			运维、修试	运行、维护、检修、试验	用电	需求侧管理
209.6-46	GB/T 34067.1—2017	户内智能用电显示终端 第 1 部分：通用技术要求	国标	2018.2.1			设计、采购、建设、运维、修试、退役	初设、施工图、招标、品控、施工工艺、验收与质量评定、试运行、运行、维护、检修、试验、退役、报废	用电	需求侧管理
209.6-47	GB/T 34067.2—2019	户内智能用电显示终端 第 2 部分：数据交换	国标	2019.12.1			设计、采购、建设、运维、修试、退役	初设、施工图、招标、品控、施工工艺、验收与质量评定、试运行、运行、维护、检修、试验、退役、报废	用电	需求侧管理
209.6-48	GB/T 34068—2017	物联网总体技术 智能传感器接口规范	国标	2018.2.1			设计、采购、运维	初设、施工图、招标、品控、运行、维护	用电	需求侧管理
209.6-49	GB/T 34069—2017	物联网总体技术 智能传感器特性与分类	国标	2018.2.1			设计、采购、运维	初设、施工图、招标、品控、运行、维护	用电	需求侧管理
209.6-50	GB/T 34070—2017	物联网电流变送器规范	国标	2018.2.1			设计、采购、运维	初设、施工图、招标、品控、运行、维护	用电	需求侧管理
209.6-51	GB/T 34071—2017	物联网总体技术 智能传感器可靠性设计方法与评审	国标	2018.2.1			设计	初设、施工图	用电	需求侧管理
209.6-52	GB/T 34072—2017	物联网温度变送器规范	国标	2018.2.1			设计、采购、运维	初设、施工图、招标、品控、运行、维护	用电	需求侧管理
209.6-53	GB/T 34073—2017	物联网压力变送器规范	国标	2018.2.1			设计、采购、运维	初设、施工图、招标、品控、运行、维护	用电	需求侧管理
209.6-54	GB/T 34116—2017	智能电网用户自动需求响应分散式空调系统终端技术条件	国标	2018.2.1			设计、采购、运维	初设、施工图、招标、品控、运行、维护	用电	需求侧管理
209.6-55	GB/T 35031.1—2018	用户端能源管理系统 第 1 部分：导则	国标	2018.12.1			规划、设计、采购、建设、运维	规划、初设、施工图、招标、品控、施工工艺、验收与质量评定、试运行、运行、维护	用电	需求侧管理
209.6-56	GB/T 35031.2—2018	用户端能源管理系统 第 2 部分：主站功能规范	国标	2018.12.1			设计、采购、运维	初设、施工图、招标、品控、运行、维护	用电	需求侧管理

体系结构号	标准编号	标准名称	标准级别	实施日期	与国际标准对应关系	代替标准	阶段	分阶段	专业	分专业
209.6-57	GB/T 35031.301—2018	用户端能源管理系统 第3-1部分：子系统接口网关一般要求	国标	2018.12.1			设计、采购、运维	初设、施工图、招标、品控、运行、维护	用电	需求侧管理
209.6-58	GB/T 35031.6—2019	用户端能源管理系统 第6部分：管理指标体系	国标	2020.1.1			设计、采购、运维	初设、施工图、招标、品控、运行、维护	用电	需求侧管理
209.6-59	GB/T 35031.7—2019	用户端能源管理系统 第7部分：功能分类和系统分级	国标	2020.1.1			设计、采购、运维	初设、施工图、招标、品控、运行、维护	用电	需求侧管理
209.6-60	GB/T 35681—2017	电力需求响应系统功能规范	国标	2018.7.1			设计、采购	初设、施工图、招标、品控	用电	需求侧管理
209.6-61	GB/T 36423—2018	智能家用电器操作有效性通用要求	国标	2019.1.1			采购、运维、修试	招标、品控、运行、维护、检修	用电	需求侧管理
209.6-62	GB/T 36424.1—2018	物联网家电接口规范 第1部分：控制系统与通信模块间接口	国标	2019.1.1			设计、采购、建设、运维	初设、施工图、招标、品控、施工工艺、验收与质量评定、试运行、运行、维护	用电	需求侧管理
209.6-63	GB/T 36426—2018	智能家用电器服务平台通用要求	国标	2019.1.1			设计、采购、建设、运维	初设、施工图、招标、品控、施工工艺、验收与质量评定、试运行、运行、维护	用电	需求侧管理
209.6-64	GB/T 36427—2018	物联网家电一致性测试规范	国标	2019.1.1			建设、修试	验收与质量评定、试验	用电	需求侧管理
209.6-65	GB/T 36428—2018	物联网家电公共指令集	国标	2019.1.1			设计、采购、建设、运维	初设、施工图、招标、品控、施工工艺、验收与质量评定、试运行、运行、维护	用电	需求侧管理
209.6-66	GB/T 36429—2018	物联网家电系统结构及应用模型	国标	2019.1.1			设计、采购	初设、招标	用电	需求侧管理
209.6-67	GB/T 36430—2018	物联网家电描述文件	国标	2019.1.1			设计、采购、建设、运维	初设、施工图、招标、品控、施工工艺、验收与质量评定、试运行、运行、维护	用电	需求侧管理
209.6-68	GB/T 36432—2018	智能家用电器系统架构和参考模型	国标	2019.1.1			设计、采购	初设、招标	用电	需求侧管理

体系结构号	标准编号	标准名称	标准级别	实施日期	与国际标准对应关系	代替标准	阶段	分阶段	专业	分专业
209.6-69	GB/T 36461—2018	物联网标识体系 OID 应用指南	国标	2019.1.1			设计、采购、运维	初设、施工图、招标、品控、运行、维护	用电	需求侧管理
209.6-70	GB/T 36620—2018	面向智慧城市的物联网技术应用指南	国标	2019.5.1			设计、采购、建设、运维	初设、施工图、招标、品控、施工工艺、验收与质量评定、试运行、运行、维护	用电	需求侧管理
209.6-71	GB/T 37016—2018	电力用户需求响应节约电力测量与验证技术要求	国标	2019.7.1			规划、设计、建设	规划、初设、施工图、施工工艺、验收与质量评定、试运行	用电	需求侧管理
209.6-72	IEEE 2030.6—2016	电力用户需求响应效益评价技术导则	国际标准	2016.5.16			运维	运行、维护	用电	需求侧管理
209.7 市场营销-用电安全										
209.7-1	GB/T 13869—2017	用电安全导则	国标	2018.7.1		GB/T 13869—2008	设计、采购、建设、运维、修试	初设、施工图、招标、品控、施工工艺、验收与质量评定、试运行、运行、维护、检修、试验	用电	其他
209.7-2	GB/T 31989—2015	高压电力用户用电安全	国标	2016.4.1			设计、采购、建设、运维、修试	初设、施工图、招标、品控、施工工艺、验收与质量评定、试运行、运行、维护、检修、试验	用电	其他
209.8 市场营销-其他										
209.8-1	Q/CSG 1209019—2019	电能替代技术经济评价导则	企标	2019.12.30			规划、设计	规划、初设、施工图	用电	其他
209.8-2	GB/T 28219—2018	智能家用电器通用技术要求	国标	2019.1.1		GB/T 28219—2011	采购、运维、修试	招标、品控、运行、维护、检修	用电	其他
210 信息技术										
210.1 信息技术-基础综合										
210.1-1	Q/CSG 1203073—2020	南方电网智能终端技术规范（试行）	企标	2020.9.30		Q/CSG 1204005.67.6—2014	规划、设计、采购、建设、运维、修试、退役	规划、初设、施工图、招标、品控、施工工艺、验收与质量评定、试运行、运行、维护、检修、试验、退役、报废	信息	基础设施、信息资源、信息安全、其他

体系 结构号	标准编号	标准名称	标准 级别	实施日期	与国际标准 对应关系	代替标准	阶段	分阶段	专业	分专业
210.1-2	Q/CSG 1210042—2020	中国南方电网公司数据中心接口标准规范	企标	2020.6.30			规划、设计、采购、建设、运维、修试、退役	规划、初设、施工图、招标、品控、施工工艺、验收与质量评定、试运行、运行、维护、检修、试验、退役、报废	信息	基础设施、信息资源、信息安全、其他
210.1-3	Q/CSG 1210043—2020	南网云微服务开发设计规范（试行）	企标	2020.10.30			规划、设计、采购、建设、运维、修试、退役	规划、初设、施工图、招标、品控、施工工艺、验收与质量评定、试运行、运行、维护、检修、试验、退役、报废	信息	基础设施、信息资源、信息安全、其他
210.1-4	T/CSEE 0168—2020	电网企业数据管理能力成熟度评估模型	团标				规划	规划	信息	基础设施、信息资源、信息安全、其他
210.1-5	T/CEC 294—2020	电网智能运检管控系统功能规范	团标	2020.10.1			规划、设计、采购、建设、运维、修试、退役	规划、初设、施工图、招标、品控、施工工艺、验收与质量评定、试运行、运行、维护、检修、试验、退役、报废	信息	基础设施、信息资源、信息安全、其他
210.1-6	T/CSEE 0133.1—2019	电力信息化系统关系数据库（开源部分）第1部分：SQL编码规范	团标	2019.3.1			规划、设计、建设、运维	规划、初设、施工图、施工工艺、验收与质量评定、运行、维护	信息	基础设施、信息资源、信息安全、其他
210.1-7	T/CSEE 0133.2—2019	电力信息化系统关系数据库（开源部分）第2部分：迁移规范	团标	2019.3.1			规划、设计、建设、运维	规划、初设、施工图、施工工艺、验收与质量评定、运行、维护	信息	基础设施、信息资源、信息安全、其他
210.1-8	T/CSEE 0137—2019	电网企业IT服务台能力评估规范	团标	2019.3.1			规划、设计、建设、运维	规划、初设、施工图、施工工艺、验收与质量评定、运行、维护	信息	基础设施、信息资源、信息安全、其他
210.1-9	T/CSEE 0164—2020	分布式电源并网通信技术规范	团标	2020.1.15			规划、设计、建设、运维	规划、初设、施工图、施工工艺、验收与质量评定、运行、维护	信息	基础设施、信息资源、信息安全、其他
210.1-10	GB/T 19668.2—2017	信息技术服务 监理 第2部分：基础设施工程监理规范	国标	2018.2.1		GB/T 19668.2—2007；GB/T 19668.3—2007；GB/T 19668.4—2007	建设	施工工艺、验收与质量评定	信息	基础设施、信息资源、信息安全、其他

体系结构号	标准编号	标准名称	标准级别	实施日期	与国际标准对应关系	代替标准	阶段	分阶段	专业	分专业
210.1-11	DL/T 2014—2019	电力信息化项目后评价	行标	2019.10.1			运维、修试	运行、维护、检修、试验	信息	基础设施、信息资源、信息安全、其他
210.1-12	DL/T 2015—2019	电力信息化软件工程度量规范	行标	2019.10.1			建设	施工工艺、验收与质量评定	信息	基础设施、信息资源、信息安全、其他
210.1-13	DL/T 2075—2019	电力企业信息化架构	行标	2020.5.1			规划、设计、建设、运维	规划、初设、施工图、施工工艺、验收与质量评定、运行、维护	信息	基础设施、信息资源、信息安全、其他
210.1-14	DL/T 2097—2020	大坝安全信息分类与系统接口技术规范	行标	2021.2.1			规划、设计、采购、建设、运维、修试、退役	规划、初设、施工图、招标、品控、施工工艺、验收与质量评定、试运行、运行、维护、检修、试验、退役、报废	发电	水电
210.1-15	DL/T 2150—2020	变电设备运行温度监测装置技术规范	行标	2021.2.1			规划、设计、建设、运维	规划、初设、施工图、施工工艺、验收与质量评定、运行、维护	信息	基础设施、信息资源、信息安全、其他
210.1-16	DL/T 2203—2020	发电厂监控系统信息安全管理导则	行标	2021.2.1			规划、设计、建设、运维	规划、初设、施工图、施工工艺、验收与质量评定、运行、维护	信息	基础设施、信息资源、信息安全、其他
210.1-17	YD/T 1402—2018	互联网网间互联总体技术要求	行标	2019.4.1	YD/T 1402—2009		规划、设计、建设、运维	规划、初设、施工图、施工工艺、验收与质量评定、运行、维护	信息	基础设施、信息资源、信息安全、其他
210.1-18	JB/T 1403—2020	移动电站 产品型号编制规则	行标	2021.1.1		JB/T 1403—1999	规划、设计、采购	规划、初设、招标	信息	其他
210.1-19	YD/T 1641—2020	互联网网络和业务服务质量技术要求	行标	2021.1.1		YD/T 1641—2007	规划、设计、建设、运维	规划、初设、施工图、施工工艺、验收与质量评定、运行、维护	信息	基础设施、信息资源、信息安全、其他
210.1-20	YD/T 2441—2013	互联网数据中心技术及分级分类标准	行标	2013.6.1			规划、设计、建设、运维	规划、初设、施工图、施工工艺、验收与质量评定、运行、维护	信息	基础设施、信息资源、信息安全、其他

体系结构号	标准编号	标准名称	标准级别	实施日期	与国际标准对应关系	代替标准	阶段	分阶段	专业	分专业
210.1-21	YD/T 2442—2013	互联网数据中心资源占用、能效及排放技术要求和评测方法	行标	2013.6.1			规划、设计、建设	规划、初设、施工图、施工工艺、验收与质量评定、试运行	信息	基础设施、信息资源、信息安全、其他
210.1-22	YD/T 3015—2016	公众无线局域网运行管理指标	行标	2016.4.1			运维	运行、维护	信息	基础设施、信息资源、信息安全、其他
210.1-23	YD/T 3169—2020	互联网新技术新业务安全评估指南	行标	2020.10.1		YD/T 3169—2016	运维	运行、维护	信息	基础设施、信息资源、信息安全、其他
210.1-24	YD/T 3368—2018	互联网网间路由策略及流量调整技术要求	行标	2019.4.1			运维	运行、维护	信息	基础设施、信息资源、信息安全、其他
210.1-25	YD/T 3373—2018	运营商向企业用户提供业务的SIP中继技术要求	行标	2019.4.1			运维	运行、维护	信息	基础设施、信息资源、信息安全、其他
210.1-26	YD/T 3439—2019	互联网流量分类方法及编码规范	行标	2019.10.1			规划、设计、建设	规划、初设、施工图、施工工艺、验收与质量评定、试运行	信息	基础设施、信息资源、信息安全、其他
210.1-27	YD/T 3440—2019	互联网流量分类识别离线评测方法	行标	2019.10.1			建设、修试	验收与质量评定、试验	信息	基础设施、信息资源、信息安全、其他
210.1-28	YD/T 3441—2019	互联网流量分类识别输出格式要求	行标	2019.10.1			规划、设计、建设	规划、初设、施工图、施工工艺、验收与质量评定、试运行	信息	基础设施、信息资源、信息安全、其他
210.1-29	YD/T 3442—2019	互联网流量分类识别在线评测方法	行标	2019.10.1			建设、修试	验收与质量评定、试验	信息	基础设施、信息资源、信息安全、其他
210.1-30	YD/T 3443—2019	互联网流量分类样本标注方法	行标	2019.10.1			规划、设计、建设	规划、初设、施工图、施工工艺、验收与质量评定、试运行	信息	基础设施、信息资源、信息安全、其他
210.1-31	YD/T 3444—2019	互联网流量分类样本获取方法	行标	2019.10.1			规划、设计、建设	规划、初设、施工图、施工工艺、验收与质量评定、试运行	信息	基础设施、信息资源、信息安全、其他

体系结构号	标准编号	标准名称	标准级别	实施日期	与国际标准对应关系	代替标准	阶段	分阶段	专业	分专业
210.1-32	YD/T 3507—2019	支持多业务承载的 IP/MPLS 网络流量监测技术要求	行标	2020.1.1			规划、设计、建设	规划、初设、施工图、施工工艺、验收与质量评定、试运行	信息	基础设施、信息资源、信息安全、其他
210.1-33	YD/T 3508—2019	OF-CONFIG 协议技术要求	行标	2020.1.1			规划、设计、建设	规划、初设、施工图、施工工艺、验收与质量评定、试运行	信息	基础设施、信息资源、信息安全、其他
210.1-34	YD/T 3509—2019	段路由技术要求	行标	2020.1.1			规划、设计、建设	规划、初设、施工图、施工工艺、验收与质量评定、试运行	信息	基础设施、信息资源、信息安全、其他
210.1-35	YD/T 3511—2019	灾备数据去重系统技术要求	行标	2020.1.1			规划、设计、建设	规划、初设、施工图、施工工艺、验收与质量评定、试运行	信息	基础设施、信息资源、信息安全、其他
210.1-36	YD/T 3523—2019	基于移动互联网的企业移动办公系统服务指标要求和评估方法	行标	2020.1.1			规划、设计、采购、建设、运维、修试、退役	规划、初设、施工图、招标、品控、施工工艺、验收与质量评定、试运行、运行、维护、检修、试验、退役、报废	信息	基础设施、信息资源、信息安全、其他
210.1-37	YD/T 3525—2019	基于移动互联网的推送平台服务指标要求和评估方法	行标	2020.1.1			规划、设计、采购、建设、运维、修试、退役	规划、初设、施工图、招标、品控、施工工艺、验收与质量评定、试运行、运行、维护、检修、试验、退役、报废	信息	基础设施、信息资源、信息安全、其他
210.1-38	YD/T 3533—2019	智慧城市数据开放共享的总体架构	行标	2020.1.1			规划、设计、建设	规划、初设、施工图、施工工艺、验收与质量评定、试运行	信息	基础设施、信息资源、信息安全、其他
210.1-39	YD/T 3542—2019	云服务开通过程运维管理技术要求	行标	2020.1.1			规划、设计、建设	规划、初设、施工图、施工工艺、验收与质量评定、试运行	信息	基础设施、信息资源、信息安全、其他
210.1-40	YD/T 3563—2019	互联网接入服务质量测试方法	行标	2020.1.1			建设、修试	验收与质量评定、试验	信息	基础设施、信息资源、信息安全、其他

体系结构号	标准编号	标准名称	标准级别	实施日期	与国际标准对应关系	代替标准	阶段	分阶段	专业	分专业
210.1-41	YD/T 3565—2019	互联网信息服务备案编号编码规则	行标	2020.1.1			规划、设计、建设	规划、初设、施工图、施工工艺、验收与质量评定、试运行	信息	基础设施、信息资源、信息安全、其他
210.1-42	YD/T 3595.1—2019	大数据管理技术要求 第1部分：管理框架	行标	2020.1.1			规划、设计、建设	规划、初设、施工图、施工工艺、验收与质量评定、试运行	信息	基础设施、信息资源、信息安全、其他
210.1-43	YD/T 3739—2020	互联网新技术新业务安全评估要求 即时通信业务	行标	2020.10.1			规划、设计、建设	规划、初设、施工图、施工工艺、验收与质量评定、试运行	信息	基础设施、信息资源、信息安全、其他
210.1-44	YD/T 3740—2020	互联网新技术新业务安全评估要求 互联网资源协作服务	行标	2020.10.1			规划、设计、建设	规划、初设、施工图、施工工艺、验收与质量评定、试运行	信息	基础设施、信息资源、信息安全、其他
210.1-45	YD/T 3741—2020	互联网新技术新业务安全评估要求 大数据技术应用与服务	行标	2020.10.1			规划、设计、建设	规划、初设、施工图、施工工艺、验收与质量评定、试运行	信息	基础设施、信息资源、信息安全、其他
210.1-46	YD/T 3742—2020	互联网新技术新业务安全评估要求 内容分发业务	行标	2020.10.1			规划、设计、建设	规划、初设、施工图、施工工艺、验收与质量评定、试运行	信息	基础设施、信息资源、信息安全、其他
210.1-47	YD/T 3743—2020	互联网新技术新业务安全评估要求 信息搜索查询服务	行标	2020.10.1			规划、设计、建设	规划、初设、施工图、施工工艺、验收与质量评定、试运行	信息	基础设施、信息资源、信息安全、其他
210.1-48	YD/T 3749.1—2020	物联网信息系统安全运维通用要求 第1部分：总体要求	行标	2020.10.1			规划、设计、建设	规划、初设、施工图、施工工艺、验收与质量评定、试运行	信息	基础设施、信息资源、信息安全、其他
210.1-49	YD/T 3759—2020	大数据 商务智能（BI）分析工具技术要求与测试方法	行标	2020.10.1			规划、设计、建设	规划、初设、施工图、施工工艺、验收与质量评定、试运行	信息	基础设施、信息资源、信息安全、其他
210.1-50	YD/T 3760—2020	大数据 数据管理平台技术要求与测试方法	行标	2020.10.1			规划、设计、建设	规划、初设、施工图、施工工艺、验收与质量评定、试运行	信息	基础设施、信息资源、信息安全、其他
210.1-51	YD/T 3761—2020	大数据 数据集成工具技术要求与测试方法	行标	2020.10.1			规划、设计、建设	规划、初设、施工图、施工工艺、验收与质量评定、试运行	信息	基础设施、信息资源、信息安全、其他

体系结构号	标准编号	标准名称	标准级别	实施日期	与国际标准对应关系	代替标准	阶段	分阶段	专业	分专业
210.1-52	YD/T 3762—2020	大数据 数据挖掘平台技术要求与测试方法	行标	2020.10.1			规划、设计、建设	规划、初设、施工图、施工工艺、验收与质量评定、试运行	信息	基础设施、信息资源、信息安全、其他
210.1-53	YD/T 3763.4—2020	研发运营一体化（DevOps）能力成熟度模型 第4部分：技术运营	行标	2020.10.1			规划、设计、建设	规划、初设、施工图、施工工艺、验收与质量评定、试运行	信息	基础设施、信息资源、信息安全、其他
210.1-54	YD/T 3764.11—2020	云计算服务客户信任体系能力要求 第11部分：应用托管容器服务	行标	2020.10.1			规划、设计、建设	规划、初设、施工图、施工工艺、验收与质量评定、试运行	信息	基础设施、信息资源、信息安全、其他
210.1-55	YD/T 3764.12—2020	云计算服务客户信任体系能力要求 第12部分：云缓存服务	行标	2020.10.1			规划、设计、建设	规划、初设、施工图、施工工艺、验收与质量评定、试运行	信息	基础设施、信息资源、信息安全、其他
210.1-56	YD/T 3764.13—2020	云计算服务客户信任体系能力要求 第13部分：云分发服务	行标	2020.10.1			规划、设计、建设	规划、初设、施工图、施工工艺、验收与质量评定、试运行	信息	基础设施、信息资源、信息安全、其他
210.1-57	YD/T 3772—2020	大数据 时序数据库技术要求与测试方法	行标	2021.1.1			规划、设计、建设	规划、初设、施工图、施工工艺、验收与质量评定、试运行	信息	基础设施、信息资源、信息安全、其他
210.1-58	YD/T 3773—2020	大数据 分布式批处理平台技术要求与测试方法	行标	2021.1.1			规划、设计、建设	规划、初设、施工图、施工工艺、验收与质量评定、试运行	信息	基础设施、信息资源、信息安全、其他
210.1-59	YD/T 3774—2020	大数据 分布式分析型数据库技术要求与测试方法	行标	2021.1.1			规划、设计、建设	规划、初设、施工图、施工工艺、验收与质量评定、试运行	信息	基础设施、信息资源、信息安全、其他
210.1-60	YD/T 3775—2020	大数据 分布式事务数据库技术要求与测试方法	行标	2021.1.1			规划、设计、建设	规划、初设、施工图、施工工艺、验收与质量评定、试运行	信息	基础设施、信息资源、信息安全、其他
210.1-61	SJ/T 11234—2001	软件过程能力评估模型	行标	2001.5.1			规划	规划	信息	基础设施、信息资源、信息安全、其他
210.1-62	SJ/T 11235—2001	软件能力成熟度模型	行标	2001.5.1			规划	规划	信息	基础设施、信息资源、信息安全、其他

体系结构号	标准编号	标准名称	标准级别	实施日期	与国际标准对应关系	代替标准	阶段	分阶段	专业	分专业
210.1-63	SJ/T 11374—2007	软件构件产品质量 第1部分：质量模型	行标	2008.1.20			建设	验收与质量评定	信息	基础设施、信息资源、信息安全、其他
210.1-64	SJ/T 11375—2007	软件构件产品质量 第2部分：质量度量	行标	2008.1.20			建设	验收与质量评定	信息	基础设施、信息资源、信息安全、其他
210.1-65	SJ/T 11435—2015	信息技术服务 服务管理技术要求	行标	2016.4.1			规划、运维	规划、运行、维护	信息	基础设施、信息资源、信息安全、其他
210.1-66	SJ/T 11445.2—2012	信息技术服务 外包 第2部分：数据（信息）保护规范	行标	2013.1.1			规划、采购、运维	规划、招标、品控、运行、维护	信息	基础设施、信息资源、信息安全、其他
210.1-67	SJ/T 11445.5—2018	信息技术服务 外包 第5部分：发包方项目管理规范	行标	2018.10.1			规划、采购、运维	规划、招标、品控、运行、维护	信息	基础设施、信息资源、信息安全、其他
210.1-68	SJ/T 11548.1—2015	信息技术 社会服务管理三维数字社会服务管理系统技术规范 第1部分：总则	行标	2016.4.1			规划	规划	信息	基础设施、信息资源、信息安全、其他
210.1-69	SJ/T 11564.4—2015	信息技术服务 运行维护第4部分：数据中心规范	行标	2016.4.1			规划、运维	规划、运行、维护	信息	基础设施、信息资源、信息安全、其他
210.1-70	SJ/T 11565.1—2015	信息技术服务 咨询设计第1部分：通用要求	行标	2016.4.1			规划、设计	规划、初设	信息	基础设施、信息资源、信息安全、其他
210.1-71	SJ/T 11620—2016	信息技术 软件和系统工程FISMA1.1 功能规模测量方法	行标	2016.6.1	ISO/IEC 29881：2010，IDT		修试	试验	信息	基础设施、信息资源、信息安全、其他
210.1-72	SJ/T 11621—2016	信息技术 软件资产管理成熟度评估基准	行标	2016.6.1			规划	规划	信息	基础设施、信息资源、信息安全、其他
210.1-73	SJ/T 11622—2016	信息技术 软件资产管理实施指南	行标	2016.6.1			建设、运维	施工工艺、验收与质量评定、运行、维护	信息	基础设施、信息资源、信息安全、其他

体系结构号	标准编号	标准名称	标准级别	实施日期	与国际标准对应关系	代替标准	阶段	分阶段	专业	分专业
210.1-74	SJ/T 11623—2016	信息技术服务 从业人员能力规范	行标	2016.6.1			采购、运维、建设	招标、运行、维护、施工工艺、验收与质量评定、试运行	信息	基础设施、信息资源、信息安全、其他
210.1-75	SJ/T 11674.1—2017	信息技术服务 集成实施 第1部分：通用要求	行标	2018.1.1			建设	施工工艺	信息	基础设施、信息资源、信息安全、其他
210.1-76	SJ/T 11674.2—2017	信息技术服务 集成实施 第2部分：项目实施规范	行标	2017.7.1			建设	施工工艺	信息	基础设施、信息资源、信息安全、其他
210.1-77	SJ/T 11684—2018	信息技术服务 信息系统服务监理规范	行标	2018.10.1			规划、设计、采购、建设、运维、修试、退役	规划、初设、施工图、招标、品控、施工工艺、验收与质量评定、试运行、运行、维护、检修、试验、退役、报废	信息	基础设施、信息资源、信息安全、其他
210.1-78	SJ/T 11691—2017	信息技术服务 服务级别协议指南	行标	2018.1.1			规划、设计、采购、建设、运维、修试、退役	规划、初设、施工图、招标、品控、施工工艺、验收与质量评定、试运行、运行、维护、检修、试验、退役、报废	信息	基础设施、信息资源、信息安全、其他
210.1-79	SJ/T 11693.1—2017	信息技术服务 服务管理 第1部分：通用要求	行标	2018.1.1			规划、设计、采购、建设、运维、修试、退役	规划、初设、施工图、招标、品控、施工工艺、验收与质量评定、试运行、运行、维护、检修、试验、退役、报废	信息	基础设施、信息资源、信息安全、其他
210.1-80	SJ/T 11754—2020	信息技术 条码测试版	行标	2020.10.1			规划、设计、采购	规划、初设、招标	信息	其他
210.1-81	GB/T 5271.2—1988	数据处理 词汇 第02部分：算术和逻辑运算	国标	1989.5.1	ISO 2382/2-76，EQV		规划、设计、采购、建设、运维、修试、退役	规划、初设、施工图、招标、品控、施工工艺、验收与质量评定、试运行、运行、维护、检修、试验、退役、报废	信息	基础设施、信息资源、信息安全、其他

体系结构号	标准编号	标准名称	标准级别	实施日期	与国际标准对应关系	代替标准	阶段	分阶段	专业	分专业
210.1-82	GB/T 5271.3—2008	信息技术 词汇 第3部分：设备技术	国标	2008.12.1	ISO 2382-3：1987，IDT	GB/T 5271.3—1987	规划、设计、采购、建设、运维、修试、退役	规划、初设、施工图、招标、品控、施工工艺、验收与质量评定、试运行、运行、维护、检修、试验、退役、报废	信息	基础设施、信息资源、信息安全、其他
210.1-83	GB/T 5271.4—2000	信息技术 词汇 第4部分：数据的组织	国标	2001.3.1	ISO/IEC 2382-4：1987，EQV	GB/T 5271.4—1985	规划、设计、采购、建设、运维、修试、退役	规划、初设、施工图、招标、品控、施工工艺、验收与质量评定、试运行、运行、维护、检修、试验、退役、报废	信息	基础设施、信息资源、信息安全、其他
210.1-84	GB/T 5271.5—2008	信息技术 词汇 第5部分：数据表示	国标	2008.12.1	ISO/IEC 2382-5：1999，IDT	GB/T 5271.5—1987	规划、设计、采购、建设、运维、修试、退役	规划、初设、施工图、招标、品控、施工工艺、验收与质量评定、试运行、运行、维护、检修、试验、退役、报废	信息	基础设施、信息资源、信息安全、其他
210.1-85	GB/T 5271.6—2000	信息技术 词汇 第6部分：数据的准备与处理	国标	2001.3.1	ISO/IEC 2382-6：1987，EQV	GB/T 5271.6—1985	规划、设计、采购、建设、运维、修试、退役	规划、初设、施工图、招标、品控、施工工艺、验收与质量评定、试运行、运行、维护、检修、试验、退役、报废	信息	基础设施、信息资源、信息安全、其他
210.1-86	GB/T 5271.7—2008	信息技术 词汇 第7部分：计算机编程	国标	2008.12.1	ISO/IEC 2382-7：2000，IDT	GB/T 5271.7—1986	规划、设计、采购、建设、运维、修试、退役	规划、初设、施工图、招标、品控、施工工艺、验收与质量评定、试运行、运行、维护、检修、试验、退役、报废	信息	基础设施、信息资源、信息安全、其他
210.1-87	GB/T 5271.8—2001	信息技术 词汇 第8部分：安全	国标	2002.3.1	ISO/IEC 2382-8：1998，IDT	GB/T 5271.8—1993	规划、设计、采购、建设、运维、修试、退役	规划、初设、施工图、招标、品控、施工工艺、验收与质量评定、试运行、运行、维护、检修、试验、退役、报废	信息	基础设施、信息资源、信息安全、其他
210.1-88	GB/T 5271.9—2001	信息技术 词汇 第9部分：数据通信	国标	2002.3.1	ISO/IEC 2382-9：1995，EQV	GB/T 5271.9—1986	规划、设计、采购、建设、运维、修试、退役	规划、初设、施工图、招标、品控、施工工艺、验收与质量评定、试运行、运行、维护、检修、试验、退役、报废	信息	基础设施、信息资源、信息安全、其他

体系结构号	标准编号	标准名称	标准级别	实施日期	与国际标准对应关系	代替标准	阶段	分阶段	专业	分专业
210.1-89	GB/T 5271.11—2000	信息技术 词汇 第 11 部分：处理器	国标	2001.3.1	ISO/IEC 2382-11：1987，EQV	GB/T 5271.11—1985	规划、设计、采购、建设、运维、修试、退役	规划、初设、施工图、招标、品控、施工工艺、验收与质量评定、试运行、运行、维护、检修、试验、退役、报废	信息	基础设施、信息资源、信息安全、其他
210.1-90	GB/T 5271.12—2000	信息技术 词汇 第 12 部分：外围设备	国标	2001.3.1	ISO/IEC 2382-12—1988，EQV	GB/T 5271.12—1985	规划、设计、采购、建设、运维、修试、退役	规划、初设、施工图、招标、品控、施工工艺、验收与质量评定、试运行、运行、维护、检修、试验、退役、报废	信息	基础设施、信息资源、信息安全、其他
210.1-91	GB/T 5271.13—2008	信息技术 词汇 第 13 部分：计算机图形	国标	2008.12.1	ISO/IEC 2382-13：1996，IDT	GB/T 5271.13—1988	规划、设计、采购、建设、运维、修试、退役	规划、初设、施工图、招标、品控、施工工艺、验收与质量评定、试运行、运行、维护、检修、试验、退役、报废	信息	基础设施、信息资源、信息安全、其他
210.1-92	GB/T 5271.14—2008	信息技术 词汇 第 14 部分：可靠性、可维护性与可用性	国标	2008.12.1	ISO/IEC 2382-14：1997，IDT	GB/T 5271.14—1985	规划、设计、采购、建设、运维、修试、退役	规划、初设、施工图、招标、品控、施工工艺、验收与质量评定、试运行、运行、维护、检修、试验、退役、报废	信息	基础设施、信息资源、信息安全、其他
210.1-93	GB/T 5271.15—2008	信息技术 词汇 第 15 部分：编程语言	国标	2008.12.1	ISO/IEC 2382-15：1999，IDT	GB/T 5271.15—1986	规划、设计、采购、建设、运维、修试、退役	规划、初设、施工图、招标、品控、施工工艺、验收与质量评定、试运行、运行、维护、检修、试验、退役、报废	信息	基础设施、信息资源、信息安全、其他
210.1-94	GB/T 5271.16—2008	信息技术 词汇 第 16 部分：信息论	国标	2008.12.1	ISO/IEC 2382-16：1996，IDT	GB/T 5271.16—1986	规划、设计、采购、建设、运维、修试、退役	规划、初设、施工图、招标、品控、施工工艺、验收与质量评定、试运行、运行、维护、检修、试验、退役、报废	信息	基础设施、信息资源、信息安全、其他
210.1-95	GB/T 5271.18—2008	信息技术 词汇 第 18 部分：分布式数据处理	国标	2008.12.1	ISO/IEC 2382-18：1999，IDT	GB/T 5271.18—1993	规划、设计、采购、建设、运维、修试、退役	规划、初设、施工图、招标、品控、施工工艺、验收与质量评定、试运行、运行、维护、检修、试验、退役、报废	信息	基础设施、信息资源、信息安全、其他

体系结构号	标准编号	标准名称	标准级别	实施日期	与国际标准对应关系	代替标准	阶段	分阶段	专业	分专业
210.1-96	GB/T 5271.19—2008	信息技术 词汇 第 19 部分：模拟计算	国标	2008.12.1	ISO/IEC 2382-19：1989，IDT	GB/T 5271.19—1986	规划、设计、采购、建设、运维、修试、退役	规划、初设、施工图、招标、品控、施工工艺、验收与质量评定、试运行、运行、维护、检修、试验、退役、报废	信息	基础设施、信息资源、信息安全、其他
210.1-97	GB/T 5271.20—1994	信息技术 词汇 20 部分 系统开发	国标	1995.8.1	ISO/IEC 2382-20：1990，EQV		规划、设计、采购、建设、运维、修试、退役	规划、初设、施工图、招标、品控、施工工艺、验收与质量评定、试运行、运行、维护、检修、试验、退役、报废	信息	基础设施、信息资源、信息安全、其他
210.1-98	GB/T 5271.22—1993	数据处理 词汇 22 部分：计算器	国标	1993.8.1	ISO 2382-22：1986，EQV		规划、设计、采购、建设、运维、修试、退役	规划、初设、施工图、招标、品控、施工工艺、验收与质量评定、试运行、运行、维护、检修、试验、退役、报废	信息	基础设施、信息资源、信息安全、其他
210.1-99	GB/T 5271.23—2000	信息技术 词汇 第 23 部分：文本处理	国标	2001.3.1	ISO/IEC 2382-23：1994，EQV		规划、设计、采购、建设、运维、修试、退役	规划、初设、施工图、招标、品控、施工工艺、验收与质量评定、试运行、运行、维护、检修、试验、退役、报废	信息	基础设施、信息资源、信息安全、其他
210.1-100	GB/T 5271.24—2000	信息技术 词汇 第 24 部分：计算机集成制造	国标	2001.3.1	ISO/IEC 2382-24：1995，EQV		规划、设计、采购、建设、运维、修试、退役	规划、初设、施工图、招标、品控、施工工艺、验收与质量评定、试运行、运行、维护、检修、试验、退役、报废	信息	基础设施、信息资源、信息安全、其他
210.1-101	GB/T 5271.25—2000	信息技术 词汇 第 25 部分：局域网	国标	2001.3.1	ISO/IEC 2382-25：1992，EQV		规划、设计、采购、建设、运维、修试、退役	规划、初设、施工图、招标、品控、施工工艺、验收与质量评定、试运行、运行、维护、检修、试验、退役、报废	信息	基础设施、信息资源、信息安全、其他
210.1-102	GB/T 5271.27—2001	信息技术 词汇 第 27 部分：办公自动化	国标	2002.3.1	ISO/IEC 2382-27：1994，EQV		规划、设计、采购、建设、运维、修试、退役	规划、初设、施工图、招标、品控、施工工艺、验收与质量评定、试运行、运行、维护、检修、试验、退役、报废	信息	基础设施、信息资源、信息安全、其他

体系结构号	标准编号	标准名称	标准级别	实施日期	与国际标准对应关系	代替标准	阶段	分阶段	专业	分专业
210.1-103	GB/T 5271.28—2001	信息技术 词汇 第28部分：人工智能 基本概念与专家系统	国标	2002.3.1	ISO/IEC 2382-28：1995，EQV		规划、设计、采购、建设、运维、修试、退役	规划、初设、施工图、招标、品控、施工工艺、验收与质量评定、试运行、运行、维护、检修、试验、退役、报废	信息	基础设施、信息资源、信息安全、其他
210.1-104	GB/T 5271.29—2006	信息技术 词汇 第29部分：人工智能 语音识别与合成	国标	2006.7.1	ISO/IEC 2382-29：1999，IDT		规划、设计、采购、建设、运维、修试、退役	规划、初设、施工图、招标、品控、施工工艺、验收与质量评定、试运行、运行、维护、检修、试验、退役、报废	信息	基础设施、信息资源、信息安全、其他
210.1-105	GB/T 5271.31—2006	信息技术 词汇 第31部分：人工智能 机器学习	国标	2006.7.1	ISO/IEC 2382-31：1997，IDT		规划、设计、采购、建设、运维、修试、退役	规划、初设、施工图、招标、品控、施工工艺、验收与质量评定、试运行、运行、维护、检修、试验、退役、报废	信息	基础设施、信息资源、信息安全、其他
210.1-106	GB/T 5271.32—2006	信息技术 词汇 第32部分：电子邮件	国标	2006.7.1	ISO/IEC 2382-32：1998，IDT		规划、设计、采购、建设、运维、修试、退役	规划、初设、施工图、招标、品控、施工工艺、验收与质量评定、试运行、运行、维护、检修、试验、退役、报废	信息	基础设施、信息资源、信息安全、其他
210.1-107	GB/T 5271.34—2006	信息技术 词汇 第34部分：人工智能 神经网络	国标	2006.7.1	ISO/IEC 2382-34：1999，IDT		规划、设计、采购、建设、运维、修试、退役	规划、初设、施工图、招标、品控、施工工艺、验收与质量评定、试运行、运行、维护、检修、试验、退役、报废	信息	基础设施、信息资源、信息安全、其他
210.1-108	GB/T 8566—2007	信息技术 软件生存周期过程	国标	2007.7.1	ISO/IEC 12207：1995，MOD	GB/T 8566—2001	规划、设计、采购、建设、运维、修试、退役	规划、初设、施工图、招标、品控、施工工艺、验收与质量评定、试运行、运行、维护、检修、试验、退役、报废	信息	基础设施、信息资源、信息安全、其他
210.1-109	GB/T 8567—2006	计算机软件文档编制规范	国标	2006.7.1		GB/T 8567—1988	规划、设计、采购、建设、运维、修试、退役	规划、初设、施工图、招标、品控、施工工艺、验收与质量评定、试运行、运行、维护、检修、试验、退役、报废	信息	基础设施、信息资源、信息安全、其他

体系 结构号	标准编号	标准名称	标准 级别	实施日期	与国际标准 对应关系	代替标准	阶段	分阶段	专业	分专业
210.1-110	GB/T 9385—2008	计算机软件需求规格说明规范	国标	2008.9.1		GB/T 9385—1988	规划、设计	规划、初设	信息	基础设施、信息资源、信息安全、其他
210.1-111	GB/T 9386—2008	计算机软件测试文档编制规范	国标	2008.9.1		GB/T 9386—1988	建设	验收与质量评定	信息	基础设施、信息资源、信息安全、其他
210.1-112	GB/T 12118—1989	数据处理 词汇 第21部分：过程计算机系统和技术过程间的接口	国标	1990.7.1	ISO 2382-21：1985，EQV		规划、设计、采购、建设、运维、修试、退役	规划、初设、施工图、招标、品控、施工工艺、验收与质量评定、试运行、运行、维护、检修、试验、退役、报废	信息	基础设施、信息资源、信息安全、其他
210.1-113	GB/T 12200.2—1994	汉语信息处理 词汇 第02部分：汉语和汉字	国标	1995.8.1			规划、设计、采购、建设、运维、修试、退役	规划、初设、施工图、招标、品控、施工工艺、验收与质量评定、试运行、运行、维护、检修、试验、退役、报废	信息	基础设施、信息资源、信息安全、其他
210.1-114	GB/T 13191—2009	信息与文献图书馆统计	国标	2009.9.1	ISO 2789：2006，IDT	GB/T 13191—1991	规划、设计、采购、建设、运维、修试、退役	规划、初设、施工图、招标、品控、施工工艺、验收与质量评定、试运行、运行、维护、检修、试验、退役、报废	信息	基础设施、信息资源、信息安全、其他
210.1-115	GB/T 15532—2008	计算机软件测试规范	国标	2008.9.1		GB/T 15532—1995	建设、修试	验收与质量评定、试验	信息	基础设施、信息资源、信息安全、其他
210.1-116	GB/T 16264.2—2008	信息技术 开放系统互连 目录 第2部分：模型	国标	2009.1.1	ISO/IEC 9594-2：2005，IDT	GB/T 16264.2—1996	规划、设计	规划、初设	信息	基础设施、信息资源、信息安全、其他
210.1-117	GB/T 16644—2008	信息技术 开放系统互连 公共管理信息服务	国标	2009.1.1	ISO/IEC 9595：1998，IDT	GB/T 16644—1996	规划、设计、建设	规划、初设、施工工艺、验收与质量评定	信息	基础设施、信息资源、信息安全、其他
210.1-118	GB/T 16645.1—2008	信息技术 开放系统互连 公共管理信息协议 第1部分：规范	国标	2009.1.1	ISO/IEC 9596-1：1998，IDT	GB/T 16645.1—1996	规划、设计、建设	规划、初设、施工工艺、验收与质量评定	信息	基础设施、信息资源、信息安全、其他

体系结构号	标准编号	标准名称	标准级别	实施日期	与国际标准对应关系	代替标准	阶段	分阶段	专业	分专业
210.1-119	GB/T 16680—2015	系统与软件工程 用户文档的管理者要求	国标	2016.7.1		GB/T 16680—1996	运维	运行、维护	信息	基础设施、信息资源、信息安全、其他
210.1-120	GB/T 16720.1—2005	工业自动化系统 制造报文规范 第1部分：服务定义	国标	2005.6.1	IDT ISO 9506-1：2003		规划、设计、采购	规划、初设、招标	信息	其他
210.1-121	GB/T 16720.2—2005	工业自动化系统 制造报文规范 第2部分：协议规范	国标	2005.6.1	IDT ISO 9506-2：2003	GB/T 16720.2—1996；GB/T 16721—1996	规划、设计、采购	规划、初设、招标	信息	其他
210.1-122	GB/T 16973.1—1997	信息技术 文本与办公系统文件归档和检索（DFR）第1部分：抽象服务定义和规程	国标	1998.4.1	ISO/IEC 10166-1：1991，IDT		运维	运行、维护	信息	基础设施、信息资源、信息安全、其他
210.1-123	GB/T 17142—2008	信息技术 开放系统互连 系统管理综述	国标	2009.2.1	IDT ISO/IEC 10040：1998	GB/T 17142—1997	规划	规划	信息	基础设施、信息资源、信息安全、其他
210.1-124	GB/T 17173.1—2015	信息技术 开放系统互连 分布式事务处理 第1部分：OSI TP 模型	国标	2016.1.1	ISO/IEC 10026-1：1998，IDT	GB/T 17173.1—1997	规划、设计	规划、初设	信息	基础设施、信息资源、信息安全、其他
210.1-125	GB/T 17173.2—2015	信息技术 开放系统互连 分布式事务处理 第2部分：OSI TP 服务	国标	2016.1.1	ISO/IEC 10026-2：1998，IDT	GB/T 17173.2—1997	规划、设计	规划、初设	信息	基础设施、信息资源、信息安全、其他
210.1-126	GB/T 17173.3—2014	信息技术 开放系统互连 分布式事务处理 第3部分：协议规范	国标	2014.12.1		GB/T 17173.3—1997	规划、设计	规划、初设	信息	基础设施、信息资源、信息安全、其他
210.1-127	GB/T 17969.1—2015	信息技术 开放系统互连 OSI登记机构的操作规程 第1部分：一般规程和国际对象标识符树的顶级弧	国标	2016.8.1	ISO/IEC 9834-1：2008，NEQ	GB/T 17969.1—2000	规划、设计	规划、初设	信息	基础设施、信息资源、信息安全、其他
210.1-128	GB/T 18234—2000	信息技术 CASE 工具的评价与选择指南	国标	2001.8.1	ISO/IEC 14102：1995，IDT		采购、建设、修试	招标、品控、施工工艺、验收与质量评定、试运行、检修、试验	信息	基础设施、信息资源、信息安全、其他

体系结构号	标准编号	标准名称	标准级别	实施日期	与国际标准对应关系	代替标准	阶段	分阶段	专业	分专业
210.1-129	GB/Z 18493—2001	信息技术 软件生存周期过程指南	国标	2002.6.1	ISO/IEC TR 15271：1998，IDT		规划、设计、采购、建设、运维、修试、退役	规划、初设、施工图、招标、品控、施工工艺、验收与质量评定、试运行、运行、维护、检修、试验、退役、报废	信息	基础设施、信息资源、信息安全、其他
210.1-130	GB/T 18787.1—2015	信息技术 电子书 第1部分：设备通用规范	国标	2017.1.1		GB/T 18787—2002	规划、设计、采购、建设、运维、修试、退役	规划、初设、施工图、招标、品控、施工工艺、验收与质量评定、试运行、运行、维护、检修、试验、退役、报废	信息	基础设施、信息资源、信息安全、其他
210.1-131	GB/T 18903—2002	信息技术 服务质量：框架	国标	2003.5.1	ISO/IEC 13236：1998，IDT		采购、建设、运维	招标、品控、施工工艺、验收与质量评定、运行、维护	信息	基础设施、信息资源、信息安全、其他
210.1-132	GB/T 25000.41—2018	系统与软件工程系统与软件质量要求和评价（SQuaRE） 第41部分：开发方、需方和独立评价方评价指南	国标	2019.7.1	ISO/IEC 25041：2012	GB/T 18905.3—2002；GB/T 18905.4—2002；GB/T 18905.5—2002	采购、建设	招标、验收与质量评定	信息	基础设施、信息资源、信息安全、其他
210.1-133	GB/T 18905.6—2002	软件工程 产品评价 第6部分：评价模块的文档编制	国标	2003.5.1	ISO/IEC 14598-6：2001，IDT		采购、建设	招标、验收与质量评定	信息	基础设施、信息资源、信息安全、其他
210.1-134	GB/Z 18914—2014	信息技术 软件工程 CASE工具的采用指南	国标	2015.2.1	ISO/IEC TR 14471：2007	GB/Z 18914—2002	采购、建设、修试	招标、品控、施工工艺、验收与质量评定、试运行、检修、试验	信息	基础设施、信息资源、信息安全、其他
210.1-135	GB/T 19668.3—2017	信息技术服务 监理 第3部分：运行维护监理规范	国标	2018.2.1			建设	施工工艺、验收与质量评定	信息	基础设施、信息资源、信息安全、其他
210.1-136	GB/T 19668.4—2017	信息技术服务 监理 第4部分：信息安全监理规范	国标	2018.2.1		GB/T 19668.6—2007	建设	施工工艺、验收与质量评定	信息	基础设施、信息资源、信息安全、其他
210.1-137	GB/T 19668.5—2018	信息技术服务 监理 第5部分：软件工程监理规范	国标	2019.1.1		GB/T 19668.5—2007	建设	施工工艺、验收与质量评定	信息	基础设施、信息资源、信息安全、其他

体系结构号	标准编号	标准名称	标准级别	实施日期	与国际标准对应关系	代替标准	阶段	分阶段	专业	分专业
210.1-138	GB/T 19668.6—2019	信息技术服务 监理 第6部分：应用系统：数据中心工程监理规范	国标	2020.3.1			建设	施工工艺、验收与质量评定	信息	基础设施、信息资源、信息安全、其他
210.1-139	DL/T 1730—2017	电力信息网络设备测试规范	行标	2017.12.1			修试	试验	信息	基础设施
210.1-140	GB/Z 23283—2009	基于文件的电子信息的长期保存	国标	2009.9.1	ISO/TR 18492:2005，IDT		运维	运行、维护	信息	基础设施、信息资源、信息安全、其他
210.1-141	GB/T 20157—2006	信息技术 软件维护	国标	2006.7.1	ISO/IEC 14764:1999，IDT		规划、设计、采购、建设、运维、修试、退役	规划、初设、施工图、招标、品控、施工工艺、验收与质量评定、试运行、运行、维护、检修、试验、退役、报废	信息	基础设施、信息资源、信息安全、其他
210.1-142	GB/T 20158—2006	信息技术 软件生存周期过程 配置管理	国标	2006.7.1	ISO/IEC TR 15846:1998，IDT		规划、设计、采购、建设、运维、修试、退役	规划、初设、施工图、招标、品控、施工工艺、验收与质量评定、试运行、运行、维护、检修、试验、退役、报废	信息	基础设施、信息资源、信息安全、其他
210.1-143	GB/T 20918—2007	信息技术 软件生存周期过程 风险管理	国标	2007.7.1			规划、设计、采购、建设、运维、修试、退役	规划、初设、施工图、招标、品控、施工工艺、验收与质量评定、试运行、运行、维护、检修、试验、退役、报废	信息	基础设施、信息资源、信息安全、其他
210.1-144	GB/T 22118—2008	企业信用信息采集、处理和提供规范	国标	2008.11.1			规划、设计、采购、建设、运维	规划、初设、招标、品控、施工工艺、验收与质量评定、试运行、运行、维护	信息	基础设施、信息资源、信息安全、其他
210.1-145	GB/T 36341.3—2018	信息技术 形状建模信息表示 第3部分：流式传输	国标	2019.1.1			规划、设计、采购、建设、运维、修试、退役	规划、初设、施工图、招标、品控、施工工艺、验收与质量评定、试运行、运行、维护、检修、试验、退役、报废	信息	基础设施、信息资源、信息安全、其他

体系结构号	标准编号	标准名称	标准级别	实施日期	与国际标准对应关系	代替标准	阶段	分阶段	专业	分专业
210.1-146	GB/T 23001—2017	信息化和工业化融合管理体系　要求	国标	2017.5.22			规划、设计、采购、建设、运维、修试、退役	规划、初设、施工图、招标、品控、施工工艺、验收与质量评定、试运行、运行、维护、检修、试验、退役、报废	信息	基础设施、信息资源、信息安全、其他
210.1-147	GB/T 23002—2017	信息化和工业化融合管理体系　实施指南	国标	2017.11.1			规划、设计、采购、建设、运维、修试、退役	规划、初设、施工图、招标、品控、施工工艺、验收与质量评定、试运行、运行、维护、检修、试验、退役、报废	信息	基础设施、信息资源、信息安全、其他
210.1-148	GB/T 23003—2018	信息化和工业化融合管理体系　评定指南	国标	2018.12.28			规划、设计、采购、建设、运维、修试、退役	规划、初设、施工图、招标、品控、施工工艺、验收与质量评定、试运行、运行、维护、检修、试验、退役、报废	信息	基础设施、信息资源、信息安全、其他
210.1-149	GB/T 23704—2017	二维条码符号印制质量的检验	国标	2018.7.1	ISO/IEC 15415:2011	GB/T 23704—2009	规划、设计、采购、建设、运维	规划、初设、施工图、招标、品控、施工工艺、验收与质量评定、试运行、运行、维护	信息	其他
210.1-150	GB/T 24734.1—2009	技术产品文件　数字化产品定义数据通则　第1部分：术语和定义	国标	2010.9.1	ISO 16792—2006，NEQ		规划、设计、采购、建设	规划、初设、施工图、招标、品控、施工工艺、验收与质量评定、试运行	信息	基础设施、信息资源、信息安全、其他
210.1-151	GB/T 25000.2—2018	系统与软件工程　系统与软件质量要求和评价（SQuaRE）第2部分：计划与管理	国标	2021.1.1		GB/T 18905.2—2002	采购、建设	招标、验收与质量评定	信息	基础设施、信息资源、信息安全、其他
210.1-152	GB/T 25000.10—2016	系统与软件工程　系统与软件质量要求和评价（SQuaRE）第10部分：系统与软件质量模型	国标	2017.5.1	ISO/IEC 25010:2011	GB/T 16260.1—2006	规划、设计、采购、建设	规划、初设、施工图、招标、品控、施工工艺、验收与质量评定、试运行	信息	基础设施、信息资源、信息安全、其他
210.1-153	GB/T 25000.12—2017	系统与软件工程　系统与软件质量要求和评价（SQuaRE）第12部分：数据质量模型	国标	2018.5.1	ISO/IEC 25012:2008		规划、设计、采购、建设	规划、初设、施工图、招标、品控、施工工艺、验收与质量评定、试运行	信息	基础设施、信息资源、信息安全、其他

体系结构号	标准编号	标准名称	标准级别	实施日期	与国际标准对应关系	代替标准	阶段	分阶段	专业	分专业
210.1-154	GB/T 25000.21—2019	系统与软件工程 系统与软件质量要求和评价（SQuaRE）第21部分：质量测度元素	国标	2020.3.1			规划、设计、采购、建设	规划、初设、施工图、招标、品控、施工工艺、验收与质量评定、试运行	信息	基础设施、信息资源、信息安全、其他
210.1-155	GB/T 25000.22—2019	系统与软件工程 系统与软件质量要求和评价（SQuaRE）第22部分：使用质量测量	国标	2006.7.1	ISO/IEC TR 9126-4：2004，IDT	GB/T 16260.4—2006	规划、设计、采购、建设、运维、修试、退役	规划、初设、施工图、招标、品控、施工工艺、验收与质量评定、试运行、运行、维护、检修、试验、退役、报废	信息	基础设施、信息资源、信息安全、其他
210.1-156	GB/T 25000.23—2019	系统与软件工程 系统与软件质量要求和评价（SQuaRE）第23部分：系统与软件产品质量测量	国标	2020.3.1	ISO/IEC TR 9126-2：2003，IDT	GB/T 16260.2—2006；GB/T 16260.3—2006	规划、设计、采购、建设、运维、修试、退役	规划、初设、施工图、招标、品控、施工工艺、验收与质量评定、试运行、运行、维护、检修、试验、退役、报废	信息	基础设施、信息资源、信息安全、其他
210.1-157	GB/T 25000.24—2017	系统与软件工程 系统与软件质量要求和评价（SQuaRE）第24部分：数据质量测量	国标	2018.5.1	ISO/IEC 25024：2015		规划、设计、采购、建设	规划、初设、施工图、招标、品控、施工工艺、验收与质量评定、试运行	信息	基础设施、信息资源、信息安全、其他
210.1-158	GB/T 25000.40—2018	系统与软件工程 系统与软件质量要求和评价（SQuaRE）第40部分：评价过程	国标	2021.1.1		GB/T 18905.1—2002	采购、建设	招标、验收与质量评定	信息	基础设施、信息资源、信息安全、其他
210.1-159	GB/T 25000.45—2018	系统与软件工程 系统与软件质量要求和评价（SQuaRE）第45部分：易恢复性的评价模块	国标	2021.1.1			规划、设计、采购、建设	规划、初设、施工图、招标、品控、施工工艺、验收与质量评定、试运行	信息	基础设施、信息资源、信息安全、其他
210.1-160	GB/T 25000.51—2016	系统与软件工程 系统与软件质量要求和评价（SQuaRE）第51部分：就绪可用软件产品（RUSP）的质量要求和测试细则	国标	2017.5.1	ISO/IEC 25051：2014	GB/T 25000.51—2010	规划、设计、采购、建设、修试	规划、初设、施工图、招标、品控、施工工艺、验收与质量评定、试运行、试验	信息	基础设施、信息资源、信息安全、其他
210.1-161	GB/T 26231—2017	信息技术 开放系统互连对象标识符（OID）的国家编号体系和操作规程	国标	2017.12.29		GB/T 26231—2010	规划、设计、采购、建设、运维、修试、退役	规划、初设、施工图、招标、品控、施工工艺、验收与质量评定、试运行、运行、维护、检修、试验、退役、报废	信息	基础设施、信息资源、信息安全、其他

体系结构号	标准编号	标准名称	标准级别	实施日期	与国际标准对应关系	代替标准	阶段	分阶段	专业	分专业
210.1-162	GB/T 26335—2010	工业企业信息化集成系统规范	国标	2011.6.1			规划、设计、采购、建设、运维、修试、退役	规划、初设、施工图、招标、品控、施工工艺、验收与质量评定、试运行、运行、维护、检修、试验、退役、报废	信息	基础设施、信息资源、信息安全、其他
210.1-163	GB/T 26857.4—2018	信息技术 开放系统互连 测试方法和规范（MTS）测试和测试控制记法 第3版 第4部分：TTCN-3 操作语义	国标	2019.4.1			规划、设计、采购、建设、运维、修试、退役	规划、初设、施工图、招标、品控、施工工艺、验收与质量评定、试运行、运行、维护、检修、试验、退役、报废	信息	基础设施、信息资源、信息安全、其他
210.1-164	GB/T 27308—2011	合格评定 信息技术服务管理体系认证机构要求	国标	2012.3.1			规划、设计、采购、建设、运维、修试、退役	规划、初设、施工图、招标、品控、施工工艺、验收与质量评定、试运行、运行、维护、检修、试验、退役、报废	信息	基础设施、信息资源、信息安全、其他
210.1-165	GB/T 28827.2—2012	信息技术服务 运行维护 第2部分：交付规范	国标	2013.2.1			运维	运行、维护	信息	基础设施、信息资源、信息安全、其他
210.1-166	GB/T 28827.3—2012	信息技术服务 运行维护 第3部分：应急响应规范	国标	2013.2.1			运维	运行、维护	信息	基础设施、信息资源、信息安全、其他
210.1-167	GB/T 28827.4—2019	信息技术服务 运行维护 第4部分：数据中心服务要求	国标	2020.3.1			运维	运行、维护	信息	基础设施、信息资源、信息安全、其他
210.1-168	GB/T 28827.6—2019	信息技术服务 运行维护 第6部分：应用系统服务要求	国标	2020.3.1			运维	运行、维护	信息	基础设施、信息资源、信息安全、其他
210.1-169	GB/T 29263—2012	信息技术 面向服务的体系结构（SOA）应用的总体技术要求	国标	2013.6.1			规划、设计、采购、建设	规划、初设、招标、品控、施工工艺、验收与质量评定	信息	基础设施、信息资源、信息安全、其他
210.1-170	GB/T 29831.1—2013	系统与软件功能性 第1部分：指标体系	国标	2014.2.1			规划、设计、采购、建设、运维、修试、退役	规划、初设、施工图、招标、品控、施工工艺、验收与质量评定、试运行、运行、维护、检修、试验、退役、报废	信息	基础设施、信息资源、信息安全、其他

体系结构号	标准编号	标准名称	标准级别	实施日期	与国际标准对应关系	代替标准	阶段	分阶段	专业	分专业
210.1-171	GB/T 29831.2—2013	系统与软件功能性 第2部分：度量方法	国标	2014.2.1			规划、设计、采购、建设、运维、修试、退役	规划、初设、施工图、招标、品控、施工工艺、验收与质量评定、试运行、运行、维护、检修、试验、退役、报废	信息	基础设施、信息资源、信息安全、其他
210.1-172	GB/T 29831.3—2013	系统与软件功能性 第3部分：测试方法	国标	2014.2.1			建设、修试	验收与质量评定、试验	信息	基础设施、信息资源、信息安全、其他
210.1-173	GB/T 29832.1—2013	系统与软件可靠性 第1部分：指标体系	国标	2014.2.1			规划、设计、采购、建设、运维、修试、退役	规划、初设、施工图、招标、品控、施工工艺、验收与质量评定、试运行、运行、维护、检修、试验、退役、报废	信息	基础设施、信息资源、信息安全、其他
210.1-174	GB/T 29832.2—2013	系统与软件可靠性 第2部分：度量方法	国标	2014.2.1			规划、设计、采购、建设、运维、修试、退役	规划、初设、施工图、招标、品控、施工工艺、验收与质量评定、试运行、运行、维护、检修、试验、退役、报废	信息	基础设施、信息资源、信息安全、其他
210.1-175	GB/T 29832.3—2013	系统与软件可靠性 第3部分：测试方法	国标	2014.2.1			建设、修试	验收与质量评定、试验	信息	基础设施、信息资源、信息安全、其他
210.1-176	GB/T 29833.1—2013	系统与软件可移植性 第1部分：指标体系	国标	2014.2.1			规划、设计、采购、建设、运维、修试、退役	规划、初设、施工图、招标、品控、施工工艺、验收与质量评定、试运行、运行、维护、检修、试验、退役、报废	信息	基础设施、信息资源、信息安全、其他
210.1-177	GB/T 29833.2—2013	系统与软件可移植性 第2部分：度量方法	国标	2014.2.1			规划、设计、采购、建设、运维、修试、退役	规划、初设、施工图、招标、品控、施工工艺、验收与质量评定、试运行、运行、维护、检修、试验、退役、报废	信息	基础设施、信息资源、信息安全、其他
210.1-178	GB/T 29833.3—2013	系统与软件可移植性 第3部分：测试方法	国标	2014.2.1			建设、修试	验收与质量评定、试验	信息	基础设施、信息资源、信息安全、其他

体系结构号	标准编号	标准名称	标准级别	实施日期	与国际标准对应关系	代替标准	阶段	分阶段	专业	分专业
210.1-179	GB/T 29834.1—2013	系统与软件维护性 第1部分：指标体系	国标	2014.2.1			规划、设计、采购、建设、运维、修试、退役	规划、初设、施工图、招标、品控、施工工艺、验收与质量评定、试运行、运行、维护、检修、试验、退役、报废	信息	基础设施、信息资源、信息安全、其他
210.1-180	GB/T 29834.2—2013	系统与软件维护性 第2部分：度量方法	国标	2014.2.1			规划、设计、采购、建设、运维、修试、退役	规划、初设、施工图、招标、品控、施工工艺、验收与质量评定、试运行、运行、维护、检修、试验、退役、报废	信息	基础设施、信息资源、信息安全、其他
210.1-181	GB/T 29834.3—2013	系统与软件维护性 第3部分：测试方法	国标	2014.2.1			建设、修试	验收与质量评定、试验	信息	基础设施、信息资源、信息安全、其他
210.1-182	GB/T 29835.1—2013	系统与软件效率 第1部分：指标体系	国标	2014.2.1			规划、设计、采购、建设、运维、修试、退役	规划、初设、施工图、招标、品控、施工工艺、验收与质量评定、试运行、运行、维护、检修、试验、退役、报废	信息	基础设施、信息资源、信息安全、其他
210.1-183	GB/T 29835.2—2013	系统与软件效率 第2部分：度量方法	国标	2014.2.1			规划、设计、采购、建设、运维、修试、退役	规划、初设、施工图、招标、品控、施工工艺、验收与质量评定、试运行、运行、维护、检修、试验、退役、报废	信息	基础设施、信息资源、信息安全、其他
210.1-184	GB/T 29835.3—2013	系统与软件效率 第3部分：测试方法	国标	2014.2.1			建设、修试	验收与质量评定、试验	信息	基础设施、信息资源、信息安全、其他
210.1-185	GB/T 29836.1—2013	系统与软件易用性 第1部分：指标体系	国标	2014.2.1			规划、设计、采购、建设、运维、修试、退役	规划、初设、施工图、招标、品控、施工工艺、验收与质量评定、试运行、运行、维护、检修、试验、退役、报废	信息	基础设施、信息资源、信息安全、其他
210.1-186	GB/T 29836.2—2013	系统与软件易用性 第2部分：度量方法	国标	2014.2.1			规划、设计、采购、建设、运维、修试、退役	规划、初设、施工图、招标、品控、施工工艺、验收与质量评定、试运行、运行、维护、检修、试验、退役、报废	信息	基础设施、信息资源、信息安全、其他

体系结构号	标准编号	标准名称	标准级别	实施日期	与国际标准对应关系	代替标准	阶段	分阶段	专业	分专业
210.1-187	GB/T 29836.3—2013	系统与软件易用性 第3部分：测评方法	国标	2014.2.1			建设、修试	验收与质量评定、试验	信息	基础设施、信息资源、信息安全、其他
210.1-188	GB/T 30847.1—2014	系统与软件工程 可信计算平台可信性度量 第1部分：概述与词汇	国标	2015.2.1			规划、设计、采购、建设、运维、修试、退役	规划、初设、施工图、招标、品控、施工工艺、验收与质量评定、试运行、运行、维护、检修、试验、退役、报废	信息	基础设施、信息资源、信息安全、其他
210.1-189	GB/T 30847.2—2014	系统与软件工程 可信计算平台可信性度量 第2部分：信任链	国标	2015.2.1			规划、设计、采购、建设、运维、修试、退役	规划、初设、施工图、招标、品控、施工工艺、验收与质量评定、试运行、运行、维护、检修、试验、退役、报废	信息	基础设施、信息资源、信息安全、其他
210.1-190	GB/T 30975—2014	信息技术 基于计算机的软件系统的性能测量与评级	国标	2015.2.1	ISO/IEC 14756：1999，IDT		规划、设计、采购、建设、运维、修试、退役	规划、初设、施工图、招标、品控、施工工艺、验收与质量评定、试运行、运行、维护、检修、试验、退役、报废	信息	基础设施、信息资源、信息安全、其他
210.1-191	GB/T 30994—2014	关系数据库管理系统检测规范	国标	2015.2.1			建设、修试	验收与质量评定、试验	信息	基础设施、信息资源、信息安全、其他
210.1-192	GB/Z 31102—2014	软件工程 软件工程知识体系指南	国标	2015.2.1	ISO/IEC TR 19759：2005，MOD		规划、设计、采购、建设、运维、修试、退役	规划、初设、施工图、招标、品控、施工工艺、验收与质量评定、试运行、运行、维护、检修、试验、退役、报废	信息	基础设施、信息资源、信息安全、其他
210.1-193	GB/T 31360—2015	固定资产核心元数据	国标	2015.8.1			规划、设计	规划、初设	信息	基础设施、信息资源、信息安全、其他
210.1-194	GB/T 32420—2015	无线局域网测试规范	国标	2017.1.1			建设、修试	验收与质量评定、试验	信息	基础设施、信息资源、信息安全、其他
210.1-195	GB/T 33475.1—2019	信息技术 高效多媒体编码 第1部分：系统	国标	2020.3.1			规划、设计、建设	规划、初设、施工图、施工工艺、验收与质量评定、试运行	信息	基础设施、信息资源、信息安全、其他

体系结构号	标准编号	标准名称	标准级别	实施日期	与国际标准对应关系	代替标准	阶段	分阶段	专业	分专业
210.1-196	GB/T 33770.1—2017	信息技术服务 外包 第1部分：服务提供方通用要求	国标	2017.12.1			规划、设计、采购、建设、运维、修试、退役	规划、初设、施工图、招标、品控、施工工艺、验收与质量评定、试运行、运行、维护、检修、试验、退役、报废	信息	基础设施、信息资源、信息安全、其他
210.1-197	GB/T 33770.2—2019	信息技术服务 外包 第2部分：数据保护要求	国标	2020.3.1			规划、设计、采购、建设、运维、修试、退役	规划、初设、施工图、招标、品控、施工工艺、验收与质量评定、试运行、运行、维护、检修、试验、退役、报废	信息	基础设施、信息资源、信息安全、其他
210.1-198	GB/T 33846.1—2017	信息技术 SOA 支撑功能单元互操作 第1部分：总体框架	国标	2017.12.1			规划、设计、采购、建设、运维、修试、退役	规划、初设、施工图、招标、品控、施工工艺、验收与质量评定、试运行、运行、维护、检修、试验、退役、报废	信息	基础设施、信息资源、信息安全、其他
210.1-199	GB/T 33846.2—2017	信息技术 SOA 支撑功能单元互操作 第2部分：技术要求	国标	2017.12.1			规划、设计、采购、建设、运维、修试、退役	规划、初设、施工图、招标、品控、施工工艺、验收与质量评定、试运行、运行、维护、检修、试验、退役、报废	信息	基础设施、信息资源、信息安全、其他
210.1-200	GB/T 33846.3—2017	信息技术 SOA 支撑功能单元互操作 第3部分：服务交互通信	国标	2017.12.1			规划、设计、采购、建设、运维、修试、退役	规划、初设、施工图、招标、品控、施工工艺、验收与质量评定、试运行、运行、维护、检修、试验、退役、报废	信息	基础设施、信息资源、信息安全、其他
210.1-201	GB/T 33846.4—2017	信息技术 SOA 支撑功能单元互操作 第4部分：服务编制	国标	2018.5.1			规划、设计、采购、建设、运维、修试、退役	规划、初设、施工图、招标、品控、施工工艺、验收与质量评定、试运行、运行、维护、检修、试验、退役、报废	信息	基础设施、信息资源、信息安全、其他
210.1-202	GB/T 33848.1—2017	信息技术 射频识别 第1部分：参考结构和标准化参数定义	国标	2017.12.1	ISO/IEC 18000-1：2008		规划、设计、采购、建设、运维、修试、退役	规划、初设、施工图、招标、品控、施工工艺、验收与质量评定、试运行、运行、维护、检修、试验、退役、报废	信息	基础设施、信息资源、信息安全、其他

体系 结构号	标准编号	标准名称	标准 级别	实施日期	与国际标准 对应关系	代替标准	阶段	分阶段	专业	分专业
210.1-203	GB/T 33850—2017	信息技术服务 质量评价指标体系	国标	2017.12.1			规划、设计、采购、建设、运维、修试、退役	规划、初设、施工图、招标、品控、施工工艺、验收与质量评定、试运行、运行、维护、检修、试验、退役、报废	信息	基础设施、信息资源、信息安全、其他
210.1-204	GB/T 34941—2017	信息技术服务 数字化营销服务 程序化营销技术要求	国标	2018.5.1			规划、设计、采购、建设、运维、修试、退役	规划、初设、施工图、招标、品控、施工工艺、验收与质量评定、试运行、运行、维护、检修、试验、退役、报废	信息	基础设施、信息资源、信息安全、其他
210.1-205	GB/T 34943—2017	C/C++语言源代码漏洞测试规范	国标	2018.5.1			建设、修试	验收与质量评定、试验	信息	信息安全
210.1-206	GB/T 34944—2017	Java 语言源代码漏洞测试规范	国标	2018.5.1			建设、修试	验收与质量评定、试验	信息	信息安全
210.1-207	GB/T 34946—2017	C#语言源代码漏洞测试规范	国标	2018.5.1	ISO 10791-10：2007		建设、修试	验收与质量评定、试验	信息	信息安全
210.1-208	GB/T 34960.2—2017	信息技术服务 治理 第2部分：实施指南	国标	2018.5.1			建设、修试、运维	验收与质量评定、试验、运行、维护	信息	基础设施、信息资源、信息安全、其他
210.1-209	GB/T 34960.3—2017	信息技术服务 治理 第3部分：绩效评价	国标	2018.5.1			建设、修试、运维	验收与质量评定、试验、运行、维护	信息	基础设施、信息资源、信息安全、其他
210.1-210	GB/T 34960.4—2017	信息技术服务 治理 第4部分：审计导则	国标	2018.5.1			建设、运维	验收与质量评定、试运行、运行、维护	信息	基础设施、信息资源、信息安全、其他
210.1-211	GB/T 34960.5—2018	信息技术服务 治理 第5部分：数据治理规范	国标	2019.1.1			规划、设计、采购、建设、运维、修试、退役	规划、初设、施工图、招标、品控、施工工艺、验收与质量评定、试运行、运行、维护、检修、试验、退役、报废	信息	基础设施、信息资源、信息安全、其他
210.1-212	GB/T 35128—2017	集团企业经营管理信息化核心构件	国标	2018.7.1			规划、设计、采购、建设、运维、修试、退役	规划、初设、施工图、招标、品控、施工工艺、验收与质量评定、试运行、运行、维护、检修、试验、退役、报废	信息	基础设施、信息资源、信息安全、其他

体系结构号	标准编号	标准名称	标准级别	实施日期	与国际标准对应关系	代替标准	阶段	分阶段	专业	分专业
210.1-213	GB/T 35133—2017	集团企业经营管理参考模型	国标	2018.7.1			设计	初设	信息	基础设施、信息资源、信息安全、其他
210.1-214	GB/T 35292—2017	信息技术 开放虚拟化格式（OVF）规范	国标	2018.7.1	ISO/IEC 17203：2011		设计	初设	信息	基础设施、信息资源、信息安全、其他
210.1-215	GB/T 35299—2017	信息技术 开放系统互连对象标识符解析系统	国标	2017.12.29	ISO/IEC 29168-1：2011		规划、设计、采购、建设、运维、修试、退役	规划、初设、施工图、招标、品控、施工工艺、验收与质量评定、试运行、运行、维护、检修、试验、退役、报废	信息	基础设施、信息资源、信息安全、其他
210.1-216	GB/T 35300—2017	信息技术 开放系统互连用于对象标识符解析系统运营机构的规程	国标	2017.12.29			运维、修试	运行、维护、检修、试验	信息	基础设施、信息资源、信息安全、其他
210.1-217	GB/T 35304—2017	统一内容标签格式规范	国标	2018.4.1			规划、设计、采购、建设、运维、修试、退役	规划、初设、施工图、招标、品控、施工工艺、验收与质量评定、试运行、运行、维护、检修、试验、退役、报废	信息	基础设施、信息资源、信息安全、其他
210.1-218	GB/T 36074.2—2018	信息技术服务 服务管理 第2部分：实施指南	国标	2018.10.1			规划、设计、采购、建设、运维、修试、退役	规划、初设、施工图、招标、品控、施工工艺、验收与质量评定、试运行、运行、维护、检修、试验、退役、报废	信息	基础设施、信息资源、信息安全、其他
210.1-219	GB/T 36074.3—2019	信息技术服务 服务管理 第3部分：技术要求	国标	2020.3.1			规划、设计、采购、建设、运维、修试、退役	规划、初设、施工图、招标、品控、施工工艺、验收与质量评定、试运行、运行、维护、检修、试验、退役、报废	信息	基础设施、信息资源、信息安全、其他
210.1-220	GB/T 36341.1—2018	信息技术 形状建模信息表示 第1部分：框架和基本组件	国标	2019.1.1			规划、设计、采购、建设、运维、修试、退役	规划、初设、施工图、招标、品控、施工工艺、验收与质量评定、试运行、运行、维护、检修、试验、退役、报废	信息	基础设施、信息资源、信息安全、其他

体系结构号	标准编号	标准名称	标准级别	实施日期	与国际标准对应关系	代替标准	阶段	分阶段	专业	分专业
210.1-221	GB/T 36341.2—2018	信息技术 形状建模信息表示 第2部分：特征约束	国标	2019.1.1			规划、设计、采购、建设、运维、修试、退役	规划、初设、施工图、招标、品控、施工工艺、验收与质量评定、试运行、运行、维护、检修、试验、退役、报废	信息	基础设施、信息资源、信息安全、其他
210.1-222	ISO/IEC 24756—2009	信息技术用户需求和能力、系统及其环境的通用访问轮廓（CAP）的详细说明框架	国际标准	2009.4.1			规划、设计、采购、建设、运维、修试、退役	规划、初设、施工图、招标、品控、施工工艺、验收与质量评定、试运行、运行、维护、检修、试验、退役、报废	信息	基础设施、信息资源、信息安全、其他
210.1-223	GB/T 36341.4—2018	信息技术 形状建模信息表示 第4部分：存储格式	国标	2019.1.1			规划、设计、采购、建设、运维、修试、退役	规划、初设、施工图、招标、品控、施工工艺、验收与质量评定、试运行、运行、维护、检修、试验、退役、报废	信息	基础设施、信息资源、信息安全、其他
210.1-224	GB/Z 36442.1—2018	信息技术 用于物品管理的射频识别 实现指南 第1部分：无源超高频RFID标签	国标	2019.1.1			规划、设计、采购、建设、运维、修试、退役	规划、初设、施工图、招标、品控、施工工艺、验收与质量评定、试运行、运行、维护、检修、试验、退役、报废	信息	基础设施、信息资源、信息安全、其他
210.1-225	GB/Z 36442.3—2018	信息技术 用于物品管理的射频识别 实现指南 第3部分：超高频RFID读写器系统在物流应用中的实现和操作	国标	2019.1.1			规划、设计、采购、建设、运维、修试、退役	规划、初设、施工图、招标、品控、施工工艺、验收与质量评定、试运行、运行、维护、检修、试验、退役、报废	信息	基础设施、信息资源、信息安全、其他
210.1-226	GB/T 36443—2018	信息技术 用户、系统及其环境的需求和能力的公共访问轮廓（CAP）框架	国标	2019.1.1			规划、设计、采购、建设、运维、修试、退役	规划、初设、施工图、招标、品控、施工工艺、验收与质量评定、试运行、运行、维护、检修、试验、退役、报废	信息	基础设施、信息资源、信息安全、其他
210.1-227	GB/T 36444—2018	信息技术 开放系统互连简化目录协议及服务	国标	2019.1.1			规划、设计、采购、建设、运维、修试、退役	规划、初设、施工图、招标、品控、施工工艺、验收与质量评定、试运行、运行、维护、检修、试验、退役、报废	信息	基础设施、信息资源、信息安全、其他

体系 结构号	标准编号	标准名称	标准 级别	实施日期	与国际标准 对应关系	代替标准	阶段	分阶段	专业	分专业
210.1-228	GB/T 36450.1—2018	信息技术　存储管理　第1部分：概述	国标	2019.1.1			规划、设计、采购、建设、运维、修试、退役	规划、初设、施工图、招标、品控、施工工艺、验收与质量评定、试运行、运行、维护、检修、试验、退役、报废	信息	基础设施、信息资源、信息安全、其他
210.1-229	GB/T 36456.1—2018	面向工程领域的共享信息模型　第1部分：领域信息模型框架	国标	2019.1.1			规划、设计、采购、建设、运维、修试、退役	规划、初设、施工图、招标、品控、施工工艺、验收与质量评定、试运行、运行、维护、检修、试验、退役、报废	信息	基础设施、信息资源、信息安全、其他
210.1-230	GB/T 36456.2—2018	面向工程领域的共享信息模型　第2部分：领域信息服务接口	国标	2019.1.1			规划、设计、采购、建设、运维、修试、退役	规划、初设、施工图、招标、品控、施工工艺、验收与质量评定、试运行、运行、维护、检修、试验、退役、报废	信息	基础设施、信息资源、信息安全、其他
210.1-231	GB/T 36456.3—2018	面向工程领域的共享信息模型　第3部分：测试方法	国标	2019.1.1			规划、设计、采购、建设、运维、修试、退役	规划、初设、施工图、招标、品控、施工工艺、验收与质量评定、试运行、运行、维护、检修、试验、退役、报废	信息	基础设施、信息资源、信息安全、其他
210.1-232	GB/T 36463.1—2018	信息技术服务　咨询设计　第1部分：通用要求	国标	2019.1.1			规划、设计、采购、建设、运维、修试、退役	规划、初设、施工图、招标、品控、施工工艺、验收与质量评定、试运行、运行、维护、检修、试验、退役、报废	信息	基础设施、信息资源、信息安全、其他
210.1-233	GB/T 36463.2—2019	信息技术服务　咨询设计　第2部分：规划设计指南	国标	2020.3.1			规划、设计	规划、初设、施工图	信息	基础设施、信息资源、信息安全、其他
210.1-234	GB/T 36478.2—2018	物联网　信息交换和共享　第2部分：通用技术要求	国标	2019.1.1			规划、设计、采购、建设、运维、修试、退役	规划、初设、施工图、招标、品控、施工工艺、验收与质量评定、试运行、运行、维护、检修、试验、退役、报废	信息	基础设施、信息资源、信息安全、其他

体系 结构号	标准编号	标准名称	标准 级别	实施日期	与国际标准 对应关系	代替标准	阶段	分阶段	专业	分专业
210.1-235	GB/T 36478.3—2019	物联网　信息交换和共享 第3部分：元数据	国标	2020.3.1			规划、设计、 采购、建设、 运维、修试、 退役	规划、初设、施工图、 招标、品控、施工工艺、 验收与质量评定、试运 行、运行、维护、检修、 试验、退役、报废	信息	基础设施、信 息资源、信息 安全、其他
210.1-236	GB/T 36621—2018	智慧城市　信息技术运营指 南	国标	2019.5.1			规划、设计、 采购、建设、 运维、修试、 退役	规划、初设、施工图、 招标、品控、施工工艺、 验收与质量评定、试运 行、运行、维护、检修、 试验、退役、报废	信息	基础设施、信 息资源、信息 安全、其他
210.1-237	GB/T 36622.1—2018	智慧城市　公共信息与服务 支撑平台　第1部分：总体要 求	国标	2019.5.1			规划、设计、 采购、建设、 运维、修试、 退役	规划、初设、施工图、 招标、品控、施工工艺、 验收与质量评定、试运 行、运行、维护、检修、 试验、退役、报废	信息	基础设施、信 息资源、信息 安全、其他
210.1-238	GB/T 36622.2—2018	智慧城市　公共信息与服务 支撑平台　第2部分：目录管 理与服务要求	国标	2019.5.1			规划、设计、 采购、建设、 运维、修试、 退役	规划、初设、施工图、 招标、品控、施工工艺、 验收与质量评定、试运 行、运行、维护、检修、 试验、退役、报废	信息	基础设施、信 息资源、信息 安全、其他
210.1-239	GB/T 36622.3—2018	智慧城市　公共信息与服务 支撑平台　第3部分：测试要 求	国标	2021.1.1			规划、设计、 采购、建设、 运维、修试、 退役	规划、初设、施工图、 招标、品控、施工工艺、 验收与质量评定、试运 行、运行、维护、检修、 试验、退役、报废	信息	基础设施、信 息资源、信息 安全、其他
210.1-240	GB/T 36625.1—2018	智慧城市　数据融合　第1 部分：概念模型	国标	2019.5.1			规划、设计、 采购、建设、 运维、修试、 退役	规划、初设、施工图、 招标、品控、施工工艺、 验收与质量评定、试运 行、运行、维护、检修、 试验、退役、报废	信息	基础设施、信 息资源、信息 安全、其他

体系 结构号	标准编号	标准名称	标准级别	实施日期	与国际标准对应关系	代替标准	阶段	分阶段	专业	分专业
210.1-241	GB/T 36625.2—2018	智慧城市 数据融合 第2部分：数据编码规范	国标	2019.5.1			规划、设计、采购、建设、运维、修试、退役	规划、初设、施工图、招标、品控、施工工艺、验收与质量评定、试运行、运行、维护、检修、试验、退役、报废	信息	基础设施、信息资源、信息安全、其他
210.1-242	GB/T 36964—2018	软件工程 软件开发成本度量规范	国标	2021.1.1			规划、设计、采购、建设、运维、修试、退役	规划、初设、施工图、招标、品控、施工工艺、验收与质量评定、试运行、运行、维护、检修、试验、退役、报废	信息	基础设施、信息资源、信息安全、其他
210.1-243	GB/T 37407—2019	应用指南 系统可信性工程	国标	2019.12.1			规划、设计、建设	规划、初设、施工图、施工工艺、验收与质量评定、试运行	信息	基础设施、信息资源、信息安全、其他
210.1-244	GB/T 37668—2019	信息技术 互联网内容无障碍可访问性技术要求与测试方法	国标	2020.3.1			规划、设计、采购、建设、运维、修试、退役	规划、初设、施工图、招标、品控、施工工艺、验收与质量评定、试运行、运行、维护、检修、试验、退役、报废	信息	基础设施、信息资源、信息安全、其他
210.1-245	GB/T 37684—2019	物联网 协同信息处理参考模型	国标	2020.3.1			规划、设计、建设	规划、初设、施工图、施工工艺、验收与质量评定、试运行	信息	基础设施、信息资源、信息安全、其他
210.1-246	GB/T 37686—2019	物联网 感知对象信息融合模型	国标	2020.3.1			规划、设计、建设	规划、初设、施工图、施工工艺、验收与质量评定、试运行	信息	基础设施、信息资源、信息安全、其他
210.1-247	GB/T 37688—2019	信息技术 流式文档互操作性的度量	国标	2020.3.1			规划、设计、建设	规划、初设、施工图、施工工艺、验收与质量评定、试运行	信息	基础设施、信息资源、信息安全、其他
210.1-248	GB/T 37696—2019	信息技术服务 从业人员能力评价要求	国标	2020.3.1			规划、设计、采购、建设、运维、修试、退役	规划、初设、施工图、招标、品控、施工工艺、验收与质量评定、试运行、运行、维护、检修、试验、退役、报废	信息	基础设施、信息资源、信息安全、其他

体系结构号	标准编号	标准名称	标准级别	实施日期	与国际标准对应关系	代替标准	阶段	分阶段	专业	分专业
210.1-249	GB/T 37700—2019	信息技术 工业云 参考模型	国标	2020.3.1			规划、设计、建设	规划、初设、施工图、施工工艺、验收与质量评定、试运行	信息	基础设施、信息资源、信息安全、其他
210.1-250	GB/T 37724—2019	信息技术 工业云服务 能力通用要求	国标	2020.3.1			规划、设计、建设	规划、初设、施工图、施工工艺、验收与质量评定、试运行	信息	基础设施、信息资源、信息安全、其他
210.1-251	GB/T 37725—2019	信息技术 业务管理体系模型	国标	2020.3.1			规划、设计、建设	规划、初设、施工图、施工工艺、验收与质量评定、试运行	信息	基础设施、信息资源、信息安全、其他
210.1-252	GB/T 37779—2019	数据中心能源管理体系实施指南	国标	2020.3.1			规划、设计、建设	规划、初设、施工图、施工工艺、验收与质量评定、试运行	信息	基础设施、信息资源、信息安全、其他
210.1-253	GB/T 37961—2019	信息技术服务 服务基本要求	国标	2020.3.1			规划、设计、建设	规划、初设、施工图、施工工艺、验收与质量评定、试运行	信息	基础设施、信息资源、信息安全、其他
210.1-254	GB/T 37970—2019	软件过程及制品可信度评估	国标	2020.3.1			规划、设计、建设	规划、初设、施工图、施工工艺、验收与质量评定、试运行	信息	基础设施、信息资源、信息安全、其他
210.1-255	GB/T 37974—2019	自动测试系统验收通用要求	国标	2020.3.1			规划、设计、建设	规划、初设、施工图、施工工艺、验收与质量评定、试运行	信息	基础设施、信息资源、信息安全、其他
210.1-256	GB/T 37982—2019	信息技术 多路径管理（API）	国标	2020.3.1			规划、设计、建设	规划、初设、施工图、施工工艺、验收与质量评定、试运行	信息	基础设施、信息资源、信息安全、其他
210.1-257	GB/T 38000.1—2019	标识系统信息交换 要求 第1部分：原则和方法	国标	2020.3.1			规划、设计、建设	规划、初设、施工图、施工工艺、验收与质量评定、试运行	信息	基础设施、信息资源、信息安全、其他
210.1-258	GB/T 39675—2020	电网气象信息交换技术要求	国标	2021.7.1			规划、设计、建设	规划、初设、施工图、施工工艺、验收与质量评定、试运行	信息	基础设施、信息资源、信息安全、其他
210.1-259	GB 50174—2017	数据中心设计规范	国标	2018.1.1		GB 50174—2008	设计	初设、施工图	信息	基础设施、信息资源、信息安全、其他

体系结构号	标准编号	标准名称	标准级别	实施日期	与国际标准对应关系	代替标准	阶段	分阶段	专业	分专业
210.1-260	ANSI INCITS 495—2012	信息技术　平台管理	国际标准				规划、设计、采购、建设、运维、修试、退役	规划、初设、施工图、招标、品控、施工工艺、验收与质量评定、试运行、运行、维护、检修、试验、退役、报废	信息	基础设施、信息资源、信息安全、其他
210.1-261	ANSI INCITS 497—2012（R2017）	信息技术　自动化/驱动接口命令-3（ADC-3）	国际标准	2017.1.1		ANSI INCITS497—2012	规划、设计、采购、建设、运维、修试、退役	规划、初设、施工图、招标、品控、施工工艺、验收与质量评定、试运行、运行、维护、检修、试验、退役、报废	信息	基础设施、信息资源、信息安全、其他
210.1-262	ANSI INCITS/ISO/IEC 9075-2—2008（R2012）	信息技术　数据库语言　结构化查询语言（SQL）第2部分　基础（SQL/Foundation）	国际标准	2008.12.18	ISO/IEC 9075-2—2011，IDT	ANSI INCITS ISO IEC 9075-2—2008	规划、设计、采购、建设、运维、修试、退役	规划、初设、施工图、招标、品控、施工工艺、验收与质量评定、试运行、运行、维护、检修、试验、退役、报废	信息	基础设施、信息资源、信息安全、其他
210.1-263	ANSI INCITS/ISO/IEC 19496-3—2012	信息技术　视听对象编码第3部分：音频	国际标准		ISO/IEC 14996-3—2009，IDT	ANSI INCITS ISO IEC 14496-3—2001；ANSI INCITS ISO IEC 14496-3—2007	规划、设计、采购、建设、运维、修试、退役	规划、初设、施工图、招标、品控、施工工艺、验收与质量评定、试运行、运行、维护、检修、试验、退役、报废	信息	基础设施、信息资源、信息安全、其他
210.1-264	BS EN ISO IEC 19762-1—2012	信息技术　自动识别和数据采集（AIDC）技术校准词表AIDC相关的通用术语	国际标准	2012.4.30	BN ISO/IEC 19762-1—2012，IDT；ISO/IEC 19762-1—2008.IDT	BS TSO IEC 19762-1—2005	规划、设计、采购、建设、运维、修试、退役	规划、初设、施工图、招标、品控、施工工艺、验收与质量评定、试运行、运行、维护、检修、试验、退役、报废	信息	基础设施、信息资源、信息安全、其他
210.1-265	BS EN ISO IEC 19762-3—2012	信息技术　自动识别和数据采集（AIDC）技术校准词表射频识别（RFID）	国际标准	2012.4.30	EN ISO/IEC 19762-3—2012，IDT；ISO/IEC 19762-3—2008，IDT	BS ISO IEC 19762-3—2005	规划、设计、采购、建设、运维、修试、退役	规划、初设、施工图、招标、品控、施工工艺、验收与质量评定、试运行、运行、维护、检修、试验、退役、报废	信息	基础设施、信息资源、信息安全、其他
210.1-266	ISO/IEC 11002—2008	信息技术多路径管理API	国际标准	2008.7.1			规划、设计、采购、建设、运维、修试、退役	规划、初设、施工图、招标、品控、施工工艺、验收与质量评定、试运行、运行、维护、检修、试验、退役、报废	信息	基础设施、信息资源、信息安全、其他

体系结构号	标准编号	标准名称	标准级别	实施日期	与国际标准对应关系	代替标准	阶段	分阶段	专业	分专业
210.1-267	ISO/IEC 12139-1—2009/Cor 1—2010	信息技术系统间通信和信息交换电力线通信（PLC）高速PLC的媒体访问控制（MAC）和物理层（PHY）第1部分：通用要求技术勘误表1	国际标准	2010.1.28			规划、设计、采购、建设、运维、修试、退役	规划、初设、施工图、招标、品控、施工工艺、验收与质量评定、试运行、运行、维护、检修、试验、退役、报废	信息	基础设施、信息资源、信息安全、其他
210.1-268	ISO/IEC/TR 12860—2009	信息技术系统间的远程通信和信息交换下一代社团网络（NGCN）总则	国际标准	2009.4.15			规划、设计、采购、建设、运维、修试、退役	规划、初设、施工图、招标、品控、施工工艺、验收与质量评定、试运行、运行、维护、检修、试验、退役、报废	信息	基础设施、信息资源、信息安全、其他
210.1-269	ISO/IEC/TR 12861—2009	信息技术系统间远程通信和信息交换下一代社团网络（NGCN）识别和路由	国际标准	2009.4.15	ECMA/TR 96—2008，IDT		规划、设计、采购、建设、运维、修试、退役	规划、初设、施工图、招标、品控、施工工艺、验收与质量评定、试运行、运行、维护、检修、试验、退役、报废	信息	基础设施、信息资源、信息安全、其他
210.1-270	ISO/IEC/TR 14165-372—2011	信息技术光纤信道 第372部分：互连2的方法（FC-MI-2）	国际标准	2011.2.18			规划、设计、采购、建设、运维、修试、退役	规划、初设、施工图、招标、品控、施工工艺、验收与质量评定、试运行、运行、维护、检修、试验、退役、报废	信息	基础设施、信息资源、信息安全、其他
210.1-271	ISO/IEC 14496-3—2019	信息技术 视听对象编码 第3部分：音频	国际标准	2019.12.12		ISO/IEC 14496-3—2009；ISO/IEC 14496-3—2009/Amd 1—2009；ISO/IEC 14496-3—2009/Amd 2—2010；ISO/IEC 14496-3—2009/Amd 3—2012；ISO/IEC 14496-3—2009/Amd 4—2013；ISO/IEC 14496-3—2009/Amd 4—2013/Cor 1—2015；ISO/IEC 14496-3—2009/Amd 5—2015；ISO/IEC 14496-3—2009/Amd 6—2017；	规划、设计、采购、建设、运维、修试、退役	规划、初设、施工图、招标、品控、施工工艺、验收与质量评定、试运行、运行、维护、检修、试验、退役、报废	信息	基础设施、信息资源、信息安全、其他

体系结构号	标准编号	标准名称	标准级别	实施日期	与国际标准对应关系	代替标准	阶段	分阶段	专业	分专业
210.1-271	ISO/IEC 14496-3—2019	信息技术 视听对象编码 第3部分：音频	国际标准	2019.12.12		ISO/IEC 14496-3—2009/Amd 7—2018；ISO/IEC 14496-3—2009/Cor 1—2009；ISO/IEC 14496-3—2009/Cor 2—2011；ISO/IEC 14496-3—2009/Cor 3—2012；ISO/IEC 14496-3—2009/Cor 4—2012；ISO/IEC 14496-3—2009/Cor 5—2015；ISO/IEC 14496-3—2009/Cor 6—2015；ISO/IEC 14496-3—2009/Cor 7—2015	规划、设计、采购、建设、运维、修试、退役	规划、初设、施工图、招标、品控、施工工艺、验收与质量评定、试运行、运行、维护、检修、试验、退役、报废	信息	基础设施、信息资源、信息安全、其他
210.1-272	ISO/IEC 14776-223—2008	信息技术小型计算机系统接口（SCSI） 第223部分：光纤信道协议第3版（FCP-3）	国际标准	2008.5.1			规划、设计、采购、建设、运维、修试、退役	规划、初设、施工图、招标、品控、施工工艺、验收与质量评定、试运行、运行、维护、检修、试验、退役、报废	信息	基础设施、信息资源、信息安全、其他
210.1-273	ISO/IEC 15424—2008	信息技术自动识别和数据捕获技术数据载体标识符（包括符号标识符）	国际标准	2008.7.15	CAN/CSA-ISO/IEC 15424-09—2009，IDT	ISO IEC 15424—2000	规划、设计、采购、建设、运维、修试、退役	规划、初设、施工图、招标、品控、施工工艺、验收与质量评定、试运行、运行、维护、检修、试验、退役、报废	信息	基础设施、信息资源、信息安全、其他
210.1-274	ISO/IEC 19762—2016	信息技术 自动识别和数据采集技术（AIDC）协调词汇	国际标准	2016.2.3		ISO/IEC 19762-2—2008	规划、设计、采购、建设、运维、修试、退役	规划、初设、施工图、招标、品控、施工工艺、验收与质量评定、试运行、运行、维护、检修、试验、退役、报废	信息	基础设施、信息资源、信息安全、其他
210.1-275	ISO/IEC 21000-7—2007/Cor 1—2008	信息技术多媒体框架（MPEG-21） 第7部分：数字项匹配技术勘误1	国际标准	2008.12.11			规划、设计、采购、建设、运维、修试、退役	规划、初设、施工图、招标、品控、施工工艺、验收与质量评定、试运行、运行、维护、检修、试验、退役、报废	信息	基础设施、信息资源、信息安全、其他

体系结构号	标准编号	标准名称	标准级别	实施日期	与国际标准对应关系	代替标准	阶段	分阶段	专业	分专业
210.1-276	ISO/IEC 22535—2009	信息技术系统间通信和信息交换联合通信网络 SIP 上 QSIG 的隧道效应	国际标准	2009.4.15		ISO IEC 22535—2006	规划、设计、采购、建设、运维、修试、退役	规划、初设、施工图、招标、品控、施工工艺、验收与质量评定、试运行、运行、维护、检修、试验、退役、报废	信息	基础设施、信息资源、信息安全、其他
210.1-277	ISO/IEC/TR 24720—2008	信息技术自动识别和数据采集技术直接部分标记（DPM）用指南	国际标准	2008.6.1			规划、设计、采购、建设、运维、修试、退役	规划、初设、施工图、招标、品控、施工工艺、验收与质量评定、试运行、运行、维护、检修、试验、退役、报废	信息	基础设施、信息资源、信息安全、其他
210.1-278	ISO/IEC/TR 24729-1—2008	信息技术项目管理的射频识别（RFID）执行指南 第1部分：RFID 激活的标签和包装支持 IS0/IEC 18000-6C	国际标准	2008.4.15			规划、设计、采购、建设、运维、修试、退役	规划、初设、施工图、招标、品控、施工工艺、验收与质量评定、试运行、运行、维护、检修、试验、退役、报废	信息	基础设施、信息资源、信息安全、其他
210.1-279	ISO/IEC/TR 24729-2—2008	信息技术项目管理的射频识别（RFID）执行指南 第2部分：再循环和 RFID 标签	国际标准	2008.4.15			规划、设计、采购、建设、运维、修试、退役	规划、初设、施工图、招标、品控、施工工艺、验收与质量评定、试运行、运行、维护、检修、试验、退役、报废	信息	基础设施、信息资源、信息安全、其他
210.1-280	ISO/IEC/TR 24729-4—2009	信息技术项目管理的射频识别（RFID）执行指南 第4部分：标签数据安全	国际标准	2009.3.15			规划、设计、采购、建设、运维、修试、退役	规划、初设、施工图、招标、品控、施工工艺、验收与质量评定、试运行、运行、维护、检修、试验、退役、报废	信息	基础设施、信息资源、信息安全、其他
210.1-281	ITU-T Y.2720—2009	NGN 身份管理架构	国际标准	2009.1.23			规划、设计、采购、建设、运维、修试、退役	规划、初设、施工图、招标、品控、施工工艺、验收与质量评定、试运行、运行、维护、检修、试验、退役、报废	信息	基础设施、信息资源、信息安全、其他
210.1-282	ISO/IEC 26514—2008	系统和软件工程用户文件的设计者和开发者用要求	国际标准	2008.6.15	BS ISO/IEC 26514—2008, IDT	ISO 9127—1988; ISO/IEC 6592—2000; ISO/IEC 18019—2004	规划、设计、采购、建设、运维、修试、退役	规划、初设、施工图、招标、品控、施工工艺、验收与质量评定、试运行、运行、维护、检修、试验、退役、报废	信息	基础设施、信息资源、信息安全、其他

体系结构号	标准编号	标准名称	标准级别	实施日期	与国际标准对应关系	代替标准	阶段	分阶段	专业	分专业
210.1-283	ISO/IEC/TR 29147-1—2010	信息技术智能家庭规范的分类方法 第1部分：方案	国际标准				规划、设计	规划、初设、施工图	信息	基础设施、信息资源、信息安全、其他
210.1-284	ITU-T H.248.65—2009	网关控制协议资源预留协议的支持	国际标准	2009.3.16			规划、设计、采购、建设、运维、修试、退役	规划、初设、施工图、招标、品控、施工工艺、验收与质量评定、试运行、运行、维护、检修、试验、退役、报废	信息	基础设施、信息资源、信息安全、其他
210.1-285	ITU-T H.248.70—2009	网关控制协议拨号方法信息包	国际标准	2009.3.16			规划、设计、采购、建设、运维、修试、退役	规划、初设、施工图、招标、品控、施工工艺、验收与质量评定、试运行、运行、维护、检修、试验、退役、报废	信息	基础设施、信息资源、信息安全、其他
210.1-286	ITU-T L.80—2008	支持使用 ID 技术的基础设施和网络元件管理的系统要求的运转	国际标准	2008.5.1			规划、设计、采购、建设、运维、修试、退役	规划、初设、施工图、招标、品控、施工工艺、验收与质量评定、试运行、运行、维护、检修、试验、退役、报废	信息	基础设施、信息资源、信息安全、其他
210.1-287	ITU-T X.607.1—2008	信息技术增强通信传输协议规范双向组播传送的QoS管理规范	国际标准	2008.11.13			规划、设计、采购、建设、运维、修试、退役	规划、初设、施工图、招标、品控、施工工艺、验收与质量评定、试运行、运行、维护、检修、试验、退役、报废	信息	基础设施、信息资源、信息安全、其他
210.1-288	ITU-T X.608.1—2008	信息技术增强通信传输协议规范 N-plex 组播传送的 QoS 管理规范	国际标准	2008.11.13			规划、设计、采购、建设、运维、修试、退役	规划、初设、施工图、招标、品控、施工工艺、验收与质量评定、试运行、运行、维护、检修、试验、退役、报废	信息	基础设施、信息资源、信息安全、其他
210.1-289	ITU-T Y.2234—2008	NGN 开放业务环境能力	国际标准	2008.9.12			规划、设计、采购、建设、运维、修试、退役	规划、初设、施工图、招标、品控、施工工艺、验收与质量评定、试运行、运行、维护、检修、试验、退役、报废	信息	基础设施、信息资源、信息安全、其他
210.1-290	GB/T 19710.2—2016	地理信息 元数据 第2部分：影像和格网数据扩展	国标	2017.2.1	ISO 19115-2:2009		规划、设计	规划、初设	信息	基础设施、信息资源、信息安全、其他

体系结构号	标准编号	标准名称	标准级别	实施日期	与国际标准对应关系	代替标准	阶段	分阶段	专业	分专业
210.2	信息技术-基础设施									
210.2-1	Q/CSG 118012—2011	办公局域网建设技术规范	企标	2011.12.15			规划、设计、采购、建设、运维、修试、退役	规划、初设、施工图、招标、品控、施工工艺、验收与质量评定、试运行、运行、维护、检修、试验、退役、报废	信息	基础设施
210.2-2	Q/CSG 1205028—2020	变电站自动化系统工业以太网交换机一体化运维配置技术规范	企标	2020.3.31			规划、设计、采购、建设、运维、修试、退役	规划、初设、施工图、招标、品控、施工工艺、验收与质量评定、试运行、运行、维护、检修、试验、退役、报废	信息	基础设施
210.2-3	Q/CSG 1205033—2020	配电智能网关技术规范（试行）	企标	2020.8.31			规划、设计、采购、建设、运维、修试、退役	规划、初设、施工图、招标、品控、施工工艺、验收与质量评定、试运行、运行、维护、检修、试验、退役、报废	信息	基础设施
210.2-4	Q/CSG 1210004—2015	企业云建设技术规范	企标	2015.3.13			规划、设计、采购、建设、运维、修试、退役	规划、初设、施工图、招标、品控、施工工艺、验收与质量评定、试运行、运行、维护、检修、试验、退役、报废	信息	基础设施
210.2-5	Q/CSG 1210041—2020	信息机房建设技术规范	企标	2020.6.30		Q/CSG 118005—2012	规划、设计、采购、建设、运维、修试、退役	规划、初设、施工图、招标、品控、施工工艺、验收与质量评定、试运行、运行、维护、检修、试验、退役、报废	信息	基础设施
210.2-6	Q/CSG 1210044—2020	南网云总体架构和技术要求标准（试行）	企标	2020.10.30			规划、设计、采购、建设、运维、修试、退役	规划、初设、施工图、招标、品控、施工工艺、验收与质量评定、试运行、运行、维护、检修、试验、退役、报废	信息	基础设施
210.2-7	T/CSEE/Z 0049—2017	电力企业私有云架构基础设施技术规范	团标	2018.5.1			规划、设计、采购、建设、运维、修试、退役	规划、初设、施工图、招标、品控、施工工艺、验收与质量评定、试运行、运行、维护、检修、试验、退役、报废	信息	基础设施

体系结构号	标准编号	标准名称	标准级别	实施日期	与国际标准对应关系	代替标准	阶段	分阶段	专业	分专业
210.2-8	GB/T 19710—2005	地理信息 元数据	国标	2005.8.1	ISO 19115: 2003, MOD		规划、设计	规划、初设	信息	基础设施、信息资源、信息安全、其他
210.2-9	DL/T 1456—2015	电力系统数据库通用访问接口规范	行标	2015.12.1			规划、设计、采购、建设、运维、修试、退役	规划、初设、施工图、招标、品控、施工工艺、验收与质量评定、试运行、运行、维护、检修、试验、退役、报废	信息	基础设施
210.2-10	DL/T 283.2—2018	电力视频监控系统及接口 第2部分：测试方法	行标	2019.5.1		DL/T 283.2—2012	修试	试验	信息	基础设施
210.2-11	DL/T 1598—2016	信息机房（A级）综合监控技术规范	行标	2016.12.1			规划、设计、采购、建设、运维、修试、退役	规划、初设、施工图、招标、品控、施工工艺、验收与质量评定、试运行、运行、维护、检修、试验、退役、报废	信息	基础设施
210.2-12	DL/T 283.3—2018	电力视频监控系统及接口 第3部分：工程验收	行标	2019.5.1			修试	试验	信息	基础设施
210.2-13	DL/T 1732—2017	电力物联网传感器信息模型规范	行标	2017.12.1			设计、采购、建设、运维	初设、招标、施工工艺、验收与质量评定、试运行、运行、维护	信息	信息应用
210.2-14	DL/T 2068—2019	电力生产现场应用电子标签技术规范	行标	2020.5.1			规划、设计、建设	规划、初设、施工图、施工工艺、验收与质量评定、试运行	信息	基础设施
210.2-15	DL/T 5197—2004	电力勘测设计企业计算机网络管理规定	行标	2005.4.1			规划、设计、采购、建设、运维、修试、退役	规划、初设、施工图、招标、品控、施工工艺、验收与质量评定、试运行、运行、维护、检修、试验、退役、报废	信息	基础设施
210.2-16	YD/T 926.1—2009	大楼通信综合布线系统 第1部分：总规范	行标	2009.9.1	ISO/IEC 11801 Ed.2.1: 2008, MOD	YD/T 926.1—2001	规划、设计	规划、初设、施工图	信息	基础设施
210.2-17	YD/T 926.2—2009	大楼通信综合布线系统 第2部分：电缆、光缆技术要求	行标	2009.9.1	IEC 11801 Ed.2.1: 2008, MOD	YD/T 926.2—2001	规划、设计、采购、建设、运维、修试、退役	规划、初设、施工图、招标、品控、施工工艺、验收与质量评定、试运行、运行、维护、检修、试验、退役、报废	信息	基础设施

体系 结构号	标准编号	标准名称	标准 级别	实施日期	与国际标准 对应关系	代替标准	阶段	分阶段	专业	分专业
210.2-18	YD/T 926.3—2009	大楼通信综合布线系统　第3部分：连接硬件和接插软线技术要求	行标	2009.9.1	IEC 11801 Ed.2.1：2008， MOD	YD/T 926.3—2001	规划、设计、采购、建设、运维、修试、退役	规划、初设、施工图、招标、品控、施工工艺、验收与质量评定、试运行、运行、维护、检修、试验、退役、报废	信息	基础设施
210.2-19	YD/T 1097—2009	路由器设备技术要求　核心路由器	行标	2009.9.1		YD/T 1097—2001	规划、设计、采购、建设、运维、修试、退役	规划、初设、施工图、招标、品控、施工工艺、验收与质量评定、试运行、运行、维护、检修、试验、退役、报废	信息	基础设施
210.2-20	YD/T 1130—2001	基于 IP 网的信息点播业务技术要求	行标	2001.11.1			规划、设计、运维、修试	规划、初设、施工图、运行、维护、检修、试验	信息	基础设施
210.2-21	YD/T 1652—2007	IP 用户业务网关测试方法	行标	2007.12.1			建设、修试	验收与质量评定、试验	信息	基础设施
210.2-22	YD/T 1657.1—2007	支持多媒体业务网络地址翻译/防火墙（NAT/FW）穿越的代理设备技术要求　第 1 部分：H.323 代理	行标	2007.12.1			规划、设计、建设	规划、初设、施工图、施工工艺、验收与质量评定、试运行	信息	基础设施
210.2-23	YD/T 1657.2—2007	支持多媒体业务网络地址翻译/防火墙（NAT/FW）穿越的代理设备技术要求　第 2 部分：SIP 代理	行标	2007.12.1			规划、设计、建设	规划、初设、施工图、施工工艺、验收与质量评定、试运行	信息	基础设施
210.2-24	YD/T 1657.3—2007	支持多媒体业务网络地址翻译/防火墙（NAT/FW）穿越的代理设备技术要求　第 3 部分：MGCP 代理	行标	2007.12.1			规划、设计、建设	规划、初设、施工图、施工工艺、验收与质量评定、试运行	信息	基础设施
210.2-25	YD/T 1657.4—2007	支持多媒体业务网络地址翻译/防火墙（NAT/FW）穿越的代理设备技术要求　第 4 部分：H.248 代理	行标	2007.12.1			规划、设计、建设	规划、初设、施工图、施工工艺、验收与质量评定、试运行	信息	基础设施
210.2-26	YD/T 1698—2016	IPv6 网络设备技术要求　具有 IPv6 路由功能的以太网交换机	行标	2016.7.1		YD/T 1698—2007	规划、设计、建设	规划、初设、施工图、施工工艺、验收与质量评定、试运行	信息	基础设施

体系结构号	标准编号	标准名称	标准级别	实施日期	与国际标准对应关系	代替标准	阶段	分阶段	专业	分专业
210.2-27	YD/T 1806—2008	基于 IP 的远程视频监控设备技术要求	行标	2008.11.1			规划、设计、建设	规划、初设、施工图、施工工艺、验收与质量评定、试运行	信息	基础设施
210.2-28	YD/T 2443—2013	防火墙设备能效参数和测试方法	行标	2013.6.1			规划、设计、采购、建设、运维、修试、退役	规划、初设、施工图、招标、品控、施工工艺、验收与质量评定、试运行、运行、维护、检修、试验、退役、报废	信息	基础设施
210.2-29	YD/T 2711—2014	宽带网络接入服务器节能参数和测试方法	行标	2015.4.1			规划、设计、建设	规划、初设、施工图、施工工艺、验收与质量评定、试运行	信息	基础设施
210.2-30	YD/T 2728—2014	集装箱式数据中心总体技术要求	行标	2015.4.1			规划、设计、建设	规划、初设、施工图、施工工艺、验收与质量评定、试运行	信息	基础设施
210.2-31	YD/T 3292—2017	整机柜服务器总体技术要求	行标	2018.1.1			规划、设计、采购、建设	规划、初设、施工图、招标、品控、施工工艺、验收与质量评定、试运行	信息	基础设施
210.2-32	YD/T 3293—2017	整机柜服务器供电子系统技术要求	行标	2018.1.1			规划、设计、采购、建设	规划、初设、施工图、施工工艺、招标、品控、验收与质量评定、试运行	信息	基础设施
210.2-33	YD/T 3294—2017	整机柜服务器管理子系统技术要求	行标	2018.1.1			规划、设计、采购、建设	规划、初设、施工图、施工工艺、招标、品控、验收与质量评定、试运行	信息	基础设施
210.2-34	YD/T 3295—2017	整机柜服务器节点子系统技术要求	行标	2018.1.1			规划、设计、采购、建设	规划、初设、施工图、施工工艺、招标、品控、验收与质量评定、试运行	信息	基础设施
210.2-35	YD/T 3386—2018	移动互联网流量综合网关技术要求	行标	2019.4.1			规划、设计、采购、建设、运维、修试、退役	规划、初设、施工图、施工工艺、招标、品控、验收与质量评定、试运行	信息	基础设施

体系结构号	标准编号	标准名称	标准级别	实施日期	与国际标准对应关系	代替标准	阶段	分阶段	专业	分专业
210.2-36	YD/T 3398—2018	整机柜服务器机柜子系统技术要求	行标	2019.4.1			规划、设计、采购、建设、运维、修试、退役	规划、初设、施工图、施工工艺、招标、品控、验收与质量评定、试运行	信息	基础设施
210.2-37	YD/T 3520—2019	视频监控系统的视频体验质量指标及评测方法	行标	2020.1.1			建设、修试	验收与质量评定、试验	信息	基础设施
210.2-38	YD/T 3644—2020	面向互联网的数据安全能力技术框架	行标	2020.7.1			建设、修试	验收与质量评定、试验	信息	基础设施
210.2-39	YD/T 3738—2020	互联网新技术新业务安全评估实施要求	行标	2020.10.1			建设、修试	验收与质量评定、试验	信息	基础设施
210.2-40	YD/T 3767—2020	数据中心用市电加保障电源的两路供电系统技术要求	行标	2020.10.1			建设、修试	验收与质量评定、试验	信息	基础设施
210.2-41	SJ/T 11439—2015	信息技术 面阵式二维码识读引擎通用规范	行标	2016.4.1			规划、设计、采购、建设、运维、修试、退役	规划、初设、施工图、招标、品控、施工工艺、验收与质量评定、试运行、运行、维护、检修、试验、退役、报废	信息	基础设施
210.2-42	SJ/T 11526—2015	信息技术 SCSI 基于对象的存储设备命令	行标	2015.10.1			设计、建设、运维、修试	初设、施工图、施工工艺、验收与质量评定、试运行、运行、维护、检修、试验	信息	基础设施
210.2-43	SJ/T 11527—2015	磁盘阵列通用规范	行标	2015.10.1			规划、设计、采购、建设、运维、修试、退役	规划、初设、施工图、招标、品控、施工工艺、验收与质量评定、试运行、运行、维护、检修、试验、退役、报废	信息	基础设施
210.2-44	SJ/T 11528—2015	信息技术 移动存储 存储卡通用规范	行标	2015.10.1			规划、设计、采购、建设、运维、修试、退役	规划、初设、施工图、招标、品控、施工工艺、验收与质量评定、试运行、运行、维护、检修、试验、退役、报废	信息	基础设施
210.2-45	SJ/T 11530—2015	信息技术 开关型电源适配器通用规范	行标	2015.10.1			规划、设计、采购、建设、运维、修试、退役	规划、初设、施工图、招标、品控、施工工艺、验收与质量评定、试运行、运行、维护、检修、试验、退役、报废	信息	基础设施

体系结构号	标准编号	标准名称	标准级别	实施日期	与国际标准对应关系	代替标准	阶段	分阶段	专业	分专业
210.2-46	SJ/T 11536.1—2015	高性能计算机 刀片服务器 第1部分：管理模块技术要求	行标	2016.4.1			规划、设计、采购、建设	规划、初设、施工图、招标、品控、施工工艺、验收与质量评定、试运行	信息	基础设施
210.2-47	SJ/T 11537—2015	高性能计算机 机群监控系统技术要求	行标	2016.4.1			规划、设计、采购、建设	规划、初设、施工图、招标、品控、施工工艺、验收与质量评定、试运行	信息	基础设施
210.2-48	SJ/T 11601—2016	信息技术 非接触式二维码扫描枪通用规范	行标	2016.6.1			规划、设计、采购、建设、运维、修试、退役	规划、初设、施工图、招标、品控、施工工艺、验收与质量评定、试运行、运行、维护、检修、试验、退役、报废	信息	基础设施
210.2-49	SJ/T 11602—2016	信息技术 非接触式一维码扫描枪通用规范	行标	2016.6.1			规划、设计、采购、建设、运维、修试、退役	规划、初设、施工图、招标、品控、施工工艺、验收与质量评定、试运行、运行、维护、检修、试验、退役、报废	信息	基础设施
210.2-50	SJ/T 11647—2016	信息技术 盘阵列接口要求	行标	2016.9.1			设计、采购、建设、运维	初设、施工图、招标、品控、施工工艺、验收与质量评定、试运行、运行、维护、测试	信息	基础设施
210.2-51	SJ/T 11654—2016	固态盘通用规范	行标	2016.9.1			规划、设计、采购、建设、运维、修试、退役	规划、初设、施工图、招标、品控、施工工艺、验收与质量评定、试运行、运行、维护、检修、试验、退役、报废	信息	基础设施
210.2-52	SJ/T 11655—2016	信息技术 移动存储 移动硬盘通用规范	行标	2016.9.1			规划、设计、采购、建设、运维、修试、退役	规划、初设、施工图、招标、品控、施工工艺、验收与质量评定、试运行、运行、维护、检修、试验、退役、报废	信息	基础设施
210.2-53	CJ/T 330—2010	电子标签通用技术要求	行标	2010.10.1			规划、设计、采购、建设	规划、初设、施工图、招标、品控、施工工艺、验收与质量评定、试运行	信息	基础设施

体系结构号	标准编号	标准名称	标准级别	实施日期	与国际标准对应关系	代替标准	阶段	分阶段	专业	分专业
210.2-54	GB/T 9813.1—2016	计算机通用规范 第1部分：台式微型计算机	国标	2017.3.1		GB/T 9813—2000	规划、设计、采购、建设、运维、修试、退役	规划、初设、施工图、招标、品控、施工工艺、验收与质量评定、试运行、运行、维护、检修、试验、退役、报废	信息	基础设施
210.2-55	GB/T 14715—2017	信息技术设备用不间断电源通用规范	国标	2018.7.1		GB/T 14715—1993	规划、设计、采购、建设、运维、修试、退役	规划、初设、施工图、招标、品控、施工工艺、验收与质量评定、试运行、运行、维护、检修、试验、退役、报废	信息	基础设施
210.2-56	GB/Z 15629.1—2000	信息技术 系统间远程通信和信息交换 局域网和城域网特定要求 第1部分：局域网标准综述	国标	2000.8.1	ISO/IEC TR 8802-1：1997，IDT		规划、设计、采购、建设、运维、修试、退役	规划、初设、施工图、招标、品控、施工工艺、验收与质量评定、试运行、运行、维护、检修、试验、退役、报废	信息	基础设施
210.2-57	GB/T 21671—2018	基于以太网技术的局域网（LAN）系统验收测试方法	国标	2019.1.1		GB/T 21671—2008	规划、设计、采购、建设、运维、修试、退役	规划、初设、施工图、招标、品控、施工工艺、验收与质量评定、试运行、运行、维护、检修、试验、退役、报废	信息	基础设施
210.2-58	GB/T 29768—2013	信息技术 射频识别 800/900MHz 空中接口协议	国标	2014.5.1			规划、设计、采购、建设、运维、修试、退役	规划、初设、施工图、招标、品控、施工工艺、验收与质量评定、试运行、运行、维护、检修、试验、退役、报废	信息	基础设施
210.2-59	GB/T 30001.1—2013	信息技术 基于射频的移动支付 第1部分：射频接口	国标	2014.5.1			规划、设计、采购、建设、运维、修试、退役	规划、初设、施工图、招标、品控、施工工艺、验收与质量评定、试运行、运行、维护、检修、试验、退役、报废	信息	基础设施
210.2-60	GB/T 30001.2—2013	信息技术 基于射频的移动支付 第2部分：卡技术要求	国标	2014.5.1			规划、设计、采购、建设、运维、修试、退役	规划、初设、施工图、招标、品控、施工工艺、验收与质量评定、试运行、运行、维护、检修、试验、退役、报废	信息	基础设施

体系结构号	标准编号	标准名称	标准级别	实施日期	与国际标准对应关系	代替标准	阶段	分阶段	专业	分专业
210.2-61	GB/T 30001.3—2013	信息技术 基于射频的移动支付 第3部分：设备技术要求	国标	2014.5.1			规划、设计、采购、建设、运维、修试、退役	规划、初设、施工图、招标、品控、施工工艺、验收与质量评定、试运行、运行、维护、检修、试验、退役、报废	信息	基础设施
210.2-62	GB/T 30001.4—2013	信息技术 基于射频的移动支付 第4部分：卡应用管理和安全	国标	2014.5.1			规划、设计、采购、建设、运维、修试、退役	规划、初设、施工图、招标、品控、施工工艺、验收与质量评定、试运行、运行、维护、检修、试验、退役、报废	信息	基础设施
210.2-63	GB/T 30001.5—2013	信息技术 基于射频的移动支付 第5部分：射频接口测试方法	国标	2014.5.1			建设、修试	验收与质量评定、试验	信息	基础设施
210.2-64	GB/T 31916.1—2015	信息技术 云数据存储和管理 第1部分：总则	国标	2016.5.1			规划、设计、采购、建设、运维、修试、退役	规划、初设、施工图、招标、品控、施工工艺、验收与质量评定、试运行、运行、维护、检修、试验、退役、报废	信息	基础设施
210.2-65	GB/T 32399—2015	信息技术 云计算 参考架构	国标	2017.1.1	ISO/IEC 17789：2014，MOD		规划、设计、采购、建设、运维、修试、退役	规划、初设、施工图、招标、品控、施工工艺、验收与质量评定、试运行、运行、维护、检修、试验、退役、报废	信息	基础设施
210.2-66	GB/T 32400—2015	信息技术 云计算 概览与词汇	国标	2017.1.1	ISO/IEC 17788：2014，IDT		规划、设计、采购、建设、运维、修试、退役	规划、初设、施工图、招标、品控、施工工艺、验收与质量评定、试运行、运行、维护、检修、试验、退役、报废	信息	基础设施
210.2-67	GB/T 33848.3—2017	信息技术 射频识别 第3部分：13.56MHz的空中接口通信参数	国标	2018.2.1	ISO/IEC 18000-3：2004		规划、设计、采购、建设、运维、修试、退役	规划、初设、施工图、招标、品控、施工工艺、验收与质量评定、试运行、运行、维护、检修、试验、退役、报废	信息	基础设施

体系结构号	标准编号	标准名称	标准级别	实施日期	与国际标准对应关系	代替标准	阶段	分阶段	专业	分专业
210.2-68	GB/T 34984—2017	信息技术 系统间远程通信和信息交换 局域网和城域网 超高速无线个域网的媒体访问控制和物理层规范	国标	2018.5.1			规划、设计、采购、建设、运维、修试、退役	规划、初设、施工图、招标、品控、施工工艺、验收与质量评定、试运行、运行、维护、检修、试验、退役、报废	信息	基础设施
210.2-69	GB/T 35293—2017	信息技术 云计算 虚拟机管理通用要求	国标	2018.7.1			规划、设计、采购、建设、运维、修试、退役	规划、初设、施工图、招标、品控、施工工艺、验收与质量评定、试运行、运行、维护、检修、试验、退役、报废	信息	基础设施
210.2-70	GB/T 35301—2017	信息技术 云计算 平台即服务（PAAS）参考架构	国标	2017.12.29			规划、设计、采购、建设、运维、修试、退役	规划、初设、施工图、招标、品控、施工工艺、验收与质量评定、试运行、运行、维护、检修、试验、退役、报废	信息	基础设施
210.2-71	GB/T 35589—2017	信息技术 大数据 技术参考模型	国标	2018.7.1			规划、设计、采购、建设、运维、修试、退役	规划、初设、施工图、招标、品控、施工工艺、验收与质量评定、试运行、运行、维护、检修、试验、退役、报废	信息	基础设施
210.2-72	GB/T 36364—2018	信息技术 射频识别 2.45GHz 标签通用规范	国标	2019.1.1			规划、设计、采购、建设、运维、修试、退役	规划、初设、施工图、招标、品控、施工工艺、验收与质量评定、试运行、运行、维护、检修、试验、退役、报废	信息	基础设施
210.2-73	GB/T 36365—2018	信息技术 射频识别 800/900MHz 无源标签通用规范	国标	2019.1.1			规划、设计、采购、建设、运维、修试、退役	规划、初设、施工图、招标、品控、施工工艺、验收与质量评定、试运行、运行、维护、检修、试验、退役、报废	信息	基础设施
210.2-74	GB/T 36435—2018	信息技术 射频识别 2.45GHz 读写器通用规范	国标	2019.1.1			规划、设计、采购、建设、运维、修试、退役	规划、初设、施工图、招标、品控、施工工艺、验收与质量评定、试运行、运行、维护、检修、试验、退役、报废	信息	基础设施

体系结构号	标准编号	标准名称	标准级别	实施日期	与国际标准对应关系	代替标准	阶段	分阶段	专业	分专业
210.2-75	GB/T 36441—2018	硬件产品与操作系统兼容性规范	国标	2019.1.1			规划、设计、采购、建设、运维、修试、退役	规划、初设、施工图、招标、品控、施工工艺、验收与质量评定、试运行、运行、维护、检修、试验、退役、报废	信息	基础设施
210.2-76	GB/T 36454—2018	信息技术 系统间远程通信和信息交换 中高速无线局域网媒体访问控制和物理层规范	国标	2019.1.1			规划、设计、采购、建设、运维、修试、退役	规划、初设、施工图、招标、品控、施工工艺、验收与质量评定、试运行、运行、维护、检修、试验、退役、报废	信息	基础设施
210.2-77	GB/T 36465—2018	网络终端操作系统总体技术要求	国标	2019.1.1			规划、设计、采购、建设、运维、修试、退役	规划、初设、施工图、招标、品控、施工工艺、验收与质量评定、试运行、运行、维护、检修、试验、退役、报废	信息	基础设施
210.2-78	GB/T 36628.1—2018	信息技术 系统间远程通信和信息交换 可见光通信 第1部分：媒体访问控制和物理层总体要求	国标	2019.4.1			规划、设计、采购、建设、运维、修试、退役	规划、初设、施工图、招标、品控、施工工艺、验收与质量评定、试运行、运行、维护、检修、试验、退役、报废	信息	基础设施
210.2-79	GB/T 36628.4—2019	信息技术 系统间远程通信和信息交换 可见光通信 第4部分：室内定位传输协议	国标	2020.3.1			规划、设计、采购、建设、运维、修试、退役	规划、初设、施工图、招标、品控、施工工艺、验收与质量评定、试运行、运行、维护、检修、试验、退役、报废	信息	基础设施
210.2-80	GB/T 37020—2018	信息技术 系统间远程通信和信息交换 局域网和城域网特定要求 面向视频的无线个域网（VPAN）媒体访问控制和物理层规范	国标	2022.1.1			规划、设计、采购、建设、运维、修试、退役	规划、初设、施工图、招标、品控、施工工艺、验收与质量评定、试运行、运行、维护、检修、试验、退役、报废	信息	基础设施
210.2-81	GB/T 37687—2019	信息技术 电子信息产品用低功率无线充电器通用规范	国标	2020.3.1			规划、设计、采购、建设、运维、修试、退役	规划、初设、施工图、招标、品控、施工工艺、验收与质量评定、试运行、运行、维护、检修、试验、退役、报废	信息	基础设施

体系 结构号	标准编号	标准名称	标准 级别	实施日期	与国际标准 对应关系	代替标准	阶段	分阶段	专业	分专业
210.2-82	GB/T 37730—2019	Linux 服务器操作系统测试方法	国标	2020.3.1			建设、修试	验收与质量评定、试验	信息	基础设施
210.2-83	GB/T 37731—2019	Linux 桌面操作系统测试方法	国标	2020.3.1			建设、修试	验收与质量评定、试验	信息	基础设施
210.2-84	GB/T 37978—2019	信息技术　存储管理应用盘阵列存储管理接口	国标	2020.3.1			规划、设计、采购、建设、运维、修试、退役	规划、初设、施工图、招标、品控、施工工艺、验收与质量评定、试运行、运行、维护、检修、试验、退役、报废	信息	基础设施
210.2-85	ISO/IEC 23004-7—2008	信息技术多媒体中间设备第 7 部分：系统完整性管理	国际 标准	2008.2.15	ANSI/INCITS/ISO/IEC 23004-7—2009，IDT；CAN/CSA-ISO/IEC 23004-7-08—2008，IDT	ISO IEC FDIS 23004-7—2007	规划、设计、采购、建设、运维、修试、退役	规划、初设、施工图、招标、品控、施工工艺、验收与质量评定、试运行、运行、维护、检修、试验、退役、报废	信息	基础设施
210.2-86	ISO/IEC 23004-8—2009	信息技术多媒体中间设备第 8 部分；参考软件	国际 标准	2009.4.1			规划、设计、采购、建设、运维、修试、退役	规划、初设、施工图、招标、品控、施工工艺、验收与质量评定、试运行、运行、维护、检修、试验、退役、报废	信息	基础设施
210.2-87	ITU-T G.8261/Y.1361—2013/Cor 1—2016	分组网络中的时分和同步	国际 标准	2016.4.13		ITU-T G 8261 Y 1361—2008	规划、设计、采购、建设、运维、修试、退役	规划、初设、施工图、招标、品控、施工工艺、验收与质量评定、试运行、运行、维护、检修、试验、退役、报废	信息	基础设施
210.2-88	ITU-T Y.1563—2009	以太网帧传输和可用性能	国际 标准	2009.1.13			规划、设计、采购、建设、运维、修试、退役	规划、初设、施工图、招标、品控、施工工艺、验收与质量评定、试运行、运行、维护、检修、试验、退役、报废	信息	基础设施
210.2-89	ITU-T Y.2051—2008	基于 IPv6 的 NGN 概述	国际 标准	2008.2.29			规划、设计、采购、建设、运维、修试、退役	规划、初设、施工图、招标、品控、施工工艺、验收与质量评定、试运行、运行、维护、检修、试验、退役、报废	信息	基础设施

体系结构号	标准编号	标准名称	标准级别	实施日期	与国际标准对应关系	代替标准	阶段	分阶段	专业	分专业
210.2-90	ITU-T Y.2052—2008	基于 IPv6 NGN 的多链路框架	国际标准	2008.2.29			规划、设计、采购、建设、运维、修试、退役	规划、初设、施工图、招标、品控、施工工艺、验收与质量评定、试运行、运行、维护、检修、试验、退役、报废	信息	基础设施
210.2-91	ITU-T Y.2054—2008	基于 IPv6 NGN 的支持信令框架	国际标准	2008.2.29			规划、设计、采购、建设、运维、修试、退役	规划、初设、施工图、招标、品控、施工工艺、验收与质量评定、试运行、运行、维护、检修、试验、退役、报废	信息	基础设施
210.3 信息技术-信息资源										
210.3-1	Q/CSG 11806—2008	基本数据集标准	企标	2010.1.1			规划、设计、采购、建设、运维、修试、退役	规划、初设、施工图、招标、品控、施工工艺、验收与质量评定、试运行、运行、维护、检修、试验、退役、报废	信息	信息资源
210.3-2	Q/CSG 11807—2009	数据模型规范　总册　编制原则和要求	企标	2010.1.1			规划、设计、采购、建设、运维、修试、退役	规划、初设、施工图、招标、品控、施工工艺、验收与质量评定、试运行、运行、维护、检修、试验、退役、报废	信息	信息资源
210.3-3	Q/CSG 118010—2011	数据中心 ETL 规范	企标	2011.12.1			规划、设计、采购、建设、运维、修试、退役	规划、初设、施工图、招标、品控、施工工艺、验收与质量评定、试运行、运行、维护、检修、试验、退役、报废	信息	信息资源
210.3-4	Q/CSG 1210005—2015	企业架构总体架构技术规范	企标	2015.3.18			规划、设计、建设	规划、初设、施工图、施工工艺、验收与质量评定、试运行	信息	信息资源
210.3-5	Q/CSG 1210006—2015	企业架构系统架构技术规范	企标	2015.3.27			规划、设计、建设	规划、初设、施工图、施工工艺、验收与质量评定、试运行	信息	信息资源

体系 结构号	标准编号	标准名称	标准 级别	实施日期	与国际标准 对应关系	代替标准	阶段	分阶段	专业	分专业
210.3-6	Q/CSG 1210014—2015	企业公共信息模型 第1部分 概述	企标	2015.8.11			规划、设计、采购、建设、运维、修试、退役	规划、初设、施工图、招标、品控、施工工艺、验收与质量评定、试运行、运行、维护、检修、试验、退役、报废	信息	信息资源
210.3-7	Q/CSG 1210015—2015	企业公共信息模型 第2部分 基础	企标	2015.8.11			规划、设计、采购、建设、运维、修试、退役	规划、初设、施工图、招标、品控、施工工艺、验收与质量评定、试运行、运行、维护、检修、试验、退役、报废	信息	信息资源
210.3-8	Q/CSG 1210016—2015	企业公共信息模型 第3部分 配网扩展	企标	2015.8.11			规划、设计、采购、建设、运维、修试、退役	规划、初设、施工图、招标、品控、施工工艺、验收与质量评定、试运行、运行、维护、检修、试验、退役、报废	信息	信息资源
210.3-9	Q/CSG 118009—2011	数据中心数据交换规范	企标	2011.12.1			规划、设计、采购、建设、运维、修试、退役	规划、初设、施工图、招标、品控、施工工艺、验收与质量评定、试运行、运行、维护、检修、试验、退役、报废	信息	信息资源
210.3-10	Q/CSG 1210007—2015	数据传输安全标准	企标	2015.8.11			规划、设计、采购、建设、运维、修试、退役	规划、初设、施工图、招标、品控、施工工艺、验收与质量评定、试运行、运行、维护、检修、试验、退役、报废	信息	信息资源
210.3-11	Q/CSG 1210017—2015	内外网数据安全交换平台技术规范	企标	2015.8.24			规划、设计、建设	规划、初设、施工图、施工工艺、验收与质量评定、试运行	信息	信息资源
210.3-12	Q/CSG 1210018—2015	内外网数据安全交互规范	企标	2015.8.11			规划、设计、建设	规划、初设、施工图、施工工艺、验收与质量评定、试运行	信息	信息资源
210.3-13	Q/CSG 1210020—2016	信息分类和编码体系框架	企标	2015.9.15		Q/CSG 11801.1—2008	规划、设计、采购、建设、运维、修试、退役	规划、初设、施工图、招标、品控、施工工艺、验收与质量评定、试运行、运行、维护、检修、试验、退役、报废	信息	信息资源

体系 结构号	标准编号	标准名称	标准 级别	实施日期	与国际标准 对应关系	代替标准	阶段	分阶段	专业	分专业
210.3-14	Q/CSG 1210021—2016	公共信息分类和编码	企标	2015.9.15		Q/CSG 11801.2—2008	规划、设计、采购、建设、运维、修试、退役	规划、初设、施工图、招标、品控、施工工艺、验收与质量评定、试运行、运行、维护、检修、试验、退役、报废	信息	信息资源
210.3-15	Q/CSG 1210022—2015	资产管理类信息分类和编码	企标	2015.8.11		Q/CSG 11801.8—2008； Q/CSG 11819—2010； Q/CSG 11801.3—2008； Q/CSG 11818—2010； Q/CSG 11801.7—2008； Q/CSG 11801.11—2008	规划、设计、采购、建设、运维、修试、退役	规划、初设、施工图、招标、品控、施工工艺、验收与质量评定、试运行、运行、维护、检修、试验、退役、报废	信息	信息资源
210.3-16	Q/CSG 1210023—2016	综合管理类信息分类和编码	企标	2015.9.15		Q/CSG 11801.7.1—2008； Q/CSG 11801.8.1—2008； Q/CSG 11801.8.2—2008； Q/CSG 11801.12—2008	规划、设计、采购、建设、运维、修试、退役	规划、初设、施工图、招标、品控、施工工艺、验收与质量评定、试运行、运行、维护、检修、试验、退役、报废	信息	信息资源
210.3-17	Q/CSG 1210025—2015	财务信息分类和编码	企标	2015.8.11		Q/CSG 11801.5—2008	规划、设计、采购、建设、运维、修试、退役	规划、初设、施工图、招标、品控、施工工艺、验收与质量评定、试运行、运行、维护、检修、试验、退役、报废	信息	信息资源
210.3-18	Q/CSG 1210026—2015	营销信息分类和编码	企标	2015.8.11		Q/CSG 11801.9—2008	规划、设计、采购、建设、运维、修试、退役	规划、初设、施工图、招标、品控、施工工艺、验收与质量评定、试运行、运行、维护、检修、试验、退役、报废	信息	信息资源

体系结构号	标准编号	标准名称	标准级别	实施日期	与国际标准对应关系	代替标准	阶段	分阶段	专业	分专业
210.3-19	Q/CSG 1210036—2016	人力资源管理类信息分类和编码	企标	2016.9.8		Q/CSG 11801.4—2008	规划、设计、采购、建设、运维、修试、退役	规划、初设、施工图、招标、品控、施工工艺、验收与质量评定、试运行、运行、维护、检修、试验、退役、报废	信息	信息资源
210.3-20	Q/CSG 1210037—2019	中国南方电网有限公司元数据标准规范	企标	2019.6.26			规划、设计、采购、建设、运维、修试、退役	规划、初设、施工图、招标、品控、施工工艺、验收与质量评定、试运行、运行、维护、检修、试验、退役、报废	信息	基础设施、信息资源、信息安全、其他
210.3-21	Q/CSG 1210038—2019	中国南方电网有限公司主数据标准规范	企标	2019.6.26			规划、设计、采购、建设、运维、修试、退役	规划、初设、施工图、招标、品控、施工工艺、验收与质量评定、试运行、运行、维护、检修、试验、退役、报废	信息	基础设施、信息资源、信息安全、其他
210.3-22	T/CEC 261—2019	电力大数据资源数据质量评价方法	团标	2020.1.1			建设、修试	验收与质量评定、试验	信息	信息资源
210.3-23	DL/T 1255—2013	TDM 系统输出数据及格式规范	行标	2014.4.1			规划、设计、采购、建设、运维、修试、退役	规划、初设、施工图、招标、品控、施工工艺、验收与质量评定、试运行、运行、维护、检修、试验、退役、报废	信息	信息资源
210.3-24	DL/T 1782—2017	变电站继电保护信息规范	行标	2018.6.1			规划、设计、采购、建设、运维、修试、退役	规划、初设、施工图、招标、品控、施工工艺、验收与质量评定、试运行、运行、维护、检修、试验、退役、报废	信息	信息资源
210.3-25	DL/T 1991—2019	电力行业公共信息模型	行标	2019.10.1			规划、设计、建设	规划、初设、施工图、施工工艺、验收与质量评定、试运行	信息	信息资源
210.3-26	YD/T 2807.1—2015	云资源管理技术要求 第1部分：总体要求	行标	2015.7.1			规划、设计、建设	规划、初设、施工图、施工工艺、验收与质量评定、试运行	信息	信息资源

体系 结构号	标准编号	标准名称	标准 级别	实施日期	与国际标准 对应关系	代替标准	阶段	分阶段	专业	分专业
210.3-27	YD/T 2807.2—2015	云资源管理技术要求　第 2部分：综合管理平台	行标	2015.7.1			规划、设计、建设	规划、初设、施工图、施工工艺、验收与质量评定、试运行	信息	信息资源
210.3-28	YD/T 2807.3—2015	云资源管理技术要求　第 3部分：分平台	行标	2015.7.1			规划、设计、建设	规划、初设、施工图、施工工艺、验收与质量评定、试运行	信息	信息资源
210.3-29	YD/T 2807.4—2015	云资源管理技术要求　第 4部分：接口	行标	2015.7.1			规划、设计、建设	规划、初设、施工图、施工工艺、验收与质量评定、试运行	信息	信息资源
210.3-30	YD/T 2807.5—2015	云资源管理技术要求　第 5部分：存储系统	行标	2015.7.1			规划、设计、建设	规划、初设、施工图、施工工艺、验收与质量评定、试运行	信息	信息资源
210.3-31	YD/T 3054—2016	云资源运维管理功能技术要求	行标	2016.7.1			规划、设计、建设	规划、初设、施工图、施工工艺、验收与质量评定、试运行	信息	信息资源
210.3-32	YD/T 3290—2017	一体化微型模块化数据中心技术要求	行标	2018.1.1			规划、设计、建设	规划、初设、施工图、施工工艺、验收与质量评定、试运行	信息	信息资源
210.3-33	YD/T 3291—2017	数据中心预制模块总体技术要求	行标	2018.1.1			规划、设计、建设	规划、初设、施工图、施工工艺、验收与质量评定、试运行	信息	信息资源
210.3-34	YD/T 3494—2019	集中式远程数据备份测试要求	行标	2020.1.1			建设、修试	验收与质量评定、试验	信息	信息资源
210.3-35	SJ/T 11373—2007	软件构件管理　第 1 部分：管理信息模型	行标	2008.1.20			规划、设计、采购、建设、运维、修试、退役	规划、初设、施工图、招标、品控、施工工艺、验收与质量评定、试运行、运行、维护、检修试验、退役、报废	信息	信息资源
210.3-36	SJ/T 11676—2017	信息技术　元数据属性	行标	2017.7.1			规划、设计、采购、建设、运维、修试、退役	规划、初设、施工图、招标、品控、施工工艺、验收与质量评定、试运行、运行、维护、检修试验、退役、报废	信息	信息资源

体系 结构号	标准编号	标准名称	标准 级别	实施日期	与国际标准 对应关系	代替标准	阶段	分阶段	专业	分专业
210.3-37	GB/T 1988—1998	信息技术 信息交换用七位编码字符集	国标	1999.6.1	ISO/IEC 646：1991，EQV	GB/T 1988—1989	规划、设计、采购、建设、运维、修试、退役	规划、初设、施工图、招标、品控、施工工艺、验收与质量评定、试运行、运行、维护、检修、试验、退役、报废	信息	信息资源
210.3-38	GB/T 2312—1980	信息交换用汉字编码字符集基本集	国标	1981.5.1		GB 2312—1980	规划、设计、采购、建设、运维、修试、退役	规划、初设、施工图、招标、品控、施工工艺、验收与质量评定、试运行、运行、维护、检修、试验、退役、报废	信息	信息资源
210.3-39	GB/T 5271.10—1986	数据处理 词汇 第10部分：操作技术和设施	国标	1987.5.1	ISO 2382/10：1979，EQV		规划、设计、采购、建设、运维、修试、退役	规划、初设、施工图、招标、品控、施工工艺、验收与质量评定、试运行、运行、维护、检修、试验、退役、报废	信息	信息资源
210.3-40	GB/T 7027—2002	信息分类和编码的基本原则与方法	国标	2002.12.1		GB/T 7027—1986	规划、设计、采购、建设、运维、修试、退役	规划、初设、施工图、招标、品控、施工工艺、验收与质量评定、试运行、运行、维护、检修、试验、退役、报废	信息	信息资源
210.3-41	GB/T 12345—1990	信息交换用汉字编码字符集辅助集	国标	1990.12.1		GB 12345—1990	规划、设计、采购、建设、运维、修试、退役	规划、初设、施工图、招标、品控、施工工艺、验收与质量评定、试运行、运行、维护、检修、试验、退役、报废	信息	信息资源
210.3-42	GB/T 16263.4—2015	信息技术 ASN.1 编码规则 第 4 部分：XML 编码规则（XER）	国标	2016.8.1	ISO/IEC 8825-4：2008，IDT		规划、设计、采购、建设、运维、修试、退役	规划、初设、施工图、招标、品控、施工工艺、验收与质量评定、试运行、运行、维护、检修、试验、退役、报废	信息	信息资源
210.3-43	GB/T 16263.5—2015	信息技术 ASN.1 编码规则 第 5 部分：W3C XML 模式定义到 ASN.1 的映射	国标	2016.8.1	ISO/IEC 8825-5：2008，IDT		规划、设计、采购、建设、运维、修试、退役	规划、初设、施工图、招标、品控、施工工艺、验收与质量评定、试运行、运行、维护、检修、试验、退役、报废	信息	信息资源

体系 结构号	标准编号	标准名称	标准 级别	实施日期	与国际标准 对应关系	代替标准	阶段	分阶段	专业	分专业
210.3-44	GB 18030—2005	信息技术 中文编码字符集	国标	2006.5.1		GB 18030—2000	规划、设计、采购、建设、运维、修试、退役	规划、初设、施工图、招标、品控、施工工艺、验收与质量评定、试运行、运行、维护、检修、试验、退役、报废	信息	信息资源
210.3-45	GB/T 18124—2000	质量数据报文	国标	2001.3.1	UN/EDIFACT D.96A		规划、设计、采购、建设、运维、修试、退役	规划、初设、施工图、招标、品控、施工工艺、验收与质量评定、试运行、运行、维护、检修、试验、退役、报废	信息	信息资源
210.3-46	GB/Z 18219—2008	信息技术 数据管理参考模型	国标	2008.11.1	ISO/IEC TR 10032：2003，IDT	GB/T 18219—2000	规划、设计、采购、建设、运维、修试、退役	规划、初设、施工图、招标、品控、施工工艺、验收与质量评定、试运行、运行、维护、检修、试验、退役、报废	信息	信息资源
210.3-47	GB/T 19688.5—2009	信息与文献 书目数据元目录 第5部分：编目和元数据交换用数据元	国标	2009.9.1	ISO 8459-5：2002，IDT		规划、设计、采购、建设、运维、修试、退役	规划、初设、施工图、招标、品控、施工工艺、验收与质量评定、试运行、运行、维护、检修、试验、退役、报废	信息	信息资源
210.3-48	GB/T 20258.1—2019	基础地理信息要素数据字典 第1部分：1:500、1:1000、1:2000 基础地理信息要素数据字典	国标	2019.10.1		GB/T 20258.1—2007	规划、设计、采购、建设、运维、修试、退役	规划、初设、施工图、招标、品控、施工工艺、验收与质量评定、试运行、运行、维护、检修、试验、退役、报废	信息	信息资源
210.3-49	GB/T 20258.2—2019	基础地理信息要素数据字典 第2部分：1:5000、1:10 000 基础地理信息要素数据字典	国标	2019.10.1		GB/T 20258.2—2006	规划、设计、采购、建设、运维、修试、退役	规划、初设、施工图、招标、品控、施工工艺、验收与质量评定、试运行、运行、维护、检修、试验、退役、报废	信息	信息资源
210.3-50	GB/T 20258.3—2019	基础地理信息要素数据字典 第3部分：1:25000、1:50 000、1:100 000 基础地理信息要素数据字典	国标	2019.10.1		GB/T 20258.3—2006	规划、设计、采购、建设、运维、修试、退役	规划、初设、施工图、招标、品控、施工工艺、验收与质量评定、试运行、运行、维护、检修、试验、退役、报废	信息	信息资源

体系结构号	标准编号	标准名称	标准级别	实施日期	与国际标准对应关系	代替标准	阶段	分阶段	专业	分专业
210.3-51	GB/T 20258.4—2019	基础地理信息要素数据字典 第4部分：1:250 000、1:500 000、1:1 000 000　比例尺	国标	2019.10.1		GB/T 20258.4—2007	规划、设计、采购、建设、运维、修试、退役	规划、初设、施工图、招标、品控、施工工艺、验收与质量评定、试运行、运行、维护、检修、试验、退役、报废	信息	信息资源
210.3-52	GB/T 31916.2—2015	信息技术　云数据存储和管理　第2部分：基于对象的云存储应用接口	国标	2016.5.1			规划、设计、采购、建设、运维、修试、退役	规划、初设、施工图、招标、品控、施工工艺、验收与质量评定、试运行、运行、维护、检修、试验、退役、报废	信息	信息资源
210.3-53	GB/T 31916.3—2018	信息技术　云数据存储和管理　第3部分：分布式文件存储应用接口	国标	2019.1.1			规划、设计、采购、建设、运维、修试、退役	规划、初设、施工图、招标、品控、施工工艺、验收与质量评定、试运行、运行、维护、检修、试验、退役、报废	信息	信息资源
210.3-54	GB/T 31916.5—2015	信息技术　云数据存储和管理　第5部分：基于键值（Key-Value）的云数据管理应用接口	国标	2016.5.1			规划、设计、采购、建设、运维、修试、退役	规划、初设、施工图、招标、品控、施工工艺、验收与质量评定、试运行、运行、维护、检修、试验、退役、报废	信息	信息资源
210.3-55	GB/T 32627—2016	信息技术　地址数据描述要求	国标	2016.11.1			规划、设计、采购、建设、运维、修试、退役	规划、初设、施工图、招标、品控、施工工艺、验收与质量评定、试运行、运行、维护、检修、试验、退役、报废	信息	信息资源
210.3-56	GB/T 32630—2016	非结构化数据管理系统技术要求	国标	2016.11.1			规划、设计、采购、建设、运维、修试、退役	规划、初设、施工图、招标、品控、施工工艺、验收与质量评定、试运行、运行、维护、检修、试验、退役、报废	信息	信息资源
210.3-57	GB/T 32633—2016	分布式关系数据库服务接口规范	国标	2016.11.1			设计、采购、建设、运维、修试	初设、施工图、招标、品控、施工工艺、验收与质量评定、试运行、运行、维护、检修、试验	信息	信息资源

体系结构号	标准编号	标准名称	标准级别	实施日期	与国际标准对应关系	代替标准	阶段	分阶段	专业	分专业
210.3-58	GB/T 32908—2016	非结构化数据访问接口规范	国标	2017.3.1			设计、采购、建设、运维、修试	初设、施工图、招标、品控、施工工艺、验收与质量评定、试运行、运行、维护、检修、试验	信息	信息资源
210.3-59	GB/T 32909—2016	非结构化数据表示规范	国标	2017.3.1			规划、设计、采购、建设、运维、修试、退役	规划、初设、施工图、招标、品控、施工工艺、验收与质量评定、试运行、运行、维护、检修、试验、退役、报废	信息	信息资源
210.3-60	GB/T 33136—2016	信息技术服务　数据中心服务能力成熟度模型	国标	2017.5.1			规划、设计、采购、建设、运维、修试、退役	规划、初设、施工图、招标、品控、施工工艺、验收与质量评定、试运行、运行、维护、检修、试验、退役、报废	信息	信息资源
210.3-61	GB/T 33183—2016	基础地理信息　1:50 000 地形要素数据规范	国标	2017.2.1			规划、设计、采购、建设、运维、修试、退役	规划、初设、施工图、招标、品控、施工工艺、验收与质量评定、试运行、运行、维护、检修、试验、退役、报废	信息	信息资源
210.3-62	GB/T 33453—2016	基础地理信息数据库建设规范	国标	2017.7.1			设计、建设	初设、施工图、施工工艺、验收与质量评定	信息	信息资源
210.3-63	GB/T 33462—2016	基础地理信息　1:10 000 地形要素数据规范	国标	2017.7.1			规划、设计、采购、建设、运维、修试、退役	规划、初设、施工图、招标、品控、施工工艺、验收与质量评定、试运行、运行、维护、检修、试验、退役、报废	信息	信息资源
210.3-64	GB/T 34982—2017	云计算数据中心基本要求	国标	2018.5.1			规划、设计、采购、建设、运维、修试、退役	规划、初设、施工图、招标、品控、施工工艺、验收与质量评定、试运行、运行、维护、检修、试验、退役、报废	信息	信息资源
210.3-65	GB/T 35294—2017	信息技术　科学数据引用	国标	2018.7.1			规划、设计、采购、建设、运维、修试、退役	规划、初设、施工图、招标、品控、施工工艺、验收与质量评定、试运行、运行、维护、检修、试验、退役、报废	信息	信息资源

体系结构号	标准编号	标准名称	标准级别	实施日期	与国际标准对应关系	代替标准	阶段	分阶段	专业	分专业
210.3-66	GB/T 35311—2017	中文新闻图片内容描述元数据规范	国标	2018.4.1			规划、设计、采购、建设、运维、修试、退役	规划、初设、施工图、招标、品控、施工工艺、验收与质量评定、试运行、运行、维护、检修、试验、退役、报废	信息	信息资源
210.3-67	GB/T 35313—2017	模块化存储系统通用规范	国标	2018.7.1			规划、设计、采购、建设、运维、修试、退役	规划、初设、施工图、招标、品控、施工工艺、验收与质量评定、试运行、运行、维护、检修、试验、退役、报废	信息	信息资源
210.3-68	GB/T 36073—2018	数据管理能力成熟度评估模型	国标	2018.10.1			规划、设计、采购、建设、运维、修试、退役	规划、初设、施工图、招标、品控、施工工艺、验收与质量评定、试运行、运行、维护、检修、试验、退役、报废	信息	信息资源
210.3-69	GB/T 36343—2018	信息技术 数据交易服务平台 交易数据描述	国标	2019.1.1			规划、设计、采购、建设、运维、修试、退役	规划、初设、施工图、招标、品控、施工工艺、验收与质量评定、试运行、运行、维护、检修、试验、退役、报废	信息	信息资源
210.3-70	GB/T 36344—2018	信息技术 数据质量评价指标	国标	2019.1.1			规划、设计、采购、建设、运维、修试、退役	规划、初设、施工图、招标、品控、施工工艺、验收与质量评定、试运行、运行、维护、检修、试验、退役、报废	信息	信息资源
210.3-71	GB/T 36345—2018	信息技术 通用数据导入接口	国标	2019.1.1			规划、设计、采购、建设、运维、修试、退役	规划、初设、施工图、招标、品控、施工工艺、验收与质量评定、试运行、运行、维护、检修、试验、退役、报废	信息	信息资源
210.3-72	GB/T 37726—2019	信息技术 数据中心精益六西格玛应用评价准则	国标	2020.3.1			规划、设计、采购、建设、运维、修试、退役	规划、初设、施工图、招标、品控、施工工艺、验收与质量评定、试运行、运行、维护、检修、试验、退役、报废	信息	信息资源

体系结构号	标准编号	标准名称	标准级别	实施日期	与国际标准对应关系	代替标准	阶段	分阶段	专业	分专业
210.3-73	GB/T 37938—2019	信息技术 云资源监控指标体系	国标	2020.3.1			规划、设计、采购、建设、运维、修试、退役	规划、初设、施工图、招标、品控、施工工艺、验收与质量评定、试运行、运行、维护、检修、试验、退役、报废	信息	信息资源
210.3-74	ISO/IEC 8825-2—2015/Cor 1—2017	信息技术 ASN.1 编码规则：包编码规则（PER）规范，技术勘误表 1	国际标准	2017.3.8			规划、设计、采购、建设、运维、修试、退役	规划、初设、施工图、招标、品控、施工工艺、验收与质量评定、试运行、运行、维护、检修、试验、退役、报废	信息	信息资源
210.3-75	ISO/IEC 8825-4—2015	信息技术 ASN.1 编码规则：XML 编码规则（XER）	国际标准	2015.11.15		ISO/IEC 8825-4—2008；ISO/IEC 8825-4—2008/Cor 1—2012；ISO/IEC 8825-4—2008/Cor 2—2014	规划、设计、采购、建设、运维、修试、退役	规划、初设、施工图、招标、品控、施工工艺、验收与质量评定、试运行、运行、维护、检修、试验、退役、报废	信息	信息资源
210.3-76	ISO/IEC 8825-5—2015	信息技术 ASN.1 编码规则 第 5 部分：映射 W3C XML 模式定义进入 ASN.1	国际标准	2015.11.15	ITU-T X.694 Corrigendum 1—2011，IDT	ISO/IEC 8825-5—2008；ISO/IEC 8825-5—2008/Cor 1—2012；ISO/IEC 8825-5—2008/Cor 2—2014	规划、设计、采购、建设、运维、修试、退役	规划、初设、施工图、招标、品控、施工工艺、验收与质量评定、试运行、运行、维护、检修、试验、退役、报废	信息	信息资源
210.3-77	ITU-T X.693—2015	信息技术 ASN.1 编码规则：XML 编码规则（XER）	国际标准	2015.8.13		ITU-T X 693—2008	规划、设计、采购、建设、运维、修试、退役	规划、初设、施工图、招标、品控、施工工艺、验收与质量评定、试运行、运行、维护、检修、试验、退役、报废	信息	信息资源
210.3-78	ITU-T X.644—2008	信息技术 ASN.1 编码规则：W3CXML 图解定义到 ASN.I 的映射	国际标准	2008.11.1		ITU-T X 694—2004；ITU-T X 594 AMD 1—2007	规划、设计、采购、建设、运维、修试、退役	规划、初设、施工图、招标、品控、施工工艺、验收与质量评定、试运行、运行、维护、检修、试验、退役、报废	信息	信息资源
210.4 信息技术-信息应用										
210.4-1	Q/CSG 1210002—2014	GIS 空间信息服务平台基础地理空间数据规范	企标	2014.9.30			规划、设计、采购、建设、运维、修试、退役	规划、初设、施工图、招标、品控、施工工艺、验收与质量评定、试运行、运行、维护、检修、试验、退役、报废	信息	信息应用

体系结构号	标准编号	标准名称	标准级别	实施日期	与国际标准对应关系	代替标准	阶段	分阶段	专业	分专业
210.4-2	Q/CSG 1210008—2015	GIS 空间信息服务平台空间信息服务规范	企标	2015.3.19			设计、建设、运维	初设、施工图、施工工艺、验收与质量评定、运行、维护	信息	信息应用
210.4-3	Q/CSG 1210009—2015	GIS 空间信息服务平台集成规范	企标	2015.3.27			设计、建设、运维	初设、施工图、施工工艺、验收与质量评定、运行、维护	信息	信息应用
210.4-4	Q/CSG 1210032—2016	企业信息门户单点登录集成规范	企标	2016.8.1			设计、建设、运维	初设、施工图、施工工艺、验收与质量评定、运行、维护	信息	信息应用
210.4-5	Q/CSG 1210033—2016	企业信息门户界面集成规范	企标	2016.8.1			设计、建设、运维	初设、施工图、施工工艺、验收与质量评定、运行、维护	信息	信息应用
210.4-6	Q/CSG 1210034—2016	企业信息门户统一展现规范	企标	2016.8.1			设计、建设、运维	初设、施工图、施工工艺、验收与质量评定、运行、维护	信息	信息应用
210.4-7	Q/CSG 1210035—2016	企业信息门户应用集成规范	企标	2016.8.1			设计、建设、运维	初设、施工图、施工工艺、验收与质量评定、运行、维护	信息	信息应用
210.4-8	Q/CSG 118001—2012	IT集中运行监控系统接入规范	企标	2012.3.1			设计、建设、运维	初设、施工图、施工工艺、验收与质量评定、运行、维护	信息	信息应用
210.4-9	Q/CSG 118013—2012	营配信息集成规范	企标	2012.10.8			设计、建设、运维	初设、施工图、施工工艺、验收与质量评定、运行、维护	信息	信息应用
210.4-10	Q/CSG 1205031—2020	输电线路在线监测通信规约及信息交互规范	企标	2020.3.31			设计、建设、运维	初设、施工图、施工工艺、验收与质量评定、运行、维护	信息	信息应用
210.4-11	Q/CSG 1209029—2020	计量自动化系统通信模块技术规范（试行）	企标	2020.6.30			设计、建设、运维	初设、施工图、施工工艺、验收与质量评定、运行、维护	信息	信息应用
210.4-12	Q/CSG 1210001—2014	GIS 空间信息服务平台图元规范	企标	2014.9.1			规划、设计、采购、建设、运维、修试、退役	规划、初设、施工图、招标、品控、施工工艺、验收与质量评定、试运行、运行、维护、检修、试验、退役、报废	信息	信息应用

体系结构号	标准编号	标准名称	标准级别	实施日期	与国际标准对应关系	代替标准	阶段	分阶段	专业	分专业
210.4-13	Q/CSG 1210001.1—2013	SOA 框架规范	企标	2013.12.1		Q/CSG 11817—2010	规划、设计、采购、建设、运维、修试、退役	规划、初设、施工图、招标、品控、施工工艺、验收与质量评定、试运行、运行、维护、检修、试验、退役、报废	信息	信息应用
210.4-14	Q/CSG 1210001.2—2013	信息集成平台建设规范	企标	2013.12.1		Q/CSG 118007—2011	规划、设计、建设	规划、初设、施工图、施工工艺、验收与质量评定	信息	信息应用
210.4-15	Q/CSG 1210001.3—2013	SOA 信息集成技术规范	企标	2013.12.1		Q/CSG 118006—2011	规划、设计、建设	规划、初设、施工图、施工工艺、验收与质量评定	信息	信息应用
210.4-16	Q/CSG 1210001.4—2013	SOA 服务运营管理规范	企标	2013.12.1			运维	运行、维护	信息	信息应用
210.4-17	Q/CSG 1210003—2015	数据管理平台接入技术规范	企标	2015.3.4			规划、设计、建设	规划、初设、施工图、施工工艺、验收与质量评定	信息	信息应用
210.4-18	Q/CSG 1210039.1—2019	4A 平台技术规范　第 1 分册　功能规范	企标	2019.9.30		Q/CSG 1210010—2015	规划、设计、采购、建设、运维、修试、退役	规划、初设、施工图、招标、品控、施工工艺、验收与质量评定、试运行、运行、维护、检修、试验、退役、报废	信息	信息应用
210.4-19	Q/CSG 1210039.2—2019	4A 平台技术规范　第 2 分册　总体架构	企标	2019.9.30		Q/CSG 1210010—2015	规划、设计、采购、建设、运维、修试、退役	规划、初设、施工图、招标、品控、施工工艺、验收与质量评定、试运行、运行、维护、检修、试验、退役、报废	信息	信息应用
210.4-20	Q/CSG 1210039.3—2019	4A 平台技术规范　第 3 分册　应用系统集成接口规范	企标	2019.9.30		Q/CSG 1210011—2015	设计、建设、运维	初设、施工图、施工工艺、验收与质量评定、运行、维护	信息	信息应用
210.4-21	Q/CSG 1210039.4—2019	4A 平台技术规范　第 4 分册　系统资源集成规范	企标	2019.9.30		Q/CSG 1210012—2015	设计、建设、运维	初设、施工图、施工工艺、验收与质量评定、运行、维护	信息	信息应用

体系结构号	标准编号	标准名称	标准级别	实施日期	与国际标准对应关系	代替标准	阶段	分阶段	专业	分专业
210.4-22	Q/CSG 1210039.5—2019	4A 平台技术规范 第 5 分册 安全规范	企标	2019.9.30		Q/CSG 1210013—2015	规划、设计、采购、建设、运维、修试、退役	规划、初设、施工图、招标、品控、施工工艺、验收与质量评定、试运行、运行、维护、检修、试验、退役、报废	信息	信息应用
210.4-23	Q/CSG 1210046—2020	人工智能训练数据集归集标准（试行）	企标	2020.10.30			规划、设计、采购、建设、运维、修试、退役	规划、初设、施工图、招标、品控、施工工艺、验收与质量评定、试运行、运行、维护、检修、试验、退役、报废	信息	信息应用
210.4-24	Q/CSG 1210047—2020	人工智能平台组件接入及服务接口规范（试行）	企标	2020.10.30			规划、设计、采购、建设、运维、修试、退役	规划、初设、施工图、招标、品控、施工工艺、验收与质量评定、试运行、运行、维护、检修、试验、退役、报废	信息	信息应用
210.4-25	Q/CSG 1210050—2020	南方电网电力全域物联网平台接入技术规范（试行）	企标	2020.12.30			规划、设计、采购、建设、运维、修试、退役	规划、初设、施工图、招标、品控、施工工艺、验收与质量评定、试运行、运行、维护、检修、试验、退役、报废	信息	信息应用
210.4-26	Q/CSG 1210051—2020	实物编码二维码标识技术规范（试行）	企标	2020.12.30			规划、设计、采购、建设、运维、修试、退役	规划、初设、施工图、招标、品控、施工工艺、验收与质量评定、试运行、运行、维护、检修、试验、退役、报废	信息	信息应用
210.4-27	Q/CSG 1210052—2020	南方电网电力全域物联网平台技术规范（试行）	企标	2020.12.30			规划、设计、采购、建设、运维、修试、退役	规划、初设、施工图、招标、品控、施工工艺、验收与质量评定、试运行、运行、维护、检修、试验、退役、报废	信息	信息应用
210.4-28	Q/CSG 1210053—2020	南方电网电力全域物联网总体架构技术规范（试行）	企标	2020.12.30			规划、设计、采购、建设、运维、修试、退役	规划、初设、施工图、招标、品控、施工工艺、验收与质量评定、试运行、运行、维护、检修、试验、退役、报废	信息	信息应用

体系结构号	标准编号	标准名称	标准级别	实施日期	与国际标准对应关系	代替标准	阶段	分阶段	专业	分专业
210.4-29	Q/CSG 1210054—2020	南方电网 4A 平台集成接口技术规范	企标	2020.12.30		Q/CSG 1210039.3—2019	规划、设计、采购、建设、运维、修试、退役	规划、初设、施工图、招标、品控、施工工艺、验收与质量评定、试运行、运行、维护、检修、试验、退役、报废	信息	信息应用
210.4-30	Q/CSG 1210056—2020	南方电网互联网系统 IPv6 应用技术规范（试行）	企标	2020.12.30			规划、设计、采购、建设、运维、修试、退役	规划、初设、施工图、招标、品控、施工工艺、验收与质量评定、试运行、运行、维护、检修、试验、退役、报废	信息	信息应用
210.4-31	T/CEC 236—2019	电力移动应用软件测试规范	团标	2020.1.1			建设、修试	验收与质量评定、试验	信息	信息应用
210.4-32	T/CEC 299—2020	变电站地面款光雷达实景三维模型重构技术导则	团标	2020.10.1			建设、修试	验收与质量评定、试验	信息	信息应用
210.4-33	T/CEC 361—2020	智能变电站二次回路全景模型建模和实施技术规范	团标	2020.10.1			建设、修试	验收与质量评定、试验	信息	信息应用
210.4-34	T/CEC 383.2—2020	电网地理信息服务 第 2 部分：矢量地图产品规范	团标	2021.2.1			建设、修试	验收与质量评定、试验	信息	信息应用
210.4-35	T/CEC 5018—2020	输变电工程激光雷达测量技术应用导则	团标	2020.10.1			建设、修试	验收与质量评定、试验	信息	信息应用
210.4-36	T/CEC 5019—2020	输变电工程卫星影像测量技术导则	团标	2020.10.1			建设、修试	验收与质量评定、试验	信息	信息应用
210.4-37	T/CEC 5020—2020	输变电工程无人机航空摄影测量技应用导则	团标	2020.10.1			建设、修试	验收与质量评定、试验	信息	信息应用
210.4-38	T/CSEE 0051—2017	智能配用电大数据应用业务接口技术规范	团标	2018.5.1			设计、建设、运维	初设、施工图、施工工艺、验收与质量评定、运行、维护	信息	信息应用
210.4-39	DL/T 1450—2015	电力行业统计数据接口规范	行标	2015.9.1			设计、建设、运维	初设、施工图、施工工艺、验收与质量评定、运行、维护	信息	信息应用
210.4-40	DL/T 1729—2017	电力信息系统功能及非功能性测试规范	行标	2017.12.1			规划、设计、采购、建设、运维、修试、退役	规划、初设、施工图、招标、品控、施工工艺、验收与质量评定、试运行、运行、维护、检修、试验、退役、报废	信息	信息应用

体系结构号	标准编号	标准名称	标准级别	实施日期	与国际标准对应关系	代替标准	阶段	分阶段	专业	分专业
210.4-41	DL/T 1731—2017	电力信息系统非功能性需求规范	行标	2017.12.1			规划、设计、采购、建设、运维、修试、退役	规划、初设、施工图、招标、品控、施工工艺、验收与质量评定、试运行、运行、维护、检修、试验、退役、报废	信息	信息应用
210.4-42	DL/T 1992—2019	电力企业 SOA 应用技术标准	行标	2019.10.1			设计、建设、运维	初设、施工图、施工工艺、验收与质量评定、运行、维护	信息	信息应用
210.4-43	DL/T 2031—2019	电力移动应用软件测试规范	行标	2019.10.1			建设、修试	验收与质量评定、试验	信息	信息应用
210.4-44	DL/T 5026—1993	电力工程计算机辅助设计技术规定	行标	1994.3.1			设计、建设、运维	初设、施工图、施工工艺、验收与质量评定、运行、维护	信息	信息应用
210.4-45	NB/T 10440—2020	风力发电机定子绕组绝缘结构评定规程 耐湿热性	行标	2021.2.1			设计、建设、运维	初设、施工图、施工工艺、验收与质量评定、运行、维护	信息	信息应用
210.4-46	DLGJ 117—1994	电力勘测设计管理信息系统技术规定	行标	2004.6.1			设计、建设、运维	初设、施工图、施工工艺、验收与质量评定、运行、维护	信息	信息应用
210.4-47	YD/T 1245—2002	基于移动环境的电子商务应用层协议（非购物型）	行标	2002.12.10			设计、建设	初设、施工工艺、验收与质量评定、试运行	信息	信息应用
210.4-48	YD/T 1642—2020	互联网网络和业务服务质量测试方法	行标	2021.1.1		YD/T 1642—2009	设计、建设	初设、施工工艺、验收与质量评定、试运行	信息	信息应用
210.4-49	YD/T 1823—2008	IPTV 业务系统总体技术要求	行标	2008.11.1			规划、设计、建设	规划、初设、施工图、施工工艺、验收与质量评定、试运行	信息	信息应用
210.4-50	YD/T 2841—2015	基于域名系统（DNS）的网站可信标识服务技术规范	行标	2015.7.1			规划、设计、建设	规划、初设、施工图、施工工艺、验收与质量评定、试运行	信息	信息应用
210.4-51	YD/T 3028—2016	IP 网络流量采集分析平台技术要求	行标	2016.7.1			规划、设计、建设	规划、初设、施工图、施工工艺、验收与质量评定、试运行	信息	信息应用
210.4-52	YD/T 3078—2016	移动增强现实业务能力总体技术要求	行标	2016.7.1			规划、设计、建设	规划、初设、施工图、施工工艺、验收与质量评定、试运行	信息	信息应用

体系结构号	标准编号	标准名称	标准级别	实施日期	与国际标准对应关系	代替标准	阶段	分阶段	专业	分专业
210.4-53	YD/T 3139—2016	互联网业务质量监测系统技术要求	行标	2016.10.1			规划、设计、建设	规划、初设、施工图、施工工艺、验收与质量评定、试运行	信息	信息应用
210.4-54	YD/T 3240—2017	移动互联网智能托管平台技术要求	行标	2017.7.1			规划、设计、建设	规划、初设、施工图、施工工艺、验收与质量评定、试运行	信息	信息应用
210.4-55	YD/T 3389—2018	基于近场通信技术的移动智能终端快速配对技术要求	行标	2019.4.1			规划、设计、建设	规划、初设、施工图、施工工艺、验收与质量评定、试运行	信息	信息应用
210.4-56	YD/T 3430—2018	内容分发网络技术要求 应用场景和需求	行标	2019.4.1			规划、设计、建设	规划、初设、施工图、施工工艺、验收与质量评定、试运行	信息	信息应用
210.4-57	YD/T 3461—2019	Web 日志分析系统技术要求	行标	2019.10.1			规划、设计、建设	规划、初设、施工图、施工工艺、验收与质量评定、试运行	信息	信息应用
210.4-58	YD/T 3522—2019	移动应用开发者社区平台测试方法	行标	2020.1.1			建设、修试	验收与质量评定、试验	信息	信息应用
210.4-59	YD/T 3524—2019	基于安卓系统的移动应用程序第三方数字签名技术要求	行标	2020.1.1			规划、设计、建设	规划、初设、施工图、施工工艺、验收与质量评定、试运行	信息	信息应用
210.4-60	YD/T 3528—2019	移动通信网用户面拥塞管理的系统架构技术要求	行标	2020.1.1			规划、设计、建设	规划、初设、施工图、施工工艺、验收与质量评定、试运行	信息	信息应用
210.4-61	YD/T 3596—2019	移动互联网环境下个人数据共享评估和测试方法	行标	2020.1.1			建设、修试	验收与质量评定、试验	信息	信息应用
210.4-62	YD/T 3658—2020	互联网垃圾内容治理系统技术要求	行标	2020.7.1			建设、修试	验收与质量评定、试验	信息	信息应用
210.4-63	YD/T 3765—2020	内容分发网络技术要求 内容中心	行标	2020.10.1			建设、修试	验收与质量评定、试验	信息	信息应用
210.4-64	SJ/T 11310.2—2015	信息设备资源共享协同服务 第2部分：应用框架	行标	2015.10.1			规划、设计、采购、建设、运维、修试、退役	规划、初设、施工图、招标、品控、施工工艺、验收与质量评定、试运行、运行、维护、检修、试验、退役、报废	信息	信息应用

体系 结构号	标准编号	标准名称	标准 级别	实施日期	与国际标准 对应关系	代替标准	阶段	分阶段	专业	分专业
210.4-65	SJ/T 11310.3—2015	信息设备资源共享协同服务 第3部分：基础应用	行标	2015.10.1			规划、设计、 采购、建设、 运维、修试、 退役	规划、初设、施工图、 招标、品控、施工工艺、 验收与质量评定、试运 行、运行、维护、检修、 试验、退役、报废	信息	信息应用
210.4-66	SJ/T 11310.5—2015	信息设备资源共享协同服务 第5部分：设备类型	行标	2015.10.1			规划、设计、 采购、建设、 运维、修试、 退役	规划、初设、施工图、 招标、品控、施工工艺、 验收与质量评定、试运 行、运行、维护、检修、 试验、退役、报废	信息	信息应用
210.4-67	SJ/T 11310.6—2015	信息设备资源共享协同服务 第6部分：服务类型	行标	2015.10.1			规划、设计、 采购、建设、 运维、修试、 退役	规划、初设、施工图、 招标、品控、施工工艺、 验收与质量评定、试运 行、运行、维护、检修、 试验、退役、报废	信息	信息应用
210.4-68	SJ/T 11563—2015	网络化可信软件生产过程与 环境	行标	2016.4.1			规划、设计、 采购、建设、 运维、修试、 退役	规划、初设、施工图、 招标、品控、施工工艺、 验收与质量评定、试运 行、运行、维护、检修、 试验、退役、报废	信息	信息应用
210.4-69	SJ/T 11690—2017	软件运营服务能力通用要求	行标	2018.1.1			规划、设计、 建设	规划、初设、施工图、 施工工艺、验收与质量 评定、试运行	信息	信息应用
210.4-70	AQ 9003.1—2008	企业安全生产网络化监测系 统技术规范　第1部分：危险 场所网络化监测系统现场接入 技术规范	行标	2009.1.1			设计、建设、 运维	初设、施工图、施工工 艺、验收与质量评定、 试运行、运行、维护	信息	信息应用
210.4-71	AQ 9003.2—2008	企业安全生产网络化监测系 统技术规范　第2部分：危险 场所网络化监测系统集成技术 规范	行标	2009.1.1			设计、建设	初设、施工图、施工工 艺、验收与质量评定	信息	信息应用
210.4-72	AQ 9003.3—2008	企业安全生产网络化监测系 统技术规范　第3部分：危险 场所网络化监测设备通用检测 检验技术规范	行标	2009.1.1			修试	检修、试验	信息	信息应用

体系结构号	标准编号	标准名称	标准级别	实施日期	与国际标准对应关系	代替标准	阶段	分阶段	专业	分专业
210.4-73	GM/T 0033—2014	时间戳接口规范	行标	2014.2.13			设计、建设、运维	初设、施工图、施工工艺、验收与质量评定、试运行、运行、维护	信息	信息应用
210.4-74	GB/T 7408—2005	数据元和交换格式 信息交换 日期和时间表示法	国标	2005.10.1	ISO 8601：2000，IDT	GB/T 7408—1994	规划、设计、采购、建设、运维、修试、退役	规划、初设、施工图、招标、品控、施工工艺、验收与质量评定、试运行、运行、维护、检修、试验、退役、报废	信息	信息应用
210.4-75	GB/T 12991.1—2008	信息技术 数据库语言 SQL 第1部分：框架	国标	2008.12.1	ISO/IEC 9075-1：2003，IDT	GB/T 12991—1991	规划、设计、采购、建设、运维、修试、退役	规划、初设、施工图、招标、品控、施工工艺、验收与质量评定、试运行、运行、维护、检修、试验、退役、报废	信息	信息应用
210.4-76	GB/T 16284.8—2016	信息技术 信报处理系统（MHS）第8部分：电子数据交换信报处理服务	国标	2016.11.1	ISO/IEC 10021-8：1999		规划、设计、采购、建设、运维、修试、退役	规划、初设、施工图、招标、品控、施工工艺、验收与质量评定、试运行、运行、维护、检修、试验、退役、报废	信息	信息应用
210.4-77	GB/T 16284.9—2016	信息技术 信报处理系统（MHS）第9部分：电子数据交换信报处理系统	国标	2016.11.1	ISO/IEC 10021-9：1999		规划、设计、采购、建设、运维、修试、退役	规划、初设、施工图、招标、品控、施工工艺、验收与质量评定、试运行、运行、维护、检修、试验、退役、报废	信息	信息应用
210.4-78	GB/T 16284.10—2016	信息技术 信报处理系统（MHS）第10部分：MHS路由选择	国标	2016.11.1	ISO/IEC 10021-10：1999		规划、设计、采购、建设、运维、修试、退役	规划、初设、施工图、招标、品控、施工工艺、验收与质量评定、试运行、运行、维护、检修、试验、退役、报废	信息	信息应用
210.4-79	GB/T 18491.1—2001	信息技术 软件测量 功能规模测量 第1部分：概念定义	国标	2002.6.1	ISO/IEC 14143-1：1998，IDT		建设、修试	验收与质量评定、试验	信息	信息应用
210.4-80	GB/T 18729—2011	基于网络的企业信息集成规范	国标	2012.5.1		GB/Z 18729—2002	设计、建设、运维	初设、施工图、施工工艺、验收与质量评定、试运行、运行、维护	信息	信息应用

体系 结构号	标准编号	标准名称	标准 级别	实施日期	与国际标准 对应关系	代替标准	阶段	分阶段	专业	分专业
210.4-81	GB/T 20090.2—2013	信息技术　先进音视频编码 第 2 部分：视频	国标	2014.7.15		GB/T 20090.2—2006	规划、设计、 采购、建设、 运维、修试、 退役	规划、初设、施工图、 招标、品控、施工工艺、 验收与质量评定、试运 行、运行、维护、检修、 试验、退役、报废	信息	信息应用
210.4-82	GB/T 20090.11—2015	信息技术　先进音视频编码 第 11 部分：同步文本	国标	2016.8.1			规划、设计、 采购、建设、 运维、修试、 退役	规划、初设、施工图、 招标、品控、施工工艺、 验收与质量评定、试运 行、运行、维护、检修、 试验、退役、报废	信息	信息应用
210.4-83	GB/T 20090.12—2015	信息技术　先进音视频编码 第 12 部分：综合场景	国标	2016.8.1			规划、设计、 采购、建设、 运维、修试、 退役	规划、初设、施工图、 招标、品控、施工工艺、 验收与质量评定、试运 行、运行、维护、检修、 试验、退役、报废	信息	信息应用
210.4-84	GB/T 20090.13—2017	信息技术　先进音视频编码 第 13 部分：视频工具集	国标	2018.7.1			规划、设计、 采购、建设、 运维、修试、 退役	规划、初设、施工图、 招标、品控、施工工艺、 验收与质量评定、试运 行、运行、维护、检修、 试验、退役、报废	信息	信息应用
210.4-85	GB/T 20090.16—2016	信息技术　先进音视频编码 第 16 部分：广播电视视频	国标	2016.11.1			规划、设计、 采购、建设、 运维、修试、 退役	规划、初设、施工图、 招标、品控、施工工艺、 验收与质量评定、试运 行、运行、维护、检修、 试验、退役、报废	信息	信息应用
210.4-86	GB/T 25000.1—2010	软件工程　软件产品质量要 求与评价（SQuaRE）SQuaRE 指南	国标	2011.2.1	ISO/IEC 25000： 2005，IDT	GB/T 17544—1998	规划、设计、 采购、建设、 修试	规划、初设、施工图、 招标、验收与质量评 定、试运行、检修、试 验	信息	信息应用
210.4-87	GB/T 25000.62—2014	软件工程　软件产品质量要 求与评价（SQuaRE）易用性测 试报告行业通用格式（CIF）	国标	2015.2.1	ISO/IEC 25062： 2006，IDT		规划、设计、 采购、建设、 修试	规划、初设、施工图、 招标、验收与质量评 定、试运行、检修、试 验	信息	信息应用

体系结构号	标准编号	标准名称	标准级别	实施日期	与国际标准对应关系	代替标准	阶段	分阶段	专业	分专业
210.4-88	GB/T 26802.1—2011	工业控制计算机系统 通用规范 第1部分：通用要求	国标	2011.12.1			规划、设计、采购、建设、运维、修试、退役	规划、初设、施工图、招标、品控、施工工艺、验收与质量评定、试运行、运行、维护、检修、试验、退役、报废	信息	信息应用
210.4-89	GB/T 26802.2—2017	工业控制计算机系统 通用规范 第2部分：工业控制计算机的安全要求	国标	2018.7.1			规划、设计、采购、建设、运维、修试、退役	规划、初设、施工图、招标、品控、施工工艺、验收与质量评定、试运行、运行、维护、检修、试验、退役、报废	信息	信息应用
210.4-90	GB/T 26804.7—2017	工业控制计算机系统 功能模块模板 第7部分：视频采集模块通用技术条件及评定方法	国标	2018.2.1			规划、设计、采购、建设、运维、修试、退役	规划、初设、施工图、招标、品控、施工工艺、验收与质量评定、试运行、运行、维护、检修、试验、退役、报废	信息	信息应用
210.4-91	GB/T 26806.1—2011	工业控制计算机系统 工业控制计算机基本平台 第1部分：通用技术条件	国标	2011.12.1			规划、设计、采购、建设、运维、修试、退役	规划、初设、施工图、招标、品控、施工工艺、验收与质量评定、试运行、运行、维护、检修、试验、退役、报废	信息	信息应用
210.4-92	GB/T 28827.1—2012	信息技术服务 运行维护 第1部分：通用要求	国标	2013.2.1			规划、设计、采购、建设、运维、修试、退役	规划、初设、施工图、招标、品控、施工工艺、验收与质量评定、试运行、运行、维护、检修、试验、退役、报废	信息	信息应用
210.4-93	GB/T 29261.5—2014	信息技术 自动识别和数据采集技术 词汇 第5部分：定位系统	国标	2015.2.1	ISO/IEC 19762-5：2008，IDT		规划、设计、采购、建设、运维、修试、退役	规划、初设、施工图、招标、品控、施工工艺、验收与质量评定、试运行、运行、维护、检修、试验、退役、报废	信息	信息应用
210.4-94	GB/T 29265.1—2017	信息技术 信息设备资源共享协同服务 第1部分：系统结构与参考模型	国标	2019.11.1			规划、设计、采购、建设、运维、修试、退役	规划、初设、施工图、招标、品控、施工工艺、验收与质量评定、试运行、运行、维护、检修、试验、退役、报废	信息	信息应用

体系结构号	标准编号	标准名称	标准级别	实施日期	与国际标准对应关系	代替标准	阶段	分阶段	专业	分专业
210.4-95	GB/T 29265.201—2017	信息技术 信息设备资源共享协同服务 第201部分：基础协议	国标	2017.12.1			规划、设计、采购、建设、运维、修试、退役	规划、初设、施工图、招标、品控、施工工艺、验收与质量评定、试运行、运行、维护、检修、试验、退役、报废	信息	信息应用
210.4-96	GB/T 29265.304—2016	信息技术 信息设备资源共享协同服务 第304部分：数字媒体内容保护	国标	2016.11.1			规划、设计、采购、建设、运维、修试、退役	规划、初设、施工图、招标、品控、施工工艺、验收与质量评定、试运行、运行、维护、检修、试验、退役、报废	信息	信息应用
210.4-97	GB/T 29265.404—2018	信息技术 信息设备资源共享协同服务 第404部分：远程访问管理应用框架	国标	2019.1.1			规划、设计、采购、建设、运维、修试、退役	规划、初设、施工图、招标、品控、施工工艺、验收与质量评定、试运行、运行、维护、检修、试验、退役、报废	信息	信息应用
210.4-98	GB/T 29873—2013	能源计量数据公共平台数据传输协议	国标	2014.4.15			设计、建设、运维	初设、施工图、施工工艺、验收与质量评定、试运行、运行、维护	信息	信息应用
210.4-99	GB/T 30095—2013	网络化制造环境中业务互操作协议与模型	国标	2014.5.1			设计、建设、运维	初设、施工图、施工工艺、验收与质量评定、试运行、运行、维护	信息	信息应用
210.4-100	GB/T 30883—2014	信息技术 数据集成中间件	国标	2015.2.1			规划、设计、采购、建设、运维、修试、退役	规划、初设、施工图、招标、品控、施工工艺、验收与质量评定、试运行、运行、维护、检修、试验、退役、报废	信息	信息应用
210.4-101	GB/T 30971—2014	软件工程 用于互联网的推荐实践 网站工程、网站管理和网站生存周期	国标	2015.2.1	ISO/IEC 23026：2006，MOD		规划、设计、采购、建设、运维、修试、退役	规划、初设、施工图、招标、品控、施工工艺、验收与质量评定、试运行、运行、维护、检修、试验、退役、报废	信息	信息应用
210.4-102	GB/T 30972—2014	系统与软件工程 软件工程环境服务	国标	2015.2.1	ISO/IEC 15940：2013，IDT		规划、设计、采购、建设、运维、修试、退役	规划、初设、施工图、招标、品控、施工工艺、验收与质量评定、试运行、运行、维护、检修、试验、退役、报废	信息	信息应用

体系结构号	标准编号	标准名称	标准级别	实施日期	与国际标准对应关系	代替标准	阶段	分阶段	专业	分专业
210.4-103	GB/T 30996.1—2014	信息技术　实时定位系统　第1部分：应用程序接口	国标	2015.2.1	ISO/IEC 24730-1：2006，MOD		设计、建设、运维	初设、施工图、施工工艺、验收与质量评定、试运行、运行、维护	信息	信息应用
210.4-104	GB/T 30996.2—2017	信息技术　实时定位系统　第2部分：2.45GHz 空中接口协议	国标	2017.12.1			设计、建设、运维	初设、施工图、施工工艺、验收与质量评定、试运行、运行、维护	信息	信息应用
210.4-105	GB/T 30996.3—2018	信息技术　实时定位系统　第3部分：433MHz 空中接口协议	国标	2019.1.1			设计、建设、运维	初设、施工图、施工工艺、验收与质量评定、试运行、运行、维护	信息	信息应用
210.4-106	GB/T 30999—2014	系统和软件工程　生存周期管理　过程描述指南	国标	2015.2.1	ISO/IEC TR 24774：2010，IDT		规划、设计、采购、建设、运维、修试、退役	规划、初设、施工图、招标、品控、施工工艺、验收与质量评定、试运行、运行、维护、检修、试验、退役、报废	信息	信息应用
210.4-107	GB/T 31523.1—2015	安全信息识别系统　第1部分：标志	国标	2015.12.1			规划、设计、采购、建设、运维、修试、退役	规划、初设、招标、品控、施工工艺、验收与质量评定、试运行、运行、维护、检修、试验、退役、报废	信息	信息应用
210.4-108	GB/T 31523.2—2015	安全信息识别系统　第2部分：设置原则与要求	国标	2015.12.1			规划、设计、采购、建设、运维、修试、退役	规划、初设、招标、品控、施工工艺、验收与质量评定、试运行、运行、维护、检修、试验、退役、报废	信息	信息应用
210.4-109	GB/T 31915—2015	信息技术　弹性计算应用接口	国标	2016.5.1			设计、建设、运维	初设、施工图、施工工艺、验收与质量评定、试运行、运行、维护	信息	信息应用
210.4-110	GB/T 32394—2015	信息技术　中文 Linux 操作系统运行环境扩充要求	国标	2016.7.1			设计、建设、运维	初设、施工图、施工工艺、验收与质量评定、试运行、运行、维护	信息	信息应用
210.4-111	GB/T 32395—2015	信息技术　中文 Linux 操作系统应用编程接口（API）扩充要求	国标	2016.7.1			设计、建设、运维	初设、施工图、施工工艺、验收与质量评定、试运行、运行、维护	信息	信息应用

体系 结构号	标准编号	标准名称	标准 级别	实施日期	与国际标准 对应关系	代替标准	阶段	分阶段	专业	分专业
210.4-112	GB/T 32416—2015	信息技术　Web 服务可靠传输消息	国标	2017.1.1			规划、设计、采购、建设、运维	规划、初设、施工图、招标、品控、施工工艺、验收与质量评定、试运行、运行、维护	信息	信息应用
210.4-113	GB/T 32419.1—2015	信息技术　SOA 技术实现规范　第1部分：服务描述	国标	2017.1.1			规划、设计、采购、建设、运维	规划、初设、施工图、招标、品控、施工工艺、验收与质量评定、试运行、运行、维护	信息	信息应用
210.4-114	GB/T 32419.2—2016	信息技术　SOA 技术实现规范　第2部分：服务注册与发现	国标	2017.3.1			规划、设计、采购、建设、运维	规划、初设、施工图、招标、品控、施工工艺、验收与质量评定、试运行、运行、维护	信息	信息应用
210.4-115	GB/T 32419.3—2016	信息技术　SOA 技术实现规范　第3部分：服务管理	国标	2017.3.1			规划、设计、采购、建设、运维	规划、初设、施工图、招标、品控、施工工艺、验收与质量评定、试运行、运行、维护	信息	信息应用
210.4-116	GB/T 32419.4—2016	信息技术　SOA 技术实现规范　第4部分：基于发布/订阅的数据服务接口	国标	2017.5.1			规划、设计、采购、建设、运维	规划、初设、施工图、招标、品控、施工工艺、验收与质量评定、试运行、运行、维护	信息	信息应用
210.4-117	GB/T 32419.5—2017	信息技术　SOA 技术实现规范　第5部分：服务集成开发	国标	2018.4.1			规划、设计、采购、建设、运维	规划、初设、施工图、招标、品控、施工工艺、验收与质量评定、试运行、运行、维护	信息	信息应用
210.4-118	GB/T 32419.6—2017	信息技术　SOA 技术实现规范　第6部分：身份管理服务	国标	2018.5.1			规划、设计、采购、建设、运维	规划、初设、施工图、招标、品控、施工工艺、验收与质量评定、试运行、运行、维护	信息	信息应用
210.4-119	GB/T 32421—2015	软件工程　软件评审与审核	国标	2016.8.1			建设、修试	验收与质量评定、试验	信息	信息应用
210.4-120	GB/T 32422—2015	软件工程　软件异常分类指南	国标	2016.7.1			设计、建设、运维	初设、施工图、施工工艺、验收与质量评定、试运行、运行、维护	信息	信息应用
210.4-121	GB/T 32423—2015	系统与软件工程　验证与确认	国标	2016.7.1			建设	施工工艺、验收与质量评定、试运行	信息	信息应用

体系结构号	标准编号	标准名称	标准级别	实施日期	与国际标准对应关系	代替标准	阶段	分阶段	专业	分专业
210.4-122	GB/T 32424—2015	系统与软件工程 用户文档的设计者和开发者要求	国标	2016.7.1			采购、建设	招标、品控、施工工艺、验收与质量评定、试运行	信息	信息应用
210.4-123	GB/T 32427—2015	信息技术 SOA 成熟度模型及评估方法	国标	2017.1.1	ISO/IEC 16680：2012，MOD		规划、设计、建设	规划、初设、施工工艺、验收与质量评定、试运行	信息	信息应用
210.4-124	GB/T 32428—2015	信息技术 SOA 服务质量模型及测评规范	国标	2017.1.1			设计、建设、运维、修试	初设、施工图、施工工艺、验收与质量评定、试运行、运行、维护、试验	信息	信息应用
210.4-125	GB/T 32429—2015	信息技术 SOA 应用的生存周期过程	国标	2017.1.1			规划、设计、采购、建设、运维、修试、退役	规划、初设、施工图、招标、品控、施工工艺、验收与质量评定、试运行、运行、维护、检修、试验、退役、报废	信息	信息应用
210.4-126	GB/T 32430—2015	信息技术 SOA 应用的服务分析与设计	国标	2017.1.1			设计、建设	初设、施工工艺、验收与质量评定、试运行	信息	信息应用
210.4-127	GB/T 32431—2015	信息技术 SOA 服务交付保障规范	国标	2017.1.1			建设、运维	施工工艺、验收与质量评定、试运行、运行、维护	信息	信息应用
210.4-128	GB/Z 32500—2016	智能电网用户端系统数据接口一般要求	国标	2016.9.1			设计、建设、运维	初设、施工图、施工工艺、验收与质量评定、试运行、运行、维护	信息	信息应用
210.4-129	GB/Z 32501—2016	智能电网用户端通信系统一般要求	国标	2016.9.1			规划、设计、采购、建设、运维、修试、退役	规划、初设、施工图、招标、品控、施工工艺、验收与质量评定、试运行、运行、维护、检修、试验、退役、报废	信息	信息应用
210.4-130	GB/T 32904—2016	软件质量量化评价规范	国标	2017.3.1			建设、修试	验收与质量评定、试验	信息	信息应用
210.4-131	GB/T 32911—2016	软件测试成本度量规范	国标	2017.3.1			采购、修试	招标、试验	信息	信息应用
210.4-132	GB/T 33137—2016	基于传感器的产品监测软件集成接口规范	国标	2017.5.1			设计、建设、运维	初设、施工图、施工工艺、验收与质量评定、试运行、运行、维护	信息	信息应用
210.4-133	GB/T 33447—2016	地理信息系统软件测试规范	国标	2017.7.1			建设、修试	验收与质量评定、试验	信息	信息应用

体系结构号	标准编号	标准名称	标准级别	实施日期	与国际标准对应关系	代替标准	阶段	分阶段	专业	分专业
210.4-134	GB/T 33474—2016	物联网　参考体系结构	国标	2017.7.1			设计、建设、运维	初设、施工图、施工工艺、验收与质量评定、试运行、运行、维护	信息	信息应用
210.4-135	GB/T 34840.1—2017	信息与文献　电子办公环境中文件管理原则与功能要求　第1部分：概述和原则	国标	2018.2.1	ISO 16175-1：2010		规划、设计、采购、建设、运维、修试、退役	规划、初设、施工图、招标、品控、施工工艺、验收与质量评定、试运行、运行、维护、检修、试验、退役、报废	信息	信息应用
210.4-136	GB/T 34949—2017	实时数据库C语言接口规范	国标	2018.5.1			设计、建设、运维	初设、施工图、施工工艺、验收与质量评定、试运行、运行、维护	信息	信息应用
210.4-137	GB/T 34979.1—2017	智能终端软件平台测试规范　第1部分：操作系统	国标	2018.5.1			建设、修试	验收与质量评定、试验	信息	信息应用
210.4-138	GB/T 34979.2—2017	智能终端软件平台测试规范　第2部分：应用与服务	国标	2018.5.1			建设、修试	验收与质量评定、试验	信息	信息应用
210.4-139	GB/T 34980.1—2017	智能终端软件平台技术要求　第1部分：操作系统	国标	2018.5.1			设计、建设、运维	初设、施工图、施工工艺、验收与质量评定、试运行、运行、维护	信息	信息应用
210.4-140	GB/T 34980.2—2017	智能终端软件平台技术要求　第2部分：应用与服务	国标	2018.5.1			设计、建设、运维	初设、施工图、施工工艺、验收与质量评定、试运行、运行、维护	信息	信息应用
210.4-141	GB/T 34981.1—2017	机构编制统计及实名制管理系统数据规范　第1部分：总则	国标	2018.5.1			规划、设计、采购、建设、运维	规划、初设、施工图、招标、品控、施工工艺、验收与质量评定、试运行、运行、维护	信息	信息应用
210.4-142	GB/T 34981.2—2017	机构编制统计及实名制管理系统数据规范　第2部分：代码集	国标	2018.5.1			设计、采购、建设、运维	初设、施工图、招标、品控、施工工艺、验收与质量评定、试运行、运行、维护	信息	信息应用
210.4-143	GB/T 34981.3—2017	机构编制统计及实名制管理系统数据规范　第3部分：数据字典	国标	2018.5.1			设计、采购、建设、运维	初设、施工图、招标、品控、施工工艺、验收与质量评定、试运行、运行、维护	信息	信息应用

体系结构号	标准编号	标准名称	标准级别	实施日期	与国际标准对应关系	代替标准	阶段	分阶段	专业	分专业
210.4-144	GB/T 34985—2017	信息技术 SOA 治理	国标	2018.5.1			规划、设计、采购、建设、运维、修试、退役	规划、初设、施工图、招标、品控、施工工艺、验收与质量评定、试运行、运行、维护、检修、试验、退役、报废	信息	信息应用
210.4-145	GB/T 34997—2017	中文办公软件 网页应用编程接口	国标	2018.5.1			设计、建设、运维	初设、施工图、施工工艺、验收与质量评定、试运行、运行、维护	信息	信息应用
210.4-146	GB/T 35312—2017	中文语音识别终端服务接口规范	国标	2018.7.1	ISO 10791-10：2007		设计、建设、运维	初设、施工图、施工工艺、验收与质量评定、试运行、运行、维护	信息	信息应用
210.4-147	GB/T 36092—2018	信息技术 备份存储 备份技术应用要求	国标	2018.10.1			设计、建设、运维	初设、施工图、施工工艺、验收与质量评定、试运行、运行、维护	信息	信息应用
210.4-148	GB/T 36093—2018	信息技术 网际互联协议的存储区域网络（IP-SAN）应用规范	国标	2018.10.1			设计、建设、运维	初设、施工图、施工工艺、验收与质量评定、试运行、运行、维护	信息	信息应用
210.4-149	GB/T 36325—2018	信息技术 云计算 云服务级别协议基本要求	国标	2019.1.1			设计、建设、运维	初设、施工图、施工工艺、验收与质量评定、试运行、运行、维护	信息	信息应用
210.4-150	GB/T 36326—2018	信息技术 云计算 云服务运营通用要求	国标	2019.1.1			设计、建设、运维	初设、施工图、施工工艺、验收与质量评定、试运行、运行、维护	信息	信息应用
210.4-151	GB/T 36327—2018	信息技术 云计算 平台即服务（PaaS）应用程序管理要求	国标	2019.1.1			设计、建设、运维	初设、施工图、施工工艺、验收与质量评定、试运行、运行、维护	信息	信息应用
210.4-152	GB/T 36328—2018	信息技术 软件资产管理标识规范	国标	2019.1.1			设计、建设、运维	初设、施工图、施工工艺、验收与质量评定、试运行、运行、维护	信息	信息应用
210.4-153	GB/T 36329—2018	信息技术 软件资产管理授权管理	国标	2019.1.1			设计、建设、运维	初设、施工图、施工工艺、验收与质量评定、试运行、运行、维护	信息	信息应用
210.4-154	GB/T 36446—2018	软件构件管理 管理信息模型	国标	2019.1.1			设计、建设、运维	初设、施工图、施工工艺、验收与质量评定、试运行、运行、维护	信息	信息应用

体系结构号	标准编号	标准名称	标准级别	实施日期	与国际标准对应关系	代替标准	阶段	分阶段	专业	分专业
210.4-155	GB/T 36455—2018	软件构件模型	国标	2019.1.1			设计、建设、运维	初设、施工图、施工工艺、验收与质量评定、试运行、运行、维护	信息	信息应用
210.4-156	GB/T 36462—2018	面向组件的虚拟样机软件开发通用要求	国标	2019.1.1			设计、建设、运维	初设、施工图、施工工艺、验收与质量评定、试运行、运行、维护	信息	信息应用
210.4-157	GB/T 36623—2018	信息技术 云计算 文件服务应用接口	国标	2019.4.1			设计、建设、运维	初设、施工图、施工工艺、验收与质量评定、试运行、运行、维护	信息	信息应用
210.4-158	GB/T 37527—2019	基于手机客户端的预警信息播发规范	国标	2020.1.1			设计、建设、运维	初设、施工图、施工工艺、验收与质量评定、试运行、运行、维护	信息	信息应用
210.4-159	GB/T 37693—2019	信息技术 基于感知设备的工业设备点检管理系统总体架构	国标	2020.3.1			设计、建设、运维	初设、施工图、施工工艺、验收与质量评定、试运行、运行、维护	信息	信息应用
210.4-160	GB/T 37721—2019	信息技术 大数据分析系统功能要求	国标	2020.3.1			设计、建设、运维	初设、施工图、施工工艺、验收与质量评定、试运行、运行、维护	信息	信息应用
210.4-161	GB/T 37722—2019	信息技术 大数据存储与处理系统功能要求	国标	2020.3.1			设计、建设、运维	初设、施工图、施工工艺、验收与质量评定、试运行、运行、维护	信息	信息应用
210.4-162	GB/T 37723—2019	信息技术 信息设备互连智能家用电子系统终端统一接入服务平台总体技术要求	国标	2020.3.1			设计、建设、运维	初设、施工图、施工工艺、验收与质量评定、试运行、运行、维护	信息	信息应用
210.4-163	GB/T 37727—2019	信息技术 面向需求侧变电站应用的传感器网络系统总体技术要求	国标	2020.3.1			设计、建设、运维	初设、施工图、施工工艺、验收与质量评定、试运行、运行、维护	信息	信息应用
210.4-164	GB/T 37728—2019	信息技术 数据交易服务平台 通用功能要求	国标	2020.3.1			设计、建设、运维	初设、施工图、施工工艺、验收与质量评定、试运行、运行、维护	信息	信息应用
210.4-165	GB/T 37729—2019	信息技术 智能移动终端应用软件（APP）技术要求	国标	2020.3.1			设计、建设、运维	初设、施工图、施工工艺、验收与质量评定、试运行、运行、维护	信息	信息应用

体系 结构号	标准编号	标准名称	标准 级别	实施日期	与国际标准 对应关系	代替标准	阶段	分阶段	专业	分专业
210.4-166	GB/T 37732—2019	信息技术 云计算 云存储系统服务接口功能	国标	2020.3.1			设计、建设、运维	初设、施工图、施工工艺、验收与质量评定、试运行、运行、维护	信息	信息应用
210.4-167	GB/T 37733.1—2019	传感器网络 个人健康状态远程监测 第1部分：总体技术要求	国标	2020.3.1			设计、建设、运维	初设、施工图、施工工艺、验收与质量评定、试运行、运行、维护	信息	信息应用
210.4-168	GB/T 37734—2019	信息技术 云计算 云服务采购指南	国标	2020.3.1			设计、建设、运维	初设、施工图、施工工艺、验收与质量评定、试运行、运行、维护	信息	信息应用
210.4-169	GB/T 37735—2019	信息技术 云计算 云服务计量指标	国标	2020.3.1			设计、建设、运维	初设、施工图、施工工艺、验收与质量评定、试运行、运行、维护	信息	信息应用
210.4-170	GB/T 37736—2019	信息技术 云计算 云资源监控通用要求	国标	2020.3.1			设计、建设、运维	初设、施工图、施工工艺、验收与质量评定、试运行、运行、维护	信息	信息应用
210.4-171	GB/T 37737—2019	信息技术 云计算 分布式块存储系统总体技术要求	国标	2020.3.1			设计、建设、运维	初设、施工图、施工工艺、验收与质量评定、试运行、运行、维护	信息	信息应用
210.4-172	GB/T 37738—2019	信息技术 云计算 云服务质量评价指标	国标	2020.3.1			设计、建设、运维	初设、施工图、施工工艺、验收与质量评定、试运行、运行、维护	信息	信息应用
210.4-173	GB/T 37739—2019	信息技术 云计算 平台即服务部署要求	国标	2020.3.1			设计、建设、运维	初设、施工图、施工工艺、验收与质量评定、试运行、运行、维护	信息	信息应用
210.4-174	GB/T 37740—2019	信息技术 云计算 云平台间应用和数据迁移指南	国标	2020.3.1			设计、建设、运维	初设、施工图、施工工艺、验收与质量评定、试运行、运行、维护	信息	信息应用
210.4-175	GB/T 37741—2019	信息技术 云计算 云服务交付要求	国标	2020.3.1			设计、建设、运维	初设、施工图、施工工艺、验收与质量评定、试运行、运行、维护	信息	信息应用
210.4-176	GB/T 37743—2019	信息技术 智能设备操作系统身份识别服务接口	国标	2020.3.1			设计、建设、运维	初设、施工图、施工工艺、验收与质量评定、试运行、运行、维护	信息	信息应用

体系结构号	标准编号	标准名称	标准级别	实施日期	与国际标准对应关系	代替标准	阶段	分阶段	专业	分专业
210.4-177	GB/T 37947.1—2019	信息技术 用能单位能耗在线监测系统 第1部分：端设备数据传输接口	国标	2020.3.1			设计、建设、运维	初设、施工图、施工工艺、验收与质量评定、试运行、运行、维护	信息	信息应用
210.4-178	GB/T 38258—2019	信息技术 虚拟现实应用软件基本要求和测试方法	国标	2020.7.1			建设、修试	验收与质量评定、试验	信息	信息应用
210.4-179	GB/T 38259—2019	信息技术 虚拟现实头戴式显示设备通用规范	国标	2020.7.1			设计、建设、运维	初设、施工图、施工工艺、验收与质量评定、试运行、运行、维护	信息	信息应用
210.4-180	GB/T 38319—2019	建筑及居住区数字化技术应用 智能硬件技术要求	国标	2020.7.1			设计、建设、运维	初设、施工图、施工工艺、验收与质量评定、试运行、运行、维护	信息	信息应用
210.4-181	GB/T 38320—2019	信息技术 信息设备互连 智能家用电子系统终端设备与终端统一接入服务平台接口要求	国标	2020.7.1			设计、建设、运维	初设、施工图、施工工艺、验收与质量评定、试运行、运行、维护	信息	信息应用
210.4-182	GB/T 38321—2019	建筑及居住区数字化技术应用 家庭网络信息化平台	国标	2020.7.1			设计、建设、运维	初设、施工图、施工工艺、验收与质量评定、试运行、运行、维护	信息	信息应用
210.4-183	GB/T 38322—2019	信息技术 信息设备互连 第三方智能家用电子系统与终端统一接入服务平台接口要求	国标	2020.7.1			设计、建设、运维	初设、施工图、施工工艺、验收与质量评定、试运行、运行、维护	信息	信息应用
210.4-184	GB/T 38323—2019	建筑及居住区数字化技术应用 家居物联网协同管理协议	国标	2020.7.1			设计、建设、运维	初设、施工图、施工工艺、验收与质量评定、试运行、运行、维护	信息	信息应用
210.4-185	GB/T 38652—2020	电子商务业务术语	国标	2020.10.1			设计、建设、运维	初设、施工图、施工工艺、验收与质量评定、试运行、运行、维护	信息	信息应用
210.4-186	GB/T 39065—2020	电子商务质量信息共享规范	国标	2021.2.1			设计、建设、运维	初设、施工图、施工工艺、验收与质量评定、试运行、运行、维护	信息	信息应用
210.4-187	JJF 1048—1995	数据采集系统校准规范	国标	1996.5.1		QJ 2218—1992	建设、运维、修试	施工工艺、验收与质量评定、试运行、运行、维护、检修、试验	信息	信息应用

体系结构号	标准编号	标准名称	标准级别	实施日期	与国际标准对应关系	代替标准	阶段	分阶段	专业	分专业
210.4-188	IEEE 24748-2—2012	IEEE 指南 采用 ISO/IEC TR24748-2—2011 标准、系统与软件工程生命周期管理 第2部分：采用 ISO/IEC 15288 标准（系统生命周期过程）应用指南	国际标准	2012.3.29	ISO/IEC TR 24748-2—2011，IDT		规划、设计、采购、建设、运维、修试、退役	规划、初设、施工图、招标、品控、施工工艺、验收与质量评定、试运行、运行、维护、检修、试验、退役、报废	信息	信息应用
210.4-189	IEEE 24748-3—2012	IEEE 指南 采用 ISO/IEC TR24748-3—2011 标准、系统与软件工程生命周期管理 第3部分：采用 IS0/IEC 12207 标准（软件生命周期过程）应用指南	国际标准	2012.3.29	ISO/IEC TR 24748-3—2011，IDT		规划、设计、采购、建设、运维、修试、退役	规划、初设、施工图、招标、品控、施工工艺、验收与质量评定、试运行、运行、维护、检修、试验、退役、报废	信息	信息应用
210.4-190	IEC 61937-2—2007+Amd 1—2011+Amd 2—2018	数字音频 应用 IEC 60958 的非线性 PCM 编码音频位流接口 第2部分：突发信息	国际标准	2018.3.22			设计、建设、运维	初设、施工图、施工工艺、验收与质量评定、试运行、运行、维护	信息	信息应用
210.4-191	IEC 61968-3—2017	电气设施的应用集成 配电管理的系统接口 第3部分：网络运营的接口	国际标准	2017.4.11		IEC 61968-3—2004	设计、建设、运维	初设、施工图、施工工艺、验收与质量评定、试运行、运行、维护	信息	信息应用
210.4-192	IEC 61968-11—2013	电业的应用综合 的系统接口 第11部分：配电用公共信息模型（CIM）扩展	国际标准	2013.3.6		IEC 61968-11—2010	设计、建设、运维	初设、施工图、施工工艺、验收与质量评定、试运行、运行、维护	信息	信息应用
210.4-193	IEC 62264-1—2013	企业系统集成 第1部分：模型和术语	国际标准	2013.5.22	ANIS/ISA 95.00.01—2010，ENQ	IEC 62264-1—2003；IEC 65 E/285/FDIS—2013	规划、设计、采购、建设、运维、修试、退役	规划、初设、施工图、招标、品控、施工工艺、验收与质量评定、试运行、运行、维护、检修、试验、退役、报废	信息	信息应用
210.4-194	ISO/IEC 9075-1—2016	信息技术 数据库语言 SQL 第1部分：框架（SQL/框架）	国际标准	2016.12.14		ISO/IEC 9075-1—2011	设计、建设、运维	初设、施工图、施工工艺、验收与质量评定、试运行、运行、维护	信息	信息应用
210.4-195	ISO/IEC 9075-2—2016	信息技术 数据库语言 SQL 第2部分：基本原则（SQL/基本原则）	国际标准	2016.12.14		ISO/IEC 9075-2—2011/Cor 2—2015；ISO/IEC 9075-2—2011/Cor 1—2013；ISO/IEC 9075-2—2011	设计、建设、运维	初设、施工图、施工工艺、验收与质量评定、试运行、运行、维护	信息	信息应用

体系结构号	标准编号	标准名称	标准级别	实施日期	与国际标准对应关系	代替标准	阶段	分阶段	专业	分专业
210.4-196	ISO/IEC 9075-3—2016	信息技术 数据库语言SQL 第3部分：调用级接口（SQL/CLI）	国际标准	2016.12.14		ISO/IEC 9075-3—2008	设计、建设、运维	初设、施工图、施工工艺、验收与质量评定、试运行、运行、维护	信息	信息应用
210.4-197	ISO/IEC 9075-4—2016	信息技术 数据库语言SQL 第4部分：持久存储模块（SQL/PSM）	国际标准	2016.12.14		ISO/IEC 9075-4—2011；ISO/IEC 9075-4—2011/Cor 1—2013；ISO/IEC 9075-4—2011/Cor 2—2015	设计、建设、运维	初设、施工图、施工工艺、验收与质量评定、试运行、运行、维护	信息	信息应用
210.4-198	ISO/IEC 9075-9—2016	信息技术 数据库语言SQL 第9部分：外部数据的管理（SQL/MED）	国际标准	2016.12.14		ISO/IEC 9075-9—2008/Cor 1—2010；ISO/IEC 9075-9—2008	设计、建设、运维	初设、施工图、施工工艺、验收与质量评定、试运行、运行、维护	信息	信息应用
210.4-199	ISO/IEC 9075-10—2016	信息技术 数据库语言SQL 第10部分：对象语言联编（SQL/OLB）	国际标准	2016.12.14		ISO/IEC 9075-10—2008/Cor 1—2010；ISO/IEC 9075-10—2008	设计、建设、运维	初设、施工图、施工工艺、验收与质量评定、试运行、运行、维护	信息	信息应用
210.4-200	ISO/IEC 9075-11—2016	信息技术 数据库语言SQL 第11部分：信息和定义模式（SQL/Schemata）	国际标准	2016.12.14		ISO/IEC 9075-11—2011	设计、建设、运维	初设、施工图、施工工艺、验收与质量评定、试运行、运行、维护	信息	信息应用
210.4-201	ISO/IEC 9075-13—2016	信息技术 数据库语言SQL 第13部分：使用 Java TM 程序设计语言（SQL/JRT）的 SQL 例程和类型	国际标准	2016.12.14		ISO/IEC 9075-13—2008/Cor 1—2010；ISO/IEC 9075-13—2008	设计、建设、运维	初设、施工图、施工工艺、验收与质量评定、试运行、运行、维护	信息	信息应用
210.4-202	ISO/IEC 9075-14—2016	信息技术 数据库语言SQL 第14部分：与 XML 相关的规范（SQL/XML）	国际标准	2016.12.14		ISO/IEC 9075-14—2011/Cor 2—2015；ISO/IEC 9075-14—2011/Cor 1—2013；ISO/IEC 9075-14—2011	设计、建设、运维	初设、施工图、施工工艺、验收与质量评定、试运行、运行、维护	信息	信息应用
210.4-203	ISO/IEC 19793—2015	信息技术 开放分布式处理（ODP）ODP 系统规范的统一建模语言（UML）使用	国际标准	2015.3.18		ISO/IEC 19793—2008	规划、设计、采购、建设、运维、修试、退役	规划、初设、施工图、招标、品控、施工工艺、验收与质量评定、试运行、运行、维护、检修、试验、退役、报废	信息	信息应用

体系结构号	标准编号	标准名称	标准级别	实施日期	与国际标准对应关系	代替标准	阶段	分阶段	专业	分专业
210.5 信息技术-信息安全										
210.5-1	Q/CSG 11805—2011	信息系统应用开发安全技术规范 第一卷 网站开发和运行维护安全指南	企标	2011.2.1			设计、建设、运维	初设、施工图、施工工艺、验收与质量评定、试运行、运行、维护	信息	信息安全
210.5-2	Q/CSG 1210027—2015	远程移动安全接入平台技术框架	企标	2015.8.11			设计、建设、运维	初设、施工图、施工工艺、验收与质量评定、试运行、运行、维护	信息	信息安全
210.5-3	Q/CSG 1210028—2015	远程移动安全接入平台功能要求	企标	2015.8.11			规划、设计、采购、建设、运维、修试、退役	规划、初设、施工图、招标、品控、施工工艺、验收与质量评定、试运行、运行、维护、检修、试验、退役、报废	信息	信息安全
210.5-4	Q/CSG 1210029—2015	远程移动安全接入平台接口配置规范	企标	2015.8.11			设计、建设、运维	初设、施工图、施工工艺、验收与质量评定、试运行、运行、维护	信息	信息安全
210.5-5	Q/CSG 1210030—2015	远程移动安全接入平台数据管理规范	企标	2015.8.11			建设、运维	施工工艺、验收与质量评定、试运行、运行、维护	信息	信息安全
210.5-6	Q/CSG 1210031—2015	远程移动安全接入平台运维管理规范	企标	2015.8.11			运维	运行、维护	信息	信息安全
210.5-7	Q/CSG 11804—2010	IT主流设备安全基线技术规范	企标	2010.10.28		Q/CSG 11804—2010	设计、建设、运维	初设、施工图、施工工艺、验收与质量评定、试运行、运行、维护	信息	信息安全
210.5-8	Q/CSG 11814—2009	网络与信息安全风险评估规范	企标	2010.1.1			建设、运维、修试	施工工艺、验收与质量评定、试运行、运行、维护、检修、试验	信息	信息安全
210.5-9	Q/CSG 118006—2012	管理信息系统PKI/CA身份认证系统技术规范	企标	2012.4.25			设计、建设、运维	初设、施工图、施工工艺、验收与质量评定、试运行、运行、维护	信息	信息安全
210.5-10	Q/CSG 118012—2012	重要应用与数据灾难备份系统建设导则	企标	2012.7.15			建设	施工工艺、验收与质量评定、试运行	信息	信息安全
210.5-11	Q/CSG 1210019—2015	管理信息系统企密检查标准	企标	2015.8.11			建设、修试	验收与质量评定、试验	信息	信息安全

体系结构号	标准编号	标准名称	标准级别	实施日期	与国际标准对应关系	代替标准	阶段	分阶段	专业	分专业
210.5-12	Q/CSG 1210040.1—2019	PKI/CA 身份认证系统标准 第1分册 数字证书统一规范	企标	2019.9.30		Q/CSG 11803.1—2008	规划、设计、采购、建设、运维、修试、退役	规划、初设、施工图、招标、品控、施工工艺、验收与质量评定、试运行、运行、维护、检修、试验、退役、报废	信息	信息安全
210.5-13	Q/CSG 1210040.2—2019	PKI/CA 身份认证系统标准 第2分册 证书信息目录服务统一规范	企标	2019.9.30		Q/CSG 11803.2—2008	规划、设计、采购、建设、运维、修试、退役	规划、初设、施工图、招标、品控、施工工艺、验收与质量评定、试运行、运行、维护、检修、试验、退役、报废	信息	信息安全
210.5-14	Q/CSG 1210040.3—2019	PKI/CA 身份认证系统标准 第3分册 应用安全开发规范	企标	2019.9.30		Q/CSG 11803.4—2008	建设、运维	施工工艺、验收与质量评定、试运行、运行、维护	信息	信息安全
210.5-15	Q/CSG 1210040.4—2019	PKI/CA 身份认证系统标准 第4分册 应用安全开发接口规范	企标	2019.9.30		Q/CSG 11803.5—2008	设计、建设、运维	初设、施工图、施工工艺、验收与质量评定、试运行、运行、维护	信息	信息安全
210.5-16	Q/CSG 1210040.5—2019	PKI/CA 身份认证系统标准 第5分册 应用安全密码接口规范	企标	2019.9.30		Q/CSG 11803.6—2008	设计、建设、运维	初设、施工图、施工工艺、验收与质量评定、试运行、运行、维护	信息	信息安全
210.5-17	Q/CSG 1210040.6—2019	PKI/CA 身份认证系统标准 第6分册 证书存储介质统一规范	企标	2019.9.30		Q/CSG 11803.8—2008	设计、采购、建设、运维、修试、退役	初设、施工图、招标、品控、施工工艺、验收与质量评定、试运行、运行、维护、检修、试验、退役、报废	信息	信息安全
210.5-18	Q/CSG 1210049—2020	南方电网数据安全总体要求技术规范（试行）	企标	2020.12.30			设计、采购、建设、运维、修试、退役	初设、施工图、招标、品控、施工工艺、验收与质量评定、试运行、运行、维护、检修、试验、退役、报废	信息	信息安全
210.5-19	Q/CSG 1210055—2020	南方电网统一密码服务平台集成接口技术规范（试行）	企标	2020.12.30			设计、采购、建设、运维、修试、退役	初设、施工图、招标、品控、施工工艺、验收与质量评定、试运行、运行、维护、检修、试验、退役、报废	信息	信息安全

体系结构号	标准编号	标准名称	标准级别	实施日期	与国际标准对应关系	代替标准	阶段	分阶段	专业	分专业
210.5-20	T/CSEE 0138—2019	电力企业防火墙安全配置技术规范	团标	2019.3.1			设计、建设、运维	初设、施工图、施工工艺、验收与质量评定、试运行、运行、维护	信息	信息安全
210.5-21	DL/T 1597—2016	电力行业数据灾备系统存储监控技术规范	行标	2016.12.1			设计、建设、运维	初设、施工图、施工工艺、验收与质量评定、试运行、运行、维护	信息	信息安全
210.5-22	YD/T 1190—2002	基于网络的虚拟 IP 专用网（IP-VPN）框架	行标	2002.4.22			规划、设计	规划、初设	信息	信息安全
210.5-23	YD/T 1699—2007	移动终端信息安全技术要求	行标	2008.1.1			设计、建设、运维	初设、施工图、施工工艺、验收与质量评定、试运行、运行、维护	信息	信息安全
210.5-24	YD/T 1746—2014	IP 承载网安全防护要求	行标	2014.10.14		YD/T 1746—2013	规划、设计、采购、建设、运维、修试、退役	规划、初设、施工图、招标、品控、施工工艺、验收与质量评定、试运行、运行、维护、检修试验、退役、报废	信息	信息安全
210.5-25	YD/T 1747—2014	IP 承载网安全防护检测要求	行标	2014.10.14		YD/T 1747—2013	建设、修试	验收与质量评定、试验	信息	信息安全
210.5-26	YD/T 2052—2015	域名系统安全防护要求	行标	2015.4.30		YD/T 2052—2009	规划、设计、采购、建设、运维、修试、退役	规划、初设、施工图、招标、品控、施工工艺、验收与质量评定、试运行、运行、维护、检修试验、退役、报废	信息	信息安全
210.5-27	YD/T 2053—2016	域名系统安全防护检测要求	行标	2016.10.1		YD/T 2053—2009	建设、修试	验收与质量评定、试验	信息	信息安全
210.5-28	YD/T 2057—2009	通信机房安全管理总体要求	行标	2010.1.1			规划、设计、采购、建设、运维、修试、退役	规划、初设、施工图、招标、品控、施工工艺、验收与质量评定、试运行、运行、维护、检修试验、退役、报废	信息	信息安全
210.5-29	YD/T 2092—2015	网上营业厅安全防护要求	行标	2015.4.30		YD/T 2092—2010	规划、设计、采购、建设、运维	规划、初设、施工图、招标、品控、施工工艺、验收与质量评定、试运行、运行、维护	信息	信息安全

体系结构号	标准编号	标准名称	标准级别	实施日期	与国际标准对应关系	代替标准	阶段	分阶段	专业	分专业
210.5-30	YD/T 2093—2018	网上营业厅安全防护检测要求	行标	2018.4.1			规划、设计、采购、建设、运维	规划、初设、施工图、招标、品控、施工工艺、验收与质量评定、试运行、运行、维护	信息	信息安全
210.5-31	YD/T 2243—2016	电信网和互联网信息服务业务系统安全防护要求	行标	2016.10.1		YD/T 2243—2011	规划、设计、采购、建设、运维	规划、初设、施工图、招标、品控、施工工艺、验收与质量评定、试运行、运行、维护	信息	信息安全
210.5-32	YD/T 2244—2020	电信网和互联网信息服务业务系统安全防护检测要求	行标	2020.7.1		YD/T 2244—2011	建设、修试	验收与质量评定、试验	信息	信息安全
210.5-33	YD/T 2387—2011	网络安全监控系统技术要求	行标	2012.2.1			设计、建设、运维	初设、施工图、施工工艺、验收与质量评定、试运行、运行、维护	信息	信息安全
210.5-34	YD/T 2585—2016	互联网数据中心安全防护检测要求	行标	2016.10.1		YD/T 2585—2013	建设、修试	验收与质量评定、试验	信息	信息安全
210.5-35	YD/T 2589—2020	内容分发网（CDN）安全防护要求	行标	2020.10.1			规划、设计、采购、建设、运维	规划、初设、施工图、招标、品控、施工工艺、验收与质量评定、试运行、运行、维护	信息	信息安全
210.5-36	YD/T 2590—2020	内容分发网（CDN）安全防护检测要求	行标	2020.10.1			建设、修试	验收与质量评定、试验	信息	信息安全
210.5-37	YD/T 2660—2013	互联网网间路由发布和控制技术要求	行标	2014.1.1			设计、建设、运维	初设、施工图、施工工艺、验收与质量评定、试运行、运行、维护	信息	信息安全
210.5-38	YD/T 2665—2013	通信存储介质（SSD）加密安全测试方法	行标	2014.1.1			建设、修试	验收与质量评定、试验	信息	信息安全
210.5-39	YD/T 2667—2013	基于Web方式的以太网接入身份认证技术要求	行标	2014.1.1			设计、建设、运维	初设、施工图、施工工艺、验收与质量评定、试运行、运行、维护	信息	信息安全
210.5-40	YD/T 2692—2014	电信和互联网用户个人电子信息保护通用技术要求和管理要求	行标	2015.4.1			设计、建设、运维	初设、施工图、施工工艺、验收与质量评定、试运行、运行、维护	信息	信息安全
210.5-41	YD/T 2693—2014	电信和互联网用户个人电子信息保护检测要求	行标	2015.4.1			建设、修试	验收与质量评定、试验	信息	信息安全

体系结构号	标准编号	标准名称	标准级别	实施日期	与国际标准对应关系	代替标准	阶段	分阶段	专业	分专业
210.5-42	YD/T 2694—2014	移动互联网联网应用安全防护要求	行标	2014.10.14			规划、设计、采购、建设、运维	规划、初设、施工图、招标、品控、施工工艺、验收与质量评定、试运行、运行、维护	信息	信息安全
210.5-43	YD/T 2695—2014	移动互联网联网应用安全防护检测要求	行标	2014.10.14			建设、修试	验收与质量评定、试验	信息	信息安全
210.5-44	YD/T 2696—2014	公众无线局域网网络安全防护要求	行标	2014.10.14			规划、设计、采购、建设、运维	规划、初设、施工图、招标、品控、施工工艺、验收与质量评定、试运行、运行、维护	信息	信息安全
210.5-45	YD/T 2697—2014	公众无线局域网网络安全防护检测要求	行标	2014.10.14			建设、修试	验收与质量评定、试验	信息	信息安全
210.5-46	YD/T 2704—2014	电信信息服务的安全准则	行标	2014.10.14			规划、设计、采购、建设、运维	规划、初设、施工图、招标、品控、施工工艺、验收与质量评定、试运行、运行、维护	信息	信息安全
210.5-47	YD/T 2705—2014	持续数据保护（CDP）灾备技术要求	行标	2014.10.14			设计、建设、运维	初设、施工图、施工工艺、验收与质量评定、试运行、运行、维护	信息	信息安全
210.5-48	YD/T 2844.5—2016	移动终端可信环境技术要求第6部分：与安全模块（SE）的安全交互	行标	2019.10.1			设计、建设、运维	初设、施工图、施工工艺、验收与质量评定、试运行、运行、维护	信息	信息安全
210.5-49	YD/T 2850—2015	灾备系统性能测试方法	行标	2015.7.1			建设、修试	验收与质量评定、试验	信息	信息安全
210.5-50	YD/T 2851—2015	集中式僵尸网络检测与响应框架	行标	2015.7.1			建设、运维、修试	验收与质量评定、运行、维护、试验	信息	信息安全
210.5-51	YD/T 2852—2015	移动增值业务公共安全框架和安全功能	行标	2015.7.1			规划、设计、采购、建设、运维	规划、初设、施工图、招标、品控、施工工艺、验收与质量评定、试运行、运行、维护	信息	信息安全
210.5-52	YD/T 2908—2015	基于域名系统（DNS）的IP安全协议（IPSec）认证密钥存储技术要求	行标	2016.4.1			设计、建设、运维	初设、施工图、施工工艺、验收与质量评定、试运行、运行、维护	信息	信息安全
210.5-53	YD/T 2914—2015	信息系统灾难恢复能力评估指标体系	行标	2015.10.1			建设	验收与质量评定	信息	信息安全

体系 结构号	标准编号	标准名称	标准 级别	实施日期	与国际标准 对应关系	代替标准	阶段	分阶段	专业	分专业
210.5-54	YD/T 2915—2015	集中式远程数据备份技术要求	行标	2015.10.1			设计、建设、运维	初设、施工图、施工工艺、验收与质量评定、试运行、运行、维护	信息	信息安全
210.5-55	YD/T 2916—2015	基于存储复制技术的数据灾备技术要求	行标	2015.10.1			设计、建设、运维	初设、施工图、施工工艺、验收与质量评定、试运行、运行、维护	信息	信息安全
210.5-56	YD/T 3008—2016	域名服务安全状态检测要求	行标	2016.4.1			建设、修试	验收与质量评定、试验	信息	信息安全
210.5-57	YD/T 3038—2016	钓鱼攻击举报数据交换协议技术要求	行标	2016.7.1			设计、建设、运维	初设、施工图、施工工艺、验收与质量评定、试运行、运行、维护	信息	信息安全
210.5-58	YD/T 3148—2016	云计算安全框架	行标	2016.10.1			规划、设计、采购、建设	规划、初设、施工图、招标、品控、施工工艺、验收与质量评定、试运行	信息	信息安全
210.5-59	YD/T 3153—2016	Web 应用安全评估系统技术要求	行标	2016.10.1			设计、建设、运维	初设、施工图、施工工艺、验收与质量评定、试运行、运行、维护	信息	信息安全
210.5-60	YD/T 3157—2016	公有云服务安全防护要求	行标	2016.10.1			规划、设计、采购、建设、运维	规划、初设、施工图、招标、品控、施工工艺、验收与质量评定、试运行、运行、维护	信息	信息安全
210.5-61	YD/T 3158—2016	公有云服务安全防护检测要求	行标	2016.10.1			建设、修试	验收与质量评定、试验	信息	信息安全
210.5-62	YD/T 3159—2016	互联网接入服务系统安全防护要求	行标	2016.10.1			规划、设计、采购、建设、运维	规划、初设、施工图、招标、品控、施工工艺、验收与质量评定、试运行、运行、维护	信息	信息安全
210.5-63	YD/T 3160—2016	互联网接入服务系统安全防护检测要求	行标	2016.10.1			建设、修试	验收与质量评定、试验	信息	信息安全
210.5-64	YD/T 3161—2016	邮件系统安全防护要求	行标	2016.10.1			规划、设计、采购、建设、运维	规划、初设、施工图、招标、品控、施工工艺、验收与质量评定、试运行、运行、维护	信息	信息安全

体系结构号	标准编号	标准名称	标准级别	实施日期	与国际标准对应关系	代替标准	阶段	分阶段	专业	分专业
210.5-65	YD/T 3162—2016	邮件系统安全防护检测要求	行标	2016.10.1			建设、修试	验收与质量评定、试验	信息	信息安全
210.5-66	YD/T 3163—2016	网络交易系统安全防护要求	行标	2016.10.1			规划、设计、采购、建设、运维	规划、初设、施工图、招标、品控、施工工艺、验收与质量评定、试运行、运行、维护	信息	信息安全
210.5-67	YD/T 3164—2016	互联网资源协作服务信息安全管理系统技术要求	行标	2016.7.11			设计、建设、运维	初设、施工图、施工工艺、验收与质量评定、试运行、运行、维护	信息	信息安全
210.5-68	YD/T 3165—2016	内容分发网络服务信息安全管理系统技术要求	行标	2016.7.11			设计、建设、运维	初设、施工图、施工工艺、验收与质量评定、试运行、运行、维护	信息	信息安全
210.5-69	YD/T 3166—2016	IPv4/IPv6 过渡场景下基于 SAVI 技术的源地址验证及溯源技术要求	行标	2016.10.1			设计、建设、运维	初设、施工图、施工工艺、验收与质量评定、试运行、运行、维护	信息	信息安全
210.5-70	YD/T 3212—2017	内容分发网络服务信息安全管理系统接口规范	行标	2017.1.9			设计、建设、运维	初设、施工图、施工工艺、验收与质量评定、试运行、运行、维护	信息	信息安全
210.5-71	YD/T 3213—2017	内容分发网络服务信息安全管理系统及接口测试方法	行标	2017.1.9			建设、修试	验收与质量评定、试验	信息	信息安全
210.5-72	YD/T 3214—2017	互联网资源协作服务信息安全管理系统接口规范	行标	2017.1.9			设计、建设、运维	初设、施工图、施工工艺、验收与质量评定、试运行、运行、维护	信息	信息安全
210.5-73	YD/T 3215—2017	互联网资源协作服务信息安全管理系统及接口测试方法	行标	2017.1.9			建设、修试	验收与质量评定、试验	信息	信息安全
210.5-74	YD/T 3228—2017	移动应用软件安全评估方法	行标	2017.7.1			建设、修试	验收与质量评定、试验	信息	信息安全
210.5-75	YD/T 3314—2018	网络交易系统安全防护检测要求	行标	2018.4.1			设计、建设、运维	初设、施工图、施工工艺、验收与质量评定、试运行、运行、维护	信息	信息安全
210.5-76	YD/T 3315—2018	电信网和互联网安全服务实施要求	行标	2018.4.1			设计、建设、运维	初设、施工图、施工工艺、验收与质量评定、试运行、运行、维护	信息	信息安全
210.5-77	YD/T 3327—2018	电信和互联网服务 用户个人信息保护技术要求 即时通信服务	行标	2019.4.1			设计、建设、运维	初设、施工图、施工工艺、验收与质量评定、试运行、运行、维护	信息	信息安全

体系 结构号	标准编号	标准名称	标准 级别	实施日期	与国际标准 对应关系	代替标准	阶段	分阶段	专业	分专业
210.5-78	YD/T 3362—2018	支持轻型双栈（DS-Lite）的RADIUS 属性技术要求	行标	2019.4.1			规划、设计、采购、建设、运维、修试、退役	规划、初设、施工图、施工工艺、招标、品控、验收与质量评定、试运行	信息	信息安全
210.5-79	YD/T 3367—2018	移动浏览器个人信息保护技术要求	行标	2019.4.1			设计、建设、运维	初设、施工图、施工工艺、验收与质量评定、试运行、运行、维护	信息	信息安全
210.5-80	YD/T 3384—2018	移动网络虚假主叫拦截系统技术要求	行标	2019.4.1			设计、建设、运维	初设、施工图、施工工艺、验收与质量评定、试运行、运行、维护	信息	信息安全
210.5-81	YD/T 3396—2018	宽带网络接入服务器支持WLAN 接入的 Portal 认证协议技术要求	行标	2019.4.1			规划、设计、采购、建设、运维、修试、退役	规划、初设、施工图、施工工艺、招标、品控、验收与质量评定、试运行	信息	信息安全
210.5-82	YD/T 3407—2018	集装箱式互联网数据中心安全技术要求	行标	2019.4.1			设计、建设、运维	初设、施工图、施工工艺、验收与质量评定、试运行、运行、维护	信息	信息安全
210.5-83	YD/T 3411—2018	移动互联网环境下个人数据共享导则	行标	2019.4.1			设计、建设、运维	初设、施工图、施工工艺、验收与质量评定、试运行、运行、维护	信息	信息安全
210.5-84	YD/T 3437—2019	移动智能终端恶意推送信息判定技术要求	行标	2019.10.1			建设、修试	验收与质量评定、试验	信息	信息安全
210.5-85	YD/T 3438—2019	移动智能终端隐私窃取恶意行为判定技术要求	行标	2019.10.1			建设、修试	验收与质量评定、试验	信息	信息安全
210.5-86	YD/T 3445—2019	互联网接入服务信息安全管理系统操作指南	行标	2019.10.1			设计、建设、运维	初设、施工图、施工工艺、验收与质量评定、试运行、运行、维护	信息	信息安全
210.5-87	YD/T 3446—2019	信息即时交互服务信息安全技术要求	行标	2019.10.1			设计、建设、运维	初设、施工图、施工工艺、验收与质量评定、试运行、运行、维护	信息	信息安全
210.5-88	YD/T 3447—2019	联网软件源代码安全审计规范	行标	2019.10.1			设计、建设、运维	初设、施工图、施工工艺、验收与质量评定、试运行、运行、维护	信息	信息安全

体系结构号	标准编号	标准名称	标准级别	实施日期	与国际标准对应关系	代替标准	阶段	分阶段	专业	分专业
210.5-89	YD/T 3448—2019	联网软件源代码漏洞分类及等级划分规范	行标	2019.10.1			设计、建设、运维	初设、施工图、施工工艺、验收与质量评定、试运行、运行、维护	信息	信息安全
210.5-90	YD/T 3449—2019	木马和僵尸网络监测与处置系统企业侧平台检测要求	行标	2019.10.1			建设、修试	验收与质量评定、试验	信息	信息安全
210.5-91	YD/T 3450—2019	木马和僵尸网络监测与处置系统企业侧平台能力要求	行标	2019.10.1			设计、建设、运维	初设、施工图、施工工艺、验收与质量评定、试运行、运行、维护	信息	信息安全
210.5-92	YD/T 3453—2019	基于 eID 的多级数字身份管理技术参考框架	行标	2019.10.1			设计、建设、运维	初设、施工图、施工工艺、验收与质量评定、试运行、运行、维护	信息	信息安全
210.5-93	YD/T 3455—2019	基于 eID 的属性证明规范	行标	2019.10.1			设计、建设、运维	初设、施工图、施工工艺、验收与质量评定、试运行、运行、维护	信息	信息安全
210.5-94	YD/T 3457—2019	非 Web 环境下联邦身份接入的应用桥接架构	行标	2019.10.1			设计、建设、运维	初设、施工图、施工工艺、验收与质量评定、试运行、运行、维护	信息	信息安全
210.5-95	YD/T 3458—2019	互联网码号资源公钥基础设施（RPKI）安全运行技术要求 数据安全威胁模型	行标	2019.10.1			设计、建设、运维	初设、施工图、施工工艺、验收与质量评定、试运行、运行、维护	信息	信息安全
210.5-96	YD/T 3459—2019	互联网码号资源公钥基础设施（RPKI）安全运行技术要求 密钥更替	行标	2019.10.1			设计、建设、运维	初设、施工图、施工工艺、验收与质量评定、试运行、运行、维护	信息	信息安全
210.5-97	YD/T 3460—2019	互联网码号资源公钥基础设施（RPKI）联系人信息记录	行标	2019.10.1			设计、建设、运维	初设、施工图、施工工艺、验收与质量评定、试运行、运行、维护	信息	信息安全
210.5-98	YD/T 3462—2019	网页防篡改系统技术要求	行标	2019.10.1			设计、建设、运维	初设、施工图、施工工艺、验收与质量评定、试运行、运行、维护	信息	信息安全
210.5-99	YD/T 3463—2019	漏洞扫描系统通用技术要求	行标	2019.10.1			设计、建设、运维	初设、施工图、施工工艺、验收与质量评定、试运行、运行、维护	信息	信息安全
210.5-100	YD/T 3464—2019	联网软件安全编程规范	行标	2019.10.1			设计、建设、运维	初设、施工图、施工工艺、验收与质量评定、试运行、运行、维护	信息	信息安全

体系 结构号	标准编号	标准名称	标准 级别	实施日期	与国际标准 对应关系	代替标准	阶段	分阶段	专业	分专业
210.5-101	YD/T 3465—2019	应用防护增强型防火墙技术要求	行标	2019.10.1			设计、建设、运维	初设、施工图、施工工艺、验收与质量评定、试运行、运行、维护	信息	信息安全
210.5-102	YD/T 3466—2019	IPv6接入网源地址验证技术要求	行标	2019.10.1			设计、建设、运维	初设、施工图、施工工艺、验收与质量评定、试运行、运行、维护	信息	信息安全
210.5-103	YD/T 3467—2019	安全的无线网状网（Mesh）自组织网络协议技术要求	行标	2019.10.1			设计、建设、运维	初设、施工图、施工工艺、验收与质量评定、试运行、运行、维护	信息	信息安全
210.5-104	YD/T 3469—2019	移动通信网电路域通信管制技术要求	行标	2019.10.1			设计、建设、运维	初设、施工图、施工工艺、验收与质量评定、试运行、运行、维护	信息	信息安全
210.5-105	YD/T 3470—2019	面向公有云服务的文件数据安全标记规范	行标	2019.10.1			设计、建设、运维	初设、施工图、施工工艺、验收与质量评定、试运行、运行、维护	信息	信息安全
210.5-106	YD/T 3471—2019	公有云服务安全运营技术要求	行标	2019.10.1			设计、建设、运维	初设、施工图、施工工艺、验收与质量评定、试运行、运行、维护	信息	信息安全
210.5-107	YD/T 3473—2019	智慧城市　敏感信息定义及分类	行标	2019.10.1			设计、建设、运维	初设、施工图、施工工艺、验收与质量评定、试运行、运行、维护	信息	信息安全
210.5-108	YD/T 3474—2019	移动互联网应用程序安全加固能力评估要求与测试方法	行标	2019.10.1			建设、修试	验收与质量评定、试验	信息	信息安全
210.5-109	YD/T 3475—2019	移动互联网应用自律白名单资质评估方法	行标	2019.10.1			设计、建设、运维	初设、施工图、施工工艺、验收与质量评定、试运行、运行、维护	信息	信息安全
210.5-110	YD/T 3476—2019	移动互联网应用程序开发者数字证书管理平台技术要求	行标	2019.10.1			设计、建设、运维	初设、施工图、施工工艺、验收与质量评定、试运行、运行、维护	信息	信息安全
210.5-111	YD/T 3477—2019	移动互联网恶意程序监测与处置系统企业侧平台检测要求	行标	2019.10.1			建设、修试	验收与质量评定、试验	信息	信息安全
210.5-112	YD/T 3478—2019	移动互联网恶意程序监测与处置系统企业侧平台能力要求	行标	2019.10.1			设计、建设、运维	初设、施工图、施工工艺、验收与质量评定、试运行、运行、维护	信息	信息安全

体系结构号	标准编号	标准名称	标准级别	实施日期	与国际标准对应关系	代替标准	阶段	分阶段	专业	分专业
210.5-113	YD/T 3479—2019	移动智能终端在线软件应用商店信息安全管理要求	行标	2019.10.1			设计、建设、运维	初设、施工图、施工工艺、验收与质量评定、试运行、运行、维护	信息	信息安全
210.5-114	YD/T 3480—2019	移动智能终端在线软件应用商店信息安全技术要求	行标	2019.10.1			设计、建设、运维	初设、施工图、施工工艺、验收与质量评定、试运行、运行、维护	信息	信息安全
210.5-115	YD/T 3481—2019	移动终端应用开发安全能力评估方法	行标	2019.10.1			设计、建设、运维	初设、施工图、施工工艺、验收与质量评定、试运行、运行、维护	信息	信息安全
210.5-116	YD/T 3482—2019	基于移动网络流量的应用安全审计技术要求	行标	2019.10.1			建设、修试	验收与质量评定、试验	信息	信息安全
210.5-117	YD/T 3483—2019	移动智能终端恶意代码处理指南	行标	2019.10.1			设计、建设、运维	初设、施工图、施工工艺、验收与质量评定、试运行、运行、维护	信息	信息安全
210.5-118	YD/T 3485—2019	信息系统灾难恢复能力要求	行标	2019.10.1			设计、建设、运维	初设、施工图、施工工艺、验收与质量评定、试运行、运行、维护	信息	信息安全
210.5-119	YD/T 3486—2019	灾难备份与恢复专业服务能力要求及评估方法	行标	2019.10.1			设计、建设、运维	初设、施工图、施工工艺、验收与质量评定、试运行、运行、维护	信息	信息安全
210.5-120	YD/T 3487.1—2019	互联网访问日志留存测试方法 第1部分：互联网服务提供商—有线	行标	2019.10.1			建设、修试	验收与质量评定、试验	信息	信息安全
210.5-121	YD/T 3487.2—2019	互联网访问日志留存测试方法 第2部分：互联网服务提供商—无线	行标	2019.10.1			建设、修试	验收与质量评定、试验	信息	信息安全
210.5-122	YD/T 3488—2019	信息安全管理系统技术手段测试 第三方服务机构能力认定准则	行标	2020.1.1			建设、修试	验收与质量评定、试验	信息	信息安全
210.5-123	YD/T 3489—2019	SDN网络安全能力要求	行标	2020.1.1			设计、建设、运维	初设、施工图、施工工艺、验收与质量评定、试运行、运行、维护	信息	信息安全

体系 结构号	标准编号	标准名称	标准 级别	实施日期	与国际标准 对应关系	代替标准	阶段	分阶段	专业	分专业
210.5-124	YD/T 3490—2019	SDN 网络安全能力检测要求	行标	2020.1.1			建设、修试	验收与质量评定、试验	信息	信息安全
210.5-125	YD/T 3491—2019	视频监控系统网络安全评估指南	行标	2020.1.1			设计、建设、运维	初设、施工图、施工工艺、验收与质量评定、试运行、运行、维护	信息	信息安全
210.5-126	YD/T 3492—2019	视频监控系统网络安全技术要求	行标	2020.1.1			设计、建设、运维	初设、施工图、施工工艺、验收与质量评定、试运行、运行、维护	信息	信息安全
210.5-127	YD/T 3493—2019	基于存储复制技术的数据灾备测试方法	行标	2020.1.1			建设、修试	验收与质量评定、试验	信息	信息安全
210.5-128	YD/T 3495—2019	移动互联网应用程序开发者数字证书管理平台接口规范	行标	2020.1.1			设计、建设、运维	初设、施工图、施工工艺、验收与质量评定、试运行、运行、维护	信息	信息安全
210.5-129	YD/T 3496—2019	Web 安全日志格式及共享接口规范	行标	2020.1.1			设计、建设、运维	初设、施工图、施工工艺、验收与质量评定、试运行、运行、维护	信息	信息安全
210.5-130	YD/T 3497—2019	移动互联网恶意软件云端联动治理体系技术要求	行标	2020.1.1			设计、建设、运维	初设、施工图、施工工艺、验收与质量评定、试运行、运行、维护	信息	信息安全
210.5-131	YD/T 3498—2019	互联网码号资源公钥基础设施（RPKI）安全运行技术要求 互联网码号资源本地化管理	行标	2020.1.1			设计、建设、运维	初设、施工图、施工工艺、验收与质量评定、试运行、运行、维护	信息	信息安全
210.5-132	YD/T 3499—2019	互联网码号资源公钥基础设施（RPKI）安全运行技术要求 证书策略与认证业务框架	行标	2020.1.1			设计、建设、运维	初设、施工图、施工工艺、验收与质量评定、试运行、运行、维护	信息	信息安全
210.5-133	YD/T 3500—2019	互联网码号资源公钥基础设施（RPKI）安全运行技术要求 资源包含关系验证	行标	2020.1.1			设计、建设、运维	初设、施工图、施工工艺、验收与质量评定、试运行、运行、维护	信息	信息安全
210.5-134	YD/T 3501—2019	钓鱼网站监测与处置系统能力要求	行标	2020.1.1			设计、建设、运维	初设、施工图、施工工艺、验收与质量评定、试运行、运行、维护	信息	信息安全
210.5-135	YD/T 3502—2019	钓鱼仿冒网站判定技术要求	行标	2020.1.1			设计、建设、运维	初设、施工图、施工工艺、验收与质量评定、试运行、运行、维护	信息	信息安全

体系结构号	标准编号	标准名称	标准级别	实施日期	与国际标准对应关系	代替标准	阶段	分阶段	专业	分专业
210.5-136	YD/T 3503—2019	互联网新技术新业务安全评估服务机构能力认定准则	行标	2020.1.1			建设、修试	验收与质量评定、试验	信息	信息安全
210.5-137	YD/T 3530—2019	为移动通信终端提供互联网接入的设备安全能力技术要求	行标	2020.1.1			设计、建设、运维	初设、施工图、施工工艺、验收与质量评定、试运行、运行、维护	信息	信息安全
210.5-138	YD/T 3532—2019	移动应用身份认证总体技术要求	行标	2020.1.1			设计、建设、运维	初设、施工图、施工工艺、验收与质量评定、试运行、运行、维护	信息	信息安全
210.5-139	YD/T 3571—2019	受信 WLAN 接入移动核心网网络管理技术要求	行标	2020.1.1			规划、设计、采购、建设、运维、修试、退役	规划、初设、施工图、招标、品控、施工工艺、验收与质量评定、试运行、运行、维护、检修、试验、退役、报废	信息	信息安全
210.5-140	YD/T 3584—2019	异构无线网络环境下的移动智能终端无线接入多模安全配置与增强要求	行标	2020.1.1			设计、建设、运维	初设、施工图、施工工艺、验收与质量评定、试运行、运行、维护	信息	信息安全
210.5-141	YD/T 3640—2020	个人移动智能终端在企业应用中的安全策略	行标	2020.7.1			设计、建设、运维	初设、施工图、施工工艺、验收与质量评定、试运行、运行、维护	信息	信息安全
210.5-142	YD/T 3645—2020	账号、授权、认证和审计（4A）集中管理系统技术要求	行标	2020.7.1			设计、建设、运维	初设、施工图、施工工艺、验收与质量评定、试运行、运行、维护	信息	信息安全
210.5-143	YD/T 3646—2020	移动应用程序代码签名技术要求	行标	2020.7.1			设计、建设、运维	初设、施工图、施工工艺、验收与质量评定、试运行、运行、维护	信息	信息安全
210.5-144	YD/T 3647—2020	移动应用程序代码签名测试方法	行标	2020.7.1			设计、建设、运维	初设、施工图、施工工艺、验收与质量评定、试运行、运行、维护	信息	信息安全
210.5-145	YD/T 3656—2020	基于互联网的实人认证系统技术要求	行标	2020.7.1			设计、建设、运维	初设、施工图、施工工艺、验收与质量评定、试运行、运行、维护	信息	信息安全
210.5-146	YD/T 3657—2020	中文仿冒域名检测规范	行标	2020.7.1			设计	初设、施工图	信息	信息安全
210.5-147	YD/T 3747—2020	区块链技术架构安全要求	行标	2020.10.1			设计	初设、施工图	信息	信息安全

体系结构号	标准编号	标准名称	标准级别	实施日期	与国际标准对应关系	代替标准	阶段	分阶段	专业	分专业
210.5-148	YD/T 5177—2009	互联网网络安全设计暂行规定	行标	2009.5.1			设计	初设、施工图	信息	信息安全
210.5-149	YD/T 5202—2015	移动通信基站安全防护技术暂行规定	行标	2015.7.1			设计、建设、运维	初设、施工图、施工工艺、验收与质量评定、试运行、运行、维护	信息	信息安全
210.5-150	GA/T 403.1—2014	信息安全技术 入侵检测产品安全技术要求 第1部分：网络型产品	行标	2014.3.24		GA/T 403.1—2002	设计、采购、建设、运维	初设、施工图、招标、品控、施工工艺、验收与质量评定、试运行、运行、维护	信息	信息安全
210.5-151	GA/T 403.2—2014	信息安全技术入侵检测产品安全技术要求 第2部分：主机型产品	行标	2014.3.24		GA/T 403.2—2002	设计、采购、建设、运维	初设、施工图、招标、品控、施工工艺、验收与质量评定、试运行、运行、维护	信息	信息安全
210.5-152	GA/T 698—2014	信息安全技术 信息过滤产品技术要求	行标	2014.3.24		GA/T 698—2007	设计、采购、建设、运维	初设、施工图、招标、品控、施工工艺、验收与质量评定、试运行、运行、维护	信息	信息安全
210.5-153	GA/T 1137—2014	信息安全技术抗拒绝服务攻击产品安全技术要求	行标	2014.3.10			设计、采购、建设、运维	初设、施工图、招标、品控、施工工艺、验收与质量评定、试运行、运行、维护	信息	信息安全
210.5-154	GA/T 1138—2014	信息安全技术 主机资源访问控制产品安全技术要求	行标	2014.3.10			设计、采购、建设、运维	初设、施工图、招标、品控、施工工艺、验收与质量评定、试运行、运行、维护	信息	信息安全
210.5-155	GA/T 1139—2014	信息安全技术 数据库扫描产品安全技术要求	行标	2014.3.10			设计、采购、建设、运维	初设、施工图、招标、品控、施工工艺、验收与质量评定、试运行、运行、维护	信息	信息安全
210.5-156	GA/T 1140—2014	信息安全技术 Web应用防火墙安全技术要求	行标	2014.3.12			设计、采购、建设、运维	初设、施工图、招标、品控、施工工艺、验收与质量评定、试运行、运行、维护	信息	信息安全

体系 结构号	标准编号	标准名称	标准 级别	实施日期	与国际标准 对应关系	代替标准	阶段	分阶段	专业	分专业
210.5-157	GA/T 1141—2014	信息安全技术主机安全等级保护配置要求	行标	2014.3.14			设计、采购、建设、运维	初设、施工图、招标、品控、施工工艺、验收与质量评定、试运行、运行、维护	信息	信息安全
210.5-158	GA/T 1142—2014	信息安全技术主机安全检查产品安全技术要求	行标	2014.3.14			设计、采购、建设、运维	初设、施工图、招标、品控、施工工艺、验收与质量评定、试运行、运行、维护	信息	信息安全
210.5-159	GA/T 1143—2014	信息安全技术 数据销毁软件产品安全技术要求	行标	2014.3.14			设计、采购、建设、运维	初设、施工图、招标、品控、施工工艺、验收与质量评定、试运行、运行、维护	信息	信息安全
210.5-160	GA/T 1144—2014	信息安全技术非授权外联监测产品安全技术要求	行标	2014.3.14			设计、采购、建设、运维	初设、施工图、招标、品控、施工工艺、验收与质量评定、试运行、运行、维护	信息	信息安全
210.5-161	GA/T 1177—2014	信息安全技术 第二代防火墙安全技术要求	行标	2014.9.1			设计、采购、建设、运维	初设、施工图、招标、品控、施工工艺、验收与质量评定、试运行、运行、维护	信息	信息安全
210.5-162	GA 1277—2015	信息安全技术 互联网交互式服务安全保护要求	行标	2016.1.1			设计、建设、运维	初设、施工图、施工工艺、验收与质量评定、试运行、运行、维护	信息	信息安全
210.5-163	GA 1278—2015	信息安全技术 互联网服务安全评估基本程序及要求	行标	2016.1.1			规划、设计、采购、建设、运维、修试、退役	规划、初设、施工图、招标、品控、施工工艺、验收与质量评定、试运行、运行、维护、检修、试验、退役、报废	信息	信息安全
210.5-164	GA/T 1345—2017	信息安全技术 云计算网络入侵防御系统安全技术要求	行标	2017.11.20			设计、建设、运维	初设、施工图、施工工艺、验收与质量评定、试运行、运行、维护	信息	信息安全
210.5-165	GA/T 1346—2017	信息安全技术 云操作系统安全技术要求	行标	2017.11.20			设计、建设、运维	初设、施工图、施工工艺、验收与质量评定、试运行、运行、维护	信息	信息安全

体系结构号	标准编号	标准名称	标准级别	实施日期	与国际标准对应关系	代替标准	阶段	分阶段	专业	分专业
210.5-166	GA/T 1347—2017	信息安全技术 云存储系统安全技术要求	行标	2017.11.20			设计、建设、运维	初设、施工图、施工工艺、验收与质量评定、试运行、运行、维护	信息	信息安全
210.5-167	GA/T 1348—2017	信息安全技术 桌面云系统安全技术要求	行标	2017.11.20			设计、建设、运维	初设、施工图、施工工艺、验收与质量评定、试运行、运行、维护	信息	信息安全
210.5-168	GA/T 1349—2017	信息安全技术 网络安全等级保护专用知识库接口规范	行标	2017.11.20			设计、建设、运维	初设、施工图、施工工艺、验收与质量评定、试运行、运行、维护	信息	信息安全
210.5-169	GA/T 1350—2017	信息安全技术 工业控制系统安全管理平台安全技术要求	行标	2017.11.20			设计、建设、运维	初设、施工图、施工工艺、验收与质量评定、试运行、运行、维护	信息	信息安全
210.5-170	GA/T 1390.2—2017	信息安全技术 网络安全等级保护基本要求 第2部分：云计算安全扩展要求	行标	2017.5.8			设计、建设、运维	初设、施工图、施工工艺、验收与质量评定、试运行、运行、维护	信息	信息安全
210.5-171	GA/T 1390.3—2017	信息安全技术 网络安全等级保护基本要求 第3部分：移动互联安全扩展要求	行标	2017.5.8			设计、建设、运维	初设、施工图、施工工艺、验收与质量评定、试运行、运行、维护	信息	信息安全
210.5-172	GA/T 1390.5—2017	信息安全技术 网络安全等级保护基本要求 第5部分：工业控制系统安全扩展要求	行标	2017.5.8			设计、建设、运维	初设、施工图、施工工艺、验收与质量评定、试运行、运行、维护	信息	信息安全
210.5-173	GA/T 1392—2017	信息安全技术 主机文件监测产品安全技术要求	行标	2017.4.19			设计、采购、建设、运维	初设、施工图、招标、品控、施工工艺、验收与质量评定、试运行、运行、维护	信息	信息安全
210.5-174	GA/T 1393—2017	信息安全技术 主机安全加固系统安全技术要求	行标	2017.4.19			设计、建设、运维	初设、施工图、施工工艺、验收与质量评定、试运行、运行、维护	信息	信息安全
210.5-175	GA/T 1394—2017	信息安全技术 运维安全管理产品安全技术要求	行标	2017.4.19			设计、建设、运维	初设、施工图、施工工艺、验收与质量评定、试运行、运行、维护	信息	信息安全
210.5-176	GA/T 1396—2017	信息安全技术 网站内容安全检查产品安全技术要求	行标	2017.4.19			设计、建设、运维	初设、施工图、施工工艺、验收与质量评定、试运行、运行、维护	信息	信息安全

体系结构号	标准编号	标准名称	标准级别	实施日期	与国际标准对应关系	代替标准	阶段	分阶段	专业	分专业
210.5-177	GA/T 1397—2017	信息安全技术 远程接入控制产品安全技术要求	行标	2017.4.19			设计、建设、运维	初设、施工图、施工工艺、验收与质量评定、试运行、运行、维护	信息	信息安全
210.5-178	GM/T 0003.2—2012	SM2椭圆曲线公钥密码算法 第2部分：数字签名算法	行标	2012.3.21			设计、建设、运维	初设、施工图、施工工艺、验收与质量评定、试运行、运行、维护	信息	信息安全
210.5-179	GM/T 0003.3—2012	SM2椭圆曲线公钥密码算法 第3部分：密钥交换协议	行标	2012.3.21			设计、建设、运维	初设、施工图、施工工艺、验收与质量评定、试运行、运行、维护	信息	信息安全
210.5-180	GM/T 0003.4—2012	SM2椭圆曲线公钥密码算法 第4部分：公钥加密算法	行标	2012.3.21			设计、建设、运维	初设、施工图、施工工艺、验收与质量评定、试运行、运行、维护	信息	信息安全
210.5-181	GM/T 0003.5—2012	SM2椭圆曲线公钥密码算法 第5部分：参数定义	行标	2012.3.21			设计、建设、运维	初设、施工图、施工工艺、验收与质量评定、试运行、运行、维护	信息	信息安全
210.5-182	GM/T 0005—2012	随机性检测规范	行标	2012.3.21			设计、建设、运维	初设、施工图、施工工艺、验收与质量评定、试运行、运行、维护	信息	信息安全
210.5-183	GM/T 0014—2012	数字证书认证系统密码协议规范	行标	2012.11.22			设计、建设、运维	初设、施工图、施工工艺、验收与质量评定、试运行、运行、维护	信息	信息安全
210.5-184	GM/T 0022—2014	IPSec VPN 技术规范	行标	2014.2.13			设计、建设、运维	初设、施工图、施工工艺、验收与质量评定、试运行、运行、维护	信息	信息安全
210.5-185	GM/T 0023—2014	IPSec VPN 网关产品规范	行标	2014.2.13			设计、采购、建设、运维	初设、施工图、招标、品控、施工工艺、验收与质量评定、试运行、运行、维护	信息	信息安全
210.5-186	GM/T 0024—2014	SSL VPN 技术规范	行标	2014.2.13			设计、建设、运维	初设、施工图、施工工艺、验收与质量评定、试运行、运行、维护	信息	信息安全
210.5-187	GM/T 0025—2014	SSL VPN 网关产品规范	行标	2014.2.13			设计、采购、建设、运维	初设、施工图、招标、品控、施工工艺、验收与质量评定、试运行、运行、维护	信息	信息安全

体系 结构号	标准编号	标准名称	标准 级别	实施日期	与国际标准 对应关系	代替标准	阶段	分阶段	专业	分专业
210.5-188	GM/T 0026—2014	安全认证网关产品规范	行标	2014.2.13			设计、采购、建设、运维	初设、施工图、招标、品控、施工工艺、验收与质量评定、试运行、运行、维护	信息	信息安全
210.5-189	GM/T 0027—2014	智能密码钥匙技术规范	行标	2014.2.13			设计、建设、运维	初设、施工图、施工工艺、验收与质量评定、试运行、运行、维护	信息	信息安全
210.5-190	GM/T 0029—2014	签名验签服务器技术规范	行标	2014.2.13			设计、建设、运维	初设、施工图、施工工艺、验收与质量评定、试运行、运行、维护	信息	信息安全
210.5-191	GM/T 0030—2014	服务器密码机技术规范	行标	2014.2.13			设计、建设、运维	初设、施工图、施工工艺、验收与质量评定、试运行、运行、维护	信息	信息安全
210.5-192	GM/T 0031—2014	安全电子签章密码技术规范	行标	2014.2.13			设计、建设、运维	初设、施工图、施工工艺、验收与质量评定、试运行、运行、维护	信息	信息安全
210.5-193	GM/T 0035.1—2014	射频识别系统密码应用技术要求 第1部分：密码安全保护框架及安全级别	行标	2014.2.13			设计、建设、运维	初设、施工图、施工工艺、验收与质量评定、试运行、运行、维护	信息	信息安全
210.5-194	GM/T 0035.2—2014	射频识别系统密码应用技术要求 第2部分：电子标签芯片密码应用技术要求	行标	2014.2.13			设计、建设、运维	初设、施工图、施工工艺、验收与质量评定、试运行、运行、维护	信息	信息安全
210.5-195	GM/T 0035.3—2014	射频识别系统密码应用技术要求 第3部分：读写器密码应用技术要求	行标	2014.2.13			设计、建设、运维	初设、施工图、施工工艺、验收与质量评定、试运行、运行、维护	信息	信息安全
210.5-196	GM/T 0035.4—2014	射频识别系统密码应用技术要求 第4部分：电子标签与读写器通信密码应用技术要求	行标	2014.2.13			设计、建设、运维	初设、施工图、施工工艺、验收与质量评定、试运行、运行、维护	信息	信息安全
210.5-197	GM/T 0035.5—2014	射频识别系统密码应用技术要求 第5部分：密钥管理技术要求	行标	2014.2.13			设计、建设、运维	初设、施工图、施工工艺、验收与质量评定、试运行、运行、维护	信息	信息安全
210.5-198	GM/T 0036—2014	采用非接触卡的门禁系统密码应用技术指南	行标	2014.2.13			设计、建设、运维	初设、施工图、施工工艺、验收与质量评定、试运行、运行、维护	信息	信息安全

体系结构号	标准编号	标准名称	标准级别	实施日期	与国际标准对应关系	代替标准	阶段	分阶段	专业	分专业
210.5-199	GM/T 0037—2014	证书认证系统检测规范	行标	2014.2.13			建设、修试	验收与质量评定、试验	信息	信息安全
210.5-200	GM/T 0038—2014	证书认证密钥管理系统检测规范	行标	2014.2.13			建设、修试	验收与质量评定、试验	信息	信息安全
210.5-201	GM/T 0039—2015	密码模块安全检测要求	行标	2015.4.1			建设、修试	验收与质量评定、试验	信息	信息安全
210.5-202	GM/T 0044.1—2016	SM9 标识密码算法 第 1 部分：总则	行标	2016.3.28			建设、运维、修试	施工工艺、验收与质量评定、试运行、运行、维护、检修、试验	信息	信息安全
210.5-203	GM/T 0044.2—2016	SM9 标识密码算法 第 2 部分：数字签名算法	行标	2016.3.28			建设、运维、修试	施工工艺、验收与质量评定、试运行、运行、维护、检修、试验	信息	信息安全
210.5-204	GM/T 0044.3—2016	SM9 标识密码算法 第 3 部分：密钥交换协议	行标	2016.3.28			建设、运维、修试	施工工艺、验收与质量评定、试运行、运行、维护、检修、试验	信息	信息安全
210.5-205	GM/T 0044.4—2016	SM9 标识密码算法 第 4 部分：密钥封装机制和公钥加密算法	行标	2016.3.28			建设、运维、修试	施工工艺、验收与质量评定、试运行、运行、维护、检修、试验	信息	信息安全
210.5-206	GM/T 0044.5—2016	SM9 标识密码算法 第 5 部分：参数定义	行标	2016.3.28			建设、运维、修试	施工工艺、验收与质量评定、试运行、运行、维护、检修、试验	信息	信息安全
210.5-207	GM/T 0047—2016	安全电子签章密码检测规范	行标	2016.12.23			建设、修试	验收与质量评定、试验	信息	信息安全
210.5-208	GM/T 0048—2016	智能密码钥匙密码检测规范	行标	2016.12.23			建设、修试	验收与质量评定、试验	信息	信息安全
210.5-209	GM/T 0049—2016	密码键盘密码检测规范	行标	2016.12.23			建设、修试	验收与质量评定、试验	信息	信息安全
210.5-210	GM/T 0050—2016	密码设备管理 设备管理技术规范	行标	2016.12.23			设计、建设、运维	初设、施工图、施工工艺、验收与质量评定、试运行、运行、维护	信息	信息安全
210.5-211	GM/T 0051—2016	密码设备管理 对称密钥管理技术规范	行标	2016.12.23			设计、建设、运维	初设、施工图、施工工艺、验收与质量评定、试运行、运行、维护	信息	信息安全
210.5-212	GM/T 0052—2016	密码设备管理 VPN 设备监察管理规范	行标	2016.12.23			建设、运维	施工工艺、验收与质量评定、试运行、运行、维护	信息	信息安全

体系结构号	标准编号	标准名称	标准级别	实施日期	与国际标准对应关系	代替标准	阶段	分阶段	专业	分专业
210.5-213	GM/T 0053—2016	密码设备管理 远程监控与合规性检验接口数据规范	行标	2016.12.23			设计、建设、运维	初设、施工图、施工工艺、验收与质量评定、试运行、运行、维护	信息	信息安全
210.5-214	GM/T 0054—2018	信息系统密码应用基本要求	行标	2018.2.8			设计、建设、运维	初设、施工图、施工工艺、验收与质量评定、试运行、运行、维护	信息	信息安全
210.5-215	GM/T 0055—2018	电子文件密码应用技术规范	行标	2018.5.2			设计、建设、运维	初设、施工图、施工工艺、验收与质量评定、试运行、运行、维护	信息	信息安全
210.5-216	GM/T 0056—2018	多应用载体密码应用接口规范	行标	2018.5.2			设计、建设、运维	初设、施工图、施工工艺、验收与质量评定、试运行、运行、维护	信息	信息安全
210.5-217	GM/T 0057—2018	基于IBC技术的身份鉴别规范	行标	2018.5.2			设计、建设、运维	初设、施工图、施工工艺、验收与质量评定、试运行、运行、维护	信息	信息安全
210.5-218	GM/T 0058—2018	可信计算 TCM 服务模块接口规范	行标	2018.5.2			设计、建设、运维	初设、施工图、施工工艺、验收与质量评定、试运行、运行、维护	信息	信息安全
210.5-219	GM/T 0059—2018	服务器密码机检测规范	行标	2018.5.2			设计、建设、运维	初设、施工图、施工工艺、验收与质量评定、试运行、运行、维护	信息	信息安全
210.5-220	GM/T 0060—2018	签名验签服务器检测规范	行标	2018.5.2			设计、建设、运维	初设、施工图、施工工艺、验收与质量评定、试运行、运行、维护	信息	信息安全
210.5-221	GM/T 0061—2018	动态口令密码应用检测规范	行标	2018.5.2			设计、建设、运维	初设、施工图、施工工艺、验收与质量评定、试运行、运行、维护	信息	信息安全
210.5-222	GM/T 0062—2018	密码产品随机数检测要求	行标	2018.5.2			设计、建设、运维	初设、施工图、施工工艺、验收与质量评定、试运行、运行、维护	信息	信息安全
210.5-223	RB/T 204—2014	上网行为管理系统安全评价规范	行标	2015.3.1			建设、运维、修试	验收与质量评定、运行、维护、试验	信息	信息安全

体系 结构号	标准编号	标准名称	标准 级别	实施日期	与国际标准 对应关系	代替标准	阶段	分阶段	专业	分专业
210.5-224	GB 4943.1—2011	信息技术设备　安全　第 1 部分：通用要求	国标	2012.12.1	IEC 60950-1：2005，MOD	GB 4943—2001	规划、设计、采购、建设、运维、修试、退役	规划、初设、施工图、招标、品控、施工工艺、验收与质量评定、试运行、运行、维护、检修、试验、退役、报废	信息	信息安全
210.5-225	GB/T 9361—2011	计算机场地安全要求	国标	2012.5.1		GB 9361—1988	设计、建设、运维	初设、施工图、施工工艺、验收与质量评定、试运行、运行、维护	信息	信息安全
210.5-226	GB/T 9387.2—1995	信息处理系统　开放系统互连基本参考模型　第 2 部分：安全体系结构	国标	1996.2.1	ISO 7498-2：1989，IDT		规划、设计、建设	规划、初设、施工图、施工工艺、验收与质量评定、试运行	信息	信息安全
210.5-227	GB/T 15843.1—2017	信息技术　安全技术　实体鉴别　第 1 部分：总则	国标	2018.7.1	ISO/IEC 9798-1：2010	GB/T 15843.1—2008	规划、设计、采购、建设、运维、修试、退役	规划、初设、施工图、招标、品控、施工工艺、验收与质量评定、试运行、运行、维护、检修、试验、退役、报废	信息	信息安全
210.5-228	GB/T 15843.2—2017	信息技术　安全技术　实体鉴别　第 2 部分：采用对称加密算法的机制	国标	2018.7.1	ISO/IEC 9798-2：2008	GB/T 15843.2—2008	设计、建设、运维	初设、施工图、施工工艺、验收与质量评定、试运行、运行、维护	信息	信息安全
210.5-229	GB/T 15843.3—2016	信息技术　安全技术　实体鉴别　第 3 部分：采用数字签名技术的机制	国标	2016.11.1	ISO/IEC 9798-3：1998，IDT	GB/T 15843.3—2008	设计、建设、运维	初设、施工图、施工工艺、验收与质量评定、试运行、运行、维护	信息	信息安全
210.5-230	GB/T 15843.6—2018	信息技术　安全技术　实体鉴别　第 6 部分：采用人工数据传递的机制	国标	2019.4.1			设计、建设、运维	初设、施工图、施工工艺、验收与质量评定、试运行、运行、维护	信息	信息安全
210.5-231	GB/T 15851.3—2018	信息技术　安全技术　带消息恢复的数字签名方案　第 3 部分：基于离散对数的机制	国标	2019.7.1		GB/T 15851—1995	设计、建设、运维	初设、施工图、施工工艺、验收与质量评定、试运行、运行、维护	信息	信息安全
210.5-232	GB/T 15852.1—2020	信息技术　安全技术　消息鉴别码　第 1 部分：采用分组密码的机制	国标	2021.7.1		GB/T 15852.1—2008	设计、建设、运维	初设、施工图、施工工艺、验收与质量评定、试运行、运行、维护	信息	信息安全
210.5-233	GB/T 15852.3—2019	信息技术　安全技术　消息鉴别码　第 3 部分：采用泛杂凑函数的机制	国标	2020.3.1			设计、建设、运维	初设、施工图、施工工艺、验收与质量评定、试运行、运行、维护	信息	信息安全

体系 结构号	标准编号	标准名称	标准 级别	实施日期	与国际标准 对应关系	代替标准	阶段	分阶段	专业	分专业
210.5-234	GB/T 17143.7—1997	信息技术 开放系统互连 系统管理 第7部分：安全告警报告功能	国标	1998.8.1	ISO/IEC 10164-7：1992，IDT		设计、建设、运维	初设、施工图、施工工艺、验收与质量评定、试运行、运行、维护	信息	信息安全
210.5-235	GB 17859—1999	计算机信息系统 安全保护等级划分准则	国标	2001.1.1	DoD 5200.28-STD，REF；NCSC-TG-005，REF		规划、设计、采购、建设、运维、修试、退役	规划、初设、施工图、招标、品控、施工工艺、验收与质量评定、试运行、运行、维护、检修、试验、退役、报废	信息	信息安全
210.5-236	GB/T 17901.1—2020	信息技术 安全技术 密钥管理 第1部分：框架	国标	2020.10.1		GB/T 17901.1—1999	设计、建设、运维	初设、施工图、施工工艺、验收与质量评定、试运行、运行、维护	信息	信息安全
210.5-237	GB/T 17902.2—2005	信息技术 安全技术 带附录的数字签名 第2部分：基于身份的机制	国标	2005.10.1	ISO/IEC 14888-2：1999，IDT		设计、建设、运维	初设、施工图、施工工艺、验收与质量评定、试运行、运行、维护	信息	信息安全
210.5-238	GB/T 17902.3—2005	信息技术 安全技术 带附录的数字签名 第3部分：基于证书的机制	国标	2005.10.1	ISO/IEC 14888-3：1998，IDT		设计、建设、运维	初设、施工图、施工工艺、验收与质量评定、试运行、运行、维护	信息	信息安全
210.5-239	GB/T 18018—2019	信息安全技术 路由器安全技术要求	国标	2020.3.1		GB/T 18018—2007	设计、采购、建设、运维	初设、施工图、招标、品控、施工工艺、验收与质量评定、试运行、运行、维护	信息	信息安全
210.5-240	GB/T 18336.1—2015	信息技术 安全技术 信息技术安全评估准则 第1部分：简介和一般模型	国标	2016.1.1	ISO/IEC 15408-1：2009，IDT	GB/T 18336.1—2008	运维、修试	运行、维护、试验	信息	信息安全
210.5-241	GB/T 18336.2—2015	信息技术 安全技术 信息技术安全评估准则 第2部分：安全功能组件	国标	2016.1.1	ISO/IEC 15408-2：2008，IDT	GB/T 18336.2—2008	运维、修试	运行、维护、试验	信息	信息安全
210.5-242	GB/T 18336.3—2015	信息技术 安全技术 信息技术安全评估准则 第3部分：安全保障组件	国标	2016.1.1	ISO/IEC 15408-3：2008，IDT	GB/T 18336.3—2008	运维、修试	运行、维护、试验	信息	信息安全
210.5-243	GB/T 19713—2005	信息技术 安全技术 公钥基础设施 在线证书状态协议	国标	2005.10.1	IETF RFC2560，NEQ		设计、采购、建设、运维	初设、施工图、招标、品控、施工工艺、验收与质量评定、试运行、运行、维护	信息	信息安全

体系结构号	标准编号	标准名称	标准级别	实施日期	与国际标准对应关系	代替标准	阶段	分阶段	专业	分专业
210.5-244	GB/T 19714—2005	信息技术 安全技术 公钥基础设施 证书管理协议	国标	2005.10.1	IETF RFC2510，NEQ		设计、采购、建设、运维	初设、施工图、招标、品控、施工工艺、验收与质量评定、试运行、运行、维护	信息	信息安全
210.5-245	GB/T 19771—2005	信息技术 安全技术 公钥基础设施 PKI 组件最小互操作规范	国标	2005.12.1			设计、建设、运维	初设、施工图、施工工艺、验收与质量评定、试运行、运行、维护	信息	信息安全
210.5-246	GB/T 20008—2005	信息安全技术 操作系统安全评估准则	国标	2006.5.1			建设、修试	验收与质量评定、试验	信息	信息安全
210.5-247	GB/T 20009—2019	信息安全技术 数据库管理系统安全评估准则	国标	2020.3.1		GB/T 20009—2005	建设、修试	验收与质量评定、试验	信息	信息安全
210.5-248	GB/T 20011—2005	信息安全技术 路由器安全评估准则	国标	2006.5.1			建设、修试	验收与质量评定、试验	信息	信息安全
210.5-249	GB/T 20261—2020	信息安全技术 系统安全工程 能力成熟度模型	国标	2021.6.1		GB/T 20261—2006	建设、修试	验收与质量评定、试验	信息	信息安全
210.5-250	GB/T 20269—2006	信息安全技术 信息系统安全管理要求	国标	2006.12.1			运维	运行、维护	信息	信息安全
210.5-251	GB/T 20270—2006	信息安全技术 网络基础安全技术要求	国标	2006.12.1			设计、建设、运维	初设、施工图、施工工艺、验收与质量评定、试运行、运行、维护	信息	信息安全
210.5-252	GB/T 20271—2006	信息安全技术 信息系统通用安全技术要求	国标	2006.12.1			设计、建设、运维	初设、施工图、施工工艺、验收与质量评定、试运行、运行、维护	信息	信息安全
210.5-253	GB/T 20272—2019	信息安全技术 操作系统安全技术要求	国标	2020.3.1		GB/T 20272—2006	设计、建设、运维	初设、施工图、施工工艺、验收与质量评定、试运行、运行、维护	信息	信息安全
210.5-254	GB/T 20273—2019	信息安全技术 数据库管理系统安全技术要求	国标	2020.3.1		GB/T 20273—2006	设计、建设、运维	初设、施工图、施工工艺、验收与质量评定、试运行、运行、维护	信息	信息安全
210.5-255	GB/T 20274.1—2006	信息安全技术 信息系统安全保障评估框架 第一部分：简介和一般模型	国标	2006.12.1			建设、修试	验收与质量评定、试验	信息	信息安全

体系结构号	标准编号	标准名称	标准级别	实施日期	与国际标准对应关系	代替标准	阶段	分阶段	专业	分专业
210.5-256	GB/T 20274.2—2008	信息安全技术　信息系统安全保障评估框架　第2部分：技术保障	国标	2008.12.1			建设、修试	验收与质量评定、试验	信息	信息安全
210.5-257	GB/T 20274.3—2008	信息安全技术　信息系统安全保障评估框架　第3部分：管理保障	国标	2008.12.1			建设、修试	验收与质量评定、试验	信息	信息安全
210.5-258	GB/T 20274.4—2008	信息安全技术　信息系统安全保障评估框架　第4部分：工程保障	国标	2008.12.1			建设、修试	验收与质量评定、试验	信息	信息安全
210.5-259	GB/T 20275—2013	信息安全技术　网络入侵检测系统技术要求和测试评价方法	国标	2014.7.15		GB/T 20275—2006	设计、建设、运维、修试	初设、施工图、施工工艺、验收与质量评定、试运行、运行、维护、试验	信息	信息安全
210.5-260	GB/T 20276—2016	信息安全技术　具有中央处理器的IC卡嵌入式软件安全技术要求	国标	2017.3.1		GB/T 20276—2006	设计、建设、运维	初设、施工图、施工工艺、验收与质量评定、试运行、运行、维护	信息	信息安全
210.5-261	GB/T 20277—2015	信息安全技术　网络和终端隔离产品测试评价方法	国标	2016.1.1		GB/T 20277—2006	建设、修试	验收与质量评定、试验	信息	信息安全
210.5-262	GB/T 20278—2013	信息安全技术　网络脆弱性扫描产品安全技术要求	国标	2014.7.15		GB/T 20278—2006	设计、建设、运维	初设、施工图、施工工艺、验收与质量评定、试运行、运行、维护	信息	信息安全
210.5-263	GB/T 20279—2015	信息安全技术　网络和终端隔离产品安全技术要求	国标	2016.1.1		GB/T 20279—2006	设计、建设、运维	初设、施工图、施工工艺、验收与质量评定、试运行、运行、维护	信息	信息安全
210.5-264	GB/T 20280—2006	信息安全技术　网络脆弱性扫描产品测试评价方法	国标	2006.12.1			建设、修试	验收与质量评定、试验	信息	信息安全
210.5-265	GB/T 20281—2015	信息安全技术　防火墙安全技术要求和测试评价方法	国标	2016.1.1		GB/T 20281—2006	设计、建设、运维、修试	初设、施工图、施工工艺、验收与质量评定、试运行、运行、维护、试验	信息	信息安全
210.5-266	GB/T 20282—2006	信息安全技术　信息系统安全工程管理要求	国标	2006.12.1			建设、运维	施工工艺、验收与质量评定、试运行、运行、维护	信息	信息安全

体系结构号	标准编号	标准名称	标准级别	实施日期	与国际标准对应关系	代替标准	阶段	分阶段	专业	分专业
210.5-267	GB/T 20283—2006	信息安全技术　保护轮廓和安全目标产生指南	国标	2006.12.1	ISO/IEC TR 15446：2004		设计、建设	初设、施工图、施工工艺、验收与质量评定、试运行	信息	信息安全
210.5-268	GB/T 20518—2018	信息安全技术　公钥基础设施　数字证书格式	国标	2019.1.1		GB/T 20518—2006	规划、设计、采购、建设、运维、修试、退役	规划、初设、施工图、招标、品控、施工工艺、验收与质量评定、试运行、运行、维护、检修、试验、退役、报废	信息	信息安全
210.5-269	GB/T 20520—2006	信息安全技术　公钥基础设施　时间戳规范	国标	2007.2.1			设计、建设、运维	初设、施工图、施工工艺、验收与质量评定、试运行、运行、维护	信息	信息安全
210.5-270	GB/T 20945—2013	信息安全技术　信息系统安全审计产品技术要求和测试评价方法	国标	2014.7.15		GB/T 20945—2007	设计、建设、运维、修试	初设、施工图、施工工艺、验收与质量评定、试运行、运行、维护、试验	信息	信息安全
210.5-271	GB/T 20979—2019	信息安全技术　虹膜识别系统技术要求	国标	2020.3.1		GB/T 20979—2007	设计、建设、运维、修试	初设、施工图、施工工艺、验收与质量评定、试运行、运行、维护、试验	信息	信息安全
210.5-272	GB/T 20984—2007	信息安全技术　信息安全风险评估规范	国标	2007.11.1			建设、运维	验收与质量评定、运行、维护	信息	信息安全
210.5-273	GB/T 20985.1—2017	信息技术　安全技术　信息安全事件管理　第1部分：事件管理原理	国标	2018.7.1	ISO/IEC 27035-1：2016	GB/T 20985—2007	运维	运行、维护	信息	信息安全
210.5-274	GB/T 20985.2—2020	信息技术　安全技术　信息安全事件管理　第2部分：事件响应规划和准备指南	国标	2021.7.1			运维	运行、维护	信息	信息安全
210.5-275	GB/T 20986—2007	信息安全技术　信息安全事件分类分级指南	国标	2007.11.1			运维	运行、维护	信息	信息安全
210.5-276	GB/T 20988—2007	信息安全技术　信息系统灾难恢复规范	国标	2007.11.1			运维	运行、维护	信息	信息安全
210.5-277	GB/T 21028—2007	信息安全技术　服务器安全技术要求	国标	2007.12.1			设计、建设、运维	初设、施工图、施工工艺、验收与质量评定、试运行、运行、维护	信息	信息安全

体系结构号	标准编号	标准名称	标准级别	实施日期	与国际标准对应关系	代替标准	阶段	分阶段	专业	分专业
210.5-278	GB/T 21050—2019	信息安全技术　网络交换机安全技术要求	国标	2020.3.1		GB/T 21050—2007	设计、建设、运维	初设、施工图、施工工艺、验收与质量评定、试运行、运行、维护	信息	信息安全
210.5-279	GB/T 21052—2007	信息安全技术　信息系统物理安全技术要求	国标	2008.1.1			设计、建设、运维	初设、施工图、施工工艺、验收与质量评定、试运行、运行、维护	信息	信息安全
210.5-280	GB/T 21053—2007	信息安全技术　公钥基础设施 PKI 系统安全等级保护技术要求	国标	2008.1.1			设计、建设、运维	初设、施工图、施工工艺、验收与质量评定、试运行、运行、维护	信息	信息安全
210.5-281	GB/T 21054—2007	信息安全技术　公钥基础设施 PKI 系统安全等级保护评估准则	国标	2008.1.1			建设、修试	验收与质量评定、试验	信息	信息安全
210.5-282	GB/T 22080—2016	信息技术　安全技术　信息安全管理体系　要求	国标	2017.3.1	ISO/IEC 27001：2013	GB/T 22080—2008	规划、设计、采购、建设、运维、修试、退役	规划、初设、施工图、招标、品控、施工工艺、验收与质量评定、试运行、运行、维护、检修、试验、退役、报废	信息	信息安全
210.5-283	GB/T 22081—2016	信息技术　安全技术　信息安全控制实践指南	国标	2017.3.1	ISO/IEC 27002：2013	GB/T 22081—2008	运维	运行、维护	信息	信息安全
210.5-284	GB/T 22186—2016	信息安全技术　具有中央处理器的 IC 卡芯片安全技术要求	国标	2017.3.1		GB/T 22186—2008	设计、建设、运维	初设、施工图、施工工艺、验收与质量评定、试运行、运行、维护	信息	信息安全
210.5-285	GB/T 22239—2019	信息安全技术　信息系统安全等级保护基本要求	国标	2019.12.1		GB/T 22239—2008	规划、设计、采购、建设、运维	规划、初设、施工图、招标、品控、施工工艺、验收与质量评定、试运行、运行、维护	信息	信息安全
210.5-286	GB/T 22240—2008	信息安全技术　信息系统安全等级保护定级指南	国标	2008.11.1			设计、采购、建设、运维	初设、施工图、招标、品控、施工工艺、验收与质量评定、试运行、运行、维护	信息	信息安全
210.5-287	GB/T 22240—2020	信息安全技术　网络安全等级保护定级指南	国标	2020.11.1		GB/T 22240—2008	设计、采购、建设、运维	初设、施工图、招标、品控、施工工艺、验收与质量评定、试运行、运行、维护	信息	信息安全

体系结构号	标准编号	标准名称	标准级别	实施日期	与国际标准对应关系	代替标准	阶段	分阶段	专业	分专业
210.5-288	GB/T 24364—2009	信息安全技术 信息安全风险管理指南	国标	2009.12.1			运维	运行、维护	信息	信息安全
210.5-289	GB/T 25056—2018	信息安全技术 证书认证系统密码及其相关安全技术规范	国标	2019.1.1		GB/T 25056—2010	设计、建设、运维	初设、施工图、施工工艺、验收与质量评定、试运行、运行、维护	信息	信息安全
210.5-290	GB/T 25058—2019	信息安全技术 网络安全等级保护实施指南	国标	2020.3.1			设计、采购、建设、运维	初设、施工图、招标、品控、施工工艺、验收与质量评定、试运行、运行、维护	信息	信息安全
210.5-291	GB/T 25061—2020	信息安全技术 XML 数字签名语法与处理规范	国标	2021.6.1		GB/T 25061—2010	设计、采购、建设、运维	初设、施工图、招标、品控、施工工艺、验收与质量评定、试运行、运行、维护	信息	信息安全
210.5-292	GB/T 25063—2010	信息安全技术 服务器安全测评要求	国标	2011.2.1			建设、修试	验收与质量评定、试验	信息	信息安全
210.5-293	GB/T 25066—2020	信息安全技术 信息安全产品类别与代码	国标	2020.11.1		GB/T 25066—2010	规划、设计、采购、建设、运维、修试、退役	规划、初设、施工图、招标、品控、施工工艺、验收与质量评定、试运行、运行、维护、检修、试验、退役、报废	信息	信息安全
210.5-294	GB/T 25067—2020	信息技术 安全技术 信息安全管理体系审核和认证机构要求	国标	2020.11.1	ISO/IEC 27006：2015	GB/T 25067—2016	采购、建设、运维	招标、品控、施工工艺、验收与质量评定、试运行、运行、维护	信息	信息安全
210.5-295	GB/T 25068.1—2020	信息技术 安全技术 网络安全 第1部分：综述和概念	国标	2021.6.1		GB/T 25068.1—2012	采购、建设、运维	招标、品控、施工工艺、验收与质量评定、试运行、运行、维护	信息	信息安全
210.5-296	GB/T 25068.2—2012	信息技术 安全技术 IT网络安全 第2部分：网络安全体系结构	国标	2012.10.1			采购、建设、运维	招标、品控、施工工艺、验收与质量评定、试运行、运行、维护	信息	信息安全
210.5-297	GB/T 25068.2—2020	信息技术 安全技术 网络安全 第2部分：网络安全设计和实现指南	国标	2021.6.1		GB/T 25068.2—2012	采购、建设、运维	招标、品控、施工工艺、验收与质量评定、试运行、运行、维护	信息	信息安全
210.5-298	GB/T 25068.3—2010	信息技术 安全技术 IT网络安全 第3部分：使用安全网关的网间通信安全保护	国标	2012.10.1			采购、建设、运维	招标、品控、施工工艺、验收与质量评定、试运行、运行、维护	信息	信息安全

体系结构号	标准编号	标准名称	标准级别	实施日期	与国际标准对应关系	代替标准	阶段	分阶段	专业	分专业
210.5-299	GB/T 25068.4—2010	信息技术 安全技术 IT网络安全 第4部分：远程接入的安全保护	国标	2012.10.1			采购、建设、运维	招标、品控、施工工艺、验收与质量评定、试运行、运行、维护	信息	信息安全
210.5-300	GB/T 25068.5—2010	信息技术 安全技术 IT网络安全 第5部分：使用虚拟专用网的跨网通信安全保护	国标	2012.10.1			采购、建设、运维	招标、品控、施工工艺、验收与质量评定、试运行、运行、维护	信息	信息安全
210.5-301	GB/T 25070—2019	信息安全技术 信息系统等级保护安全设计技术要求	国标	2019.12.1		GB/T 25070—2010	设计、建设、运维	初设、施工图、施工工艺、验收与质量评定、试运行、运行、维护	信息	信息安全
210.5-302	GB/T 28448—2019	信息安全技术 信息系统安全等级保护测评要求	国标	2019.12.1		GB/T 28448—2012	建设	验收与质量评定	信息	信息安全
210.5-303	GB/T 28449—2018	信息安全技术 网络安全等级保护测评过程指南	国标	2019.7.1		GB/T 28449—2012	建设	验收与质量评定	信息	信息安全
210.5-304	GB/T 28450—2020	信息技术 安全技术 信息安全管理体系审核指南	国标	2021.7.1		GB/T 28450—2012	建设	验收与质量评定	信息	信息安全
210.5-305	GB/T 28452—2012	信息安全技术 应用软件系统通用安全技术要求	国标	2012.10.1			设计、建设、运维	初设、施工图、施工工艺、验收与质量评定、试运行、运行、维护	信息	信息安全
210.5-306	GB/T 28453—2012	信息安全技术 信息系统安全管理评估要求	国标	2012.10.1			建设	验收与质量评定	信息	信息安全
210.5-307	GB/T 28454—2020	信息技术 安全技术 入侵检测和防御系统（IDPS）的选择、部署和操作	国标	2020.11.1		GB/T 28454—2012	建设	验收与质量评定	信息	信息安全
210.5-308	GB/T 28458—2012	信息安全技术 安全漏洞标识与描述规范	国标	2012.10.1			规划、设计、采购、建设、运维	规划、初设、施工图、招标、品控、施工工艺、验收与质量评定、试运行、运行、维护	信息	信息安全
210.5-309	GB/T 28458—2020	信息安全技术 网络安全漏洞标识与描述规范	国标	2021.6.1		GB/T 28458—2012	规划、设计、采购、建设、运维	规划、初设、施工图、招标、品控、施工工艺、验收与质量评定、试运行、运行、维护	信息	信息安全
210.5-310	GB/T 29240—2012	信息安全技术 终端计算机通用安全技术要求与测试评价方法	国标	2013.6.1			设计、建设、运维	初设、施工图、施工工艺、验收与质量评定、试运行、运行、维护	信息	信息安全

体系 结构号	标准编号	标准名称	标准 级别	实施日期	与国际标准 对应关系	代替标准	阶段	分阶段	专业	分专业
210.5-311	GB/T 29246—2017	信息技术 安全技术 信息安全管理体系 概述和词汇	国标	2018.7.1	ISO/IEC 27000:2016	GB/T 29246—2012	规划、设计、采购、建设、运维	规划、初设、施工图、招标、品控、施工工艺、验收与质量评定、试运行、运行、维护	信息	信息安全
210.5-312	GB/T 29765—2013	信息安全技术 数据备份与恢复产品技术要求与测试评价方法	国标	2014.5.1			设计、建设、运维	初设、施工图、施工工艺、验收与质量评定、试运行、运行、维护	信息	信息安全
210.5-313	GB/T 29766—2013	信息安全技术 网站数据恢复产品技术要求与测试评价方法	国标	2014.5.1			设计、建设、运维	初设、施工图、施工工艺、验收与质量评定、试运行、运行、维护	信息	信息安全
210.5-314	GB/T 29767—2013	信息安全技术 公钥基础设施 桥 CA 体系证书分级规范	国标	2014.5.1			建设、运维	施工工艺、验收与质量评定、试运行、运行、维护	信息	信息安全
210.5-315	GB/T 29827—2013	信息安全技术 可信计算规范 可信平台主板功能接口	国标	2014.2.1			设计、建设、运维	初设、施工图、施工工艺、验收与质量评定、试运行、运行、维护	信息	信息安全
210.5-316	GB/T 29828—2013	信息安全技术 可信计算规范 可信连接架构	国标	2014.2.1			设计、建设	初设、施工图、施工工艺、验收与质量评定、试运行	信息	信息安全
210.5-317	GB/T 29829—2013	信息安全技术 可信计算密码支撑平台功能与接口规范	国标	2014.2.1			设计、建设、运维	初设、施工图、施工工艺、验收与质量评定、试运行、运行、维护	信息	信息安全
210.5-318	GB/T 29830.1—2013	信息技术 安全技术 信息技术安全保障框架 第 1 部分：综述和框架	国标	2014.2.1	ISO/IEC TR 15443-1: 2005, IDT		设计、建设	初设、施工图、施工工艺、验收与质量评定、试运行	信息	信息安全
210.5-319	GB/T 29830.2—2013	信息技术 安全技术 信息技术安全保障框架 第 2 部分：保障方法	国标	2014.2.1	ISO/IEC TR 15443-2: 2005, IDT		设计、建设	初设、施工图、施工工艺、验收与质量评定、试运行	信息	信息安全
210.5-320	GB/T 29830.3—2013	信息技术 安全技术 信息技术安全保障框架 第 3 部分：保障方法分析	国标	2014.2.1	ISO/IEC TR 15443-3: 2007, IDT		设计、建设	初设、施工图、施工工艺、验收与质量评定、试运行	信息	信息安全
210.5-321	GB/T 29861—2013	IPTV 安全体系架构	国标	2014.2.1			规划、设计、采购、建设、运维	规划、初设、施工图、招标、品控、施工工艺、验收与质量评定、试运行、运行、维护	信息	信息安全

体系结构号	标准编号	标准名称	标准级别	实施日期	与国际标准对应关系	代替标准	阶段	分阶段	专业	分专业
210.5-322	GB/T 30269.807—2018	信息技术 传感器网络 第807 部分：测试：网络传输安全	国标	2019.4.1			建设、修试	验收与质量评定、试验	信息	信息安全
210.5-323	GB/T 30270—2013	信息技术 安全技术 信息技术安全性评估方法	国标	2014.7.15	ISO/IEC 18045：2005，IDT		建设、修试	验收与质量评定、试验	信息	信息安全
210.5-324	GB/T 30271—2013	信息安全技术 信息安全服务能力评估准则	国标	2014.7.15			建设、修试	验收与质量评定、试验	信息	信息安全
210.5-325	GB/T 30272—2013	信息安全技术 公钥基础设施 标准一致性测试评价指南	国标	2014.7.15			建设、修试	验收与质量评定、试验	信息	信息安全
210.5-326	GB/T 30273—2013	信息安全技术 信息系统安全保障通用评估指南	国标	2014.7.15			建设、修试	验收与质量评定、试验	信息	信息安全
210.5-327	GB/T 30275—2013	信息安全技术 鉴别与授权 认证中间件框架与接口规范	国标	2014.7.15			设计、建设、运维	初设、施工图、施工工艺、验收与质量评定、试运行、运行、维护	信息	信息安全
210.5-328	GB/T 30276—2013	信息安全技术 信息安全漏洞管理规范	国标	2014.7.15			运维	运行、维护	信息	信息安全
210.5-329	GB/T 30276—2020	信息安全技术 网络安全漏洞管理规范	国标	2021.6.1		GB/T 30276—2013	运维	运行、维护	信息	信息安全
210.5-330	GB/T 30278—2013	信息安全技术 政务计算机终端核心配置规范	国标	2014.7.15			建设、运维	施工工艺、验收与质量评定、试运行、运行、维护	信息	信息安全
210.5-331	GB/T 30279—2013	信息安全技术 安全漏洞等级划分指南	国标	2014.7.15			规划、设计、采购、建设、运维	规划、初设、施工图、招标、品控、施工工艺、验收与质量评定、试运行、运行、维护	信息	信息安全
210.5-332	GB/T 30279—2020	信息安全技术 网络安全漏洞分类分级指南	国标	2021.6.1		GB/T 30279—2013；GB/T 33561—2017	规划、设计、采购、建设、运维	规划、初设、施工图、招标、品控、施工工艺、验收与质量评定、试运行、运行、维护	信息	信息安全
210.5-333	GB/T 30280—2013	信息安全技术 鉴别与授权 地理空间可扩展访问控制置标语言	国标	2014.7.15			设计、采购、建设、运维	初设、施工图、招标、品控、施工工艺、验收与质量评定、试运行、运行、维护	信息	信息安全

体系结构号	标准编号	标准名称	标准级别	实施日期	与国际标准对应关系	代替标准	阶段	分阶段	专业	分专业
210.5-334	GB/T 30281—2013	信息安全技术 鉴别与授权 可扩展访问控制标记语言	国标	2014.7.15			设计、采购、建设、运维	初设、施工图、招标、品控、施工工艺、验收与质量评定、试运行、运行、维护	信息	信息安全
210.5-335	GB/T 30282—2013	信息安全技术 反垃圾邮件产品技术要求和测试评价方法	国标	2014.7.15			设计、建设、运维、修试	初设、施工图、施工工艺、验收与质量评定、试运行、运行、维护、试验	信息	信息安全
210.5-336	GB/T 30283—2013	信息安全技术 信息安全服务 分类	国标	2014.7.15			规划、设计、采购、建设、运维	规划、初设、施工图、招标、品控、施工工艺、验收与质量评定、试运行、运行、维护	信息	信息安全
210.5-337	GB/T 30285—2013	信息安全技术 灾难恢复中心建设与运维管理规范	国标	2014.7.15			建设、运维	施工工艺、验收与质量评定、试运行、运行、维护	信息	信息安全
210.5-338	GB/T 30286—2013	信息安全技术 信息系统保护轮廓和信息系统安全目标产生指南	国标	2014.7.15			设计、建设	初设、施工图、施工工艺、验收与质量评定、试运行	信息	信息安全
210.5-339	GB/T 30998—2014	信息技术 软件安全保障规范	国标	2015.2.1			设计、建设、运维	初设、施工图、施工工艺、验收与质量评定、试运行、运行、维护	信息	信息安全
210.5-340	GB/T 31167—2014	信息安全技术 云计算服务安全指南	国标	2015.4.1			规划、设计、采购、建设、运维	规划、初设、施工图、招标、品控、施工工艺、验收与质量评定、试运行、运行、维护	信息	信息安全
210.5-341	GB/T 31168—2014	信息安全技术 云计算服务安全能力要求	国标	2015.4.1			设计、建设	初设、施工图、施工工艺、验收与质量评定、试运行	信息	信息安全
210.5-342	GB/T 31491—2015	无线网络访问控制技术规范	国标	2016.1.1			设计、建设、运维	初设、施工图、施工工艺、验收与质量评定、试运行、运行、维护	信息	信息安全
210.5-343	GB/T 31495.1—2015	信息安全技术 信息安全保障指标体系及评价方法 第1部分：概念和模型	国标	2016.1.1			建设、运维	验收与质量评定、运行、维护	信息	信息安全

体系 结构号	标准编号	标准名称	标准 级别	实施日期	与国际标准 对应关系	代替标准	阶段	分阶段	专业	分专业
210.5-344	GB/T 31495.2—2015	信息安全技术 信息安全保障指标体系及评价方法 第2部分：指标体系	国标	2016.1.1			建设、运维	验收与质量评定、运行、维护	信息	信息安全
210.5-345	GB/T 31495.3—2015	信息安全技术 信息安全保障指标体系及评价方法 第3部分：实施指南	国标	2016.1.1			建设、运维	验收与质量评定、运行、维护	信息	信息安全
210.5-346	GB/T 31496—2015	信息技术 安全技术 信息安全管理体系实施指南	国标	2016.1.1	ISO/IEC 27003：2010，IDT		建设、运维	验收与质量评定、运行、维护	信息	信息安全
210.5-347	GB/T 31497—2015	信息技术 安全技术 信息安全管理 测量	国标	2016.1.1	ISO/IEC 27004：2009，IDT		建设、修试	验收与质量评定、试验	信息	信息安全
210.5-348	GB/T 31499—2015	信息安全技术 统一威胁管理产品技术要求和测试评价方法	国标	2016.1.1			设计、建设、运维、修试	初设、施工图、施工工艺、验收与质量评定、试运行、运行、维护、试验	信息	信息安全
210.5-349	GB/T 31500—2015	信息安全技术 存储介质数据恢复服务要求	国标	2016.1.1			运维、修试	运行、维护、试验	信息	信息安全
210.5-350	GB/T 31501—2015	信息安全技术 鉴别与授权 授权应用程序判定接口规范	国标	2016.1.1			建设、运维、修试	验收与质量评定、运行、维护、试验	信息	信息安全
210.5-351	GB/T 31502—2015	信息安全技术 电子支付系统安全保护框架	国标	2016.1.1			设计、建设、运维	初设、施工图、施工工艺、验收与质量评定、试运行、运行、维护	信息	信息安全
210.5-352	GB/T 31503—2015	信息安全技术 电子文档加密与签名消息语法	国标	2016.1.1			设计、建设、运维	初设、施工图、施工工艺、验收与质量评定、试运行、运行、维护	信息	信息安全
210.5-353	GB/T 31504—2015	信息安全技术 鉴别与授权 数字身份信息服务框架规范	国标	2016.1.1			建设、修试	验收与质量评定、试验	信息	信息安全
210.5-354	GB/T 31506—2015	信息安全技术 政府门户网站系统安全技术指南	国标	2016.1.1			设计、建设、运维	初设、施工图、施工工艺、验收与质量评定、试运行、运行、维护	信息	信息安全
210.5-355	GB/T 31507—2015	信息安全技术 智能卡通用安全检测指南	国标	2016.1.1			建设、修试	验收与质量评定、试验	信息	信息安全

体系结构号	标准编号	标准名称	标准级别	实施日期	与国际标准对应关系	代替标准	阶段	分阶段	专业	分专业
210.5-356	GB/T 31508—2015	信息安全技术 公钥基础设施 数字证书策略分类分级规范	国标	2016.1.1			设计、采购、建设、运维、修试、退役	初设、施工图、招标、品控、施工工艺、验收与质量评定、试运行、运行、维护、检修、试验、退役、报废	信息	信息安全
210.5-357	GB/T 31509—2015	信息安全技术 信息安全风险评估实施指南	国标	2016.1.1			建设、修试	验收与质量评定、试验	信息	信息安全
210.5-358	GB/T 31523.3—2020	安全信息识别系统 第3部分：设计原则与要求	国标	2020.10.1			设计、采购、建设、运维、修试、退役	初设、施工图、招标、品控、施工工艺、验收与质量评定、试运行、运行、维护、检修、试验、退役、报废	信息	信息安全
210.5-359	GB/T 31722—2015	信息技术 安全技术 信息安全风险管理	国标	2016.2.1	ISO/IEC 27005：2008，IDT		规划、设计、采购、建设、运维、修试、退役	规划、初设、施工图、招标、品控、施工工艺、验收与质量评定、试运行、运行、维护、检修、试验、退役、报废	信息	信息安全
210.5-360	GB/T 32213—2015	信息安全技术 公钥基础设施 远程口令鉴别与密钥建立规范	国标	2016.8.1			运维	运行、维护	信息	信息安全
210.5-361	GB/T 32351—2015	电力信息安全水平评价指标	国标	2016.7.1			建设、修试	验收与质量评定、试验	信息	信息安全
210.5-362	GB/T 32905—2016	信息安全技术 SM3密码杂凑算法	国标	2017.3.1			建设	施工工艺、验收与质量评定、试运行	信息	信息安全
210.5-363	GB/T 32906—2016	信息安全技术 中小电子商务企业信息安全建设指南	国标	2017.3.1			规划、设计、采购、建设	规划、初设、施工图、招标、品控、施工工艺、验收与质量评定、试运行	信息	信息安全
210.5-364	GB/T 32907—2016	信息安全技术 SM4分组密码算法	国标	2017.3.1			建设	施工工艺、验收与质量评定、试运行	信息	信息安全
210.5-365	GB/T 32914—2016	信息安全技术 信息安全服务提供方管理要求	国标	2017.3.1			采购、建设、运维	招标、品控、施工工艺、验收与质量评定、试运行、运行、维护	信息	信息安全
210.5-366	GB/T 32915—2016	信息安全技术 二元序列随机性检测方法	国标	2017.3.1			建设、修试	验收与质量评定、试验	信息	信息安全

体系结构号	标准编号	标准名称	标准级别	实施日期	与国际标准对应关系	代替标准	阶段	分阶段	专业	分专业
210.5-367	GB/T 32916—2016	信息技术 安全技术 信息安全控制措施审核员指南	国标	2017.3.1	ISO/IEC TR 27008：2011		运维	运行、维护	信息	信息安全
210.5-368	GB/T 20281—2020	信息安全技术 Web 应用防火墙安全技术要求与测试评价方法	国标	2020.11.1		GB/T 32917—2016；GB/T 20281—2015；GB/T 20010—2005；GB/T 31505—2015	设计、建设、运维、修试	初设、施工图、施工工艺、验收与质量评定、试运行、运行、维护、试验	信息	信息安全
210.5-369	GB/T 32918.1—2016	信息安全技术 SM2 椭圆曲线公钥密码算法 第 1 部分：总则	国标	2017.3.1			建设	施工工艺、验收与质量评定、试运行	信息	信息安全
210.5-370	GB/T 32918.2—2016	信息安全技术 SM2 椭圆曲线公钥密码算法 第 2 部分：数字签名算法	国标	2017.3.1			建设	施工工艺、验收与质量评定、试运行	信息	信息安全
210.5-371	GB/T 32918.3—2016	信息安全技术 SM2 椭圆曲线公钥密码算法 第 3 部分：密钥交换协议	国标	2017.3.1			建设	施工工艺、验收与质量评定、试运行	信息	信息安全
210.5-372	GB/T 32918.4—2016	信息安全技术 SM2 椭圆曲线公钥密码算法 第 4 部分：公钥加密算法	国标	2017.3.1			建设	施工工艺、验收与质量评定、试运行	信息	信息安全
210.5-373	GB/T 32918.5—2017	信息安全技术 SM2 椭圆曲线公钥密码算法 第 5 部分：参数定义	国标	2017.12.1			建设	施工工艺、验收与质量评定、试运行	信息	信息安全
210.5-374	GB/T 32921—2016	信息安全技术 信息技术产品供应方行为安全准则	国标	2017.3.1			采购、建设	招标、品控、施工工艺、验收与质量评定、试运行	信息	信息安全
210.5-375	GB/T 32922—2016	信息安全技术 IPSec VPN 安全接入基本要求与实施指南	国标	2017.3.1			建设、运维	施工工艺、验收与质量评定、试运行、运行、维护	信息	信息安全
210.5-376	GB/T 32923—2016	信息技术 安全技术 信息安全治理	国标	2017.3.1	ISO/IEC 27014：2013		规划、设计、采购、建设、运维、修试、退役	规划、初设、施工图、招标、品控、施工工艺、验收与质量评定、试运行、运行、维护、检修、试验、退役、报废	信息	信息安全
210.5-377	GB/T 32924—2016	信息安全技术 网络安全预警指南	国标	2017.3.1			建设、修试	验收与质量评定、试验	信息	信息安全

体系结构号	标准编号	标准名称	标准级别	实施日期	与国际标准对应关系	代替标准	阶段	分阶段	专业	分专业
210.5-378	GB/T 32927—2016	信息安全技术　移动智能终端安全架构	国标	2017.3.1			设计、建设	初设、施工图、施工工艺、验收与质量评定、试运行	信息	信息安全
210.5-379	GB/T 33131—2016	信息安全技术　基于IPSec的IP存储网络安全技术要求	国标	2017.5.1			设计、建设、运维	初设、施工图、施工工艺、验收与质量评定、试运行、运行、维护	信息	信息安全
210.5-380	GB/T 33132—2016	信息安全技术　信息安全风险处理实施指南	国标	2017.5.1			建设、运维	施工工艺、验收与质量评定、试运行、运行、维护	信息	信息安全
210.5-381	GB/T 33133.1—2016	信息安全技术　祖冲之序列密码算法　第1部分：算法描述	国标	2017.5.1			建设	施工工艺、验收与质量评定、试运行	信息	信息安全
210.5-382	GB/T 33134—2016	信息安全技术　公共域名服务系统安全要求	国标	2017.5.1			规划、设计	规划、初设、施工图	信息	信息安全
210.5-383	GB/T 33138—2016	存储备份系统等级和测试方法	国标	2017.5.1			建设、修试	验收与质量评定、试验	信息	信息安全
210.5-384	GB/T 33560—2017	信息安全技术　密码应用标识规范	国标	2017.12.1			规划、设计、采购、建设、运维	规划、初设、施工图、招标、品控、施工工艺、验收与质量评定、试运行、运行、维护	信息	信息安全
210.5-385	GB/T 33561—2017	信息安全技术　安全漏洞分类	国标	2017.12.1			规划、设计、采购、建设、运维	规划、初设、施工图、招标、品控、施工工艺、验收与质量评定、试运行、运行、维护	信息	信息安全
210.5-386	GB/T 33562—2017	信息安全技术　安全域名系统实施指南	国标	2017.12.1			建设、运维	施工工艺、验收与质量评定、试运行、运行、维护	信息	信息安全
210.5-387	GB/T 33563—2017	信息安全技术　无线局域网客户端安全技术要求（评估保障级2级增强）	国标	2017.12.1			设计、建设、运维	初设、施工图、施工工艺、验收与质量评定、试运行、运行、维护	信息	信息安全
210.5-388	GB/T 33565—2017	信息安全技术　无线局域网接入系统安全技术要求（评估保障级2级增强）	国标	2017.12.1			设计、建设、运维	初设、施工图、施工工艺、验收与质量评定、试运行、运行、维护	信息	信息安全

体系结构号	标准编号	标准名称	标准级别	实施日期	与国际标准对应关系	代替标准	阶段	分阶段	专业	分专业
210.5-389	GB/T 34942—2017	信息安全技术　云计算服务安全能力评估方法	国标	2018.5.1			建设、修试	验收与质量评定、试验	信息	信息安全
210.5-390	GB/T 34945—2017	信息技术　数据溯源描述模型	国标	2018.5.1			设计、建设、运维	初设、施工图、施工工艺、验收与质量评定、试运行、运行、维护	信息	信息安全
210.5-391	GB/T 34953.1—2017	信息技术　安全技术　匿名实体鉴别　第1部分：总则	国标	2018.5.1	ISO/IEC 20009-1：2013		规划、设计、采购、建设、运维、修试、退役	规划、初设、施工图、招标、品控、施工工艺、验收与质量评定、试运行、运行、维护、检修、试验、退役、报废	信息	信息安全
210.5-392	GB/T 34953.2—2018	信息技术　安全技术　匿名实体鉴别　第2部分：基于群组公钥签名的机制	国标	2019.4.1			规划、设计、采购、建设、运维、修试、退役	规划、初设、施工图、招标、品控、施工工艺、验收与质量评定、试运行、运行、维护、检修、试验、退役、报废	信息	信息安全
210.5-393	GB/T 34953.4—2020	信息技术　安全技术　匿名实体鉴别　第4部分：基于弱秘密的机制	国标	2020.11.1			规划、设计、采购、建设、运维、修试、退役	规划、初设、施工图、招标、品控、施工工艺、验收与质量评定、试运行、运行、维护、检修、试验、退役、报废	信息	信息安全
210.5-394	GB/T 34975—2017	信息安全技术　移动智能终端应用软件安全技术要求和测试评价方法	国标	2018.5.1			设计、建设、运维、修试	初设、施工图、施工工艺、验收与质量评定、试运行、运行、维护、试验	信息	信息安全
210.5-395	GB/T 34976—2017	信息安全技术　移动智能终端操作系统安全技术要求和测试评价方法	国标	2018.5.1			设计、建设、运维、修试	初设、施工图、施工工艺、验收与质量评定、试运行、运行、维护、试验	信息	信息安全
210.5-396	GB/T 34977—2017	信息安全技术　移动智能终端数据存储安全技术要求与测试评价方法	国标	2018.5.1			设计、建设、运维、修试	初设、施工图、施工工艺、验收与质量评定、试运行、运行、维护、试验	信息	信息安全
210.5-397	GB/T 34978—2017	信息安全技术　移动智能终端个人信息保护技术要求	国标	2018.5.1			设计、建设、运维	初设、施工图、施工工艺、验收与质量评定、试运行、运行、维护	信息	信息安全

体系结构号	标准编号	标准名称	标准级别	实施日期	与国际标准对应关系	代替标准	阶段	分阶段	专业	分专业
210.5-398	GB/T 34990—2017	信息安全技术 信息系统安全管理平台技术要求和测试评价方法	国标	2018.5.1			设计、建设、运维、修试	初设、施工图、施工工艺、验收与质量评定、试运行、运行、维护、试验	信息	信息安全
210.5-399	GB/T 35101—2017	信息安全技术 智能卡读写机具安全技术要求（EAL4 增强）	国标	2018.5.1			设计、建设、运维	初设、施工图、施工工艺、验收与质量评定、试运行、运行、维护	信息	信息安全
210.5-400	GB/T 35273—2020	信息安全技术 个人信息安全规范	国标	2020.10.1		GB/T 35273—2017	规划、设计、建设、运维	规划、初设、施工图、施工工艺、验收与质量评定、试运行、运行、维护	信息	信息安全
210.5-401	GB/T 35274—2017	信息安全技术 大数据服务安全能力要求	国标	2018.7.1			设计、建设、运维	初设、施工图、施工工艺、验收与质量评定、试运行、运行、维护	信息	信息安全
210.5-402	GB/T 35275—2017	信息安全技术 SM2密码算法加密签名消息语法规范	国标	2018.7.1			规划、设计、建设、运维	规划、初设、施工图、施工工艺、验收与质量评定、试运行、运行、维护	信息	信息安全
210.5-403	GB/T 35276—2017	信息安全技术 SM2密码算法使用规范	国标	2018.7.1			建设、运维	施工工艺、验收与质量评定、试运行、运行、维护	信息	信息安全
210.5-404	GB/T 35277—2017	信息安全技术 防病毒网关安全技术要求和测试评价方法	国标	2018.7.1			设计、建设、运维、修试	初设、施工图、施工工艺、验收与质量评定、试运行、运行、维护、试验	信息	信息安全
210.5-405	GB/T 35278—2017	信息安全技术 移动终端安全保护技术要求	国标	2018.7.1			设计、建设、运维	初设、施工图、施工工艺、验收与质量评定、试运行、运行、维护	信息	信息安全
210.5-406	GB/T 35279—2017	信息安全技术 云计算安全参考架构	国标	2018.7.1			设计、建设	初设、施工图、施工工艺、验收与质量评定、试运行	信息	信息安全
210.5-407	GB/T 35280—2017	信息安全技术 信息技术产品安全检测机构条件和行为准则	国标	2018.7.1			建设、修试	验收与质量评定、试验	信息	信息安全

体系结构号	标准编号	标准名称	标准级别	实施日期	与国际标准对应关系	代替标准	阶段	分阶段	专业	分专业
210.5-408	GB/T 35281—2017	信息安全技术 移动互联网应用服务器安全技术要求	国标	2018.7.1			设计、建设、运维	初设、施工图、施工工艺、验收与质量评定、试运行、运行、维护	信息	信息安全
210.5-409	GB/T 35283—2017	信息安全技术 计算机终端核心配置基线结构规范	国标	2018.7.1			设计、建设	初设、施工图、施工工艺	信息	信息安全
210.5-410	GB/T 35284—2017	信息安全技术 网站身份和系统安全要求与评估方法	国标	2018.7.1			设计、建设、修试	初设、施工图、施工工艺、验收与质量评定、试运行、试验	信息	信息安全
210.5-411	GB/T 35285—2017	信息安全技术 公钥基础设施 基于数字证书的可靠电子签名生成及验证技术要求	国标	2018.7.1			设计、建设、运维	初设、施工图、施工工艺、验收与质量评定、试运行、运行、维护	信息	信息安全
210.5-412	GB/T 35286—2017	信息安全技术 低速无线个域网空口安全测试规范	国标	2018.7.1			建设、修试	验收与质量评定、试验	信息	信息安全
210.5-413	GB/T 35287—2017	信息安全技术 网站可信标识技术指南	国标	2018.7.1			设计、建设、运维	初设、施工图、施工工艺、验收与质量评定、试运行、运行、维护	信息	信息安全
210.5-414	GB/T 35288—2017	信息安全技术 电子认证服务机构从业人员岗位技能规范	国标	2018.7.1			建设、运维	施工工艺、验收与质量评定、试运行、运行、维护	信息	信息安全
210.5-415	GB/T 35289—2017	信息安全技术 电子认证服务机构服务质量规范	国标	2018.7.1			建设、运维	施工工艺、验收与质量评定、试运行、运行、维护	信息	信息安全
210.5-416	GB/T 35290—2017	信息安全技术 射频识别（RFID）系统通用安全技术要求	国标	2018.7.1			设计、建设、运维	初设、施工图、施工工艺、验收与质量评定、试运行、运行、维护	信息	信息安全
210.5-417	GB/T 35291—2017	信息安全技术 智能密码钥匙应用接口规范	国标	2018.7.1			设计、建设、运维	初设、施工图、施工工艺、验收与质量评定、试运行、运行、维护	信息	信息安全
210.5-418	GB/T 35673—2017	工业通信网络 网络和系统安全 系统安全要求和安全等级	国标	2018.7.1			设计、建设、运维	初设、施工图、施工工艺、验收与质量评定、试运行、运行、维护	信息	信息安全
210.5-419	GB/T 36047—2018	电力信息系统安全检查规范	国标	2018.10.1			设计、建设、运维	初设、施工图、施工工艺、验收与质量评定、试运行、运行、维护	信息	信息安全

体系结构号	标准编号	标准名称	标准级别	实施日期	与国际标准对应关系	代替标准	阶段	分阶段	专业	分专业
210.5-420	GB/T 36099—2018	基于行为声明的应用软件可信性验证	国标	2018.10.1			设计、建设、运维	初设、施工图、施工工艺、验收与质量评定、试运行、运行、维护	信息	信息安全
210.5-421	GB/T 36322—2018	信息安全技术　密码设备应用接口规范	国标	2019.1.1			设计、建设、运维	初设、施工图、施工工艺、验收与质量评定、试运行、运行、维护	信息	信息安全
210.5-422	GB/T 36464.1—2020	信息技术　智能语音交互系统　第1部分：通用规范	国标	2020.11.1			设计、建设、运维	初设、施工图、施工工艺、验收与质量评定、试运行、运行、维护	信息	信息安全
210.5-423	GB/T 36618—2018	信息安全技术　金融信息服务安全规范	国标	2019.4.1			设计、建设、运维	初设、施工图、施工工艺、验收与质量评定、试运行、运行、维护	信息	信息安全
210.5-424	GB/T 36624—2018	信息技术　安全技术　可鉴别的加密机制	国标	2019.4.1			设计、建设、运维	初设、施工图、施工工艺、验收与质量评定、试运行、运行、维护	信息	信息安全
210.5-425	GB/T 36626—2018	信息安全技术　信息系统安全运维管理指南	国标	2019.4.1			设计、建设、运维	初设、施工图、施工工艺、验收与质量评定、试运行、运行、维护	信息	信息安全
210.5-426	GB/T 36627—2018	信息安全技术　网络安全等级保护测试评估技术指南	国标	2019.4.1			设计、建设、运维	初设、施工图、施工工艺、验收与质量评定、试运行、运行、维护	信息	信息安全
210.5-427	GB/T 36630.1—2018	信息安全技术　信息技术产品安全可控评价指标　第1部分：总则	国标	2019.4.1			设计、建设、运维	初设、施工图、施工工艺、验收与质量评定、试运行、运行、维护	信息	信息安全
210.5-428	GB/T 36630.2—2018	信息安全技术　信息技术产品安全可控评价指标　第2部分：中央处理器	国标	2019.4.1			设计、建设、运维	初设、施工图、施工工艺、验收与质量评定、试运行、运行、维护	信息	信息安全
210.5-429	GB/T 36630.3—2018	信息安全技术　信息技术产品安全可控评价指标　第3部分：操作系统	国标	2019.4.1			设计、建设、运维	初设、施工图、施工工艺、验收与质量评定、试运行、运行、维护	信息	信息安全
210.5-430	GB/T 36630.4—2018	信息安全技术　信息技术产品安全可控评价指标　第4部分：办公套件	国标	2019.4.1			设计、建设、运维	初设、施工图、施工工艺、验收与质量评定、试运行、运行、维护	信息	信息安全

体系结构号	标准编号	标准名称	标准级别	实施日期	与国际标准对应关系	代替标准	阶段	分阶段	专业	分专业
210.5-431	GB/T 36630.5—2018	信息安全技术 信息技术产品安全可控评价指标 第5部分：通用计算机	国标	2019.4.1			设计、建设、运维	初设、施工图、施工工艺、验收与质量评定、试运行、运行、维护	信息	信息安全
210.5-432	GB/T 36631—2018	信息安全技术 时间戳策略和时间戳业务操作规则	国标	2019.4.1			设计、建设、运维	初设、施工图、施工工艺、验收与质量评定、试运行、运行、维护	信息	信息安全
210.5-433	GB/T 36633—2018	信息安全技术 网络用户身份鉴别技术指南	国标	2019.4.1			设计、建设、运维	初设、施工图、施工工艺、验收与质量评定、试运行、运行、维护	信息	信息安全
210.5-434	GB/T 36635—2018	信息安全技术 网络安全监测基本要求与实施指南	国标	2019.4.1			设计、建设、运维	初设、施工图、施工工艺、验收与质量评定、试运行、运行、维护	信息	信息安全
210.5-435	GB/T 36637—2018	信息安全技术 ICT供应链安全风险管理指南	国标	2019.5.1			设计、建设、运维	初设、施工图、施工工艺、验收与质量评定、试运行、运行、维护	信息	信息安全
210.5-436	GB/T 36639—2018	信息安全技术 可信计算规范 服务器可信支撑平台	国标	2019.4.1			设计、建设、运维	初设、施工图、施工工艺、验收与质量评定、试运行、运行、维护	信息	信息安全
210.5-437	GB/T 36643—2018	信息安全技术 网络安全威胁信息格式规范	国标	2019.5.1			设计、建设、运维	初设、施工图、施工工艺、验收与质量评定、试运行、运行、维护	信息	信息安全
210.5-438	GB/T 36644—2018	信息安全技术 数字签名应用安全证明获取方法	国标	2019.4.1			设计、建设、运维	初设、施工图、施工工艺、验收与质量评定、试运行、运行、维护	信息	信息安全
210.5-439	GB/T 36950—2018	信息安全技术 智能卡安全技术要求（EAL4+）	国标	2019.7.1			设计、建设、运维	初设、施工图、施工工艺、验收与质量评定、试运行、运行、维护	信息	信息安全
210.5-440	GB/T 36957—2018	信息安全技术 灾难恢复服务要求	国标	2019.7.1			设计、建设、运维	初设、施工图、施工工艺、验收与质量评定、试运行、运行、维护	信息	信息安全
210.5-441	GB/T 36958—2018	信息安全技术 网络安全等级保护安全管理中心技术要求	国标	2019.7.1			设计、建设、运维	初设、施工图、施工工艺、验收与质量评定、试运行、运行、维护	信息	信息安全

体系结构号	标准编号	标准名称	标准级别	实施日期	与国际标准对应关系	代替标准	阶段	分阶段	专业	分专业
210.5-442	GB/T 36959—2018	信息安全技术 网络安全等级保护测评机构能力要求和评估规范	国标	2019.7.1			设计、建设、运维	初设、施工图、施工工艺、验收与质量评定、试运行、运行、维护	信息	信息安全
210.5-443	GB/T 36960—2018	信息安全技术 鉴别与授权访问控制中间件框架与接口	国标	2019.7.1			设计、建设、运维	初设、施工图、施工工艺、验收与质量评定、试运行、运行、维护	信息	信息安全
210.5-444	GB/T 36968—2018	信息安全技术 IPSec VPN技术规范	国标	2019.7.1			设计、建设、运维	初设、施工图、施工工艺、验收与质量评定、试运行、运行、维护	信息	信息安全
210.5-445	GB/T 37002—2018	信息安全技术 电子邮件系统安全技术要求	国标	2019.7.1			设计、建设、运维	初设、施工图、施工工艺、验收与质量评定、试运行、运行、维护	信息	信息安全
210.5-446	GB/T 37027—2018	信息安全技术 网络攻击定义及描述规范	国标	2019.7.1			设计、建设、运维	初设、施工图、施工工艺、验收与质量评定、试运行、运行、维护	信息	信息安全
210.5-447	GB/T 37033.2—2018	信息安全技术 射频识别系统密码应用技术要求 第2部分：电子标签与读写器及其通信密码应用技术要求	国标	2019.7.1			设计、建设、运维	初设、施工图、施工工艺、验收与质量评定、试运行、运行、维护	信息	信息安全
210.5-448	GB/T 37046—2018	信息安全技术 灾难恢复服务能力评估准则	国标	2019.7.1			建设、修试	验收与质量评定、试验	信息	信息安全
210.5-449	GB/T 37090—2018	信息安全技术 病毒防治产品安全技术要求和测试评价方法	国标	2019.7.1			设计、建设、运维	初设、施工图、施工工艺、验收与质量评定、试运行、运行、维护	信息	信息安全
210.5-450	GB/T 37091—2018	信息安全技术 安全办公U盘安全技术要求	国标	2019.7.1			设计、建设、运维	初设、施工图、施工工艺、验收与质量评定、试运行、运行、维护	信息	信息安全
210.5-451	GB/T 37092—2018	信息安全技术 密码模块安全要求	国标	2019.7.1			设计、建设、运维	初设、施工图、施工工艺、验收与质量评定、试运行、运行、维护	信息	信息安全
210.5-452	GB/T 37094—2018	信息安全技术 办公信息系统安全管理要求	国标	2019.7.1			设计、建设、运维	初设、施工图、施工工艺、验收与质量评定、试运行、运行、维护	信息	信息安全

体系 结构号	标准编号	标准名称	标准 级别	实施日期	与国际标准 对应关系	代替标准	阶段	分阶段	专业	分专业
210.5-453	GB/T 37095—2018	信息安全技术 办公信息系统安全基本技术要求	国标	2019.7.1			设计、建设、运维	初设、施工图、施工工艺、验收与质量评定、试运行、运行、维护	信息	信息安全
210.5-454	GB/T 37096—2018	信息安全技术 办公信息系统安全测试规范	国标	2019.7.1			建设、修试	验收与质量评定、试验	信息	信息安全
210.5-455	GB/T 37138—2018	电力信息系统安全等级保护实施指南	国标	2019.7.1			设计、建设、运维	初设、施工图、施工工艺、验收与质量评定、试运行、运行、维护	信息	信息安全
210.5-456	GB/T 37931—2019	信息安全技术 Web应用安全检测系统安全技术要求和测试评价方法	国标	2020.3.1			设计、建设、运维	初设、施工图、施工工艺、验收与质量评定、试运行、运行、维护	信息	信息安全
210.5-457	GB/T 37932—2019	信息安全技术 数据交易服务安全要求	国标	2020.3.1			设计、建设、运维	初设、施工图、施工工艺、验收与质量评定、试运行、运行、维护	信息	信息安全
210.5-458	GB/T 37935—2019	信息安全技术 可信计算规范 可信软件基	国标	2020.3.1			设计、建设、运维	初设、施工图、施工工艺、验收与质量评定、试运行、运行、维护	信息	信息安全
210.5-459	GB/T 37939—2019	信息安全技术 网络存储安全技术要求	国标	2020.3.1			设计、建设、运维	初设、施工图、施工工艺、验收与质量评定、试运行、运行、维护	信息	信息安全
210.5-460	GB/T 37950—2019	信息安全技术 桌面云安全技术要求	国标	2020.3.1			设计、建设、运维	初设、施工图、施工工艺、验收与质量评定、试运行、运行、维护	信息	信息安全
210.5-461	GB/T 37952—2019	信息安全技术 移动终端安全管理平台技术要求	国标	2020.3.1			设计、建设、运维	初设、施工图、施工工艺、验收与质量评定、试运行、运行、维护	信息	信息安全
210.5-462	GB/T 37955—2019	信息安全技术 数控网络安全技术要求	国标	2020.3.1			设计、建设、运维	初设、施工图、施工工艺、验收与质量评定、试运行、运行、维护	信息	信息安全
210.5-463	GB/T 37956—2019	信息安全技术 网站安全云防护平台技术要求	国标	2020.3.1			设计、建设、运维	初设、施工图、施工工艺、验收与质量评定、试运行、运行、维护	信息	信息安全
210.5-464	GB/T 37964—2019	信息安全技术 个人信息去标识化指南	国标	2020.3.1			设计、建设、运维	初设、施工图、施工工艺、验收与质量评定、试运行、运行、维护	信息	信息安全

体系结构号	标准编号	标准名称	标准级别	实施日期	与国际标准对应关系	代替标准	阶段	分阶段	专业	分专业
210.5-465	GB/T 37971—2019	信息安全技术 智慧城市安全体系框架	国标	2020.3.1			设计、建设、运维	初设、施工图、施工工艺、验收与质量评定、试运行、运行、维护	信息	信息安全
210.5-466	GB/T 37972—2019	信息安全技术 云计算服务运行监管框架	国标	2020.3.1			设计、建设、运维	初设、施工图、施工工艺、验收与质量评定、试运行、运行、维护	信息	信息安全
210.5-467	GB/T 37973—2019	信息安全技术 大数据安全管理指南	国标	2020.3.1			设计、建设、运维	初设、施工图、施工工艺、验收与质量评定、试运行、运行、维护	信息	信息安全
210.5-468	GB/T 37979—2019	可编程逻辑器件软件 VHDL编程安全要求	国标	2020.3.1			设计、建设、运维	初设、施工图、施工工艺、验收与质量评定、试运行、运行、维护	信息	信息安全
210.5-469	GB/T 37988—2019	信息安全技术 数据安全能力成熟度模型	国标	2020.3.1			设计、建设、运维	初设、施工图、施工工艺、验收与质量评定、试运行、运行、维护	信息	信息安全
210.5-470	GB/T 38371.2—2020	数字内容对象存储、复用与交换规范 第2部分：对象封装、存储与交换	国标	2020.10.1			设计、建设、运维	初设、施工图、施工工艺、验收与质量评定、试运行、运行、维护	信息	信息安全
210.5-471	GB/T 38371.3—2020	数字内容对象存储、复用与交换规范 第3部分：对象一致性检查方法	国标	2020.10.1			设计、建设、运维	初设、施工图、施工工艺、验收与质量评定、试运行、运行、维护	信息	信息安全
210.5-472	GB/T 38606—2020	物联网标识体系 数据内容标识符	国标	2020.10.1			设计、建设、运维	初设、施工图、施工工艺、验收与质量评定、试运行、运行、维护	信息	信息安全
210.5-473	GB/T 38618—2020	信息技术 系统间远程通信和信息交换高可靠低时延的无线网络通信协议规范	国标	2020.11.1			设计、建设、运维	初设、施工图、施工工艺、验收与质量评定、试运行、运行、维护	信息	信息安全
210.5-474	GB/T 39403—2020	云制造服务平台安全防护管理要求	国标	2021.6.1			设计、建设、运维	初设、施工图、施工工艺、验收与质量评定、试运行、运行、维护	信息	信息安全
210.5-475	GB/T 39272—2020	公共安全视频监控联网技术测试规范	国标	2021.6.1			设计、建设、运维	初设、施工图、施工工艺、验收与质量评定、试运行、运行、维护	信息	信息安全

体系结构号	标准编号	标准名称	标准级别	实施日期	与国际标准对应关系	代替标准	阶段	分阶段	专业	分专业
210.5-476	GB/T 39274—2020	公共安全视频监控数字视音频编解码技术测试规范	国标	2021.6.1			设计、建设、运维	初设、施工图、施工工艺、验收与质量评定、试运行、运行、维护	信息	信息安全
210.5-477	GB/T 39404—2020	工业机器人控制单元的信息安全通用要求	国标	2021.6.1			设计、建设、运维	初设、施工图、施工工艺、验收与质量评定、试运行、运行、维护	信息	信息安全
210.5-478	GB/T 39335—2020	信息安全技术 个人信息安全影响评估指南	国标	2021.06.01			设计、建设、运维	初设、施工图、施工工艺、验收与质量评定、试运行、运行、维护	信息	信息安全
210.5-479	GB/T 39276—2020	信息安全技术 网络产品和服务安全通用要求	国标	2021.6.1			设计、建设、运维	初设、施工图、施工工艺、验收与质量评定、试运行、运行、维护	信息	信息安全
210.5-480	GB/T 39412—2020	信息安全技术 代码安全审计规范	国标	2021.6.1			设计、建设、运维	初设、施工图、施工工艺、验收与质量评定、试运行、运行、维护	信息	信息安全
210.5-481	GB/T 39477—2020	信息安全技术 政务信息共享 数据安全技术要求	国标	2021.6.1			设计、建设、运维	初设、施工图、施工工艺、验收与质量评定、试运行、运行、维护	信息	信息安全
210.5-482	GB/T 39680—2020	信息安全技术 服务器安全技术要求和测评准则	国标	2021.7.1		GB/T 21028—2007；GB/T 25063—2010	设计、建设、运维	初设、施工图、施工工艺、验收与质量评定、试运行、运行、维护	信息	信息安全
210.5-483	GB/T 39720—2020	信息安全技术 移动智能终端安全技术要求及测试评价方法	国标	2021.7.1			设计、建设、运维	初设、施工图、施工工艺、验收与质量评定、试运行、运行、维护	信息	信息安全
210.5-484	IOS/IEC 30144—2020	变电站无线传感器网络系统	国际标准	2020.10.29			设计、建设、运维	初设、施工图、施工工艺、验收与质量评定、试运行、运行、维护	信息	信息安全
210.5-485	ISO/IEC 30161-1—2020	物联网服务数据交换平台 第1部分：一般要求和体系结构	国际标准	2020.11.27			设计、建设、运维	初设、施工图、施工工艺、验收与质量评定、试运行、运行、维护	信息	信息安全
210.5-486	ANSI INCITS 494—2012（R2017）	信息技术 角色访问控制	国际标准	2017.1.1		ANSI INCITS 494—2012	规划、设计、采购、建设、运维、修试、退役	规划、初设、施工图、招标、品控、施工工艺、验收与质量评定、试运行、运行、维护、检修、试验、退役、报废	信息	信息安全

体系结构号	标准编号	标准名称	标准级别	实施日期	与国际标准对应关系	代替标准	阶段	分阶段	专业	分专业
210.5-487	ANSI INCITS ISO IEC 15408-1—2012	信息技术 安全技术.IT 安全的评价标准 第1部分：介绍和通用模型	国际标准		ISO/IEC 15408-1—2009，IDT	ANSI INCITS ISO IEC 15408-1—2008	设计、建设、运维	初设、施工图、施工工艺、验收与质量评定、试运行、运行、维护	信息	信息安全
210.5-488	ANSI INCITS ISO IEC 27005—2012	信息技术 安全技术.信息安全风险管理	国际标准		ISO/IEC 27005—2009，IDT	ANSI INCITS ISO TEC 27005—2009	建设、运维	施工工艺、验收与质量评定、试运行、运行、维护	信息	信息安全
210.5-489	ANSI TNCITS ISO IEC 29192-2—2012	信息技术 保密技术.轻量级密码 第2部分：分组密码	国际标准		ISO/IEC 29192-2—2012，IDT		设计、建设、运维	初设、施工图、施工工艺、验收与质量评定、试运行、运行、维护	信息	信息安全
210.5-490	ANSI INCITS ISO IEC TR 15446—2009（R2015）	信息技术 安全技术 产品的保护轮廓及安全目标用指南（技术报告）	国际标准	2015.6.28			建设、运维	施工工艺、验收与质量评定、试运行、运行、维护	信息	信息安全
210.5-491	IEC 60950-1—2005/Cor 2—2013	信息技术设备 安全性 第1部分：通用要求	国际标准	2013.8.6			规划、设计、采购、建设、运维、修试、退役	规划、初设、施工图、招标、品控、施工工艺、验收与质量评定、试运行、运行、维护、检修、试验、退役、报废	信息	信息安全
210.5-492	IEC 62351-2—2008	功率系统管理和联合信息交换数据和通信安全性 第2部分：术语表	国际标准	2008.8.19			规划、设计、采购、建设、运维、修试、退役	规划、初设、施工图、招标、品控、施工工艺、验收与质量评定、试运行、运行、维护、检修、试验、退役、报废	信息	信息安全
210.5-493	IEC/TS 62351-2—2008	电力系统管理和相关信息交换数据和通信安全 第2部分：术语表	国际标准	2008.8.19	BS DD IEC/TS 62351-2—2009，IDT	IEC 57/853/DTS—2007	规划、设计、采购、建设、运维、修试、退役	规划、初设、施工图、招标、品控、施工工艺、验收与质量评定、试运行、运行、维护、检修、试验、退役、报废	信息	信息安全
210.5-494	IEC/TS 62351-5—2013	电力系统管理和相关信息的交换 数据和通信安全 第5部分：IEC 60870-5 及其派生标准用安全设置	国际标准	2013.4.29		IEC/TS 62351-5—2009	规划、设计、采购、建设、运维、修试、退役	规划、初设、施工图、招标、品控、施工工艺、验收与质量评定、试运行、运行、维护、检修、试验、退役、报废	信息	信息安全

体系结构号	标准编号	标准名称	标准级别	实施日期	与国际标准对应关系	代替标准	阶段	分阶段	专业	分专业
210.5-495	IEC/TS 62351-7—2017	电力系统管理和相关信息的交换　数据和通信安全　第7部分：网络和系统管理（NSM）数据对象模型	国际标准	2017.7.18		IEC/TS 62351-7—2010	规划、设计、采购、建设、运维、修试、退役	规划、初设、施工图、招标、品控、施工工艺、验收与质量评定、试运行、运行、维护、检修、试验、退役、报废	信息	信息安全
210.5-496	ISO/IEC 11770-2—2018	信息技术　密钥管理　第2部分：用对称技术的机制	国际标准	2018.9.28		ISO/IEC 11770-2—2008	设计、建设、运维	初设、施工图、施工工艺、验收与质量评定、试运行、运行、维护	信息	信息安全
210.5-497	ISO/IEC 11770-3—2015	信息技术安全技术关键管理第3部分：使用不对称技术的机械装置	国际标准	2015.8.4	ANSI/INCITS/ISO/IEC 11770-3—2009，IDT；BS ISO/IEC 11770-3—2008，IDT；CAN/CSA-ISO/IEC 11770-3-09—2009，IDT	ISO/IEC 11770-3—2008	设计、建设、运维	初设、施工图、施工工艺、验收与质量评定、试运行、运行、维护	信息	信息安全
210.5-498	ISO/IEC 11889-1—2015	信息技术　可信平台模块库第1部分：体系结构	国际标准	2015.12.15		ISO IEC DIS 11889-1—2008	规划、设计、采购、建设、运维、修试、退役	规划、初设、施工图、招标、品控、施工工艺、验收与质量评定、试运行、运行、维护、检修、试验、退役、报废	信息	信息安全
210.5-499	ISO/IEC 11889-2—2015	信息技术　可信平台模块库第2部分：结构	国际标准	2015.12.15		ISO/IEC 11889-2—2009	设计	初设、施工图	信息	信息安全
210.5-500	ISO/IEC 11889-3—2015	信息技术　可信平台模块库第3部分：命令	国际标准	2015.12.15		ISO/IEC 11889-3—2009	设计、建设、运维	初设、施工图、施工工艺、验收与质量评定、试运行、运行、维护	信息	信息安全
210.5-501	ISO/IEC 11889-4—2015	信息技术　可信平台模块库第4部分：支持例程	国际标准	2015.12.15		ISO/IEC 11889-4—2009	规划、设计、采购、建设、运维、修试、退役	规划、初设、施工图、招标、品控、施工工艺、验收与质量评定、试运行、运行、维护、检修、试验、退役、报废	信息	信息安全

体系结构号	标准编号	标准名称	标准级别	实施日期	与国际标准对应关系	代替标准	阶段	分阶段	专业	分专业
210.5-502	ISO/IEC 14888-1—2008	信息技术安全技术有附录的数字信号 第1部分：总则	国际标准	2008.4.15	ANSI/INCITS/ISO/IEC 14888-1—2010，IDT；BS ISO/IEC 14888-1—2008，IDT	ISO IEC 14888-1—1998	规划、设计、采购、建设、运维、修试、退役	规划、初设、施工图、招标、品控、施工工艺、验收与质量评定、试运行、运行、维护、检修、试验、退役、报废	信息	信息安全
210.5-503	ISO/IEC 14888-2—2008	信息技术安全技术有附录的数字信号 第2部分：基于整数因子的分解机制	国际标准	2008.4.15	ANSI/INCITS/ISO/IEC 14888-12—2009，IDT；BS ISO/IEC 14888-2—2008，IDT	ISO IEC 14888-2—1999	设计、建设	初设、施工图、施工工艺、验收与质量评定、试运行	信息	信息安全
210.5-504	ISO/IEC 15408-3—2008	信息技术安全技术 IT 安全的评价标准 第3部分：安全保证元件	国际标准	2008.8.15	ANSI/INCITS/ISO/IEC 15408-3—2008，IDT；BS ISO/IEC 15408-3—2009，IDT；CAN/CSA-ISO/IEC 15408-3-09—2009，IDT；COST R ISO/IEC TR 15446—2008，MOD	ISO IEC 15408-3—2005	建设、修试	验收与质量评定、试验	信息	信息安全
210.5-505	ISO/IEC 19772—2009	信息技术安全技术验证加密术	国际标准	2009.2.15	ANSI/INCTTS/ISO/IEC 19772—2009，IDT；BS ISO/IEC 19772—2009，IDT		建设	施工工艺、验收与质量评定、试运行	信息	信息安全
210.5-506	ISO/IEC 21827—2008	信息技术安全技术系统安全工程能力成熟模型（SSE-CMM）	国际标准	2008.10.15	ANSI/INCTTS/ISO/IEC 21827—2009，IDT；BS ISO/IEC 21827—2009，IDT	ISO IEC 21827—2002	规划、设计、采购、建设、运维	规划、初设、施工图、招标、品控、施工工艺、验收与质量评定、试运行、运行、维护	信息	信息安全
210.5-507	ISO/IEC 24759—2017	信息技术 安全技术 密码模块的测试要求	国际标准	2017.4.4		ISO/IEC 24759—2014	建设、修试	验收与质量评定、试验	信息	信息安全

体系结构号	标准编号	标准名称	标准级别	实施日期	与国际标准对应关系	代替标准	阶段	分阶段	专业	分专业
210.5-508	ISO/IEC 24767-2—2009	信息技术家庭网络安全性第2部分：内部安全服务中间设备安全通信协议（SCPM）	国际标准	2009.1.1			规划、设计、采购、建设、运维	规划、初设、施工图、招标、品控、施工工艺、验收与质量评定、试运行、运行、维护	信息	信息安全
210.5-509	ISO/IEC 24824-3—2008	信息技术 ASN.1 的一般应用：快速信息设备安全	国际标准	2008.5.1	ITU-T X.893—2007，IDT		规划、设计、采购、建设、运维、修试、退役	规划、初设、施工图、招标、品控、施工工艺、验收与质量评定、试运行、运行、维护、检修、试验、退役、报废	信息	信息安全
210.5-510	ISO/IEC 27005—2018	信息技术 安全技术 信息安全风险管理	国际标准	2018.7.9		ISO/IEC 27005—2011	建设、运维	施工工艺、验收与质量评定、试运行、运行、维护	信息	信息安全
210.5-511	ISO/IEC 27011—2016	信息技术 安全技术 基于电信组织 ISO/IEC 27002 的信息安全控制实务守则	国际标准	2016.11.23		ISO/IEC 27011—2008	建设、运维	施工工艺、验收与质量评定、试运行、运行、维护	信息	信息安全
210.5-512	ITU-T X.1034—2011	数据通信网络中基于扩展认证协议的鉴别和秘钥管理指南	国际标准	2011.2.13		ITU-T X.1034—2008	建设、运维	施工工艺、验收与质量评定、试运行、运行、维护	信息	信息安全
210.5-513	ITU-T X.1051—2016	信息技术 安全技术 电信组织的基于 ISO/IEC 27002 信息安全控制的实施规程	国际标准	2016.4.29		ITU-T X.1051—2008	建设、运维	施工工艺、验收与质量评定、试运行、运行、维护	信息	信息安全
210.5-514	ITU-T X.1161—2008	安全点到点通信的框架	国际标准	2008.5.29			设计、建设	初设、施工图、施工工艺、验收与质量评定、试运行	信息	信息安全
210.5-515	ITU-T X.1205—2008	信息安全综述	国际标准	2008.4.18			规划、设计、采购、建设、运维	规划、初设、施工图、招标、品控、施工工艺、验收与质量评定、试运行、运行、维护	信息	信息安全
210.5-516	ITU-T X.1244—2008	基于 IP 多媒体应用中反垃圾邮件总述	国际标准	2008.9.19			规划、设计、采购、建设、运维	规划、初设、施工图、招标、品控、施工工艺、验收与质量评定、试运行、运行、维护	信息	信息安全

体系结构号	标准编号	标准名称	标准级别	实施日期	与国际标准对应关系	代替标准	阶段	分阶段	专业	分专业
210.5-517	GB/T 29799—2013	网页内容可访问性指南	国标	2014.5.1			规划、设计、采购、建设、运维	规划、初设、施工图、招标、品控、施工工艺、验收与质量评定、试运行、运行、维护	信息	其他
211 新能源与节能										
211.1 新能源与节能-基础综合										
211.1-1	T/CEC 389—2020	能源互联网与微能源网互动	团标	2021.2.1			运维	运行、维护	调度及二次	其他、电力调度
211.1-2	T/CEC 390—2020	能源互联网 系统评估	团标	2021.2.1			规划、设计	规划、初设	发电	其他
211.1-3	NB/T 10386—2020	水电工程水温实时监测系统技术规范	行标	2021.2.1			设计、建设、运维	初设、施工图、施工工艺、验收与质量评定、试运行、运行、维护	发电、调度及二次	其他
211.1-4	GB/T 26757—2011	节能自愿协议技术通则	国标	2011.11.1			运维	运行	其他	
211.2 新能源与节能-新能源发电										
211.2-1	Q/CSG 1204021—2017	并网风电场有功控制技术规范	企标	2017.1.26			设计、采购、建设、运维	初设、施工图、招标、品控、施工工艺、验收与质量评定、试运行、运行、维护	发电、调度及二次	风电、电力调度
211.2-2	Q/CSG 1204045—2019	南方电网分布式光伏调度运行规范	企标	2019.6.26			设计、采购、建设、运维、修试	初设、施工图、招标、品控、施工工艺、验收与质量评定、试运行、运行、维护、检修	发电、调度及二次	光伏、电力调度
211.2-3	Q/CSG 1204061—2019	分布式电源监控技术规范	企标	2019.12.30			运维	运行、维护	发电	其他
211.2-4	Q/CSG 1211001—2014	分布式光伏发电系统接入电网技术规范	企标	2014.1.1			设计、建设、运维	初设、施工图、施工工艺、验收与质量评定、试运行、运行、维护	发电、调度及二次	光伏、电力调度
211.2-5	Q/CSG 1211002—2014	光伏发电站接入电网技术规范	企标	2014.1.16			设计、建设、运维	初设、施工工艺、验收与质量评定、试运行、运行、维护	发电、调度及二次	光伏、电力调度
211.2-6	Q/CSG 1211003—2016	南方电网光伏发电站无功补偿及电压控制技术规范	企标	2016.2.1			设计、建设、运维	初设、施工工艺、验收与质量评定、试运行、运行、维护	发电、调度及二次	光伏、电力调度

体系 结构号	标准编号	标准名称	标准 级别	实施日期	与国际标准 对应关系	代替标准	阶段	分阶段	专业	分专业
211.2-7	Q/CSG 1211004—2016	南方电网风电场无功补偿及电压控制技术规范	企标	2016.1.12			设计、建设、运维	初设、施工工艺、验收与质量评定、试运行、运行、维护	发电、调度及二次	风电、电力调度
211.2-8	Q/CSG 1211005—2016	风力发电并网技术标准	企标	2016.2.1			设计、建设、运维	初设、施工工艺、验收与质量评定、试运行、运行、维护	发电、调度及二次	风电、电力调度
211.2-9	Q/CSG 1211006—2016	光伏发电并网技术标准	企标	2016.2.1			设计、建设、运维	初设、施工工艺、验收与质量评定、试运行、运行、维护	发电、调度及二次	光伏、电力调度
211.2-10	Q/CSG 1211007—2016	并网风电场监控系统技术规范	企标	2016.2.22			运维	运行、维护	发电、调度及二次	风电、调度自动化
211.2-11	Q/CSG 1211008—2016	光伏发电调度运行控制技术规范	企标	2016.3.1			设计、采购、建设、运维	初设、施工图、招标、品控、施工工艺、验收与质量评定、试运行、运行、维护	发电、调度及二次	光伏、电力调度
211.2-12	Q/CSG 1211009—2016	风电调度运行控制技术规范	企标	2016.3.1			设计、采购、建设、运维	初设、施工图、招标、品控、施工工艺、验收与质量评定、试运行、运行、维护	发电、调度及二次	风电、电力调度
211.2-13	Q/CSG 1211010—2016	并网风电功率预测功能规范	企标	2016.3.15			运维	运行、维护	发电、调度及二次	风电、调度自动化
211.2-14	Q/CSG 1211011—2016	并网光伏发电站监控系统技术规范	企标	2016.3.18			运维	运行、维护	发电、调度及二次	光伏、调度自动化
211.2-15	Q/CSG 1211014—2016	南方电网并网光伏发电功率预测功能规范	企标	2016.6.6			运维	运行、维护	发电、调度及二次	光伏、调度自动化
211.2-16	Q/CSG 1211015—2018	风电场并网验收规范	企标	2018.10.23			建设	验收与质量评定	发电	风电
211.2-17	Q/CSG 1211016—2018	光伏发电站并网验收规范	企标	2018.10.23			建设	验收与质量评定	发电	光伏
211.2-18	Q/CSG 1211017—2018	风电场接入电网技术规范	企标	2018.10.23		Q/CSG 110008—2011	设计、建设、运维	初设、施工图、施工工艺、验收与质量评定、试运行、运行、维护	发电、调度及二次	风电、电力调度
211.2-19	Q/CSG 1211020—2019	分散式风电并网技术标准	企标	2019.6.26			设计、建设、运维	初设、施工图、施工工艺、验收与质量评定、试运行、运行、维护	发电、调度及二次	风电、电力调度

体系结构号	标准编号	标准名称	标准级别	实施日期	与国际标准对应关系	代替标准	阶段	分阶段	专业	分专业
211.2-20	Q/CSG 1211021—2019	新能源接入电网继电保护技术规范	企标	2019.12.30			设计、建设、运维	初设、施工图、施工工艺、验收与质量评定、试运行、运行、维护	发电、调度及二次	光伏、风电、继电保护及安全自动装置
211.2-21	Q/CSG 1211022—2019	分散式风电接入配电网技术规范	企标	2019.12.30			设计、建设、运维	初设、施工图、施工工艺、验收与质量评定、试运行、运行、维护	发电、调度及二次	风电、电力调度
211.2-22	T/CEC 255—2019	光伏发电有功功率自动控制技术规范	团标	2020.1.1			设计、建设、运维	初设、施工工艺、验收与质量评定、试运行、运行、维护	发电	光伏
211.2-23	T/CSEE 0012—2016	风电场及光伏发电站接入电力系统通信技术规范	团标	2017.5.1			设计、建设、运维	初设、验收与质量评定、试运行、运行、维护	发电、调度及二次	光伏、风电、电力通信
211.2-24	T/CSEE 0017—2016	陆上风电场设备选型技术导则	团标	2017.5.1			设计	初设	发电	风电
211.2-25	T/CSEE 0019—2016	分布式光伏发电一体化控制保护装置通用技术条件	团标	2017.5.1			采购	招标、品控	发电	光伏
211.2-26	T/CSEE 0074—2018	风力发电机组最终验收技术规程	团标	2018.12.25			建设	验收与质量评定	发电	风电
211.2-27	T/CSEE 0080—2018	大规模新能源外送输电系统无功配置和电压控制技术规范	团标	2018.12.25			设计、建设、运维	初设、施工工艺、验收与质量评定、试运行、运行、维护	发电	光伏、风电
211.2-28	T/CSEE 0093—2018	分布式光伏专用电压型反孤岛装置技术规范	团标	2018.12.25			设计、建设、运维	初设、验收与质量评定、试运行、运行、维护	发电	光伏
211.2-29	T/CSEE 0105—2019	风力发电场集中监控系统技术规范	团标	2019.3.1			设计、采购、建设、运维	初设、施工图、招标、品控、施工工艺、验收与质量评定、试运行、运行、维护	发电、调度及二次	风电、调度自动化
211.2-30	T/CSEE 0132—2019	风电场和光伏发电站自动电压控制技术导则	团标	2019.3.1			设计、建设、运维	初设、施工工艺、验收与质量评定、试运行、运行、维护	发电	光伏、风电
211.2-31	T/CSEE 0161—2020	分布式光伏发电工程建设预算项目划分导则	团标	2020.1.15			建设	招标、品控	发电	光伏

体系结构号	标准编号	标准名称	标准级别	实施日期	与国际标准对应关系	代替标准	阶段	分阶段	专业	分专业
211.2-32	T/CSEE 0170—2020	光伏电站快速功率控制装置技术规范	团标	2020.1.15			设计、建设、运维	初设、施工工艺、验收与质量评定、试运行、运行、维护	发电	光伏
211.2-33	T/CEC 224—2019	分布式电源低压并网测试用模拟电源	团标	2019.7.1			修试	试验	发电	其他
211.2-34	T/CEC 333—2020	户用光伏发电系统并网技术要求	团标	2020.10.1			设计、建设、运维	初设、施工工艺、验收与质量评定、试运行、运行、维护	发电	光伏
211.2-35	T/CEC 334—2020	户用光伏发电系统并网检测规程	团标	2020.10.1			修试	试验	发电	光伏
211.2-36	T/CEC 420—2020	户用光伏发电系统电压控制技术要求	团标	2021.2.1			设计、建设、运维	初设、施工工艺、验收与质量评定、试运行、运行、维护	发电	光伏
211.2-37	T/CEC 5032—2020	用户光伏发电系统设计规范	团标	2021.2.1			规划、设计	规划、初设	发电	光伏
211.2-38	DL/T 666—2012	风力发电场运行规程	行标	2012.12.1		DL/T 666—1999	运维	运行	发电	风电
211.2-39	DL/T 796—2012	风力发电场安全规程	行标	2012.12.1		DL/T 796—2001	建设、运维	施工工艺、验收与质量评定、试运行、运行、维护	发电	风电
211.2-40	DL/T 797—2012	风力发电场检修规程	行标	2012.12.1		DL/T 797—2001	修试	检修	发电	风电
211.2-41	DL/T 1084—2008	风电场噪声限值及测量方法	行标	2008.11.1			设计、建设、修试	初设、验收与质量评定、试验	发电	风电
211.2-42	DL/T 1364—2014	光伏发电站防雷技术规程	行标	2015.3.1			设计、建设	初设、施工图、施工工艺、验收与质量评定	发电	光伏
211.2-43	DL/T 1631—2016	并网风电场继电保护配置及整定技术规范	行标	2017.5.1			设计、建设、运维	初设、施工工艺、验收与质量评定、试运行、运行、维护	发电	风电
211.2-44	DL/T 1638—2016	风力发电机组单元变压器保护测控装置技术条件	行标	2017.5.1			设计、建设、运维	初设、施工工艺、验收与质量评定、试运行、运行、维护	发电	风电
211.2-45	DL/T 2041—2019	分布式电源接入电网承载力评估导则	行标	2019.10.1			规划、设计	规划、初设	发电	其他

体系 结构号	标准编号	标准名称	标准 级别	实施日期	与国际标准 对应关系	代替标准	阶段	分阶段	专业	分专业
211.2-46	DL/T 2127—2020	多能互补分布式能源系统能效评估技术导则	行标	2021.2.1			规划、设计	规划、初设	发电	其他
211.2-47	DL/T 2128—2020	配电网电线电缆节能评价技术规范	行标	2021.2.1			规划、设计	规划、初设	发电	其他
211.2-48	DL/T 2134—2020	电力用安全帽动态性能测试装置	行标	2021.2.1			规划、设计	规划、初设	发电	其他
211.2-49	DL/T 2145.1—2020	变电设备在线监测装置现场测试导则 第1部分：变压器油中溶解气体在线监测装置	行标	2021.2.1			规划、设计	规划、初设	发电	其他
211.2-50	DL/T 2162—2020	用户参与需求响应基线负荷评价方法	行标	2021.2.1			规划、设计	规划、初设	发电	其他
211.2-51	DL/T 5383—2007	风力发电场设计技术规范	行标	2007.12.1			规划、设计	规划、初设	发电	风电
211.2-52	NB/T 10086—2018	风电场工程节能报告编制标准	行标	2019.3.1			规划、设计、建设	规划、初设、验收与质量评定	发电	风电
211.2-53	NB/T 10088—2018	户外型光伏逆变成套装置技术规范	行标	2019.3.1			采购	招标、品控	发电	光伏
211.2-54	NB/T 10109—2018	风电场工程后评价规程	行标	2019.5.1			建设	验收与质量评定	发电	风电
211.2-55	NB/T 10112—2018	风力发电机组设备监造导则	行标	2019.5.1			采购	品控	发电	风电
211.2-56	NB/T 10128—2019	光伏发电工程电气设计规范	行标	2019.10.1			规划、设计	规划、初设、施工图	发电	光伏
211.2-57	NB/T 10185—2019	并网光伏电站用关键设备性能检测与质量评估技术规范	行标	2019.10.1			建设、修试	施工工艺、验收与质量评定，试验	发电	光伏
211.2-58	NB/T 10204—2019	分布式光伏发电低压并网接口装置技术要求	行标	2019.10.1			设计、采购、建设	初设、施工图、品控、施工工艺、验收与质量评定、试运行	发电	光伏
211.2-59	NB/T 10205—2019	风电功率预测技术规定	行标	2019.10.1			规划	规划	发电	风电
211.2-60	NB/T 10206—2019	风电机组招标文件编制导则	行标	2019.10.1			采购	招标、品控	发电	风电
211.2-61	NB/T 10207—2019	风电场工程竣工图文件编制规程	行标	2019.10.1			建设	验收与质量评定	发电	风电
211.2-62	NB/T 10217—2019	风力发电场生产准备导则	行标	2019.10.1			运维	运行、维护	发电	风电

体系结构号	标准编号	标准名称	标准级别	实施日期	与国际标准对应关系	代替标准	阶段	分阶段	专业	分专业
211.2-63	NB/T 10218—2019	海上风电场风力发电机组基础维护技术规程	行标	2019.10.1			运维	运行、维护	发电	风电
211.2-64	NB/T 10298—2019	光伏电站适应性移动检测装置技术规范	行标	2020.5.1			采购、修试	品控、试验	发电	光伏
211.2-65	NB/T 10312—2019	风力发电机组主控系统测试规程	行标	2020.5.1			修试	试验	发电	风电
211.2-66	NB/T 10313—2019	风电场接入电力系统设计内容深度规定	行标	2020.5.1			设计	初设、施工图	发电	风电
211.2-67	NB/T 10314—2019	风电机组无功调压技术要求与测试规程	行标	2020.5.1			设计、采购、建设、修试	初设、施工图、品控、施工工艺、验收与质量评定、试运行、试验	发电	风电
211.2-68	NB/T 10315—2019	风电机组一次调频技术要求与测试规程	行标	2020.5.1			设计、采购、建设、修试	初设、施工图、招标、品控、施工工艺、验收与质量评定、试运行、试验	发电	风电
211.2-69	NB/T 10316—2019	风电场动态无功补偿装置并网性能测试规范	行标	2020.5.1			建设、修试	施工工艺、验收与质量评定、试验	发电	风电
211.2-70	NB/T 10317—2019	风电场功率控制系统技术要求及测试方法	行标	2020.5.1			设计、采购、建设、修试	初设、施工图、招标、品控、施工工艺、验收与质量评定、试运行、试验	发电	风电
211.2-71	NB/T 10321—2019	风电场监控系统技术规范	行标	2020.5.1			运维	运行、维护	发电、调度及二次	风电、调度自动化
211.2-72	NB/T 10322—2019	海上风电场升压站运行规程	行标	2020.5.1			运维	运行	发电	风电
211.2-73	NB/T 10323—2019	分布式光伏发电并网接口装置测试规程	行标	2020.5.1			修试	试验	发电	光伏
211.2-74	NB/T 10324—2019	光伏发电站高电压穿越检测技术规程	行标	2020.5.1			修试、建设	试验、验收与质量评定	发电	光伏
211.2-75	NB/T 10325—2019	光伏组件移动测试平台技术规范	行标	2020.5.1			设计、采购、建设、修试	初设、品控、验收与质量评定、试验	发电	光伏
211.2-76	NB/T 10385—2020	水电工程生态流量实时监测系统技术规范	行标	2021.2.1			设计、建设、运维	初设、施工图、施工工艺、验收与质量评定、试运行、运行、维护	发电	其他

体系结构号	标准编号	标准名称	标准级别	实施日期	与国际标准对应关系	代替标准	阶段	分阶段	专业	分专业
211.2-77	NB/T 10387—2020	海上风电场风能资源小尺度数值模拟技术规程	行标	2021.2.1			规划、设计、采购、建设、运维、修试、退役	规划、初设、施工图、招标、品控、施工工艺、验收与质量评定、试运行、运行、维护、检修、试验、退役、报废	发电	风电
211.2-78	NB/T 10390—2020	水电工程沉沙池设计规范	行标	2021.2.1			设计、采购、建设、运维、修试、退役	初设、施工图、招标、品控、施工工艺、验收与质量评定、试运行、运行、维护、检修、试验、退役、报废	发电	其他
211.2-79	NB/T 10393—2020	海上风电场工程施工安全技术规范	行标	2021.2.1			建设	施工工艺	发电	风电
211.2-80	NB/T 10394—2020	光伏发电系统效能规范	行标	2020.10.23			规划、设计、建设、运维	规划、初设、验收与质量评定、运行	发电	光伏
211.2-81	NB/T 10395—2020	水电工程劳动安全与工业卫生后评价规程	行标	2021.2.1			建设	验收与质量评定	发电	其他
211.2-82	NB/T 10421—2020	低压配网不平衡电流综合治理装置技术规范	行标	2021.2.1			建设、运维、修试	验收与质量评定、运行、维护、检修、试验	调度及二次	调度自动化
211.2-83	NB/T 10431—2020	风电场工程招标文件编制导则	行标	2021.2.1			采购	招标、品控	发电	风电
211.2-84	NB/T 10438—2020	风力发电机组 电控偏航控制系统技术条件	行标	2021.2.1			设计、采购、建设、运维、修试、退役	初设、施工图、招标、品控、施工工艺、验收与质量评定、试运行、运行、维护、检修、试验、退役、报废	发电	其他
211.2-85	NB/T 31003—2011	大型风电场并网设计技术规范	行标	2011.11.1			设计	初设	发电	风电
211.2-86	NB/T 31004—2011	风力发电机组振动状态监测导则	行标	2011.11.1			运维	运行、维护	发电	风电
211.2-87	NB/T 31005—2011	风电场电能质量测试方法	行标	2011.11.1			修试	试验	发电	风电
211.2-88	NB/T 31008—2019	海上风电场工程概算定额	行标	2019.10.1		NB/T 31008—2011	采购	招标	发电	风电
211.2-89	NB/T 31009—2019	海上风电场工程设计概算编制规定及费用标准	行标	2019.10.1		NB/T 31009—2011	采购	招标	发电	风电

体系 结构号	标准编号	标准名称	标准 级别	实施日期	与国际标准 对应关系	代替标准	阶段	分阶段	专业	分专业
211.2-90	NB/T 31010—2019	陆上风电场工程概算定额	行标	2019.10.1		NB/T 31010—2011	采购	招标	发电	风电
211.2-91	NB/T 31011—2019	陆上风电场工程设计概算编制规定及费用标准	行标	2019.10.1		NB/T 31011—2011	采购	招标	发电	风电
211.2-92	NB/T 31012—2019	永磁风力发电机技术规范	行标	2020.5.1		NB/T 31012—2011	设计、采购	初设、品控	发电	风电
211.2-93	NB/T 31013—2019	双馈风力发电机技术规范	行标	2020.5.1		NB/T 31013—2011	设计、采购	初设、品控	发电	风电
211.2-94	NB/T 31014—2018	双馈风力发电机变流器技术规范	行标	2018.10.1		NB/T 31014—2011	设计、采购	初设、品控	发电	风电
211.2-95	NB/T 31015—2018	永磁风力发电机变流器技术规范	行标	2018.10.1		NB/T 31015—2011	设计、采购	初设、品控	发电	风电
211.2-96	NB/T 31017—2018	风力发电机组主控制系统技术规范	行标	2018.10.1		NB/T 31017—2011	设计、采购	初设、品控	发电	风电
211.2-97	NB/T 31022—2012	风力发电工程达标投产验收规程	行标	2012.7.1			建设	验收与质量评定	发电	风电
211.2-98	NB/T 31026—2012	风电场工程电气设计规范	行标	2012.12.1			设计	初设	发电	风电
211.2-99	NB/T 31027—2012	风电场工程安全验收评价报告编制规程	行标	2012.12.1			建设	验收与质量评定	发电	风电
211.2-100	NB/T 31028—2012	风电场工程安全预评价报告编制规程	行标	2012.12.1			建设	验收与质量评定	发电	风电
211.2-101	NB/T 31031—2019	海上风电场工程预可行性研究报告编制规程	行标	2020.5.1		NB/T 31031—2012	规划	规划	发电	风电
211.2-102	NB/T 31032—2019	海上风电场工程可行性研究报告编制规程	行标	2020.5.1		NB/T 31032—2012	规划	规划	发电	风电
211.2-103	NB/T 31033—2019	海上风电场工程施工组织设计规范	行标	2020.5.1		NB/T 31033—2012	设计、建设	施工图、施工工艺	发电	风电
211.2-104	NB/T 31038—2012	风力发电用低压成套无功功率补偿装置	行标	2013.3.1			采购、运维	品控、运行	发电	风电
211.2-105	NB/T 31039—2012	风力发电机组雷电防护系统技术规范	行标	2013.3.1			设计、采购	初设、施工图、品控	发电	风电
211.2-106	NB/T 31041—2019	海上双馈风力发电机变流器技术规范	行标	2019.10.1		NB/T 31041—2012	采购	品控	发电	风电

体系结构号	标准编号	标准名称	标准级别	实施日期	与国际标准对应关系	代替标准	阶段	分阶段	专业	分专业
211.2-107	NB/T 31042—2019	海上永磁风力发电机变流器技术规范	行标	2019.10.1		NB/T 31042—2012	采购	品控	发电	风电
211.2-108	NB/T 31043—2019	海上风力发电机组主控制系统技术规范	行标	2019.10.1		NB/T 31043—2012	运维	运行、维护	发电	风电
211.2-109	NB/T 31044—2012	永磁风力发电机-变流器组技术规范	行标	2013.3.1			采购、运维	品控、运行、维护	发电	风电
211.2-110	NB/T 31045—2013	风电场运行指标与评价导则	行标	2014.4.1			运维	运行、维护	发电	风电
211.2-111	NB/T 31046—2013	风电功率预测系统功能规范	行标	2014.4.1			运维	运行、维护	发电	风电
211.2-112	NB/T 31047—2013	风电调度运行管理规范	行标	2014.4.1			建设、运维	试运行、运行	发电、调度及二次	风电、电力调度
211.2-113	NB/T 31051—2014	风电机组低电压穿越能力测试规程	行标	2015.3.1			建设、运维、修试	验收与质量评定、试运行、运行、试验	发电	风电
211.2-114	NB/T 31052—2014	风力发电场高处作业安全规程	行标	2015.3.1			运维	运行、维护	发电	风电
211.2-115	NB/T 31053—2014	风电机组低电压穿越建模及验证方法	行标	2015.3.1			建设、运维、修试	验收与质量评定、试运行、运行、试验	发电	风电
211.2-116	NB/T 31054—2014	风电机组电网适应性测试规程	行标	2015.3.1			建设、运维、修试	验收与质量评定、试运行、运行、试验	发电	风电
211.2-117	NB/T 31055—2014	风电场理论发电量与弃风电量评估导则	行标	2015.3.1			规划、设计	规划、初设	发电	风电
211.2-118	NB/T 31056—2014	风力发电机组接地技术规范	行标	2015.3.1			设计、建设、运维	初设、施工图、施工工艺、运行、维护	发电	风电
211.2-119	NB/T 31057—2014	风力发电场集电系统过电压保护技术规范	行标	2015.3.1			运维	运行、维护	发电	风电
211.2-120	NB/T 31058—2014	风力发电机组电气系统匹配及能效	行标	2015.3.1			建设、运维	验收与质量评定、运行、维护	发电	风电
211.2-121	NB/T 31063—2014	海上永磁同步风力发电机	行标	2015.3.1			采购	品控	发电	风电
211.2-122	NB/T 31064—2014	海上双馈风力发电机技术条件	行标	2015.3.1			运维	运行、维护	发电	风电
211.2-123	NB/T 31065—2015	风力发电场调度运行规程	行标	2015.9.1			运维	运行、维护	发电、调度及二次	风电、电力调度

体系结构号	标准编号	标准名称	标准级别	实施日期	与国际标准对应关系	代替标准	阶段	分阶段	专业	分专业
211.2-124	NB/T 31066—2015	风电机组电气仿真模型建模导则	行标	2015.9.1			设计、运维、修试	初设、运行、试验	发电	风电
211.2-125	NB/T 31071—2015	风力发电场远程监控系统技术规程	行标	2015.9.1			运维	运行、维护	发电	风电
211.2-126	NB/T 31075—2016	风电场电气仿真模型建模及验证规程	行标	2016.6.1			建设、运维、修试	验收与质量评定、试运行、运行、试验	发电	风电
211.2-127	NB/T 31076—2016	风力发电场并网验收规范	行标	2016.6.1			建设	验收与质量评定	发电	风电
211.2-128	NB/T 31077—2016	风电场低电压穿越建模及评价方法	行标	2016.6.1			建设、运维、修试	验收与质量评定、试运行、运行、试验	发电	风电
211.2-129	NB/T 31078—2016	风电场并网性能评价方法	行标	2016.6.1			建设、运维、修试	验收与质量评定、试运行、运行、试验	发电	风电
211.2-130	NB/T 31079—2016	风电功率预测系统测风塔数据测量技术要求	行标	2016.6.1			运维	运行、维护	发电	风电
211.2-131	NB/T 31081—2016	风力发电场仿真机技术规范	行标	2016.6.1			采购	招标、品控	发电	风电
211.2-132	NB/T 31083—2016	风电场控制系统功能规范	行标	2016.6.1			运维	运行、维护	发电	风电
211.2-133	NB/T 31085—2016	风电场项目经济评价规范	行标	2016.6.1			规划、设计	规划、初设	发电	风电
211.2-134	NB/T 31098—2016	风电场工程规划报告编制规程	行标	2016.6.1			规划、设计	规划、初设	发电	风电
211.2-135	NB/T 31099—2016	风力发电场无功配置及电压控制技术规定	行标	2016.12.1			规划、设计、建设、运维	规划、初设、施工工艺、验收与质量评定、试运行、运行、维护	发电	风电
211.2-136	NB/T 31104—2016	陆上风电场工程预可行性研究报告编制规程	行标	2017.5.1			规划	规划	发电	风电
211.2-137	NB/T 31105—2016	陆上风电场工程可行性研究报告编制规程	行标	2017.5.1			规划	规划	发电	风电
211.2-138	NB/T 31108—2017	海上风电场工程规划报告编制规程	行标	2017.8.1			规划、设计	规划、初设	发电	风电
211.2-139	NB/T 31109—2017	风电场调度运行信息交换规范	行标	2017.12.1			运维	运行、维护	发电、调度及二次	风电、电力调度
211.2-140	NB/T 31110—2017	风电场有功功率调节与控制技术规定	行标	2017.12.1			运维	运行、维护	发电	风电

体系结构号	标准编号	标准名称	标准级别	实施日期	与国际标准对应关系	代替标准	阶段	分阶段	专业	分专业
211.2-141	NB/T 31111—2017	风电机组高电压穿越测试规程	行标	2017.12.1			建设、运维、修试	验收与质量评定、试运行、运行、试验	发电	风电
211.2-142	NB/T 31112—2017	风电场工程招标设计技术规定	行标	2018.3.1			采购	招标	发电	风电
211.2-143	NB/T 31113—2017	陆上风电场工程施工组织设计规范	行标	2018.3.1			建设	施工工艺	发电	风电
211.2-144	NB/T 31115—2017	风电场工程 110kV～220kV海上升压变电站设计规范	行标	2018.3.1			设计	初设	发电	风电
211.2-145	NB/T 31116—2017	风电场工程社会稳定风险分析技术规范	行标	2018.3.1			运维	运行、维护	发电	风电
211.2-146	NB/T 31117—2017	海上风电场交流海底电缆选型敷设技术导则	行标	2018.3.1			设计、建设	初设、施工工艺	发电	风电
211.2-147	NB/T 31118—2017	风电场工程档案验收规程	行标	2018.3.1			建设	验收与质量评定	发电	风电
211.2-148	NB/T 31123—2017	高原风力发电机组用全功率变流器试验方法	行标	2018.3.1			修试	试验	发电	风电
211.2-149	NB/T 31140—2018	高原风力发电机组主控制系统技术规范	行标	2018.7.1			采购	招标、品控	发电	风电
211.2-150	NB/T 31147—2018	风电场工程风能资源测量与评估技术规范	行标	2018.10.1			规划、设计	规划、初设	发电	风电
211.2-151	NB/T 32004—2018	光伏并网逆变器技术规范	行标	2018.7.1		NB/T 32004—2013	采购、建设	招标、品控、施工工艺、验收与质量评定、试运行	发电	光伏
211.2-152	NB/T 32005—2013	光伏发电站低电压穿越检测技术规程	行标	2014.4.1			修试	试验	发电	光伏
211.2-153	NB/T 32006—2013	光伏发电站电能质量检测技术规程	行标	2014.4.1			运维、修试	运行、维护、试验	发电	光伏
211.2-154	NB/T 32007—2013	光伏发电站功率控制能力检测技术规程	行标	2014.4.1			修试	试验	发电	光伏
211.2-155	NB/T 32011—2013	光伏发电站功率预测系统技术要求	行标	2014.4.1			建设、运维	验收与质量评定、试运行、运行	发电	光伏
211.2-156	NB/T 32012—2013	光伏发电站太阳能资源实时监测技术规范	行标	2014.4.1			运维	运行、维护	发电	光伏

体系 结构号	标准编号	标准名称	标准 级别	实施日期	与国际标准 对应关系	代替标准	阶段	分阶段	专业	分专业
211.2-157	NB/T 32013—2013	光伏发电站电压与频率响应检测规程	行标	2014.4.1			修试	试验	发电	光伏
211.2-158	NB/T 32014—2013	光伏发电站防孤岛效应检测技术规程	行标	2014.4.1			修试	试验	发电	光伏
211.2-159	NB/T 32015—2013	分布式电源接入配电网技术规定	行标	2014.4.1			设计、建设、运维	初设、施工图、施工工艺、验收与质量评定、试运行、运行、维护	发电、调度及二次	其他、电力调度
211.2-160	NB/T 32016—2013	并网光伏发电监控系统技术规范	行标	2014.4.1			运维	运行、维护	发电	光伏
211.2-161	NB/T 32025—2015	光伏发电调度技术规范	行标	2015.9.1			运维	运行	发电	光伏
211.2-162	NB/T 32026—2015	光伏发电站并网性能测试与评价方法	行标	2015.9.1			修试	试验	发电	光伏
211.2-163	NB/T 32027—2016	光伏发电工程设计概算编制规定及费用标准	行标	2016.6.1			设计	初设	发电	光伏
211.2-164	NB/T 32028—2016	光热发电工程安全验收评价规程	行标	2016.6.1			建设	验收与质量评定	发电	光伏
211.2-165	NB/T 32029—2016	光热发电工程安全预评价规程	行标	2016.6.1			建设	验收与质量评定	发电	光伏
211.2-166	NB/T 32031—2016	光伏发电功率预测系统功能规范	行标	2016.6.1			采购	招标、品控	发电	光伏
211.2-167	NB/T 32032—2016	光伏发电站逆变器效率检测技术要求	行标	2016.6.1			修试	试验	发电	光伏
211.2-168	NB/T 32033—2016	光伏发电站逆变器电磁兼容性检测技术要求	行标	2016.6.1			修试	试验	发电	光伏
211.2-169	NB/T 32034—2016	光伏发电站现场组件检测规程	行标	2016.6.1			修试	试验	发电	光伏
211.2-170	NB/T 32035—2016	光伏发电工程概算定额	行标	2016.12.1			设计	初设	发电	光伏
211.2-171	NB/T 32038—2017	光伏发电工程安全验收评价规程	行标	2018.3.1			建设	验收与质量评定	发电	光伏
211.2-172	NB/T 32041—2018	光伏发电站设备后评价规程	行标	2018.7.1			建设	验收与质量评定	发电	光伏

体系结构号	标准编号	标准名称	标准级别	实施日期	与国际标准对应关系	代替标准	阶段	分阶段	专业	分专业
211.2-173	NB/T 32043—2018	光伏发电工程可行性研究报告编制规程	行标	2018.10.1			规划	规划	发电	光伏
211.2-174	NB/T 32044—2018	光伏发电工程预可行性研究报告编制规程	行标	2018.10.1			规划	规划	发电	光伏
211.2-175	NB/T 32045—2018	光伏发电站直流发电系统设计规范	行标	2018.10.1			设计	初设、施工图	发电	光伏
211.2-176	NB/T 32046—2018	光伏发电工程规划报告编制规程	行标	2018.10.1			规划、设计	规划、初设	发电	光伏
211.2-177	NB/T 33010—2014	分布式电源接入电网运行控制规范	行标	2015.3.1			运维	运行、维护	发电、调度及二次	其他、电力调度
211.2-178	NB/T 33011—2014	分布式电源接入电网测试技术规范	行标	2015.3.1			建设、修试	验收与质量评定、试验	发电	其他
211.2-179	NB/T 33012—2014	分布式电源接入电网监控系统功能规范	行标	2015.3.1			运维	运行、维护	发电	其他
211.2-180	NB/T 33013—2014	分布式电源孤岛运行控制规范	行标	2015.3.1			运维	运行、维护	发电、调度及二次	其他、电力调度
211.2-181	NB/T 42131—2017	光伏组件环境试验要求 通则	行标	2018.3.1			修试	试验	发电	光伏
211.2-182	NB/T 42142—2018	光伏并网微型逆变器技术规范	行标	2018.7.1			采购	招标、品控	发电	光伏
211.2-183	JB/T 12238—2015	聚光光伏太阳能发电模组的测试方法	行标	2015.10.1			修试	试验	发电	光伏
211.2-184	QX/T 73—2007	风电场风测量仪器检测规范	行标	2007.10.1			修试	试验	发电	风电
211.2-185	QX/T 74—2007	风电场气象观测及资料审核、订正技术规范	行标	2007.10.1			规划、设计	规划、初设	发电	风电
211.2-186	QX/T 89—2018	太阳能资源评估方法	行标	2018.10.1		QX/T 89—2008	规划	规划	发电	光伏
211.2-187	QX/T 263—2015	太阳能光伏系统防雷技术规范	行标	2015.5.1			设计、建设	初设、施工图、施工工艺	发电	光伏
211.2-188	QX/T 312—2015	风力发电机组防雷装置检测技术规范	行标	2016.4.1			修试	试验	发电	风电

体系结构号	标准编号	标准名称	标准级别	实施日期	与国际标准对应关系	代替标准	阶段	分阶段	专业	分专业
211.2-189	15D202-4	建筑一体化光伏系统电气设计与施工	行标	2015.6.1			设计、建设	初设、施工图、施工工艺	发电	光伏
211.2-190	GB/T 1094.16—2013	电力变压器 第16部分:风力发电用变压器	国标	2014.12.14	IEC 60076-16:2011	GB 1094.16—2013	采购	品控	发电	风电
211.2-191	GB/T 18451.2—2012	风力发电机组 功率特性测试	国标	2012.10.1	IEC 61400-12-1:2005,IDT	GB/T 18451.2—2003	修试	试验	发电	风电
211.2-192	GB/T 18709—2002	风电场风能资源测量方法	国标	2002.10.1			规划	规划	发电	风电
211.2-193	GB/T 18912—2002	光伏组件盐雾腐蚀试验	国标	2003.5.1	IEC 61701—2011		修试	试验	发电	光伏
211.2-194	GB/T 19071.1—2018	风力发电机组 异步发电机 第1部分:技术条件	国标	2018.12.1		GB/T 19071.1—2003	采购	品控	发电	风电
211.2-195	GB/T 19071.2—2018	风力发电机组 异步发电机 第2部分:试验方法	国标	2019.2.1		GB/T 19071.2—2003	修试	试验	发电	风电
211.2-196	GB/T 19939—2005	光伏系统并网技术要求	国标	2006.1.1			设计、采购、建设、运维	初设、施工图、招标、品控、施工工艺、验收与质量评定、试运行、运行、维护	发电、调度及二次	光伏、电力调度
211.2-197	GB/T 19960.2—2005	风力发电机组 第2部分:通用试验方法	国标	2006.1.1			修试	试验	发电	风电
211.2-198	GB/T 19963—2011	风电场接入电力系统技术规定	国标	2012.6.1	ISO 4548-6:1985,IDT	GB/Z 19963—2005	设计、建设、运维	初设、施工图、施工工艺、验收与质量评定、试运行、运行、维护	发电、调度及二次	风电、电力调度
211.2-199	GB/T 19964—2012	光伏发电站接入电力系统技术规定	国标	2013.6.1		GB/Z 19964—2005	设计、建设、运维	初设、施工图、施工工艺、验收与质量评定、试运行、运行、维护	发电、调度及二次	光伏、电力调度
211.2-200	GB/T 20046—2006	光伏(PV)系统电网接口特性	国标	2006.2.1	IEC 61727:2004,MOD		设计、修试	初设、试验	发电	光伏
211.2-201	GB/T 20047.1—2006	光伏(PV)组件安全鉴定 第1部分:结构要求	国标	2006.2.1	IEC 61730-1:2004,IDT		设计、修试	初设、试验	发电	光伏
211.2-202	GB/T 20319—2017	风力发电机组 验收规范	国标	2018.2.1		GB/T 20319—2006	建设	验收与质量评定	发电	风电
211.2-203	GB/T 20513—2006	光伏系统性能监测 测量、数据交换和分析导则	国标	2007.2.1	IEC 61724:1998		运维	运行	发电	光伏

体系结构号	标准编号	标准名称	标准级别	实施日期	与国际标准对应关系	代替标准	阶段	分阶段	专业	分专业
211.2-204	GB/T 20514—2006	光伏系统功率调节器效率测量程序	国标	2007.2.1	IEC 61683：1999		运维、修试	运行、检修、试验	发电	光伏
211.2-205	GB/T 21407—2015	双馈式变速恒频风力发电机组	国标	2016.6.1		GB/T 21407—2008	采购	品控	发电	风电
211.2-206	GB/T 25385—2019	风力发电机组 运行及维护要求	国标	2020.5.1		GB/T 25385—2010	运维	运行、维护	发电	风电
211.2-207	GB/T 25386.1—2010	风力发电机组 变速恒频控制系统 第1部分：技术条件	国标	2011.3.1			采购	品控	发电	风电
211.2-208	GB/T 25386.2—2010	风力发电机组 变速恒频控制系统 第2部分：试验方法	国标	2011.3.1			修试	试验	发电	风电
211.2-209	GB/T 25387.1—2010	风力发电机组 全功率变流器 第1部分：技术条件	国标	2011.3.1			运维	运行、维护	发电	风电
211.2-210	GB/T 25387.2—2010	风力发电机组 全功率变流器 第2部分：试验方法	国标	2011.3.1			修试	试验	发电	风电
211.2-211	GB/T 25388.1—2010	风力发电机组 双馈式变流器 第1部分：技术条件	国标	2011.3.1			采购	品控	发电	风电
211.2-212	GB/T 25388.2—2010	风力发电机组 双馈式变流器 第2部分：试验方法	国标	2011.3.1			修试	试验	发电	风电
211.2-213	GB/T 25389.1—2018	风力发电机组 永磁同步发电机 第1部分：技术条件	国标	2018.12.1		GB/T 25389.1—2010	采购	品控	发电	风电
211.2-214	GB/T 25389.2—2018	风力发电机组 永磁同步发电机 第2部分：试验方法	国标	2018.12.1		GB/T 25389.2—2010	修试	试验	发电	风电
211.2-215	GB/Z 25427—2010	风力发电机组 雷电防护	国标	2011.1.1	IEC TR 61400-24：2002，MOD		设计	初设	发电	风电
211.2-216	GB/Z 25458—2010	风力发电机组 合格认证规则及程序	国标	2011.1.1	IEC WT 01：2001 NEQ		建设	验收与质量评定	发电	风电
211.2-217	GB/T 26264—2010	通信用太阳能电源系统	国标	2011.6.1			采购	品控	发电	光伏
211.2-218	GB/T 27748.1—2017	固定式燃料电池发电系统 第1部分：安全	国标	2018.2.1	IEC 62282-3-100：2012	GB/T 27748.1—2011	运维	运行、维护	发电	储能

体系结构号	标准编号	标准名称	标准级别	实施日期	与国际标准对应关系	代替标准	阶段	分阶段	专业	分专业
211.2-219	GB/T 27748.3—2017	固定式燃料电池发电系统 第3部分：安装	国标	2018.4.1	IEC 62282-3-300：2012	GB/T 27748.3—2011	建设	验收与质量评定	发电	储能
211.2-220	GB/T 29319—2012	光伏发电系统接入配电网技术规定	国标	2013.6.1			设计、建设、运维	初设、施工图、施工工艺、验收与质量评定、试运行、运行、维护	发电	光伏
211.2-221	GB/T 29320—2012	光伏电站太阳跟踪系统技术要求	国标	2013.6.1			设计、修试	初设、检修、试验	发电	光伏
211.2-222	GB/T 29321—2012	光伏发电站无功补偿技术规范	国标	2013.6.1			设计、建设、运维	初设、验收与质量评定、运行、维护	发电	光伏
211.2-223	GB/T 29543—2013	低温型风力发电机组	国标	2014.1.1			采购	品控	发电	其他
211.2-224	GB/T 30152—2013	光伏发电系统接入配电网检测规程	国标	2014.8.1			修试	初设	发电	光伏
211.2-225	GB/T 30153—2013	光伏发电站太阳能资源实时监测技术要求	国标	2014.8.1			运维	运行、维护	发电	光伏
211.2-226	GB/T 30427—2013	并网光伏发电专用逆变器技术要求和试验方法	国标	2014.8.15			设计、修试	初设、检修、试验	发电	光伏
211.2-227	GB/T 30966.1—2014	风力发电机组 风力发电场监控系统通信 第1部分：原则与模型	国标	2015.1.1	IEC 61400-25-1：2006		运维	运行、维护	发电	风电
211.2-228	GB/T 30966.2—2014	风力发电机组 风力发电场监控系统通信 第2部分：信息模型	国标	2015.1.1	IEC 61400-25-2：26		运维	运行、维护	发电	风电
211.2-229	GB/T 30966.3—2014	风力发电机组 风力发电场监控系统通信 第3部分：信息交换模型	国标	2015.1.1	IEC 61400-25-3：2006		运维	运行、维护	发电	风电
211.2-230	GB/T 30966.4—2014	风力发电机组 风力发电场监控系统通信 第4部分：映射到通信规约	国标	2015.1.1	IEC 61400-25-4：2008		运维	运行、维护	发电	风电
211.2-231	GB/T 30966.5—2015	风力发电机组 风力发电场监控系统通信 第5部分：一致性测试	国标	2016.2.1	IEC 61400-25-5：2006		运维	运行、维护	发电	风电

体系结构号	标准编号	标准名称	标准级别	实施日期	与国际标准对应关系	代替标准	阶段	分阶段	专业	分专业
211.2-232	GB/T 30966.6—2015	风力发电机组 风力发电场监控系统通信 第6部分：状态监测的逻辑节点类和数据类	国标	2016.2.1	IEC 61400-25-6：2010		运维	运行、维护	发电	风电
211.2-233	GB/T 31365—2015	光伏发电站接入电网检测规程	国标	2015.9.1			修试	试验	发电	光伏
211.2-234	GB/T 31366—2015	光伏发电站监控系统技术要求	国标	2015.9.1			设计、运维	初设、运行	发电	光伏
211.2-235	GB/T 31518.1—2015	直驱永磁风力发电机组 第1部分：技术条件	国标	2016.2.1			采购	品控	发电	风电
211.2-236	GB/T 31518.2—2015	直驱永磁风力发电机组 第2部分：试验方法	国标	2016.2.1			修试	试验	发电	风电
211.2-237	GB/T 31997—2015	风力发电场项目建设工程验收规程	国标	2016.4.1			建设	验收与质量评定	发电	风电
211.2-238	GB/T 31999—2015	光伏发电系统接入配电网特性评价技术规范	国标	2016.4.1			建设	验收与质量评定	发电	光伏
211.2-239	GB/T 32128—2015	海上风电场运行维护规程	国标	2016.5.1			运维	运行、维护	发电	风电
211.2-240	GB/T 32352—2015	高原用风力发电机组现场验收规范	国标	2016.7.1			建设	验收与质量评定	发电	风电
211.2-241	GB/T 32512—2016	光伏发电站防雷技术要求	国标	2016.9.1			设计、建设、运维	初设、施工图、施工工艺、验收与质量评定、运行、维护	发电	光伏
211.2-242	GB/T 32826—2016	光伏发电系统建模导则	国标	2017.3.1			规划、设计、建设、运维	规划、初设、验收与质量评定、运行	发电	光伏
211.2-243	GB/T 32892—2016	光伏发电系统模型及参数测试规程	国标	2017.3.1			规划、设计、采购、建设、运维	规划、初设、施工图、招标、品控、施工工艺、验收与质量评定、试运行、运行、维护	发电	光伏
211.2-244	GB/T 32900—2016	光伏发电站继电保护技术规范	国标	2017.3.1			设计、运维	初设、运行	发电	光伏
211.2-245	GB/T 33342—2016	户用分布式光伏发电并网接口技术规范	国标	2017.7.1			设计、建设、运维	初设、施工图、施工工艺、验收与质量评定、运行、维护	发电	光伏

体系结构号	标准编号	标准名称	标准级别	实施日期	与国际标准对应关系	代替标准	阶段	分阶段	专业	分专业
211.2-246	GB/T 33592—2017	分布式电源并网运行控制规范	国标	2017.12.1			运维	运行	发电、调度及二次	其他、电力调度
211.2-247	GB/T 33593—2017	分布式电源并网技术要求	国标	2017.12.1			设计、建设、运维	初设、施工图、施工工艺、验收与质量评定、运行、维护	发电、调度及二次	其他、电力调度
211.2-248	GB/T 33599—2017	光伏发电站并网运行控制规范	国标	2017.12.1			运维	运行	发电、调度及二次	光伏、电力调度
211.2-249	GB/T 33764—2017	独立光伏系统验收规范	国标	2017.12.1			建设	验收与质量评定	发电	光伏
211.2-250	GB/T 33766—2017	独立太阳能光伏电源系统技术要求	国标	2017.12.1			规划、设计、运维、修试	规划、初设、运行、检修、试验	发电	光伏
211.2-251	GB/T 33982—2017	分布式电源并网继电保护技术规范	国标	2018.2.1			设计、建设、运维	初设、验收与质量评定、试运行、运行	发电	其他
211.2-252	GB/T 34160—2017	地面用光伏组件光电转换效率检测方法	国标	2018.4.1			修试	试验	发电	光伏
211.2-253	GB/T 34931—2017	光伏发电站无功补偿装置检测技术规程	国标	2018.5.1			修试	试验	发电	光伏
211.2-254	GB/T 34932—2017	分布式光伏发电系统远程监控技术规范	国标	2018.5.1			运维	运行	发电	光伏
211.2-255	GB/T 35204—2017	风力发电机组　安全手册	国标	2018.7.1			运维	运行、维护	发电	风电
211.2-256	GB/T 35207—2017	电励磁直驱风力发电机组	国标	2018.7.1			采购	品控	发电	风电
211.2-257	GB/Z 35482—2017	风力发电机组　时间可利用率	国标	2018.7.1			规划、设计	规划、初设	发电	风电
211.2-258	GB/Z 35483—2017	风力发电机组　发电量可利用率	国标	2018.7.1			规划、设计	规划、初设	发电	风电
211.2-259	GB/T 35694—2017	光伏发电站安全规程	国标	2018.7.1			运维	运行、维护	发电	光伏
211.2-260	GB/T 36116—2018	村镇光伏发电站集群控制系统功能要求	国标	2018.10.1			设计、建设、修试	初设、施工图、施工工艺、验收与质量评定、试运行、检修、试验	发电	光伏
211.2-261	GB/T 36117—2018	村镇光伏发电站集群接入电网规划设计导则	国标	2018.10.1			规划、设计	规划、初设、施工图	发电	光伏

体系 结构号	标准编号	标准名称	标准 级别	实施日期	与国际标准 对应关系	代替标准	阶段	分阶段	专业	分专业
211.2-262	GB/T 36119—2018	精准扶贫 村级光伏电站管理与评价导则	国标	2018.10.1			运维	运行、维护	发电	光伏
211.2-263	GB/T 36237—2018	风力发电机组 电气仿真模型	国标	2018.12.1			设计、采购、运维、修试	初设、招标、运行、维护、试验	发电	风电
211.2-264	GB/T 36270—2018	微电网监控系统技术规范	国标	2019.1.1			设计、建设、修试	初设、施工图、施工工艺、验收与质量评定、试运行、检修、试验	发电	其他
211.2-265	GB/T 36274—2018	微电网能量管理系统技术规范	国标	2019.1.1			设计、建设、修试	初设、施工图、施工工艺、验收与质量评定、试运行、检修、试验	发电	其他
211.2-266	GB/T 36490—2018	风力发电机组 防雷装置检测技术规范	国标	2019.2.1			修试	试验	发电	风电
211.2-267	GB/T 36963—2018	光伏建筑一体化系统防雷技术规范	国标	2019.7.1			设计、建设	初设、施工图、施工工艺	发电	光伏
211.2-268	GB/T 36994—2018	风力发电机组 电网适应性测试规程	国标	2019.7.1			建设、修试	验收与质量评定、试验	发电	风电
211.2-269	GB/T 36995—2018	风力发电机组 故障电压穿越能力测试规程	国标	2019.7.1			建设、修试	验收与质量评定、试验	发电	风电
211.2-270	GB/T 36999—2018	海洋波浪能电站环境条件要求	国标	2019.7.1			规划、设计	规划、初设、施工图	发电	其他
211.2-271	GB/T 37408—2019	光伏发电并网逆变器技术要求	国标	2019.12.1			设计、采购、建设	初设、招标、品控、施工工艺、验收与质量评定、试运行	发电	光伏
211.2-272	GB/T 37409—2019	光伏发电并网逆变器检测技术规范	国标	2019.12.1			修试	试验	发电	光伏
211.2-273	GB/T 37424—2019	海上风力发电机组 运行及维护要求	国标	2019.12.1			运维	运行、维护	发电	风电
211.2-274	GB/T 37525—2019	太阳直接辐射计算导则	国标	2020.1.1			规划、设计	规划、初设、施工图	发电	光伏
211.2-275	GB/T 37526—2019	太阳能资源评估方法	国标	2020.1.1			规划、设计	规划、初设、施工图	发电	光伏
211.2-276	GB/T 37655—2019	光伏与建筑一体化发电系统验收规范	国标	2020.1.1			建设	验收与质量评定	发电	光伏

体系结构号	标准编号	标准名称	标准级别	实施日期	与国际标准对应关系	代替标准	阶段	分阶段	专业	分专业
211.2-277	GB/T 37658—2019	并网光伏电站启动验收技术规范	国标	2020.1.1			建设	验收与质量评定	发电	光伏
211.2-278	GB/T 38174—2019	风能发电系统　风力发电场可利用率	国标	2020.5.1			规划、设计	规划、初设	发电	风电
211.2-279	GB/T 38330—2019	光伏发电站逆变器检修维护规程	国标	2020.7.1			运维、修试	维护、检修	发电	光伏
211.2-280	GB/T 38335—2019	光伏发电站运行规程	国标	2020.7.1			运维	运行、维护	发电	光伏
211.2-281	GB/T 38946—2020	分布式光伏发电系统集中运维技术规范	国标	2020.12.1			运维	运行、维护	发电	光伏
211.2-282	GB/T 38993—2020	光伏电站有功及无功控制系统的控制策略导则	国标	2021.2.1			设计、运维	初设、运行、维护	发电	光伏
211.2-283	GB/T 50795—2012	光伏发电工程施工组织设计规范	国标	2012.11.1			建设	施工工艺	发电	光伏
211.2-284	GB/T 50796—2012	光伏发电工程验收规范	国标	2012.11.1			建设	验收与质量评定	发电	光伏
211.2-285	GB 50797—2012	光伏发电站设计规范	国标	2012.11.1			设计	初设、施工图	发电	光伏
211.2-286	GB/T 50865—2013	光伏发电接入配电网设计规范	国标	2014.5.1			设计	初设、施工图	发电、调度及二次	光伏、电力调度
211.2-287	GB/T 50866—2013	光伏发电站接入电力系统设计规范	国标	2013.9.1			设计	初设、施工图	发电、调度及二次	光伏、电力调度
211.2-288	GB 51096—2015	风力发电场设计规范	国标	2015.11.1			规划、设计	规划、初设	发电	风电
211.2-289	GB/T 51308—2019	海上风力发电场设计标准	国标	2019.10.1			设计	初设、施工图	发电	风电
211.2-290	ANSI UL 6142—2012	小型风力发电机系统的安全性标准	国际标准	2012.11.30			设计、运维	初设、运行、维护	发电	风电
211.2-291	IEC 60904-1—2006	光伏器件　第1部分：光伏电流—电压特性的测量	国际标准	2006.9.13	EN 60904-1—2006，IDT	IBC 60904-1—1987；IEC 82/433/FDIS—2006	修试	试验	发电	光伏
211.2-292	IEC 60904-5—2011	光伏器件　第5部分：用开路电压法测量光伏（PV）器件的等效电池温度（ECT）	国际标准	2011.2.17		IEC 60904-5—1993；IEC 82/5951/DV—2010	修试	试验	发电	光伏
211.2-293	IEC 61427-1—2013	太阳光伏能系统用蓄电池和蓄电池组　一般要求和试验方法　第1部分：光伏离网应用	国际标准	2013.4.23		IEC 61427—2005；IEC 21/793/FDIS—2013	设计、修试	初设、试验	发电	光伏

体系 结构号	标准编号	标准名称	标准 级别	实施日期	与国际标准 对应关系	代替标准	阶段	分阶段	专业	分专业
211.2-294	IEC 61701—2011	光伏组件盐雾腐蚀试验	国际 标准	2011.12.15		IEC 61701—1995； IEC 82/667/FDIS— 2011	修试	试验	发电	光伏
211.2-295	IEC 61727—2004	光伏（PV）系统电网接口的特性	国际 标准	2004.12.14		IEC 61727—1995； IEC 82/367/FDIS— 2004	设计、修试	初设、试验	发电	光伏
211.2-296	IEC 61853-1—2011	光电（PV）模块性能试验和额定功率　第1部分:辐照度、温度性能测量和额定功率	国际 标准	2011.1.26	BS EN 61853-1— 2011，IDT； EN 61853-1— 2011，IDT	IEC 82/613/FD1S— 2010	修试	试验	发电	光伏
211.3　新能源与节能-新能源汽车										
211.3-1	Q/CSG 11516.1—2010	电动汽车充电设施通用技术要求	企标	2010.4.19			设计、建设、修试	初设、施工图、施工工艺、验收与质量评定、试运行、检修、试验	用电	电动汽车
211.3-2	Q/CSG 11516.2—2010	电动汽车充电站及充电桩设计规范	企标	2010.4.19			设计、采购、建设	初设、施工图、招标、品控、施工工艺、验收与质量评定、试运行	用电	电动汽车
211.3-3	Q/CSG 11516.6—2010	电动汽车非车载充电机监控单元与电池管理系统通信协议	企标	2010.4.19			设计、采购、建设	初设、施工图、招标、品控、施工工艺、验收与质量评定、试运行	用电	电动汽车
211.3-4	Q/CSG 11516.7—2010	电动汽车充电站监控系统技术规范	企标	2010.4.19			设计、建设、修试	初设、施工图、施工工艺、验收与质量评定、试运行、检修、试验	用电	电动汽车
211.3-5	Q/CSG 12001—2010	电动汽车充电站及充电桩验收规范	企标	2010.11.25			设计、建设	初设、施工图、施工工艺、验收与质量评定、试运行	用电	电动汽车
211.3-6	Q/CSG 1211012—2016	电动汽车交流充电桩技术规范	企标	2016.4.1			设计、采购、修试	初设、施工图、招标、品控、检修、试验	用电	电动汽车
211.3-7	Q/CSG 1211013—2016	电动汽车非车载充电机技术规范	企标	2016.4.1		Q/CSG 11516.3— 2010	设计、采购、修试	初设、施工图、招标、品控、检修、试验	用电	电动汽车
211.3-8	T/CEC 102.1—2016	电动汽车充换电服务信息交换　第1部分:总则	团标	2017.1.1			设计、建设、运维	初设、施工图、施工工艺、验收与质量评定、试运行、运行、维护	用电	电动汽车

体系结构号	标准编号	标准名称	标准级别	实施日期	与国际标准对应关系	代替标准	阶段	分阶段	专业	分专业
211.3-9	T/CEC 102.2—2016	电动汽车充换电服务信息交换 第2部分：公共信息交换规范	团标	2017.1.1			设计、建设、运维	初设、施工图、施工工艺、验收与质量评定、试运行、运行、维护	用电	电动汽车
211.3-10	T/CEC 102.3—2016	电动汽车充换电服务信息交换 第3部分：业务信息交换规范	团标	2017.1.1			设计、建设、运维	初设、施工图、施工工艺、验收与质量评定、试运行、运行、维护	用电	电动汽车
211.3-11	T/CEC 102.4—2016	电动汽车充换电服务信息交换 第4部分：数据传输及安全	团标	2017.1.1			设计、建设、运维	初设、施工图、施工工艺、验收与质量评定、试运行、运行、维护	用电	电动汽车
211.3-12	T/CEC 208—2019	电动汽车充电设施信息安全技术规范	团标	2019.7.1			设计、建设、运维	初设、施工图、施工工艺、验收与质量评定、试运行、运行、维护	用电	电动汽车
211.3-13	T/CEC 212—2019	电动汽车交直流充电桩低压元件技术要求	团标	2019.7.1			设计、采购、运维、修试、退役	初设、施工图、招标、品控、运行、维护、检修、试验、退役、报废	用电	电动汽车
211.3-14	T/CEC 215—2019	电动汽车非车载充电机检验试验技术规范 高温沿海地区特殊要求	团标	2019.7.1			设计、采购、运维、修试、退役	初设、施工图、招标、品控、运行、维护、检修、试验、退役、报废	用电	电动汽车
211.3-15	T/CEC 365—2020	电动汽车柔性充电堆	团标	2020.10.1			设计、采购、运维、修试、退役	初设、施工图、招标、品控、运行、维护、检修、试验、退役、报废	用电	电动汽车
211.3-16	T/CEC 367—2020	电动汽车充换电设施运维人员培训考核规范	团标	2020.10.1			设计、采购、运维、修试、退役	初设、施工图、招标、品控、运行、维护、检修、试验、退役、报废	用电	电动汽车
211.3-17	T/CEC 368—2020	电动汽车非车载传导式充电模块技术条件	团标	2020.10.1			采购、建设、修试	招标、品控、施工工艺、验收与质量评定、试运行、检修、试验	用电	电动汽车
211.3-18	NB/T 33001—2018	电动汽车非车载传导式充电机技术条件	行标	2018.7.1		NB/T 33001—2010	采购、建设、修试	招标、品控、施工工艺、验收与质量评定、试运行、检修、试验	用电	电动汽车
211.3-19	NB/T 33002—2018	电动汽车交流充电桩技术条件	行标	2019.5.1		NB/T 33002—2010	采购、建设、修试	招标、品控、施工工艺、验收与质量评定、试运行、检修、试验	用电	电动汽车

体系结构号	标准编号	标准名称	标准级别	实施日期	与国际标准对应关系	代替标准	阶段	分阶段	专业	分专业
211.3-20	NB/T 33005—2013	电动汽车充电站及电池更换站监控系统技术规范	行标	2014.4.1			设计、建设、运维	初设、施工图、施工工艺、验收与质量评定、试运行、运行、维护	用电	电动汽车
211.3-21	NB/T 33006—2013	电动汽车电池箱更换设备通用技术要求	行标	2014.4.1			设计、建设、运维	初设、施工图、施工工艺、验收与质量评定、试运行、运行、维护	用电	电动汽车
211.3-22	NB/T 33007—2013	电动汽车充电站/电池更换站监控系统与充换电设备通信协议	行标	2014.4.1			设计、建设、运维	初设、施工图、施工工艺、验收与质量评定、试运行、运行、维护	用电	电动汽车
211.3-23	NB/T 33008.1—2018	电动汽车充电设备检验试验规范 第1部分：非车载充电机	行标	2019.5.1		NB/T 33008.1—2013	运维、修试、退役	运行、维护、检修、试验、退役、报废	用电	电动汽车
211.3-24	NB/T 33008.2—2018	电动汽车充电设备检验试验规范 第2部分：交流充电桩	行标	2019.5.1		NB/T 33008.2—2013	运维、修试、退役	运行、维护、检修、试验、退役、报废	用电	电动汽车
211.3-25	NB/T 33009—2013	电动汽车充换电设施建设技术导则	行标	2014.4.1			设计、采购、建设	初设、施工图、招标、品控、施工工艺、验收与质量评定、试运行	用电	电动汽车
211.3-26	NB/T 33019—2015	电动汽车充换电设施运行管理规范	行标	2015.9.1			运维	运行、维护	用电	电动汽车
211.3-27	NB/T 33023—2015	电动汽车充换电设施规划导则	行标	2015.9.1			规划、设计、建设	规划、初设、施工工艺	用电	电动汽车
211.3-28	NB/T 33025—2020	电动汽车快速更换电池箱通用要求	行标	2021.2.1		NB/T 33025—2016	设计、建设、运维	初设、施工图、施工工艺、验收与质量评定、试运行、运行、维护	用电	电动汽车
211.3-29	NB/T 33029—2018	电动汽车充电与间歇性电源协同调度技术导则	行标	2018.7.1			采购	招标、品控	用电	电动汽车
211.3-30	GB/T 18487.1—2015	电动汽车传导充电系统 第1部分：通用要求	国标	2016.1.1		GB/T 18487.1—2001	设计、采购、运维、修试、退役	初设、施工图、招标、品控、运行、维护、检修、试验、退役、报废	用电	电动汽车
211.3-31	GB/T 18487.2—2017	电动汽车传导充电系统 第2部分：非车载传导供电设备电磁兼容要求	国标	2018.7.1		GB/T 18487.2—2001	设计、采购、运维、修试、退役	初设、施工图、招标、品控、运行、维护、检修、试验、退役、报废	用电	电动汽车

体系 结构号	标准编号	标准名称	标准 级别	实施日期	与国际标准 对应关系	代替标准	阶段	分阶段	专业	分专业
211.3-32	GB/T 18487.3—2001	电动车辆传导充电系统 电动车辆交流/直流充电机（站）	国标	2002.5.1	IEC/CDV 61851-2-2～3：1999，EQV；JEVS G101—1993，REF；SAE-J 1772—1996，REF		设计、采购、运维、修试、退役	初设、施工图、招标、品控、运行、维护、检修、试验、退役、报废	用电	电动汽车
211.3-33	GB/T 20234.1—2015	电动汽车传导充电用连接装置 第1部分：通用要求	国标	2016.1.1		GB/T 20234.1—2011	设计、采购、运维、修试、退役	初设、施工图、招标、品控、运行、维护、检修、试验、退役、报废	用电	电动汽车
211.3-34	GB/T 20234.2—2015	电动汽车传导充电用连接装置 第2部分：交流充电接口	国标	2016.1.1		GB/T 20234.2—2011	设计、采购、运维、修试、退役	初设、施工图、招标、品控、运行、维护、检修、试验、退役、报废	用电	电动汽车
211.3-35	GB/T 20234.3—2015	电动汽车传导充电用连接装置 第3部分：直流充电接口	国标	2016.1.1		GB/T 20234.3—2011	设计、采购、运维、修试、退役	初设、施工图、招标、品控、运行、维护、检修、试验、退役、报废	用电	电动汽车
211.3-36	GB/T 27930—2015	电动汽车非车载传导式充电机与电池管理系统之间的通信协议	国标	2016.1.1		GB/T 27930—2011	设计、采购、运维	初设、施工图、招标、品控、运行、维护	用电	电动汽车
211.3-37	GB/T 28569—2012	电动汽车交流充电桩电能计量	国标	2012.11.1			设计、采购、运维、修试、退役	初设、施工图、招标、品控、运行、维护、检修、试验、退役、报废	用电	电动汽车
211.3-38	GB/T 29316—2012	电动汽车充换电设施电能质量技术要求	国标	2013.6.1			采购、建设、运维、修试	招标、品控、施工工艺、验收与质量评定、试运行、运行、维护、检修、试验	用电	电动汽车
211.3-39	GB/T 29318—2012	电动汽车非车载充电机电能计量	国标	2013.6.1			设计、采购、运维、修试、退役	初设、施工图、招标、品控、运行、维护、检修、试验、退役、报废	用电	电动汽车
211.3-40	GB/T 29772—2013	电动汽车电池更换站通用技术要求	国标	2014.2.1			设计、建设、运维	初设、施工图、施工工艺、验收与质量评定、试运行、运行、维护	用电	电动汽车
211.3-41	GB/T 29781—2013	电动汽车充电站通用要求	国标	2014.2.1			设计、建设、运维	初设、施工图、施工工艺、验收与质量评定、试运行、运行、维护	用电	电动汽车

体系结构号	标准编号	标准名称	标准级别	实施日期	与国际标准对应关系	代替标准	阶段	分阶段	专业	分专业
211.3-42	GB/T 31484—2015	电动汽车用动力蓄电池循环寿命要求及试验方法	国标	2015.5.15			采购、运维、修试	招标、品控、运行、维护、检修、试验	用电	电动汽车
211.3-43	GB 38031—2020	电动汽车用动力蓄电池安全要求	国标	2021.1.1		GB/T 31485—2015；GB/T 31467.3—2015	采购、运维、修试	招标、品控、运行、维护、检修、试验	用电	电动汽车
211.3-44	GB/T 31486—2015	电动汽车用动力蓄电池电性能要求及试验方法	国标	2015.5.15			采购、运维、修试	招标、品控、运行、维护、检修、试验	用电	电动汽车
211.3-45	GB/T 32879—2016	电动汽车更换用电池箱连接器通用技术要求	国标	2017.3.1			设计、采购、运维、修试、退役	初设、施工图、招标、品控、运行、维护、检修、试验、退役、报废	用电	电动汽车
211.3-46	GB/T 32895—2016	电动汽车快换电池箱通信协议	国标	2017.3.1			设计、采购、运维	初设、施工图、招标、品控、运行、维护	用电	电动汽车
211.3-47	GB/T 32896—2016	电动汽车动力仓总成通信协议	国标	2017.3.1			设计、采购、运维	初设、施工图、招标、品控、运行、维护	用电	电动汽车
211.3-48	GB/T 32960.1—2016	电动汽车远程服务与管理系统技术规范 第1部分：总则	国标	2016.10.1			设计、采购、运维	初设、施工图、招标、品控、运行、维护	用电	电动汽车
211.3-49	GB/T 32960.2—2016	电动汽车远程服务与管理系统技术规范 第2部分：车载终端	国标	2016.10.1			设计、采购、运维	初设、施工图、招标、品控、运行、维护	用电	电动汽车
211.3-50	GB/T 32960.3—2016	电动汽车远程服务与管理系统技术规范 第3部分：通信协议及数据格式	国标	2016.10.1			设计、采购、运维	初设、施工图、招标、品控、运行、维护	用电	电动汽车
211.3-51	GB/T 33341—2016	电动汽车快换电池箱架通用技术要求	国标	2017.7.1			设计、采购、运维、修试、退役	初设、施工图、招标、品控、运行、维护、检修、试验、退役、报废	用电	电动汽车
211.3-52	GB/T 33594—2017	电动汽车充电用电缆	国标	2017.12.1			采购、设计、修试	招标、品控、初设、施工图、检修、试验	用电	电动汽车
211.3-53	GB/T 34657.1—2017	电动汽车传导充电互操作性测试规范 第1部分：供电设备	国标	2018.5.1			采购、运维、修试	招标、品控、运行、维护、检修、试验	用电	电动汽车
211.3-54	GB/T 34657.2—2017	电动汽车传导充电互操作性测试规范 第2部分：车辆	国标	2018.5.1			采购、运维、修试	招标、品控、运行、维护、检修、试验	用电	电动汽车
211.3-55	GB/T 34658—2017	电动汽车非车载传导式充电机与电池管理系统之间的通信协议一致性测试	国标	2018.5.1			采购、运维、修试	招标、品控、运行、维护、检修、试验	用电	电动汽车

体系 结构号	标准编号	标准名称	标准 级别	实施日期	与国际标准 对应关系	代替标准	阶段	分阶段	专业	分专业
211.3-56	GB/T 36278—2018	电动汽车充换电设施接入配电网技术规范	国标	2019.1.1			设计、采购、建设、运维	初设、施工图、招标、品控、施工工艺、验收与质量评定、试运行、运行、维护	用电	电动汽车
211.3-57	GB/T 37133—2018	电动汽车用高压大电流线束和连接器技术要求	国标	2019.7.1			采购	招标、品控	用电	电动汽车
211.3-58	GB/T 37293—2019	城市公共设施　电动汽车充换电设施运营管理服务规范	国标	2019.10.1			运维	运行、维护	用电	电动汽车
211.3-59	GB/T 37295—2019	城市公共设施　电动汽车充换电设施安全技术防范系统要求	国标	2019.10.1			设计、采购、运维	初设、施工图、招标、品控、运行、维护	用电	电动汽车
211.3-60	GB/T 37340—2019	电动汽车能耗折算方法	国标	2019.10.1			设计	初设、施工图	用电	电动汽车
211.3-61	GB 50966—2014	电动汽车充电站设计规范	国标	2014.10.1			设计、建设	初设、施工图、施工工艺、验收与质量评定、试运行	用电	电动汽车
211.3-62	IEC 61851-23—2014	电动车辆传导式充电系统 第23部分：直流电动车辆充电站	国际标准	2014.3.11			采购、设计、建设、运维、退役	招标、品控、初设、施工图、施工工艺、验收与质量评定、试运行、运行、维护、退役、报废	用电	电动汽车
211.3-63	IEC 61851-24—2014	电动车辆传导式充电系统 第24部分：用于控制直流充电的直流电动车辆充电站和电动车辆之间的数字通信	国际标准	2014.3.7			采购、设计、建设、运维、退役	招标、品控、初设、施工图、施工工艺、验收与质量评定、试运行、运行、维护、退役、报废	用电	电动汽车
211.3-64	IEC 62196-1—2014	插头、电气插座、车辆连接器和车辆引入线　电动车导电充电　第1部分：一般要求	国际标准	2014.6.19		IEC 62196-1—2011	采购、设计、建设、运维、退役	招标、品控、初设、施工图、施工工艺、验收与质量评定、试运行、运行、维护、退役、报废	用电	电动汽车
211.4　新能源与节能-节能										
211.4-1	Q/CSG 11624—2008	配电变压器能效标准及技术经济评价导则	企标	2008.4.11			设计、建设	初设、施工图、施工工艺、验收与质量评定、试运行	用电	需求侧管理

体系结构号	标准编号	标准名称	标准级别	实施日期	与国际标准对应关系	代替标准	阶段	分阶段	专业	分专业
211.4-2	T/CEC 131.6—2020	铅酸蓄电池二次利用 第6部分：电池模块技术规范	团标	2020.10.1			退役	退役、报废	发电	其他
211.4-3	T/CEC 131.7—2020	铅酸蓄电池二次利用 第7部分：储能电池管理 系统技术规范	团标	2020.10.1			退役	退役、报废	发电	其他
211.4-4	T/CEC 131.8—2020	铅酸蓄电池二次利用 第8部分：便携式移动储能装置技术规范	团标	2020.10.1			退役	退役、报废	发电	其他
211.4-5	T/CEC 131.9—2020	铅酸蓄电池二次利用 第9部分：家庭级储能系统技术规范	团标	2020.10.1			退役	退役、报废	发电	其他
211.4-6	T/CEC 131.10—2021	铅酸蓄电池二次利用 第10部分：社区级储能系统技术规范	团标	2020.10.1			退役	退役、报废	发电	其他
211.4-7	T/CEC 131.11—2021	铅酸蓄电池二次利用 第11部分：极板失效检测技术规范——电位差法	团标	2020.10.1			退役	退役、报废	发电	其他
211.4-8	T/CEC 135—2017	余热余压发电项目节约电力电量测量与验证导则	团标	2017.8.1			规划、设计、建设	规划、初设、施工图、施工工艺、验收与质量评定、试运行	用电	需求侧管理
211.4-9	DL/T 686—2018	电力网电能损耗计算导则	行标	2019.5.1		DL/T 686—1999	规划、设计、采购、建设、运维、修试、退役	规划、初设、施工图、招标、品控、施工工艺、验收与质量评定、试运行、运行、维护、检修、试验、退役、报废	用电	需求侧管理
211.4-10	DL/T 1758—2017	移动式电力能效检测系统技术规范	行标	2018.3.1			设计、采购、建设、运维、修试、退役	初设、施工图、招标、品控、施工工艺、验收与质量评定、试运行、运行、维护、检修、试验、退役、报废	用电	需求侧管理
211.4-11	DL/T 1993—2019	电气设备用六氟化硫气体回收、再生及再利用技术规范	行标	2019.10.1			设计	初设、施工图	基础综合	
211.4-12	GB/T 13234—2018	用能单位节能量计算方法	国标	2019.4.1		GB/T 13234—2009	设计	初设、施工图	用电	需求侧管理

体系结构号	标准编号	标准名称	标准级别	实施日期	与国际标准对应关系	代替标准	阶段	分阶段	专业	分专业
211.4-13	GB/T 28557—2012	电力企业节能降耗主要指标的监管评价	国标	2012.11.1			建设、运维	施工工艺、验收与质量评定、试运行、运行、维护	用电	需求侧管理
211.4-14	GB/T 28750—2012	节能量测量和验证技术通则	国标	2013.1.1			设计、采购、建设、运维、修试、退役	初设、施工图、招标、品控、施工工艺、验收与质量评定、试运行、运行、维护、检修、试验、退役、报废	用电	需求侧管理
211.4-15	GB/T 34867.1—2017	电动机系统节能量测量和验证方法 第1部分：电动机现场能效测试方法	国标	2018.5.1			设计、修试	初设、施工图、检修、试验	用电	需求侧管理
211.4-16	GB/T 36571—2018	并联无功补偿节约电力电量测量和验证技术规范	国标	2019.4.1			设计、修试	初设、施工图、检修、试验	用电	需求侧管理
211.4-17	GB/T 36573—2018	电力线路升压运行节约电力电量测量和验证技术规范	国标	2019.4.1			设计、修试	初设、施工图、检修、试验	用电	需求侧管理
211.4-18	GB/T 36674—2018	公共机构能耗监控系统通用技术要求	国标	2019.4.1			设计、采购	初设、施工图、招标、品控	用电	需求侧管理
211.4-19	GB/T 36714—2018	用能单位能效对标指南	国标	2019.4.1			设计、采购、建设、修试、退役	初设、施工图、招标、品控、施工工艺、验收与质量评定、试运行、检修、试验、退役、报废	用电	需求侧管理
211.4-20	GB 50189—2015	公共建筑节能设计标准	国标	2015.10.1		GB 50189—2005	设计	初设、施工图	用电	需求侧管理
211.4-21	GB 50411—2019	建筑节能工程施工质量验收标准	国标	2019.12.1		GB 50411—2007	建设	施工工艺、验收与质量评定、试运行	用电	需求侧管理
211.4-22	GB/T 51140—2015	建筑节能基本术语标准	国标	2016.8.1			设计、采购、建设、运维、修试、退役	初设、施工图、招标、品控、施工工艺、验收与质量评定、试运行、运行、维护、检修、试验、退役、报废	用电	需求侧管理
211.5 新能源与节能-其他										
211.5-1	Q/CSG 1204064—2020	并网型微电网二次设备技术规范	企标	2020.3.31			设计、采购、建设	初设、施工图、招标、品控、施工工艺、验收与质量评定	发电	其他

体系结构号	标准编号	标准名称	标准级别	实施日期	与国际标准对应关系	代替标准	阶段	分阶段	专业	分专业
211.5-2	Q/CSG 1211018—2018	微电网接入电网技术规定	企标	2018.10.23			设计、采购、建设、运维	初设、施工图、招标、品控、施工工艺、验收与质量评定、试运行、运行、维护	发电	其他
211.5-3	T/CEC 145—2018	微电网接入配电网系统调试与验收规范	团标	2018.4.1			建设、运维	验收与质量评定、运行、维护	发电	其他
211.5-4	T/CEC 146—2018	微电网接入配电网测试规范	团标	2018.4.1			建设、修试	验收与质量评定、检修、试验	发电	其他
211.5-5	T/CEC 147—2018	微电网接入配电网运行控制规范	团标	2018.4.1			运维	运行	调度及二次	电力调度
211.5-6	T/CEC 148—2018	微电网监控系统技术规范	团标	2018.4.1			运维	运行、维护	调度及二次	调度自动化
211.5-7	T/CEC 149—2018	微电网能量管理系统技术规范	团标	2018.4.1			建设、运维	施工工艺、试运行、运行、维护	调度及二次	调度自动化
211.5-8	T/CEC 150—2018	低压微电网并网一体化装置技术规范	团标	2018.4.1			建设、运维	施工工艺、试运行、运行、维护	发电	其他
211.5-9	T/CEC 151—2018	并网型交直流混合微电网运行与控制技术规范	团标	2018.4.1			运维	运行、维护	发电	其他
211.5-10	T/CEC 152—2018	并网型微电网需求响应技术要求	团标	2018.4.1			规划	规划	发电	其他
211.5-11	T/CEC 153—2018	并网型微电网的负荷管理技术导则	团标	2018.4.1			运维	运行、维护	发电	其他
211.5-12	T/CEC 173—2018	分布式储能系统接入配电网设计规范	团标	2018.4.1			设计	初设	发电	储能
211.5-13	T/CEC 174—2018	分布式储能系统远程集中监控技术规范	团标	2018.4.1			运维	运行	发电	储能
211.5-14	T/CEC 175—2018	电化学储能系统方舱设计规范	团标	2018.4.1			设计	初设	发电	储能
211.5-15	T/CEC 176—2018	大型电化学储能电站电池监控数据管理规范	团标	2018.4.1			运维	运行、维护	发电	储能
211.5-16	T/CEC 182—2018	微电网并网调度运行规范	团标	2018.9.1			运维	运行、维护	发电	其他

体系结构号	标准编号	标准名称	标准级别	实施日期	与国际标准对应关系	代替标准	阶段	分阶段	专业	分专业
211.5-17	T/CEC 330—2020	电化学储能系统并网特性符合性评价导则	团标	2020.10.1			运维	运行	发电	储能
211.5-18	T/CEC 370—2020	电化学储能电站调频与调峰技术规范	团标	2020.10.1			运维	运行	发电	储能
211.5-19	T/CEC 5005—2018	微电网工程设计规范	团标	2018.4.1			设计	初设	发电	其他
211.5-20	T/CEC 5006—2018	微电网接入系统设计规范	团标	2018.4.1			设计	初设	发电	其他
211.5-21	DL/T 1336—2014	电力通信站光伏电源系统技术要求	行标	2014.8.1			设计、采购、建设	初设、施工图、招标、品控、施工工艺、验收与质量评定、试运行	发电	光伏
211.5-22	DL/T 1815—2018	电化学储能电站设备可靠性评价规程	行标	2018.7.1			设计、建设、运维、修试	初设、施工图、施工工艺、验收与质量评定、试运行、运行、维护、检修、试验	发电	储能
211.5-23	DL/T 1863—2018	独立型微电网运行管理规范	行标	2018.10.1			运维	运行、维护	发电	其他
211.5-24	DL/T 1864—2018	独立型微电网监控系统技术规范	行标	2018.10.1			设计、采购、建设	初设、施工图、招标、品控、施工工艺、验收与质量评定、试运行	发电	其他
211.5-25	DL/T 1989—2019	电化学储能电站监控系统与电池管理系统通信协议	行标	2019.10.1			设计、建设、运维	初设、施工图、施工工艺、验收与质量评定、试运行、运行、维护	发电	储能
211.5-26	DL/T 2034.1—2019	电能替代设备接入电网技术条件 第1部分：通则	行标	2019.10.1			设计、采购、建设、运维	初设、施工图、招标、品控、施工工艺、验收与质量评定、试运行、运行、维护	用电	需求侧管理
211.5-27	DL/T 2034.3—2019	电能替代设备接入电网技术条件 第3部分：分散电采暖设备	行标	2019.10.1			设计、采购、建设、运维	初设、施工图、招标、品控、施工工艺、验收与质量评定、试运行、运行、维护	用电	需求侧管理
211.5-28	DL/T 2135—2020	电力用可塑性绝缘遮蔽带通用技术条件	行标	2021.2.1			采购、运维、修试	招标、品控、运行、维护、检修、试验	输电	其他
211.5-29	NB/T 10148—2019	微电网 第1部分：微电网规划设计导则	行标	2019.10.1	IEC/TS 62898-1：2017		规划、设计	规划、初设、施工图	发电	其他

体系 结构号	标准编号	标准名称	标准 级别	实施日期	与国际标准 对应关系	代替标准	阶段	分阶段	专业	分专业
211.5-30	NB/T 10149—2019	微电网 第2部分：微电网运行导则	行标	2019.10.1	IEC/TS 62898-2：2018		运维	运行	发电	其他
211.5-31	NB/T 10186—2019	光储系统用功率转换设备技术规范	行标	2019.10.1			设计、采购、建设	初设、施工图、招标、品控、施工工艺、验收与质量评定、试运行	发电	其他
211.5-32	NB/T 31016—2019	电池储能功率控制系统 变流器 技术规范	行标	2019.10.1		NB/T 31016—2011	设计	初设	发电	储能
211.5-33	NB/T 31092—2016	微电网用风力发电机组性能与安全技术要求	行标	2016.6.1			运维	运行、维护	发电	风电
211.5-34	NB/T 31093—2016	微电网用风力发电机组主控制器技术规范	行标	2016.6.1			运维	运行、维护	发电	风电
211.5-35	NB/T 33014—2014	电化学储能系统接入配电网运行控制规范	行标	2015.3.1			运维	运行、维护	发电	储能
211.5-36	NB/T 33015—2014	电化学储能系统接入配电网技术规定	行标	2015.3.1			运维	运行、维护	发电	储能
211.5-37	NB/T 33016—2014	电化学储能系统接入配电网测试规程	行标	2015.3.1			修试	试验	发电	储能
211.5-38	NB/T 42089—2016	电化学储能电站功率变换系统技术规范	行标	2016.12.1			运维	运行、维护	发电	储能
211.5-39	NB/T 42090—2016	电化学储能电站监控系统技术规范	行标	2016.12.1			运维	运行、维护	发电	储能
211.5-40	NB/T 42091—2016	电化学储能电站用锂离子电池技术规范	行标	2016.12.1			设计、采购、建设、修试	初设、招标、品控、验收与质量评定、试验	发电	储能
211.5-41	CJJ 145—2010	燃气冷热电三联供工程技术规程	行标	2011.3.1			设计、采购、建设	初设、施工图、招标、品控、施工工艺、验收与质量评定、试运行	发电	其他
211.5-42	GB/T 19115.1—2018	风光互补发电系统 第1部分：技术条件	国标	2019.7.1		GB/T 19115.1—2003	设计	初设	发电	光伏、风电
211.5-43	GB/T 19115.2—2018	风光互补发电系统 第2部分：试验方法	国标	2019.4.1		GB/T 19115.2—2003	修试	试验	发电	光伏、风电

体系结构号	标准编号	标准名称	标准级别	实施日期	与国际标准对应关系	代替标准	阶段	分阶段	专业	分专业
211.5-44	GB/T 22473—2008	储能用铅酸蓄电池	国标	2009.10.1	IEC 61427—2005，NEQ		采购	品控	发电	储能
211.5-45	GB/T 29544—2013	离网型风光互补发电系统安全要求	国标	2014.1.1			采购	品控	发电	光伏、风电
211.5-46	GB/T 33589—2017	微电网接入电力系统技术规定	国标	2017.12.1			运维	运行、维护	发电	其他
211.5-47	GB/T 34120—2017	电化学储能系统储能变流器技术规范	国标	2018.2.1			运维	运行、维护	发电	储能
211.5-48	GB/T 34129—2017	微电网接入配电网测试规范	国标	2018.2.1			修试	试验	发电	其他
211.5-49	GB/T 34131—2017	电化学储能电站用锂离子电池管理系统技术规范	国标	2018.2.1			运维	运行、维护	发电	储能
211.5-50	GB/T 34930—2017	微电网接入配电网运行控制规范	国标	2018.5.1			运维	运行、维护	发电	其他
211.5-51	GB/T 36160.1—2018	分布式冷热电能源系统技术条件 第1部分：制冷和供热单元	国标	2018.12.1			设计、建设、修试	初设、施工图、施工工艺、验收与质量评定、试运行、检修、试验	发电	其他
211.5-52	GB/T 36160.2—2018	分布式冷热电能源系统技术条件 第2部分：动力单元	国标	2018.12.1			设计、建设、修试	初设、施工图、施工工艺、验收与质量评定、试运行、检修、试验	发电	其他
211.5-53	GB/T 36276—2018	电力储能用锂离子电池	国标	2019.1.1			设计、采购、运维	初设、招标、运行、维护	发电	储能
211.5-54	GB/T 36280—2018	电力储能用铅炭电池	国标	2019.1.1			设计、采购、运维	初设、招标、运行、维护	发电	储能
211.5-55	GB/T 36545—2018	移动式电化学储能系统技术要求	国标	2019.2.1			设计、采购、建设	初设、施工图、招标、品控、施工工艺、验收与质量评定、试运行	发电	储能
211.5-56	GB/T 36547—2018	电化学储能系统接入电网技术规定	国标	2019.2.1			建设、运维	验收与质量评定、试运行、运行、维护	发电	储能
211.5-57	GB/T 36548—2018	电化学储能系统接入电网测试规范	国标	2019.2.1			修试	试验	发电	储能

体系 结构号	标准编号	标准名称	标准 级别	实施日期	与国际标准 对应关系	代替标准	阶段	分阶段	专业	分专业
211.5-58	GB/T 36549—2018	电化学储能电站运行指标及评价	国标	2019.2.1			规划、设计、建设、运维	规划、初设、施工图、施工工艺、验收与质量评定、试运行、运行、维护	发电	储能
211.5-59	GB/T 36558—2018	电力系统电化学储能系统通用技术条件	国标	2019.2.1			设计、采购、建设	初设、施工图、招标、品控、施工工艺、验收与质量评定、试运行	发电	储能
211.5-60	GB/T 39119—2020	综合能源 泛能网协同控制总体功能与过程要求	国标	2021.5.1			规划、设计、建设、运维	规划、设计、建设、运维	发电	其他
211.5-61	GB/T 39120—2020	综合能源 泛能网术语	国标	2021.5.1			规划、设计	规划、设计	发电	其他
211.5-62	GB/T 39264—2020	智能水电厂一体化管控平台技术规范	国标	2021.6.1			设计、采购、建设、运维	初设、施工图、招标、品控、施工工艺、验收与质量评定、试运行、运行、维护	发电	其他
211.5-63	GB/T 39275—2020	电力电子系统和设备 有源馈电变流器（AIC）应用的运行条件和特性	国标	2021.6.1			设计、采购、运维	初设、施工图、招标、品控、运行、维护	用电	其他
211.5-64	GB/T 39565—2020	智能水电厂防汛应急指挥系统技术规范	国标	2021.7.1			设计、采购、建设、运维	初设、施工图、招标、品控、施工工艺、验收与质量评定、试运行、运行、维护	发电	其他
211.5-65	GB/T 39572.1—2020	并网双向电力变流器 第1部分：通用要求	国标	2021.7.1			采购	招标、品控	发电	其他
211.5-66	GB/T 39627—2020	智能水电厂智能测控装置技术规范	国标	2021.7.1			设计、采购、建设、运维	初设、施工图、招标、品控、施工工艺、验收与质量评定、试运行、运行、维护	发电	其他
211.5-67	GB/T 39629—2020	智能水电厂安全防护系统联动技术要求	国标	2021.7.1			设计、采购、建设、运维	初设、施工图、招标、品控、施工工艺、验收与质量评定、试运行、运行、维护	发电	其他
211.5-68	GB 51048—2014	电化学储能电站设计规范	国标	2015.8.1			规划、设计	规划、初设	发电	储能

体系结构号	标准编号	标准名称	标准级别	实施日期	与国际标准对应关系	代替标准	阶段	分阶段	专业	分专业
211.5-69	GB/T 51250—2017	微电网接入配电网系统调试与验收规范	国标	2018.4.1			建设、运维	验收与质量评定、运行、维护	发电	其他
211.5-70	GB/T 51311—2018	风光储联合发电站调试及验收标准	国标	2019.3.1			建设、运维	验收与质量评定、运行、维护	发电	光伏、风电、储能
212	**支持保障**									
212.1	**支持保障-基础综合**									
212.1-1	T/CEC 369—2020	电力企业合规管理体系规范	团标	2020.10.1			辅助支持		其他	
212.1-2	DL/T 1381—2014	电力企业信用评价规范	行标	2015.3.1			辅助支持		其他	
212.1-3	DL/T 1384—2014	电力行业供应商信用评价指标体系分类及代码	行标	2015.3.1			辅助支持		其他	
212.1-4	RB/T 116—2014	能源管理体系 电力企业认证要求	行标	2015.3.1			辅助支持		其他	
212.1-5	GB/T 23331—2020	能源管理体系 要求及使用指南	国标	2021.6.1			辅助支持		其他	
212.1-6	GB/T 29456—2012	能源管理体系 实施指南	国标	2013.10.1			辅助支持		其他	
212.1-7	GB/T 33173—2016	资产管理 管理体系 要求	国标	2017.5.1	ISO 55001：2014		辅助支持		其他	
212.1-8	GB/T 33174—2016	资产管理 管理体系 GB/T 33173 应用指南	国标	2017.5.1	ISO 55002：2014		辅助支持		其他	
212.1-9	GB/T 33456—2016	工业企业供应商管理评价准则	国标	2017.7.1			辅助支持		其他	
212.1-10	GB/T 36679—2018	品牌价值评价 自主创新企业	国标	2019.4.1			辅助支持		其他	
212.1-11	GB/T 37507—2019	项目管理指南	国标	2019.12.1			辅助支持		其他	
212.1-12	GB/T 39532—2020	能源绩效测量和验证指南	国标	2021.6.1			辅助支持		其他	
212.2	**支持保障-科技创新**									
212.2-1	T/CEC 267—2019	电力科技项目后评估导则	团标	2020.1.1			辅助支持		其他	
212.2-2	T/CEC 268—2019	电力科技项目立项评价导则	团标	2020.1.1			辅助支持		其他	
212.2-3	ZC 0001—2001	专利申请人和专利权人（单位）代码标准	行标	2002.1.1			辅助支持		其他	

体系结构号	标准编号	标准名称	标准级别	实施日期	与国际标准对应关系	代替标准	阶段	分阶段	专业	分专业
212.2-4	ZC 0005—2012	专利公共统计数据项	行标	2012.12.16		ZC 0005.1—2003	辅助支持		其他	
212.2-5	ZC 0006—2003	专利申请号标准	行标	2003.10.1			辅助支持		其他	
212.2-6	ZC 0007—2012	中国专利文献号	行标	2012.12.16		ZC 0007—2004	辅助支持		其他	
212.2-7	ZC 0008—2012	中国专利文献种类标识代码	行标	2012.12.16		ZC 0008—2004	辅助支持		其他	
212.2-8	DL/T 2137—2020	电力技术转移服务规范	行标	2021.2.1			辅助支持		其他	
212.2-9	DL/T 2138—2020	电力专利价值评估规范	行标	2021.2.1			辅助支持		其他	
212.2-10	GB/T 7713.3—2014	科技报告编写规则	国标	2014.11.1		GB/T 7713.3—2009	辅助支持		其他	
212.2-11	GB/T 11822—2008	科学技术档案案卷构成的一般要求	国标	2009.5.1		GB/T 11822—2000	辅助支持		其他	
212.2-12	GB/T 15416—2014	科技报告编号规则	国标	2014.11.1		GB/T 15416—1994	辅助支持		其他	
212.2-13	GB/T 22900—2009	科学技术研究项目评价通则	国标	2009.6.1			辅助支持		其他	
212.2-14	GB/T 23703.7—2014	知识管理 第7部分：知识分类通用要求	国标	2014.11.1			辅助支持		其他	
212.2-15	GB/T 23703.8—2014	知识管理 第8部分：知识管理系统功能构件	国标	2015.2.1			辅助支持		其他	
212.2-16	GB/T 30522—2014	科技平台元数据标准化基本原则与方法	国标	2014.8.1			辅助支持		其他	
212.2-17	GB/T 30523—2014	科技平台资源核心元数据	国标	2014.8.1			辅助支持		其他	
212.2-18	GB/T 30524—2014	科技平台元数据注册与管理	国标	2014.8.1			辅助支持		其他	
212.2-19	GB/Z 30525—2014	科技平台标准化工作指南	国标	2014.8.1			辅助支持		其他	
212.2-20	GB/T 30534—2014	科技报告保密等级代码与标识	国标	2014.11.1			辅助支持		其他	
212.2-21	GB/T 30535—2014	科技报告元数据规范	国标	2014.11.1			辅助支持		其他	
212.2-22	GB/T 31071—2014	科技平台 一致性测试的原则与方法	国标	2015.6.1			辅助支持		其他	
212.2-23	GB/T 31072—2014	科技平台 统一身份认证	国标	2015.6.1			辅助支持		其他	
212.2-24	GB/T 31073—2014	科技平台 服务核心元数据	国标	2015.6.1			辅助支持		其他	
212.2-25	GB/T 31074—2014	科技平台 数据元设计与管理	国标	2015.6.1			辅助支持		其他	

体系结构号	标准编号	标准名称	标准级别	实施日期	与国际标准对应关系	代替标准	阶段	分阶段	专业	分专业
212.2-26	GB/T 31075—2014	科技平台 通用术语	国标	2015.6.1			辅助支持		其他	
212.2-27	GB/T 31769—2015	创新方法应用能力等级规范	国标	2015.7.1			辅助支持		其他	
212.2-28	GB/T 31779—2015	科技服务产品数据描述规范	国标	2016.2.1			辅助支持		其他	
212.2-29	GB/T 32003—2015	科技查新技术规范	国标	2016.4.1			辅助支持		其他	
212.2-30	GB/T 32089—2015	科学技术研究项目知识产权管理	国标	2016.7.1			辅助支持		其他	
212.2-31	GB/T 32152—2015	科技服务业分类	国标	2016.4.1			辅助支持		其他	
212.2-32	GB/T 32845—2016	科技平台 元数据汇交业务流程	国标	2017.3.1			辅助支持		其他	
212.2-33	GB/T 32846—2016	科技平台 元数据汇交报文格式的设计规则	国标	2017.3.1			辅助支持		其他	
212.2-34	GB/T 33250—2016	科研组织知识产权管理规范	国标	2017.1.1			辅助支持		其他	
212.2-35	GB/T 33268—2016	科技奖励评价分类单元	国标	2017.7.1			辅助支持		其他	
212.2-36	GB/T 33450—2016	科技成果转化为标准指南	国标	2017.7.1			辅助支持		其他	
212.2-37	GB/T 34061.1—2017	知识管理体系 第1部分：指南	国标	2018.2.1			辅助支持		其他	
212.2-38	GB/T 34061.2—2017	知识管理体系 第2部分：研究开发	国标	2018.2.1			辅助支持		其他	
212.2-39	GB/T 34670—2017	技术转移服务规范	国标	2018.1.1			辅助支持		其他	
212.2-40	GB/T 35397—2017	科技人才元数据元素集	国标	2018.4.1			辅助支持		其他	
212.2-41	GB/T 35559—2017	技术产权交易服务流程规范	国标	2018.7.1			辅助支持		其他	
212.2-42	GB/T 37097—2018	企业创新方法工作规范	国标	2019.7.1			辅助支持		其他	
212.2-43	GB/T 37098—2018	创新方法知识扩散能力等级划分要求	国标	2018.12.28			辅助支持		其他	
212.2-44	GB/T 37286—2019	知识产权分析评议服务 服务规范	国标	2019.10.1			辅助支持		其他	
212.3 支持保障-教育培训										
212.3-1	Q/CSG 125001—2011	中国南方电网有限责任公司培训基地功能和建设标准	企标	2011.11.3			辅助支持		其他	

体系结构号	标准编号	标准名称	标准级别	实施日期	与国际标准对应关系	代替标准	阶段	分阶段	专业	分专业
212.3-2	T/CEC 193—2018	电力行业无人机巡检作业人员培训考核规范	团标	2019.2.1			辅助支持		其他	
212.3-3	T/CEC 194—2018	电力行业电缆附件安装人员培训考核规范	团标	2019.2.1			辅助支持		其他	
212.3-4	T/CEC 286—2019	电力造价从业人员培训考核规范	团标	2020.1.1			辅助支持		其他	
212.3-5	T/CEC 315—2020	高电压试验技术人员培训考核规范	团标	2020.10.1			辅助支持		其他	
212.3-6	T/CEC 317—2020	变电站带电检测人员培训考核规范	团标	2020.10.2			辅助支持		其他	
212.3-7	T/CEC 318—2020	电力行业企业培训师能力标准与评价规范	团标	2020.10.3			辅助支持		其他	
212.3-8	T/CEC 319—2020	电力行业可靠性管理专业技术人员培训考核规范	团标	2020.10.4			辅助支持		其他	
212.3-9	T/CEC 320—2020	电力行业仿真培训基地建设规范	团标	2020.10.5			辅助支持		其他	
212.3-10	T/CEC 321.4—2020	电力行业仿真培训与考核规范 第4部分：电气值班员	团标	2020.10.6			辅助支持		其他	
212.3-11	T/CEC 321.7—2020	电力行业仿真培训与考核规范 第7部分：调控运行值班员	团标	2020.10.7			辅助支持		其他	
212.3-12	T/CEC 321.8—2020	电力行业仿真培训与考核规范 第8部分：变电运维值班员	团标	2020.10.8			辅助支持		其他	
212.3-13	T/CEC 321.9—2020	电力行业仿真培训与考核规范 第9部分：电网运行培训指导教师	团标	2020.10.9			辅助支持		其他	
212.3-14	T/CEC 321.10—2020	电力行业仿真培训与考核规范 第10部分：水轮发电机组值班员	团标	2020.10.10			辅助支持		其他	
212.3-15	T/CEC 321.11—2020	电力行业仿真培训与考核规范 第11部分：水电运行培训指导教师	团标	2020.10.11			辅助支持		其他	

体系结构号	标准编号	标准名称	标准级别	实施日期	与国际标准对应关系	代替标准	阶段	分阶段	专业	分专业
212.3-16	DL/T 675—2014	电力行业无损检测人员资格考核规则	行标	2015.3.1		DL/T 675—1999	辅助支持		其他	
212.3-17	DL/T 679—2012	焊工技术考核规程	行标	2012.3.1		DL/T 679—1999	辅助支持		其他	
212.3-18	DL/T 816—2017	电力行业焊接操作技能教师考核规则	行标	2017.12.1		DL/T 816—2003	辅助支持		其他	
212.3-19	DL/T 931—2017	电力行业理化检验人员考核规程	行标	2017.8.1		DL/T 931—2005	辅助支持		其他	
212.3-20	DL/T 1265—2013	电力行业焊工培训机构基本能力要求	行标	2014.4.1			辅助支持		其他	
212.3-21	DL/T 1377—2014	电力调度员培训仿真技术规范	行标	2015.3.1			辅助支持		其他	
212.3-22	DL/T 1972—2019	水电厂培训仿真系统基本技术条件	行标	2019.10.1			辅助支持		其他	
212.3-23	AQ/T 8011—2016	安全培训机构基本条件	行标	2017.3.1			辅助支持		其他	
212.3-24	AQ/T 9008—2012	安全生产应急管理人员培训及考核规范	行标	2013.3.1			辅助支持		其他	
212.3-25	QX/T 406—2017	雷电防护装置检测专业技术人员职业要求	行标	2018.4.1			辅助支持		其他	
212.3-26	QX/T 407—2017	雷电防护装置检测专业技术人员职业能力评价	行标	2018.4.1			辅助支持		其他	
212.3-27	SB/T 11223—2018	管理培训服务规范	行标	2019.4.1			辅助支持		其他	
212.3-28	SJ/T 11678.1—2017	信息技术 学习、教育和培训 协作技术 协作空间 第1部分：协作空间数据模型	行标	2017.7.1			辅助支持		其他	
212.3-29	SJ/T 11678.2—2017	信息技术 学习、教育和培训 协作技术 协作空间 第2部分：协作环境数据模型	行标	2017.7.1			辅助支持		其他	
212.3-30	SJ/T 11678.3—2017	信息技术 学习、教育和培训 协作技术 协作空间 第3部分：协作组数据模型	行标	2017.7.1			辅助支持		其他	

体系结构号	标准编号	标准名称	标准级别	实施日期	与国际标准对应关系	代替标准	阶段	分阶段	专业	分专业
212.3-31	SJ/T 11679.1—2017	信息技术 学习、教育和培训 协作技术 协作学习通信 第1部分：基于文本的通信	行标	2017.7.1			辅助支持		其他	
212.3-32	GB/T 7713.1—2006	学位论文编写规则	国标	2007.5.1	ISO 7144：1986	部分替代 GB 7713—1987	辅助支持		其他	
212.3-33	GB/T 9445—2015	无损检测 人员资格鉴定与认证	国标	2016.7.1	ISO 9712：2012	GB/T 9445—2008	辅助支持		其他	
212.3-34	GB/T 19805—2005	焊接操作工 技能评定	国标	2005.12.1	ISO 14732：1998，IDT		辅助支持		其他	
212.3-35	GB/T 29811.2—2018	信息技术 学习、教育和培训 学习系统体系结构与服务接口 第2部分：教育管理信息服务接口	国标	2019.1.1			辅助支持		其他	
212.3-36	GB/T 29811.3—2018	信息技术 学习、教育和培训 学习系统体系结构与服务接口 第3部分：资源访问服务接口	国标	2019.1.1			辅助支持		其他	
212.3-37	GB/T 30265—2013	信息技术 学习、教育和培训 学习设计信息模型	国标	2014.7.15			辅助支持		其他	
212.3-38	GB/T 30564—2014	无损检测 无损检测人员培训机构指南	国标	2014.12.1	ISO/TR 25108：2006		辅助支持		其他	
212.3-39	GB/T 32624—2016	人力资源培训服务规范	国标	2016.11.1			辅助支持		其他	
212.3-40	GB/T 32625—2016	人力资源管理咨询服务规范	国标	2016.11.1			辅助支持		其他	
212.3-41	GB/T 33782—2017	信息技术 学习、教育和培训 教育管理基础代码	国标	2017.12.1			辅助支持		其他	
212.3-42	GB/T 34569—2017	带电作业仿真训练系统	国标	2018.4.1			辅助支持		其他	
212.3-43	GB/T 35298—2017	信息技术 学习、教育和培训 教育管理基础信息	国标	2018.7.1			辅助支持		其他	
212.3-44	GB/T 36095—2018	信息技术 学习、教育和培训 电子书包终端规范	国标	2018.10.1			辅助支持		其他	
212.3-45	GB/T 36096—2018	信息技术 学习、教育和培训 虚拟实验构件服务接口	国标	2018.10.1			辅助支持		其他	

体系结构号	标准编号	标准名称	标准级别	实施日期	与国际标准对应关系	代替标准	阶段	分阶段	专业	分专业
212.3-46	GB/T 36097—2018	信息技术 学习、教育和培训 虚拟实验构件元数据	国标	2018.10.1			辅助支持		其他	
212.3-47	GB/T 36098—2018	信息技术 学习、教育和培训 虚拟实验构件封装	国标	2018.10.1			辅助支持		其他	
212.3-48	GB/T 36234—2018	钛及钛合金、锆及锆合金熔化焊焊工技能评定	国标	2018.12.1			辅助支持		其他	
212.3-49	GB/T 36347—2018	信息技术 学习、教育和培训 学习资源通用包装	国标	2019.1.1			辅助支持		其他	
212.3-50	GB/T 36348—2018	信息技术 学习、教育和培训 虚拟实验 框架	国标	2019.1.1			辅助支持		其他	
212.3-51	GB/T 36349—2018	信息技术 学习、教育和培训 虚拟实验 数据交换	国标	2019.1.1			辅助支持		其他	
212.3-52	GB/T 36350—2018	信息技术 学习、教育和培训 数字化学习资源语义描述	国标	2019.1.1			辅助支持		其他	
212.3-53	GB/T 36351.1—2018	信息技术 学习、教育和培训 教育管理数据元素 第1部分：设计与管理规范	国标	2019.1.1			辅助支持		其他	
212.3-54	GB/T 36351.2—2018	信息技术 学习、教育和培训 教育管理数据元素 第2部分：公共数据元素	国标	2019.1.1			辅助支持		其他	
212.3-55	GB/T 36352—2018	信息技术 学习、教育和培训 教育云服务：框架	国标	2019.1.1			辅助支持		其他	
212.3-56	GB/T 36366—2018	信息技术 学习、教育和培训 电子学档信息模型规范	国标	2019.1.1			辅助支持		其他	
212.3-57	GB/T 36436—2018	信息技术 学习、教育和培训 简单课程编列 XML 绑定	国标	2019.1.1			辅助支持		其他	
212.3-58	GB/T 36437—2018	信息技术 学习、教育和培训 简单课程编列	国标	2019.1.1			辅助支持		其他	
212.3-59	GB/T 36438—2018	学习设计 XML 绑定规范	国标	2019.1.1			辅助支持		其他	
212.3-60	GB/T 36447—2018	多媒体教学环境设计要求	国标	2019.1.1			辅助支持		其他	
212.3-61	GB/T 36449—2018	电子考场系统通用要求	国标	2019.1.1			辅助支持		其他	

体系 结构号	标准编号	标准名称	标准 级别	实施日期	与国际标准 对应关系	代替标准	阶段	分阶段	专业	分专业
212.3-62	GB/T 36453—2018	信息技术　学习、教育和培训　电子课本信息模型	国标	2019.1.1			辅助支持		其他	
212.3-63	GB/T 36459—2018	信息技术　学习、教育和培训　电子课本内容包装	国标	2019.1.1			辅助支持		其他	
212.3-64	GB/T 36642—2018	信息技术　学习、教育和培训　在线课程	国标	2019.4.1			辅助支持		其他	
212.3-65	GB/T 37716—2019	信息技术　学习、教育和培训　电子课本与电子书包术语	国标	2020.3.1			辅助支持		其他	
212.3-66	GB/T 37717—2019	信息技术　学习、教育和培训　电子书包标准引用轮廓	国标	2020.3.1			辅助支持		其他	
212.4　支持保障-档案文献										
212.4-1	DL/T 241—2012	火电建设项目文件收集及档案整理规范	行标	2012.7.1			辅助支持		其他	
212.4-2	DL/T 1363—2014	电网建设项目文件归档与档案整理规范	行标	2015.3.1			辅助支持		其他	
212.4-3	DL/T 1396—2014	水电建设项目文件收集与档案整理规范	行标	2015.3.1			辅助支持		其他	
212.4-4	DL/T 1757—2017	电子数据恢复和销毁技术要求	行标	2018.3.1			辅助支持		其他	
212.4-5	NB/T 10239—2019	水电工程声像文件收集与归档规范	行标	2020.5.1			辅助支持		其他	
212.4-6	NB/T 35075—2015	水电工程项目编号及产品文件管理规定	行标	2016.3.1			辅助支持		其他	
212.4-7	QX/T 319—2016	防雷装置检测文件归档整理规范	行标	2016.10.1			辅助支持		其他	
212.4-8	DA/T 22—2015	归档文件整理规则	行标	2016.6.1		DA/T 22—2000	辅助支持		其他	
212.4-9	DA/T 28—2018	建设项目档案整理规范	行标	2018.10.1		DA/T 28—2002	辅助支持		其他	
212.4-10	DA/T 31—2017	纸质档案数字化规范	行标	2018.1.1		DA/T 31—2005	辅助支持		其他	
212.4-11	DA/T 50—2014	数码照片归档与管理规范	行标	2015.8.1			辅助支持		其他	
212.4-12	DA/T 62—2017	录音录像档案数字化规范	行标	2018.1.1			辅助支持		其他	

体系结构号	标准编号	标准名称	标准级别	实施日期	与国际标准对应关系	代替标准	阶段	分阶段	专业	分专业
212.4-13	DA/T 63—2017	录音录像类电子档案元数据方案	行标	2018.1.1				辅助支持		其他
212.4-14	DA/T 64.1—2017	纸质档案抢救与修复规范 第1部分：破损等级的划分	行标	2018.1.1				辅助支持		其他
212.4-15	DA/T 64.2—2017	纸质档案抢救与修复规范 第2部分：档案保存状况的调查方法	行标	2018.1.1				辅助支持		其他
212.4-16	DA/T 64.3—2017	纸质档案抢救与修复规范 第3部分：修复质量要求	行标	2018.1.1				辅助支持		其他
212.4-17	DA/T 65—2017	档案密集架智能管理系统技术要求	行标	2018.1.1				辅助支持		其他
212.4-18	DA/T 67—2017	档案保管外包服务管理规范	行标	2018.1.1				辅助支持		其他
212.4-19	DA/T 68—2017	档案服务外包工作规范	行标	2018.1.1				辅助支持		其他
212.4-20	DA/T 69—2018	纸质归档文件装订规范	行标	2018.10.1				辅助支持		其他
212.4-21	DA/T 70—2018	文书类电子档案检测一般要求	行标	2018.10.1				辅助支持		其他
212.4-22	DA/T 71—2018	纸质档案缩微数字一体化技术规范	行标	2018.10.1				辅助支持		其他
212.4-23	DA/Z 64.4—2018	纸质档案抢救与修复规范 第4部分：修复操作指南	行标	2018.10.1				辅助支持		其他
212.4-24	GB/T 7714—2015	信息与文献 参考文献著录规则	国标	2015.12.1		GB/T 7714—2005		辅助支持		其他
212.4-25	GB/T 9704—2012	党政机关公文格式	国标	2012.7.1		GB/T 9704—1999		辅助支持		其他
212.4-26	GB/T 9705—2008	文书档案案卷格式	国标	2009.5.1		GB/T 9705—1988		辅助支持		其他
212.4-27	GB/T 11821—2002	照片档案管理规范	国标	2003.5.1		GB/T 11821—1989		辅助支持		其他
212.4-28	GB/T 13190.1—2015	信息与文献 叙词表及与其他词表的互操作 第1部分：用于信息检索的叙词表	国标	2015.12.1		GB/T 13190—1991；GB/T 15417—1994		辅助支持		其他
212.4-29	GB/T 13190.2—2018	信息与文献 叙词表及与其他词表的互操作 第2部分：与其他词表的互操作	国标	2019.1.1				辅助支持		其他

体系结构号	标准编号	标准名称	标准级别	实施日期	与国际标准对应关系	代替标准	阶段	分阶段	专业	分专业
212.4-30	GB/T 15418—2009	档案分类标引规则	国标	2010.2.1		GB/T 15418—1994	辅助支持		其他	
212.4-31	GB/T 18894—2016	电子文件归档与电子档案管理规范	国标	2017.3.1		GB/T 18894—2002	辅助支持		其他	
212.4-32	GB/T 29194—2012	电子文件管理系统通用功能要求	国标	2013.6.1			辅助支持		其他	
212.4-33	GB/T 30541—2014	文献管理 电子内容/文档管理（CDM）数据交换格式	国标	2014.11.1	ISO 22938：2008		辅助支持		其他	
212.4-34	GB/Z 32002—2015	信息与文献 文件管理工作过程分析	国标	2016.4.1	ISO/TR 26122：2008		辅助支持		其他	
212.4-35	GB/T 32004—2015	信息与文献 纸张上书写、打印和复印字迹的耐久和耐用性 要求与测试方法	国标	2016.4.1			辅助支持		其他	
212.4-36	GB/T 32010.1—2015	文献管理 可移植文档格式 第1部分：PDF 1.7	国标	2016.4.1	ISO 32000-1：2008		辅助支持		其他	
212.4-37	GB/T 32153—2015	文献分类标引规则	国标	2016.7.1			辅助支持		其他	
212.4-38	GB/T 33189—2016	电子文件管理装备规范	国标	2017.5.1			辅助支持		其他	
212.4-39	GB/T 33190—2016	电子文件存储与交换格式版式文档	国标	2017.5.1			辅助支持		其他	
212.4-40	GB/T 33870—2017	干部人事档案数字化技术规范	国标	2017.7.1			辅助支持		其他	
212.4-41	GB/T 34112—2017	信息与文献 文件管理体系要求	国标	2017.11.1	ISO 30300：2011		辅助支持		其他	
212.4-42	GB/T 34840.2—2017	信息与文献 电子办公环境中文件管理原则与功能要求 第2部分：数字文件管理系统指南与功能要求	国标	2018.4.1	ISO 16175-2：2011		辅助支持		其他	
212.4-43	GB/T 34840.3—2017	信息与文献 电子办公环境中文件管理原则与功能要求 第3部分：业务系统中文件管理指南与功能要求	国标	2018.4.1	ISO 16175-3：2010		辅助支持		其他	
212.4-44	GB/T 35430—2017	信息与文献 期刊描述型元数据元素集	国标	2018.4.1			辅助支持		其他	

体系结构号	标准编号	标准名称	标准级别	实施日期	与国际标准对应关系	代替标准	阶段	分阶段	专业	分专业
212.4-45	GB/T 36067—2018	信息与文献 引文数据库数据加工规则	国标	2018.10.1			辅助支持		其他	
212.4-46	GB/T 36294—2018	抽水蓄能发电企业档案分类导则	国标	2019.1.1			辅助支持		其他	
212.4-47	GB/T 36369—2018	信息与文献 数字对象唯一标识符系统	国标	2019.1.1			辅助支持		其他	
212.4-48	GB/T 36560—2018	电子电气产品有害物质限制使用符合性证明技术文档规范	国标	2019.2.1			辅助支持		其他	
212.4-49	GB/T 37003.1—2018	文献管理 采用 PDF 的工程文档格式 第 1 部分：PDF1.6（PDF/E-1）的使用	国标	2019.7.1			辅助支持		其他	
212.5 支持保障-其他										
212.5-1	Q/CSG 1205011—2017	变电站照明应用技术规范	企标	2017.2.1			辅助支持		其他	
212.5-2	DL/T 1071—2014	电力大件运输规范	行标	2014.8.1		DL/T 1071—2007	辅助支持		其他	
212.5-3	DL/T 5390—2014	发电厂和变电站照明设计技术规定	行标	2015.3.1		DL/T 5390—2007	辅助支持		其他	
212.5-4	GB/T 32866—2016	电子商务产品质量信息规范通则	国标	2016.12.1			辅助支持		其他	
212.5-5	GB/T 32873—2016	电子商务主体基本信息规范	国标	2017.3.1			辅助支持		其他	
212.5-6	GB/T 36302—2018	电子商务信用 自营型网络零售平台信用管理体系要求	国标	2018.10.1			辅助支持		其他	
212.5-7	GB/T 36304—2018	电子商务信用 第三方网络零售平台信用管理体系要求	国标	2018.10.1			辅助支持		其他	
212.5-8	GB/T 36310—2018	电子商务模式规范	国标	2018.10.1			辅助支持		其他	
212.5-9	GB/T 36311—2018	电子商务管理体系 要求	国标	2018.10.1			辅助支持		其他	
212.5-10	GB/T 36312—2018	电子商务第三方平台企业信用评价规范	国标	2018.10.1			辅助支持		其他	
212.5-11	GB/T 36313—2018	电子商务供应商评价准则优质服务商	国标	2018.10.1			辅助支持		其他	

体系 结构号	标准编号	标准名称	标准 级别	实施日期	与国际标准 对应关系	代替标准	阶段	分阶段	专业	分专业
212.5-12	GB/T 36314—2018	电子商务企业信用档案信息规范	国标	2018.10.1			辅助支持		其他	
212.5-13	GB/T 36315—2018	电子商务供应商评价准则 在线销售商	国标	2018.10.1			辅助支持		其他	
212.5-14	GB/T 36316—2018	电子商务平台数据开放　第三方软件提供商评价准则	国标	2018.10.1			辅助支持		其他	